누구나 합격할 수 있는 방법,
동일출판사와 함께 하는 것.

54년간 전기만을 연구해 온 최고의 집필진이 만든책!
동일출판사와 함께 합격의 기쁨을 누리시길 기원합니다.

수험서의 기준을 만듭니다.
합격을 위한 지름길을 안내합니다.
전·현직 전기인들이 가장 선호하는 수험서로 인정받았으며,
최다 누적 판매와 최다 합격자 배출의 기록을 자랑하고 있습니다.
동일출판사의 핵심은 다년간 축적된 노하우에 있습니다.
수험 과목의 핵심 개념을 명확하고 효과적으로 전달하며,
풍부한 예제와 실전 모의고사로 실력을 향상시킬 수 있는
최상의 환경을 제공합니다.
동일출판사와 함께라면 수험 고난의 시련을 극복하고
합격의 문을 두드릴 수 있습니다.
지금 동일출판사를 통해 성공적인 미래를 준비하세요.

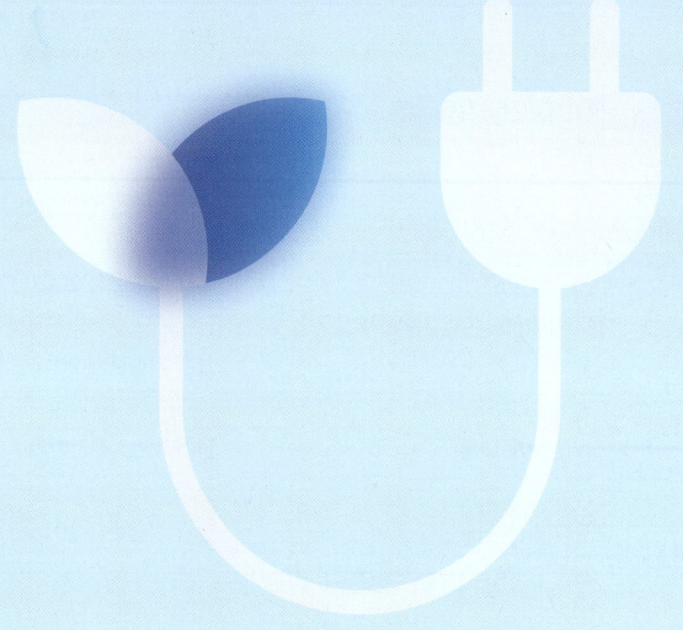

d 동일출판사

무료강의   www.dongilbook.com

무료 강의 제공

회원가입만으로 무료 강의 동영상을 제한 없이 이용할 수 있습니다.

도서 구입만으로 무료강의까지! 합격하는 날까지 평생무료!
동일출판사 홈페이지 또는  에서도 시청 가능합니다.

무료제공 동영상 강의목록

전기기사(산업기사) 이론	필기	전기자기 / 회로이론 / 전기기기 / 전력공학 제어공학 / 전기응용 공사재료 / 전기설비기술기준
	실기	전기설비설계 / 전기설비작업 전기설비의 운영관리 및 유지보수 시험점검 전기설비유지보수 및 점검 / 테이블스팩 / 감리
전기기사(산업기사) 기출문제 풀이		필기 기출문제 2007년 ~ 2025년
		실기 기출문제 2014년 ~ 2025년
전기기능사 이론		전기이론 / 전기기기 / 전기설비
전기기능사 기출문제 풀이		필기 기출문제 2015년 ~ 2025년 (전기이론 / 전기기기)

www.dongilbook.com

학습센터

학습센터운영

홈페이지를 통한 학습센터를 운영하여
학습에 부족함이 없도록 지원합니다.

동영상강의 / 핵심요점정리 / 질문게시판 / 정오 및 자료실
회원가입만으로 무료로 이용가능합니다.

전기기사 필기

전기기사 필기 기본서 **전기기사시리즈**

전기자기 / 회로이론 / 전기기기 / 전력공학 / 제어공학 / 전기응용 공사재료 / 전기설비기술기준

`이론` `기출문제`

51년간 과년도 및 복원문제를 완석분석하여 CBT시험에 완벽대비
어떠한 문제유형에도 대응이 가능하도록 핵심 유사문제 수록
10년간 과년도 및 복원문제 풀이 동영상 제공

기출문제 + 동영상강의
20년간 전기기사 필기
20년간 전기산업기사 필기

`기출문제`

20년간 기출문제 수록
19년간 과년도 및 복원문제 풀이 동영상 제공
가장 많은 문제를 수록하여
CBT시험에 대응할 수 있도록 구성

답이보인다 30일 단기완성
전기기사 · 산업기사 필기
전기공사기사 · 산업기사 필기

`이론` `기출문제`

51년간 과년도 및 복원문제를 완전분석, 이론과 함께 수록
5년간 과년도 및 복원문제 수록
전기기사 · 전기산업기사 풀이 동영상 제공

과년도 문제 중심의
완벽대비 전기기사 필기
완벽대비 전기산업기사 필기
`이론` `기출문제`

28년간 과년도 및 복원문제를 엄선, 이론과 함께 수록
10년간 과년도 및 복원문제 수록, 풀이 동영상 제공

과년도 문제 중심의
완벽대비 전기공사기사 필기
완벽대비 전기공사산업기사 필기
`이론` `기출문제`

28년간 과년도 및 복원문제를 엄선, 이론과 함께 수록
10년간 과년도 및 복원문제 수록

최근 7년 과년도 문제
핵심 전기기사 필기
핵심 전기산업기사 필기
`이론` `기출문제`

과목별 핵심요점 및 문제
최근 7년 과년도 및 복원문제
과년도 및 복원문제 무료 동영상 제공

전기기사 실기

기출문제 + 동영상강의
30년간 전기기사 실기
기출문제

30년간 기출문제 수록
9년간 과년도 및 복원문제 풀이 동영상 제공

기출문제 + 동영상강의
30년간 전기산업기사 실기
기출문제

30년간 기출문제 수록
9년간 과년도 및 복원문제 풀이 동영상 제공

답이보인다 30일 단기완성
전기기사·산업기사 실기
이론 **기출문제**

38년간 출제된 과년도 및 복원문제를 완전분석하여 이론과 함께 수록
15년간 과년도 및 복원문제를 연도별로 수록
9년간 과년도 및 복원문제 풀이 동영상 제공

답이보인다 30일 단기완성
전기공사기사·산업기사 실기
이론 **기출문제**

38년간 출제된 과년도 및 복원문제를 완전분석하여 이론과 함께 수록
15년간 과년도 및 복원문제를 연도별로 수록

전기기능사 필기

CBT 완벽대비 전기기능사 필기
`이론` `기출문제`

시험에 반복적으로 나오는내용을 과목별로 정리
출제되었던 과년도 및 복원문제를 완전분석하여 내용별로 수록
과년도 및 복원문제 풀이 동영상 제공[전기이론, 전기기기]

무료동영상의 전기기능사 필기
`이론` `기출문제`

본문내용 전체를 무료 동영상 강의로 완벽 제공
(핵심요점정리 + 핵심예제 +출제예상문제)
8년간 과년도 및 복원문제 수록
과년도 및 복원문제 풀이 동영상 제공[전기이론, 전기기기]

새로운 출제기준에 따른 전기기능사 필기
`이론` `기출문제`

상세한 이론, 기능사 필기의 바이블
10년간 과년도 및 복원문제 수록
출제기준에 따른 과목별 내용과 출제예상문제 수록
과년도 및 복원문제 풀이 동영상 제공[전기이론, 전기기기]

합격을 위한 지름길

동일출판사의 베스트셀러 수험서

기능장

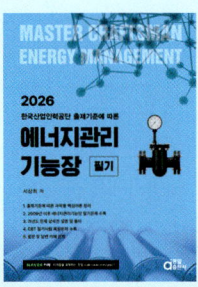
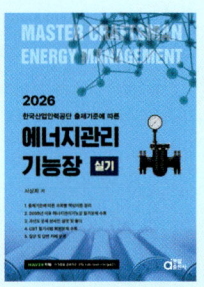

신재생

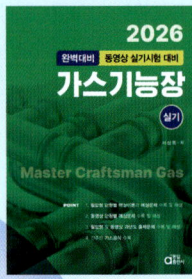

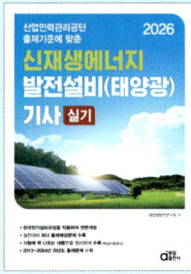

에너지관리

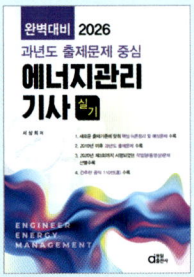

소방

전기기사 · 산업기사　전기공사기사 · 산업기사　전기철도기사 · 산업기사
전기직 공무원　군무원　공사　공단 시험대비

전기기사시리즈 04
전력공학

동일출판사 홈페이지 ▶FREE 무료 강의제공

동일출판사

Preface
머리말

모든 산업의 기초가 되는 전기는 그 중요성에 의해 전문화된 기술을 필요로 하며 그에 따라 전기설비의 유지 보수, 설계 및 시공 분야에서의 책임은 일정 자격을 취득한 사람에게 한정되는 추세이며 출제문제 또한 지금까지의 기 출제된 문제와 동일한 문제가 계속 반복 출제되고 있는 추세입니다.

따라서 최단 시간 내에 효과적으로 전기 분야 자격 취득을 위해서는 지금까지 출제된 문제를 집중 분석하고 출제 범위 및 난이도를 분석하여 공부하는 것이 바람직합니다.

본서는 이러한 출제 방향에 발맞추어 국가 기술 자격법이 처음으로 제정되고 시행된 1975년 이후 지금까지 출제된 문제를 총 망라하여 자격취득에 가장 효과적인 도서가 되도록 준비 하였습니다.

수험생 여러분들이 본 문제집을 조금 공부하다 보면 출제 방향 및 난이도를 용이하게 파악할 수 있으며, 또한 여러분 스스로 최단 시간 내에 자격증 취득을 위한 방향 설정 및 공부하는 방법을 습득할 수 있다고 생각하며 수험생 여러분들이 본 도서를 통하여 합격의 영광을 누리기 바랍니다.

編者 씀

이 책의 특징

과거 출제된 문제를 분야 및 유형별로 정리하여 알기 쉽고 완벽하게 풀이.

초보자도 쉽게 알 수 있도록 이론을 대폭 보강하여 시험에 나오는 내용만 공부할 수 있도록 각 내용마다 시험에 기출제 된 횟수 표기.

문제마다 출제된 빈도 표기 및 난이도 ★표시하여 출제 경향 및 출제 빈도가 높은 문제와 각 항목의 중요도를 쉽게 알 수 있게 정리.
단시간 내에 총정리 가능.

유사 기출 문제를 별도로 구성하여 학습효과를 극대화.

무료 동영상 강의를 제한 없이 이용.
(단, 공사기사 및 공사산업기사에 해당하는 각 년도 4회차 문제의 동영상은 미지원)

Contents

전력공학 ▶FREE 무료 강의 제공

1부 송배전

01 선로 정수 및 코로나 … 006
02 송전 특성 및 전력 원선도 … 032
03 고장 계산 … 081
04 유도 장해 및 안정도 … 105
05 중성점 접지 방식 … 119
06 이상 전압 및 개폐기 … 135
07 전선로 … 185
08 배전 선로의 구성과 전기 방식 … 210
09 배전 선로의 전기적 특성 … 236
10 배전 선로의 운용과 보호 … 263

2부 발전

01 수력 발전 … 284
02 화력 발전 … 320
03 원자력 발전 … 352

2016~2025 과년도문제 및 CBT 복원문제 ▶FREE 무료 강의 제공

전기기사 · 공사기사

2016년 전력공학	… 374
2017년 전력공학	… 389
2018년 전력공학	… 404
2019년 전력공학	… 419
2020년 전력공학	… 435
2021년 전력공학	… 447
2022년 전력공학	… 462
2023년 전력공학_CBT	… 477
2024년 전력공학_CBT	… 500
2025년 전력공학_CBT	… 511

전기산업기사 · 공사산업기사

2016년 전력공학	… 524
2017년 전력공학	… 539
2018년 전력공학	… 554
2019년 전력공학	… 569
2020년 전력공학	… 583
2021년 전력공학_CBT	… 595
2022년 전력공학_CBT	… 609
2023년 전력공학_CBT	… 624
2024년 전력공학_CBT	… 639
2025년 전력공학_CBT	… 651

전기기사시리즈 4
전력공학 출제기준

구 분	출 제 기 준	검정 종목
기 사	전문적인 지식이 요구되는 사항	전 기 전기공사
	1. 발변전 일반	
	2. 송배전 선로의 전기적 특성	
	3. 송배전 방식과 그 설비 및 운용	
	4. 계통 보호 방식 및 설비	
	5. 옥내배선	
	6. 배전반 및 제어기기의 종류와 특성	
	7. 개폐기류의 종류와 특성	
산업기사	일반적인 지식이 요구되는 사항	전 기 전기공사
	1. 발변전 일반	
	2. 송배전 선로의 전기적 특성	
	3. 송배전 방식과 그 설비 및 운용	
	4. 계통 보호 방식 및 설비	
	5. 옥내배선	
	6. 배전반 및 제어 기기의 종류와 특성	
	7. 개폐기류의 종류와 특성	

전기기사시리즈 04

전력공학
1부 송배전

01	선로 정수 및 코로나	006
02	송전 특성 및 전력 원선도	032
03	고장 계산	081
04	유도 장해 및 안정도	105
05	중성점 접지 방식	119
06	이상 전압 개폐기	135
07	전선로	185
08	배전 선로의 구성과 전기 방식	210
09	배전 선로의 전기적 특성	236
10	배전 선로의 운용과 보호	263

동일출판사 홈페이지에서 무료 동영상 강의를 보실 수 있습니다.

CHAPTER 01 선로 정수 및 코로나

1. 선로정수

출제 기사 3번

선로정수란 저항 R, 인덕턴스 L, 정전용량 C 및 누설 컨덕턴스 g의 4가지 정수를 선로정수라 하며 선로정수는 전선의 종류, 굵기, 배치에 따라 정해지며 송전전압, 주파수, 전류, 역률 및 기상 등에는 영향을 받지 않는다. 따라서 리액턴스는 주파수에 관계되므로 선로정수가 아니다.

1) 저항(R)

$$R = \rho \frac{l}{A} = \frac{1}{58} \times \frac{100}{C} \times \frac{l}{A} [\Omega]$$

여기서, ρ : 고유 저항[$\Omega/\text{m} \cdot \text{mm}^2$], l : 선로 길이[m]
A : 단면적[mm^2], C : 도전율[%]

$$\rho = \frac{1}{58} \times \frac{100}{C} [\Omega/\text{m} \cdot \text{mm}^2]$$

전선에 사용되는 도체의 도전율과 저항률 및 비중의 비교

도 체 명	도 전 율[%]	저항률[$\Omega/\text{m} \cdot \text{mm}^2$]	비 중
연 동 선	100	1/58	8.89
경 동 선	95	1/55	8.89
알루미늄선	61	1/35	2.7

※ 경동선의 저항률 $\rho = \frac{1}{58} \times \frac{100}{95} \fallingdotseq \frac{1}{55}$

※ 알루미늄선의 저항률 $\rho = \frac{1}{58} \times \frac{100}{61} \fallingdotseq \frac{1}{35}$

2) 인덕턴스(L)

① 단도체 인덕턴스 : $L = 0.4605 \log_{10} \frac{D}{r} + 0.05 [\text{mH/km}]$ 출제 산업 14번, 기사 11번

② 복도체 인덕턴스 : $L_n = 0.4605 \log_{10} \frac{D}{\sqrt[n]{rs^{n-1}}} + \frac{0.05}{n} [\text{mH/km}]$ 출제 기사 2번

$$L_2 = 0.4605 \log_{10} \frac{D}{\sqrt{rs}} + 0.025 [\text{mH/km}]$$ 출제 산업 1번

여기서, r : 전선의 반지름, D : 등가선간 거리
s : 소도체 간격, n : 복도체 수

(1) 등가선간거리

인덕턴스의 계산식에는 대수항이 포함되어 있기 때문에 거리 및 높이는 산술적 평균값이 아니고, 기하 평균거리를 취해야 한다.

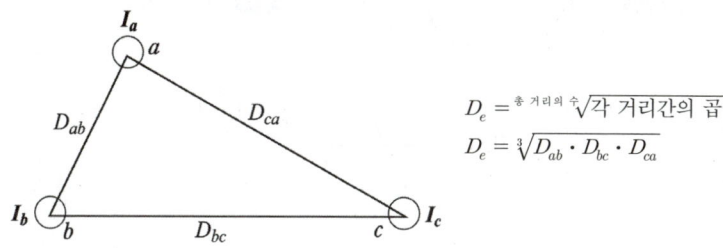

$$D_e = \sqrt[\text{총 거리의 수}]{\text{각 거리간의 곱}}$$
$$D_e = \sqrt[3]{D_{ab} \cdot D_{bc} \cdot D_{ca}}$$

종류	그림	등가선간거리
수평배열	A, B, C (간격 D, D)	$D_e = \sqrt[3]{D \cdot D \cdot 2D} = \sqrt[3]{2} \cdot D$ 출제 산업 3번
삼각배열	D_1, D_2, D_3	$D_e = \sqrt[3]{D_1 \cdot D_2 \cdot D_3}$ 출제 기사 2번
정4각배열	a, b, c, d (변 S, 대각선 $\sqrt{2}S$)	$\sqrt[6]{S \cdot S \cdot S \cdot S \cdot \sqrt{2}S \cdot \sqrt{2}S} = \sqrt[6]{2}\,S$ 출제 산업 6번, 기사 2번

(2) 등가반지름

복도체의 경우 등가반지름을 적용하여 인덕턴스를 계산한다.

$$r_e = \sqrt[n]{r s^{n-1}}$$ 출제 산업 1번, 기사 2번

여기서, n : 소도체 수
 r : 소도체 반지름
 s : 소도체간 거리

3) 정전 용량(C)

(1) 작용정전용량

정전용량은 정상운전 시 선로의 충전전류를 계산한다.

① 단도체 정전 용량 : $C_w = \dfrac{0.02413}{\log_{10}\dfrac{D}{r}}[\mu\text{F/km}]$

② 복도체 정전 용량 : $C_w = \dfrac{0.02413}{\log_{10}\dfrac{D}{\sqrt[n]{rs^{n-1}}}}[\mu\text{F/km}]$

③ 부분 정전 용량

- 단상 1회선인 경우 $C_w = C_s + 2C_m$

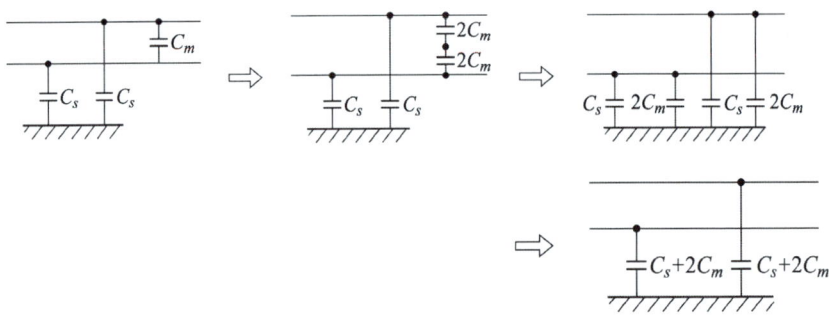

- 3상 1회선인 경우 $C_w = C_s + 3C_m$

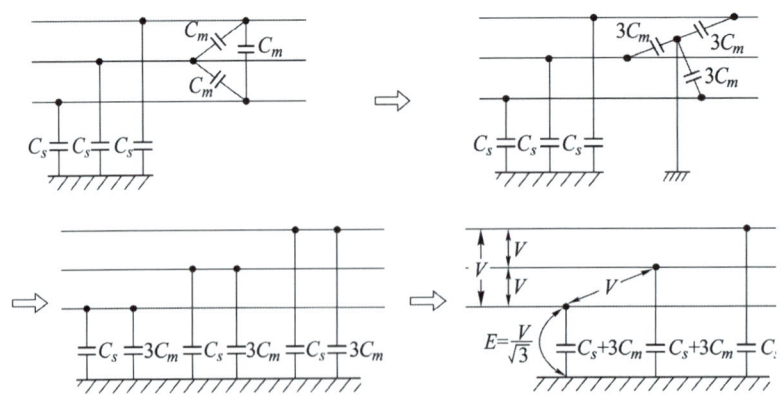

- 3상 2회선인 경우 $C_w = C_s + 3(C_m + C_m{}')$

여기서, C_w : 작용 정전 용량

C_s : 대지 정전 용량

C_m : 선간 정전 용량

$C_m{}'$: 다른 회선 간의 선간 정전 용량

(2) 3상 1회선인 경우 대지 정전 용량

$$C_s = \frac{0.02413}{\log_{10}\dfrac{8h^3}{rD^2}}[\mu\text{F/km}]$$

(3) 충전 용량

① 전선의 충전 전류 : $I_c = 2\pi f C \times \dfrac{V}{\sqrt{3}}$ [A] 출제 산업 13번, 기사 6번

② 전선로의 충전 용량 : $P_c = 2\pi f C V^2 \times 10^{-3}$ [kVA] 출제 산업 5번

여기서, C : 전선 1선당 정전 용량[F], V : 선간 전압[V], f : 주파수[Hz]

※ 선로의 충전전류 계산 시 전압은 변압기 결선과 관계없이 상전압 $\left(\dfrac{V}{\sqrt{3}}\right)$를 적용하여야 한다.

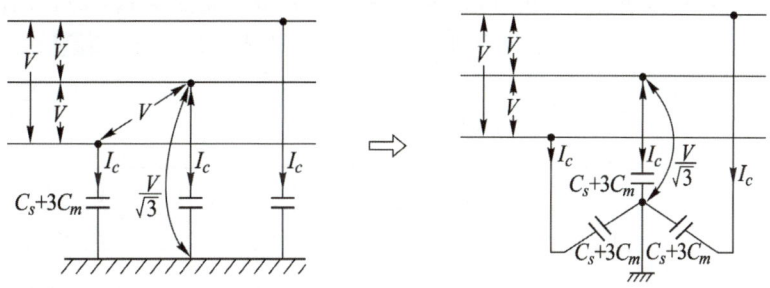

(4) 전선 지표상의 평균 높이

$$h = h' - \frac{2}{3}d\,[\text{m}]$$

여기서, h' : 지지점의 높이[m], d : 이도(dip)[m]

(5) 정전용량의 적용

- 지락전류 계산 시 : 대지정전용량
- 충전전류 계산 시 : 작용정전용량

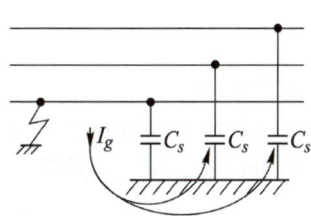
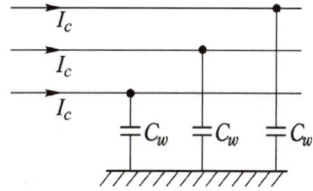

4) 누설 컨덕턴스(g)

애자는 전선 상호 간 또는 전선과 대지 사이를 절연하지만 완전한 절연은 아니므로 약간의 누설전류가 흐르게 되며, 이로 인해 유전체 손실, 히스테리시스 손실이 발생하게 된다. 따라서 이와 같은 손실을 표현하기 위하여 누설저항을 등가적으로 나타낼 수 있으며, 이 누설저항은 매우 크다. 또한 누설 콘덕턴스는 누설저항의 역수로 나타낸다.

2 연가

1) 개요

일반적인 3상 3선식 선로에서는 정삼각형 배치가 아니며, 또 지표상의 높이도 서로 같지 아니하므로 이러한 경우 각, 전선의 인덕턴스 및 정전용량은 다르게 된다.

이러한 경우 송전단에서 대칭전압을 인가하더라도 수전단에서는 비대칭으로 될 것이다. 따라서 이를 평형시키기 위하여 송전선로의 길이를 3의 정수배 구간으로 등분하고 지상의 전선을 적당한 구간마다 바꾸어 전체적으로 평형시키는데 이것을 연가라 한다. 출제 산업 2번

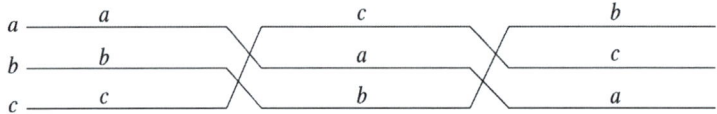

2) 연가의 효과

① 직렬공진 방지
② 유도장해 감소
③ 선로정수 평형 출제 산업 23번, 기사 7번

3 복도체

1) 개요

가공송전선로의 1상당 연결된 도체의 수가 2 이상인 것을 말한다.
복도체를 사용함으로써 전선의 등가 반지름이 증가하므로 인덕턴스는 감소하고 정전용량은 증가하여 안정도를 증가시키고, 코로나 발생을 억제하는 것을 목적으로 한다. 출제 산업 5번, 기사 3번

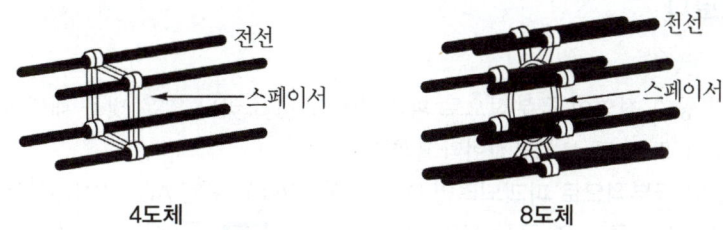

4도체   8도체

스페이서는 하나의 상에 복수도체를 다발로 하여 사용하는 다도체의 경우 전선 상호의 접근, 충돌을 방지하기 위해 사용된다.

2) 복도체 방식의 장단점

복도체의 경우 전선의 등가반지름 $r_e(\sqrt[n]{rs^{n-1}})$가 단도체의 반지름 r보다 증가하므로 다음과 같은 장·단점이 있다.

(1) 장점

① 선로의 인덕턴스 감소

$$L_n = \frac{0.05}{n} + 0.4605\log_{10}\frac{D}{\sqrt[n]{rs^{n-1}}}$$ 에서 $\sqrt[n]{rs^{n-1}}$ 이 증가하므로 L_n은 감소

② 선로의 정전용량 증가

$$C_n = \frac{0.02413}{\log_{10}\frac{D}{\sqrt[n]{rs^{n-1}}}}$$ 에서 $\sqrt[n]{rs^{n-1}}$ 이 증가하므로 C_n은 증가

③ 코로나 임계전압 상승

$$E_0 = 24.3m_0 m_1 \delta d\log_{10}\frac{D}{r}$$ 에서 d 증가

④ 선로의 송전용량 증가

$$P = \frac{V_s V_r}{X}\sin\delta$$ 에서 X가 감소하므로 P는 증가

⑤ 안정도 증대

$$P = \frac{E_G E_M}{X}\sin\theta$$ 에서 X가 감소하므로 θ가 감소하여 안정도 증대

(2) 단점

① 페란티 효과에 의한 수전단 전압 상승
② 단락사고 시 각 소도체에 같은 방향의 대전류가 흘러 소도체 상호 간에 흡인력 발생

4 코로나

전선 주위의 공기 절연이 국부적으로 파괴되어 낮은 소리나 엷은 빛을 내면서 방전하게 되는 현상을 코로나 또는 코로나 방전이라고 한다.
공기의 절연이 국부적으로 파괴되려면 DC : 30[kV/cm] 또는 AC : 21[kV/cm]의 전위경도가 가해져야 하는데 이를 파열 극한 전위 경도라 한다. 출제 산업 2번

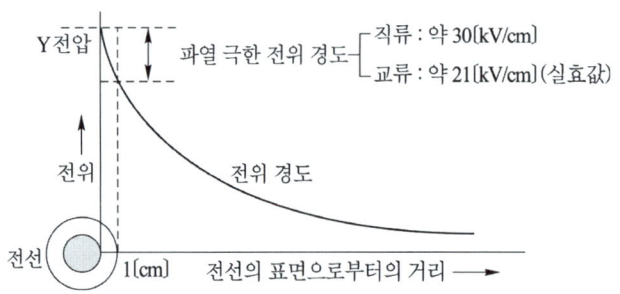

전위 경도

1) 코로나의 영향

① 전력 손실 : Peek의 식으로 계산할 수 있는 전력 손실을 발생한다.
② 코로나 잡음 : 코로나 방전에 의하여 코로나 펄스가 발생하고 코로나 잡음으로써 전파 장해를 일으킨다.
③ 고주파 전압, 전류의 발생 : 전압 파형이 코로나 방전에 의해서 잘려짐으로써, 푸리에 급수로 전개하면 고조파를 포함하게 된다. 제3고조파는 유도 장해의 원인이 되고, 비접지 계통에서는 파형을 일그러지게 한다.
④ 소호 리액터에 대한 영향 : 코로나가 발생하면 전선의 겉보기 굵기가 증가하므로 대지 정전 용량이 증대하고, 계통은 부족 보상이 된다. 또, 코로나 손실의 유효분 전류나 제3고조파 전류는 잔류 전류가 되어 소호 작용을 방해한다.
⑤ 전력선 반송 장치에의 영향 : 보안, 업무용 전화, 보호 계전 방식, 원격 측정 제어 등에 전력선 반송파를 사용하는데, 코로나에 의한 고조파가 여기에 영향을 미친다.
⑥ 전선의 부식 : 오존 및 산화 질소가 발생하여 수분과 합해서 초산(HNO_3)이 되면, 전선이나 바인드선을 부식한다. 출제 산업 1번, 기사 2번
⑦ 진행파의 파고값 감쇠 : 진행파(surge)는 전압이 높기 때문에 항상 코로나를 발생시키면서 진행한다. 이러한 서지의 감쇠 효과는 대부분 코로나 방전에 의한 것이다.
출제 산업 1번

2) 코로나 발생 임계전압

$$E_o = 24.3 m_o m_1 \delta d \log_{10} \frac{D}{r} \text{[kV]}$$ 출제 기사 5번

여기서, δ : 상대공기밀도 $\left(\delta = \dfrac{0.386b}{273+t}\right)$

단, E_0 : 코로나 임계 전압[kV]

m_0 : 전선의 표면 계수 $\begin{cases} \text{매끈한 단선 : 1} \\ \text{거친 단선 : } 0.98 \sim 0.93 \\ \text{7본 연선 : } 0.87 \sim 0.83 \\ \text{19} \sim \text{61본 연선 : } 0.85 \sim 0.80 \\ \text{중공 동선 : } 0.9 \sim 0.94 \end{cases}$

m_1 : 기후에 관한 계수 : 맑은 날씨이면 1.0, 비오는 날은 0.8

δ : 상대 공기 밀도, 기압을 b[mmHg], 기온을 t[℃]라고 하면

$$\delta = \frac{b}{760} \times \frac{273+20}{273+t} = \frac{0.386b}{273+t}$$

기압이 낮아지거나 온도가 높아지면 임계전압이 저하한다. 출제 산업 3번, 기사 4번

d : 전선의 지름[cm]
D : 선간 거리[cm]

3) 코로나의 방지대책 출제 산업 2번

기본적으로 코로나 임계전압 E_o를 크게 한다.
① 전선의 지름을 크게 한다.
② 복도체를 사용한다.
③ 가선 금구를 개량한다.

4) 코로나 손실(F.W. Peek 식)

$$P = \frac{241}{\delta}(f+25)\sqrt{\frac{d}{2D}}(E-E_0)^2 \times 10^{-5} \text{[kW/km/line]}$$ 출제 기사 2번

여기서, E : 전선의 대지전압[kV]
E_o : 코로나 임계전압[kV]
f : 주파수[Hz]
d : 전선의 지름[cm]
D : 선간거리[cm]
δ : 상대공기밀도 출제 기사 1번

CHAPTER 01 출제예상문제_선로 정수 및 코로나

등가 선간거리

01 ★★ 【94. 00. 기사, 72. 3급】

3상 3선식 가공 송전선로의 선간 거리가 각각 D_1, D_2, D_3일 때 등가 선간거리는?

① $\sqrt{D_1 D_2 + D_2 D_3 + D_3 D_1}$
② $\sqrt[3]{D_1 \cdot D_2 \cdot D_3}$
③ $\sqrt{D_1^2 + D_2^2 + D_3^2}$
④ $\sqrt[3]{D_1^3 + D_2^3 + D_3^3}$

[해설] $D_e = \sqrt[3]{D_1 \cdot D_2 \cdot D_3}$

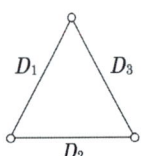

02 ★★★☆ 【92. 기사, 98. 00. 05. 23. 산업기사, ㉿ : 80. 86. 01. 산업기사】

간격 S인 정4각형 배치의 4도체에서 소선 상호 간의 기하학적 평균 거리는? 단, 각 도체 간의 거리는 d라 한다.

① $\sqrt{2}\, S$ ② $\sqrt{S}$ ③ $\sqrt[3]{S}$ ④ $\sqrt[6]{2}\, S$

[해설] $\sqrt[6]{S \cdot S \cdot S \cdot S \cdot \sqrt{2}\,S \cdot \sqrt{2}\,S} = \sqrt[6]{2}\,S$

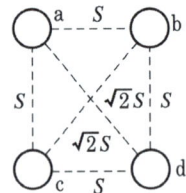

03 ★☆ 【83. 93. 01. 산업기사】

전선 a, b, c가 일직선으로 배치되어 있다. a와 b, b와 c 사이의 거리가 각각 5[m]일 때 이 선로의 등가 선간거리는 몇 [m]인가?

① 5   ② 10   ③ $5\sqrt[3]{2}$ ④ $5\sqrt{2}$

[해설] 등가 선간거리 D_e는

$D_e = \sqrt[3]{D_{ab} \cdot D_{bc} \cdot D_{ac}} = \sqrt[3]{5 \times 5 \times 10} = 5\sqrt[3]{2}\,[\text{m}]$

답 1. ②   2. ④   3. ③

유사문제

01. 그림과 같은 선로의 등가 선간 거리는 몇 [m]인가?

답 $D = \sqrt[3]{5 \times 5 \times (2 \times 5)} = 5\sqrt[3]{2}$

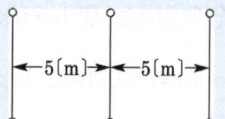

02. 3상 3선식에서 전선의 선간 거리가 각각 1[m], 2[m], 4[m]라고 할 때 등가 선간 거리는 몇 [m]인가?

답 $d = \sqrt[3]{1 \times 2 \times 4} = 2$[m]

03. 4각형으로 배치된 4도체 송전선이 있다. 소도체의 반지름 1[cm], 한 변의 길이 32[cm]일 때, 소도체간의 기하 평균 거리[cm]는?

답 $S_e = 32\sqrt[6]{2} = 32 \times 2^{\frac{1}{6}}$

인덕턴스의 계산

★★☆ 【91. 95. 99. 산업기사, ㉭ : 88. 91. 산업기사】

04 3상 3선식 송전선로의 선간거리가 D_1, D_2, D_3[m] 전선의 직경이 d[m]로 연가된 경우에 전선 1[km]의 인덕턴스는 몇 [mH]인가?

① $0.05 + 0.4605 \log_{10} \dfrac{\sqrt[2]{D_1 \cdot D_2 \cdot D_3}}{d}$

② $0.05 + 0.4605 \log_{10} \dfrac{2\sqrt[3]{D_1 \cdot D_2 \cdot D_3}}{d}$

③ $0.05 + 0.4605 \log_{10} \dfrac{d\sqrt[2]{D_1 \cdot D_2 \cdot D_3}}{d}$

④ $0.05 + 0.4605 \log_{10} \dfrac{d}{\sqrt[2]{D_1 \cdot D_2 \cdot D_3}}$

해설 $D_e = \dfrac{\sqrt[3]{D_1 \cdot D_2 \cdot D_3}}{r} = \dfrac{2\sqrt[3]{D_1 D_2 D_3}}{d}$

∴ $L = 0.05 + 0.4605 \log_{10} \dfrac{2\sqrt[3]{D_1 \cdot D_2 \cdot D_3}}{d}$

답 4. ②

05 그림과 같이 D[m]의 간격으로 반경 r[m]의 두 전선 a, b가 평행으로 가선되어 있는 경우 작용 인덕턴스는 몇 [mH/km]인가?

① $L = 0.05 + 0.4605 \log_{10} \dfrac{D}{r}$

② $L = 0.05 + 0.4605 \log_{10} \dfrac{r}{D}$

③ $L = 0.05 + 0.4605 \log_{10} (rD)$

④ $L = 0.05 + 0.4605 \log_{10} \left(\dfrac{1}{rD}\right)$

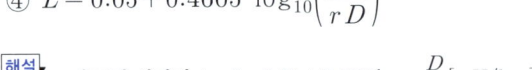

해설 단도체 인덕턴스 $L = 0.05 + 0.4605 \log_{10} \dfrac{D}{r}$ [mH/km]

06 길이가 35[km]인 단상 2선식 전선로의 유도 리액턴스는 몇 [Ω]인가? 단, 전선로 단위 길이당 인덕턴스는 1.3[mH/km/선], 주파수 60[Hz]이다.

① 17 ② 26 ③ 34 ④ 68

해설 $X_L = 2\pi f L l = 2\pi \times 60 \times 1.3 \times 10^{-3} \times 2 \times 35 = 34.3$[Ω]

07 반지름 14[mm]의 ACSR로 구성된 완전 연가된 3상 1회선 송전 선로가 있다. 각 상간의 등가 선간 거리가 2,800[mm]라고 할 때, 이 선로의 [km]당 작용 인덕턴스는 몇 [mH/km]인가?

① 1.11 ② 1.06 ③ 0.83 ④ 0.33

해설 $L = 0.4605 \log_{10} \dfrac{D}{r} + 0.05$ [mH/km]
$= 0.4605 \log_{10} \dfrac{2,800}{14} + 0.05$ [mH/km] $= 1.11$ [mH/km]

08 반지름이 r[m]인 3상 송전선 A, B, C가 그림과 같이 수평으로 D[m] 간격으로 배치되고 3선이 완전 연가된 경우 각 인덕턴스는 몇 [mH/km]인가?

① $L = 0.05 + 0.4605 \log_{10} \dfrac{D}{r}$

② $L = 0.05 + 0.4605 \log_{10} \dfrac{\sqrt{2}\,D}{r}$

③ $L = 0.05 + 0.4605 \log_{10} \dfrac{\sqrt{3}\,D}{r}$

④ $L = 0.05 + 0.4605 \log_{10} \dfrac{\sqrt[3]{2}\,D}{r}$

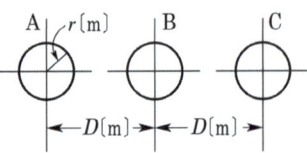

답 5. ① 6. ③ 7. ① 8. ④

해설
$$L = 0.05 + 0.4605 \log \frac{D_e}{r}$$
$$D_e = \sqrt[3]{D \cdot D \cdot 2D} = \sqrt[3]{2} \cdot D$$

09 ★★ 【80. 92. 09. 기사 04. 산업기사】
복도체 선로가 있다. 소도체의 지름 8[mm], 소도체 사이의 간격 40[cm]일 때, 등가 반지름 [cm]은?

① 2.8 ② 3.6 ③ 4.0 ④ 5.7

해설 등가 반지름 $r_e = \sqrt{rs} = \sqrt{0.4 \times 40} = 4.0[cm]$

10 ★★★ 【88. 98. 10. 산업기사, ㊤ : 84. 94. 기사】
430[mm²]의 ACSR(반지름 $r = 14.6$[mm])이 그림과 같이 배치되어 완전 연가된 송전 선로가 있다. 이 경우 인덕턴스[mH/km]를 구하면 어느 것인가? 단, 지표상의 높이는 딥(dip)의 영향을 고려한 것이다.

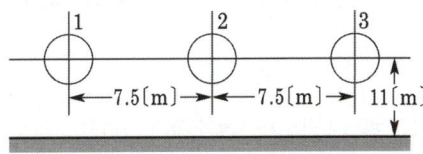

① 1.34 ② 1.35 ③ 1.37 ④ 1.38

해설 기하 평균 선간 거리
$$D = \sqrt[3]{7.5 \times 7.5 \times 2 \times 7.5} = 9.45[m] = 9,450[mm]$$
$$r = 14.6[mm]$$
$$\therefore L = 0.05 + 0.4605 \log_{10} \frac{D}{r} = 0.05 + 0.4605 \log_{10} \frac{9,450}{14.6} = 1.3445[mH/km]$$

11 ★ 【88. 98. 산업기사】
등가 선간거리 9.37[m], 공칭단면적 330[mm²], 도체외경 25.3[mm], 복도체 ACSR인 3상 송전선의 인덕턴스는 몇 [mH/km]인가? 단, 소도체 간격은 40[cm]이다.

① 1.001 ② 0.010 ③ 0.100 ④ 1.100

해설
$$L_n = \frac{0.05}{n} + 0.4605 \cdot \log \frac{D}{\sqrt[n]{rS^{n-1}}}$$
$$= \frac{0.05}{2} + 0.4605 \cdot \log \frac{9370}{\sqrt{12.65 \times 400}} = 1.0011[mH/km]$$

유사문제

01. 복도체에 있어서 소도체의 반지름을 r[m], 소도체 사이의 간격을 s[m]라고 할 때 2개의 소도체를 사용한 복도체의 등가 반지름은?

답 $\sqrt{r \cdot s}$

02. 선간 거리가 D이고, 반지름이 r인 선로의 인덕턴스 L[mH/km]은?

답 $L = 0.4605 \log_{10} \dfrac{D}{r} + 0.05$ [mH/km]

03. 3상 송전선로에서 지름 5[mm]의 경동선을 간격 1[m]로 정삼각형 배치를 한 가공전선의 1선 1[km]당의 작용 인덕턴스는 몇 [mH/km]인가?

답 1.25[mH/km]

04. 선간 거리 D, 도체의 반지름 r, 도체간의 간격 l인 복도체의 인덕턴스는 몇 [mH/km]인가?

답 $0.4605 \log_{10} \dfrac{D}{\sqrt{rl}} + 0.025$ [mH/km]

05. 소도체 2개로 된 복도체 방식 3상 3선식 송전 선로가 있다. 소도체의 지름 2[cm], 소도체 간격 36[cm], 등가 선간 거리 120[cm]인 경우에 복도체 1[km]의 인덕턴스[mH]는?
단, $\log_{10} 2 = 0.3010$이다.

답 0.624[mH/km]

06. 대지를 귀로로 하는 송전선로에서 단도체 1선의 자기 인덕턴스(대지 귀로포함)는 몇 [H/m]인가?
단, r[m] : 전선의 반경, H_e[m] : 상당 대지면의 깊이, D[m] : 선간거리

답 $\left(1 + 2 \log e \dfrac{2H_e}{r}\right) \times 10^{-7}$ [H/m]

정전용량의 계산

★☆ 【18. 기사, 97. 04. 산업기사, ㉾ : 77. 91. 산업기사】

12 송전 선로의 정전 용량은 등가 선간 거리 D가 증가하면 어떻게 되는가?

① 증가한다.
② 감소한다.
③ 변하지 않는다.
④ D^2에 반비례하여 감소한다.

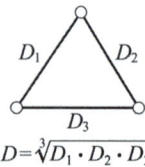
$D = \sqrt[3]{D_1 \cdot D_2 \cdot D_3}$

[해설] $C = \dfrac{0.02413}{\log \dfrac{D}{r}}$ 이므로 $C \propto \dfrac{1}{\log \dfrac{D}{r}}$ 에서 C는 D가 증가하면 감소한다.

답 12. ②

13 그림과 같은 대지 정전용량과 상호 정전용량을 갖는 3상 송전선에서 a상과 b상 사이의 상호 정전용량을 정전계수 K로 표시하면?

① $C_{ab} = K_{aa} + K_{ab} + K_{ac}$
② $C_{ab} = K_{bb} + K_{bc} + K_{ba}$
③ $C_{ab} = K_{ab}$
④ $C_{ab} = -K_{ab}$

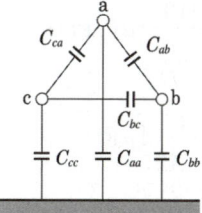

해설 K는 정전계수를 나타내는 단위로
K_{aa}, K_{bb}, K_{cc}는 정전용량계수를 K_{ab}, K_{bc}, K_{ca}, ⋯ 등은 정전유도계수를 나타낸다.
C_{ab}는 도체 a와 b 사이의 상호 정전유도계수이므로

$C_{aa} = K_{aa} + K_{ab} + K_{ca}$ $C_{ab} = -K_{ab} = -K_{ba}$
$C_{bb} = K_{ba} + K_{bb} + K_{bc}$ $C_{bc} = -K_{bc} = -K_{cb}$
$C_{cc} = K_{ca} + K_{cb} + K_{cc}$ $C_{ca} = -K_{ca} = -K_{ac}$

14 단상 2선식 배전 선로에 있어서 대지 정전 용량을 C_s, 선간 정전 용량을 C_m이라 할 때 작용 정전 용량 C_n은?

① $C_s + C_m$
② $C_s + 2C_m$
③ $C_s + 3C_m$
④ $2C_s + C_m$

해설 등가 회로를 그려 보면

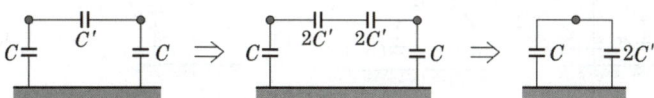

1선당의 작용 정전 용량 $C_n = 2C' + C = 2C_m + C_s$

15 3상 1회전 송전선의 대지 정전용량은 전선의 굵기가 동일하고 완전히 연가되어 있는 경우에는 얼마인가? 단, r[m] : 도체의 반지름, D[m] : 도체의 등가 선간 거리, h[m] : 도체의 평균 지상 높이이다.

① $\dfrac{0.02413}{\log_{10}\dfrac{4h^2}{rD}}$
② $\dfrac{0.02413}{\log_{10}\dfrac{4h^2}{rD^2}}$
③ $\dfrac{0.02413}{\log_{10}\dfrac{8h^3}{rD^2}}$
④ $\dfrac{0.02413}{\log_{10}\dfrac{8h^3}{rD^3}}$

해설 대지 정전용량 $C = C_{11} = C_{22} = C_{33} = K + 2K' = \dfrac{1}{P+2P'} = \dfrac{0.02413}{\log_{10}\dfrac{8h^3}{rD^2}}$ [μF/km]

답 13. ④ 14. ② 15. ③

16 선간 거리 D이고 반지름이 r인 선로의 정전용량 C는?

① $\dfrac{0.2413}{\log_{10}\dfrac{r}{D}}[\mu\text{F/km}]$ ② $\dfrac{0.02413}{\log_{10}\dfrac{r}{D}}[\mu\text{F/km}]$

③ $\dfrac{0.2413}{\log_{10}\dfrac{D}{r}}[\mu\text{F/km}]$ ④ $\dfrac{0.02413}{\log_{10}\dfrac{D}{r}}[\mu\text{F/km}]$

해설 $C=\dfrac{0.02413}{\log_{10}\dfrac{D}{r}}$

여기서, r : 반지름, D : 등가거리

17 3상 1회선 전선로의 작용 정전 용량을 C, 선간 정전 용량을 C_1, 대지 정전 용량을 C_2라 할 때 C, C_1, C_2의 관계는?

① $C = C_1 + 3C_2$ ② $C = 3C_1 + C_2$
③ $C = C_1 + C_2$ ④ $C = 3(C_1 + C_2)$

해설 등가 회로를 그려 보면

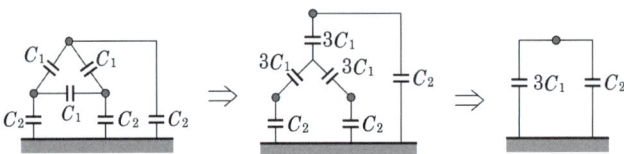

1선당의 작용 정전 용량 $C = 3C_1 + C_2$

18 3상 3선식 1회선의 가공 송전선로에서 D를 선간거리, r을 전선의 반지름이라고 하면 1선당 정전용량 C는?

① $\log_{10}\dfrac{D}{r}$에 비례한다. ② $\log_{10}\dfrac{D}{r}$에 반비례한다.
③ $\dfrac{D}{r}$에 비례한다. ④ $\dfrac{r}{D}$에 비례한다.

해설 $C_w = \dfrac{0.02413}{\log_{10}\dfrac{D}{r}}[\mu\text{F/km}]$이므로 정전 용량은 $\log_{10}\dfrac{D}{r}$에 반비례한다.

답 16. ④ 17. ② 18. ②

19 3상 3선식 송전선로에 있어서 각선의 대지 정전용량이 0.5096[μF]이고, 선간 정전용량이 0.1295[μF]일 때 1선의 작용 정전용량은 몇 [μF]인가?

① 0.6391 ② 0.7686
③ 0.8981 ④ 1.5288

[해설] $C_n = C_s + 3C_m = 0.5096 + 3 \times 0.1295 = 0.8981[\mu F]$

20 송배전선로의 작용 정전용량은 무엇을 계산하는 데 사용되는가?

① 비접지계통의 1선 지락 고장 시 지락고장전류 계산
② 정상운전 시 선로의 충전전류 계산
③ 선간단락 고장 시 고장전류 계산
④ 인접 통신선의 정전유도전압 계산

[해설] 작용 정전용량의 계산은 송전선로의 상전압평형 정상시 선로의 충전 전류를 계산하는 데 사용

유사문제

01. 도체의 반지름이 r[m], 지표상의 높이가 h[m], 선간 거리가 D[m]인 단상 2선식의 배전 선로가 있다. 대지 정전 용량 C_s[F/m]는 다음 중 어느 것인가?

답 $\dfrac{1}{2\left(\log\dfrac{4h^2}{rD}\right) \times 9 \times 10^9}$

02. 가공 송전 선로에서 선간 거리를 도체 반지름으로 나눈 값($D \div r$)이 클수록 어떠한가?

답 인덕턴스는 커지나 정전 용량은 작아진다.

03. 소도체 두 개로 된 복도체 방식 3상 3선식 송전 선로가 있다. 소도체의 지름 2[cm], 소도체 간격 16[cm], 등가 선간 거리 200[cm]인 경우 1상당 작용 정전 용량[μF/km]은 얼마인가?

답 0.014[μF/km]

04. 선간 거리가 $2D$[m]이고 선로 도선의 지름이 d[m]인 선로의 단위 길이당 정전 용량은 몇 [μF/km]인가?

답 $\dfrac{0.02413}{\log_{10}\dfrac{4D}{d}}[\mu F/km]$

답 19. ③ 20. ②

연가

21 상당 대지면의 깊이[m]는 산악 지대에서 얼마인가?

① 100　　② 300　　③ 600　　④ 900

해설) 상당 대지면의 깊이는 평지에서 300, 산지에서 600, 산악에서 900이다.

22 연가를 하는 주된 목적은?

① 미관상 필요　　② 선로정수의 평형
③ 유도뢰의 방지　　④ 직격뢰의 방지

해설) 연가는 선로정수를 평형시키고 통신선의 유도장해를 방지하기 위하여 선로를 3배수 등분하여 실시한다.
연가의 목적 : 직렬공진 방지, 유도장해 감소, 선로정수 평형

23 선로 정수를 전체적으로 평형되게 하고, 근접 통신선에 대한 유도 장해를 줄일 수 있는 방법은?

① 딥(dip)을 준다.　　② 연가를 한다.
③ 복도체를 사용한다.　　④ 소호 리액터 접지를 한다.

해설) 연가는 선로정수를 평형시키고 통신선의 유도장해를 방지하기 위하여 선로를 3배수 등분하여 실시한다.
연가의 목적 : 직렬공진 방지, 유도장해 감소, 선로정수 평형

24 연가의 효과가 아닌 것은?

① 작용 정전 용량의 감소　　② 통신선의 유도 장해 감소
③ 각 상의 임피던스 평형　　④ 직렬 공진의 방지

해설) 연가의 효과
① 선로정수 평형　　② 임피던스 평형
③ 소호리액터 접지 시 직렬공진 방지　　④ 유도장해 감소

25 3상 3선식 송전선을 연가할 경우 일반적으로 전체 선로길이의 몇 배수로 등분해서 연가하는가?

① 5　　② 4　　③ 3　　④ 2

답) 21. ④　22. ②　23. ②　24. ①　25. ③

해설) 3상 3선식에는 상이 셋이므로 3상의 선로정수를 평형시키려면 3배수로 하여야 한다.

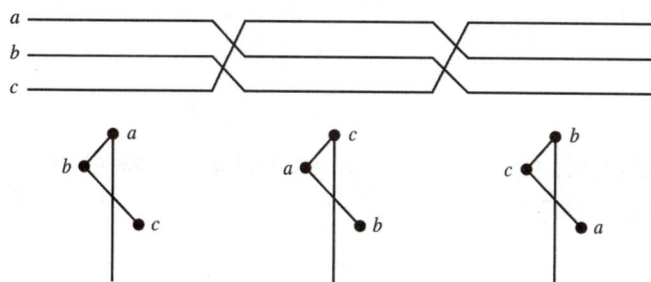

복도체

26 ★★ 【77. 01. 11. 기사】
전선의 반지름 r[m], 소도체 간의 거리 l[m], 소도체 수 2, 상간 거리 D[m]인 복도체의 인덕턴스 $L = 0.4605\ \boxed{} + 0.025$[mH/km]이다. $\boxed{}$ 내의 값은?

① $\log_{10} \dfrac{D}{\sqrt{rl}}$ ② $\log_e \dfrac{D}{\sqrt{rl}}$ ③ $\log_{10} \dfrac{l}{\sqrt{rD}}$ ④ $\log_e \dfrac{l}{\sqrt{rD}}$

해설) $L = 0.025 + 0.4605 \log_{10} \dfrac{D}{\sqrt{rs}}$

* 소도체간의 거리를 저자에 따라서 $l = s = e$라고 쓰며 실제 거리는 36~40[cm]를 쓴다.

27 ★★★★★ 【87. 92. 98. 05. 18. 산업기사, ⊕ : 87. 92. 95. 기사, 82. 산업기사, 73. 3급】
송전 계통에 복도체가 사용되는 주된 목적은 다음 중 무엇인가?
① 전력 손실의 경감 ② 역률 개선
③ 선로 정수의 평형 ④ 코로나 방지

해설) 복도체를 사용함으로써 전선의 등가 반지름이 증가하므로 인덕턴스는 감소하고 정전 용량을 증가하여 송전 용량이 증가하여 안정도를 증진시키고, 코로나 임계 전압을 높일 수 있어 코로나를 방지한다.

28 ☆ 【82. 산업기사】
복도체 방식이 가장 적당한 송전 선로는?
① 저전압 송전 선로 ② 고압 송전 선로
③ 특고압 송전 선로 ④ 초고압 송전 선로

해설) 단도체 방식에 비해서 복도체 방식의 장점은
① 전선의 인덕턴스가 감소하고 정전 용량이 증가되어 선로의 송전 용량이 증가하고 계통의 안정도를 증진시킨다.

답) 26. ① 27. ④ 28. ④

② 전선 표면의 전위 경도가 저감되므로 코로나 임계 전압을 높일 수 있고 코로나손, 코로나 잡음 등의 장해가 저감된다.
그러므로 초고압 송전 선로에 적당하다.

29 ★★ 【94. 02. 기사】
복도체에서 2본의 전선이 서로 충돌하는 것을 방지하기 위하여 2본의 전선 사이에 적당한 간격을 두어 설치하는 것은?

① 아모로드 ② 댐퍼
③ 아킹혼 ④ 스페이서

[해설] 스페이서는 하나의 상에 복수도체를 다발로 하여 사용하는 다도체의 경우 전선 상호의 접근, 충돌을 방지하기 위해 사용된다.

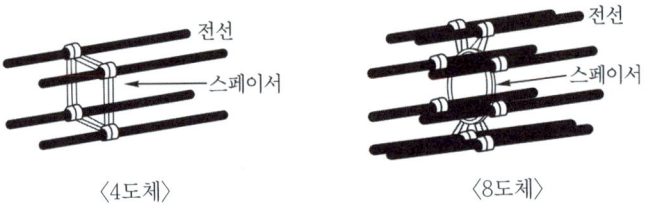

〈4도체〉 〈8도체〉

30 ★★★★★ 【77. 92. 98. 00. 12. 기사, 85. 87. 91. 95. 97. 98. 99. 산업기사, ㊉ : 91. 기사, 96. 98. 산업기사】
345[kV]용에서 사용하는 복도체는 같은 단면적의 단도체에 비하여 어떠한가?

① 인덕턴스는 증가하고, 정전용량은 감소한다.
② 인덕턴스는 감소하고, 정전용량은 증가한다.
③ 인덕턴스, 정전용량이 감소한다.
④ 인덕턴스, 정전용량이 증가한다.

[해설] 단도체 $L = 0.05 + 0.4605 \log_{10} \frac{D}{r}$, $C = \dfrac{0.02413}{\log_{10} \frac{D}{r}}$

복도체 $L = \dfrac{0.05}{n} + 0.4605 \log_{10} \dfrac{D}{\sqrt[n]{rs^{n-1}}}$, $C = \dfrac{0.02413}{\log_{10} \dfrac{D}{\sqrt[n]{rs^{n-1}}}}$

위 식에서 보는 것 같이 복도체는 단도체에 비해서 등가 반지름이 증가하므로 인덕턴스는 감소, 정전 용량은 증가한다.

31 ★★ 【80. 83. 93. 01. 05. 산업기사】
복도체에 대한 다음 설명 중 옳지 않은 것은?

① 같은 단면적의 단도체에 비하여 인덕턴스는 감소, 정전용량은 증가한다.
② 코로나 개시 전압이 높고, 코로나 손실이 적다.
③ 같은 전류 용량에 대하여 단도체보다 단면적을 적게 할 수 있다.
④ 단락 시 등의 대전류가 흐를 때 소도체 간에 반발력이 생긴다.

답 29. ④ 30. ② 31. ④

해설 복도체에서 단락 시는 모든 소도체에는 동일 방향으로 전류가 흐르므로 흡인력이 생긴다.

32 ★★ 【88. 94. 00. 10. 산업기사】
복도체를 사용하면 송전용량이 증가하는 가장 주된 이유는?
① 코로나가 발생하지 않는다.
② 선로의 작용 인덕턴스는 감소하고 작용 정전용량은 증가한다.
③ 전압강하가 적다.
④ 무효전력이 적어진다.

해설 복도체를 사용함으로써 전선의 등가 반지름이 증가하므로 인덕턴스는 감소하고 정전용량은 증가하여 송전용량이 증가하고 안정도를 증대시킨다.

33 ★★★★★ 【92. 기사, 76. 78. 85. 93. 98. 99. 05. 12. 산업기사, ㉔ : 77. 기사】
지중선 계통은 가공선 계통에 비하여 인덕턴스와 정전 용량은 어떠한가?
① 인덕턴스, 정전 용량이 모두 크다.
② 인덕턴스, 정전 용량이 모두 작다.
③ 인덕턴스는 크고 정전 용량은 작다.
④ 인덕턴스는 작고 정전 용량은 크다.

해설 지중선 계통은 가공선 계통에 비해서 선간 거리가 수십 배 작으므로 인덕턴스는 작고 정전 용량은 크다.

유사문제
유사문제 원문 및 해설 : 동일출판사 홈페이지 ≫ 고객센터 ≫ 자료실

01. 송전 선로에 복도체를 사용하는 이유는?
답 코로나를 방지하고 인덕턴스를 감소시킨다.

02. 초고압 송전 선로에 단도체 대신 복도체를 사용할 경우에 적합하지 않은 것은?
답 전선의 코로나 임계 전압을 저감시킨다.

03. 복도체 또는 다도체에 대한 설명으로 옳지 않은 것은?
답 복도체의 선로 정수는 같은 단면적의 단도체 선로에 비교할 때 변함이 없다.

04. 송전선에 복도체(또는 다도체)를 사용할 경우 같은 단면적의 단도체를 사용하였을 경우에 비하여 다음 표현 중 적합하지 않는 것은?
답 전선 표면의 전위 경도가 증가한다.

05. 송전선에 복도체를 사용할 때의 장점으로 해당 없는 것은?
답 정전 반발력에 의한 전선 진동이 감소

답 32. ② 33. ④

충전전류 및 충전

34 정전 용량 0.01[μF/km], 길이 173.2[km], 선간 전압 60,000[V], 주파수 60[Hz]인 송전선로의 충전전류는 몇 [A]인가?

① 6.3 ② 1.25 ③ 22.6 ④ 37.2

해설 $I_c = 2\pi f C l E = 2\pi \times 60 \times 0.01 \times 10^{-6} \times 173.2 \times \dfrac{60,000}{\sqrt{3}} = 22.6[\text{A}]$

35 60[Hz], 154[kV], 길이 200[km]인 3상 송전 선로에서 $C_s = 0.008[\mu\text{F/km}]$, $C_m = 0.0018$ [μF/km]일 때 1선에 흐르는 충전 전류[A]는?

① 68.9
② 78.9
③ 89.8
④ 97.6

해설 작용 정전 용량은
$C_w = C_s + 3C_m = 0.0134[\mu\text{F/km}]$
1선 충전 전류
$I_c = \omega C E l = 2\pi f C E l = 2\pi \times 60 \times 0.0134 \times 10^{-6} \times 200 \times \dfrac{154,000}{\sqrt{3}} = 89.8[\text{A}]$

36 단위 길이당의 3상 1회선과 대지 간의 충전 전류가 0.3[A/km]일 때 길이가 35[km]인 선로의 충전 전류[A]는?

① 9.5 ② 10.5 ③ 13 ④ 15.5

해설 충전 전류 $I_c = 0.3[\text{A/km}] \times 35[\text{km}] = 10.5[\text{A}]$

37 3상 1회선의 송전선로에 3상 전압을 가해 충전할 때 1선에 흐르는 충전전류는 32[A], 또 3선을 일괄하여 이것과 대지 사이에 정전압을 가하여 충전시켰을 때 충전전류는 60[A]가 되었다. 이 선로의 대지 정전용량과 선간 정전용량의 비는 얼마이겠는가?

① 5 : 1 ② 15 : 8 ③ 3 : 1 ④ $\sqrt{3}$: 1

답 34. ③ 35. ③ 36. ② 37. ①

해설 ▶ 3상 3선식 선로에서는 작용 정전 용량(C_n)과 대지 정전 용량(C_s) 및 선간 정전 용량(C_m)과의 사이에는 $C_n = C_s + 3C_m$의 관계가 있다. 지금 선간 전압을 V라고 하면 제의에 따라

$$\omega C_n \frac{V}{\sqrt{3}} = \omega(C_s + 3C_m)\frac{V}{\sqrt{3}} = 32 \quad \cdots\cdots\cdots ①$$

$$3\omega C_s \frac{V}{\sqrt{3}} = \sqrt{3}\,\omega C_s V = 60 \quad \cdots\cdots\cdots ②$$

식 ②로부터 $\omega V = \dfrac{60}{\sqrt{3}\,C_s}$

이것을 식 ①에 대입해서 정리하면 $60\dfrac{C_m}{C_s} + 20 = 32$

$$\therefore \frac{C_m}{C_s} = \frac{1}{5}$$

38 ★★☆ 【82. 86. 91. 97. 25. 산업기사, ⊕ : 82. 산업기사】
22,000[V], 60[Hz], 1회선의 3상 지중 송전선의 무부하 충전 용량[kVar]은? 단, 송전선의 길이는 20[km], 1선의 1[km]당의 정전 용량은 0.5[μF]이다.

① 1,750　　② 1,825　　③ 1,900　　④ 1,925

해설 ▶ $Q_c = 3EI_c = 3\omega CE^2$

$$= 3 \times 2\pi f \times 0.5 \times 10^{-6} \times 20 \times \left(\frac{22,000}{\sqrt{3}}\right)^2 \times 10^{-3} = 1,825[\text{kVar}]$$

유사문제

∥ 유사문제 원문 및 해설 : 동일출판사 홈페이지 ≫ 고객센터 ≫ 자료실

01. 전압 66,000[V], 주파수 60[Hz], 길이 20[km], 심선 1선당 작용 정전 용량 0.3464[μF/km]인 3상 지중 전선로의 3상 무부하 충전 전류는 약 몇 [A]인가? 단, 정전 용량 이외의 선로 정수는 무시함
　답 99.4[A]

02. 대지 정전 용량 0.007[μF/km], 상호 정전 용량 0.001[μF/km] 선로의 길이 100[km]인 3상 송전선이 있다. 여기에 154[kV], 60[Hz]를 가했을 때 1선에 흐르는 충전 전류는 몇 [A]인가?
　답 33.5[A]

03. 22[kV], 60[Hz] 1회선의 3상 송전선의 무부하 충전 전류[A]를 구하면? 단, 송전선의 길이는 20[km]이고, 1선 1[km]당 정전 용량은 0.5[μF]이다.
　답 약 48[A]

04. 60[Hz], 154[kV], 길이 100[km]인 3상 송전 선로에서 대지 정전 용량 $C_s = 0.005[\mu\text{F/km}]$, 전선 간의 상호 정전 용량 $C_m = 0.0014[\mu\text{F/km}]$일 때 1선에 흐르는 충전 전류[A]는?
　답 30.8[A]

답 38. ②

코로나

39 ★ 【75. 93. 산업기사】
표준 상태의 기온, 기압하에서 공기의 절연이 파괴되는 전위 경도는 정현파 교류의 실효값 [kV/cm]으로 얼마인가?

① 40　　　　② 30　　　　③ 21　　　　④ 12

해설: 절연 파괴 전위 경도는 직류에 있어서는 30[kV/cm], 교류에 있어서는 교류 최대값이 30[kV/cm]이므로 실효값은 $30/\sqrt{2}$[kV/cm], 즉 21[kV/cm]이다.

40 ★★★★★ 【78. 90. 91. 99. 11. 기사, 81. 85. 94. 10. 산업기사】
송전선로에서 코로나 임계 전압이 높아지는 경우는 다음 중 어느 것인가?

① 온도가 높아지는 경우　　　　② 상대 공기밀도가 작을 경우
③ 전선의 직경이 큰 경우　　　　④ 기압이 낮은 경우

해설: 기압이 낮아지거나 온도가 높아지면 임계전압이 저하한다.

41 ★★★★ 【78. 94. 99. 00. 03. 기사】
3상 3선식 송전선로에서 코로나의 임계전압 E_0[kV]의 계산식은? 단, $d = 2r$ = 전선의 지름 [cm], D = 전선(3선)의 평균 선간거리[cm]이며, 전선표면계수, 날씨계수, 상대공기 밀도 등의 영향계수는 곱하지 않는 것으로 한다.

① $E_0 = 24.3 d \log_{10} \dfrac{D}{r}$　　　　② $E_0 = 24.3 d \log_{10} \dfrac{r}{D}$

③ $E_0 = \dfrac{24.3}{d \log_{10} \dfrac{D}{r}}$　　　　④ $E_0 = \dfrac{24.3}{d \log_{10} \dfrac{r}{D}}$

해설: $E_0 = 24.3 m_0 m_1 \delta d \log_{10} \dfrac{2D}{d}$
여기서, m_0: 전선의 표면계수, m_1: 기후계수, δ: 상대 공기밀도, d: 전선의 지름, D: 선간거리
∴ $E_0 = 24.3 d \log \dfrac{2D}{2r} = 24.3 d \log \dfrac{D}{r}$

42 ☆ 【84. 산업기사】
송전 선로에 코로나가 발생하였을 때 이점이 있다면 다음 중 어느 것인가?

① 계전기의 신호에 영향을 준다.
② 라디오 수신에 영향을 준다.
③ 전력선 반송에 영향을 준다.
④ 고전압의 진행파가 발생하였을 때 뇌 서지에 영향을 준다.

답: 39. ③　40. ③　41. ①　42. ④

해설 코로나가 발생하면 전력 손실이 생기며 전기 회로 측면에서 보면 저항과 같은 역할을 하므로 이상 전압 발생 시 이상 전압을 경감시킨다.

★★☆ 【82. 93. 12. 기사, 91. 산업기사, 72. 3급】
43 송전선에 코로나가 발생하면 전선이 부식된다. 무엇에 의하여 부식되는가?

① 산소　　② 질소　　③ 수소　　④ 오존

해설 오존과 산화질소는 코로나 방전시에 발생하며 습기와 혼합하면 질산이 되므로 전선이나 부속물을 부식시킨다.

★★★★ 【23. 25. 기사, 82. 00. 09. 17. 산업기사】
44 코로나 방지 대책으로 적당하지 않은 것은?

① 전선의 외경을 증가시킨다.　　② 선간 거리를 증가시킨다.
③ 복도체 방식을 채용한다.　　④ 가선 금구를 개량한다.

해설 코로나 방지 대책
① 전선의 지름을 크게 한다.　② 복도체를 사용한다.
③ 가선 금구를 개량한다.　④ 가선 시에 전선 표면의 금구를 손상하지 않게 한다.
방지 대책과 임계 전압 식에서 보면 모두 해당이 되나 선간 거리를 증가시키려면 철탑을 보강하여야 하므로 경제적 측면에서 부적당하다.

★ 【97. 05. 기사】
45 코로나 현상에 대한 설명 중 옳지 않은 것은?

① 코로나 현상은 전력의 손실을 일으킨다.
② 코로나 손실은 전원 주파수의 2/3 제곱에 비례한다.
③ 코로나 방전에 의하여 전파 장해가 일어난다.
④ 전선을 부식한다.

해설 Peek의 식 $P_c = \dfrac{241}{\delta}(f+25)\sqrt{\dfrac{d}{2D}}(E-E_0)^2 \times 10^{-5}$ [kW/km/선]
δ : 상대 공기 밀도

★ 【97. 기사】
46 송전선의 코로나손과 가장 관계가 깊은 것은?

① 상대 공기 밀도　　② 송전선의 정전 용량
③ 송전 거리　　④ 송전선의 전압 변동률

해설 Peek의 식 $P_c = \dfrac{241}{\delta}(f+25)\sqrt{\dfrac{d}{2D}}(E-E_0)^2 \times 10^{-5}$ [kW/km/선]
δ : 상대 공기 밀도

답 43. ④　44. ②　45. ②　46. ①

유사문제

유사문제 원문 및 해설 : 동일출판사 홈페이지 » 고객센터 » 자료실

01. 다음 중 송전 선로의 코로나 임계 전압이 높아지는 경우가 아닌 것은?

답 상대 공기 밀도가 작다.

02. 1선 1[km]당의 코로나 손실 P[kW]를 나타내는 Peek 식은? (단, δ : 상대 공기 밀도, D : 선간 거리[cm], d : 전선의 지름[cm], f : 주파수[Hz], E : 전선에 걸리는 대지 전압[kV], E_0 : 코로나 임계 전압[kV]이다.)

답 $P = \dfrac{241}{\delta}(f+25)\sqrt{\dfrac{d}{2D}}(E-E_0)^2 \times 10^{-5}$

03. 송전 선로의 코로나 손실을 나타내는 Peek 식에서 E_0에 해당하는 것은?

단, Peek 식 : $P = \dfrac{241}{\delta}(f+25)\sqrt{\dfrac{d}{2D}}(E-E_0)^2 \times 10^{-5}$ [kW/km/선]

답 코로나 임계전압

선로정수 일반

★★★ 【91. 96. 00. 기사】
47 송전선로의 선로정수가 아닌 것은 다음 중 어느 것인가?
① 저항　　② 리액턴스　　③ 정전용량　　④ 누설 콘덕턴스

해설, 선로정수는 저항(R), 인덕턴스(L), 정전용량(C), 누설 콘덕턴스(g)가 있다.

☆ 【80. 산업기사】
48 154[kV] 송전 선로의 1[km]당의 애자련 정전 용량[pF]을 구하면? 단, 철탑의 경간은 250[m]이고, 애자련 1개의 정전 용량은 9[pF]이다.
① 45　　② 36　　③ 2.25　　④ 1.8

해설, 1[km]에 4개의 애자련이 병렬로 연결되어 있으므로 $9 \times 4 = 36$[pF]

★★★★ 【82. 83. 92. 99. 14. 15. 산업기사, ㉠ : 83. 86. 92. 99. 산업기사】
49 현수 애자 4개를 1련으로 한 66[kV] 송전 선로가 있다. 현수 애자 1개의 절연 저항이 2,000[MΩ]이라면 표준 경간을 200[m]로 할 때 1[km]당의 누설 컨덕턴스[℧]는?
① 약 0.63×10^{-9}　　② 약 0.73×10^{-9}
③ 약 0.83×10^{-9}　　④ 약 0.93×10^{-9}

답 47. ②　48. ②　49. ①

해설▶ 현수 애자 1련의 저항 $r = 2,000[\text{M}\Omega] \times 4 = 8 \times 10^9[\Omega]$

표준 경간이 200[m]이므로 1[km]에는 현수 애자가 5련이 설치된다. $R = \dfrac{r}{n} = \dfrac{8}{5} \times 10^9[\Omega]$

누설 컨덕턴스 $G = \dfrac{1}{R} = \dfrac{5}{8} \times 10^{-9}[\mho] = 0.63 \times 10^{-9}[\mho]$

★★ 【88. 94. 12. 15. 산업기사】
50 송전선로의 저항을 R, 리액턴스를 X라 하면 다음의 어느 식이 성립하는가?
① $R > X$
② $R < X$
③ $R = X$
④ $R \leq X$

해설▶ 주로 저항은 무시, 리액턴스가 훨씬 크다.

유사문제

▌유사문제 원문 및 해설 : 동일출판사 홈페이지 ≫ 고객센터 ≫ 자료실

01. 길이 50[km]인 송전선 한 줄마다의 애자 수는 300련이다. 애자 1련의 누설 저항이 $10^2[\text{M}\Omega]$이라면, 이 선로의 누설 컨덕턴스[$\mho$]는?
답 $3 \times 10^{-6}[\mho]$

답 50. ②

CHAPTER 02 송전 특성 및 전력 원선도

송전단에서 수전단까지의 거리에 따라 단거리, 중거리, 장거리 선로로 구분한다.

구 분	거 리	선로정수	회 로
단거리	수[km]	R, L만 고려	집중 정수회로로 취급
중거리	수십[km]	R, L, C만 고려	T회로, π회로로 취급
장거리	수백[km]	R, L, C, g 고려	분포정수 회로로 취급

1. 단거리 송전선로

단거리 송전선로는 선로길이가 짧은 관계로 $Y = G + j\omega C[\mho]$를 무시한 상태에서 집중정수 회로로 취급하여 특성을 해석한다.

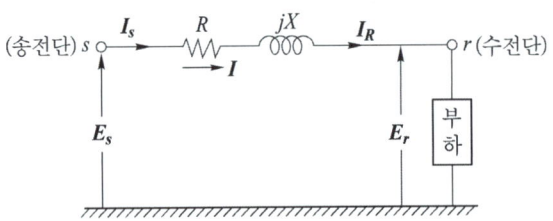

단거리 송전선로의 등가 회로

집중정수회로의 경우 $Z = R + j\omega L[\Omega]$이 선로에 집중된 것으로 해석한다.

1) 전압강하

송전단 전압을 E_S, 송전단 전류를 I_S, 수전단 전압을 E_R, 수전단 전류가 I_R일 경우 다음과 같이 벡터도를 그릴수 있다.

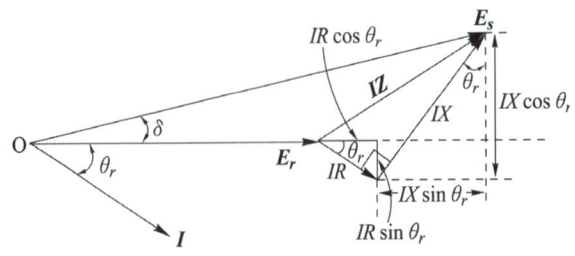

E_r을 기준 벡터로 취한 벡터도

위 벡터도에서 송전단 전압은 수전단전압과 저항과 임피던스의 전압강하의 합과 같다.

$$\dot{E_s} = \dot{E_r} + \dot{I}R + j\dot{I}X$$

$$E_s = \sqrt{(E_r + IR\cos\theta_r + IX\sin\theta_r)^2 + (IX\cos\theta_r - IR\sin\theta_r)^2}$$

여기서, 전력 계통은 고효율 전력 전송 목적으로 설계되므로 저항손과 대지 정전 용량은 극히 적으므로 무시하면

$$E_s \fallingdotseq E_r + I(R\cos\theta_r + X\sin\theta_r)$$

이 된다. 위 관계식은 단상의 관계식이므로 3상으로 등가하면 다음과 같다.

$$V_s \fallingdotseq V_r + \sqrt{3}\,I(R\cos\theta_r + X\sin\theta_r) \quad \text{출제 산업 2번, 기사 2번}$$

전압강하는 송전전압과 수전전압의 차를 말하며

$$e = V_s - V_r = \sqrt{3}\,I(R\cos\theta_r + X\sin\theta_r) \quad \text{출제 산업 2번}$$

로 나타낼 수 있다.

여기에 $I = \dfrac{P}{\sqrt{3}\,V\cos\theta}$ 를 대입하면

$$\therefore e = V_s - V_r = \sqrt{3}\,I(R\cos\theta + X\sin\theta)$$

$$= \sqrt{3}\,\frac{P}{\sqrt{3}\,V\cos\theta}(R\cos\theta + X\sin\theta)$$

$$= \frac{P}{V}\left(R + X\frac{\sin\theta}{\cos\theta}\right) = \frac{P}{V}(R + X\tan\theta)\,[\text{V}] \quad \text{출제 산업 4번, 기사 2번}$$

이때 전압강하는 전압에 반비례한다.

2) 전압강하율과 전압변동률

전압강하율은 수전전압에 대한 전압강하의 비를 백분율로 나타낸 것이며

$$\epsilon = \frac{e}{V_r} \times 100 = \frac{V_s - V_r}{V_r} \times 100 \quad \text{출제 산업 10번, 기사 2번}$$

$$= \frac{\sqrt{3}\,I(R\cos\theta_r + X\sin\theta_r)}{V_r} \times 100\,[\%]$$

가 된다.

위 식에 $e = \dfrac{P}{V}(R + X\tan\theta)$ 를 대입하면

$$\epsilon = \frac{P}{V^2}(R + X\tan\theta) \times 100\,[\%] \text{ 가 된다.} \quad \text{출제 산업 4번, 기사 3번}$$

전압강하율은 전압의 제곱에 반비례한다.

전압변동률은 수전전압에 대한 전압변동의 비를 백분율로 나타낸 것을 말한다.

$$\delta = \frac{V_{r_0} - V_r}{V_r} \times 100[\%]$$

여기서, V_{r_0} : 무부하 상태에서의 수전단 전압

V_r : 정격부하 상태에서의 수전단 전압

e : 전압강하, ϵ : 전압강하율, δ : 전압변동률

3) 선로 손실

$$P_l = 3I^2R[W]$$

$P = \sqrt{3} \, VI\cos\theta$ 에서 $I = \dfrac{P \times 10^3}{\sqrt{3} \, V\cos\theta}$ 를 대입하면

전력 손실 $P_l = 3I^2R = \dfrac{P^2R}{V^2\cos^2\theta} \times 10^6[W]$

$\qquad\qquad\quad = \dfrac{P^2R}{V^2\cos^2\theta} \times 10^3[kW]$

가 된다. 이때 전력손실은 전압의 제곱에 반비례한다.

4) 전력손실률

전력손실률은 공급전력에 대한 전력손실에 비율을 말한다.

$$K = \frac{P_l}{P} \times 100 = \frac{3I^2R}{P} \times 100$$

$$= \frac{3R}{P}\left(\frac{P}{\sqrt{3}\,V\cos\theta}\right)^2 \times 100 = \frac{RP}{V^2\cos^2\theta} \times 100[\%]$$

전력손실률은 전압의 제곱에 반비례하며, 전력손실률이 일정할 경우 공급전력은 전압의 제곱에 비례한다. 또 단면적은 제곱에 반비례한다.

여기서, V_S : 송전단 전압, V_r : 수전단 전압

V_{r_n} : 무부하시 수전단 전압, E_r : 수전단 상전압

R : 1선의 저항, $\cos\theta$: 역률, $\sin\theta$: 무효율

P_l : 전력손실, P : 전력

전압과의 관계(승압의 목적)

관 계	관 계 식	항 목
전압의 자승에 비례	$\propto V^2$	송전전력(P)
전압에 반비례	$\propto \dfrac{1}{V}$	전압강하(e)
전압의 자승에 반비례	$\propto \dfrac{1}{V^2}$	• 전선의 단면적(A) • 전선의 총중량(W) • 전력손실(P_l) • 전압강하율(ϵ)

2 중거리 송전선로

1) 4단자 정수

4단자망은 그림와 같이 임의의 선형 회로망에 대해 입력측과 출력측에 각각의 변수 E_s, E_R, I_s, I_R의 상호관계(파라미터)로 표시된다.

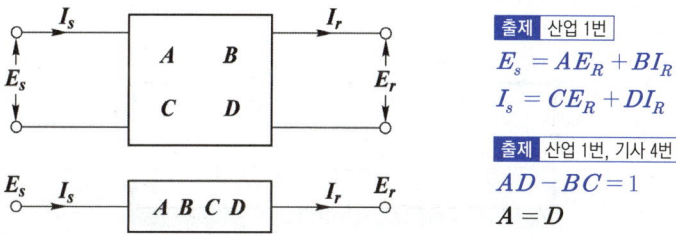

$E_s = AE_R + BI_R$
$I_s = CE_R + DI_R$

$AD - BC = 1$
$A = D$

$$\begin{bmatrix} E_s \\ I_s \end{bmatrix} = \begin{bmatrix} A & B \\ C & D \end{bmatrix} \begin{bmatrix} E_R \\ I_R \end{bmatrix}$$

A, B, C, D 파라미터의 물리적 의미는 다음과 같다.

A : 개방 역방향 전압 이득(전압비)

$$A = \dfrac{E_s}{E_R} \bigg|_{I_R = 0}$$

B : 단락 역방향 전달 임피던스(임피던스 차원)

$$B = \dfrac{E_s}{I_R} \bigg|_{E_R = 0}$$

C : 개방 역방향 전달 어드미턴스(어드미턴스 차원)

$$C = \left.\frac{I_s}{E_R}\right|_{I_R=0}$$

D : 단락 역방형 전류 이득(전류비)

$$D = \left.\frac{I_s}{I_R}\right|_{E_R=0}$$

그리고 A, B, C, D 파라미터 사이에는

$$\begin{vmatrix} A & B \\ C & D \end{vmatrix} = AD - BC = 1$$

의 관계가 항상 성립되며 대칭 4단자망의 경우는 $A = D$의 관계로 된다.

2) 중거리 송전선로 해석

(1) T 회로

선로 양단에 $\frac{Z}{2}$씩, 선로 중앙에 Y로 집중한 회로로 해석한다.

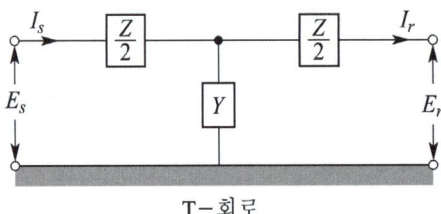

T-회로

위 그림에서 4단자 정수는

$$A = \left.\frac{E_s}{E_R}\right|_{I_R=0} = 1 + \frac{ZY}{2}$$

$$B = \left.\frac{E_s}{I_R}\right|_{E_R=0} = Z\left(1 + \frac{ZY}{4}\right)$$

$$C = \left.\frac{I_s}{E_R}\right|_{I_R=0} = Y$$

$$D = \left.\frac{I_s}{I_R}\right|_{E_R=0} = 1 + \frac{ZY}{2}$$

이므로 4단자 정수의 기본식에 대입하면 송전전압(E_s)과 송전전류(I_s)는

$$E_s = \left(1 + \frac{ZY}{2}\right)E_r + Z\left(1 + \frac{ZY}{4}\right)I_r$$

$$I_s = YE_r + \left(1 + \frac{ZY}{2}\right)I_r$$ 출제 산업 5번, 기사 1번

가 된다.

(2) π 회로

선로 양단에 $\frac{Y}{2}$씩, 선로 중앙에 Z로 집중한 회로로 해석한다.

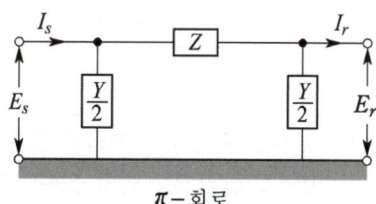

π-회로

위 그림에서 4단자 정수는

$$A = \left.\frac{E_s}{E_R}\right|_{I_R = 0} = 1 + \frac{ZY}{2}$$

$$B = \left.\frac{E_s}{I_R}\right|_{E_R = 0} = Z$$

$$C = \left.\frac{I_s}{E_R}\right|_{I_R = 0} = Y\left(1 + \frac{ZY}{4}\right)$$

$$D = \left.\frac{I_s}{I_R}\right|_{E_R = 0} = 1 + \frac{ZY}{2}$$

이므로 4단자 정수의 기본식에 대입하면 송전전압(E_s)과 송전전류(I_s)는

$$E_s = \left(1 + \frac{ZY}{2}\right)E_r + ZI_r$$

$$I_s = Y\left(1 + \frac{ZY}{4}\right)E_r + \left(1 + \frac{ZY}{2}\right)I_r$$

3) 선로의 병렬접속

1회선 송전선로에 대해서

$$E_s = A_1 E_r + B_1 \cdot \frac{1}{2}I_r$$

$$\frac{1}{2}I_s = C_1 E_r + D_1 \cdot \frac{1}{2}I_r$$

$I_s = 2C_1 E_r + D_1 \cdot I_r$ 로 된다.

2회선 송전선로의 경우

$E_s = AE_r + BI_r$, $I_s = CE_r + DI_r$ 이므로

$A = A_1$, $B = \dfrac{1}{2}B_1$, $C = 2C_1$, $D = D_1$ 이 된다.

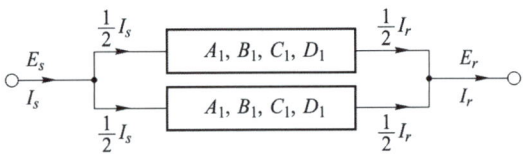

그림과 같이 4단자 정수가 A, B, C, D인 **두 선로를 병렬로 접속할 경우 A, D는 전압비와 전류비이므로 불변하며, 직렬 요소의 임피던스 값인 B는 병렬 접속이므로 1/2배로 감소, 병렬 요소의 어드미턴스 값인 C는 병렬 접속이므로 2배로 증가한다.** 출제 산업 3번, 기사 4번

4) 무부하 충전전류

A, B, C, D이고 송전단 상전압이 E_S인 경우 무부하 시의 충전 전류는 4단자 정수로부터 $E_S = AE_R + BI_R$에서 무부하($I_R = 0$)이므로 $E_S = AE_R$

$$\therefore E_R = \frac{E_S}{A}$$

$I_S = CE_R + DI_R$에서 무부하($I_R = 0$)이므로 $I_s = CE_R = \dfrac{C}{A}E_S$가 된다. 출제 산업 6번

회로의 종류	A_0	B_0	C_0	D_0
—Z—	1	Z	0	1
Z/2 — Y — Z/2	$1 + \dfrac{ZY}{2}$	$Z\left(1 + \dfrac{ZY}{4}\right)$	Y	$1 + \dfrac{ZY}{2}$
Y/2 — Z — Y/2	$1 + \dfrac{ZY}{2}$	Z	$Y\left(1 + \dfrac{ZY}{4}\right)$	$1 + \dfrac{ZY}{2}$
분포정수	$\cosh\sqrt{ZY}$	$\sqrt{\dfrac{Z}{Y}}\sinh\sqrt{ZY}$	$\sqrt{\dfrac{Y}{Z}}\sinh\sqrt{ZY}$	$\cosh\sqrt{ZY}$
ABCD	A	B	C	D

회로의 종류	4단자 정수			
	A_0	B_0	C_0	D_0
─[ABCD]─⧼⧽─Z_r	A	$B + AZ_r$	C	$D + CZ_r$
─⧼⧽─[ABCD]─ Z_s	$A + CZ_s$	$B + DZ_s$	C	D
─⧼⧽─[ABCD]─⧼⧽─ $Z_s\ Z_r$	$A + CZ_s$	$B + AZ_r + DZ_s + CZ_s Z_r$	C	$D + CZ_r$
─[ABCD]─┬─ Y_r	$A + BY_r$	B	$C + DY_r$	D
─┬─[ABCD]─ Y_s	A	B	$C + AY_s$	$D + BY_s$
─┬─[ABCD]─┬─ $Y_s\ Y_r$	$A + BY_r$	B	$C + AY_s + DY_r + BY_s Y_r$	$D + BY_s$
─[$A_1B_1C_1D_1$]─[$A_2B_2C_2D_2$]─	$A_1 A_2 + B_1 C_2$	$A_1 B_2 + B_1 D_2$	$C_1 A_2 + D_1 C_2$	$C_1 B_2 + D_1 D_2$
─┤[$A_1B_1C_1D_1$]∥[$A_2B_2C_2D_2$]├─	$\dfrac{A_1 B_2 + B_1 A_2}{B_1 + B_2}$	$\dfrac{B_1 B_2}{B_1 + B_2}$	$\dfrac{C_1 + C_2 +(A_1 - A_2)(D_2 - D_1)}{B_1 + B_2}$	$\dfrac{B_1 D_2 + D_1 B_2}{B_1 + B_2}$
─[$A_1B_1C_1D_1$]─⧼⧽─[$A_2B_2C_2D_2$]─ Z_m	$A_1 A_2 + B_1 C_2 + A_1 C_2 Z_m$	$A_1 B_2 + B_1 D_2 + A_1 D_2 Z_m$	$C_1 B_2 + D_1 D_2 + C_1 D_2 Z_m$	$C_1 B_2 + D_1 D_2 + C_1 D_2 Z_m$
─[$A_1B_1C_1D_1$]─┬─[$A_2B_2C_2D_2$]─ Y_m	$A_1 A_2 + B_1 C_2 + B_1 A_2 Y_m$	$A_1 B_2 + B_1 D_2 + B_1 B_2 Y_m$	$C_1 A_2 + D_1 C_2 + D_1 A_2 Y_m$	$C_1 B_2 + D_1 D_2 + D_1 B_2 Y_m$

3 ─ 장거리 송전선로

단거리 송전 선로는 R과 L만의 직렬 회로로 다루고 중거리 송전 선로는 R과 L과 C만의 회로로 다루어 T회로와 π회로로 보며 장거리 송전 선로는 R, L, C, g 모두 존재하는 것으로 다루어 분포 정수 회로로 푼다.

즉, 장거리 송전선로를 특성임피던스와 전파정수로 해석하는 데 있어 무부하시험에서 Y를 구하고, 단락시험에서는 Z를 구한다.

1) 특성 임피던스 Z_0

특성 임피던스 $Z_0 = \sqrt{\dfrac{Z}{Y}} = \sqrt{\dfrac{(r+j\omega L)}{(g+j\omega C)}}\,[\Omega]$ **출제** 산업 5번, 기사 1번

선로의 특성임피던스는 선로의 저항(r)과 누설콘덕턴스(g)를 무시하면 $Z_0 \fallingdotseq \sqrt{\dfrac{L}{C}}$ 로 표현된다. **출제** 산업 7번, 기사 8번

- 어드미턴스 Y : 개방시험
- 임피던스 Z : 단락시험에서 측정한다.

2) 전파 정수 γ

전파 정수 $\gamma = \sqrt{ZY} = \sqrt{(r+j\omega L)(g+j\omega C)}\,[\text{rad/km}]$ **출제** 산업 1번

여기서, r : 저항, ω : 각속도, L : 작용 인덕턴스, C : 작용 정전용량

3) 인덕턴스와 정전용량 **출제** 기사 3번

$$Z_0 = \sqrt{\dfrac{Z}{Y}} = \sqrt{\dfrac{(r+j\omega L)}{(g+j\omega C)}} \fallingdotseq \sqrt{\dfrac{L}{C}}$$

$$= \sqrt{\dfrac{0.4605\log_{10}\dfrac{D}{r}\times 10^{-3}}{\dfrac{0.02413}{\log_{10}\dfrac{D}{r}}\times 10^{-6}}} = 138\log_{10}\dfrac{D}{r}\,[\Omega]$$

① 인덕턴스 $L \fallingdotseq 0.4605\log_{10}\dfrac{D}{r} = 0.4605 \times \dfrac{Z_0}{138}\,[\text{mH/km}]$

② 정전용량 $C = \dfrac{0.02413}{\log_{10}\dfrac{D}{r}} = \dfrac{0.02413}{\dfrac{Z_0}{138}}\,[\mu\text{F/km}]$

4 전력원선도

정전압 송전방식에서는 원의 반지름 $\rho = \dfrac{V_S V_R}{b}$ 이 일정하므로 송·수전전력은 언제나 원선도의 원주상에 존재하여야 한다.

따라서 송·수전전력은 전력계산식에 의해 정밀하게 계산하여 구할 수 있으나 이 원선도를 이용하여 직접 그 크기를 알 수 있다는 것이 전력원선도의 장점이라고 할 수 있다. 그러나 여기에

는 오차가 일부 포함되는 단점이 있다.

1) 원선도의 반지름

$$\rho = \frac{V_s V_r}{b}$$ 출제 산업 7번, 기사 3번

2) 전력원선도에서 알 수 있는 사항
① 필요한 전력을 보내기 위한 송·수전단 전압 간의 상차각
② 송·수전할 수 있는 최대전력
③ 선로손실과 송전효율
④ 수전단의 역률
⑤ 조상용량

3) 원선도에서 구할 수 없는 것
① 과도 안정 극한전력
② 코로나 손실   출제 산업 1번, 기사 6번

5 조상설비

송전선을 일정한 전압으로 운전하기 위해 필요한 무효전력을 공급하는 장치를 조상설비라 하며 그 종류로는 동기 조상기, 전력용 콘덴서, 분로 리액터가 있다.

1) 콘덴서(직렬 콘덴서 방식) : 앞선 전류를 취하여 전압강하를 보상한다.

송배전 선로의 도중에 직렬로 삽입하여 선로의 유도성 리액턴스를 보상함으로써 선로 정수 그 자체를 변화시켜서 선로의 전압 강하를 감소시키는 직렬 콘덴서 방식은 다음과 같은 특징이 있다.
[장점] ① 유도 리액턴스를 보상하고 전압 강하를 감소시킨다. 출제 산업 2번, 기사 3번

② 수전단의 전압 변동률을 경감시킨다.
③ 최대 송전 전력이 증대하고 정태 안정도가 증대한다.
④ 부하 역률이 나쁠수록 효과가 크다.
⑤ 용량이 작으므로 설비비가 저렴하다. 출제 산업 1번, 기사 5번

[단점] ① 단락 고장 시 콘덴서 양단에 고전압이 걸린다.
② 무부하 변압기에 직렬 콘덴서를 투입하는 경우 선로 전류가 증대한다.
③ 고압 배전선에 설치하는 경우 자기 여자 현상이 일어날 경우가 있다.
④ 과보상이 되면 동기기에 난조가 생기거나 탈조하는 수가 있다.

2) 전력용 콘덴서를 이용한 역률 개선

송배전 선로의 조상설비는 직렬 콘덴서 방식을 사용하며, 수전 설비에서의 조상설비는 전력용 콘덴서(병렬 콘덴서 방식)를 부하와 병렬로 전력용 콘덴서를 연결하여 뒤진 전류를 보상함으로써 역률을 개선하는 방식을 사용한다.

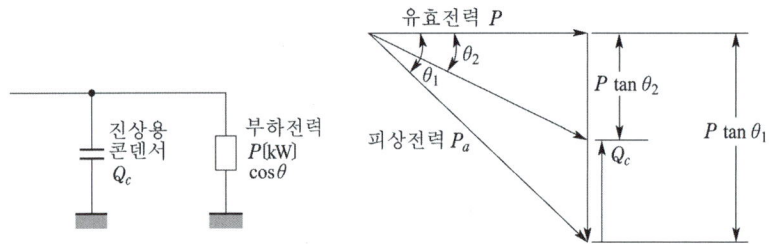

그림과 같이 부하를 연결와 병렬로 연결한 전력용 콘덴서의 용량은 다음 식과 같이 구할 수 있다.

$$\text{콘덴서 용량} \quad Q_c = P\tan\theta_1 - P\tan\theta_2 = P(\tan\theta_1 - \tan\theta_2)$$
$$= P\left(\frac{\sin\theta_1}{\cos\theta_1} - \frac{\sin\theta_2}{\cos\theta_2}\right)$$
$$= P\left(\frac{\sqrt{1-\cos^2\theta_1}}{\cos\theta_1} - \frac{\sqrt{1-\cos^2\theta_2}}{\cos\theta_2}\right)[\text{kVA}]$$

여기서, $\cos\theta_1$: 개선 전 역률
$\cos\theta_2$: 개선 후 역률

역률개선 후 나타나는 효과는 다음과 같다.

① 변압기와 배전선의 전력 손실 경감
② 전압 강하의 감소
③ 설비 용량의 여유 증가
④ 전기 요금의 감소

전력용 콘덴서는 방전 코일(DC : Discharge Coil)과 직렬 리액터 (SR : Series Reactor)를 부속으로 설치하여야 한다.

방전 코일의 설치목적은

① 콘덴서에 축적된 잔류 전하를 방전하여 감전 사고 방지 출제 산업 4번
② 선로에 재투입 시 콘덴서에 걸리는 과전압 방지

이며, 직렬 리액터의 설치 목적은 제5고조파로부터 전력용 콘덴서 보호 및 파형 개선의 목적으로 사용된다. 직렬 리액터의 용량은 다음과 같다. 출제 산업 4번, 기사 9번

① 이론적 : 콘덴서 용량×4[%] 출제 산업 5번
② 실 제 : 콘덴서 용량×6[%]

또, 역률을 과보상할 경우 발생하는 현상은

① 손실의 증가
② 단자 전압 상승
③ 계전기 오동작

등이 있다.

2) **리액터** : 늦은 전류를 취하여 이상전압의 상승을 억제한다.
송전선로 및 부하설비에 사용하는 리액터는 다음과 같다.

리액터의 종류	역할
분로리액터	페란티 현상의 방지
직렬리액터	제5고조파의 제거
한류리액터	단락전류의 제한
소호리액터	지락아크의 소호

출제 산업 9번, 기사 4번
출제 기사 2번

3) **동기조상기** : 무부하 운전중인 동기전동기를 과여자 운전하면 콘덴서로 작용하며, 부족여자 운전하면 리액터로 작용한다. 출제 산업 4번, 기사 1번

조상설비의 비교

항 목	동기 조상기	전력용 콘덴서	분로 리액터
전력손실	많음 (1.5~2.5[%])	적음 (0.3[%] 이하)	적음 (0.6[%] 이하)
가격	비싸다(전력용 콘덴서, 분로 리액터의 1.5~2.5배)	저렴	저렴
무효전력	진상, 지상 양용	진상전용	지상전용
조정	연속적	계단적	계단적
사고시 전압유지	큼	작음	작음
시송전	가능	불가능	불가능
보수	손질 필요	용이	용이

출제 산업 5번
출제 산업 3번, 기사 5번
출제 기사 2번
출제 산업 1번, 기사 2번

6. 페란티 현상

1) 개요
무부하의 경우 선로의 정전용량 때문에 전압보다 위상이 90° 앞선 충전 전류의 영향이 커져서 선로에 흐르는 전류가 진상이 되어 수전단 전압이 송전단 전압보다 높아지는 현상을 페란티 현상이라 한다. 출제 산업 8번, 기사 1번

2) 페란티 현상 방지 대책 출제 산업 9번, 기사 4번
선로에 흐르는 전류가 지상이 되도록 한다.
- 수전단에 분로리액터를 설치한다.
- 동기조상기의 부족여자 운전

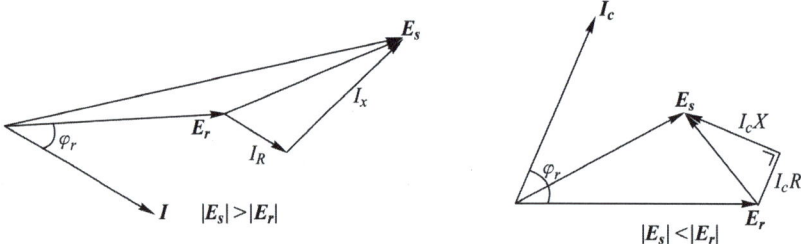

7. 송전용량

송전선로로 보낼 수 있는 최대전력을 송전용량이라 한다.

1) 송전용량 결정 시 고려사항

(1) 단거리 송전선로
  ① 전선의 허용전류
  ② 선로의 전압강하

(2) 장거리 송전선로
  ① 송·수전단 전압의 상차각이 적당할 것
     (장거리 송전선로에서는 30~40° 정도로 운전)
  ② 조상기 용량이 적당할 것
     (조상설비 용량은 수전전력의 75[%] 정도)
  ③ 송전효율이 적당할 것
     (90[%] 이상 유지하는 것이 바람직하다.)

2) 송전용량 개략 계산법

(1) Still의 식(경제적인 송전 전압)

$$V_s = 5.5\sqrt{0.6l + \frac{P}{100}}\,[\text{kV}]$$ 출제 산업 6번, 기사 3번

여기서, l : 송전 거리[km], P : 송전 용량[kW]

(2) 고유 부하법

$$P = \frac{V_r^2}{Z} = \frac{V_r^2}{\sqrt{\dfrac{L}{C}}}\,[\text{MW/회선}]$$

여기서, V_r : 수전단 선간 전압[kV], Z : 특성 임피던스(대략 400[Ω])

(3) 송전 용량 계수법

$$P_R = k\frac{V_r^2}{l}\,[\text{kW}]$$ 출제 기사 5번

여기서, V_r : 수전단 선간 전압[kV], l : 송전 거리[km]

k : 송전 용량 계수 $\begin{cases} 60[\text{kV}] \rightarrow 600 \\ 100[\text{kV}] \rightarrow 800 \\ 140[\text{kV}] \rightarrow 1200 \end{cases}$

(4) 송전 전력

$$P = \frac{V_s V_r}{X}\sin\delta\,[\text{MW}]$$ 출제 산업 10번, 기사 12번

여기서, $V_s,\ V_r$: 송수전단 전압[kV]
δ : 송수전단 전압의 위상차
X : 선로의 리액턴스[Ω]

8 전력계통의 연계

전력계통을 연계 시킨다는 것은 전력계통을 병렬로 운전하는 것으로서 계통을 연계시키면 전력계통의 규모가 증대되고 계통의 임피던스는 감소하게 된다.

1) 전력계통 연계방식의 장·단점

(1) 장점
① 전력의 융통으로 설비 용량이 절감된다.
② 건설비 및 운전 경비를 절감하므로 경제 급전이 용이하다.
③ 계통 전체로서의 신뢰도가 증가한다.
④ 부하 변동의 영향이 작아져서 안정된 주파수 유지가 가능하다. <출제> 산업 1번, 기사 3번

(2) 단점
① 연계설비를 신설해야 한다.
② 사고시 타계통으로 사고가 파급 확대될 우려가 있다.
③ 병렬회로 수가 많아지게 되며, 따라서 선로 임피던스가 감소하여 단락전류가 증대되고 통신선의 전자유도 장해도 커진다.

9 주파수 전압제어

1) 유효전력 조정 → 주파수 조정
① 부하의 증가, 감소
② 조속기에 의한 발전기의 기계적 입력 제어

2) 무효전력 조정 → 전압 조정
① 조상설비에 의한 무효전력 제어
② 발전기의 여자전류 제어

CHAPTER 02 출제예상문제_송전 특성 및 전력 원선도

단거리 송전선로

01 ★ 【96. 기사】
3상 3선식 송전선로에서 선전류가 144[A]이고, 1선당의 저항이 7.12[Ω]이라면 이 선로의 전력손실은 몇 [kW]인가? 단, 이 선로의 수전단 전압은 60[kV], 역률은 0.8이라 한다.
① 148　　② 296　　③ 443　　④ 587

해설 $P_l = 3I^2R = 3 \times 144^2 \times 7.12 \times 10^{-3} \fallingdotseq 443[kW]$

02 ★ 【95. 00. 산업기사】
지상 부하를 가진 3상 3선식 배전선 또는 단거리 송전선에서 선간 전압 강하를 나타낸 식은? 단, I, R, X, θ는 각각 수전단 전류, 선로저항, 리액턴스 및 수전단 전류의 위상각이다.
① $I(R\cos\theta + X\sin\theta)$
② $2I(R\cos\theta + X\sin\theta)$
③ $\sqrt{3}\,I(R\cos\theta + X\sin\theta)$
④ $3I(R\cos\theta + X\sin\theta)$

해설 $e = V_s - V_r = \sqrt{3}\,I(R\cos\theta + X\sin\theta)$

03 ★★ 【98. 03. 기사, ㉿ : 83. 95. 산업기사】
3상 3선식 선로에서 수전단 전압 6.6[kV], 역률 80[%](지상), 600[kVA]의 3상 평형부하가 연결되어 있다. 선로 임피던스 $R = 3[\Omega]$, $X = 4[\Omega]$인 경우 송전단 전압은 몇 [V]인가?
① 6957　　② 7037　　③ 6852　　④ 7543

해설 $V_S = V_R + \sqrt{3}\,I(R\cos\theta + X\sin\theta)$
$= 6{,}600 + \sqrt{3} \times \dfrac{600 \times 10^3}{\sqrt{3} \times 6{,}600}(3 \times 0.8 + 4 \times 0.6) = 7{,}037[V]$

04 ★★★ 【89. 96. 기사, 93. 01. 03. 05. 산업기사, 72. 3급】
늦은 역률의 부하를 갖는 단거리 송전선로의 전압강하의 근사식은? 단, P는 3상 부하전력[kW], E는 선간전압[kV], R은 선로저항[Ω], X는 리액턴스[Ω], θ는 부하의 늦은 역률각이다.
① $\dfrac{\sqrt{3}\,P}{E}(R + X \cdot \tan\theta)$
② $\dfrac{P}{\sqrt{3}\,E}(R + X \cdot \tan\theta)$
③ $\dfrac{P}{E}(R + X \cdot \tan\theta)$
④ $\dfrac{P}{\sqrt{3}\,E}(R \cdot \cos\theta + X \cdot \sin\theta)$

답　1. ③　2. ③　3. ②　4. ③

해설
$P = \sqrt{3}EI\cos\theta$에서 $I = \dfrac{P}{\sqrt{3}E\cos\theta}$

3상 전압 강하
$$v = V_s - V_r = \sqrt{3}I(R\cos\theta + X\sin\theta) = \sqrt{3}\dfrac{P}{\sqrt{3}E\cos\theta}(R\cos\theta + X\sin\theta)$$
$$= \dfrac{P}{E}\left(R + X\dfrac{\sin\theta}{\cos\theta}\right) = \dfrac{P}{E}(R + X\tan\theta)$$

★★★★ 【80. 83. 94. 00. 05. 기사】

05 단일 부하 배전선에서 부하 역률 $\cos\theta$, 부하 전류 I, 선로 저항 r, 리액턴스를 x라 하면 배전선에서 최대 전압강하가 생기는 조건은?

① $\cos\theta ≒ \dfrac{r}{x}$　② $\sin\theta ≒ \dfrac{x}{r}$　③ $\tan\theta ≒ \dfrac{x}{r}$　④ $\tan\theta ≒ \dfrac{r}{x}$

해설
선로손실 $\Delta E = I(r\cos\theta + x\sin\theta)$
$\dfrac{\Delta E}{\partial\theta} = I(-r\sin\theta + x\cos\theta) = 0$
$x\cos\theta = r\sin\theta$　∴ $\tan\theta = \dfrac{x}{r}$

★★☆ 【83. 96. 97. 산업기사, ⊕ : 95. 기사】

06 저항이 9.5[Ω]이고 리액턴스가 13.5[Ω]인 22.9[kV] 선로에서 수전단 전압이 21[kV], 역률이 0.8[lag], 전압 강하율이 10[%]라고 할 때 송전단 전압은 몇 [kV]인가?

① 22.1　② 23.1　③ 24.1　④ 25.1

해설
$\epsilon = \dfrac{V_s - V_r}{V_r}$에서 $0.1 = \dfrac{V_s - 21}{21}$　∴ $V_s = 23.1[kV]$

★★ 【85. 93. 03. 기사】

07 그림과 같은 회로에서 송전단의 전압 및 역률 E_1, $\cos\phi_1$, 수전단의 전압 및 역률 E_2, $\cos\phi_2$일 때 전류 I는?

① $(E_1\cos\phi_1 + E_2\sin\phi_2)/r$
② $(E_1\cos\phi_1 - E_2\cos\phi_2)/r$
③ $(E_1\sin\phi_1 + E_2\cos\phi_2)/\sqrt{r^2 + x^2}$
④ $(E_1\cos\phi_1 - E_2\cos\phi_2)/\sqrt{r^2 + x^2}$

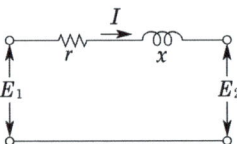

해설 그림과 같은 회로에서의 손실 전력 P_l은
$P_l = I^2 r = P_1 - P_2 = E_1 I\cos\phi_1 - E_2 I\cos\phi_2$
정리하면
$I^2 r = I(E_1\cos\phi_1 - E_2\cos\phi_2)$　∴ $I = (E_1\cos\phi_1 - E_2\cos\phi_2)/r$

답 5. ③　6. ②　7. ②

08 송전단 전압이 6,600[V], 수전단 전압은 6,100[V]였다. 수전단의 부하를 끊은 경우 수전단 전압이 6,300[V]라면 이 회로의 전압 강하율과 전압 변동률은 각각 몇 [%]인가?

① 3.28, 8.2 ② 8.2, 3.28 ③ 4.14, 6.8 ④ 6.8, 4.14

해설) 전압 강하율 $\epsilon = \dfrac{V_s - V_r}{V_r} \times 100 = \dfrac{6,600 - 6,100}{6,100} \times 100 = 8.2[\%]$

전압 변동률 $\delta = \dfrac{V_{r0} - V_r}{V_r} \times 100 = \dfrac{6,300 - 6,100}{6,100} \times 100 = 3.28[\%]$

09 송전선의 전압 변동률은 다음 식으로 표시된다. 이 식에서 V_{R1}은 무엇인가?

$$(\text{전압 변동률}) = \dfrac{V_{R1} - V_{R2}}{V_{R2}} \times 100[\%]$$

① 무부하 시 송전단 전압   ② 부하 시 송전단 전압
③ 무부하 시 수전단 전압   ④ 부하 시 수전단 전압

해설) 전압 변동률 = $\dfrac{\text{무부하 시 수전단 전압} - \text{수전단 정격 전압}}{\text{수전단 정격 전압}} \times 100[\%]$

10 수전단 전압 60,000[V], 전류 200[A], 선로의 저항 $R = 7.61[\Omega]$, 리액턴스 $X = 11.85[\Omega]$일 때, 전압 강하율은 몇 [%]인가? 단, 수전단 역률은 0.8이라 한다.

① 약 7.00 ② 약 7.41 ③ 약 7.61 ④ 약 8.00

해설) 전압 강하율 $\epsilon = \dfrac{V_s - V_r}{V_r} \times 100 = \dfrac{\sqrt{3}\,I(R\cos\theta + X\sin\theta)}{V_r} \times 100$

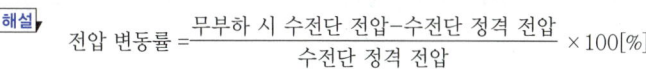

$= \dfrac{\sqrt{3} \times 200(7.61 \times 0.8 + 11.85 \times 0.6)}{60,000} \times 100 = 7.61[\%]$

11 3상 3선식 송전선에서 한 선의 저항이 10[Ω], 리액턴스가 20[Ω]이고, 수전단의 선간 전압은 60[kV], 부하 역률이 0.8인 경우, 전압 강하율을 10[%]라 하면 이 송전선로는 몇 [kW]까지 수전할 수 있는가?

① 18,000 ② 14,400 ③ 12,000 ④ 10,000

해설) $\epsilon = \dfrac{P}{V^2}(R + X\tan\theta)$에서 10[%]이므로 $0.1 = \dfrac{P}{60,000^2}\left(10 + 20 \times \dfrac{0.6}{0.8}\right)$

∴ $P = \dfrac{0.1 \times 60,000^2}{\left(10 + 20 \times \dfrac{0.6}{0.8}\right)} \times 10^{-3} = 14,400[\text{kW}]$

답) 8. ② 9. ③ 10. ③ 11. ②

12 종단에 V[V], P[kW], 역률 $\cos\theta$인 부하가 있는 3상 선로에서, 한 선의 저항이 R[Ω]인 선로의 전력 손실[kW]은?

① $\dfrac{R\times 10^6}{V^2\cos\theta}P^2$ ② $\dfrac{3R\times 10^3}{V^2\cos^2\theta P}$ ③ $\dfrac{\sqrt{3}R\times 10^3}{V^2\cos\theta}P^2$ ④ $\dfrac{R\times 10^3}{V^2\cos^2\theta}P^2$

해설 $P=\sqrt{3}VI\cos\theta$에서 $I=\dfrac{P\times 10^3}{\sqrt{3}V\cos\theta}$

전력 손실 $P_l=3I^2R=\dfrac{P^2R}{V^2\cos^2\theta}\times 10^6\,[\text{W}]=\dfrac{P^2R}{V^2\cos^2\theta}\times 10^3\,[\text{kW}]$

13 송전선의 단면적 A[mm²]와 송전 전압 V[kV]와의 관계로 옳은 것은?

① $A\propto V$ ② $A\propto V^2$ ③ $A\propto \dfrac{1}{V^2}$ ④ $A\propto \dfrac{1}{\sqrt{V}}$

해설 $P_l=3I^2R=\dfrac{P^2\rho l}{V^2\cos^2\theta A}$ ∴ $A=\dfrac{P^2\rho l}{P_lV^2\cos^2\theta}\left(\propto\dfrac{1}{V^2}\right)$

14 전압과 역률이 일정할 때 전력을 몇 [%] 증가시키면 전력 손실이 2배로 되는가?

① 31 ② 41 ③ 51 ④ 61

해설 전력 손실을 P_l, 전력을 P라고 하면

$P_l=3I^2R=\dfrac{P^2R}{V^2\cos^2\theta}$, $P_l=KP^2$ ∴ $P=\dfrac{1}{K}\sqrt{P_l}$

전력 손실을 두 배 한 경우의 전력 $\dfrac{P'}{P}=\dfrac{\frac{1}{K}\sqrt{2P_l}}{\frac{1}{K}\sqrt{P_l}}=\sqrt{2}$

증가시킬 수 있는 전력 증가율 = $\dfrac{\sqrt{2}P-P}{P}\times 100=\dfrac{\sqrt{2}-1}{1}\times 100=41\,[\%]$

15 부하 전력 및 역률이 같을 때 전압을 n배 승압하면 전압 강하율과 전력 손실은 어떻게 되는가?

	전압 강하율	전력 손실		전압 강하율	전력 손실
①	$\dfrac{1}{n}$	$\dfrac{1}{n^2}$	②	$\dfrac{1}{n^2}$	$\dfrac{1}{n}$
③	$\dfrac{1}{n}$	$\dfrac{1}{n}$	④	$\dfrac{1}{n^2}$	$\dfrac{1}{n^2}$

답 12. ④ 13. ③ 14. ② 15. ④

해설 ① 전압 강하 $e = \dfrac{P}{V}(R+X\tan\theta)$ 전압 강하율 $\epsilon = \dfrac{e}{V} = \dfrac{P}{V^2}(R+X\tan\theta)$

n배 승압하였을 때의 전압 강하율 $\dfrac{\epsilon'}{\epsilon} = \dfrac{\dfrac{P}{nV^2}(R+X\tan\theta)}{\dfrac{P}{V^2}(R+X\tan\theta)} = \dfrac{1}{n^2}$

② 전력 손실 $P_l = 3I^2R = \dfrac{P^2R}{V^2\cos^2\theta}$

n배 승압하였을 때의 전력 손실 $P_l' = \dfrac{P^2R}{n^2V^2\cos^2\theta}$ $\therefore \dfrac{P_l'}{P_l} = \dfrac{\dfrac{P^2R}{n^2V^2\cos^2\theta}}{\dfrac{P^2R}{V^2\cos^2\theta}} = \dfrac{1}{n^2}$ 배

16 ★★ 【83. 97. 99. 02. 12. 산업기사】
3상 3선식 전선에서 일정한 거리에 일정한 전력을 송전할 경우 전로에서의 저항손은?
① 선간 전압의 제곱에 비례한다.   ② 선간 전압의 제곱에 반비례한다.
③ 선간 전압에 비례한다.   ④ 선간 전압에 반비례한다.

해설 $P_l = 3I^2R = \dfrac{P^2R}{V^2\cos^2\theta}$ $\therefore P_l \propto \dfrac{1}{V^2}$
저항손은 선간 전압의 제곱에 반비례한다.

17 ★★☆ 【83. 01. 기사, 93. 산업기사】
송전 전압을 높일 때 발생하는 경제적 문제 중 옳지 않은 것은?
① 송전 전력과 전선의 단면적이 일정하면 선로의 전력 손실이 감소한다.
② 절연 애자의 개수가 증가한다.
③ 변전소에 시설할 기기의 값이 고가로 된다.
④ 보수 유지에 필요한 비용이 적어진다.

해설 보수 유지에 필요한 비용이 많아진다.

18 ★★★ 【90. 96. 99. 11. 25. 기사】
다음 그림에서 송전선로의 건설비와 전압과의 관계를 옳게 나타낸 것은?

① 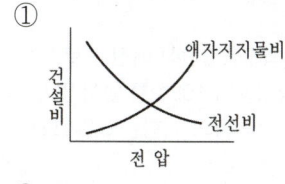   ②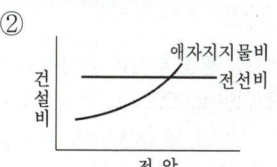

③ 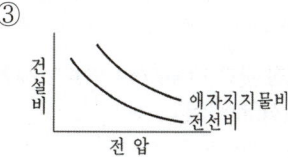   ④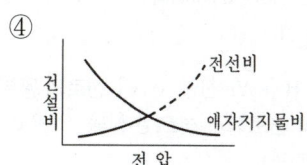

답 16. ②   17. ④   18. ①

해설 송전전압이 증가하면 전류가 감소하므로 전선의 굵기는 작아지고 절연 레벨의 상승으로 애자의 개수 및 선로의 건설비용이 증가한다.

19 ★★★ 【82. 92. 98. 기사】
154[kV]의 송전 선로의 전압을 345[kV]로 승압하고 같은 손실률로 송전한다고 가정하면 송전 전력은 승압 전의 몇 배인가?
① 2　　　② 3　　　③ 4　　　④ 5

해설 송전 전력은 전압의 제곱에 비례하므로 $P = KV^2 = K\left(\dfrac{345}{154}\right)^2 = 5K$

유사문제

∥ 유사문제 원문 및 해설 : 동일출판사 홈페이지 ≫ 고객센터 ≫ 자료실

01. 보통의 배전 선로에 있어서 전압 강하를 표시하는 근사값은?
답 $IR\cos\theta + IX\sin\theta$

02. 역률 0.8, 출력 360[kW]인 3상 평형 유도 부하가 3상 배전 선로에 접속되어 있다. 부하단의 수전 전압이 6,000[V], 배전선 1조의 저항 및 리액턴스가 각각 6[Ω], 4[Ω]이라고 하면 송전단 전압[V]은?
답 6,540[V]

03. 송전단 전압이 66[kV], 수전단 전압이 60[kV]인 송전선로에서 수전단의 부하를 끊을 경우에 수전단 전압이 63[kV]가 되었다면 전압변동률은 몇 [%]인가?
답 5[%]

04. 수전단 전압 60,000[V], 전류 100[A], 선로 저항 8[Ω], 리액턴스 12[Ω]일 때 송전단 전압 및 전압 강하율[%]은? 단, 수전단 역률은 0.8이다.
답 $\epsilon = \dfrac{V_s - V_r}{V_r} \times 100 = \dfrac{2356}{60,000} \times 100 ≒ 3.93[\%]$

05. 송수전 선로간의 저항이 10[Ω]이고, 리액턴스가 22[Ω]일 때 송전단 상전압은 6,800[V], 수전단 상전압 6,600[V]이다. 전압강하율은 약 몇 [%]인가?
답 $\%e = \dfrac{6,800 - 6,600}{6,600} \times 100 = 3.03[\%]$

06. 역률 80[%]의 3상 평형 부하에 공급하고 있는 선로 길이 2[km]의 3상 3선식 배전 선로가 있다. 부하의 단자 전압을 6,000[V]로 유지하였을 경우 선로의 전압 강하율이 10[%]를 넘지 않게 하기 위해서는 부하 전력을 몇 [kW]까지 허용할 수 있는가? 단, 전선 1선당의 저항은 0.82[Ω/km], 리액턴스는 0.38[Ω/km]라 하고 그 밖의 정수는 무시한다.
답 1,629[kW]

07. 부하 전력 W[kW], 전압 V[V], 선로의 왕복선 $2l$[m], 고유 저항 ρ[Ω·mm²/m], 역률 100[%]인 단상 2선식 선로에서 선로 손실을 P[W]라 하면 전선의 단면적[mm²]은?

답 19. ④

답 $\dfrac{2\rho l W^2}{PV^2}\times 10^6 [\text{mm}^2]$

08. 송전 선로의 전압을 2배로 승압할 경우 동일 조건에서 공급 전력을 동일하게 취하면 선로 손실은 승압 전의 (①)배로 되고 선로 손실률을 동일하게 취하면 공급 전력은 승압 전의 (②)배로 된다.

답 ① $\dfrac{1}{4}$, ② 4

09. 일정 거리를 동일 전선으로 송전할 때 송전 전력은 송전 전압의 대략 몇 승에 비례하는가?

답 2승

중거리 송전선로

20 ★★★★★【12. 기사, 83. 94. 98. 00. 03. 07. 12. 산업기사, ㉮ : 96. 기사】
중거리 송전선로의 T형 회로에서 송전단 전류 I_s는? 단, Z, Y는 선로의 직렬 임피던스와 병렬 어드미턴스이고 E_r은 수전단 전압, I_r은 수전단 전류이다.

① $I_r\left(1+\dfrac{ZY}{2}\right)+E_r Y$ ② $E_r\left(1+\dfrac{ZY}{2}\right)+ZI_r\left(1+\dfrac{ZY}{4}\right)$

③ $E_r\left(1+\dfrac{ZY}{2}\right)+Z_r$ ④ $I_r\left(1+\dfrac{ZY}{2}\right)+E_r Y\left(1+\dfrac{ZY}{4}\right)$

[해설] T회로 : $I_s = YE_R + I_R\left(1+\dfrac{ZY}{2}\right)$

π회로 : $I_s = Y\left(1+\dfrac{ZY}{4}\right)E_R + \left(1+\dfrac{ZY}{2}\right)I_R$

21 ★★★【83. 97. 99. 기사】
송전 선로의 수전단을 단락할 경우, 송전단 전류 I_S는 어떤 식으로 표시되는가? 단, 송전단 전압을 V_S, 선로의 임피던스 및 어드미턴스를 Z 및 Y라 한다.

① $I_S = \sqrt{\dfrac{Y}{Z}}\tan h\sqrt{ZY}\,V_S$ ② $I_S = \sqrt{\dfrac{Z}{Y}}\tan h\sqrt{ZY}\,V_S$

③ $I_S = \sqrt{\dfrac{Y}{Z}}\cot h\sqrt{ZY}\,V_S$ ④ $I_S = \sqrt{\dfrac{Z}{Y}}\cot h\sqrt{ZY}\,V_S$

[해설] $V_S = V_R\cos hrl + Z_0 I_R\sin hrl$, $I_S = \dfrac{1}{Z_0}V_R\sin hrl + I_R\cos hrl$

에서 수전단 단락 시 $V_R = 0$이므로

$V_S = Z_0 I_R\sin hrl$, $I_R = \dfrac{V_S}{Z_0\sin hrl}$, $I_S = \dfrac{V_S}{Z_0\sin hrl}\cos hrl = \dfrac{1}{Z_0}\cot hrl\cdot V_S$

답 20. ① 21. ③

$Z_0 = \sqrt{\dfrac{Z}{Y}}$, $r = \sqrt{ZY}$를 대입하면

$\therefore I_S = \sqrt{\dfrac{Y}{Z}} \coth \sqrt{ZY} \cdot V_S$

22 ★★ 【80. 00. 기사】
송전 선로의 수전단을 개방할 경우, 송전단 전류 I_S는 어떤 식으로 표시되는가? 단, 송전단 전압을 V_S, 선로의 임피던스를 Z, 선로의 어드미턴스를 Y라 한다.

① $I_S = \sqrt{\dfrac{Y}{Z}} \tanh \sqrt{ZY} V_S$ ② $I_S = \sqrt{\dfrac{Z}{Y}} \tanh \sqrt{ZY} V_S$

③ $I_S = \sqrt{\dfrac{Y}{Z}} \coth \sqrt{ZY} V_S$ ④ $I_S = \sqrt{\dfrac{Z}{Y}} \coth \sqrt{ZY} V_S$

해설 $V_S = V_R \cosh rl + Z_0 I_R \sinh rl$, $I_S = \dfrac{1}{Z_0} V_R \sinh rl + I_R \cosh rl$에서

수전단을 개방할 경우 $I_R = 0$이므로 $V_S = V_R \cosh rl$, $V_R = \dfrac{V_S}{\cosh rl}$

$\therefore I_S = \dfrac{1}{Z_0} V_R \sinh rl = \dfrac{1}{Z_0} \dfrac{V_S}{\cosh rl} \sinh rl = \dfrac{V_S}{Z_0} \tanh rl$

$Z_0 = \sqrt{\dfrac{Z}{Y}}$, $r = \sqrt{ZY}$를 대입하면 $I_s = \sqrt{\dfrac{Y}{Z}} \tanh \sqrt{ZY} V_S$

23 ★★★☆ 【99. 기사, ⊕: 83. 91. 05. 기사, 96. 산업기사】
송전선로의 일반 회로 정수가 $A = 1.0$, $B = j190$, $D = 1.0$이라면 C의 값은 얼마인가?

① 0 ② $-j0.00526$

③ $j0.00526$ ④ $j190$

해설 $AD - BC = 1$에서 $C = \dfrac{AD-1}{B} = \dfrac{1 \times 1 - 1}{j190} = 0$

24 ★★ 【85. 97. 05. 기사】
전파 정수 r, 특성 임피던스 Z_0, 길이 l인 분포 정수 회로가 있다. 수전단에 이 선로의 특성 임피던스와 같은 임피던스 Z_0를 부하로 접속하였을 때 송전단에서 부하측을 본 임피던스는?

① Z_0 ② $\dfrac{1}{Z_0}$

③ $Z_0 \tanh rl$ ④ $Z_0 \coth rl$

해설 특성 임피던스와 같은 부하를 연결하면 무한장 선로와 같아지므로 송전단에서 본 임피던스는 특성 임피던스와 같다.

답 22. ① 23. ① 24. ①

25 그림 중 4단자 정수 A, B, C, D는? 여기서 E_S, I_S는 송전단 전압, 전류 E_R, I_R은 수전단 전압, 전류이고 Y는 병렬 어드미턴스이다.

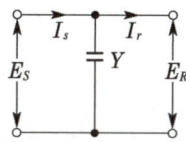

① 1, 0, Y, 1 ② 1, Y, 0, 1 ③ 1, Y, 1, 0 ④ 1, 0, 0, 1

해설 $E_S = E_R$, $I_S = YE_R + I_R$
∴ $A = 1$, $B = 0$, $C = Y$, $D = 1$

26 회로 상태가 그림과 같은 회로의 일반 회로 정수 B는?

① 0 ② Z ③ 1 ④ $\dfrac{1}{Z}$

해설 $E_s = E_r + I_r Z$, $I_s = I_r$ 즉, $\begin{vmatrix} E_s \\ I_s \end{vmatrix} = \begin{vmatrix} 1 & Z \\ 0 & 1 \end{vmatrix} \begin{vmatrix} E_r \\ I_r \end{vmatrix}$ 이므로 $B = Z$가 된다.

27 일반 회로 정수가 같은 평행 2회선에서 A, B, C, D는 1회선인 경우의 몇 배로 되는가?

① $A : 2$, $B = 2$, $C = \dfrac{1}{2}$, $D = 1$ ② $A : 1$, $B = 2$, $C = \dfrac{1}{2}$, $D = 1$

③ $A : 1$, $B = \dfrac{1}{2}$, $C = 2$, $D = 1$ ④ $A : 1$, $B = \dfrac{1}{2}$, $C = 2$, $D = 2$

해설 병렬인 경우 전압비와 전류비는 일정하다. 그러나 임피던스는 $\dfrac{1}{2}$배가 되며 어드미턴스는 2배가 된다. 따라서 B는 $\dfrac{1}{2}$배, C는 2배가 된다.

28 그림과 같은 회로에 있어서의 합성 4단자 정수에서 B_0의 값은?

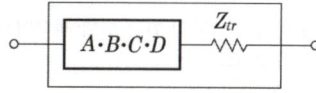

① $B_0 = B + Z_{tr}$ ② $B_0 = A + BZ_{tr}$
③ $B_0 = B + AZ_{tr}$ ④ $B_0 = C + DZ_{tr}$

정답 25. ① 26. ② 27. ③ 28. ③

해설 $\begin{bmatrix} A_0 & B_0 \\ C_0 & D_0 \end{bmatrix} = \begin{bmatrix} A & B \\ C & D \end{bmatrix} \begin{bmatrix} 1 & Z_{tr} \\ 0 & 1 \end{bmatrix} = \begin{bmatrix} A & B+AZ_{tr} \\ C & D+CZ_{tr} \end{bmatrix}$

$\therefore B_0 = B + AZ_{tr}$

○──| $A_0 \cdot B_0 \cdot C_0 \cdot D_0$ |──○

29 ★★★☆ 【99. 04. 기사, ㊤ : 82. 93. 기사, 80. 산업기사】
그림과 같이 4단자 정수가 A_1, B_1, C_1, D_1인 송전선로의 양단에 Z_S, Z_r의 임피던스를 갖는 변압기가 연결된 경우의 합성 4단자 정수 중 A의 값은?

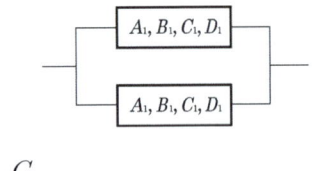

① $A = C_1$
② $A = B_1 + A_1 Z_r$
③ $A = A_1 + C_1 Z_s$
④ $A = D_1 + C_1 Z_r$

해설 $\begin{bmatrix} A & B \\ C & D \end{bmatrix} = \begin{bmatrix} 1 & Z_s \\ 0 & 1 \end{bmatrix} \begin{bmatrix} A_1 & B_1 \\ C_1 & D_1 \end{bmatrix} \begin{bmatrix} 1 & Z_r \\ 0 & 1 \end{bmatrix}$

$= \begin{bmatrix} A_1 + C_1 Z_s & B_1 + D_1 Z_s \\ C_1 & D_1 \end{bmatrix} \begin{bmatrix} 1 & Z_r \\ 0 & 1 \end{bmatrix} = \begin{bmatrix} A_1 + C_1 Z_s & (A_1 + C_1 Z_s)Z_r + (B_1 + D_1 Z_s) \\ C_1 & C_1 Z_r + D_1 \end{bmatrix}$

30 ★ 【71. 81. 03. 09. 산업기사】
그림과 같이 정수가 서로 같은 평행 2회선의 4단자 정수 중 C_0는?

① $\dfrac{C_1}{4}$
② $\dfrac{C_1}{2}$
③ $2C_1$
④ $4C_1$

해설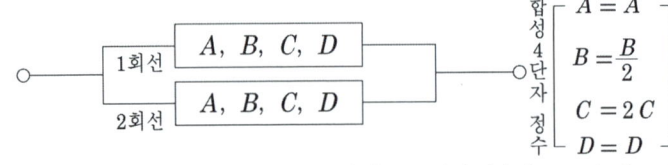

A, D는 불변. 직렬 요소의 임피던스 값인 B는 병렬 접속이므로 1/2배로 감소. 병렬 요소의 어드미턴스 값인 C는 병렬 접속이므로 2배로 증가

31 그림과 같이 회로 정수 A, B, C, D인 송전 선로에 변압기 임피던스 Z_r을 수전단에 접속했을 때 변압기 임피던스 Z_r을 포함한 새로운 회로 정수 D_0는? 단, 그림에서 E_S, I_S는 송전단 전압, 전류이고 E_R, I_R은 수전단의 전압, 전류이다.

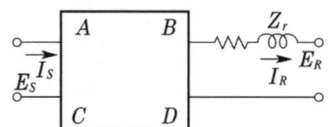

① $B + AZ_r$ ② $B + CZ_r$ ③ $D + AZ_r$ ④ $D + CZ_r$

해설 $\begin{bmatrix} A_0 & B_0 \\ C_0 & D_0 \end{bmatrix} = \begin{bmatrix} A & B \\ C & D \end{bmatrix}\begin{bmatrix} 1 & Z_r \\ 0 & 1 \end{bmatrix} = \begin{bmatrix} A & AZ_r+B \\ C & CZ_r+D \end{bmatrix}$ ∴ $D_0 = D + CZ_r$

32 그림에서와 같이 일반 회로 정수 A, B, C, D의 송전 선로의 길이가 2배로 되면 그 전체의 일반 회로 정수 A_0, B_0, C_0, D_0는?

① $A_0 = A^2 + BC$, $B_0 = AB + BD$, $C_0 = CA + DC$, $D_0 = CB + D^2$
② $A_0 = 2A$, $B_0 = 2B$, $C_0 = 2C$, $D_0 = 2D$
③ $A_0 = A^2$, $B_0 = B^2$, $C_0 = C^2$, $D_0 = D^2$
④ $A_0 = A^2 + B_0$, $B_0 = CB + D^2$, $C_0 = CA + DC$, $D_0 = AB + BD$

해설 $\begin{bmatrix} A_0 & B_0 \\ C_0 & D_0 \end{bmatrix} = \begin{bmatrix} A & B \\ C & D \end{bmatrix}\begin{bmatrix} A & B \\ C & D \end{bmatrix} = \begin{bmatrix} A^2+BC & AB+BD \\ CA+CD & CB+D^2 \end{bmatrix}$

33 송전선 중간에 전원이 없을 경우에 송전단의 전압 $\dot{E}_S = \dot{A}\dot{E}_R + \dot{B}\dot{I}_R$이 된다. 수전단의 전압 $\dot{E}_R$의 식으로 옳은 것은? 단, $\dot{I}_S$, $\dot{I}_R$은 송전단 및 수전단의 전류이다.

① $\dot{E}_R = \dot{A}\dot{E}_S + \dot{C}\dot{I}_S$ ② $\dot{E}_R = \dot{B}\dot{E}_S + \dot{A}\dot{I}_S$
③ $\dot{E}_R = \dot{C}\dot{E}_S - \dot{D}\dot{I}_S$ ④ $\dot{E}_R = \dot{D}\dot{E}_S - \dot{B}\dot{I}_S$

해설 $E_S = AE_R + BI_R$ ······ ①
$I_S = CE_R + DI_R$ ······ ②
$AD - BC = 1$에서
① $\times D - ② \times B$: $DE_S - BI_S = (AD - BC)E_R = E_R$
① $\times C - ② \times A$: $CE_S - AI_S = (BC - AD)I_R = -I_R$에서 $I_R = -CE_S + AI_S$

답 31. ④ 32. ① 33. ④

34 송전단 전압, 전류를 각각 E_s, I_s 수전단의 전압, 전류를 각각 E_R, I_R이라 하고 4단자 정수를 A, B, C, D라 할 때 다음 중 옳은 식은?

① $\begin{cases} E_S = AE_R + BI_R \\ I_S = CE_R + DI_R \end{cases}$
② $\begin{cases} E_S = CE_R + DI_R \\ I_S = AE_R + BI_R \end{cases}$
③ $\begin{cases} E_S = BE_R + AI_R \\ I_S = DE_R + CI_R \end{cases}$
④ $\begin{cases} E_S = DE_R + CI_R \\ I_S = BE_R + AI_R \end{cases}$

35 그림에서 수전단이 단락된 경우의 송전단의 단락 용량과 수전단이 개방된 경우의 송전단의 충전 용량의 비는?

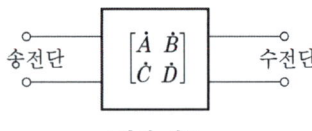

4단자 회로

① $\left| 1 + \dfrac{1}{\dot{B}\dot{C}} \right|$
② $\left| 1 - \dfrac{1}{\dot{B}\dot{C}} \right|$
③ $\left| \dfrac{\dot{A}\dot{B}}{\dot{C}\dot{D}} \right|$
④ $\left| \dfrac{\dot{C}\dot{D}}{\dot{A}\dot{B}} \right|$

[해설] 수전단 단락 시 $E_R = 0$이므로 일반식에서

$\dot{E}_S = \dot{B}\dot{I}_R$, $I_{SS} = \dot{D}\dot{I}_R$ ∴ $I_{SS} = \dfrac{\dot{D}}{\dot{B}}\dot{E}_S$

수전단 개방 시 $I_R = 0$이므로 일반식에서

$\dot{E}_S = \dot{A}\dot{E}_R$, $I_{SO} = \dot{C}\dot{E}_R$ ∴ $I_{SO} = \dfrac{\dot{C}}{\dot{A}}\dot{E}_S$

송전단 전압은 일정하므로 단락 용량 W_{SS}와 충전 용량 W_{SO}의 비는

$\dfrac{W_{SS}}{W_{SO}} = \left| \dfrac{\dot{E}_S I_{SS}}{\dot{E}_S I_{SO}} \right| = \left| \dfrac{I_{SS}}{I_{SO}} \right| = \left| \dfrac{\dot{D}/\dot{B}}{\dot{C}/\dot{A}} \right| = \left| \dfrac{\dot{A}\dot{D}}{\dot{B}\dot{C}} \right|$

위 식에 $\dot{A}\dot{D} - \dot{B}\dot{C} = 1 \to \dot{A}\dot{D} = \dot{B}\dot{C} + 1$을 대입하면

$\dfrac{W_{SS}}{W_{SO}} = \left| \dfrac{\dot{A}\dot{D}}{\dot{B}\dot{C}} \right| = \left| \dfrac{\dot{B}\dot{C}+1}{\dot{B}\dot{C}} \right| = \left| 1 + \dfrac{1}{\dot{B}\dot{C}} \right|$

36 일반 회로 정수가 A, B, C, D이고 송전단 상전압이 E_S인 경우 무부하 시의 충전 전류(송전단 전류)는?

① $\dfrac{C}{A}E_S$
② $\dfrac{A}{C}E_S$
③ ACE_S
④ CE_S

[해설] $E_S = AE_R + BI_R$에서 무부하($I_R = 0$)이므로 $E_S = AE_R$

답 34. ① 35. ① 36. ①

$$\therefore E_R = \frac{E_S}{A}$$

$I_S = CE_R + DI_R$ 에서 무부하($I_R=0$)이므로 $I_s = CE_R = \frac{C}{A}E_S$

37 【11. 기사, 78. 80. 91. 산업기사, ⊕ : 77. 산업기사】 ★★★

154[kV], 300[km]의 3상 송전선에서 일반 회로 정수는 다음과 같다. $A=0.900$, $B=150$, $C=j0.901\times10^{-3}$, $D=0.930$이 송전선에서 무부하 시 송전단에 154[kV]를 가했을 때 수전단 전압은 몇 [kV]인가?

① 143 ② 154
③ 166 ④ 171

[해설] 송전단 상전압 $E_S = AE_R + BI_R$ 에서
송전단 선간 전압 $V_S = AV_R + \sqrt{3}BI_R$
무부하이므로 $I_R=0$, $V_S = AV_R$
$$\therefore V_R = \frac{V_S}{A} = \frac{154}{0.9}[\text{kV}] = 171[\text{kV}]$$

38 【83. 90. 기사】 ★★

그림에서 ①, ②는 모선(bus), 번호 ⓪은 기준 노드(reference node), Z_a, Z_b, Z_c를 선로 임피던스(line impedance)라 할 때 모선 어드미턴스 행렬(bus admittance matrix)은?

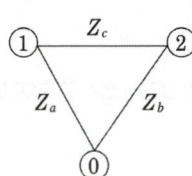

①
$\frac{1}{Z_a}+\frac{1}{Z_c}$	$\frac{1}{Z_c}$
$\frac{1}{Z_c}$	$\frac{1}{Z_b}+\frac{1}{Z_c}$

②
$\frac{1}{Z_a}$	$\frac{1}{Z_c}$
$\frac{1}{Z_c}$	$\frac{1}{Z_b}$

③
$\frac{1}{Z_a}$	$-\frac{1}{Z_c}$
$-\frac{1}{Z_c}$	$\frac{1}{Z_b}$

④
$\frac{1}{Z_a}+\frac{1}{Z_c}$	$-\frac{1}{Z_c}$
$-\frac{1}{Z_c}$	$\frac{1}{Z_b}+\frac{1}{Z_c}$

[해설] $Y_{11}=y_{11}+y_{12}$, $Y_{12}=Y_{21}=-y_{12}=-y_{21}$, $Y_{22}=y_{21}+y_{22}$

그러므로 $\begin{bmatrix} Y_{11} & Y_{12} \\ Y_{21} & Y_{22} \end{bmatrix} = \begin{bmatrix} y_a+y_c & -y_c \\ -y_c & y_b+y_c \end{bmatrix} = \begin{bmatrix} \frac{1}{Z_a}+\frac{1}{Z_c} & -\frac{1}{Z_c} \\ -\frac{1}{Z_c} & \frac{1}{Z_b}+\frac{1}{Z_c} \end{bmatrix}$

답 37. ④ 38. ④

유사문제

01. T회로에서 4단자 정수 A는 다음 중 어느 것인가?

답 $\left(1+\dfrac{ZY}{2}\right)$

02. π형 회로의 일반 회로 정수에서 $\dot{B}$의 값은?

답 $\dot{Z}$

03. 송전단 전압, 전류를 각각 E_s, I_s 수전단의 전압, 전류를 각각 E_R, I_R이라 하고 4단자 정수를 A, B, C, D라 할 때 다음 중 옳은 식은?

답 $\begin{cases} E_S = AE_R + BI_R \\ I_S = CE_R + DI_R \end{cases}$

04. 4단자 정수가 $\dot{A}\ \dot{B}\ \dot{C}\ \dot{D}$인 송전선로의 등가 π회로를 그림과 같이 하면 $\dot{Z}_1$의 값은?

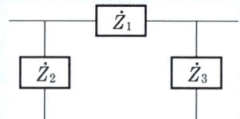

답 $\dot{B}$

05. 송전 선로의 일반 회로 정수를 A, B, C, D라 하면 다음 중 옳은 것은?

답 $AD - BC = 1$

06. 그림과 같은 회로의 일반 회로 정수로서 옳지 않은 것은?

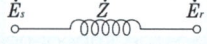

답 $\dot{B} = Z+1$

07. 2회선 송전 선로가 있다. 사정에 따라 그중 1회선을 정지하였다고 하면 이 송전 선로의 일반 회로 정수(4단자 정수) 중 $\dot{B}$의 크기는?

답 2배로 된다.

08. 일반 회로 정수가 $\dot{A}$, $\dot{B}$, $\dot{C}$, $\dot{D}$인 선로에 임피던스가 $\dfrac{1}{\dot{Z}_T}$인 변압기가 수전단에 접속된 계통의 일반 회로 정수 중 $\dot{D}_0$는?

답 $\dot{D}_0 = \dfrac{\dot{C} + \dot{D}\dot{Z}_T}{\dot{Z}_T}$

09. 그림과 같은 4단자 정수를 가진 2개의 회로가 직렬로 연결되어 있을 때 합성 4단자 정수는?

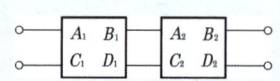

답 $A = A_1 A_2 + B_1 C_2$, $B = A_1 B_2 + B_1 D_2$
$C = A_2 C_1 + C_2 D_1$, $D = B_2 C_1 + D_1 D_2$

10. 다음 그림과 같은 계통을 노드 어드미턴스(node admitance) 행렬로 나타낼 때 모선 ②의 구동점 어드미턴스 Y_{22} 및 모선 ①과 ②간의 전달 어드미턴스 Y_{12}는? 단, 그림에 표시된 Z_1, Z_2, Z_3는 선로의 원시 임피던스 ①, ②, ③은 모선번호를 표시한다.

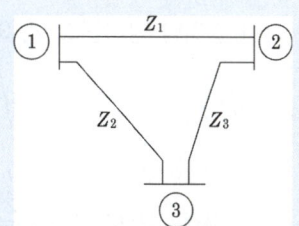

답 $Y_{22} = \dfrac{1}{Z_1} + \dfrac{1}{Z_3}$, $Y_{12} = -\dfrac{1}{Z_1}$

장거리 송전선로

39 우리 나라에서 현재 사용되고 있는 송전 전압에 해당되는 것은?
① 150[kV]   ② 220[kV]   ③ 345[kV]   ④ 500[kV]

40 3상 3선식 송전선로 1선 1[km]의 임피던스를 Z, 어드미턴스를 Y라 하면 특성 임피던스는?

① $\sqrt{\dfrac{Y}{Z}}$ ② $\sqrt{\dfrac{Z}{Y}}$ ③ $\sqrt{ZY}$ ④ $\sqrt{Z+Y}$

해설 특성 임피던스 $Z_0 = \sqrt{\dfrac{Z}{Y}} \fallingdotseq \sqrt{\dfrac{L}{C}}$

41 장거리 송전선에서 단위 길이당 임피던스 $\dot{Z} = r + j\omega L[\Omega/\text{km}]$, 어드미턴스 $\dot{Y} = g + j\omega C$ [℧/km]라 할 때 저항과 누설 컨덕턴스를 무시하는 경우 특성 임피던스의 값은?

① $\sqrt{\dfrac{L}{C}}$ ② $\sqrt{\dfrac{C}{L}}$ ③ $\dfrac{L}{C}$ ④ $\dfrac{C}{L}$

해설 특성 임피던스 $Z_0 = \sqrt{\dfrac{Z}{Y}} = \sqrt{\dfrac{0+j\omega L}{0+j\omega C}} \fallingdotseq \sqrt{\dfrac{L}{C}}$

답 39. ③   40. ②   41. ①

42 단위 길이당 임피던스 Z, 어드미턴스 Y인 송전선의 전파 정수는?

① $\sqrt{\dfrac{Y}{Z}}$ ② $\sqrt{\dfrac{Z}{Y}}$ ③ $\sqrt{\dfrac{1}{ZY}}$ ④ $\sqrt{ZY}$

해설 $Z = R + j\omega L$, $Y = G + j\omega C$
특성 임피던스 $Z_0 = \sqrt{\dfrac{Z}{Y}}$, 전파 정수 $r = \sqrt{ZY}$

43 송전선로의 수전단을 단락한 경우 송전단에서 본 임피던스는 300[Ω]이고, 수전단을 개방한 경우에는 1,200[Ω]일 때 이 선로의 특성 임피던스는 몇 [Ω]인가?

① 600   ② 750   ③ 1,000   ④ 1,200

해설 $Z = \sqrt{\dfrac{Z}{Y}} = \sqrt{\dfrac{300}{1/1,200}} = 600[\Omega]$

44 무손실 전기회로에서 $C = 0.009[\mu F/km]$, $L = 1[mH/km]$일 때 특성 임피던스는 몇 [Ω]인가?

① $\dfrac{10}{3}$ ② $\dfrac{100}{3}$ ③ $\dfrac{1,000}{3}$ ④ $\dfrac{10,000}{3}$

해설 $Z_0 = \sqrt{\dfrac{L}{C}} = \sqrt{\dfrac{1 \times 10^{-3}}{0.009 \times 10^{-6}}} = \sqrt{\dfrac{10^6}{9}} = \dfrac{1,000}{3}[\Omega]$

45 송전선로의 특성 임피던스와 전파정수는 무슨 시험에 의해서 구할 수 있는가?

① 무부하시험과 단락시험   ② 부하시험과 단락시험
③ 부하시험과 충전시험   ④ 충전시험과 단락시험

해설
- 특성 임피던스 $Z_0 = \sqrt{\dfrac{Z}{Y}}$, 전파 정수 $\gamma = \sqrt{YZ}$
- 무부하 시험에서 Y를 구하고, 단락 시험에서는 Z를 구하여 특성 임피던스와 전파 정수를 구할 수 있다.

46 장거리 송전선로의 특성은 무슨 회로로 다루는 것이 가장 좋은가?

① 특성 임피던스 회로   ② 집중정수 회로
③ 분포정수 회로   ④ 분산부하 회로

답 42. ④ 43. ① 44. ③ 45. ① 46. ③

해설 단거리 송전 선로는 R과 L만의 직렬 회로로 다루고 중거리 송전 선로는 R과 L과 C만의 회로로 다루어 T회로와 π 회로로 보며, 장거리 송전 선로는 R, L, C, G 모두 존재하는 것으로 다루어 분포 정수 회로로 푼다.

47 ★★☆ 【80. 98. 기사, 94. 04. 산업기사】
선로의 특성 임피던스는?

① 선로의 길이가 길어질수록 값이 커진다.
② 선로의 길이가 길어질수록 값이 작아진다.
③ 선로의 길이보다는 부하전력에 따라 값이 변한다.
④ 선로의 길이에 관계없이 일정하다.

해설 $Z_0 = \sqrt{\dfrac{L}{C}}$: 길이에 무관하다.

48 ★★ 【79. 96. 05. 기사】
송전선로의 특성 임피던스를 $Z_0[\Omega]$, 전파정수를 α라 할 때, 이 선로의 직렬 임피던스는 어떻게 표현되는가?

① $Z_0 \cdot \alpha$
② Z_0/α
③ α/Z_0
④ $1/Z_0\alpha$

해설 특성 임피던스 $Z_0 = \sqrt{\dfrac{Z}{Y}}$, 전파 정수 $\alpha = \sqrt{Z \cdot Y}$

$\therefore Z_0 \cdot \alpha = \sqrt{\dfrac{Z}{Y} \cdot ZY} = Z$

49 ★★★ 【12. 기사, 72. 80. 96. 99. 12. 산업기사】
송전선의 파동 임피던스를 $Z_0[\Omega]$, 전파속도를 v라 할 때, 이 송전선의 단위길이에 대한 인덕턴스는 몇 [H]인가?

① $L = \dfrac{v}{Z_0}$
② $L = \dfrac{Z_0}{v}$
③ $L = \sqrt{Z_0}\,v$
④ $L = \dfrac{Z_0^{\,2}}{v}$

해설 파동 임피던스 $Z_0 = \sqrt{\dfrac{L}{C}}$, 전파속도 $v = \sqrt{\dfrac{1}{LC}}$

$\therefore \dfrac{Z_0}{v} = \sqrt{\dfrac{\frac{L}{C}}{\frac{1}{LC}}} = L$

답 47. ④ 48. ① 49. ②

50 파동 임피던스가 500[Ω]인 가공 송전선 1[km]당의 인덕턴스 L과 정전 용량 C는 얼마인가?

① $L = 1.67[\text{mH/km}]$, $C = 0.0067[\mu\text{F/km}]$
② $L = 2.12[\text{mH/km}]$, $C = 0.167[\mu\text{F/km}]$
③ $L = 1.67[\text{H/km}]$, $C = 0.0067[\text{F/km}]$
④ $L = 0.0067[\text{mH/km}]$, $C = 1.67[\mu\text{F/km}]$

[해설] 파동 임피던스 $Z = \sqrt{\dfrac{L}{C}} = 138\log_{10}\dfrac{D}{r} = 500[\Omega]$에서 $\log_{10}\dfrac{D}{r} = \dfrac{500}{138}$

∴ $L = 0.05 + 0.4605\log_{10}\dfrac{D}{r} ≒ 0.4605 \times \dfrac{500}{138} = 1.67[\text{mH/km}]$

∴ $C = \dfrac{0.02413}{\log_{10}\dfrac{D}{r}} = \dfrac{0.02413}{\dfrac{500}{138}} = 0.0067[\mu\text{F/km}]$

51 각 전력계통을 연락선으로 상호 연결하면 여러 가지 장점이 있다. 옳지 않은 것은?

① 각 전력계통의 신뢰도가 증가한다.
② 경계급전이 용이하다.
③ 배후전력(back power)이 크기 때문에 고장이 적으며 그 영향의 범위가 작아진다.
④ 주파수의 변화가 작아진다.

[해설] 전력계통의 연계방식의 장단점
[장점] ① 전력의 융통으로 설비용량이 절감된다.
② 건설비 및 운전 경비를 절감하므로 경제 급전이 용이하다.
③ 계통 전체로서의 신뢰도가 증가한다.
④ 부하 변동의 영향이 작아져서 안정된 주파수 유지가 가능하다.
[단점] ① 연계설비를 신설해야 한다.
② 사고 시 타계통에의 파급 확대될 우려가 있다.
③ 병렬회로 수가 많아지므로 단락전류가 증대하고 통신선의 전자유도 장해도 커진다.

52 전력 손실이 없는 송전선로에서 서지파(진행파)가 진행하는 속도는 어떻게 표시되는가? 단, L은 단위 선로 길이당 인덕턴스, C는 단위 선로 길이당 커패시턴스

① $\sqrt{\dfrac{L}{C}}$ ② $\sqrt{\dfrac{C}{L}}$ ③ $\dfrac{1}{\sqrt{LC}}$ ④ $\sqrt{LC}$

[해설] $v = \dfrac{\omega}{\beta} = \dfrac{\omega}{\omega\sqrt{LC}} = \dfrac{1}{\sqrt{LC}}$

50. ① 51. ③ 52. ③

53 ☆ 【96. 산업기사】
전력 계통을 연계시킴으로써 얻는 이득이 아닌 것은?

① 배후전력이 커져서 단락용량이 작아진다.
② 첨두부하가 시간적으로 다르기 때문에 부하율이 향상된다.
③ 공급예비력이 절감된다.
④ 공급신뢰도가 향상된다.

해설, 전력 계통을 연계시킬 경우 %임피던스가 작아져 단락용량이 증대된다.

54 ★ 【96. 기사】
대전력계통에 연계되어 있는 작은 발전소 발전기의 여자 전류를 증가했을 때, 어떠한 현상이 일어나는가?

① 출력이 증가한다.   ② 단자전압이 상승한다.
③ 무효전력이 감소한다. ④ 역률이 나빠진다.

해설, 병렬 운전 중인 발전기 여자를 증가시키면 뒤진 무효전류가 흐르므로 역률이 저하된다.

유사문제

 유사문제 원문 및 해설 : 동일출판사 홈페이지 » 고객센터 » 자료실

01. 선로의 단위길이당 분포 인덕턴스, 저항, 정전용량 및 누설 컨덕턴스를 각각 L, r, C 및 g라 할 때 전파정수는?

답 $r = \sqrt{ZY} = \sqrt{(r+j\omega L)(g+j\omega C)}$

02. 선로의 단위길이의 분포 인덕턴스, 저항, 정전 용량, 누설 컨덕턴스를 각각 L, r, C 및 g로 할 때 특성 임피던스는?

답 $\sqrt{\dfrac{r+j\omega L}{g+j\omega C}}$

03. 수전단을 단락한 경우 송전단에서 본 임피던스가 $300[\Omega]$이고, 수전단을 개방한 경우 송전단에서 본 어드미턴스가 $1.875 \times 10^{-3}[\mho]$일 때 송전선의 특성 임피던스$[\Omega]$는?

답 약 $400[\Omega]$

04. 가공송전선의 정전 용량이 $0.008[\mu F/km]$이고, 인덕턴스가 $1.1[mH/km]$일 때, 파동 임피던스는 약 몇 Ω이 되겠는가? 단, 주어지지 않은 기타 정수는 무시한다.

답 $370[\Omega]$

05. 파동 임피던스가 $300[\Omega]$인 가공 송전선 $1[km]$당의 인덕턴스$[mH/km]$는? 단, 저항과 leakage-conductance는 무시한다.

답 $L = 0.4605 \log_{10} \dfrac{D}{r} = 0.4605 \times \dfrac{300}{138} \fallingdotseq 1.0[mH/km]$

---

53. ① 54. ④

조상설비

55 ★ 【87. 93. 05. 산업기사】
안정권선(△권선)을 가지고 있는 대용량 고전압의 변압기가 있다. 조상용 전력용 콘덴서는 주로 어디에 접속되는가?
① 주변압기의 1차
② 주변압기의 2차
③ 주변압기의 3차(안정권선)
④ 주변압기의 1차와 2차

해설) 안정권선(△권선)의 설치 목적
① 조상 설비 설치 ② 제3고조파의 제거 ③ 소내용 전원 공급

56 ★ 【02. 기사】
콘덴서용 차단기의 정격 전류는 콘덴서군 전류의 몇 [%] 이상의 것을 선정하는 것이 바람직한가?
① 120
② 130
③ 140
④ 150

해설) • 일반 회로 : 120[%] 이상 • 콘덴서 회로 : 150[%] 이상

57 ★★★★ 【83. 05. 기사, 81. 85. 87. 94. 99. 산업기사, ㉮ : 82. 97. 기사, 82. 85. 89. 95. 산업기사】
초고압 장거리 송전선로에 접속되는 1차 변전소에 분로 리액터를 설치하는 목적은?
① 송전용량의 증가
② 전력 손실의 경감
③ 과도 안정도의 증진
④ 페란티 효과의 방지

해설) 진상전류는 계통에 페란티 현상 발생 → 분로 리액터로 페란티 현상 방지

58 ★☆ 【99. 기사, 93. 04. 산업기사】
수전단 전압이 송전단 전압보다 높아지는 현상을 무슨 효과라 하는가?
① 페란티 효과
② 표피 효과
③ 근접 효과
④ 도플러 효과

해설) 페란티 효과 : 송전선로에 충전전류가 흐르면 수전단 전압이 송전단 전압보다 높아지는 현상
표피 효과 : 교류전류의 경우에는 도체 중심보다 도체 표면에 전류가 많이 흐르는 현상
근접 효과 : 같은 방향의 전류는 바깥쪽으로 다른 방향의 전류는 안쪽으로 모이는 현상

59 ★★★★ 【11. 기사, 83. 85. 94. 97. 99. 00. 03. 05. 산업기사】
페란티 현상이 발생하는 원인은?
① 선로의 과도한 저항 때문이다.
② 선로의 정전용량 때문이다.
③ 선로의 인덕턴스 때문이다.
④ 선로의 급격한 전압 강하 때문이다.

답) 55. ③ 56. ④ 57. ④ 58. ① 59. ②

해설 ▶ 선로의 정전용량으로 인해서 송전단보다 수전단 전압이 커짐

60 ★★ 【87. 93. 기사】
다음 표는 리액터의 종류와 그 목적을 나타낸 것이다. 바르게 짝지어진 것은?

종 류	목 적
㉠ 병렬 리액터	ⓐ 지락 아크의 소멸
㉡ 한류 리액터	ⓑ 송전 손실 경감
㉢ 직렬 리액터	ⓒ 차단기의 용량 경감
㉣ 소호 리액터	ⓓ 제5고조파 제거

① ㉠-ⓑ ② ㉡-ⓐ ③ ㉢-ⓓ ④ ㉣-ⓒ

해설 ▶ ① 병렬 리액터 : 페란티 현상 방지   ② 한류 리액터 : 단락 전류 경감
③ 직렬 리액터 : 제5고조파 제거   ④ 소호 리액터 : 지락 아크 소멸

61 ★★★★ 【93. 00. 01. 04. 07. 10. 11. 산업기사, ㊤ : 78. 산업기사】
조상(調相) 설비라고 할 수 없는 것은?

① 분로 리액터 ② 동기 조상기
③ 비동기 조상기 ④ 상순(相順) 표시기

해설 ▶ 조상 설비로는 동기 조상기, 진상 콘덴서, 분로 리액터 등이 있다.

62 ★★★☆ 【89. 98. 00. 기사, 04. 산업기사 ㊤ : 77. 산업기사】
송배전 선로의 도중에 직렬로 삽입하여 선로의 유도성 리액턴스를 보상함으로써 선로 정수 그 자체를 변화시켜서 선로의 전압 강하를 감소시키는 직렬 콘덴서 방식의 특성에 대한 설명으로 옳은 것은?

① 최대 송전 전력이 감소하고 정태 안정도가 감소된다.
② 부하의 변동에 따른 수전단의 전압 변동률은 증대된다.
③ 장거리 선로의 유도 리액턴스를 보상하고 전압 강하를 감소시킨다.
④ 송수 양단의 전달 임피던스가 증가하고 안정 극한 전력이 감소한다.

해설 ▶ 직렬 콘덴서의 장·단점
[장점] ① 유도 리액턴스를 보상하고 전압 강하를 감소시킨다.
② 수전단의 전압 변동률을 경감시킨다.
③ 최대 송전 전력이 증대하고 정태 안정도가 증대한다.
④ 부하 역률이 나쁠수록 효과가 크다.
⑤ 용량이 작으므로 설비비가 저렴하다.
[단점] ① 단락 고장시 콘덴서 양단에 고전압이 걸린다.
② 무부하 변압기에 직렬 콘덴서를 투입하는 경우 선로 전류가 증대한다.
③ 고압 배전선에 설치하는 경우 자기 여자 현상이 일어날 경우가 있다.
④ 과보상이 되면 동기기에 난조가 생기거나 탈조하는 수가 있다.

답 60. ③ 61. ④ 62. ③

63 동기 조상기에 대한 설명 중 맞는 것은?

① 무부하로 운전되는 동기 발전기로 역률을 개선한다.
② 무부하로 운전되는 동기 전동기로 역률을 개선한다.
③ 전부하로 운전되는 동기 발전기로 위상을 조정한다.
④ 전부하로 운전되는 동기 전동기로 위상을 조정한다.

해설, 동기 조상기는 무부하 운전중인 동기 전동기를 과여자 또는 부족여자 운전하여 역률을 제어할 수 있는 기기를 말한다.

64 전력계통의 전압조정 설비의 특징에 대한 설명 중 틀린 것은?

① 병렬 콘덴서는 진상능력만을 가지며 병렬 리액터는 진상능력이 없다.
② 동기조상기는 무효전력의 공급과 흡수가 모두 가능하여 진상 및 지상용량을 갖는다.
③ 동기조상기는 조정의 단계가 불연속적이나 직렬 콘덴서 및 병렬 리액터는 그것이 연속적이다.
④ 병렬 리액터는 장거리 초고압 송전선 또는 지중선 계통의 충전용량 보상용으로 주요 발변전소에 설치된다.

해설, 동기 조상기는 조정이 연속적이고 직렬 콘덴서나 병렬 리액터는 불연속이다.

65 동기 조상기에 대한 설명으로 옳은 것은?

① 정지기의 일종이다.
② 연속적인 전압조정이 불가능하다.
③ 계통의 안정도를 증진시키기가 어렵다.
④ 송전선의 시송전에 이용할 수 있다.

해설, 동기 조상기는 조정이 연속적이고 직렬 콘덴서나 병렬 리액터는 불연속이다.

66 동기 조상기와 전력용 콘덴서를 비교할 때 전력용 콘덴서의 이점으로 옳은 것은?

① 진상과 지상의 전류 공용이다.
② 단락고장이 일어나도 고장전류가 흐르지 않는다.
③ 송신선의 시송전에 이용 가능하다.
④ 전압조정이 연속적이다.

답 63. ② 64. ③ 65. ④ 66. ②

해설

	진상	지상	시충전	조정
콘덴서	○	×	×	단계적
리액터	×	○	×	단계적
동기 조상기	○	○	○	연속적

★★ 【77. 96. 04. 기사】

67 전력용 콘덴서를 변전소에 설치할 때 직렬 리액터를 설치하려고 한다. 직렬 리액터의 용량을 결정하는 식은? 단, f_0는 전원의 기본 주파수, C는 역률 개선용 콘덴서의 용량, L은 직렬 리액터의 용량이다.

① $2\pi f_0 L = \dfrac{1}{2\pi f_0 C}$ ② $2\pi (3f_0) L = \dfrac{1}{2\pi (3f_0) C}$

③ $2\pi (5f_0) L = \dfrac{1}{2\pi (5f_0) C}$ ④ $2\pi (7f_0) L = \dfrac{1}{2\pi (7f_0) C}$

해설 직렬 리액터는 제5고조파 제거를 목적으로 사용된다.

★★☆ 【81. 89. 00. 18. 산업기사, ⊕ : 89. 94. 산업기사】

68 1상당의 용량 150[kVA]의 콘덴서에 제5고조파를 억제시키기 위하여 필요한 직렬 리액터의 기본파에 대한 용량[kVA]은?

① 3 ② 4.5
③ 6 ④ 7.5

해설
$2\pi 5fL = \dfrac{1}{2\pi 5fC}$

$2\pi fL = \dfrac{1}{2\pi 5^2 fC} = \dfrac{1}{2\pi fC} \times 0.04$

직렬 리액터의 용량은 콘덴서 용량의 4[%] 이상이 되면 되는데 주파수 변동 등의 여유를 봐서 실제로는 약 5~6[%]인 것이 사용된다.
∴ $150 \times 0.05 = 7.5$[kVA]

★★★★★ 【86. 90. 92. 94. 99. 01. 기사, 76. 92. 94. 03. 10. 산업기사】

69 송전계통에서 콘덴서와 리액터를 직렬로 연결하여 제거시키는 고조파는?

① 제2고조파 ② 제3고조파
③ 제4고조파 ④ 제5고조파

해설 고조파 전류의 경감
- 공진현상을 막기위해 직렬 리액터를 삽입한다.
- 리액터에 의해 제5고조파가 제거된다.

답 67. ③ 68. ④ 69. ④

70 전력용 콘덴서 회로에 방전 코일을 설치하는 주목적은?
 ★★★ 【85. 91. 97. 01. 06. 09. 12. 산업기사】

① 합성 역률의 개선
② 전원 개방 시 잔류 전하를 방전시켜 인체의 위험 방지
③ 콘덴서의 등가 용량 증대
④ 전압의 개선

[해설] 방전 코일은 전원 개방 시 잔류 전하에 의한 위험을 방지하기 위한 것이다.

71 직렬 축전기를 선로에 삽입할 때의 이점이 아닌 것은?
 ★★★★☆ 【77. 91. 96. 99. 03. 기사, 91. 산업기사】

① 선로의 인덕턴스를 보상한다.
② 수전단의 전압 변동률을 줄인다.
③ 정태 안정도를 증가한다.
④ 역률을 개선한다.

[해설] 직렬 축전기는 유도 리액턴스(부하의 리액턴스에 비해서 작은 값)만 상쇄시키는 것이므로 선로의 전압 강하를 줄일 수는 있지만 계통의 역률을 개선시킬 정도는 못된다. 선로의 유도 리액턴스를 상쇄시키므로 선로의 정태 안정도를 증가시킨다.

72 자기 여자 방지를 위하여 충전용의 발전기 용량이 구비하여야 할 조건은?
 ★★ 【78. 91. 기사】

① 발전기 용량 < 선로의 충전 용량
② 발전기 용량 < 3×선로의 충전 용량
③ 발전기 용량 > 선로의 충전 용량
④ 발전기 용량 > 3×선로의 충전 용량

[해설] 발전기에 자기 여자를 일으키지 않고 선로측의 차단기를 투입하여 선로를 충전하기 위해서는
  ① 발전기 용량이 선로의 충전 용량보다 커야 한다.
  ② 병렬 리액터를 사용한다.
송전 선로는 3상 3선식이므로 선로의 충전 용량×3보다 발전기 용량이 커야 한다.

73 조상기에 대하여 수소 냉각 방식이 공기 방식보다 좋은 점을 열거하였다. 옳지 않은 것은?
 ★★ 【82. 83. 기사】

① 용량을 증가시킬 수 있다.
② 풍손이 작다.
③ 권선의 수명이 길어진다.
④ 냉각수가 적어도 된다.

[답] 70. ② 71. ④ 72. ④ 73. ④

해설 수소 냉각 방식의 특징은 냉각 효과가 좋으므로 용량이 증가하고 풍손이 감소하며, 코로나가 수소 중에서 발생하기가 어려워 권선의 수명이 길어진다는 장점과 수소의 순도와 압력을 일정하게 유지하기 위한 냉각 및 제어 설비가 복잡하고 폭발의 위험이 있으며, 점검·보수 시 수소의 교환에 시간이 걸리는 단점이 있다. 수소는 열전도율이 높기 때문에 냉각수는 오히려 증가한다.

74 ★★☆【83. 86. 92. 95. 98. 산업기사】
조상설비가 있는 1차 변전소에서 주변압기로 주로 사용되는 변압기는?

① 승압용 변압기 ② 중권 변압기
③ 3권선 변압기 ④ 단상 변압기

해설 1차측 권선과 2차측 권선 그리고 조상설비 접속도와 제3고조파 제거용의 제3권선이 있는 3권선 변압기를 사용한다.

75 ★★★★【80. 85. 89. 94. 05. 기사, 03. 23. 산업기사】
전력계통의 전압을 조정하는 가장 보편적인 방법은?

① 발전기의 유효 전력 조정 ② 부하의 유효 전력 조정
③ 계통의 주파수 조정 ④ 계통의 무효 전력 조정

해설 ・무효 전력 조정 → 전압
・유효 전력 조정 → 주파수

76 ★★★【77. 86. 91. 97. 00. 05. 12. 산업기사】
전력 계통 주파수가 기준값보다 증가하는 경우 어떻게 하는 것이 타당한가?

① 발전 출력[kW]을 증가시켜야 한다.
② 발전 출력[kW]을 감소시켜야 한다.
③ 무효 전력[kVar]을 증가시켜야 한다.
④ 무효 전력[kVar]을 감소시켜야 한다.

해설 부하가 증가하면 주파수는 감소하며, 부하가 감소하면 주파수는 증가한다.

77 ★★【87. 94. 08. 12. 기사】
전력계통의 전압 조정과 무관한 것은?

① 발전기의 조속기
② 발전기의 전압 조정 장치
③ 전력용 콘덴서
④ 전력용 분로 리액터

해설 조속기는 회전체의 원심력을 이용하여 증기의 유입량을 조절하여 터빈의 회전속도를 일정하게 해주는 장치이다.

답 74. ③ 75. ④ 76. ② 77. ①

78 전력 계통의 전력 손실을 무시할 경우, 각 발전소 출력의 경제적 배분을 위한 조건은? 단, 제 i발전소의 출력 및 연료비는 P_i 및 F_i이며 발전소 개수는 n이다.

① $\dfrac{F_1^2}{P_1} = \dfrac{F_2^2}{P_2} = \cdots = \dfrac{F_i^2}{P_i} = \cdots = \dfrac{F_n^2}{P_n}$

② $\dfrac{F_1}{P_1^2} = \dfrac{F_2}{P_2^2} = \cdots = \dfrac{F_i}{P_i^2} = \cdots = \dfrac{F_n}{P_n^2}$

③ $\dfrac{F_1}{P_1} = \dfrac{F_2}{P_2} = \cdots = \dfrac{F_i}{P_i} = \cdots = \dfrac{F_n}{P_n}$

④ $\dfrac{dF_1}{dP_1} = \dfrac{dF_2}{dP_2} = \cdots = \dfrac{dF_i}{dP_i} = \cdots = \dfrac{dF_n}{dP_n}$

해설 경제적 배분 조건 $\dfrac{dF_1}{dP_1} = \dfrac{dF_2}{dP_2} = \cdots = \dfrac{dF_i}{dP_i} = \cdots = \dfrac{dF_n}{dP_n}$

79 전자 계산기에 의한 전력조류 계산에서 슬랙(slack) 모선의 지정값은? 단, 슬랙 모선을 기준 모선으로 한다.

① 유효 전력과 무효 전력
② 전압 크기와 유효 전력
③ 전압 크기와 무효 전력
④ 전압 크기와 위상각

해설 슬랙 모선에서의 기지량과 미지량

기지량(입력 데이터)	미지량(출력 데이터)
모선 전압의 크기 모선 전압의 위상각	유효 전력 무효 전력 계통의 전 송전 손실

80 주변압기 등에서 발생하는 제5고조파를 줄이는 방법은?

① 콘덴서에 직렬 리액터 삽입
② 변압기 2차측에 분로 리액터 연결
③ 모선에 방전 코일 연결
④ 모선에 공심 리액터 연결

해설 전력용 콘덴서와 직렬로 리액터를 접속하여 제5고조파를 제거시킨다.

81 송전 선로에서 사용하는 변압기 결선에 △결선이 포함되어 있는 이유는?

① sin파의 제거
② 제3고조파의 제거
③ 제5고조파의 제거
④ 제7고조파의 제거

답 78. ④ 79. ④ 80. ① 81. ②

[해설] 변압기의 △결선 이유는 △결선 시 제3고조파를 제거할 수 있기 때문이다.

82 ★★★ 【82. 85. 98. 기사, 23. 산업】
변압기 결선에 있어서 1차에 제3고조파가 있을 때 2차 전압에 제3고조파가 나타나는 결선은?

① △—△　　② △—Y　　③ Y—Y　　④ Y—△

[해설] 제3고조파는 변압기의 △결선에 의하여 순환 전류가 되어 소멸되나 Y결선에서는 2차측에도 나타난다.

83 ★★ 【96. 98. 기사】
1차 변전소에서는 어떤 결선의 3권선 변압기가 가장 유리한가?

① △—Y—Y　　② Y—△—△　　③ Y—Y—△　　④ △—Y—△

[해설] 3차 권선(안정 권선)의 용도는
① 제3고조파의 제거　② 조상설비의 설치　③ 소내용 전원의 공급 등이다.

84 ★★ 【96. 00. 기사】
전압이 다른 송전선로를 루프로 사용하여 조류제어를 할 때 필요한 기기는?

① 동기 조상기　　　　　② 3권선 변압기
③ 분로 리액터　　　　　④ 위상조정 변압기

[해설] 위상조정 변압기
유효 전류의 분포를 제어하기 위해 성형 전압과 직각이 되는 위상의 조정 전압을 공급하는 변압기로 환상 계통의 전력 조류 제어에 사용된다.

85 ★★★☆ 【09. 기사, 80. 11. 산업기사, ㊤ : 83. 93. 00. 09. 기사】
송전 전압 154[kV], 주파수 60[Hz], 선로의 작용 정전 용량 0.01[μF/km], 길이 150[km]인 1회선 송전선을 충전시킬 때 자기 여자를 일으키지 않는 발전기의 최소 용량[kVA]은? 단, 발전기의 단락비는 1.1, 포화율은 0.1이라고 한다.

① 약 8900　　　　　② 약 12,300
③ 약 13,400　　　　④ 약 15,200

[해설]
$$Q' = 3 \times 2\pi f C l E^2 = 3 \times 2\pi \times 60 \times 0.01 \times 10^{-6} \times 150 \times \left(\frac{154{,}000}{\sqrt{3}}\right)^2 \times 10^{-3} = 13{,}411 [\text{kVA}]$$

$$K_s \geq \frac{Q'}{Q}\left(\frac{V}{V'}\right)^2 (1+\sigma)$$

단, K_s : 단락비, Q : 정격 용량[kVA], Q' : 충전 전압으로서 충전했을 때의 충전 용량[kVA]
　　V : 정격 전압, V' : 충전 전압, σ : 포화율

위 식에서 $V = V'$ 라면 $K_s = \frac{Q'}{Q}(1+\sigma)$

$\therefore Q = \frac{Q'}{K_s}(1+\sigma) = \frac{13{,}411}{1.1}(1+0.1) = 13{,}411 ≒ 13{,}400 [\text{kVA}]$

답 82. ③　83. ③　84. ④　85. ③

86 ★★ 【77. 90. 94. 99. 산업기사】
전력선 반송전화 장치를 송전선에 연락하는 장치로 사용되는 것은?

① 분로 리액터 ② 분배기
③ 중계선륜 ④ 결합 콘덴서

해설 결합 콘덴서 : 전력선 반송전파 장치와 송전선의 연결에 사용

유사문제

유사문제 원문 및 해설 : 동일출판사 홈페이지 ≫ 고객센터 ≫ 자료실

01. 송전선로의 페란티 효과를 방지하는 데 효과적인 것은?
  답 분로 리액터 사용

02. 변전소에 분로 리액터를 설치하는 주된 목적은?
  답 진상 무효 전력 보상

03. 송전선에 직렬 콘덴서를 설치하는 경우 많은 이점이 있는 반면 이상 현상도 일어날 수 있다. 직렬 콘덴서를 설치하였을 때 이치에 맞지 않는 사항은?
  답 부하 역률이 좋을수록 설치 효과가 크다.

04. 동기 조상기에 대한 설명으로 옳은 것은?
  답 계자회로를 과여자로 운전하면 콘덴서의 역할을 한다.

05. 동기 조상기에 대한 다음 설명 중 옳지 않은 것은?
  답 선로의 시충전(試充電)이 불가능하다.

06. 동기 조상기 A와 전력용 콘덴서 B를 비교한 것으로 옳은 것은?
  답 무효 전력 : A는 진상, 지상 양용, B는 진상용

07. 수전단에 관련된 다음 사항 중 틀린 것은?
  답 중부하 시 수전단에 설치된 동기 조상기는 부족여자로 운전

08. 진상 전류만이 아니라 지상 전류도 잡아서 광범위로 연속적인 전압 조정을 할 수 있는 것은?
  답 동기 조상기

09. 전력용 콘덴서에 직렬로 콘덴서 용량의 5[%] 정도의 유도 리액턴스를 삽입하는 목적은?
  답 제5고조파 전류의 억제

10. 전력용 콘덴서의 방전 코일의 역할은?
  답 잔류전하의 방전

11. 일반적으로 정전축전기(static condenser)를 설치하는 목적으로 가장 적당한 것은?
  답 전압강하의 개선책으로

답 86. ④

12. 기본 주파수에서 축전기의 용량 리액턴스의 4[%]
보다는 조금 크게 5[%] 정도의 리액턴스를 그림
과 같이 직렬로 넣으면?
답 제5고조파 전압 단락 제거

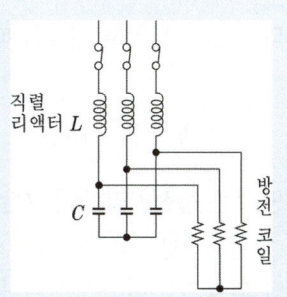

13. 전 계통이 연계되어 운전되는 전력 계통에서 발전 전력이 일정하게 유지되는 경우 부하가 증가하면 계통 주파수는 어떻게 변하는가?
답 주파수는 감소한다.

14. 자동 경제 급전(ELD : Economic Load Distribution)의 목적은?
답 발전연료비(Fuel Cost)의 절약

15. 전력 계통의 주파수 변동은 주로 무엇의 변화에 기인하는가?
답 유효 전력

송전용량

87 【98. 기사】
송전선로의 송전 용량을 결정할 때 송전 용량 계수법에 의한 수전전력을 나타낸 식은?

① 수전전력 = $\dfrac{송전\ 용량\ 계수 \times (수전단\ 선간\ 전압)^2}{송전\ 거리}$

② 수전전력 = $\dfrac{송전\ 용량\ 계수 \times 수전단\ 선간\ 전압}{송전\ 거리}$

③ 수전전력 = $\dfrac{송전\ 용량\ 계수 \times (송전\ 거리)^2}{수전단\ 선간\ 전압}$

④ 수전전력 = $\dfrac{송전\ 용량\ 계수 \times (수전단\ 전류)^2}{송전\ 거리}$

해설 $P = K\dfrac{V^2}{l}[\text{kW}]$
K : 용량계수, V : 송전 전압, l : 송전 거리

답 87. ①

88 다음 식은 무엇을 결정할 때 쓰이는 식인가?

$$5.5\sqrt{0.6l + \frac{P}{100}}$$

단, l은 송전거리[km], P는 송전전력[kW]이다.

① 송전전압 ② 송전선의 굵기
③ 역률개선 시 콘덴서의 용량 ④ 발전소의 발전전압

해설 Still의 식(경제적인 송전전압)

---

89 송전 거리 50[km], 송전 전력 5,000[kW]일 때의 송전 전압은 대략 몇 [kV] 정도가 적당한가? 단, 스틸의 식에 의해 구하여라.

① 29 ② 39
③ 49 ④ 59

해설 송전 전압의 결정식은 Still 식 $= 5.5\sqrt{0.6 \times l + 0.01P}$
$= 5.5\sqrt{0.6 \times 50 + 0.01 \times 5,000} = 49.19$[kV]

---

90 154[kV] 송전선로에서 송전거리가 154[km]라 할 때 송전용량 계수법에 의한 송전용량은? 단, 송전용량 계수는 1,200으로 한다.

① 61,600[kW] ② 92,400[kW]
③ 123,200[kW] ④ 184,800[kW]

해설 송전용량 $P = K\dfrac{V^2}{l}$[kW] $\begin{cases} K : \text{용량계수} \\ V : \text{송전전압} \\ l : \text{송전거리} \end{cases}$

$P = 1,200 \times \dfrac{154^2}{154} = 184,800$[kW]

---

91 송전 선로의 송전단 전압을 E_S, 수전단 전압을 E_R, 송수전단 전압 사이의 위상차를 δ, 선로의 리액턴스를 X라 하고, 선로 저항을 무시할 때 송전 전력 P는 어떤 식으로 표시되는가?

① $P = \dfrac{E_S - E_R}{X}$ ② $P = \dfrac{(E_S - E_R)^2}{X}$
③ $P = \dfrac{E_S E_R}{X} \sin \delta$ ④ $P = \dfrac{E_S E_R}{X} \tan \delta$

답 88. ① 89. ③ 90. ④ 91. ③

해설 전력 계통은 고효율 전력 전송 목적으로 설계되므로 저항손과 대지 정전 용량은 극히 적으므로 무시한다. 그러므로 그림과 같이 등가로 나타낼 수 있다.

$$\overline{bc} = XI\cos\varphi = E_S\sin\delta$$
$$I\cos\varphi = \frac{E_S}{X}\sin\delta$$
$$P = E_R I\cos\varphi$$
$$\therefore P = \frac{E_S E_R}{X}\sin\delta$$

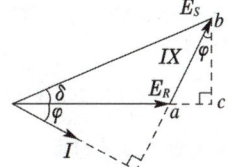
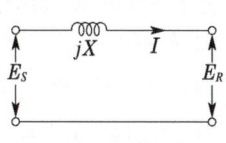

★ 【90. 기사】

92 송전 선로의 송전 용량 결정과 관계가 먼 것은?

① 송수전단 전압의 상차각 ② 조상기 용량
③ 송전 효율　　　　　　　　④ 송전선의 충전 전류

해설 송전 용량의 결정 요인
① 송·수전단 전압의 상차각 ② 송전 효율 ③ 조상기 용량 ④ 송전 전압 및 송전 거리
⑤ 송·수전단의 리액턴스 ⑥ 특성 임피던스

★★★★★ 【00. 23. 기사, ㊉ : 82. 86. 90. 92. 기사, 83. 93. 96. 98. 산업기사】

93 송전단 전압 161[kV], 수전단 전압 154[kV], 상차각 40°, 리액턴스 45[Ω]일 때 선로 손실을 무시하면 전송 전력은 약 몇 [MW]인가?

① 323　　　　　　　　② 443
③ 354　　　　　　　　④ 623

해설 $P = \dfrac{V_s V_r}{X}\sin\delta = \dfrac{161 \times 154}{45}\sin 40 = 354[MW]$

★★★★★ 【83. 97. 99. 01. 기사, 81. 87. 97. 99. 01. 05. 산업기사】

94 교류 송전에서 송전 거리가 멀어질수록 동일 전압에서의 송전 가능 전력이 적어진다. 그 이유는?

① 선로의 어드미턴스가 커지기 때문이다.
② 선로의 유도성 리액턴스가 커지기 때문이다.
③ 코로나 손실이 증가하기 때문이다.
④ 저항 손실이 커지기 때문이다.

해설 교류 송전 선로에서 송전 거리가 멀어지면 선로 정수가 모두 증가한다. 그러나 초고압 장거리 송전 선로에서는 저항과 정전 용량은 유도성 리액턴스에 비해서 적으므로 그다지 크게 영향을 미치지 못한다.
$P = \dfrac{E_S E_R}{X}\sin\delta$에서와 같이 선로의 유도 리액턴스가 커지기 때문에 송전 가능 전력은 적어진다.

답 92. ④　93. ③　94. ②

유사문제

01. 전송 전력이 400[MW], 송전 거리가 200[km]인 경우의 경제적인 송전 전압은 몇 [kV]인가? 단, A. Still 식에 의하여 산정할 것

답 Still 식 $= 5.5\sqrt{0.6 \times 200 + 0.01 \times 400 \times 10^3} = 353[kV]$

02. 그림과 같은 2기 계통에 있어서 발전기에서 전동기로 전달되는 전력 P를 표시하는 식은? 단, $X = X_G + X_L + X_M$이고, E_G, E_M은 각각 발전기 및 전동기의 유기기전력, δ는 E_G, E_M 간의 상차각이다.

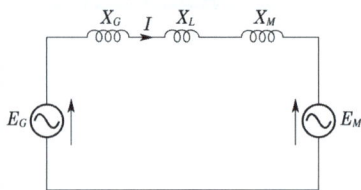

답 $P = \dfrac{E_G \cdot E_M}{X} \sin\delta [MW]$

03. 송전단 전압 154[kV], 수전단 전압 134[kV], 상차각 60°, 리액턴스 39.8[Ω]일 때 선로 손실을 무시하면 전송전력은 약 몇 [MW]인가?

답 $P = \dfrac{E_s E_r}{X} \sin\theta = \dfrac{154 \times 134}{39.8} \times \sin60° = 449.03[MW]$

04. 송전단 전압이 160[kV], 수전단 전압이 150[kV], 두 전압 사이의 위상차가 45°, 전체 리액턴스가 50[Ω]이고, 선로 손실이 없다면 송전단에서 수전단으로 공급되는 전송 전력은 몇 [MW]인가?

답 $P = \dfrac{V_s V_r}{X} \sin\delta$ 에서 $P = \dfrac{160 \times 150}{50} \sin45 = 339.5[MW]$

직류송전

★★★★ 【96. 11. 기사, 89. 94. 00. 06. 12. 산업기사, ⊕ : 05. 기사 85. 90. 93. 산업기사】

95 장거리 대전력 송전에 교류송전방식에 비해서 직류송전방식의 장점이 아닌 것은?

① 송전 효율이 높다. ② 안정도의 문제가 없다.
③ 선로절연이 더 수월하다. ④ 변압이 쉬워 고압송전이 유리하다.

[해설] 직류 송전 방식의 장·단점
[장점] ① 선로의 리액턴스가 없으므로 안정도가 높다.
② 유전체손 및 충전 용량이 없고 절연 내력이 강하다.
③ 비동기 연계가 가능하다.
④ 단락 전류가 적고 임의 크기의 교류 계통을 연계시킬 수 있다.
⑤ 코로나손 및 전력 손실이 적다.
⑥ 표피 효과나 근접 효과가 없으므로 실효 저항의 증대가 없다.
[단점] ① 직교 변환 장치가 필요하다.
② 전압의 승압 및 강압이 불리하다.
③ 고조파나 고주파 억제 대책이 필요하다.
④ 직류 차단기가 개발되어 있지 않다.

답 95. ④

96 ★ 【94. 기사】
직류 송전방식에 비교할 때 교류 송전방식의 이점은?
① 선로의 리액턴스에 의한 전압강하가 없으므로 장거리 송전에 적합하다.
② 변압이 쉬워 고압송전을 하는데 유리하다.
③ 같은 절연에서는 송전전력이 크게 된다.
④ 지중송전의 경우 충전전류와 유전체손을 고려하지 않아도 되므로 절연이 쉽다.

[해설] 교류 송전방식은 변압이 가능하므로 고압송전이 가능하다.

유사문제
┃유사문제 원문 및 해설 : 동일출판사 홈페이지 》 고객센터 》 자료실

01. 직류 송전 방식의 장점으로 옳지 않은 것은?
　답 같은 절연에서는 교류의 2배의 전압으로 송전이 가능하므로 송전 전력이 크게 된다.

02. 교류 송전 방식에 대한 직류 송전 방식의 장점에 해당되지 않는 것은?
　답 고전압, 대전류의 차단이 용이하다.

03. 중성점 접지 직류 2선식과 교류 3상 3선식에서 사용 전선량이 같고 손실률과 절연 레벨을 같게 하면 송전 전력은?
　답 직류 송전은 교류 송전에 비하여 100[%] 증가된다.

전력원선도

97 ★★★★★ 【77. 94. 98. 기사. 81. 89. 97. 99. 04. 산업기사, ㊉ : 82. 90. 산업기사】
송수전단의 전압을 E_s, E_r이라고 하고 4단자 정수를 A, B, C, D라 할 때 전력 원선도를 그릴 때의 반지름은?
① $E_r E_S / A$　　② $E_r E_S / B$　　③ $E_r E_S / C$　　④ $E_r E_S / D$

[해설] 반지름 $\rho = \dfrac{E_s E_r}{B}$

98 ★ 【94. 04. 기사】
정전압 송전 방식에서 전력 원선도를 그리려면 무엇이 주어져야 하는가?
① 송수전단 전압, 선로의 일반회로정수　② 송수전단 전류, 선로의 일반회로정수
③ 조상기 용량, 수전단 전압　　　　　　④ 송전단 전압, 수전단 전류

[해설] 전력 원선도 작성 시 필요한 것
　　① 송전단 전압 : E_s　② 수전단 전압 : E_r　③ 회로정수 : A, B, C, D

답 96. ②　97. ②　98. ①

99
☆ 【83. 산업기사】
그림과 같은 송전선의 수전단 전력 원선도에 있어서 역률 cosθ의 부하가 갑자기 감소하여 조상 설비를 필요로 하게 되었을 때 필요한 조상기의 용량을 나타내는 부분은?

① $\overline{AB}$
② $\overline{BD}$
③ $\overline{EF}$
④ $\overline{FC}$

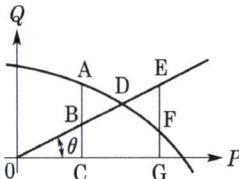

[해설] 운전점은 항상 원선도의 원주상에 있어야 한다. 문제에서 부하 곡선의 E점에서 운전하게 되면 $\overline{EF}$의 조상 용량이 필요하나 부하가 갑자기 감소하여 부하 곡선의 B점에서 운전하게 되면 원주상 A점으로 무효 전력을 $\overline{AB}$만큼 조상 용량(지상 무효 전력)이 필요하다.

100
★★★★★ 【89. 94. 99. 00. 01. 04. 기사 04. 10. 산업기사】
전력 원선도에서 알 수 없는 것은?

① 전력 ② 손실 ③ 역률 ④ 코로나 손실

[해설] 원선도에서 알 수 있는 사항
① 정태 안정 극한 전력(최대 전력) ② 송수전단 전압간의 상차각 ③ 조상 용량
④ 수전단 역률 ⑤ 선로 손실과 송전 효율

101
★★☆ 【91. 97. 07. 기사. 04. 12. 산업기사 ⑨ : 01. 산업기사】
전력 원선도의 가로축과 세로축은 각각 다음 중 어느 것을 나타내는가?

① 전압과 전류 ② 전압과 전력
③ 전류와 전력 ④ 유효 전력과 무효 전력

[해설] 가로축 : 유효 전력, 세로축 : 무효 전력

유사문제
∥ 유사문제 원문 및 해설 : 동일출판사 홈페이지 ≫ 고객센터 ≫ 자료실

01. 길이 100[km], 송전단 전압 154[kV], 수전단 전압 140[kV]의 3상 3선식 정전압 송전선이 있다. 선로 정수는 저항 0.315[Ω/km], 리액턴스 1.035[Ω/km]이고, 기타는 무시한다. 수전단 3상 전력 원선도의 반지름([MVA] 단위도)은 얼마인가?

[답] $\rho = \dfrac{E_S E_r}{B} = \dfrac{140 \times 154}{108.2} ≒ 200[MVA]$

02. 전력 원선도 작성에 필요없는 것은?
[답] 역률

03. 전력 원선도에서 구할 수 없는 것은 어느 것인가?
[답] 과도안정 극한전력

[답] 99. ① 100. ④ 101. ④

CHAPTER 03 고장 계산

송전선에 지락이라든지 단락 사고가 발생하면 얼마만한 크기의 지락전류 또는 단락전류가 흐를 것인가를 미리 조사하여 고장 시의 상황에 대처할 수 있게 하는 것이 고장계산의 주목적으로 다음과 같이 활용된다.

① 차단기의 용량 결정   ② 보호 계전기의 정정   ③ 통신선에 유도장해

1 단락고장

(1) 단락 전류 계산목적
   ① 차단기 용량의 결정
   ② 보호 계전기의 정정
   ③ 기기에 가해지는 전자력을 추정

(2) 3상 단락 고장은 평형 고장으로 단락전류 계산법은 옴법, % 임피던스법, PU법이 사용되나 일반적으로 % 임피던스 법이 많이 사용된다.

1) 옴(Ω) 법

옴법은 전압을 임피던스로 나누어 단락전류를 구하는 방법이다.

$$단락전류 \ I_s = \frac{E}{Z} = \frac{E}{\sqrt{R^2+X^2}}[A]$$ 출제 산업 6번, 기사 1번

$$단락용량 \ P_s = 3EI_s = \sqrt{3}\ VI_S [kVA]$$ 출제 산업 2번, 기사 3번

여기서, V : 단락점의 선간전압[kV]
Z : 단락지점에서 전원측을 본 계통 임피던스[Ω]

옴 법에서 임피던스 값은 옴 값이기 때문에 고장점의 회로 전압과 다른 전압의 회로에 있는 임피던스를 고장 회로의 전압으로 환산하려면 다음과 같이 하여야 한다.

- 변압기 권수비(전압비)의 제곱을 곱하거나 나누어 주어야 한다.
- 변압기의 결선이 △결선일 때는 이를 Y결선으로 고쳐주어야 한다.

2) % 임피던스 법

임피던스의 크기를 옴[Ω] 값 대신에 % 값으로 나타내어 계산하는 방법으로 옴[Ω] 법과 달리 전압환산을 할 필요가 없어 계산이 용이하므로 현재 가장 많이 사용되고 있다.

(1) %Z

$$\%Z = \frac{I_n[A] \times Z[\Omega]}{E[V]} \times 100[\%]$$

분모, 분자에 $\sqrt{3}\,V$를 곱하면

$$\%Z = \frac{\sqrt{3}\,V[V] \times I_n[A] \times Z[\Omega]}{\sqrt{3}\,V[V] \times E[V]} \times 100[\%] = \frac{P[VA] \times Z[\Omega]}{V^2[V]} \times 100[\%]$$

$$= \frac{P[kVA] \times 10^3 \times Z[\Omega]}{V^2 \times 10^6[kV]} \times 100[\%]$$

$$= \frac{P[kVA] \times Z[\Omega]}{10\,V^2[kV]} [\%]$$

출제 산업 20번, 기사 11번

(2) 단락전류 I_S

$$I_S = \frac{E[V]}{Z[\Omega]} = \frac{E}{\frac{\%Z \times E}{100 \times I_n}} = \frac{100}{\%Z} \times I_n$$

($\%Z = \frac{I_n Z}{E} \times 100$에서 $Z = \frac{\%Z E}{100 I_n}$)

(3) 단락용량

$I_S = \frac{100}{\%Z} \times I_n$의 좌변, 우변에 $\sqrt{3}\,V$를 곱하면

$$\sqrt{3}\,V I_S = \frac{100}{\%Z} \times I_n \times \sqrt{3}\,V$$

$$\therefore P_S = \frac{100}{\%Z} \times P_n$$

출제 산업 15번, 기사 4번

(4) 차단기의 차단 용량 > 계통의 단락 용량

(5) **고장계산 순서** 출제 산업 2번, 기사 11번

① 기준용량 P_n 선정 : 임의로 선정 할 수 있지만 %Z를 기준용량으로 환산하기 쉽게 계통 내에 있는 공통적인 값을 선정하는 것이 편리하다.

② %Z를 기준용량으로 환산

$$\%Z(\text{기준용량}) = \frac{\text{기준용량}[kVA]}{\text{자기용량}[kVA]} \times \%Z(\text{자기용량})$$

③ %Z 합산

④ **단락전류** $I_S = \frac{100}{\%Z} \times I_n$ 출제 산업 5번, 기사 8번

단락용량 $P_S = \frac{100}{\%Z} \times P_n$

(차단기 용량 $P_S = \sqrt{3} \times$ 정격전압 $\times$ 정격차단전류[MVA]로 구할 수 있다.) 출제 산업 3번, 기사 3번

3) 단위법(per unit method)

임피던스로 표시하는 방법으로 백분율법에서 100[%]를 없앤 것이다.

$$Z[\text{p}\cdot\text{u}] = \frac{ZI}{E}$$

2 대칭좌표법에 의한 고장 계산

3상 단락 고장은 평형고장으로 옴 법이나 % 임피던스 법으로 풀 수 있으나 1선 지락과 같은 불평형 고장에서는 대칭좌표법으로 풀어야 한다.

여기서, 대칭좌표법이란 불평형전압이나 불평형전류를 3개의 성분(영상분, 정상분, 역상분)으로 나누어 계산하는 방법이다.

고장의 종류	대 칭 분	
3상 단락	정상분	출제 기사 1번
선간 단락	정상분, 역상분	출제 산업 3번, 기사 4번
1선 지락	정상분, 역상분, 영상분	출제 산업 3번

1) 대칭분

(1) 영상전류(I_0) : 크기가 같고 같은 위상각을 가진 평형 단상전류로서 이 전류는 지락고장 시 접지계전기를 동작시키는 전류이며 통신선에 대해서는 전자유도장해를 일으키는 전류이다. 영상전류는 접지선에 흐르며, 비접지의 경우 흐르지 않는다. 출제 산업 2번

(2) 정상전류(I_1) : 평형 3상 교류로서 전원과 동일한 상회전 방향으로 이 전류가 전동기에 흐르면 전동기에 회전토크를 준다.

(3) 역상전류(I_2) : 평형 3상 교류로서 전원의 상회전 방향과 반대 방향으로 이 전류가 전동기에 흐르면 전동기에 제동력을 준다.

2) 전압

- 각상 전압　　$V_a = V_0 + V_1 + V_2$
　　　　　　　$V_b = V_0 + a^2 V_1 + a V_2$
　　　　　　　$V_c = V_0 + a V_1 + a^2 V_2$

- 대칭분 전압　$V_0 = \frac{1}{3}(V_a + V_b + V_c)$
　　　　　　　$V_1 = \frac{1}{3}(V_a + a V_b + a^2 V_c)$
　　　　　　　$V_2 = \frac{1}{3}(V_a + a^2 V_b + a V_c)$

3) 전류

- 각상 전류
$$I_a = I_0 + I_1 + I_2$$
$$I_b = I_0 + a^2 I_1 + a I_2$$
$$I_c = I_0 + a I_1 + a^2 I_2$$

- 대칭분 전류
$$I_0 = \frac{1}{3}(I_a + I_b + I_c)$$
$$I_1 = \frac{1}{3}(I_a + a I_b + a^2 I_c)$$
$$I_2 = \frac{1}{3}(I_a + a^2 I_b + a I_c)$$ 출제 기사 4번

4) 발전기의 기본식

$$V_0 = -I_0 Z_0$$
$$V_1 = E_1 - I_1 Z_1 = E_a - I_1 Z_1$$
$$V_2 = -I_2 Z_2$$

여기서, $a = -\frac{1}{2} + j\frac{\sqrt{3}}{2} = -0.5 + j0.866 = e^{j\frac{2\pi}{3}}$

$a^2 = -\frac{1}{2} - j\frac{\sqrt{3}}{2} = -0.5 - j0.866 = e^{j\frac{4\pi}{3}}$

$a^3 = 1$, $a^2 + a + 1 = 0$

$V_0,\ I_0$: 영상 전압, 전류
$V_1,\ I_1$: 정상 전압, 전류
$V_2,\ I_2$: 역상 전압, 전류

3 발전기 고장계산

1) 1선 지락 고장

그림에서 $V_a = 0$, $I_b = I_c = 0$
전류의 대칭분을 구하면
$$I_0 = I_1 = I_2 = \frac{1}{3}I_a$$
또, $V_a = V_0 + V_1 + V_2$
$\quad\quad = -Z_0 I_0 + E_a - Z_1 I_1 - Z_2 I_2$

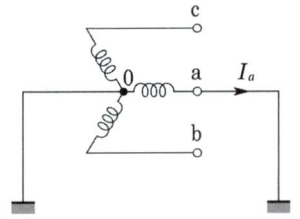

$$\therefore I_0 = I_1 = I_2 = \frac{E_a}{Z_0 + Z_1 + Z_2}$$

$$\therefore I_a = I_0 + I_1 + I_2 = \frac{3E_a}{Z_0 + Z_1 + Z_2} = 3I_0$$ 출제 산업 2번, 기사 7번

$$V_0 = -Z_0 I_0 = -\frac{Z_0}{Z_0 + Z_1 + Z_2} E_a$$

$$V_1 = E_a - Z_1 I_1 = \frac{Z_0 + Z_2}{Z_0 + Z_1 + Z_2} E_a$$

$$V_2 = -Z_2 I_2 = -\frac{Z_2}{Z_0 + Z_1 + Z_2} E_a$$

$$V_b = V_0 + a^2 V_1 + a V_2 = \frac{(a^2-1)Z_0 + (a^2-a)Z_2}{Z_0 + Z_1 + Z_2} E_a$$

$$V_c = V_0 + a V_1 + a^2 V_2 = \frac{(a-1)Z_0 + (a-a^2)Z_2}{Z_0 + Z_1 + Z_2} E_a$$

2) 2선 지락 고장

그림에서 $V_b = V_c = 0$, $I_a = 0$인 조건에서 대칭분 전류는

$$I_0 = \frac{-Z_2 E_a}{Z_0 Z_1 + Z_1 Z_2 + Z_2 Z_0}$$

$$I_1 = \frac{(Z_0 + Z_2) E_a}{Z_0 Z_1 + Z_1 Z_2 + Z_2 Z_0}$$

$$I_2 = \frac{-Z_0 E_a}{Z_0 Z_1 + Z_1 Z_2 + Z_2 Z_0}$$

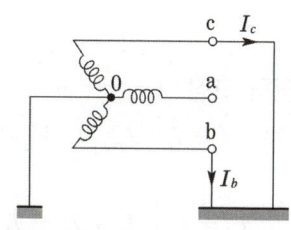

대칭분 전압은

$$V_0 = V_1 = V_2 = \frac{Z_0 Z_2}{Z_1 Z_2 + Z_0 (Z_1 + Z_2)} E_a$$

건전상 전압과 b, c상 전류는

$$I_b = I_0 + a^2 I_1 + a I_2 = \frac{(a^2-a)Z_0 + (a^2-1)Z_2}{Z_0 Z_1 + Z_1 Z_2 + Z_2 Z_0} E_a$$

$$I_c = I_0 + a I_1 + a^2 I_2 = \frac{(a-a^2)Z_0 + (a-1)Z_2}{Z_0 Z_1 + Z_1 Z_2 + Z_2 Z_0} E_a$$

$$V_a = V_0 + V_1 + V_2 = 3 V_0 = -3 E_0 I_0 = \frac{3 Z_0 Z_2}{Z_0 Z_1 + Z_1 Z_2 + Z_2 Z_0} E_a$$

3) 선간 단락 고장

그림에서 $I_a = 0$, $I_b = -I_c$, $V_b = V_c$의 조건에서 대칭분 전류는

$$I_0 = \frac{1}{3}(I_a + I_b + I_c) = 0$$

$$I_1 = -I_2 = \frac{E_a}{Z_1 + Z_2}$$

대칭분 전압은

$$V_0 = 0$$

$$V_1 = V_2 = \frac{Z_2 E_a}{Z_1 + Z_2}$$

단락 전류 I_b, I_c와 V_a, V_b 및 V_c는

$$I_b = -I_c = \frac{a^2 - a}{Z_1 + Z_2} E_a$$

$$V_a = \frac{2Z_2}{Z_1 + Z_2} E_a$$

$$V_b = V_c = \frac{-Z_2}{Z_1 + Z_2} E_a$$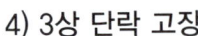

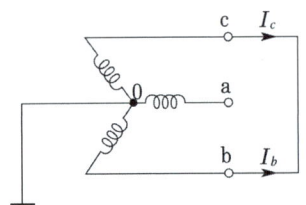

4) 3상 단락 고장

그림에서 $I_a + I_b + I_c = 0$, $V_a = V_b = V_c = 0$이므로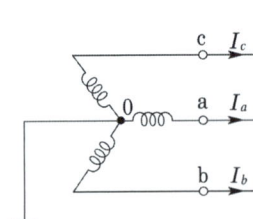

$$I_a = I_0 + I_1 + I_2 = I_1 = \frac{E_a}{Z_1}$$

$$I_b = I_0 + a^2 I_1 + a I_2 = a^2 I_1 = \frac{a^2 E_a}{Z_1}$$

$$I_c = I_0 + a I_1 + a^2 I_2 = a I_1 = \frac{a E_a}{Z_1}$$

CHAPTER 03 출제예상문제_고장 계산

%법

01 ★★ 【77. 79. 91. 01. 산업기사】
3상 변압기의 임피던스 $Z[\Omega]$, 선간 전압이 $V[kV]$, 변압기의 용량 $P[kVA]$일 때 이 변압기의 % 임피던스는?

① $\dfrac{PZ}{10V^2}$ ② $\dfrac{10PZ}{V}$ ③ $\dfrac{10VZ}{ZP}$ ④ $\dfrac{VZ}{P}$

해설 % 임피던스 $\%Z = \dfrac{ZI}{E} \times 100[\%] = \dfrac{PZ}{10E^2}[\%] = \dfrac{PZ}{10V^2}[\%]$

02 ★☆ 【97. 기사, 82. 산업기사】
합성 % 임피던스를 Z_p라 할 때, $P[kVA]$(기준)의 위치에 설치할 차단기의 용량[MVA]은?

① $\dfrac{100P}{Z_p}$ ② $\dfrac{100Z_p}{P}$ ③ $\dfrac{0.1P}{Z_p}$ ④ $10Z_pP$

해설 차단기 용량 $P_s = \dfrac{100}{\%Z}P_n = \dfrac{100}{Z_p}P[kVA] = \dfrac{0.1}{Z_p}P[MVA]$

03 ★ 【94. 03. 기사】
어드미턴스 $Y[\mu\mho]$를 $V[kV]$, $P[kVA]$에 대한 PU법으로 나타내면?

① $\dfrac{YV^2}{P} \times 10^{-3}$ ② $\dfrac{YP}{V^2} \times 10^{-2}$ ③ $\dfrac{V^2}{YP} \times 10^{-1}$ ④ $\dfrac{P^2}{YV} \times 10$

해설 $Y_{pu} = \dfrac{YV}{I} \times \dfrac{V}{V} = \dfrac{YV^2}{IV} = \dfrac{YV^2}{P} \times 10^{-3}$

04 ★ 【00. 02. 기사】
기준 용량 $P[kVA]$, $V[kV]$일 때 %임피던스값이 Z_P인 것을 기준용량 $P_1[kVA]$, $V_1[kV]$로 기준값을 변환하면 새로운 기준값에 대한 %임피던스값 Z_{P1}은?

① $Z_P \times \dfrac{P_1}{P} \times \left(\dfrac{V}{V_1}\right)^2$ ② $Z_P \times \dfrac{P_1}{P} \times \dfrac{V}{V_1}$

③ $Z_P \times \dfrac{P_1}{P} \times \left(\dfrac{V_1}{V}\right)^2$ ④ $Z_P \times \dfrac{P_1}{P} \times \dfrac{V_1}{V}$

답 1. ① 2. ③ 3. ① 4. ①

해설
$$Z_P = \frac{ZP}{10V^2}, \quad Z_{P1} = \frac{ZP_1}{10V_1^2}$$

$$\therefore \frac{Z_{P1}}{Z_P} = \frac{\frac{ZP_1}{10V_1^2}}{\frac{ZP}{10V^2}} = \frac{V^2 \cdot P_1}{V_1^2 \cdot P} \quad \therefore Z_{P1} = \left(\frac{V}{V_1}\right)^2 \cdot \frac{P_1}{P} \cdot Z_P$$

★★★★★ 【82. 83. 86. 91. 96. 00. 산업기사, ⊕ : 83. 88. 92. 기사, 79. 90. 94. 산업기사】

05 66[kV], 3상 1회선 송전선로의 1선의 리액턴스가 20[Ω], 전류가 350[A]일 때 % 리액턴스는?

① 18.4　　② 19.7　　③ 23.2　　④ 26.7

해설
$$\%X = \frac{I_n X}{E} \times 100 = \frac{350 \times 20}{\frac{66 \times 10^3}{\sqrt{3}}} \times 100 ≒ 18.4$$

★★★★★ 【78. 91. 92. 기사, 90. 10. 산업기사, ⊕ : 77. 93. 기사, 91. 산업기사】

06 3상 송전 선로의 선간 전압을 100[kV], 3상 기준 용량을 10,000[kVA]로 할 때, 선로 리액턴스(1선당) 100[Ω]을 % 임피던스로 환산하면 얼마인가?

① 1　　② 10　　③ 0.33　　④ 3.33

해설
$$\%Z = \frac{PZ}{10V^2} = \frac{100 \times 10,000}{10 \times 100^2} = 10[\%]$$

★★★★ 【98. 기사, 90. 산업기사, ⊕ : 98. 05. 기사, 84. 86. 94. 산업기사】

07 정격 전압 66[kV], 1선의 유도 리액턴스 10[Ω]인 3상 3선식 송전선의 10,000[kVA]를 기준으로 한 % 리액턴스는 얼마인가?

① 3.1　　② 2.8　　③ 2.3　　④ 1.8

해설
$$\%X = \frac{PX}{10V^2} = \frac{10,000 \times 10}{10 \times 66^2} = 2.3[\%]$$

★ 【96. 16. 기사】

08 단락 용량 5,000[MVA]인 모선의 전압이 154[kV]라면 등가모선 임피던스는 몇 [Ω]인가?

① 2.54　　② 4.74　　③ 6.34　　④ 8.24

해설 단락용량 $P_s = \frac{V^2}{Z}$, $Z = \frac{V^2}{P_s} = \frac{154,000^2}{5,000 \times 10^6} = 4.74[\Omega]$

답 5. ①　6. ②　7. ③　8. ②

09 변압기의 % 임피던스가 표준값보다 훨씬 클 때 고려하여야 할 문제점은?

① 온도 상승　　② 여자 돌입 전류
③ 기계적 충격　④ 전압 변동률

해설 %Z가 크면 단락비가 작아지며 전압 변동률이 증가한다.

유사문제

※ 유사문제 원문 및 해설 : 동일출판사 홈페이지 ≫ 고객센터 ≫ 자료실

01. [%] 임피던스와 [Ω] 임피던스와의 관계식은? 단, E : 정격 전압[kV], [kVA] : 3상 용량이다.

답 %$Z = \dfrac{Z[\Omega] \times [kVA]}{10E^2}$

02. 66/22[kV], 2,000[kVA] 단상 변압기 3대를 1뱅크로 한 변전소로부터 공급받는 어떤 수전점에서의 3상 단락 전류[A]는 약 얼마인가? 단, 변압기의 % 리액턴스는 7이며 선로의 % 임피던스는 0으로 본다.

답 50[A]

03. 그림과 같은 345[kV], 초고압 송전 계통에서 발전기로부터 선로의 한 점 P까지의 전 % 임피던스[%]는? 단, $P_g = 360,000$[kVA], %$X_g = 95$[%], $P_t = 400,000$[kVA], %$X_t = 15$[%], %$R = 2$[%](400,000[kVA] 기준), %$X = 20$[%](400,000[kVA] 기준), 기준 용량은 100,000[kVA]로 계산할 것

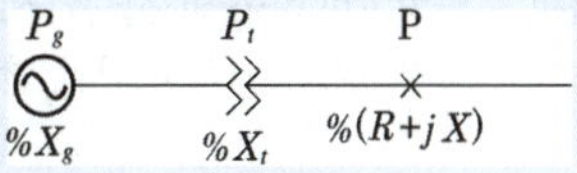

답 $0.5 + j35.15$

04. 154[kV] 계통에 접속된 용량 80,000[kVA]의 변압기의 % 임피던스가 8[%]이다. 이것을 100,000[kVA] 기준으로 고치면 임피던스 값은 몇 [Ω]이 되겠는가?

답 3.7[Ω]

차단기 용량

10 단락 전류는 다음 중 어느 것을 말하는가?

① 앞선 전류　② 뒤진 전류
③ 충전 전류　④ 누설 전류

해설 ① 단락 전류 : 유도 전류 (지상)　② 지락 전류 : 충전 전류 (진상)

답 9. ④　10. ②

11 다음 중 옳은 것은?

① 터빈 발전기의 % 임피던스는 수차의 % 임피던스보다 작다.
② 전기기계의 % 임피던스가 크면 차단용량이 작아진다.
③ % 임피던스는 % 리액턴스보다 작다.
④ 직렬 리액터는 % 임피던스를 작게 하는 작용이 있다.

해설 차단용량 $P_s = \dfrac{100}{\%Z}P_n$, $P_s \propto \dfrac{1}{\%Z}$

12 수차 발전기의 운전 주파수를 상승시키면?

① 기계적 불평형에 의하여 진동을 일으키는 힘은 회전속도의 2승에 반비례한다.
② 같은 출력에 대하여 온도 상승이 약간 커진다.
③ 전압 변동률이 크게 된다.
④ 단락비가 커진다.

해설 발전기의 전압 변동률은 주파수와 비례 관계에 있다. 즉, 주파수를 증가시키면 리액턴스가 증가하여, 전압강하가 증가하고 전압 변동률이 증가한다.

13 정격 전압 7.2[kV], 정격 차단 용량 250[MVA]인 3상용 차단기의 정격 차단 전류는 약 몇 [kA]인가?

① 10 ② 20 ③ 30 ④ 40

해설 정격차단용량 $= \sqrt{3} \times$정격전압$\times$정격차단전류

$I_s = \dfrac{250 \times 10^3}{\sqrt{3} \times 7.2} \times 10^{-3} = 20.05 \text{[kA]}$

14 3상 회로에서 정격 전압을 E, 정격 전류를 I_n, % 임피던스를 Z_P라 할 때 3상 단락 전류는?

① E/Z_P ② EI_n/Z_P ③ $100I_n/Z_P$ ④ $100EI_n/Z_P$

해설 $I_s = \dfrac{100}{\%Z}I_n = \dfrac{100}{Z_p} \cdot I_n$

15 20,000[kVA], % 임피던스 8[%]인 3상 변압기가 2차측에서 3상 단락되었을 때 단락 용량 [kVA]은?

① 160,000 ② 200,000 ③ 250,000 ④ 320,000

답 11. ② 12. ③ 13. ② 14. ③ 15. ③

해설> 단락 용량 $P_s = \dfrac{100}{\%Z}P_n = \dfrac{100}{8} \times 20,000 = 250,000 [kVA]$

16 ★ 【94. 기사, 10. 산업기사】
154/22.9[kV], 40[MVA] 3상 변압기의 % 리액턴스가 14[%]라면 고압측으로 환산한 리액턴스는 몇 [Ω]인가?

① 95 　　② 83 　　③ 75 　　④ 61

해설> $X = \dfrac{\%X \times 10 \times V^2}{P} = \dfrac{14 \times 10 \times 154^2}{40,000} = 83[\Omega]$

17 ★★★★★ 【90. 23. 기사, 82. 91. 94. 95. 97. 00. 01. 산업기사, ⊕ : 99. 기사, 05 산업기사】
합성 임피던스가 0.4[%](10,000[kVA] 기준)인 발전소에 시설할 차단기의 필요한 차단 용량은 몇 [MVA]인가?

① 1,000　② 1,500　③ 2,000　④ 2,500

해설> $P_s = \dfrac{100}{\%Z}P_n = \dfrac{100}{0.4} \times 10,000 \times 10^{-3}[MVA] = 2,500[MVA]$

18 ★★★ 【83. 92. 97. 기사】
전압 V_1[kV]에 대한 %Z 값이 x_{p1}이고, 전압 V_2[kV]에 대한 %Z 값이 x_{p2}일 때, 이들 사이에는 다음 중 어떤 관계가 있는가?

① $x_{p1} = \dfrac{V_1^2}{V_2}x_{p2}$　　② $x_{p1} = \dfrac{V_1}{V_2^2}x_{p2}$

③ $x_{p1} = \dfrac{V_2^2}{V_1^2}x_{p2}$　　④ $x_{p1} = \dfrac{V_2}{V_1^2}x_{p2}$

해설> $\%Z = \dfrac{PZ}{10V^2}$ 에서 $\%Z \propto \dfrac{1}{V^2}$ 이므로 $x_{p1} = \dfrac{V_2^2}{V_1^2}x_{p2}$

19 ★★ 【82. 89. 97. 03. 산업기사, ⊕ : 97. 산업기사】
그림과 같은 3상 3선식 전선로의 단락점에 있어서의 3상 단락 전류[A]는? 단, 22[kV]에 대한 %리액턴스는 4[%], 저항분은 무시한다.

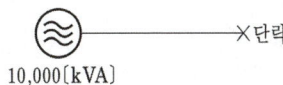

① 5,560　② 6,560　③ 7,560　④ 8,560

해설> 단락 전류 $I_s = \dfrac{100}{\%Z}I_n = \dfrac{100}{4}\dfrac{10,000}{\sqrt{3} \times 22} = 6,560[A]$

20 그림에 표시하는 무부하 송전선의 S점에 있어서 3상 단락이 일어났을 때의 단락전류[A]는?

단, G_1 : 15[MVA], 11[kV], %Z = 30[%]
 G_2 : 15[MVA], 11[kV], %Z = 30[%]
 T : 30[MVA], 11[kV]/154[kV], %Z = 8[%]
 송전선 TS 사이 50[km], Z = 0.5[Ω/km]

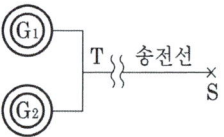

① 12.7 ② 151.3 ③ 273 ④ 383.3

해설 정격 전류 $I_n = \dfrac{P}{\sqrt{3}\,V} = \dfrac{30,000 \times 10^3}{\sqrt{3} \times 154,000}$

송전선의 단락점까지 %Z는

$$\%Z = \dfrac{ZP}{10\,V^2} = \dfrac{0.5 \times 50 \times 30,000}{10 \times 154^2} = 3.16[\%]$$

발전기에서 단락점까지의 총%Z는(30[MVA] 기준)

$$\%Z = \dfrac{60 \times 60}{60 + 60} + 8 + 3.16 = 41.16[\%]$$

∴ 단락 전류 $I_s = \dfrac{100}{\%Z} I_n = \dfrac{100}{41.16} \times \dfrac{30,000 \times 10^3}{\sqrt{3} \times 154,000} = 273[\text{A}]$

21 선로의 3상 단락 전류는 대개 다음과 같은 식으로 구한다.

$$I_s = \dfrac{100}{\%Z_r + \%Z_L} \cdot I_N$$

여기서 I_N은 무엇인가?

① 그 선로의 평균전류
② 그 선로의 최대전류
③ 전원변압기의 선로측 정격전류(단락측)
④ 전원변압기의 전원측 정격전류

해설 $I_N = \dfrac{P_n}{\sqrt{3}\,V_n}$ (I_N : 선로측 정격전류)

22 정격 용량 P_n[kVA], 정격 2차 전압 V_{2n}[kV], % 임피던스 Z[%]인 3상 변압기의 2차 단락 전류는 몇 [A]인가?

① $\dfrac{P_n}{\sqrt{3}\,V_{2n} \cdot Z}$ ② $\dfrac{P_n}{V_{2n} \cdot Z}$ ③ $\dfrac{100 P_n}{\sqrt{3}\,V_{2n} \cdot Z}$ ④ $\dfrac{100 P_n}{V_{2n} \cdot Z}$

해설 $I_s = \dfrac{100}{\%Z} I_n = \dfrac{100}{\%Z} \dfrac{P_n}{\sqrt{3}\,V_n}$ 에서 (%$Z \to Z_0$, $V_n = V_{2n}$)

$I_s = \dfrac{100 P_n}{\sqrt{3}\,V_{2n} \cdot Z}$

답 20. ③ 21. ③ 22. ③

23 그림에서 A점의 차단기 용량으로 가장 적당한 것은?

① 50[MVA]
② 100[MVA]
③ 150[MVA]
④ 200[MVA]

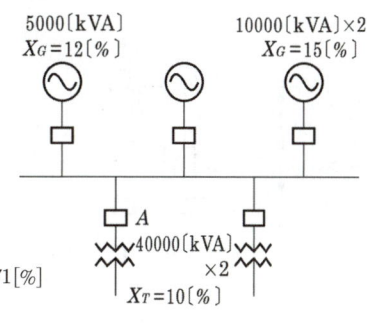

해설) 10,000[kVA] 기준 합성 $\%X = \dfrac{1}{\dfrac{1}{15}\times 2 + \dfrac{1}{24}} = 5.71[\%]$

차단기 용량 $P_s = \dfrac{100}{\%X}P_n = \dfrac{100}{5.71} \times 10,000 \times 10^{-3} = 175[\text{MVA}]$

24 그림과 같은 3상 교류 회로에서 유입 차단기 3의 차단 용량[MVA]은? 단, % 리액턴스는 발전기는 각각 10[%], 변압기는 5[%], 용량은 $G_1 = 15,000$[kVA], $G_2 = 30,000$[kVA], $T_r = 45,000$[kVA]이다.

① 150
② 300
③ 450
④ 800

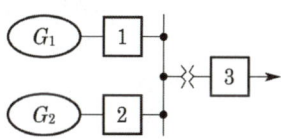

해설) 각 %Z를 구하면(45,000[kVA] 기준)

$\%Z_{g1} = \dfrac{45}{15}\times 10 = 30[\%]$, $\%Z_{g2} = \dfrac{45}{30}\times 10 = 15[\%]$, $\%Z_T = 5[\%]$

차단기에서 전원측으로의 %Z는 $\%Z = \dfrac{30\times 15}{30+15} + 5 = 15[\%]$

차단 용량 $P_s = \dfrac{100}{\%Z}P_n = \dfrac{100}{15}\times 45,000[\text{kVA}] = 300[\text{MVA}]$

25 다음 그림과 같은 전력 계통의 154[kV] 송전선로에서 고장지락저항 Z_{gf}를 통해서 1선 지락 고장이 발생되었을 때 고장점에서 본 영상 임피던스[%]는? 단, 그림에 표시한 임피던스는 모두 동일용량(즉, 100[MVA] 기준으로 환산한 [%] 임피던스임)

① $Z_0 = Z_l + Z_t + Z_{gf} + Z_G + Z_G + Z_{GN}$
② $Z_0 = Z_l + Z_t + Z_G$
③ $Z_0 = Z_l + Z_t + Z_{gf}$
④ $Z_0 = Z_l + Z_t + 3 \cdot Z_{gf}$

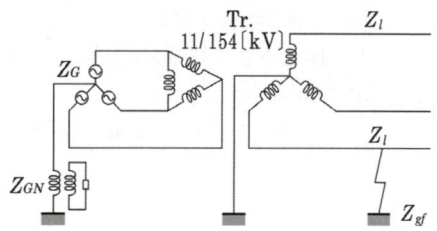

해설 $V = 3I_0 \cdot Z_{gf} = I_0 \cdot 3Z_{gf}$, $Z_0 = Z_l + Z_t + 3Z_{gf}$

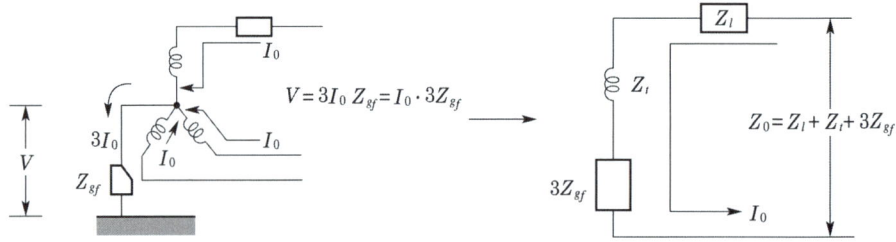

★ 【02. 05. 기사】

26 그림과 같은 154[kV] 송전 계통의 F점에서 무부하 시 3상 단락 고장이 발생하였을 경우 고장 전력은 약 몇 [MVA]인가? 단, 발전기 G_1(용량 20[MVA]), G_2(용량 30[MVA])의 % 과도 리액턴스 및 변압기 T_r(용량 50[MVA])의 %리액턴스는 각각 자기 용량 기준으로 20[%], 20[%], 10[%]이고 변압기에서 고장점 F까지의 선로 리액턴스는 100[MVA] 기준으로 5[%]라 한다.

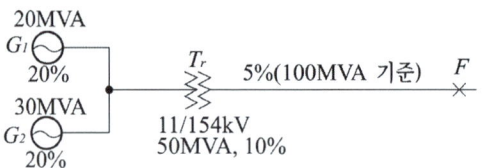

① 133   ② 143   ③ 154   ④ 182

해설 100[MVA] 기준 %Z 환산

$G_1 = \dfrac{100}{20} \times 20 = 100[\%]$, $G_2 = \dfrac{100}{30} \times 20 = 66.67[\%]$

$T_r = \dfrac{100}{50} \times 10 = 20[\%]$, 선로 = 5[%]

고장점까지의 전체 %$Z = \dfrac{100 \times 66.67}{66.67 + 100} + 20 + 5 = 65[\%]$

단락 용량 $P_s = \dfrac{100}{\%Z} \times P_n = \dfrac{100}{65} \times 100 = 153.85[\text{MVA}]$

유사문제

∥ 유사문제 원문 및 해설 : 동일출판사 홈페이지 ≫ 고객센터 ≫ 자료실

01. 그림의 F점에서 3상 단락 고장이 생겼다. 발전기 쪽에서 본 3상 단락 전류는? 단, 154[kV] 송전선의 리액턴스는 1,000[MVA]를 기준으로 하여 2[%/km]이다.

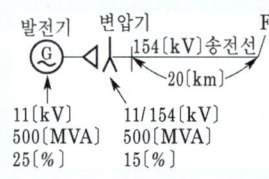

답 $I_s = \dfrac{100}{\%Z} I_n = \dfrac{100}{120} \times \dfrac{1{,}000 \times 10^6}{\sqrt{3} \times 11 \times 10^3} = 43{,}740[\text{A}]$

답 26. ③

02. 변전소의 1차측 합성 선로 임피던스를 3[%](10,000[kVA] 기준)라 하고, 3000[kVA] 변압기 2대를 병렬로 하여 그 임피던스를 5[%]라 하면 A지점의 단락 용량은 얼마인가?

답 $P_s = \dfrac{100}{\%Z}P_n = \dfrac{100}{11.33} \times 10{,}000 = 88{,}260\,[\text{kVA}]$

03. 합성 임피던스 0.25[%]의 개소에 시설해야 할 차단기의 차단 용량으로 적당한 것은? 단, 합성 임피던스는 10[MVA]를 기준으로 환산한 값이다.

답 4200[MVA]

04. 어느 변전소에서 합성 임피던스 0.5[%](8,000[kVA] 기준)인 곳에 시설할 차단기에 필요한 차단용량은 최저 몇 [MVA]인가?

답 $P_s = \dfrac{100}{\%Z} \times P_n = \dfrac{100}{0.5} \times 8{,}000 \times 10^{-3} = 1{,}600\,[\text{MVA}]$

05. 100[MVA]의 3상 변압기 2뱅크를 가지고 있는 배전용 2차측의 배전선에 시설할 차단기 용량은 몇 [MVA]인가? 단, 변압기는 병렬로 운전되며, 각각의 %Z는 20[%]이고, 전원 임피던스는 무시한다.

답 $P_s = \dfrac{100}{\%Z}P_n = \dfrac{100}{20} \times (100 \times 2) = 1{,}000\,[\text{MVA}]$

06. 정격 전압 7.2[kV]인 3상용 차단기의 차단 용량이 100[MVA]이다. 정격 차단 전류는 몇 [kA]인가?

답 $I_s = \dfrac{P_s}{\sqrt{3}\,V} = \dfrac{100 \times 10^3}{\sqrt{3} \times 7.2} \times 10^{-3}\,[\text{kA}] = 8\,[\text{kA}]$

07. 그림과 같은 전선로의 단락 용량은 각 몇 [MVA]인가? 단, 그림의 수치는 10,000[kVA]를 기준으로 한 % 리액턴스를 나타낸다.

답 $P_s = \dfrac{100}{\%X} \times P_n = \dfrac{100}{15} \times 10 ≒ 66.7\,[\text{MVA}]$

08. 6.6/3.3[kV], 3φ, 10,000[kVA], 임피던스 10[%]의 변압기가 있다. 이 변압기의 2차측에서 3상 단락되었을 때의 단락 용량[kVA]은 얼마인가?

답 $P_s = \dfrac{100}{\%Z}P_n = \dfrac{100}{10} \times 10{,}000 = 100{,}000\,[\text{kVA}]$

09. 그림과 같이 전압 11[kV], 용량 15[MVA]의 3상 교류 발전기 2대와 용량 33[MVA]의 변압기 1대로 된 계통이 있다. 발전기 1대 및 변압기의 % 리액턴스가 20[%], 10[%]일 때 차단기 ②의 차단 용량[MVA]은?

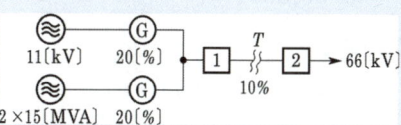

답 $P_s = \dfrac{100}{\%X}P_n = \dfrac{100}{29.1} \times 30 = 103\,[\text{MVA}]$

10. 그림과 같은 전력계통에서 A점에 설치된 차단기의 단락용량은 몇 [MVA]인가? 단, 각 기기의 % 리액턴스는 발전기 G_1, $G_2 = 15[\%]$(정격용량 15[MVA] 기준), 변압기=8[%] (정격용량 20[MVA] 기준), 송전선 11[%] (정격용량 10[MVA] 기준)이며 기타 다른 정수는 무시한다.

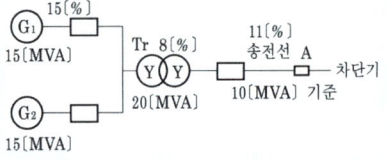

🗐 50[MVA]

11. 단락비가 큰 동기발전기에 대해서 옳지 않은 것은?
🗐 전압 변동률이 커진다.

옴법

27 고장점에서 구한 전 임피던스를 Z, 고장점의 성형전압을 E라 하면 단락전류는?

① $\dfrac{E}{Z}$
② $\dfrac{ZE}{\sqrt{3}}$
③ $\dfrac{\sqrt{3}\,E}{Z}$
④ $\dfrac{3E}{Z}$

해설 ▶ 옴 법(Ohm method)에 의한 단상 및 3상 단락전류는 다음과 같다.
단상 단락전류 : $I_s = \dfrac{E}{Z} = \dfrac{E}{Z_g + Z_t + Z_l}$ [A]이다.

28 단락점까지의 전선 한 줄의 임피던스가 $Z = 6 + j8$(전원 포함), 단락전의 단락점 전압이 22.9[kV]인 단상 전선로의 단락용량은 몇 [kVA]인가? 단, 부하전류는 무시한다.

① 13,110
② 26,220
③ 39,330
④ 52,440

해설 ▶ $I_s = \dfrac{E}{Z_S} = \dfrac{22{,}900}{2\sqrt{6^2+8^2}}$

$P_s = VI_s = 22{,}900 \times \dfrac{22{,}900}{2 \times 10} \times 10^{-3} = 26{,}220[\text{kVA}]$

🗐 27. ① 28. ②

29 그림과 같은 3상 송전계통에서 송전단 전압은 3,300[V]이다. 지금 1점 P에서 3상 단락사고가 발생했다면 발전기에 흐르는 전류는 몇 [A]가 되는가?

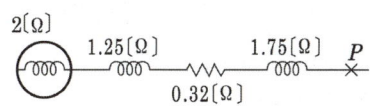

① 320 ② 330 ③ 380 ④ 410

$$I_S = \frac{E}{Z} = \frac{\frac{3{,}300}{\sqrt{3}}}{\sqrt{0.32^2 + (2+1.25+1.75)^2}} = 380[A]$$

유사문제

01. 그림의 154[kV], 길이 150[km]인 선로에 1선 지락이 생겼다면 지락 전류[A]는 약 얼마인가? 단, 송·수전단 변압기의 중성점에 저항을 설치하여 접지하였다고 하고 그 값은 900[Ω], 600[Ω]으로 하며, 1선의 대지 정전 용량은 0.005[μF/km], 기타 정수는 무시한다.

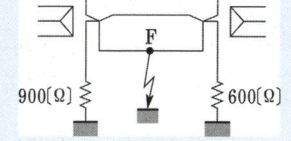

답 258[A]

대칭좌표법

30 다음 그림에서 *친 부분에 흐르는 전류는?

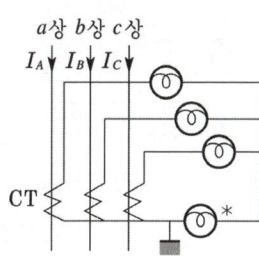

① b상 전류 ② 정상 전류 ③ 역상 전류 ④ 영상 전류

[해설] 접지선에 흐르는 전류는 영상 전류이다.

답 29. ③ 30. ④

31 송전선로의 고장전류의 계산에 있어서 영상 임피던스가 필요한 경우는?

① 3상 단락 ② 선간 단락
③ 1선 접지 ④ 3선 단선

해설
- 1선 지락고장 : 정상분, 역상분, 영상분
- 선간 단락고장 : 정상분, 역상분
- 3상 단락고장 : 정상분

32 A, B 및 C상 전류를 각각 I_a, I_b, I_c 라 할 때 $I_x = \dfrac{1}{3}(I_a + a^2 I_b + a I_c)$, $a = -\dfrac{1}{2} + j\dfrac{\sqrt{3}}{2}$ 으로 표시되는 I_x 는 어떤 전류인가?

① 정상 전류 ② 역상 전류
③ 영상 전류 ④ 역상 전류와 영상 전류의 합계

해설 대칭 좌표법의 대칭 전류를 보면

정상 전류 $I_1 = \dfrac{1}{3}(I_a + aI_b + a^2 I_c)$, 역상 전류 $I_2 = \dfrac{1}{3}(I_a + a^2 I_b + a I_c)$,

영상 전류 $I_0 = \dfrac{1}{3}(I_a + I_b + I_c)$

33 그림과 같은 회로의 영상, 정상 및 역상 임피던스 Z_0, Z_1, Z_2는?

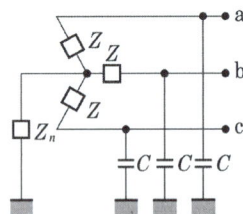

① $Z_0 = \dfrac{Z + 3Z_n}{1 + j\omega C(Z + 3Z_n)}$, $Z_1 = Z_2 = \dfrac{Z}{1 + j\omega CZ}$

② $Z_0 = \dfrac{3Z_n}{1 + j\omega C(3Z + Z_n)}$, $Z_1 = Z_2 = \dfrac{3Z_n}{1 + j\omega CZ}$

③ $Z_0 = \dfrac{Z + Z_n}{1 + j\omega C(Z + Z_n)}$, $Z_1 = Z_2 = \dfrac{Z}{1 + j3\omega CZ_n}$

④ $Z_0 = \dfrac{3Z}{1 + j\omega C(Z + Z_n)}$, $Z_1 = Z_2 = \dfrac{3Z_n}{1 + j3\omega CZ}$

답 31. ③ 32. ② 33. ①

[해설] 영상 회로를 등가로 그려 보면

$$Z_0 = \cfrac{1}{j\omega C + \cfrac{1}{Z+3Z_n}} = \cfrac{Z+3Z_n}{1+j\omega C(Z+3Z_n)}$$

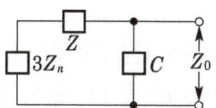

정상 회로를 등가로 그려보면 변압기의
정상 임피던스와 역상 임피던스는 회전기가
아니므로 같다.

$$Z_1 = Z_2 = \cfrac{1}{j\omega C + \cfrac{1}{Z}} = \cfrac{Z}{1+j\omega CZ}$$

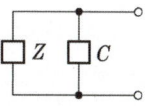

34 ☆ 【84. 04. 산업기사】
평형 3상 송전선에서 보통의 운전 상태인 경우 중성점 전위는 항상 얼마인가?
① 0
② 5
③ 10
④ 15

[해설] 불평형 상태에서는 중성점 전위가 존재하나 평형 상태에서는 항상 0이다.

35 ★★ 【80. 83. 92. 99. 산업기사】
다음 중 옳은 말은 어느 것인가?
① 송전 선로의 정상 임피던스는 역상 임피던스의 반이다.
② 송전 선로의 정상 임피던스는 역상 임피던스의 배이다.
③ 송전선의 정상 임피던스는 역상 임피던스와 같다.
④ 송전선의 정상 임피던스는 역상 임피던스의 3배이다.

[해설] 송전 선로의 임피던스나 변압기의 임피던스는 회전기가 아니므로 정상 임피던스와 역상 임피던스는 같다. 그러나 영상 임피던스는 1회선인 경우 정상 임피던스의 4배 정도, 2회선인 경우 7배 정도가 된다.

36 ★★★★★ 【98. 기사, ㉭ : 79. 85. 89. 94. 기사】
3상 회로에 사용되는 변압기(3상 변압기 또는 단상 변압기 3대)의 정상, 역상, 영상 임피던스를 각각 Z_1, Z_2, Z_0라 할 때 대략 다음과 같은 관계가 성립한다. 옳은 것은?
① $Z_1 = Z_2 < Z_0$
② $Z_1 < Z_2 < Z_0$
③ $Z_1 > Z_2 > Z_0$
④ $Z_1 = Z_2 = Z_0$

[해설]
• 변 압 기 : $Z_1 = Z_2 = Z_0$
• 송전선로 : $Z_1 = Z_2 < Z_0$

답 34. ① 35. ③ 36. ④

37 그림과 같은 3상 선로의 각 상의 자기 인덕턴스를 L[H], 상호 인덕턴스를 M[H], 전원주파수를 f[Hz]라 할 때, 영상 임피던스 Z_0[Ω]은? 단, 선로의 저항은 R[Ω]임.

① $Z_0 = R + j2\pi f(L-M)$ ② $Z_0 = R + j2\pi f(L+M)$
③ $Z_0 = R + j2\pi f(L+2M)$ ④ $Z_0 = R + j2\pi f(L-2M)$

해설) 3상 송전선에 영상 전류가 흐를 때는 그림과 같다.
a상의 전압 강하를 v, 자기 리액턴스를 $j\omega L$,
상호 리액턴스를 $j\omega M$이라 하면
$v = (R+j\omega L)I_0 + j\omega M I_0 + j\omega M I_0$
$\quad = [R+j\omega(L+2M)]I_0 = Z_0 I_0$
그러므로 영상 임피던스 $Z_0 = R + j2\pi f(L+2M)$이다.

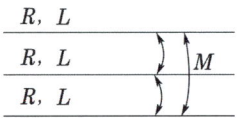

38 송전 선로에서 가장 많이 발생되는 사고는?

① 단선 사고   ② 단락 사고
③ 지지물 전도 사고   ④ 지락 사고

해설) 송전 선로 사고는 1선 지락, 2선 지락, 3선 지락, 단선 등의 순서로 발생빈도가 많다.

39 송전계통의 한 부분이 그림에서와 같이 Y—Y로 3상 변압기가 결선이 되고 1차측은 비접지로 그리고 2차측은 접지로 되어 있을 경우 영상전류(zero sequence current)는?

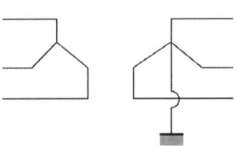

① 1차측 선로에만 흐를 수 있다.
② 2차측 선로에만 흐를 수 있다.
③ 1차 및 2차측 선로에 모두 다 흐를 수 있다.
④ 1차 및 2차측 선로에 모두 다 흐를 수 없다.

해설) 변압기 결선(Y—Y)은 한쪽 중성점만 접지되어, 접지되어 있지 않는 점에는 영상전류가 흐르지 못하고, 접지된 Y도 임피던스가 매우 커지므로 영상전류는 흐르지 않는다.(왜냐하면 Y는 일종의 초크코일 역할을 하므로)

답) 37. ③ 38. ④ 39. ④

40 ★★★★【84. 91. 96. 01. 기사】
그림과 같은 3권선 변압기의 2차측에 1선 지락사고가 발생하였을 경우 영상전류가 흐르는 권선은?

① 1차, 2차, 3차 권선
② 1차, 2차 권선
③ 2차, 3차 권선
④ 1차, 3차 권선

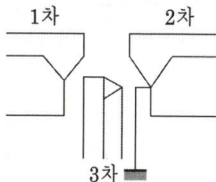

해설, 1차에는 영상분이 존재하지 않는다.

유사문제

▌유사문제 원문 및 해설 : 동일출판사 홈페이지 ≫ 고객센터 ≫ 자료실

01. 불평형 3상 전압을 V_a, V_b, V_c라고 하고 $a = \epsilon^{j\frac{2\pi}{3}}$ 라고 할 때 영상 전압 V_0는?
답 $\frac{1}{3}(V_a + V_b + V_c)$

02. 역상전류가 각상 전류로 바르게 표시된 것은 다음 중 어느 것인가?
답 $\dot{I}_2 = \frac{1}{3}(\dot{I}_a + a^2\dot{I}_b + a\dot{I}_c)$

03. 그림과 같은 회로의 영상, 정상, 역상 임피던스 Z_0, Z_1, Z_2는?
답 $Z_0 = Z + 3Z_n$, $Z_1 = Z_2 = Z$

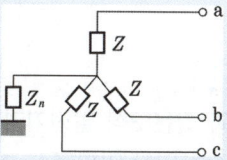

04. 송전 선로의 고장 전류계산에서 변압기의 결선상태(△─△, △─Y, Y─△, Y─Y)와 중성점 접지 상태(접지 또는 비접지, 접지시에는 접지 임피던스 값)를 알아야 할 경우는?
답 1선 접지

05. 1선 접지 고장을 대칭 좌표법으로 해석할 경우 필요한 것은?
답 정상 임피던스도, 역상 임피던스도 및 영상 임피던스도

06. 송전 선로의 정상 임피던스는 역상 임피던스에 비하여?
답 같다.

07. 3상 송전선로에 변압기가 그림과 같이 人─△로 결선되었고, 1차측에는 중성점이 접지되어 있다. 이 경우 영상전류가 흐르는 곳은?
답 1차측 선로, 접지선 및 △회로 내부

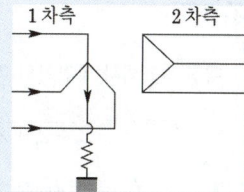

답 40. ③

08. 송전 계통의 한 부분이 그림과 같이 3상 변압기로 1차측은 △로, 2차측은 Y로 중성점이 접지되어 있을 경우, 1차측에 흐르는 영상 전류는?

답 1차측 선로에서 반드시 0이다.

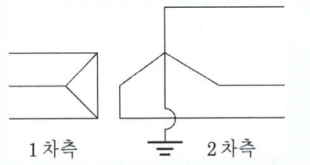

교류 발전기 고장

41 ★★★★★ 【78. 91. 93. 05. 기사, ㉿ : 80. 86. 92. 기사】

선간 단락 고장을 대칭 좌표법으로 해석할 경우 필요한 것은?

① 정상 임피던스도 및 역상 임피던스도
② 정상 임피던스도
③ 정상 임피던스도 및 영상 임피던스도
④ 역상 임피던스도 및 영상 임피던스도

해설
- 1선 지락고장 : 정상분, 역상분, 영상분
- 선간단락고장 : 정상분, 역상분
- 3상 단락고장 : 정상분

42 ★★★★★ 【89. 96. 00. 기사, 82. 83. 25. 산업기사, ㉿ : 77. 85. 94. 00. 기사】

그림과 같은 3상 발전기가 있다. a상이 지락한 경우 지락 전류는 얼마인가?
단, Z_0 : 영상 임피던스, Z_1 : 정상 임피던스, Z_2 : 역상 임피던스이다.

① $\dfrac{E_a}{Z_0 + Z_1 + Z_2}$

② $\dfrac{3E_a}{Z_0 + Z_1 + Z_2}$

③ $\dfrac{2Z_0 E_a}{Z_0 + Z_1 + Z_2}$

④ $\dfrac{2Z_2 E_a}{Z_1 + Z_2}$

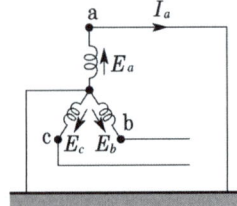

해설 대칭 좌표법과 발전기의 기본식을 이용하여 풀면

$$I_0 = I_1 = I_2 = \dfrac{E_a}{Z_0 + Z_1 + Z_2}$$

$$I_a = I_0 + I_1 + I_2 = 3I_0 = \dfrac{3E_a}{Z_0 + Z_1 + Z_2}$$

답 41. ① 42. ②

43 3상 단락 고장을 대칭 좌표법으로 해석할 경우 다음 중 필요한 것은?

① 정상 임피던스(diagram) ② 역상 임피던스
③ 영상 임피던스 ④ 정상, 역상, 영상 임피던스

[해설] 3상 단락 고장 시의 전류 $I = \dfrac{E}{Z}$이므로 정상 임피던스만 필요하다.

44 3상 단락 사고가 발생한 경우 다음 중 옳지 않은 것은? 단, V_0 : 영상 전압, V_1 : 정상 전압, V_2 : 역상 전압, I_0 : 영상 전류, I_1 : 정상 전류, I_2 : 역상 전류이다.

① $V_2 = V_0 = 0$ ② $V_2 = I_2 = 0$
③ $I_2 = I_0 = 0$ ④ $I_1 = I_2 = 0$

[해설] 3상 단락 사고 시에는 $V_0 = V_2 = I_0 = I_2 = 0$이고 V_1과 I_1만 존재한다.

45 3상 교류발전기가 운전 중 2상이 단락되었을 경우 발생하는 현상에서 옳은 것은?

① 세 대칭분 전압은 서로 같다.
② 세 대칭분 전류는 서로 같다.
③ 단락된 상의 전압은 개방상 단자전압의 1/2이다.
④ 개방상의 단자전압은 단락상 단자전압의 1/2이다.

[해설] 발전기의 선간 단락 사고 시

$V_a = \dfrac{2Z_2}{Z_1 + Z_2} E_a$

$|V_a| = 2|V_b| = 2|V_c|$

$V_b = V_c = \dfrac{-Z_2}{Z_1 + Z_2} E_a$

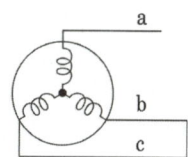

유사문제

∥ 유사문제 원문 및 해설 : 동일출판사 홈페이지 ≫ 고객센터 ≫ 자료실

01. 3상 동기 발전기 단자에서의 고장 전류 계산 시 영상 전류 $\dot{I_0}$, 정상 전류 $\dot{I_1}$ 및 역상 전류 $\dot{I_2}$가 같은 경우는?

[답] 1선 지락

02. 무부하 3상 교류 발전기의 두 선이 단락되었을 때 다음 중 옳은 것은? 단, 단자 전압의 대칭분은 V_0, V_1, V_2이고 전류의 대칭분은 I_0, I_1, I_2이다.

[답] $I_0 = 0$

[답] 43. ① 44. ④ 45. ③

03. 그림과 같은 회로의 영상 임피던스는?

답 $\dfrac{3Z_n}{1+j3\omega CZ_n}$

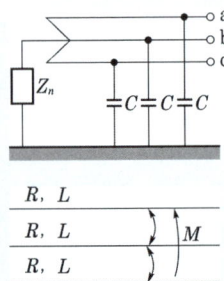

04. 그림과 같은 3상 선로의 각 상(phase) 선의 자기 인덕턴스를 L[H], 상호 인덕턴스를 M[H], 전원 주파수를 f[Hz]라 할 때, 영상 임피던스 Z_0[Ω]은? 단, 선로의 저항은 R[Ω]이다.

답 $Z_0 = R + j2\pi f(L+2M)$

CHAPTER 04 유도 장해 및 안정도

1. 유도 장해

유도 장해는 정전 유도, 전자 유도 및 고조파 유도가 있다.
- 정전 유도 : 전력선과 통신선과의 상호 정전 용량과 영상전압에 의해 발생 `출제 산업 2번`
- 전자 유도 : 전력선과 통신선과의 상호 인덕턴스와 영상전류에 의해 발생 `출제 산업 5번, 기사 1번`
- 고조파 유도 : 고조파의 유도에 의한 잡음 장해

1) 정전 유도

(1) 전력선을 3선 일괄한 경우 통신선과 유도장해

전력선 a의 충전 전압을 E, 통신선 b의 대지 정전 용량을 C_b, ab 사이의 상호 정전 용량을 C_{ab}라고 하면 통신선 b의 정전 유도 전압 E_s는 그림 (b)에서 C_b에 걸리는 전압이 된다.

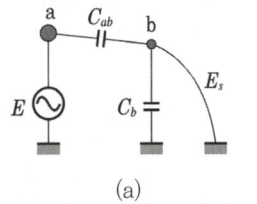
(a)
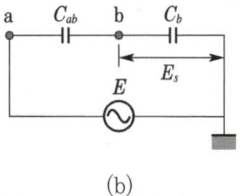
(b)

$$E_s = \frac{C_{ab}}{C_{ab} + C_b} E$$ `출제 산업 3번, 기사 5번`

이 전압이 크게 되면 통신선에 정전유도 장해를 주게 된다.

(2) 전력선 각상과 통신선의 유도장해

전력선과 통신선 간의 정전용량이 모두 다른 경우 중성점 전위에 의해 정전 유도 전압을 결정한다.

$$I_a = j\omega C_a (E_a - E_s)$$
$$I_b = j\omega C_b (E_b - E_s)$$
$$I_c = j\omega C_c (E_c - E_s)$$
$$I_{cS} = j\omega C_S E_S$$

$I_a + I_b + I_c = I_{CS}$ 이므로

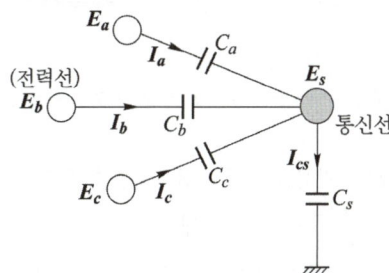

정전 유도

$$j\omega C_a(E_a - E_s) + j\omega C_b(E_b - E_s) + j\omega C_c(E_c - E_s) = j\omega C_S E_S$$

$$\therefore E_s = \frac{\sqrt{C_a(C_a - C_b) + C_b(C_b - C_c) + C_c(C_c - C_a)}}{C_a + C_b + C_c + C_s} \times E$$

정전유도 전압은 고장 시 뿐만 아니라 평상시에도 발생한다.
또한 정전 유도 전압은 주파수 및 양 선로의 평행 길이와는 관계가 없고 다만 전력선의 대지전압 $E\left(\dfrac{V}{\sqrt{3}}\right)$에만 비례한다.

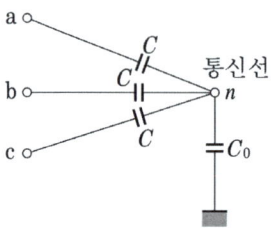

따라서 연가를 충분히 하여 $C_a = C_b = C_c = C$가 되면 정전 유도 전압을 0으로 할 수 있다. 그러나 정전유도 전압은 전압분배법칙에 의해 $\dfrac{3CV_0}{3C + C_0}$ 만큼 유도되므로 완전히 정전유도 전압을 소멸할 수는 없다.

2) 전자 유도

송전선에 1선 지락사고가 발생해서 영상전류가 흐르면 통신선과의 전자적인 결합에 의해서 통신선에 커다란 전압, 전류를 유도하게 되어 통신용 기기나 통신 종사자에게 손상 및 위해를 끼칠 수 있다.

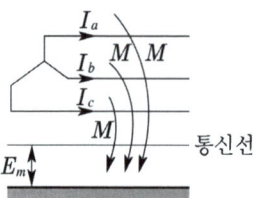

$$E_m = -j\omega Ml(I_a + I_b + I_c) = -j\omega Ml(3I_0)$$

여기서, I_0 : 기유도 전류, M : 상호 인덕턴스
  I_a, I_b, I_c : 각 선에 흐르는 전류,
  l : 전력선과 통신선이 병행한 길이
  $\omega = 2\pi f$: 각주파수

3) 유도 장해 경감 대책

(1) 전력선 측 대책 출제 산업 3번, 기사 2번

① 송전선로를 통신선로로부터 멀리 이격시킨다(M의 저감).
② 중성점의 접지저항값을 크게 한다(기유도 전류의 억제).
③ 고속도 지락보호 계전기 채택(고장 지속시간 단축)
④ 송전선과 통신선 사이에 차폐선 가설(M의 저감)
⑤ 차폐선 설치(30 ~ 50% 경감)

(2) 통신선측 대책 출제 산업 3번, 기사 2번

① 통신선의 도중에 중계 코일 설치(병행길이의 단축)
② 연피 통신케이블 사용(M의 저감)
③ 통신선에 우수한 피뢰기 설치(유도전압을 강제적으로 저감)
④ 배류코일, 중화코일 등으로 통신선을 접지해서 저주파수의 유도전류를 대지로 흘려준다(통신 잡음의 저감).

2 안정도

안정도란 계통이 주어진 운전 조건 하에서 안정하게 운전을 계속할 수 있는가 어떤가 하는 능력을 가리키는 것을 말한다.

1) 안정도의 종류

(1) 정태 안정도(static stability)

송전 계통이 불변 부하 또는 극히 서서히 증가하는 부하에 대하여 계속적으로 송전할 수 있는 능력을 정태 안정도로 하고, 안정도를 유지할 수 있는 극한의 송전 전력을 정태 안정 극한 전력이라고 한다.

(2) 과도 안정도(transient stability)

계통에 갑자기 고장 사고와 같은 급격한 외란이 발생하였을 때에도 탈조하지 않고 새로운 평형 상태를 회복하여 송전을 계속할 수 있는 능력을 과도 안정도라 하고 이 경우의 극한 전력을 과도 안정 극한 전력이라고 한다. 출제 산업 1번, 기사 2번

(3) 동태 안정도(dynamic stability)

고속 자동 전압 조정기로 동기기의 여자 전류를 제어 할 경우의 정태 안정도를 특히 동태 안정도라 한다.

(4) 안정도에 관한 공식

① 송전 전력 : $P = \dfrac{V_s V_r}{X} \sin \delta$ 출제 산업 3번

② 최대 송전 전력 : $P_m = \dfrac{V_s V_r}{X}$

③ 바그너의 식 : $\tan \delta = \dfrac{M_G + M_m}{M_G - M_m} \tan \beta$

2) 안정도 향상대책

(1) 직렬 리액턴스(X)를 작게 한다.
  ① 발전기나 변압기의 리액턴스를 작게 한다.
  ② 선로의 병행 회선수를 늘리거나 복도체 또는 다도체 방식을 사용한다.
  ③ 직렬 콘덴서를 삽입하여 선로의 리액턴스를 보상한다.

(2) 전압 변동을 작게 한다.   출제 산업 5번, 기사 8번
  ① 속응 여자 방식의 채용
  ② 계통 연계를 한다.

(3) 중간 조상 방식을 채용한다.   출제 기사 3번
  선로 중간에 동기조상기를 연결하는 방식을 중간조상방식이라 한다.

(4) 고장 전류를 줄이고 고장 구간을 신속하게 차단한다.
  ① 적당한 중성점 접지 방식(소호리액터 접지방식)을 채용하여   출제 산업 1번, 기사 2번
    지락 전류를 줄인다.
  ② 고속도 계전기, 고속도 차단기를 채용한다.
  ③ 고속도 재폐로 방식을 채용한다.   출제 기사 3번

(5) 고장 시 발전기 입·출력의 불평형을 작게 한다.
  ① 조속기의 동작을 빠르게 한다.
  ② 고장 발생과 동시에 발전기 회로의 저항을 직렬 또는 병렬로 삽입하여 발전기 입·출력의 불평형을 작게 한다.

CHAPTER 04 출제예상문제_유도 장해 및 안정도

정전유도장해

01 ★★★★★ 【78. 83. 85. 89. 98. 12. 23. 기사, 83. 91. 01. 06. 12. 16. 25. 산업기사】

전력선 a의 충전 전압을 E, 통신선 b의 대지 정전 용량을 C_b, ab 사이의 상호 정전 용량을 C_{ab}라고 하면 통신선 b의 정전 유도 전압 E_s는?

① $\dfrac{C_{ab}+C_b}{C_b}E$ ② $\dfrac{C_{ab}+C_a}{C_{ab}}E$

③ $\dfrac{C_b}{C_{ab}+C_b}E$ ④ $\dfrac{C_{ab}}{C_{ab}+C_b}E$

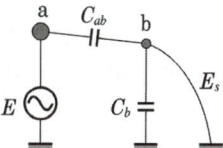

해설) $E_s = \dfrac{C_{ab}}{C_{ab}+C_b}E$

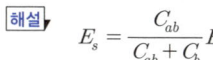

02 ★☆ 【77. 95. 98. 산업기사】

66,000[V] 평형 대칭 3상 송전선의 정상운전 시 건전상의 대지전위는?

① 66,000[V] ② $66,000\sqrt{3}$ [V] ③ $\dfrac{66,000}{\sqrt{3}}$[V] ④ $\dfrac{66,000}{\sqrt{2}}$[V]

해설) ① 접지식 선로의 대지 전위 : 전선과 대지 사이의 전압
② 비접지식 선로의 대지 전위 : 전선과 그 전로 중 임의의 다른 전선 사이의 전압
비접지식은 33[kV]이하 또는 선로의 길이가 짧은 계통에 한해서 채용하므로 위에서 ①항을 적용하면 $66,000/\sqrt{3}$ 이 된다.

03 ★★★ 【80. 85. 96. 기사】

그림에서 B 및 C상의 대지정전용량을 $C[\mu F]$, A상의 정전용량을 0, 선간전압을 $V[V]$라 할 때 중성점과 대지 사이의 잔류전압 E_n은 몇 [V]인가? 단, 선로의 직렬 임피던스는 무시한다.

① $\dfrac{V}{2}$ ② $\dfrac{V}{\sqrt{3}}$

③ $\dfrac{V}{2\sqrt{3}}$ ④ $2V$

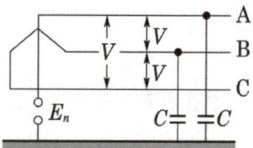

답 1. ④ 2. ③ 3. ③

[해설] 중성점 잔류 전압 $E_n = \dfrac{\sqrt{C_a(C_a-C_b)+C_b(C_b-C_c)+C_c(C_c-C_a)}}{C_a+C_b+C_c} \times \dfrac{V}{\sqrt{3}}$

$\begin{cases} C_a = 0 \\ C_b = C_c = C \end{cases}$ 를 대입하면 $E_n = \dfrac{C}{2C} \times \dfrac{V}{\sqrt{3}} = \dfrac{V}{2\sqrt{3}}$

★★★ 【86. 92. 00. 02. 12. 기사】
04 3상 송전 선로와 통신선이 병행되어 있는 경우에 통신 유도 장해로서 통신선에 유도되는 정전 유도 전압은?

① 통신선의 길이에 비례한다.
② 통신선의 길이의 자승에 비례한다.
③ 통신선의 길이에 반비례한다.
④ 통신선의 길이에 관계없다.

[해설] 전자 유도 전압($E_m = 2\pi f Ml \cdot 3I_0$)은 통신선의 길이에 비례하나

정전 유도 전압 $E = \left(\dfrac{\sqrt{C_a(C_a-C_b)+C_b(C_b-C_c)+C_c(C_c-C_a)}}{C_a+C_b+C_c+C_0} \times \dfrac{V}{\sqrt{3}} \right)$ 은

주파수 및 통신선 병행 길이와는 관계가 없다.

★☆ 【80. 98. 산업기사, ⓟ : 88. 산업기사】
05 66[kV] 송전선에서 연가 불충분으로 각 선의 대지 용량이 $C_a = 1.1[\mu F]$, $C_b = 1[\mu F]$, $C_c = 0.9[\mu F]$가 되었다. 이때 잔류 전압[V]은?

① 1,500 ② 1,800
③ 2,200 ④ 2,500

[해설] $E_n = \dfrac{\sqrt{C_a(C_a-C_b)+C_b(C_b-C_c)+C_c(C_c-C_a)}}{C_a+C_b+C_c} \times \dfrac{V}{\sqrt{3}}$

$= \dfrac{\sqrt{1.1(1.1-1)+1(1-0.9)+0.9(0.9-1.1)}}{1.1+1+0.9} \times \dfrac{66,000}{\sqrt{3}} = 2,200[V]$

★ 【83. 93. 산업기사】
06 송전선로에 근접한 통신선에 유도장해가 발생하였다. 정전유도의 원인은?

① 영상 전압 ② 역상 전압
③ 역상 전류 ④ 정상 전류

[해설] 정전 유도 전압 $E_s = \dfrac{C_m}{C_m+C_0} \times E_0$

답 4. ④ 5. ③ 6. ①

유사문제

01. 그림에서 전선 m에 유도되는 전압은?

답 $\dfrac{C_m}{C_s + C_m} E$

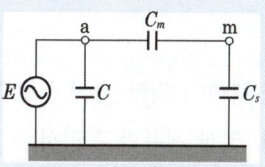

02. 3상 송전 선로의 각 상의 대지 정전 용량을 C_a, C_b 및 C_c라 할 때, 중성점 비접지 시의 중성점과 대지간의 전압은? 단, E는 a상 전원 전압이다.

답 $\dfrac{\sqrt{C_a(C_a - C_b) + C_b(C_b - C_c) + C_c(C_c - C_a)}}{C_a + C_b + C_c} E$

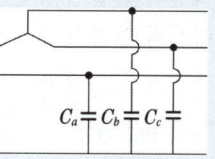

03. 그림에서 통신선 n에 유도되는 정전 유도 전압은? 단, 전력선의 대칭은 전압을 V_0, V_1, V_2라 하고 상순은 a-b-c라 한다.

답 $\dfrac{3CV_0}{3C + C_0}$

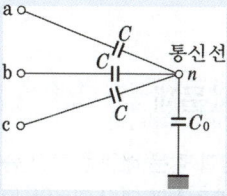

전자유도장해

07 ★★★ 【81. 97. 산업기사, ㉮ : 77. 90. 16. 기사】

66[kV], 60[Hz] 3상 3선식 1회 송전선이 통신선과 병행하고 있다. 1선 지락 사고로 영상 전류가 60[A] 흐를 때 통신선에 유기하는 전자 유도 전압은 약 몇 [V]인가? 단, 병행 거리 $L = 40$[km], 상호 인덕턴스 $M = 0.05$[mH/km]이다.

① 136 ② 150 ③ 181 ④ 200

해설 $E_m = (-j\omega M l I_a - j\omega M l I_b - j\omega M l I_c)$
     $= -j\omega M l (I_a + I_b + I_c)$
     $= -j\omega M l \cdot 3I_0$
     $= -j2\pi \times 60 \times 0.05 \times 10^{-3} \times 40 \times 3 \times 60$
     $= 136$[V]
     ※ 유도 전압은 그 크기를 뜻하므로 (-) 의미가 없다.

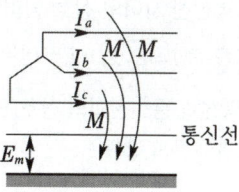

08 ★ 【91. 기사】

통신 유도 장해 방지대책의 일환으로 전자 유도 전압을 계산함에 이용되는 인덕턴스 계산식은?

① Peek 식   ② Peterson 식
③ Carson—Pollaczek 식   ④ Still 식

답 7. ① 8. ③

해설   Still식 : 송전 전압을 결정할 때, Peek식 : 코로나 손실 측정

09 ★★★★★ 【83. 85. 93. 16. 기사, 85. 89. 97. 98. 00. 산업기사】
전력선에 의한 통신 선로의 전자 유도 장해의 발생 요인은 주로 어느 것인가?
① 영상 전류가 흘러서
② 전력선의 전압이 통신 선로보다 높기 때문에
③ 전력선의 연가가 충분하여
④ 전력선과 통신 선로 사이의 차폐 효과가 충분할 때

해설   전자 유도 전압 : $E_m = j\omega M l I_0$

유사문제

▮ 유사문제 원문 및 해설 : 동일출판사 홈페이지 ≫ 고객센터 ≫ 자료실

01. 그림과 같은 배열을 가진 송전선과 통신선이 있다. 송전선에 대지 귀로인 40[A]의 전류가 흐르는 경우, 통신선에 유기되는 전자 유기 전압[V]은 약 얼마인가? 단, 지질 계수는 평지에서 0.4×10^{-3}, 산지에서 0.8×10^{-3}이라고 한다.

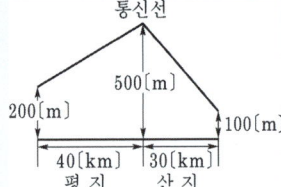

답 유기 전압 $= I \cdot e = 40 \times 7.54 = 302[V]$

02. 통신선과 평행인 주파수 60[Hz]의 3상 1회선 송전선이 있다. 1선 지락 때문에 영상전류가 100[A] 흐르고 있다. 통신선에 유도되는 전자유도 전압은 몇 [V]인가? 단, 여기서 영상전류는 전 전선에 걸쳐서 같으며, 송전선과 통신선과의 상호 인덕턴스는 0.06[mH/km], 그 평행 길이는 40[km]이다.

답 $E_m = j\omega M l\, 3I_0 = 2\pi \times 60 \times 0.06 \times 10^{-3} \times 40 \times 3 \times 100 ≒ 271.3[V]$

03. 3상 송전선의 각 선의 전류가 $I_a = 220 + j50[A]$, $I_b = -150 - j300[A]$, $I_c = -50 + j150[A]$일 때 이것과 병행으로 가설된 통신선에 유기되는 전자 유기 전압의 크기는 약 몇 [V]인가? 단, 송전선과 통신선 사이의 상호 임피던스는 15[Ω]이다.

답 $E_m = j\omega M l (I_a + I_b + I_c) = 15 \times \sqrt{20^2 + 100^2} = 1{,}530[V]$

04. 전력선과 통신선과의 상호 인덕턴스에 의하여 발생되는 유도 장해는?
답 전자 유도 장해

05. 전력선에 영상 전류가 흐를 때 통신 선로에 발생되는 유도 장해는?
답 전자 유도 장해

06. 송전 선로에 근접한 통신선에 유도 장해가 발생하였다. 전자유도의 원인은 다음 중 어느 것인가?
답 영상 전류

답 9. ①

유도장해 대책

10 송전 선로에 관한 설명 중 옳지 않은 것은? 　★☆【81. 85. 90. 산업기사】

① 송전 선로의 유도 장해를 억제하기 위해서 접지 저항은 보호 장치가 허용할 수 있는 범위에서 작게 하여야 한다.
② 송전 선로에 발생하는 내부 이상 전압은 그 대부분이 사용 대지 전압의 파고값의 약 4배 이하이다.
③ 송전 계통의 안정도를 높이기 위해 복도체 방식을 택하거나 직렬 콘덴서 등을 설치한다.
④ 결합 콘덴서는 반송 전화 장치를 송전선에 결합시키기 위해 사용하는 것으로 그 용량은 $0.001 \sim 0.002[\mu F]$ 정도이다.

해설 접지 저항이 작으면, 직접 접지 저항과 비슷해지므로 유도 장해가 증가된다.

11 유도 장해의 방지책으로 차폐선을 이용하면 유도전압을 몇 [%] 정도 줄일 수 있는가? 　★★★★★【92. 98. 00. 기사, 79. 83. 89. 94. 산업기사】

① 30~50　　② 60~70
③ 80~90　　④ 90~100

해설 차폐선에 의한 유도전압의 감쇄율은 30~50[%] 정도이다.

12 송전선의 통신선에 대한 유도 장해 방지 대책이 아닌 것은? 　★★★【87. 00. 01. 08. 12. 기사】

① 전력선과 통신선과의 상호 인덕턴스를 크게 한다.
② 전력선의 연가를 충분히 한다.
③ 고장 발생시의 지락 전류를 억제하고 고장 구간을 빨리 차단한다.
④ 차폐선을 설치한다.

해설 전력선측 대책
① 전력선과 통신선과의 상호 거리를 크게 하여 상호 인덕턴스를 줄인다.
② 연가를 충분히 한다(선로 정수를 평형시켜 중성점 잔류 전압을 적게 한다).
③ 케이블을 사용한다.
④ 고주파의 발생을 방지한다.
⑤ 통신선과의 교차를 직각으로 한다.
⑥ 소호 리액터의 사용(지락 전류를 적게 하여 전자 유도를 적게 한다).
⑦ 고장 회선의 고속도 차단
⑧ 차폐선의 시설(가공선도 차폐선과 같은 효과가 있으며, 본선과 동일 도체를 사용하면 차폐 효과가 크다).

답 10. ① 11. ① 12. ①

13 전력선과 통신선 사이에 그림과 같이 차폐선을 설치하며, 각 선 사이의 상호 임피던스를 각각 Z_{12}, Z_{1s}, Z_{2s}라 하고 차폐선 자기 임피던스를 Z_s라 할 때 저감계수를 나타낸 식은?

① $\left|1-\dfrac{Z_{1s}Z_{2s}}{Z_s Z_{12}}\right|$

② $\left|1-\dfrac{Z_{12}Z_{1s}}{Z_s Z_{2s}}\right|$

③ $\left|1-\dfrac{Z_s Z_{2s}}{Z_{12}Z_{1s}}\right|$

④ $\left|1-\dfrac{Z_s Z_{12}}{Z_{1s}Z_{2s}}\right|$

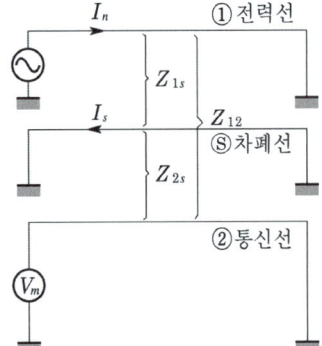

해설 $V_2 = -Z_{12}I_0 + Z_{2s}I_1 = -Z_{12}I_0 + Z_{2s}\dfrac{Z_{1s}I_0}{Z_s} = -Z_{12}I_0\left(1-\dfrac{Z_{1s}Z_{2s}}{Z_s Z_{12}}\right)$

14 유도 장해를 방지하기 위한 전력선측의 대책으로 옳지 않은 것은?

① 소호 리액터를 채용한다.
② 차폐선을 설치한다.
③ 중성점 전압을 가능한 한 높게 한다.
④ 중성점 접지에 고저항을 넣어서 지락전류를 줄인다.

해설 전력선측 대책
① 전력선과 통신선과의 상호 거리를 크게 하여 상호 인덕턴스를 줄인다.
② 연가를 충분히 한다(선로 정수를 평형시켜 중성점 잔류 전압을 적게 한다).
③ 케이블을 사용한다.
④ 고주파의 발생을 방지한다.
⑤ 통신선과의 교차를 직각으로 한다.
⑥ 소호 리액터의 사용(지락 전류를 적게 하여 전자 유도를 적게 한다).
⑦ 고장 회선의 고속도 차단
⑧ 차폐선의 시설(가공선도 차폐선과 같은 효과가 있으며, 본선과 동일 도체를 사용하면 차폐 효과가 크다).

유사문제

01. 통신선에 대한 유도 장해의 방지법으로 가장 적당하지 않은 것은?
   답 전력선과 통신선의 교차 부분을 비스듬히 한다.

02. 송전선이 통신선에 미치는 유도 장해를 억제 제거하는 방법이 아닌 것은?
   답 송전선 측에 특성이 양호한 피뢰기를 설치한다.

답 13. ① 14. ③

안정도

15 송전 선로의 안정도 향상 대책과 관계가 없는 것은?
① 속응 여자 방식 채용　② 재폐로 방식의 채용
③ 역률의 신속한 조정　④ 리액턴스 조정

해설 안정도 향상 대책
① 계통의 직렬 리액턴스 감소(다회선 방식 채택, 복도체 방식 채택, 기기의 리액턴스 감소)
② 전압 변동률을 적게 한다 (속응 여자 방식 채용, 계통의 연계, 중간 조상 방식).
③ 계통에 주는 충격을 적게 한다 (적당한 중성점 접지 방식, 고속 차단 방식, 재폐로 방식).
④ 고장 중의 발전기 돌입 출력의 불평형을 적게 한다.

16 송전선의 안정도를 증진시키는 방법으로 맞는 것은?
① 발전기의 단락비를 작게 한다.　② 선로의 회선수를 감소시킨다.
③ 전압 변동을 작게 한다.　④ 리액턴스가 큰 변압기를 사용한다.

해설 안정도 향상 대책
(1) 직렬 리액턴스(X)를 작게 한다.
　① 발전기나 변압기의 리액턴스를 작게 한다.
　② 선로의 병행 회선수를 늘리거나 복도체 또는 다도체 방식을 사용한다.
　③ 직렬 콘덴서를 삽입하여 선로의 리액턴스를 보상한다.
(2) 전압 변동을 작게 한다.
　① 속응 여자 방식의 채용　② 계통 연계를 한다.
(3) 중간 조상 방식을 채용한다.
(4) 고장 전류를 줄이고 고장 구간을 신속하게 차단한다.
　① 적당한 중성점 접지 방식을 채용하여 지락 전류를 줄인다.
　② 고속도 계전기, 고속도 차단기를 채용한다.
　③ 고속도 재폐로 방식을 채용한다.
(5) 고장 시 발전기 입·출력의 불평형을 작게 한다.
　① 조속기의 동작을 빠르게 한다.
　② 고장 발생과 동시에 발전기 회로의 저항을 직렬 또는 병렬로 삽입하여 발전기 입·출력의 불평형을 작게 한다.

17 차단기의 고속도 재폐로의 목적은?
① 고장의 신속한 제거　② 안정도 향상
③ 기기의 보호　④ 고장전류 억제

해설 고속도 재폐로(recloser) 차단기는 고장전류를 신속하게 차단 및 투입함으로써 안정도를 증진시킨다.

답　15. ③　16. ③　17. ②

18 다음 중 송전 계통의 안정도를 증진시키는 방법이 아닌 것은?

① 전압 변동을 적게 한다.
② 직렬 리액턴스를 크게 한다.
③ 제동 저항기를 설치한다.
④ 중간 조상기 방식을 채용한다.

해설, 직렬 리액턴스를 감소시키는 방법으로는
① 발전기나 변압기의 리액턴스를 작게 한다.
② 선로의 병행 회선수를 늘리거나 복도체(혹은 다도체) 방식을 사용한다.
③ 직렬 콘덴서를 삽입하여 선로의 리액턴스를 보상한다.

19 중간 조상 방식(intermediate phase modifying system)이란?

① 송전선로의 중간에 동기 조상기 연결
② 송전선로의 중간에 직렬 전력 콘덴서 삽입
③ 송전선로의 중간에 병렬 전력 콘덴서 연결
④ 송전선로의 중간에 개폐소 설치, 리액터와 전력 콘덴서 병렬 연결

해설, 전압조정을 위해서 송전선로의 중간에 동기 조상기를 연결하는 중간 조상 방식을 사용한다.

20 송전 계통에서의 안정도 증진과 관계없는 것은?

① 리액턴스 감소
② 재폐로 방식의 채용
③ 속응 여자 방식의 채용
④ 차폐선의 채용

해설, 차폐선은 송전 선로의 유도 장해 방지 대책 목적으로 사용

21 전력계통의 안정도 향상 대책으로 옳지 않은 것은?

① 계통의 직렬 리액턴스를 낮게 한다.
② 고속도 재폐로 방식을 채용한다.
③ 지락 전류를 크게 하기 위하여 직접 접지 방식을 채용한다.
④ 고속도 차단 방식을 채용한다.

해설, 안정도 향상 대책
① 직렬 리액턴스를 작게 한다. ② 전압변동을 작게 한다. ③ 중간 조상 방식을 채용한다.
④ 고장구간을 신속차단한다. ⑤ 고장 시 발전기 입출력의 불평형을 작게 한다.

답 18. ② 19. ① 20. ④ 21. ③

22 ☆ 【97. 산업기사】
과도 안정도 해석에서 회전체의 관성 효과를 나타내기 위한 단위 관성 정수는? 단, I는 관성 모멘트, ω는 회전체의 각속도이다.

① $\dfrac{I\omega^2}{\text{기준 정격 출력[kW]}}$ ② $\dfrac{\frac{1}{2}\omega^2}{\text{기준 정격 출력[kW]}}$

③ $\dfrac{\text{기준 정격 출력}}{I\omega^2}$ ④ $I\omega^2 \times \text{기준 정격 출력[kW]}$

해설 단위 관성 정수 = $\dfrac{I\omega^2}{\text{기준 정격 출력[kW]}}$

23 ★☆ 【77. 85. 00. 산업기사】
송전 선로의 정상 상태 극한(최대) 송전 전력은 선로 리액턴스와 대략 어떤 관계가 성립하는가?

① 송·수전단 사이의 선로 리액턴스에 비례한다.
② 송·수전단 사이의 선로 리액턴스에 반비례한다.
③ 송·수전단 사이의 선로 리액턴스의 제곱에 비례한다.
④ 송·수전단 사이의 선로 리액턴스의 제곱에 반비례한다.

해설 $P = \dfrac{E_s E_r}{X} \sin\delta$

24 ★☆ 【94. 03. 기사, 94. 산업기사】
과도 안정 극한 전력이란?

① 부하가 서서히 감소할 때의 극한 전력
② 부하가 서서히 증가할 때의 극한 전력
③ 부하가 갑자기 사고가 났을 때의 극한 전력
④ 부하가 변하지 않을 때의 극한 전력

해설 갑자기 사고가 났을 때의 최고전력을 과도 안정 극한 전력이라 한다.

답 22. ① 23. ② 24. ③

유사문제

01. 다음은 전력 계통의 안정도 향상 대책과 관련된 말이다. 옳은 것은?
   答 재폐로 방식(reclosing method)을 채택한다.

02. 송전선로의 안정도 향상대책이 아닌 것은?
   答 계통의 직렬 리액턴스를 증가

03. 송전 계통의 안정도 향상 대책이 될 수 없는 것은?
   答 계통의 직렬 리액턴스를 증가시키기 위하여 직렬 콘덴서를 설비한다.

04. 송전단에 1개의 동기 발전기를, 수전단에 1개의 동기 전동기를 가진 송전 계통이 있다. 이 계통의 정태 안정도는 다음 식으로 표시된다. 단, WG : 송전단 전동기의 축세량, WM : 수전단 전동기의 축세량, θ_m : 선로 양단 동기기의 유기 기전력간의 상차각, β_1 : 송·수 양단 기기를 포함한 송전 계통의 전 임피던스의 위상각이다.
   答 $\tan\theta_m = \dfrac{WG+WM}{WG-WM} \cdot \tan\beta_1$

05. 송전계통의 안정도 향상책으로 적당하지 않은 것은?
   答 발전기의 단락비를 작게 한다.

06. 송전선의 안정도를 증진시키는 방법 중 틀린 것은?
   答 선로의 회선수 감소

07. 송전 선로의 1선 지락 고장 시, 인접 통신선에 대한 전자 유도 장해의 방지 대책이 아닌 것은?
   答 전력선과 통신선과의 이격 거리 단축

08. 다음 설명 중 옳지 않은 것은?
   答 계통을 연계하면 통신선에 대한 유도 장해가 감소된다.

09. 계통의 안정도에서 안정도 증진 대책이 아닌 것은?
   答 고장 시 발전기 입, 출력의 불평형을 크게 한다.

CHAPTER 05 중성점 접지 방식

1 - 중성점 접지

1) 중성점 접지목적 출제 산업 3번, 기사 2번
(1) 지락고장 시 건전상의 대지 전위상승을 억제, 전선로 및 기기의 절연 레벨을 경감
(2) 뇌, 아크 지락, 기타에 의한 이상전압의 경감 및 발생 억제 출제 산업 4번, 기사 1번
(3) 지락고장 시 접지계전기의 확실한 동작
(4) 소호 리액터 접지방식에서는 1선 지락 시의 아크 지락을 재빨리 소멸시켜 그대로 송전을 계속할 수 있게 한다.

2) 중성점 접지방식의 종류
중성점 접지 방식은 중성점을 접지하는 접지임피던스 Z_n의 종류와 크기에 따라 다음과 같이 구분한다.

① 비접지 방식 : $Z_n = \infty$
② 직접접지 방식 : $Z_n = 0$
③ 저항 접지방식 : $Z_n = R$
④ 소호리액터접지방식 : $Z_n = jX_L$

3) 접지방식

(1) 비접지 방식

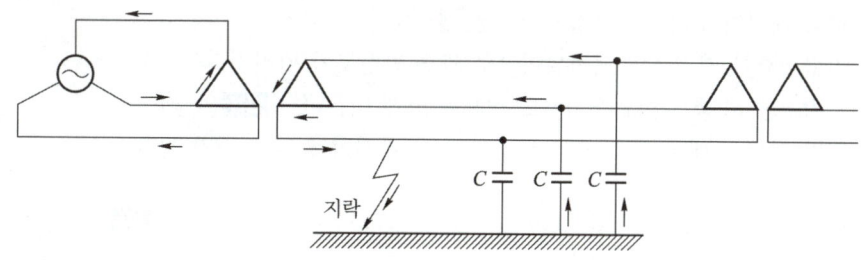

비접지 방식에서의 1선 지락 고장

적용 : 33[kV] 이하 계통
① 선로의 길이가 짧거나 전압이 낮은 계통 (33[kV] 정도 이하)에 한해서 채택(저전압, 단거리) 출제 기사 4번

② 변압기 결선을 △-△로 할 수 있어 변압기 1대 고장 시 V-V 결선으로 송전 가능
③ 1선 지락사고 시 지락전류가 아주 적어서 그대로 송전 가능(보호계전기 동작이 어렵다)하다. 출제 기사 4번
④ 1선 지락사고 시 충전전류에 의한 간헐적인 아크 지락을 일으켜서 이상전압을 발생($\sqrt{3}$ 배)한다. 출제 기사 4번

(2) 직접 접지 방식(유효접지)

직접 접지 방식은 지락점의 임피던스를 0으로 하여 지락전류를 최대로 하기 위한 방식을 말한다. 특히 직접 접지 방식중 유효 접지 방식은 지락사고 시 건전상의 전위상승이 상규대지 전압의 1.3배 이하가 되도록 하는 접지방식으로 전위상승이 최소가 된다. 전위 상승이 1.3배 이하가 되기위해서는 다음의 유효접지 조건을 만족해야 한다. 출제 산업 3번, 기사 1번

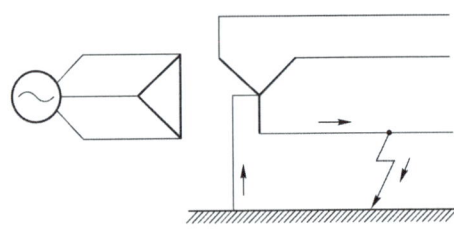

직접 접지 방식

$$\frac{R_0}{X_1} \leq 1, \ 0 \leq \frac{X_0}{X_1} \leq 3$$ 출제 산업 2번

여기서, R_0 : 저항, X_1 : 정상 리액턴스, X_0 : 영상 리액턴스

적용 : 22.9[kV], 154[kV], 345[kV], 765[kV] 계통에 적용
① 1선 지락 시 건전상의 대지전압 상승은 거의 없다. 출제 산업 3번, 기사 4번
② 선로 및 기기의 절연레벨을 낮출 수 있다(저감절연, 단절연 가능). 출제 산업 3번, 기사 3번
③ 보호 계전기의 동작이 확실하다. 출제 산업 6번
④ 지락전류가 저역률의 대전류이므로 과도 안정도가 나빠진다.
⑤ 지락고장 시 통신선에 전자유도 장해를 크게 미친다. 출제 산업 3번
⑥ 지락 전류가 매우 크기 때문에 기기에 큰 기계적 충격을 주기 쉽다.

(3) 소호 리액터 접지 방식
출제 산업 3번, 기사 19번

리액터 접지 방식은 중성점에 리액터를 연결하여 지락전류를 줄이는 방식으로 특히 소호 리액터 접지 방식은 중성점에 접속된 리액터와 대지 정전용량의 병렬공진에 의하여 지락전류를 소멸시켜 안정도를 최대로 하기위한 접지를 말한다. 소호리액터 접지 방식은 지락 전류가 흐르지 않으므로 보호계전기 동작이 어렵다. 출제 산업 6번, 기사 1번

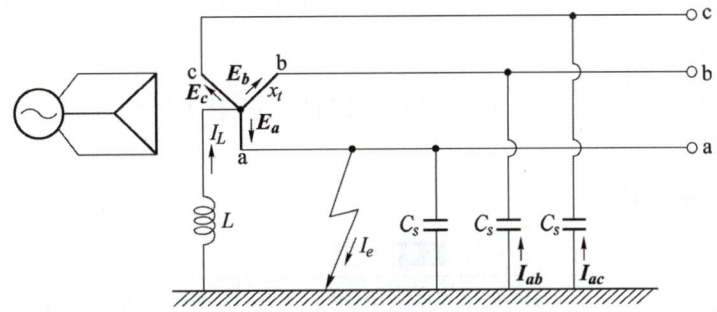

소호 리액터 접지 계통의 지락 고장

① 소호 리액터의 크기
변압기의 임피던스 x_t를 고려하지 않는 경우 병렬 공진 조건에 의해

$$\omega L = \frac{1}{3\omega C_s}$$

$$L = \frac{1}{3\omega^2 C_s} = \frac{1}{3(2\pi f)^2 C_s} [\text{H}]$$

변압기의 임피던스 x_t를 고려하는 경우

$$\omega L = \frac{1}{3\omega C_s} - \frac{x_t}{3}, \quad L = \frac{1}{3\omega^2 C_s} - \frac{L_t}{3} [\text{H}]$$

소호 리액터 접지 방식에서 계통이 진상운전 되는 것을 방지하기 위하여 10[%] 정도 과 보상한다($I = 1.1 I_c$). 이것을 합조도로 표시한다.

② 합조도

$$\text{합조도 } P = \frac{I - I_C}{I_C} \times 100 [\%]$$

여기서, I : 소호 리액터 사용 탭 전류 $\left(I = \dfrac{E}{\omega L}\right)$

I_C : 대지충전전류 $\left(I_C = \dfrac{E}{\dfrac{1}{3\omega C}}\right)$

- $\omega L < \dfrac{1}{3\omega C}$: 과 보상, 합조도 +
- $\omega L = \dfrac{1}{3\omega C}$: 완전공진, 합조도 0
- $\omega L > \dfrac{1}{3\omega C}$: 부족보상, 합조도 −

※ 과보상 또는 부족보상의 기준은 소호 리액터에 흐르는 전류와 대지 충전전류의 크기를 비교하여 결정한다.

즉, $\omega L < \dfrac{1}{3\omega C}$ 의 경우 $I > I_C$ 가 되어 과보상이 된다.

4) 접지방식별 특징비교

방 식	다중 고장 발생 확률	보호 계전기 동작	지락 전류	고장중 운전	전위 상승	과도 안정도	유도 장해	특 징
직접 접지 (22.9, 154, 345[kV])	최소	확실	최대	×	1.3	최소	최대	중성점 영전위, 단절연가능
저항 접지	보통	↑	↑	×	$\sqrt{3}$	↓	↑	
비접지 (3.3, 6.6[kV])	최대	×	↑	가능	$\sqrt{3}$	↓	↑	저전압 단거리에 적용
소호 리액터 접지 (66[kV])	보통	불확실	최소	가능	$\sqrt{3}$ 이상	최대	최소	병렬공진, 고장전류최소

2. 중성점의 잔류전압

보통의 운전 상태에서 중성점을 접지하지 않을 경우 중성점에 나타나게 될 전위를 잔류 전압이라 한다. 잔류 전압의 발생 원인은 여러 가지가 있을 수 있으나 그중 가장 주된 것은 송전선의 연가가 불충분하여 3상 각상 대지정전 용량의 불평형에 의해 발생한다.

$$I_a = j\omega C_a(E_n + E_a)$$
$$I_b = j\omega C_b(E_n + E_b)$$
$$I_c = j\omega C_c(E_n + E_c)$$

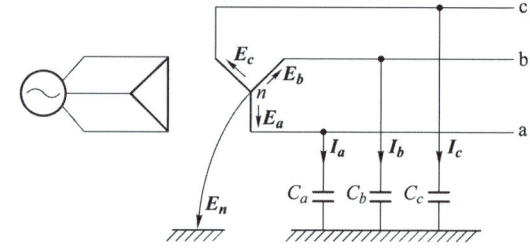

중성점 잔류전압

에서 중성점이 비접지이므로

$$I_a + I_b + I_c = 0$$

잔류전압은 다음 식과 같다.

$$E_n = \frac{\sqrt{C_a(C_a - C_b) + C_b(C_b - C_c) + C_c(C_c - C_a)}}{C_a + C_b + C_c} \times \frac{V}{\sqrt{3}}$$

따라서 연가를 완벽하게 하여 $C_a = C_b = C_c$ 의 조건이 되면 잔류전압은 0이 된다.

CHAPTER 05 출제예상문제_중성점 접지 방식

접지의 목적

01 ★★★★★ 【00. 03. 10. 11. 기사, 77. 91. 96. 97. 03. 04. 18. 산업기사】
송전계통의 중성점을 접지하는 목적은?
① 전압 강하의 감소
② 이상 전압의 방지
③ 송전 용량의 증가
④ 유도 장해의 감소

[해설] 송전 선로의 중성점 접지의 목적
① 이상 전압 발생 방지
② 1선 지락시 건전상 전압 상승 억제 및 기기나 선로의 절연 절감
③ 보호 계전기 동작 확실
④ 소호 리액터 계통에서의 1선 지락 시 아크 소멸

02 ★★★☆ 【95. 97. 11. 기사, 92. 98. 01. 산업기사】
송전선의 중성점을 접지하는 이유가 되지 못하는 것은?
① 코로나 방지
② 지락전류의 감소
③ 이상 전압의 방지
④ 지락 사고선의 선택 차단

[해설] 높은 전압이 걸려있는 도체에 발생하는 것으로 공기의 부분적 파괴 및 그에 따르는 발광 및 발음현상을 코로나 현상이라 한다.

유사문제
유사문제 원문 및 해설 : 동일출판사 홈페이지 ≫ 고객센터 ≫ 자료실

01. 송전선로의 중성점을 접지시키는 목적은?
답 이상전압의 방지

02. 송전 선로의 중성점을 접지하는 목적과 관계없는 것은?
답 송전 용량의 증가

03. 고전압 송전계통의 중성점 접지 목적이 아닌 것은?
답 고장전류 크기의 억제

답 1. ② 2. ①

비접지 방식

03 ★★★★ 【87. 91. 기사, 79. 91. 96. 97. 산업기사】
중성점 비접지 방식을 이용하는 것이 적당한 것은?
① 고전압 장거리
② 고전압 단거리
③ 저전압 장거리
④ 저전압 단거리

해설, 비접지 방식은 지락전류가 작은 저전압 단거리 선로에 적합하다.

04 ★★★★ 【85. 89. 96. 00. 기사】
배전선로에 3상 3선식 비접지 방식을 채용할 경우 장점에 해당되지 않는 것은?
① 1선 지락 고장 시 고장전류가 작다.
② 1선 지락 고장 시 인접 통신선의 유도장해가 작다.
③ 고저압 혼촉 고장 시 저압선의 전위상승이 작다.
④ 1선 지락 고장 시 건전상의 대지 전위상승이 작다.

해설, 비접지방식은 중성점을 접지하지 않는 방식이며, 이 방식은 고전압 장거리 송전선로에는 부적당하며 33[kV] 이하의 선로에 사용한다.

05 ★ 【93. 기사】
중성점 비접지방식에서 가장 많이 사용되는 변압기의 결선방법은?
① △—△
② △—Y
③ Y—Y
④ Y—V

해설, △—△결선의 이점은 파형에 고조파를 포함하지 않으며 또한 1상분의 고장 시에도 V결선으로 일부 송전이 가능하다.

06 ★★★★ 【84. 89. 96. 99. 기사】
비접지 방식을 직접 접지 방식과 비교한 것 중 옳지 않은 것은?
① 전자 유도 장해가 경감된다.
② 지락 전류가 작다.
③ 보호 계전기의 동작이 확실하다.
④ △결선을 하여 영상 전류를 흘릴 수 있다.

해설, 비접지 방식의 특징(직접 접지와 비교)
① 지락 전류가 비교적 적다(유도 장해 감소). ② 보호 계전기 동작이 불확실하다.
③ △결선 가능 ④ V—V결선 가능 ⑤ 저전압 단거리에 적합

답 3. ④ 4. ④ 5. ① 6. ③

07 ★★★ 【03. 05. 12. 23. 기사, 85. 93. 산업기사】
△결선의 3상 3선식 배전 선로가 있다. 1선이 지락하는 경우 건전상의 전위 상승은 지락 전의 몇 배가 되는가?

① $\dfrac{\sqrt{3}}{2}$ ② 1 ③ $\sqrt{2}$ ④ $\sqrt{3}$

[해설] △결선은 비접지 계통이므로 1선 지락시 전위 상승은 상전압에서 선간 전압으로 된다.

08 ★☆ 【10. 기사, 85. 94. 01. 산업기사】
비접지식 송전로에 있어서 1선 지락고장이 생겼을 경우 지락점에 흐르는 전류는?
① 직류
② 고장상의 전압보다 90° 늦은 전류
③ 고장상의 전압보다 90° 빠른 전류
④ 고장상의 전압과 동상의 전류

[해설] 대지 정전용량에 의한 90° 앞선 전류

09 ★★ 【03. 12. 기사, 82. 94. 산업기사】
6.6[kV], 60[Hz] 3상 3선식 비접지식에서 선로의 길이가 10[km]이고 1선의 대지 정전 용량이 0.005[μF/km]일 때 1선 지락시의 고장전류 I_g[A]의 범위로 옳은 것은?

① $I_g < 1$
② $1 \leq I_g < 2$
③ $2 \leq I_g < 3$
④ $3 \leq I_g < 4$

[해설]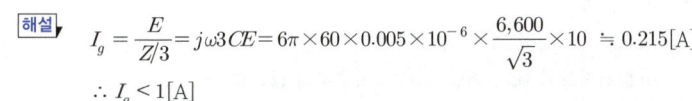
$\therefore I_g < 1[A]$

유사문제

01. 중성점 비접지 방식이 이용되는 전압은?
답 20~30[kV] 정도의 단거리 송전선

02. 3,300[V] △결선 비접지 배전선로에서 1선이 지락하면 전선로의 대지전압은 몇 [V]까지 상승하는가?
답 $\sqrt{3} \times 3,300 = 5715[V]$

03. 아크 접지 시 재점호의 발생률은 아크 전류와 전압의 위상차와 어떠한 관계인가?
답 90°에 가까울수록 크다.

04. 전력용 콘덴서에 의하여 얻을 수 있는 전류는?
답 진상 전류

답 7. ④ 8. ③ 9. ①

05. 선간 전압 V[V], 1선의 대지 정전 용량 C[μF]의 비접지식 3상 1회선 송전 선로에 1선 지락 사고가 발생하였을 때의 지락 전류[A]는?

답 $j\omega C\sqrt{3}\,V \times 10^{-6}$

06. 비접지식 3상 송배전 계통에서 선로 정수 중 1선 지락 고장시 고장 전류를 계산하는 데 사용되는 정전 용량은?

답 대지 정전 용량

07. 재점호가 가장 일어나기 쉬운 차단 전류는?

답 진상 전류

직접 접지 방식

★★★ 【82. 94. 99. 기사】

10 중성점 직접 접지방식에 대한 설명으로 틀린 것은?

① 지락시의 지락전류가 크다.
② 계통의 절연을 낮게 할 수 있다.
③ 지락고장시 중성점 전위가 높다.
④ 변압기의 단절연을 할 수 있다.

[해설] 직접 접지방식의 장·단점
[장점] ① 1선 지락 시에 건전상의 대지 전압이 거의 상승하지 않는다.
② 피뢰기의 효과를 증진시킬 수 있다.
③ 단절연이 가능하다.
④ 계전기의 동작이 확실해진다.
[단점] ① 송전 계통의 과도 안정도가 나빠진다.
② 통신선에 유도 장해가 크다.
③ 기기에 큰 영향을 주어 손상을 준다.
④ 대용량 차단기가 필요하다.

★★★★ 【78. 93. 08. 11. 14. 산업기사, ㉑ : 84. 산업기사】

11 송전계통에서 1선 지락고장 시 인접 통신선의 유도장해가 가장 큰 중성점 접지방식은?

① 비접지방식　　　　　　② 직접 접지방식
③ 고저항 접지방식　　　　④ 소호 리액터 접지방식

[해설] 통신선의 유도 장해는 전자 유도 장해가 많으며 전자 유도 장해는 지락 전류의 대소에 비례하므로 지락 전류가 가장 큰 직접 접지방식이 전자 유도 장해가 크다.

답 10. ③　11. ②

12 ★★☆ 【00. 기사, 88. 95. 00. 산업기사】
이상전압 발생의 우려가 가장 적은 중성점 접지방식은?

① 직접 접지방식　　　　　　② 저항 접지방식
③ 소호 리액터 접지방식　　　④ 비접지방식

해설　직접 접지방식의 장·단점
　　　[장점] ① 1선 지락시에 건전상의 대지 전압이 거의 상승하지 않는다.
　　　　　　② 피뢰기의 효과를 증진시킬 수 있다.
　　　　　　③ 단절연이 가능하다.
　　　　　　④ 계전기의 동작이 확실해진다.
　　　[단점] ① 송전 계통의 과도 안정도가 나빠진다.
　　　　　　② 통신선에 유도 장해가 크다.
　　　　　　③ 기기에 큰 영향을 주어 손상을 준다.
　　　　　　④ 대용량 차단기가 필요하다.

13 ★★★★★ 【83. 89. 92. 93. 96. 99. 02. 06. 08. 12. 18. 산업기사】
송전계통에 있어서 지락보호계전기의 동작이 가장 확실한 방식은?

① 비접지식　　　　　　　　② 고저항접지식
③ 직접접지식　　　　　　　④ 소호 리액터 접지식

해설　직접 접지방식의 장·단점
　　　[장점] ① 1선 지락시에 건전상의 대지 전압이 거의 상승하지 않는다.
　　　　　　② 피뢰기의 효과를 증진시킬 수 있다.
　　　　　　③ 단절연이 가능하다.
　　　　　　④ 계전기의 동작이 확실해진다.
　　　[단점] ① 송전 계통의 과도 안정도가 나빠진다.
　　　　　　② 통신선에 유도 장해가 크다.
　　　　　　③ 기기에 큰 영향을 주어 손상을 준다.
　　　　　　④ 대용량 차단기가 필요하다.

14 ★★★ 【03. 06. 11. 기사, 83. 94. 98. 11. 산업기사】
송전계통의 접지에 대하여 기술하였다. 다음 중 옳은 것은?

① 소호 리액터 접지방식은 선로의 정전용량과 직렬공진을 이용한 것으로 지락전류가 타방식에 비해 좀 큰 편이다.
② 고저항 접지방식은 이중고장을 발생시킬 확률이 거의 없으나 비접지식보다는 많은 편이다.
③ 직접 접지방식을 채용하는 경우 이상전압이 낮기 때문에 변압기 선정 시 단절연이 가능하다.
④ 비접지방식을 택하는 경우 지락전류차단이 용이하고 장거리 송전을 할 경우 이중고장의 발생을 예방하기 좋다.

해설　• 소호 리액터 접지 방식 : 1선 지락전류는 최소
　　　• 고저항 접지 방식 : 다중 고장이 비접지방식보다 적다.
　　　• 직접 접지 방식 : 저감 절연 및 단절연 가능, 계전기 동작이 확실하고 신속하며 신뢰도 가장 크다.
　　　• 비접지방식 : 장거리 송전시 다중 고장으로 확대될 가능성이 크다.

답　12. ①　13. ③　14. ③

15 직접 접지 방식이 초고압 송전선에 채용되는 이유 중 가장 적당한 것은?

① 지락고장 시 병행 통신선에 유기되는 유도전압이 작기 때문에
② 지락 시의 지락전류가 적으므로
③ 계통의 절연을 낮게 할 수 있으므로
④ 송전선의 안정도가 높으므로

해설 유효 접지 방식이 초고압 송전계통에 채용되는 이유는 1선 지락 시 전위 상승이 낮기 때문이다(계통의 절연비 절감=경제적).

16 송전계통의 중성점 접지 방식에서 유효접지라 하는 것은?

① 소호 리액터 접지방식
② 1선 접지 시에 건전상의 전압이 상규 대지전압의 1.3배 이하로 중성점 임피던스를 억제시키는 중성점 접지
③ 중성점에 고저항을 접지시켜 1선 지락시에 이상전압의 상승을 억제시키는 중성점 접지
④ 송전선로에 사용되는 변압기의 중성점을 저 리액턴스로 접지시키는 방식

해설 유효 접지 방식은 직접 접지 방식만이 건전상 전위상승 1.3배 이하가 되므로 여러 방식 중 직접 접지 방식만이 속한다.

17 ㉠ 직접 접지 3상 3선 방식, ㉡ 저항 접지 3상 3선 방식, ㉢ 리액터 접지 3상 3선 방식, ㉣ 다중 접지 3상 4선식 중 1선 지락 전류가 큰 순서대로 배열된 것은?

① ㉣㉠㉡㉢   ② ㉣㉡㉠㉢   ③ ㉠㉣㉡㉢   ④ ㉡㉠㉢㉣

해설 지락 전류가 큰 순서
① 직접 접지 ② 저항 접지 ③ 비접지 ④ 소호 리액터 접지

18 1선 지락 시 전압 상승을 상규 대지 전압의 1.3배 이하로 억제하기 위한 유효 접지에서는 다음과 같은 조건을 만족하여야 한다. 다음 중 옳은 것은? 단, R_0 : 영상 저항, X_0 : 영상 리액턴스, X_1 : 정상 리액턴스이다.

① $\dfrac{R_0}{X_1} \leq 1,\ 0 \geq \dfrac{X_1}{X_0} \geq 3$ ② $\dfrac{R_0}{X_1} \leq 1,\ 0 \geq \dfrac{X_0}{X_1} \geq 3$

③ $\dfrac{R_0}{X_1} \leq 1,\ 0 \leq \dfrac{X_0}{X_1} \leq 3$ ④ $\dfrac{R_0}{X_1} \geq 1,\ 0 \leq \dfrac{X_0}{X_1} \leq 3$

해설 유효 접지 조건 ① $\dfrac{R_0}{X_1} \leq 1$ ② $0 \leq \dfrac{X_0}{X_1} \leq 3$

답 15. ③ 16. ② 17. ① 18. ③

유사문제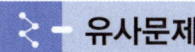

■ 유사문제 원문 및 해설 : 동일출판사 홈페이지 ≫ 고객센터 ≫ 자료실

01. 중성점 접지방식에서 직접 접지방식에 대한 설명으로 틀린 것은?
   답 과도 안정도가 대단히 높다.

02. 직접 접지방식의 장점이 아닌 것은?
   답 통신선에의 유도장애 경감

03. 접지고장 시의 건전상의 이상전압이 최저인 접지방식은?
   답 직접 접지식

04. 중성점 직접 접지방식의 장점이 아닌 것은?
   답 1선 지락 전류가 적어 차단기가 처리해야 할 전류가 적다.

05. 송전 선로의 중성점을 직접 접지할 경우 관계가 없는 것은?
   답 과도 안정도 증진

06. 다음 중 직접 접지 방식에서 변압기에 단절연을 할 수 있는 이유는?
   답 중성점 전위가 낮으므로

07. 선로, 기기 등의 저감절연 및 전력용 변압기의 단절연을 모두 행할 수 있는 중성점 접지 방식은?
   답 직접 접지 방식

08. 유효 접지는 1선 접지시에 건전상의 전압이 대지 전압의 몇 배를 넘지 않도록 하는 중성점 접지를 말하는가?
   답 1.3배

09. 직접 접지 송전 방식과 어긋나는 사항은?
   답 기기의 절연 레벨을 높여야 한다.

10. 공통 중성선 다중 접지 방식의 특성 중 옳은 것은?
   답 고저압 혼촉 시의 저압선 전위 상승이 낮다.

소호리액터 접지

19 ★ 【95. 산업기사, ㉮ : 78. 산업기사】
우리나라에서 소호 리액터 접지방식이 사용되고 있는 계통은 어느 전압[kV] 계급인가?
① 22.9   ② 66   ③ 154   ④ 345

해설 · 22.9[kV] : 중성점 다중접지 · 154.345[kV] : 직접 접지
· 22[kV] : 비접지 · 66[kV] : 소호 리액터 접지

답 19. ②

20 소호 리액터 접지 계통에서 리액터의 탭을 완전 공진 상태에서 약간 벗어나도록 하는 이유는?

① 전력 손실을 줄이기 위하여
② 선로의 리액턴스분을 감소시키기 위하여
③ 접지 계전기의 동작을 확실하게 하기 위하여
④ 직렬 공진에 의한 이상 전압의 발생을 방지하기 위하여

해설 직렬 공진에 의한 이상 전압을 억제하기 위하여 10[%] 정도 과보상하는 것이 일반적이다.

21 소호 리액터 접지방식에서 10[%] 정도의 과보상을 한다고 할 때 사용되는 탭의 크기로 일반적인 것은?

① $\omega L > \dfrac{1}{3\omega C}$ ② $\omega L < \dfrac{1}{3\omega C}$ ③ $\omega L > \dfrac{1}{3\omega^2 C}$ ④ $\omega L < \dfrac{1}{3\omega^2 C}$

해설 합조도 $P = \dfrac{I - I_c}{I_c} \times 100[\%]$

단, I : 소호 리액터 사용 탭 전류, I_c : 전 대지 충전 전류이다.

$\omega L < \dfrac{1}{3\omega C}$: 과보상, 합조도 +

$\omega L = \dfrac{1}{3\omega C}$: 완전 공진, 합조도 0

$\omega L > \dfrac{1}{3\omega C}$: 부족 보상, 합조도 −

22 송전선로에 있어서 1선 지락의 경우 지락전류가 가장 작은 중성점 접지방식은?

① 비접지
② 직접 접지
③ 저항 접지
④ 소호 리액터 접지

해설 직접 접지 > 고저항 접지 > 비접지 > 소호 리액터 접지 순이다.

23 소호 리액터를 송전 계통에 쓰면 리액터의 인덕턴스와 선로의 정전 용량이 다음의 어느 상태가 되어 지락 전류를 소멸시키는가?

① 병렬 공진
② 직렬 공진
③ 고임피던스
④ 저임피던스

해설 지락점을 중심으로 소호 리액터의 리액턴스와 건전상의 대지 정전 용량과 병렬 공진으로 한다.

20. ④ 21. ② 22. ④ 23. ①

24 ★★★★ 【99. 기사, 83. 85. 91. 93. 98. 99. 10. 12. 산업기사】
소호 리액터 접지에 대해서 틀리는 것은?

① 지락전류가 작다.　　　　　② 과도안정도가 높다.
③ 전자유도장애가 경감한다.　　④ 선택 지락 계전기의 동작이 용이하다.

[해설] 소호 코일은 페테르젠 코일(Petersen coil)이라고도 하며, 대지 정전용량과 공진시켜 접지하므로, 접지사고시 소호가 신속하고 통신선에 대한 유도장애가 작지만 시설비가 비싸다. 또, 지락사고는 무효분만 존재하므로 선택 지락 계전기 동작이 어렵다.

25 ★★☆ 【79. 00. 기사, 83. 산업기사】
송전 계통의 중성점 접지용 소호 리액터의 인덕턴스 L은? 단, 선로 한 선의 대지 정전 용량을 C라 한다.

① $L = \dfrac{1}{l}$　　② $L = \dfrac{C}{2\pi f}$　　③ $L = \dfrac{1}{2\pi fC}$　　④ $L = \dfrac{1}{3(2\pi f)^2 C}$

[해설] 소호 리액터의 크기　① $X = \dfrac{1}{3\omega C}$　② $L = \dfrac{1}{3\omega^2 C}$

26 ★★☆ 【77. 83. 94. 산업기사, ✠ : 78. 97. 산업기사】
1상의 대지 정전 용량 0.53[μF], 주파수 60[Hz]의 3상 송전선의 소호 리액터의 공진탭(리액턴스)는 몇 [Ω]인가? 단, 접지시키는 변압기의 1상당의 리액턴스는 9[Ω]이다.

① 1466　　② 1566　　③ 1666　　④ 1686

[해설] $\omega L = \dfrac{1}{3\omega C_s} - \dfrac{x_t}{3} = \dfrac{1}{3 \times 2\pi \times 60 \times 0.53 \times 10^{-6}} - \dfrac{9}{3} = 1666[\Omega]$

27 ★★ 【85. 01. 기사, ✠ : 11. 산업기사】
1상의 대지 정전 용량 0.5[μF], 주파수 60[Hz]인 3상 송전선이 있다. 이 선로에 소호 리액터를 설치하려 한다. 소호 리액터의 공진 리액턴스[Ω]값은?

① 약 565　　② 약 1,370　　③ 약 1,770　　④ 약 3,570

[해설] $\omega L = \dfrac{1}{3\omega C_s} = \dfrac{1}{3 \times 2\pi \times 60 \times 0.5 \times 10^{-6}} = 1,768[\Omega]$

28 ★★★ 【83. 23. 기사, 80. 94. 산업기사, ✠ : 89. 95. 산업기사】
154[kV], 60[Hz], 선로의 길이 200[km]인 평행 2회선 송전선에 설치한 소호 리액터의 공진 탭의 용량은 약 몇 [MVA]인가? 단, 1선의 대지 정전 용량은 $j0.0043[\mu F/km]$이다.

① 7.7　　② 10.3　　③ 15.4　　④ 18.6

[답] 24. ④　25. ④　26. ③　27. ③　28. ③

해설
$$P = 2 \times 3 \times 2\pi fl\,CE^2 \times 10^{-9}$$
$$= 2 \times 3 \times 2\pi \times 60 \times 0.0043 \times 200 \times \left(\frac{154,000}{\sqrt{3}}\right)^2 \times 10^{-9}$$
$$= 15,370 \fallingdotseq 15.3\,[\text{MVA}]$$

☆ 【83. 03. 25. 산업기사】

29 3상 1회선 송전 선로의 소호 리액터의 용량[kVA]은?

① 선로 충전 용량과 같다.
② 3선 일괄의 대지 충전 용량과 같다.
③ 선간 충전 용량의 1/2이다.
④ 1선과 중성점 사이의 충전 용량과 같다.

해설 3상 1회선 소호 리액터 용량
$$P = 3 \times 2\pi f\,CE^2 \times 10^{-6} \times 10^6 \times 10^{-3} = 3 \times 2\pi f\,CE^2 \times 10^{-3}\,[\text{kVA}]$$

★★★★ 【85. 89. 96. 99. 04. 기사】

30 어떤 선로의 양단에 같은 용량의 소호 리액터를 설치한 3상 1회선 송전선로에서 전원측으로부터 선로 길이의 1/4지점에 1선 지락 고장이 일어났다면 영상전류의 분포는 대략 어떠한가?

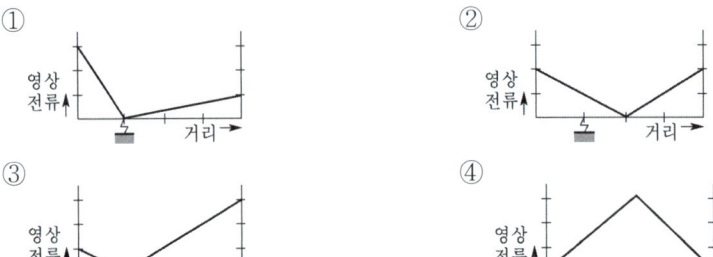

해설 고장점의 위치에 관계없이 같은 용량의 소호 리액터를 설치한 경우 선로의 2등분 점에서 공진이 발생한다.

★☆ 【79. 80. 90. 산업기사】

31 3상 3선식 단일 소호 리액터 접지 방식에서 1선 지락 고장 시에 영상 전류의 분포는?

해설 ① 직접 접지 방식 영상 전류 분포
② 단일 소호 리액터 접지 방식 영상 전류 분포
③ 양단 소호 리액터 접지 방식 영상 전류 분포
④ 저항 접지 방식 영상 전류 분포

답 29. ② 30. ② 31. ②

유사문제

> 유사문제 원문 및 해설 : 동일출판사 홈페이지 » 고객센터 » 자료실

01. 3상 1회선 송전선에서 1선의 대지 정전 용량을 C_0[F], 주파수를 f[Hz]라 하면 이때 소호리액터의 인덕턴스는 몇 [H]인가?

답 $L = \dfrac{1}{3\omega^2 C}$ [H]

02. 1상의 대지 정전 용량 0.4[μF], 주파수 60[Hz]의 3상 송전선 소호 리액터의 리액턴스[Ω]는 약 얼마인가? 단, 소호 리액터를 접속시키는 변압기의 리액턴스는 무시한다.

답 $\omega L = \dfrac{1}{3\omega C} = \dfrac{1}{6\pi f C} = \dfrac{1}{6\pi \times 60 \times 0.4 \times 10^{-6}} = 2,210$ [Ω]

03. 3상 3선식 소호 리액터 접지 방식에서 1선의 대지 정전 용량을 C[μF], 상전압 E[kV], 주파수 f[Hz]라 하면, 소호 리액터의 용량은 몇 [kVA]인가?

답 $6\pi f C E^2 \times 10^{-3}$

04. 그림과 같은 발전 회로에서 a상이 1선 지락을 일으키는 경우 지락 전류를 전 대지 충전 전류와 같은 값으로 하기 위하여 중성선에 설치된 변압기의 2차 저항은 몇 [Ω] 이하로 하면 되는가?

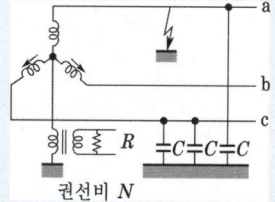

답 $\dfrac{1}{6\pi f N^2 C}$

05. 66[kV], 60[Hz] 3상 3선식의 선로에서 중성점을 소호 리액터 접지하여 완전 공진 상태로 되었을 때 중성점에 흐르는 전류는 몇 [A]인가? 단, 소호 리액터를 포함한 영상 회로의 등가 저항은 200[Ω], 잔류 전압은 4,400[V]라고 한다.

답 $I = \dfrac{4400}{200} = 22$ [A]

06. 다음 중 단선 고장 시의 이상전압이 가장 큰 접지방식은? 단, 비공진 탭이나 2회선을 사용하지 않은 경우임.

답 소호 리액터 접지식

07. 1상의 대지 정전 용량을 C[F], 주파수 f[H]의 소호 리액터의 공진시의 리액턴스는 몇 [Ω]인가? 단, 소호 리액터를 접속시키는 변압기의 리액턴스는 X_t이다.

답 $\dfrac{1}{3\omega C} - \dfrac{X_t}{3}$ [Ω]

08. 다음 중성점 접지방식 중에서 단선 고장일 때 선로의 전압 상승이 최대이고, 또한 통신 장해가 최소인 것은?

답 소호 리액터 접지

접지 일반

32 ★★★★ 【92. 94. 98. 99. 04. 11. 기사】
접지봉을 사용하여 희망하는 접지 저항값까지 줄일 수 없을 때 사용하는 선은?
① 차폐선 ② 가공지선
③ 크로스본드선 ④ 매설지선

해설 철탑의 탑각 접지 저항을 낮추어 역섬락을 방지하기 위한 것으로서 지하 30~60[cm] 정도의 깊이에 30~50[m] 정도의 아연 도금 철선을 매설하는 선을 매설지선이라고 한다.

답 32. ④

CHAPTER 06 이상 전압 및 개폐기

1 이상전압의 종류

송전계통에 나타나는 이상전압은 계통 내부원인에 의한 내부 이상전압(내뢰)과 계통 외부 원인에 의한 외부 이상전압(외뢰)으로 나눌 수 있다.

1) 내부 이상전압

내부 이상전압은 계통 조작 시 또는 고장 시 발생하며 계통 조작 시, 즉 송전선로의 개폐조작에 따른 과도현상 때문에 발생하는 이상전압은 투입서지와 개방서지로 나누어지며 일반적으로 투입 시 보다 개방 시, 부하가 있는 회로를 개방하는 것보다 무부하의 회로를 개방하는 쪽이 더 높은 이상전압을 발생한다. 따라서 이상 전압이 가장 큰 경우는 무부하 송전 선로의 충전 전류를 차단할 경우이며, 그 크기는 상규 대지 전압의 3.5배 이하로서 4배를 넘는 경우는 거의 없다.

내부 이상 전압의 종류

발생시기 파형	계통 조작 시	고장 발생 시
과도 진동 전 압	무부하 선로 개폐 이상 전압 유도성 소전류 차단시의 이상 전압 변압기의 3상 비동기 투입시의 전압	영구 지락에 따른 과도 진동 전압 충격성 지락에 따른 과도 진동 전압 고장 전류의 차단
상용 주파 지속 전압	무부하 송전선의 페란티 효과 수차 발전기의 부하 차단 발전기의 자기 여자 현상	기본파 공진 전압 고조파 공진 전압 소호 리액터계 1선 단선 이상 전압 소호 리액터계 이계통 병가

2) 외부 이상 전압

뇌운에 의해 발생되는 직격뢰와 유도뢰 및 타선과의 혼촉 시 발생하는 이상전압이 있다. 뇌 전압 또는 뇌 전류의 특징으로는 다음과 같다.

① 충격파이다.
② 외부 이상 전압과 내부 이상전압은 파두장 및 파미장 모두 다르다.
 (외부 이상 전압은 파고 값은 크지만 지속시간이 짧고 내부 이상전압은 파고 값은 작지만 지속시간은 비교적 길다.)
③ 표준 충격 전압 파형 : $1.2 \times 50 [\mu s]$
④ 유도뢰의 파고값은 수십[kV] 정도의 것이 대부분으로 110[kV] 이상의 송전선에는 유도뢰에 의한 이상전압은 문제가 되지 않는다.

3) 진행파의 반사와 투과

파동 임피던스가 서로 다른 회로에 연결 된 점(이것을 보통 변이점이라 한다)에 진행파가 진입하면 일부는 반사하고 나머지는 변이점을 통과해서 다음 회로에 침입해 들어가게 된다.

- 반사 계수 $= \dfrac{Z_2 - Z_1}{Z_2 + Z_1}$

- 투과 계수 $= \dfrac{2Z_2}{Z_2 + Z_1}$

- 반사파 전압 $e_r = \dfrac{Z_2 - Z_1}{Z_2 + Z_1} e_i [\text{kV}]$ 출제 산업 2번, 기사 3번

- 투과파 전압 $e_t = \dfrac{2Z_2}{Z_2 + Z_1} e_i [\text{kV}]$ 출제 기사 3번

종단이 개방되어 있는 경우($Z_2 = \infty$)의 반사계수와 투과계수는 다음과 같다.

- 반사계수 $= \dfrac{Z_2 - Z_1}{Z_2 + Z_1} = \dfrac{1 - \dfrac{Z_1}{Z_2}}{1 + \dfrac{Z_1}{Z_2}} = \dfrac{1}{1} = 1$

- 투과계수 $= \dfrac{2Z_2}{Z_2 + Z_1} = \dfrac{2}{1 + \dfrac{Z_1}{Z_2}} = 2$

즉, 전위의 반사는 정반사로써
    반사파의 파고는 입사파의 파고와 동일
    투과파의 파고는 입사파의 파고값보다 2배가 된다.

종단이 접지되어 있는 경우($Z_2 = 0$)의 반사계수와 투과계수는 다음과 같다.

- 반사계수 $= \dfrac{Z_2 - Z_1}{Z_2 + Z_1} = \dfrac{0 - Z_1}{0 + Z_1} = -1$

- 투과계수 $= \dfrac{2Z_2}{Z_2 + Z_1} = 0$

즉, 전위의 반사는 부 반사로써
    반사파의 파고는 입사파의 파고와 같으나 방향이 반대
    투과파의 파고는 0으로 종단전압은 항상 0이 된다.

2. 이상전압 방지대책 〔출제 산업 5번, 기사 3번〕

1) 가공지선(전선로 보호)

송전선에의 뇌격에 대한 차폐용으로서 송전선의 전선 상부에 이것과 평행으로 전선을 따로 가선하여 각 철탑에서 접지시킨 가공 지선을 많이 쓰고 있다. 종래에는 강연선, 강심 알루미늄선(ACSR) 등이 사용되었으나 최근에는 차폐 효과를 높이기 위해서 보다 도전성이 좋은 전선을 사용하고 있다.

가공지선은 직격뢰에 대한 차폐, 유도뢰에 대한 정전차폐, 통신선에 대한 전자유도 장해 경감을 목적으로 한다. 〔출제 산업 6번, 기사 3번〕

(1) 차폐각

차폐각은 45° 이내, 보호율은 97[%] 정도이고, 차폐각은 작을수록(가공지선을 2회선으로 하면 차폐각이 적어진다.) 보호율이 높고 건설비가 비싸다. 〔출제 기사 6번〕

(2) 역섬락

철탑의 탑각 접지저항이 크면 낙뢰 시 철탑의 전위가 상승하여 철탑으로부터 송전선으로 뇌전류가 흘러 역섬락이 발생한다. 〔출제 산업 7번〕

따라서 역섬락을 방지하기 위해서는 철탑의 접지저항을 낮추어야 하며 〔출제 산업 8번, 기사 9번〕 이를 적게 하기 위하여 설치하는 것이 매설지선이다. 〔출제 산업 3번, 기사 4번〕

2) 피뢰기(기계기구 보호)

이상전압이 내습해서 피뢰기의 단자전압이 어느 일정값 이상으로 올라가면 즉시 방전해서 전압 상승을 억제(이상전압방전)하며, 이상전압이 소멸되어 단자전압이 일정값 이하가 되면 즉시 방전을 정지(속류차단)해서 원래의 송전 상태로 되돌아가는 것을 목적으로 한다.

피뢰기의 종류

명칭별	갭 저항형	각형 피뢰기, 자기 취소형 피뢰기, 다극 피뢰기, 벤디맨 피뢰기
	밸브형	알루미늄 셀 피뢰기, 산화 필름 피뢰기, 팰릿 피뢰기, 자동 밸브 피뢰기
	저항 밸브형	사이리트 피뢰기, 저항 밸브 피뢰기, 건식 밸브 피뢰기, 자동 밸브 피뢰기
성능별	밸브형, 밸브 저항형, 방출형, 자기 소호형, 전류 제한형	
사용 장소별	선로용, 직렬 기기용, 저압 회로용, 발·변전소용, 전철용, 정류기용, 케이블 계통용	
규격별	교류 10,000[A], 5,000[A], 2,500[A]	

(1) 구성 출제 산업 7번, 기사 1번

① 직렬 갭(series gap) : 방습 애관 내에 밀봉된 평면 또는 구면 전극을 계통 전압에 따라 다수 직렬로 접속한 다극 구조이며 속류 차단, 소호의 역할을 함과 동시에 충격파에 대해서는 되도록 저전압에서 방전시키도록 한다. 출제 기사 4번

② 특성요소 : 탄화 규소를 주성분으로 한 소성물의 저항판을 다수 합친 구조이며 직렬 갭과 자기 애관에 밀봉시킨다. 뇌 전류 방전 시 피뢰기 자신의 전위상승을 억제하여 자신의 절연파괴를 방지한다.

(2) 피뢰기의 구비조건 출제 산업 2번, 기사 1번

① 상용 주파 방전 개시 전압이 높을 것
② 충격 방전 개시 전압이 낮을 것
③ 제한 전압이 낮을 것
④ 속류 차단 능력이 클 것

(3) 피뢰기 용어

① 충격 방전 개시전압 : 피뢰기 단자간에 충격전압을 인가하였을때 방전을 개시하는 전압
② 상용주파 방전 개시전압 : 상용주파수의 방전개시 전압(실효값)으로 피뢰기 정격전압의 1.5배 이상이 되도록 잡고 있다.
③ 제한전압 : 충격파 전류가 흐르고 있을 때의 피뢰기의 단자전압 출제 산업 4번

제한전압 = 피뢰기가 처리하고 남은 전압
  = 피뢰기가 처리해야 할 전압 − 피뢰기가 처리한 전압
  $= \dfrac{2Z_2}{Z_1+Z_2}e - \dfrac{Z_1 Z_2}{Z_1+Z_2}i$ 출제 산업 3번

④ 속류 : 방전 전류에 이어서 전원으로부터 공급되는 상용 주파수의 전류가 직렬갭을 통하여 대지로 흐르는 전류

(4) 피뢰기의 정격전압

① 속류의 차단이 되는 최고의 교류전압. 즉, 피뢰기의 양단자 사이에 인가할 수 있는 상용 주파수의 최대 전압의 실효값을 말한다. 출제 산업 3번, 기사 1번

$E_R = \alpha\beta V_m$ 출제 기사 2번

여기서, E_R : 피뢰기의 정격전압
  α : 접지계수(유효접지 계통 : 1.1~1.3)
  β : 여유도(1.15)
  V_m : 선간의 최고 허용전압(V_m = 공칭전압 $\times \dfrac{1.2}{1.1}$)

- 직접 접지 방식 : $E_R = 0.8 \sim 1.0\,V$의 피뢰기
- 저항 또는 소호리액터 접지방식 : $E_R = 1.4 \sim 1.6\,V$의 피뢰기 출제 기사 6번

여기서, V는 선로의 공칭전압을 1.1로 나눈 값

② 충격비 = $\dfrac{충격방전 개시전압}{상용주파 방전개시 전압의 파고값}$

③ 여유도 = $\dfrac{기기의 절연강도 - 피뢰기의 제한전압}{피뢰기의 제한전압}$ 출제 기사 4번

(5) 피뢰기 정격(공칭방전전류)

공칭방전전류	설치장소	적 용 조 건
10,000[A]	변전소	1. 154[kV] 계통 이상 2. 66[kV] 및 그 이하 계통에서 뱅크 용량 3,000[kVA]를 초과하거나 특히 중요한 곳 3. 장거리 송전선 케이블(전압 피더 인출용 단거리 케이블은 제외)
5,000[A]	변전소	1. 66[kV] 및 그 이하 계통에서 뱅크 용량 3,000[kVA]를 이하인 곳
2,500[A] 출제 기사 2번	선로, 배전소	1. 배전선로 2. 배전선 피더 인출 측

(6) 절연협조

전력 계통에는 선로를 비롯해서 발전기, 변압기, 차단기, 개폐기 등 많은 기기, 공작물이 접속되어 있는데 이들의 절연 강도가 상호 간에 아무 관계없이 정해져서 기기에 따라 필요 이상으로 절연 강도가 높거나 또는 약하게 되어 있다면 계통 전체로서의 신뢰도는 낮아진다. 가령 차단기의 절연 강도가 다른 설비에 비해 훨씬 낮게 정해졌다면 이상 전압이 발생할 때마다 차단기가 제일 먼저 사고를 일으켜서 계통 운용에 큰 지장을 줄 것이다.

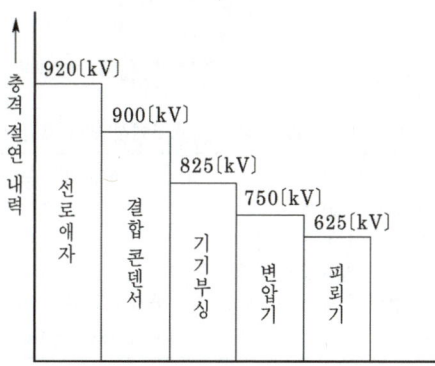

154[kV] 송전계통 절연협조

그러므로 계통의 각 기기는 자체의 기능에서 요구되는 절연 강도뿐만 아니라 만일 사고가 발생하더라도 그 범위를 최소한으로 억제해서 계통 전체의 신뢰도를 높이고 또한 경제적이고 합리적인 절연 강도로 되게끔 기기 상호간에 절연의 협조를 잘 도모해 줄 필요가 있다. 이와 같이 계통 내의 각 기기, 기구 및 애자 등의 상호간에 적정한 절연 강도를 지니게 함으로써 계통 설계를 합리적, 경제적으로 할 수 있게 한 것을 절연 협조라고 한다.

절연협조는 피뢰기의 제한전압에 선정에 따라 달라지며 피뢰기의 제1보호 대상은 변압기가 된다. 출제 산업 6번

3 차단기

차단기는 부하전류는 물론 고장 시에 발생하는 대전류를 신속·안전하게 차단하여 고장구간을 건전구간으로부터 분리시키며 또한 설비의 점검 및 수리 등의 작업 시에 작업 장소를 정전시키기 위한 필요 설비이다.

1) 소호원리에 따른 차단기의 종류

종류	약어	소호원리 및 특징
유입차단기	OCB	소호실에서 아크에 의한 절연유 분해 가스의 흡부력을 이용해서 차단 ① 보수가 번거롭다. ② 방음설비가 필요 없다. 출제 산업 3번, 기사 1번 ③ 공기보다 소호 능력이 크다. ④ 부싱 변류기를 사용할 수 있다. 부싱 / 철 탱크 / 승강간 / 절연 라이너 / 고정 접촉자 / 가동 접촉자 출제 기사 6번 / 배유 밸브
기중차단기	ACB	대기 중에서 아크를 길게 하여 소호실에서 냉각 차단
자기차단기	MBB	대기 중에서 전자력을 이용하여 아크를 소호실내로 유도해서 냉각차단 출제 산업 4번 ① 화재 위험이 없다. ② 보수 점검이 비교적 쉽다. ③ 압축 공기 설비가 필요 없다. ④ 전류 절단에 의한 과전압을 발생하지 않는다. ⑤ 회로의 고유 주파수에 차단 성능이 좌우되는 일이 없다. 출제 산업 6번, 기사 1번
공기차단기	ABB	압축된 공기를 아크에 불어 넣어서 차단 출제 산업 4번, 기사 6번

종 류	약 어	소호원리 및 특징
진공차단기	VCB	고진공 중에서 전자의 고속도 확산에 의해 차단 ① 소형 경량이고 조작 기구가 간편하다. ② 화재 위험이 없다. ③ 폭발음이 없다. ④ 소호실에 대해서 보수가 거의 필요치 않다. ⑤ 차단 시간이 짧고 차단 성능이 회로의 주파수에 영향을 받지 않는다.
가스차단기	GCB	고성능 절연특성을 가진 특수가스(SF_6)를 흡수해서 차단 〈SF_6 가스 차단기의 특징〉 ① 밀폐구조이므로 소음이 없다. ② 절연내력이 공기의 2~3배, 소호 능력은 공기의 100~200배 ③ 근거리 고장 등 가혹한 재기전압에 대해서도 성능이 우수 ④ 인체에 무취 무해 가스 발생 SF_6는 무독, 무취, 무해, 가스이므로 유독가스를 발생하지 않는다.
가스절연 개폐기	GIS	① 충전부가 대기에 노출되지 않아 기기의 안정성, 신뢰성이 우수하다. ② 감전 사고 위험이 적다. ③ 밀폐형이므로 배기 소음이 없다. ④ 소형화 가능하다. ⑤ SF_6 가스는 무색, 무취, 무해 가스이고 유독 가스를 발생하지 않는다. ⑥ 보수, 점검이 용이하다.

2) 차단기의 정격 차단 용량

차단기 용량은 예상 최대 단락전류에 의해 결정된다.

$$Q_S = \sqrt{3} \times 정격\ 전압 \times 정격\ 차단\ 전류$$
$$= \sqrt{3} \times V_n \times I_S \times 10^{-6} [MVA]$$

3) 차단기의 차단시간

(1) 트립 코일(trip coil)의 여자부터 아크 소호 시간을 합한 것

  정격 차단 시간 = 개극 시간 + 아크 소호 시간

(2) 차단기의 정격 차단 시간(표준) : 3[Hz], 5[Hz], 8[Hz]

4) 차단기의 표준 동작 책무

차단기가 전력계통에서 사용될 때는 차단 - 투입 - 차단의 동작을 반복하게 된다.
차단 동작을 O(open), 투입동작을 C(close), 투입 직후 곧 차단하는 동작을 CO(close and open)라고 할 때 어느 시간 간격을 두고 행하여지는 일련의 동작을 규정한 것을 차단기의 동작 책무(duty cycle)라고 한다.

일반용 $\begin{cases} O - 3분 - CO - 3분 - CO \\ CO - 15초 - CO \end{cases}$

고속도 재투입용 O - 0.3초 - CO - 3분(또는 15초, 1분) - CO

5) 차단기의 트립방식

(1) CT 2차 전류 트립 방식
(2) DC 전압 방식
(3) CTD 방식(콘덴서 트립 방식)이 있다. _{출제 산업 2번}

일반적으로 22.9[kV-Y]의 경우 CTD 방식 또는 DC 방식이 사용되며, 66[kV] 이상의 경우 DC 방식이 사용되고 있다.

4 단로기 _{출제 산업 6번, 기사 9번}

단로기는 소호할 수 있는 능력이 없는 개폐기로 선로로부터 기기를 분리, 구분 및 변경 할 때 사용되는 개폐 장치로서 단순히 충전된 선로를 개폐하기 위해 사용되며 고장전류 뿐만 아니라 부하전류의 차단도 할 수 없다. _{출제 산업 1번, 기사 5번}

5 전력 퓨즈

1) 기능

전력 회로에 사용되는 퓨즈로서 주로 고전압 회로 및 기기의 단락 보호용으로 차단기와 같은 과전류 보호 장치이다. _{출제 산업 1번, 기사 6번}

① 부하 전류는 안전하게 통전
② 이상 전류(과전류)는 차단(한류형 퓨즈의 경우 과부하 전류에 용단되어서는 안 된다)

2) 전력용 한류 퓨즈는 차단기에 비하여 다음과 같은 장·단점을 가진다.

장 점	단 점
• 현저한 한류특성을 가진다. • 고속도 차단할 수 있다. • 소형으로서 큰 차단 용량을 가진다. _{출제 기사 4번} • 한류형 퓨즈는 차단시 무소음, 무방출이다. • 소형, 경량이다.	• 재투입이 불가능하다(가장 큰 단점). • 차단시 과전압을 발생한다. • 과전류에 의해 용단되기 쉽고 결상을 일으킬 우려가 있다. • 한류형 퓨즈는 용단되어도 차단되지 않는 전류 범위가 있다. • 동작 시간 – 전류 특성을 계전기처럼 자유롭게 조정할 수 없다.

3) 퓨즈 선정 시 고려사항
① 과부하 전류에 동작하지 말 것
② 변압기 여자 돌입 전류에 동작하지 말 것
③ 충전기 및 전동기 기동 전류에 동작하지 말 것
④ 보호기기와 협조를 가질 것

4) 퓨즈의 특성
① 용단 특성
② 단시간 허용 특성
③ 전차단 특성

5) 차단기 및 단로기 조작 순서(인터록)
차단기는 부하전류 뿐만 아니라 고장전류도 차단 할 수 있는 반면에 단로기는 부하전류도 개폐할 수 없으므로 단로기 및 차단기의 조작 시는 다음의 순서를 준수해야 한다.

① 투입 시 : 단로기(DS) → 차단기(CB)
② 차단 시 : 차단기(CB) → 단로기(DS) [출제] 산업 7번

즉, 차단기가 열려 있어야 단로기를 열고 닫을 수 있다. 이를 인터록이라 한다.
[출제] 산업 2번, 기사 7번

6 - 보호 계전기

1) 보호계전시스템
보호 계전 시스템이란 전력계통의 전기적인 운전 상태를 센서인 계기용 변압기(PT) 및 계기용 변류기(CT)를 통해서 보호 계전기에 입력하여 보호대상이 이상임을 검출하였을 경우에 차단기의 트립코일(TC)을 여자하여 차단기를 개방함으로써 고장구간을 차단한다.

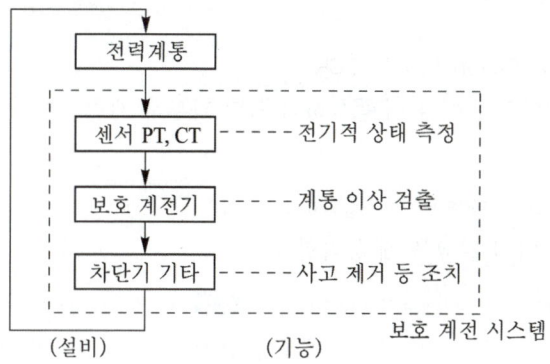

보호 계전시스템의 역할과 기능

2) 보호 계전기의 구비 조건 출제 산업 2번
① 고장 상태를 식별하여 정도를 파악할 수 있을 것
② 고장 개소를 정확히 선택할 수 있을 것
③ 동작이 예민하고 오동작이 없을 것
④ 적절한 후비 보호 능력이 있을 것
⑤ 경제적일 것

3) 보호 계전기의 동작 시간에 의한 분류

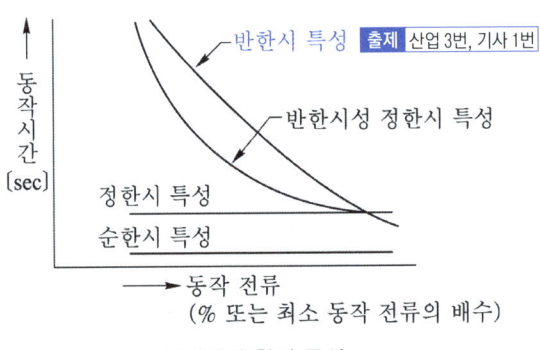

계전기의 한시 특성

① 순한시 계전기 : 고장 즉시 동작
② 정한시 계전기 : 고장 후 일정시간이 경과하면 동작   출제 산업 4번, 기사 1번
③ 반한시 계전기 : 고장전류의 크기에 반비례하여 동작   출제 산업 4번, 기사 4번
④ 반한시 정한시 계전기 : 반한시와 정한시 특성을 겸함

4) 보호 계전기 동작의 4가지 요소
① 단일 전압 요소 　　② 단일 전류 요소
③ 2전류 요소 　　　　④ 전압, 전류 요소

5) 보호 계전기의 종류

(1) 과전류 계전기(Over Current Relay : OCR)
　일정값 이상의 전류가 흘렀을 때 동작하며 일명 과부하 계전기라 불려진다.
　출제 산업 5번, 기사 1번

(2) 과전압 계전기(Over Voltage Relay : OVR)
　일정값 이상의 전압이 걸렸을 때 동작한다.

(3) 부족 전압 계전기(Under Voltage Relay : UVR)   출제 산업 1번, 기사 3번
　전압이 일정값 이하로 떨어졌을 경우, 예를 들면 대형 유도 전동기 등에서 갑자기 공급전압이 내려갔을 때 지나친 과전류가 흐르지 않게끔 동작하는 것이다.

(4) 단락 방향 계전기(Directional Short Circuit Relay : DOCR, DSR)
   어느 일정한 방향으로 일정값 이상의 단락 전류가 흘렀을 경우 동작하는 것

(5) 선택 단락 계전기(Selective Short Circuit Relay : SSR)
   병행 2회선 송전 선로에서 한쪽의 1회선에 단락 사고가 발생하였을 때 2중 방향 동작 계전기를 사용해서 고장 회선을 선택 차단 할 수 있는 것

(6) 거리 계전기(Distance Relay : ZR)
   계전기가 설치된 위치로부터 고장점까지의 전기적 거리에 비례하여 한시 동작하는 것으로 복잡한 계통의 단락 보호에 과전류 계전기의 대용으로 쓰인다.

(7) 지락 계전기(Ground Relay) 출제 산업 4번
   영상변류기(ZCT)에 의해 검출된 영상전류에 의해 동작하며 지락 고장 보호용으로 사용한다.
   출제 산업 11번, 기사 3번

(8) 방향 지락 계전기(Directional Ground Relay : DGR)
   과전류 지락 계전기에 방향성을 준 것

(9) 선택 지락 계전기(Selective Ground Relay : SGR)
   병행 2회선 송전 선로에서 한쪽의 1회선에 지락 사고가 일어났을 경우 출제 산업 10번, 기사 3번
   이것을 검출하여 고장 회선만을 선택 차단할 수 있게끔 선택 단락 계전기의 동작 전류를 특별히 작게 한 것 출제 기사 3번

7 - 보호 계전기의 보호 방식

1) 표시선 계전 방식 출제 산업 4번
   ① 방향 비교 방식(directional comparison relaying)
   ② 전압 반향 방식(opposite voltage system)
   ③ 전류 순환 방식(circulating current system)

2) 반송 보호 계전 방식 출제 산업 3번, 기사 3번
   ① 방향 비교 반송 방식
   ② 위상 비교 반송 방식
   ③ 반송 트립 방식

8 계기용 변성기

1) 계기용 변압기(PT : Potential Transformer)
고전압을 저전압으로 변성하여 계기나 계전기에 공급하기 위한 목적으로 사용

2) 계기용 변류기(C.T : Current Transformer)
회로의 대전류를 소전류로 변성하여 계기나 계전기에 공급하기 위한 목적으로 사용되며 2차측 정격전류는 5[A]이다.

(1) 정격 부담
변류기 2차측 단자 간에 접속되는 부하의 한도를 말하며 [VA]로 표시한다. 출제 기사 1번

(2) 변류비 선정

$$변류비 = \frac{최대\ 부하\ 전류 \times (1.25 \sim 1.5)[A]}{5[A]}$$ 출제 산업 8번, 기사 1번

(3) 2차측 개방 불가
변류기 2차측을 개방하면 1차 전류가 모두 여자전류가 되어 2차측에 과전압 유기 및 절연이 파괴되어 소손될 우려가 있으므로 CT 2차측 기기를 교체하고자 하는 경우는 반드시 CT 2차측을 단락시켜야 한다. 출제 산업 4번, 기사 5번

(4) 변류기 결선
① 가동 접속(정상 접속)

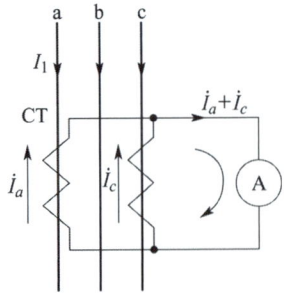 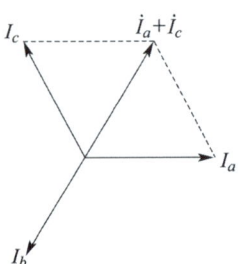

여기서, I_1 : 부하 전류
I_a, I_b, I_c : CT 2차 전류
$I_a + I_c$: 전류계 ⓐ의 지시값, 즉, ⓐ의 지시는 CT 2차 전류와 같은 크기의 전류 값 지시(I_b상) 출제 산업 4번

② 차동 접속(교차 접속)

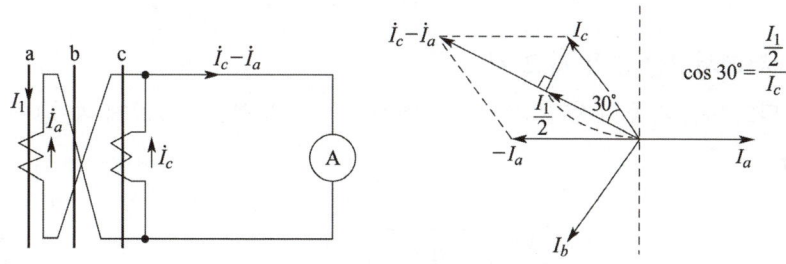

여기서, $I_a - I_c$: 전류계 Ⓐ 지시값, 즉 Ⓐ 의 지시는 CT 2차 전류의 $\sqrt{3}$ 배 지시

$I_1 =$ 전류계 Ⓐ 지시값 $\times \dfrac{1}{\sqrt{3}} \times$ CT비

3) 계기용 변압 변류기(MOF : Metering Out Fit)

계기용 변압기와 변류기를 조합한 것으로 전력 수급용 전력량을 측정하기 위하여 사용되며, 옥내 수전실 또는 옥내 큐비클 등 밀폐된 공간에 설치하는 전력 수급계기용 변압 변류기는 난연성(에폭시몰드 및 가스 절연 또는 실리콘 절연 등)제품을 사용하는 것이 바람직하다.

4) 영상 변류기(ZCT : Zerophase Current Transformer) 출제 기사 6번

지락 사고 시 지락 전류(영상 전류)를 검출하는 것으로 지락 계전기와 조합하여 차단기를 차단시킨다. 출제 산업 2번

5) 접지형 계기용 변압기(GPT : Ground Potential Transformer)

비접지 계통에서 지락 사고 시의 영상 전압을 검출한다. 출제 산업 4번

정상운전시에는 영상전압이 평형상태가 되어 0[V]가 되나, 1선 지락고장의 경우 지락상의 전압이 0[V]가 되면, 나머지 건전상의 2차 전압 110[V]가 Y결선이므로 차전압이 되어 190[V]의 영상전압이 생긴다. 출제 기사 5번

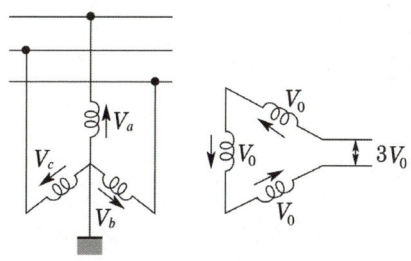

9 비율 차동 계전기

1) 변압기 내부에서 3상 단락 사고 시
$i_2 = 0$이 되어 비율 차동 계전기의 동작 coil에는 $i_d = I_1$의 전류가 흐르게 되어 비율 차동 계전기가 동작

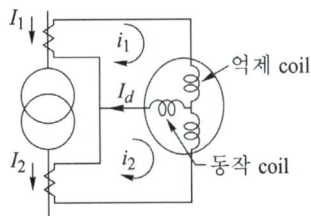

2) 변압기 외부에서 3상 단락 사고 시
비율 차동 계전기의 동작 coil에는 $i_d = i_1 - i_2$의 전류가 흐르게 되며, 이때 i_d의 값이 정정값 이하가 되어 비율 차동 계전기는 동작하지 않는다.

3) 비율차동계전기
발전기(내부고장), 변압기(내부고장), 모선보호용으로 사용된다.

CHAPTER 06 출제예상문제_이상 전압 및 개폐기

이상전압의 종류

01 ★★ 【79. 91. 기사】
송배전 선로의 이상 전압의 내부적 원인이 아닌 것은?
① 선로의 개폐　② 아크 접지　③ 선로의 이상 상태　④ 유도뢰

[해설] ・내부적 원인에 의한 이상 전압
① 개폐 이상 전압　② 고장 시의 과도 이상 전압　③ 계통 조작과 고장 시의 지속 이상 전압
・외부적 원인에 의한 이상 전압
① 유도뢰　② 직격뢰　③ 다른 고압선과의 혼촉 및 유도

02 ★★★ 【93. 01. 05. 10. 11. 기사】
이상 전압에 대한 방호 장치가 아닌 것은?
① 병렬 콘덴서　② 가공지선　③ 피뢰기　④ 서지 흡수기

[해설] ① 병렬 콘덴서 : 역률 개선
② 가공지선 : 직격뢰 차폐
③ 피뢰기 : 이상 전압에 대한 기계, 기구 보호
④ 서지 흡수기 : 변압기, 발전기 등을 서지로부터 보호

03 ★★☆ 【80. 82. 83. 89. 93. 03. 05. 25. 산업기사】
차단기의 개폐에 의한 이상 전압은 대부분의 경우 송전선 대지전압의 최고 몇 배 정도인가?
① 2배　② 4배　③ 6배　④ 8배

[해설] 이상 전압이 가장 큰 경우는 무부하 송전 선로의 충전 전류를 차단 할 경우이며, 그 크기는 상규 대지 전압의 3.5배 이하로서 4배를 넘는 경우는 거의 없다.

04 ★ 【90. 94. 04. 산업기사】
송전 선로의 개폐 조작 시 발생하는 이상 전압에 관한 상황에서 옳은 것은?
① 개폐 이상 전압은 회로를 개방할 때보다 폐로할 때 더 크다.
② 개폐 이상 전압은 무부하시보다 전부하일 때 더 크다.
③ 가장 높은 이상 전압은 무부하 송전선의 충전 전류를 차단할 때이다.
④ 개폐 이상 전압은 상규 대지 전압의 6배, 시간은 2~3초이다.

[해설] 개폐 이상 전압은 회로의 폐로 때보다 개방 시가 크며, 또한 부하 차단 시보다 무부하 차단 때가 더 크다.

답　1. ④　2. ①　3. ②　4. ③

05 다음 중 효과적으로 개폐 서지 이상 전압 발생을 억제할 목적으로 사용되는 것은? ★★★ 【90. 94. 97. 03. 05. 기사】
① 개폐 저항기　② 피뢰기　③ 콘덴서　④ 리액터

해설 개폐 서지(SOV)를 억제하기 위해 개폐 저항기를 사용한다.

유사문제
※ 유사문제 원문 및 해설 : 동일출판사 홈페이지 ≫ 고객센터 ≫ 자료실

01. 송전 선로의 개폐 조작 시 발생하는 이상 전압에 관한 상황에서 옳은 것은?
답 가장 높은 이상 전압은 무부하 송전선의 충전 전류를 차단할 때이다.

뇌서지

06 뇌해 방지와 관계가 없는 것은? ★★★ 【84. 90. 91. 97. 03. 18. 23. 산업기사】
① 매설 지선　② 가공 지선　③ 소호각　④ 댐퍼

해설 댐퍼는 선로의 진동 방지에 쓰인다.

07 뇌서지와 개폐서지의 파두장과 파미장에 대한 설명으로 옳은 것은? ★☆ 【84. 89. 93. 03. 산업기사】
① 파두장은 같고 파미장이 다르다.　② 파두장이 다르고 파미장은 같다.
③ 파두장과 파미장이 모두 다르다.　④ 파두장과 파미장이 모두 같다.

해설 개폐서지와 뇌서지는 파두장과 파미장이 모두 다르다.

08 가공 지선에 대한 설명 중 옳지 않은 것은? ★ 【03. 산업기사】
① 가공 지선은 일반적으로 아연도금 강연선을 사용한다.
② 가공 지선은 뇌해 방지를 위하여 1~2조 가선으로 하는 것이 많다.
③ 가공 지선의 이도는 전선의 이도보다 크게 한다.
④ 가공 지선은 사고시에 고장 전류의 일부분이 흐를 경우가 많다.

해설 가공 지선(over head ground wire)은 송전선 위에 나란히 가설된 도선으로 각 철탑에 접지되어 있으며, 이와 같이 하여 뇌운에 의한 전선로에서의 정전 유도 작용을 차폐할 수 있어 유도뢰에 의한 피해를 줄일 수 있다.

답 5. ①　6. ④　7. ③　8. ③

① 직격뢰에 대한 차폐 효과
② 유도뢰에 대한 정전 차폐 효과
③ 통신선에 대한 전자 유도 장해 경감 효과

09 기기의 충격 전압 시험을 할 때 채용하는 우리나라의 표준 충격 전압파의 파두장 및 파미장을 표시한 것은?

① $1.5 \times 40\,[\mu\text{sec}]$
② $2 \times 40\,[\mu\text{sec}]$
③ $1.2 \times 50\,[\mu\text{sec}]$
④ $2.3 \times 50\,[\mu\text{sec}]$

해설 표준 충격 전압파의 파두장 및 파미장은 $1 \times 40\,[\mu\text{sec}]$ 또는 $1.2 \times 50\,[\mu\text{sec}]$이다.

10 가공 지선의 설치 목적이 아닌 것은?

① 정전 차폐 효과
② 전압 강하의 방지
③ 직격 차폐 효과
④ 전자 차폐 효과

해설 가공 지선 ┌ 뇌해 저감 효과
            └ 유도 장해 : 전자 차폐 효과, 정전 차폐 효과

11 가공 지선에 대한 설명으로 틀린 것은?

① 직격뢰에 대해서는 특히 유효하며, 탑 상부에 시설함으로 뇌는 주로 가공 지선에 내습한다.
② 가공 지선 때문에 송전 선로의 대지 용량이 감소하므로 대지와의 사이에 방전할 때 유도 전압이 특히 커서 차폐 효과가 좋다.
③ 가공 지선을 가설하는 목적은 유도뢰에 대한 정전 차폐 효과 및 직격뢰에 대한 차폐 효과이다.
④ 1선 지락 사고 때 지락전류의 일부가 가공 지선을 통하므로 부근의 통신선에 미치는 전자 유도 장해를 경감시킬 수 있다.

해설 가공 지선은 뇌해 방지, 전자 차폐 효과를 위해 설치한다.

12 가공 지선에 대한 다음 설명 중 옳은 것은?

① 차폐각은 보통 $15 \sim 30°$ 정도로 하고 있다.
② 차폐각이 클수록 벼락에 대한 차폐 효과가 크다.
③ 가공 지선을 2선으로 하면 차폐각이 적어진다.
④ 가공 지선으로 연동선을 주로 사용한다.

9. ③ 10. ② 11. ② 12. ③

해설> 가공 지선은 직렬 회로부터 송전선의 차폐를 위해 시설한다. 차폐각은 45° 이내, 보호율은 97[%] 정도이고, 차폐각이 작을수록 보효율이 높으며 가공 지선은 ACSR을 사용한다. 차폐각이 작을수록 보호율이 높고 건설비가 비싸다.

13 ★★★★ 【79. 83. 93. 09. 23. 25. 기사, ㉾ : 83. 90. 산업기사】
파동 임피던스 $Z_1 = 600[\Omega]$인 선로종단에 파동 임피던스 $Z_2 = 1,300[\Omega]$의 변압기가 접속되어 있다. 지금 선로에서 파고 $e_1 = 900[kV]$의 전압이 입사되었다면 접속점에서의 전압 반사파는 약 몇 [kV]인가?

① 530 ② 430 ③ 330 ④ 230

해설> 반사 전압 $e_2 = \dfrac{Z_2 - Z_1}{Z_2 + Z_1} e_1 = \dfrac{1,300 - 600}{1,300 + 600} \times 900 = 330[kV]$

14 ★★★ 【83. 91. 기사, ㉾ : 83. 11. 25. 기사】
파동 임피던스 $Z_1 = 400[\Omega]$인 가공 선로에 파동 임피던스 $50[\Omega]$인 케이블을 접속하였다. 이때 가공 선로에 $e_1 = 800[kV]$인 전압파가 들어왔다면 접속점에서 전압의 투과파는?

① 약 178[kV] ② 약 238[kV] ③ 약 298[kV] ④ 약 328[kV]

해설> 투과파 전압 $e_2 = \dfrac{2Z_2}{Z_1 + Z_2} \times e_1 = \dfrac{2 \times 50}{400 + 50} \times 800 = 178[kV]$

15 ★☆ 【83. 96. 98. 산업기사】
가공선의 임피던스가 Z_1, 케이블의 임피던스가 Z_2인 선로의 접속점에 피뢰기를 설치하였더니 가공선 쪽에서 파고값 $e[V]$의 진행파가 진행되어 이상 전류 $i[A]$를 방전시켰다면 피뢰기의 제한 전압식은?

① $\dfrac{2Z_2}{Z_1 + Z_2} e + \dfrac{Z_1 Z_2}{Z_1 + Z_2} i$ ② $\dfrac{2Z_2}{Z_1 + Z_2} e - \dfrac{Z_1 Z_2}{Z_1 + Z_2} i$

③ $\dfrac{2Z_2}{Z_1 + Z_2} e + \dfrac{Z_1 + Z_2}{Z_1 Z_2} i$ ④ $\dfrac{2Z_2}{Z_1 + Z_2} e - \dfrac{Z_1 + Z_2}{Z_1 Z_2} i$

해설> 제한 전압 = 피뢰기가 처리하고 남은 전압
= 피뢰기가 처리해야 할 전압 - 피뢰기가 처리한 전압
$= \dfrac{2Z_2}{Z_1 + Z_2} e - \dfrac{Z_1 Z_2}{Z_1 + Z_2} i$

16 ★ 【01. 기사】
가공선의 서지 임피던스를 Z_a, 지중선의 서지 임피던스를 Z_c라 할 때 일반적으로 어떤 관계가 성립하는가?

① $Z_a = Z_c$ ② $Z_a > Z_c$ ③ $Z_a < Z_c$ ④ $Z_a \leq Z_c$

답> 13. ③ 14. ① 15. ② 16. ②

해설 cable은 가공선에 비해 정전 용량 C가 매우 크다.
따라서 서지 임피던스 $Z_0 = \sqrt{\dfrac{L}{C}}$ 이므로 $Z_a > Z_c$가 성립된다.

17 ★★★ 【93. 99. 01. 기사】
파동 임피던스 $Z_1 = 500[\Omega]$, $Z_2 = 300[\Omega]$인 두 무손실 선로 사이에 그림과 같이 저항 R을 접속하였다. 제 1선로에서 구형파가 진행하여 왔을 때 무반사로 하기 위한 R의 값은 몇 $[\Omega]$인가?

① 100　　② 200
③ 300　　④ 500

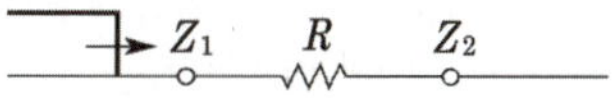

해설 무반사는 반사 계수가 영(0)일 때이며, 반사 계수 $r = \dfrac{(R+Z_2)-Z_1}{Z_1+(R+Z_2)} = 0$이 되어야 하므로
$(R+Z_2) - Z_1 = 0$
∴ $R = Z_1 - Z_2 = 500 - 300 = 200[\Omega]$

18 ★★★★☆ 【89. 93. 01. 05. 08. 12. 기사, ⊕ : 75. 94. 95. 산업기사】
송전선로에 매설지선을 설치하는 목적은?
① 직격뢰로부터 송전선을 차폐, 보호하기 위하여
② 철탑 기초의 강도를 보강하기 위하여
③ 현수 애자 1연의 전압분담을 균일화하기 위하여
④ 철탑으로부터 송전선로에로의 역섬락을 방지하기 위하여

해설 매설지선은 뇌해 방지 및 역섬락 방지를 위함이다.

19 ★★★★★【 83. 85. 91. 92. 95. 97. 00. 05. 23. 기사, 76. 80. 89. 95. 97. 98. 99. 00. 05. 11. 산업기사, ⊕ : 99. 기사 】
송전 선로에서 역섬락을 방지하는 유효한 방법은?
① 가공 지선을 설치한다.　　② 소호각을 설치한다.
③ 탑각 접지 저항을 작게 한다.　　④ 피뢰기를 설치한다.

해설 뇌서지가 철탑에 가격시 철탑의 탑각 접지 저항이 충분히 낮지 않으면 철탑의 전위가 상승하여 철탑에서 선로로 섬락을 일으키는 경우가 있는데 이를 역섬락이라 하며 방지 대책으로는 매설 지선을 설치하여 탑각 접지 저항을 낮추어야 한다.

20 ★☆ 【83. 92. 산업기사, ⊕ : 01. 산업기사】
154[kV] 송전 선로의 철탑에 45[kA]의 직격 전류가 흘렀을 때 역섬락을 일으키지 않는 탑각 접지 저항값[Ω]의 최고값은? 단, 154[kV]의 송전선에서 1련의 애자수를 9개 사용하였다고 하며 이때의 애자의 섬락 전압은 860[kV]이다.

① 약 9　　② 약 19　　③ 약 29　　④ 약 39

답　17. ②　18. ④　19. ③　20. ②

해설) 철탑이 직격뢰를 받으면 그 뇌전류와 탑각 접지 저항과의 곱에 해당하는 전위가 상승하므로 역섬락을 일으키지 않는 탑각 접지 저항 = $\dfrac{\text{애자의 섬락 전압}}{\text{뇌전류}} = \dfrac{860}{45} ≒ 19[\Omega]$

21 철탑의 탑각 접지 저항이 커지면 우려되는 것으로 옳은 것은?
★★★★★ 【11. 가사, 83. 93. 98. 99. 01. 04. 11. 산업기사, ㉬ : 84. 산업기사】

① 뇌의 직격
② 역섬락
③ 가공 지선의 차폐각의 증가
④ 코로나의 증가

해설) 철탑의 접지 저항이 크면 철탑의 전위가 매우 높게 되어 철탑에서 송전선에 섬락을 일으키는 경우가 있는데, 이를 역섬락이라 한다.

유사문제

‖ 유사문제 원문 및 해설 : 동일출판사 홈페이지 » 고객센터 » 자료실

01. 직격뢰에 대한 방호 설비로서 가장 적당한 것은?
답) 가공 지선

02. 가공 송전선의 뇌해를 방지하는 것은?
답) 가공 지선

03. 가공 지선을 설치하는 목적은?
답) 뇌해 방지

04. 가공 지선에 관한 사항 중 틀린 것은?
답) 사고 시 통신선에 전자 유도 장해 경감

05. 파동 임피던스가 Z_1, Z_2인 두 선로가 접속되었을 때 전압파의 반사 계수는?
답) $\dfrac{Z_2 - Z_1}{Z_2 + Z_1}$

06. 서지파(진행파)가 서지 임피던스 Z_1의 선로 측에서 서지 임피던스 Z_2의 선로 측으로 입사할 때 투과계수(투과(침입)파 전압 ÷ 입사파 전압) b를 나타내는 식은?
답) $b = \dfrac{2Z_2}{Z_1 + Z_2}$

07. 뇌 서지 통로의 파동 임피던스 400[Ω], 가공 지선의 파동 임피던스 500[Ω], 철탑의 접지 저항 30[Ω]일 때 철탑 정점의 뇌격시 철탑 정점에서 본 등가 임피던스[Ω]는 약 얼마인가?
답) 25.1[Ω]

08. 임피던스 Z_1, Z_2 및 Z_3를 그림과 같이 접속한 선로의 A쪽에서 전압파 E가 진행해 왔을 때 접속점 B에서 무반사로 되기 위한 조건은?
답) $\dfrac{1}{Z_1} = \dfrac{1}{Z_2} + \dfrac{1}{Z_3}$

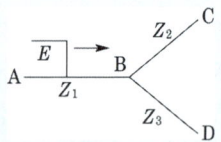

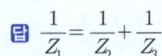
21. ②

09. 철탑에서의 차폐각에 대한 설명 중 옳은 것은?

답 차폐각이 클수록 정전 유도가 커진다.

피뢰기

22 ★★★★ 【92. 14. 23. 기사, 77. 81. 89. 93. 96. 98. 03. 10. 산업기사】
피뢰기의 구조는 다음 중 어느 것인가?
① 특성요소와 소호 리액터
② 특성요소와 콘덴서
③ 소호 리액터와 콘덴서
④ 특성요소와 직렬 갭(gap)

해설 피뢰기의 구조
① 직렬 갭 : 속류 차단, 소호의 역할 ② 특성 요소 : 도전도 형성
③ 쉴드링 : 전기적, 자기적 충격으로부터 보호

23 ★ 【95. 기사】
그림에서 피뢰기 방전 전류가 I_a[kV]일 때, 피보호기기에 걸리는 전압은 몇 [kV]인가? 단, 피뢰기 저항은 R_A[Ω], 그 접지저항은 R_{AR}[Ω], 변압기 저압측 접지저항은 R_{TR}[Ω]이라 한다.

① $I_a(R_A + R_{AR})$
② $I_a(R_A + R_{TR})$
③ $I_a(R_A + R_{AR} + R_{TR})$
④ $I_a\left(R_A + \dfrac{R_{AR} R_{TR}}{R_{AR} + R_{TR}}\right)$

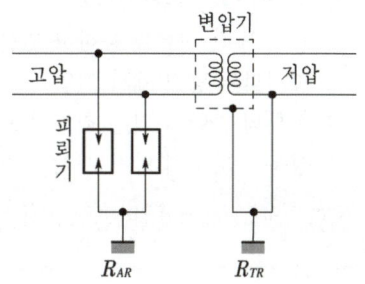

해설 저항이 모두 직렬로 연결되어 있다. 따라서 $I_a(R_A + R_{AR} + R_{TR})$이 된다.

24 ★☆ 【05. 기사, 99. 04. 23. 산업기사】
피뢰기가 구비해야 할 조건으로 잘못 설명된 것은?
① 속류의 차단능력이 충분할 것
② 상용 주파 방전 개시 전압이 높을 것
③ 방전내량이 작으면서 제한 전압이 높을 것
④ 충격 방전 개시 전압이 낮을 것

해설 피뢰기는 방전내량이 크고 제한 전압은 낮은 것이 요구된다.

답 22. ④ 23. ③ 24. ③

25. 피뢰기의 제한 전압이란?

① 상용 주파 전압에 대한 피뢰기의 충격 방전 개시 전압
② 충격파 침입시 피뢰기의 충격 방전 개시 전압
③ 피뢰기가 충격파 방전종료 후 언제나 속류를 확실히 차단할 수 있는 상용 주파 허용 단자 전압
④ 충격파 전류가 흐르고 있을 때 피뢰기의 단자 전압

해설 제한 전압 : 피뢰기 동작 중에 계속해서 걸리고 있는 단자 전압의 파고값

26. 전력용 피뢰기에서 직렬 갭(Gap)의 주된 사용 목적은?

① 방전 내량을 크게 하고 장시간 사용하여도 열화를 적게 하기 위함
② 충격 방전 개시 전압을 높게 하기 위함
③ 상시는 누설 전류를 방지하고 충격파 방전 종료 후에는 속류를 즉시 차단하기 위함
④ 충격파가 침입할 때 대지에 흐르는 방전 전류를 크게 하여 제한 전압을 낮게 하기 위함

해설 직렬 갭의 역할 ① 속류 차단 ② 이상 전압을 대지로 방전

27. 피뢰기의 정격 전압이란?

① 충격 방전 전류를 통하고 있을 때의 단자 전압
② 충격파의 방전 개시 전압
③ 속류의 차단이 되는 최고의 교류 전압
④ 상용 주파수의 방전 개시 전압

해설 피뢰기의 정격 전압은 속류 차단이 되는 교류의 최고 전압을 말한다.

28. 송변전 계통에 사용되는 피뢰기의 정격 전압은 선로의 공칭 전압의 보통 몇 배로 선정하는가?

① 직접 접지계 : 0.8~1.0 배, 저항 또는 소호 리액터 접지 : 0.7~0.9배
② 직접 접지계 : 1.0~1.3배, 저항 또는 소호 리액터 접지 : 1.4~1.6배
③ 직접 접지계 : 0.8~1.0배, 저항 또는 소호 리액터 접지 : 1.4~1.6배
④ 직접 접지계 : 1.0~1.3배, 저항 또는 소호 리액터 접지 : 0.7~0.9배

해설 절연 협조에 관한 최근의 경향은 유효 접지계(직접 접지계)에서는 공칭 전압의 0.915~0.965배, 비유효 접지계(저항 또는 소호 리액터 접지)에서는 공칭 전압의 1.27배의 것을 정격 전압으로 선정하여 사용하고 있다(JEC 참조).

답 25. ④ 26. ③ 27. ③ 28. ③

29 ★★★ 【94. 98. 기사, 98. 산업기사, ⊕ : 95. 산업기사】
피뢰기의 공칭 전압으로 삼고 있는 것은?
① 제한 전압
② 상규 대지 전압
③ 상용 주파 허용 단자 전압
④ 충격 방전 개시 전압

해설, 피뢰기에서는 상용 주파 허용 단자 전압을 공칭 전압으로 삼고 있다.

30 ★★★★ 【93. 98. 04. 06. 08. 10. 11. 14. 기사】
피뢰기의 충격 방전 개시 전압은 무엇으로 표시하는가?
① 직류 전압의 크기
② 충격파의 평균값
③ 충격파의 최대값
④ 충격파의 실효값

해설, 충격 전압이 가해져 방전 전류가 흐르기 시작할 때 도달할 수 있는 최고 전압값을 충격 방전 개시 전압이라고 하며 충격파의 최대치로 나타낸다.

31 ★★★ 【93. 99. 02. 06. 10. 11. 기사】
유효접지 계통에서 피뢰기의 정격 전압을 결정하는 데 가장 중요한 요소는?
① 선로 애자련의 충격 섬락 전압
② 내부 이상 전압 중 과도 이상 전압의 크기
③ 유도뢰의 전압의 크기
④ 1선 지락 고장시 건전상의 대지전위, 즉 지속성 이상 전압

해설, 피뢰기 정격 전압이란 선로단자와 접지단자간에 인가할 수 있는 상용주파 최대허용전압으로 그 크기 결정은 $V = \alpha\beta V_m$ [V]로 표시하며 여기서, α : 접지계수, β : 유도계수, V_m : 선간의 최고허용전압

32 ★ 【96. 04. 기사】
피뢰기의 제한 전압이 728[kV]이고 변압기의 기준 충격 절연 강도가 1,030[kV]라고 하면 보호 여유도는 약 몇 [%] 정도 되는가?
① 29
② 35
③ 41
④ 47

해설, 여유도 $= \dfrac{\text{기기의 절연 강도} - \text{제한 전압}}{\text{제한 전압}} = \dfrac{1{,}030 - 728}{728} \times 100 = 41.48[\%]$

33 ★★ 【96. 00. 기사】
피뢰기의 정격을 나타내는 단위는?
①[A]
②[Ω]
③[V]
④[W]

해설, 피뢰기의 정격 : 2,500[A], 5,000[A], 100,000[A]

답 29. ③ 30. ③ 31. ④ 32. ③ 33. ①

34 ★ 【03 기사】
변전소, 발전소 등에 설치하는 피뢰기에 대한 설명중 옳지 않은 것은?

① 피뢰기의 직렬 갭은 일반적으로 저항으로 되어 있다.
② 정격 전압은 상용주파 정현파 전압의 최고 한도를 규정한 순시값이다.
③ 방전 전류는 뇌충격 전류의 파고값으로 표시한다.
④ 속류란 방전 현상이 실질적으로 끝난 후에도 전력 계통에서 피뢰기에 공급되어 흐르는 전류를 말한다.

해설 피뢰기 정격 전압이란 선로 단자와 접지 단자 간에 인가할 수 있는 상용 주파 최대 허용 전압으로 그 크기 결정은 $V = \alpha \beta V_m$ [V]로 표시하며
여기서 α : 접지계수, β : 유도계수, V_m : 선간의 최고 허용전압

35 ★★☆ 【83. 91. 96. 00. 산업기사, ⊕ : 84. 산업기사】
서지 흡수를 설치하는 장소는?

① 변전소 인입구
② 변전소 인출구
③ 발전기 부근
④ 변압기 부근

해설 서지 흡수기(SA) – 발전기 보호, 피뢰기(LA) – 변압기 보호

유사문제

유사문제 원문 및 해설 : 동일출판사 홈페이지 » 고객센터 » 자료실

01. 피뢰기의 설명으로 옳지 않은 것은?
답 상용 주파 방전 개시 전압이 낮을 것

02. 피뢰기가 역할을 잘하기 위하여 구비하여야 할 조건으로 옳지 않은 것은?
답 제한 전압은 피뢰기의 정격 전압과 같게 할 것

03. 피뢰기의 직렬 갭의 역할은?
답 속류 차단

04. 피뢰기가 방전을 개시할 때의 단자 전압의 순시값을 방전 개시 전압이라 한다. 방전 중의 단자 전압의 파고값을 무엇이라 하는가?
답 제한 전압

05. 피뢰기의 제한 전압이란?
답 피뢰기 동작 중 단자 전압의 파고치

06. 피뢰기에 대한 다음 설명 중 옳지 않은 것은?
답 송전계통의 절연 협조 중 가장 높게 잡는다.

07. 다음 설명 중 옳지 않은 것은?
답 피뢰기의 용량은 [VA]로 표시한다.

답 34. ② 35. ③

08. 이상 전압의 파고값을 저감시켜 기기를 보호하기 위하여 설치하는 것은?
- 피뢰기

09. KSC에서 피뢰기의 공칭 방전 전류는 얼마로 되어 있는가?
- 2500[A] 또는 5,000[A]

10. 피뢰기를 가장 적절하게 설명한 것은?
- 이상 전압이 내습하였을 때 방전에 의한 기류를 차단하는 것

절연 협조

36 ★★ 【83. 93. 05. 09. 기사】
전력계통의 절연협조 계획에서 채택되어야 하는 모선 피뢰기와 변압기의 관계는?

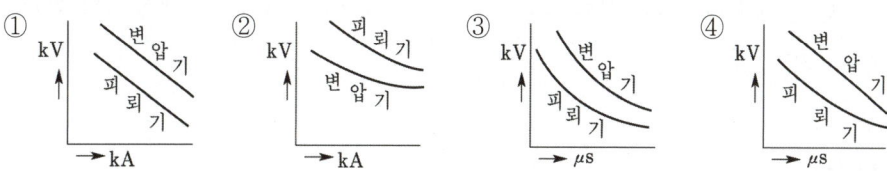

[해설] 절연 협조는 계통의 각 기기 및 기구, 선로, 애자 상호간의 균형있는 적당한 절연 강도를 가지는 것을 말하며 피뢰기의 제한 전압이 기기의 기준 충격 절연 강도보다 낮아야 한다. (μS는 기기가 전압을 견디는 시간을 의미한다.)

37 ★★★★ 【07. 11. 23. 기사. 83. 91. 93. 98. 04. 08. 산업기사, ㊤ : 00. 산업기사】
송전 계통에서 절연 협조의 기본이 되는 것은?
① 피뢰기의 제한 전압 ② 애자의 섬락 전압
③ 변압기 부싱의 섬락 전압 ④ 권선의 절연 내력

[해설] 계통 내의 각 기기, 기구 및 애자 등의 상호간에 적정한 절연 강도를 지니게 함으로써 계통 설계를 합리적, 경제적으로 할 수 있게 한 것을 절연 협조라고 하며 피뢰기의 제한 전압이 기본이 된다.

유사문제

01. 송전 계통의 절연 협조에 있어 절연 레벨을 가장 낮게 잡고 있는 기기는?
- 피뢰기

36. ③ 37. ①

차단기

38 충전된 콘덴서의 에너지에 의해 트립되는 방식으로 정류기, 콘덴서 등으로 구성되어 있는 차단기의 트립 방식은?

① 콘덴서 트립 방식　② 직류전압 트립 방식
③ 과전류 트립 방식　④ 부족전압 트립 방식

해설, 차단기의 트립 방식에는 CT 2차 전류 트립 방식, DC 전압 방식, CTD 방식(콘덴서 트립 방식)이 있다. 일반적으로 22.9[kV-Y] 경우 CTD 방식이, 66[kV] 이상의 경우 DC 방식이 사용되고 있다.

39 3상용 차단기의 정격 차단 용량이라 함은?

① 정격 전압×정격 차단 전류　② $\sqrt{3}$×정격 전압×정격 전류
③ 3×정격 전압×정격 차단 전류　④ $\sqrt{3}$×정격 전압×정격 차단 전류

해설, $P_s = \sqrt{3}\, V_n I_s$ [MVA]

40 전력용 퓨즈는 주로 어떤 전류의 차단을 목적으로 사용하는가?

① 충전 전류　② 과부하 전류　③ 단락 전류　④ 과도 전류

해설, 전력용 퓨즈는 단락 보호용으로 사용된다.

41 전력 회로에 사용되는 차단기의 차단 용량을 결정할 때 이용되는 것은?

① 예상 최대 단락 전류
② 회로에 접속되는 전부하 전류
③ 계통의 최고 전압
④ 회로를 구성하는 전선의 최대 허용 전류

해설, 차단기 용량 결정 시 고려할 사항은 정격 전압, 최대 단락(차단) 전류 등이다.

42 3상용 차단기의 정격 용량은 그 차단기의 정격 전압과 정격 차단 전류와의 곱을 몇 배한 것인가?

① $\dfrac{1}{\sqrt{3}}$　② $\dfrac{1}{\sqrt{2}}$　③ $\sqrt{2}$　④ $\sqrt{3}$

답 38. ① 39. ④ 40. ③ 41. ① 42. ④

해설, 정격 차단 용량= $\sqrt{3}$×정격 전압 × 정격 차단 전류이므로 $P_c = \sqrt{3}\,V_n\,I_s$

43 ★★★★ 【93. 94. 97. 98. 14. 기사】
전력 퓨즈(fuse)에 대한 설명 중 옳지 않은 것은?
① 차단 용량이 크다.   ② 보수가 간단하다.
③ 정전 용량이 크다.   ④ 가격이 저렴하다.

해설, 전력 퓨즈 ① 차단 용량이 크다. ② 보수가 간단하다. ③ 가격이 저렴하다.

44 ★☆ 【83. 93. 97. 산업기사】
차단기의 차단 용량을 MVA로 나타낼 때에 고려해야 할 항목은?
① 차단 전류, 회복 전압   ② 차단 전류, 회복 전압, 상계수
③ 회복 전압, 차단 전류, 회로의 역률   ④ 회복 전압, 차단 전류, 주파수

해설, 차단 용량[MVA] 또는 [kVA]= $\sqrt{3}$ ×정격 전압 혹은 회복 전압 × 차단 전류
위의 식은 3상인 경우이며, 단상이면 $\sqrt{3}$ 을 곱하지 않는다.

45 ★★★★★ 【82. 83. 85. 89. 93. 00. 03. 18. 기사, 91. 95. 00. 산업기사, ⊕ : 96. 산업기사】
차단기의 정격 차단 시간은?
① 고장 발생부터 소호까지의 시간
② 트립 코일 여자부터 소호까지의 시간
③ 가동접촉자 시동부터 소호까지의 시간
④ 가동접촉자 개극부터 소호까지의 시간

해설, 차단기의 차단 시간 : 차단기의 가동 전극이 고정 전극으로부터 이동을 개시하여 개극할 때까지의 개극 시간과 접점이 충분히 떨어져 아크가 완전히 소호할 때까지의 아크 시간의 합으로 3~8[c/s]이다.

46 ★★★★ 【00. 기사, 82. 83. 89. 96. 99. 01. 05. 18. 산업기사】
차단기의 정격 투입 전류란 투입되는 전류의 최초 주파의 무엇으로 표시되는가?
① 실효값   ② 평균값   ③ 최대값   ④ 순시값

해설, 정격 투입 전류란 최초 주파 최대값으로 표시한다.

47 ★☆ 【93. 00. 11산업기사】
차단기의 정격 차단 시간의 표준이 아닌 것은?
① 3[c/sec]   ② 5[c/sec]   ③ 8[c/sec]   ④ 10[c/sec]

답 43. ③ 44. ② 45. ② 46. ③ 47. ④

해설 차단기의 정격 차단 시간이란 트립 코일 여자로부터 아크 소호까지의 시간을 말하며 3, 5, 8[Hz]의 규격이 있다.

★ 【02. 산업기사】
48 차단기의 정격 투입 전류는 정격 차단 전류(실효값)의 몇 배를 표준으로 하는가?
① 1.5 ② 2.5 ③ 3.5 ④ 5

★★★ 【82. 83. 91. 97. 04. 산업기사】
49 차단기의 표준 동작 책무가 O-3분-CO-3분-CO 부호인 것은 다음 어느 경우에 적합한가?
단, O : 차단 동작, C : 투입 동작, CO : 투입 동작에 뒤따라 곧 차단 동작이다.
① 일반 차단기
② 자동 재폐로용
③ 정격 차단 용량 50[mA] 미만의 것
④ 차단 용량 무한대의 것

해설 차단기의 표준 동작 책무
일반용 $\begin{cases} O-3분-CO-3분-CO \\ CO-15초-CO \end{cases}$
고속도 재투입용 O-0.3초-CO-3분(또는 15초, 1분)-CO

★★ 【83. 98. 기사】
50 회로의 전류를 차단할 때의 소호 작용과 관계가 없는 것은?
① 재점호 ② 유중 작용
③ 압력 작용 ④ 불어내는 작용

해설 소호 : 전류 차단시 차단기 접촉자 간에 발생한 아크를 차단하는 것
재점호 : 차단기 접촉자가 열린 후에 절연이 회복되지 않고 접촉자간 전압에 의해 아크가 재발하는 현상

★★★★★ 【85. 86. 95. 기사, 84. 93. 96. 00. 산업기사】
51 투입과 차단을 다같이 압축공기의 힘으로 하는 것은?
① 유입 차단기 ② 팽창 차단기
③ 제호 차단기 ④ 임펄스 차단기

해설 차단기의 소호 방식 종류
① 자연 소호식 : 유입 차단기
② 자력 소호식 : $\begin{cases} 소호실부 유입 차단기 \\ 유충 소호실부 유입 차단기 \\ Deion Grid형 유입 차단기 \\ 팽창 차단기 \end{cases}$
③ 타력 소호식 : $\begin{cases} 유충형(임펄스 차단기) \\ 공기 차단기 \end{cases}$

답 48. ② 49. ① 50. ① 51. ④

52 유입 차단기의 특징이 아닌 것은?

① 방음설비가 있다.
② 부싱 변류기를 사용할 수 있다.
③ 공기보다 소호 능력이 크다.
④ 높은 재기 전압상승에도 차단성능에 영향이 없다.

해설 유입 차단기의 특징
① 보수가 번거롭다.   ② 방음설비가 필요 없다.
③ 공기보다 소호 능력이 크다.   ④ 부싱 변류기를 사용할 수 있다.

53 수(數) 10기압의 압축 공기를 소호실 내의 아크에 급부(扱附)하여 아크 흔적을 급속히 치환하며 차단 정격 전압이 가장 높은 차단기는 다음 중 어느 것인가?

① MBB   ② ABB   ③ VCB   ④ ACB

해설 공기 차단기(Air)

54 그림은 유입 차단기의 구조도이다. A의 명칭은?

① 절연 liner
② 승강간
③ 가동 접촉자
④ 고정 접촉자

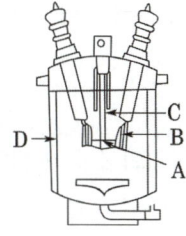

해설 A : 가동 접촉자   B : 고정 접촉자   C : 승강간   D : 절연 liner

55 진공 차단기의 특징에 속하지 않는 것은?

① 화재 위험이 거의 없다.
② 소형 경량이고 조작 기구가 간편하다.
③ 동작 시 소음은 크지만 소호실의 보수가 거의 필요치 않다.
④ 차단 시간이 짧고 차단 성능이 회로 주파수의 영향을 받지 않는다.

해설 진공 차단기의 특징
① 소형 경량이고 조작 기구가 간편하다.   ② 화재 위험이 없다.
③ 폭발음이 없다.   ④ 소호실에 대해서 보수가 거의 필요치 않다.
⑤ 차단 시간이 짧고 차단 성능이 회로의 주파수에 영향을 받지 않는다.

52. ① 53. ② 54. ③ 55. ③

56 자기 차단기의 특징 중 옳지 않은 것은?

① 화재의 위험이 적다.
② 보수, 점검이 비교적 쉽다.
③ 전류 절단에 의한 와전류가 발생되지 않는다.
④ 회로의 고유 주파수에 차단 성능이 좌우된다.

해설 자기 차단기의 특징
① 화재 위험이 없다.
② 보수 점검이 비교적 쉽다.
③ 압축 공기 설비가 필요 없다.
④ 전류 절단에 의한 과전압을 발생하지 않는다.
⑤ 회로의 고유 주파수에 차단 성능이 좌우되는 일이 없다.

57 SF_6 가스 차단기의 설명으로 잘못된 것은?

① SF_6 가스는 절연내력이 공기의 2~3이고 소호능력이 공기의 100~200배이다.
② 아크에 의해 SF_6 가스가 분해되어 유독 가스를 발생시킨다.
③ 밀폐구조이므로 소음이 없다.
④ 근거리 고장 등 가혹한 재기전압에 대해서도 우수하다.

해설 SF_6 가스는 무색, 무취, 무해 가스이므로 유독 가스는 발생되지 않는다.

58 차단기와 차단기의 소호 매질이 틀리게 결합된 것은 어느 것인가?

① 공기 차단기-압축 공기
② 가스 차단기-SF_6 가스
③ 자기 차단기-진공
④ 유입 차단기-절연유

해설 자기 차단기-전자력

59 SF_6 가스 차단기를 공기 차단기와 비교할 때 옳은 것은?

① 소음이 작다.
② 고속조작에 유리하다.
③ 압축 공기로 투입한다.
④ 지지애자를 사용한다.

해설 SF_6 가스 차단기의 특징
① 밀폐구조이므로 소음이 없다.
② 절연내력이 공기의 2~3배, 소호 능력은 공기의 100~200배
③ 근거리 고장 등 가혹한 재기전압에 대해서도 성능이 우수
④ 인체에 무취 무해 가스 발생

답 56. ④ 57. ② 58. ③ 59. ①

60 재폐로 차단기에 대한 설명으로 옳은 것은?

① 배전 선로용은 고장 구간을 고속 차단하여 제거한 후 다시 수동조작에 의해 배전이 되도록 설계된 것이다.
② 재폐로 계전기와 함께 설치하여 계전기가 고장을 검출하여 이를 차단기에 통보, 차단하도록 된 것이다.
③ 송전 선로의 고장구간을 고속 차단하고 재송전하는 조작을 자동적으로 시행하는 재폐로 차단 장치를 장비한 자동 차단기이다.
④ 3상 재폐로 차단기는 1상의 차단이 가능하고 무전압 시간을 약 20~30초로 정하여 재폐로 하도록 되어 있다.

해설 ▶ 송전 선로의 사고의 대부분은 순시적인 것으로서 영구 고장은 거의 없고 그 중에서도 1선 지락 고장이 가장 많으므로 고장을 일으킨 구간을 신속히 차단 제거하면 고장의 아크는 저절로 소멸되고 고장점의 절연이 회복되어 차단기만 투입하면 이상 없이 송전을 계속할 수가 있다. 따라서 계통의 안정도를 향상시킬 목적으로 차단기가 차단되어 사고가 소멸된 후 자동적으로 송전선을 투입하는 일련의 동작을 재폐로라 한다.

61 차단기의 차단 책무가 가벼운 것은?

① 중성점 저항 접지 계통의 지락 전류 차단
② 중성점 직접 접지 계통의 지락 전류 차단
③ 중성점을 소호 리액터로 접지한 장거리 송전 선로의 충전 전류 차단
④ 송전 선로의 단락 사고시의 차단

해설 ▶ 고장 전류가 가장 작은 것은 소호 리액터 접지시 충전 전류이다.

62 초고압용 차단기에서 개폐 저항기를 사용하는 이유는?

① 개폐 서지 이상 전압(SOV) 억제
② 차단 전류 감소
③ 차단 속도 증진
④ 차단 전류의 역률 개선

해설 ▶ 차단기의 개폐 시에 재점호로 인하여 개폐 서지 이상 전압이 발생된다. 이것을 낮추고 절연 내력을 높일 수 있게 하기 위해 차단기 접촉자간에 병렬 임피던스로서 저항을 삽입한다.

63 선로 개폐기(LS)에 대한 설명으로 틀린 것은?

① 책임 분계점에 전선로를 구분하기 위하여 설치한다.
② 3상 선로개폐기는 3개가 동시에 조작되게 되어 있다.
③ 부하상태에서도 개방이 가능하다.
④ 최근에는 기중부하개폐기나 LBS로 대체되어 사용하고 있다.

답 60. ③ 61. ③ 62. ① 63. ③

해설 보안상의 책임 분기점에는 보수 점검 시 전로를 구분하기 위하여 선로개폐기를 시설(단로기와 비슷한 용도). 선로개폐기의 조작은 조작봉에 의해 조작되며 조작봉은 반드시 시건장치를 하여 안전사고를 방지하여야 한다.

★★★★★ 【84. 86. 93. 95. 99. 기사, ㊤ : 83. 86. 87. 92. 97. 98. 산업기사】
64 고장 전류와 같은 대전류를 차단할 수 있는 것은?

① 단로기(DS)　　　　　　　　② 선로 개폐기(LS)
③ 유입 개폐기(OS)　　　　　　④ 차단기(CB)

해설 차단기(CB : circuit breaker)는 정상적인 부하전류의 개폐는 물론 고장 발생으로 흐르게 되는 과도한 고장전류도 개폐할 수 있어야 한다.

★★★★ 【90. 93. 97. 00. 06. 08. 10. 11. 기사】
65 단로기에 대한 다음 설명 중 옳지 않은 것은?

① 소호장치가 있어서 아크를 소멸시킨다.
② 회로를 분리하거나, 계통의 접속을 바꿀 때 사용한다.
③ 고장 전류는 물론 부하전류의 개폐에도 사용할 수 없다.
④ 배전용의 단로기는 보통 디스커넥팅바로 개폐한다.

해설 단로기(DS)는 소호 및 아크 소멸능력이 없으므로 고장전류 뿐만 아니라 부하전류도 차단할 수 없다.

★★★★★ 【84. 92. 93. 96. 99. 18. 23. 25. 기사, 91. 09. 산업기사】
66 다음 중 부하 전류 차단능력이 없는 것은?

① NFB　　　② OCB　　　③ VCB　　　④ DS

해설 단로기(DS)는 소호 장치가 없고 아크 소멸 능력이 없으므로 부하 전류나 사고 전류의 개폐는 할 수 없으며 기기를 전로에서 개방할 때 또는 모선의 접속 변경 시 사용

★★☆ 【94. 기사, 98. 산업기사, ㊤ : 00. 기사】
67 345[kV] 선로의 차단기로 가장 많이 사용되는 것은?

① 진공 차단기　　　　　　　② 공기 차단기
③ 자기 차단기　　　　　　　④ 육불화유황 차단기

해설 345[kV], 154[kV] 전선로 보호용 차단기는 거의 모두가 SF6 가스 차단기를 사용한다.

★★★ 【98. 04. 12. 기사, 90. 95. 산업기사】
68 Recloser(R), Sectionalizer(S), Fuse(F)의 보호협조에서 보호협조가 불가능한 배열은? 단, 왼쪽은 후비보호, 오른쪽은 전위보호 역할임

① R - R - F　　② R - S　　③ R - F　　④ S - F - R

답 64. ④　65. ①　66. ④　67. ④　68. ④

해설) 리클로우저는 회로의 차단과 투입을 자동적으로 반복하는 기구를 갖춘 차단기의 일종이며 섹셔널라이 저는 유중에서 동작하는 주 접촉자와 사고 전류가 흐르는 것을 계산하는 카운터로 구성되어 있으며, 이 둘은 서로 조합하여 쓰며 리클로우저는 변전소 쪽에, 섹셔널라이저는 부하 쪽에 설치한다.
일반적으로 보호협조 배열은
　　　리클로우저-섹셔널라이저-라인퓨즈

69 ★★★★★ 【83. 86. 90. 98. 01. 03. 05. 23. 25. 기사, 82. 91. 11. 산업기사】
인터록(interlock)의 설명으로 옳게 된 것은?

① 차단기가 열려 있어야만 단로기를 닫을 수 있다.
② 차단기가 닫혀 있어야만 단로기를 닫을 수 있다.
③ 차단기와 단로기는 제각기 열리고 닫힌다.
④ 차단기의 접점과 단로기의 접점이 기계적으로 연결되어 있다.

해설) 단로기는 부하 전류를 개폐할 수 없다. 따라서 단로기는 차단기가 열려 있어야 열고 닫을 수 있다. 즉, 인터록 장치를 두어 부하 통전시 단로기를 열 수 없도록 하여야 한다.

70 ★★★ 【11. 기사, 83. 93. 98. 11. 25. 산업기사】
다음 그림과 같은 배전선이 있다. 부하에 급전 및 정전할 때 조작방법 중 옳은 것은?

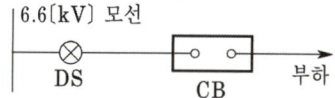

① 급전 및 정전할 때는 항상 DS, CB 순으로 한다.
② 급전 및 정전할 때는 항상 CB, DS 순으로 한다.
③ 급전시는 DS, CB 순이고 정전 시는 CB, DS 순이다.
④ 급전시는 CB, DS 순이고 정전 시는 DS, CB 순이다.

해설) 단로기는 부하 차단 능력이 없으므로 정전시 CB - DS, 급전시 DS - CB가 되어야 한다. 즉, 차단기가 열려 있어야 단로기를 열고 닫을 수 있다.

71 ★☆ 【83. 94. 00. 03. 산업기사】
다음은 변전소의 경우, 수용가에 공급되는 전력을 끊고 소내 기기를 점검할 필요가 있을 경우 와 다음에 점검이 끝난 후 차단기와 단로기를 개폐시키는 동작을 설명한 것이다. 옳은 것은?

① 점검이 필요한 경우, 차단기로 부하회로를 끊고 난 다음 단로기를 열어야 하며 점검이 끝 난 경우 차단기로 부하회로를 연결하고 난 다음 단로기를 넣어야 한다.
② 점검이 필요한 경우, 단로기를 열고 난 다음 차단기를 열어야 하며 점검이 끝난 경우 단로 기를 넣고 난 다음 차단기로 부하회로를 연결하여야 한다.
③ 점검이 필요한 경우, 단로기를 열고 난 다음 차단기를 열어야 하며 점검이 끝난 경우 차단 기를 부하에 넣고 난 다음 단로기를 넣어야 한다.
④ 점검이 필요한 경우, 차단기로 부하회로를 끊고 난 다음 단로기를 열어야 하며, 점검이 끝 난 경우, 단로기를 넣고 난 다음 차단기를 넣어야 한다.

답) 69. ① 70. ③ 71. ④

[해설] DS는 부하 전류를 개폐할 수 없으므로 정전 시에는 차단기로 부하 전류를 차단 후 DS를 조작하고 급전 시에는 DS를 조작 후 CB를 닫아야 한다.

72 ★★★★★ 【85. 90. 94. 95. 98. 99. 01. 09. 11. 23. 기사, 93. 94. 01. 산업기사, ㊜ : 87. 92. 95. 기사, 91. 96. 산업기사】

한류 리액터를 사용하는 가장 큰 목적은?

① 충전 전류의 제한
② 접지 전류의 제한
③ 누설 전류의 제한
④ 단락 전류의 제한

[해설] 단락 사고 시의 단락 전류를 제한하기 위해 한류 리액터를 설치한다.

73 ★★★★★ 【84. 86. 88. 92. 95. 97. 98. 03. 기사】

가스 절연 개폐 장치(GIS)의 특징이 아닌 것은?

① 감전 사고 위험 감소
② 밀폐형이므로 배기 및 소음이 없음
③ 신뢰도가 높음
④ 변성기와 변류기는 따로 설치

[해설] GIS의 특징
① 충전부가 대기에 노출되지 않아 기기의 안정성, 신뢰성이 우수하다.
② 감전 사고 위험이 적다. ③ 밀폐형이므로 배기 소음이 없다.
④ 소형화 가능하다. ⑤ 보수, 점검이 용이하다.

74 ★ 【85. 94. 산업기사】

다음의 2중 모선 중 1.5 차단기 방식(one and half breaker system)은 어느 것인가?
단, ▭ : 차단기, ⌇ : 단로기

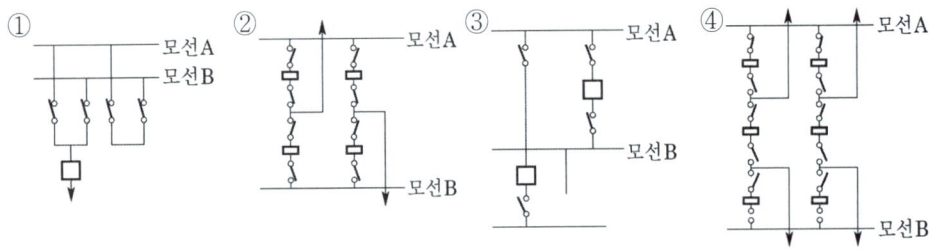

[해설] 2중모선 1.5CB방식은 2개 Feeder당 3개의 차단기를 설치하는 방식으로 모선 고장시에도 계통에 전혀 영향이 없고 차단기 점검 시 해당 선로의 정전이 필요하지 않기 때문에 특별히 고신뢰도를 요구하는 대용량 계통에서 많이 채택하고 있다.

75 ★ 【02. 기사】

단위 폐쇄 배전반의 설명으로 옳지 않은 것은?

① 모선실, 단로기, 차단기실 등을 구분하여 접지 금속으로 구분하여 격벽을 시설한 것이다.
② 차단기 등을 자동 연결 방식으로 하고 외부 인출이 가능하게 한 것이다.
③ 차단기가 개방된 상태에서 인출이 가능하여야 한다.
④ 감시형 제어반과 조합되어 별개로 설치되어야 한다.

[답] 72. ④ 73. ④ 74. ④ 75. ④

유사문제

01. 수전용 차단기의 정격 차단 용량을 결정하는 중요한 요소는?
🗒 수전점 단락 전류

02. 차단기의 차단 용량을 표시하는 단위는?
🗒 [MVA]

03. 차단기의 차단 시간은?
🗒 개극 시간과 아크 시간을 합친 것을 말하며 대개 3~8사이클이다.

04. 고속도 재투입용 차단기의 표준 동작 책무는? 단, O=차단 동작, C=투입 동작, CO=투입 동작에 계속하여 차단동작을 하는 것을 말한다.
🗒 O - 0.3초 - CO - 3분 -CO

05. 전력용 콘덴서용 차단기의 표준 동작 책무로 옳은 것은?
🗒 CO - 15초 - CO

06. 팽창 차단기의 소호 방식은?
🗒 자력형이다.

07. 차단기 절연유를 여과한 후 절연 내력을 시험하였을 때 절연 내력은 최소 몇 [kV] 이상이면 양호한 것으로 판단하는가? 단, 절연유 시험기기는 구 직경 12.5[mm]로 간격 2.5[mm]에서 내압 시험을 하였을 경우임.
🗒 30[kV]

08. 전류 절단 현상이 비교적 많이 발생하는 차단기는?
🗒 자기 차단기

09. SF_6 가스 차단기에 대한 설명으로 옳지 않은 것은?
🗒 SF_6 가스를 이용한 것으로서 독성이 있으므로 취급에 유의하여야 한다.

10. 차단기의 소호 재료가 아닌 것은?
🗒 수소

11. 단로기(disconnecting switch)의 사용 목적은?
🗒 회로의 개폐

12. 변전소의 전력기기를 시험하기 위하여 회로를 분리하거나, 계통의 접속을 바꾸거나 하는 경우에 사용되며 여기에는 소호 장치가 없어 고장 전류나 부하 전류의 개폐에는 사용할 수 없는 것은?
🗒 단로기

13. 부하 전류가 걸려 있는 상태에서는 원칙적으로 개로하지 않는 것은?
🗒 단로기

14. 고압 배전 선로의 고장 또는 보수 점검 시 정전 구간을 축소하기 위하여 사용되는 기기는?
🗒 유입 개폐기(OS) 또는 기중 개폐기(AS)

15. 단락 전류를 제한하기 위한 것은?
    답 한류 리액터

16. 절연통 속에 퓨즈를 넣은 다음 석영 입자, 대리석 입자, 붕산 등의 소호제를 채우고 양끝을 밀봉한 퓨즈는?
    답 한류형 퓨즈

17. 현재 널리 쓰이고 있는 GCB(Gas Circuit Breaker)용 가스는?
    답 SF_6 가스

18. 축소형 변전 설비(GIS)는 SF_6 가스를 사용하고 있다. 이 가스의 특성으로 옳지 않은 것은?
    답 가연성이다.

19. 차단기를 신규로 설치할 때 소내 전력공급용 (6[kV]급)으로 현재 가장 많이 사용되고 있는 것은?
    답 VCB

20. 고압 폐쇄 배전반에 수납할 수 없는 차단기는?
    답 유입 차단기 (OCB)

21. 변전소 내에 설치될 역률 개선용 진상 콘덴서용의 차단기에 대한 설명으로 틀린 것은?
    답 콘덴서 회로를 열 때 재점호하기 쉬우며 재점호가 잘 발생하도록 개로시켜야 하며 점호가 발생치 않으면 직렬 리액터의 층간 절연을 파괴한다.

계전기용 변압기

76 ★★ 【79. 82. 83. 89. 산업기사】
계기용 변성기의 위상각이란?
① 1차 전류 또는 전압 벡터를 180° 회전시킨 2차 전류 또는 2차 전압과의 상차
② 2차 전압과 1차 전압의 위상차
③ 2차 전류 전압을 180° 회전시킨 1차 전류 전압과의 상차각
④ 2차 전압 벡터와 전류 벡터의 상차

해설 위상각(phase angle) : 1차 전류와 2차 전류 또는 1차 전압과 2차 전압의 위상각을 말한다. 즉 180° 회전시킨 2차 전류 벡터 또는 2차 전압 벡터가 1차 전류, 1차 전압과 이룬 각으로 표시한다.

77 ★ 【91. 23. 기사】
변성기의 정격 부담을 표시하는 기호는?
① W   ② s   ③ dyne   ④ VA

해설 변성기 및 변류기의 정격 부담 I^2Z이므로 단위는[VA]이다.

답 76. ③ 77. ④

78 계기용 변압기의 종류가 아닌 것은?

① 건식 및 몰드식 권선형
② 유입식 권선형
③ 저항 분압형
④ 콘덴서형

해설
① 절연 구조에 따른 분류 : 건식형, 몰드형, 유입형, 가스형
② 권선 형태에 따른 분류 : 권선형, 콘덴서형, 3차 권선부 PT, 2중비 PT

79 3상으로 표준 전압 3[kV], 600[kW]를 역률 0.85로 수전하는 공장의 수전회로에 시설할 계기용 변류기의 변류비로 적당한 것은? 단, 변류기의 2차 전류는 5[A]임.

① 5
② 15
③ 27
④ 40

해설 $P=\sqrt{3}\,V_1 I_1 \cos\theta$, $I_1 = \dfrac{600 \times 10^3}{\sqrt{3} \times 3{,}000 \times 0.85} = 136[A]$

25[%] 여유를 두면 1차 전류는 136×1.25=170, 그러므로 200/5를 선정한다.

80 용량형 전압 변성기 CPD의 장점이 아닌 것은?

① 공진을 이용하므로 주파수 특성이 좋다.
② 절연 내량이 커서 계전기와 공용할 수 있다.
③ 절연의 신뢰도가 높다.
④ 고장이 나더라도 값싼 예비품으로 신속히 수리된다.

해설 콘덴서형 계기용 변압기(CPD)의 특징
• 권선형에 비해 소형 경량이고 값이 싸다.
• 절연의 신뢰도가 권선형에 비해 크다.
• 전력선 반송용 결합 콘덴서와 공용할 수 있다.
• 전자형에 비해 오차가 많고 특성이 나쁘다.

81 20[kV] 미만의 옥내 변류기로 주로 사용되는 것은?

① 유입식 권선형
② 부싱형
③ 관통형
④ 건식 권선형

해설 변류기의 종류 ─ ① 권선형 변류기 ─ 건식 : 탱크형, 애자형
                                        └ 유입식
                    └ ② 부싱형 변류기

답 78. ③ 79. ④ 80. ① 81. ④

82 변류기 개방 시 2차측을 단락하는 이유는?

① 2차측 절연 보호
② 2차측 과전류 보호
③ 측정 오차 방지
④ 1차측 과전류 방지

해설) PT(병렬연결)는 개방상태가 무방하지만 CT(직렬연결)는 개방하면 부하전류로 인하여 소손되므로 CT를 점검할 경우에는 반드시 2차측을 단락한다.

83 ZCT의 사용 목적은?

① 부하 전류 검출
② 과전류 검출
③ 지락 전류 검출
④ 과전압 검출

해설) 영상 전류도 영상 전압과 같이 단상 단락 등 불평형이라도 지락 사고가 아니면 존재하지 않고, 지락 사고가 발생하면 영상 전류가 흐르게 되는데 ZCT는 이를 검출하여 지락 사고를 검출한다.

84 변전소에서 비접지 선로의 접지 보호용으로 사용되는 계전기에 영상 전류를 공급하는 계전기는?

① C.T   ② G.P.T   ③ Z.C.T   ④ P.T

해설) G.P.T는 영상 전압을 공급하며 영상 전류는 Z.C.T가 공급한다.

85 다음 그림과 같이 200/5[CT] 1차측에 150[A]의 3상 평형 전류가 흐를 때 전류계 A_3에 흐르는 전류는 몇 [A]인가?

① 3.75
② 5
③ $\sqrt{3}+3.75$
④ $\sqrt{3}\times 5$

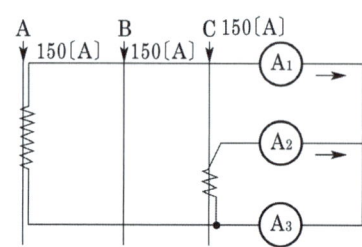

해설) CT 권수비가 40이므로 1차측에 150[A]가 흐르면 2차측에는 $\frac{150}{40}=3.75$[A]가 흐른다.
$A_3=|A_1+A_2|=\sqrt{A_1^2+A_2^2+2A_1A_2\cos\theta}$
$=\sqrt{3.75^2+3.75^2+2\times 3.75^2\cos 120}=3.75$[A]

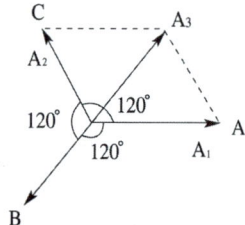

답 82. ① 83. ③ 84. ③ 85. ①

86 영상 전류를 검출하는 방법이 아닌 것은?

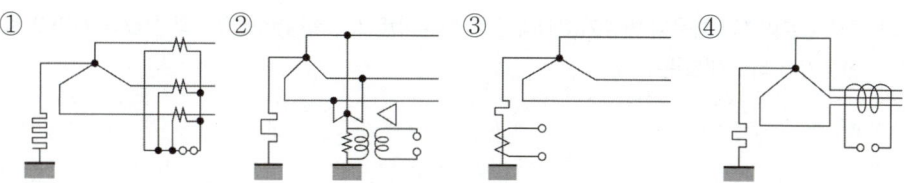

해설 ①, ③, ④는 영상 전류를 검출하는 방법이다.

87 66[kV] 비접지 송전 계통에서 영상 전압을 얻기 위하여 변압기가 66,000/110[V]인 PT 3개를 그림과 같이 접속하였다. 66[kV] 선로측에서 1선 지락 고장 시 PT 2차측 개방단에 나타나는 전압[V]은?

① 약 110
② 약 190
③ 약 220
④ 약 330

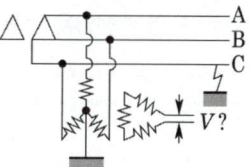

해설 1선 지락 시 GPT 2차측에 나타나는 전압은 정상 상태에서 GPT 2차측에 나타나는 전압($110/\sqrt{3}$)의 3배 전압이 나타난다.

$$V_2 = \text{GPT 1차측 전압} \times \frac{1}{\text{변압비}} \times 3$$
$$= \frac{66,000}{\sqrt{3}} \times \frac{110}{66,000} \times 3 = \frac{110}{\sqrt{3}} \times 3 = 110\sqrt{3} = 190.5[V]$$

88 다음 그림에서 계기 X가 지시하는 것은?

① 정상 전압
② 역상 전압
③ 영상 전압
④ 정상 전류

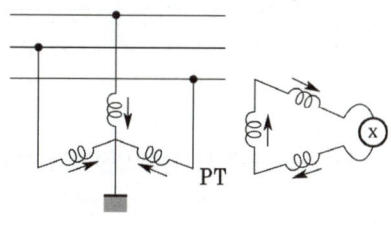

해설 $V_0 + V_0 + V_0 = 3V_0$ 의 영상 전압이 나타난다.

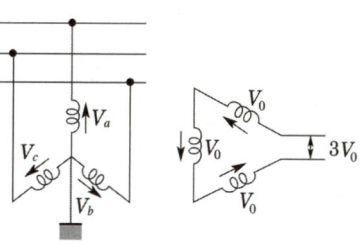

답 86. ② 87. ② 88. ③

유사문제

01. 2차 역률이 1인 경우에 변류기(CT)의 공칭 변류비를 K_n, 측정한 변류기의 참값을 K라고 할 때 변류기의 비오차[%]는?

답 $\epsilon = \dfrac{K_n - K}{K} \times 100[\%]$

02. 배전반 계기의 백분율 오차는 지시값(측정값)이 M이고 그 참값이 T일 때 어떻게 표시되는가?

답 $\dfrac{M - T}{T} \times 100[\%]$

03. MOF(metering out fit)에 대한 설명으로 옳은 것은?

답 한 탱크 내에 계기용 변압기, 변류기를 장치한 것이다.

04. 배전반에 연결되어 사용중인 P.T와 C.T를 점검할 때에는?

답 C.T는 단락

05. 그림과 같은 회로 중 영상 전압을 검출하는 방법은?

답

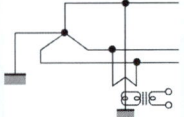

06 6.6[kV] 3상 3선식 배전 선로에서 완전 1선 지락 고장이 발생하였을 때 GPT 2차에 나타나는 전압의 크기는? 단, GPT는 변압기 3대로 구성되어 있으며, 변압기의 변압비는 $\dfrac{6,600}{\sqrt{3}} \Big/ \dfrac{110}{\sqrt{3}}$[V]이다.

답 $\sqrt{3} \times 110$[V]

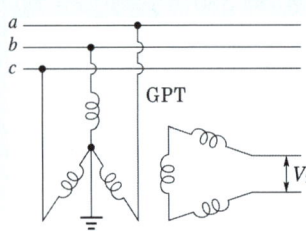

보호계전기

★ 【02. 산업기사】

89 수전 설비와 병렬로 자가용 발전기가 설치된 회로에서 발전기 쪽으로 전류가 흐를 경우 동작하는 계전기를 자동 제어 기구 번호로 나타내면?

① 51 ② 67
③ 80 ④ 90

해설 67 : 전력 방향 계전기 또는 지락 방향 계전기

답 89. ②

90 과전류 계전기(O.C.R)의 탭 값을 옳게 설명한 것은?

① 계전기의 최소 동작 전류　② 계전기의 최대 부하 전류
③ 계전기의 동작 시한　④ 변류기의 권수비

[해설] 과전류 계전기는 전류가 어느 정규값 이상으로 흘렀을 경우에 계전기가 동작하여 전기 회로를 차단하여 기기를 보호하는 장치이다.

91 보호 계전기가 구비하여야 할 조건이 아닌 것은?

① 보호 동작이 정확, 확실하고 감도가 예민할 것
② 열적, 기계적으로 견고할 것
③ 가격이 싸고, 또 계전기의 소비 전력이 클 것
④ 오래 사용하여도 특성의 변화가 없을 것

[해설] 보호 계전기의 기본 기능 : ① 확실성　② 선택성　③ 신속성　④ 경제성　⑤ 취급의 용이성

92 동작 전류의 크기에 관계없이 일정한 시간에 동작하는 한시 특성을 갖는 계전기는?

① 순한시 계전기　② 정한시 계전기
③ 반한시 계전기　④ 반한시성 정한시 계전기

[해설] 정한시 계전기는 최소 동작값 이상의 구동 전기량이 주어지면, 일정 시한으로 동작한다.

93 그림과 같은 특성을 갖는 계전기의 동작 시간 특성은?

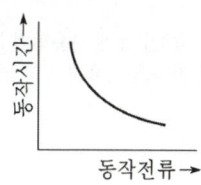

① 반한시 특성　② 정한시 특성
③ 비례한시 특성　④ 반한시성 정한시 특성

[해설] 반한시 계전기는 정정된 값 이상의 전류가 흘러서 동작할 경우에 전류값이 클수록 빨리 동작하고 반대로 전류값이 작아질수록 느리게 동작하는 특성이 있다.

답　90. ①　91. ③　92. ②　93. ①

94 과전류 계전기는 그 용도에 따라 적절한 동작 시한이 있는 것을 선정하여야 하는데 그림에서 반한시형은?

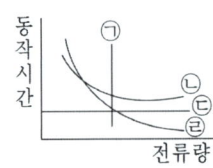

① ㉠　　　② ㉡　　　③ ㉢　　　④ ㉣

해설 ㉠ 순시 ㉡ 반한시 ㉢ 한시 ㉣ 초반한시

95 계전기의 반한시 특성이란?

① 동작 전류가 커질수록 동작 시간이 길어진다.
② 동작 전류가 작을수록 동작 시간이 짧다.
③ 동작 전류에 관계없이 동작 시간은 일정하다.
④ 동작 전류가 커질수록 동작 시간은 짧아진다.

해설 보호 계전기의 특징
① 순한시 특성 : 최소 동작 전류 이상의 전류가 흐르면 즉시 동작하는 특성
② 반한시 특성 : 동작 전류가 커질수록 동작 시간이 짧게 되는 특성
③ 정한시 특성 : 동작 전류의 크기에 관계없이 일정한 시간에 동작하는 특성
④ 반한시 정한시 특성 : 동작 전류가 적은 동안에는 동작 전류가 커질수록 동작 시간이 짧게 되고 어떤 전류 이상이면 동작 전류의 크기에 관계없이 일정한 시간에 동작하는 특성

96 영상 변류기를 사용하는 계전기는?

① 과전류 계전기　　② 과전압 계전기
③ 접지 계전기　　　④ 차동 계전기

해설 영상 변류기는 배전 선로나 지중 케이블 등에 사용되며 고감도 지락 계전기가 접속된다. 선로 중에 흐르는 정상 및 역상 전류는 철심 내에 자속을 만들지 않고 영상 전류만에 의하여 자속을 만드므로 접지 계전기나 지락 계전기 등에 쓰인다.

97 전압이 정정치 이하로 되었을 때 동작하는 것으로서 단락 고장 검출 등에 사용되는 계전기는?

① 부족 전압 계전기　　② 비율 차동 계전기
③ 재폐로 계전기　　　④ 선택 계전기

해설 ① 전압이 정정값 이하 시 동작 : 부족 전압 계전기
② 전압이 정정값 초과 시 동작 : 과전압 계전기

답 94. ②　95. ④　96. ③　97. ①

98 과부하 또는 외부의 단락 사고 시에 동작하는 계전기는?
① 차동 계전기 ② 과전압 계전기 ③ 과전류 계전기 ④ 부족 전압 계전기

해설 ▶ 과부하, 단락 사고 시 과전류가 흐르며, 이를 제거하는 계전기는 과전류 계전기이다.

99 차동 계전기는 무엇에 의하여 동작하는가?
① 양쪽 전압의 차로 동작한다. ② 양쪽 전류의 차로 동작한다.
③ 전압과 전류의 배수의 차로 동작한다. ④ 정상 전류와 역상 전류의 차로 동작한다.

해설 ▶ 차동 계전기는 보호 구간에 유입하는 전류와 유출하는 전류의 벡터차를 검출해서 동작하는 계전기이다.

100 다음은 어떤 계전기의 동작 특성을 나타낸 것이다. 계전기의 종류는?(전압 및 전류를 입력량 으로 하여, 전압과 전류의 비의 함수가 예정치 이하로 되었을 때 동작한다.)
① 변화폭 계전기 ② 거리 계전기 ③ 차동 계전기 ④ 방향 계전기

해설 ▶ 거리 계전기는 송전 선로의 단락 보호에 적합하며 임피던스 계전기, 옴 계전기, 모호 계전기 등이 있다.

101 방향성을 가지지 않는 계전기는?
① 전력 계전기   ② 비율 차동 계전기
③ mho 계전기   ④ 지락 계전기

해설 ▶ 방향성을 가지고 있지 않는 계전기
① 과전류 계전기 ② 과전압 계전기 ③ 부족 전압 계전기
④ 차동 계전기   ⑤ 거리 계전기   ⑥ 지락 계전기

102 6.6[kV] 고압 배전 선로(비접지 선로)에서 지락 보호를 위하여 특별히 필요하지 않은 것은?
① DG   ② CT   ③ ZCT   ④ GPT

해설 ▶ 비접지 계통의 지락 사고 검출
선택 접지 계전기(SGR)+영상 전류 검출(ZCT)+영상 전압 검출(GPT)

103 보호 계전기 중 발전기, 변압기, 모선 등의 보호에 사용되는 것은?
① 비율 차동 계전기   ② 과전류 계전기
③ 과전압 계전기   ④ 유도형 계전기

답 98. ③ 99. ② 100. ② 101. ④ 102. ② 103. ①

|해설| 외부 고장 시의 과대 전류에 의하여 양단 변류기의 특성 불균형 등에 의한 오동작을 방지시키기 위하여 발전기, 변압기, 모선 등의 보호에는 비율 차동 계전기를 사용한다.

104 3φ 결선 변압기의 단상 운전에 의한 소손 방지 목적으로 설치하는 계전기는? 【97. 98. 01. 14. 기사】

① 차동 계전기 ② 역상 계전기 ③ 과전류 계전기 ④ 단락 계전기

|해설| 3상 변압기가 단상으로 운전되면 역상분이 존재하므로 역상 계전기로 결상을 검출한다.

105 UFR(under frequency relay)의 역할로서 적당하지 않은 것은? 【94. 기사】

① 발전기 보호 ② 계통 안전 ③ 전력 제한 ④ 전력 손실 감소

|해설| 발전기의 주파수가 낮아지면 계통이 불안정하게 되고 심하면 붕괴되므로, 일정량의 부하를 차단하므로서 계통의 발전력 부족을 상쇄시켜 계통 주파수를 회복시킨다.

106 모선 보호형 계전기로 사용하면 가장 유리한 것은? 【93. 98. 기사】

① 재폐로 계전기 ② 음형 계전기 ③ 역상 계전기 ④ 차동 계전기

|해설| ① 차동 계전기(differential relay) : 전류 차동 계전기식으로 모선 보호용
② 모선 보호 방식의 종류
  ㉠ 전류 비율 차동 방식   ㉡ 전압 차동 방식
  ㉢ Linear Coupler 방식   ㉣ 위상 비교 방식

107 다음의 보호 계전기와 보호 대상의 결합으로 적당한 것은? 【88. 94. 산업기사】

보호 대상 ┌ 발전기의 상간 층간 단락 보호 : A
         │ 변압기의 내부 고장 : B
         └ 송전선의 단락 보호 : C, 고압 전동기 : D

보호 계전기 ┌ 부흐홀쯔 계전기 : BH
           │ 과전류 계전기 : OC, 차동 계전기 : DF
           └ 지락 회선 선택 계전기 : SG

① A—DF, B—BH, C—SG, D—OC   ② A—SG, B—BH, C—OC, D—DF
③ A—DF, B—SG, C—OC, D—BH   ④ A—BH, B—OC, C—DF, D—SG

|해설| • 발전기 : 차동 계전기   • 변압기 : 부흐홀쯔 계전기
      • 송전선 : 지락 선택 계전기   • 고압 전동기 : 과전류 계전기

|답| 104. ② 105. ④ 106. ④ 107. ①

108 발전기 보호용 비율 차동 계전기의 특성이 아닌 것은? 【95. 03. 23. 25. 기사】

① 외부 단락시 오동작을 방지하고 내부 고장시만 예민하게 동작한다.
② 계전기의 최소 동작 전류를 일정치로 고정시켜 비율에 의해 동작한다.
③ 발전기 전류와 계전기의 차전류의 비율에 의해 동작한다.
④ 외부 단락으로 전기자 전류 급증시 계전기의 최소 동작 전류도 증대된다.

해설 비율 차동 계전기는 발전기 전류와 계전기의 차전류에 의해 동작하는 것이 아니고 피보호기기(발전기, 변압기, …)의 1차 전류와 2차 전류의 차가 일정 비율 이상으로 되었을 때 동작하는 계전기로 변압기 및 발전기의 내부 고장 보호에 사용된다.

109 변압기 운전 중에 절연유를 추출하여 가스 분석을 한 결과 어떤 가스 성분이 증가하는 현상이 발생되었다. 이 현상이 내부 미소방전(유중 아크 분해)이라면 그 가스는? 【94. 산업기사】

① CH_4 ② H_2 ③ CO ④ CO_2

해설 유중 아크 분해 시의 방출 가스는 수소(H_2)이다.

110 중성점 저항 접지 방식의 병행 2회선 송전 선로의 지락사고 차단에 사용되는 계전기는? 【85. 92. 05. 기사, 82. 85. 89. 90. 91. 94. 96. 98. 03. 05. 산업기사】

① 선택 접지 계전기 ② 과전류 계전기
③ 거리 계전기 ④ 역상 계전기

해설 병행 2회선의 지락 사고 시에 선택 접지 계전기가 동작

111 선택 접지 계전기의 용도는? 【80. 95. 98. 기사】

① 단일 회선에서 접지 전류의 대소 선택
② 단일 회선에서 접지 전류의 방향 선택
③ 단일 회선에서 접지 사고의 지속 시간 선택
④ 다회선에서 접지 고장 회선의 선택

해설 병행 2회선 송전 선로에서 한쪽의 1회선에 지락 또는 접지 고장이 발생하였을 때 이것을 검출하여 고장 회선만을 선택하여 차단할 수 있는 계전기를 선택 접지(지락) 계전기라 한다.

112 전원이 두 군데 이상 있는 환상 선로의 단락 보호에 사용되는 계전기는? 【89. 97. 99. 기사 ⊕ : 05 기사】

① 과전류 계전기(OCR)
② 방향 단락 계전기(DS)와 과전류 계전기(OCR)의 조합
③ 방향 단락 계전기(DS)
④ 방향 거리 계전기(DZ)

답 108. ③ 109. ② 110. ① 111. ④ 112. ④

해설, 전원이 2군데 이상 환상 선로의 단락 보호 → 방향 거리 계전기(DZ)
전원이 2군데 이상 방사 선로의 단락 보호 → 방향 단락 계전기(DS)와 과전류 계전기(OC)를 조합

★★★ 【01. 04. 07. 10. 12. 산업기사】
113 전원이 양단에 있는 방사상 송전선로의 단락보호에 사용되는 계전기는?

① 방향 거리 계전기 (DZ) - 과전압 계전기 (OVR)의 조합
② 방향 단락 계전기 (DS) - 과전류 계전기 (OCR)의 조합
③ 선택 접지 계전기 (SGR) - 과전류 계전기 (OCR)의 조합
④ 부족 전류 계전기 (USR) - 과전압 계전기 (OVR)의 조합

해설, 전원이 2군데 이상 환상 선로의 단락 보호 → 방향 거리 계전기(DZ)
전원이 2군데 이상 방사상 선로의 단락 보호 → 방향 단락 계전기(DS)와 과전류 계전기(OC)를 조합

★★☆ 【76. 89. 95. 99. 23. 산업기사】
114 여러 회선인 비접지 3상 3선식 배전 선로에 방향 지락 계전기를 사용하여 선택 지락 보호를 하려고 한다. 필요한 것은?

① CT와 OCR ② CT와 PT
③ 접지 변압기와 ZCT ④ 접지 변압기와 ZPT

해설, 접지 계전기와 ZCT(영상 변류기) 필요

☆ 【99. 산업기사】
115 비접지 3상 3선식 배전선로에서 선택 지락 보호를 하려고 한다. 필요치 않은 것은?

① DG ② CT
③ ZCT ④ GPT

해설, 접지 계전기와 ZCT(영상 변류기)와 DG 필요

유사문제

∥ 유사문제 원문 및 해설 : 동일출판사 홈페이지 ≫ 고객센터 ≫ 자료실

01. 보호 계전기의 필요한 특성으로 옳지 않은 것은?
답 동작을 느리게 하여 다른 건전부의 송전을 막을 것

02. 아래 그림에서 반한시 특성 곡선은? 단, t는 동작 시간, I는 전기량을 표시한다.

답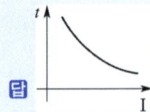

답 113. ② 114. ③ 115. ②

03. 그림과 같은 계전기의 한시 특성은?
   답 순시―비례한시 특성

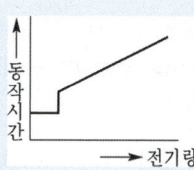

04. 최소 동작 전류 이상의 전류가 흐르면 즉시 동작하는 계전기는?
   답 순한시 계전기

05. 송전 선로의 보호 방식으로 지락에 대한 보호는 영상 전류를 이용하여 어떤 계전기를 동작시키는가?
   답 접지 계전기

06. 발전기의 내부 단락사고를 검출하기 위하여 사용되는 보호 계전기는?
   답 비율 차동 계전기

07. 교류 발전기나 주변압기 보호용으로 가장 적합한 계전기를 기호로 표시하면?
   답 OCR

08. 다음 중 변압기 보호에 쓰이지 않는 것은?
   답 임피던스 계전기

09. 동일 모선 2개 이상의 피더(feeder)를 가진 비접지 배전 계통에서 지락 사고에 대한 선택 지락 보호 계전기는?
   답 SGR(Selective Ground Relay) : 선택 지락 계전기

10. 선로의 단락 보호 또는 계통 탈조 사고의 검출용으로 사용되는 계전기는?
   답 거리 계전기

11. 거리 계전기의 기억 작용이란?
   답 고장 후에도 건전 전압을 잠시 유지하는 작용

12. 보호 계전기의 반한시 정한시성 특성은?
   답 동작 전류가 적은 동안에는 동작 전류가 커질수록 동작 시간이 짧게 되고 어떤 전류 이상이면 동작 전류의 크기에 관계없이 일정한 시간에서 동작하는 특성

13. 고압 수용가 내에 지락 보호용으로 비방향성의 지락 과전류 계전기가 설치되어 있다. 공급 배전 선로의 지락 사고로써 불요동작(不要動作)을 하지 않도록 하기 위한 계전기 정정(整定 : setting) 값으로 할 수 있는 것은? 단, 수전 전압 : 6300[V], 주파수 : 60[Hz], 수용가 내의 케이블의 길이 : 200[m], 수용가의 케이블의 3상 일괄 대지 정전 용량 : 1.0[μF/km]이며, 기타 임피던스는 무시한다.
   답 약 275[mA]

14. 과전류 계전기의 문자 기호, 도형 기호, 숫자 기호로 옳은 것은?
   답 OC   51 : 과전류 계전기

15. 트랜지스터 계전기의 설명 중 옳지 않은 것은?
   답 CT의 부담은 크나 PT의 부담이 작으므로 PT의 오차가 낮게 된다.

16. 발전기, 변압기, 선로 등의 단락 보호용으로 사용되는 것으로서 보호할 회로의 전류가 정정치(整定値)보다 커질 때 동작하는 계전기는?
    답 O.C.R

17. 부흐홀츠 전기(Buchholtz relay)의 설치 위치는?
    답 변압기 주탱크와 콘서베이터를 연결하는 파이프의 도중

18. 영상 전압과 영상 전류에 의해서 동작하는 계전기는 어떤 목적에 사용하는가?
    답 선로의 선택 차단

보호 계전 방식

116 ★★★★★ 【83. 85. 90. 94. 97. 00. 01. 05. 06. 07. 08. 09. 11. 기사】
환상 선로의 단락 보호에 사용하는 계전 방식은?
① 방향 거리 계전 방식
② 비율 차동 계전 방식
③ 과전류 계전 방식
④ 선택 접지 계전 방식

해설 방향 계전기 + 단락 계전기 = 방향 단락 계전기(방향 거리 계전기)

117 ★★★★★ 【82. 83. 91. 기사, 83. 89. 91. 93. 98. 00. 03. 산업기사, ㉮ : 11. 기사, 86. 96. 산업기사】
파일럿 와이어(pilot wire) 계전 방식에 해당되지 않는 것은?
① 고장점 위치에 관계없이 양단을 동시에 고속 차단할 수 있다.
② 송전선에 평행하도록 양단을 연락한다.
③ 고장 시 장해를 받지 않게 하기 위하여 연피 케이블을 사용한다.
④ 고장점 위치에 관계없이 부하측 고장을 고속도 차단한다.

해설 고장점의 위치에 무관하게 양단을 동시에 고속도 차단한다.

118 ★★★★☆ 【90. 95. 00. 기사, 91. 94. 98. 산업기사】
전력선 반송 보호 계전 방식이 아닌 것은?
① 방향 비교 방식
② 고속도 거리 계전기와 조합하는 방식
③ 영상 전류 비교 방식
④ 위상 비교 방식

해설 전력선 반송 보호 방식 : 방향 비교 방식, 전송차단 방식(고속도 거리+기타 방식), 위상 비교 방식

답 116. ① 117. ④ 118. ③

119 전력선 반송 보호 계전 방식의 장점이 아닌 것은?

① 장치가 간단하고 고장이 없으며 계전기의 성능 저하가 없다.
② 고장의 선택성이 우수하다.
③ 동작이 예민하다.
④ 고장점이나 계통의 여하에 불구하고 선택 차단 개소를 동시에 고속도 차단할 수 있다.

해설 전력선 반송 보호 계전 방식은 전력선의 단선고장 시 기능을 충분히 발휘할 수 없다.

120 전력선 반송 보호 계전 방식에서 고장의 선택 방법이 아닌 것은?

① 방향 비교 방식
② 순환 전류 방식
③ 위상 비교 방식
④ 고속도 거리 계전기와 조합하는 방식

해설 전력선 반송 보호 방식에는 전력 방향 비교 방식, 고속도 거리 계전기와 조합하는 방식, 전자형 계전기를 쓴 위상 비교 방식 및 반송파를 지령 신호로 하는 방법이 있다.

121 표시선 계전 방식이 아닌 것은?

① 전압 반향 방식(opposite voltage system)
② 방향 비교 방식(directional comparison)
③ 전류 순환 방식(circulating current system)
④ 반송 계전 방식(carrier-pilot relaying)

해설 표시선 계전방식의 종류
① 동작 원리별 분류
  ㉠ 방향 비교 방식 ㉡ 전압 반향 방식 ㉢ 전류 순환 방식 ㉣ 전송 Trip 방식
② 통신 수단에 의한 분류
  ㉠ Wire Pilot
  ㉡ Carrier Pilot(30~300[kc])
  ㉢ Micro Wave Pilot(900~6,000[Mc])

122 위상 비교 반송 방식과 관계 있는 것은?

① 일단에서 유입하는 전류와 타단에서 유출하는 전류의 위상각을 비교한다.
② 일단에서의 전압과 타단에서의 전압의 위상각을 비교한다.
③ 일단에서 유입하는 전류와 타단에서의 전압의 위상각을 비교한다.
④ 일단에서의 전압과 타단에서 유출되는 전류의 위상각을 비교한다.

해설 위상 비교 방식은 두 선로의 위상각을 비교한다.

답 119. ① 120. ② 121. ④ 122. ①

★★★★ 【84. 86. 87. 94. 기사】
123 발전소 옥외 변전소의 모선 방식 중 환상 모선 방식은?

① 1모선 사고시 타모선으로 절체할 수 있는 2중 모선 방식이다.
② 1발전기마다 1모선으로 구분하여 모선 사고시 타발전기의 동시 탈락을 방지한다.
③ 다른 방식보다 차단기의 수가 적어도 된다.
④ 단모선 방식을 말한다.

해설, 옥외 변전소의 모선 방식 중에 환상식은 1모선 사고 시 다른 타모선으로 급전이 가능하다.

☆ 【93. 02. 산업기사】
124 모선의 단락 용량이 10,00[MVA]인 154[kV] 변전소에서 4[kV]의 전압 변동폭 주기에 필요한 조상 설비는 몇 [MVA] 정도 되겠는가?

① 100 ② 160 ③ 200 ④ 260

해설, 전압 변동률[%] = $\frac{Q_c}{P_s} \times 100[\%] = \frac{4}{154} \times 100 = \frac{Q_c}{10,000} \times 100$

∴ $Q_c = 260[\text{MVA}]$ (Q_c=조상 설비 용량, P_s : 모선 단락 용량)

★★ 【92. 95. 03. 기사】
125 발변전소에서 사용되는 상분리 모선(Isolated phase bus)의 특징으로 틀린 것은?

① 절연 열화가 적고 선간 단락이 거의 없다.
② 다도체로서 대전류를 흘릴 수 있다.
③ 기계적 강도가 크고 보수가 용이하다.
④ 폐쇄되어 있으므로 안정도가 크고 외부로부터 손상을 받지 않는다.

해설, 상분리 모선은 각 상의 도체를 각각 접지한 금속판재의 상자 속에 수납하고 각 상을 분리한 폐쇄모선이다.

유사문제

■ 유사문제 원문 및 해설 : 동일출판사 홈페이지 ≫ 고객센터 ≫ 자료실

01. 모선 보호에 사용되는 계전 방식은?
답 전류 차동 계전 방식

02. 아래의 송전선 보호 방식 중 가장 뛰어난 방식으로 고속도 차단 재폐로 방식을 쉽고 확실하게 적용할 수 있는 것은?
답 표시 계전 방식

03. 송전 선로 보호를 위한 것이 아닌 것은?
답 차동 보호 방식

답 123. ① 124. ④ 125. ②

CHAPTER 07 전선로

1 ─ 전선

1) 전선의 구비 조건
① 도전율이 높을 것　② 기계적 강도가 클 것　③ 내구성이 있을 것
④ 중량이 가벼울 것　⑤ 가요성이 클 것　　　⑥ 가격이 저렴할 것
⑦ 허용전류가 클 것　출제 기사 1번

2) 연 선

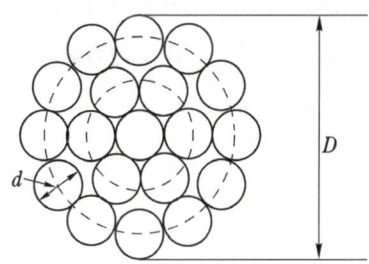

n = 2인 연선의 구조

① 소선의 총수 : $N = 3n(1+n)+1$
② 연선의 바깥지름 : $D = (1+2n)d\,[\text{mm}]$
③ 연선의 단면적 : $A = Na\,[\text{mm}^2]$
④ 연선의 중량 : $W = (1+K_1)Nw\,[\text{kg}]$
⑤ 연선의 저항 : $R = (1+K_2)\dfrac{r}{N}\,[\Omega]$

단, n : 층수,　a : 소선 단면적,　w : 연선과 같은 길이의 소선 중량
　　r : 연선과 같은 길이의 소선 저항,　K_1 : 중량 연입률,　K_2 : 저항 연입률

3) 전선의 도약　출제 산업 3번, 기사 2번

전선 주위에 빙설이 부착하였다가 탈락하는 반동으로 전선이 튀어 올라가 상부의 전선과 혼촉(단락)되는 경우를 도약(sleet lump)이라 하며, 이 현상을 방지하기 위해 오프셋(offset)을 한다.

4) 전선의 허용전류

전선에 전류가 흐르면 저항에 의한 발열 때문에 전선의 온도가 상승하게 되고 그 온도가 전선의 최고허용온도를 초과하면 안된다. 따라서 전선의 최고허용온도에 대응하는 전류를 전선의 허용전류라 한다.

5) 경제적인 전선의 굵기 : 켈빈의 법칙(Kelvin's law) [출제] 산업 2번, 기사 4번

건설 후에 전선의 단위 길이를 기준 으로 해서 여기서 1년간에 잃게 되는 손실 전력량의 금액과 건설시 구입한 단위 길이의 전선비에 대한 이자와 상각비를 가산한 연경비가 같게 되게끔 하는 전선의 굵기가 가장경제적인 전선의 굵기이다.

$$C = \sqrt{\frac{WMP}{\rho N}}$$

단, C : 경제적인 전류 밀도[A/mm²] W : 전선의 중량[kg/mm² · m]
   M : 전선의 가격[원/kg] P : 전선비에 대한 연경비의 비율(소수)
   ρ : 전선의 저항률[Ω · mm²/m] N : 전력량의 가격[원/kW년]

2 - 전선의 이도

1) 이도

이도란 전선의 지지점을 연결하는 수평선으로부터 밑으로 내려가 있는 길이를 말한다.

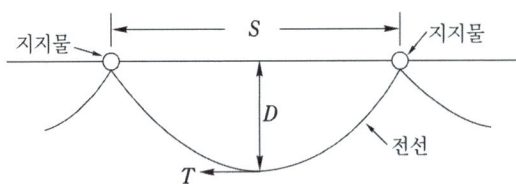

$$D = \frac{WS^2}{8T}$$ [출제] 산업 21번, 기사 9번

여기서, D : 이도[m], W : 단위 길이당 전선의 중량[kg/m]
       S : 경간[m], T : 전선의 수평장력[kg]

(1) 빙설 하중

$$W_i = 0.9 \times \frac{\pi}{4}\{(d+12)^2 - d^2\} \times 10^3 \times 10^{-6} = 0.0054\pi(d+6)$$

(2) 풍압 하중

$W_w = Pd/1,000 [\text{kg/m}]$ (빙설이 적은 지방)

$W_w = P(d+12)/1,000 [\text{kg/m}]$ (빙설이 많은 지방)

(3) 합성 하중

$W = \sqrt{W_c^2 + W_w^2}$ (빙설이 적은 지방)

$W = \sqrt{(W_c + W_i)^2 + W_w^2}$ (빙설이 많은 지방)

2) 전선의 실제 길이

$$L = S + \frac{8D^2}{3S}$$

여기서, L : 전선의 실제 길이[m], S : 경간[m], D : 이도[m]

즉, 이도(Dip) 때문에 전선의 실제 길이는 경간보다 $\frac{8D^2}{3S}$ 만큼 더 길어지게 된다.

$$L - S = \frac{8D^2}{3S}$$

3) 온도 변화 후의 이도

$$D_2 = \sqrt{D_1^2 \pm \frac{3}{8}\alpha t S^2} \text{ [m]}$$

4) 온도 변화 후의 전선 길이

$$L_2 = L_1 \pm \alpha t S [\text{m}]$$

단, D_1, L_1 : 온도 변화 전의 이도 및 길이[m]

t : 변화 온도[℃]

α : 선팽창 계수(1[℃]에 대하여)

경동선 : 0.000017

알루미늄선 : 0.000023

아연 도금 철선 : 0.000012

3 애자

애자란 전선을 기계적으로 고정시키고 전기적으로 절연하기 위하여 사용되는 절연 지지체이다.

1) 애자의 구비 조건
① 절연 내력이 클 것
② 기계적 강도가 클 것
③ 정전 용량이 작을 것
④ 가격이 저렴할 것

2) 애자련의 전압분포
애자련의 각 애자 사이의 정전용량이 서로 달라 각 애자에 분포되는 전압 분포가 균등하게 되지 않아 애자련의 연 효율이 저하된다. 따라서 전압분담을 균등하게 하기 위하여 사용되는 것이 초호환(arcing ring), 또는 초호각(arcing horn)이다.

① 최대 전압 분담애자 : 전선에 가장 가까운 애자
② 최소 전압 분담애자 : 전선으로부터 2/3(철탑으로부터 1/3)되는 지점에 있는 애자

3) 250[mm] 현수애자 1개의 섬락전압
① 주수 섬락 전압 50[kV]
② 건조 섬락 전압 80[kV]
③ 충격 섬락 전압 125[kV]
④ 유중 파괴 전압 140[kV] 이상

4) 전압별 애자 개수

22.9[kV]	66[kV]	154[kV]	345[kV]
2~3	4	10~11	18~20

5) 애자련의 연효율(string efficiency) η

$$\eta = \frac{V_n}{nV_1} \times 100[\%]$$

여기서, V_n : 애자련의 건조 섬락전압
V_1 : 애자 1개의 건조섬락전압
n : 애자개수

6) 초호환, 초호각의 역할

초호환 = 소호환 = arcing ring

초호각 = 소호각 = arcing horn 출제 기사 2번

- 애자련의 전압분포 개선
- 선로의 섬락으로부터 애자련의 보호 출제 기사 10번

4 지선

1) 전주가 수직인 지선

$$T_0 = \frac{T}{\cos\theta} = \frac{T\sqrt{H^2+a^2}}{a} = \eta \times \frac{T_0'}{K}$$ 출제 산업 3번

$$n = \frac{KT}{T_0'\cos\theta} = \frac{KT}{T_0'}\frac{\sqrt{H^2+a^2}}{a}$$ 출제 산업 4번

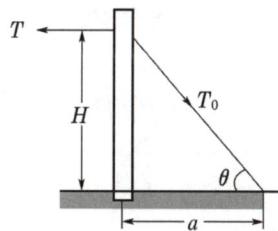

단, T : 전선의 수평 장력
  T_0 : 지선의 허용 하중
  T_0' : 지선에 사용되는 소선의 인장력
  n : 지선의 소선 수(가닥 수)
  K : 안전율

5 지지물

1) 가공 전선로 지지물의 종류

① 철탑   ② 철근 콘크리트주
③ 철주   ④ 목주

2) 철주, 철근 콘크리트주 또는 철탑의 종류

특고압 가공 전선로의 지지물로 사용하는 B종 철주, B종 철근 콘크리트주 또는 철탑의 종류는 다음과 같다.

① 직선형 : 전선로의 직선 부분(3도 이하의 수평 각도를 이루는 곳을 포함)에 사용하는 것으로 내장형과 보강형은 제외한다.
② 각도형 : 전선로 중 3도를 넘는 수평 각도를 이루는 곳에 사용하는 것
③ 인류형 : 전가섭선을 인류하는 곳에 사용하는 것
④ 내장형 : 전선로 지지물의 양측의 경간의 차가 큰 곳에 사용하는 것 [출제] 산업 3번, 기사 1번
⑤ 보강형 : 전선로의 직선 부분에 그 보강을 위하여 사용하는 것

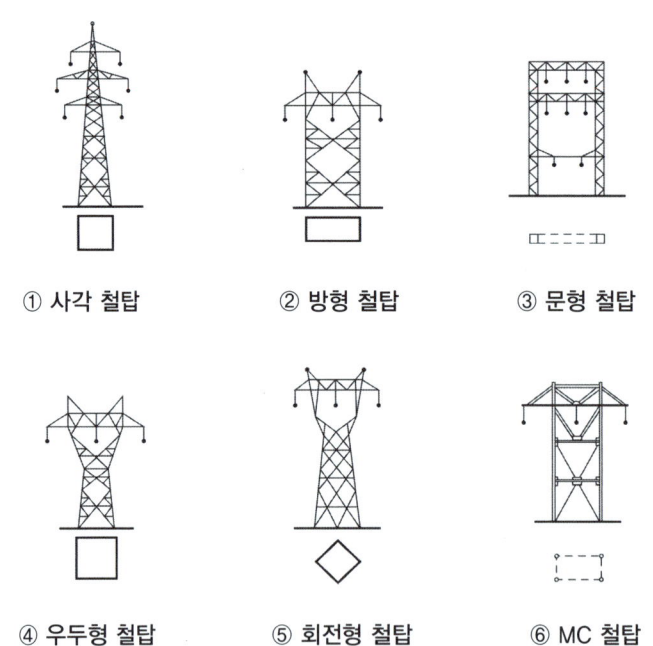

① 사각 철탑　　② 방형 철탑　　③ 문형 철탑

④ 우두형 철탑　　⑤ 회전형 철탑　　⑥ MC 철탑

3) 지지물의 기초 강도

① 가공 전선 지지물의 기초 강도는 안전율 2 이상으로 할 것
② 지지물의 전장이 15[m] 이하의 경우에는 땅에 묻히는 깊이를 전장의 1/6 이상으로 할 것
③ 전장이 15[m]를 초과하는 경우에는 2.5[m] 이상 매설하여야 한다. 단, 철근 콘크리트주로서 그 전장이 14[m] 이상 20[m] 이하로서 설계 하중이 6.8[kN] 이상 9.8[kN] 이하의 것은 그 매설 깊이에 30[cm]를 가산한다.

4) 철탑 각 부의 명칭

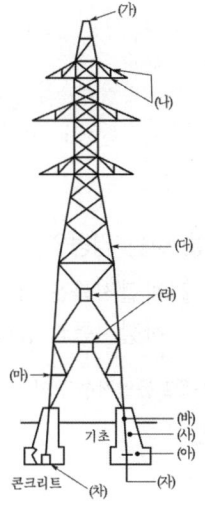

(가) 철탑정부
(나) 암
(다) 주주재
(라) 거싯플레이트
(마) 사재
(바) 주각재
(사) 주체부
(아) 상판부
(자) 앵커재
(차) 앵커블록

5) 특고압 가공전선로 각부 명칭

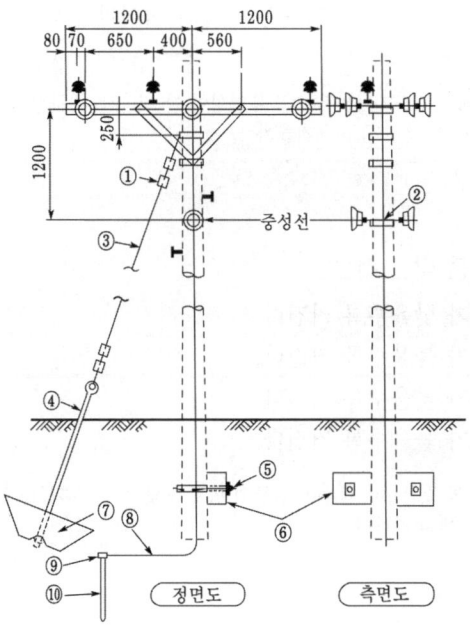

① 지선 클램프
② 랙 밴드
③ 지선
④ 지선로드
⑤ 근가용 U볼트
⑥ 근가
⑦ 지선 근가
⑧ 접지 전선
⑨ 접지 동봉용 클램프
⑩ 접지 동봉

CHAPTER 07 출제예상문제_전선로

전선

01 ★★ 【96. 기사, 80. 81. 03. 산업기사】
ACSR은 동일한 길이에서 동일한 전기저항을 갖는 경동연선에 비하여 어떠한가?
① 바깥지름은 크고 중량은 작다.   ② 바깥지름은 작고 중량은 크다.
③ 바깥지름과 중량이 모두 크다.   ④ 바깥지름과 중량이 모두 작다.

[해설] 알루미늄선은 경동선에 비하여 고유저항이 크므로 동일저항을 얻기 위해서는 지름이 큰 전선을 사용해야 한다. 그러나 비중은 약 $\frac{1}{3}$ 정도로 가볍다.

02 ★ 【01. 기사】
가공 전선로에 사용되는 전선의 구비 조건으로 틀린 것은?
① 도전율이 높아야 한다.   ② 기계적 강도가 커야 한다.
③ 전압 강하가 적어야 한다.   ④ 허용 전류가 적어야 한다.

[해설] 전선의 구비 조건
① 도전율이 클 것 ② 기계적 강도가 클 것 ③ 유연성이 클 것 ④ 내구성이 있을 것
⑤ 비중이 작을 것 ⑥ 값이 쌀 것 ⑦ 허용전류가 클 것

03 ★★★ 【79. 96. 05. 10. 23. 기사, ㉔ : 98. 기사】
전선의 표피 효과에 관한 기술 중 맞는 것은?
① 전선이 굵을수록, 또 주파수가 낮을수록 커진다.
② 전선이 굵을수록, 또 주파수가 높을수록 커진다.
③ 전선이 가늘수록, 또 주파수가 낮을수록 커진다.
④ 전선이 가늘수록, 또 주파수가 높을수록 커진다.

[해설] 표피 효과(skin effect)는 도체의 중심으로 갈수록 전류의 밀도가 낮아지는 현상을 말하며 표피 효과는 주파수에 비례하고 전압의 제곱에 비례한다.

04 ★★★☆ 【92. 95. 기사, 82. 91. 96. 산업기사】
3상 수직배치인 선로에서 오프셋을 주는 이유는?
① 유도 장해 감소   ② 난조 방지
③ 철탑 중량 감소   ④ 단락 방지

[해설] 오프셋은 상하 전선의 단락을 방지하기 위하여 철탑 지지점의 위치를 수직에서 벗어나게 함을 말한다.

답 1. ① 2. ④ 3. ② 4. ④

05 가공 전선로의 전선 진동을 방지하기 위한 방법으로 옳지 않은 것은?

① 토셔널 댐퍼(torsional damper)의 설치
② 스프링 피스톤 댐퍼와 가튼 진동 제지권을 설치
③ 경동선을 ACSR로 교환
④ 클램프나 전선 접촉기 등을 가벼운 것으로 바꾸고, 클램프 부근에 적당히 전선을 첨가

해설 지름에 비하여 중량이 가벼운 중공 전선이나 강심 알루미늄 전선(ACSR)은 진동의 원인이 된다.

06 전선의 고유 진동의 주파수[Hz]는, 전선 진동의 루프의 길이를 l[m], 전선 장력을 T[kg], 전선의 중량을 W[kg/m], 중력 가속도를 g[m/s²]라 할 때 옳은 식은?

① $\dfrac{1}{2l}\sqrt{\dfrac{Tg}{W}}$ ② $\dfrac{1}{2T}\sqrt{\dfrac{gl}{W}}$ ③ $\dfrac{1}{2g}\sqrt{\dfrac{Tl}{W}}$ ④ $\dfrac{1}{2W}\sqrt{\dfrac{Tg}{l}}$

해설 고유 진동 주파수 $= \dfrac{1}{2l}\sqrt{\dfrac{Tg}{W}}$ [Hz]

07 다음 중 켈빈(Kelvin) 법칙이 적용되는 것은?

① 경제적인 송전 전압을 결정하고자 할 때
② 일정한 부하에 대한 계통 손실을 최소화하고자 할 때
③ 경제적 송전선의 전선의 굵기를 결정하고자 할 때
④ 화력 발전소군의 총 연료비가 최소가 되도록 각 발전기의 경제 부하 배분을 하고자 할 때

해설 켈빈의 법칙 $C = \sqrt{\dfrac{WMP}{\rho N}}$
여기서, C : 전류 밀도, ρ : 전선의 저항률, W : 전선의 중량, N : 전선량의 가격

08 강심 알루미늄 연선의 알루미늄부와 강심부의 단면적을 각각 A_a, A_s[mm²], 탄성 계수를 각각 E_a, E_s[kg/mm²]라고 하고 단면적 비를 $A_a/A_s = m$이라 하면 강심 알루미늄선의 탄성 계수 E[kg/mm²]는?

① $E = \dfrac{mE_a + E_s}{m+1}$ ② $E = \dfrac{E_a + mE_s}{m+1}$
③ $E = \dfrac{(m+1)E_a + E_s}{m}$ ④ $E = \dfrac{E_a + (m+1)E_s}{m}$

해설 $E = \dfrac{A_a E_a + A_s E_s}{A_a + A_s} = \dfrac{(A_a/A_s)E_a + E_s}{(A_a/A_s)+1} = \dfrac{mE_a + E_s}{m+1}$

답 5. ③ 6. ① 7. ③ 8. ①

09 ★☆ 【80. 94. 98. 산업기사】
19/1.8[mm] 경동 연선의 바깥 지름은 몇 [mm]인가?

① 34.2   ② 10.8   ③ 9   ④ 5

해설 2층권이므로 $D = (2n+1)d$
$D = (2 \times 2 + 1) \times 1.8 = 9[\text{mm}]$

10 ★ 【96. 03. 기사】
"전선의 단위 길이 내에서 연간에 손실되는 전력량에 대한 전기요금과 단위 길이의 전선값에 대한 금리(金利), 감가상각비 등의 연간 경비의 합계가 같게 되는 전선 단면적이 가장 경제적인 전선의 단면적이다." 이것은 누구의 법칙인가?

① 뉴크의 법칙   ② 켈빈의 법칙
③ 플레밍의 법칙   ④ 스틸의 법칙

해설 켈빈(Kelvin)의 법칙은 경제적인 전선의 굵기를 설명한 것이다.

11 ★ 【02. 기사】
240[mm²], 강심 알루미늄 연선의 20[℃]에서 1[km]당 저항은 0.120[Ω]이다. 이 전선의 50[℃]에서의 저항은 몇 [Ω]인가? 단, 20[℃]에서의 저항 온도 계수는 0.00385이다.

① 0.124   ② 0.134   ③ 0.152   ④ 0.212

해설 $R_t = R_0[1+\alpha(t-20)]$에서 $R_t = 0.12[1+0.00385(50-20)] = 0.134[\Omega]$

유사문제
유사문제 원문 및 해설 : 동일출판사 홈페이지 ≫ 고객센터 ≫ 자료실

01. 가공 전선로에 사용되는 전선의 구비 조건으로 바람직하지 못한 것은?
답 비중(밀도)이 클 것

02. 층수 n, 소선 지름 d인 연선의 바깥 지름은?
답 $D = (2n+1)d[\text{mm}]$

03. 전선에서 전류 밀도가 도선의 중심으로 들어갈수록 작아지는 현상은?
답 표피 효과

04. ACSR는?
답 강심 알루미늄 연선

05. 송전선에 댐퍼(damper)를 다는 이유는?
답 전선의 진동 방지

06. 경제적인 송전선의 전선 굵기의 결정과 관계가 있는 것은?
답 켈빈(Kelvin)의 법칙

답 9. ③ 10. ② 11. ②

07. 주파수 f, 전압 E일 때 유전체 손실은 다음 어느 것에 비례하는가?
답 fE^2

08. 유전체손이 가장 많은 전선은?
답 케이블

09. 케이블의 연피손의 원인은?
답 전자 유도 작용

10. 저압 가공 배전 선로용으로 적당한 전선은 어느 것인가?
답 OW 전선

이도

12 ★★★ 【83. 96. 99. 산업기사, ㊉ : 79. 80. 85. 산업기사】
전선의 지지점 높이가 31[m]이고, 전선의 이도가 9[m]라면 전선의 평균 높이[m]는 얼마인가?

① 31.0 ② 26.0 ③ 25.5 ④ 25

해설 $h = h' - \dfrac{2}{3}D = 31 - \dfrac{2}{3} \times 9 = 25 [m]$
단, h : 전선의 평균 높이 h' : 지지점의 높이 D : 이도

13 ★★★☆ 【99. 기사, ㊉ : 93. 기사, 75. 79. 97. 산업기사】
경간 300[m], 전선 자체의 무게가 $W = 1.11 [kg/m]$, 인장하중 10,210[kg], 안전율 2.2인 선로의 이도(dip)는 약 몇 [m]인가?

① 1.7 ② 2.2 ③ 2.7 ④ 3.2

해설 $D = \dfrac{WS^2}{8T} = \dfrac{1.11 \times 300^2}{8 \times 10,210/2.2} = 2.69 \fallingdotseq 2.7 [m]$

14 ★★★★★ 【78. 86. 92. 기사, 81. 94. 04. 10. 산업기사, ㊉ : 91. 기사, 95. 96. 산업기사】
경간 200[m]인 가공 전선로가 있다. 사용 전선의 길이는 경간보다 몇 [m] 더 길게 하면 되는가? 단, 사용 전선의 1[m]당 무게는 2.0[kg], 인장 하중은 4,000[kg]이고 전선의 안전율을 2로 하고 풍압하중은 무시한다.

① $\dfrac{1}{2}$ ② $\sqrt{2}$ ③ $\dfrac{1}{3}$ ④ $\sqrt{3}$

답 12. ④ 13. ③ 14. ③

해설
$$D = \frac{WS^2}{8T} = \frac{2 \times 200^2}{8 \times \frac{4,000}{2}} = 5$$

$L = S + \frac{8D^2}{3S}$ 에서 $L - S = \frac{8D^2}{3S} = \frac{8 \times 5^2}{3 \times 200} = \frac{1}{3}$ [m]

여기서, L : 전선의 실제 길이[m], S : 경간[m], D : 이도[m]

★★ 【00. 산업기사, ㉿ : 80. 95. 97. 산업기사】

15 단면적 330[mm²]의 강심 알루미늄선을 경간이 300[m]이고 지지점의 높이가 같은 철탑 사이에 가설하였다. 전선의 이도가 7.4[m]이면 전선의 실제 길이는 몇 [m]인가? 단, 풍압, 온도 등의 영향은 무시한다.

① 300.287
② 300.487
③ 300.685
④ 300.875

해설 $L = S + \frac{8D^2}{3S} = 300 + \frac{8 \times 7.4^2}{3 \times 300} = 300.487$

★ 【83. 기사】

16 그림과 같은 전선로의 이도[m]와 전선의 길이[m]는 얼마인가? 단, 장력 $T = 3,500$[kg]이고, 하중 $W = 3$[kg/m]이다.

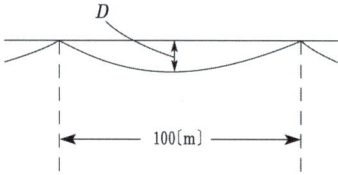

① $D = 1.07$, $L = 101.07$
② $D = 1.70$, $L = 100.03$
③ $D = 1.07$, $L = 100.03$
④ $D = 1.70$, $L = 101.70$

해설
$$D = \frac{WS^2}{8T} = \frac{3 \times 100^2}{8 \times 3,500} = 1.07 \text{[m]}$$
$$L = S + \frac{8D^2}{3S} = 100 + \frac{8 \times 1.07^2}{3 \times 100} = 100.03 \text{[m]}$$

★★☆ 【98. 기사, 82. 93. 98. 18. 산업기사】

17 1[m]의 하중 0.37[kg]의 전선을 지지점이 수평인 경간 80[m]에 가설하여 딥을 0.8[m]로 하려면, 장력은 몇 [kg]인가?

① 350
② 360
③ 370
④ 380

해설 $D = \frac{WS^2}{8T}$ 에서 $T = \frac{WS^2}{8D} = \frac{0.37 \times 80^2}{8 \times 0.8} = \frac{0.37 \times 6,400}{6.4} = 370$[kg]

답 15. ② 16. ③ 17. ③

18 ★ 【95. 11. 기사】
경간 230[m]인 전선로에서 이도가 5[m]이었다. 이 이도를 5.25[m]로 하기 위해서는 전선의 지지점에서 몇 [cm]를 경간에 보내어야 하는가? 단, 이도 5[m]일 때의 전선 길이는 230.29[m], 이도 5.25[m]일 때의 전선 길이는 230.319[m]이다.

① 2.9 ② 4.4 ③ 5.8 ④ 7.3

해설 전선의 실제 길이에 관한 계산식으로
$$L = S + \frac{8D^2}{3S} = 230 + \frac{8 \times 5^2}{3 \times 230} = 230.29$$
$$L' = S + \frac{8D^2}{3S} = 230 + \frac{8 \times (5.25)^2}{3 \times 230} = 230.319$$
$$L' - L = 0.029[\text{m}] = 2.9[\text{cm}]$$

19 ★★★ 【80. 82. 00. 기사】
그림과 같이 높이가 같은 전선주가 같은 거리에 가설되어 있다. 지금 지지물 B에서 전선이 지지점에서 떨어졌다고 하면, 전선의 이도 D_2는 전선이 떨어지기 전 D_1의 몇 배가 되겠는가?

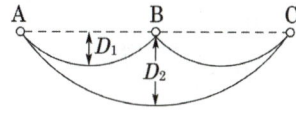

① $\sqrt{2}$ ② 2 ③ 3 ④ $\sqrt{3}$

해설 전선의 실제 길이는 떨어지기 전과 떨어진 후가 같으므로
$$2L_1 = L_2$$
$$2\left(S + \frac{8D_1^2}{3S}\right) = 2S + \frac{8D_2^2}{3 \times 2S}$$
$$\frac{8D_2^2}{3 \times 2S} = 2\left(S + \frac{8D_1^2}{3S}\right) - 2S = \frac{2 \times 8D_1^2}{3S}$$
$$\therefore D_2 = \sqrt{4D_1^2} = 2D_1$$

20 ★★☆ 【97. 기사, 85. 94. 00. 산업기사】
고저차가 없는 가공 전선로에서 이도 및 전선 중량을 일정하게 하고, 경간을 2배로 했을 때, 전선의 수평 장력은 몇 배가 되는가?

① 2배 ② 4배 ③ $\frac{1}{2}$배 ④ $\frac{1}{4}$배

해설 $D = \frac{WS^2}{8T}$, $T = \frac{WS^2}{8D}$
$$\therefore T \propto S^2 = 4$$

답 18. ① 19. ② 20. ②

21 ★ 【00. 기사】
빙설이 많은 지방에서 특고압 가공 전선의 이도(dip)를 계산할 때 전선 주위에 부착하는 빙설의 두께와 비중은 일반적인 경우 각각 얼마로 상정하는가?

① 두께 : 10[mm], 비중 : 0.9
② 두께 : 6[mm], 비중 : 0.9
③ 두께 : 10[mm], 비중 : 1
④ 두께 : 6[mm], 비중 : 1

해설 빙설의 두께 6[mm], 비중 0.9가 적용된다.

22 ★★★☆ 【82. 89. 95. 04. 기사, 94. 산업기사】
온도가 $t[℃]$ 상승했을 때의 딥(dip)은 몇 [m]인가? 단, 온도 변화 전의 딥을 $D_1[m]$, 경간을 $s[m]$, 전선의 온도 계수를 α라 한다.

① $\sqrt{D_1 + \dfrac{3}{8}\alpha \cdot t \cdot s}$
② $\sqrt{D_1^2 - \dfrac{3}{8}\alpha^2 \cdot t \cdot s}$
③ $\sqrt{D_1^2 + \dfrac{3}{8}\alpha \cdot t \cdot s^2}$
④ $\sqrt{D_1^2 + \dfrac{3}{8}\alpha \cdot t^2 \cdot s}$

해설 L_1 : 온도 상승 전 길이, L_2 : 온도 상승 후 길이라 하면
$L_2 = L_1 + \alpha t L_1$, $L_2 ≒ L_1 + \alpha t s$
$s + \dfrac{8D_2^2}{3S} = s + \dfrac{8D_1^2}{3s} + \alpha t s$ ∴ $D_2 = \sqrt{D_1^2 + \dfrac{3}{8}\alpha t s^2}$

23 ★★ 【82. 83. 90. 97. 03. 산업기사】
가공 전선로에서 전선의 단위 길이당 중량과 경간이 일정할 때 이도는 어떻게 되는가?

① 전선의 장력에 비례한다.
② 전선의 장력에 반비례한다.
③ 전선의 장력의 제곱에 비례한다.
④ 전선의 장력의 제곱에 반비례한다.

해설 이도 $D = \dfrac{WS^2}{8T}$ 이므로 중량(W)과 경간(S)이 일정하면 이도는 장력(T)에 반비례한다.
즉, $D \propto \dfrac{1}{T}$ 이다.

24 ☆ 【04. 기사 97. 산업기사】
가공 송전 선로를 가선할 때에는 하중 조건과 온도 조건을 고려하여 적당한 이도(dip)를 주도록 하여야 한다. 다음 중 이도에 대한 설명으로 옳은 것은?

① 이도가 작으면 전선이 좌우로 크게 흔들려서 다른 상의 전선에 접촉하여 위험하게 된다.
② 전선을 가선할 때 전선을 팽팽하게 가선하는 것을 이도를 크게 준다고 한다.
③ 이도를 작게 하면 이에 비례하여 전선의 장력이 증가되며 심할 때는 전선 상호간이 꼬이게 된다.
④ 이도의 대소는 지지물의 높이를 좌우한다.

답 21. ② 22. ③ 23. ② 24. ④

[해설] ① 이도가 크면 좌우로 크게 흔들린다. ② 팽팽하게 가설하면 이도가 작아진다.
③ 이도는 장력에 반비례한다.

25 ★★ 【88. 94. 11. 12. 산업기사】
전선의 자중과 빙설 하중을 W_1, 풍압 하중을 W_2라 할 때 합성 하중은?

① $\sqrt{W_1^2 + W_2^2}$ ② $W_1 + W_2$ ③ $W_1 - W_2$ ④ $W_2 - W_1$

[해설] 합성 하중은 $W = \sqrt{(빙설하중+자중)^2 + (풍압하중)^2} = \sqrt{W_1^2 + W_2^2}$

유사문제

∥ 유사문제 원문 및 해설 : 동일출판사 홈페이지 》 고객센터 》 자료실

01. 양 지지점의 높이가 같은 전선의 이도를 구하는 식은? 단, 이도 d[m], 수평 장력 T[kg], 전선의 무게 W[kg/m], 경간 S[m]이다.
답 $d = \dfrac{WS^2}{8T}$

02. 가공 선로에서 이도를 D라 하면 전선의 길이는 경간보다 얼마나 긴가?
답 $\dfrac{8D^2}{3S}$

03. 전선 양측의 지지점의 높이가 동일한 경우 전선의 단위 길이당 중량을 W[kg], 수평 장력을 T[kg], 경간을 S[m], 전선의 이도를 D[m]라 할 때 전선의 실제 길이 L[m]를 계산하는 식은?
답 $L = S + \dfrac{8D^2}{3S}$ [m]

04. 이도가 D이고, 경간이 S인 가공 선로에서 지지물의 고저차가 없을 때 $\dfrac{8D^2}{3S}$은 경간에 비하여 몇 [%] 정도인가?
답 0.1[%]

05. 그림과 같은 전선로의 이도[m]와 전선의 길이[m]는 얼마인가? 단, 장력 $T = 3,500$[kg]이고, 하중 $W = 3$[kg/m]이다.
답 $D = 1.07$, $L = 100.03$

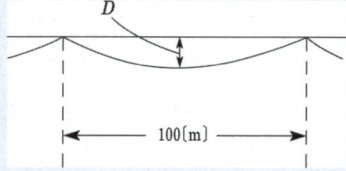

06. 공칭 단면적 200[mm²], 전선 무게 1.838[kg/m], 전선의 바깥 지름 18.5[mm]인 경동 연선을 경간 200[m]로 가설하는 경우 이도[m]는? 단, 경동 연선의 인장 하중은 7,910[kg], 빙설 하중은 0.416[kg/m], 풍압 하중은 1.525[kg/m]이고, 안전율은 2.2라 한다.
답 $D = \dfrac{WS^2}{8T} = \dfrac{2.72 \times 200^2}{8 \times \dfrac{7,910}{2.2}} = 3.78$ [m]

답 25. ①

07. 풍압이 P이고 빙설이 많지 않은 지방에서 지름이 d[mm]인 전선 1[m]가 받는 풍압 하중 W_w [kg/m]은?

답 $W_w = Pd/1,000$ [kg/m]

08. 경간 200[m]의 가공 전선로가 있다. 전선 1[m]당의 하중은 2.0[kg], 풍압 하중은 없는 것으로 하면 인장 하중 4,000[kg]의 전선을 사용할 때 이도 및 전선의 실제 길이는 각각 몇 [m]인가? 단, 안전율은 2.0으로 한다.

답 이도 : 5[m], 길이 : 200.33[m]

09. 그림과 같이 지지점 A, B, C에는 고저차가 없으며, 경간 AB와 BC 사이에 전선이 가설되어 그 이도가 12[cm]이었다고 한다. 지금 지지점 B에서 전선이 떨어져 전선의 이도가 D로 되었다면 D는 몇 [cm]가 되겠는가?

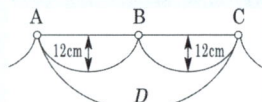

답 $D_2 = 2D_1 = 2 \times 12 = 24$ [cm]

애자

☆ 【97. 04. 산업기사】
26 250[mm] 현수 애자 1개의 건조 섬락 전압은 몇 [kV] 정도인가?
① 50　　② 60　　③ 80　　④ 100

해설, ① 건조 섬락 80[kV]　② 주수 섬락 50[kV]
　　　③ 충격 섬락 125[kV]　④ 유중 파괴 전압 140[kV]

★★ 【95. 98. 기사】
27 현수 애자에 대한 설명이 아닌 것은?
① 애자를 연결하는 방법에 따라 클래비스형과 볼 소켓형이 있다.
② 2~4층의 갓 모양의 자기편을 시멘트로 접착하고 그 자기를 주철재 base로 지지한다.
③ 애자의 연결개수를 가감함으로써 임의의 송전 전압에 사용할 수 있다.
④ 큰 하중에 대하여는 2련 또는 3련으로 하여 사용할 수 있다.

해설, ②항은 핀 애자에 대한 설명이다.

★ 【00. 04. 기사】
28 송전선로에 사용되는 애자의 특성이 나빠지는 원인으로 볼 수 없는 것은?
① 애자 각 부분의 열 팽창의 상이　② 전선 상호 간의 유도 장애
③ 누설 전류에 의한 편열　　　　　④ 시멘트의 화학 팽창 및 동결 팽창

답 26. ③　27. ②　28. ②

[해설] 애자의 특징이 나빠지는 원인
① 애자 각 부분의 열팽창 상이
② 누설 전류에 의한 편열
③ 시멘트의 화학 팽창 및 동결 팽창

29 ★ 【93. 98. 02. 17. 산업기사】
우리나라에서 가장 많이 사용하는 현수 애자의 표준은 몇 [mm]인가?
① 160　　② 250　　③ 280　　④ 320

[해설] 현수 애자의 표준은 250[mm]이고, 현수 애자 1개의 건조 섬락 전압값은 80[kV] 이상, 주수 섬락 전압값은 50[kV] 이상이다.

30 ★★★ 【95. 00. 01. 05. 11. 23. 산업기사】
애자가 갖추어야 할 구비 조건으로 옳은 것은?
① 온도의 급변에 잘 견디고 습기도 잘 흡수하여야 한다.
② 지지물에 전선을 지지할 수 있는 충분한 기계적 강도를 갖추어야 한다.
③ 비, 눈, 안개 등에 대해서도 충분한 절연 저항을 가지며, 누설 전류가 많아야 한다.
④ 선로 전압에는 충분한 절연 내력을 가지며, 이상 전압에는 절연 내력이 매우 적어야 한다.

[해설] 애자의 구비 조건
① 절연 내력이 클 것　　② 기계적 강도가 클 것
③ 정전 용량이 작을 것　　④ 가격이 저렴할 것

31 ★ 【99. 기사】
발변전소의 애자에 대한 염해 대책 중 가장 경제적이고 용이한 방법은?
① 애자를 세척한다.　　② 과절연을 한다.
③ 발수성 시료를 애자에 바른다.　　④ 설비를 옥내에 한다.

[해설] 가장 경제적인 방법은 세정법으로
① 제트 활선 세정
② 고정 스프레이 세정 등이 사용되며 1년 2회 정기적으로 실시한다(8~9월, 12~3월).

32 ★☆ 【80. 기사, 94. 산업기사】
애자의 전기적 특성에서 가장 높은 전압은?
① 건조 섬락 전압　　② 주수 섬락 전압
③ 충격 섬락 전압　　④ 유중 파괴 전압

[해설] 건조 섬락 전압 80[kV]　　주수 섬락 전압 50[kV]
충격 섬락 전압 125[kV]　　유중 파괴 전압 140[kV] 이상

[답] 29. ②　30. ②　31. ①　32. ④

33 아킹 혼의 설치 목적은 무엇인가?

① 코로나 손의 방지
② 이상 전압 제한
③ 지지물의 보호
④ 섬락 사고 시 애자의 보호

해설) 아킹 혼(arcing horn)은 섬락 시 애자를 보호하고 애자련의 전압 분담을 균일하게 한다.

34 송전 선로에서 소호환(arcing ring)을 설치하는 이유는?

① 전력 손실 감소
② 송전 전력 증대
③ 애자에 걸리는 전압 분포의 균일
④ 누설 전류에 의한 편열 방지

해설) 소호환(arcing ring)의 목적은 애자련을 보호하며 애자련의 전압 분담을 균일하게 한다.

35 송전선 현수 애자련의 연면 섬락과 가장 관계가 없는 것은?

① 철탑 접지 저항
② 현수 애자련의 개수
③ 현수 애자련의 오손
④ 가공 지선

해설) 가공 지선은 유도뢰, 직격뢰 등으로부터 피해를 줄일 수 있도록 송전선 위에 나란히 설치하는 것이다.

36 345[kV] 초고압 송전선로에 사용되는 현수애자는 1련 현수인 경우 대략 몇 개 정도 사용되는가?

① 6~8
② 12~14
③ 18~20
④ 28~38

해설) 66[kV]에서 4개, 154[kV]에서 9~11개, 345[kV]에서는 19~23개 가량을 사용하고 있다.

37 4개를 한 줄로 이어 단 표준 현수 애자를 사용하는 송전선 전압[kV]은?

① 22
② 66
③ 154
④ 345

해설) 66[kV]에서 4개, 154[kV]에서 9~11개, 345[kV]에서는 19~23개 가량을 사용하고 있다.

38 154[kV] 송전 선로에 10개의 현수 애자가 연결되어 있다. 가장 전압 부담이 작은 것은?

① 철탑에 가장 가까운 것
② 철탑에서 3번째
③ 전선에서 가장 가까운 것
④ 전선에서 3번째

답 33. ④ 34. ③ 35. ④ 36. ③ 37. ② 38. ②

[해설] 154[kV] 송전 선로에서 현수 애자의 전압 부담은 전선에서 가까이 있는 것부터 1번째 애자 22[%], 2번째 애자 17[%], 3번째 애자 12[%], 4번째 애자 10[%] 그리고 8번째 애자가 약 6[%], 마지막 애자가 8[%] 정도의 전압을 부담하게 되는데 이러한 현상은 대지 정전 용량과 애자의 정전 용량이 있기 때문이다.

39 ★★★★ 【88. 97. 00. 05. 기사, 11. 18. 23. 산업기사】
가공 송전선에 사용하는 애자련 중 전압 부담이 최대인 것은?

① 전선에 가장 가까운 것
② 중앙에 있는 것
③ 철탑에 가장 가까운 것
④ 철탑에서 $\frac{1}{3}$ 지점의 것

[해설] 전압 분담 최대 : 전선쪽 애자, 전압 분담 최소 : 철탑에서 1/3 지점 애자

40 ★★ 【83. 91. 95. 99. 산업기사】
현수 애자의 연효율(string efficiency) $\eta[\%]$는? 단, V_1은 현수 애자 1개의 섬락 전압, n은 1련의 사용 애자수이고 V_n은 애자련의 섬락 전압이다.

① $\eta = \dfrac{V_n}{nV_1} \times 100[\%]$
② $\eta = \dfrac{nV_1}{V_n} \times 100[\%]$
③ $\eta = \dfrac{nV_n}{V_1} \times 100[\%]$
④ $\eta = \dfrac{V_1}{nV_n} \times 100[\%]$

[해설] 애자의 연효율(string efficiency)는 $\eta = \dfrac{V_n}{nV_1} \times 100[\%]$이다.

41 ★★ 【05. 기사, 87. 93. 04. 25. 산업기사】
250[mm] 현수 애자 10개를 직렬로 접속된 애자연의 건조 섬락 전압이 590[kV]이고 연효율(string efficiency) 0.74이다. 현수 애자 한 개의 건조 섬락 전압은 약 몇 [kV]인가?

① 80   ② 90   ③ 100   ④ 120

[해설] $\eta = \dfrac{V_n}{nV_1}$ 에서 $V_1 = \dfrac{V_n}{n\eta} = \dfrac{590}{10 \times 0.74} ≒ 80[kV]$

유사문제

01. 소호각(arcing horn)의 역할은?
답 애자의 파손을 방지한다.

02. 가공 전선로에서 사용하는 애자련 중 전압 부담이 최소인 것은?
답 철탑에 가까운 곳

답 39. ① 40. ① 41. ①

03. 250[mm] 현수 애자 한 개의 건조 섬락 전압은 80[kV]이다. 이것을 10개 직렬로 접속한 애자련의 건조 섬락 전압은 650[kV]일 때 연능률(string efficiency)은?

답 $\eta = \dfrac{V_n}{nV_1} = \dfrac{650}{10 \times 80} = 0.8125$

04. 핀 애자는 일반적으로 몇 [kV] 이하의 선로에 사용되는가?

답 30[kV]

지선

42 ★★ 【82. 86. 92. 산업기사, ㉺ : 76. 산업기사】

그림과 같이 지선을 가설하여 전주에 가해진 수평 장력 800[kg]을 지지하고자 한다. 지선으로써 4[mm] 철선을 사용한다고 하면 몇 가닥 사용해야 하는가? 단, 4[mm] 철선 1가닥의 인장 하중은 440[kg]으로 하고 안전율은 2.5이다.

① 7
② 8
③ 9
④ 10

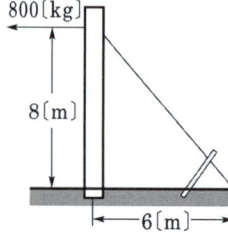

해설 $T = T_0 \cos\theta \quad T_0 = \dfrac{T}{\cos\theta} = \dfrac{800}{\dfrac{6}{\sqrt{8^2 + 6^2}}} = \dfrac{8,000}{6}$

철선의 가닥 수 n이라면 $\dfrac{8,000}{6} = \dfrac{440}{2.5} \times n$

$\therefore n = \dfrac{8,000 \times 2.5}{6 \times 440} = 7.6 ≒ 8[개]$

43 ★☆ 【94. 98. 01. 산업기사】

전선의 장력이 1,000[kg]일 때 지선에 걸리는 장력은 몇 [kg]인가?

① 2,000
② 2,500
③ 3,000
④ 3,500

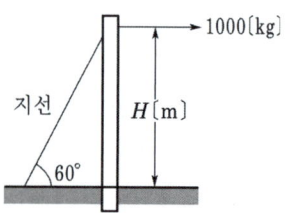

해설 $T = \dfrac{1,000}{\cos 60°} = 2,000 [\text{kg}]$

답 42. ② 43. ①

44 ★ 【94. 기사】

지상 높이 h[m]인 곳에 수평 하중 T_0[kg]을 받는 목주에 지선을 설치할 때 지선 l[m]이 받은 장력은 몇 [kg]인가?

① $\dfrac{lT_0}{\sqrt{l^2-h^2}}$ ② $\dfrac{hT_0}{\sqrt{l^2-h^2}}$

③ $\dfrac{lT_0}{\sqrt{l^2+h^2}}$ ④ $\dfrac{lT_0}{h}$

[해설] $\cos\theta = \dfrac{\sqrt{l^2-h^2}}{l} = \dfrac{T_0}{T_l}$

$T_l = T_0 \cdot \dfrac{l}{\sqrt{l^2-h^2}}$

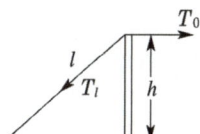

유사문제

■ 유사문제 원문 및 해설 : 동일출판사 홈페이지 ≫ 고객센터 ≫ 자료실

01. 그림과 같이 목주를 수평 장력 T로 당기고 있을 때 지선에 필요한 소선 수는 몇 개인가? 단, 지선으로는 4[mm]의 아연 도금 철선을 사용하고 그의 인장 강도는 30[kg/mm²], 안전율을 3으로 한다.

답 $n = \dfrac{3T}{120\pi} \times \dfrac{\sqrt{H^2+a^2}}{a}$

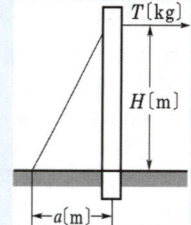

케이블

45 ★★★☆ 【94. 기사, 82. 85. 86. 96. 00. 05. 산업기사】

선택 배류기는 어느 전기설비에 설치하는가?

① 급전선 ② 가공 통신 케이블
③ 가공 전화선 ④ 지하 전력 케이블

[해설] 선택 배류기는 지하 전력 케이블에 설치된다.

46 ★★ 【76. 93. 99. 06. 12. 산업기사】

케이블의 전력 손실과 관계가 없는 것은?

① 도체의 저항손 ② 유전체손
③ 연피손 ④ 철손

답 44. ① 45. ④ 46. ④

[해설] 케이블의 손실 ① 저항손 ② 유전체손 ③ 연피손

47 케이블을 부설한 후 현장에서 절연 내력 시험을 할 때 직류로 하는 이유는?
① 절연 파괴시까지의 피해가 적다.　② 절연 내력은 직류가 크다.
③ 시험용 전원의 용량이 적다.　④ 케이블의 유전체손이 없다.

[해설] 직류로 시험하는 이유는 케이블의 충전전류가 없고 시험용 전원용량이 적어 이동이 간편하며 휴대하기 쉽다.

48 지중 케이블에 있어서 고장점을 찾는 방법이 아닌 것은?
① 머리 루프 시험기에 의한 방법　② 메거에 의한 측정 방법
③ 수색 코일에 의한 방법　④ 펄스에 의한 측정법

[해설] 지중 케이블 고장 수색법
① 머리 루프법　② 정전 용량의 측정으로 발견하는 법
③ 수색 코일로 하는 방법　④ 펄스로 하는 방법
⑤ 음향으로 고장점을 측정하는 방법
메거는 절연저항 측정에 사용된다.

49 그림과 같이 각 도체와 연피간의 정전 용량이 C_0, 각 도체 간의 정전 용량이 C_m인 3심 케이블의 도체 1조당의 작용 정전 용량은?

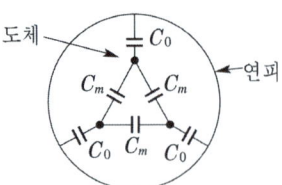

① $C_0 + C_m$　② $3(C_0 + C_m)$　③ $3C_0 + C_m$　④ $C_0 + 3C_m$

[해설] 3상 3선식 : $C_n = C_0 + 3C_m$
단상 2선식 : $C_n = C_0 + 2C_m$

50 지중 전선로인 전력 케이블의 고장 검출 방법으로 머리(Murray) 루프법이 있다. 이 방법을 사용하되 교류 전원 수화기를 접속시켜 찾을 수 있는 고장은?
① 1선 지락　② 2선 단락　③ 3선 단락　④ 1선 단선

47. ③　48. ②　49. ④　50. ④

51 그림과 같이 변압기 2대를 사용하여 정전 용량 1[μF]인 케이블의 내압 시험을 행하였다. 60[Hz]인 시험 전압으로 5,000[V]를 가할 때 저압측의 전류계 Ⓐ 및 전압계 Ⓥ의 지시값은? 단, 여기서 변압기의 탭 전압은 저압측 105[V], 고압측 3,300[V]로 하고 내부 임피던스 및 여자 전류는 무시한다.

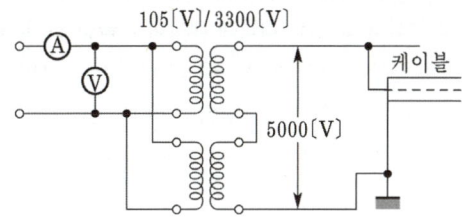

① 159, 118.4
② 79.5, 118.4
③ 118.4, 79.5
④ 159, 59.2

해설 케이블에 가해지는 전압은 5,000[V], 변압기 1대의 2차측 전압은 2,500[V]이므로 전압계의 지시는

$$V = 2,500 \times \frac{105}{3,300} = 79.5[V]$$

고압측의 전류는 케이블의 충전 전류이므로

$$I_2 = \omega CE = 2 \times 3.14 \times 60 \times 1 \times 10^{-6} \times 5,000 = 1.884[A]$$

저압측 전류계의 지시는 변압기가 병렬이므로

$$I_1 = 1.884 \times \frac{3,300}{105} \times 2 = 118.4[A]$$

52 전력 설비의 과열개소 발견에 사용되는 장치와 관계 없는 것은?

① 적외선 카메라
② Thermovision
③ Hot spot detector
④ Heat proof cable

해설 과열개소 발견 장치
① 적외선 카메라 ② Thermovision ③ Hot spot detector

유사문제

01. 다음의 고무 플라스틱 절연 전력 케이블 중에서 154[kV]급 송전선에 사용되는 케이블은?
> CV형

02. OF 케이블의 유압은 얼마인가?
> 1[kg/cm²] 이상

03. 단심 케이블의 파동 임피던스[Ω]는? 단, r은 도체에 반지름[m], R은 케이블의 중심에서 연피까지의 반지름[m], ϵ은 절연체의 유전율이다.

51. ③ 52. ④

답 $Z_0 = \dfrac{1}{\sqrt{\epsilon}} 138\log\dfrac{R}{r}[\Omega]$

04. 선로를 개로한 후에도 잔류 전하에 의한 안전상 위험성이 있어 방전을 요하는 것은?
답 개로한 전로가 전력 케이블인 것

05. 최근 전력 계통에 전력 케이블의 사용이 많아지고 있다. 그래서 계통의 전압 조정 및 보호 방식에 대하여 많은 문제점이 발생하고 있는데, 이들에 대하여 기술한 것 중 옳은 것은?
답 계통의 정전 용량이 커져 경부하에서는 페란티 효과(Ferranti effect)로 인하여 전압 상승이 발생할 가능성이 많아진다.

지지물

★★★ 【93. 98. 00. 01. 04. 12. 산업기사】
53 보통 송전선용 표준 철탑 설계의 경우 가장 큰 하중은?
① 풍압　　　　　　　　② 애자, 전선의 중량
③ 빙설　　　　　　　　④ 전선의 인장 강도

해설 전선로의 지지물에 가해지는 하중에는 지지물의 자중 가섭선의 자중, 부착한 빙설의 자중, 애자 및 애자 금구류의 자중에 의한 수직 하중, 선로 방향의 하중으로 지지물 자체의 풍압과 가섭선의 불평형 장력으로 인한 수평 종하중, 전선로의 방향과 직각으로 작용하는 수평 횡하중의 3가지가 있는데 이 중 수평 횡 하중은 지지물에 큰 벤딩 모멘트(bending moment)를 주므로 엄격한 계산을 요한다.

★★ 【95. 기사, 96. 98. 산업기사】
54 전선로의 지지물 양쪽 경간의 차가 큰 곳에 쓰이며 E철탑이라고도 하는 철탑은?
① 인류형 철탑　　　　② 보강형 철탑
③ 각도형 철탑　　　　④ 내장형 철탑

해설 내장 철탑은 전선로의 지지물 양쪽 경간의 차가 큰 곳에 사용하며, 혹은 E 철탑이라고도 한다.

☆ 【93. 산업기사】
55 직선 철탑이 여러 기로 연결될 때에는 10기마다 1기의 비율로 넣은 철탑으로서 선로의 보강용으로 사용되는 철탑은?
① 각도 철탑　　　　　② 인류 철탑
③ 내장 철탑　　　　　④ 특수 철탑

해설 내장 철탑은 전선로의 지지물 양쪽 경간의 차가 큰 곳에 사용하며, 혹은 E 철탑이라고도 한다.

답 53. ①　54. ④　55. ③

56 ★ 【80. 93. 산업기사】
154[kV] 송전선과 그 지지물, 완금류, 지주 또는 지선과의 최소 절연간격은 몇 [mm]인가?

① 900 ② 1,150
③ 1,250 ④ 1,400

[해설]
- 154[kV] : 900[mm]
- 345[kV] : 1,600[mm]

유사문제
‖ 유사문제 원문 및 해설 : 동일출판사 홈페이지 ≫ 고객센터 ≫ 자료실

01. 전선로의 지지물에 가해지는 하중에서 상시 하중으로 가장 중요한 것은?
답 수평 횡하중

답 56. ①

CHAPTER 08 배전 선로의 구성과 전기 방식

1 배전 방식

① 급전선(feeder) : 배전 변전소 또는 발전소로부터 배전 간선에 이르기까지의 도중에 부하가 접속되어 있지 않은 선로
② 간선(main line) : 급전선에 접속된 수용 지역에서의 배전 선로 가운데에서 부하의 분포 상태에 따라서 배전하거나 또는 분기선을 내어서 배전하는 주간 부분
③ 분기선(branch line) : 간선으로부터 분기한 배전 선로의 가지 모양으로 된 부분

1) 수지식(나뭇가지식 : tree system)
① 전원 변전소로부터 1회선 인출 수용가 공급
② 경제적인 공급 방식임
③ 신규 부하 증설이 용이함

2) 환상식(loop system)
루프 배선의 이점은 선로의 도중에 고장 발생시, 고장 개소의 분리 조작이 용이하여 그 부분을 빨리 분리시킬 수 있고 전류의 통로에 융통성이 있으므로 전력 손실과 전압 강하가 적다.

출제 산업 5번, 기사 1번

(1) 순수 환상 방식
① 동일 변전소 동일 뱅크에서 2회선으로 상시 공급(설비 구성 고가)함
② 선로 고장시 고장 구간 양측의 계전기를 통해 차단기를 동작함
③ 건전 선로에 의한 수용가 무정전 공급이 가능함

(2) 개방 환상 방식
① 동일 변전소 동일 뱅크 또는 변전소나 뱅크를 달리하여 양 계통을 연계하고 선로 부하 중심을 상시 개방 운전함
② 선로 고장시 고장점 탐색 및 개폐기 조작 방식에 따라 정전 시간이 좌우됨

3) 저압 뱅킹 방식(Banking)
동일 고압 배전선로에 접속되어 있는 2대 이상의 배전용 변압기를 경유해서 저압측 간선을 병렬 접속하는 방식으로 수지식과 비교한 저압 뱅킹 방식의 장점은 다음과 같다.

① 변압기의 공급 전력을 서로 융통시킴으로써 변압기 용량을 저감할 수 있다.
② 전압 변동 및 전력 손실이 경감된다.
③ 부하의 증가에 대응할 수 있는 탄력성이 향상된다.
④ 고장 보호 방식이 적당할 때 공급 신뢰도는 향상된다(정전의 감소).   출제 산업 3번

저압 뱅킹 방식의 단점으로 변압기 2차측에 발생한 사고가 단락보호 장치로 제거 구분되지 않아 사고 범위가 확대되어 나가는 현상이 생긴다. 이러한 현상을 캐스케이딩 현상이라 한다.
출제 산업 7번, 기사 6번

4) 망상식(network system)

이 방식은 어느 회선에 사고가 일어나더라도 다른 회선에서 무정전으로 공급할 수 있기 때문에 다음과 같은 여러 가지 장점을 지니고 있다.

① 무정전 공급이 가능해서 공급 신뢰도가 높다.   출제 산업 3번, 기사 1번
② 플리커, 전압 변동률이 적다.
③ 전력 손실이 감소된다.   출제 산업 6번, 기사 5번
④ 기기의 이용률이 향상된다.
⑤ 부하 증가에 대한 적응성이 좋다.
⑥ 변전소의 수를 줄일 수 있다.

반면에 이 방식의 단점으로서는

① 건설비가 비싸다.
② 특별한 보호 장치를 필요로 한다.
   (네트워크 프로텍터 : 저압용 차단기, 방향성 계전기, Fuse)   출제 기사 4번

등을 들 수 있다. 이 네트워크 방식을 간소화한 것에 스포트 네트워크 방식이 있다.

2 전기 공급 방법별 비교

1) 공급 방법

구분	단상 2선식 220[V] (A)	단상 3선식 110/220[V] (B)	A+B	3상 4선식 220/380[V]
공급 방법			• 병행 운용	• 동력 부하와 공용 • 동력 수용 또는 특수한 경우는 단상 공급 방식 보완 운용
장점	• 부하 불평형 없음 • 저압 선로가 단순함	• 경제적 배전 방식-전선 소요량 및 전력 손실 감소 • 장경간 공급 가능	• A+B	• 공급 능력 최대 • 경제적 배전 방식 • 배전 설비의 단순화

구분	단상 2선식 220[V] (A)	단상 3선식 110/220[V] (B)	A+B	3상 4선식 220/380[V]
단점	• 전선 소요량 증가 • 전력 손실 증가 • 장경간 공급 곤란 • 대용량 공급 불가	출제 산업 4번, 기사 3번 • 부하 불평형 문제 발생 출제 산업 2번, 기사 3번 • 중성선 단선 시 이상 전압 유입으로 기기 소손 사고 발생 • (저압 밸런서 필요) 출제 기사 5번	A+B	출제 산업 1번 • 부하 불평형 발생(손실 최대) • 동력 부하 기동시 플리커 발생 우려 • 중성선 단선시 이상 전압 유입
비고	• 소용량 단경간 부하에 적합	• 아파트 등 부하 밀집 지역에 유리 • 220[V] 승압 과도 조치용	• 단상 2선식-소용량 부하 및 단경간 공급 • 단상 3선식-대용량 부하 및 장경간 부하 공급	• 동력과 전등 부하 공동범위 검토 필요 • 부하 불평형 방지 대책 검토 • 중성선 단선 방지 마련 • 우리나라 배전방식 중 가장 많이 사용 출제 산업 3번

1) 1선당 공급 전력비 비교

단상 2선식과 3상 3선식의 1선당 공급 전력비를 비교하면 다음과 같다.

전선의 중량이 같다면 $V_0 = 2A_1 L = 3A_3 L$

$$\therefore \frac{A_3}{A_1} = \frac{2}{3} = \frac{R_1}{R_3}$$

또한 전력손실이 같으면 $P_C = 2I_1^2 R_1 = 3I_3^2 R_3$ 에서

$$\left(\frac{I_1}{I_3}\right)^2 = \frac{3R_3}{2R_1} = \frac{3}{2} \times \frac{3}{2}$$

$$\therefore \frac{I_1}{I_3} = \frac{3}{2}$$

$\therefore$ 공급전력의 비 $\dfrac{W_1}{W_3} = \dfrac{VI_1}{\sqrt{3}\,VI_3} = \dfrac{1}{\sqrt{3}} \times \dfrac{3}{2} = \dfrac{\sqrt{3}}{2}$ 출제 산업 1번

따라서 이를 정리하면 다음 표와 같이 된다.

종별	전력	손실	전선량	1선당 공급전력	1선당 공급전력비교	
$1\phi 2W$	$P = VI\cos\theta$	$2I^2 R$	$2W$	$1/2 P$	100[%]	
$1\phi 3W$	$P = 2VI\cos\theta$	$2I^2 R$	$3W$	$2/3 P$	133[%]	출제 기사 3번
$3\phi 3W$	$P = \sqrt{3}\,VI\cos\theta$	$3I^2 R$	$3W$	$\sqrt{3}/3\,P$	115[%]	출제 산업 3번 기사 1번
$3\phi 4W$	$P = 3VI\cos\theta$	$3I^2 R$	$4W$	$3/4 P$	150[%]	

2) 전선의 중량비 비교

단상 2선식의 배전선 소요 전선 총량을 100[%]라 할 때 3상 3선식의 소요 전선량의 총량과의 비를 구하면

$$\text{전력 손실 } 2I_1^2 R_1 = 3I_3^2 R_3$$

$$\therefore 2(\sqrt{3}\, I_3)^2 R_1 = 3I_3^2 R_3$$

따라서 $\dfrac{R_1}{R_3} = \dfrac{S_3}{S_1} = \dfrac{1}{2}$

따라서 소요 전선량의 비는

$$\frac{3 \text{상 } 3 \text{선식}}{\text{단상 } 2 \text{선식}} = \frac{3S_3}{2S_1} = \frac{3}{2} \times \frac{R_1}{R_3} = \frac{3}{2} \times \frac{1}{2} = \frac{3}{4}$$

$$\therefore 75[\%]$$

단상 3선식의 단상 2선식에 대한 전선 중량의 비는

$$2I_2^2 R_2 = 2I_3^2 R_3, \quad 2I_2^2 \frac{\rho l}{S_2} = 2\left(\frac{I_2}{2}\right)^2 \frac{\rho l}{S_3} \quad \therefore S_3 = \frac{S_2}{4}$$

따라서 소요 전선량의 비는

$$\frac{\text{단상 } 3 \text{선식}}{\text{단상 } 2 \text{선식}} = \frac{3S_3}{2S_2} = \frac{3}{2} \times \frac{1}{4} = \frac{3}{8}$$

$\therefore 37.5[\%]$ **출제** 산업 3번

가 된다. 이를 정리하면 다음 표와 같다.

방 식		$1\phi 2W$ 소요 전선량을 100[%]로		절약량
$1\phi 3W$	중성선 굵기동일	3/8 = 37.5[%] 소요		62.5[%]
	중성선 굵기 1/2	2.5/8		
$3\phi 3W$	–	3/4 = 75[%] 소요		25[%]
$3\phi 4W$	중성선 굵기 동일	4/12		66[%](최대) **출제** 산업 1번, 기사 1번
	중성선 굵기 1/2	3.5/12 = 29.2[%] 소요		

비교 : $\dfrac{3 \text{상 } 4 \text{선식}}{3 \text{상 } 3 \text{선식}} = \dfrac{\frac{4}{12}}{\frac{3}{4}} = \dfrac{4}{9}$ **출제** 기사 6번

3 배전변압기

1) 변압기 용량의 결정

현재 사용되고 있는 3.3[kV]용이나 6.6[kV]용의 단상 변압기는 그림과 같은 내부 결선으로 되어 있다. 즉, 저압측에는 105[V]의 권선 2개를 갖추고 각각 이것을 직렬로 연결하여 210[V], 병렬로 연결하여 105[V]를 얻어 동력과 전등의 2종류의 수요에 대응하도록 하고 있다.

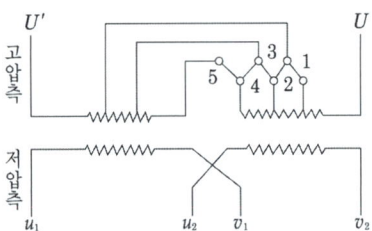

단상 변압기의 내부 결선

고압측에는 3,300[V] 배전의 경우 3,450[V]로부터 2,850[V](6,600[V]의 경우에는 6,900[V]로부터 5,700[V])까지의 5개의 단자를 구비하고 있다.
주상용 소형 변압기에는 KS 규격으로 정해진 다음의 표준 용량이 있다.

> 1, 2, 3, 4, 5, 7.5, 10, 15, 20, 25, 30, 40, 50[kVA]

일반적으로 전등용으로는 단상 변압기 1대를 사용하고 있으며, 동력용으로는 단상 변압기 2대를 V결선, 또는 3대를 △결선해서 사용한다.

2) V-V 결선 변압기의 출력

(1) V 결선 출력 P_V

$$P_V = \sqrt{3}\,P_1$$

출제 산업 15번, 기사 11번

(2) 이용률

$$이용률 = \frac{\sqrt{3}\,P_1}{2P_1} = 0.866$$

(3) 출력비

$$출력비 = \frac{\sqrt{3}\,P_1}{3P_1} = 0.577$$

출제 기사 1번

CHAPTER 08 출제예상문제_배전 선로의 구성과 전기 방식

배전방식

01 ☆ 【92. 산업기사】
공칭 전압은 그 선로를 대표하는 선간 전압을 말하고, 최고 전압은 정상 운전 시 선로에 발생하는 최고의 선간 전압을 나타낸다. 다음 표에서 공칭 전압에 대한 최고 전압이 옳은 것은?

표준 전압

	공칭 전압[kV]	최고 전압[kV]
①	3.3/5.7Y	3.5/6.0Y
②	6.6/11.4Y	6.9/11.9Y
③	13.2/22.9Y	13.5/24.8Y
④	22/38Y	25/45Y

[해설] 최고 전압 = 공칭 전압 $\times \dfrac{1.15}{1.1}$

우리나라의 표준 전압

공칭 전압[kV]	최고 전압[kV]
3.3/5.7	3.4/5.9
6.6/11.4	6.9/11.9
13.2/22.9	13.7/23.8
22/38	23/40
66	69
154	161
220	230
345	360

02 ★★ 【87. 기사, 99. 산업기사, ㊉ : 01. 산업기사】
3상 송전 선로의 공칭 전압이란?

① 무부하 상태에서 그의 수전단의 선간 전압
② 무부하 상태에서 그의 송전단의 상전압
③ 전부하 상태에서 그의 송전단의 선간 전압
④ 전부하 상태에서 그의 수전단의 상전압

[해설] 공칭 전압은 그 선로를 대표하는 선간 전압을 말하며, 최고 전압은 정상 운전 시에 선로에 발생하는 최고의 선간 전압을 가리킨다.

답 1. ② 2. ③

★ 【95. 기사】
03 우리 나라에서 사용하는 공칭 전압 22,000(22,000/38,000)에서 (22,000/38,000)의 의미는?

① (접지 전압/비접지 전압) ② (비접지 전압/접지 전압)
③ (선간 전압/상전압) ④ (상전압/선간 전압)

해설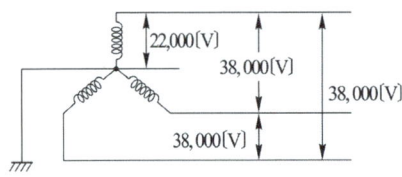

$$\frac{22,000}{38,000} = \frac{상전압}{선간\ 전압}$$

★ 【97. 기사】
04 그림과 같이 2차 변전소에 따로 따로 전력을 공급하는 지중 전선로 방식은?

① 평행식
② 다단식
③ 방사식
④ 환상식

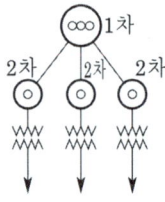

해설 위 문제의 그림은 가지식(방사식)을 나타낸 것이다.

★★★★ 【85. 91. 96. 98. 기사】
05 배전선의 전력 손실 경감 대책이 아닌 것은?

① Feeder 수를 늘린다. ② 역률을 개선한다.
③ 배전 전압을 높인다. ④ Network 방식을 채택한다.

해설 배전선로의 전력손실 $P_l = 3I^2 r = \dfrac{\rho w^2 L}{A V^2 \cos^2 \theta}$

ρ : 고유저항, w : 부하전력, L : 배전거리
A : 전선의 단면적, V : 수전전압, $\cos\theta$: 부하역률

★★ 【85. 98. 기사】
06 배전 방식에 있어서 저압 방사상식에 비교하여 저압 뱅킹 방식이 유리한 점 중에서 틀린 것은?

① 전압 동요가 작다.
② 고장이 광범위하게 파급될 우려가 없다.
③ 단상 3선식에서는 변압기가 서로 전압 평형 작용을 한다.
④ 부하 증가에 대하여 융통성이 좋다.

해설 저압 방사상식(나뭇가지식)에 비하여 저압 뱅킹 방식은 캐스케이딩 현상이 발생하므로 고장이 광범위하게 파급될 우려가 있다.

답 3. ④ 4. ③ 5. ① 6. ②

07 네트워크 배전 방식의 장점이 아닌 것은? ★★★★★ 【80. 85. 90. 94. 98. 기사, 81. 85. 91. 95. 96. 00. 12. 23. 산업기사】

① 정전이 적다.
② 전압 변동이 적다.
③ 인축의 접촉 사고가 적어진다.
④ 부하 증가에 대한 적응성이 크다.

해설 네트워크 배전 방식의 장점
① 배전 신뢰도 높다.   ② 기기 이용률 향상된다.
③ 전압 변동이 적다.   ④ 적응성 양호하다.
⑤ 전력 손실이 감소한다.   ⑥ 변전소 수를 줄일 수 있다.

08 저압 뱅킹 배전 방식에서 캐스케이딩 현상이란? ★★★★★ 【78. 85. 92. 99. 09. 기사, 80. 82. 87. 90. 95. 97. 99. 14. 산업기사】

① 변압기의 부하 배분이 균일하지 못한 현상
② 저압선의 고장에 의하여 건전한 변압기의 일부 또는 전부가 차단되는 현상
③ 전압 동요가 적은 현상
④ 저압선이나 변압기에 고장이 생기면 자동적으로 제거되는 현상

해설 캐스케이딩 현상이란 Banking 배전방식으로 운전 중 건전한 변압기 일부가 고장이 발생하면 부하가 다른 건전한 변압기에 걸려서 고장이 확대되는 현상을 말한다.

09 저압 뱅킹(banking) 방식에 대한 설명으로 옳은 것은? ★★ 【93. 01. 기사】

① 깜빡임(light flicker) 현상이 심하게 나타난다.
② 저압간선의 전압강하는 줄여지나 전력손실은 줄일 수 없다.
③ 캐스케이딩(cascading) 현상의 염려가 있다.
④ 부하의 증가에 대한 융통성이 없다.

해설 캐스케이딩 현상이란 저압 선로 일부 구간에 사고가 발생할 때 이 사고가 적정하게 제거되지 못하면 건전한 구간까지 사고가 확대되는 현상으로 뱅킹 방식의 단점이다.

10 다음과 같은 특징이 있는 배전 방식은? ★☆ 【84. 96. 00. 산업기사】

- 전압 강하 및 전력 손실이 경감된다.
- 변압기 용량 및 저압선 동량이 절감된다.
- 부하 증가에 대한 탄력성이 향상된다.
- 고장 보호 방법이 적당할 때 공급 신뢰도가 향상되며, 플리커 현상이 경감된다.

① 저압 네트워크 방식
② 고압 네트워크 방식
③ 저압 뱅킹 방식
④ 수지상 배전 방식

답 7. ③ 8. ② 9. ③ 10. ③

해설 저압 뱅킹 방식의 특징
- 전압 강하 및 전력 손실이 경감된다.
- 변압기 용량 및 저압선 동량이 절감된다.
- 부하 증가에 대한 탄력성이 향상된다.
- 고장 보호 방법이 적당할 때 공급 신뢰도가 향상되며, 플리커 현상이 경감된다.

11 【03. 기사, 82. 83. 91. 산업기사】
다음의 배전 방식 중 공급 신뢰도가 가장 우수한 계통 구성 방식은?
① 수지상 방식 ② 저압 뱅킹 방식
③ 고압 네트워크 방식 ④ 저압 네트워크 방식

해설 동일 모선에서 나오는 2회선 이상의 급전선으로 공급하여 저압 수용가에 무정전 공급이 되도록 한 것이 저압 네트워크 방식으로 신뢰도가 좋다.

12 【83. 92. 97. 03. 05. 산업기사】
루프 배전의 이점은?
① 전선비가 적게 든다. ② 농촌에 적당하다.
③ 증설이 용이하다. ④ 전압 변동이 적다.

해설 루프 배선의 이점은 선로의 도중에 고장 발생시, 고장 개소의 분리 조작이 용이하여 그 부분을 빨리 분리시킬 수 있고 전류의 통로에 융통성이 있으므로 전력 손실과 전압 강하가 적다.

13 【03. 기사】
배전 방식에서 루프 계통에 대한 설명으로 옳은 것은?
① 일반적으로 배전 변압기나 2차 변전소에 대하여 1개의 공급 회로를 가지고 있다.
② 계전 방식이 비교적 간단하다.
③ 공급의 계속성은 없으나 증설이 용이하며, 초기 설비비가 저렴하다.
④ 전압 변동률이 방사상계통보다 좋고 부하를 균등히 할 수 있다.

해설 루프 배선의 이점은 선로의 도중에 고장 발생 시, 고장 개소의 분리 조작이 용이하여 그 부분을 빨리 분리시킬 수 있고 전류의 통로에 융통성이 있으므로 전력 손실과 전압 강하가 적다.

14 【83. 97. 00. 기사】
다음 그림이 나타내는 배전 방식은 다음 중 어느 것인가?
① 정전압 병렬식
② 정전류 직렬식
③ 정전압 직렬식
④ 정전류 병렬식

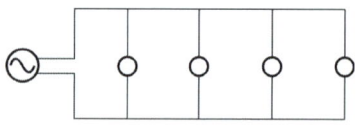

해설 정전압 병렬식

답 11. ④ 12. ④ 13. ④ 14. ①

15 저압 네트워크 배전 방식에 사용되는 네트워크 프로텍터(network protector)의 구성 요소가 아닌 것은?

① 저압용 차단기 ② 퓨즈
③ 전력 방향 계전기 ④ 계기용 변압기

해설 ▶ 네트워크 프로텍터의 3요소 ① 저압용 차단기 ② 방향성 계전기 ③ Fuse

전기방식별 비교

16 부하 불평형에 의한 손실 증가가 가장 많은 것은?

① 단상 2선식 ② 3상 3선식 ③ 3상 4선식 ④ V결선

해설 ▶ 3상 4선식의 경우 불평형 부하의 손실이 가장 크다.

17 우리나라 배전 방식 중 가장 많이 사용하고 있는 것은?

① 단상 2선식 ② 3상 3선식 ③ 3상 4선식 ④ 2상 4선식

해설 ▶ 전선량에 따른 경제성이 가장 좋음

18 단상 3선식에 대한 설명 중 옳지 않은 것은?

① 불평형 부하시 중성선 단선 사고가 나면 전압 상승이 일어난다.
② 불평형 부하시 중성선에 전류가 흐르므로 중성선에 퓨즈를 삽입한다.
③ 선간 전압 및 선로 전류가 같을 때 1선당 공급 전력은 단상 2선식의 133[%]이다.
④ 전력 손실이 동일할 경우 전선 총중량은 단상 2선식의 37.5[%]이다.

해설 ▶ 단상 3선식 전기 방식에서는 중성선이 단선 사고가 나면 전압 상승이 일어나므로 어떠한 경우라도 중성선에는 퓨즈를 삽입해서는 안 된다.

19 저압 단상 3선식 배전 방식의 단점은?

① 절연이 곤란하다. ② 전압의 불평형이 생기기 쉽다.
③ 설비 이용률이 나쁘다. ④ 2종의 전압을 얻을 수 있다.

답 15. ④ 16. ③ 17. ③ 18. ② 19. ②

해설, 중성선 단선에 의한 전압 불평형이 생기기 쉽다(경부하측 전위 상승).

20 ★★★★ 【79. 85. 92. 00. 04. 기사】
단상 3선식에서 사용되는 밸런서의 특성이 아닌 것은?
① 여자 임피던스가 적다.   ② 누설 임피던스가 적다.
③ 권수비가 1:1이다.   ④ 단권 변압기이다.

해설, 밸런서의 특징
① 여자 임피던스가 크다. ② 누설 임피던스가 적다. ③ 권수비 1:1인 단권 변압기이다.

21 ★ 【95. 기사】
다음의 배전 방식 중 선간전압 및 1선당의 전류가 같을 때 어느 조합이 같은 전력을 보낼 수 있는가?
① 단상 3선식—3상 3선식   ② 직류 3선식—3상 3선식
③ 직류 2선식—단상 2선식   ④ 직류 3선식—단상 2선식

해설, 직류 2선식—단상 2선식이 가능하다.

22 ★★★★ 【84. 91. 97. 99. 04. 기사】
다음 중 옳지 않은 것은?
① 저압 뱅킹 방식은 전압 동요를 경감할 수 있다.
② 밸런서는 단상 2선식에 필요하다.
③ 수용률이란 최대 수용 전력을 설비 용량으로 나눈 값을 퍼센트로 나타낸다.
④ 배전 선로의 부하율이 F일 때 손실 계수는 F와 F^2의 중간값이다.

해설, 밸런서는 단상 3선식에 필요하다.

23 ★★★ 【84. 93. 기사, ㊤ : 93. 기사】
옥내 배선을 단상 2선식에서 단상 3선식으로 변경하였을 때 전선 1선당의 공급 전력은 몇 배로 되는가? 단, 선간 전압(단상 3선식의 경우는 중성선과 타선간의 전압) 선로 전류(중성선의 전류 제외) 및 역률은 같을 경우이다.
① 0.71배
② 1.33배
③ 1.41배
④ 1.73배

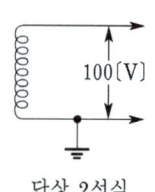
단상 2선식

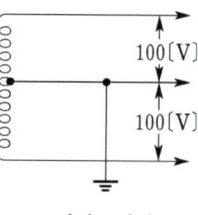
단상 3선식

답 20. ① 21. ③ 22. ② 23. ②

해설 단상 2선식의 전력은 $VI\cos\theta$, 1선당의 전력은 $\dfrac{VI\cos\theta}{2}$

단상 3선식의 전력은 $2VI\cos\theta$, 1선당의 전력은 $\dfrac{2VI\cos\theta}{3}$

그러므로 $\dfrac{\text{단상3선식의 1선당 공급전력}}{\text{단상2선식의 1선당 공급전력}} = \dfrac{\dfrac{2VI\cos\theta}{3}}{\dfrac{VI\cos\theta}{2}} = \dfrac{4}{3} = 1.33$

24 ★★ 【83. 00. 05. 기사】
교류 단상 3선식 배전 방식은 교류 단상 2선식에 비해 어떠한가?
① 전압 강하가 작고, 효율이 높다. ② 전압 강하가 크고, 효율이 높다.
③ 전압 강하가 작고, 효율이 낮다. ④ 전압 강하가 크고, 효율이 낮다.

해설 단상 3선식은 단상 2선식에 비하여 전압 강하도 작고 전력 손실도 작아 효율이 높다.

25 ★★☆ 【96. 기사, 98. 01. 산업기사, ⊕ : 79. 산업기사】
송전 전력, 송전 거리, 전선로의 전력 손실이 일정하고 같은 재료의 전선을 사용한 경우 단상 2선식에서 전선 한 가닥마다의 전력을 100[%]라 하면, 단상 3선식에서는 133[%]이다. 3상 3선식에서는 몇 [%]인가?
① 57   ② 87   ③ 100   ④ 115

해설 $\dfrac{\text{3상 3선식}}{\text{단상 2선식}} = \dfrac{\dfrac{\sqrt{3}}{3}}{\dfrac{1}{2}} \times 100 = \dfrac{2\sqrt{3}}{3} \times 100 = 115$

26 ★ 【25. 기사, 99. 18. 산업기사】
선간 전압, 부하 역률, 선로 손실, 전선 중량 및 배전 거리가 같다고 할 경우 단상 2선식과 3상 3선식의 공급전력의 비(단상/3상)는?
① 3/2   ② $1/\sqrt{3}$ ③ $\sqrt{3}$ ④ $\sqrt{3}/2$

해설 전선의 중량이 같다면 $V_0 = 2A_1 L = 3A_3 L$

$\therefore \dfrac{A_3}{A_1} = \dfrac{2}{3} = \dfrac{R_1}{R_3}$

또한 전력손실이 같으면 $P_C = 2I_1^2 R_1 = 3I_3^2 R_3$에서

$\left(\dfrac{I_1}{I_3}\right)^2 = \dfrac{3R_3}{2R_1} = \dfrac{3}{2} \times \dfrac{3}{2}$

$\therefore \dfrac{I_1}{I_3} = \dfrac{3}{2}$

$\therefore$ 공급전력의 비 $\dfrac{W_1}{W_3} = \dfrac{VI_1}{\sqrt{3}\,VI_3} = \dfrac{1}{\sqrt{3}} \times \dfrac{3}{2} = \dfrac{\sqrt{3}}{2}$

답 24. ① 25. ④ 26. ④

27 동일한 조건하에서 3상 4선식 배전 선로의 총 소요 전선량은 3상 3선식의 것에 비해 몇 배 정도로 되는가? 단, 중성선의 굵기는 전력선의 굵기와 같다고 한다.

① $\dfrac{1}{3}$ ② $\dfrac{3}{4}$ ③ $\dfrac{3}{8}$ ④ $\dfrac{4}{9}$

	단상 2선식	단상 3선식	3상 3선식	3상 4선식
소요 전선량 전력 손실비	24	9	18	8

해설 표에 의해 $\dfrac{3상\ 4선식}{3상\ 3선식} = \dfrac{8}{18} = \dfrac{4}{9}$

28 단상 2선식 배전선의 소요 전선 총량을 100[%]라 할 때 3상 3선식과 단상 3선식(중성선의 굵기는 외선과 같다)의 소요 전선의 총량은 각각 몇 [%]인가? 단, 선간 전압, 공급 전력, 전력 손실 및 배전 거리는 같다.

① 75, 37.5   ② 50, 75
③ 100, 37.5   ④ 37.5, 75

해설 단상 2선식의 배전선 소요 전선 총량을 100[%]라 할 때
3상 3선식의 소요 전선량의 총량과의 비를 구하면

전력 손실 $2I_1^2 R_1 = 3I_3^2 R_3$ ∴ $2(\sqrt{3}I_3)^2 R_1 = 3I_3^2 R_3$ 따라서 $\dfrac{R_1}{R_3} = \dfrac{S_3}{S_1} = \dfrac{1}{2}$

따라서 소요 전선량의 비는 $\dfrac{3상\ 3선식}{단상\ 2선식} = \dfrac{3S_3}{2S_1} = \dfrac{3}{2} \times \dfrac{R_1}{R_3} = \dfrac{3}{2} \times \dfrac{1}{2} = \dfrac{3}{4}$ ∴ 75[%]

단상 3선식의 단상 2선식에 대한 전선 중량의 비는
$2I_2^2 R_2 = 2I_3^2 R_3$, $2I_2^2 \dfrac{\rho l}{S_2} = 2\left(\dfrac{I_2}{2}\right)^2 \dfrac{\rho l}{S_3}$ ∴ $S_3 = \dfrac{S_2}{4}$

따라서 소요 전선량의 비는 $\dfrac{단상\ 3선식}{단상\ 2선식} = \dfrac{3S_3}{2S_2} = \dfrac{3}{2} \times \dfrac{1}{4} = \dfrac{3}{8}$ ∴ 37.5[%]

29 배전 선로의 전기 방식 중 전선의 중량(전선 비용)이 가장 적게 소요되는 전기 방식은? 단, 배전 전압, 거리, 전력 및 선로 손실 등은 같다고 한다.

① 단상 2선식   ② 단상 3선식
③ 3상 3선식   ④ 3상 4선식

해설 배전선로 소요 전선량의 비교

방 식	$1\phi 2W$ 소요 전선량을 100[%]로
$1\phi 3W$	3/8=37.5[%] 소요
$3\phi 3W$	3/4=75[%] 소요
$3\phi 4W$	4/12=33.33[%] 소요

답 27. ④ 28. ① 29. ④

30 ★★★ 【94. 01. 12. 기사, 85. 86. 08. 산업기사】
동일 전력을 동일 선간 전압, 동일 역률로 동일 거리에 보낼 때 사용하는 전선의 총 중량이 같으면 3상 3선식인 때와 단상 2선식일 때의 전력 손실비는?

① 1 ② $\dfrac{3}{4}$ ③ $\dfrac{2}{3}$ ④ $\dfrac{1}{\sqrt{3}}$

 $VI_1 = \sqrt{3}\,VI_3$, $\dfrac{I_1}{I_3} = \sqrt{3}$

중량 $2\sigma A_1 l = 3\sigma A_3 l$, $\dfrac{A_1}{A_3} = \dfrac{3}{2}\dfrac{R_3}{R_1}$

$\dfrac{3상\ 3선식}{단상\ 2선식} = \dfrac{3I_3^2 R_3}{2I_1^2 R_1} = \dfrac{3}{2} \times \left(\dfrac{1}{\sqrt{3}}\right)^2 \times \dfrac{3}{2} = \dfrac{3}{4}$

31 ☆ 【99. 03. 산업기사】
전선의 중량은 전압×역률과 어떠한 관계에 있는가?
① 비례 ② 반비례
③ 자승에 비례 ④ 자승에 반비례

 전력손실 $P_c = \dfrac{\rho l P^2}{A V^2 \cos^2 \theta}$ 의 관계가 있으므로

전선의 중량 $V_0 = A l = \dfrac{\rho l^2 P^2}{P_c V^2 \cos^2 \theta} \propto \dfrac{1}{V^2 \cos^2 \theta}$

32 ★★★★★ 【89. 97. 기사, 80. 82. 86. 87. 92. 96. 00. 23. 산업기사, ⊕ : 85. 산업기사】
단상 2선식(110[V]) 저압 배전 선로를 단상 3선식(110/220[V])으로 변경하고 부하 용량 및 공급 전압을 변경시키지 않고 부하를 평형시켰을 때의 전선로의 전압 강하율은 변경 전에 비해서 몇 배가 되는가?

① $\dfrac{1}{4}$배 ② $\dfrac{1}{3}$배
③ $\dfrac{1}{2}$배 ④ 변하지 않는다.

해설 $\epsilon = \dfrac{V_s - V_r}{V_r} = \dfrac{2IR}{V_r}$

전압이 2배가 되면 전류는 $\dfrac{1}{2}$이 되므로

$\epsilon' = \dfrac{2\dfrac{1}{2}IR}{2V_r} = \dfrac{IR}{2V_r}$, $\dfrac{\epsilon'}{\epsilon} = \dfrac{\dfrac{IR}{2V_r}}{\dfrac{2IR}{V_r}} = \dfrac{1}{4}$

답 30. ② 31. ④ 32. ①

33 ★★ 【94. 99. 산업기사, ㉤ : 83. 기사】
그림과 같은 단상 3선식 회로의 중성선 P점에서 단선되었다면 백열등 A(100[W])와 B(400[W])에 걸리는 단자전압은 각각 몇 [V]인가?

① $V_A = 160[V]$, $V_B = 40[V]$
② $V_A = 120[V]$, $V_B = 80[V]$
③ $V_A = 40[V]$, $V_B = 160[V]$
④ $V_A = 80[V]$, $V_B = 120[V]$

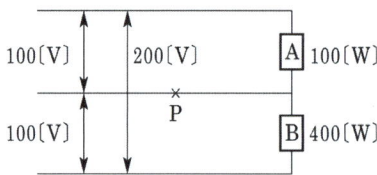

[해설] A의 저항 $100[\Omega]$
B의 저항 $25[\Omega]$ } 전압비 = 저항비 = 4배
$R_A > R_B$ $V_A > V_B$ $V_A = 160$, $V_B = 40$

유사문제

┃유사문제 원문 및 해설 : 동일출판사 홈페이지 ≫ 고객센터 ≫ 자료실

01. 저압 밸런서를 필요로 하는 방식은?

　🅐 단상 3선식

02. 단상, 3상 3선식 모두 선간 전압을 6,600[V]로 하고 1선에 흐르는 전류를 500[A], 역률이 각각 0.85로 같다고 하면 단상 2선식에 대한 3상 3선식의 1선당의 전력비는 얼마인가?

　🅐 1.15

03. 부하단의 선간 전압(단상 3선식의 경우는 중성선과 다른 2선과의 사이의 전압으로 한다.) 및 선로 전류를 같게 한 경우, 단상 3선식과 단상 2선식과의 1선당의 공급전력의 비는 약 몇 [%] 정도인가? 단, 송전 전력, 송전 거리, 전선로의 전력 손실이 일정하고 같은 재료의 전선을 사용한 경우임

　🅐 $\dfrac{W_2}{W_1} = \dfrac{2VI/3}{VI/2} = \dfrac{4}{3} \times 100 = 133$

04. 선간 전압, 배전 거리, 선로 손실 및 전력 공급을 같게 할 경우 단상 2선식과 3상 3선식에서 전선 한 가닥의 저항비(단상/3상)는?

　🅐 $\dfrac{1}{2}$

05. 단상 2선식을 100[%]로 하여 3상 3선식의 부하 전력 전압을 같게 하였을 때 선로 전류의 비[%]는?

　🅐 $\dfrac{3상\ 3선식\ 전류}{단상\ 2선식\ 전류} \times 100 = \dfrac{1}{\sqrt{3}} \times 100 = 58[\%]$

06. 동일 조건하에서 3상 3선식 송배전 선로의 총 소요 전선량은 단상 2선에 비하여 몇 배 정도로 되는가?

　🅐 $\dfrac{3}{4}$ 배

07. 송전 전력, 선간 전압, 부하 역률, 전력 손실 및 송전 거리를 동일하게 하였을 경우 3상 3선식과 단상 2선식의 총 전선량(중량)비는 얼마인가?

　🅐 $\dfrac{3상3선식}{단상2선식} = \dfrac{3A_3 l \sigma}{2A_1 l \sigma} = \dfrac{3}{2} \times \dfrac{1}{2} = \dfrac{3}{4}$

🅐 33. ①

08. 3상 4선식 배전 방식에서 1선당의 최대 전력은? 단, 상전압을 V, 선전류를 I라 한다.

답 $\dfrac{3VI}{4} = 0.75\,VI$

09. 다음 그림 (1), (2)와 같이 3상 4선식 및 3상 3선식 전선로에 의하여 평형 3상 부하에 전기를 공급할 때 전선로 내의 전력 손실의 비는? 단, 양자의 전선 도체의 총 중량은 같고 3상 4선식의 평형에는 부하3 3상동일 굵기인 것을 사용했다. 또한 전선로의 길이 l과 수전단 전압 E도 같다.

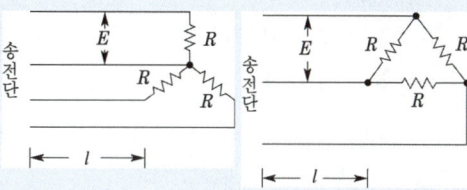

답 $\dfrac{Pl_4}{Pl_3} = \dfrac{3I_4^2 R_4}{3I_3^2 R_3} = \dfrac{3\left(\dfrac{E}{R}\right)^2 \times 4}{3\left(\dfrac{\sqrt{3}\,E}{R}\right)^2 \times 3} = \dfrac{4}{9}$

10. 그림과 같은 단상 3선식에서 중성선의 점 P에서 단선 사고가 생겼다면 V_2는 V_1의 몇 배로 되는가?

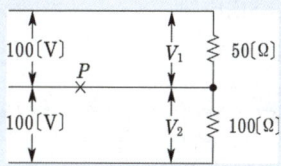

답 2배

11. 단상 3선식은 단상 2선식에 비하여 전압 강하와 배전 효율이 어떠한가?

답 전압 강하는 작고, 배전 효율은 높다.

12. 1선당의 송전 전력이 최대가 되는 전기 방식은? 단, 중성선은 다른 선과 동일한 굵기이며, 송전 전력, 송전 거리, 전선로의 전력 손실이 일정하고, 같은 재료의 전선을 사용한 경우이다.

답 3상 4선식

13. 어느 전등 부하의 배전 방식을 단상 2선식에서 단상 3선식으로 바꾸었을 때, 선로에 흐르는 전류는 전자의 몇 배가 되는가? 단, 중성선에는 전류가 흐르지 않는다고 한다.

답 $\dfrac{1}{2}$배

V 결선

34. ★★★★☆ 【94. 00. 01. 23. 산업기사, ⊕ : 91. 18. 기사, 84. 91. 96. 97. 산업기사】
500[kVA]의 단상 변압기 3대로 3상 전력을 공급하고 있던 공장에서 변압기 1대가 고장났을 때 공급할 수 있는 전력은 몇 [kVA]인가?

① 500 ② 688 ③ 866 ④ 1,00

해설 $P_V = \sqrt{3}\,P_1 = \sqrt{3}\times 500 = 866[\text{kVA}]$

답 34. ③

35 ★★ 【82. 93. 00. 04. 산업기사】
동일한 2대의 단상 변압기를 V결선하여 3상 전력을 100[kVA]까지 배전할 수 있다면, 똑같은 단상 변압기 1대를 더 추가하여 △결선하면 3상 전력을 얼마 정도까지 배전할 수 있겠는가?

① 약 57.7[kVA] ② 약 70.5[kVA]
③ 약 141.4[kVA] ④ 약 173.2[kVA]

해설) $P_V = \sqrt{3}P$이며 $P_\triangle$의 경우 $P_\triangle = 3P$이므로 V결선보다 $\sqrt{3}$배 크다.

36 ★★ 【94. 23. 기사, 23. 산업기사】
단상 변압기 3대를 △결선으로 운전하던 중 1대의 고장으로 V결선한 경우 V결선과 △결선의 출력비는 몇 [%]인가?

① 86.6 ② 57.7
③ 66.6 ④ 52.2

해설) $\sqrt{3}P$: V결선 시의 용량이므로
$$\frac{\sqrt{3}P}{3P} = \frac{\sqrt{3}}{3} = 57.7[\%]$$

37 ★★★★★ 【79. 85. 90. 98. 12. 기사, 90. 산업기사, ㉲ : 79. 83. 87. 기사, 98. 산업기사】
500[kVA]의 단상 변압기 상용 3대(결선 △-△), 예비 1대를 갖는 변전소가 있다. 지금 부하의 증가에 응하기 위하여 예비 변압기까지 동원해서 사용한다면 얼마만한 최대 부하[kVA]에까지 응할 수 있게 되겠는가?

① 약 2000 ② 약 1730
③ 약 1500 ④ 약 830

해설) 4대로 V결선 두 회로를 병렬로 운전하면
$2 \times \sqrt{3}\,VI = 2 \times \sqrt{3} \times 500 = 1,730[kVA]$

38 ★★★★ 【77. 92. 기사, ㉲ : 83. 기사, 80. 83. 16. 산업기사】
단상 변압기 300[kVA] 3대로 △결선하여 급전하고 있는데 변압기 1대가 고장으로 제거되었다 한다. 이때의 부하가 750[kVA]라면 나머지 2대의 변압기는 몇 [%]의 과부하로 되는가?

① 115 ② 125
③ 135 ④ 145

해설) V결선 출력 $P = \sqrt{3}\,VI = \sqrt{3} \times 300[kVA]$
과부하율 $= \dfrac{750}{\sqrt{3} \times 300} \times 100 = 144[\%]$

답) 35. ④ 36. ② 37. ② 38. ④

유사문제

▎유사문제 원문 및 해설 : 동일출판사 홈페이지 ≫ 고객센터 ≫ 자료실

01. 정격 용량 100[kVA]인 단상 변압기 2대로 V결선을 했을 경우의 최대 출력[kVA]은?

답 $P = \sqrt{3}\ VI = \sqrt{3} \times 100 = 173[kVA]$

02. 그림과 같이 V결선 배전용 변압기의 저압측 단에서 양외측 선간 단락시의 단락 전류는 몇 [A]인가? 단, 각 변압기의 내부 임피던스는 0.08[Ω]이고 선간 전압은 200[V]이다.

▷ $I_s = \dfrac{V}{Z} = \dfrac{200}{2 \times 0.08} = 1,250[A]$

변전소 / 배전 변압기

39 ★★★ 【85. 90. 98. 05. 23. 기사】
최근 초고압 송전 계통에 단권 변압기가 사용되고 있는데, 그 특성이 아닌 것은?
① 중량이 가볍다.　　② 전압 변동률이 작다.
③ 효율이 높다.　　　④ 단락 전류가 작다.

해설, 단권 변압기의 특징은
① 중량이 가볍다. ② 전압 변동률이 작다. ③ 동손의 감소에 따른 효율이 높다.
④ 변압비가 1에 가까우면 용량이 커진다. ⑤ 1차측의 이상 전압이 2차 측에 미친다.
⑥ 누설 임피던스가 작으므로 단락 전류가 증가한다.

40 ★★ 【11. 기사, 02. 산업기사】
그림과 같이 6,600[V] 비접지 3상 3선식 배전 선로에 설치된 주상 변압기의 1차와 2차 간에 고저압 혼촉 고장이 발생하였을 경우 ×표한 부분의 대지 전위는 몇 [V]인가? 단 접지 저항은 15[Ω], 접지 저항에 흐르는 지락 전류는 4[A]라 한다.

① 60
② $\dfrac{6,600}{\sqrt{3}}$
③ 6,600
④ $60\sqrt{3}$

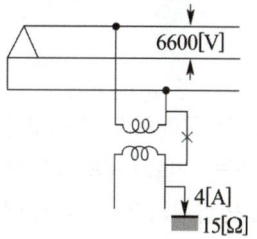

해설, $V_g = I_g R = 4 \times 15 = 60[V]$

답 39. ④　40. ①

41 단권 변압기를 초고압 계통의 연계용으로 이용할 때 장점에 해당되지 않는 것은?

① 동량이 경감된다.
② 2차측의 절연강도를 낮출 수 있다.
③ 분로권선에는 누설자속이 없어 전압변동률이 작다.
④ 부하용량은 변압기 고유용량보다 크다.

해설 단권 변압기의 특징은
① 중량이 가볍다. ② 전압 변동률이 작다.
③ 동손의 감소에 따른 효율이 높다. ④ 변압비가 1에 가까우면 용량이 커진다.
⑤ 1차측의 이상 전압이 2차측에 미친다. ⑥ 누설 임피던스가 작으므로 단락 전류가 증가한다.
⑦ 단권 변압기의 2차측 권선은 공통 권선이므로 절연강도를 낮출 수 없다.

42 공통중성선 다중접지 3상 4선식 배전선로에서 고압측(1차측) 중성선과 저압측(2차측) 중성선을 전기적으로 연결하는 목적은?

① 저압측의 단락 사고를 검출하기 위함
② 저압측의 접지 사고를 검출하기 위함
③ 주상 변압기의 중성선측 부싱(bushing)을 생략하기 위함
④ 고저압 혼촉시 수용가에 침입하는 상승전압을 억제하기 위함

해설 중성선끼리 연결되지 않으면 고저압 혼촉시 고압측의 큰 전압이 저압측을 통해서 수용가에 침입

43 주상 변압기의 2차측 접지공사는 어느 것에 의한 보호를 목적으로 하는가?

① 2차측 단락
② 1차측 접지
③ 2차측 접지
④ 1차측과 2차측의 혼촉

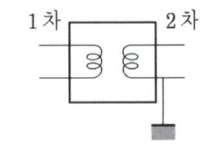

해설 주상 변압기에는 1차측과 2차측의 혼촉에 의한 2차측 전압의 상승을 막기 위해서 2차측의 접지를 함으로써 고전압에 의한 사고를 막아준다.

44 단상 배전선로에서 그 인출구 전압은 6,600[V]로 일정하고 한 선의 저항은 15[Ω], 한 선의 리액턴스는 12[Ω]이며 주상 변압기 1차측 환산저항은 20[Ω], 리액턴스는 35[Ω]이다. 만약 주상 변압기의 2차측에서 단락이 생겼다면 이때의 전류는 약 몇 [A]가 되겠는가? 단, 변압기의 전압비는 6,000:110이다.

① 4,655　　② 4,675　　③ 4,955　　④ 4,975

답 41. ②　42. ④　43. ④　44. ①

[해설] 저항 $R = 15 \times 2 + 20 = 50[\Omega]$
리액턴스 $X = 12 \times 2 + 35 = 59[\Omega]$
1차측 단락 전류 $I_{s1} = \dfrac{V}{Z_1} = \dfrac{6,600}{\sqrt{50^2 + 59^2}} = 85.34[A]$
2차측 단락 전류 $I_{s2} = a\,I_{s1} = 85.34 \times \dfrac{6,000}{110} = 4,655[A]$

45 ★★★ 【79. 85. 90. 97. 11. 산업기사】
주상 변압기의 1차측 전압이 일정할 경우, 2차측 부하가 변동하면 주상 변압기의 동손과 철손은 어떻게 되는가?

① 동손과 철손이 다 변동한다.
② 동손은 일정하고 철손은 변동한다.
③ 동손은 변동하고 철손은 일정하다.
④ 동손과 철손이 다 일정하다.

[해설] 변압기의 손실은 철손(히스테리시스손+와류손)과 동손(I^2R)이 있는데 철손은 1차 전압만 걸리면 손실이 되고 동손은 2차 전류가 흘러야 손실이 된다. 그러므로 2차 부하가 변동하면 철손은 일정하고 동손은 변동한다.

46 ★★ 【82. 90. 기사】
그림과 같은 3상 4선식 배전선에서 무유도 부하 2[Ω], 4[Ω], 5[Ω]을 각 상과 중성선 사이에 접속한다. 지금 변압기 2차 단자에서의 선간 전압을 173[V]로 하면 중성선에 흐르는 전류[A]는? 단, 변압기 및 전선의 임피던스는 무시한다.

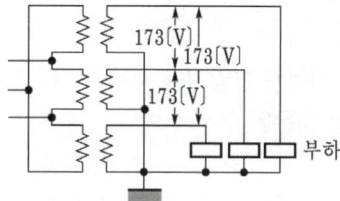

① 약 18.0   ② 약 21.5   ③ 약 27.8   ④ 약 32.5

[해설] 3상 4선식의 중성선과 외선과의 전압은 선간 전압의 $\dfrac{1}{\sqrt{3}}$인 상전압이 되므로
각 부하를 흐르는 전류를 I_a, I_b, I_c라 하면
$I_a = \dfrac{E}{R_a} = \dfrac{100}{2} = 50[A]$, $I_b = \dfrac{E}{R_b} = \dfrac{100}{4} = 25[A]$, $I_c = \dfrac{E}{R_c} = \dfrac{200}{5} = 20[A]$
이들 전류는 각각 120°의 위상이 있으므로 중성선 전류 I_0를 구하면
$I_0 = I_a + aI_b + a^2 I_c = 50 + \left(-\dfrac{1}{2} - j\dfrac{\sqrt{3}}{2}\right)15 + \left(-\dfrac{1}{2} + j\dfrac{\sqrt{3}}{2}\right)20$
$= 50 - 12.5 - 10 + j(-12.5\sqrt{3} + 10\sqrt{3}) = 27.5 - j2.5\sqrt{3}$
$\therefore |I_0| = \sqrt{27.5^2 + (2.5\sqrt{3})^2} = 27.8[A]$

답 45. ③ 46. ③

47 다음 표와 같은 정격을 갖는 A, B 2대의 3상 변압기를 병렬 운전해서 3상 부하에 전력을 공급한다면 변압기의 1차측에 60[kV]의 전압을 인가한 경우 변압기에 흐르는 순환 전류[A]는 얼마인가? 단, 변압기의 여자 전류 및 권선의 저항은 무시한다.

	A 변압기	B 변압기
용량[kVA]	6,000	6,000
전압[kV]	61/6.9	63/6.9
% 임피던스	7.5	12.0
결선	Y-Y	Y-Y

① 74 ② 84 ③ 89 ④ 95

해설 A변압기의 리액턴스를 $X_A[\Omega]$, B변압기의 리액턴스를 $X_B[\Omega]$이라 하면

$$X_A = \frac{\%X_A 10 V^2}{P} = \frac{7.5 \times 10 \times 6.9^2}{6,000} = 0.595[\Omega]$$

$$X_B = 0.952[\Omega]$$

A, B 양 변압기의 2차측에 유기되는 상전압을 E_A, E_B라 하면

$$E_A = \frac{60}{\sqrt{3}} \times \frac{6.9}{61} = 3.92[kV]$$

$$E_B = \frac{60}{\sqrt{3}} \times \frac{6.9}{63} = 3.79[kV]$$

따라서 A, B 양 변압기의 순환 전류

$$I_C = \frac{(3.92 - 3.79) \times 10^3}{0.595 + 0.952} = 84[A]$$

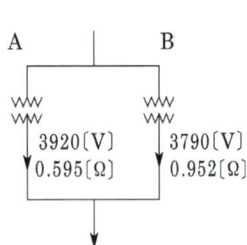

48 절연내력을 시험하기 위해 시험용 변압기를 사용하였다. 이때 전압조정을 하기 위하여 일반적으로 가장 많이 사용되는 것은?

① 수저항 전압 조정기
② 유도 전압 조정기
③ 소형 발전기의 변속 장치
④ 다단식 저항 전압 조정기

해설 유도 전압 조정기는 전압의 조정을 ±(5~10[%])로 할 수 있는 전압 조정기로서 유입자 냉식, 공냉식, 단상, 3상, 수동식, 전동식, 자동식 등이 있다.

49 동일 굵기의 전선으로 된 3상 3선식 2회선 송전선이 있다. A회선의 전류는 100[A], B회선의 전류는 50[A]이고 선로 손실은 합계 50[kW]이다. 개폐기를 닫아서 양 회선을 병렬로 사용하여 합계 150[A]의 전류를 통하도록 하려면 선로 손실[kW]은?

① 40 ② 45 ③ 50 ④ 55

답 47. ② 48. ② 49. ②

해설) A회선의 선로 손실과 B회선의 선로 손실에서 저항을 구하면
$I_A^2 R + I_B^2 R = 50[kW]$ $100^2 R + 50^2 R = 50 \times 10^3$ ∴ $R = 4[\Omega]$
양 회선을 병렬로 사용하면 동일 전선이므로 동일한 전류가 흐른다.
2회선 $\times 75^2 R = 2 \times 75^2 \times 4 = 45,000[W]$ ∴ 45[kW]

50 ★☆ 【79. 89. 94. 04. 산업기사】
아래 그림과 같이 6,300/210[V]인 단상 변압기 3대를 △—△ 결선하여 수전단 전압이 6,000[V]인 배전선로에 접속하였다. 이 중 2대의 변압기는 감극성이고, CA상에 연결된 변압기 1대가 가극성이었다고 한다. 이때 다음 그림과 같이 접속된 전압계에는 몇 [V]의 전압이 유기되는가?

① 400
② 200
③ 100
④ 0

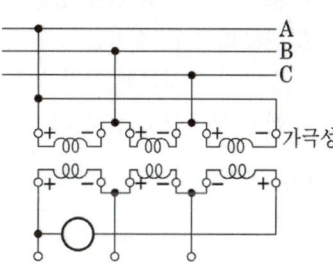

해설) 변압기 2차측 전압 $V = 6,000 \times \dfrac{210}{6,300} = 200[V]$
2차측 변압기에서 키르히호프 전압 법칙을 적용하면
$V = V_{RS} + V_{ST} + V_{TR} = 200\angle 0 + 200\angle -120 - 200\angle -240[V]$
$= 200 + 200\left(-\dfrac{1}{2} - j\dfrac{\sqrt{3}}{2}\right) - 200\left(-\dfrac{1}{2} + j\dfrac{\sqrt{3}}{2}\right) = 200 - j200\sqrt{3}$
$|V| = \sqrt{200^2 + (200\sqrt{3})^2} = 400[V]$

51 ★★★★★ 【88. 00. 기사, 23. 산업, ㉮ : 94. 96. 99. 기사, 93. 산업기사】
배전선의 전압을 조정하는 방법으로 적당하지 않은 것은?
① 유도 전압 조정기
② 승압기
③ 주상 변압기 탭 전환
④ 동기 조상기

해설) 배전선 전압 조정 장치로는
① 주변압기 1차측의 무부하시(탭 변환 장치), 부하 시(탭 절환 장치)
② 정지형 전압 조정기(SVR)
③ 유도 전압 조정기(IVR)

52 ★★ 【10. 기사, 82. 90. 97. 00. 산업기사】
부하에 따라 전압 변동이 심한 급전선을 가진 배전 변전소의 전압 조정 장치는?
① 단권 변압기
② 전력용 콘덴서
③ 주변압기 탭
④ 유도 전압 조정기

해설) 부하 변동이 심한 경우 탭 절환 방식을 채용할 수 없다. 따라서 유도 전압 조정기가 많이 채용된다.

답) 50. ① 51. ④ 52. ④

53 배전용 변전소의 주변압기는? ★★★ 【93. 98. 01. 03. 05. 12. 기사】

① 단권 변압기
② 삼권 변압기
③ 체강 변압기
④ 체승 변압기

해설 체승 변압기 : 승압용 (송전), 체강 변압기 : 강압용 (배전)

54 선로 전압 강하 보상기(LDC)는? ★★ 【84. 97. 05. 09. 기사】

① 분로 리액터로 전압 상승을 억제하는 것
② 선로의 전압 강하를 고려하여 모선 전압을 조정하는 것
③ 승압기로 저하된 전압을 보상하는 것
④ 직렬 콘덴서로 선로 리액턴스를 보상하는 것

해설 선로 전압 강하 보상기는 선로 전압 강하를 고려하여 모선 전압을 조정한다.

55 ★★ 【82. 97. 기사】

그림과 같이 송전단 전류를 I, 전장 L에 대한 전압 강하를 e, 등가 저항을 S라 할 때 분산 부하율은?

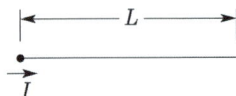

① $\dfrac{eS}{LI}$ ② $\dfrac{e}{SIL}$ ③ $eSIL$ ④ $\dfrac{SI}{eL}$

해설 분산 부하율 $= \dfrac{e}{SIL} \times 100[\%]$

56 ★★☆ 【88. 98. 기사, 90. 산업기사】

부하의 위치가 $(X_1, Y_1), (X_2, Y_2), (X_3, Y_3)$ 점에 있고 각 점의 전류는 100[A], 200[A], 300[A]이다. 변전소를 설치하는 데 적합한 부하 중심은? 단, $X_1 = 1[km]$, $Y_1 = 2[km]$, $X_2 = 1.0[km]$, $Y_2 = 1[km]$, $X_3 = 2[km]$, $Y_3 = 1[km]$임.

① 1[km], 2[km]
② 0.05[km], 2[km]
③ 2[km], 0.05[km]
④ 1.5[km], 1[km]

해설
$$X = \dfrac{1}{\sum i}(i_1 x_1 + i_2 x_2 + \cdots + i_n x_n) = \dfrac{\sum ix}{\sum i} = \dfrac{900}{600} = 1.5[km]$$
$$Y = \dfrac{1}{\sum i}(i_1 y_1 + i_2 y_2 + \cdots + i_n y_n) = \dfrac{\sum iy}{\sum i} = \dfrac{700}{600} = 1.16[km]$$

답 53. ③ 54. ② 55. ② 56. ④

☆ 【96. 산업기사】
57 다음 변전소의 역할 중 옳지 않은 것은?
① 유효전력과 무효전력을 제어한다.   ② 전력을 발생 분배한다.
③ 전압을 승압 또는 강압한다.   ④ 전력 조류를 제어한다.

해설, 변전소의 설치 목적
- 전압의 승압 및 강압 • 전력의 집중 및 분배 • 유효전력 및 무효전력 제어
- 전압 조정 • 전력 조류제어

★ 【94. 00. 산업기사】
58 서울과 같이 부하밀도가 큰 지역에서는 일반적으로 변전소의 수와 배전거리를 어떻게 결정하는 것이 좋은가?
① 변전소의 수를 감소하고 배전거리를 증가한다.
② 변전소의 수를 증가하고 배전거리를 감소한다.
③ 변전소의 수를 감소하고 배전거리도 감소한다.
④ 변전소의 수를 증가하고 배전거리도 증가한다.

해설, 부하밀도가 큰 지역에서는 변전소의 수를 증가해서 담당용량을 줄이고 배전거리를 작게 해야 전력손실도 줄어든다.

★★ 【83. 95. 99. 01. 산업기사】
59 변전소의 설치 목적이 아닌 것은?
① 경제적인 이유에서 전압을 승압 또는 강압한다.
② 발전전력을 집중 연계한다.
③ 수용가에 배분하고 정전을 최소화 한다.
④ 전력의 발생과 계통의 주파수를 변환시킨다.

해설, 전력의 발생과 계통의 주파수 변환은 발전소에서 한다.

★★ 【92. 98. 00. 01. 산업기사】
60 변전소의 역할에 대한 설명으로 옳지 않은 것은?
① 유효 전력과 무효 전력을 제어한다.
② 전력을 발생하고 분배한다.
③ 전압을 승압 또는 강압한다.
④ 전력 조류를 제어한다.

해설, 변전소의 설치 목적
- 전압의 승압 및 강압 • 전력의 집중 및 분배 • 유효전력 및 무효전력 제어
- 전압 조정 • 전력 조류제어

답 57. ② 58. ② 59. ④ 60. ②

61 ★★★ 【92. 98. 00. 기사】
변전소 구내에서 보폭 전압을 저감하기 위한 방법으로서 잘못된 것은?

① 접지선을 얕게 매설한다.
② mesh식 접지 방법을 채용하고 mesh 간격을 좁게 한다.
③ 자갈 또는 콘크리트를 타설한다.
④ 철구, 가대 등의 보조 접지를 한다.

해설 접지선을 깊게 매설해야 보폭 전압이 감소한다.

유사문제

∥ 유사문제 원문 및 해설 : 동일출판사 홈페이지 ≫ 고객센터 ≫ 자료실

01. 정격 용량 50[MVA] 변압기의 철손이 190[kW], 전 부하시의 동손이 320[kW]이면 이 변압기의 효율이 최고로 될 때의 효율[%]은 얼마인가? 단, 부하의 역률은 0.9이다.
답 98.92[%]

02. 병렬 운전하고 있는 A, B 2대의 변압기가 있다. 양 기의 1차 및 2차 정격 전압은 같으나 % 임피던스는 A가 6[%], B가 4[%]라고 하고, 2차측의 부하가 80[kVA]라고 하면 변압기 A, B의 부하 분담은 어떻게 되는가?
답 A 변압기 : 32[kVA], B 변압기 : 48[kVA]

03. 단상 변압기 3대를 1차는 △결선하고, 2차는 3상 4선식으로 스타 결선하고, 선간 전압을 173[V]로 하였다. 2차측에 단상 저항 부하를 각 상과 중성선간에 A상은 5[Ω], B상은 10[Ω], C상은 20[Ω]을 연결하였다. 변압기와 선로의 임피던스를 무시할 때 중성선에 흐르는 전류 I_0는 몇 [A]인가?
답 $I_n = (20 - 5 - 2.5) - j2.5\sqrt{3} = 13.22[A]$

04. 그림과 같은 3상 4선식 배전선에 역률 1인 부하 A, B, C가 각 상과 중성선간에 접속되어 있다. 상 a, b, c에 흐르는 전류가 각각 220[A], 180[A], 180[A]일 때 중성선에 흐르는 전류[A]는? 단, 대칭 3상 전압(a상 기준)이고 a-b-c의 순이라 한다.

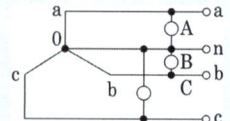

답 $I_0 = I_a + aI_b + a^2I_c = 40\angle 0°[A]$

05. 부하 시 전압 조정 변압기의 전압 조정 범위[%]는 다음 중 어느 것이 쓰이고 있는가?
답 10[%]

06. 고압 배전 선로의 중간에 승압기를 설치하는 주목적은?
답 말단의 전압 강하의 방지

07. 배전선의 전압을 조정하는 방법은?
답 주상 변압기 탭 전환

답 61. ①

08. 그림과 같은 이상 변압기에서 2차측에 5[Ω]의 저항 부하를 연결하였을 때 1차측에 흐르는 전류 I는 몇 [A]인가?

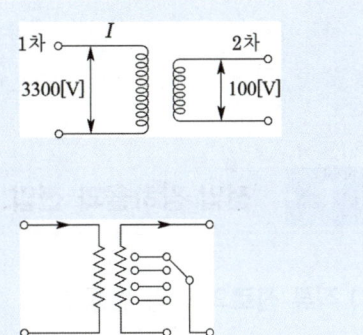

답 $I_1 = \dfrac{I_2}{a} = \dfrac{20}{33} = 0.6[A]$

09. 아래와 같은 그림은 부하 시 탭 절환기의 결선 방식 중의 하나이다. 어떤 결선 방법인가?

답 직접 방식 2차 절환 방식

CHAPTER 09 배전 선로의 전기적 특성

1. 전압 강하율과 전압 변동률

1) 직류 선로의 전압 변동률

$$\text{전압 변동률} = \frac{V_{r0} - V_r}{V_r} \times 100 = \frac{V_s - V_r}{V_r} \times 100$$

$$\text{전력 손실률} = \frac{I^2 R}{P_r} \times 100 = \frac{I^2 R}{V_r I} \times 100$$

(1) 직류 2선식

① 전압 강하 : $V_d = V_s - V_r = 2IR$

② 전압 강하율 : $\epsilon = \dfrac{V_s - V_r}{V_r} \times 100 [\%]$

여기서, V_s : 송전단 전압 V_r : 수전단 전압
  R : 전선 1선당의 저항 I : 전류

(2) 직류 3선식 : 그림에서

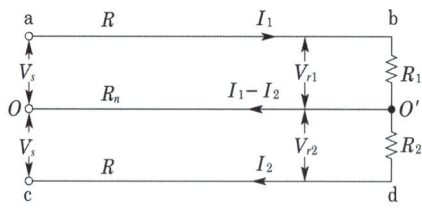

① 불평형시 : $V_{r1} = V_s - I_1 R - (I_1 - I_2) R_n$
  $V_{r2} = V_s - I_2 R + (I_1 - I_2) R_n$
② 평형시 : $V_{r1} = V_{r2} = V_s - IR$
  $V_d = V_s - V_r = IR$

2) 교류 선로의 전압 변동률

$$|V_s| \fallingdotseq |V_r| + |I|(R\cos\theta + X\sin\theta)$$

여기서 충전 전류는 무시되므로 송전단 전압 V_s 는 무부하시 수전단 전압 V_{r0} 로 볼 수 있다.

전압 변동률 $= \dfrac{V_{r0} - V_r}{V_r} \times 100 = \dfrac{V_s - V_r}{V_r} \times 100$

$= \dfrac{I(R\cos\theta + X\sin\theta)}{V_r} \times 100 [\%]$

또, 이때의 백분율손은

$p = \dfrac{I^2 R}{P} \times 100 = \dfrac{I^2 R}{V_r I\cos\theta} \times 100 [\%]$

(1) 단상 2선식

① 전압 강하

$V_d = V_s - V_r = 2I(R\cos\theta + X\sin\theta)$ 출제 산업 5번, 기사 1번

② 전압 강하율

$\epsilon = \dfrac{V_s - V_r}{V_r} \times 100 = \dfrac{2I(R\cos\theta + X\sin\theta)}{V_r} \times 100 [\%]$

여기서, $\cos\theta$: 역률, R : 1선당의 저항, X : 1선당의 리액턴스

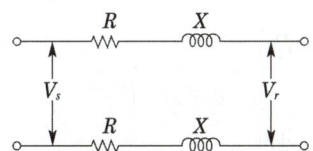

(2) 3상 3선식

① 전압 강하

$V_d = V_s - V_r = \sqrt{3} I(R\cos\theta + X\sin\theta)$ 출제 기사 5번

② 전압 강하율

$\epsilon = \dfrac{V_s - V_r}{V_r} \times 100 = \dfrac{\sqrt{3} I(R\cos\theta + X\sin\theta)}{V_r} \times 100 [\%]$ 출제 산업 1번

여기서, R : 1선당의 저항, X : 1선당의 리액턴스

(3) 단상 3선식

① 불평형시 : $V_{r1} = V_s - I_1 Z - (I_1 - I_2) Z_n$

$V_{r2} = V_s - I_2 Z + (I_1 - I_2) Z_n$

② 평형시 : $V_{r1} = V_{r2} = V_s - IZ$

$V_d = V_s - V_r ≒ I(R\cos\theta + X\sin\theta)$

2 배전 선로의 전압 강하

1) 급전점 1개의 직류 2선식

전압 강하 $v = (i_1 + i_2 + i_3 + \cdots)r_1 + (i_2 + i_3 + \cdots)r_2 + (i_3 + \cdots)r_3 + \cdots$
$= i_1 r_1 + i_2(r_1 + r_2) + i_3(r_1 + r_2 + r_3) + \cdots$ 출제 산업 3번

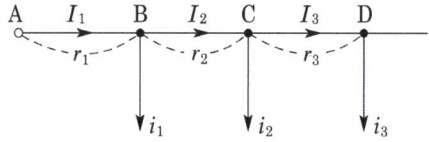

그림에서 AB, BC, CD 각 구간의 왕복 2선의 저항을 r_1, r_2, r_3 전선에 흐르는 전류를 I_1, I_2, I_3 이라 한다.

2) 직류 2선식 균일 분포 부하

전압 강하 $v = i \times r + i \times 2r + i \times 3r + \cdots + i \times nr = \dfrac{n(n+1)}{2}ri$

$\fallingdotseq \dfrac{n^2 ri}{2} = nr\dfrac{ni}{2} = R\dfrac{1}{2}$

여기서, v : 급전점 F에서 N까지의 전전압 강하
 r : 각 부하 간의 왕복 저항

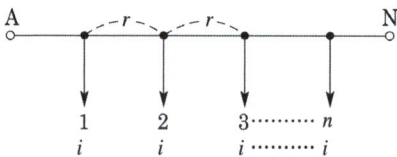

3) 양단에 급전점이 있는 직류 2선식

(1) 단일 부하

A점 단자의 전류 : $I_A = \dfrac{E_A - E_B}{r_1 - r_2} + i \times \dfrac{r_2}{r_1 + r_2}$

B점 단자의 전류 : $I_B = \dfrac{E_B - E_A}{r_1 + r_2} + i \times \dfrac{r_1}{r_1 + r_2}$ 출제 기사 2번

여기서, E_A : A점의 전압
 E_B : B점의 전압

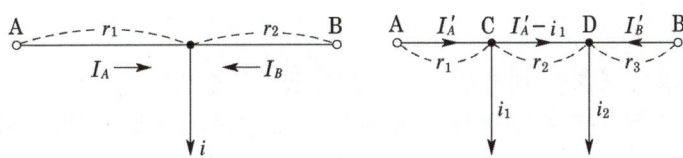

(2) 복수 부하

① A점의 단자 전류 $I_A = \dfrac{E_A - E_B}{r_1 + r_2 + r_3} + i_1 \times \dfrac{r_2 + r_3}{r_1 + r_2 + r_3} + i_2 \times \dfrac{r_3}{r_1 + r_2 + r_3}$

② B점의 단자 전류 $I_B = \dfrac{E_B - E_A}{r_1 + r_2 + r_3} + i_1 \times \dfrac{r_1}{r_1 + r_2 + r_3} + i_2 \times \dfrac{r_1 + r_2}{r_1 + r_2 + r_3}$

4) 교류 배전 선로

① 단일 급전점

$v = r(l_1 i_1 \cos\theta_1 + l_2 i_2 \cos\theta_2 + l_3 i_3 \cos\theta_3) + x(l_1 i_1 \sin\theta_1 + l_2 i_2 \sin\theta_2 + l_3 i_3 \sin\theta_3)$

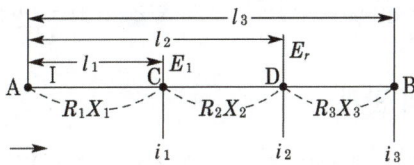

3 n배 승압

① 전압강하 $\dfrac{1}{n}$ 배

② 전력손실 $\left(\dfrac{W^2 eL}{A V^2 \cos^2\theta}\right) \dfrac{1}{n^2}$ 배 출제 산업 6번, 기사 8번

③ 공급전력 n^2 배 출제 산업 4번

④ 공급능력 n 배

⑤ 전압강하율 $\dfrac{1}{n^2}$ 배

⑥ 전선의 단면적 $\dfrac{1}{n^2}$ 배

4 부하의 특성

1) 수용률

어느 기간 중에서의 수용가의 최대 수요 전력[kW]과 그 수용가에 설치되어 있는 설비 용량의 합계[kW]와의 비로서 1보다 작다. 이 수용률은 수요를 상정할 경우 중요한 요소로 사용된다.

$$수용률 = \dfrac{최대 수요 전력[kW]}{부하 설비 합계[kW]} \times 100[\%]$$ 출제 산업 7번, 기사 5번

2) 부등률

일반적으로 수용가 상호간, 배전 변압기 상호간, 급전선 상호간 또는 변전소 상호간에서 각개의 최대부하는 같은 시각에 일어나는 것이 아니고 그 발생 시각에 약간씩의 시간차가 있다. 따라서 부등률은 최대전력의 발생시각 또는 발생 시기의 분산을 나타내는 지표로서 일반적으로 1보다 크다.

$$부등률 = \frac{각 \ 부하의 \ 최대 \ 수요 \ 전력의 \ 합[kW]}{각 \ 부하를 \ 종합하였을 \ 때의 \ 최대 \ 수요 \ 전력 \ (합성 \ 최대 \ 전력)[kW]}$$

3) 부하율

부하율은 어느 일정 기간 중 부하 변동의 정도를 나타내는 것으로써 그 기간 중 평균 수요전력과 최대 수요전력과의 비를 백분율로 나타낸 것

$$부하율 = \frac{평균 \ 수요 \ 전력[kW]}{최대 \ 수요 \ 전력[kW]} \times 100[\%]$$

$$= \frac{평균 \ 부하[kW]}{최대 \ 부하[kW]} \times 100[\%]$$

4) 수용률, 부등률, 부하율의 관계

$$합성 \ 최대 \ 전력 = \frac{각 \ 부하의 \ 최대 \ 수요 \ 전력의 \ 합[kW]}{부등률}$$

$$= \frac{부하 \ 설비 \ 합계[kW] \times 수용률}{부등률}$$

$$부하율 = \frac{평균 \ 설비 \ 합계[kW]}{최대 \ 수요 \ 전력 \ (합성 \ 최대 \ 전력)[kW]} \times 100$$

$$= \frac{평균 \ 수요 \ 전력[kW]}{부하 \ 설비 \ 합계[kW]} \times \frac{부등률}{수용률}$$

5. 전력 손실

1) 손실계수 H

$$H = \frac{어느 \ 기간 \ 중의 \ 전류의 \ 제곱의 \ 평균}{같은 \ 기간 \ 중의 \ 최대 \ 전류의 \ 제곱} \times 100[\%]$$

$$= \frac{어느 \ 기간 \ 중의 \ 평균 \ 전력 \ 손실}{같은 \ 기간 \ 중의 \ 최대 \ 손실 \ 전력} \times 100[\%]$$

$$= \frac{\int_0^T I^2 R \, dt}{I_m^2 RT} \times 100 = \frac{\int_0^T I^2 \, dt}{I_m^2 T} \times 100[\%]$$

여기서, T : 기간 중의 시간 수, I : 어느 순간에서의 전류[A]
I_m : 그 기간 중의 최대전류[A], R : 저항

2) 부하율 $F = \dfrac{V\int_0^T I^2 dt}{I_m VT} = \dfrac{1}{I_m T}\int_0^T I^2 dt$

3) 부하율 F와 손실계수 H와의 관계

$1 \geq F \geq H \geq F^2 \geq 0$의 관계가 있으며 일반적으로는 <출제 산업 6번, 기사 4번>

$$H = \alpha F + (1-\alpha)F^2$$

로 표현된다.
여기서, α : 정수로서 $0.1 \sim 0.4$

4) F와 H와의 근사적 관계

$$H = \alpha F + (1-\alpha)F^2$$

단, α : 정수, 보통 $0.2 \sim 0.5$

5) 집중부하와 분산부하

구 분	전력손실	전압강하
말단에 집중부하	$I^2 rL$	IrL
평등분포 부하	$\dfrac{1}{3}I^2 rL$ <출제 산업 4번, 기사 7번>	$\dfrac{1}{2}IrL$ <출제 기사 2번>

여기서, I : 전선의 전류, r : 전선 단위 길이당 저항, L : 전선의 길이

6 - 변압기 용량

변압기 용량[kW] ≥ 합성 최대 수용 전력 = $\dfrac{\text{각 부하의 최대 수요 전력의 합[kW]}}{\text{부등률}}$

$= \dfrac{\text{부하 설비 합계[kW]} \times \text{수용률}}{\text{부등률}}$

<출제 산업 19번, 기사 8번>

CHAPTER 09 출제예상문제_배전 선로의 전기적 특성

배전선로의 전압강하

01 ★ 【96. 기사】

그림과 같이 단상 고압 배전 선로가 있다. 수전점 F에서 I_1, I_2 및 I_3의 부하에 전력을 공급할 때 1선의 저항이 1[Ω], 리액턴스가 1[Ω]이라 하면, 이 선로의 전압 강하는 몇 [V]인가?

① 144
② 168
③ 192
④ 216

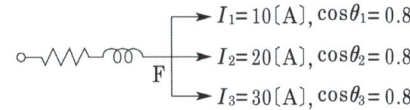

[해설] 단상 2선식의 전압 강하식
$V_d = 2I(r\cos\theta + x\sin\theta) = 2 \times 60 \times (1 \times 0.8 + 1 \times 0.6) = 168[V]$

02 ★★ 【93. 16. 기사, 11. 산업기사, ⊕ : 91. 기사】

그림에서와 같이, 부하가 균일한 밀도로 도중에서 분기되어 선로전류가 송전단에 이를수록 직선적으로 증가할 경우 선로의 전압 강하는 이 송전단 전류와 같은 전류의 부하가 선로의 말단에만 집중되어 있을 경우의 전압 강하의 대략 몇 배인가? 단, 부하역률은 모두 같다고 한다.

① $\frac{1}{3}$ ② $\frac{1}{2}$
③ 1   ④ $\frac{1}{4}$

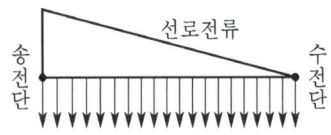

[해설] 말단 부하시 전압 강하 $e = IR$

분포 부하시 전압 강하 $e' = \int_0^1 iRdx = \int_0^1 I(1-x)Rdx = IR\int_0^1 (1-x)dx = IR\left[x - \frac{x^2}{2}\right]_0^1 = \frac{IR}{2}$

$\dfrac{\text{분포 부하 전압 강하}}{\text{집중 부하 전압 강하}} = \dfrac{\frac{IR}{2}}{IR} = \dfrac{1}{2}$

03 ☆ 【97. 산업기사】

직류 2선식에서 배전 선로의 끝에 부하가 집중되어 있는 경우 전선 1가닥의 저항을 $R[\Omega]$, 선로 전류를 $I[A]$라 하면 이 배전 선로의 전압 강하 e는 몇 [V]인가?

① $e = \frac{1}{2}RI$ ② $e = RI$ ③ $e = 2RI$ ④ $e = 3RI$

답 1. ② 2. ② 3. ③

해설 직류 2선식 전압 강하 $e = 2RI$[V]
여기서, R : 1선의 저항 I : 전류

유사문제

▮ 유사문제 원문 및 해설 : 동일출판사 홈페이지 ≫ 고객센터 ≫ 자료실

01. 3상 3선식의 배전 선로가 있다. 이것에 역률이 0.8인 3상 평형 부하 20[kW]를 걸었을 때 배전 선로 중의 전압 강하는? 단, 부하의 전압은 200[V], 전선 1조의 저항은 0.02[Ω]이고 리액턴스는 무시한다.

답 2[V]

02. 배전 선로의 전압 강하를 나타내는 식이 아닌 것은?

답 $\dfrac{E_S + E_R}{E_S} \times 100$[%]

03. 배전선에 부하 분포가 그림과 같을 때 배전선 말단에서의 전압 강하는 전 부하가 집중적으로 배전선 말단에 연결되어 있을 때의 몇 [%]가 되는가?

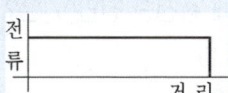

답 $\dfrac{\text{분포 부하 전압 강하}}{\text{집중 부하 전압 강하}} = \dfrac{\dfrac{IR}{2}}{IR} = \dfrac{1}{2} \rightarrow 50$[%]

04. 부하가 말단에만 집중되어 있는 3상 배전 선로의 선간 전압 강하가 866[V], 1선당의 저항 10[Ω], 리액턴스 20[Ω], 부하 역률 80[%](지상)인 경우 부하 전류(또는 선로 전류)의 근사값[A]은?

답 $I = \dfrac{e}{\sqrt{3}(R\cos\theta + X\sin\theta)} = \dfrac{866}{\sqrt{3}(10 \times 0.8 + 20 \times 0.6)} = 25$[A]

05. 직류 2선식에서 배전 선로의 끝에 부하가 집중되어 있는 경우 전선 한 가닥의 저항을 R[Ω/km], 전압 강하를 e[V]라 할 때 암페어 미터[A·m]는?

답 $\dfrac{500e}{R}$

수전점 전압

★★★ 【80. 83. 93. 98. 04. 18. 산업기사】

04 단상 2선식의 교류 배전선이 있다. 전선 1줄의 저항은 0.15[Ω], 리액턴스는 0.25[Ω]이다. 부하는 무유도성으로서 100[V], 3[kW]일 때 급전점의 전압은 몇 [V]인가?

① 100　　② 110　　③ 120　　④ 130

해설 $V_s = V_r + 2I(R\cos\theta + X\sin\theta)$
$\cos\theta = 1$이므로
$= 100 + 2 \times \dfrac{3{,}000}{100} \times 0.15 = 109$[V]

답 4. ②

05 ★★★ 【87. 93. 98. 기사】
송전단 전압 6,600[V], 수전단 전압 6,300[V], 부하 역률 0.8(지상), 선로의 1선당 저항이 3[Ω], 리액턴스가 2[Ω]인 3상 3선식 배전 선로의 수전 전력[kW]은 얼마인가?

① 420　　② 525　　③ 640　　④ 727

해설 $V_s - V_r = \sqrt{3} I (R\cos\theta + X\sin\theta)$

$I = \dfrac{V_s - V_r}{\sqrt{3}(R\cos\theta + X\sin\theta)} = \dfrac{6,600 - 6,300}{\sqrt{3}(3 \times 0.8 + 2 \times 0.6)} = \dfrac{300}{\sqrt{3} \times 3.6}$ [A]

수전 전력 $P_R = \sqrt{3} V_r I \cos\theta = \sqrt{3} \times 6,300 \times \dfrac{300}{\sqrt{3} \times 3.6} \times 0.8 \times 10^{-3} = 420$ [kW]

06 ★★★★★ 【77. 90. 91. 97. 99. 기사, 04 산업기사 ㉺ : 78. 91. 97. 산업기사】
그림과 같은 수전단 전압 3.3[kV], 역률 0.85(뒤짐)인 부하 300[kW]에 공급하는 선로가 있다. 이때 송전단 전압[V]은?

① 2,930
② 3,230
③ 3,530
④ 3,830

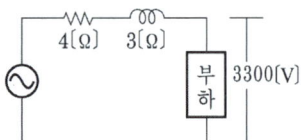

해설 $V_s = V_r + I(R\cos\theta + X\sin\theta)$

$= 3,300 + \dfrac{300 \times 10^3}{3,300 \times 0.85}(4 \times 0.85 + 3 \times \sqrt{1 - 0.85^2}) = 3,830$ [V]

07 ★★ 【88. 97. 기사, ㉺ : 11. 산업기사】
3상 3선식 배전 선로에 역률 0.8, 출력 120[kW]인 3상 평형 유도 부하가 접속되어 있다. 부하단의 수전 전압이 3,000[V], 배전선 1조의 저항이 6[Ω], 리액턴스가 4[Ω]라고 하면 송전단 전압은 대략 몇 [V]인가?

① 3,360　　② 3,340　　③ 3,120　　④ 3,420

해설 $P = \sqrt{3} VI\cos\theta$ 에서

$I = \dfrac{P}{\sqrt{3} \times 3,000 \times 0.8} = \dfrac{120 \times 10^3}{\sqrt{3} \times 3,000 \times 0.8} = 28.8$ [A]

송전단 전압 $V_s = V_r + \sqrt{3} I(R\cos\theta + X\sin\theta)$
$= 3,000 + \sqrt{3} \times 28.8 \times (6 \times 0.8 + 4 \times 0.6) \fallingdotseq 3,360$ [V]

08 ☆ 【96. 산업기사】
수전단 전압이 3,300[V]이고, 전압 강하율이 4[%]인 송전선의 송전단 전압은 몇 [V]인가?

① 3,395　　② 3,432　　③ 3,495　　④ 5,678

답 5. ①　6. ④　7. ①　8. ②

해설 ▶ 전압 강하율 $\epsilon = \dfrac{V_d}{V_R}$

송전단 전압 $V_s = V_R + V_d = V_R + \epsilon \cdot V_R = 3{,}300 + 0.04 \times 3{,}300 = 3{,}432[\text{V}]$

09 ★★★★ 【79. 97. 01. 05. 기사, ㊙ : 82. 83. 산업기사】
20개의 가로등이 500[m] 거리에 균등하게 배치되어 있다. 한 등의 소요 전류 4[A], 전선의 단면적 38[mm²], 도전율 56[℧]라면 한쪽 끝에서 110[V]로 급전할 때 최종 전등에 가해지는 전압[V]은?

① 91 ② 96 ③ 101 ④ 106

해설 ▶ 말단에 집중 부하로 생각하여 전압 강하를 구하면

$e = 2IR = I \times \rho \dfrac{2l}{A} = 2 \times 4 \times 20 \times \dfrac{1}{56} \times \dfrac{500}{38} = 37.6[\text{V}]$

분포 부하는 말단 집중 부하보다 1/2만의 전압 강하가 되므로

최종 전등 전압 $= 110 - \dfrac{37.6}{2} = 91.2[\text{V}]$

10 ★☆ 【80. 92. 01. 산업기사】
그림과 같은 단상 2선식 배선에서 인입구 A점의 전압이 100[V]라면 C점의 전압[V]은? 단, 저항값은 1선의 값으로 AB간 0.05[Ω], BC간 0.1[Ω]이다.

① 90
② 94
③ 96
④ 97

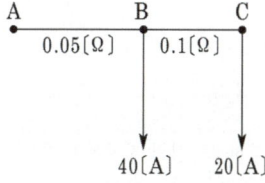

해설 ▶ $V_B = V_1 - 2IR = 100 - 2 \times 60 \times 0.05 = 94[\text{V}]$
$V_C = V_B - 2IR = 94 - 2 \times 20 \times 0.1 = 90[\text{V}]$

11 ★☆ 【88. 기사, 94. 산업기사】
그림과 같은 회로에서 A, B, C, D의 어느 곳에 전원을 접속하면 간선 A-D 간의 전력 손실이 최소가 되는가? 단, AB, BC, CD 간의 저항은 같다.

① A
② B
③ C
④ D

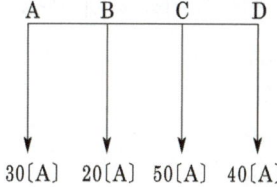

해설 ▶ B점 $P = I_a^2 R + (I_c + I_d)^2 R + I_d^2 R = 10{,}600R$
C점 $P = I_a^2 R + (I_a + I_b)^2 R + I_d^2 R = 900R + 2{,}500R + 1{,}600R = 5{,}000R$

답 9. ① 10. ① 11. ③

12 그림에서 단상 2선식 저압 배전선의 A, C점에서 전압을 같게 하기 위한 공급점 D의 위치를 구하면? 단, 전선의 굵기는 AB 간 5[mm], BC 간 4[mm], 또, 부하 역률은 1이고 선로의 리액턴스는 무시한다.

① B에서 A쪽으로 58.9[m]
② B에서 A쪽으로 57.4[m]
③ B에서 A쪽으로 56.9[m]
④ B에서 A쪽으로 55.9[m]

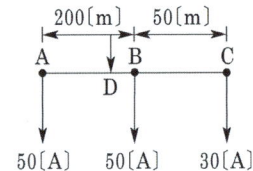

해설 F점을 기준으로 해서 양쪽의 전압 강하가 같아야 하므로
$$50 \times \frac{200-x}{\frac{\pi}{4}5^2} = 80 \times \frac{x}{\frac{\pi}{4}5^2} + 30 \cdot \frac{50}{\frac{\pi}{4}4^2}$$
$400 - 2x = 3.2x + 93.75 \quad 5.2x = 400 - 93.75$
$x = \frac{400 - 93.75}{5.2} = 58.89[m]$

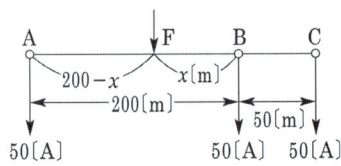

13 그림과 같은 단상 2선식 배전선의 급전점 A에서 부하쪽으로 흐르는 전류는 몇 [A]인가? 단, 저항값은 왕복선의 값이다.

① 28
② 32
③ 37
④ 41

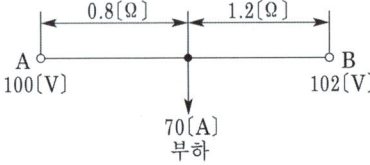

해설 부하공급점의 전압을 V_c라고 하면 공급점에서의 전압은 같으므로
$\frac{(100-V_c)}{0.8} + \frac{(102-V_c)}{1.2} = 70[A]$ 그러므로 $V_c = 67.2[V]$
$I_A = \frac{(V_A - V_c)}{0.8} = \frac{(100 - 67.2)}{0.8} = 41[A]$

14 그림과 같이 A, B 양 지점에 각각 I_1, I_2 집중 부하가 있고 양단의 전압 강하를 모두 균등하게 할 때 전선이 가장 경제적으로 되는 급전점 P는 A점으로부터 몇 [km]인가?

① 2.55
② 3.75
③ 5.45
④ 6.25

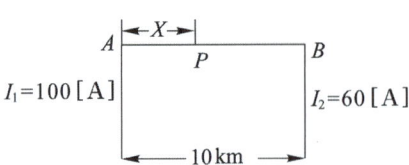

해설 양단의 전압 강하가 동일하므로 $100 \times x = 60(10-x)$
$\therefore x = \frac{600}{160} = 3.75[km]$

답 12. ① 13. ④ 14. ②

유사문제

▎유사문제 원문 및 해설 : 동일출판사 홈페이지 》 고객센터 》 자료실

01. 역률 0.8, 출력 360[kW]인 3상 평형 유도 부하가 3상 배전 선로에 접속되어 있다. 부하단의 수전 전압이 6,000[V], 배전선 1조의 저항 및 리액턴스가 각각 5[Ω], 4[Ω]라고 하면 송전단 전압은 몇 [V]인가?

🖉 6480[V]

02. 3상 배전선에서 역률 0.8(늦음)인 300[kW]의 3상 평형부하가 있다. 부하단의 전압이 3,000[V], 배전선 1선의 저항이 3[Ω], 리액턴스가 2[Ω]일 때 송전단 전압은 몇 [V]인가?

🖉 3,450[V]

03. 3상 배전 선로의 말단에 역률 80[%](lagging)의 평형 3상의 집중 부하가 있다. 변전소 인출구의 전압이 3,300[V]일 때 부하의 단자 전압을 최소 3,000[V]로 유지하려면 부하 전력은 몇 [kW]까지 허용할 수 있는가? 단, 전선 1선의 저항을 2[Ω], 리액턴스를 1.8[Ω]이라 하고 그 밖의 선로 정수는 무시한다.

🖉 $P = \sqrt{3} \, VI\cos\theta = \sqrt{3} \times 3,000 \times 64.6 \times 0.8 \times 10^{-3} = 268.7 [kW]$

04. 다음 직류 선로에서 B, C 및 D 각 점의 전압은?

🖉 B 94, C 80, D 77

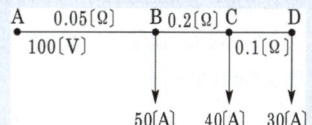

05. 다음 그림과 같은 3상 배전 선로가 있다. 말단 부하점의 전압은 몇 [V]인가? 단, 공급점의 전압 3,300[V], AB간의 저항 1.8[Ω], 리액턴스 0.8[Ω], BC간의 저항 3.6[Ω], 리액턴스 1.6[Ω], B점, C점의 전류는 50[A], 지역률 80[%], 진상전류 40[A]이다.

🖉 2,800[V]

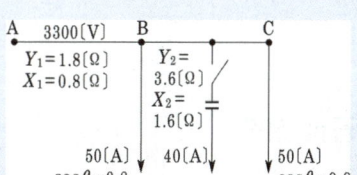

06. 전등 부하에 공급하고 있는 그림 A, D와 같은 단상 2선식 저압 배전 간선이 있다. A, B, C, D의 각 점의 부하 전류 및 각 부하점의 거리는 그림에 표시한 것과 같다. 지금이 저압 간선 중의 한 점 F에서 공급되는 것으로 하고 FA 및 FD 간의 전압 강하를 동일하게 하는 F점의 위치를 구하여라. 단, 전선의 굵기는 AD 간을 전부 같게 하고, 또 전선의 리액턴스를 무시한다.

🖉 B에서 C방향으로 100[m]인 지점

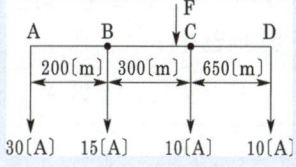

07. 그림과 같이 양단 A, B를 공급점으로 하는 직류 2선식 배전선이 있다. A점의 전압을 55[V], B점의 전압을 50[V]로 하고 각 부하점 사이의 저항[Ω] 및 부하전류[A]는 그림에 주어진 값으로 할 경우 급전점 A에서 유입하는 전류[A]는?

🖉 17[A]

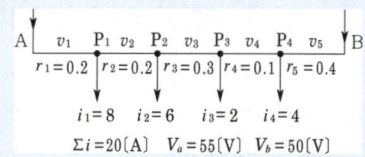

08. 그림과 같이 전등 부하 L_1은 10[A], L_2는 10[A]에서 40[A]까지 변동한다. 부하점의 전압 변동을 전기 사업법에 정해져 있는 101±6[V]로 유지하려면 최소 몇 [mm²] 이상의 전선을 사용해야 하는가? 단, 전선의 전기 저항률은 $\frac{1}{55}[\Omega \cdot mm^2/m]$를 사용한다.

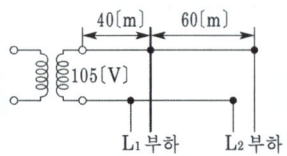

답 $A = \frac{8,800}{55 \times 10} = 16[mm^2]$

09. 왕복선의 저항 2[Ω], 유도 리액턴스 8[Ω]의 단상 2선식 배전 선로의 전압 강하를 보상하기 위하여 용량 리액턴스 6[Ω]의 콘덴서를 선로에 직렬로 삽입하였을 때 부하단 전압은 몇 [V]인가? 단, 전원은 6,900[V], 부하 전류는 200[A], 역률은 80[%](뒤짐)라 한다.

답 6,340[V]

10. 송전단 전압 6,600[V], 길이 2[km]의 3상 3선식 배전선에 의해서 지역률 0.8의 말단 부하에 공급하고 있다. 부하단 전압이 6,000[V]를 내려가지 않도록 하기 위한 부하는 몇 [kW]까지 허용되는가? 단, 선로 1조당 impedance는 $0.8 + j0.4[\Omega/km]$

답 1,636[kW]

공급 전력

★★ 【87. 94. 95. 04. 산업기사】

15 3,300[V] 배전 선로의 전압을 6,600[V]로 승압하고 같은 손실률로 송전하는 경우 송전전력은 몇 배인가?

① $\sqrt{3}$ ② 2 ③ 3 ④ 4

해설 $P \propto \left(\frac{6,600}{3,300}\right)^2 = 2^2 = 4$

★★ 【88. 94. 기사】

16 저항 20[Ω], 40[Ω], 80[Ω]을 그림과 같이 성형으로 접속하고 이것을 불평형 3상 전압 280[V], 280[V], 240[V]를 가할 경우 전 소비전력은?

① 2.263[kW]
② 2.063[kW]
③ 1.863[kW]
④ 1.663[kW]

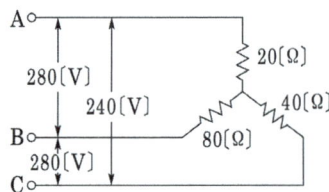

답 15. ④ 16. ④

해설 $Y \to \triangle$

$$P = \frac{280^2}{140} + \frac{280^2}{280} + \frac{240^2}{70} = 1.663 [kW]$$

☆ 【95. 산업기사】

17 다음 ( )안에 알맞은 것은?

"동일 배전 선로에서 전압만을 3.3[kV]에서 22.9[kV]($= 3.3 \times \sqrt{3} \times 4$)로 승압할 경우 공급전력을 동일하게 하면 선로의 전력손실(률)은 승압 전의 (㉠)배로 되고 선로의 전력 손실률을 동일하게 하면 공급 전력은 승압 전의 (㉡)배로 된다."

① ㉠ 약 1/7, ㉡ 약 7
② ㉠ 48, ㉡ 1/48
③ ㉠ 1/48, ㉡ 48
④ ㉠ 1/48, ㉡ 약 7

해설 전압을 n배 승압 송전할 경우 전력 손실률은 승압전의 $\frac{1}{n^2}$배이고 공급전력은 승압전의 n^2배이다.

유사문제

▮ 유사문제 원문 및 해설 : 동일출판사 홈페이지 ≫ 고객센터 ≫ 자료실

01. 배전 전압을 3,000[V]에서 5,200[V]로 높일 때 전선이 같고 배전 손실률도 같다고 하면 수송전력[kW]은 몇 배로 증가시킬 수 있는가?

답 $P = \left(\frac{5200}{3000}\right)^2 = 3$배

02. 배전 전압을 $\sqrt{3}$ 배로 하였을 때 같은 전력 손실률로 보낼 수 있는 전력의 몇 배가 되는가?

답 $P' = \left(\frac{\sqrt{3}}{1}\right)^2 P = 3P$ 즉, 3배

03. 100[V]에서 전력 손실률 0.1인 배전 선로에서 전압을 200[V]로 승압하고 그 전력 손실률을 0.05로 하면 전력은 몇 배 증가시킬 수 있는가?

답 $P = \frac{KV^2\cos\theta^2}{R} = \frac{0.05}{0.1} \times \left(\frac{200}{100}\right)^2 = \frac{1}{2} \times 4 = 2$배

04. 단상 배전 선로의 말단에 지상 역률 $\cos\theta_r$인 부하 W[kW]가 접속되어 있고, 선로 말단의 전압은 V[V]이다. 선로 1가닥당의 저항을 R[Ω]이라 할 때 송전단 공급 전력[kW]은?

답 $W + 2\frac{W^2R}{V^2\cos^2\theta_r} \times 10^3$

답 17. ③

전력 손실

18 배전 전압을 6,600[V]에서 11,400[V]로 높이면 수송전력이 같을 때 전력 손실은 처음의 약 몇 배로 줄일 수 있는가?

① 1/2　　② 1/3　　③ 2/3　　④ 3/4

해설 $\left(\dfrac{6,600^2}{11,400^2} ≒ \dfrac{1}{3}\right)$, $P_l \propto \dfrac{1}{V^2}$ ∴ $\dfrac{(6,600)^2}{(11,400)^2} ≒ \dfrac{1}{3}$

19 배전선로의 손실 경감과 관계없는 것은?

① 승압
② 다중접지방식 채용
③ 부하의 불평형 방지
④ 역률 개선

해설 배전선로의 전력 손실 P_L은 $P_L = 3I^2 r = \dfrac{\rho W^2 L}{A V^2 \cos^2\theta}$

ρ : 고유저항, W : 부하 전력, L : 배전 거리
A : 전선의 단면적, V : 수전 전압, $\cos\theta$: 부하 역률

20 전선에 흐르는 전류가 1/2배로 되면 전력 손실은?

① 1/2배
② 1/4배
③ 2배
④ 4배

해설 전력 손실은 전류의 제곱에 비례하므로 $P_l = \left(\dfrac{1}{2}\right)^2 = \dfrac{1}{4}$

21 선로의 부하가 균일하게 분포되어 있을 때 배전선로의 전력 손실은 이들의 전부하가 선로의 말단에 집중되어 있을 때에 비하여 어느 정도가 되는가?

① $\dfrac{1}{5}$　　② $\dfrac{1}{4}$　　③ $\dfrac{1}{3}$　　④ $\dfrac{1}{2}$

해설

부하종류	전압 강하	전력 손실
말단 집중 부하	IR	$I^2 R$
균등 분포 부하	$\dfrac{1}{2}IR$	$\dfrac{1}{3}I^2 R$

답 18. ②　19. ②　20. ②　21. ③

22 전선의 굵기가 균일하고 부하가 균등하게 분산 분포되어 있는 배전 선로의 전력 손실은 전체 부하가 송전단으로부터 전체 전선로 길이의 어느 지점에 집중되어 있는 손실과 같은가?

① $\frac{3}{4}$ ② $\frac{2}{3}$ ③ $\frac{1}{3}$ ④ $\frac{1}{2}$

해설 말단에 단일 부하인 경우의 전력 손실 $P_l = 3I^2R$

균등한 부하 분포의 경우 전력 손실 $P_l = \int_0^1 i^2 R dx = \int_0^1 I^2(1-x)^2 R dx$

$$= I^2 R \int_0^1 (1-2x+x^2)dx = I^2 R \left[x - x^2 + \frac{x^3}{3}\right]_0^1 = \frac{I^2R}{3}$$

$\dfrac{\text{단일 부하 전력 손실}}{\text{균등 부하 전력 손실}} = \dfrac{I^2R}{\dfrac{I^2R}{3}} = 3$

유사문제

01. 선로의 전압을 6,600[V]에서 22,900[V]로 높이면 송전 전력이 같을 때, 전력 손실은 처음의 몇 배로 줄일 수 있는가?

답 $P_l \propto \dfrac{1}{V^2}$ 이므로 $\dfrac{1}{\left(\dfrac{22.9}{6.6}\right)^2} = \dfrac{1}{12}$ 배

02. 송전단에서 전류가 동일하고 배전선에 리액턴스를 무시하면 배전선 말단에 단일부하가 있을 때의 전력손실은 배전선에 따라 균등한 부하가 분포되어 있는 경우의 전력손실에 비하여 몇 배나 되는가?

답 $\dfrac{\text{단일 부하 전력 손실}}{\text{균등 부하 전력 손실}} = \dfrac{I^2R}{\dfrac{I^2R}{3}} = 3$배

03. 분산 부하 배전 선로에서 선로의 전력 손실은?

답 전압 강하의 제곱에 비례

부하관계용어

23 수전 용량에 비해 첨부 부하가 커지면 부하율은 그에 따라 어떻게 되는가?

① 낮아진다. ② 높아진다.
③ 변하지 않고 일정하다. ④ 부하의 종류에 따라 달라진다.

해설 부하율 = $\dfrac{\text{평균 전력}}{\text{최대 전력}}$ 에서 첨두 부하가 커지면 부하율은 낮아진다.

답 22. ③ 23. ①

24 수용가군 총합의 부하율은 각 수용가의 수용률 및 수용가 사이의 부등률이 변화할 때 다음 중 옳은 것은?

① 수용률에 비례하고 부등률에 반비례한다.
② 부등률에 비례하고 수용률에 반비례한다.
③ 부등률에 비례하고 수용률에 비례한다.
④ 부등률에 반비례하고 수용률에 반비례한다.

해설
- 부하율 = $\dfrac{\text{평균 전력}}{\dfrac{\text{최대 전력의 합계}}{\text{부등률}}} = \dfrac{\text{평균 전력}}{\text{합성 최대 전력}} = \dfrac{\text{평균 전력} \times \text{부등률}}{\text{설비 용량의 합계} \times \text{수용률}}$
- 부등률 = $\dfrac{\text{최대 전력의 합계}}{\text{합성 최대 전력}}$　　• 수용률 = $\dfrac{\text{최대 전력}}{\text{설비 용량}}$

25 평균 수용 전력을 A, 합성 최대 전력을 M, 부등률을 D, 부하율 L, 수용률을 C라고 할 때 옳은 것은?

① $A = \dfrac{M}{D}$　　② $A = D \cdot M$　　③ $A = C \cdot M$　　④ $A = L \cdot M$

해설 평균 수용 전력(A) = 합성 최대 전력(M) × 부하율(L)

26 전등 설비 250[W], 전열 설비 800[W], 전동기 설비 200[W], 기타 150[W]인 수용가가 있다. 이 수용가의 최대 수용 전력이 910[W]이면 수용률은?

① 65　　② 70　　③ 75　　④ 80

해설 수용률 = $\dfrac{\text{최대 수용 전력}}{\text{설비 용량(접속 부하)}} \times 100[\%]$
$= \dfrac{910}{250+800+200+150} \times 100[\%] = \dfrac{910}{1,400} \times 100 = 65[\%]$

27 부하율이란?

① $\dfrac{\text{피상 전력}}{\text{부하 설비 용량}} \times 100[\%]$　　② $\dfrac{\text{부하 설비 용량}}{\text{피상 전력}} \times 100[\%]$

③ $\dfrac{\text{최대 수용 전력}}{\text{평균 수용 전력}} \times 100[\%]$　　④ $\dfrac{\text{평균 수용 전력}}{\text{최대 수용 전력}} \times 100[\%]$

해설 부하율 = $\dfrac{\text{평균 전력}}{\text{최대 수용 전력}} \times 100 < 100[\%]$

답 24. ②　25. ④　26. ①　27. ④

28 수용설비 개개의 최대 수용 전력의 합[kW]을 합성 최대 수용 전력[kW]으로 나눈 값을 무엇이라 하는가?

① 부하율   ② 수용률   ③ 부등률   ④ 역률

[해설] 부등률은 수용가 상호간, 또는 변전설비 상호간 동시에 최대 수용 전력이 발생하지 않을 정도를 말한다.

29 수용률이란?

① 수용률 $= \dfrac{\text{평균 전력[kW]}}{\text{최대 수용 전력[kW]}} \times 100$

② 수용률 $= \dfrac{\text{개개의 최대 수용 전력의 합[kW]}}{\text{합성 최대 수용 전력[kW]}} \times 100$

③ 수용률 $= \dfrac{\text{최대 수용 전력[kW]}}{\text{수용 설비 용량[kW]}} \times 100$

④ 수용률 $= \dfrac{\text{설비 전력[kW]}}{\text{합성 최대 수용 전력[kW]}} \times 100$

[해설] 수용률 $= \dfrac{\text{최대 수용 전력}}{\text{총 수요 설비 용량}} \times 100[\%]$ 배전 변압기의 용량계산의 척도가 된다.

30 어떤 구역에 3상 배전선으로 전력을 공급하는 변전소가 있다. 이 구역 내의 설비 부하는 전등 2,000[kW], 동력 3,000[kW]이고 수용률은 각기 0.5, 0.6이라 한다. 이 변전소에서 공급하는 최대 용량은 약 몇 [kVA]인가? 단, 배선 전로의 전력 손실률을 전등, 동력 모두 10[%]로 하고 부하 역률은 전등, 동력 모두 변전소에서 0.8로 하며 전등, 동력 부하간의 부등률은 1.25라 한다.

① 2,980   ② 3,080   ③ 3,500   ④ 4,000

[해설] 최대 용량 $= \dfrac{2,000 \times 0.5 + 3,000 \times 0.6}{1.25 \times 0.8} \times 1.1 = 3,080[\text{kVA}]$

31 다음 중 그 값이 1 이상인 것은?

① 전압 강하율   ② 부하율
③ 수용률   ④ 부등률

[해설] 부등률 $= \dfrac{\text{수용 설비 개개의 최대 수용 전력의 합계}}{\text{합성 최대 수용 전력}} \geq 1$

[답] 28. ③   29. ③   30. ②   31. ④

32 총 설비 용량 80[kW], 수용률 75[%], 부하율 80[%]인 수용가의 평균전력[kW]은?

① 36　　② 42　　③ 48　　④ 54

해설 최대 수용 전력 P_m = 설비용량×수용률 = $80 \times 0.75 = 60$[kW]
∴ 평균 전력 $P = 60 \times 0.8 = 48$[kW]

33 1일의 사용 전력량 60[kWh], 최대 전력 8[kW]인 공장의 부하율[%]은?

① 75.0　　② 43.2　　③ 31.3　　④ 16.6

해설 부하율 = $\dfrac{\text{평균 전력}}{\text{최대 수용 전력}} \times 100 = \dfrac{60}{8 \times 24} \times 100 = 31.3$[%]

34 연간 전력량 E[kWh], 연간 최대 전력 W[kW]인 연부하율은 몇 [%]인가?

① $\dfrac{E}{W} \times 100$　　② $\dfrac{W}{E} \times 100$

③ $\dfrac{8,760\,W}{E} \times 100$　　④ $\dfrac{E}{8,760\,W} \times 100$

해설 연부하율 = $\dfrac{\text{연간 전력량}/(365 \times 24)}{\text{연간 최대 전력}} \times 100 = \dfrac{E}{8,760\,W} \times 100$[%]

35 어떤 수용가의 1년간의 소비 전력량은 100만[kWh]이고 1년 중 최대 전력은 130[kW]라면 수용가의 부하율은 약 몇 [%]인가?

① 74　　② 78　　③ 82　　④ 88

해설 부하율 = $\dfrac{\text{평균 전력}}{\text{최대 전력}} \times 100$[%] = $\dfrac{1,000,000\,[\text{kWh}]}{8,760 \times 130\,[\text{kWh}]} \times 100 = 87.8$[%]

36 수용률 80[%], 부하율 60[%]일 때 설비 용량이 320[kW]인 최대 수용 전력[kW]은?

① 633　　② 400　　③ 256　　④ 190

해설
- 수용률 = $\dfrac{\text{최대 수용 전력}}{\text{설비 용량}} \times 100$[%]
- 최대 수용 전력 = 수용률×설비 용량 = $0.8 \times 320 = 256$[kW]

32. ③　33. ③　34. ④　35. ④　36. ③

37 ★☆ 【96. 00. 산업기사, ㈜ : 96. 산업기사】

어떤 건물에서 총 설비 부하 용량이 850[kW], 수용률 60[%]라면, 변압기 용량은 최소 몇 [kVA]로 하여야 하는가? 단, 여기서 설비 부하의 종합 역률은 0.75이다.

① 500 　　② 650 　　③ 680 　　④ 740

[해설] 변압기 용량 $=\dfrac{\text{설비 용량} \times \text{수용률}}{\text{역률}}[kVA] = \dfrac{850 \times 0.6}{0.75} = 680[kVA]$

38 ★★★ 【82. 83. 87. 93. 03. 11. 산업기사, ㈜ : 70. 00. 산업기사】

설비 A가 130[kW], B가 250[kW], 수용률이 각각 0.5 및 0.8일 때 합성 최대 전력이 235[kW]이면 부등률은?

① 1.11 　　② 1.13 　　③ 1.21 　　④ 1.23

[해설] 부등률 $=\dfrac{\text{개개의 최대 전력의 합}}{\text{합성 최대 수용 전력}} = \dfrac{0.5 \times 130 + 0.8 \times 250}{235} = 1.13$

39 ★★ 【83. 97. 00. 산업기사, ㈜ : 98. 산업기사】

수용률이 50[%]인 주택지에 배전하는 66/6.6[kV]의 변전소를 설치할 때 주택지의 부하 설비 용량을 20,000[kVA]로 하면 필요한 변압기의 용량[kVA]은? 단, 주상 변압기 배전 간선을 포함한 부등률은 1.3이라 한다.

① 3,850 　　② 5,780 　　③ 7,700 　　④ 9,500

[해설]
- 부등률 $=\dfrac{\text{개개의 최대 수용 전력의 합계}}{\text{합성 최대수용 전력}} = \dfrac{\Sigma(\text{수용률} \times \text{설비 용량})}{\text{합성 최대 수용 전력}}$
- 합성 최대 수용 전력 $=\dfrac{\text{수용률} \times \text{설비 용량}}{\text{부등률}} = \dfrac{0.5 \times 20,000}{1.3} = 7,700[kVA]$

40 ★★ 【95. 00. 03. 기사, 05. 산업기사】

정격 10[kVA]의 주상 변압기가 있다. 이것의 2차측 열부하 곡선이 다음 그림과 같을 때 1일의 부하율은 몇 [%]인가?

① 52.3
② 54.3
③ 56.3
④ 58.3

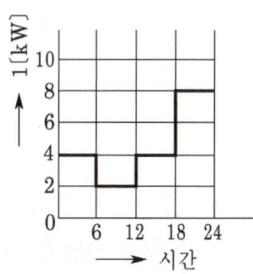

[해설] 부하율 $=\dfrac{\text{평균 전력}}{\text{최대 전력}} = \dfrac{\frac{4 \times 6 + 2 \times 6 + 4 \times 6 + 8 \times 6}{24}}{8} \times 100 = 56.25[\%]$

[답] 37. ③ 38. ② 39. ③ 40. ③

41 고압 배전선 간선에 역률 100[%]의 수용가가 두 군으로 나누어 각 군에 변압기 1대씩 설치되어 있다. 각 군의 수용가 총 설비 용량은 각각 30[kW], 20[kW]라 한다. 각 수용가의 수용률 0.5, 수용가 상호간의 부등률 1.2, 변압기 상호간의 부등률은 1.30이라 한다. 고압 간선의 최대 부하[kW]는?

① 12　　　② 16　　　③ 25　　　④ 50

해설　A군 최대 전력 = 설비 용량 × 수용률 = 30×0.5 = 15[kW]

합성 최대 전력 = $\dfrac{\text{최대 전력}}{\text{수용가 부등률}} = \dfrac{15}{1.2}$

B군 최대 전력 = 20×0.5 = 10[kW]

합성 최대 전력 = $\dfrac{10}{1.2}$

총 합성 최대 전력 = $\dfrac{\text{최대 전력의 합}}{\text{변압기 상호 부등률}}$

$= \dfrac{\dfrac{15}{1.2}+\dfrac{10}{1.2}}{1.3} = 16[kW]$

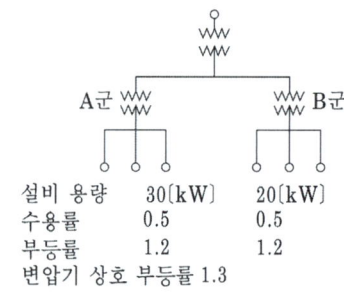

	A군	B군
설비 용량	30[kW]	20[kW]
수용률	0.5	0.5
부등률	1.2	1.2
변압기 상호 부등률 1.3		

42 154/6.6[kV], 5,000[kVA]의 3상 변압기 1대를 시설한 변전소가 있다. 이 변전소의 6.6[kV] 각 배전선에 접속한 부하 설비 및 수용률이 표와 같고 각 배전선 간의 부등률은 1.17로 하였을 때 변전소에 걸리는 최대 전력은 약 몇 [kW]인가?

배전선	부하 설비[kW]	수용률[%]
a	4,716	24
b	1,635	74
c	3,600	48
d	4,095	32

① 4,186　　② 4,356　　③ 4,598　　④ 4,728

해설　수전 설비 최대 전력 = $\dfrac{\text{설비 용량}\times\text{수용률}}{\text{부등률}}$

$= \dfrac{4,716\times0.24+1,635\times0.74+3,600\times0.48+4,095\times0.32}{1.17}$

$= 4,598[kVA]$

43 어느 변전소의 공급 구역 내에 총 설비 부하 용량은 전등 600[kW], 동력 800[kW]이다. 각 수용가의 수용률을 전등 60[%], 동력 80[%], 각 수용가 간의 부등률을 전등 1.2, 동력 1.6, 변전소에 있어서의 전등과 동력 부하간의 부등률을 1.4라고 하면 이 변전소에서 공급하는 최대 전력은 몇 [kW]인가? 단, 부하나 선로의 전력 손실은 10[%]로 한다.

① 600　　　② 550　　　③ 500　　　④ 450

답　41. ②　42. ③　43. ②

해설 전등 부하의 최대 전력 = $\dfrac{\text{수용률}}{\text{부등률}} \times \text{설비용량} = \dfrac{0.6}{1.2} \times 600 = 300[\text{kW}]$

동력 부하 최대 전력 = $\dfrac{\text{수용률}}{\text{부등률}} \times \text{설비용량} = \dfrac{0.8}{1.6} \times 800 = 400[\text{kW}]$

합성 최대 전력 = $\dfrac{\text{전등 최대 전력} + \text{동력 최대 전력}}{\text{부등률}} = \dfrac{300+400}{1.4} = 500[\text{kW}]$

전력 손실을 10[%]로 하므로 변전소 공급 최대 전력은 $500 \times 1.1 = 550[\text{kW}]$

★★★★ 【79. 85. 94. 99. 기사, 04. 11. 산업기사】
44 배전선의 손실 계수 H와 부하율 F와의 관계는?

① $0 \leq F^2 \leq H \leq F \leq 1$ ② $0 \leq H^2 \leq F \leq H \leq 1$
③ $0 \leq H \leq F^2 \leq F \leq 1$ ④ $0 \leq F \leq H^2 \leq H \leq 1$

해설 $H = \alpha F + (1-\alpha)F^2$에서 $\alpha = 0.1 \sim 0.4$

★★★ 【80. 82. 89. 97. 00. 01. 09. 산업기사】
45 배전 선로의 부하율이 F일 때 손실 계수 H는?

① $H = F$ ② $H = \dfrac{1}{F}$ ③ $F^2 \leq H \leq F$ ④ $H = F^3$

해설 $0 \leq F^2 \leq H \leq F \leq 1$

★ 【87. 00. 산업기사】
46 전력 소비 기기가 동시에 사용되는 정도를 나타내는 것은?

① 부하율 ② 수용률 ③ 부등률 ④ 보상률

해설 부등률 = $\dfrac{\text{각 부하의 최대 수요전력의 합계}[\text{kW}]}{\text{각 부하를 종합하였을 때의 최대 수요(합성 전력최대)}[\text{kW}]}$

★ 【98. 00. 산업기사】
47 최대 전류가 흐를 때의 손실이 50[kW]이며 부하율이 55[%]인 전선로의 평균 손실은 몇 [kW]인가? 단, 배전 선로의 손실 계수 H는 0.38이다.

① 7 ② 11 ③ 19 ④ 31

해설 손실 전력량 = 손실 계수 $\times P$
∴ 손실 전력량 = $50 \times 0.38 = 19[\text{kW}]$

☆ 【88. 산업기사】
48 22.9[kV]로 수전하는 어떤 수용가의 최대 부하 250[kVA], 부하 역률 80[%]이고 부하율이 50[%]이다. 월간 사용 전력량[MWh]은 약 얼마인가? 단, 1개월은 30일로 계산한다.

① 62 ② 72 ③ 82 ④ 92

답 44. ① 45. ③ 46. ③ 47. ③ 48. ②

[해설] 부하율 = $\dfrac{평균\ 전력}{최대\ 전력} \times 100$ 에서

평균 전력 = 부하율×최대 전력 = 50×250 = 125[kW]
사용 전력 = 125×0.8(부하 역률) = 100[kW]
월간 사용 전력량 = 100[kW]×24[시간]×30[일]
= 72,000[kWh] = 72[MWh]

유사문제

▌유사문제 원문 및 해설 : 동일출판사 홈페이지 ≫ 고객센터 ≫ 자료실

01. 배전계통에서 부등률이란?

답 부등률 = $\dfrac{각\ 부하의\ 최대\ 수용\ 전력의\ 합}{각\ 부하를\ 종합했을\ 때\ 최대\ 수용\ 전력}$

02. 수용률이 크다, 부등률이 크다, 부하율이 크다라는 것은 다음의 어떤 것에 가장 관계가 깊은가?

답 전력을 가장 많이 소비할 때에 쓰이지 않는 기구가 별로 없다.

03. 일정한 전력량을 공급할 때 부하율이 저하하면?

답 첨두 부하용 설비가 증가하고 신규 화력의 효율이 저하한다.

04. 전력 수요설비에 있어서 그 값이 높게 되면 경제적으로 불리하게 되는 것은?

답 수용률

05. 30일 간의 최대 수용 전력이 200[kW], 소비 전력량이 72,000[kWh]일 때 월 부하율은 몇 [%]인가?

답 부하율 = $\dfrac{72,000}{200 \times 24 \times 30} \times 100 = 50[\%]$

06. 최대 수용 전력이 5,000[kW]인 공장에서 어느 하루의 소비 전력이 52,000[kWh]라 한다. 하루의 부하율은 몇 [%]인가?

답 부하율 = $\dfrac{52,000/24}{5,000} \times 100 = 43.3[\%]$

07. 설비 용량이 각각 75[kW], 80[kW], 85[kW]의 부하 설비가 있다. 수용률이 60[%]라면 최대 수요 전력은 몇 [kW]인가?

답 최대 수용 전력 $P_m = F_{de} \times P_s = 0.6(75+80+85) = 144[kW]$

08. 어떤 고층 건물의 부하의 총 설비 전력이 400[kW] 수용률이 0.5일 때 이 건물의 변전 시설 용량의 최저값은 몇 [kVA]인가? 단, 부하의 역률은 0.8이다.

답 변압기 용량 = $\dfrac{최대\ 수용\ 전력}{역률} = \dfrac{200}{0.8} = 250[kVA]$

09. 연간 최대 수용 전력이 70[kW], 75[kW], 85[kW], 100[kW]인 4개의 수용가를 합성한 연간 최대 수용 전력이 250[kW]이다. 이 수용가의 부등률은 얼마인가?

▷ 1.32

10. 설비 용량 800[kW], 부등률 1.2, 수용률 60[%]일 때, 변전 시설 용량은 최저 몇 [kVA] 이상이어야 하는가? 단, 역률은 90[%] 이상 유지되어야 한다고 한다.

▷ 변전 설비 용량 = $\dfrac{800 \times 0.6}{1.2 \times 0.9}$ ≒ 444[kVA]

11. 최대 수용 전력이 3[kW]인 수용가가 3세대, 5[kW]인 수용가가 6세대라고 할 때, 이 수용가군이 전력을 공급할 수 있는 주상 변압기의 용량은 최소 몇 [kVA]가 필요한가? 단, 역률은 1, 수용가 간의 부등률은 1.3이라고 한다.

답 T_r 용량 = $\dfrac{\text{설비 용량} \times \text{수용률}}{\text{역률} \times \text{부등률}}$ = $\dfrac{3 \times 3 + 5 \times 6}{1 \times 1.3}$ = 30[kVA]

12. 그림과 같은 수용 설비 용량과 수용률을 갖는 부하의 부등률이 1.5이다. 평균 부하 역률을 75[%]라 하면 변압기 용량[kVA]은 약 얼마로 하면 되는가?

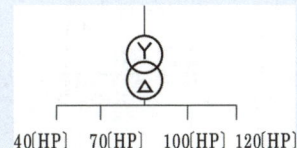

답 20[kVA]

13. A, B, C의 수용가에 수전하고 있는 배전선이 있다. 그 합성 최대 전력은 1,000[kW], 수용가의 상호 부등률은 1.18이고 A, B, C의 설비 용량은 각각 400[kW], 500[kW], 750[kW]라 한다. A, B의 수용률은 각각 70[%], 60[%]라 하면 C의 수용률은 몇 [%]인가?

답 80[%]

14. 설비 용량 40[kW], 1일 평균 사용 전력량이 576[kWh]인 공장이 있다. 최대 수용 전력이 30[kW]인 경우 이 공장의 수용률[%] 및 부하율[%]은?

답 75, 80

15. 그림과 같은 회로에서 아래와 같은 조건인 경우 변압기의 용량은 얼마인가? 단, 부등률=1.1, HP=0.746[kW], P.F=0.8 이며, 수용률은 각각 55[%], 70[%], 75[%], 75[%]이다.

답 200[kVA]

16. 설비 용량 900[kW], 부등률 1.2, 수용률 50[%]일 때 합성 최대 전력은 몇 [kW]인가?

답 합성 최대 전력 = $\dfrac{900 \times 0.5}{1.2}$ = 375[kW]

17. 배전 선로에서 손실 계수 H와 부하율 F 사이에 성립하는 식은? 단, 부하율 $F < 1$이다.

답 $H > F^2$

18. 배전 선로의 부하율이 F일 때 손실 계수 H는?

답 F와 F^2의 중간값

19. 연간 최대 전류 200[A], 배전거리 10[km]의 말단에 집중부하를 가진 6.6[kV], 3상 3선식 배전선이 있다. 이 선로의 연간 손실 전력량은 약 몇 [MWh] 정도인가? 단, 부하율 $F = 0.6$, 손실 계수 $H = 0.3F + 0.7F^2$이고, 전선의 저항은 0.25[Ω/km]이다.

답 1,135[MWh]

전선의 굵기 등

49 배전 전압을 3,000[V]에서 6,000[V]로 높이는 이점이 아닌 것은? [93. 기사]

① 배전 손실이 같다고 하면 수송 전력을 증가시킬 수 있다.
② 수송 전력이 같다면 전력 손실을 줄일 수 있다.
③ 전압 강하를 줄일 수 있다.
④ 주파수를 감소시킨다.

해설 주파수는 변경할 수 없다.

50 200[V] 단상 2선식 길이 200[m]의 배전선에서 40[kW], 역률 100[%]의 부하에 38[mm²]의 전선을 쓰면 손실률[%]은 대략 얼마인가? 단, 단면적 1[mm²], 길이 1[m]인 전선의 저항은 1/55[Ω]이다. [78. 산업기사]

① 7.5 ② 10
③ 15 ④ 20

해설 전력 손실 $P_l = 2I^2R = 2 \cdot \left(\dfrac{P}{V}\right)^2 \cdot \rho \dfrac{l}{A}$

$= 2 \times \left(\dfrac{40,000}{200}\right)^2 \times \dfrac{1}{55} \times \dfrac{200}{38} \times 10^{-3} = 7.66 \text{[kW]}$

전력 손실률 $= \dfrac{\text{손실 전력}}{\text{부하 전력}} \times 100 = \dfrac{7.66}{40} \times 100 ≒ 20\text{[\%]}$

51 송전단 전압 6,600[V], 길이 4.5[km]인 3상 3선식 배전 선로에 의해 용량 2,500[kW], 역률 0.8(지상)의 부하에 전기를 공급할 경우 전압 강하를 600[V] 이내로 하기 위한 전선의 최소 굵기는 몇 [mm²]인가? 단, 전선은 경동선(저항률 $\dfrac{1}{55}$[Ω/m · mm²])을 사용한다. [11. 기사, 96. 산업기사]

① 38 ② 50
③ 60 ④ 80

해설 $e = \sqrt{3}\,I(R\cos\theta + X\sin\theta)$에서 리액턴스를 무시하면

$e = \sqrt{3}\,IR\cos\theta = \dfrac{P}{V_r}R = \dfrac{P}{V_r} \times \rho\dfrac{l}{A}$

$\therefore$ 단면적 $A = \dfrac{P \cdot \rho l}{V_r \cdot e} = \dfrac{2,500 \times 10^3 \times \dfrac{1}{55} \times 4,500}{6,000 \times 600} = 56.8\text{[mm}^2\text{]}$

답 49. ④ 50. ④ 51. ③

52 500[kW], 지역률 80[%]인 단상 부하의 단자 전압이 6,500[V]일 때 부하 전류는 약 몇 [A]인가?

① 92　　② 96　　③ 105　　④ 120

해설 $I = \dfrac{P}{V\cos\theta} = \dfrac{500\times 10^3}{6{,}500\times 0.8} = 96.15[\text{A}]$

53 그림과 같은 도면의 건물에서 분기 회로의 전압 강하를 2[V]로 유지하기 위하여 전선의 굵기 [mm]는 얼마로 하면 좋은가?

① 1.6
② 2.0
③ 2.6
④ 3.2

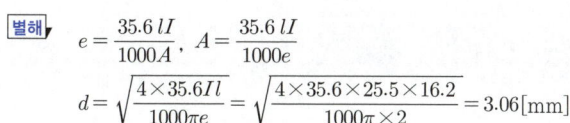

해설 전선의 길이 $l = 1.5+4+15+5 = 25.5[\text{m}]$
부하 전류 $I = 1.8\times 9 = 16.2[\text{A}]$
전압 강하 $e = 2IR = 2I\rho\dfrac{l}{A} = 2I\times\dfrac{1}{58}\times\dfrac{l}{\frac{\pi}{4}d^2}$

$d = \sqrt{\dfrac{2Il\times 4}{2\times 58\pi}} = \sqrt{\dfrac{2\times 16.2\times 22.5\times 4}{2\times 58\pi}} = 2.8[\text{mm}]$

별해 $e = \dfrac{35.6\,lI}{1000A}$, $A = \dfrac{35.6\,lI}{1000e}$

$d = \sqrt{\dfrac{4\times 35.6Il}{1000\pi e}} = \sqrt{\dfrac{4\times 35.6\times 25.5\times 16.2}{1000\pi\times 2}} = 3.06[\text{mm}]$

54 선로의 길이 40[km]의 3상 3선식 송전 선로를 건설하는 경우, 수전 전압 145[kV], 역률 0.85의 3상 평형 부하 200[MW]에 공급할 때 송전 손실을 10[%] 이하로 하려면 전선의 굵기는 최소 몇 [mm²] 이상으로 하여야 하는가? 단, 전선은 체적 저항률 2.8265[μΩ·cm]의 ACSR을 사용하는 것으로 한다.

① 150　　② 200　　③ 250　　④ 300

해설 전력 손실 $P_l = 0.1\times P = 200{,}000\times 0.1 = 20{,}000[\text{kW}]$

$P_l = 3I^2R = 3\times\left(\dfrac{200{,}000}{\sqrt{3}\times 145\times 0.85}\right)^2\times R\times 10^{-3} = 20{,}000$

∴ $R = 7.595[\Omega]$

$R = \rho\times\dfrac{l}{A} = 2.8265\times 10^{-6}\times\dfrac{4{,}000{,}000}{A} = 7.595$

∴ $A = \dfrac{2.8265\times 4}{7.595} = 1.49[\text{cm}^2] = 149[\text{mm}^2]$

답 52. ②　53. ④　54. ①

55 단상식 배선에서 옥내 배선의 길이 l[m], 부하 전류 I[A]일 때 배선의 전압 강하를 v[V]로 하기 위한 전선의 굵기는 다음 중 어느 요소에 비례하는가?

① $l\sqrt{\dfrac{v}{I}}$ ② $\sqrt{\dfrac{lv}{I}}$ ③ $\sqrt{lvI}$ ④ $\sqrt{\dfrac{lI}{v}}$

[해설] 전압 강하 $v = IR$, $v = I\left(\rho\dfrac{4l}{\pi d^2}\right)$

∴ 전선의 굵기 $d = \sqrt{\dfrac{4\rho l \cdot I}{\pi \cdot v}} \propto \sqrt{\dfrac{l \cdot I}{v}}$

유사문제

01. 길이 5,280[m]의 3상 3선식 배전선이 있다. 수전단에 6[kV], 1,800[kW], 역률 0.8의 3상 집중 부하에 공급하는 경우, 전력 손실률을 10[%] 이하로 하려면 사용 전선(경동선)의 굵기[mm²]는 얼마로 하면 좋은가?

[답] $A = \dfrac{P\rho l}{KV^2\cos^2\theta} = \dfrac{1800\times 10^3 \times \dfrac{1}{55} \times 5{,}280}{0.1\times 6{,}000^2 \times 0.8^2} = 75$[mm²]

02. 송전단 전압 3,300[V]의 고압 3상 배전선에서 수전단 전압을 3,150[V]로 유지하고자 한다. 부하 전력 1,000[kW], 역률 0.8, 배전선의 길이 3[km]이며 선로의 리액턴스는 무시한다. 이에 적당한 경동선의 굵기[mm²]는?

[답] 125[mm²]

55. ④

CHAPTER 10 배전 선로의 운용과 보호

1. 배전선로의 전압조정

1) 모선전압조정
① 유도전압조정기(IR : induction regulator) 〖출제〗 산업 4번
② 부하 시 탭절환변압기

2) 선로전압조정 〖출제〗 산업 1번, 기사 5번
① 선로전압 강하보상기 ┈┈┈ 〖출제〗 산업 1번, 기사 5번
② 승압기
③ 직렬 콘덴서
④ 주변압기의 탭 조정

3) 승압기

(1) 고압측 전압

$$E_2 = e_1 + e_2 = E_1 + E_1 \times \frac{e_2}{e_1} = E_1\left(1 + \frac{e_2}{e_1}\right)$$

〖출제〗 산업 6번

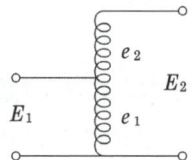

(2) 승압기 용량(자기용량)

$$\frac{자기용량}{부하용량} = \frac{고압 - 저압}{고압} = \frac{E_2 - E_1}{E_2}$$

〖출제〗 산업 6번, 기사 3번

(3) 단권변압기의 특징
① 중량이 가볍다.
② 전압 변동률이 작다.
③ 동손의 감소에 따른 효율이 높다.
④ 변압비가 1에 가까우면 용량이 커진다.
⑤ 1차측의 이상 전압이 2차측에 미친다.
⑥ 누설 임피던스가 작으므로 단락 전류가 증가한다.
⑦ 단권 변압기의 2차측 권선은 공통 권선이므로 절연강도를 낮출 수 없다.

2 - 역률 개선

1) 역률

피상 전력에 대한 유효 전력의 비를 말하며 전압과 전류 사이의 위상차의 여현값과 같다.

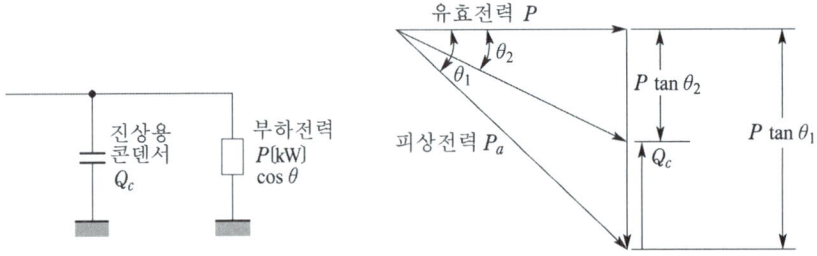

콘덴서 용량 $Q_c = P\tan\theta_1 - P\tan\theta_2 = P(\tan\theta_1 - \tan\theta_2)$

$$= P\left(\frac{\sin\theta_1}{\cos\theta_1} - \frac{\sin\theta_2}{\cos\theta_2}\right)$$

$$= P\left(\frac{\sqrt{1-\cos^2\theta_1}}{\cos\theta_1} - \frac{\sqrt{1-\cos^2\theta_2}}{\cos\theta_2}\right)$$

여기서, $\cos\theta_1$: 개선 전 역률, $\cos\theta_2$: 개선 후 역률

2) 역률 개선의 효과

역률을 개선할 경우 부하와 병렬로 전력용 콘덴서를 설치하여 뒤진 전류를 보상함으로 역률을 개선한다.

① 선로, 변압기 등의 저항손이 역률의 제곱에 반비례하여 감소한다.
② 변압기, 개폐기 등의 소요 용량은 역률에 반비례하여 감소한다.
③ 선로의 송전 용량 전류에 의하여 제한될 때는 역률에 비례하여 송전 용량이 증대한다.
④ 전압 강하는 $1 + \dfrac{X}{R}\tan\phi$에 비례하여 감소한다.
⑤ 설비 용량의 여유가 증가한다.
⑥ 전기 요금이 감소한다.

3) 방전 코일(DC : Discharge Coil)

① 콘덴서에 축적된 잔류 전하를 방전하여 감전 사고 방지
② 선로에 재투입 시 콘덴서에 걸리는 과전압 방지

4) 직렬 리액터(SR : Series Reactor)

제5고조파로부터 전력용 콘덴서 보호 및 파형 개선의 목적으로 사용된다. 직렬 리액터의 용량은 다음과 같다.
① 이론적 : 콘덴서 용량×4[%]
② 실 제 : 콘덴서 용량×6[%]

5) 역률 과보상 시 발생하는 현상
① 역률의 저하 및 손실의 증가
② 단자 전압 상승
③ 계전기 오동작

3 - 고조파 문제

1) 고조파 장해

고조파란 기본 주파수의 정수배의 주파수를 갖는 전압 또는 전류이며 이것을 포함한 전압, 전류는 고조파를 포함하지 않는 경우의 정현 파형에 대해서 일그러진(왜곡된) 파형으로 된다. 고조파는 통상 제5조파라든지 제7조파라는 식으로 불려지고 있는데 이것은 기본 주파수의 5배라든가 7배의 주파수를 지닌 것을 나타낸 것이며 일반적으로 제 3 조파 이상의 홀수차 조파가 현저한 것이다.

종래 고조파에 의한 장해는 별로 문제가 되지 않았으나 근년에는 사이리스터 변환기의 눈부신 발달에 따라 이것이 여러 방면에서 이용되고 또한 대용량화됨에 따라 일부 지역에서는 교류측에서 각종 문제가 발생하게 되었으므로 배전 선로에 있어서도 고조파가 주는 영향을 충분히 고려할 필요가 있다.

국내의 경우, 일반 전기 사업자가 고객의 전기 사용에 따른 협력과 관련하여 고조파 허용 기준 값을 표와 같이 설정해서 운영하고 있다.

고조파 허용 기준값

전압 \ 계통 항목	지중 선로가 있는 S/S에서 공급하는 고객		가공 선로가 있는 S/S에서 공급하는 고객	
	전압 왜형률 [%]	등가 방해 전류 [A]	전압 왜형률 [%]	등가 방해 전류 [A]
66[kV] 이하	3	–	3	–
154[kV] 이상	1.5	3.8	1.5	–

전력 계통의 전압 및 전류의 파형을 일그러뜨리는 원인이 되고 있는 고조파 발생 기기를 열거하면 다음과 같다.

① 사이리스터 등의 반도체를 사용한 기기에 의한 것(정류기, 변환기)
② 아크로 등의 비선형 부하 특성을 지닌 기기에 의한 것
③ 변압기, 회전기 등의 자기 포화 등에 의한 것
④ 형광등, TV 등의 기구

이중에서도 특히 사이리스터를 사용한 대형 변환기 및 아크로의 대용량화가 문제로 되고 있다. 배전선에 고조파 성분이 포함되면 직접적인 영향으로서 고조파 전류의 과대 유입에 의한 기기 설비의 과부하, 과열, 소음 등의 나쁜 결과를 입게 된다.

표는 고조파가 기기에 주는 영향을 나타낸 것이다.

고조파가 기기에 주는 영향

기 기 명	영 향 의 종 류
콘덴서 및 리액터	고조파 전류에 대한 회로의 임피던스가 공진 현상 등으로 감소해서 과대한 전류가 흐름으로써 과열, 소손 또는 진동, 소음이 발생함
변 압 기	고조파 전류에 의한 철심의 자기적인 왜곡 현상으로 소음 발생 고조파 전류·전압에 의한 철손, 동손의 증가
유도 전동기	고조파 전류에 의한 정상 진동 토크의 발생으로 회전수의 주기적 변동, 철손, 동손 등의 손실 증가
케 이 블	3상 4선식 회로의 중성선에 고조파 전류가 흐름에 따라 중성선의 과열
형 광 등	과대한 전류가 역률 개선용 콘덴서나 초크 코일에 흐름에 따라 과열, 소손이 발생함
통 신 선	전자 유도에 의한 잡음 전압의 발생
전력량계	측정 오차 발생, 전류 코일의 소손 발생
계 전 기	고조파 전류·전압에 의한 설정 레벨의 초과 내지는 위상 변화에 의한 오부동작
음향기기	트랜지스터, 다이오드, 콘덴서 등 부품의 고장, 수명 저하, 성능 열화, 잡음 발생 등
전력퓨즈	과대한 고조파 전류에 의한 용단
계기용 변성기	측정 정도의 악화

2) 고조파의 경감 대책

고조파의 발생 원인과 이에 의한 장해의 실태는 복잡, 다양하기 때문에 뚜렷한 경감 대책을 제시할 수 없으나 현재 일부 채택되고 있는 방법 몇 가지를 소개하면 아래와 같다.

① 고조파 장해의 예방
  (공진 현상의 회피)
  ─ 직렬 리액터 삽입
  ─ 직렬 리액터 용량 증가
  ─ 콘덴서·직렬 리액터 용량 변경

② 계통에서의 대책
  ─ 정류 상수의 증가(변환기 다상화)
  ─ 과대한 위상 제어의 회피
  ─ 교류 필터의 설치

이밖에 피해 기기측의 장해 방지 대책으로서는

- 설비측의 정수를 변경(고조파 분류 조건의 변경)하여 유입 고조파를 저감시킨다.
- 기기 자체의 고조파 내량을 강화시킨다.

등을 들 수 있다.

4 접지 공사의 종류

접지 공사는 일반 전기 설비는 물론 전화 설비, 소방 설비, 위험물 설비, 기타 음향 설비 등에 이르기까지 보완상 매우 중요한 사항이다. 여기서는 전기 설비 일반용에 대한 접지만을 다루기로 한다.

접지 공사를 실행하는 목적으로는

① 고저압 혼촉시의 저압선 전위 상승 억제(보호)
② 기기의 지락 사고 발생 시 사람에 걸리는 분담 전압의 억제
③ 선로로부터의 유도에 의한 감전 방지
④ 이상 전압 억제에 의한 절연 계급의 저감, 보호 장치의 동작 확실화

등으로서 접지 공사는 매우 중요한 역할을 지니고 있다.

5 배전 선로에서 사용되는 개폐기 [출제] 산업 7번

1) 컷아웃 스위치(C.O.S)

주된 용도로는 주상 변압기의 고장이 배전 선로에 파급되는 것을 방지하고 변압기의 과부하 소손을 예방하고자 사용된다. 또한 정상시에는 주상변압기의 작업을 위한 1차측 개폐기로서 사용되며 농·어촌에서는 단상 배전 선로의 선로용 개폐기와 보호용 차단기로 활용되고 있다.

2) 부하 개폐기(I/S, G/S)

특고압 배전 선로의 정상 부하 전류를 수동으로 개폐하여 사고 구간의 분리 및 정상 구간의 절체, 정전 작업 구간의 분리에 사용된다. 다만 이것은 정상 부하 이외에 고장 전류는 차단할 수 없다.

3) 리클로저(Recloser)

배전 선로의 고장은 90[%] 이상이 순간 고장으로서 사고의 차단 후 일정 시간 경과하면 정상으로 회복된다. 따라서 리클로저는 배전 선로에서 지락 고장이나 단락 고장 사고가 발생하였을 때 고장을 검출하여 선로를 차단한 후 일정시간 경과하면 자동적으로 재투입 동작을 반복함으로써 순간 고장을 제거할 수 있다. 단, 영구 고장일 경우에는 정해진 재투입 동작을 반복한 후 사고 구간만을 계통에서 분리하여 선로에 파급되는 정전 범위를 최소한으로 억제하도록 한다.

4) 섹셔널라이저(Sectionalizer)

섹셔널라이저는 선로 고장시 후비 보호 장치인 리클로저나 재폐로 계전기가 장치된 차단기의 고장 차단으로 선로가 정전상태일 때 자동으로 개방되어 고장 구간을 분리시키는 선로 개폐기로서 반드시 리클로저와 조합해서 사용해야 한다. 이것은 고장전류를 차단할 수 없으므로 반드시 차단 기능이 있는 후비 보호 장치와 직렬로 설치되어야 한다.

CHAPTER 10 출제예상문제_배전 선로의 운용과 보호

승압기

01 ★ 【96. 09. 11. 기사】

승압기에 의하여 전압 V_e에서 V_h로 승압할 때 2차 정격전압 e, 자기용량 W인 단상 승압기가 공급할 수 있는 부하 전력은?

① $\dfrac{V_e}{e} \times W$ ② $\dfrac{V_h}{e} \times W$ ③ $\dfrac{V_e}{V_h - V_e} \times W$ ④ $\dfrac{V_h - V_e}{V_e} \times W$

해설 부하 전력 $= \dfrac{V_h}{V_h - V_e} W = \dfrac{V_h}{e} W$

02 ★★★ 【75. 80. 90. 94. 18. 산업기사, ㉤ : 75. 90. 산업기사】

단상 승압기 1대를 사용하여 승압할 경우 승압전의 전압을 E_1이라 하면, 승압후의 전압 E_2는 어떻게 되는가? 단, 승압기의 변압비는 $\dfrac{e_1}{e_2}$이다.

① $E_2 = E_1 + \dfrac{e_1}{e_2} E_1$ ② $E_2 = E_1 + e_2$

③ $E_2 = E_1 + \dfrac{e_2}{e_1} E_1$ ④ $E_2 = E_1 + e_1$

해설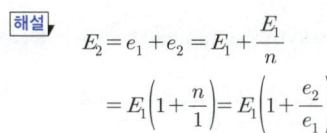
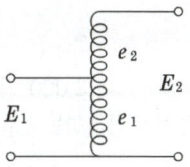

03 ☆ 【00. 산업기사】

주상 변압기로부터 60[kVA]의 3상 평형 부하의 전압을 3,000[V]에서 3,300[V]로 승압할 때 필요한 변압기의 총 용량은 몇 [kVA]인가?

① 60 ② 66 ③ 80 ④ 86

해설 $w = \dfrac{V_2 - V_1}{V_2} W = \dfrac{3300 - 3000}{3300} \times 60 = 5.45$[kVA]

∴ 5.45[kVA]만큼의 승압기 용량이 필요하다. 따라서 65.45[kVA]가 변압기 용량이 된다.

 1. ② 2. ③ 3. ②

★★★【77. 79. 87. 89. 99. 03. 10. 산업기사, ㉑ : 97. 산업기사】

04 정격 전압 1차 6,600[V], 2차 210[V]의 단상 변압기 두 대를 승압기로 V결선하여 6,300[V] 의 3상 전원에 접속한다면 승압된 전압[V]은?

① 6,600 ② 6,500 ③ 6,300 ④ 6,200

[해설] $E_2 = E_1\left(1 + \dfrac{1}{n}\right) = 6,300\left(1 + \dfrac{210}{6,600}\right) = 6,500[V]$

★★★★☆【80. 83. 산업기사, ㉑ : 77. 99. 기사, 83. 89. 96. 11. 산업기사】

05 단상 교류 회로로써 3,300/220[V]의 변압기를 그림과 같이 접속하여 60[kW], 역률 0.85의 부하에 공급하는 전압을 상승시킬 경우, 몇 [kVA]의 변압기를 택하면 좋은가? 단, AB점 사이의 전압은 3,000[V]로 한다.

① 3
② 4
③ 5
④ 6

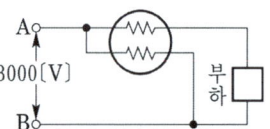

[해설] 변압기 용량(자기 용량, 승압기 용량) $w = I_2 e_2$

$E_2 = E_1\left(1 + \dfrac{1}{n}\right) = 3,000\left(1 + \dfrac{220}{3,300}\right) = 3,200[V]$, $I_2 = \dfrac{60 \times 10^3}{3,200 \times 0.85}$

$\therefore w = I_2 e_2 = \dfrac{60 \times 10^3}{3,200 \times 0.85} \times 220 \times 10^{-3} = 4.85[kVA] ≒ 5[kVA]$

승압분 전압 e_2는 변압기 용량을 결정할 때는 계산상 전압을 사용하지 않고 최대 전압이 될 수 있는 220을 사용한다.

유사문제

∥ 유사문제 원문 및 해설 : 동일출판사 홈페이지 ≫ 고객센터 ≫ 자료실

01. 단권 변압기를 사용하여 3,000[V]의 전압을 3,300[V]로 승압하여 용량 80[kW], 역률 80[%]의 단상 부하에 전력을 공급하는 경우 이 변압기의 자기 용량[kVA]으로 적당한 것은?

답 $w = (V_2 - V_1)I_2 \times 10^{-3} = (3,300 - 3,000)\dfrac{80,000}{3300 \times 0.8} \times 10^{-3} = 9.1[kVA]$

02. 변압비 3,300/210, 정격 용량 10[kVA]의 주상 변압기를 승압기로 사용했을 때 승압기의 선로 용량[kVA]은? 단, 1차 전압은 3,200[V]이다.

답 $W = w\dfrac{E_2}{e_2} \times 10^{-3} = 10 \times 10^3 \times \dfrac{3404}{210} \times 10^{-3} = 162[kVA]$

03. 1차 전압 6,300[V]의 6[%]를 승압하는 승압기의 2차 직렬 권선의 유도 전압[V]은?

답 $e_2 = 6,300[V] \times 0.06 = 378[V]$

답 4. ② 5. ③

역률 개선

06 ★★★★ 【84. 89. 96. 01. 04. 기사】

1대의 주상 변압기에 역률(늦음) $\cos\theta_1$, 유효 전력 P_1[kW]의 부하와 역률(늦음) $\cos\theta_2$, 유효 전력 P_2[kW]의 부하가 병렬로 접속되어 있을 경우 주상 변압기에 걸리는 피상 전력은 몇 [kVA]인가?

① $\dfrac{P_1}{\cos\theta_1} + \dfrac{P_2}{\cos\theta_2}$

② $\sqrt{\left(\dfrac{P_1}{\cos\theta_1}\right)^2 + \left(\dfrac{P_2}{\cos\theta_2}\right)^2}$

③ $\sqrt{(P_1+P_2)^2 + (P_1\tan\theta_1 + P_2\tan\theta_2)^2}$

④ $\sqrt{\left(\dfrac{P_1}{\sin\theta_1}\right)^2 + \left(\dfrac{P_2}{\sin\theta_2}\right)^2}$

해설

$Q_1 = \dfrac{P_1}{\cos\theta_1}\sin\theta_1 = P_1\tan\theta_1$

$Q_2 = \dfrac{P_2}{\cos\theta_2}\sin\theta_2 = P_2\tan\theta_2$

합성 피상 전력

$K = \sqrt{(P_1+P_2)^2 + (P_1\tan\theta_1 + P_2\tan\theta_2)^2}$

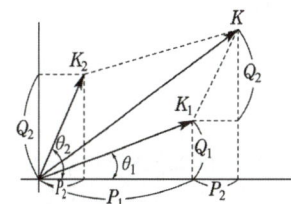

07 ★☆ 【85. 96. 99. 산업기사】

일반적으로 부하의 역률을 저하시키는 원인이 되는 것은?

① 전등의 과부하
② 선로의 충전 전류
③ 유도 전동기의 경부하 운전
④ 동기 조상기의 중부하 운전

해설 유도 전동기를 경부하 운전하게 되면 실제 사용되는 유효전력의 크기가 작아지기 때문에 역률이 저하된다.

08 ★★★ 【03. 06. 11. 기사, 82. 84. 12. 25. 산업기사】

배전 계통에서 콘덴서를 설치하는 것은 여러 가지 목적이 있으나 그 중에서 가장 주된 목적은?

① 전압 강하 보상
② 전력 손실 감소
③ 송전 용량 증가
④ 기기의 보호

해설 전력용 콘덴서 설치(역률 개선)의 효과
① 전력 손실 감소
② 변압기, 개폐기 등의 소요 용량 감소
③ 송전 용량 증대
④ 전압 강하 감소
이들 중 가장 큰 효과는 전력 손실 감소이다(전력 손실은 역률의 제곱에 역비례 하여 감소한다).

답 6. ③ 7. ③ 8. ②

09 어떤 콘덴서 3개를 선간 전압 3,300[V], 주파수 60[Hz]의 선로에 △로 접속하여 60[kVA]가 되도록 하려면 콘덴서 1개의 정전 용량[μF]은 약 얼마로 하여야 하는가?

① 1.62 ② 3.22
③ 4.87 ④ 14.55

해설 $Q = 3EI_c = 3 \times 2\pi f CE^2$

정전 용량 $C = \dfrac{Q}{6\pi f E^2} = \dfrac{60 \times 10^3}{6\pi \times 60 \times 3{,}300^2} \times 10^6 = 4.87[\mu F]$

---

10 3상의 같은 전원에 접속하는 경우, △결선의 콘덴서를 Y결선으로 바꾸어 이으면 진상용량은 몇 배가 되는가?

① 3 ② $\sqrt{3}$ ③ $\dfrac{1}{\sqrt{3}}$ ④ $\dfrac{1}{3}$

해설 $Q_\triangle = 3 \times 2\pi f CV^2$, $Q_Y = 3 \times 2\pi f C \left(\dfrac{V}{\sqrt{3}}\right)^2 = 2\pi f CV^2$

∴ $Q_Y = \dfrac{1}{3} Q_\triangle$

---

11 불평형 부하에서 역률은?

① $\dfrac{\text{유효 전력}}{\text{각 상의 피상전력의 산술합}}$ ② $\dfrac{\text{유효 전력}}{\text{각 상의 피상전력의 벡터합}}$

③ $\dfrac{\text{무효 전력}}{\text{각 상의 피상전력의 산술합}}$ ④ $\dfrac{\text{무효 전력}}{\text{각 상의 피상전력의 벡터합}}$

해설 $\cos\theta = \dfrac{P}{P_a}$

---

12 3,000[kW], 역률 80[%](뒤짐)의 부하에 전력을 공급하고 있는 변전소에 콘덴서를 설치하여 변전소에 있어서의 역률을 90[%]로 향상시키는 데 필요한 콘덴서 용량[kVar]은?

① 600 ② 700
③ 800 ④ 900

해설 $Q = W(\tan\theta_1 - \tan\theta_2)$[kVA]에서 유효 전력 $W = 3{,}000$[kW]이므로

콘덴서 용량 $Q_c = 3{,}000 \left(\dfrac{\sqrt{1-0.8^2}}{0.8} - \dfrac{\sqrt{1-0.9^2}}{0.9} \right) = 800$[kVA]

답 9. ③ 10. ④ 11. ② 12. ③

13 부하가 P[kW]이고, 그의 역률이 $\cos\theta_1$인 것을 $\cos\theta_2$로 개선하기 위해서는 전력용 콘덴서가 몇 [kVA] 필요한가?

① $P(\tan\theta_1 - \tan\theta_2)$

② $P\left(\dfrac{\cos\theta_1}{\sin\theta_1} - \dfrac{\cos\theta_2}{\sin\theta_2}\right)$

③ $\dfrac{P}{(\tan\theta_1 - \tan\theta_2)}$

④ $\dfrac{P}{(\cos\theta_1 - \cos\theta_2)}$

해설) $Q_c = P(\tan\theta_1 - \tan\theta_2)$
$= P\left(\dfrac{\sin\theta_1}{\cos\theta_1} - \dfrac{\sin\theta_2}{\cos\theta_2}\right)$
$= P\left(\dfrac{\sqrt{1-\cos^2\theta_1}}{\cos\theta_1} - \dfrac{\sqrt{1-\cos^2\theta_2}}{\cos\theta_2}\right)$

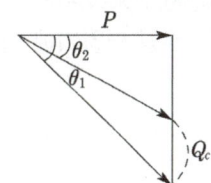

14 어느 변전 설비의 역률을 60[%]에서 80[%]로 개선한 결과 2,800[kVar]의 콘덴서가 필요했다. 이 변전 설비의 용량은 몇 [kW]인가?

① 4,800   ② 5,000   ③ 5,400   ④ 5,800

해설) $Q_c = P(\tan\theta_1 - \tan\theta_2)$
$P = \dfrac{Q_c}{(\tan\theta_1 - \tan\theta_2)} = \dfrac{2,800}{\left(\dfrac{0.8}{0.6} - \dfrac{0.6}{0.8}\right)} = 4,800[\text{kW}]$

15 3상 배전 선로의 말단에 지상역률 80[%] 160[kW]인 평형 3상 부하가 있다. 부하점에 부하와 병렬로 전력용 콘덴서를 접속하여 선로손실을 최소로 하려면 전력용 콘덴서 용량은 몇 [kVA]가 필요한가? 단, 여기서 부하단 전압은 변하지 않는 것으로 한다.

① 96   ② 120   ③ 128   ④ 200

해설) 선로 손실을 최소로 하기 위해서는 역률을 1.0으로 개선해야 하므로 문제에서는 전 무효 전력만큼의 콘덴서 용량이 필요하다.
콘덴서 용량 $Q_c = P\tan\theta = 160 \times \dfrac{0.6}{0.8} = 120[\text{kVA}]$

16 역률 0.8인 부하 480[kW]를 공급하는 변전소에 전력용 콘덴서 220[kVA]를 설치하면 역률은 몇 [%]로 개선할 수 있는가?

① 94   ② 96   ③ 98   ④ 99

답) 13. ① 14. ① 15. ② 16. ②

해설 > 부하 역률 $\cos\theta = \dfrac{W}{\sqrt{W^2+Q^2}} \times 100$ (W : 유효전력, Q : 무효전력)

$\therefore \cos\theta = \dfrac{480}{\sqrt{480^2 + \left(\dfrac{480}{0.8}\times 0.6 - 220\right)^2}} \times 100 = 96[\%]$

17 ★★★★☆ 【85. 90. 94. 기사, 92. 09. 산업기사, ㉾ : 97. 기사】
역률(늦음) 80[%], 10[kVA]의 부하를 가지는 주상 변압기의 2차측에 2[kVA]의 전력용 콘덴서를 접속하면 주상 변압기에 걸리는 부하는 약 몇 [kVA]가 되겠는가?

① 8　　　　　　　　　　② 8.5
③ 9　　　　　　　　　　④ 9.5

해설 > 유효전력 $P = 10 \times 0.8 = 8[kW]$, 무효전력 $P_r = 10 \times 0.6 = 6[kVar]$
2[kVA]의 전력용 콘덴서를 접속하는 경우 무효전력은 $6 - 2 = 4[kVar]$
따라서 변압기에 걸리는 부하 $P_a = \sqrt{8^2 + 4^2} ≒ 8.94[kVA]$

18 ★☆ 【81. 82. 산업기사, ㉾ : 83. 산업기사】
어느 수용가가 당초 역률(지상) 80[%]로 60[kW]의 부하를 사용하고 있었는데 새로이 역률(지상) 60[%]로 40[kW]의 부하를 증가해서 사용하게 되었다. 이때 콘덴서로 합성 역률을 90[%]로 개선하려고 할 경우 콘덴서의 소요 용량[kVA]은 대략 얼마인가?

① 45　　　　　　　　　　② 48
③ 50　　　　　　　　　　④ 98

해설 > 두 부하를 각각 90[%] 개선하는 데 필요한 콘덴서 용량을 구하여 합하면

$Q_{c1} = 60\left(\dfrac{0.6}{0.8} - \dfrac{\sqrt{1-0.9^2}}{0.9}\right) = 16[kVA]$

$Q_{c2} = 40\left(\dfrac{0.8}{0.6} - \dfrac{\sqrt{1-0.9^2}}{0.9}\right) = 34[kVA]$

$Q_c = Q_{c1} + Q_{c2} = 16 + 34 = 50[kVA]$

별해 > $Q_1 = 60 \times \dfrac{0.6}{0.8} = 45[kVar]$

$Q_2 = 40 \times \dfrac{0.8}{0.6} = 53.3[kVar]$

합성 부하에서
　유효 전력 $P = P_1 + P_2 = 100[kW]$
　무효 전력 $Q = Q_1 + Q_2 = 98.3[kVar]$
합성 역률을 90[%]로 개선했을 경우
　무효 전력 $Q' = K\sin\theta = \dfrac{P}{\cos\theta}\sin\theta = \dfrac{100}{0.9}\sqrt{1-0.9^2} = 48.4[kVA]$
　콘덴서 용량 $Q_c = Q - Q' = 98.3 - 48.4 ≒ 50[kVA]$

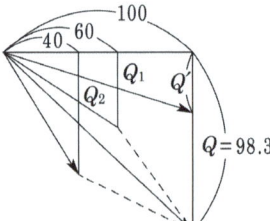

답 17. ③ 18. ③

19 피상 전력 P[kVA], 역률 $\cos\theta$인 부하를 역률 100[%]로 개선하기 위한 전력용 콘덴서의 용량은 몇 [kVA]인가?

① $P\sqrt{1-\cos^2\theta}$
② $P\tan\theta$
③ $P\cos\theta$
④ $P\dfrac{\sqrt{1-\cos^2\theta}}{\cos\theta}$

[해설] 역률을 100[%]로 하기 위한 콘덴서의 용량은 무효 전력의 크기와 같으므로
$$Q_c = P\sin\theta = P\sqrt{1-\cos^2\theta}$$

20 부하 역률 $\cos\theta$인 배전 선로의 저항 손실은 같은 크기의 부하 전력에서 역률 1일 때의 저항 손실과의 비는?

① $\sin\theta$
② $\cos\theta$
③ $1/\sin^2\theta$
④ $1/\cos^2\theta$

[해설] $P_l \propto \dfrac{1}{\cos^2\theta}$ 에서 역률 1일 때 비교 $\dfrac{P_l \cos\theta}{P_{l\,1.0}} = \dfrac{\frac{1}{\cos^2\theta}}{1} = \dfrac{1}{\cos^2\theta}$

21 부하 역률이 0.8인 선로의 저항 손실은 부하 역률이 0.9인 선로의 저항 손실에 비하여 약 몇 배인가?

① 0.7
② 1.0
③ 1.3
④ 1.8

[해설] $\dfrac{P_{l\,0.8}}{P_{l\,0.9}} = \dfrac{\frac{1}{0.64}}{\frac{1}{0.81}} = \dfrac{81}{64} = 1.3$

22 부하 역률 0.8를 0.95로 개선하면 선로 손실은 약 몇 [%] 정도 경감되는가? 단, 수전단 전압의 변화는 없다고 한다.

① 15
② 16
③ 29
④ 41

[해설] $P_L \propto \dfrac{1}{\cos^2\theta}$ 이므로 $P_L' = \left(\dfrac{0.8}{0.95}\right)^2 P_L = 0.709 P_L$
∴ 29[%] 감소한다.

답 19. ① 20. ④ 21. ③ 22. ③

23 ☆ 【95. 산업기사】
배전 선로의 역률 개선에 따른 효과로 적합하지 않은 것은?
① 전원측 설비의 이용률 향상
② 전로 절연에 요하는 비용 절감
③ 전압 강하 감소
④ 선로의 전력 손실 경감

해설 역률 개선의 효과
① 설비 이용률 향상
② 전압 강하 감소
③ 전력 손실 경감

유사문제

유사문제 원문 및 해설 : 동일출판사 홈페이지 ≫ 고객센터 ≫ 자료실

01. 1대의 주상 변압기에 역률(뒤짐) $\cos\theta_1$, 유효 전력 P_1[kW]의 부하와 역률(뒤짐) $\cos\theta_2$, 유효 전력 P_2[kW]의 부하가 병렬로 접속되어 있을 경우, 주상 변압기 2차측에서 본 부하의 종합 역률은?

답 $\cos\theta = \dfrac{P}{K} = \dfrac{P_1+P_2}{\sqrt{(P_1+P_2)^2+(P_1\tan\theta_1+P_2\tan\theta_2)^2}}$

02. 정전 용량 C[F]인 콘덴서를 △결선해서 3상 전압 V[V]를 가했을 때의 충전 용량과 같은 전원을 Y결선으로 했을 때의 충전 용량비(△결선/Y결선)는?

답 $\dfrac{Q_\triangle}{Q_Y} = \dfrac{3\times 2\pi f CE^2}{2\pi f CE^2} = 3$배

03. 3,000[kW], 역률 80[%](늦음)의 부하에 전력을 공급하고 있는 변전소의 역률을 90[%]로 향상시키는 데 필요한 전력용 콘덴서의 용량은 약 몇 [kVA]인가?

답 $Q_c = 3,000\left(\dfrac{\sqrt{1-0.8^2}}{0.8} - \dfrac{\sqrt{1-0.9^2}}{0.9}\right) = 800$[kVA]

04. 정격 용량 300[kVA]의 변압기에서 늦은 역률 70[%]의 부하에 300[kVA]를 공급하고 있다. 지금 합성 역률을 90[%]로 개선하여 이 변압기의 전용량의 것에 공급하려고 한다. 이 때 증가할 수 있는 부하[kW]는?

답 60[kW]

05. 어떤 공장의 소모 전력이 100[kW]이며, 이 부하의 역률이 0.6일 때, 역률을 0.9로 개선하기 위하여 필요한 전력용 콘덴서의 용량은 몇 [kVA]인가?

답 $Q_c = P(\tan\theta_1 - \tan\theta_2) = 100\left(\dfrac{0.8}{0.6} - \dfrac{\sqrt{1-0.9^2}}{0.9}\right) = 85$[kVA]

06. 2,000[kVA], 역률 70[%]의 부하가 있다. 1,000[kVA]의 전력용 콘덴서를 설치하면 역률은 몇 [%]로 향상되는가?

답 $\cos\theta = \dfrac{W}{\sqrt{W^2+Q^2}} \times 100 = \dfrac{1400}{\sqrt{1,400^2+428.28}} \times 100 = 95.6$[%]

답 23. ②

07. 유효 전력 10[kW], 무효 전력 12.5[kVar]을 소비하는 3상 평형 부하에 4.5[kVA]의 전력용 콘덴서를 접속하면 접속 후의 피상 전력은 몇 [kVA]가 되는가?

답 $P = \sqrt{W^2 + (Q_0 - Q_c)^2} = \sqrt{10^2 + (12.5 - 4.5)^2} ≒ 12.8[\text{kVA}]$

08. 역률 80[%]인 10,000[kVA]의 부하를 갖는 변전소에 2,000[kVA]의 콘덴서를 설치해서 역률을 개선하면 변압기에 걸리는 부하[kW]는 대략 얼마쯤 되겠는가?

답 $P = K\cos\theta_2 = 10,000 \times 0.894 ≒ 9,000[\text{kW}]$

09. 어느 공장의 3상 부하는 200[kW], 역률 60[%]이다. 85[%]로 개선하는 데 필요한 콘덴서의 정전용량[μF]은 얼마인가? 단, 콘덴서에 걸리는 전압은 6.6[kV]이고, 주파수는 60[Hz]이다.

답 $8.7[\mu\text{F}]$

10. 부하 역률이 0.6인 경우 전력용 콘덴서를 병렬로 접속하여 합성 역률을 0.9로 개선하면 전원측 선로의 전력 손실은 처음 것의 약 몇 [%]로 감소되는가?

답 $\dfrac{P_{l0.9}}{P_{l0.6}} = \dfrac{\frac{1}{0.9^2}}{\frac{1}{0.6^2}} = \dfrac{\frac{1}{0.81}}{\frac{1}{0.36}} = \dfrac{0.36}{0.81} \times 100 ≒ 44[\%]$

11. 100[V]에서 전력 손실률 0.1인 배전 선로에서 전압을 200[V]로 승압하고 그 전력 손실률을 0.05로 하면 전력은 몇 배 증가시킬 수 있는가?

답 2배

12. 역률 0.8, 출력 320[kW]인 부하에 전력을 공급하는 변전소에 전력용 콘덴서 140[kVA]를 설치하면 합성 역률은 어느 정도로 개선되는가?

답 0.95[%]

13. 역률 80[%]인 5,000[kVA]의 3상 유도 부하가 있다. 여기에 병렬로 동기 조상기를 접속시켜 합성 역률을 95[%]로 개선하려고 한다. 조상기의 소요 용량은 몇 [kVA]인가? 단, 조상기의 전력 손실은 무시한다.

답 1700[kVA]

보호방식(배전)

24 ★★☆ 【83. 86. 92. 96. 99. 산업기사】
배전용 변압기의 과전류에 대한 보호장치로써 고압측 설치에 적합하지 않은 것은?
① 고압 컷아웃 스위치 ② 애자형 개폐기
③ CF 차단기 ④ 캐치 홀더

해설, 배전용 변압기의 1차측(고압측) 보호장치로는 컷아웃 스위치를, 2차측(저압측) 보호에는 캐치 홀더를 사용한다.

답 24. ④

25 우리 나라의 대표적인 배전 방식으로는 다중 접지 방식인 22.9[kV] 계통으로 되어 있고, 이 배전선에 사고가 생기면 그 배전선 전체가 정전이 되지 않도록 선로도중이나 분지선에 다음의 보호장치를 설치하여 상호 협조를 기함으로써 사고구간을 국한하여 제거시킬 수 있다. 설치 순서가 옳은 것은?

① 변전소 차단기 – 섹쇼너라이저 – 리클로저 – 라인 퓨즈
② 변전소 차단기 – 리클로저 – 섹쇼너라이저 – 라인 퓨즈
③ 변전소 차단기 – 섹쇼너라이저 – 라인 퓨즈 – 리클로저
④ 변전소 차단기 – 리클로저 – 라인 퓨즈 – 섹쇼너라이저

해설) 리클로우저는 회로의 차단과 투입을 자동적으로 반복하는 기구를 갖춘 차단기의 일종이며 섹쇼너라이저는 유중에서 동작하는 주 접촉자와 사고 전류가 흐르는 것을 계산하는 카운터로 구성되어 있으며, 이 둘은 서로 조합하여 쓰며 리클로우저는 변전소 쪽에, 섹쇼너라이저는 부하 쪽에 설치한다.

26 배전 선로의 전력 손실 측정 방법이 아닌 것은?

① 적산 전력계법　　② 전류계법
③ 전압계법　　④ 역률계법

해설) 배전 손실(전선로 포함)을 측정하는 구체적인 방법
① 적산 전력계법　② 전류계법　③ 전압계법

27 특고압 수전수용가의 수전설비를 다음과 같이 시설하였다. 적당하지 않은 것은?

① 22.9[kV—Y]로 용량 2,000[kVA]인 경우 인입 개폐기로 차단기를 시설하였다.
② 22.9[kV—Y]용의 피뢰기에는 단로기(disconnector) 붙임형을 사용하였다.
③ 인입선을 지중선으로 시설하는 경우 22.9[kV—Y] 계통에서는 CV 케이블을 사용하였다.
④ 다중 접지 계통에서 단상 변압기 3대를 사용하고자 하는 경우 전절연 변압기(2-bushing)를 사용하고 1차측 중성점은 접지하지 않고 부동시켜 사용하였다.

해설) 22.9[kV—Y] 계통은 CNCV-W 케이블 사용

28 22.9[kV—Y] 배전 선로 보호 협조 기기가 아닌 것은?

① 퓨즈 컷아웃 스위치　　② 인터럽터 스위치
③ 리클로저　　④ 섹쇼너라이저

해설) 인터럽터 스위치 : 부하 전류 개폐는 가능하나, 고장 전류는 차단할 수 없다.

답) 25. ② 26. ④ 27. ③ 28. ②

☆ 【01. 산업기사】
29 수전 설비와 병렬로 자가용 발전기가 설치된 회로에서 발전기쪽으로 전류가 흐를 경우 동작하는 계전기를 자동제어 기구 번호로 나타내면?

① 51　　　　　　　　　　② 67
③ 80　　　　　　　　　　④ 90

해설
- 51 : 과전류 계전기
- 67 : 전력 방향 계전기, 지락 방향 계전기
- 80 : 유속 계전기(미국), 직류 부족 전압 계전기(일본)
- 90 : 자동 전압 조정기

★★ 【94. 01. 기사】
30 배전 선로의 고장 또는 보수 점검 시 정전구간을 축소하기 위하여 사용되는 기기는?

① 단로기　　　　　　　　② 컷아웃 스위치
③ 계자 저항기　　　　　　④ 유입 개폐기

해설 정전 구간을 축소하기 위하여 사용되는 것은 구분 개폐기(section switch)이며 종류로는 유입 개폐기(OS), 기중 개폐기(AS), 진공 개폐기(VS) 등이 있다.

유사문제

▮ 유사문제 원문 및 해설 : 동일출판사 홈페이지 ≫ 고객센터 ≫ 자료실

01. 주상 변압기에 시설하는 캐치 홀더는 다음 어느 부분에 직렬로 삽입하는가?
답 2차측 비접지측선

02. 주상 변압기의 고장 보호를 위하여 그 1차측에 설치하는 기기는?
답 C.O.S

옥내배선

★ 【92. 00. 02. 산업기사】
31 전력 손실을 감소시키기 위한 직접적인 노력으로 볼 수 없는 것은?

① 승압 공사 조기 준공　　② 노후 설비 교체
③ 선로 등가 저항 계산　　④ 설비 운전 역률 개선

해설 등가 저항 계산은 직접적인 노력으로 볼 수 없다. 노후설비를 교체, 승압, 역률 개선 등의 결과를 통해 전력 손실을 감소시킬 수 있다.

답 29. ② 30. ④ 31. ③

32 옥내 배선에 사용하는 전선의 굵기를 결정하는 데 고려하지 않아도 되는 것은?

① 기계적 강도 ② 전압 강하
③ 허용 전류   ④ 절연 저항

해설 전선의 굵기를 결정하는 요인은 ① 허용 전류 ② 기계적 강도 ③ 전압 강하이며 허용 전류가 가장 중요한 요소가 된다.

33 전선이 조영재에 접근할 때에나 조영재를 관통하는 경우에 사용되는 것은?

① 노브 애자   ② 애관
③ 서비스 캡   ④ 유니버설 커플링

해설 [내선 규정 405-7조] 애자 사용 배선의 절연 전선이 조영재를 관통하는 경우 그 부분 전선 모두를 각각 별개의 애관 및 합성수지관 등에 넣어 시설하여야 한다.

34 옥내 배선의 보호 방법이 아닌 것은?

① 과전류 보호   ② 지락 보호
③ 전압 강하 보호 ④ 절연 접지 보호

35 일반적으로 행하여지고 있는 저압 옥내배선의 준공검사 종류의 조합이 적절한 것은?

① 절연 저항 측정, 접지 저항 측정, 절연 내력 측정
② 절연 저항 측정, 온도 상승 시험, 접지 저항 측정
③ 온도 상승 시험, 도통시험, 접지 저항 측정
④ 절연 저항 측정, 접지 저항 측정, 도통 시험

해설 절연 내력 시험 및 온도 상승 시험은 공장에서 전선 제작시 행해지며 이들 시험은 배선 후에는 하지 않고 일반적으로 절연 저항, 접지 저항 측정 및 도통 시험을 할 수 있다.

36 전기 설비의 절연 열화 정도를 판정하는 측정 방법이 아닌 것은?

① 메거법   ② $\tan\delta$법
③ 코로나 진동법 ④ 보이스 카메라

해설 보이스 카메라는 고속도 촬영을 할 수 있는 특수 카메라로서 뇌의 촬영에 사용된다.

답 32. ④ 33. ② 34. ③ 35. ④ 36. ④

37 공장이나 빌딩에 400[V] 배전을 하는 곳이 있다고 할 때 이 400[V] 배전의 이유가 되지 않는 것은?

① 전압 변동률의 경감   ② 전선 등 재료의 절감
③ 배선의 전력 손실 경감   ④ 변압기 용량의 절감

해설 가정용 전압에 비해서 높은 전압이므로 전력 손실, 전압 변동률 경감, 단면적을 작게 함으로써 재료 절감의 효과는 있으나 변압기 용량은 관계가 없다.

38 그림과 같이 강제 전선관과 (a)측의 전선 심선이 X점에서 접촉했을 때 누설 전류[A]의 크기는? 단, 전원 전압은 100[V]이며 접지 저항 외에 다른 저항은 생각하지 않는다.

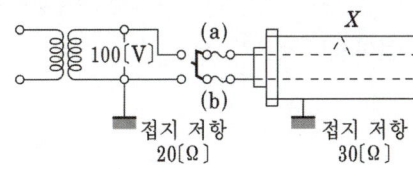

① 2   ② 3.3   ③ 5   ④ 8.3

해설 누설 전류 $I = \dfrac{E}{R} = \dfrac{100}{20+30} = 2$[A]

39 퓨즈를 시설하여도 좋은 것은?

① 온기가 있는 토양에 시설한 대지 전압 150[V] 이하의 전동기 철대의 접지선
② 단상 3선식 100/200[V]의 실내 전로의 중성선
③ 단상 2선식 100[V]의 실내 전로의 접지측 전선
④ 3상 4선식 400[V]의 실내 전로의 접지측 전선

해설 단상 2선식의 경우 접지측 전선에 Fuse 삽입해도 좋다.

40 100[V]의 수용가를 220[V]로 승압했을 때 특별히 교체하지 않아도 되는 것은?

① 백열 전등의 전구   ② 옥내 배선의 전선
③ 콘센트와 플러그   ④ 형광등의 안정기

해설 전구 및 안정기는 정격 전압이 다르므로 교체해야 하며 콘센트와 플러그는 100[V]와 구별하기 위하여 220[V]용으로 교체해야 한다.

답 37. ④ 38. ① 39. ③ 40. ②

유사문제

01. 옥내 배선의 굵기를 결정하는 가장 중요한 요소는?
🔁 허용 전류

02. 금속관 공사로부터 애자 사용 공사로 바뀔 때 금속관 끝에 사용하여서는 안 되는 것은?
🔁 링 리듀서

03. 축전지 용량 (단위 : [Ah]) 계산에 고려되지 않는 사항은?
🔁 충전율

04. 직류 제어 전원용으로 설치된 연축전지 55조가 있다. 부동 충전 방식으로 운전하던 중 충전기의 고장으로 연축전지가 부하에 직접 공급되고 있었다면 최종적으로 공급되는 연축전지의 전압은 약 몇 [V]가 되겠는가?
🔁 $e = 55 \times 1.8 = 99[\text{V}]$

05. 다음 중 금속관 공사용 부품이 아닌 것은?
🔁 Cleat

전기기사시리즈 **04**

전력공학
2부 발전

01	수력 발전	284
02	화력 발전	320
03	원자력 발전	352

동일출판사 홈페이지에서 무료 동영상 강의를 보실 수 있습니다.

CHAPTER 01 수력 발전

1 수력발전의 개요

1) 정수압

$$P = \frac{W}{A} = \frac{wAH}{A} = wH[\text{kg/m}^2] = 1{,}000H[\text{kg/m}^2]$$

$$= \frac{1}{10}H[\text{kg/cm}^2]$$

단, H : 높이[m], A : 단면적[m^2], w : 단위 부피의 물의 무게[kg/cm^3]
P : 압력의 세기[kg/m^2]

2) 수두 〔출제〕 기사 1번

단위 무게[kg]당의 물이 갖는 에너지

① 위치 수두 : H[m]
② 압력 수두 : $H = P/w$[m] $= P/1{,}000$[m]   〔출제〕 산업 5번, 기사 2번
③ 속도 수두 : $H = v^2/2g$[m]

단, H : 어느 기준면에 대한 높이[m] P : 압력의 세기(수압)[kg/m^2]
w : 물의 단위 부피의 무게[kg/m^3] v : 유속[m/s]
g : 중력의 가속도(≒ 9.8[m/s^2])

3) 연속의 정리

$$A_1 v_1 = A_2 v_2 = Q(\text{일정})$$ 〔출제〕 산업 3번, 기사 1번

단, A_1, A_2 : a, b점의 단면적[m^2]
v_1, v_2 : a, b점의 유속[m/s]

4) 베르누이의 정리

① 손실을 무시할 때 $H + \dfrac{P}{w} + \dfrac{v^2}{2g} = k(\text{일정})$

② 손실 수두(h_{12})를 고려할 때 $H_1 + \dfrac{P_1}{w} + \dfrac{v_1^2}{2g} = H_2 + \dfrac{P_2}{w} + \dfrac{v_2^2}{2g} + h_{12}$

5) 물의 이론 분출 속도

$$v = \sqrt{2gH}\,[\text{m/s}]$$ 출제 산업 6번

6) 이론 수력과 발전소 출력

① 이론 수력 : 물의 에너지가 전부 이용되었다고 가정하였을 때 이론상 발생할 수 있는 수력

$$P = 9.8QH\,[\text{kW}]$$

단, Q : 사용 수량[m³/s], H : 유효 낙차[m]

② 발전소 출력

수차 출력 : $P_t = 9.8QH\eta_t\,[\text{kW}]$ 출제 산업 1번

발전기 출력(발전소 출력) : $P_g = 9.8QH\eta_t\eta_g\,[\text{kW}]$ 출제 산업 7번

발생 전력량 : $W = P_g \times t = 9.8QH\eta_t\eta_g t\,[\text{kWh}]$ 출제 산업 9번, 기사 5번

단, η_t : 수차 효율, η_g : 발전기 효율

$\eta = \eta_t\eta_g$: 종합 효율, t : 시간[h]

7) 낙차를 얻는 방법에 의한 분류 출제 기사 3번

① 수로식 발전소　　② 댐식 발전소
③ 댐 수로식 발전소　④ 유역 변경식 발전소

8) 유량의 사용 방법에 의한 분류

① 자연 유입식 발전소　② 조정지식 발전소
③ 저수지식 발전소　　④ 양수식 발전소(첨두 부하용으로 사용) 출제 산업 1번, 기사 10번

9) 조정지의 필요 저수 용량

$$V = (Q_2 - Q_1)\,T \times 3{,}600\,[\text{m}^3]$$ 출제 기사 2번

단, V : 조정지의 필요 저수 용량[m³]　　Q_1 : 1일의 평균 사용 유량[m³]
Q_2 : 첨두 부하 때의 사용 유량[m³]　　T : 첨두 부하 계속 시간[h]

10) 양수 발전기의 출력

$$P = \frac{9.8QH_u}{\eta_p\eta_m}\,[\text{kW}]$$

단, Q : 펌프의 양수량[m³/s], H_u : 양정[m], η_p : 펌프의 효율, η_m : 전동기의 효율

2 유량과 낙차

1) 강수량과 유량

① 유출 계수 $= \dfrac{하천\ 유량}{강우량} = 60[\%]$

② 연평균 유량

$$Q = \dfrac{a \times 10^{-3} \times b \times 10^{6} \times k}{365 \times 24 \times 60 \times 60}[m^3/s] ≒ 3.17abk \times 10^{-5}[m^3/s]$$ 출제 산업 1번, 기사 4번

단, a : 연 강수량[mm], b : 유역 면적[km^2], k : 유출 계수

2) 유량의 종별

① 최대 홍수량 및 홍수위 : 과거의 기록 또는 사람의 기억 등에 의해 판정한 최대 유량 및 수위
② 홍수량 및 홍수위 : 3~5년에 한 번씩 발생하는 출수의 유량 및 수위
③ 고수량 및 고수위 : 매년 한두 번 발생하는 출수의 유량 및 수위
④ 풍수량 및 풍수위 : 1년을 통하여 95일은 이보다 내려가지 않는 유량 및 수위(3개월 유량 및 수위)
⑤ 평수량 및 평수위 : 1년을 통하여 185일은 이보다 내려가지 않는 유량 및 수위(6개월 유량 및 수위) 출제 기사 1번
⑥ 저수량 및 저수위 : 1년을 통하여 275일은 이보다 내려가지 않는 유량 및 수위(9개월 유량 및 수위)
⑦ 갈수량 및 갈수위 : 1년을 통하여 355일은 이보다 내려가지 않는 유량 및 수위 출제 기사 1번
⑧ 최저 갈수량 및 최저 갈수위 : 과거의 기록, 사람의 기억 등에 의해 판정한 최저 유량 및 수위

3) 각종 유량 도표

① 유량도 : 횡축에 1년 365일을 역일순으로, 종축에는 매일 매일의 유량, 수위, 기후를 취하여 이들의 점을 연결한 곡선
② 유황 곡선 : 유량도를 기초로 하여 횡축에 일수 365일을, 종축에 유량을 취하여 유량이 큰 것으로부터 순차적으로 배열하여 이들 점을 연결한 곡선 출제 산업 3번, 기사 3번
③ 적산 유량 곡선 : 유량도를 토대로 하여(풍수기가 시작되는 점을 기준으로 하여) 횡축에 1년 365일을 역일순으로, 종축에는 유량의 누계를 잡아서 만든 곡선(저수지 용량 결정) 출제 산업 1번
④ 수위 유량 곡선 : 횡축에 유량을, 종축에는 수위를 취하여 수위와 유량과의 관계를 표시한 곡선

4) 유량의 측정   출제 산업1번
① 하천의 유량 측정법 : 언측법(소하천), 부자측법, 유속계법(대용량), 공식측법, 수위 관측법
② 발전소의 사용 수량 측정법 : 피토관법, 벨마우스법, 깁슨법, 염수 속도법, 수압 시간법, 염수 농도법, 초음파법

5) 발전소 출력의 분류
① 상시 출력 : 1년을 통해 355일 이상 발생할 수 있는 출력
② 상시 첨두 출력 : 1년을 통해 355일 이상 매일 일정 시간에 한해 발생할 수 있는 출력
③ 최대 출력 : 발전소에서 낼 수 있는 최대 출력
④ 특수 출력 : 풍수 시 매일의 시간적 조정을 하지 않고 발생할 수 있는 출력으로 상시 출력을 초과하는 출력
⑤ 보급 출력 : 갈수 기간을 통해 항상 발생할 수 있는 출력으로 상시 출력을 초과하는 출력
⑥ 예비 출력 : 고장, 사고의 경우 부족한 전력을 보충하는 목적으로 시설된 설비에 의해 발생되는 출력

6) 낙차의 종류
① 총낙차 : 취수구 수면 수위와 방수구 수면 수위와의 고저차
② 정낙차 : 발전소의 전수차가 정지하고 있을 때 수조 수위와 방수로 시점의 수면 수위와의 고저차
③ 유효 낙차 : 수차의 운전에 이용되는 낙차(= 총낙차 − 손실 낙차)
④ 겉보기 낙차 : 수차가 운전하고 있을 때 수조 수면과 방수로 시발점의 수면 수위와의 고저차
⑤ 손실 낙차 : 총낙차의 5~10[%]

3 취수 설비

1) 발전소용 댐
① 사용 목적에 의한 분류 : 취수 댐, 저수 댐
② 축조 재료에 의한 분류 : 콘크리트 댐, 흙 댐, 로크 필 댐, 목조 댐, 철골 댐
③ 역학적 구조에 의한 분류 : 콘크리트 아치 댐(암반이 양호한 협곡), 콘크리트 중력 댐, 콘크리트 부벽 댐   출제 산업2번
④ 기능에 의한 분류 : { 익 류 형 : 콘트리트 중력 댐
　　　　　　　　　　　비익류형 : 아치, 부벽, 흙, 로크 필 댐

2) 가동 댐 및 제수문
① 가동 댐 : 홍수의 유하, 퇴적한 토사의 제거를 위해 익류형 댐의 꼭대기에 설치된다.
② 제수문 : 취수량의 조절을 위하여 취수구에 설치된다. 출제 산업 6번, 기사 4번

$$\text{수문의 종류} \begin{cases} \text{슬라이딩 게이트, 롤러 게이트, 스토우니 게이트} \\ \text{테인 게이트, 롤링 게이트} \end{cases}$$

3) 댐의 부속 설비
① 여수로 : 가동 문비를 설치하여 문을 닫아 물을 저장하고, 평상시에는 상류로부터 물이 유하했을 때에는 지체없이 열어 상류 지역에서의 수위 상승으로 인한 피해를 주지 않도록 한다.
② 토사로
③ 어도
④ 유목로, 주벌로

4) 취수구
물을 수로에 도입하는 수구로, 제수문으로 취수량을 조절하고 제진 격자 또는 스크린으로 유목이나 유수 중의 부유물의 유입을 방지한다.

4 도수 설비

1) 수로
취수구에서 취수한 물을 상수조 또는 조압 수조까지 도수하는 공작물

① 수로의 종류 : 터널(tunnel), 개거(open channel), 암거(covered channel)
② 특수 지형에는 역사이펀, 수로교, 수로관, 통 등이 있다.

2) 수로의 유속 및 구배
① 수로의 유속 : $1.5 \sim 2.5[\text{m/s}]$
② 수로의 구배

$$\begin{cases} \text{소용량 수로} : \dfrac{1}{600} \text{ 정도} \\ \text{대용량 수로} : \dfrac{1}{2000} \sim \dfrac{1}{3000} \text{ 정도} \end{cases}$$

일반적으로 $\dfrac{1}{1000} \sim \dfrac{1}{1500}$ 정도

3) 체지의 공식

$$v : C\sqrt{iR}\,[\text{m/s}]$$

단, v : 수로 내의 물의 속도, i : 수면 구배, C : 유속 계수, R : 경심 $= \dfrac{단면적}{윤변}$

4) 침사지

취수구에서 취수한 물 속에 포함되어 있는 토사(취수 댐의 배사문만으로는 완전 배사가 안 되므로)를 침전시키기 위한 설비로 취수구 가까이에 설치한다. 침사지 내의 유속은 0.25[m/s] 이하로 한다.

5) 방수로

수차로부터 방출된 물을 하천에 도수하기 위한 수로를 말하며 폭이 넓을수록 좋다. 방수 하천과의 접합부를 방수구라 하며 방수구는 하천의 유신과 충돌하지 않는 수심이 깊은 곳을 택해서 개구한다.

6) 상수조 및 조압 수조

① 상수조 : 수로식 발전소의 수로의 말단에 설치하는 수조로 보통 수조라고 하며 수입관을 여기에 연결 접속한다.

② 조압 수조(수격작용 완화, 수압관 보호) : 수로가 압력 터널에 연결된 수조로 부하 변동에 대해 수격압을 흡수, 수차 사용 유량 변동에 따른 서지 작용을 흡수하는 기능을 가지고 있다.
   출제 산업 2번, 기사 3번

   또한 조압 수조의 종류에는,
   ㉠ 단동 조압 수조
   ㉡ 차동 조압 수조(서징 주기가 가장 빠르다)   출제 산업 2번
   ㉢ 수실 조압 수조(수심이 클 때)   출제 산업 3번, 기사 1번
   ㉣ 제수공 조압 수조가 있다.

7) 수압 철관

① 수압관 : 상수조에서 압력이 있는 물을 수차에 도수하기 위한 관
② 수압관의 지름 및 유속

$$Q = \frac{\pi}{4}D^2 V [\text{m}^3/\text{s}]$$

$$\therefore D = \sqrt{\frac{4Q}{\pi V}}\,[\text{m}]$$

단, V : 관 내의 평균 유속[m/s], D : 관의 지름[m], Q : 사용 유량[m³/s]

수압관 내의 유속은 2~4[m/s]이다.

③ 수압관의 소요 두께

$$t = \frac{PD}{2\sigma\phi} = 0.05\frac{H_0 D}{\sigma\phi}[\text{cm}]$$

단, P : 두께를 구하는 개소에 가해지는 수압 $= 0.1H_0[\text{kg/cm}^2]$
　　H_0 : 정수압과 수격압과의 합계를 수두로 나타낸 것[m]
　　D : 수압 철관의 지름[cm]
　　σ : 강판의 허용 인장 응력[kg/cm^2]
　　ϕ : 철판의 접합 효율

④ 수압관 내의 손실 수두

$$h = f\frac{L}{R} \times \frac{v^2}{2g}[\text{m}]$$

단, f : 손실 수두, R : 경심=단면적/윤변, L : 수압관의 길이, v : 유속

⑤ 수압관의 부속 설비
　㉠ 신축 이음(expansion joint)
　㉡ 제수 밸브
　　ⓐ 나비형 밸브(butterfly valve)　　ⓑ 슬루스 밸브(sluice valve)
　　ⓒ 회전 밸브(rotary valve)　　　　ⓓ 니들 밸브(needle valve)
　㉢ 공기 밸브, 공기 파이프
　㉣ 맨홀
　㉤ 배수 밸브, 배사 밸브

5 수차

1) 수차의 종류

① 펠턴 수차 : 압력 수두를 속도 수두로 변환시켜 러너의 버킷에 물을 분사하는 수차. 일반적으로 350[m] 이상의 고낙차에 적용되고 경부하 시의 효율이 좋다.
② 프란시스 수차 : 에너지의 대부분을 압력 수두로서 러너에 작용하는 수차로 경부하시 및 낙차가 변하면 효율이 크게 저하한다. 중낙차용으로 30~400[m]에 적용된다.
③ 프로펠러 수차 : 프란시스 수차의 러너의 외륜을 없앤 수차로 낙차, 부하 변화에 대해 효율의 변화가 크다. 저낙차용으로 45[m] 이하에 사용된다.
④ 카플란 수차 : 프로펠러 수차의 러너의 각도를 변화시킬 수 있는 구조의 수차로 낙차, 부하 변화에 의한 효율의 저하는 적으나 구조가 복잡하다.

2) 수차의 특유 속도

특유 속도가 높은 경우는 상대 속도가 빠르다는 것을 의미한다.

$$N_s = N \frac{\sqrt{P}}{H^{5/4}} [\text{rpm}]$$

단, N : 정격 회전수, H : 유효 낙차, P : 낙차 $H[\text{m}]$에서의 최대 출력

① 펠톤 수차 : $12 \leq N_s \leq 23$

경부하에서도 효율이 좋다. 전부하까지 효율의 변화가 작다.

② 프란시스 수차 : $N_s \leq \dfrac{20000}{H+20} + 30 [\text{rpm}]$

저속도형 : 65~250[rpm], 중속도형 : 150~250[rpm]
고속도형 : 250~350[rpm]

③ 카플란 수차 : $N_s \leq \dfrac{20000}{H+20} + 50 (= 350 \sim 800 [\text{rpm}])$

부분 변화에 의한 효율 변화가 심하다.

3) 낙차 변화에 의한 특성 변화

회전수 : $\dfrac{N_2}{N_1} = \left(\dfrac{H_2}{H_1}\right)^{1/2}$, 유량 : $\dfrac{Q_2}{Q_1} = \left(\dfrac{H_2}{H_1}\right)^{1/2}$, 출력 : $\dfrac{P_2}{P_1} = \left(\dfrac{H_2}{H_1}\right)^{3/2}$

단, $N_1[\text{rpm}]$, $Q_1[\text{m}^3/\text{s}]$, $P_1[\text{kW}]$: 낙차 $H_1[\text{m}]$일 때의 회전수, 유량, 출력
$N_2[\text{rpm}]$, $Q_2[\text{m}^3/\text{s}]$, $P_2[\text{kW}]$: 낙차 $H_2[\text{m}]$일 때의 회전수, 유량, 출력

낙차에 따른 수차의 종류

고낙차(350[m] 이상)	중낙차(30~400[m])	저낙차(45[m] 이하)
펠톤 수차	프란시스 수차	프로펠러 수차 카플란 수차

4) 흡출관

반동 수차의 출구에서부터 방수로 수면까지 연결하는 관으로 러너 방수면과의 사이의 낙차를 유효하게 이용하는 것이 목적이다. 흡출고의 최대 한도는 7.5[m] 정도이다. 이 이상이 되면 캐비테이션을 일으킨다. 펠턴수차는 흡출관이 없다.

5) 조속기

수차의 속도를 일정하게 유지하면서 출력을 가감하기 위하여 수차의 입력, 즉 유량을 조절하는 장치. 주요 부분은 속도 변화의 검출부, 복원 기구, 배압 밸브, 서보 모터, 압유 장치 등이다.
(동작순서 : 평속기 → 배압밸브 → 서보전동기 → 복원기구)

(1) 부동 시간 및 폐쇄 시간
  ① 부동 시간 : 부하가 전부하에서 갑자기 무부하로 되었을 때, 수차의 부하가 변화한 순간부터 니들 밸브 또는 안내 날개가 움직이기 시작할 때까지의 시간. 보통 $0.2 \sim 0.5$[sec]이다.
  ② 폐쇄 시간 : 니들 밸브 또는 안내 날개가 움직이기 시작해서부터 완전히 폐쇄될 때까지의 시간. 보통 $1.5 \sim 5.5$[sec]이다.

(2) 속도 변동률

$$\delta = \frac{N_0 - N_l}{N} \times 100 = \frac{N_0 - N}{N} \times 100 [\%]$$

출제 기사 2번

단, N : 정격 회전수
    N_l : 부하 시 회전 속도
    N_0 : 조속기에 제한을 가하지 않고 무부하로 하였을 경우의 회전 속도
    δ : 속도 조정률

보통 $2 \sim 5$[%] 정도이다.

(3) 수압 변동률

$$\triangle P = \frac{P_m - P_a}{P_{a+H}} \times 100 [\%]$$

단, P_m : 과도 최대 수압
    P_a : 부하 감소 전의 수압
    P_{a+H} : 부하 감소 전의 수차 중심에 있어서의 수압
    $\triangle P$: 수압 변동률

6) 제압 장치

부하 급변에 따른 수압관의 수압 상승을 억제하기 위해 조속기와 연동한다. 펠톤 수차의 경우는 디플렉터(deflector)로서 분사수가 수차에 유입하는 것을 방지하고 서서히 니들 밸브를 폐쇄한다.

CHAPTER 01 출제예상문제_수력 발전

01 ★ 【01. 기사】
유수가 갖는 에너지가 아닌 것은?
① 위치 에너지　② 수력 에너지　③ 속도 에너지　④ 압력 에너지

[해설] 물이 갖는 에너지를 수두라 하며 다음과 같다.
① 위치 수두 H[m]　② 압력 수두 $H=\dfrac{P}{\omega}$[m]　③ 속도 수두 $H=\dfrac{v^2}{2g}$[m]

02 ★☆ 【80. 88. 99. 산업기사】
1[kg/cm²]의 수압의 압력 수두[m]는?
① 1　② 10　③ 100　④ 1000

[해설] 압력 수두 $H=\dfrac{P}{\omega}$[m] (단, P[kg/m²] : 압력의 세기, ω[kg/m³] : 단위 부피의 물의 무게)
$\omega=1000$[kg/m³], $P=1$[kg/cm²]$=10,000$[kg/m²]이므로
∴ $H=\dfrac{P}{w}=\dfrac{10,000}{1,000}=10$[m]

03 ★★★ 【94. 99. 10. 기사, ㊐ : 92. 93. 산업기사】
수압관 안의 1점에서 흐르는 물의 압력을 측정한 결과 7[kg/cm²]이고, 유속을 측정한 결과 49[m/sec]이었다. 그 점에서의 압력 수두는 몇 [m]인가?
① 30　② 50　③ 70　④ 90

[해설] 압력 수두 $H=\dfrac{P}{\omega}$[m](단, P[kg/m²] : 압력의 세기, ω[kg/m³] : 단위 부피의 물의 무게)
$\omega=1,000$[kg/m³], $P=7$[kg/cm²]$=70,000$[kg/m²]이므로
$H=\dfrac{P}{\omega}=\dfrac{70,000}{1,000}=70$[m]

04 ★☆ 【88. 97. 04. 산업기사】
그림에서와 같이 폭 B[m]인 수로를 막고 있는 구형 수문에 작용하는 전압력[kg]은? 단, B의 단위 체적당의 무게를 W[kg/m²]라 한다.
① $\dfrac{1}{2}HWB$
② $\dfrac{1}{2}H^2WB$
③ H^2WB
④ HWB

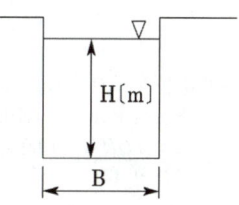

답　1. ②　2. ②　3. ③　4. ②

해설 수문에 작용하는 전압력 $= \frac{1}{2}H^2 WB$ [kg]

☆ 【98. 산업기사】
05 압력 수두를 속도 수두로 바꾸어서 작용시키는 수차는?
① 프란시스 수차 ② 카플란 수차
③ 펠턴 수차 ④ 사류 수차

해설 펠턴 수차는 전 수두를 모두 속도 수두로 바꾸어 유수를 이용하는 수차로서, 구조는 유수를 노즐에 의하여 분사수를 만들고 그것을 러너 주변에 버킷(Bucket)에 분사, 충돌시켜 그 충격으로 러너를 회전시키는 것이다.

☆ 【85. 산업기사】
06 유효 낙차 H[m]인 펠톤 수차의 노즐로부터 분출하는 물의 속도[m/sec]는? 단, g는 중력 가속도라 한다.

① $\sqrt{gH}$ ② $\sqrt{2gH}$ ③ $\frac{H}{2g}$ ④ $\sqrt{\frac{H}{2g}}$

해설 $v = \sqrt{2gH}$ [m/sec]
이 관계식은 토리첼리의 정리(Torricelli's theorem)라 한다.

★ 【92. 15. 산업기사, ⊕ : 67. 산업기사】
07 유효 낙차 500[m]인 충동 수차의 노즐(nozzle)에서 분출되는 유수의 이론적인 분출 속도는 약 몇 [m/sec]인가?
① 50   ② 70   ③ 80   ④ 100

해설 $H = \frac{v^2}{2g}$, $v^2 = 2gH$, $v = \sqrt{2gH}$
$v = \sqrt{2 \times 9.8 \times 500} \fallingdotseq 100$ [m/sec]

☆ 【80. 산업기사】
08 수차의 사용 유량 Q[m³/s], 유효 낙차 H[m], 수차의 효율 η일 때 정미 마력[HP]의 크기는?

① $\frac{1,000QH}{76.12}\eta$ ② $9.8QH\eta$ ③ $\frac{QH}{76.12}\eta$ ④ $QH\eta$

해설 단위 부피의 물의 무게를 w[kg/m³]라고 하면 수력 $= wQH$ [kg·m], 1[HP] $= 76.12$ [kg·m]이므로
1 English Horse Power $=$ 1EHP $= 76.12$ [kg·m/s] $= 746$ [W]
∴ 수력 마력 $= \frac{wQH}{76.12}\eta = \frac{1,000QH}{76.12}\eta$ [HP]

답 5. ③ 6. ② 7. ④ 8. ①

09 ☆ 【87. 산업기사】
유효 낙차 50[m], 최대 사용 수량 40[m³/sec], 수차 및 발전기의 합성 효율이 80[%]인 발전소의 최대 출력[kW]은?

① 약 14,700 ② 약 15,700 ③ 약 24,700 ④ 약 25,700

해설 발전소 출력 ≒ 발전기 출력이므로 $P_g = 9.8QH\eta_t\eta_g$[kW]
합성 효율 $\eta = \eta_t\eta_g$ 가 80[%]이므로 ∴ $P_g = 9.8 \times 40 \times 50 \times 0.8 = 15,680$[kW]

10 ☆ 【02. 산업기사】
수차 발전기의 출력 P, 수두 H, 수량 Q 및 회전수 N 사이에 성립하는 관계는?

① $P \propto QN$ ② $P \propto QH$ ③ $P \propto QH^2$ ④ $P \propto QHN$

11 ★★★ 【25. 기사, 69. 81. 93. 95. 99. 산업기사, ⊕ : 77. 산업기사. 64. 3급】
유효 낙차 50[m], 이론 출력 4,900[kW]인 수력 발전소가 있다. 이 발전소의 최대 사용 수량은 몇 [m³/sec]이겠는가?

① 10 ② 25 ③ 50 ④ 75

해설 $P = 9.8QH$[kW] ∴ $Q = \dfrac{P}{9.8H} = \dfrac{4,900}{9.8 \times 50} = 10$[m³/s]

12 ★★★★ 【82. 98. 11. 기사, ⊕ : 93. 기사, 75. 95. 산업기사】
유효 낙차 100[m], 최대 사용 수량 20[m³/s], 설비 이용률 70[%]의 수력 발전소의 연간 발전 전력량[kWh]은 대략 얼마인가? 단, 수차 발전기의 종합 효율은 85[%]이다.

① 25×10^6 ② 50×10^6 ③ 100×10^6 ④ 200×10^6

해설 연간 발생 전력량 $= 9.8QH\eta U \times 365 \times 24$[kWh]
$\eta = 0.85$이므로 $9.8 \times 20 \times 100 \times 0.85 \times 0.7 \times 365 \times 24 ≒ 100 \times 10^6$[kWh]

13 ★☆ 【91. 기사, 00. 산업기사】
유역 면적 80[km²], 유효 낙차 30[m], 연간 강우량 1,500[mm]의 수력 발전소에서 그 강우량의 70[%]만 이용한다면 연간 발생 전력량은 몇 [kWh]인가? 단, 수차 발전기 등의 종합 효율은 80[%]이다.

① 1.49×10^5 ② 1.49×10^6 ③ 5.48×10^5 ④ 5.48×10^6

해설 $Q = \dfrac{80 \times 10^6 \times \frac{1,500}{1,000} \times 0.7}{365 \times 24 \times 3,600} = 2.663$[m³/s]
$P = 9.8QH\eta \times 365 \times 24$[kWh]
$= 9.8 \times 2.663 \times 30 \times 0.8 \times 365 \times 24 = 5.49 \times 10^6$[kWh]

답 9. ② 10. ② 11. ① 12. ③ 13. ④

14 ☆ 【91. 산업기사】
수력 발전소에서 유효 낙차 30[m], 유역 면적 8,000[km²], 연간 강우량 1,500[mm], 유출 계수 70[%]일 때 연간 발생 전력량은 몇 [kWh]인가? 단, 수차 발전기의 종합 효율은 85[%]이다.

① 5.83×10^5 ② 5.83×10^8 ③ 6.73×10^5 ④ 6.73×10^8

해설)
평균 유량 $Q = \dfrac{8,000 \times 10^6 \times \dfrac{1500}{1,000} \times 0.7}{365 \times 24 \times 3,600} = 266.36 [\text{m}^3/\text{sec}]$

$P = 9.8 QH\eta t = 9.8 \times 266.36 \times 30 \times 0.85 \times 24 \times 365$
$= 5.83 \times 10^8 [\text{kWh}]$

15 ★ 【88. 기사】
평균 유효 낙차 48[m]의 저수지식 발전소에 있어서 1,000[m³]의 저수량은 몇 [kWh]의 전력량에 해당하는가? 단, 수차 및 발전기의 종합 효율은 85[%]라고 한다.

① 111   ② 122   ③ 133   ④ 144

해설)
발전소 출력 $P = 9.8 QH\eta [\text{kW}] = 9.8 \times \dfrac{1000}{3600} \times 48 \times 0.85 = 111 [\text{kW}]$

전력량 $W = P \times t = 111 \times 1 = 111 [\text{kWh}]$

16 ★★★ 【85. 89. 94. 12. 산업기사, ㉯ : 76. 95. 산업기사】
유효 저수량 200,000[m³], 평균 유효 낙차 100[m], 발전기 출력 7,500[kW]이다. 1대를 운전할 경우 몇 시간 정도 발전할 수 있는가? 단, 발전기 및 수차의 합성 효율은 85[%]이다.

① 4   ② 5   ③ 6   ④ 7

해설)
발전 출력 $P = 9.8 QH\eta_t \eta_g [\text{kW}]$에서

$7500 = 9.8 \times \dfrac{200,000}{T \times 60 \times 60} \times 100 \times 0.85$

$\therefore T = \dfrac{9.8 \times 200,000 \times 100 \times 0.85}{7500 \times 60 \times 60} = 6.17 [\text{시간}]$

17 ☆ 【90. 산업기사】
조력 발전소에 대한 다음 설명 중 옳은 것은?

① 간만의 차가 적은 해안에 설치한다.
② 완만한 해안선을 이루고 있는 지점에 설치한다.
③ 만조로 되는 동안 바닷물을 받아들여 발전한다.
④ 지형적 조건에 따라 수로식과 양수식이 있다.

해설) 조력 발전은 조수간만의 차를 이용하여 만조 시에 저수하여 간조 시에 발전한다.

답 14. ② 15. ① 16. ③ 17. ③

18 수력 발전소를 건설할 때 낙차를 취하는 방법으로 적합하지 않은 것은?

① 댐식　　② 수로식　　③ 역조정지식　　④ 유역 변경식

해설 낙차를 얻는 방법에 의한 분류
① 수로식 발전소　② 댐식 발전소　③ 댐 수로식 발전소　④ 유역 변경식 발전소

19 댐 이외에 하천 하류의 구배를 이용할 수 있도록 수로를 설치하여 낙차를 얻는 발전 방식은?

① 유역 변경식　　② 댐식　　③ 수로식　　④ 댐 수로식

해설
- 유역 변경식 : 인접해 있는 두 하천을 수로로 연결해서 그 낙차를 이용하는 방식
- 댐식 : 댐을 쌓아 인공적인 낙차를 이용하는 방식
- 수로식 : 경사가 급하고 굴곡된 곳을 짧은 수로로 연결함으로 높은 낙차를 얻는 방식
- 댐 수로식 : 댐으로 얻어진 낙차와 하류부의 경사에 의한 낙차를 함께 이용하는 방식

20 전력 계통의 경부하시 또는 다른 발전소의 발전 전력에 여유가 있을 때, 이 잉여 전력을 이용해서 전동기로 펌프를 돌려 물을 상부의 저수지에 저장하였다가 필요에 따라 이 물을 이용해서 발전하는 발전소는?

① 조력 발전소　　② 양수식 발전소
③ 유역 변경식 발전소　　④ 수로식 발전소

해설 양수식 발전소는 자연 유입량의 부족분만을 하부 저수지로부터 양수하는 혼합식과 자연 유입량 없이 양수된 수량만으로 발전하는 순양수식의 2가지가 있다.

21 첨두 부하용으로 사용에 적합한 발전 방식은?

① 조력 발전소　　② 양수식 발전소
③ 조정지식 발전소　　④ 자연 유입식 발전소

해설 양수식 발전소는 갈수기, 첨두 부하에 사용

22 양수 발전의 목적은?

① 연간 발전량[kWh]의 증가　　② 연간 평균 발전 출력[kW]의 증가
③ 연간 발전 비용[원]의 감소　　④ 연간 수력 발전량[kWh]의 증가

해설 심야 또는 경부하 시의 잉여 전력을 사용하여 낮은 곳에 있는 물을 높은 곳으로 퍼올려서 첨두 부하 시에 이 양수된 물을 사용해서 발전하는 것. 잉여 전력의 유효한 활용.

답 18. ③　19. ③　20. ②　21. ②　22. ③

23 ★ 【93. 기사】
1년 365일 중 185일은 이 양 이하로 내려가지 않는 유량은?

① 저수량 ② 고수량
③ 평수량 ④ 풍수량

해설) 평수량 : 1년을 통하여 185일은 이보다 더 내려가지 않는 유량

24 ★ 【93. 00. 03. 산업기사】
유효 낙차 400[m]의 수력 발전소가 있다. 펠턴 수차의 노즐에서 분출하는 물의 속도를 이론 값의 0.95배로 한다면 물의 분출 속도는 몇 [m/sec]인가?

① 42 ② 59.5
③ 62.6 ④ 84.1

해설) 높이 H[m]의 수두를 갖는 물이 노즐로부터 분출하는 유수의 속도 v는
$v = \sqrt{2gH} = \sqrt{2 \times 9.8 \times 400} = 88.543 \text{[m/s]}$
∴ $88.543 \times 0.95 = 84.116 \text{[m/s]}$

25 ★★★★☆ 【77. 91. 92. 01. 기사, ㉘ : 80. 산업기사】
유역 면적 365[km²]의 발전 지점에서 연 강수량이 2,400[mm]일 때 강수량의 1/3이 이용된다면 연평균 수량[m³/s]은?

① 5.26 ② 7.26
③ 9.26 ④ 11.26

해설) 1년 동안의 평균 유량은
평균 유량 $= \dfrac{365 \times 1{,}000^2 \times \dfrac{2{,}400}{1{,}000} \times 1}{365 \times 24 \times 3{,}600} = 27.78 \text{[m}^3\text{/s]}$

강수량의 $\dfrac{1}{3}$이 이용되므로

∴ 연 평균 유량 $= 27.78 \times \dfrac{1}{3} = 9.26 \text{[m}^3\text{/s]}$

26 ★★★★ 【03. 04. 23. 25. 기사, 92. 06. 07. 10. 11. 산업기사】
수력 발전소의 댐(dam)의 설계 및 저수지 용량 등을 결정하는 데 사용되는 가장 적합한 것은?

① 유량도 ② 유황 곡선
③ 수위 – 유량 곡선 ④ 적산 유량 곡선

해설) 적산 유량 곡선은 매일의 수량을 차례로 적산해서 가로축에 일수를, 세로축에 적산 수량을 그린 곡선을 뜻한다.

답 23. ③ 24. ④ 25. ③ 26. ④

27 다음 그림 중 유황 곡선 모양을 표시하는 것은? 단, 유량은[m³/s], 수량은[cm³]이다.

① 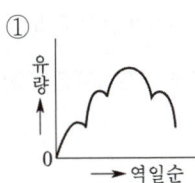 ② 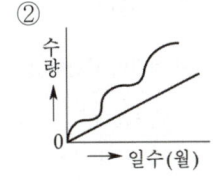 ③ 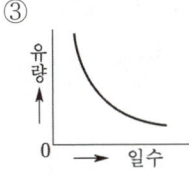 ④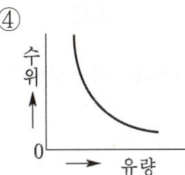

해설, 유황 곡선이란 유량도를 사용하여 가로축에 1년의 일수를, 세로축에 유량을 취하여 매일의 유량 중 큰 것부터 순서적으로 1년분을 배열하여 그린 곡선이다.

28 그림과 같은 유황 곡선을 가진 수력 지점에서 최대 사용 수량 OC로 1년간 계속 발전하는 데 필요한 저수지의 용량은?

① 면적 $OCPBA$
② 면적 $OCDEBA$
③ 면적 DEB
④ 면적 PCD

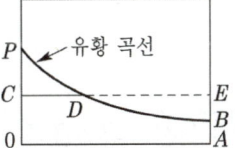

해설, 최대 사용 수량 OC로 1년간 계속 발전할 때, 부족 수량은 면적 DEB에 상당한 수량이므로, 이 면적에 상당한 수량만큼 저수해 두면 된다.

29 그림과 같은 유황 곡선을 가진 하천에서 최대 사용 유량 80[m³/s], 최소 사용 유량 30[m³/s], 유효 낙차 50[m], 수차 발전기 종합 효율 85[%]의 수력 발전소를 설계하는 경우 1년간 발전소의 이용률[%]을 구하면?

① 약 61
② 약 74.6
③ 약 76
④ 약 78.6

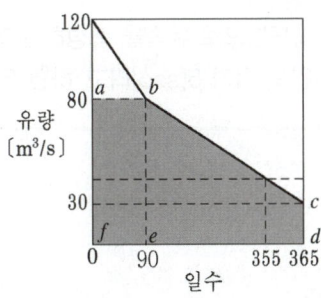

해설, 발전소의 최대 출력 $= 9.8QH\eta_t\eta_g = 9.8 \times 80 \times 50 \times 0.85 = 33,320$[kW]

1년간의 총사용 수량은 $abcdef$의 면적이므로

총 사용 수량 $= 80 \times 90 + 30 \times 275 + \dfrac{50 \times 275}{2} = 22,325$[m³/s×일]

발전 전력량 $= 9.8 \times 22,325 \times 50 \times 0.85 \times 24 = 223,160,700 ≒ 2.23 \times 10^8$[kWh]

발전소 이용률 $= \dfrac{\text{연간 총 사용 수량}}{\text{최대 출력으로써 계속 발전하는 경우의 연간 총 사용 수량}}$

$= \dfrac{22,325}{80 \times 365} = 0.76 = 76$[%]

답 27. ③ 28. ③ 29. ③

30 소하천(小河川)등의 적은 유량을 측정하는 방법으로 가장 적합한 것은?
☆【91. 산업기사】

① 언측법　　② 유속계법　　③ 부자법　　④ 염수속도법

해설) 하천 유량 측정법 중 대용량 수력 발전소에는 유속계법이 적합하고 소하천의 적은 유량은 언측법이 적당하다.

31 수력 발전소에서 갈수량(渴水量)이란?
★【91. 기사】

① 1년(365 일간) 중 355일간은 이보다 낮아지지 않는 유량(流量)
② 1년(365 일간) 중 275일간은 이보다 낮아지지 않는 유량
③ 1년(365 일간) 중 185일간은 이보다 낮아지지 않는 유량
④ 1년(365 일간) 중 95일간은 이보다 낮아지지 않는 유량

해설) 1년 중 355일은 이것보다 내려가지 않는 유량 또는 수위를 갈수량(갈수위)이라 한다.

32 유속계로 하천의 유속을 측정할 때 2점법으로 재어지는 것은 수심의 몇 [%]점인가?
★【77. 80. 산업기사】

① 5[%]와 35[%]　　② 40[%]와 60[%]
③ 20[%]와 80[%]　　④ 30[%]와 80[%]

해설) 하천의 유속은 수심에 따라 다르다. 보통 수심의 60[%]인 곳의 유속이 평균 유속이다. 그러므로 1점법으로 측정하는 경우에는 수심 60[%]인 곳의 유속만 측정하면 된다. 2점법의 경우는 수심 20[%]와 80[%]인 곳의 유속을 측정하여 그 평균을 평균 유속으로 한다.

33 염수 속도법으로 유속을 측정하는 데 있어서 전극간의 거리를 10[m], 전극에 최고값이 나타난 시간의 차가 5[sec]라고 하면 유속[m/s]은 얼마인가?
☆【88. 산업기사】

① 1　　② 2　　③ 3　　④ 4

해설) $v = \dfrac{l}{t} = \dfrac{10}{5} = 2[\text{m/s}]$

34 기초와 양안(兩岸)의 암반이 양호한 협곡에 적합한 댐은?
★【83. 98. 산업기사】

① 중력 댐　　② 중공 댐　　③ 록 필드 댐　　④ 아치 댐

해설) 아치 댐은 중력 댐과는 달리 댐의 수평 방향의 아치 작용에 의해서 수압을 지지하고 이것을 양벽의 암반으로 받쳐서 안정을 유지하도록 하고 있다. 따라서 기초 및 양쪽의 벽은 튼튼한 암반으로 되어 있지 않으면 안 된다.

답) 30. ①　31. ①　32. ③　33. ②　34. ④

35 수력 발전용 중력 댐의 설계에 있어서 댐에 미치는 모든 힘의 합력이 댐 저부의 중앙 1/3 이내에 들어가야 한다는 것은 다음 무엇을 위한 조건인가?

① 자체 각 부에 장력이 생기지 않는 조건
② 댐이 압괴되지 않는 조건
③ 댐이 전복하지 않는 조건
④ 댐이 활동하지 않는 조건

해설 합력이 중앙 1/3을 벗어나면 댐 자체에 장력이 작용하는 부분이 생기는데, 콘크리트는 압축에 대해서 강하지만, 장력에는 약하다.

36 구배가 $\dfrac{1}{n}$인 하천에 댐을 축조하였을 경우 댐의 높이를 h라 할 때 배수의 영향이 미치는 댐으로부터의 거리는?

① nh ② $2nh$ ③ $3nh$ ④ $5nh$

해설 배수에 영향을 미치는 거리 : $2nh$

37 다음에서 차동 조압 수조의 특징이 아닌 것은?

① 서징의 주기가 빠르다.
② 서징이 누가하지 않는다.
③ 서징이 비교적 천천히 진정된다.
④ 단면적이 감소된다.

해설 차동 조압 수조에서는 발전소의 부하 변동시의 서징 현상이 저수지 수위와 수조의 라이자 수위 사이에서 이루어진다. 그런데 라이자의 단면적이 비교적 작기 때문에 라이자 내의 수위의 승강이 빨라, 서징이 급속히 진정된다.

38 취수구에 제수문을 설치하는 목적은?

① 낙차를 높인다.
② 홍수위를 낮춘다.
③ 유량을 조정한다.
④ 모래를 배제한다.

해설 취수량을 조절하고 물의 유입을 단절하기 위함이다.

39 조압 수조(서지 탱크)의 설치 목적은?

① 조속기의 보호
② 수차의 보호
③ 여수의 처리
④ 수압관의 보호

해설 조압수조는 수격작용이 일어났을 때 이를 완화시키기 위한 것

답 35. ① 36. ② 37. ③ 38. ③ 39. ④

40 수조에 대한 다음 설명 중 옳지 않은 것은?

① 수로 내의 수위의 이상 상승을 방지한다.
② 수로식 발전소의 수로의 처음 부분과 수압관의 아래 부분에 설치한다.
③ 수로에서 유입하는 물 속의 토사를 침전시켜서 배사문으로 배사하고 부유물을 제거다.
④ 용량을 크게 하는 것이 바람직하나, 지형적 조건에 따라서 최소한 최대 사용 유량을 1~2분 동안 저장할 수 있는 용적을 가져야 한다.

해설 수조(head tank)는 무압수로와 연결하는 접속부에 설치되는 못으로 그 기능은 아래와 같다.
① 유하 토사의 최종적인 침전
② 유량의 과부족 조정(최대 사용 수량의 1~2분 정도)
③ 수로 내 수위 상승 억제

41 저수지의 이용 수심이 클 때 사용하면 유리한 조압 수조는 어느 것인가?

① 차동 조압 수조
② 단동 조압 수조
③ 수실 조압 수조
④ 제수공 조압 수조

해설 이용 수심이 큰 경우에는 조압 수조의 높이가 증가하므로 상하 부분에 수실을 두며, 중간은 단면적이 비교적 작은 샤프트(shaft)로 두수실을 연결하는 수실 조압 수조가 좋다.

42 조압 수조 중 서징의 주기가 가장 빠른 것은?

① 제수공 조압 수조
② 수실 조압 수조
③ 차동 조압 수조
④ 단동 조압 수조

해설 수조 내부에 수로 단면의 70~100[%]의 단면을 갖는 라이저(riser)를 세워서 수로와 직결함과 동시에 수로와 수조를 포트로 연결한 구조를 차동 조압 수조(differential surge tank)라 하며, 서징 주기 및 수격의 감쇠가 빠르고 수조용량도 단동식의 50[%] 정도면 된다는 특징이 있다.

43 다음 조압 수조 중 공진 진폭이 작아 주파수 조정용 발전소에 가장 적합한 것은?

① 단동 조압 수조(simple surge tank)
② 차동 조압 수조(differential surge tank)
③ 수실 조압 수조(chamber surge tank)
④ 제수 공조압 수조 (restricted orifice surge tank)

해설 차동 조압 수조는 서징이 빨리 진정된다. 그러나 서징 주기가 빨라 조속기의 운전에 무리를 줄 수 있다.

답 40. ② 41. ③ 42. ③ 43. ②

44 수조에 대한 설명으로 옳은 것은?

① 무압 수로의 종단에 있으면 조압 수조, 압력 수로의 종단에 있으면 헤드 탱크라 한다.
② 헤드 탱크의 용량은 최대 사용 수량의 1~2시간에 상당하는 크기로 설계된다.
③ 조압 수조는 부하변동에 의하여 생긴 압력 터널 내의 수격압이 압력 터널에 침입하는 것을 방지한다.
④ 헤드 탱크는 수차의 부하가 급증할 때에는 물을 배제하는 기능을 가지고 있다.

해설 수조(물탱크)의 헤드 탱크의 용량은 최대 사용 수량의 1~2분에 상당하는 크기로 설계해야 한다.

45 그림과 같이 수심이 50[m]인 수조가 있다. 그 측면에 가해지는 수압은 몇 [ton/m²]인가?

① 25
② 50
③ 75
④ 100

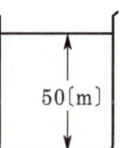

해설 수조벽에 가해지는 평균 압력 세기를 P_0라 하면
$P_0 = \frac{1}{2}(0 + 1,000H) = 500H$, $H = 50[m]$이므로
$P_0 = 500 \times 50 = 25000[kg/m^2] = 25[t/m^2]$

46 수력 발전소의 수압관의 두께는?

① 최대 수두와 지름에 비례하고 강판의 허용 응력에 반비례한다.
② 최대 수두, 지름 및 강판의 응력에 비례한다.
③ 지름과 강판의 허용 응력에 비례하고 최대 수두에 반비례한다.
④ 지름과 강판의 허용 응력에 반비례하고 최대 수두에 비례한다.

해설 수압관의 두께 $t = \frac{500HD}{\delta\eta}$ 이므로 최대 수두(H)와 지름(D)에 비례하고 강판의 허용 응력(δ)과 용접 효율(η)에 반비례한다.

47 벨마우스법에서는 수조와 수압 철관 사이의 벨마우스법의 유출구에서 벨마우스 끝으로부터 대략 수압관의 안지름에 대하여 몇 [%] 위치에 정수압을 측정하여 그 단면의 유속을 구하는가?

① 70[%] ② 100[%] ③ 120[%] ④ 150[%]

해설 유출구에서 마우스 끝부분으로부터 수압관의 안지름에 대하여 70[%] 위치에 정수압을 측정하여 유속을 구한다.

답 44. ③ 45. ① 46. ① 47. ①

48 다음 중 수압 철관의 부속 설비가 아닌 것은?

① 제수 밸브 ② 공기변 또는 공기관
③ 맨홀 ④ 에이프런

해설 수압관의 부속 설비
① 신축 이음 ② 제수 밸브 ③ 공기 밸브, 공기 파이프
④ 맨홀 ⑤ 배수 밸브, 배사 밸브

49 펠톤 수차에 있어서 노즐로부터의 분출수의 속도를 V_1, 버킷(bucket)의 주변 속도를 U라 할 때 이론상 수차의 효율이 최대로 되는 경우는 어느 때인가?

① $\dfrac{V_1}{U} = \dfrac{1}{4}$ ② $\dfrac{U}{V_1} = \dfrac{1}{3}$ ③ $\dfrac{V_1}{U} = \dfrac{1}{2}$ ④ $\dfrac{U}{V_1} = \dfrac{1}{2}$

해설 최고 효율 $\eta_{\max}$는 $d\eta_b/d\,(u/V_1) = 0$이라고 둠으로써 결국은 $(u/V_1) = 1/2$일 경우임을 알 수 있다.

50 수차의 특유 속도(specific speed) 공식은? 단, 유효 낙차를 $H[\mathrm{m}]$, 수차의 출력을 $P[\mathrm{kW}]$, 수차의 정격 회전수를 $n[\mathrm{rpm}]$, 특유 속도를 $N_s[\mathrm{rpm}]$이라 한다.

① $N_s = \dfrac{nP^{\frac{1}{2}}}{H^{\frac{5}{4}}}$ ② $N_s = \dfrac{H^{\frac{5}{4}}}{nP}$ ③ $N_s = \dfrac{HP^{\frac{1}{4}}}{n^{\frac{5}{4}}}$ ④ $N_s = \dfrac{nP^2}{H^{\frac{5}{4}}}$

해설 수력 발전소에서 채용할 수 있는 특유 속도는 유효 낙차에 의해서 제한을 받는다.

51 특유 속도를 선정할 때 그 한계를 표시하는 식으로 $N_s \leq \dfrac{20{,}000}{H+20} + 30$이 사용되는 수차는?

① 펠턴 수차 ② 프란시스 수차
③ 프로펠러 수차 ④ 카플란 수차

해설 카플란 수차의 특유 속도 한도는 $N_s \leq \dfrac{20{,}000}{H+20} + 50$이며
프란시스 수차의 것은 $N_s \leq \dfrac{20{,}000}{H+20} + 30$이다.

답 48. ④ 49. ④ 50. ① 51. ②

52 유효 낙차 81[m], 출력 10,000[kW], 특유 속도 164[rpm]인 수차의 회전 속도는 약 몇 [rpm]인가?

① 185　　② 215　　③ 350　　④ 400

해설) $N_s = N\dfrac{P^{\frac{1}{2}}}{H^{\frac{5}{4}}}$,　$N = N_s \dfrac{H^{\frac{5}{4}}}{P^{\frac{1}{2}}} = \dfrac{164 \times 81^{\frac{5}{4}}}{10,000^{\frac{1}{2}}} = \dfrac{164 \times 243}{100} = 398.5 ≒ 400[rpm]$

53 유효 낙차 256[m], 출력 4,000[kW], 주파수 60[Hz]인 수차 발전기의 극수는 어느 정도가 적당한가? 단, 수차의 특유 속도의 한도 $N_s = \dfrac{13,000}{H+20} + 50$으로 주어지고 H[m]는 유효낙차임

① 6극　　② 10극　　③ 14극　　④ 18극

해설) 특유 속도 $N_s = \dfrac{13,000}{256+20} + 50 = 97.1[rpm]$

특유 속도 $N_s = \dfrac{NP^{1/2}}{H^{5/4}}$에서

회전 속도 $N = \dfrac{N_s \times H^{5/4}}{P^{1/2}} = \dfrac{97.1 \times 256^{5/4}}{4,000^{1/2}} = 1,572[rpm]$

따라서 동기 속도 $N_s = \dfrac{120f}{P}$에서　극수 $p = \dfrac{120f}{N} = \dfrac{120 \times 60}{1,572} = 4.5 ≒ 6[극]$

54 유효 낙차 50[m]에서 출력 7,500[kW] 되는 수차가 있다. 유효 낙차가 2.5[m]만큼 저하되면 출력은 약 몇 [kW]로 되는가? 단, 수차의 수구 개도는 일정하며, 또 효율의 변화를 무시하기로 한다.

① 6,650　　② 6,755　　③ 6,850　　④ 6,945

해설) 출력을 P, 사용 수량을 Q, 유효 낙차를 H라고 하면 $P = 9.8QH\eta$이므로
　　　$P \propto QH$
　　수차에 유입하는 물의 유속 v는
　　　$v = C\sqrt{2gH}$,　$Q = Av$
　　이고, 안내 날개의 개도 A는 일정하므로
　　　$Q = CA\sqrt{2gH}$,　$Q \propto H^{1/2}$
　　그러므로　$P \propto H^{3/2}$
　　지금 P_1 : 낙차 변화 전의 출력[kW] = 7,500[kW]
　　　　P_2 : 낙차 변화 후의 출력[kW]
　　　　H_1 : 변화 전의 낙차 = 50[m]
　　　　H_2 : 변화 후의 낙차 = 47.5[m]이므로
　　∴ $P_2 = P_1\left(\dfrac{H_2}{H_1}\right)^{3/2} = 7,500\left(\dfrac{47.5}{50}\right)^{3/2} = 7,500 \times 0.93 = 6,944.6[kW]$

답) 52. ④　53. ①　54. ④

55 ★★★ 【89. 97. 99. 기사】
유효 낙차 100[m], 최대 유량 20[m³/sec]의 수차에서 낙차가 81[m]로 감소하면 유량은 몇 [m³/sec]가 되겠는가? 단, 수차 안내 날개의 열림은 불변이라고 한다.

① 15　　　　② 18　　　　③ 24　　　　④ 30

해설 낙차 변화에 대한 유량의 변화는 다음과 같다.
$$\frac{Q_2}{Q_1} = \left(\frac{H_2}{H_1}\right)^{\frac{1}{2}} = \sqrt{\frac{H_2}{H_1}}$$
$$Q_2 = Q_1\sqrt{\frac{H_2}{H_1}} = 20 \times \sqrt{\frac{81}{100}} = 20 \times 0.9 = 18[\text{m}^3/\text{sec}]$$

56 ★ 【67. 97. 산업기사】
안내 날개(guide vane)의 동일한 열림에 있어 수차의 출력은 낙차 H의 몇 승에 비례하는가?

① $\frac{1}{2}$　　　　② $\frac{3}{2}$　　　　③ $\frac{5}{2}$　　　　④ 2

해설 수차의 효율이 일정하다고 하면 출력은 $9.8QH$에 비례한다.
안내 날개가 동일한 열림이면 수차에 흘러드는 유량은 $\sqrt{2gH}$에 비례하므로 출력은
$P = 9.8H \times \sqrt{2gH} = 9.8 \times \sqrt{2g} \times H^{3/2} \propto H^{3/2}$
즉, 낙차의 $\frac{3}{2}$ 승에 비례한다.

57 ★★★★ 【97. 05. 23. 기사, 79. 81. 83. 90. 96. 97. 18. 23. 산업기사】
유효 낙차가 30[%] 저하되면 수차의 효율이 10[%] 저하된다고 할 경우 이 때의 출력은 원래의 몇 [%]가 되는가? 단, 안내 날개의 열림 및 기타는 불변인 것으로 한다.

① 52.7　　　　② 63.0　　　　③ 72.7　　　　④ 83.0

해설 출력 P, 낙차 H, 효율을 η라 하면
$P \propto QH\eta$, $Q \propto H^{\frac{1}{2}}$ 이므로 $P \propto H^{\frac{3}{2}} \cdot \eta$
$\therefore P = (0.7^{\frac{3}{2}} \times 0.9) \times 100 \fallingdotseq 52.7[\%]$

58 ★ 【83. 04. 기사】
특유 속도가 큰 수차일수록 옳은 것은?
① 낮은 부하에서의 효율의 저하가 심하다.
② 낮은 낙차에서는 사용할 수 없다.
③ 회전자의 주변 속도가 작아진다.
④ 회전수가 커진다.

해설 특유 속도가 크면 경부하 시의 효율 저하가 더욱 심해진다.

답 55. ②　56. ②　57. ①　58. ①

59 특유 속도가 높다는 것은?

① 수차의 실제의 회전수가 높다는 것이다.
② 유수에 대한 수차 러너의 상대 속도가 빠르다는 것이다.
③ 유수의 유속이 빠르다는 것이다.
④ 속도 변동률이 높다는 것이다.

해설, 수차의 실용 속도가 높다는 뜻이 아니라 상대 속도가 빠르다는 것이다.

60 수차의 유효 낙차와 안내 날개, 그리고 노즐의 열린 정도를 일정하게 하여 놓은 상태에서 조속기가 동작하지 않게 하고, 전부하 정격 속도로 운전 중에 무부하로 하였을 경우에 도달하는 최고 속도를 무엇이라 하는가?

① 특유 속도(specific speed)
② 동기 속도(synchronous speed)
③ 무구속 속도(runaway speed)
④ 임펄스 속도(impulse speed)

해설, 지정된 유효 낙차에서 발전기의 부하를 차단하였을 때, 수차의 회전수의 상승 한도를 무구속 속도라 한다.

61 수력 발전소에서 특유 속도(特有速度)가 가장 높은 수차(水車)는?

① Pelton 수차   ② Propeller 수차
③ Francis 수차   ④ 모든 수차의 특유 속도는 동일하다.

해설, 특유 속도 N_s는 출력 P[kW], 유효 낙차를 H[m], 회전 속도를 N[rpm]이라 하면 $N_s = N\dfrac{P^{1/2}}{H^{5/4}}$ 로 표시된다. 동일 출력에서 낙차가 커지면 N_s는 작아진다. 펠톤 수차는 고낙차에 쓰이는 수차이므로 특유 속도가 가장 적다. 프로펠러 수차 350~800, 프란시스 수차 65~350, 펠톤 수차 12~21

62 수차 발전기에 제동권선을 장비하는 주된 목적은?

① 정지시간 단축   ② 발전기 안정도의 증진
③ 회전력의 증가   ④ 과부하 내량의 증대

해설, 발전기의 안정도 향상 대책
① 정태 극한 전력을 크게 한다(정상 리액턴스 작게).
② 난조 방지(플라이 휠 효과 선정, 제동권선 설치)
③ 단락비를 크게 한다.

답 59. ② 60. ③ 61. ② 62. ②

★ 【86. 92. 산업기사】
63 유효 낙차 150[m] 정도의 양수 발전소의 펌프 수차로 쓰이는 수차의 형식은?

① 펠턴 수차　　　　　　　　② 프란시스 수차
③ 프로펠러 수차　　　　　　④ 카플란 수차

해설　펠턴 수차 : 고낙차용(350[m] 이상)
　　　프란시스 수차 : 중낙차용(30~400[m])
　　　프로펠러, 카플란 수차 : 저낙차용(45[m] 이하)

★★★ 【84. 92. 00. 11. 기사】
64 수력 발전소에서 사용되는 수차 중 15[m] 이하의 저낙차에 적합하여 조력 발전용으로 알맞은 수차는 어느 것인가?

① 카플란 수차　　　　　　　② 펠톤 수차
③ 프란시스 수차　　　　　　④ 튜블러 수차

해설　원통 수차(tubular type turbine)는 특히 저낙차용으로서의 용도가 넓고 조력 발전소에도 쓰이며 또한 가역식으로서 양수식 발전소의 펌프 수차에도 사용되고 있다.

☆ 【93. 산업기사】
65 수차의 종류를 적용 낙차가 높은 것으로부터 낮은 순서로 나열한 것은?

① 프란시스—펠턴—프로펠러　　② 펠턴—프란시스—프로펠러
③ 프란시스—프로펠러—펠턴　　④ 프로펠러—펠턴—프란시스

해설　펠턴 수차 : 고낙차용 350[m] 이상
　　　프란시스 수차 : 중낙차용 30~400[m]
　　　프로펠러 수차 : 저낙차용 45[m] 이하

★★ 【76. 92. 98. 99. 10. 산업기사】
66 흡출관이 필요하지 않은 수차는?

① 펠톤 수차　　　　　　　　② 프란시스 수차
③ 카플란 수차　　　　　　　④ 사류 수차

해설　흡출관은 반동 수차의 러너의 출구로부터 방수면까지의 접속관을 말한다. 따라서 충동 수차에는 필요가 없다.

☆ 【82. 산업기사】
67 다음 수차 중 디플렉터를 가지고 있는 수차는?

① 펠톤 수차　　　　　　　　② 프란시스 수차
③ 프로펠러 수차　　　　　　④ 카플란 수차

해설　디플렉터(deflector)는 펠톤 수차에만 있는 것이다.

정답　63. ②　64. ④　65. ②　66. ①　67. ①

68 흡출관을 사용하는 목적은? ★★ 【91. 95. 기사】

① 압력을 줄이기 위하여
② 물의 유선을 일정하게 하기 위하여
③ 속도변동률을 작게 하기 위하여
④ 낙차를 늘리기 위하여

해설, 반동 수차의 출구에서부터 방수로 수면까지 연결하는 관으로 러너와 방수면 사이의 낙차를 유효하게 이용하는 것이 목적이다.

69 수조와 방수로간의 총낙차를 35[m], 수차가 전부하의 경우 수차에 취부한 수압계의 지시 2.8[kg/cm²], 흡출관의 진공계의 지시는 4[m]라고 한다. 손실 낙차는 몇 [m]인가? ☆ 【80. 25. 산업기사】

① 1.8   ② 3.0   ③ 4.0   ④ 6.8

해설, 2.8[kg/cm²]의 수압을 낙차로 환산하면 $2.8 \times 10 = 28$[m]
그러므로 손실 낙차 H_f는 $\therefore H_f = 35 - (28+4) = 3$[m]

70 캐비테이션(cavitation) 현상에 의한 결과로 적당하지 않은 것은? ☆ 【84. 산업기사】

① 수차 러너의 부식
② 수차 레버 부분의 진동
③ 흡출관의 진동
④ 수차 효율의 증가

해설, 캐비테이션의 장해
① 수차의 효율, 출력, 낙차의 저하
② 유수에 접한 러너나 버킷 등에 침식 발생
③ 수차의 진동으로 소음발생
④ 흡출관 입구에서 수압의 변동이 심함

71 수력 발전소의 수차 발전기를 정지시키고자 다음과 같은 동작을 하였다. 동작 순서가 옳은 것은? ★★ 【85. 88. 94. 01. 산업기사】

① 주 밸브(main valve)를 닫음과 동시에 제수문을 닫는다.
② 여자기의 여자전압을 내려 발전기의 전압을 내린다.
③ 주개폐기를 열어 무부하로 한다.
④ 조속기의 유압 조정장치를 핸들에 옮겨 니들 밸브 또는 가이드변을 닫아 수차를 정지시키고 곧 주변을 닫는다.

① ①—②—③—④
② ④—③—②—①
③ ②—④—①—③
④ ③—②—④—①

답 68. ④ 69. ② 70. ④ 71. ④

해설, 수차발전기를 정지시킬 때의 순서
① 무부하로 만든다. ② 발전기 전압을 내린다.
③ 수차를 정지한다. ④ 제수문을 닫는다.

72 ★★★ 【92. 96. 98. 11. 기사】
회전 속도의 변화에 따라서 자동적으로 유량을 가감하는 장치를 무엇이라 하는가?
① 공기 예열기 ② 과열기
③ 여자기 ④ 조속기

해설, 수차의 회전수를 일정하게 유지하기 위하여 수차의 유량을 자동적으로 조정할 수 있는 장치를 조속기(governor)라 한다.

73 ★★☆ 【83. 96. 기사, 97. 산업기사】
다음 중 수차 조속기의 주요 부분을 나타내는 것이 아닌 것은?
① 평속기 ② 복원 장치
③ 자동 수위 조정기 ④ 서보 모터

해설, 조속기의 주요 장치는 평속기, 배압기, 서보 모터, 복원 장치로 구성되어 있다.

74 ★★★★ 【79. 82. 87. 01. 기사】
부하 변동이 있을 경우 수차(또는 증기 터빈) 입구의 밸브를 조작하는 기계식 조속기의 각 부의 동작 순서는?
① 평속기 → 복원 기구 → 배압 밸브 → 서보 전동기
② 배압 밸브 → 평속기 → 서보 전동기 → 복원 기구
③ 평속기 → 배압 밸브 → 서보 전동기 → 복원 기구
④ 평속기 → 배압 밸브 → 복원 기구 → 서보 전동기

해설, 조속기 동작 순서 : 평속기 → 배압 밸브 → 서보 전동기 → 복원 기구

75 ★★ 【85. 91. 기사】
조속기의 폐쇄 시간이 짧을수록 옳은 것은?
① 수압관 내의 수압 상승률은 작아진다.
② 수격 작용은 작아진다.
③ 발전기의 전압 상승률은 커진다.
④ 수차의 속도 변동률은 작아진다.

해설, 출력의 증감에 무관하게 수차의 회전수를 일정하게 유지하기 위하여는 출력의 변화에 따라서 수차의 유량을 조정하지 않으면 안 된다. 이것을 자동적으로 할 수 있도록 한 장치를 조속기(governor)라고 한다.

답 72. ④ 73. ③ 74. ③ 75. ④

76 ★★ 【94. 05. 기사, 02 산업기사】
수차의 조속기가 너무 예민하면?

① 탈조를 일으키게 된다. ② 수압 상승률이 크게 된다.
③ 속도변동률이 작게 된다. ④ 전압변동이 작게 된다.

해설 수차의 조속기가 예민하면 난조를 일으키기 쉽고 심하게 되면 탈조까지 일으킬 수 있다. 발전기 관성 모멘트가 크든가, 또는 자극에 제동권선이 있으면 난조는 방지된다.

77 ★★ 【78. 97. 기사】
수력 발전소의 수차에 있어서 N_e를 어떤 부하시의 회전 속도, N_0를 조속기를 조절하지 않고 무부하로 했을 때의 회전 속도, N를 규정 회전 속도라고 할 때 수차의 속도 조정률[%]은?

① $\dfrac{N-N_e}{N} \times 100$ ② $\dfrac{N_0-N}{N} \times 100$

③ $\dfrac{N_0-N_e}{N} \times 100$ ④ $\dfrac{N-N_e}{N_0} \times 100$

해설 속도 조정률 $\delta = \dfrac{\text{무부하 시 회전 속도} - \text{어떤 부하 시의 회전 속도}}{\text{규정 속도}} \times 100 [\%]$

78 ★★★★★ 【79. 83. 86. 89. 94. 기사】
수차의 조속기 시험을 할 때 폐쇄시간이 길게 되도록 조속기의 기구를 조정하여 부하를 차단하면 수차는?

① 회전속도의 상승률이 증가하고, 수추작용이 감소한다.
② 회전속도의 상승률이 증가하고, 수추작용도 증가한다.
③ 회전속도의 상승률이 감소하고, 수추작용도 감소한다.
④ 회전속도의 상승률이 감소하고, 수추작용은 증가한다.

해설 폐쇄시간이 길면 수차에 잔류 에너지가 유입 → 회전수 증가
폐쇄시간이 길면 수속의 변화가 적다. → 수추작용 감소

79 ★★ 【84. 96. 기사】
어느 발전소에 주발전기로서 3상 93,000[kVA]인 것이 4기 있다. 이들은 50[Hz]에 대해서는 167[rpm], 60[Hz]에 대해서는 200[rpm]으로 회전한다. 이 발전기는 몇 극인가?

① 18 ② 36
③ 54 ④ 72

해설 $N_s = \dfrac{120f}{p}$, $p = \dfrac{120f}{N_s} = \dfrac{120 \times 60}{200} = 36[극]$

답 76. ① 77. ③ 78. ① 79. ②

80 ★☆ 【83. 95. 00. 산업기사】
수차의 속도 조정률이 4[%]인 정격 출력 32,000[kW]의 발전기가 계통 병렬 운전 중 주파수가 0.2[Hz] 상승하면 발전기 출력은 약 몇 [kW] 변화하는가? 단, 계통의 정격 주파수는 60[Hz]로 한다.

① 1,544 ② 1,928
③ 2,236 ④ 2,667

해설

부하 간의 속도 조정률 $= \dfrac{\dfrac{N_2 - N_1}{N}}{\dfrac{P_1 - P_2}{P}} \times 100 = \dfrac{\dfrac{\Delta N}{N}}{\dfrac{\Delta P}{P}} \times 100$ (주파수와 속도는 비례하므로)

$\delta = \dfrac{\Delta f}{N} \times \dfrac{P}{\Delta P} \times 100$

$\therefore \Delta P = P \times \dfrac{\Delta f}{N} \times \dfrac{1}{\delta} = 32,000 \times \dfrac{0.2}{60} \times \dfrac{1}{0.04} = 2,666.64 [\mathrm{kW}]$

81 ☆ 【94. 산업기사】
60,000[kW] 2극 60[Hz]의 터빈 발전기가 전력계통에 접속되어 운전하고 있다. 지금 이 계통의 주파수가 갑자기 60.2[Hz]로 상승하였다면 이 발전기의 출력은 약 몇 [kW]가 되는가? 단, 터빈의 속도조정률은 4[%]로 정정되어 있으며 직선적으로 변화하는 것으로 한다.

① 40,000 ② 45,000
③ 48,000 ④ 55,000

해설

$P' = P - \Delta P$

$\Delta P = P \times \dfrac{\Delta f}{N} \times \dfrac{1}{S} = 60,000 \times \dfrac{0.2}{60} \times \dfrac{1}{0.04} = 5,000$

$P' = 60,000 - 5,000 = 55,000 [\mathrm{kW}]$

82 ☆ 【84. 산업기사】
정격 출력 200[MW], 2극, 60[Hz]의 터빈 발전기가 계통에 병렬 운전하여 200[MW]를 발생하고 있을 때 계통 주파수가 60[Hz]에서 60.6[Hz]로 갑자기 올라갔기 때문에 출력이 150[MW]로 되었다. 이때의 속도 조정률[%]은 얼마인가?

① 3.0 ② 3.5 ③ 4.0 ④ 4.5

해설

속도 조정률 $\delta_0 = \dfrac{\dfrac{N_2 - N_1}{N_n}}{\dfrac{P_1 - P_2}{P_n}} \times 100 [\%]$, $P_n = P_1 = 200 [\mathrm{MW}]$

회전수는 주파수에 비례하므로 k를 비례 상수라고 하면
$N_n = N_2 = 60k$, $N_1 = 60.6k$를 위의 식에 대입하면

$\therefore \delta_0 = \dfrac{\dfrac{60.6k - 60k}{60k}}{\dfrac{200 - 150}{200}} \times 100 = 4 [\%]$

답 80. ④ 81. ④ 82. ③

83 평균 유효 낙차 46[m], 평균 사용 수량 5.5[m³/s]이고, 유효 저수량 43,000[m³]의 조정지를 가진 수력 발전소가 그림과 같은 부하 곡선으로 운전할 때 첨두 출력 발전량은 얼마인가? 단, 수차 및 발전기의 종합 효율은 80[%]이다.

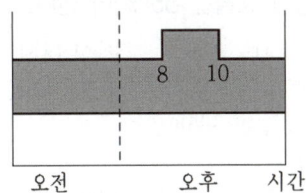

① 4,523[kW]　② 4,137[kW]　③ 4,120[kW]　④ 4,225[kW]

해설 유량 5.5[m³/s]에 의한 출력 P_1[kW]는
$$P_1 = 9.8QH\eta = 9.8 \times 5.5 \times 46 \times 0.8 = 1,983.5[kW]$$
조정지의 유효 저수량 43000[m³]을 오후 8시부터 10시까지 사용하면 이 유량 Q_2는
$$Q_2 = \frac{43,000}{2 \times 60 \times 60} = 5.972[m^3/s]$$
이 유량에 의해 발전되는 출력 P_2는
$$P_2 = 9.8 \times 5.972 \times 46 \times 0.8 = 2,153.7[kW]$$
첨두 출력 P는 P_1과 P_2를 합한 것으로
$$\therefore P = P_1 + P_2 = 1983.5 + 2153.7 = 4137.2[kW]$$

84 1일의 평균 사용 유량이 35[m³/s]인 수력 지점에 조정지를 설치하여 첨두 부하 시 5시간, 최대 63[m³/s]의 물을 사용하려고 한다. 이에 필요한 조정지의 유효 저수량은 몇 [m³]인가?

① 9,000　　　　　　② 504,000
③ 648,000　　　　　④ 900,000

해설 $V = (Q_P - Q) \cdot T \times 3,600[m^3] = (63-35) \times 5 \times 3,600 = 50,4000[m^3]$

85 그림에서 A, B 두 지점의 단면적을 각각 1.2[m²], 0.4[m²]이라 하고 A에서의 유속 v_1을 0.3[m/sec]라 할 때 B에서의 유속 v_2는 몇 [m/sec]이겠는가?

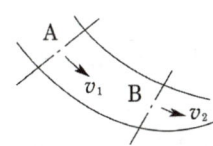

① 0.9　　② 1.2　　③ 3.6　　④ 4.8

해설 $Av_1 = Bv_2$ $\therefore v_2 = \frac{A}{B}v_1 = \frac{1.2}{0.4} \times 0.3 = 0.9[m/s]$

83. ②　84. ②　85. ①

86 ★ 【95. 23. 기사】
총 낙차 80.9[m], 사용 수량 30[m³/sec]인 발전소가 있다. 수로의 길이가 3,800[m], 수로의 구배가 $\dfrac{1}{2,000}$, 수압 철관의 손실 낙차를 1[m]라고 하면 이 발전소의 출력은 약 몇 [kW]인가? 단, 수차 및 발전기의 종합 효율은 85[%]라 한다.

① 15,000 ② 19,000 ③ 24,000 ④ 28,000

해설
① 손실 수두 $h_1 = 3,800 \times \dfrac{1}{2,000} = 1.9[m]$
② 수두 $H = 80.9 - (1.9 + 1) = 78$
③ 출력 $P = 9.8HQ\eta = 9.8 \times 78 \times 30 \times 0.85 = 1,9492.2[kW]$

87 ★★ 【98. 25. 산업기사, ㉤ : 96. 기사, 96. 산업기사】
수압 철관의 지름이 5[m]인 곳에서의 유속이 5[m/s]이었다. 지름이 4.5[m]인 곳에서의 유속은 약 몇 [m/s]인가?

① 4.8 ② 5.2 ③ 5.6 ④ 6.0

해설
$v_1 A_1 = v_2 A_2$
$v_2 = \dfrac{v_1 A_1}{A_2} = \dfrac{v_1 d_1^2}{d_2^2} = \dfrac{5 \times 5^2}{4.5^2} ≒ 6.1[m/s]$

유사문제

01. 문제 1 저수지의 어느 점의 수압이 1.25[kg/cm²]일 때 수심[m]은?
답 $h = \dfrac{p}{w} = \dfrac{12,500}{1000} = 12.5[m]$

02. 폭 B[m]인 수로를 가로막고 있는 네모꼴 수문에 작용하는 전압력[kg]은 얼마인가? 단, 물의 단위 부피당의 무게는 w[kg/m³]이다.
답 $wB\dfrac{H^2}{2}$[kg]

03. v[m/s]인 등속 정류의 물의 속도 수두[m]는? 단, g는 중력 가속도[m/s²]이다.
답 $\dfrac{v^2}{2g}$[m]

04. 유효 낙차 H[m], 유량 Q[m³/s]로 얻을 수 있는 이론 수력[kW]은?
답 $9.8QH$[kW]

05. 양수량 Q[m³/s], 총양정 H[m], 펌프 효율 η인 경우 양수 펌프용 전동기의 출력[kW]은? 단, k는 비례 상수라 한다.
답 $k\dfrac{QH}{\eta}$[kW]

답 86. ② 87. ④

06. 20,000[kW] 정도의 수차와 발전기의 최대 합성 효율은?
  답 80~85[%]

07. 유효 낙차 150[m], 최대 출력 250,000[kW]의 수력 발전소의 최대 사용 수량은 약 몇 [m³/sec]인가? 단, 수차의 효율은 90[%], 발전기의 효율은 98[%]이다.
  답 193[m³/sec]

08. 유효 낙차 $H = 75$[m], 최대 사용 수량 $Q = 200$[m³/sec]인 수력 발전소의 이론 출력은 몇 [MW]인가?
  답 $P = 9.8QH = 9.8 \times 200 \times 75 \times 10^{-3} = 147$[MW]

09. 양수량 40[m³/min], 총양정 13[m]의 양수 펌프용 전동기의 소요 출력[kW]은?
  답 100[kW]

10. 양수량 매분 10[m³], 총양정 10[m]의 펌프용 전동기의 소요 마력은 다음 중 어느 것이 적당한가?
  답 40[HP]

11. 자류(自流) 30[m³/s]의 하천에 유효 저수량 432,000[m³]의 조정지를 만들어서 낙차 96[m]의 발전소를 건설하려고 한다. 피크 운전 시간을 6시간이라 하면, 최대 출력[kW]은 얼마의 발전소로 하면 좋은가? 단, 수차 발전기의 종합 효율은 0.85라 한다.
  답 약 40,000[kW]

12. 평균 유효 낙차 50[m], 출력 60,000[kW], 유효 저수량(조정지 용량) 200,000,000[m³]의 발전소가 있다. 이 저수량은 몇 [kWh]에 해당하는가? 단, 수차의 효율은 86[%], 발전기의 효율은 97[%]이다.
  답 22,708,800[kWh]

13. 자류(自流) 30[m³/s]의 하천에 유효 저수량 432,000[m³]의 조정지를 만들어서 낙차 96[m]의 발전소를 건설하려고 한다. 피크 운전 시간을 6시간이라 하면, 최대 출력[kW]은 얼마의 발전소로 하면 좋은가? 단, 수차 발전기의 종합 효율은 0.85라 한다.
  답 약 40,000[kW]

14. 평균 유효 낙차 50[m], 출력 60,000[kW], 유효 저수량(조정지 용량) 200,000,000[m³]의 발전소가 있다. 이 저수량은 몇 [kWh]에 해당하는가? 단, 수차의 효율은 86[%], 발전기의 효율은 97[%]이다.
  답 22,708,800[kWh]

15. 수력 발전소에서 유효 낙차 30[m], 유역 면적 8,000[km²], 연간 강우량 1,500[mm], 유출 계수 70[%]일 때 연간 발생 전력량은 몇 [kWh]인가? 단, 수차 발전기의 종합 효율은 85[%]이다.
  답 5.83×10^8[kWh]

16. 화력 발전이 점하는 비중이 수력 발전에 비하여 상당히 큰 전력 계통에서의 수력 발전의 운전 방법은?
  답 첨두 부하 운전

17. 최대 출력 100[MW], 일부하율 50[%]의 조정지식 수력 발전소가 있다. 이 수력 발전소를 운영하여 최대 150[MW], 최소 90[MW], 일부하율 80[%]의 부하에 공급하는데 공급력의 부족은 화력 발전에 의존하고 있다. 이때 최소한으로 필요한 화력 발전소의 최대 출력[MW] 및 일부하율[%]을 구하면? 단, 최대 부하의 계속 시간은 12시간, 남은 12시간은 90[MW]라고 하고, 또 수력 및 화력 발전소의 효율은 출력에 따라 변화하지 않는다고 가정한다.

답 46[MW], 100[%]

18. 유출 계수란?

   답 유출 계수 = $\dfrac{전\ 유출량}{전\ 강수량} \times 100[\%]$

19. 유역 면적 550[km²]인 어떤 하천이 있다. 1년간 강수량이 1,500[mm]로 증발, 침투 등의 손실을 30[%]라고 할 때, 갈수량을 평균 유량의 1/5이라고 가정하면, 이 하천의 강수량은 몇 [m³/s]가 되겠는가?

   답 3.66[m³/s]

20. 유황 곡선의 횡축과 종축은?

   답 일수 – 유량

21. 수력 발전소에서 사용되는 유황 곡선이란 횡축에 1년(365일)을, 종축에 유량을 표시하고?

   답 유량이 큰 것부터 순차적으로 이들 점을 연결한 것

22. 유황 곡선, 횡축, 종축으로 둘러싸인 부분의 면적은 무엇을 나타내는가?

   답 연간 유출량

23. 적산 유량 곡선상의 임의의 점에서 그은 절선의 기울기는 그 점에서 해당하는 일자에 있어서의?

   답 하천 유량을 표시한다.

24. 그림과 같은 유황 곡선을 가진 수력 지점에서 최대 사용 수량을 OA로 잡을 때 하천 에너지의 이용률은?

   답 $\dfrac{면적\ OABCD}{면적\ OPBCD}$

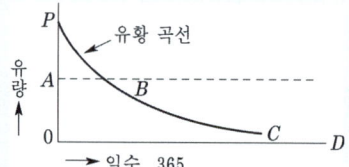

25. 그림과 같이 직선으로 된 유황 곡선을 가진 수력 지점이 있다. 40[m³/s]의 최대 사용 수량으로 1년간 계속 발전하는 데 필요한 저수지 용량[m³]을 구하여라. 또 저수지가 있을 때의 하천 수력 에너지의 이용률[%]을 구하면?

   답 80×10^6[m], 66.6[%]

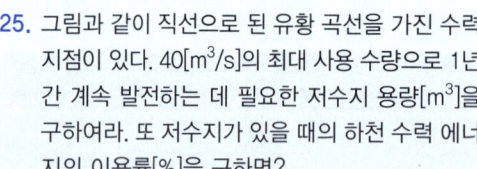

26. 1년 중 355일 이상 매일 일정 시간만 발생할 수 있는 출력은?

   답 상시 첨두 출력

27. 문제 25 갈수기 평균 가능 출력과 상시 출력의 차로 표시되는 출력은?

   답 보급 출력

28. 최근 건설되는 대용량 수력 발전소의 수차 효율을 측정하는 경우 가장 적당한 수량 측정 방법은?

   답 유속계법

29. 유속 측정용 벤투리관법에서 두 관의 수주의 높이차를 h라 하면 유량 Q는?
🖹 h의 평방근에 비례한다.

30. 관로의 유속 측정에 사용하는 피토관에서 두 관의 수면의 차는?
🖹 유속의 제곱에 비례한다.

31. 류댐의 일류 수량을 표시하는 식은? 단, H는 일류 수심, k는 비례 상수이다.
🖹 $kH^{3/2}$

32. 다음 중 취수구에 설치하지 않는 것은?
🖹 여수토

33. 사이펀 여수토에서의 유출량은 상하 유수차의?
🖹 평방근에 비례한다.

34. 무압 수로의 일반적인 설계 유속[m/s]은?
🖹 3[m/s]

35. 침사지 내에서의 유속[cm/s]은 일반적으로 다음 중 어느 것이 적당한가?
🖹 25~15[cm/s]

36. 수력 발전소의 서지 탱크(surge tank) 설치 목적으로 옳지 않은 것은?
🖹 흡출관의 보호를 취한다.

37. 수조의 용량은 최대 사용 수량으로 대략 몇 분간 사용할 수 있는가?
🖹 2~3분간

38. 수압 관로의 평균 유속을 v[m/s], 관의 지름을 D[m], 사용 유량을 Q[m³/s]로 하면 Q를 구하는 식은?
🖹 $Q = \dfrac{\pi}{4}D^2 v$

39. 유량을 일정하게 하면 수압관의 손실 수두는 관지름의 몇 승에 역비례하는가?
🖹 5승에 역비례

40. 수압 철판의 두께를 표시하는 식 $t = \dfrac{500hD}{\delta\eta}$ 에서 δ를 관제의 허용 인장 강도라 할 때 η는 무엇을 의미하는가?
🖹 관제의 접합 효율

41. 수압 철관에서 수압이 같을 때 그 지름이 크면?
🖹 두께가 커진다.

42. 고낙차 소수량 발전에 쓰이는 수차의 입구 밸브로서 적당한 것은?
🖹 슬루스 밸브

43. 낙차 50[m]의 수력 발전소의 수차 입구 밸브의 종류는 보통 어떠한 것인가?
🖹 버터플라이 밸브

44. 펠톤 수차의 피치원의 주변 속도는 $\sqrt{2gH}$의 몇 배인가?
   답 0.42~0.48배

45. 펠톤 수차에 있어서 러너의 수력 효율의 여러 가지 조건을 생각하였을 때 최대 효율은 u/v의 값이 얼마일 때인가? 단, u : 원주 상에서 측정한 버킷의 속도[m/s], v : 분출수가 버킷에 들어갈 때의 절대 속도[m/s]이다.
   답 0.32~0.48

46. 유효 낙차 256[m], 최대 출력 57,600[kW]의 60[Hz]용 프란시스 수차를 신설하는 경우의 수차 발전기의 회전수[rpm]는 얼마로 하면 적당한가?
   답 450[rpm]

47. 최대 출력 25,600[kW], 유효 낙차 100[m], 회전수 300[rpm]의 수축 프란시스 수차의 특유 속도 [rpm]는 얼마인가?
   답 152[rpm]

48. 프로펠러 수차에서는 특유 속도가 높아지면 회전 날개의 매수는?
   답 감소한다.

49. 특유 속도가 가장 작은 수차는?
   답 펠톤 수차

50. 프란시스 수차에서 러너 입구부 및 출구부의 지름을 각각 D_1, D_3라 할 때 그 특유 속도가 커지면 $\dfrac{D_3}{D_1}$는 어떻게 되는가?
   답 작게 한다.

51. 모든 출력에서 효율이 가장 좋은 것은?
   답 카플란 수차

52. 수차의 무구속 시 속도의 상승률이 최대인 것은?
   답 카플란 수차

53. 카플란 수차에서 없으면 안 될 것은?
   답 흡출관

54. 수차의 낙차에 따른 효율 저하는 설계 낙차보다?
   답 낮은 낙차에서 심하다.

55. 수압 철관이 완전 강체인 경우 밸브를 급히 닫음으로써 일어나는 상승 압력은 밸브 폐쇄전의 수압 철관 내 유속과 어떠한 관계가 있는가?
   답 유속의 제곱에 비례한다.

56. 흡출관 출구에서의 경제적 유수 속도[m/s]는?
   답 1~2[m/s]

57. 흡출관의 효율은 사용 수량이 증가하면?
   目 증가한다.

58. 수차에서 캐비테이션의 방지책이 아닌 것은?
   目 토마 계수를 작게 잡는다.

59. 수격 작용(water hammering)현장에서 안내 날개의 폐쇄 시간을 T, 수압관 길이를 L, 입력파의 속도를 V_p라 할 때 어느 조건에서 수압이 최대로 되는가?
   目 $T < \dfrac{L}{V_p}$

60. 수력 발전소에서 서보 전동기(servo-motor)의 작용으로 옳게 설명한 것은?
   目 안내 날개를 조절하는 장치

61. 수차 발전기, 조속기의 불감성 계수는 보통?
   目 $0.005 \sim 0.02$

62. 다음에서 수차 조속기의 성능과 관계없는 것은?
   目 swing

63. 수차 발전기가 난조를 일으키는 원인은?
   目 수차의 조속기가 예민하다.

64. 수력 발전소에서 조속기의 동작을 민감히 하면, 수압 상승률 α와 속도 상승률 β는 어떻게 변화하는가?
   目 α는 증가, β는 감소

65. 수차의 속도 변동률을 적게 하려 할 때 옳지 않은 것은?
   目 회전부의 중량을 적게 한다.

66. 60[Hz], 30극의 수차 발전기가 전부하 운전 중 갑자기 무부하로 되었다. 이 수차 발전기의 전부하 차단시의 속도 변동률을 20[%]라 할 때 전부하 차단 후 순간적으로 도달되는 최대 속도[rpm]를 구하면?
   目 288[rpm]

67. 20,000[kW] 2극 60[Hz]의 터빈 발전기가 전력 계통에 접속되어 운전되고 있다. 지금 계통의 주파수가 갑자기 60.2[Hz]로 상승하였다면 이 발전기의 출력은 약 몇 [kW]가 되는가? 단, 터빈의 속도 조정률은 2[%]로 정정되어 있으며 직선적으로 변화하는 것으로 한다.
   目 16,000[kW]

68. 60[Hz], 2극 60,000[kW]인 터빈 발전기가 전력 계통에 연결되어 운전되고 있다. 지금 계통의 주파수가 60.2[Hz]까지 상승했다고 하면 발전기 출력[kW]은? 단, 터빈의 속도 조정률은 4[%]이다.
   目 55,000[kW]

69. 제압기가 동작하는 것은 부하의 변화가?
   目 급히 감소할 때

CHAPTER 02 화력 발전

1 열 및 열역학

1) 열량, 압력

① 열량의 단위
$$\begin{cases} 1[\text{kcal}] = \dfrac{1}{860}[\text{kWh}] \\ 1[\text{kcal}] = 3.968[\text{B.T.U}] \\ 1[\text{B.T.U}] = 0.252[\text{kcal}] \end{cases}$$
출제 산업 2번

② 압력의 단위
- 절대압 = 대기압 + 게이지압
- 1기압 = $760[\text{mmHg}] = 1.033[\text{kg/cm}^2]$
- $P = 1.033 \times \dfrac{P_a - P_0}{760}[\text{kg/cm}^2\text{a}]$

여기서, P_0 : 진공도[mmHg]
　　　　P_a : 대기압[mmHg]
　　　　P : 절대압[kg/cm²a]

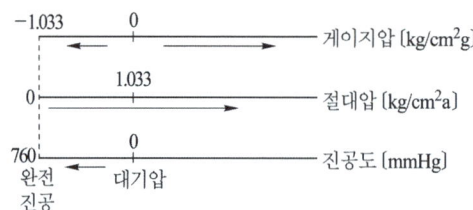

2) 증기의 성질

① 엔탈피(enthalpy) : 증기 또는 물이 보유하고 있는 전열량 출제 산업 3번, 기사 3번

$$i = U + Apv\,[\text{kcal/kg}]$$

여기서, i : 엔탈피[kcal/kg]　　　U : 내부 에너지[kcal/kg]
　　　　A : 일의 열당량[kcal/kg·m]　P : 압력[kg/m²]
　　　　v : 비체적[m³/kg]

② 엔트로피(enthropy) : 기준 상태(온도 $T_0[\text{K}]$)에서 어떤 상태(온도 $T[\text{K}]$)에 이르는 사이에 물체에 일어난 열량의 변화를 그 때의 절대 온도로 나눈 것

$$s = \int_{T_0}^{T} \frac{dQ}{T} [\text{kcal/kg} \cdot \text{K}]$$

여기서, s : 엔트로피[kcal/kg·K], dQ : 증가 열량[kcal/kg]

③ 포화 증기 : 습증기(수분과 증기가 같이 함유된 증기)를 가열하여 수분이 하나도 없는 증기를 건조 포화 증기라고 한다.
④ 과열 증기 : 건조 포화 증기를 다시 가열하면 온도는 포화 온도를 넘어 상승한다. 포화 온도 이상으로 가열한 증기를 말하며 포화 온도와 과열 증기와의 차를 과열도라 한다.
⑤ 임계점 : 임계 압력 225.4[kg/cm^2], 임계 온도 374.1[℃]가 되면 포화 증기와 포화수는 같은 상태가 되어 증발 현상은 일어나지 않고 물에서 직접 증기가 된다. 이 점을 임계점이라 한다.

3) 열 사이클

(1) 카르노 사이클(Carnot cycle)

두 개의 등온 변화와 두 개의 단열 변화로 이루어지며, 가장 효율이 좋은 이상적인 사이클

공급된 열량의 면적 : $Q_1 = T_1(s_2 - s_1)$ = 면적 1, 2, 2′, 1′
방출된 열량의 면적 : $Q_2 = T_2(s_2 - s_1)$ = 면적 4, 3, 2′, 1′
일을 한 면적 $AL = Q_1 - Q_2$ = 면적 1, 2, 3, 4

사이클 효율 $\eta = \dfrac{\text{공급 열량} - \text{방출 열량}}{\text{공급 열량}} = \dfrac{\text{면적 1, 2, 3, 4}}{\text{면적 1, 2, 2′, 1′}}$

$= \dfrac{(T_1 - T_2)(s_2 - s_1)}{T_1(s_2 - s_1)} = 1 - \dfrac{T_2}{T_1}$

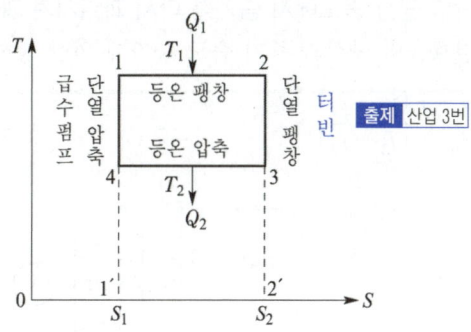

(2) 랭킨 사이클(Rankine cycle)

증기를 작동 유체로 사용하는 가장 간단한 이론 사이클

급수 → 승압 → 가열 → 증발 → 과열 → 단열 팽창 → 복수 → 급수의 루프 사이클

효율 $\eta = \dfrac{i_1 - i_2}{i_1 - i_4}$

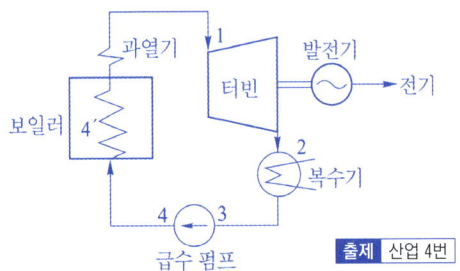

(3) 재생 사이클 출제 산업 3번

랭킨 사이클의 단열 팽창 중도에서 **증기의 일부를 추기하여 보일러 급수를 가열함**으로써 복수기에서의 열손실을 회수하는 사이클 출제 기사 3번

효율 $\eta = \dfrac{(i_1 - i_4) - m_1(i_2 - i_4) - m_2(i_3 - i_4)}{i_1 - i_{10}}$

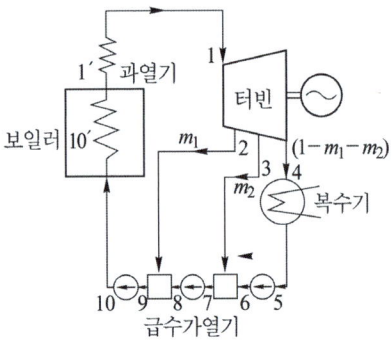

(4) 재열 사이클 출제 산업 2번

랭킨 사이클의 **단열 팽창 중도에서 증기를 다시 과열시켜 과열 증기로 만들어** 이것을 다시 단열 팽창시켜 열효율의 향상과 증기 습도 증가에 의한 장해를 적게 하는 사이클

효율 $\eta = \dfrac{(i_1 - i_2) + (i_3 - i_4)}{(i_1 - i_6) + (I_3 - i_2)}$

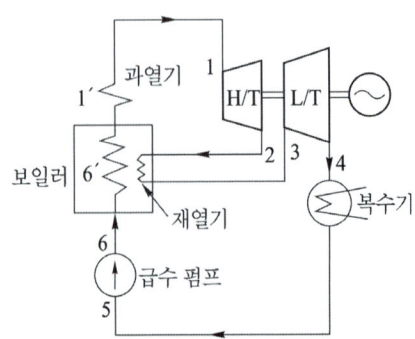

(5) 재생 재열 사이클 출제 기사 4번

재생 사이클과 재열 사이클을 겸용하여 전 사이클의 효율을 향상시킨 사이클

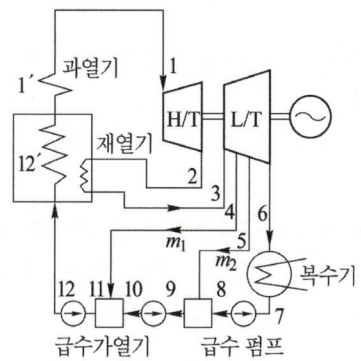

2 연료 및 연소

1) 석탄 및 중유의 발열량
무연탄 : 5,500[kcal/kg], 착화 온도 450[℃] 정도
중 유 : 10,000~11,000[kcal/kg], 착화 온도 380[℃] 정도

2) 연소에 필요한 공기량

① 연소에 필요한 이론 공기량

$$V_{0v} = \frac{O_g}{0.232 \times 1.293} = \frac{2.667C + 8H + S - O}{0.232 \times 1.293} [\text{Nm}^3/\text{kg}]$$

단, C : 석탄 1[kg] 중의 탄소량, H : 석탄 1[kg] 중의 수소량
    O : 석탄 1[kg] 중의 산소량, S : 석탄 1[kg] 중의 유황량

② 공기 과잉률

$$\lambda = \frac{V}{V_g}$$

단, V : 실제 공기량, V_g : 이론 공기량

미분탄 연소의 경우 1.2~1.4 정도가 적당하다.
중유 연소의 경우 1.1~1.2 정도로 하고 있다. 출제 산업 2번

3 보일러 설비

1) 보일러의 종류

① 자연 순환 보일러 : 보일러수가 가열되면 부분적으로 비중차가 생기고 그 비중차에 의하여 순환력을 일으키는 보일러

② 강제 순환 보일러 : 보일러수의 순환 계통의 도중에 순환 펌프를 두고 강제적으로 물을 순환시키는 보일러

③ 관류 보일러 : 각 관의 일단에서 급수를 펌프로 압입시켜 회로에서 배치된 관 내를 흐르는 동안 열을 흡수하여 순차로 과열 증발되어 관의 하단에서 과열 증기로서 터빈에 보내는 보일러 〔출제〕 산업 2번

2) 보일러 특성

① 보일러 용량

$$G_e = \frac{G_s(i-i_0)}{539}[\text{kg/h}]$$

단, G_e : 상당 증발량[kg/h], G_s : 실제 증발량[kg/h]
i_0 : 급수의 엔탈피[kcal/kg], i : 과열 증기의 엔탈피[kcal/kg]

② 증발 계수

$$Q = \frac{G_e}{G_s} = \frac{\text{실제의 증기 1[kg]이 흡수한 열량}}{539}$$ 〔출제〕 산업 1번

③ 연소율

$$r = \frac{B}{S}[\text{kg/m}^2]$$

단, S : 스토커의 면적[m^2], B : 연료 소비량[kg/h], r : 연소율

④ 보일러 마력

$$\text{보일러 마력} = \frac{\text{상당 증발량}}{15.65}[\text{kg/h}]$$

⑤ 보일러 효율

$$\eta = \frac{G_s(i-i_0)}{HB} \times 100[\%]$$

단, G_s : 증발량[kg/h], H : 연료 발열량[kcal/kg], B : 연료 소비량[kg/H]

3) 연소 장치

① 급탄기 연소 장치 : 소용량 보일러에서 석탄을 연소시키는 데 사용되며, 이동 화상 급탄기, 살포식 급탄기, 하방 급탄기 등이 있다.
② 미분탄 연소 장치 : 석탄을 미분탄기로 분쇄하여 미분으로 하여 버너로 연소실에 불을 넣어 연소시키는 방식(연소효율 향상) 출제 기사 3번
③ 중유 연소 장치 : 중유를 분무 상태로 하고 공기와 잘 섞이도록 하여 연소시키는 방식

4) 과열기

보일러의 연도 또는 화로벽에 설치하여 보일러에서 발생하는 포화 증기를 과열 증기로 만들어 증기 터빈에 공급하는 장치

5) 재열기 출제 산업 1번, 기사 4번

과열기의 바로 다음에 있는 것이 많으며, 터빈에서 팽창하여 포화 온도에 가깝게 된 증기를 빼내어 다시 보일러에서 과열 온도 가깝게까지 온도를 올리기 위한 장치(증기를 가열한다.)

6) 절탄기

연도 내에 설치되어, 이를 통과하는 보일러 급수를 보일러로부터 나오는 연도 폐기 가스로 가열하는 장치 출제 산업 1번, 기사 1번

7) 공기 예열기 출제 기사 1번

연도에서 배출되기 전의 연소 가스가 갖는 열량을 회수하여 연소용 공기의 온도를 높여, 연료의 착화 및 연소·효율을 높이기 위한 장치 (연도의 맨끝에 설치)
출제 산업 1번   출제 기사 1번

8) 집진기

전기식과 기계식이 있으며, 미분탄 연소 방식에는 코트렐 집진 장치와 사이클론이 가장 많이 쓰인다. 출제 기사 3번

4 급수와 급수 장치

1) 보일러수 중의 불순물에 의한 장해

① 스케일(scale) 부착(관석 : 알루미늄 나트륨 등의 염류가 굳어서 된 것) 출제 산업 1번
② 관벽 부식
③ 캐리 오버(carry over)
④ 알칼리 취화
⑤ 포밍 : 급수의 불순물(칼슘, 마그네슘, 나트륨 등) 원인이 됨 출제 산업 3번, 기사 2번

2) 급수 처리

① 기계적 처리법 : 침전, 여과, 응집
② 화학적 처리법 : 석회 및 소다법, 이온 교환 수지법

3) 증화기(evaporator)

주로 증기를 열원으로 하여 급수를 가열·증발시켜, 증류수로 만들어 보일러에 보내는 장치. 열원으로서는 보통 생증기, 터빈의 추기, 터빈의 배기 등이 사용된다.

4) 공기 분리기

추기 또는 다른 폐기에 의하여 급수를 가열시키는 일종의 가열기인 동시에, 급수를 포화 온도 이상으로 가열하여 급수 중의 함유 가수를 분리 배출시키는 장치

5) 급수 펌프

급수를 보일러에 보내기 위해서 사용되며 왕복 펌프, 원심력 펌프 등이 사용된다.

$$\text{급수 펌프의 소요 마력 } W = 0.163 \times \frac{Q_w H \times 10}{60 r \eta} [\text{kW}]$$

단, Q_w : 급수량[t/h]
　　H : 전압력[kg/cm^2]
　　r : 물의 단위 부피의 무게[kg/l]
　　η : 펌프의 효율

6) 급수 가열 장치

재생 사이클에서 급수를 가열시키는 장치를 급수 가열기라 하며, 이들을 배열한 것을 급수 가열 장치라고 한다.

5 - 터빈

1) 터빈의 종류

(1) 증기의 작용에 의한 분류

① 충동식 터빈 : 노즐에서 분사한 증기로, 러너를 회전시켜 동력을 발생시키는 터빈
　㉠ 단식 터빈
　㉡ 속도 복식 터빈
　㉢ 압력 복식 터빈

② 반동식 터빈 : 분사 증기의 충동력 및 증기가 동익과 정익 사이에서 팽창할 때의 반동력을 이용하는 터빈

(2) 사용 증기 처리 방법에 의한 분류
① 복수 터빈
② 배압 터빈
③ 추기 복수 터빈
④ 추기 배압 터빈   출제 기사 1번

2) 터빈의 효율 및 열효율

① 터빈 효율

$$\eta_T = \frac{860P}{G(i-i_e)}$$

단, P : 터빈 축단 출력[kW]
G : 유입 증기량[kg/h]
i : 터빈 입구에서의 증기 엔탈피[kcal/kg]
i_e : 복수기 진공까지 팽창한 상태에서의 증기 엔탈피[kcal/kg]

② 터빈 효율

$$\eta_t = \frac{860P}{G(i-i_w)}$$

단, i_w : 복수가 가지고 있는 열량[kcal/kg]

3) 조속기

회전체(fly wheel)의 원심력을 이용해서 직접 간접으로 접속된 기구에 의하여 증기의 유입량을 조절하여 터빈의 회전 속도를 일정하게 해 주는 장치(2.5~4[%] 정도 조정)   출제 기사 2번
여기에 비상 조속기가 별도로 달려 있는 것이 수차 발전기의 조속 장치와 다른 점이다. 비상 조속기는 보통 정격 속도의 10[%]를 넘으면 터빈에 유입하는 증기를 차단한다(110±1[%] 정정).
출제 산업 6번, 기사 1번

4) 복수기

증기는 그 온도에 상응하는 포화 압력을 가지고 있으므로, 이것을 냉각해서 온도를 내리면 내릴수록 압력은 저하하고 나중에는 진공이 발생하는 데에 이른다. 복수기는 이러한 원리를 이용해서, 그 배기압을 되도록 저하시켜 터빈 중의 열 강하를 크게 함으로써 증기의 보유 열량을 가능한 한 많이 이용하려고 하는 장치이다(열손실이 가장 크다).   출제 산업 4번, 기사 5번
부속 설비로 냉각수 순환 펌프, 복수 펌프 및 추기 펌프 등이 있다.

6 기력 발전소

1) 기력 발전소의 손실
① 복수기에 의한 손실 : 약 47[%] 정도
② 가열용 열원으로서의 손실 : 약 1[%] 정도
③ 석탄에 포함된 수분을 증발시키는 데의 손실 : 약 4[%] 정도
④ 굴뚝에서 폐기되는 손실 : 약 0.7[%] 정도
⑤ 터빈 기계손 : 약 6[%]
⑥ 발전기 손실 : 약 1[%]
⑦ 소내 동력에 의한 손실 : 약 4[%]
⑧ 방사손 및 기타 : 약 1.2[%]

2) 기력 발전소의 보호 장치

(1) 보일러
 ① 안전 밸브 : 증기의 과압에 의한 보일러 파열 방지 장치
 ② 고저 수위 경보기 : 수위 과상승에 의한 프라이밍, 과하강에 의한 보일러 과열 방지 장치

(2) 터빈
 ① 비상 조속기 : 부하 차단시 터빈 조속기가 작동하지 않을 경우 터빈 과속을 방지하는 장치
 ② 베어링 윤활유 등의 온도계 : 터빈 베어링의 온도를 지시하고, 지나치게 온도가 상승했을 때에 경보를 울리는 장치

(3) 발전기
 ① 과전류 계전기 : 어떤 원인에 의하여 발전기에 과전류가 흘렀을 때 즉시 회로를 개방하는 장치
 ② 차동 계전기 : 발전기의 내부 고장이 발생했을 때 즉시 회로를 개방하는 장치

7 특수 화력 발전

1) 내연력 발전
보통 디젤 기관이 널리 사용된다. 설비가 간단하고 기동 및 전부하까지의 시간이 짧고 신뢰성이 있고 수명이 길다. 예비용 전원, 비상용에 이용된다.

2) 가스 터빈   출제 산업 3번

연소 가스 또는 공기를 가열·압축시켜 직접 터빈에서 팽창 작동시키는 열기관이다. 증기 터빈에 비하여,
① 장치가 소형 경량으로 건설 및 유지비가 적다.
② 냉각 수량이 적고 기동 정지 시간이 짧은 등의 이점이 있다.

3) MHD 발전

유체 도체에 있어서의 전자 유도 작용을 이용한 발전 방식으로, 기계적 가동 부분이 없고 또한 내압의 문제도 큰 것이 없으므로, 발전기 1기당의 출력을 크게 할 수 있다.

8 - 화력 발전소의 열효율

$$\eta = \frac{860\,W}{mH} \times 100[\%] = 보일러\ 효율 \times 터빈\ 효율$$

출제 산업 23번, 기사 9번

여기서, W : 발생 전력량
　　　　m : 연료 소비량
　　　　H : 연료 발열량

CHAPTER 02 출제예상문제_화력 발전

01 ★ 【75. 90. 25. 산업기사】
1[BTU]는 몇 [cal]인가?
① 250   ② 252   ③ 242   ④ 232

해설) 1[BTU]=0.252[kcal]=252[cal]

02 ★★★☆ 【90. 98. 05. 11. 기사, 76. 90. 97. 11. 산업기사】
증기의 엔탈피란?
① 증기 1[kg]의 잠열
② 증기 1[kg]의 보유 열량
③ 증기 1[kg]의 기화 열량
④ 증기 1[kg]의 증발열을 그 온도로 나눈 것

해설) 엔탈피(enthalpy)는 각 온도에 있어 물 또는 증기의 보유 열량의 뜻이다.
①은 액화열, ③은 기화열(증발열)로 포화 증기이면 1[kg]의 액화열과 기화열의 합이 포화 증기의 엔탈피이다. 과열 증기의 엔탈피는 여기에 과열도에 상당한 열량을 여분으로 보유한다. ④의 나누는 온도를 절대 온도로 하면 이것은 포화 증기의 엔트로피(entropy)가 된다.

03 ★☆ 【77. 03. 10. 기사, 95. 산업기사】
종축에 절대온도 T, 횡축에 엔트로피(entropy) S를 취할 $T-S$ 선도에 있어서 단열변화를 나타내는 것은?

① 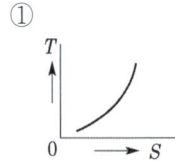   ② 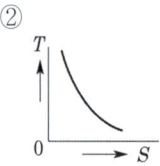   ③ 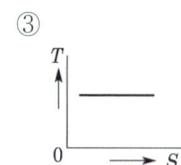   ④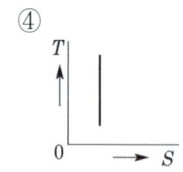

해설) 엔트로피는 어느 기체(양은 1[mol] 또는 1[kg])가 온도 T의 상태에서 $\triangle Q$의 열량을 얻었을 때 그 기체의 엔트로피의 증가, $\triangle s = \dfrac{\triangle Q}{T}$로 정의된다. 이 문제에서는 단열 변화이므로 열량의 출입은 없고 $\triangle Q=0$이다. 따라서 단열 변화에 대해서는 $\triangle s=0$이므로 그 간의 엔트로피의 변화는 없고 온도에 관계없이 일정하다.

04 ★★ 【95. 99. 03. 기사】
기력 발전소의 열사이클 중 가장 기본적인 것으로 두 등압 변화와 두 단열 변화로 되는 열사이클은?
① 랭킨 사이클   ② 재생 사이클   ③ 재열 사이클   ④ 재생 재열 사이클

해설) 랭킨 사이클은 증기를 작용 유체로 사용하는 가장 간단한 이론 사이클로
등압가열(보일러) → 단열팽창(터빈) → 등압냉각(복수기) → 단열압축(급수펌프)의 루프사이클이다.

답) 1. ② 2. ② 3. ④ 4. ①

05 그림은 어떤 열 사이클을 $T-S$ 선도로 나타낸 것인가?

① 랭킨 사이클
② 재열 사이클
③ 재생 사이클
④ 카르노 사이클

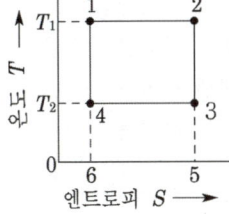

해설, 위 문제의 그림은 카르노 사이클을 나타낸 것이다.

06 그림은 랭킨 사이클의 $T-s$ 선도이다. 이 중 보일러 내의 등온 팽창을 나타내는 부분은?

① $A-B$
② $B-C$
③ $C-D$
④ $D-E$

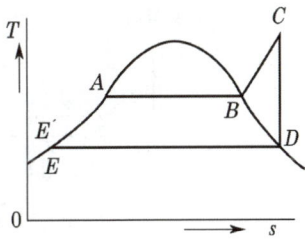

해설, $A-B$: 등온 팽창, $C-D$: 단열 팽창,
$D-E$: 등온 압축, $E'-A$: 등압 가열, $E-E'$: 단열 압축

07 다음 그림은 랭킨 사이클을 나타내는 $T-s$(온도-엔트로피) 선도이다. 이 그림에서 A_2-B의 과정은 화력 발전소의 어떤 과정에 해당하는 것인가?

① 급수 펌프 내의 등적 단열 압축
② 보일러 내에서의 등압 가열
③ 보일러 내에서의 증기의 등압 등온 수열
④ 급수 펌프 내에 의한 단열 팽창

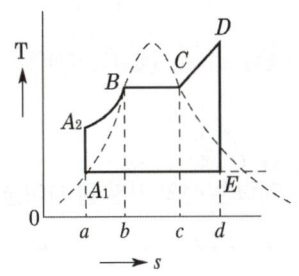

해설, 랭킨 사이클

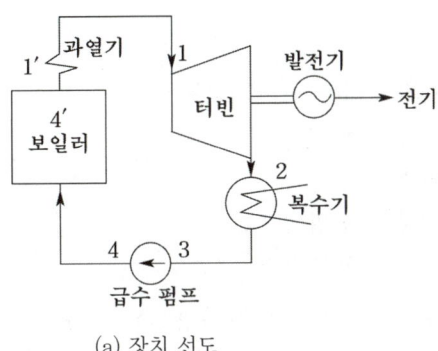
(a) 장치 선도

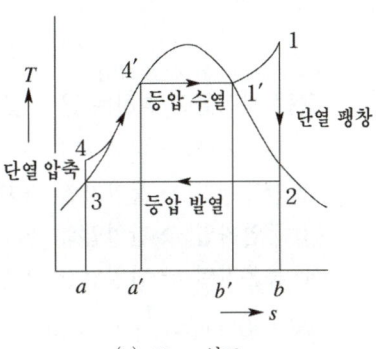
(b) $T-s$ 선도

08 ★★ 【90. 98. 기사】
그림과 같은 $T-s$ 선도를 갖는 열 사이클은?

① 카르노 사이클
② 랭킨 사이클
③ 재생 사이클
④ 재열 사이클

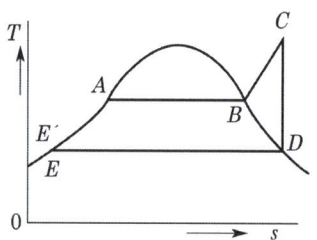

해설 랭킨 사이클

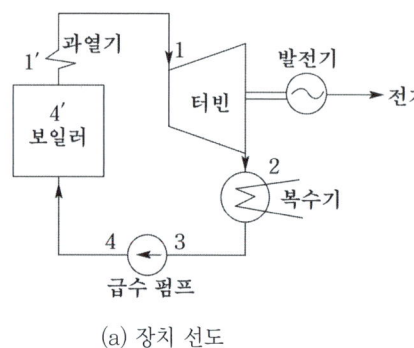

(a) 장치 선도

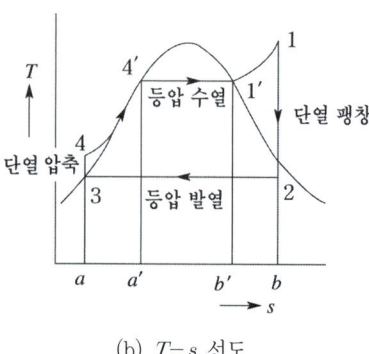

(b) $T-s$ 선도

09 ★ 【96. 기사】
가장 효율이 높은 이상적인 열 사이클은?

① 재생 사이클 ② 카르노 사이클
③ 재생 재열 사이클 ④ 랭킨 사이클

해설 가장 이상적인 사이클은 카르노 사이클이다.

10 ★★ 【86. 92. 11. 기사】
기력 발전의 기본 열 사이클인 랭킨 사이클에서 단열 압축 과정이 행하여지는 기기의 명칭은?

① 보일러   ② 터빈   ③ 복수기   ④ 급수 펌프

해설 급수 펌프에서 등적 단열 압축이 행해진다.

11 ★★★ 【83. 93. 00. 23. 25. 기사】
랭킨 사이클이 취하는 급수 및 증기의 올바른 순환 과정은?

① 등압가열 → 단열팽창 → 등압냉각 → 단열압축
② 단열팽창 → 등압가열 → 단열압축 → 등압냉각
③ 등압가열 → 단열압축 → 단열팽창 → 등압냉각
④ 등온가열 → 단열팽창 → 등온압축 → 단열압축

해설 보일러(등압가열) → 터빈(단열팽창) → 복수기(등압냉각) → 급수 펌프(단열압축)

답 8. ② 9. ② 10. ④ 11. ①

12 아래 표시한 것은 기력 발전소의 기본 사이클이다. 순서가 맞는 것은?

① 급수 펌프 → 보일러 → 터빈 → 과열기 → 복수기 → 다시 급수 펌프로
② 급수 펌프 → 보일러 → 과열기 → 터빈 → 복수기 → 다시 급수 펌프로
③ 과열기 → 보일러 → 복수기 → 터빈 → 급수 펌프 → 축열기 → 다시 과열기로
④ 보일러 → 급수 펌프 → 과열기 → 복수기 → 급수 펌프 → 다시 보일러로

해설 실제 기력 발전소에 쓰이는 기본 사이클(Rankine cycle)은 다음과 같다.

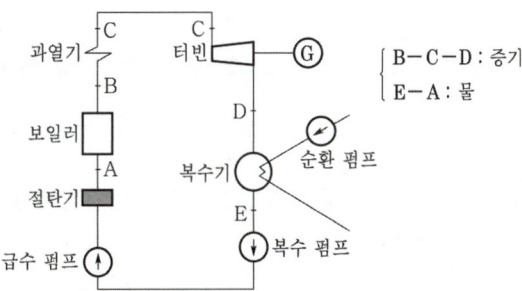

13 화력 발전소에 있어서 증기 및 급수가 흐르는 순서는?

① 절탄기 → 보일러 → 과열기 → 터빈 → 복수기
② 보일러 → 절탄기 → 과열기 → 터빈 → 복수기
③ 보일러 → 과열기 → 절탄기 → 터빈 → 복수기
④ 절탄기 → 과열기 → 보일러 → 터빈 → 복수기

해설 실제 기력 발전소에 쓰이는 기본 사이클(Rankine cycle)은 다음과 같다.

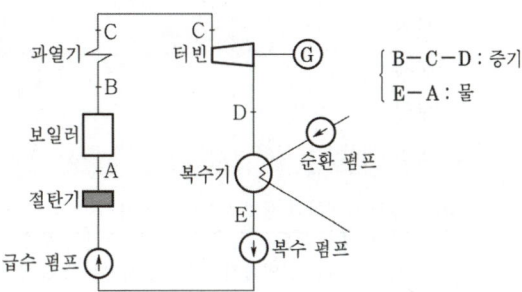

14 증기 사이클에 대한 설명 중 옳지 않은 것은?

① 랭킨 사이클의 열효율은 초온, 초압이 높을수록 효율이 크다.
② 재열 사이클은 재생 사이클에 비하여 열역학적으로 우수하다.
③ 재생 사이클은 터빈의 도중에서 증기를 추출하여 급수를 예열한다.
④ 팽창 과정의 수증기량을 줄이고 저압부에서 증기만 용점을 감소시키도록 하는 사이클을 재열 재생 사이클이라 한다.

해설 재생 사이클이 재열 사이클보다 증기를 일부 추가하기 때문에 열역학적으로 우수하다.

답 12. ② 13. ① 14. ②

15 그림과 같은 열 사이클은?

① 재열 사이클
② 재생 사이클
③ 재생, 재열 사이클
④ 기본 사이클

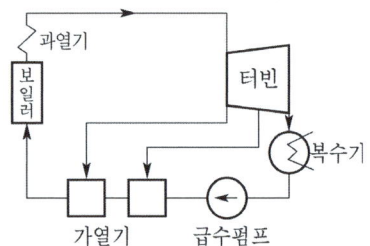

[해설] 터빈에서의 증기 팽창도중 증기의 일부를 추출하여 급수 가열에 이용되는 것을 재생 사이클이라 한다.

16 터빈 내에서 증기의 팽창도중 증기의 일부를 추출(抽出)하여 이것을 급수가열에 이용하는 열 사이클은?

① 랭킨 사이클   ② 카르노 사이클   ③ 재생 사이클   ④ 재열 사이클

[해설] 재생 사이클 : 단열 팽창도중 증기의 일부를 추기하여 보일러 급수를 가열하여 복수 열손실을 회수하는 사이클이다.

17 최근의 고압 고온을 채용한 기력 발전소에서 채용되는 열 사이클로서 그림과 같은 장치 선도의 열 사이클은?

① 랭킨
② 재생
③ 재열
④ 재열 재생

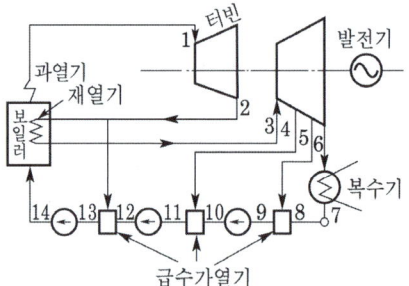

[해설] 재생 사이클과 재열 사이클을 겸용하여 전 사이클의 효율을 향상시킨 사이클을 재생 재열 사이클이라고 한다. 재열 사이클은 터빈의 내부 손실을 경감시켜서 효율을 높이는 것을 주목적으로 하며, 재생 사이클은 열효율을 열역학적으로 증진시키는 것을 주목적으로 한다. 따라서, 재생 재열 사이클을 채택하는 것이 열효율 향상에 가장 효과가 좋다.

18 고압 터빈 내에서 습증기가 되기 전에 증기를 모두 추출하여 한번 더 보일러의 연소 가스 또는 과열증기에 의하여 가열시키고, 다시 저압 터빈에 넣어서 팽창을 계속하여 열효율을 좋게 하는 사이클은?

① 랭킨 사이클   ② 재생 사이클   ③ 2유체 사이클   ④ 재열 사이클

[해설] 보일러 내에 재열기로 사용하므로 재열 사이클이 된다.

15. ② 16. ③ 17. ④ 18. ④

19. 가장 열효율이 좋은 사이클은?

① 랭킨 사이클 ② 우드 사이클
③ 카르노 사이클 ④ 재생, 재열 사이클

해설 카르노 사이클은 이상적인 사이클이다.

20. 다음 중 기력 발전소에서 열 사이클의 효율 향상을 기하기 위하여 채용된 방법이 아닌 것은?

① 고압, 고온 증기의 채용과 과열기의 설치
② 절탄기, 공기 예열기의 설치
③ 재생, 재열 사이클의 채용
④ 조속기의 설치

해설 열 사이클 효율 향상 대책
① 고압, 고온 증기 채용 ② 과열기 설치
③ 재생, 재열 사이클 채용 ④ 절탄기, 공기예열기 설치

21. 중유 연소 기력 발전소의 공기 과잉률은 대략 얼마인가?

① 0.05 ② 1.22 ③ 2.38 ④ 3.45

해설 공기 과잉률 = $\dfrac{\text{실제 소요 공기량}}{\text{이론 공기량}}$ 으로 미분탄 연소의 경우 1.2~1.4 정도가 적당하다. 중유 연소의 경우 1.1~1.2 정도로 하고 있다.

22. "화력 발전소의 ①은 발생 ②를 열량으로 환산한 값과 이것을 발생하기 위하여 소비된 ③의 보유 열량 ④를 말한다." 빈 칸에 알맞은 말은?

① ① 손실률 ② 발열량 ③ 물 ④ 차
② ① 발열량 ② 증기량 ③ 연료 ④ 결과
③ ① 열효율 ② 전력량 ③ 연료 ④ 비
④ ① 연료 소비율 ② 증기량 ③ 물 ④ 화

23. 그림의 계통은 어떤 종류의 보일러인가?

① 스토커 보일러
② 강제순환 보일러
③ 자연순환 보일러
④ 관류 보일러

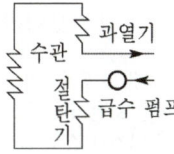

답 19. ③ 20. ④ 21. ② 22. ③ 23. ④

해설 ▶ 그림은 관류형 보일러를 나타낸 것이며 장점은 다음과 같다.
① 구조가 간단하다. ② 중량이 가볍다. ③ 관의 배치가 비교적 자유롭다.

24 ★ 【94. 기사】
관류형 보일러의 장점이 아닌 것은?
① 급수의 불순물에 대한 적응력이 크다.　② 구조가 비교적 간단하다.
③ 전체의 중량이 가볍다.　　　　　　　　④ 관의 배치가 비교적 자유롭다.

해설 ▶ 관류형 보일러의 장점
① 구조가 간단하다. ② 중량이 가볍다. ③ 관의 배치가 비교적 자유롭다.

25 ☆ 【82. 산업기사】
50[℃]의 급수로부터 엔탈피 750[kcal/kg]의 증기를 발생하는 보일러의 증발 계수는 약 얼마인가?
① 1.1　　　② 1.2　　　③ 1.3　　　④ 1.4

해설 ▶ 증발 계수 = $\dfrac{\text{실제의 증기 1[kg]이 흡수한 열량}}{539} = \dfrac{750-50}{539} = \dfrac{700}{539} ≒ 1.3$
50[℃]의 급수의 엔탈피는 50[kcal/kg]이다.

26 ★★ 【87. 90. 00. 04. 25. 산업기사】
급수의 엔탈피 130[kcal/kg], 보일러 출구 과열 증기 엔탈피 830[kcal/kg], 터빈 배기 엔탈피 550[kcal/kg]인 랭킨 사이클의 열사이클 효율은?
① 0.2　　　② 0.4　　　③ 0.6　　　④ 0.8

해설 ▶ $\eta_c = \dfrac{H_e}{i_1 - i_f}$

여기서, η_c : 터빈의 열효율, H_e : 증기 1[kg]이 터빈에서 유효하게 일을 한 열량[kcal/kg]
i_1 : 터빈 입구의 증기 엔탈피[kcal/kg], i_f : 복수기의 엔탈피[kcal/kg]라고 하면
$H_e = 830 - 550 = 280$[kcal/kg], $i_1 = 830$[kcal/kg], $i_f = 130$[kcal/kg]이므로
∴ $\eta = \dfrac{280}{830-130} = \dfrac{280}{700} = 0.4$

27 ★★☆ 【97. 98. 기사, 97. 11. 18. 산업기사, 67. 3급】
보일러에서 흡수 열량이 가장 큰 것은?
① 수냉벽　　② 보일러 수관　　③ 과열기　　④ 절탄기

해설 ▶ 수냉벽은 노벽을 보호하고자 하는 것이 원래 목적이었으나 그 작용은 여러 가지 유리한 효과를 가지고 있다. 수냉벽은 보일러 드럼 또는 수관과 연락하는 수관을 가진 노벽으로 노 내의 복사열을 흡수한다. 각 부의 가열 면적과 흡수 열량의 비는 다음 표와 같다.

  24. ①　25. ③　26. ②　27. ①

	가열 면적[%]	흡수 열량[%]
수냉벽	10~15	40~50
보일러 수관	5~10	10~15
과열기	10~15	15~20
절탄기	15	10~15
공기 예열기	50	5~10

★☆ 【92. 기사, 93. 산업기사】

28 기력 발전소에서 열손실이 가장 많은 곳은 (㉠)이며, 그 손실량은 전 공급열량의 약 (㉡)[%]이다.

① ㉠ 과열기 ㉡ 40
② ㉠ 복수기 ㉡ 50
③ ㉠ 보일러 ㉡ 30
④ ㉠ 터빈 ㉡ 20

[해설] 발전소마다 각 손실의 비가 다르나 복수식 발전소에서는 복수기 냉각수에 의한 열량이 가장 크고 석탄 열량의 50~60[%]에 달한다. 다음에 큰 것은 굴뚝 배출 가스 손실로 10[%] 정도이다.

★★★★ 【00. 11. 기사, ⊕ : 77. 89. 98. 18. 기사, 03. 18. 산업기사, 67. 70. 3급】

29 화력 발전소에서 발전 효율을 저하시키는 원인으로 가장 큰 손실은?

① 소내용 동력
② 터빈 및 발전기의 손실
③ 연돌 배출 가스
④ 복수기 냉각수 손실

[해설] 발전소마다 각 손실의 비가 다르나 복수식 발전소에서는 복수기 냉각수에 의한 열량이 가장 크고 석탄 열량의 50~60[%]에 달한다. 다음에 큰 것은 굴뚝 배출 가스 손실로 10[%] 정도이다.

★★☆ 【99. 00. 기사, 77. 산업기사】

30 화력 발전소에서 재열기의 목적은?

① 급수를 예열한다.
② 석탄을 건조한다.
③ 공기를 예열한다.
④ 증기를 가열한다.

[해설] 고압 터빈 내에서 팽창한 증기를 도중의 과정에서 일부 추출하여, 보일러에서 재가열함으로써 건조도를 높여 적당한 과열도를 갖도록 하는 과열기를 설치하는데, 보통 이것을 재열기(reheater)라 한다.

★★★ 【82. 83. 93. 기사】

31 기력 발전소의 연소 효율을 높이는 다음 방법 중 미분탄 연소 발전소에서는 하지 않아도 되는 방법은?

① 공기 예열기로 2차 연소용 공기의 온도를 올린다.
② 수냉벽을 사용한다.
③ 재생, 재열 사이클을 채용한다.
④ 절탄기로 급수를 가열한다.

[답] 28. ② 29. ④ 30. ④ 31. ③

해설 ▸ 미분탄 연소 방식의 연소 효율 향상 대책
① 화로에 수냉벽 설치하여 복사열 급수에 흡수
② 공기 예열기 사용
③ 절탄기 사용
④ 저질탄, 무연탄 연소 가능
⑤ 적은 양의 과잉 공기로 완전 연소

★ 【90. 97. 산업기사】
32 자연 순환식 보일러를 갖는 기력 발전소에서 드럼 내의 압력이 100[kg/cm²]인 경우 급수 펌프의 배출 압력으로 다음 중 적당한 것은?
① $70 \sim 80[\text{kg/cm}^2]$
② $90 \sim 100[\text{kg/cm}^2]$
③ $140 \sim 150[\text{kg/cm}^2]$
④ $200 \sim 250[\text{kg/cm}^2]$

해설 ▸ 드럼 내의 압력이 100[kg/cm²]인 경우 급수 펌프의 배출 압력은 140~160[kg/cm²]이다.

★☆ 【96. 기사, 92. 산업기사】
33 기력 발전소에서 절탄기의 용도는?
① 보일러 급수를 가열한다.
② 포화 증기를 과열한다.
③ 연소용 공기를 예열한다.
④ 석탄을 건조한다.

해설 ▸ 절탄기는 연도(굴뚝)에 설치하여 보일러 급수를 가열하기 위한 장치이다.

★ 【92. 기사, 15. 산업기사】
34 기력 발전소에서 연도의 맨 끝에 설치하는 장치는?
① 연실
② 보일러
③ 공기 예열기
④ 절탄기

해설 ▸ 공기 예열기는 절탄기를 나온 연소 가스의 열을 회수하여 공기를 예열하고 이것을 화로로 보내어 연소 효율을 높여서 보일러 효율을 높이기 위한 장치이다.

☆ 【91. 산업기사】
35 공기 예열기를 설치하는 효과로써 옳지 않은 것은?
① 화로 온도가 높아져 보일러 증발량이 증가한다.
② 매연의 발생이 적어진다.
③ 보일러 효율이 높아진다.
④ 연소율이 감소한다.

해설 ▸ 화력 발전에서 공기 예열기란 연도에서 배출되기 전에 연도 가스가 갖는 열량을 회수하여 연소용 공기의 온도를 높여 연료의 착화 및 연소 효율을 높이기 위한 장치

답 32. ③ 33. ① 34. ③ 35. ④

36 ☆ 【91. 산업기사】
기력 발전소에서 가장 많이 쓰이고 있는 복수기는?
① 분사 복수기　　　　　② 방사 복수기
③ 표면 복수기　　　　　④ 증발 복수기

해설　기력 발전소는 해수(바닷물)를 많이 사용하므로 표면 복수기가 널리 쓰인다.

37 ★★ 【85. 95. 02. 기사, 15. 산업기사】
석탄 연소 화력 발전소에서 사용되는 집진 장치의 효율이 가장 큰 것은?
① 전기식 집진기　　　　② 수세식 집진기
③ 원심력식 집진 장치　　④ 직렬 결합식

해설　집진 효율이 가장 큰 것은 전기식으로 코트렐식 집진 장치가 현재 가장 많이 사용되고 있다.

38 ★★☆ 【93. 04. 기사, 75. 93. 산업기사, ⊕ : 76. 산업기사】
기력 발전소에서 포밍의 원인은?
① 과열기의 손상　　　　② 냉각수의 부족
③ 급수의 불순물　　　　④ 기압의 과대

해설　급수 중에 칼슘, 마그네슘, 나트륨의 염류 등이 포화되어 있으면 포밍 또는 프라이밍의 원인이 된다.

39 ☆ 【93. 산업기사】
보일러 급수 중에 포함되어 있는 염류가 보일러 물이 증발함에 따라 그 농도가 증가되어 용해도가 작은 것부터 차례로 침전하여 보일러의 내벽에 부착되는 것을 무엇이라 하는가?
① 프라이밍(priming)　　② 포밍(forming)
③ 캐리오버(carry over)　④ 스케일(scale)

해설　스케일이란 보일러의 급수에 포함되어 있는 알루미늄, 나트륨 등의 염류가 굳어서 되는 것으로 관석이라고도 부르고 있다.

40 ★☆ 【78. 82. 92. 산업기사】
터빈 각 부의 침식을 방지할 목적으로 사용되는 장치는?
① 수위 경보기　　　　　② 공기 예열기
③ 증기 분리기　　　　　④ 스팀 제트

해설　기수 분리기라고도 한다. 증기 중에 수적이 포함되면 터빈의 각 부에서 침식을 일으켜 터빈의 효율 및 날개의 수명을 저하시킨다.

답　36. ③　37. ①　38. ③　39. ④　40. ③

41 화력 발전소에서 탈기기 설치 목적은?

① 연료 중의 공기를 제거하고자 한 것이다.
② 급수 중의 산소를 제거하고자 한 것이다.
③ 보일러 가스 중에서 산소를 제거하고자 한 것이다.
④ 증기 중의 산소를 제거하기 위해서이다.

해설 급수 중에 용해되어 있는 산소는 증기 계통, 급수 계통 등을 부식시킨다. 탈기기(deaerator)는 용해 산소 분리의 목적으로 쓰인다.

42 출력 30,000[kWh]의 화력 발전소에서 6,000[kcal/kg]의 석탄을 매시간에 15톤의 비율로 사용하고 있다고 한다. 이 발전소의 종합 효율은 몇 [%]인가?

① 28.7 ② 31.7 ③ 33.7 ④ 36.7

해설 석탄의 매시간 발열량 $6,000 \times 15 \times 1,000$[kcal]
kWh로 환산하면 $E_1 = (6,000 \times 15 \times 1,000)/860 = 104,651$[kWh]

∴ 효율 $\eta = \dfrac{E_2}{E_1} = \dfrac{30,000}{104,651} = 0.287 = 28.7$[%]

별해 $\eta = \dfrac{860\,W}{mH} = \dfrac{860 \times 30,000}{15 \times 1,000 \times 6,000} = 0.287 = 28.7$[%]

43 5000[kcal/kg]의 석탄 5[kg]에서 나오는 열량을 용량 10[kW]의 전열기를 사용해서 얻으려면 몇 시간 정도 소요되는가?

① 3 ② 5 ③ 7 ④ 9

해설 열량은 $5,000 \times 5 = 25,000$[kcal], 전열기 소요 시간을 T, 전열기에 의한 발생 열량 $10 \times T \times 860$[kcal]
$5,000 \times 5 = 10 \times T \times 860$

∴ $T = \dfrac{5,000 \times 5}{10 \times 860} \fallingdotseq 2.9$ ∴ 약 3시간

별해 $t = \dfrac{mH\eta}{860\,W} = \dfrac{5 \times 5,000 \times 1}{860 \times 10} = 2.91$ ∴ 약 3시간

44 발열량 5,500[kcal/kg]의 석탄 1[ton]을 연소하여 2,400[kWh]의 전력을 발생하는 화력 발전소의 열효율은 약 몇 [%]인가?

① 27.5 ② 32.5 ③ 35.5 ④ 37.5

해설 $\eta = \dfrac{출력}{입력} = \dfrac{2,400 \times 860}{5,500 \times 1 \times 10^3} \times 100 = 37.5$[%]

답 41. ② 42. ① 43. ① 44. ④

45 ★ 【89, 99. 산업기사】
최대 전력 5,00[kW], 일부하율 60[%]로 운전하는 화력 발전소가 있다. 5,000[kcal/kg]의 석탄 4,300[t]을 사용하여 50일간 운전하면 발전소의 종합 효율은 몇 [%]인가?

① 14.4 ② 20.4 ③ 30.4 ④ 40.4

해설, $\eta = \dfrac{860W}{mH} \times 100 = \dfrac{860 \times 5,000 \times 0.6 \times (24 \times 50)}{4,300 \times 1,000 \times 5,000} \times 100 = 14.4[\%]$

단, 평균전력 = 최대전력×부하율
전력량 W = 평균전력×시간×일수 = 최대전력×부하율×시간×일수

46 ★☆ 【94, 98, 16, 25. 산업기사, ㊉ : 94. 산업기사】
최대 출력 350[MW], 평균 부하율 80[%]로 운전되고 있는 기력 발전소의 10일간 중유 소비량이 1.6×10^4[kl]라고 하면 발전단에서의 열효율은 몇 [%]인가? 단, 중유의 열량은 10,000[kcal/l]이다.

① 35.3 ② 36.1 ③ 37.8 ④ 39.2

해설, $\eta = \dfrac{860W}{mH} = \dfrac{860 \times 350 \times 10^6 \times 0.8 \times 24}{\dfrac{1.6 \times 10^4}{10} \times 10^3 \times 10,000 \times 10^3} \times 100 = 36.12[\%]$

단위가 [kl]당 전력임을 감안한다.

47 ☆ 【91. 산업기사】
화력 발전소의 보일러 손실이 보일러 입력의 20[%]이고, 터빈 출력이 터빈 입력의 50[%]일 때, 화력 발전소의 열 소비율은 몇 [kcal/kWh]인가?

① 850 ② 1,950 ③ 2,050 ④ 2,150

해설, 1[kWh]당 860[kcal]이고, 보일러 효율이 80[%], 터빈 효율이 50[%]이므로
1[kWh]를 만들기 위해서는 $\dfrac{860}{0.5 \times 0.8}$[kcal]가 필요하다.

$\dfrac{860}{0.8 \times 0.5} = 2,150[kcal]$

48 ★ 【94. 기사】
출력 66,000[kW]의 화력 발전소에서 발열량 5,300[kcal/kg]의 석탄을 시간당 32[ton]의 비율로 소비하고 있으며, 이때 소내 소비율(所內 消費率)을 6[%]라 하면 이 발전소의 송전단 발전효율은 약 몇 [%]인가?

① 36.6 ② 32.9 ③ 31.5 ④ 27.6

해설, $\eta = \dfrac{860W}{mH} = \dfrac{860 \times 66,000}{32 \times 1,000 \times 5,300} \fallingdotseq 0.335$

발전소 송전단 효율 $\eta_s = \eta \times (1 - $ 소내 소비율$) = 0.335(1-0.06) = 0.3146$

답 45. ① 46. ② 47. ④ 48. ③

49 화력 발전소에서 1[ton]의 석탄으로 발생시킬 수 있는 전력량은 약 몇 [kWh]인가? 단, 석탄 1[kg]의 발열량 5,000[kcal], 효율은 20[%]이다.

① 960 ② 1,060 ③ 1,160 ④ 1,260

해설 전력량 $W = \dfrac{mH\eta}{860} = \dfrac{1 \times 1,000 \times 5,000 \times 0.2}{860} = 1,160[\text{kWh}]$

50 발열량 10,000[kcal/kg]의 벙커 C유를 1시간에 75[ton] 사용해서 300[MW]를 발전하는 기력 발전소의 열효율은?

① 32.6[%] ② 34.4[%] ③ 35.2[%] ④ 36.0[%]

해설 발전 전력량 W[kWh], 연료 소비량 m[kg], 연료의 발열량 H[kcal/kg]라고 하면

열효율 $\eta = \dfrac{860W}{mH} \times 100 = \dfrac{860 \times 300 \times 10^3}{75 \times 10^3 \times 10,000} \times 100 = 34.4[\%]$

51 화력 발전소에서 매일 출력 180,000[kW], 부하율 85[%]로 1일간 연속 운전할 때 중유 소비량은 약 몇 [kl]인가? 단, 사이클 효율, 보일러 효율, 터빈 효율, 발전기 효율 등의 종합 효율은 31.6[%]라 하고, 중유의 발열량은 10,000[kcal/l]이라 한다.

① 700 ② 850 ③ 1000 ④ 1150

해설 $\eta = \dfrac{860W}{mH}$

$m = \dfrac{860W}{\eta H} = \dfrac{860 \times 180,000 \times 24 \times 0.85}{0.316 \times 10,000} \times 10^{-3} = 999.34 ≒ 1,000[\text{k}l]$

52 열효율 35[%]의 화력 발전소에서 발열량 6,000[kcal/kg]의 석탄을 이용한다면 1[kWh]를 발전하는 데 필요한 석탄량은 몇 [kg]인가?

① 2.42 ② 1.23 ③ 0.82 ④ 0.41

해설 발전소의 열효율 $\eta = \dfrac{860W}{mH} \times 100[\%]$

연료 소비량 $m = \dfrac{860W}{\eta H} = \dfrac{860 \times 1}{0.35 \times 6,000} ≒ 0.41[\text{kg}]$

답 49. ③ 50. ② 51. ③ 52. ④

53 ★★ 【95. 01. 기사 ⊕ : 05. 기사】
평균 발열량 7,200[kcal/kg]의 석탄이 있다. 탄소와 회분으로 되어 있다면 회분은 몇 [%]인가? 단, 탄소만인 경우의 발열량은 8,100[kcal/kg]이다.

① 11   ② 14   ③ 17   ④ 20

[해설] 7,200[kcal/kg]을 내기 위한 석탄의 양은
$\dfrac{7,200 \times 1,000}{8,100} = 889[g]$, $1,000 - 889 = 111[g]$

회분의 양 $= \dfrac{111}{1,000} \times 100 ≒ 11[\%]$

54 ☆ 【00. 산업기사】
정격 출력 500[MW]의 화력 발전소가 하루 15시간은 정격 출력으로, 9시간은 정격의 50[%]로 운전된다. 발전단 열효율은 정격에서 40[%], 50[%] 출력으로 37.5[%]라 하면 하루의 열 소비량은 몇 [kcal] 정도 되는가?

① $10,643 \times 10^3$ ② $10,643 \times 10^6$
③ $21,285 \times 10^3$ ④ $21,285 \times 10^6$

[해설] 열 소비량 $mH = \dfrac{860W}{\eta} = 860 \times 500 \times 10^3 \times 15 \times \dfrac{1}{0.4} + 860 \times 500 \times 10^3 \times \dfrac{1}{2} \times 9 \times \dfrac{1}{0.375}$
$= 2.12 \times 10^{10}[kcal]$

55 ☆ 【78. 04. 산업기사】
터빈 발전기에 있어서 수소 냉각 방식을 공기 냉각 방식과 비교한 것 중 수소 냉각 방식의 특징이 아닌 것은?

① 동일 기계에서 출력을 증가할 수 있다.
② 풍손이 작다.
③ 권선의 수명이 길어진다.
④ 코로나 발생이 심하다.

[해설] 수소 냉각 방식으로 하면 코로나 전압이 높아 코로나 발생이 작다. 만일 코로나가 발생해도 수소 내에서는 절연물의 해가 작다.

56 ★★☆ 【90. 98. 기사, 77. 산업기사】
터빈 발전기의 극수는 보통 얼마인가?

① 14 또는 16   ② 10 또는 12
③ 6 또는 8   ④ 2 또는 4

[해설] 수차 발전기와 마찬가지로 3상 동기 발전기가 사용되는데, 수력의 경우와는 달리 증기 터빈의 회전수가 매우 높으므로 극수는 2극 내지 4극이 채용되고 있다.

답 53. ① 54. ④ 55. ④ 56. ④

57 증기압, 증기온도 및 진공도가 일정하다면 추기할 때는 추기치 않을 때보다 단위 발전량 당 증기 소비량과 연료 소비량은 어떻게 변하는가?

① 증기 소비량, 연료 소비량 모두 감소한다.
② 증기 소비량은 증가하고, 연료 소비량은 감소한다.
③ 증기 소비량은 감소하고, 연료 소비량은 증가한다.
④ 증기 소비량, 연료 소비량 모두 증가한다.

해설, 추기 급수 가열을 하면 회수되는 열량이 크므로 연료 소비량은 감소하고, 증기 소비량이 증가하여 발전 효율이 향상된다.

58 대용량 기력 발전소에서는 터빈의 중도에서 추기하여 급수 가열에 사용함으로써 얻은 소득은 다음과 같다. 옳지 않은 것은?

① 열효율 개선
② 터빈 저압부 및 복수기의 소형화
③ 보일러 보급 수량의 감소
④ 복수기 냉각수 감소

해설, 추기 급수 가열을 하면 추기량만큼의 열량은 추기점 후단에서 일을 하지 못하지만, 그 일은 근소한데 비하여 회수되는 열량이 크므로 열효율이 향상된다.

59 증기 터빈의 장·단점 중 옳지 않은 것은?

① 과열 증기나 고진공인 때의 효율이 매우 낮다.
② 고효율을 내기 위하여는 대용량의 복수기가 필요하다.
③ 과부하 용량이 크고 또한 과부하 시의 효율이 높다.
④ 고속도기이므로 날개 및 축수 등의 손상이 심하다.

해설, 과열 증기나 고진공인 때의 효율이 매우 높다.

60 증기 터빈에 있어서 속도 변동률, 즉 무부하로 되었을 때 속도 변화와 정격 속도의 비는 보통 2.5~4[%] 정도로 조정한다. 무엇에 의하여 조정하는가?

① 조속기   ② 분사기
③ 복수기   ④ 다이어프램

해설, 터빈의 속도는 조속기에 의해 정해진다.

답 57. ② 58. ③ 59. ① 60. ①

61 ★★ 【91. 98. 02. 기사】

터빈에서 배기되는 증기를 용기 내로 도입하여 물로 냉각하면 증기는 응결하고 용기 내는 진공이 되며, 증기를 저압까지 팽창시킬 수 있다. 이렇게 하면 전체의 열낙차를 증가시키고, 증기 터빈의 열효율을 높일 수 있는데 이러한 목적으로 사용되는 설비는?

① 조속기　　② 복수기　　③ 과열기　　④ 재열기

해설 복수기를 설명한 것이다.

62 ★☆ 【83. 88. 94. 산업기사】

가스 터빈의 장점이 아닌 것은?

① 소형 경량으로 건설비가 싸고 유지비가 적다.
② 기동시간이 짧고 부하의 급변에도 잘 견딘다.
③ 냉각수를 다량으로 필요로 하지 않는다.
④ 열효율이 높다.

해설 가스 터빈의 열효율은 내연력 발전소나 대용량의 기력 발전소보다 떨어진다.

63 ★ 【89. 99. 산업기사 ⊕ 05. 기사】

증기 터빈의 비상 조속기는 정격 회전수의 몇 [%] 이내에 정정(整定)되는가?

① 100　　② 110　　③ 120　　④ 130

해설 일반적으로 터빈의 비상 조속기는 정격 회전수의 110 ± 1[%]의 속도 상승에 동작하도록 정정되어 있다.

64 ★ 【92. 기사】

10,000[kW]의 터빈 전용의 보일러가 있다. 이 보일러에 급수하기 위한 보급수가 전소비량의 5[%]라고 한다. 전부하 운전시 매시간당 보급수량은 몇 [m³]인가? 단, 1[kWh]의 증기 소비량은 7[kg]으로 본다.

① 2.6　　② 3.5　　③ 4.8　　④ 5.7

해설 ① 증기 소비량 $7 \times 10,000 = 70,000$[kg/h] $= 70$[t/h]
② 보급 수량은 전소비량의 5[%]이므로 $70 \times 0.05 = 3.5$[m³/h]

65 ★☆ 【00. 기사, 97. 산업기사】

조상기에서 수소 냉각 방식이 공기 냉각 방식보다 좋은 점을 열거하였다. 옳지 않은 것은?

① 풍손이 적다.　　② 권선의 수명이 길어진다.
③ 용량을 증가시킬 수 있다.　　④ 냉각수가 적어도 된다.

답 61. ② 62. ④ 63. ② 64. ② 65. ④

[해설] 수소 냉각 방식의 특징은 냉각 효과가 좋으므로 용량이 증가하고 풍손이 감소하며, 코로나가 수소 중에서 발생하기가 어려워 권선의 수명이 길어진다는 장점과 수소의 순도와 압력을 일정하게 유지하기 위한 냉각 및 제어 설비가 복잡하고 폭발의 위험이 있으며, 점검, 보수시 수소의 교환에 시간이 걸리는 단점이 있다. 수소는 열전도율이 높기 때문에 냉각수는 오히려 증가한다.

66 ★★ 【83. 00. 산업기사, ㉮ : 78. 92. 산업기사】
터빈의 비상 조속기가 동작할 때는?
① 터빈 속도가 정격 속도의 110[%]까지 상승하였을 때
② 송전 선로가 차단되어 발전기가 무부하 상태로 되었을 때
③ 발전기 내부 고장이 발생하였을 때
④ 증기 압력이 과승하였을 때

[해설] 비상 조속기(emergency governor)를 동작시키는 증기 터빈의 회전수를 비상 속도라 하며, 그의 값은 정격 속도의 110[%]이다.

67 ★ 【94. 기사】
최근 전력수요면에서 대용량 변압 운전 화력이 개발되어 중간부하대 화력으로 운용함으로써 열효율을 향상시키고 있다. 이 변압 운전 방식을 정압 운전 방식과 비교할 때 틀린 것은?
① 단시간에 기동정지 가능
② 터빈 컨트롤 밸브로 출력제어 실시
③ 운전 중 급속한 출력 변동 가능
④ 저부하 안전 운전 가능

[해설] 변압 운전 방식은 저부하시에는 운전이 불가능하다.

68 ★★ 【87. 94. 기사, 16. 산업기사】
터빈 발전기에서 수소 냉각 방식을 채택하는 이유가 아닌 것은?
① 수소의 열전도가 커서 발전기내 온도 상승이 저하한다.
② 코로나에 의한 손상이 제거된다.
③ 수소 부족 시 공기와 혼합 사용이 가능하므로 경제적이다.
④ 수소 압력의 변화로 출력을 변화시킬 수 있다.

[해설] 수소는 공기와 혼합 사용해서는 안 된다.

69 ★ 【95. 기사】
증기 터빈을 열사이클의 형식에 의하여 분류한 것은?
① 충동 터빈
② 반동 터빈
③ 추기 터빈
④ 축류 터빈

[해설] 증기의 사용 조건, 즉 증기의 열사이클에 따라 터빈을 분류하면
① 복수 터빈 ② 배압식 터빈 ③ 추기 터빈

답 66. ① 67. ④ 68. ③ 69. ③

70 ★ 【96. 01. 05. 산업기사】
증기 터빈의 팽창도중에서 증기를 추출하는 형태의 터빈은?
① 복수 터빈 ② 배압 터빈
③ 추기 터빈 ④ 배기 터빈

해설 증기를 추출하는 형태의 터빈을 추기 터빈이라 한다.

71 ☆ 【94. 산업기사】
터빈의 임계 속도란?
① 에머전시 가버너를 동작시키는 회전수
② 회전자의 고유진동수와 일치하는 위험 회전수
③ 부하를 급히 차단했을 때에 순간 최대 회전수
④ 부하차단후 자동적으로 정정된 회전수

해설 임계 속도란
　　① 안정할 수 있는 최고 속도
　　② 회전자의 고유 진동수와 일치하는 회전수

72 ★★☆ 【94. 01. 02. 기사, 01. 11. 12. 산업기사】
발전소 원동기로서 가스 터빈의 특징을 증기 터빈과 내연기관에 비교하였을 때 옳은 것은?
① 기동시간이 짧고 조작이 간단하여 첨두부하 발전에 적당하다.
② 평균효율이 증기 터빈에 비하여 대단히 낮다.
③ 냉각수가 비교적 많이 들고 설비가 복잡하여 보수가 어렵다.
④ 소음이 비교적 작고 무부하일 때 연료의 소비량이 적게 된다.

해설 가스 터빈의 장점
　　① 소형 경량으로 건설비가 싸고 유지비가 적다.
　　② 기동시간이 짧고 부하의 급변에도 잘 견딘다.
　　③ 냉각수를 다량으로 필요치 않다.

73 ★★★ 【95. 99. 01. 기사】
화력 발전소의 위치 선정 시에 고려하지 않아도 좋은 것은?
① 전력 수요지에 가까울 것
② 값싸고 풍부한 용수와 냉각수가 얻어질 것
③ 연료의 운반과 저장이 편리하며 지반이 견고할 것
④ 바람이 불지 않도록 산으로 둘러 쌓일 것

해설 화력 발전소 위치 선정 시 고려사항
　　① 전력 수요지에 가까울 것　② 풍부한 용수와 냉각수가 얻어질 것
　　③ 연료의 운반과 저장이 편리할 것　④ 지반이 견고할 것

답 70. ③ 71. ② 72. ① 73. ④

74 ★★☆ 【96. 00. 기사, 00. 산업기사】
기력 발전소의 열 사이클 과정 중 단열 팽창 과정의 물 또는 증기의 상태 변화는?

① 습증기 → 포화액
② 과열증기 → 습증기
③ 포화액 → 압축액
④ 압축액 → 포화액 → 포화증기

해설 ・보일러 : 등압 가열 ・복 수 기 : 등압 냉각
・터빈 : 단열 팽창 ・급수펌프 : 단열 압축

75 ★ 【98. 00. 산업기사】
증기 터빈의 증기 누설 방지 장치에 일반적으로 사용되지 않는 패킹은?

① 레버랜드 패킹
② 탄소 패킹
③ 수용 패킹
④ 고무 패킹

해설 기밀 장치로 쓰이는 패킹에는
① 레버랜드 패킹 ② 탄소 패킹 ③ 수용 패킹 등이 있으며, 완전 패킹을 하기 위해서는 레버랜드 패킹과 수용 패킹을 조합하여 사용한다. 탄소 패킹은 소형 터빈에 사용한다.

76 ★ 【97. 03. 기사】
화력 발전소에서 재열기로 가열하는 것은?

① 석탄
② 급수
③ 공기
④ 증기

해설 고압 터빈을 거쳐 나온 증기를 보일러의 재열기로 보내 적당한 온도까지 재가열시킨 다음 다시 터빈에 보내서 팽창하도록 한 사이클을 재열 사이클이라 한다.

77 ★ 【98. 기사】
어떤 화력 발전소에서 과열기 출구의 증기압이 169[kg/cm²]이다. 이것은 몇 [atm]인가?

① 127.1
② 163.6
③ 16,500
④ 128,500

해설 $1[atm] = 760[mmHg] = 1.033[kg/cm^2]$
따라서 $169 \times \dfrac{1}{1.033} = 163.6[atm]$

78 ★★ 【86. 92. 기사】
스팀 트랩의 작용은?

① 증기의 건조
② 증기의 누설 방지
③ 증기류
④ 응결수의 배제

해설 스팀 트랩은 증기 관계에서 관이나 판 속에 복수가 저축되어 있을 때 갑자기 증기를 통과시키면 증기의 일부가 복수되고 압력이 급히 변하여 파괴되는 경우를 방지하기 위해 증기관의 적당한 곳에 드레인 관과 드레인 판을 설치하여 복수를 자동 배제하는 장치이다.

답 74. ② 75. ④ 76. ④ 77. ② 78. ④

유사문제

※ 유사문제 원문 및 해설 : 동일출판사 홈페이지 » 고객센터 » 자료실

01. 1기압, 1[kg]의 건조 포화 증기의 엔탈피[kcal/kg]는?
　　답 639[kcal/kg]

02. 과열도란 무엇인가?
　　답 과열 증기의 온도와 그 압력에 상당한 포화 증기의 온도와의 차

03. 수증기의 임계 압력[kg/cm^2]은?
　　답 225.6[kg/cm^2]

04. 기력 발전소에서 열효율을 향상시키는 데 큰 역할을 한 것은?
　　답 재생 사이클

05. 터빈 팽창의 중단에서 일단 증기를 전부 추출하는 것은?
　　답 재열 사이클

06. 재열 방식을 사용하는 이유는 증기 압력을 높이더라도 팽창 끝의 증기 습도를?
　　답 증가시키지 않기 위하여

07. 탄소 1[kg]을 완전 연소시키는 데 필요한 산소의 이론적 중량[kg]은?
　　답 $\frac{8}{3}$[kg]

08. 탄소 1[kg]을 완전 연소시키는 데 요하는 공기의 양[kg]은?
　　답 11.6[kg]

09. 과잉 공기가 많아질 때 적당하지 않은 것은?
　　답 불완전 연소로 매연이 발생한다.

10. 기력 발전소에서 드럼을 필요로 하지 않는 보일러는?
　　답 관류식 보일러

11. 재열기 중의 증기 상태 변화 중 가장 옳은 것은?
　　답 등압

12. 미분탄 연소 방식에서 특히 필요한 장치는?
　　답 자기 선별기

13. 절탄기로 급수 6[℃] 상승시켜 얻은 연료 절약은 대략 몇 [%]인가?
　　답 1[%]

14. 보일러의 열 전달률을 저하시키는 것은 급수에 의한 무엇인가?
　　답 스케일

15. 디액티베이터(deactivator)의 역할은?
　　답 산소의 분리

16. 냉각수를 복수기에 보내 주는 펌프의 명칭은?
    답 순환 펌프

17. 증기 터빈의 경제 출력은 정격 출력의 몇 [%]인가?
    답 80[%]

18. 60[Hz] 2극인 터빈 발전기의 과속도 트립(trip) 시의 회전수[rpm]는?
    답 3960[rpm]

19. 복수기 냉각수 관의 재료로 가장 중요한 성질은?
    답 내부식성

20. 다음 중 기력 발전소 복수기의 부속 설비가 아닌 것은?
    답 증화기

21. 20,000[kW] 터빈 발전기의 증기 소비량이 6.5[kg/kWh]이고, 그 15[%]를 급수 가열용으로 추기하며, 복수기의 냉각수는 복수의 90배가 필요하다고 할 때, 냉각수 펌프 운전용 전동기의 용량[kW]을 구하면? 단, 필요한 양정은 15[m]이며, 펌프의 효율은 65[%]이다.
    답 625[kW]

22. 고압(176[kg/cm²g]), 고온(570[℃])급인 신예 기력 발전소에서 열손실이 많은 순서로 배열된 것은?
    답 복수기 손실, 굴뚝의 대기 방산 손실, 소내 동력에 의한 손실, 발전기 손실

23. 기력 발전소의 ABC라 함은?
    답 보일러의 자동 제어 장치

24. 다음 중 가스 터빈 발전 방식은?
    답 건설비가 싸고 급격한 출력 변화에 응할 수 있다.

25. 기력 발전소의 열효율을 올리는 데 가장 효과적인 것은?
    답 재생 재열 사이클 채용

26. 가압 연소 방식을 채용하고 있는 것은?
    답 중유 연소 보일러

27. 보일러 및 절탄기의 부식을 방지하기 위한 목적의 장치는?
    답 시라우딩(Shrouding)

28. 5,700[kcal/kg]의 석탄을 150[t] 소비하여 200,000[kWh]를 발전할 때 발전소의 효율[%]은?
    답 20[%]

29. 5,000[kcal/kg]의 발열량을 가진 석탄을 1[ton] 연소시켜 발전할 수 있는 전력량은 약 몇 [kWh]인가? 단, 효율은 35[%]이다.
    답 $W = \dfrac{mH\eta}{860} = \dfrac{1 \times 1,000 \times 5,000 \times 0.35}{860} = 2,032 [\text{kWh}]$

30. 최대 출력 500[MW], 소내 전력 15[MW]의 화력 발전소에서 발열량 9,000[kcal/kg]의 중유를 사용하고, 발전단 열효율이 40[%]이다. 이 발전소가 최대 출력으로 발전하는 경우 중유 소비량은 몇 [kg/h]인가?

답 $m = \dfrac{860W}{\eta H} = \dfrac{860 \times 500 \times 10^3}{0.4 \times 9,000} ≒ 119.4 \times 10^3 [\text{kg/h}]$

31. 발전단 열효율이 37[%]인 화력 발전소가 있다. 발열량 1,000[kcal/l]의 중유를 사용할 때의 1[kWh]당의 연료비는 약 얼마인가? 단, 중유의 가격은 74,000[원/kl]이라 한다.

답 172원

32. 출력 20,000[kW]의 화력 발전소가 부하율 80[%]로 운전할 때 1일의 석탄 소비량은 약 몇 [t]인가? 단, 보일러 효율 80[%], 터빈의 열 사이클 효율 35[%], 터빈 효율 85[%], 발전기 효율 76[%], 석탄의 발열량은 5,500[kcal/kg]이다.

답 333[t]

33. 배압 터빈에 필요 없는 것은?

답 복수기

34. MHD 발전이란?

답 도전성 유체와 자장의 상호 작용에 의한 직접 발전 방식이다.

35. 가스 터빈의 특징을 증기 터빈과 비교하였을 때 옳지 않은 것은?

답 무부하일 때 연료의 소비량이 적게 든다.

CHAPTER 03 원자력 발전

1 원자력 발전의 개요

1) 원자력 발전의 원리

원자력 발전은 핵분열 현상에 의해 얻어지는 에너지를 에너지원으로 이용하는 발전 방식이다. 한 개의 원자핵이 분열에 의해 방출하는 중성자가 두 개 이상이면 연쇄 반응이 급격히 진행되어, 일시에 막대한 원자력을 방출하게 된다. 이러한 원리를 이용한 것이 원자 폭탄이다. 이 원자력을 발전에 이용하기 위해서는 이 연쇄 반응을 서서히 연속적으로 제어할 필요가 있게 된다.

2) 화력 발전과의 비교

원자력 발전에서는 원자로 내의 핵분열로 발생하는 열을 냉각재로 이용, 노(爐) 밖으로 빼내어 그 열로써 증기를 만들어 터빈을 돌린다. 화력 발전소에서의 기름이나 석탄의 역할을 우라늄, 플루토늄 등의 분열성 물질이 대신한다. 출제 산업 2번

양자를 비교하면 그림 (a), (b)와 같다.

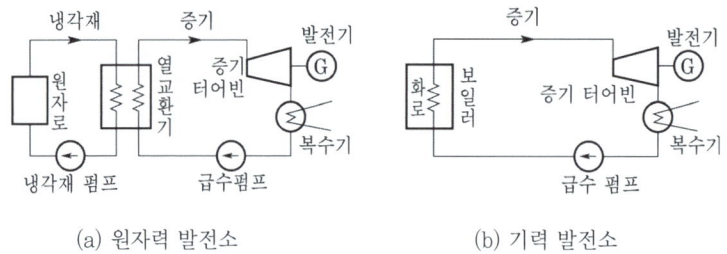

(a) 원자력 발전소   (b) 기력 발전소

원자력 발전소와 기력 발전소

이와 같이 증기를 만드는 데까지는 양자의 차이가 있으나 터빈 이후의 전기 설비는 양자가 동일하다. 그러나, 화력 발전에서는 고온 고압의 증기가 사용되지만, 원자력 발전의 증기는 특별히 과열 시설을 가지는 경우를 제외하고는 비교적 저온 저압이다.

원자력 발전소가 화력 발전소에 비해 특히 틀린 점을 들면,

① 원자로의 폭주(runaway : 제어 장치 등의 고장으로 출력이 과대하게 되어 노를 파손하는 현상)에 대비하여 원자로, 냉각계를 지하실 및 강제의 큰 격납고에 수용한다.
② 방사선 장해를 막고자 원자로, 냉각계를 차폐하는 외에 중요한 건물 내의 방사선 레벨을 감시한다.
③ 건물 내의 기체가 방사성 물질로 오염되는 것을 막기 위하여 환기를 좋게 하고, 기체의 방사

성 물질을 뿜어 내는 높은 굴뚝이 필요하다.
④ 사용이 끝난 연료를 방치하여 방사능을 감쇠시키는 방 혹은 연못이 있고 큰 중앙 발전소나 연료 순환형의 원자로를 갖는 발전소에는 연료로부터의 핵분열 생성물을 제거, $_{94}Pu^{239}$, $_{92}U^{233}$의 회수를 위하여 화학 공장이 부설된다.
⑤ 원자로의 연료를 취급할 때 인체에 위험이 없도록 원격 조정 장치를 완비한다.
⑥ 방사성 물질의 처리 계통을 가질 필요가 있으므로 하천 근처에 있어야 한다.
⑦ 건설지는 안전을 위하여 도심지 근처에서 떨어져야 하고 건설지의 선정에 대하여는 하천의 지반, 지하수 계통, 기상 조건을 고려해야 한다.

3) 원자력 발전의 특징 출제 산업 2번

① $_{92}U^{235}$ 1[g]에서 1[MW/Day]라는 석탄 3[t] 이상에 해당하는 에너지가 얻어지므로 소비 연료의 중량이 적어져서 연료의 수송, 저장 장소의 문제가 없다.
② 원자로가 폭주하면 발전소는 물론 주위에 심한 위해를 미치게 될 염려가 있으므로 이것에 대한 충분한 고려가 필요하다.
③ 원자력 발전소에서는 연료를 소비하는 동시에 새로운 연료가 생산되는데, 노 내의 $_{92}U^{238}$은 중성자를 흡수하여 $_{94}Pu^{239}$로, $_{90}Th^{232}$는 $_{92}U^{233}$으로 된다.
④ 원자로는 물론 사용한 연료도 강한 방사성을 띠고 있으므로 차폐, 밀봉, 원격 조작 등에 의하여 방사성 장해를 막을 필요가 있다.
⑤ 원자력 발전에서는 전기, 기계 외에 물리, 화학, 야금 기술 등의 종합적인 기술이 필요하며 화력 발전보다 고도한 것이 요구된다.
⑥ 원자력 발전소의 발전 원가는 상당히 높으나 장래에는 기술 및 기타의 개선에 의하여 신규 화력과 거의 같게 될 것이다.

4) 원자력 발전소의 구성

(1) 원자로
원자로는 핵연료, 감속재 및 냉각재로 된 원자로 노심과 핵분열의 동작을 제어하는 제어재 및 이들의 구동 기구가 있고, 이들은 탄소 강제의 압력 용기 안에 있어 핵연료의 핵분열에 의하여 발생하는 열을 안전하게 계속하여 빼낼 수 있게 하는 장치이다.

(2) 원자로 냉각계와 증기 발생기
원자로에서 발생한 열은 냉각재에 의하여 증기 발생기에 보내져서 급수를 가열 증발시킨다. 냉각재를 원자로와 증기 발생기의 사이에 순환시키기 위하여 일차 냉각 파이프 및 재순환 펌프(냉각재 펌프라고도 함)가 있다. 가압수형에서는 가압기에 의하여 원자로 압력을 일정하게 한다. 비등수형에서는 원자로에서 직접 증기를 발생시키므로 증기 발생기는 필요가 없다.

(3) 원자로 보조계
① 운전 중 원자로 냉각재를 정화하기 위한 정화계

② 원자로를 정지한 후의 붕괴열 제거를 위한 비상시 노심 냉각계
③ 냉각재 사고시에 연료 용융 및 파손 방지를 위한 긴급 노심 냉각계

(4) 터빈과 급복수 설비

원자로 및 증기 발생기에서 발생한 증기는 주증기 배관, 주증기 스톱 밸브, 증기 가감 밸브를 통하여 고압 터빈에 공급된다. 고압 터빈을 나온 증기는 습기 분리기에서 습기를 분리하여 저압 터빈에 공급되고 복수기에서 복수된다. 터빈의 도중에서 증기의 일부를 추기하고 급수 가열기에 도입하여 급수 가열을 행한다. 복수는 복수 펌프를 거쳐 증기 발생기에 되돌아온다. 비등수형 원자력 발전소에서는 급수가 직접 원자로에 되돌아 오기 때문에 복수의 순도를 높이기 위하여 복수 탈염 장치가 설치된다.

(5) 제어 계측 시설

원자로 출력의 제어에는 제어봉을 조정하는 방법이 취해진다. 또한 노 내의 핵분열의 작동에 상당하는 중성자 수나 방사능을 측정하는 핵계장과 온도, 압력, 유량, 수위 등을 측정하는 프로세스 계장 등이 있다.

(6) 연료 취급 및 저장 시설

연료 요소의 치환 및 수송을 위한 설비와 원자로에서 빼낸 연료를 사용한 후 나머지 것을 수개월 동안 냉각하는 연료 냉각지가 설치된다.

(7) 격납 용기

원자로 1차계 파손 사고 등의 경우, 방사능이 원자로 용기 밖으로 방사되는 것을 방지하기 위하여 원자로계를 둘러싼 강철제 기밀 내압 용기인 격납 용기를 설치한다.

(8) 폐기물 처리 시설

원자력 발전소에서 나온 기체 및 액체 폐기물에 대하여는 탱크, 필터, 탈염 장치 및 증발 농축 장치가 설치된다. 또한, 고체 폐기물에 대한 취급 보관 시설이 설치된다.

(9) 방사선 관리 시설

종업원의 방사선 재해를 방지하기 위해 원자로 및 이 밖의 방사선 방출원의 주위에 차폐를 설치함과 동시에 방사선의 감시 및 관리를 위한 시설이 설치된다.

(10) 전기 설비

터빈에 전달된 동력은 발전기에 의해서 전기로 변화되며, 주변압기를 통해서 송전된다. 비상용 전원으로는 디젤 발전기 및 축전지를 필요로 한다.

2 ─ 원자핵 물리학의 기초

1) 원자핵의 구조

(1) 구성 입자

원자는 양자와 중성자로 된 원자핵과 그 주위를 돌고 있는 전자로 구성되어 있다. 원자를 구성하는 기본 입자의 질량을 원자 질량 단위로 표시하면 다음 표와 같다.

입자의 전하와 질량

입자	전하[C]	질량[amu]	질량[g]
양 자	1.6021×10^{-19}	1.00758	1.67260×10^{-24}
중성자	0	1.00897	1.67491×10^{-24}
전 자	-1.6021×10^{-19}	0.00055	0.000913×10^{-24}

(2) 질량수와 원자 번호

원자핵을 구성하는 양자의 수와 중성자의 수의 합을 그 원소의 질량수라고 하고 A로 표시한다. 원자핵 중에 있는 양자의 개수 또는 원자핵의 주위를 돌고 있는 전자의 개수를 원자 번호라 하고 Z로 표시한다. 따라서, 중성자의 수는 $A - Z$이다.

(3) 동위 원소(isotope)

동일 원자 번호의 원소로 질량수가 다른 원소를 동위 원소라 하고, 현재 거의 모든 원소가 몇 개씩의 동위 원소를 갖고 있음이 밝혀져 있다. 이들을 구별하기 위해 M을 원소 기호라 하면 $_ZM^A$로 표시한다.

2) 원자핵의 결합 에너지

(1) 질량 결손

원자핵의 질량은 그것을 구성하고 있는 양자와 중성자의 질량의 합보다 적다. 이 차를 질량 결손이라 한다. 양자의 수 Z, 질량수 A의 원자핵의 질량을 M, 전자의 질량을 M_e, 양자 및 중성자의 질량을 각각 M_p, M_n으로 하면 질량 결손 $\triangle m$은 다음 식으로 표시된다.

$$\triangle m = Z(M_p + M_e) + (A - Z)M_n - M$$

(2) 결합 에너지

핵의 질량 결손은 핵이 결합해서 에너지가 낮은 원자핵으로 될 때 외부로 방출한 에너지에 해당한다고 생각되므로 결합 에너지를 E[J]라 하면 다음 관계가 성립한다.

$$E = 931\{Z(M_p + M_e) + (A - Z)M_n - M\}c^2 [\text{MeV}]$$

일반적으로 결합 에너지는[eV]의 단위로 표시되므로 1원자 질량 단위를[eV]의 단위로 표시하면 다음과 같다.

$$1[\text{amu}] = 1.66 \times 10^{-27} \times (3 \times 10^8)^2$$
$$= 1.49 \times 10^{-10}[\text{J}]$$
$$= 931.05 \times 10^6 [\text{eV}] = 931.05 [\text{MeV}]$$

3) 방사선 붕괴

원자에는 안정한 원자와 불안정한 원자가 있다. 불안정한 원자는 α선, β선, γ선의 방사선을 내고 안정한 원자로 변한다. 이러한 현상을 붕괴라고 한다.

(1) α 붕괴

α선은 고속의 헬륨 원자핵 2He4의 흐름이다. 따라서, α 붕괴가 된 핵은 원자 번호가 2, 질량수가 4 작아진다.

(2) β 붕괴

원자핵에서 전자선의 흐름인 β선을 방출하는 것을 β붕괴라 한다. β붕괴에 의해서 중성자는 한 개의 양자로 변하고 핵은 질량수가 같고 원자 번호가 한 개 증가한다.

(3) γ 붕괴

γ 선은 전자파이다. γ 선을 방출해도 원자핵의 원자 번호나 질량수는 변화하지 않는다.

(4) 반감기

시각 $t = 0$일 때 존재하는 방사성 물질의 원자수를 N_0라고 하고 시각 t일 때 남은 원자수 N은

$$N = N_0 e^{-\lambda t}$$

로 주어진다. 단, 여기서 λ는 붕괴 정수라 한다.

원자의 수가 처음 원자수 N_0의 반으로 감소될 때까지의 시간을 반감기라 하고 그 값 T는

$$e^{-\lambda T} = \frac{1}{2} \text{에서 } T = \frac{\log_e 2}{\lambda} = \frac{0.6932}{\lambda}$$

또, $t_m = \dfrac{1}{\lambda}$

로 주어진 t_m을 방사성 물질의 평균 수명이라 한다.

4) 핵반응 단면적

1[cm^2]당 N_a개의 원자핵을 가진 두께 l[cm]의 판상체에 대하여 1[cm^2]당 1개의 중성자가 일정하게 수직으로 입사할 때 어느 특정한 핵 반응이 1[cm^2]당 C회 일어났다고 하면 판상체 내의 이 핵반응에 대한 단면적 σ는

$$\sigma = \frac{C}{N_a Il}[\text{cm}^2]$$

로 정의되며, 이 σ는 원자핵 1개의 단면적으로 미시적 단면적이라 한다.

중성자와 원자핵의 상호 작용에는 여러 가지 형이 있으며, 이것을 대별하면 산란과 흡수가 있다. 이들 각각을 산란 단면적 σ_s, 흡수 단면적 σ_a로 표시하여 $\sigma = \sigma_s + \sigma_a$를 전단면적이라 부른다.

질량수가 A인 원자핵의 반지름 R은

$$R ≒ 1.5 \times 10^{-13} A^{1/3} [\text{cm}]$$

로 표시된다.

5) 핵분열과 연쇄 반응

(1) 핵분열

핵분열은 일반적으로 고속 중성자의 에너지를 받아서 왜형이 일어난 후 그 여기 에너지를 방출하면서 달성되는 것이지만, 초속도 0의 중성자를 포획하였을 때도 핵분열을 일으키는 물질이 있다. 이러한 물질을 핵분열성 물질이라 부른다.

(2) 핵분열 생성물

$_{92}U^{235}$, $_{92}U^{233}$, $_{94}Pu^{230}$ 등의 원자핵이 열중성자를 흡수하면 복합핵이 된다. 이 복합핵은 10^{-14}초 정도의 짧은 시간 내에 2개의 원자핵 A^*와 B^*로 분열한다. 이 새로운 두 원자핵을 핵분열 생성물이라 한다.

(3) 연쇄 반응, 증배율, 4인자 공식

열중성자 등에 의해 쉽게 핵분열을 일으키는 물질을 일반적으로 핵연료라 부르고, 천연 우라늄에는 $_{92}U^{235}$가 0.714[%], $_{92}U^{238}$이 99.28[%]의 비율로 함유되어 있다.

$_{92}U^{235}$ 등의 핵연료의 원자핵이 열중성자 1개를 흡수하여 핵 분열하면 평균 약 2^7[MeV]의 에너지를 갖는 고속 중성자를 방출한다. 이들 고속 중성자는 원자로 중에 있는 감속재에 의해서 열 중성자로 된다. 이 열 중성자는, 또 $_{92}U^{235}$의 원자핵에 흡수되어 핵분열을 일으킨다. 출제 산업 3번

이 과정이 연쇄적으로 반복되어 일어날 때 이것을 연쇄 반응이라 한다.

1개의 중성자가 $_{92}U^{235}$에 흡수되어 핵분열을 시작 1세대 마지막에 $_{92}U^{235}$에 흡수되는 열중성자의 수를 무한대 원자로의 중성자 증배율이라 부르고,

$$k_\infty = \eta \epsilon p f$$

로 표시된다. 이 식을 4인자 공식이라고도 한다.

여기서, η : 1개의 중성자가 $_{92}U^{235}$에 흡수될 때마다 발생하는 고속 중성자의 수
ϵ : 고속 중성자의 핵분열 효과

p : 공명 흡수되지 않는 확률

f : 열중성자의 이용률

실제에 있어서는 원자로에서의 중성자의 누설을 고려한 중성자 증배율을 실효 중성자 증배율이라 한다.

$$k_{eff} = L_f L_t \cdot k_\infty = L_f L_t \eta \epsilon p f$$

여기서, L_f : 고속 중성자가 누설되지 않는 확률

L_t : 열중성자가 누설되지 않는 확률

k_{eff} = 1 임계 상태

k_{eff} > 1 임계 초과

k_{eff} < 1 임계 미만

k_{eff} = 1의 경우 원자로의 연쇄 반응이 평형을 유지한다.

(4) 중성자원

열 중성자를 연료의 원자핵에 흡수시켜 핵분열을 일으키고 나아가 연쇄 반응을 일으켜서 정상 상태에서 열에너지를 이용하도록 하는 것이 원자로이다. 이 반응의 주역이 중성자원이다.

(5) 중성자의 감속

열 중성자로에서 핵분열로 발생한 고속 중성자는 즉시 열 중성자로 되어야 한다. 때문에 고속 중성자가 1회 충돌에 의해 많은 운동 에너지를 잃을 수 있도록 하는 감속재를 사용해야 한다.

3 원자로의 구성과 재료

1) 원자로의 종류

(1) 고속 중성자로

고속 중성자에 의해 지속 반응을 일으키는 원자로이다. 핵분열 반응을 일으키는 중성자의 대부분이 0.1[MeV]이상의 에너지를 갖고 있다. 이 종류의 원자로는 운전 제어가 곤란하여 폭주할 경우의 위험도가 크고 고농축의 핵연료를 필요로 하기 때문에 연료비가 대단히 높은 결점이 있다. 단, 비분열성의 $_{92}U^{233}$이나 $_{90}Th^{232}$는 중성자를 흡수하면 핵 분열성의 $_{94}Pu^{230}$ 및 $_{92}U^{233}$로 되므로 핵 연료가 증식되는 이점이 있다.

(2) 열 중성자로

핵분열에 의해 생긴 평균 2[MeV]의 에너지의 중성자를 0.025[eV] 정도의 열 중성자까지 저하시켜 이에 의해 핵반응을 지속하는 원자로를 말하며 열 중성자는 핵 분열성 물질의 양

이 적어도 되는 이점이 있다. 현재 실용의 원자로는 대부분 열 중성자로이다.

(3) 중속 중성자로
1[keV] 이하의 중성자에 의해 핵 반응을 행하는 방식의 노이다. 열 중성자로에 비교하여 감속재의 양이 적고 연료의 양이 많다. 그 이외에 고속 중성자로보다 제어가 용이하고 열 중성자로보다 용적이 적어지는 특징이 있다.

2) 원자로의 구성 출제 산업 2번

(1) 노심·핵연료·감속재
핵 분열이 진행되고 있는 부분을 노심이라 하며, 이 속에 임계량 이상의 핵연료와 고속 중성자를 열 중성자까지 감속시켜 주는 감속재가 배치되어 있다.

현재 가장 널리 사용되는 핵연료는 $_{92}U^{235}$를 0.714[%] 포함하고 있는 천연 우라늄 및 농축 우라늄이며 $_{94}Pu^{239}$를 사용하는 증식로도 있다. 농축 우라늄은 보통 $_{92}U^{235}$의 비율이 수[%]의 것이 사용되지만 농축도를 증가시키면 중성자 발생률이 커져서 노의 용적을 감소시킬 수 있다. 감속재로서는 중성자 흡수가 적고 탄성 산란에 의해 감속되는 정도가 큰 것이 좋으며, 중수, 경수, 산화 베릴륨, 흑연 등이 사용된다. 출제 산업 4번, 기사 1번

① 핵연료의 구비 조건 출제 산업 3번
 ㉠ 중성자를 빨리 감속시킬 수 있을 것
 ㉡ 중성자 흡수 단면적이 작을 것
 ㉢ 열전도율이 높고 내부식성, 내방사성이 우수할 것
 ㉣ 가볍고, 밀도가 클 것

② 우라늄 농축 방법 출제 산업 2번
 ㉠ 질량차를 이용하는 방법
 ㉡ 운동 속도의 차이를 이용하는 방법
 ㉢ 열역학적 차를 이용하는 방법
 ㉣ 원자 흡수 스펙트럼의 차이를 이용하는 방법

(2) 냉각재
원자로에서 발생한 열 에너지를 외부로 꺼내기 위한 매개체를 냉각재라 부른다. 냉각재는 노심을 통함으로써 열 에너지를 빼내는 동시에 노 내의 온도를 적당한 값으로 유지시키도록 보통 탄산가스, 헬륨 등의 기체나 경수 및 중수 등과 같은 물 또는 나트륨과 같은 액체 금속 유체를 사용한다.

(3) 제어봉
원자로 내에서 핵 분열의 연쇄 반응을 제어하고 증배율을 변화시키기 위해서 제어봉을 노심에 삽입하고 이것을 넣었다 뺐다 할 수 있도록 한다.
붕소(B), Cd, Hf와 같이 중성자 흡수 단면적이 큰 재료로써 만들어진다. 출제 산업 5번, 기사 2번

(4) 반사체

중성자를 반사시켜 외부에 누설되지 않도록 노심의 주위에 반사체를 설치한다. 반사체로서는 베릴륨 혹은 흑연과 같이 중성자를 잘 산란시키는 재료가 좋으며 일반적으로 요구되는 성질은 감속재와 같다.

(5) 차폐재

원자로 내의 방사선이 외부로 빠져 나가는 것을 방지하는 것이 차폐재인데, 차폐에는 열 차폐와 생체 차폐의 두 가지가 있다. 전자는 철판과 같이 열전도가 좋은 것이 사용되며 후자는 노의 제일 외부에 설치하여 종업원을 γ선 또는 중성자 등의 방사선 등으로부터 보호하는 것으로서 특수 광물을 혼입한 콘크리트가 가장 널리 사용되고 있다.

3) 원자력 발전소의 형식

현재 사용 중인 원자력 발전소는 대부분 열 중성자로이며 $_{92}U^{235}$, $_{94}Pu^{239}$ 등의 핵 분열성 물질에 열 중성자를 충돌시켜 핵 분열 반응을 일으키게 한다. 이때 방출하는 에너지에 의해 증기를 발생하게 하여 이것으로 증기 터빈을 구동하여 전력을 얻는 형식이다.

그림 (a), (b), (c)는 일반적으로 사용되고 있는 발전소의 구성이며 (a)는 가압수형, (b), (c)는 비등수형이라고 불리어진다.

그림 (d)의 고속 증식로는 감속재가 없고, $_{92}U^{235}$ 또는 $_{94}Pu^{239}$ 등의 핵분열 물질의 분열은 주로 고속 중성자에 의해 일어난다.

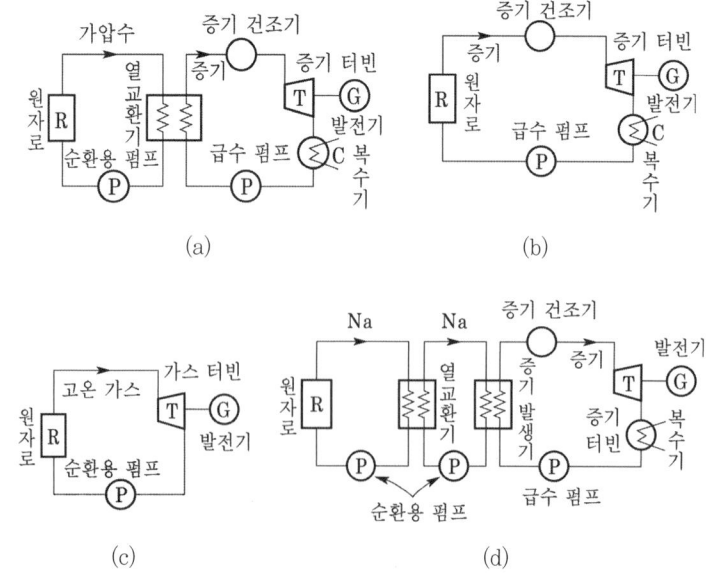

4) 원자로의 임계 방정식

원자로의 임계 방정식은

$$\frac{k_\infty \, e^{-B^2 \tau}}{1 + B^2 L^2} = 1$$

로 주어진다. 여기서 k_∞ $(= \eta \epsilon p f\,)$는 노가 무한대의 경우 중성자의 증배율, τ는 중성자의 페르미 연령(Fermi age), B^2은 원자로의 형상에 따라 정해지는 재료 버클링, $L = \sqrt{D/\sum_a}$는 확산 거리라 하고, 재료에 따라 정해지는 값이다.

5) 연료

(1) 금속 우라늄의 특징

비중 18.7, 융점 1,500[℃]로 외관은 흑갈색의 산화 피막으로 덮여 있고, 은백색 광택이 있다. 경도는 연동보다 조금 크며 가공성이 좋지 않다. 화학 반응은 Ca보다 약하고 Mg보다 크다.

(2) 우라늄의 농축

천연 우라늄 중에는 핵분열에 기여하는 $_{92}U^{235}$이 0.714[%] 가량 포함되어 있다. 이 $_{92}U^{235}$의 함유량을 증가시키는 작업을 농축이라 한다. 일반적으로 가압수형(PWR), 비등수형(BWR) 등의 열 중성로는 수[%] 정도의 저농축의 것이 사용된다.

(3) 연료의 형성

연료는 노의 형식에 따라 고체 연료, 액체 연료 또는 기체 연료가 사용된다. 현재 가압수형(PWR), 비등수형(BWR) 등에는 일반적으로 고체 연료인 세라믹계 UO_2 등이 사용된다.

(4) 사용된 연료의 처리

사용이 끝난 연료에는 $_{94}Pu^{239}$가 포함되어 있고, 또 $_{92}U^{235}$도 잔존하므로 이것을 회수하는 데는 화학 처리를 해야 한다. 이것을 연료의 재처리라고 한다.

$_{94}Pu^{239}$, $_{92}U^{235}$의 회수가 불리한 경우일 때 고방사성 물질을 포함한 연료를 영구 기각하기 위해 안정하고 반응성이 없는 화합물의 형태로 변화시킬 필요가 있다. 이것을 폐기물 처리라고 한다.

4 원자력 발전소의 운전에 관한 사항

1) 동특성

(1) 반응도

원자로의 시간적 변화를 취급하는 데 가장 중요한 것은 실효 증배율 k_{eff}이다. 원자로가 일정 출력으로 운전되고 있을 때는 $k_{eff} = 1$이지만 어떤 외란에 의해 k_{eff}가 갑자기 1보다 커지는 경우를 생각한다.

$$k_{eff} - 1 = k_{ex}$$

라 두면 k_{ex}는 1개의 중성자가 연쇄 반응의 1사이클을 경과했을 때 k_{ex}개만큼 증가함을 의미한다. 지금

$$\rho = \frac{k_{eff} - 1}{k_{eff}} = \frac{k_{ex}}{k_{eff}}$$

로 표시한 ρ를 반응도(reactivity)라고 한다.

(2) 독작용

핵 분열 작용에 의해 생긴 $_{54}X^{135}$나 $_{62}Sn^{149}$ 등은 중성자를 대단히 잘 흡수하는 성질이 있기 때문에 원자로의 운전에 유해한 작용을 한다. 이것을 독작용이라 한다. $_{62}Sn^{149}$의 독작용은 $_{54}X^{135}$에 비해 적다.

(3) 원자로 주기와 중성자 증배율의 제어

중성자의 1세대 길이를 l[초], 중성자수를 n이라 하면, 중성자의 매초 증가율은 다음 식으로 표시된다.

$$\frac{dn}{dt} = \frac{k_{ex}ex}{l}n$$

$t = 0$일 때 중성자수를 n_0라고 하면

$$n = n_0 \epsilon^{\left(\frac{k_{ex}}{l}\right)t}$$

여기서, $T = \dfrac{l}{R_{ex}}$라 놓으면, $n = n_0 \epsilon^{\left(\frac{t}{T}\right)}$로 된다.

이 T를 원자로 주기라고 한다. 이 T는 중성자 밀도가 ϵ배에 이르는 시간을 표시한다.

2) 원자력 발전소의 제어

원자로의 제어는 부하 조정과 보안상의 필요에 의한 긴급 정지의 두 가지로 분류할 수 있다. BWR형(비등수형 원자로) 원자로에서는 냉각수의 노 내 온도의 평균값 T_{av}를 일정하게 유지하도록 하는 제어 방식이 이용되고 PWR형(가압수형 원자로) 원자로는 노 내 압력을 일정하게 유지하도록 하는 제어 방식이 채용된다. 전자는 원자로가 터빈에 추종하고 후자는 터빈이 원자로에 추종하는 방식이다.

(1) 비등수형 원자로의 특징

① 열교환기가 필요없다.
② 증기는 기수분리, 급수는 양질의 것이어야 한다.

③ 출력변동에 대한 출력특성은 가압수형보다 못하다.
④ 펌프 동력이 적어도 된다.

3) 터빈, 복급수 설비, 발전기

(1) 증기 터빈

원자력 발전용 터빈은 원자로에서 직접 또는 증기 발생기를 경유해서 터빈 구동용 증기가 공급되므로, 화력 발전용 터빈에 비해서 입구 증기 조건이 나쁘고 포화 증기 일 때가 많다. 따라서, 단위 출력당 증기 소비량이 화력에 비해 1.6~1.8배나 되고 형상도 커진다. 이 때문에 회전수는 1,500~1,800[rpm] 정도로 탠덤 컴파운드형이 사용된다.

(2) 발전기

원자력 터빈 발전기는 3상 동기 횡축 회전 자계형으로 화력 발전소용 발전기와 본질적으로 다르지 않으나 경수로용 발전기는 증기 조건 때문에 회전수가 1,500[rpm] 또는 1,800[rpm]을 선택한다. 따라서, 발전기는 4극기가 된다. 동일 용량의 2극기에 대하여 2배의 자속을 필요로 하기 때문에 회전자의 중량이 약 2배가 된다.

(3) 복수 급수 설비

화력 발전용 복수기의 성능 구조와 거의 다를 바 없으나, 차이점은

① 화력 발전소에 비해 1.6~1.8배의 복수 처리 때문에 크기가 커진다.
② BWR에서는 해수가 복수측에 누설하면 스테인리스강의 부식을 일으키고 원자로 중에 불순물이 혼입하므로 주의를 요한다.
③ BWR은 복수기가 탈기 능력을 갖고 있다.
④ BWR은 복수기에 유입하는 증기가 방사능을 갖고 있으므로 방사능을 감소시키기 위해 핫 웰(hot well)을 설치한다.

급수 가열관은 화력 발전소 이상의 신뢰성을 갖기 위해 스테인리스강 등을 사용한다.

4) 원자력 발전소의 안전

원자력 발전소의 안전 대책은 대별해서 다음 두 가지를 생각할 수 있다.

① 발전소 내부의 안전 시설, 즉 공학적 안전 시설을 완비할 것
② 원자력 입지 기준에 의해서 인가에서 이격 거리를 고려해서 부지는 충분히 넓게 잡아 외부에 재해가 미치지 않도록 해야 한다.

CHAPTER 03 출제예상문제_원자력 발전

01 ★ 【94. 산업기사, ㉔ : 80. 산업기사】
원자력 발전의 특징으로 틀린 것은?

① 처음에는 과잉량의 핵연료를 넣고 그 후에는 조금씩 보급하면 되므로 연료의 수송기지와 저장시설이 크게 필요하지 않다.
② 핵연료의 허용온도와 열전달특성 등에 의해서 증발조건이 결정되므로 비교적 저온, 저압의 증기로 운전된다.
③ 핵분열 생성물에 의한 방사선 장해와 방사선 폐기물이 발생하므로 방사선 측정기, 폐기물 처리 장치 등이 필요하다.
④ 기력발전보다 증기관의 지름이 작아진다.

[해설] 원자력 발전의 특징
① 건설비는 높지만 연료비가 적다.
② 대기나 수질 토양 오염이 없는 깨끗한 에너지
③ 연료의 수송 및 저장의 용이와 비용절감
④ 설비는 국내 관련 사업을 발전시킨다.
⑤ 안전원칙 준수

02 ★★★ 【83. 86. 92. 기사】
원자로에서 열중성자를 U^{235} 핵에 흡수시켜 연쇄 반응을 일으키게 함으로써 열에너지를 발생시키는데, 그 방아쇠 역할을 하는 것이 중성자원이다. 다음 중 중성자를 발생시키는 방법이 아닌 것은?

① α 입자에 의한 방법
② β 입자에 의한 방법
③ γ 선에 의한 방법
④ 양자에 의한 방법

[해설] 중성자를 발생시키는 방법으로는 다음과 같은 것이 있다.
① α 입자에 의한 방법　② γ 선에 의한 방법　③ 양자 또는 중성자에 의한 방법

03 ★☆ 【83. 03. 25. 산업기사】
원자로는 화력 발전소의 어느 부분과 같은가?

① 내열기
② 복수기
③ 보일러
④ 과열기

[해설] 원자로란 제어된 상태에서 핵분열 연쇄 반응을 일으키도록 한 장치로서 화력 발전소의 보일러와 같은 것으로, 핵분열 반응에 참여하는 중성자 에너지 영역이 주로 고에너지인가, 중에너지인가 혹은 저에너지인가에 따라서 고속 중성자로, 중속 중성자로, 열중성자로 나뉜다.

답 1. ④　2. ②　3. ③

04 ★★ 【82. 87. 기사】
중성자의 수명이란?

① 확산 시간
② 핵분열 시 생긴 중성자가 열중성자까지 감속되는 시간
③ 감속 시간과 확산 시간의 합계
④ 반감기

해설 중성자의 수명은 핵분열 시 생긴 중성자가 열중성자까지 감속되는 데 요하는 시간과 열중성자가 핵연료에 흡수되어 핵분열을 일으키기까지의 시간(확산 시간)의 합이다.

05 ★ 【80. 98. 02. 산업기사】
원자로에서 고속 중성자를 열중성자로 만들기 위하여 사용되는 재료는?

① 제어재   ② 감속재
③ 냉각재   ④ 반사재

해설 열중성자로에서 핵분열로 발생한 고속 중성자는 즉시 열중성자로 되어야 한다. 때문에 고속 중성자가 1회 충돌에 의해 많은 운동 에너지를 잃을 수 있도록 하는 감속재를 사용해야 한다.

06 ★ 【80. 98. 산업기사】
감속재에 관한 설명 중 옳지 않을 것은?

① 중성자 흡수 면적이 클 것
② 원자량이 적은 원소이어야 할 것
③ 감속능, 감속비가 클 것
④ 감속 재료는 경수, 중수, 흑연 등이 사용된다.

해설 감속재는 핵분열로 발생한 고속 중성자(약 2[MeV])의 에너지(=속도)를 떨어뜨려서 열중성자(0.025[eV])로 바꾸는 작용을 하는 것이다.

07 다음의 감속재 중 감속비가 가장 큰 것은?

① 경수   ② 중수
③ 흑연   ④ 헬륨

해설 감속재로서는 중성자 흡수가 적고 탄성 산란에 의해 감속되는 정도가 큰 것이 좋으며 중수, 경수, 산화베릴륨, 흑연 등이 사용된다. 또한 감속재의 성질인 감속능(slowing down power)과 감속비(moderating ratio)의 값이 클수록 감속재로서 우수하다.

08 ★ 【77. 90. 02. 03. 산업기사 ⊕ 05. 기사】
다음 중 감속재로 가장 적당하지 않은 것은?

① 경수   ② 중수
③ 산화베릴륨   ④ 무기 화합물

답 4.③ 5.② 6.① 7.② 8.④

해설 감속재로서는 중성자 흡수가 적고 탄성 산란에 의해 감속되는 정도가 큰 것이 좋으며 중수, 경수, 산화베릴륨, 흑연 등이 사용된다. 또한 감속재의 성질인 감속능(slowing down power)과 감속비(moderating ratio)의 값이 클수록 감속재로서 우수하다.

★★★★ 【82. 88. 97. 00. 기사】
09 감속재의 온도 계수란?

① 감속재의 시간에 대한 온도 상승률
② 반응에 아무런 영향을 주지 않는 계수
③ 감속재의 온도 1[℃] 변화에 대한 반응도의 변화
④ 열중성자로에의 양(+)의 값을 갖는 계수

해설 원자로를 운전하면 노 내의 온도 상승이 있다. 온도가 상승하면 연료나 감속재 등이 팽창하여 밀도가 낮아진다. 또한 열중성자의 에너지가 증대한다. 이와 같이 온도 T가 상승하면 반응도 ρ가 변화한다. 이 온도 변화가 반응도에 미치는 영향을 일반적으로 온도 계수라고 한다. 이 온도 1[℃] 변화에 따라 반응도의 변화를 나타내며 이것을 α라 하여 $\alpha = \dfrac{d\rho}{dT}$로 표시한다.
여기서, ρ는 반응도, T는 온도이다. 일반 원자로에서의 온도 계수 α는 부(-)의 값으로 열중성자로에서는 $-10^{-5} \sim -10^{-3}$ [℃$^{-1}$]이다.

★★ 【88. 95. 기사】
10 원자로의 제어제가 구비하여야 할 조건으로 틀린 것은?

① 중성자 흡수 단면적이 적을 것
② 높은 중성자 속에서 장시간 그 효과를 간직할 것
③ 열과 방사선에 대하여 안정할 것
④ 내식성이 크고 기계적 가공이 용이할 것

해설 원자로 내에서 핵 분열의 연쇄 반응을 제어하고 증배율을 변화시키기 위해서 제어봉을 노심에 삽입하고 이것을 넣었다 뺐다 할 수 있도록 한다. 붕소(B), Cd, Hf와 같이 중성자 흡수 단면적이 큰 재료로서 만들어진다.

★ 【80. 90. 산업기사】
11 원자로의 중성자 수를 적당히 유지하고 노의 출력을 제어하기 위한 제어재로서 적합하지 않은 것은?

① 하프늄　　　　　　　　② 카드뮴
③ 붕소　　　　　　　　　④ 플루토늄

해설 제어재는 원자로의 중성자 수를 적당히 유지하고 노의 출력을 제어하기 위해 사용되며 하프늄, 카드뮴, 붕소 등이 사용된다.

답 9. ③　10. ①　11. ④

12 원자력 발전에서 제어 재료로 사용되는 것은?

① 하프늄 ② 스테인리스강
③ 나트륨 ④ 경수

해설) 제어재는 원자로 내의 중성자 수를 적당하게 유지하기 위해 사용되며 하프늄(Hf), 카드뮴(Cd), 붕소(B), 은합금 등이 있다.

13 다음 중 반사체가 아닌 것은?

① 중수 ② 콘크리트
③ 흑연 ④ 베릴륨

해설) 노 내에서 새어나오는 중성자를 반사해서 손실을 적게 하는 재료는 물, 중수, 흑연, 베릴륨 등이며 콘크리트는 차폐재이다.

14 가스 냉각형 원자로에 사용하는 연료 및 냉각재는?

① 농축 우라늄, 헬륨 ② 천연 우라늄, 이산화탄소
③ 농축 우라늄, 질소 ④ 천연 우라늄, 수소가스

해설) ① 연료 : 천연 우라늄 ② 감속재 : 흑연
③ 제어봉 : 붕소강 ④ 냉각재 : 탄산 가스, He 가스

15 다음에서 가압수형 원자력 발전소에 사용하는 연료, 감속재 및 냉각재로 적당한 것은?

① 연료 : 천연 우라늄, 감속재 : 흑연감속, 냉각재 : 이산화탄소 냉각
② 연료 : 농축 우라늄, 감속재 : 중수감속, 냉각재 : 경수냉각
③ 연료 : 저농축 우라늄, 감속재 : 경수감속, 냉각재 : 경수냉각
④ 연료 : 저농축 우라늄, 감속재 : 흑연감속, 냉각재 : 경수냉각

해설) ① 연료 : 농축 우라늄 ② 감속재 : 경수 ③ 냉각재 : 경수

16 γ선 또는 중성자 등의 방사선을 차폐하기 위하여 가장 좋은 물질은?

① 중성자 흡수 단면적이 큰 물질 ② 비열이 높은 물질
③ 밀도가 높은 물질 ④ 밀도가 낮은 물질

해설) 원자 번호가 크고 밀도가 큰 금속은 일반적으로 차폐 및 고속 중성자의 비탄성 산란에 유효하다. 따라서 납, 철, 콘크리트 등이 널리 사용되고 있다.

답 12. ① 13. ② 14. ② 15. ③ 16. ③

17 다음의 원자로 중에서 고속 증식로는? 【89. 기사, 80. 산업기사】

① 중수 감속로
② 나트륨 냉각로
③ 흑연 감속 고온 가스 냉각로
④ 용융염로

해설 냉각재의 나트륨은 열전달이 우수하고 열용량이 커서 중성장의 회수도 적다. 또는 그 비등점도 높아서 냉각재의 고온 저압 운전이 가능하다.

18 증식비가 1보다 큰 원자로는? 【79. 98. 기사, 75. 산업기사】

① 경수로
② 고속 증식로
③ 중수로
④ 흑연로

해설 고속 증식로의 증식비는 1.1~1.4 정도로 추정된다.

19 비등수형 동력용 원자로에 대한 설명으로 틀린 것은? 【97. 기사】

① 노심 안에서 경수가 끓으면서 증기를 발생할 수 있게 설계된 것이다.
② 내부의 압력은 가압수형 원자로(PWR)보다 높다.
③ 발생된 증기로 직접 터빈을 회전시키는 방식을 직접 사이클이라 한다.
④ 직접 사이클의 노에서는 증기 속에 방사선 물질이 섞이게 되므로 터빈 안에까지 방사능으로 오염될 우려가 있다.

해설 비등수형 원자로의 특징
① 증기 발생기가 필요없다.
② 증기가 직접 터빈에 들어가기 때문에 누출을 철저히 방지해야 한다.
③ 소내용 동력은 적어도 된다.
④ 노 내의 물의 압력이 높지 않다.
⑤ 노심 및 압력 용기가 커진다.

20 경수형 원자로에 속하는 것은? 【96. 산업기사】

① 고속증식로
② 가압수형 원자로
③ 열중성자로
④ 흑연감속 가스 냉각로

해설 P.W.R은 저농축 우라늄을 연료로 하고 경수(H_2O)를 감속재 및 냉각재로 사용하는 원자로이다.

답 17. ② 18. ② 19. ② 20. ②

21. 원자력 발전소에서 비등수형 원자로에 대한 설명으로 틀린 것은?

① 연료로 농축 우라늄을 사용한다.
② 감속재로 헬륨 액체 금속을 사용한다.
③ 냉각재로 경수를 사용한다.
④ 물을 노 내에서 직접 비등시킨다.

해설 비등수형 원자로(BWR)는 PWR와 마찬가지로 저농축 우라늄의 연료를 사용하고 감속재 및 냉각재로서는 물을 사용하는 것으로서 노 내에서 물을 비등시켜 증기로서 뽑아내도록 하고 있다.

22. 비등수형 경수로에 해당되는 것은?

① HTGR　　② PHWR　　③ PWR　　④ BWR

해설 PWR : 가압수형 원자로, BWR : 비등수형 원자로, FBR : 고속 증식로

23. 핵연료가 가져야 할 일반적인 특성이 아닌 것은?

① 낮은 열전도율을 가져야 한다.　② 높은 융점을 가져야 한다.
③ 방사선에 안정하여야 한다.　　④ 부식에 강해야 한다.

해설 핵연료의 구비 조건
• 중성자를 빨리 감속시킬 수 있을 것
• 중성자 흡수 단면적이 작을 것
• 열전도율이 높고 내부식성, 내방사성이 우수할 것
• 가볍고, 밀도가 클 것

24. 농축 우라늄을 제조하는 방법이 아닌 것은?

① 이온법　　② 기체 확산법　　③ 열 확산법　　④ 물질 확산법

해설 우라늄 농축 방법
① 질량차를 이용하는 방법　　② 운동 속도의 차이를 이용하는 방법
③ 열역학적 차를 이용하는 방법　④ 원자 흡수 스펙트럼의 차이를 이용하는 방법

25. 원자력 발전소에서 필요하지 않은 것은?

① 핵연료　　　　　　　　　　② 감속재
③ 냉각재　　　　　　　　　　④ FD fan(강제 통풍기)

해설 원자로는 핵연료, 감속재, 냉각재, 반사체, 제어봉, 차폐 재료로 구성되어 있다.

답 21. ②　22. ④　23. ①　24. ①　25. ④

26 원자로에서 독작용이란 것을 설명한 것 중 옳은 것은? 【88. 기사, 81. 82. 98. 10. 산업기사】

① 열중성자가 독성을 받는다.
② $_{54}X^{135}$와 $_{62}Sn^{149}$가 인체에 독성을 주는 작용이다.
③ 열중성자 이용률이 저하되고 반응도가 감소되는 작용을 말한다.
④ 방사성 물질이 생체에 유해 작용을 하는 것을 말한다.

[해설] 원자로 운전 중 연료 내에 핵분열 생성 물질이 축적된다. 이 핵분열 생성물 중에서 열중성자의 흡수 단면적이 큰 것이 포함되어 있다. 이것이 원자로의 반응도를 저하시키는 작용을 한다. 이것을 독작용(poisoning)이라 하고 열중성자 흡수 단면적이 큰 핵분열 생성물을 독 물질(poison)이라고 한다.

27 우라늄 235(U^{235}) 1[g]에서 얻을 수 있는 에너지는 석탄 몇 톤[ton] 정도에서 얻을 수 있는 에너지에 상당하는가? 【88. 95. 05 산업기사】

① 0.3   ② 0.5   ③ 1   ④ 3

[해설] $_{92}U^{235}$ 1[g]이 발생하는 에너지는 약 2×10^7[kcal]이므로
석탄 1[kg]의 연소율을 6,000[kcal]라면 석탄량은 ∴ $\frac{2\times10^7}{6,000}=3,333[kg]=3.3[t]$

28 원자력 발전의 기본 원리가 되는 원자력 에너지 이론에 의하면 질량 1[kg]의 물질이 완전히 에너지로 변환되면 그 에너지는 약 몇 [kWh]에 해당되는 전력량과 같은가? 【00. 산업기사】

① 1.5×10^{10} ② 1.5×10^7
③ 2.5×10^{10} ④ 2.5×10^7

[해설] $E=mC^2=1\times(3\times10^8)^2=9\times10^{16}$[J]
$1[kWh]=3.6\times10^6[J]$이므로 $E=\frac{9\times10^{16}}{3.6\times10^6}=2.5\times10^{10}[kWh]$

29 비등수형 원자로의 특색이 아닌 것은? 【83. 89. 91. 94. 기사, 91. 산업기사】

① 방사능 때문에 증기는 완전히 기수분리를 해야 한다.
② 열 교환기가 필요하다.
③ 기포에 의한 자기 제어성이 있다.
④ 순환 펌프로서는 급수 펌프뿐이므로 펌프 동력이 작다.

[해설]
① 열교환기가 필요없다.
② 증기는 기수분리, 급수는 양질의 것이어야 한다.
③ 출력변동에 대한 출력특성은 가압수형보다 못하다.
④ 펌프 동력이 적어도 된다.

[답] 26. ③ 27. ④ 28. ③ 29. ②

30 ☆【01. 산업기사】
현재 실용화되고 있는 경수형 원자력 발전소에 사용되는 터빈의 특징을 일반적인 기력 발전용 터빈과 비교해서 설명한 것이다. 틀린 것은?
① 원자로에서 끌어낸 증기는 연료 피복재의 관계상 고온으로 할 수 없으므로 증기조건은 좋지 못하므로 터빈이 대형으로 된다.
② 포화증기를 사용하므로 터빈 각 단마다 습기의 제거 대책이 필요하다.
③ BWR의 경우는 방사능을 띤 증기를 사용하므로 증기가 외부로 새지 않는 터빈이 필요하다.
④ 회전수가 1,500∼1,800[rpm]으로 낮아지므로 터빈 최종단의 가동날개의 길이를 적게 할 수 있다.

해설 1) 가압수형의 특징
- 방사능을 띤 증기가 터빈측에 유입되지 않는다.
- 계통이 복잡하다.
- 용기 및 배관이 두꺼워진다.
- 안전성이 좋다.

2) 비등수형 원자로의 특징
- 증기 발생기가 필요없다.
- 증기가 직접 터빈에 들어가기 때문에 누출을 철저히 방지해야 한다.
- 소내용 동력은 적어도 된다.
- 노 내의 물의 압력이 높지 않다.
- 노심 및 압력 용기가 커진다.

유사문제

∥ 유사문제 원문 및 해설 : 동일출판사 홈페이지 ≫ 고객센터 ≫ 자료실

01. 다음 사항은 일반적으로 원자력 발전소와 화력 발전소의 특성을 비교한 것이다. 이들 중 틀리게 기술된 것은?
답 원자력 발전소의 단위 출력당 건설비가 화력 발전소에 비하여 싸다.

02. 다음은 원자력 발전소의 원자로와 일반 화력 발전소의 보일러(boiler)를 비교하여 원자로의 운전 및 보수상의 특징을 말한 것이다. 틀린 것은?
답 원자로는 정지 후에 발생열이 없어 열 제거가 필요 없으며 반면에 정지 후 장시간 온도 유지는 불가능하다.

03. 1원자 질량 단위[amu]란?
답 $1.66 \times 10^{-24}[g]$

04. 다음은 $_{92}U^{235}$의 핵분열의 전형적인 예이다.
$_{92}U^{235} + _{0}n^{1} \rightarrow _{92}U^{236} \rightarrow _{42}Mo^{95} + _{50}La^{139} + 2_{0}n^{1}$
위와 같은 핵분열 전후의 질량 결손이 0.215[amu]라면 핵분열시 방출되는 에너지[MeV]는 얼마인가?
답 200[MeV]

05. 방사선 방호의 기본 원칙에 들지 않는 것은?
답 장비

답 30. ④

06. P.W.R(Pressurized water reactor)형 발전용 원자로의 감속재 및 냉각재는?
답 경수(H_2O)

07. 다음 경수로의 특징 중 옳지 않은 것은?
답 경수는 중성자의 흡수 단면적이 작으므로 연료로 농축 우라늄을 사용할 수가 없다.

08. 균질로에 대한 설명으로 옳은 것은?
답 연료와 감속재가 균일하게 혼합되어 있는 노

09. 다음 말 중 빈 칸에 맞는 말이 순서대로 나열된 것은?
"원자로의 연료 교환시 원자로를 정지하고 ①하며, 압력 용기의 뚜껑을 열어야 한다. 사용이 끝난 연료는 방사능이 ②으로 교환 작업은 원자로 위에 차폐용 ③ 채워 ④에서 작용하지 않으면 안 된다."
답 ① 감온, 감압 ② 대단히 강함 ③ 물을 ④ 깊은 수중

10. 원자로의 주기란 무엇을 말하는 것인가?
답 중성자의 밀도(flux)가 $\epsilon = 2.718$배만큼 증가하는 데 걸리는 시간

11. 최근 전력 수요면에서 중하부와 경하부의 격차가 심해지고, 기저 부하용으로 일정 출력으로 운용되는 원자력 발전의 비율이 증가됨에 따라 대용량 변압 운전 화력을 개발하여 중간 부하대 화력으로 운용함으로써 열효율을 향상시키고 있는데, 이 변압 운전 방식을 정압 운전 방식과 비교할 때 옳지 않은 것은?
답 저부하 안정 운전 가능

12. 우라늄 235의 1[kg]이 완전히 핵분열을 일으킨다고 하면 6,000[kcal/kg]의 석탄으로는 약 몇 [t]에 상당하는가? 단, 우라늄 235가 중성자에 의해서 핵분열하는 경우에는 그 질량이 1/1,100이 에너지로 변하는 것으로 한다.
답 3,300[t]

전기기사·공사기사
2016-2025

전력공학
과년도문제 및 CBT 복원문제

2016년	전력공학_전기기사·공사기사	374
2017년	전력공학_전기기사·공사기사	389
2018년	전력공학_전기기사·공사기사	404
2019년	전력공학_전기기사·공사기사	419
2020년	전력공학_전기기사·공사기사	435
2021년	전력공학_전기기사·공사기사	447
2022년	전력공학_전기기사·공사기사	462
2023년	전력공학_전기기사·공사기사_CBT	477
2024년	전력공학_전기기사·공사기사_CBT	500
2025년	전력공학_전기기사·공사기사_CBT	511

동일출판사 홈페이지에서 무료 동영상 강의를 보실 수 있습니다.
— 각 년도 4회차 문제의 동영상은 지원하지 않습니다.

2016년 전력공학_전기기사·공사기사

문제의 번호는 실제 시험문제의 번호와 같게 하였습니다.

2016년 - 1회 _ 전기기사·공사기사

21 150[kVA] 단상변압기 3대를 △-△ 결선으로 사용하다가 1대의 고장으로 V-V 결선하여 사용하면 약 몇 [kVA] 부하까지 걸 수 있겠는가?

① 200 　② 220
③ 240 　④ 260

풀이 V결선 시 3상출력 $= \sqrt{3} \times P_1$
여기서, P_1 : 단상 변압기 1대의 출력
∴ $P_V = \sqrt{3} \times 150 ≒ 260$[kVA]　　답 ④

22 송전계통의 안정도를 향상시키는 방법이 아닌 것은?

① 전압변동을 적게 한다.
② 제동저항기를 설치한다.
③ 직렬리액턴스를 크게 한다.
④ 중간조상기방식을 채용한다.

풀이 안정도 향상 대책
1) 직렬 리액턴스(X)를 작게 한다.
2) 전압 변동을 작게 한다.
3) 중간 조상 방식을 채용한다.
4) 고장 전류를 줄이고 고장 구간을 신속하게 차단한다.
5) 고장시 발전기 입·출력의 불평형을 작게 한다. (제동 저항기 설치)　　답 ③

23 연간 전력량이 E[kWh]이고, 연간 최대전력이 W[kW]인 연부하율은 몇 [%]인가?

① $\dfrac{E}{W} \times 100$ 　② $\dfrac{\sqrt{3}\,W}{E} \times 100$
③ $\dfrac{8760\,W}{E} \times 100$ 　④ $\dfrac{E}{8760\,W} \times 100$

풀이 연 부하율 $= \dfrac{\text{연간 전력량}/(365 \times 24)}{\text{연간최대전력}} \times 100$
$= \dfrac{E}{8760\,W} \times 100$[%]　　답 ④

24 차단기의 정격 차단시간은?

① 고장 발생부터 소호까지의 시간
② 가동접촉자의 시동부터 소호까지의 시간
③ 트립코일 여자부터 소호까지의 시간
④ 가동접촉자의 개구부터 소호까지의 시간

풀이 차단기의 차단 시간 : 트립 코일 여자부터 차단기의 가동 전극이 고정 전극으로부터 이동을 개시하여 개극할 때까지의 개극 시간과 접점이 충분히 떨어져 아크가 완전히 소호할 때까지의 아크 시간의 합으로 3~8[Hz]이다.　　답 ③

25 3상 결선 변압기의 단상 운전에 의한 소손방지 목적으로 설치하는 계전기는?

① 단락 계전기　② 결상 계전기
③ 지락 계전기　④ 과전압 계전기

답 ②

26 인터록(interlock)의 기능에 대한 설명으로 맞은 것은?

① 조작자의 의중에 따라 개폐되어야 한다.
② 차단기가 열려 있어야 단로기를 닫을 수 있다.
③ 차단기가 닫혀 있어야 단로기를 닫을 수 있다.
④ 차단기와 단로기를 별도로 닫고, 열 수 있어야 한다.

풀이 단로기는 부하 전류를 개폐할 수 없다. 따라서 단로기는 차단기가 열려 있어야 열고 닫을 수 있다. 즉, 인터록 장치를 두어 부하 통전 시 단로기를 열 수 없도록 하여야 한다.　　답 ②

27 그림과 같은 22[kV] 3상 3선식 전선로의 P점에 단락이 발생하였다면 3상 단락전류는 약 몇 [A]인가? (단, %리액턴스는 8[%]이며 저항분은 무시한다.)

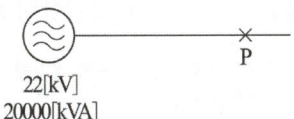

① 6561
② 8560
③ 11364
④ 12684

풀이 단락 전류
$$I_s = \frac{100}{\%Z}I_n = \frac{100}{\%Z} \cdot \frac{P_n}{\sqrt{3}\,V_n}$$
$$= \frac{100}{8} \times \frac{20000}{\sqrt{3}\times 22} \fallingdotseq 6561[A]$$
답 ①

28 전력계통에서 내부 이상전압의 크기가 가장 큰 경우는?

① 유도성 소전류 차단 시
② 수차발전기의 부하 차단 시
③ 무부하 선로 충전전류 차단 시
④ 송전선로의 부하 차단기 투입 시

풀이 내부 이상전압은 계통 조작 시 또는 고장 시 발생하며, 내부 이상전압이 가장 큰 경우는 무부하 송전선로의 충전 전류를 차단할 경우이다. **답** ③

29 화력발전소에서 재열기의 목적은?

① 급수 예열
② 석탄 건조
③ 공기 예열
④ 증기 가열

풀이
- **재열기(reheater)** : 포화 온도의 증기를 과열 온도의 증기로 가열
- 절탄기 : 보일러 급수를 연도 폐기 가스로 가열
- 공기 예열기 : 연소용 공기를 예열 **답** ④

30 송전선로의 각 상전압이 평형되어 있을 때 3상 1회선 송전선의 작용정전용량[μF/km]을 옳게 나타낸 것은? (단, r은 도체의 반지름[m], D는 도체의 등가선간거리[m]이다.)

① $\dfrac{0.02413}{\log_{10}\dfrac{D}{r}}$
② $\dfrac{0.2413}{\log_{10}\dfrac{D}{r}}$
③ $\dfrac{0.02413}{\log_{10}\dfrac{D^2}{r}}$
④ $\dfrac{0.2413}{\log_{10}\dfrac{D^2}{r}}$

풀이 $C = \dfrac{0.02413}{\log_{10}\dfrac{D}{r}}$

여기서, r : 반지름, D : 등가거리 **답** ①

31 플리커 경감을 위한 전력 공급측의 방안이 아닌 것은?

① 공급 전압을 낮춘다.
② 전용 변압기로 공급한다.
③ 단독 공급 계통을 구성한다.
④ 단락 용량이 큰 계통에서 공급한다.

풀이 플리커 경감 대책
1) **전력 공급측**에서 실시
  ① 전용 계통으로 공급
  ② 단락 용량이 큰 계통에서 공급
  ③ 전용 변압기로 공급
  ④ **공급 전압을 승압**
2) 수용가 측에서의 대책
  ① 전원 계통에 리액터 분을 보상
  ② 전압 강하를 보상
  ③ 부하의 무효 전력 변동분을 흡수
  ④ 플리커 부하 전류의 변동분을 억제 **답** ①

32 송전선로에서 송전전력, 거리, 전력손실율과 전선의 밀도가 일정하다고 할 때, 전선 단면적 A[mm²]는 전압 V[V]와 어떤 관계에 있는가?

① V에 비례한다.
② V^2에 비례한다.
③ $\dfrac{1}{V}$에 비례한다.
④ $\dfrac{1}{V^2}$에 비례한다.

풀이
- 전력손실 $P_l = 3I^2R = \dfrac{P^2\rho l}{V^2\cos^2\theta A}$ 이므로

  전력손실률 $h = \dfrac{P_l}{P} = \dfrac{P\rho l}{V^2\cos^2\theta A}$ 이다.

- 송전전력(P), 송전거리(l), 전선의 비중(ρ), 전력손실률(h)이 일정하다고 하면

$$\therefore A = \frac{P\rho l}{hV^2\cos^2\theta} \propto \frac{1}{V^2}$$

답 ④

33 동기조상기에 관한 설명으로 틀린 것은?

① 동기전동기의 V특성을 이용하는 설비이다.
② 동기전동기를 부족여자로 하여 컨덕터로 사용한다.
③ 동기전동기를 과여자로 하여 콘덴서로 사용한다.
④ 송전계통의 전압을 일정하게 유지하기 위한 설비이다.

풀이 ① 조상설비 : 송전선을 일정한 전압으로 운전하기 위해 필요한 무효전력을 공급하는 장치로, 종류로는 동기 조상기, 전력용 콘덴서, 분로 리액터가 있다.
② 동기조상기
  - 동기 전동기의 V특성을 이용하는 설비
  - 과여자 운전하면 콘덴서로 작용
  - **부족여자** 운전하면 **리액터**로 작용

답 ②

34 비등수형 원자로의 특색에 대한 설명이 틀린 것은?

① 열교환기가 필요하다.
② 기포에 의한 자기 제어성이 있다.
③ 방사능 때문에 증기는 완전히 기수분리를 해야 한다.
④ 순환펌프로서는 급수 펌프뿐이므로 펌프 동력이 작다.

풀이 비등수형 원자로의 특징
① 증기 발생기가 필요 없고, **열교환기도 필요 없다.**
② 증기가 직접 터빈에 들어가기 때문에 누출을 철저히 방지해야 한다.
③ 소내용 동력은 적어도 된다.
④ 노내의 물의 압력이 높지 않다.
⑤ 노심 및 압력 용기가 커진다.

답 ①

35 피뢰기의 제한전압이란?

① 충격파의 방전개시전압
② 상용주파수의 방전개시전압
③ 전류가 흐르고 있을 때의 단자전압
④ 피뢰기 동작 중 단자전압의 파고값

풀이 제한 전압 : 피뢰기 동작 중에 계속해서 걸리고 있는 **단자 전압의 파고값**

답 ④

36 그림과 같은 단거리 배전선로의 송전단 전압 6600[V], 역률은 0.9이고, 수전단 전압 6100[V], 역률 0.8일 때 회로에 흐르는 전류 I[A]는? (단, E_s 및 E_r은 송·수전단 대지전압이며, $r = 20[\Omega]$, $x = 10[\Omega]$이다.)

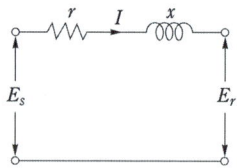

① 20
② 35
③ 53
④ 65

풀이 그림과 같은 회로에서의 손실 전력
$$P_l = I^2 r = P_s - P_r = E_s I \cos\theta_s - E_r I \cos\theta_r$$
정리하면 $I^2 r = I(E_s \cos\theta_s - E_r \cos\theta_r)$이다.
따라서 전류
$$I = \frac{E_s \cos\theta_s - E_r \cos\theta_r}{r}$$
$$= \frac{6600 \times 0.9 - 6100 \times 0.8}{20} = 53[A]$$

답 ③

37 단락 용량 5000[MVA]인 모선의 전압이 154[kV]라면 등가 모선임피던스는 약 몇 [Ω]인가?

① 2.54
② 4.74
③ 6.34
④ 8.24

풀이 단락용량 $P_s = \dfrac{V^2}{Z}$

따라서, 등가 모선임피던스
$$Z = \frac{V^2}{P_s} = \frac{(154 \times 10^3)^2}{5000 \times 10^6} = 4.74[\Omega]$$

답 ②

38 그림과 같은 전력계통의 154[kV] 송전선로에서 고장 지락 임피던스 Z_{gf}를 통해서 1선 지락 고장이 발생되었을 때 고장점에서 본 영상 임피던스[%]는? (단, 그림에 표시한 임피던스는 모두 동일용량, 100[MVA] 기준으로 환산한 % 임피던스임)

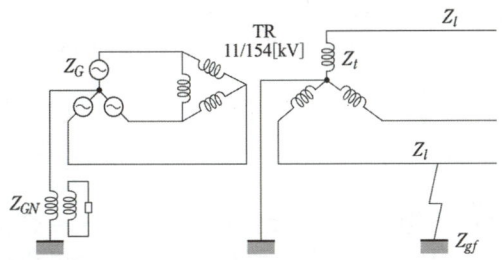

① $Z_0 = Z_l + Z_t + Z_G$
② $Z_0 = Z_l + Z_t + Z_{gf}$
③ $Z_0 = Z_l + Z_t + 3Z_{gf}$
④ $Z_0 = Z_l + Z_t + Z_{gf} + Z_G + Z_{GN}$

풀이 $V = 3I_0 \cdot Z_{gf} = I_0 \cdot 3Z_{gf}$
$Z_0 = Z_l + Z_t + 3Z_{gf}$

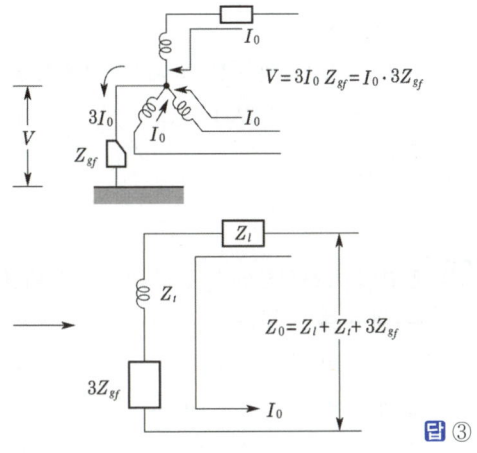

답 ③

39 피뢰기가 그 역할을 잘 하기 위하여 구비되어야 할 조건으로 틀린 것은?
① 속류를 차단할 것
② 내구력이 높을 것
③ 충격방전 개시전압이 낮을 것
④ 제한전압은 피뢰기의 정격전압과 같게 할 것

풀이 피뢰기 구비조건
① 충격 방전 개시 전압이 낮을 것
② 상용 주파 방전 개시 전압은 높을 것
③ 방전 내량이 크면서 제한 전압은 낮을 것
④ 속류 차단 능력이 충분할 것
답 ④

40 저압배전선로에 대한 설명으로 틀린 것은?
① 저압 뱅킹 방식은 전압변동을 경감할 수 있다.
② 밸런서(balancer)는 단상 2선식에 필요하다.
③ 배전 선로의 부하율이 F일 때 손실계수는 F와 F^2의 중간 값이다.
④ 수용률이란 최대수용전력을 설비용량으로 나눈 값을 퍼센트로 나타낸 것이다.

풀이 단상 3선식에서 부하가 불평형이 생기면 양 외선간의 전압이 불평형이 되므로 이를 방지하기 위해 저압 밸런서를 설치한다.
답 ②

2016년 - 2회 _ 전기기사·공사기사

21 송전계통에서 자동재폐로 방식의 장점이 아닌 것은?
① 신뢰도 향상
② 공급 지장시간의 단축
③ 보호계전방식의 단순화
④ 고장상의 고속도 차단, 고속도 재투입

풀이 재폐로 방식의 장점
① 1회선 구간에서는 신뢰도를 향상시켜 2회선에 맞먹는 능력을 보유 할 수 있다.
② 정전시 공급지장시간을 단축시켜 안정된 전력공급을 기할 수 있다.
③ 송전용량을 2회선 용량한도까지 증대시켜서 사용 가능하다.
④ 고장 상을 고속도 차단 후 고속도 재투입함으로써 계통의 과도 안정도가 향상된다.
답 ③

22 3상3선식 송전선로의 선간거리가 각각 50[cm], 60[cm], 70[cm]인 경우 기하학적 평균 선간거리는 약 몇 [cm]인가?

① 50.4 ② 59.4
③ 62.8 ④ 64.8

풀이 평균 선간거리
$$D = \sqrt[3]{D_1 \times D_2 \times D_3} = \sqrt[3]{50 \times 60 \times 70}$$
$$= 59.4[cm]$$
답 ②

23 수력발전소에서 흡출관을 사용하는 목적은?

① 압력을 줄인다.
② 유효낙차를 늘린다.
③ 속도 변동률을 작게 한다.
④ 물의 유선을 일정하게 한다.

풀이 흡출관은 반동 수차의 출구에서부터 방수로 수면까지 연결하는 관으로 낙차를 유효하게 이용(낙차를 늘리기 위해)하기 위해 사용한다.
답 ②

24 초고압용 차단기에 개폐저항기를 사용하는 주된 이유는?

① 차단속도 증진 ② 차단전류 감소
③ 이상전압 억제 ④ 부하설비 증대

풀이 차단기의 개폐시에 재점호로 인하여 개폐 서지 이상 전압이 발생된다. 이것을 낮추고 절연 내력을 높일 수 있게 하기 위해 차단기 접촉자간에 병렬 임피던스로서 개폐 저항기를 삽입한다.
답 ③

25 송전단 전압이 66[kV]이고, 수전단 전압이 62[kV]로 송전 중이던 선로에서 부하가 급격히 감소하여 수전단 전압이 63.5[kV]가 되었다. 전압강하율은 약 몇 [%]인가?

① 2.28 ② 3.94
③ 6.06 ④ 6.45

풀이 전압 강하율
$$\epsilon = \frac{V_s - V_r}{V_r} \times 100 = \frac{66-63.5}{63.5} \times 100$$
$$= 3.94[\%]$$
답 ②

26 이상전압에 대한 방호장치가 아닌 것은?

① 피뢰기   ② 가공지선
③ 방전코일   ④ 서지흡수기

풀이 ① 피뢰기 : 이상 전압에 대한 기계, 기구 보호
② 가공지선 : 직격뢰 차폐
③ 방전코일 : 콘덴서에 축적된 잔류 전하를 방전하여 감전사고 방지
④ 서지 흡수기 : 변압기, 발전기 등을 서지로부터 보호
답 ③

27 154[kV] 송전선로의 전압을 345[kV]로 승압하고 같은 손실률로 송전한다고 가정하면 송전전력은 승압 전의 약 몇 배 정도인가?

① 2 ② 3
③ 4 ④ 5

풀이 전력손실 $P_l = 3I^2R = \dfrac{P^2\rho l}{V^2\cos^2\theta A}$,

전력손실률 $h = \dfrac{P_l}{P} = \dfrac{P\rho l}{V^2\cos^2\theta A}$ 이므로

송전전력 $P = \dfrac{hV^2\cos\theta^2}{R}$ 이다.

따라서 송전 전력은 전압의 제곱에 비례하므로
$$P = KV^2 = K\left(\frac{345}{154}\right)^2 = 5K$$
답 ④

28 초고압 송전선로에 단도체 대신 복도체를 사용할 경우 틀린 것은?

① 전선의 작용인덕턴스를 감소시킨다.
② 선로의 작용정전용량을 증가시킨다.
③ 전선 표면의 전위경도를 저감시킨다.
④ 전선의 코로나 임계전압을 저감시킨다.

풀이 복도체 방식의 장점
① 전선의 인덕턴스가 감소하고 정전 용량이 증가되어 선로의 송전 용량이 증가하고 계통의 안정도를 증진시킨다.
② 전선 표면의 전위 경도가 저감되므로 코로나 임계전압을 높일 수 있고 코로나손, 코로나 잡음 등의 장해가 저감된다.
답 ④

29 그림과 같이 정수가 서로 같은 평행 2회선 송전선로의 4단자 정수 중 B에 해당되는 것은?

① $4B_1$
② $2B_1$
③ $\frac{1}{2}B_1$
④ $\frac{1}{4}B_1$

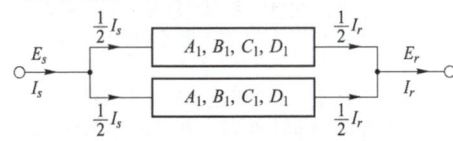

풀이 1회선 송전선로에 대해서

$E_s = A_1 E_r + B_1 \cdot \frac{1}{2} I_r$
$\frac{1}{2} I_s = C_1 E_r + D_1 \cdot \frac{1}{2} I_r$
$\rightarrow I_s = 2C_1 E_r + D_1 \cdot I_r$로 된다.

2회선 송전선로의 경우
$E_s = AE_r + BI_r$, $I_s = CE_r + DI_r$이므로
$A = A_1$, $B = \frac{1}{2} B_1$, $C = 2C_1$, $D = D_1$이 된다.

답 ③

30 송전계통에서 1선 지락 시 유도장해가 가장 적은 중성점 접지방식은?

① 비접지방식
② 저항접지방식
③ 직접접지방식
④ 소호리액터접지방식

풀이 송전선에 1선 지락사고가 발생해서 영상전류(I_0)가 흐르면 전자 유도 전압이 상승하여 전자 유도 장해가 발생한다.
(전자 유도 전압 $E_m = -j\omega Ml \times 3I_0[V]$)
따라서 1선 지락의 경우 지락전류가 가장 작은 소호 리액터 접지방식의 유도장해가 가장 적다. **답** ④

31 송전전압 154[kV], 2회선 선로가 있다. 선로 길이가 240[km]이고 선로의 작용 정전용량이 0.02[μF/km]라고 한다. 이것을 자기여자를 일으키지 않고 충전하기 위해서는 최소한 몇 [MVA] 이상의 발전기를 이용하여야 하는가? (단, 주파수는 60[Hz]이다.)

① 78 ② 86 ③ 89 ④ 95

풀이 ① 선로의 충전 용량을 구하기 위해서 먼저 1선을 흐르는 충전 전류 I_c를 계산하면

$I_c = 2\pi f Cl \dfrac{V}{\sqrt{3}}$

$= 2\pi \times 60 \times 0.02 \times 10^{-6} \times 240 \times \dfrac{154000}{\sqrt{3}}$

$= 160.89[A]$

② 2회선 선로의 충전 용량은
$Q = 2 \times \sqrt{3} VI_c$
$= 2 \times \sqrt{3} \times 154000 \times 160.89 \times 10^{-6}$
$\fallingdotseq 86[MVA]$

③ 자기여자를 일으키지 않고 충전하기 위해서는 발전기 용량이 선로의 충전 용량보다 커야하므로 최소 약 86[MVA] 이상의 발전기를 이용하여야 한다.

답 ②

32 방향성을 갖지 않는 계전기는?

① 전력 계전기
② 과전류계전기
③ 비율차동계전기
④ 선택지락 계전기

풀이 방향성을 가지고 있지 않는 계전기
① 과전류 계전기
② 과전압 계전기
③ 부족 전압 계전기
④ 차동 계전기
⑤ 거리 계전기
⑥ 지락 계전기 **답** ②

33 22.9[kV-Y] 3상 4선식 중성선 다중접지계통의 특성에 대한 내용으로 틀린 것은?

① 1선 지락사고 시 1상 단락전류에 해당하는 큰 전류가 흐른다.
② 전원의 중성점과 주상변압기의 1차 및 2차를 공통의 중성선으로 연결하여 접지한다.
③ 각 상에 접속된 부하가 불평형일 때도 불완전 1선 지락고장의 검출감도가 상당히 예민하다.
④ 고저압 혼촉사고 시에는 중성선에 막대한 전위상승을 일으켜 수용가에 위험을 줄 우려가 있다.

풀이

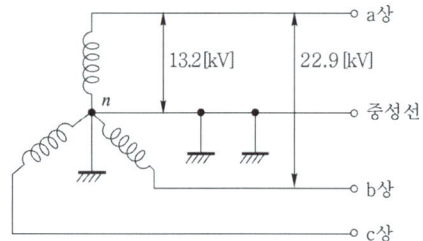

3상 4선식 중성선 다중 접지방식
① 모든 지락사고는 중성선과의 단락사고로 되기 때문에 퓨즈 또는 과전류 계전기로 보호할 수 있다.
② 합성 접지저항이 매우 낮기 때문에 건전상의 전위상승과 고저압 혼촉 사고 시 저압선의 전위상승이 낮다.
③ 고장전류가 각 접지개소에 분류되기 때문에 고감도의 지락보호는 곤란하다. 답 ③

34 선로 전압강하 보상기(LDC)에 대한 설명으로 옳은 것은?

① 승압기로 저하된 전압을 보상하는 것
② 분로리액터로 전압 상승을 억제하는 것
③ 선로의 전압 강하를 고려하여 모선 전압을 조정하는 것
④ 직렬콘덴서로 선로의 리액턴스를 보상하는 것

풀이

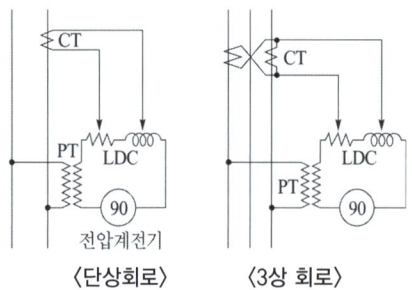

〈단상회로〉 〈3상 회로〉

LDC(line drop compensator)는 부하전류에 의한 배전선의 전압강하를 보상하는 것인데 LRT(부하시 탭절환 변압기)의 제어회로에 이것을 부가해서 배전전압을 중부하시에는 높게, 경부하시에는 낮게 자동적으로 조정하여 일정한 전압이 되도록 한다. 답 ③

35 각 전력계통을 연계선으로 상호연결하면 여러 가지 장점이 있다. 틀린 것은?

① 경제급전이 용이하다.
② 주파수의 변화가 작아진다.
③ 각 전력계통의 신뢰도가 증가한다.
④ 배후전력(back power)이 크기 때문에 고장이 적으며 그 영향의 범위가 작아진다.

풀이 전력계통의 연계방식의 장·단점
[장점]
① 전력의 융통으로 설비용량이 절감된다.
② 건설비 및 운전 경비를 절감하므로 경제 급전이 용이하다.
③ 계통 전체로서의 신뢰도가 증가한다.
④ 부하 변동의 영향이 작아져서 안정된 주파수 유지가 가능하다.
[단점]
① 연계설비를 신설해야 한다.
② 사고시 타계통에의 파급 확대될 우려가 있다.
③ 단락전류가 증대하고 통신선의 전자유도 장해도 커진다. 답 ④

36 송전선로의 현수 애자련 연면 섬락과 가장 관계가 먼 것은?

① 댐퍼
② 철탑 접지 저항
③ 현수 애자련의 개수
④ 현수 애자련의 소손

풀이 ① 고체 유전체의 표면을 따라 발생하는 코로나를 연면 코로나라고 한다. 이는 주로 애자의 소손 및 오염 등에 의해 발생하므로 가선금구를 개량하고 철탑 접지 저항을 낮추어 방지하도록 해야 한다.
② 댐퍼는 전선의 진동에너지를 흡수함으로서 진동발생 방지 및 진동으로 인한 전선의 단선을 방지하기 위한 설비이다. 답 ①

37 유효낙차 100[m], 최대사용수량 20[m³/s]인 발전소의 최대 출력은 약 몇 [kW]인가? (단, 수차 및 발전기의 합성효율은 85[%]라 한다.)

① 14160   ② 16660
③ 24990   ④ 33320

풀이 발전 출력
$P = 9.8QH\eta_t\eta_g$
$= 9.8 \times 20 \times 100 \times 0.85 = 16660[kW]$ 답 ②

2016년 3회 _ 전기기사

38 각 수용가의 수용 설비 용량이 50[kW], 100[kW], 80[kW], 60[kW], 150[kW]이며 각각의 수용률이 0.6, 0.6, 0.5, 0.5, 0.4 일 때 부하의 부등률이 1.3 이라면 변압기 용량은 약 몇 [kVA]가 필요한가?
(단, 평균 부하역률은 80[%]라고 한다.)
① 142 ② 165
③ 183 ④ 212

풀이 변압기 용량 = $\dfrac{\text{설비 용량} \times \text{수용률}}{\text{부등률} \times \text{역률}}$
$= \dfrac{(50+100) \times 0.6 + (80+60) \times 0.5 + 150 \times 0.4}{1.3 \times 0.8}$
$≒ 212[kVA]$ 답 ④

21 송전거리, 전력, 손실률 및 역률이 일정하다면 전선의 굵기는?
① 전류에 비례한다.
② 전류에 반비례한다.
③ 전압의 제곱에 비례한다.
④ 전압의 제곱에 반비례한다.

풀이 전압과의 관계(승압의 목적)

관 계	관계식	항 목
전압의 자승에 비례	$\propto V^2$	송전전력(P)
전압에 반비례	$\propto \dfrac{1}{V}$	전압강하(e)
전압의 자승에 반비례	$\propto \dfrac{1}{V^2}$	• 전선의 단면적(A) • 전선의 총중량(W) • 전력손실(P_l) • 전압강하율(ε)

답 ④

39 그림과 같은 주상변압기 2차측 접지공사의 목적은?
① 1차측 과전류 억제
② 2차측 과전류 억제
③ 1차측 전압상승 억제
④ 2차측 전압상승 억제

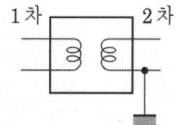

풀이 주상 변압기는 1차측과 2차측의 혼촉에 의한 **2차측 전압의 상승을 막기 위해서** 2차측에 접지를 하여, 고전압에 의한 사고를 막아준다. 답 ④

22 중성점 직접 접지방식에 대한 설명으로 틀린 것은?
① 계통의 과도 안정도가 나쁘다.
② 변압기의 단절연(段絶緣)이 가능하다.
③ 1선 지락 시 건전상의 전압은 거의 상승하지 않는다.
④ 1선 지락전류가 적어 차단기의 차단능력이 감소된다.

풀이 직접 접지방식의 장·단점
[장점]
① 1선 지락 시에 건전상의 대지 전압이 거의 상승하지 않는다.
② 피뢰기의 효과를 증진시킬 수 있다.
③ 단절연이 가능하다.
④ 계전기의 동작이 확실해진다.
[단점]
① 송전 계통의 과도 안정도가 나빠진다.
② 통신선에 유도 장해가 크다.
③ 지락시 흐르는 대전류에 의해 기기에 손상을 준다.
④ 대용량 차단기가 필요하다. 답 ④

40 3상 3선식 송전선로에서 연가의 효과가 아닌 것은?
① 작용 정전용량의 감소
② 각 상의 임피던스 평형
③ 통신선의 유도장해 감소
④ 직렬공진의 방지

풀이 연가의 효과
① 선로정수 평형
② 임피던스 평형
③ 소호리액터 접지시 직렬공진 방지
④ 유도장해 감소 답 ①

23 보호계전기의 보호방식 중 표시선 계전방식이 아닌 것은?

① 방향 비교 방식 ② 위상 비교 방식
③ 전압 반향 방식 ④ 전류 순환 방식

풀이 표시선 계전방식의 종류
[동작 원리별 분류]
 • 방향 비교 방식 • 전압 반향 방식
 • 전류 순환 방식 • 전송 Trip 방식
[통신 수단에 의한 분류]
 • Wire Pilot
 • Carrier Pilot (30~300[kc])
 • Micro Wave Pilot (900~6000[Mc])   **답** ②

24 단상 변압기 3대를 △결선으로 운전하던 중 1대의 고장으로 V결선 한 경우 V결선과 △결선의 출력비는 약 몇 [%]인가?

① 52.2 ② 57.7
③ 66.7 ④ 86.6

풀이 1대의 단상 변압기 용량을 P_1라 하면 그 출력비는

$$출력비 = \frac{V결선의\ 출력}{\triangle결선의\ 출력} = \frac{\sqrt{3}P_1}{3P_1} = \frac{\sqrt{3}}{3}$$
$$= 0.577 = 57.7[\%]$$ **답** ②

25 전력선에 영상전류가 흐를 때 통신선로에 발생되는 유도장해는?

① 고조파유도장해 ② 전력유도장해
③ 전자유도장해   ④ 정전유도장해

풀이 ① 전자 유도 : 영상 전류에 의해 발생 (사고 시)
 전자 유도 전압 $E_m = -j\omega Ml \times 3I_0[V]$
② 정전 유도 : 영상 전압에 의해 발생 (정상 시)   **답** ③

26 변압기의 결선 중에서 1차에 제3고조파가 있을 때 2차에 제3고조파 전압이 외부로 나타나는 결선은?

① Y – Y ② Y – △
③ △ – Y ④ △ – △

풀이 △결선이 포함된 변압기에서는 제3고조파가 순환전류가 되어 소멸되나, Y결선만 있는 변압기에서는 제3고조파가 나타난다.   **답** ①

27 3상 3선식의 전선 소요량에 대한 3상 4선식의 전선 소요량의 비는 얼마인가? (단, 배전거리, 배전전력 및 전력손실은 같고, 4선식의 중성선의 굵기는 외선의 굵기와 같으며, 외선과 중성선 간의 전압은 3선식의 선간전압과 같다.)

① $\frac{4}{9}$ ② $\frac{2}{3}$
③ $\frac{3}{4}$ ④ $\frac{1}{3}$

풀이

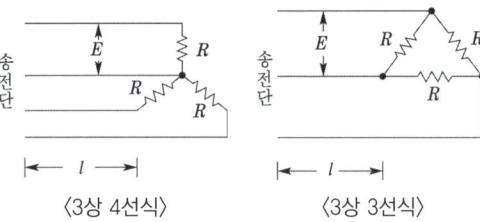

〈3상 4선식〉   〈3상 3선식〉

① 송전 전력은 동일하므로
$\sqrt{3}\,VI_3\cos\theta = 3VI_4\cos\theta$
$\therefore I_4 = \frac{1}{\sqrt{3}}I_3$

② 전력 손실이 동일하므로
$3I_3^2\rho\frac{l}{A_3} = 3I_4^2\rho\frac{l}{A_4}$
(중성선에는 전류가 흐르지 않으므로 전력손실이 발생하지 않는다.)
$3I_3^2\rho\frac{l}{A_3} = 3(\frac{1}{\sqrt{3}}I_3)^2\rho\frac{l}{A_4}$ $\therefore A_4 = \frac{1}{3}A_3$

③ 전선 중량
$\frac{W_3}{W_4} = \frac{3\times A_3\times\sigma\times l}{4\times A_4\times\sigma\times l} = \frac{3\times A_3}{4\times\frac{1}{3}A_3} = \frac{9}{4}$

$\therefore W_4 = \frac{4}{9}W_3$

별해

공급 방식	단상 2선식	단상 3선식	3상 3선식	3상 4선식
소요 전선량 전력 손실비	24	9	18	8

표에 의해 $\frac{3상\ 4선식}{3상\ 3선식} = \frac{8}{18} = \frac{4}{9}$ **답** ①

28 그림과 같이 부하가 균일한 밀도로 도중에서 분기되어 선로전류가 송전단에 이를수록 직선적으로 증가할 경우 선로의 전압강하는 이 송전단 전류와 같은 전류의 부하가 선로의 말단에만 집중되어 있을 경우의 전압강하보다 어떻게 되는가? (단, 부하역률은 모두 같다고 한다.)

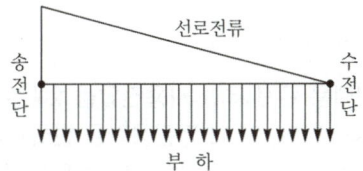

① $\dfrac{1}{3}$ ② $\dfrac{1}{2}$
③ 1 ④ 2

풀이 집중 부하와 분산 부하

구 분	전력손실	전압강하
말단에 집중 부하	$I^2 rL$	IrL
평등 분포 부하	$\dfrac{1}{3}I^2 rL$	$\dfrac{1}{2}IrL$

여기서, I : 전선의 전류
  r : 전선 단위 길이당 저항
  L : 전선의 길이   답 ②

29 수전단의 전력원 방정식이
$P_r^2 + (Q_r + 400)^2 = 250000$ 으로 표현되는 전력계통에서 가능한 최대로 공급할 수 있는 부하전력(P_r)과 이때 전압을 일정하게 유지 하는데 필요한 무효전력(Q_r)은 각각 얼마인가?

① $P_r = 500$, $Q_r = -400$
② $P_r = 400$, $Q_r = 500$
③ $P_r = 300$, $Q_r = 100$
④ $P_r = 200$, $Q_r = -300$

풀이 ① 최대로 부하전력을 공급하려면 무효전력이 0 이어야 한다.
 $P_r^2 + 0 = 500^2$, ∴ $P_r = 500$
② 전압을 일정하게 유지하기 위해서는 피상전력의 크기가 일정해야 한다.
 $P_r^2 + (Q_r + 400)^2 = 250000$ 에서
 부하전력 $P_r = 500$ 이므로

피상전력의 크기가 일정하기 위해서는
$Q_r + 400 = 0$ 이어야 한다.
∴ $Q_r = -400$ 답 ①

30 컴퓨터에 의한 전력조류 계산에서 슬랙(slack)모선의 지정값은?
(단, 슬랙모선을 기준모선으로 한다.)

① 유효전력과 무효전력
② 모선 전압의 크기와 유효전력
③ 모선 전압의 크기와 무효전력
④ 모선 전압의 크기와 모선 전압의 위상각

풀이 슬랙 모선에서의 기지량과 미지량

기지량(입력 데이터)	미지량(출력 데이터)
모선 전압의 크기 모선 전압의 위상각	유효 전력 무효 전력 계통의 전 송전 손실

답 ④

31 동일 모선에 2개 이상의 급전선(Feeder)을 가진 비접지 배전계통에서 지락사고에 대한 보호 계전기는?

① OCR ② OVR
③ SGR ④ DFR

풀이 • OCR(과전류 계전기) : 일정값 이상의 전류가 흘렀을 때 동작하며 일명 과부하 계전기라 불려진다.
• OVR(과전압 계전기) : 일정값 이상의 전압이 걸렸을 때 동작한다.
• SGR(선택 지락 계전기) : 병행 2회선 송전 선로에서 한쪽의 1회선에 지락 사고가 일어났을 경우 이것을 검출하여 고장 회선만을 선택 차단할 수 있게끔 선택 단락 계전기의 동작 전류를 특별히 작게 한 것으로 비접지 계통의 지락 사고 검출에 사용된다.
• DFR(차동계전기) : 보호 구간에 유입하는 전류와 유출하는 전류의 벡터차를 검출해서 동작한다.   답 ③

32 한류리액터의 사용 목적은?
① 누설전류의 제한
② 단락전류의 제한
③ 접지전류의 제한
④ 이상전압 발생의 방지

풀이 리액터의 역할
- 한류 리액터 : 단락 전류를 제한
- 직렬 리액터 : 제5고조파 제거
- 분로 리액터 : 페란티 현상 방지
- 소호 리액터 : 지락 아크 소멸

답 ②

33 차단기의 차단능력이 가장 가벼운 것은?

① 중성점 직접접지계통의 지락전류 차단
② 중성점 저항접지계통의 지락전류 차단
③ 송전선로의 단락사고시의 단락사고 차단
④ 중성점을 소호리액터로 접지한 장거리 송전선로의 지락전류 차단

풀이 소호리액터 접지방식은 1선 지락 고장이 발생하더라도 지락전류는 최소로 되므로 차단기의 차단능력이 가장 가볍다.

답 ④

34 통신선과 평행인 주파수 60[Hz]의 3상 1회선 송전선이 있다. 1선 지락 때문에 영상전류가 100[A] 흐르고 있다면 통신선에 유도되는 전자유도전압은 약 몇 [V]인가? (단, 영상전류는 전 전선에 걸쳐서 같으며, 송전선과 통신선과의 상호인덕턴스는 0.06[mH/km], 그 평행 길이는 40[km]이다.)

① 156.6
② 162.8
③ 230.2
④ 271.4

풀이 $E_m = -j\omega Ml\, 3I_0$
$= -j2\pi \times 60 \times 0.06 \times 10^{-3} \times 40 \times 3 \times 100$
$= 271.43[V]$

※ 유도 전압은 그 크기를 뜻하므로 (−)의미가 없다.

답 ④

35 중거리 송전선로의 특성은 무슨 회로로 다루어야 하는가?

① RL 집중정수회로
② RLC 집중정수회로
③ 분포정수회로
④ 특성임피던스회로

풀이

구 분	거 리	선로 정수	회 로
단거리	수[km]	R, L만 고려	집중 정수회로로 취급
중거리	수십[km]	R, L, C만 고려	T회로, π회로로 취급(집중 정수회로)
장거리	수백[km]	R, L, C, G만 고려	분포정수(특성임피던스, 전파정수) 회로로 취급

답 ②

36 전력용 콘덴서의 사용전압을 2배로 증가시키고자 한다. 이 때 정전용량을 변화시켜 동일 용량[kVar]으로 유지하려면 승압전의 정전용량보다 어떻게 변화하면 되는가?

① 4배로 증가
② 2배로 증가
③ $\frac{1}{2}$로 감소
④ $\frac{1}{4}$로 감소

풀이 $Q = \omega CV^2$ 에서 $C = \dfrac{Q}{\omega V^2} \propto \dfrac{1}{V^2}$

승압 전의 정전용량을 C, 승압 전 전압을 V,
승압 후의 정전용량을 C', 승압 후의 전압을 V'라고 하면

$\dfrac{C'}{C} = \dfrac{V^2}{V'^2} = \dfrac{V^2}{(2V)^2} = \dfrac{1}{4}$

$\therefore C' = \dfrac{1}{4}C$

답 ④

37 발전기의 단락비가 작은 경우의 현상으로 옳은 것은?

① 단락전류가 커진다.
② 안정도가 높아진다.
③ 전압변동률이 커진다.
④ 선로를 충전할 수 있는 용량이 증가한다.

풀이 단락비가 작은 기계(동기계)
- 동기 임피던스가 크다 ($K_s \propto \dfrac{1}{Z_s}$)
- 단락전류가 작다 ($I_s = \dfrac{E}{Z_s}$)
- 전압변동률이 크다.
- 전기자 반작용이 크다.
- 공극이 작고, 계자 기자력이 전기자 기자력에 비해 작다.
- 안정도가 낮다.
- 선로를 충전할 수 있는 용량이 감소한다.

답 ③

38 송전선로에서 1선 지락 시에 건전상의 전압상승이 가장 적은 접지방식은?

① 비접지방식　② 직접접지방식
③ 저항접지방식　④ 소호리액터접지방식

풀이 직접 접지방식의 장·단점
[장점]
① 1선 지락시에 건전상의 대지 전압이 거의 상승하지 않는다.
② 피뢰기의 효과를 증진시킬 수 있다.
③ 단절연이 가능하다.
④ 계전기의 동작이 확실해진다.
[단점]
① 송전 계통의 과도 안정도가 나빠진다.
② 통신선에 유도 장해가 크다.
③ 지락시 흐르는 대전류에 의해 기기에 손상을 준다.
④ 대용량 차단기가 필요하다.　**답** ②

39 배전선로의 손실을 경감하기 위한 대책으로 적절하지 않은 것은?

① 누전차단기 설치
② 배전전압의 승압
③ 전력용 콘덴서 설치
④ 전류밀도의 감소와 평형

풀이 • 배전 선로의 전력 손실
$$P_l = 3I^2 r = \frac{\rho W^2 L}{A V^2 \cos^2\theta}$$
ρ : 고유저항　W : 부하 전력
L : 배전 거리　A : 전선의 단면적
V : 수전 전압　$\cos\theta$: 부하 역률
• 누전차단기는 인체의 감전을 방지하기 위한 대책이다.　**답** ①

40 댐의 부속설비가 아닌 것은?

① 수로　② 수조
③ 취수구　④ 흡출관

풀이 흡출관은 반동 수차의 출구에서부터 방수로 수면까지 연결하는 관으로 낙차를 유효하게 이용(낙차를 늘리기 위해)하기 위해 사용한다.　**답** ④

2016년 - 4회 _ 공사기사

21 송전선로의 인덕턴스와 정전용량은 등가선간거리 D가 증가하면 어떻게 되는가?

① 인덕턴스는 증가하고 정전용량은 감소한다.
② 인덕턴스는 감소하고 정전용량은 증가한다.
③ 인덕턴스, 정전용량이 모두 감소한다.
④ 인덕턴스, 정전용량이 모두 증가한다.

풀이 ① 인덕턴스
$$L = 0.05 + 0.4605 \log\frac{D}{r} \propto \log\frac{D}{r}$$
② 정전용량
$$C = \frac{0.02413}{\log\frac{D}{r}} \propto \frac{1}{\log\frac{D}{r}}$$
따라서 등가선간거리가 증가하면 인덕턴스는 증가하고 정전용량은 감소한다.　**답** ①

22 가공전선을 200[m]의 경간에 가설하였더니 이도가 5[m]이었다. 이도를 6[m]로 하려면 이도를 5[m]로 하였을 때보다 전선의 길이는 약 몇 [cm] 더 필요한가?

① 8　② 10
③ 12　④ 15

풀이 • 이도(D)가 5[m]인 경우 전선의 실제 길이(L)
$$L = S + \frac{8D^2}{3S} = 200 + \frac{8 \times 5^2}{3 \times 200} = 200.33[m]$$
• 이도(D')가 6[m]인 경우 전선의 실제 길이(L')
$$L' = S + \frac{8D'^2}{3S} = 200 + \frac{8 \times 6^2}{3 \times 200} = 200.48[m]$$
• $L' - L = 200.48 - 200.33 ≒ 0.15[m] = 15[cm]$
따라서 약 15[cm]가 더 필요하다.　**답** ④

23 증기터빈 출력을 P[kW], 증기량을 W[t/h], 초압 및 배기의 증기 엔탈피를 각각 i_0, i_1 [kcal/kg]이라 하면 터빈의 효율 η_T[%]는?

① $\dfrac{860P \times 10^3}{W(i_0 - i_1)} \times 100$

② $\dfrac{860P \times 10^3}{W(i_1 - i_0)} \times 100$

③ $\dfrac{860P}{W(i_0 - i_1) \times 10^3} \times 100$

④ $\dfrac{860P}{W(i_1 - i_0) \times 10^3} \times 100$

답 ③

24 ACSR을 동일한 길이와 전기저항을 갖는 경동 연선에 비교한 것으로 옳은 것은?

① 바깥지름은 작고, 중량은 크다.
② 바깥지름은 크고, 중량은 작다.
③ 바깥지름과 중량이 모두 작다.
④ 바깥지름과 중량이 모두 크다.

풀이
- ACSR는 경동연선에 비해서 도전율은 낮지만 기계적인 강도가 크고 **비교적 가볍다**.
- 일반적으로 ACSR선은 강심에는 전류가 흐르지 않는 것으로 보고 연선의 단면적 및 저항은 알루미늄 부분에 대해서만 생각하기 때문에 같은 저항의 경동 연선에 비하면 **전선의 바깥지름이 커져** 코로나 방지에 유리하다.

답 ②

25 주파수를 f, 전압을 E라고 할 때 유전체 손실은?

① fE ② fE^2
③ $\dfrac{E}{f}$ ④ $\dfrac{f}{E^2}$

풀이 유전체 손실 P, 유전체 손실각을 δ라 하면
$P = EI_R = EI_C \tan\delta$
$\quad = 2\pi f C E^2 \tan\delta \propto \boldsymbol{fE^2}$ [W]

답 ②

26 모선방식의 종류에 속하지 않는 것은?

① 단일 모선 ② 2중 모선
③ 3중 모선 ④ 환상 모선

풀이 모선방식은 **단일모선**, 복모선(**2중 모선**, 절환모선, 1.5차단방식), **환상모선**으로 구분된다.

답 ③

27 송전계통의 전력용 콘덴서와 직렬로 연결하는 직렬리액터로 제거되는 고조파는?

① 제2고조파 ② 제3고조파
③ 제5고조파 ④ 제7고조파

풀이
① **직렬 리액터** : 제5고조파로부터 전력용 콘덴서 보호 및 **파형 개선**의 목적으로 사용
② 직렬 리액터의 용량은 다음과 같다.
  - 이론적 : 콘덴서 용량 × 4[%]
  - 실 제 : 콘덴서 용량 × 6[%]

답 ③

28 전원전압 6600[V], 1선의 저항 3[Ω], 리액턴스 4[Ω]의 단상 2선식 전선로의 중간 지점에서 단락한 경우, 단락용량은 약 몇 [MVA]인가? (단, 전원 임피던스는 무시한다.)

① 6.4 ② 6.7
③ 7.4 ④ 8.7

풀이
- 단상 2선식이므로 전선 한 가닥의 임피던스에 2배를 해주어야 하며, 전선로의 중간 지점에서 단락 하였으므로 총 임피던스에 1/2배를 해주어야 한다.

$Z_S = \sqrt{3^2 + 4^2} \times 2 \times \dfrac{1}{2} = 5[\Omega]$

- 단락전류 $I_s = \dfrac{E}{Z_S} = \dfrac{6600}{5} = 1320$[A]

따라서 단락용량
$P_s = VI_s = 6600 \times 1320 \times 10^{-6}$
$\quad = 8.7$[MVA]

답 ④

29 가스절연개폐장치(GIS)의 내장기기가 아닌 것은?

① 차단기 ② 단로기
③ 주변압기 ④ 계기용변압기

풀이 가스절연개폐장치(GIS : Gas Insulated Switchgear)는 **차단기**, **단로기**, 모선, 피뢰기, **변성기** 등을 금속체함에 수납하고 충전부를 SF_6 가스로 절연시킨 종합 개폐장치이다.

답 ③

30 직접접지방식이 초고압 송전선에 채용되는 이유 중 가장 적당한 것은?

① 송전선의 안정도가 높으므로
② 지락 시의 지락전류가 적으므로
③ 계통의 절연을 낮게 할 수 있으므로
④ 지락고장 시 병행 통신선에 유기되는 유도전압이 적기 때문에

풀이 직접접지방식은 1선 지락 시 전위 상승이 낮아 계통의 절연레벨을 낮출 수 있어 절연비가 절감되므로 절연비용이 많이 소요되는 초고압 송전계통에 채용된다.

답 ③

31 전력원선도에서 알 수 없는 것은?

① 유효전력 ② 코로나 손실
③ 조상용량 ④ 전력손실

풀이 ① 원선도에서 알 수 있는 사항
  • 정태 안정 극한 전력(최대 전력)
  • 송·수전단 전압간의 상차각
  • 조상 용량
  • 수전단 역률
  • 선로 손실과 송전 효율
② 원선도에서 구할 수 없는 것
  • 과도 안정 극한전력
  • 코로나 손실
  • 송전단의 역률

답 ②

32 수차의 조속기 구성요소 중 회전속도의 과도현상에 의한 난조를 방지하기 위한 요소는?

① 스피더 ② 배압밸브
③ 서보모터 ④ 복원기구

풀이 ① 조속기 : 수차의 속도를 일정하게 유지하면서 출력을 가감하기 위하여 수차의 입력, 즉 유량을 조절하는 장치
② 조속기의 구성요소
  • 스피더 : 수차의 회전속도의 변화를 검출하는 부분
  • 배압 밸브 : 스피더에 의해 검출된 속도변화를 부동레버를 통해 서보모터에 공급하는 압유를 전환하는 밸브
  • 서보 모터 : 배압 밸브로부터 제어된 압유로 동작하여 니들밸브(펠톤수차) 또는 안내날개(반동수차)를 개폐해서 수차의 수구개도를 바꾸어 주는 장치
  • 복원 기구 : 니들밸브 또는 안내날개의 수구개도 조정이 지나치면 난조가 발생할 수 있는데 이러한 난조를 방지하기 위한 기구

답 ④

33 전력선에 의한 통신선로의 전자유도장해의 주된 발생요인은?

① 영상전류가 흐르기 때문에
② 전력선의 연가가 충분하기 때문에
③ 전력선의 전압이 통신선로보다 높기 때문에
④ 전력선과 통신선로 사이의 차폐효과가 충분하기 때문에

풀이 ① 전자 유도 : 영상 전류에 의해 발생 (사고 시)
  전자 유도 전압 $E_m = -j\omega Ml \times 3I_0$ [V]
② 정전 유도 : 영상 전압에 의해 발생 (정상 시)

답 ①

34 유수(流水)가 갖는 에너지가 아닌 것은?

① 위치 에너지
② 수력 에너지
③ 속도 에너지
④ 압력 에너지

풀이 물이 갖는 에너지를 수두라 하며 다음과 같다.
① 위치 수두 H[m]
② 압력 수두 $H = \dfrac{P}{\omega}$[m]
③ 속도 수두 $H = \dfrac{v^2}{2g}$[m]

답 ②

35 송전계통에서 재폐로방식을 채택하는 주된 이유는?

① 선택 차단이 가능하므로
② 다중 지락으로 발전되므로
③ 다중 지락으로의 이행이 적으므로
④ 송전선로의 고장이 대부분 순간 고장이므로

풀이
• 차단기의 동작으로 사고가 소멸된 후 자동적으로 송전선을 투입하는 일련의 동작을 재폐로라고 한다.
• 송전 선로의 사고의 대부분은 순시적인 것으로서 영구 고장은 거의 없으며, 그 중에서도 1선 지락 고장이 가장 많다. 따라서 고장을 일으킨 구간을 신속히 차단 제거하면 고장의 아크는 저절로 소멸되고 고장점의 절연이 회복되므로 차단기만 투입하면 이상 없이 송전을 계속할 수가 있다.
• 재폐로 방식은 송전 선로의 안정도 유지에 효과가 크다.

답 ④

36 직류 송전방식이 교류 송전방식에 비하여 유리한 점을 설명한 것으로 틀린 것은?

① 선로의 절연이 쉽다.
② 통신선에 대한 유도잡음이 적다.
③ 표피효과에 의한 송전손실이 없다.
④ 정류가 필요 없고 승압 및 강압이 쉽다.

풀이 직류 송전 방식의 장·단점
[장점]
① 선로의 리액턴스가 없으므로 안정도가 높다.
② 유전체손 및 충전 용량이 없고 절연 내력이 강하다.
③ 비동기 연계가 가능하다.
④ 단락 전류가 적고 임의 크기의 교류 계통을 연계시킬 수 있다.
⑤ 코로나손 및 전력 손실이 적어 송전 효율이 높다.
⑥ 표피 효과나 근접 효과가 없으므로 실효 저항의 증대가 없다.
[단점]
① 직교 변환 장치가 필요하다.
② 전압의 승압 및 강압이 불리하다.
③ 고조파나 고주파 억제 대책이 필요하다.
④ 직류 차단기가 개발되어 있지 않다. **답 ④**

37 그림과 같은 전력계통에서 A점에 설치된 차단기의 단락용량은 몇 [MVA] 인가? (단, 각 기기의 리액턴스는 발전기 G_1, $G_2 = 15[\%]$(정격용량 15[MVA] 기준), 변압기 8[%](정격용량 20[MVA] 기준), 송전선 11[%](정격용량 10[MVA] 기준)이며, 기타 다른 정수는 무시한다.)

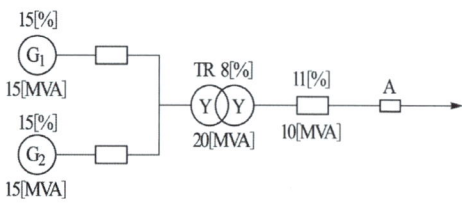

① 20   ② 30
③ 40   ④ 50

풀이 기준 용량 $P_n = 20[\text{MVA}]$로 선정하여 %Z를 기준 용량으로 환산하면

$$\%Z_g = \frac{20}{15} \times 15 = 20[\%], \quad \%Z_t = 8[\%]$$

$$\%Z_l = \frac{20}{10} \times 11 = 22[\%]$$

따라서 고장점까지의 %Z는

$$\%Z = \frac{\%Z_g}{2} + \%Z_t + \%Z_l$$
$$= \frac{20}{2} + 8 + 22 = 40[\%]$$

따라서 차단기 용량

$$P_s = \frac{100}{\%Z} \times P_n = \frac{100}{40} \times 20 = 50[\text{MVA}]$$ **답 ④**

38 부하에 따라 전압 변동이 심한 급전선을 가진 배전 변전소에서 가장 많이 사용되는 전압조정 장치는?

① 유도전압조정기   ② 직렬리액터
③ 계기용 변압기   ④ 전력용 콘덴서

풀이 부하 변동이 심한 경우 탭 절환 방식을 채용할 수 없다. 따라서, 유도 전압 조정기가 많이 채용된다. **답 ①**

39 그림과 같은 회로의 합성 4단자정수에서 B_o의 값은? (단, Z_{tr}은 수전단에 접속된 변압기의 임피던스이다.)

① $B + Z_{tr}$
② $A + B \cdot Z_{tr}$
③ $B + A \cdot Z_{tr}$
④ $C + D \cdot Z_{tr}$

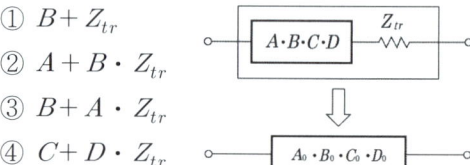

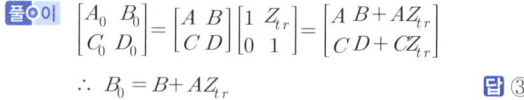

풀이 $\begin{bmatrix} A_0 & B_0 \\ C_0 & D_0 \end{bmatrix} = \begin{bmatrix} A & B \\ C & D \end{bmatrix} \begin{bmatrix} 1 & Z_{tr} \\ 0 & 1 \end{bmatrix} = \begin{bmatrix} A & B + AZ_{tr} \\ C & D + CZ_{tr} \end{bmatrix}$

∴ $B_0 = B + AZ_{tr}$ **답 ③**

출제기준 변경 및 개정된 관계 법규에 따라 삭제된 문제가 있어 20문항이 안됩니다.

2017년 전력공학_전기기사·공사기사

문제의 번호는 실제 시험문제의 번호와 같게 하였습니다.

2017년 - 1회 _ 전기기사·공사기사

21 초고압 송전계통에 단권변압기가 사용되는데 그 이유로 볼 수 없는 것은?

① 효율이 높다.
② 단락 전류가 작다.
③ 전압 변동률이 작다.
④ 자로가 단축되어 재료를 절약할 수 있다.

풀이 단권 변압기의 특징은
① 중량이 가볍다.
② 전압 변동률이 작다.
③ 동손의 감소에 따른 효율이 높다.
④ 변압비가 1에 가까우면 용량이 커진다.
⑤ 1차측의 이상 전압이 2차측에 미친다.
⑥ 누설 임피던스가 작으므로 **단락 전류가 증가한다.**
답 ②

22 어떤 화력 발전소의 증가조건이 고온원 540[℃], 저온원 30[℃]일 때 이 온도 간에서 움직이는 카르노 사이클의 이론 열효율[%]은?

① 85.2 ② 80.5
③ 75.3 ④ 62.7

풀이 카르노 사이클의 이론 열효율
$$\eta = 1 - \frac{방출열량}{공급열량} = 1 - \frac{저온원}{고온원}$$
- 고온원 $T_1 = 273 + 540 = 813[K]$
- 저온원 $T_2 = 273 + 30 = 303[K]$
$$\therefore \eta = \left(1 - \frac{T_2}{T_1}\right) \times 100 = \left(1 - \frac{303}{813}\right) \times 100$$
$$= 62.7[\%]$$
답 ④

23 피뢰기의 구비조건이 아닌 것은?

① 상용주파 방전개시 전압이 낮을 것
② 충격방전 개시전압이 낮을 것
③ 속류 차단능력이 클 것
④ 제한전압이 낮을 것

풀이 피뢰기는 상용 주파 방전 개시 전압이 높아야 하며, 속류의 차단능력이 크고 제한 전압이 낮아야 한다.
답 ①

24 그림과 같은 회로의 영상, 정상, 역상 임피던스 Z_0, Z_1, Z_2는?

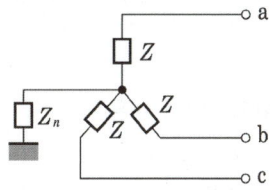

① $Z_0 = Z + 3Z_n$, $Z_1 = Z_2 = Z$
② $Z_0 = 3Z_n$, $Z_1 = Z$, $Z_2 = 3Z$
③ $Z_0 = 3Z + Z_n$, $Z_1 = 3Z$, $Z_2 = Z$
④ $Z_0 = Z + Z_n$, $Z_1 = Z_2 = Z + 3Z_n$

풀이 영상 임피던스(Z_0)는 $Z_0 = Z + 3Z_n$

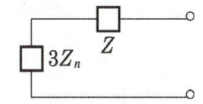

정상 임피던스와 역상 임피던스는 변압기와 선로가 정지상태이므로 같다.

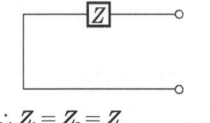

$\therefore Z_1 = Z_2 = Z$
답 ①

25 비접지식 송전선로에 있어서 1선 지락고장이 생겼을 경우 지락점에 흐르는 전류는?

① 직류 전류
② 고장상의 영상전압과 동상의 전류
③ 고장상의 영상전압보다 90도 빠른 전류
④ 고장상의 영상전압보다 90도 늦은 전류

풀이 비접지식 송전선로에 있어서 1선 지락고장이 생겼을 경우, 대지 정전용량에 의해 **고장상의 영상전압보다 90° 앞선(빠른) 전류**가 흐른다.
답 ③

26 가공전선로에 사용하는 전선의 굵기를 결정할 때 고려할 사항이 아닌 것은?

① 절연저항
② 전압강하
③ 허용전류
④ 기계적 강도

풀이 전선의 굵기를 결정하는 요인
① 허용 전류 ② 기계적 강도 ③ 전압 강하 이며, 허용 전류가 가장 중요한 요소가 된다. **답** ①

27 조상설비가 아닌 것은?

① 정지형 무효전력 보상장치
② 자동고장구분개폐기
③ 전력용 콘덴서
④ 분로 리액터

풀이 ① 조상설비 : 송전선을 일정한 전압으로 운전하기 위해 필요한 무효전력을 공급하는 장치를 조상설비라 하며 그 종류로는 동기 조상기, 전력용 콘덴서, 분로 리액터, 정지형 무효전력 보상장치가 있다.
② 자동고장구분개폐기(ASS ; Auto Section Switch) : 무전압시 개방이 가능하고, 과부하시 자동으로 개폐할 수 있는 고장 구분 개폐기로써 돌입 전류 억제 기능을 가지고 있다. **답** ②

28 코로나현상에 대한 설명이 아닌 것은?

① 전선을 부식시킨다.
② 코로나 현상은 전력의 손실을 일으킨다.
③ 코로나 방전에 의하여 전파 장해가 일어난다.
④ 코로나 손실은 전원 주파수의 2/3 제곱에 비례한다.

풀이 Peek의 식
$$P_c = \frac{241}{\delta}(f+25)\sqrt{\frac{d}{2D}}(E-E_0)^2 \times 10^{-5} [\text{kW/km/선}]$$
답 ④

29 다음 (㉮), (㉯), (㉰)에 들어갈 내용으로 옳은 것은?

> 원자력이란 일반적으로 무거운 원자핵이 핵분열하여 가벼운 핵으로 바뀌면서 발생하는 핵분열 에너지를 이용하는 것이고, (㉮) 발전은 가벼운 원자핵을(과) (㉯)하여 무거운 핵으로 바꾸면서 (㉰) 전후의 질량결손에 해당하는 방출 에너지를 이용하는 방식이다.

① ㉮ 원자핵융합 ㉯ 융합 ㉰ 결합
② ㉮ 핵결합 ㉯ 반응 ㉰ 융합
③ ㉮ 핵융합 ㉯ 융합 ㉰ 핵반응
④ ㉮ 핵반응 ㉯ 반응 ㉰ 결합

풀이
• 핵분열 :
질량수가 큰 원자핵은 핵분열을 일으켜서 이 결합 에너지의 일부를 방출
• 핵융합 :
질량수가 작은 원자핵은 2개의 원자핵이 1개의 원자핵으로 융합할 때 에너지를 방출 **답** ③

30 경간 200[m], 장력 1000[kg], 하중 2[kg/m]인 가공전선의 이도(dip)는 몇 [m]인가?

① 10 ② 11
③ 12 ④ 13

풀이 이도 $D = \frac{WS^2}{8T} = \frac{2 \times 200^2}{8 \times 1000} = 10[\text{m}]$ **답** ①

31 영상변류기를 사용하는 계전기는?

① 과전류계전기
② 과전압계전기
③ 부족전압계전기
④ 선택지락계전기

풀이 영상 변류기는 배전 선로나 지중 케이블 등에 사용되며 고감도 지락 계전기가 접속된다. 선로 중에 흐르는 정상 및 역상 전류는 철심 내에 자속을 만들지 않고 영상 전류만에 의하여 자속을 만듦으로 접지 계전기나 지락 계전기 등에 쓰인다. **답** ④

32 전력계통의 안정도 향상 방법이 아닌 것은?

① 선로 및 기기의 리액턴스를 낮게 한다.
② 고속도 재폐로 차단기를 채용한다.
③ 중성점 직접접지방식을 채용한다.
④ 고속도 AVR을 채용한다.

풀이 안정도 향상 대책
① 계통의 직렬 리액턴스 감소(다회선 방식 채택, 복도체 방식 채택, 기기의 리액턴스 감소)
② 전압 변동률을 적게 한다(속응 여자 방식 채용, 계통의 연계, 중간 조상 방식).
③ 계통에 주는 충격을 적게 한다(적당한 중성점 접지 방식, 고속 차단 방식, 재폐로 방식).
④ 고장 중의 발전기 돌입 출력의 불평형을 적게 한다.

중성점 직접접지방식은 지락전류가 매우 크기 때문에 과도 안정도가 나빠진다. **답** ③

33 증식비가 1보다 큰 원자로는?

① 경수로   ② 흑연로
③ 중수로   ④ 고속 증식로

풀이 고속 증식로의 증식비는 1.1~1.4 정도로 추정된다. **답** ④

34 송전용량이 증가함에 따라 송전선의 단락 및 지락전류도 증가하여 계통에 여러 가지 장해요인이 되고 있다. 이들의 경감대책으로 적합하지 않은 것은?

① 계통의 전압을 높인다.
② 고장 시 모선 분리 방식을 채용한다.
③ 발전기와 변압기의 임피던스를 작게 한다.
④ 송전선 또는 모선 간에 한류리액터를 삽입한다.

풀이 ① 고 임피던스 기기의 채용(발전기, 변압기 등)
② 한류 리액터의 채용(직렬리액터 방식, 분로리액터 방식)
③ 계통 분할방식(상시 분할방식, 사고시 분할방식)
④ 계통전압의 격상

단락전류 $I_s = \dfrac{E}{Z}[A]$이므로 임피던스가 작아지면 단락전류는 더 증가하게 된다. **답** ③

35 송배전 선로에서 선택지락계전기(SGR)의 용도는?

① 다회선에서 접지 고장 회선의 선택
② 단일 회선에서 접지 전류의 대소 선택
③ 단일 회선에서 접지 전류의 방향 선택
④ 단일 회선에서 접지 사고의 지속 시간 선택

풀이 선택 접지(지락) 계전기는 비접지 계통의 지락 사고 검출에 사용되는 것으로, 병행 2회선 또는 다회선 송전 선로에서 한쪽의 1회선에 지락 또는 접지 고장이 발생하였을 때 이것을 검출하여 고장 회선만을 선택하여 차단할 수 있는 계전기이다. **답** ①

36 그림과 같은 회로의 일반 회로정수가 아닌 것은?

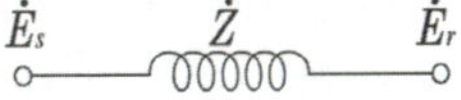

$\dot{E}_s \;\;\;\; \dot{Z} \;\;\;\; \dot{E}_r$

① $\dot{B} = Z+1$ ② $\dot{A} = 1$
③ $\dot{C} = 0$ ④ $\dot{D} = 1$

풀이 $E_s = E_r + I_r Z$, $I_s = I_r$ 이므로
∴ $A=1$, $B=Z$, $C=0$, $D=1$ **답** ①

37 송전선로의 중성점을 접지하는 목적이 아닌 것은?

① 송전 용량의 증가
② 과도 안정도의 증진
③ 이상 전압 발생의 억제
④ 보호 계전기의 신속, 확실한 동작

풀이 송전 선로의 중성점 접지의 목적
① 이상 전압 발생 방지
② 1선 지락시 건전상 전압 상승 억제 및 기기나 선로의 절연 절감
③ 보호 계전기 동작 확실
④ 소호 리액터 계통에서의 1선 지락시 아크 소멸
송전 용량을 증가시키려면 선로의 직렬 리액턴스 성분을 감소시켜야 한다. **답** ①

38 부하전류가 흐르는 전로는 개폐할 수 없으나 기기의 점검이나 수리를 위하여 회로를 분리하거나, 계통의 접속을 바꾸는 데 사용하는 것은?

① 차단기　　② 단로기
③ 전력용 퓨즈　　④ 부하 개폐기

풀이 단로기(DS)는 변전소의 전력기기를 시험하기 위하여 회로를 분리하거나, 계통의 접속을 바꾸거나 하는 경우에 사용되며, 여기에는 소호 장치가 없어 고장 전류나 부하 전류의 개폐에는 사용할 수 없다.　　**답** ②

39 보호계전기와 그 사용 목적이 잘못 된 것은?

① 비율차동계전기 : 발전기 내부 단락 검출용
② 전압평형계전기 : 발전기 출력측 PT 퓨즈 단선에 의한 오작동 방지
③ 역상과전류계전기 : 발전기 부하불평형 회전자 과열소손
④ 과전압계전기 : 과부하 단락사고

풀이 과전압 계전기는 전압이 정정값을 초과 할 때 동작하는 계전기로, 과부하 보호 및 단락 보호에 사용되지 않는다.　　**답** ④

40 송전선로의 정상 임피던스를 Z_1, 역상 임피던스를 Z_2, 영상 임피던스 Z_0라 할 때 옳은 것은?

① $Z_1 = Z_2 = Z_0$
② $Z_1 = Z_2 < Z_0$
③ $Z_1 > Z_2 = Z_0$
④ $Z_1 < Z_2 < Z_0$

풀이 ① 송전선로는 정상 임피던스와 역상 임피던스가 같고, 영상 임피던스는 정상분의 약 4배 정도이므로 $Z_1 = Z_2 < Z_0$이다.
② 변압기 : $Z_1 = Z_2 = Z_0$　　**답** ②

2017년 - 2회 _ 전기기사·공사기사

21 어떤 공장의 소모전력이 100[kW]이며, 이 부하의 역률이 0.6 일 때, 역률을 0.9로 개선하기 위한 전력용 콘덴서의 용량은 약 몇 [kVA]인가?

① 75　　② 80
③ 85　　④ 90

풀이
$$Q_c = P\left(\frac{\sqrt{1-\cos_1^2\theta}}{\cos_1\theta} - \frac{\sqrt{1-\cos_2^2\theta}}{\cos_2\theta}\right)$$
$$= 100 \times \left(\frac{\sqrt{1-0.6^2}}{0.6} - \frac{\sqrt{1-0.9^2}}{0.9}\right)$$
$$≒ 85[kVA]$$
　　답 ③

22 동기조상기(A)와 전력용 콘덴서(B)를 비교한 것으로 옳은 것은?

① 시충전 : (A) 불가능, (B) 가능
② 전력손실 : (A) 작다, (B) 크다
③ 무효전력 조정 : (A) 계단적, (B) 연속적
④ 무효전력 : (A) 진상·지상용, (B) 진상용

풀이

	진상	지상	시충전	전력손실	조정
콘덴서	○	×	×	적음	단계적
리액터	×	○	×	적음	단계적
동기조상기	○	○	○	많음	연속적

　　답 ④

23 수력발전소에서 사용되는 수차 중 15[m] 이하의 저낙차에 적합하여 조력발전용으로 알맞은 수차는?

① 카플란 수차　　② 펠톤 수차
③ 프란시스 수차　　④ 튜블러 수차

풀이 원통 수차(tubular type turbine)는 특히 저낙차용으로서의 용도가 넓고 조력발전소에도 쓰이며 또한 가역식으로서 양수식 발전소의 펌프 수차에도 사용되고 있다.　　**답** ④

24 어떤 화력발전소에서 과열기 출구의 증기압이 169[kg/cm²]이다. 이것은 약 몇 [atm]인가?

① 127.1 ② 163.6
③ 1650   ④ 12850

풀이 1[atm] = 760[mmHg] = 1.033[kg/cm²]이므로
따라서 $169 \times \dfrac{1}{1.033} = 163.6$ [atm]   **답** ②

25 가공 송전선로를 가선할 때에는 하중조건과 온도조건을 고려하여 적당한 이도(dip)를 주도록 하여야 한다. 이도에 대한 설명으로 옳은 것은?

① 이도의 대소는 지지물의 높이를 좌우한다.
② 전선을 가선할 때 전선을 팽팽하게 하는 것을 이도가 크다고 한다.
③ 이도가 작으면 전선이 좌우로 크게 흔들려서 다른 상의 전선에 접촉하여 위험하게 된다.
④ 이도가 작으면 이에 비례하여 전선의 장력이 증가되며, 너무 작으면 전선 상호간이 꼬이게 된다.

풀이 이도(dip)란 전선의 지지점을 연결하는 수평선으로부터 최대 수직 길이를 말한다.

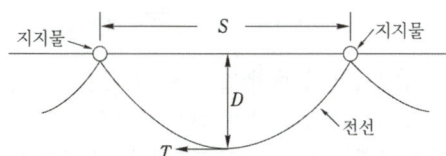

$D = \dfrac{WS^2}{8T}$

여기서, D : 이도 [m]
W : 단위 길이당 전선의 중량 [kg/m]
S : 경간 [m]
T : 전선의 수평장력 [kg]

① 이도의 대소는 지지물의 높이를 좌우한다.
② 이도가 너무 크면 전선은 그만큼 좌우로 진동해서 다른 상의 전선에 접촉하거나 수목에 접촉해서 위험을 준다.
③ 이도가 너무 작으면 이에 전선의 장력이 증가하며 심할 경우에는 전선이 단선된다.   **답** ①

26 승압기에 의하여 전압 V_e에서 V_h로 승압할 때, 2차 정격전압 e, 자기용량 W인 단상 승압기가 공급할 수 있는 부하용량은?

① $\dfrac{V_h}{e} \times W$ ② $\dfrac{V_e}{e} \times W$

③ $\dfrac{V_e}{V_h - V_e} \times W$ ④ $\dfrac{V_h - V_e}{V_e} \times W$

풀이 단상 승압기
- 자기용량 $W = eI$ [VA]
- 부하 용량 $= \dfrac{V_h}{V_h - V_e} W = \dfrac{V_h}{e} W$ [VA]

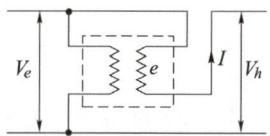

답 ①

27 일반적으로 부하의 역률을 저하시키는 원인은?

① 전등의 과부하
② 선로의 충전전류
③ 유도전동기의 경부하 운전
④ 동기전동기의 중부하 운전

풀이 유도 전동기를 경부하 운전하게 되면 실제 사용되는 유효전력의 크기가 작아지기 때문에 역률이 저하된다.   **답** ③

28 가공지선의 설치 목적이 아닌 것은?

① 전압강하의 방지
② 직격뢰에 대한 차폐
③ 유도뢰에 대한 정전차폐
④ 통신선에 대한 전자유도 장해 경감

풀이 가공지선의 역할
 ① 직격뢰의 차폐
 ② 유도뢰에 대한 정전 차폐
 ③ 통신선에 대한 전자유도 장해 경감   **답** ①

29 송전단전압을 V_s, 수전단전압을 V_r, 선로의 리액턴스를 X라 할 때 정상 시의 최대 송전전력의 개략적인 값은?

① $\dfrac{V_s - V_r}{X}$ ② $\dfrac{V_s^2 - V_r^2}{X}$

③ $\dfrac{V_s(V_s - V_r)}{X}$ ④ $\dfrac{V_s V_r}{X}$

풀이 송전 전력 $P = \dfrac{V_s V_r}{X} \sin\delta$ 이므로
$\sin\delta = 1$ 일 때 최대 송전전력이 된다.
$\therefore P = \dfrac{V_s V_r}{X}$ **답** ④

30 피뢰기가 방전을 개시할 때의 단자전압의 순시값을 방전 개시전압이라 한다. 방전 중의 단자전압의 파고값을 무엇이라 하는가?

① 속류
② 제한전압
③ 기준충격 절연강도
④ 상용주파 허용단자전압

풀이 ① 속류 : 방전 전류에 이어서 전원으로부터 공급되는 상용 주파수의 전류가 직렬갭을 통하여 대지로 흐르는 전류
② 피뢰기 제한전압 : 충격파 전류가 흐르고 있을 때의 피뢰기의 단자전압
③ 기준충격 절연강도 : 송배전 계통에서 절연 협조의 기준이 되는 절연강도
④ 상용주파 허용단자전압(정격전압) : 속류의 차단이 되는 최고의 교류전압. 즉, 피뢰기의 양단자 사이에 인가할 수 있는 상용주파수 최대전압의 실효값
답 ②

31 배전선로에 관한 설명으로 틀린 것은?

① 밸런서는 단상 2선식에 필요하다.
② 저압뱅킹방식은 전압 변동을 경감할 수 있다.
③ 배전선로의 부하율이 F일 때 손실계수는 F와 F^2의 사이의 값이다.
④ 수용률이란 최대수용전력을 설비용량으로 나눈 값을 퍼센트로 나타낸다.

풀이 단상 3선식에서 부하가 불평형이 생기면 양 외선간의 전압이 불평형이 되므로 이를 방지하기 위해 저압 밸런서를 설치한다. **답** ①

32 수차 발전기에 제동권선을 설치하는 주된 목적은?

① 정지시간 단축
② 회전력의 증가
③ 과부하 내량의 증대
④ 발전기 안정도의 증진

풀이 발전기의 안정도 향상 대책
① 정태 극한 전력을 크게 한다(정상 리액턴스 작게).
② 난조 방지(플라이 휠 효과 선정, 제동권선 설치)
③ 단락비를 크게 한다. **답** ④

33 송전계통의 한 부분이 그림과 같이 3상 변압기로 1차측은 △로, 2차측은 Y로 중성점이 접지되어 있을 경우, 1차측에 흐르는 영상전류는?

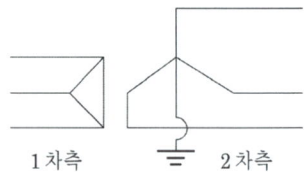

① 1차측 선로에서 ∞ 이다.
② 1차측 선로에서 반드시 0 이다.
③ 1차측 변압기 내부에서는 반드시 0 이다.
④ 1차측 변압기 내부와 1차측 선로에서 반드시 0 이다.

풀이 그림과 같이 영상 전류는 중성점을 통하여 대지로 흐르며 1차 변압기의 △권선 내에서는 순환 전류가 흐르나 각 상이 동상이면 △권선 외부로 유출하지 못한다.

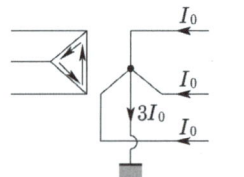

답 ②

34 3상 3선식 가공송전선로에서 한 선의 저항은 15[Ω], 리액턴스는 20[Ω]이고, 수전단 선간전압은 30[kV], 부하역률은 0.8(뒤짐)이다. 전압강하율을 10[%]라 하면, 이 송전선로는 몇 [kW]까지 수전할 수 있는가?

① 2500 ② 3000
③ 3500 ④ 4000

풀이 전압강하율

$$\epsilon = \frac{P}{V^2}(R + X\tan\theta) = 0.1$$

$$0.1 = \frac{P}{30000^2} \times \left(15 + 20 \times \frac{0.6}{0.8}\right)$$

$$\left(\because \tan\theta = \frac{\sin\theta}{\cos\theta} = \frac{0.6}{0.8}\right)$$

$$\therefore P = \frac{0.1 \times 30000^2}{\left(15 + 20 \times \frac{0.6}{0.8}\right)} \times 10^{-3}$$

$$= 3000[kW] \qquad \text{답 } ②$$

35 교류송전방식과 비교하여 직류송전방식의 설명이 아닌 것은?

① 전압변동률이 양호하고 무효전력에 기인하는 전력손실이 생기지 않는다.
② 안정도의 한계가 없으므로 송전용량을 높일 수 있다.
③ 전력변환기에서 고조파가 발생한다.
④ 고전압, 대전류의 차단이 용이하다.

풀이 직류 송전 방식의 장·단점
[장점]
① 선로의 리액턴스가 없으므로 안정도가 높다.
② 유전체손 및 충전 용량이 없고 절연 내력이 강하다.
③ 비동기 연계가 가능하다.
④ 단락 전류가 적고 임의 크기의 교류 계통을 연계시킬 수 있다.
⑤ 코로나손 및 전력 손실이 적다.
⑥ 표피효과나 근접효과가 없으므로 실효저항의 증대가 없다.
[단점]
① 직교 변환 장치가 필요하다.
② 전압의 승압 및 강압이 불리하다.
③ 고조파나 고주파 억제 대책이 필요하다.
④ **직류차단기가 개발되어 있지 않다.** 답 ④

36 송전선로에서 사용하는 변압기 결선에 △결선이 포함되어 있는 이유는?

① 직류분의 제거
② 제3고조파의 제거
③ 제5고조파의 제거
④ 제7고조파의 제거

풀이 변압기의 △결선 이유는 △결선시 제3고조파를 제거할 수 있기 때문이다. 답 ②

37 전압 66000[V], 주파수 60[Hz], 길이 15[km], 심선 1선당 작용 정전용량이 0.3587 [μF/km]인 한 선당 지중전선로의 3상 무부하 충전전류는 약 몇 [A]인가? (단, 정전용량 이외의 선로정수는 무시한다.)

① 62.5 ② 68.2
③ 73.6 ④ 77.3

풀이 충전전류

$$I_c = 2\pi f C l \frac{V}{\sqrt{3}}$$

$$= 2\pi \times 60 \times (0.3587 \times 10^{-6}) \times 15 \times \left(\frac{66000}{\sqrt{3}}\right)$$

$$\fallingdotseq 77.3[A] \qquad \text{답 } ④$$

38 전력계통에서 사용되고 있는 GCB(Gas Circuit Breaker)용 가스는?

① N_2 가스   ② SF_6 가스
③ 알곤 가스   ④ 네온 가스

풀이 SF_6는 안정도가 높고 무색, 무취, 무독, 불활성 기체이며 절연 내력은 공기의 약 3배이고 10기압 정도로 압축하면 공기의 10배 정도 절연 내력을 가지므로 **실용화된 가스로서는 가장 널리 쓰인다.** 답 ②

39 차단기와 아크 소호원리가 바르지 않은 것은?

① OCB : 절연유에 분해 가스 흡부력 이용
② VCB : 공기 중 냉각에 의한 아크 소호
③ ABB : 압축공기를 아크에 불어 넣어서 차단
④ MBB : 전자력을 이용하여 아크를 소호실내로 유도하여 냉각

풀이 ① OCB(유입 차단기) : 절연유에 분해 가스 흡부력 이용
② VCB(진공 차단기) : 고진공 중에서 전자의 고속도 확산에 의해 차단
③ ABB(공기 차단기) : 압축공기를 아크에 불어 넣어서 차단
④ MBB(자기 차단기) : 전자력을 이용하여 아크를 소호실내로 유도하여 냉각

공기 중 냉각에 의해 아크를 소호하는 것은 ACB(기중 차단기)이다.   **답** ②

40 네트워크 배전방식의 설명으로 옳지 않은 것은?

① 전압 변동이 적다.
② 배전 신뢰도가 높다.
③ 전력손실이 감소한다.
④ 인축의 접촉사고가 적어진다.

풀이 네트워크 배전 방식
[장점]
① 정전이 적으며 배전 신뢰도가 높다.
② 기기 이용률 향상된다.
③ 전압 변동이 적다.
④ 적응성 양호하다.
⑤ 전력 손실이 감소한다.
⑥ 변전소 수를 줄일 수 있다.
[단점]
① 건설비가 비싸다.
② 특별한 보호 장치(네트워크 프로텍터 등)를 필요로 한다.
③ 인축의 접촉 사고가 증가한다.   **답** ④

2017년 3회 _ 전기기사

21 부하 역률이 현저히 낮은 경우 발생하는 현상이 아닌 것은?

① 전기요금의 증가
② 유효전력의 증가
③ 전력 손실의 증가
④ 선로의 전압강하 증가

풀이 유효전력 $P = \sqrt{3}\,VI\cos\theta$[W]이므로
역률($\cos\theta$)이 낮으면 유효전력(P)은 감소한다.   **답** ②

22 초호각(Arcing horn)의 역할은?

① 풍압을 조절한다.
② 송전 효율을 높인다.
③ 애자의 파손을 방지한다.
④ 고주파수의 섬락전압을 높인다.

풀이 초호환, 초호각의 역할
• 애자련의 전압분포 개선
• 선로의 섬락으로부터 애자련의 보호   **답** ③

23 전력용 콘덴서에 의하여 얻을 수 있는 전류는?

① 지상전류   ② 진상전류
③ 동상전류   ④ 영상전류

풀이 • 전력용 콘덴서 : 진상전류
• 리액터 : 지상전류   **답** ②

24 배전용 변전소의 주변압기로 주로 사용되는 것은?

① 강압 변압기   ② 체승 변압기
③ 단권 변압기   ④ 3권선 변압기

풀이 • 체승 변압기 : 승압용 (송전)
• 체강 변압기 : 강압용 (배전)   **답** ①

25 △-△ 결선된 3상 변압기를 사용한 비접지 방식의 선로가 있다. 이 때 1선 지락 고장이 발생하면 다른 건전한 2선의 대지전압은 지락 전의 몇 배까지 상승하는가?

① $\dfrac{\sqrt{3}}{2}$ ② $\sqrt{3}$ ③ $\sqrt{2}$ ④ 1

풀이 △결선은 비접지 계통이므로 1선 지락시 전위 상승은 상전압에서 선간 전압으로 되어 $\sqrt{3}$ 배 상승한다.   **답** ②

26 22[kV], 60[Hz] 1회선의 3상 송전선에서 무부하 충전전류는 약 몇 [A]인가? (단, 송전선의 길이는 20[km]이고, 1선 1[km]당 정전용량은 0.5[μF]이다.

① 12   ② 24   ③ 36   ④ 48

풀이 충전 전류

$$I_c = 2\pi f Cl \frac{V}{\sqrt{3}}$$
$$= 2\pi \times 60 \times 0.5 \times 10^{-6} \times 20 \times \frac{22000}{\sqrt{3}}$$
$$\fallingdotseq 48[A]$$

답 ④

27 개폐서지의 이상전압을 감쇄할 목적으로 설치하는 것은?

① 단로기 ② 차단기
③ 리액터 ④ 개폐저항기

풀이 차단기의 개폐시에 재점호로 인하여 **개폐 서지 이상 전압이 발생**된다. 이것을 낮추고 절연 내력을 높일 수 있게 하기 위해 차단기 접촉자간에 병렬 임피던스로서 **개폐 저항기를 삽입**한다.

답 ④

28 모선보호용 계전기로 사용하면 가장 유리한 것은?

① 거리 방향계전기 ② 역상 계전기
③ 재폐로 계전기   ④ 과전류 계전기

풀이 • 거리 계전기는 선로 보호용 계전기로 전압 및 전류를 입력량으로 하여 전류의 전압에 대한 비의 함수가 예정치 이하일 때 동작한다. 이 비는 계전기에서 본 임피던스라고 하며 임피던스는 송전선 거리의 전기적 척도이므로 거리 계전기라고 한다.
• 모선 보호 방식의 종류 : 전류 비율 차동 방식, 전압 차동 방식, Linear Coupler 방식, 위상 비교 방식, **방향 거리 계전 방식**

답 ①

29 현수애자에 대한 설명으로 틀린 것은?

① 애자를 연결하는 방법에 따라 클래비스형과 볼소켓형이 있다.
② 큰 하중에 대하여는 2연 또는 3연으로 하여 사용할 수 있다.
③ 애자의 연결 개수를 가감함으로서 임의의 송전전압에 사용할 수 있다.
④ 2~4층의 갓 모양의 자기편을 시멘트로 접착하고 그 자기를 주철제 베이스로 지지한다.

풀이 ④항은 핀 애자에 대한 설명이다.

답 ④

30 그림과 같은 3상 송전계통에서 송전단 전압은 3300[V]이다. 점 P에서 3상 단락사고가 발생했다면 발전기에 흐르는 단락전류는 약 몇 [A]인가?

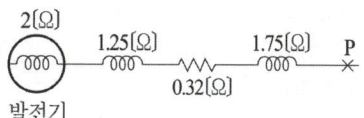

① 320   ② 330
③ 380   ④ 410

풀이 임피던스
$$Z = 0.32 + j(2 + 1.25 + 1.75) = 0.32 + j5$$
따라서 단락전류
$$I_S = \frac{E}{Z} = \frac{E}{\sqrt{R^2 + X^2}} = \frac{\frac{3300}{\sqrt{3}}}{\sqrt{0.32^2 + 5^2}}$$
$$= 380.27[A]$$

답 ③

31 조속기의 폐쇄시간이 짧을수록 옳은 것은?

① 수격작용은 작아진다.
② 발전기의 전압 상승률은 커진다.
③ 수차의 속도 변동률은 작아진다.
④ 수압관 내의 수압 상승률은 작아진다.

풀이 • 수차의 속도를 일정하게 유지하면서 출력을 가감하기 위하여 수차의 입력, 즉 유량을 조절하는 장치를 조속기라 한다.
• 속도 변동률 $\delta = \frac{N_m - N_0}{N_0} \times 100[\%]$
(N_m : 수차의 최대회전속도, N_0 : 정격회전속도)
이므로 **조속기의 폐쇄시간이 짧을수록 수차의 최대 속도 N_m이 감소하여 속도 변동률**은 작아진다.

답 ③

32 송전선로의 고장전류 계산에 영상 임피던스가 필요한 경우는?

① 1선 지락 ② 3상 단락
③ 3선 단선 ④ 선간 단락

풀이 • **1선 지락사고 : 영상분**, 정상분, 역상분이 존재
• 선간 단락 : 정상분, 역상분이 존재
• 3상 단락 : 정상분만 존재

답 ①

33
그림과 같은 수전단 전압 3.3[kV], 역률 0.85(뒤짐)인 부하 300[kW]에 공급하는 선로가 있다. 이때 송전단 전압은 약 몇 [V]인가?

① 3430
② 3530
③ 3730
④ 3830

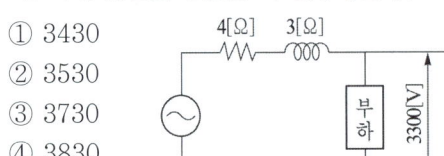

풀이
$$V_s = V_r + I(R\cos\theta + X\sin\theta)$$
$$= V_r + \frac{P}{E_r \cos\theta} \times (R\cos\theta + X\sin\theta)$$
$$= 3300 + \frac{300 \times 10^3}{3300 \times 0.85} \times (4 \times 0.85 + 3 \times \sqrt{1-0.85^2})$$
$$= 3830 \text{ [V]}$$

답 ④

34
증기의 엔탈피란?

① 증기 1[kg]의 잠열
② 증기 1[kg]의 현열
③ 증기 1[kg]의 보유열량
④ 증기 1[kg]의 증발열을 그 온도로 나눈 것

풀이 엔탈피(enthalpy)는 각 온도에 있어 물 또는 증기의 보유 열량의 뜻이다.

답 ③

35
원자로의 감속재에 대한 설명으로 틀린 것은?

① 감속 능력이 클 것
② 원자 질량이 클 것
③ 사용 재료로 경수를 사용
④ 고속 중성자를 열 중성자로 바꾸는 작용

풀이
① 감속재는 고 에너지의 고속중성자를 열중성자로 감속시켜 적당한 에너지를 갖도록 제어하는 재료로 중성자 흡수단면적이 작을수록 좋다.
② 구비조건
- 중성자 흡수가 적을 것
- 감속능(slowing down power)과 감속비(moderation ratio)의 값이 클 것
- 탄성산란의 효과가 클 것(가벼운 원자핵 일수록 효과가 크므로 원자량이 적은 원소가 유리)
- 중성자 에너지를 빨리 감속시킬 수 있을 것
- 중성자와의 충돌 확률이 높을 것

③ 사용재료 : 경수, 중수, 흑연, 베릴륨

답 ②

36
장거리 송전선로는 일반적으로 어떤 회로로 취급하여 회로를 해석하는가?

① 분포정수회로
② 분산부하회로
③ 집중정수회로
④ 특성임피던스 회로

풀이

구 분	선로 정수	회 로
단거리	R, L만 고려	집중 정수 회로로 취급
중거리	R, L, C만 고려	T회로, π회로로 취급 (집중 정수회로)
장거리	R, L, C, g 고려	분포 정수(특성 임피던스, 전파정수) 회로로 취급

답 ①

37
4단자 정수 $A = D = 0.8$, $B = j1.0$인 3상 송전선로에 송전단전압 160[kV]를 인가할 때 무부하시 수전단 전압은 몇 [kV]인가?

① 154
② 164
③ 180
④ 200

풀이 송전단 전압 $E_S = AE_R + BI_R$에서
무부하($I_R = 0$)이므로 $E_S = AE_R$ 이다.
따라서 수전단 전압
$$E_R = \frac{E_S}{A} = \frac{160}{0.8} \text{ [kV]} = 200 \text{ [kV]}$$

답 ④

38
유도장해를 방지하기 위한 전력선측의 대책으로 틀린 것은?

① 차폐선을 설치한다.
② 고속도 차단기를 사용한다.
③ 중성점 전압을 가능한 높게 한다.
④ 중성점 접지에 고저항을 넣어서 지락전류를 줄인다.

풀이 전력선 측 대책
① 전력선과 통신선과의 상호 거리를 크게 하여 상호 인덕턴스를 줄인다.
② 연가를 충분히 한다(선로 정수를 평형시켜 중성점 잔류 전압을 적게 한다).
③ 케이블을 사용한다.
④ 고주파의 발생을 방지한다.
⑤ 통신선과의 교차를 직각으로 한다.

ⓒ 소호 리액터의 사용(지락 전류를 적게 하여 전자 유도를 적게 한다).
ⓓ 고장 회선의 고속도 차단
ⓔ 차폐선의 시설(가공선도 차폐선과 같은 효과가 있으며, 본선과 동일 도체를 사용하면 차폐효과가 크다).

답 ③

39 송전선로에 매설지선을 설치하는 주된 목적은?

① 철탑 기초의 강도를 보강하기 위하여
② 직격뢰로부터 송전선을 차폐보호하기 위하여
③ 현수애자 1연의 전압분담을 균일화하기 위하여
④ 철탑으로부터 송전선로의 역섬락을 방지하기 위하여

풀이 뇌서지가 철탑을 가격시 철탑의 탑각 접지 저항이 충분히 낮지 않으면 철탑의 전위가 상승하여 철탑에서 선로 섬락을 일으키는 경우가 있는데 이를 역섬락이라 한다. 매설지선을 설치하여 탑각 접지 저항을 낮추면 역섬락을 방지할 수 있다.
답 ④

40 송전전력, 부하역률, 송전거리, 전력손실, 선간전압이 동일할 때 3상 3선식에 의한 소요전선량은 단상 2선식의 몇 [%]인가?

① 50
② 67
③ 75
④ 87

풀이 단상 2선식의 배전선 소요 전선 총량을 100[%]라 할 때 3상 3선식의 소요 전선량의 총량과의 비를 구하면
$VI_1 \cos\theta = \sqrt{3}\, VI_3 \cos\theta \rightarrow I_1 = \sqrt{3}\, I_3$
전력 손실 식에 $I_1 = \sqrt{3}\, I_3$를 대입하면
$2I_1^2 R_1 = 3I_3^2 R_3 \rightarrow 2(\sqrt{3}\, I_3)^2 R_1 = 3I_3^2 R_3$
$\rightarrow 2R_1 = R_3$
$R = \rho \dfrac{l}{S}$ 이므로 $\dfrac{R_1}{R_3} = \dfrac{S_3}{S_1} = \dfrac{1}{2}$
따라서 소요 전선량의 비는
$\dfrac{3상\ 3선식}{단상\ 2선식} = \dfrac{3S_3}{2S_1} = \dfrac{3}{2} \times \dfrac{R_1}{R_3} = \dfrac{3}{2} \times \dfrac{1}{2} = \dfrac{3}{4}$
$= 0.75$
∴ 75[%]
답 ③

2017년 - 4회 _ 공사기사

21 GIS(Gas Insulated Switch Gear)의 특징이 아닌 것은?

① 내부점검, 부품교환이 번거롭다.
② 신뢰성이 향상되고, 안전성이 높다.
③ 장비는 저렴하지만 시설공사 방법은 복잡하다.
④ 대기 절연을 이용한 것에 비하면 현저하게 소형화할 수 있다.

풀이 가스절연개폐기의 장점
① 소형화 할 수 있다.
  (옥외 철구형 변전소의 1/10~1/15)
② 충전부가 완전히 밀폐되어 안정성이 높다.
③ 소음이 적고 환경 조화를 기할 수 있다.
④ 대기 중의 오염물의 영향을 받지 않으므로 신뢰도가 높다.
⑤ 조작 중 소음이 적고 라디오 방해전파를 줄여 공해 문제를 해결해 준다.
⑥ 대부분 공장에서 조립되어 현지에 운반되므로 현장에서의 공사가 대단히 간소화 될 뿐만 아니라 공사 품질도 크게 향상된다.
⑦ 절연물, 접촉자 등이 SF_6 Gas내에 설치되어 보수점검 주기가 길어진다.
답 ③

22 장거리 송전선로의 수전단을 개방할 경우, 송전단 전류 I_S를 나타내는 식은? (단, 송전단 전압을 V_S, 선로의 임피던스를 Z, 선로의 어드미턴스를 Y라 한다.)

① $I_S = \sqrt{\dfrac{Y}{Z}} \tanh \sqrt{ZY}\, V_S$

② $I_S = \sqrt{\dfrac{Z}{Y}} \tanh \sqrt{ZY}\, V_S$

③ $I_S = \sqrt{\dfrac{Y}{Z}} \coth \sqrt{ZY}\, V_S$

④ $I_S = \sqrt{\dfrac{Z}{Y}} \coth \sqrt{ZY}\, V_S$

풀이 $V_S = V_R \cosh rl + Z_0 I_R \sinh rl$,
$I_S = \dfrac{1}{Z_0} V_R \sinh rl + I_R \cosh rl$ 에서

수전단을 개방할 경우 $I_R = 0$이므로

$$V_S = V_R \cosh rl \rightarrow V_R = \frac{V_S}{\cosh rl}$$

송전단 전류 I_S에 대입하면

$$I_S = \frac{1}{Z_0} V_R \sinh rl = \frac{1}{Z_0} \frac{V_S}{\cosh rl} \sinh rl$$

$$= \frac{V_S}{Z_0} \tanh rl$$

여기에 $Z_0 = \sqrt{\frac{Z}{Y}}$, $r = \sqrt{ZY}$ 를 대입하면

$$\therefore I_s = \sqrt{\frac{Y}{Z}} \tanh \sqrt{ZY}\, V_S$$

답 ①

23 보호계전기에서 요구되는 특성이 아닌 것은?

① 동작이 예민하고 오동작이 없을 것
② 고장 개소를 정확히 선택할 수 있을 것
③ 고장상태를 식별하여 정도를 파악할 수 있을 것
④ 동작을 느리게 하여 다른 건전부의 송전을 막을 것

풀이 보호 계전기의 구비 조건
① 고장 상태를 식별하여 정도를 파악할 수 있을 것
② 고장 개소를 정확히 선택할 수 있을 것
③ 동작이 예민하고 오동작이 없을 것
④ 적절한 후비 보호 능력이 있을 것
⑤ 경제적일 것

답 ④

24 지락고장 시 이상전압의 발생 우려가 거의 없는 접지방식은?

① 비접지방식
② 직접접지방식
③ 저항접지방식
④ 소호리액터접지방식

풀이 직접 접지방식의 장·단점
[장점]
① 1선 지락시에 건전상의 대지 전압이 거의 상승하지 않는다.
② 피뢰기의 효과를 증진시킬 수 있다.
③ 단절연이 가능하다.
④ 계전기의 동작이 확실해진다.

[단점]
① 송전 계통의 과도 안정도가 나빠진다.
② 통신선에 유도 장해가 크다.
③ 기기에 큰 영향을 주어 손상을 준다.
④ 대용량 차단기가 필요하다.

답 ②

25 송전계통의 중성점을 직접 접지하는 방식의 특징이 아닌 것은?

① 계통의 과도 안정도가 좋아짐
② 대지 전위상승을 억제하여 전선로 및 기기 절연 레벨의 경감
③ 지락 고장 시 보호 계전기의 동작을 신속 정확하게 함
④ 소호 리액터 방식에서는 1선 지락 시 아크를 신속히 소멸

풀이 직접 접지방식의 장·단점
[장점]
① 1선 지락시에 건전상의 대지 전압이 거의 상승하지 않는다.
② 피뢰기의 효과를 증진시킬 수 있다.
③ 단절연이 가능하다.
④ 계전기의 동작이 확실해진다.

[단점]
① 송전 계통의 과도 안정도가 나빠진다.
② 통신선에 유도 장해가 크다.
③ 기기에 큰 영향을 주어 손상을 준다.
④ 대용량 차단기가 필요하다.

답 ①

26 차단기의 동작 책무에 의한 차단기를 재투입할 경우 전자 또는 기계력에 의한 반발력을 견뎌야 한다. 차단기의 정격투입전류는 정격차단전류의 몇 배 이상을 선정하여야 하는가?

① 1.2
② 1.5
③ 2.2
④ 2.5

풀이 차단기의 정격 투입 전류란 성능에 지장 없이 투입할 수 있는 전류의 한도를 말하며, 투입 전류의 최초 주파수에서의 최댓값으로 나타낸다. 크기는 정격 차단 전류(실효값)의 2.5배를 표준으로 한다.

답 ④

27 배전선로에서 전압강하를 보상하기 위하여 일반적으로 정격 1차 전압의 10[%] 범위 내에서 전압조정을 하고 있다. 전압조정 방법으로 틀린 것은?

① 배전선로에서 모선을 일괄 조정
② 배전용변압기를 V결선하여 조정
③ 배전용변압기에서 주상변압기의 탭 조정
④ 배전용변전소의 주변압기 부하시 탭 조정

풀이 ① 모선전압조정
  • 유도전압조정기
  • 부하시 탭절환변압기
② 선로전압조정
  • 선로전압 강하보상기
  • 승압기
  • 직렬콘덴서
  • 주변압기의 탭조정
③ 배전용 변압기의 V결선은 단상 변압기 3대로 △결선 운전 중 한 상이 고장 났을 때 나머지 2대로 3상의 부하에 전력을 공급하는 방법이다. **답** ②

28 가공선 계통을 지중선 계통과 비교할 때 인덕턴스 및 정전용량은 어떠한가?

① 인덕턴스, 정전용량이 모두 작다.
② 인덕턴스, 정전용량이 모두 크다.
③ 인덕턴스는 크고, 정전용량은 작다.
④ 인덕턴스는 작고, 정전용량은 크다.

풀이 인덕턴스는 $\log_{10}\frac{D}{r}$에 비례하고, 정전용량은 $\log_{10}\frac{D}{r}$에 반비례한다. 가공선 계통은 지중선 계통에 비해 선간 거리(D)가 매우 크므로 인덕턴스는 크고 정전 용량은 작다. **답** ③

29 특유속도가 가장 낮은 수차는?

① 펠톤수차
② 사류수차
③ 프로펠러수차
④ 프란시스수차

풀이 수차의 종류와 특유속도 및 그 사용 한계

수차의 종류		특유속도의 한계값
펠톤수차		12~23
프란시스 수차	저속도형	65~150
	중속도형	150~250
	고속도형	250~350
사류수차		150~250
카플란 수차, 프로펠러 수차		350~800

답 ①

30 전력선과 통신선간의 상호 정전용량 및 상호 인덕턴스에 의해 발생되는 유도장해로 옳은 것은?

① 정전유도장해 및 전자유도장해
② 전력유도장해 및 정전유도장해
③ 정전유도장해 및 고조파유도장해
④ 전자유도장해 및 고조파유도장해

풀이
• 전자 유도 장해 : 전력선과 통신선과의 상호 인덕턴스에 의해 발생
• 정전 유도 장해 : 전력선과 통신선과의 정전용량에 의해 발생 **답** ①

31 그림과 같은 단상 2선식 배선에서 급전점의 전압이 220[V] 일 때 A점과 B점의 전압[V]은 얼마인가? (단, 저항값은 1선당 저항값이다.)

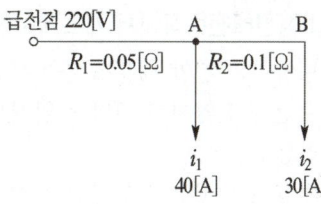

① 211, 205
② 215, 209
③ 213, 207
④ 209, 203

풀이 $V_A = V - 2(i_1 + i_2)R_1$
$= 220 - 2 \times (40 + 30) \times 0.05 = 213[V]$
$V_B = V_A - 2i_2 R_2 [V]$
$= 213 - 2 \times 30 \times 0.1 = 207[V]$ **답** ③

32 통신선과 평행인 60[Hz]의 3상 1회선 송전선에서 1선 지락으로 110[A]의 영상 전류가 흐르고 있을 때 통신선에 유기되는 전자 유도전압은 약 몇 [V]인가? (단, 영상전류는 송전선 전체에 걸쳐 같은 크기이고, 통신선과 송전선의 상호 인덕턴스는 0.05[mH/km], 양 선로의 평행 길이는 55[km]이다.)

① 252　　② 293
③ 342　　④ 365

풀이
$E_m = -j\omega Ml\,3I_0 = -j2\pi fMl\,3I_0$
$= -j2\pi \times 60 \times 0.05 \times 10^{-3} \times 55 \times 3 \times 110$
$= 342.12[V]$

※ 유도전압은 그 크기를 뜻하므로 (−)의미가 없다.

답 ③

33 출력 185000[kW]의 화력발전소에서 매 시간 140[t]의 석탄을 사용한다고 한다. 이 발전소의 열효율은 약 몇 [%]인가? (단, 사용하는 석탄의 발열량은 4000[kcal/kg]이다.)

① 28.4　　② 30.7
③ 32.6　　④ 34.5

풀이 효율 $\eta = \dfrac{860\,W}{mH} = \dfrac{860 \times 185000}{140 \times 10^3 \times 4000} \times 100$
$= 28.4[\%]$

답 ①

34 저압 뱅킹배전방식에서 캐스케이딩이란?

① 변압기의 전압 배분을 자동으로 하는 것
② 수전단 전압이 송전단 전압보다 높아지는 현상
③ 저압선에 고장이 생기면 건전한 변압기의 일부 또는 전부가 차단되는 현상
④ 전압 동요가 일어나면 연쇄적으로 파동치는 현상

풀이 캐스케이딩 현상이란 Banking 배전방식으로 운전 중 건전한 변압기 일부가 고장이 발생하면 부하가 다른 건전한 변압기에 걸려서 고장이 확대되는 현상을 말한다.

답 ③

35 화력발전소에서 열 사이클의 효율 향상을 위한 방법이 아닌 것은?

① 조속기의 설치
② 재생, 재열사이클의 채용
③ 절탄기, 공기예열기의 설치
④ 고압, 고온증기의 채용과 과열기의 설치

풀이
① 열 사이클 효율 향상 대책
　• 고압, 고온 증기 채용
　• 과열기 설치
　• 재생, 재열 사이클 채용
　• 절탄기, 공기예열기 설치
② 조속기는 회전체의 원심력을 이용하여 증기의 유입량을 조절하여 터빈의 회전속도를 일정하게 해주는 장치이다.

답 ①

36 진공차단기의 특징이 아닌 것은?

① 전류재단현상이 있어 개폐서지가 작다.
② 접점소모가 적어 수명이 길다.
③ 화재 및 폭발의 위험이 없다.
④ 고속도차단 성능이 우수하다.

풀이 진공 차단기의 특징
① 소형 경량이고 조작 기구가 간편하다.
② 화재 위험이 없다.
③ 폭발음이 없다.
④ 소호실에 대해서 보수가 거의 필요치 않다.
⑤ 차단 시간이 짧고 차단 성능이 회로의 주파수에 영향을 받지 않는다.
⑥ 개폐 서지 전압이 높기 때문에 VCB 2차측에 Mold 변압기가 설치된 경우 VCB 2차측에 SA(서지 흡수기)를 설치하여 서지로부터 변압기를 보호해야 한다.

답 ①

37 수용설비 각각의 최대수용전력의 합[kW]을 합성최대 수용전력[kW]으로 나눈 값은?

① 부하율　　② 수용률
③ 부등률　　④ 역률

풀이
부등률 = $\dfrac{\text{수용설비 개개의 최대수용전력의 합계}}{\text{합성 최대 수용 전력}} \geq 1$

답 ③

38 가공송전선로에서 총 단면적이 같은 경우 단도체와 비교하여 복도체의 장점이 아닌 것은?

① 안정도를 증대시킬 수 있다.
② 공사비가 저렴하고 시공이 간편하다.
③ 전선표면 전위경도를 감소시켜 코로나 임계전압이 높아진다.
④ 선로의 인덕턴스가 감소되고 정전용량이 증가해서 송전용량이 증대된다.

풀이 복도체 방식의 장점
① 전선의 **인덕턴스가 감소하고 정전 용량이 증가**되어 선로의 **송전 용량이 증가**하고 계통의 **안정도를 증진**시킨다.
② 전선 표면의 전위 경도가 저감되므로 **코로나 임계 전압을 높일 수 있고** 코로나손, 코로나 잡음 등의 장해가 저감된다.   **답** ②

39 동작 시간에 따른 보호 계전기의 분류와 그 설명이 옳지 않은 것은?

① 순한시 계전기는 설정된 최소작동전류 이상의 전류가 흐르면 즉시 작동하는 것으로 한도를 넘은 양과는 관계가 없다.
② 반한시 계전기는 작동시간이 전류값의 크기에 따라 변하는 것으로 전류값이 클수록 느리게 동작하고 반대로 전류값이 작아질수록 빠르게 작동하는 계전기이다.
③ 정한시 계전기는 설정된 값 이상의 전류가 흘렀을 때 작동 전류의 크기와는 관계없이 항상 일정한 시간 후에 작동하는 계전기이다.
④ 반한시성 정한시 계전기는 어느 전류값까지는 반한시성이지만 그 이상이 되면 정한시로 작동하는 계전기이다.

풀이 **반한시 계전기는** 정정된 값 이상의 전류가 흘러서 동작할 경우에 **전류값이 클수록 빨리 동작**하고 반대로 **전류값이 작아질수록 느리게 동작**하는 특성이 있다.

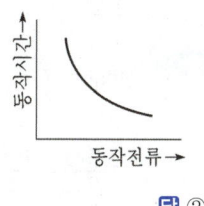

답 ②

40 단로기의 사용 목적은?

① 부하의 차단
② 과전류의 차단
③ 단락사고의 차단
④ 무부하 선로의 개폐

풀이 **단로기(DS)는** 변전소의 전력기기를 시험하기 위하여 **무부하 상태의 회로를 분리하거나, 계통의 접속을 바꾸거나 하는 경우에 사용**되며, 여기에는 소호 장치가 없어 고장 전류나 부하 전류의 개폐에는 사용할 수 없다. 다만, 무부하시 전류, 여자전류 등은 차단이 가능하다.   **답** ④

2018년 전력공학_전기기사·공사기사

문제의 번호는 실제 시험문제의 번호와 같게 하였습니다.

2018년 - 1회 _ 전기기사·공사기사

21 송전선에서 재폐로 방식을 사용하는 목적은?

① 역률 개선 ② 안정도 증진
③ 유도장해의 경감 ④ 코로나 발생방지

풀이 재폐로 방식의 장점
① 1회선 구간에서는 신뢰도를 향상시켜 2회선에 맞먹는 능력을 보유 할 수 있다.
② 정전시 공급지장시간을 단축시켜 안정된 전력공급을 기할 수 있다.
③ 송전용량을 2회선 용량한도까지 증대시켜서 사용 가능하다.
④ 고장 상을 고속도 차단 후 고속도 재투입함으로써 계통의 과도 안정도가 향상된다. **답** ②

22 설비용량이 360[kW], 수용률 0.8, 부등률 1.2일 때 최대수용전력은 몇 [kW]인가?

① 120 ② 240
③ 360 ④ 480

풀이 • 최대수용전력 = 설비용량 × 수용률
$= 360 \times 0.8 = 288[kW]$
• 부등률 = $\dfrac{\text{개별 최대수용전력의 합}}{\text{합성 최대수용전력}}$ 에서
합성 최대수용전력 = $\dfrac{\text{개별 최대수용전력의 합}}{\text{부등률}}$
$= \dfrac{288}{1.2} = 240[kW]$ **답** ②

23 배전계통에서 사용하는 고압용 차단기의 종류가 아닌 것은?

① 기중차단기(ACB) ② 공기차단기(ABB)
③ 진공차단기(VCB) ④ 유입차단기(OCB)

풀이 기중차단기(ACB ; Air Circuit Breakers)는 대기 중에서 아크를 길게 하여 소호실에서 냉각 차단하는 차단기로 저압계통의 회로에 사용한다. **답** ①

24 SF_6 가스차단기에 대한 설명으로 틀린 것은?

① SF_6 가스 자체는 불활성 기체이다.
② SF_6 가스는 공기에 비하여 소호능력이 약 100배 정도이다.
③ 절연거리를 적게 할 수 있어 차단기 전체를 소형, 경량화 할 수 있다.
④ SF_6 가스를 이용한 것으로서 독성이 있으므로 취급에 유의하여야 한다.

풀이 SF_6 가스 차단기의 특징
① 밀폐구조이므로 소음이 없다.
② 절연내력이 공기의 2~3배, 소호 능력은 공기의 100~200배
③ 근거리 고장 등 가혹한 재기전압에 대해서도 성능이 우수
④ SF_6 가스는 무색, 무취, 무독성 기체이다. **답** ④

25 송전선로의 일반회로 정수가 $A = 0.7$, $B = j190$, $D = 0.9$일 때 C의 값은?

① $-j1.95 \times 10^{-3}$
② $j1.95 \times 10^{-3}$
③ $-j1.95 \times 10^{-4}$
④ $j1.95 \times 10^{-4}$

풀이 $AD - BC = 1$ 이므로
$C = \dfrac{AD-1}{B} = \dfrac{0.7 \times 0.9 - 1}{j190} \fallingdotseq j1.95 \times 10^{-3}$ **답** ②

26 부하역률이 0.8인 선로의 저항손실은 0.9인 선로의 저항손실에 비해서 약 몇 배 정도 되는가?

① 0.97 ② 1.1
③ 1.27 ④ 1.5

풀이 전력손실 $P_l \propto \dfrac{1}{\cos^2\theta}$ 이므로
$\dfrac{P_{l\,0.8}}{P_{l\,0.9}} = \dfrac{\frac{1}{0.8^2}}{\frac{1}{0.9^2}} = \dfrac{81}{64} = 1.27$ **답** ③

27 단상변압기 3대에 의한 △결선에서 1대를 제거하고 동일전력을 V결선으로 보낸다면 동손은 약 몇 배가 되는가?

① 0.67　② 2.0　③ 2.7　④ 3.0

풀이 ① △결선 시 출력 $P_\triangle = 3VI_\triangle$,
V결선 시 출력 $P_V = \sqrt{3}\,VI_V$ 이다.
V결선에서 $I_V = \dfrac{P_V}{\sqrt{3}\,V}$ 이므로
동일전력을 보낸다면
$$I_V = \dfrac{P_\triangle}{\sqrt{3}\,V} = \dfrac{3VI_\triangle}{\sqrt{3}\,V} = \sqrt{3}\,I_\triangle$$
② △결선 시 전력손실
$P_{\triangle l} = 3I_\triangle^2 R$(단상변압기 3대),
V결선 시 전력손실
$P_{Vl} = 2I_V^2 R$(단상변압기 2대)
$P_{Vl} = 2I_V^2 R = 2\times(\sqrt{3}\,I_\triangle)^2 \times R$
$\qquad = 2\times 3I_\triangle^2\,R = 2P_{\triangle l}$
따라서 V결선시 동손은 △결선 시 동손의 2배가 된다.　**답 ②**

28 피뢰기의 충격방전 개시전압은 무엇으로 표시하는가?

① 직류전압의 크기　② 충격파의 평균치
③ 충격파의 최대치　④ 충격파의 실효치

풀이 충격 전압이 가해져 방전 전류가 흐르기 시작할 때 도달할 수 있는 최고 전압값을 충격 방전 개시 전압이라고 하며 충격파의 최대치로 나타낸다.　**답 ③**

29 단상 2선식 배전선로의 선로 임피던스가 $2+j5[\Omega]$이고 무유도성 부하전류 10[A]일 때 송전단 역률은? (단, 수전단 전압의 크기는 100[V]이고, 위상각은 0°이다.)

① $\dfrac{5}{12}$　② $\dfrac{5}{13}$　③ $\dfrac{11}{12}$　④ $\dfrac{12}{13}$

풀이

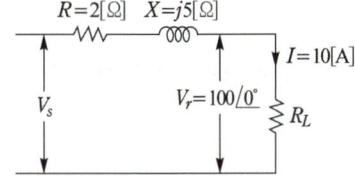

무유도 부하이므로 $R_L = \dfrac{V_r}{I} = \dfrac{100}{10} = 10[\Omega]$

$\therefore \cos\theta = \dfrac{R+R_L}{\sqrt{(R+R_L)^2 + X^2}}$
$\qquad = \dfrac{(2+10)}{\sqrt{(2+10)^2 + 5^2}} = \dfrac{12}{13}$　**답 ④**

30 그림과 같이 전력선과 통신선 사이에 차폐선을 설치하였다. 이 경우에 통신선의 차폐계수(K)를 구하는 관계식은? (단, 차폐선을 통신선에 근접하여 설치한다.)

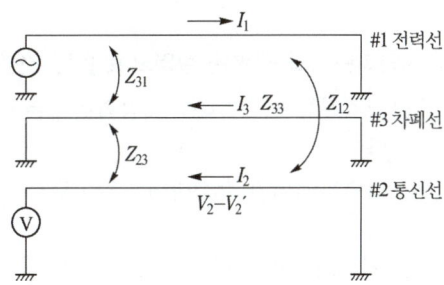

① $K = 1 + \dfrac{Z_{31}}{Z_{12}}$　② $K = 1 - \dfrac{Z_{31}}{Z_{33}}$

③ $K = 1 - \dfrac{Z_{23}}{Z_{33}}$　④ $K = 1 + \dfrac{Z_{23}}{Z_{33}}$

풀이 ① 통신선에 유도되는 전압
$$V_2 = -Z_{12}I_0 + Z_{23}I_s = -Z_{12}I_0 + Z_{23}\dfrac{Z_{31}I_0}{Z_{33}}$$
$$= -Z_{12}I_1\left(1 - \dfrac{Z_{31}}{Z_3}\dfrac{Z_{23}}{Z_{12}}\right)$$
이 식에 있어서 $-Z_{12}I_0$는 차폐선이 없을 경우의 유도 전압이기 때문에 $\left(1 - \dfrac{Z_{31}}{Z_{33}}\dfrac{Z_{23}}{Z_{12}}\right)$는 차폐선을 설치함으로써 유도 전압이 이만큼 줄게 된다는 저감 비율을 나타내는 차폐 계수라고 볼 수 있다.

② 차폐계수 $K = \left|1 - \dfrac{Z_{31}}{Z_{33}}\dfrac{Z_{23}}{Z_{12}}\right|$에서

• 차폐선을 전력선에 접근해서 설치할 경우에는
$Z_{12} \fallingdotseq Z_{23}$로 되므로 $K_1 = \left|1 - \dfrac{Z_{31}}{Z_{33}}\right|$

• 차폐선을 통신선에 접근해서 설치할 경우에는
$Z_{31} \fallingdotseq Z_{12}$로 되므로 $K_2 = \left|1 - \dfrac{Z_{23}}{Z_{33}}\right|$　**답 ③**

31 모선 보호에 사용되는 계전방식이 아닌 것은?

① 위상 비교방식
② 선택접지 계전방식
③ 방향거리 계전방식
④ 전류차동 보호방식

풀이 모선 보호 계전 방식의 종류
① 전류 차동 보호 방식
② 전압 차동 보호 방식
③ 위상 비교 방식
④ 환상 모선 보호 방식
⑤ 방향 거리 계전 방식   **답** ②

32 %임피던스와 관련된 설명으로 틀린 것은?

① 정격전류가 증가하면 %임피던스는 감소한다.
② 직렬리액터가 감소하면 %임피던스도 감소한다.
③ 전기기계의 %임피던스가 크면 차단기의 용량은 작아진다.
④ 송전계통에서는 임피던스의 크기를 옴값 대신에 %값으로 나타내는 경우가 많다.

풀이 %임피던스
$\%Z = \dfrac{I_n[A] \times Z[\Omega]}{E[V]} \times 100[\%]$ 이므로
정격전류(I_n)가 증가하면,
%임피던스(%Z)도 증가한다.   **답** ①

33 A, B 및 C상 전류를 각각 I_a, I_b 및 I_c라 할 때
$I_x = \dfrac{1}{3}(I_a + a^2 I_b + a I_c)$, $a = -\dfrac{1}{2} + j\dfrac{\sqrt{3}}{2}$
으로 표시되는 I_x는 어떤 전류인가?

① 정상전류
② 역상전류
③ 영상전류
④ 역상전류와 영상전류의 합

풀이 대칭 좌표법의 대칭 전류를 보면
• 정상 전류 $I_1 = \dfrac{1}{3}(I_a + a I_b + a^2 I_c)$

• 역상 전류 $I_2 = \dfrac{1}{3}(I_a + a^2 I_b + a I_c)$

• 영상 전류 $I_0 = \dfrac{1}{3}(I_a + I_b + I_c)$ **답** ②

34 그림과 같이 "수류가 고체에 둘러 쌓여 있고 A로부터 유입되는 수량과 B로부터 유출되는 수량이 같다"고 하는 이론은?

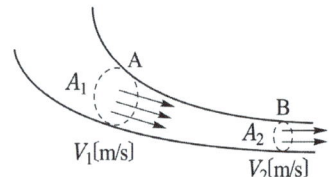

① 수두이론   ② 연속의 원리
③ 베르누이의 정리   ④ 토리첼리의 정리

풀이 연속의 정리 $A_1 v_1 = A_2 v_2 = Q$(일정)
단, A_1, A_2 : a, b점의 단면적[m²],
   v_1, v_2 : a, b점의 유속[m/s]   **답** ②

35 4단자 정수가 A, B, C, D인 선로에 임피던스가 $\dfrac{1}{Z_T}$인 변압기가 수전단에 접속된 경우 계통의 4단자 정수 중 D_o는?

① $D_o = \dfrac{C + DZ_T}{Z_T}$ ② $D_o = \dfrac{C + AZ_T}{Z_T}$

③ $D_o = \dfrac{D + CZ_T}{Z_T}$ ④ $D_o = \dfrac{B + AZ_T}{Z_T}$

풀이
$\begin{bmatrix} A_0 & B_0 \\ C_0 & D_0 \end{bmatrix} = \begin{bmatrix} A & B \\ C & D \end{bmatrix} \begin{bmatrix} 1 & \dfrac{1}{Z_T} \\ 0 & 1 \end{bmatrix} = \begin{bmatrix} A & \dfrac{A}{Z_T} + B \\ C & \dfrac{C}{Z_T} + D \end{bmatrix}$

$\therefore D_0 = D + \dfrac{C}{Z_T} = \dfrac{C + DZ_T}{Z_T}$ **답** ①

36 대용량 고전압의 안정권선(△권선)이 있다. 이 권선의 설치 목적과 관계가 먼 것은?

① 고장전류 저감   ② 제3고조파 제거
③ 조상 설비 설치   ④ 소내용 전원 공급

풀이 안정권선(△권선)의 설치 목적
① 조상 설비 설치
② 제3고조파의 제거
③ 소내용 전원 공급 답 ①

37 한류 리액터를 사용하는 가장 큰 목적은?
① 충전전류의 제한
② 접지전류의 제한
③ 누설전류의 제한
④ 단락전류의 제한

풀이 리액터의 종류
• 한류 리액터 : 단락 사고시의 단락 전류를 제한
• 직렬 리액터 : 제5고조파 제거
• 분로 리액터 : 페란티 현상 방지
• 소호 리액터 : 지락 아크 소멸 답 ④

38 변압기 등 전력설비 내부 고장 시 변류기에 유입하는 전류와 유출하는 전류의 차로 동작하는 보호계전기는?
① 차동계전기
② 지락계전기
③ 과전류계전기
④ 역상전류계전기

풀이 ① 차동 계전기 : 보호 구간에 유입하는 전류와 유출하는 전류의 벡터차를 검출해서 동작하는 계전기
② 지락 계전기 : 영상변류기(ZCT)에 의해 검출된 영상전류에 의해 동작하며 지락 고장 보호용으로 사용
③ 과전류 계전기 : 일정값 이상의 전류가 흘렀을 때 동작하며, 일명 과부하 계전기라 불려짐
④ 역상 전류 계전기 : 불평형 전류나 역상분을 검출하는 계전기 답 ①

39 3상 결선 변압기의 단상운전에 의한 소손방지 목적으로 설치하는 계전기는?
① 차동계전기   ② 역상계전기
③ 단락계전기   ④ 과전류계전기

풀이 3상 변압기가 단상으로 운전되면 역상분이 존재하므로 역상 계전기로 결상을 검출한다. 답 ②

40 송전 선로의 정전용량은 등가 선간거리 D가 증가하면 어떻게 되는가?
① 증가한다.
② 감소한다.
③ 변하지 않는다.
④ D^2에 반비례하여 감소한다.

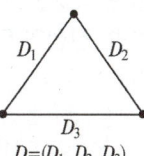
$D = (D_1, D_2, D_3)$

풀이 정전용량 $C = \dfrac{0.02413}{\log\dfrac{D}{r}} \propto \dfrac{1}{\log\dfrac{D}{r}}$ 이므로

정전용량(C)은 등가 선간거리(D)가 증가하면 감소한다. 답 ②

2018년 - 2회 _ 전기기사·공사기사

21 1[kWh]를 열량으로 환산하면 약 몇 [kcal]인가?
① 80   ② 256
③ 539   ④ 860

풀이 열량의 단위 $\begin{cases} 1[\text{kcal}] = \dfrac{1}{860}[\text{kWh}] \\ 1[\text{kcal}] = 3.968\,[\text{B.T.U}] \\ 1[\text{B.T.U}] = 0.252\,[\text{kcal}] \end{cases}$

따라서 1[kWh] = 860[kcal]이다. 답 ④

22 22.9[kV], Y결선된 자가용 수전설비의 계기용 변압기의 2차측 정격전압은 몇 [V]인가?
① 110   ② 220
③ $110\sqrt{3}$ ④ $220\sqrt{3}$

풀이 • 계기용 변압기(PT) : 고전압을 저전압으로 변성하여 계기나 계전기에 공급하기 위한 목적으로 사용되며 2차측 정격전압은 110[V]이다.
• 계기용 변류기(CT) : 대전류를 소전류로 변성하여 계기나 계전기에 공급하기 위한 목적으로 사용되며 2차측 정격전류는 5[A]이다. 답 ①

23 순저항 부하의 부하전력 P[kW], 전압 E[V], 선로의 길이 l[m], 고유저항 ρ[Ω·mm²/m]인 단상 2선식 선로에서 선로 손실을 q[W]라 하면, 전선의 단면적[mm²]은 어떻게 표현되는가?

① $\dfrac{\rho l P^2}{qE^2} \times 10^6$　　② $\dfrac{2\rho l P^2}{qE^2} \times 10^6$

③ $\dfrac{\rho l P^2}{2qE^2} \times 10^6$　　④ $\dfrac{2\rho l P^2}{q^2 E} \times 10^6$

풀이　단상에서의 전류
$$I = \dfrac{P[\text{kW}]}{E} = \dfrac{P \times 10^3[\text{W}]}{E}[\text{A}]$$
저항 $R = \rho\dfrac{l}{A}$[Ω] 이므로
단상 2선식의 선로손실
$$q = 2I^2 R = 2 \times \left(\dfrac{P \times 10^3}{E}\right)^2 \times \rho\dfrac{l}{A}$$
$$= \dfrac{2\rho l P^2}{AE^2} \times 10^6 [\text{W}]$$
따라서 전선의 단면적
$$A = \dfrac{2\rho l P^2}{qE^2} \times 10^6[\text{mm}^2]$$
답 ②

24 동작전류의 크기가 커질수록 동작시간이 짧게 되는 특성을 가진 계전기는?

① 순한시 계전기
② 정한시 계전기
③ 반한시 계전기
④ 반한시 정한시 계전기

풀이　보호 계전기 특징
③ 순한시 특성 : 최소 동작 전류 이상의 전류가 흐르면 즉시 동작하는 특성
① 정한시 특성 : 동작 전류의 크기에 관계없이 일정한 시간에 동작하는 특성
② 반한시 특성 : 동작 전류가 커질수록 동작 시간이 짧게 되는 특성
④ 반한시 정한시 특성 : 동작 전류가 적은 동안에는 동작 전류가 커질수록 동작 시간이 짧게 되고, 어떤 전류 이상이면 동작 전류의 크기에 관계없이 일정한 시간에 동작하는 특성
답 ③

25 소호 리액터를 송전계통에 사용하면 리액터의 인덕턴스와 선로의 정전용량이 어떤 상태로 되어 지락전류를 소멸시키는가?

① 병렬공진　　② 직렬공진
③ 고임피던스　　④ 저임피던스

풀이　소호 리액터 접지방식은 선로의 대지정전용량과 중성점에 접속된 소호 리액터(변압기 리액턴스를 무시한 경우)의 병렬공진에 의하여 지락전류를 소멸시켜 안정도를 최대로 하기 위한 접지를 말한다.
답 ①

26 동기조상기에 대한 설명으로 틀린 것은?

① 시충전이 불가능하다.
② 전압 조정이 연속적이다.
③ 중부하시에는 과여자로 운전하여 앞선 전류를 취한다.
④ 경부하시에는 부족여자로 운전하여 뒤진 전류를 취한다.

풀이　조성설비

	진상	지상	시충전	조정
콘덴서	○	×	×	단계적
리액터	×	○	×	단계적
동기 조상기	○	○	○	연속적

답 ①

27 화력발전소에서 가장 큰 손실은?

① 소내용 동력
② 송풍기 손실
③ 복수기에서의 손실
④ 연도 배출가스 손실

풀이　발전소마다 각 손실의 비가 다르나 복수식 발전소에서는 복수기 냉각수에 의한 열량이 가장 크고 석탄 열량의 50~60[%]에 달한다. 다음에 큰 것은 굴뚝 배출 가스 손실로 10[%] 정도이다.
답 ③

28 정전용량 0.01[μF/km], 길이 173.2[km], 선간전압 60[kV], 주파수 60[Hz]인 3상 송전선로의 충전전류는 약 몇 [A]인가?

① 6.3　② 12.5　③ 22.6　④ 37.2

풀이 충전전류
$$I_c = \omega C_w\, lE = 2\pi f \times C_w\, l \times \frac{V}{\sqrt{3}}$$
$$= 2\pi \times 60 \times 0.01 \times 10^{-6} \times 173.2 \times \frac{60{,}000}{\sqrt{3}}$$
$$= 22.6[A]$$
답 ③

29 발전용량 9800[kW]의 수력발전소 최대사용 수량이 10[m³/s]일 때, 유효낙차는 몇 [m]인가?

① 100 ② 125
③ 150 ④ 175

풀이 발전용량 $P = 9.8QH\,[\text{kW}]$
(단, Q : 사용 수량 [m³/s], H : 유효 낙차 [m])
따라서 유효낙차
$$H = \frac{P}{9.8Q} = \frac{9800}{9.8 \times 10} = 100[\text{m}]$$
답 ①

30 차단기의 정격 차단시간은?

① 고장 발생부터 소호까지의 시간
② 트립코일 여자부터 소호까지의 시간
③ 가동 접촉자의 개극부터 소호까지의 시간
④ 가동 접촉자의 동작시간부터 소호까지의 시간

풀이 차단기의 차단 시간 : 트립 코일 여자부터 차단기의 가동 전극이 고정 전극으로부터 이동을 개시하여 개극할 때까지의 개극 시간과 접점이 충분히 떨어져 아크가 완전히 소호할 때까지의 아크 시간의 합으로 3~8[Hz]이다.
답 ②

31 부하전류의 차단능력이 없는 것은?

① DS   ② NFB
③ OCB   ④ VCB

풀이 단로기(DS)는 소호 및 아크 소멸능력이 없으므로 고장 전류 뿐만 아니라 부하전류도 차단할 수 없다.
답 ①

32 전선의 굵기가 균일하고 부하가 송전단에서 말단까지 균일하게 분포되어 있을 때 배전선 말단에서 전압강하는? (단, 배전선 전체저항 R, 송전단의 부하전류는 I 이다.)

① $\frac{1}{2}RI$ ② $\frac{1}{\sqrt{2}}RI$
③ $\frac{1}{\sqrt{3}}RI$ ④ $\frac{1}{3}RI$

풀이

부하종류	전압 강하	전력 손실
말단 집중 부하	IR	I^2R
균등 분포 부하	$\frac{1}{2}IR$	$\frac{1}{3}I^2R$

답 ①

33 역률 개선용 콘덴서를 부하와 병렬로 연결하고자 한다. △결선방식과 Y결선방식을 비교하면 콘덴서의 정전용량[μF]의 크기는 어떠한가?

① △결선방식과 Y결선방식은 동일하다.
② Y결선방식이 △결선방식의 $\frac{1}{2}$이다.
③ △결선방식이 Y결선방식의 $\frac{1}{3}$이다.
④ Y결선방식이 △결선방식의 $\frac{1}{\sqrt{3}}$이다.

풀이 $Q = 3EI = 3E2\pi fCE = 3 \times 2\pi fCE^2$ 에서
$$C_\triangle = \frac{Q}{3 \times 2\pi f V^2}$$
(∵ △결선에서 상전압 = 선간전압)
$$C_Y = \frac{Q}{3 \times 2\pi f \left(\frac{V}{\sqrt{3}}\right)^2} = \frac{Q}{2\pi f V^2}$$
(∵ Y결선에서 상전압 = $\frac{선간전압}{\sqrt{3}}$)
$$\frac{C_\triangle}{C_Y} = \frac{\frac{Q}{3 \times 2\pi f V^2}}{\frac{Q}{2\pi f V^2}} = \frac{1}{3}$$
$$\therefore C_\triangle = \frac{1}{3}C_Y$$
답 ③

34 송전선로에서 고조파 제거 방법이 아닌 것은?

① 변압기를 △결선한다.
② 능동형 필터를 설치한다.
③ 유도전압 조정장치를 설치한다.
④ 무효전력 보상장치를 설치한다.

풀이 유도 전압 조정장치는 배전선로의 모선 전압 조정장치로 고조파 제거와는 무관하다. **답** ③

35 송전선로에 댐퍼(Damper)를 설치하는 주된 이유는?

① 전선의 진동방지
② 전선의 이탈방지
③ 코로나현상의 방지
④ 현수애자의 경사방지

풀이 댐퍼는 전선의 진동에너지를 흡수함으로서 진동발생 방지 및 진동으로 인한 전선의 단선을 방지하기 위한 설비로, 지지점 가까운 곳에 설치한다. **답** ①

36 400[kVA] 단상변압기 3대를 △−△결선으로 사용하다가 1대의 고장으로 V−V결선을 하여 사용하면 약 몇 [kVA] 부하까지 걸 수 있겠는가?

① 400   ② 566
③ 693   ④ 800

풀이 V결선시 3상출력 $= \sqrt{3} \times P_1$(단상 변압기 1대의 출력)
∴ $P_V = \sqrt{3} \times 400 ≒ 693[kVA]$ **답** ③

37 직격뢰에 대한 방호설비로 가장 적당한 것은?

① 복도체   ② 가공지선
③ 서지흡수기   ④ 정전방전기

풀이 가공 지선의 설치 목적
① 직격 뇌에 대한 차폐 효과
② 유도 뇌에 대한 정전 차폐 효과
③ 통신선에 대한 전자 유도 장해 경감 효과 **답** ②

38 선로정수를 평행되게 하고, 근접 통신선에 대한 유도장해를 줄일 수 있는 방법은?

① 연가를 시행한다.
② 전선으로 복도체를 사용한다.
③ 전선로의 이도를 충분하게 한다.
④ 소호리액터 접지를 하여 중성점 전위를 줄여준다.

풀이
• 연가는 선로정수를 평형시키고 통신선의 유도장해를 방지하기 위하여 선로를 3배수 등분하여 실시한다.
• 연가의 목적 : 직렬공진 방지, 유도장해 감소, 선로정수 평형 **답** ①

39 직류 송전방식에 대한 설명으로 틀린 것은?

① 선로의 절연이 교류방식보다 용이하다.
② 리액턴스 또는 위상각에 대해서 고려 할 필요가 없다.
③ 케이블 송전일 경우 유전손이 없기 때문에 교류방식보다 유리하다.
④ 비동기 연계가 불가능하므로 주파수가 다른 계통 간의 연계가 불가능하다.

풀이 직류 송전 방식의 장·단점
[장점]
① 선로의 리액턴스가 없으므로 안정도가 높다.
② 유전체손 및 충전 용량이 없고 절연 내력이 강하다.
③ 비동기 연계가 가능하다.
④ 단락 전류가 적고 임의 크기의 교류 계통을 연계시킬 수 있다.
⑤ 코로나손 및 전력 손실이 적다.
⑥ 표피 효과나 근접 효과가 없으므로 실효 저항의 증대가 없다.

[단점]
① 직교 변환 장치가 필요하다.
② 전압의 승압 및 강압이 불리하다.
③ 고조파나 고주파 억제 대책이 필요하다.
④ 직류 차단기가 개발되어 있지 않다. **답** ④

40 저압배전계통을 구성하는 방식 중, 캐스케이딩(cascading)을 일으킬 우려가 있는 방식은?

① 방사상방식
② 저압뱅킹방식
③ 저압네트워크방식
④ 스포트네트워크방식

풀이 캐스케이딩 현상이란 저압 뱅킹 배전방식으로 운전 중 건전한 변압기 일부가 고장이 발생하면 부하가 다른 건전한 변압기에 걸려서 고장이 확대되는 현상을 말한다.
답 ②

23 배전선의 전압조정장치가 아닌 것은?

① 승압기
② 리클로저
③ 유도전압조정기
④ 주상변압기 탭 절환장치

풀이 ① 배전선 전압 조정 장치
• 주변압기 1차측의 무부하시(탭 변환 장치), 부하 시(탭 절환 장치)
• 정지형 전압 조정기(SVR)
• 유도 전압 조정기(IVR)
② 리클로저는 회로의 차단과 투입을 자동적으로 반복하는 기구를 갖춘 차단기의 일종이다.
답 ②

2018년 - 3회 _ 전기기사

21 변류기 수리 시 2차측을 단락시키는 이유는?

① 1차측 과전류 방지
② 2차측 과전류 방지
③ 1차측 과전압 방지
④ 2차측 과전압 방지

풀이 CT의 2차 회로를 개방하면 1차 전류가 모두 여자 전류가 되어 2차 권선에 매우 높은 전압이 유기되어 절연이 파괴되어 소손될 염려가 있으므로 CT의 2차측을 개방하면 안 된다.
답 ④

22 1년 365일 중 185일은 이 양 이하로 내려가지 않는 유량은?

① 평수량 ② 풍수량
③ 고수량 ④ 저수량

풀이 ① 갈수량(갈수위) : 하천의 수위 중에서 1년을 통하여 355일간 이보다 내려가지 않는 수위
② 저수량(저수위) : 하천의 수위 중에서 1년을 통하여 275일간 이보다 내려가지 않는 수위
③ 평수량(평수위) : 하천의 수위 중에서 1년을 통하여 185일간 이보다 내려가지 않는 수위
④ 풍수량(풍수위) : 하천의 수위 중에서 1년을 통하여 95일간 이보다 내려가지 않는 수위
⑤ 고수량(고수위) : 매 년 한두 번 발생하는 출수의 유량 및 수위
답 ①

24 발전기 또는 주변압기의 내부고장 보호용으로 가장 널리 쓰이는 것은?

① 거리계전기
② 과전류계전기
③ 비율차동계전기
④ 방향단락계전기

풀이 비율 차동 계전기는 변압기 내부 고장에 대한 보호 장치로 변압기 1차 전류와 2차 전류의 차 전류가 일정 비율 이상으로 되면 동작하는 계전기이다.
답 ③

25 그림과 같은 선로의 등가선간거리는 몇 [m]인가?

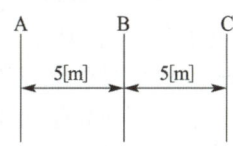

① 5   ② $5\sqrt{2}$
③ $5\sqrt[3]{2}$ ④ $10\sqrt[3]{2}$

풀이 등가 선간 거리
$D_e = \sqrt[3]{D_{AB} \cdot D_{BC} \cdot D_{CA}} = \sqrt[3]{5 \times 5 \times 10}$
$= 5\sqrt[3]{2}$ [m]
답 ③

26 서지파(진행파)가 서지 임피던스 Z_1의 선로측에서 서지 임피던스 Z_2의 선로측으로 입사할 때 투과계수(투과파 전압÷입사파 전압) b를 나타내는 식은?

① $b = \dfrac{Z_2 - Z_1}{Z_1 + Z_2}$ ② $b = \dfrac{2Z_2}{Z_1 + Z_2}$

③ $b = \dfrac{Z_1 - Z_2}{Z_1 + Z_2}$ ④ $b = \dfrac{2Z_1}{Z_1 + Z_2}$

풀이 전압 진행파의 반사 계수와 투과 계수

① 반사 계수 $= \dfrac{\text{반사파}(e_1{'})}{\text{입사파}(e_1)} = \dfrac{Z_2 - Z_1}{Z_2 + Z_1}$

② 투과 계수 $= \dfrac{\text{투과파}(e_2)}{\text{입사파}(e_1)} = \dfrac{2Z_2}{Z_2 + Z_1}$ **답** ②

27 3상 송전선로에서 선간단락이 발생하였을 때 다음 중 옳은 것은?

① 역상전류만 흐른다.
② 정상전류와 역상전류가 흐른다.
③ 역상전류와 영상전류가 흐른다.
④ 정상전류와 영상전류가 흐른다.

풀이

고장의 종류	대 칭 분
1선 지락	정상분, 역상분, 영상분
선간 단락	정상분, 역상분
3상 단락	정상분

답 ②

28 송전계통의 안정도 향상 대책이 아닌 것은?

① 전압 변동을 적게 한다.
② 고속도 재폐로 방식을 채용한다.
③ 고장시간, 고장전류를 적게 한다.
④ 계통의 직렬 리액턴스를 증가시킨다.

풀이 안정도 향상 대책
 ① **계통의 직렬 리액턴스 감소**
 ② 전압 변동률을 적게 한다(속응 여자 방식 채용, 계통의 연계, 중간 조상 방식).
 ③ 계통에 주는 충격을 적게 한다(적당한 중성점 접지 방식, 고속 차단 방식, 재폐로 방식).
 ④ 고장 중의 발전기 돌입 출력의 불평형을 적게 한다.

답 ④

29 배전선로에서 사고범위의 확대를 방지하기 위한 대책으로 적당하지 않은 것은?

① 선택접지계전방식 채택
② 자동고장 검출장치 설치
③ 진상콘덴서를 설치하여 전압보상
④ 특고압의 경우 자동구분개폐기 설치

풀이 배전선로에서 **진상(콘덴서) 성분은** 이상전압 발생 가능성을 증가시켜 **사고범위가 확대될 수 있으므로** 사고범위의 확대를 방지하기 위한 대책으로는 적당하지 않다.
답 ③

30 화력발전소에서 재열기의 사용 목적은?

① 증기를 가열한다.
② 공기를 가열한다.
③ 급수를 가열한다.
④ 석탄을 건조한다.

풀이 고압 터빈 내에서 **팽창한 증기를** 일부 추출하여, **보일러에서 재가열함으로써** 건조도를 높여 적당한 과열도를 갖도록 하는 과열기를 설치하는데 이것을 **재열기**(reheater)라 한다.
답 ①

31 송전전력, 송전거리, 전선의 비중 및 전력손실률이 일정하다고 하면 전선의 단면적 $A[\text{mm}^2]$와 송전전압 $V[\text{kV}]$와의 관계로 옳은 것은?

① $A \propto V$ ② $A \propto V^2$

③ $A \propto \dfrac{1}{\sqrt{V}}$ ④ $A \propto \dfrac{1}{V^2}$

풀이 전력손실 $P_l = 3I^2 R = \dfrac{P^2 \rho l}{V^2 \cos^2\theta A}$

전력손실률 $h = \dfrac{P_l}{P} = \dfrac{P\rho l}{V^2 \cos^2\theta A}$ 이므로

송전전력(P), 송전거리(l), 전선의 비중(ρ), 전력손실률(h)이 일정하다고 하면

전선의 단면적 $A = \dfrac{P\rho l}{h V^2 \cos^2\theta} \propto \dfrac{1}{V^2}$ **답** ④

32 선로에 따라 균일하게 부하가 분포된 선로의 전력 손실은 이들 부하가 선로의 말단에 집중적으로 접속되어 있을 때 보다 어떻게 되는가?

① $\dfrac{1}{2}$로 된다. ② $\dfrac{1}{3}$로 된다.
③ 2배로 된다. ④ 3배로 된다.

풀이

부하종류	전압 강하	전력 손실
말단 집중 부하	IR	I^2R
균등 분포 부하	$\dfrac{1}{2}IR$	$\dfrac{1}{3}I^2R$

답 ②

33 반지름 r[m]이고 소도체 간격 s인 4복도체 송전선로에서 전선 A, B, C가 수평으로 배열되어 있다. 등가선간거리가 D[m]로 배치되고 완전 연가된 경우 송전선로의 인덕턴스는 몇 [mH/km]인가?

① $0.4605\log_{10}\dfrac{D}{\sqrt{rs^2}}+0.0125$

② $0.4605\log_{10}\dfrac{D}{\sqrt[2]{rs}}+0.025$

③ $0.4605\log_{10}\dfrac{D}{\sqrt[3]{rs^2}}+0.0167$

④ $0.4605\log_{10}\dfrac{D}{\sqrt[4]{rs^3}}+0.0125$

풀이 n복도체의 인덕턴스

$L_n = 0.4605\log_{10}\dfrac{D}{\sqrt[n]{rs^{n-1}}}+\dfrac{0.05}{n}$[mH/km]

$\therefore L_4 = 0.4605\log_{10}\dfrac{D}{\sqrt[4]{rs^{4-1}}}+\dfrac{0.05}{4}$

$= 0.4605\log_{10}\dfrac{D}{\sqrt[4]{rs^3}}+0.0125$[mH/km]

답 ④

34 최소 동작 전류 이상의 전류가 흐르면 한도를 넘은 양(量)과는 상관없이 즉시 동작하는 계전기는?

① 순한시계전기 ② 반한시계전기
③ 정한시계전기 ④ 반한시정한시계전기

풀이 보호 계전기 특징
① 순한시 특성 : 최소 동작 전류 이상의 전류가 흐르면 즉시 동작하는 특성
② 반한시 특성 : 동작 전류가 커질수록 동작 시간이 짧게 되는 특성
③ 정한시 특성 : 동작 전류의 크기에 관계없이 일정한 시간에 동작하는 특성
④ 반한시 정한시 특성 : 동작 전류가 적은 동안에는 동작 전류가 커질수록 동작 시간이 짧게 되고 어떤 전류 이상이면 동작 전류의 크기에 관계없이 일정한 시간에 동작하는 특성

답 ①

35 최근에 우리나라에서 많이 채용되고 있는 가스 절연 개폐 설비(GIS)의 특징으로 틀린 것은?

① 대기 절연을 이용한 것에 비해 현저하게 소형화할 수 있으나 비교적 고가이다.
② 소음이 적고 충전부가 완전한 밀폐형으로 되어 있기 때문에 안정성이 높다.
③ 가스 압력에 대한 엄중 감시가 필요하며 내부 점검 및 부품 교환이 번거롭다.
④ 한랭지, 산악 지방에서도 액화 방지 및 산화 방지 대책이 필요 없다.

풀이 GIS의 특징
(1) 장점
① 충전부가 대기에 노출되지 않아 기기의 안정성, 신뢰성이 우수하다.
② 감전 사고 위험이 적다.
③ 밀폐형이므로 배기 소음이 없다.
④ 소형화 가능하다.
⑤ 보수, 점검이 용이하다.
(2) 단점
① 사고의 대응이 부적절한 경우 대형사고 유발 우려가 있다.
② 고장 발생시 조기복구, 임시복구가 거의 불가능하다.
③ SF_6 가스의 세심한 주의가 필요하며 내부 점검 및 부품 교환이 번거롭다.
④ 한랭지, 산악 지방에서 가스의 액화 방지 및 산화 방지 대책이 필요하다.

답 ④

36 송전선로에 복도체를 사용하는 주된 목적은?

① 인덕턴스를 증가시키기 위하여
② 정전용량을 감소시키기 위하여
③ 코로나 발생을 감소시키기 위하여
④ 전선 표면의 전위경도를 증가시키기 위하여

풀이
- 3상 송전선의 한 가닥의 전선을 2가닥 이상으로 한 것을 다도체라 하고, 2가닥으로 한 것을 보통 복도체라 한다.
- 복도체를 사용하면 인덕턴스는 감소하고 정전용량은 증가하며, 안정도를 증가시키고, 코로나 발생을 억제한다.

답 ③

37 송배전 선로의 전선 굵기를 결정하는 주요 요소가 아닌 것은?
① 전압강하 ② 허용전류
③ 기계적 강도 ④ 부하의 종류

풀이 전선의 굵기를 결정하는 요인
① 허용 전류 ② 기계적 강도 ③ 전압 강하이며, 허용 전류가 가장 중요한 요소가 된다.

답 ④

38 기준 선간전압 23[kV], 기준 3상 용량 5000[kVA], 1선의 유도 리액턴스가 15[Ω]일 때 % 리액턴스는?
① 28.36[%] ② 14.18[%]
③ 7.09[%] ④ 3.55[%]

풀이 $\%X = \dfrac{PX}{10V^2} = \dfrac{5000 \times 15}{10 \times 23^2} ≒ 14.18[\%]$

여기서, P : 기준용량[kVA], V : 전압[kV]
X : 1선의 리액턴스[Ω]

답 ②

39 망상(Network)배전방식에 대한 설명으로 옳은 것은?
① 전압 변동이 대체로 크다.
② 부하 증가에 대한 융통성이 적다.
③ 방사상 방식보다 무정전 공급의 신뢰도가 더 높다.
④ 인축에 대한 감전사고가 적어서 농촌에 적합하다.

풀이 망상 배전 방식의 장·단점
[장점] ① 무정전 공급의 신뢰도가 높다.
② 기기의 이용률이 향상된다.
③ 전압 변동이 적다.
④ 부하 증가에 대한 적응성이 양호하다.
⑤ 전력손실 감소
⑥ 변전소 수를 줄일 수 있다.

[단점] ① 건설비가 비싸다.
② 인축의 접촉 사고가 증가한다.

답 ③

40 3상용 차단기의 정격전압은 170[kV]이고 정격 차단전류가 50[kA]일 때 차단기의 정격차단용량은 약 몇 [MVA]인가?
① 5000 ② 10000
③ 15000 ④ 20000

풀이 정격 차단 용량
$P_s = \sqrt{3}\,VI_s = \sqrt{3} \times 170 \times 50$
$= 14722.43 ≒ 15000[\text{MVA}]$
여기서, V : 정격 전압[kV],
I_s : 정격 차단 전류[kA]

답 ③

2018년 4회 _ 공사기사

21 전력용 피뢰기에서 직렬 갭의 주된 사용 목적은?
① 충격방전 개시전압을 높게 하기 위함
② 방전내량을 크게 하고, 장시간 사용하여도 열화를 적게 하기 위함
③ 상시는 누설전류를 방지하고 충격파 방전 종료 후에는 속류를 즉시 차단하기 위함
④ 충격파가 침입할 때 대지에 흐르는 방전전류를 크게 하여 제한전압을 낮게 하기 위함

풀이 직렬 갭의 역할
① 상용 주파수의 상규 전압에 대해서는 대지 간에 절연을 유지(누설전류 방지)
② 이상 전압이 내습하면 충격 전류를 방전하여 전압의 상승을 방지
③ 충격 전류 방전 후 속류 차단

답 ③

22 밸런서의 설치가 가장 필요한 배전방식은?
① 단상 2선식 ② 단상 3선식
③ 3상 3선식 ④ 3상 4선식

풀이 단상 3선식에서 중성선이 단선되면 경부하측 전위상승에 의한 전압 불평형이 생기기 쉬우므로 저압 밸런서를 설치하여야 한다. **답** ②

② 전압 강하율
$$\epsilon = \frac{V_s - V_r}{V_r} \times 100$$
$$= \frac{65473 - 60000}{60000} \times 100 = 9.1[\%]$$ **답** ①

23 최소 동작 전류값 이상이면 일정한 시간에 동작하는 특성을 갖는 계전기는?

① 정한시 계전기
② 반한시 계전기
③ 순한시 계전기
④ 반한시성 정한시 계전기

풀이 보호 계전기 특징
① 순한시 특성 : 최소 동작 전류 이상의 전류가 흐르면 즉시 동작하는 특성
② **정한시 특성** : 동작 전류의 크기에 관계없이 **일정한 시간에 동작**하는 특성
③ 반한시 특성 : 동작 전류가 커질수록 동작 시간이 짧게 되는 특성
④ 반한시 정한시 특성 : 동작 전류가 적은 동안에는 동작 전류가 커질수록 동작 시간이 짧게 되고 어떤 전류 이상이면 동작 전류의 크기에 관계없이 일정한 시간에 동작하는 특성 **답** ①

25 화력발전소의 위치를 선정할 때 고려하지 않아도 되는 것은?

① 전력 수요지에 가까울 것
② 바람이 불지 않도록 산으로 둘러싸여 있을 것
③ 값이 싸고 풍부한 용수와 냉각수를 얻을 수 있을 것
④ 연료의 운반과 저장이 편리하며 지반이 견고할 것

풀이 화력 발전소 위치 선정시 고려사항
① 전력 수요지에 가까울 것
② 풍부한 용수와 냉각수가 얻어질 것
③ 연료의 운반과 저장이 편리할 것
④ 지반이 견고할 것
따라서, 풍부한 냉각수를 확보하기 위해 산 보다는 **강가나 바닷가 근처가 유리**하다. **답** ②

24 3상 송전계통에서 수전단 전압이 60000[V], 전류가 200[A], 선로의 저항이 9[Ω], 리액턴스가 13[Ω]일 때, 송전단 전압과 전압 강하율은 약 얼마인가? (단, 수전단 역률은 0.6 이라고 한다.)

① 송전단 전압 : 65473[V],
   전압강하율 : 9.1[%]
② 송전단 전압 : 65473[V],
   전압강하율 : 8.1[%]
③ 송전단 전압 : 82453[V],
   전압강하율 : 9.1[%]
④ 송전단 전압 : 82453[V],
   전압강하율 : 8.1[%]

풀이 ① 송전단 전압
$$V_s = V_r + \sqrt{3}I(R\cos\theta + X\sin\theta)$$
$$= 60000 + \sqrt{3} \times 200 \times (9 \times 0.6 + 13 \times 0.8)$$
$$\fallingdotseq 65473[V]$$

26 단도체 대신 같은 단면적의 복도체를 사용할 때의 설명으로 옳은 것은?

① 인덕턴스가 증가한다.
② 코로나 임계전압이 높아진다.
③ 선로의 작용정전용량이 감소한다.
④ 전선 표면의 전위경도를 증가시킨다.

풀이 단도체 방식에 비해서 복도체 방식의 특징은
① 전선의 인덕턴스가 감소하고 정전 용량이 증가되어 선로의 송전 용량이 증가하고 계통의 안정도를 증진시킨다.
② 전선 표면의 전위 경도가 저감되므로 **코로나 임계 전압을 높일 수 있고** 코로나손, 코로나 잡음 등의 장해가 저감된다.
③ 복도체에서 단락시는 모든 소도체에는 동일 방향으로 전류가 흐르므로 흡인력이 생긴다. **답** ②

27 변전소 전압의 조정방법 중 선로전압강하 보상기(LDC)의 역할은?

① 승압기로 저하된 전압을 보상
② 분로 리액터로 전압상승을 억제
③ 직렬 콘덴서로 선로 리액턴스를 보상
④ 선로의 전압강하를 고려하여 기준 전압을 조정

풀이

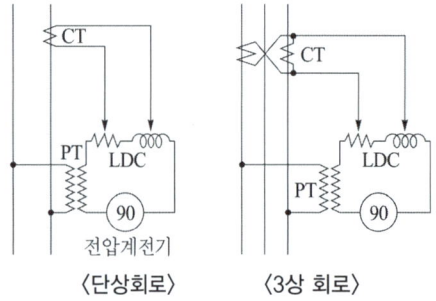

⟨단상회로⟩ ⟨3상 회로⟩

LDC(line drop compensator)는 부하전류에 의한 배전선의 전압강하를 보상하는 것인데 LRT(부하시 탭절환 변압기)의 제어회로에 이것을 부가해서 배전전압을 중부하시에는 높게, 경부하시에는 낮게 자동적으로 조정하여 일정한 전압이 되도록 한다. **답 ④**

28 수차에 있어서 비속도가 높다는 의미는?

① 속도변동률이 높다는 것이다.
② 유수의 유속이 빠르다는 것이다.
③ 수차의 실제의 회전수가 높다는 것이다.
④ 유수에 대한 수차 러너의 상대속도가 빠르다는 것이다.

풀이
- 특유속도는 유효 낙차에 의해서 제한을 받으며, 특유속도(비속도)가 높은 경우는 상대 속도가 빠르다는 것을 의미한다.
- 수차의 특유속도
$$N_s = N\frac{\sqrt{P}}{H^{5/4}} \text{ [rpm]}$$
단, N : 정격 회전수
H : 유효 낙차
P : 낙차 H[m]에서의 최대 출력 **답 ④**

29 출력 30000[kWh]의 화력발전소에서 6000 [kcal/kg]의 석탄을 매 시간에 15톤의 비율로 사용하고 있다고 한다. 이 발전소의 종합효율은 약 몇 [%]인가?

① 28.7   ② 31.7
③ 33.7   ④ 36.7

풀이 석탄의 매 시간 발열량을 [kWh]로 환산하면
$$E_1 = \frac{6000 \times 15 \times 10^3}{860} = 104651 \text{[kWh]}$$
$$\therefore \text{효율 } \eta = \frac{E_2}{E_1} = \frac{30000}{104651} = 0.287 = 28.7 \text{[\%]}$$

별해
$$\eta = \frac{860\,W}{mH} = \frac{860 \times 30000}{15 \times 10^3 \times 6000}$$
$$= 0.287 = 28.7 \text{[\%]} \quad \textbf{답 ①}$$

30 3상 단락고장을 대칭좌표법으로 해석을 할 경우 필요한 것은?

① 정상임피던스도
② 정상임피던스도 및 역상임피던스도
③ 정상임피던스도 및 영상임피던스도
④ 역상임피던스도 및 영상임피던스도

풀이
- 1선 지락 고장 : 정상분, 역상분, 영상분
- 선간 단락 고장 : 정상분, 역상분
- 3상 단락 고장 : 정상분 **답 ①**

31 송전계통에서 안정도 증진과 관계없는 것은?

① 차폐선의 채용
② 고속재폐로 방식의 채용
③ 계통의 전달 리액턴스 감소
④ 발전기 속응여자 방식의 채용

풀이 ① 안정도 향상 대책
- 계통의 직렬 리액턴스 감소
- 전압 변동률을 적게 한다(속응 여자 방식 채용, 계통의 연계, 중간 조상 방식).
- 계통에 주는 충격을 적게 한다(적당한 중성점 접지 방식, 고속 차단 방식, 재폐로 방식).
- 고장 중의 발전기 돌입 출력의 불평형을 적게 한다.
② 차폐선은 송전 선로의 유도 장해 방지 대책 목적으로 사용 **답 ①**

32 정격전압 154[kV], 1선의 유도리액턴스가 20[Ω]인 3상 3선식 송전선로에서 154[kV], 100[MVA] 기준으로 환산한 이 선로의 %리액턴스는 약 몇 [%]인가?

① 1.4
② 2.2
③ 4.2
④ 8.4

풀이 $\%X = \dfrac{PX}{10V^2} = \dfrac{100 \times 10^3 \times 20}{10 \times 154^2} = 8.4[\%]$

여기서, V : 정격 전압[kV]
P : 기준 용량[kVA]   **답** ④

33 전력계통의 전압조정과 무관한 것은?

① 전력용 콘덴서
② 자동전압조정기
③ 발전기의 조속기
④ 부하 시 탭 조정장치

풀이 ① 모선전압조정
　• 유도전압조정기
　• 부하 시 탭 절환변압기
② 선로전압조정
　• 선로전압 강하보상기
　• 승압기
　• 직렬콘덴서
　• 주변압기의 탭조정
③ 배전용 변압기의 V결선은 단상 변압기 3대로 △결선 운전 중 한 상이 고장 났을 때 나머지 2대로 3상의 부하에 전력을 공급하는 방법이다.
조속기는 회전체의 원심력을 이용하여 증기의 유입량을 조절하여 터빈의 회전속도를 일정하게 해주는 장치이다.   **답** ③

34 저압 뱅킹 배전방식으로 운전 중 변압기 또는 선로사고에 의하여 뱅킹 내의 건전한 변압기의 일부 또는 전부가 연쇄적으로 회로로부터 차단되는 현상은?

① 아킹(Arcing)
② 댐핑(Damping)
③ 플리커(Flicker)
④ 캐스케이딩(Cascading)

풀이 캐스케이딩 현상이란 Banking 배전방식으로 운전 중 건전한 변압기 일부가 고장이 발생하면 부하가 다른 건전한 변압기에 걸려서 고장이 확대되는 현상을 말한다.   **답** ④

35 전원이 양단에 있는 환상선로의 단락보호에 사용되는 계전기는?

① 방향거리 계전기
② 부족전압 계전기
③ 선택접지 계전기
④ 부족전류 계전기

풀이 • 전원이 2군데 이상 환상 선로의 단락보호
　→ 방향 거리 계전기(DZ)
• 전원이 2군데 이상 방사상 선로의 단락보호
　→ 방향 단락 계전기(DS)와 과전류 계전기(OC)를 조합   **답** ①

36 중성점 직접 접지방식의 장점이 아닌 것은?

① 다른 접지방식에 비하여 개폐 이상전압이 낮다.
② 1선 지락 시 건전상의 대지전압이 거의 상승하지 않는다.
③ 1선 지락전류가 작으므로 차단기가 처리해야 할 전류가 작다.
④ 중성점 전압이 항상 0이므로 변압기의 가격과 중량을 줄일 수 있다.

풀이 직접 접지방식의 장·단점
[장점]
　① 1선 지락 시에 건전상의 대지 전압이 거의 상승하지 않는다.
　② 피뢰기의 효과를 증진시킬 수 있다.
　③ 단절연이 가능하다.
　④ 계전기의 동작이 확실해진다.
[단점]
　① 송전 계통의 과도 안정도가 나빠진다.
　② 통신선에 유도 장해가 크다.
　③ 기기에 큰 영향을 주어 손상을 준다.
　④ 대용량 차단기가 필요하다.   **답** ③

37 그림과 같이 일직선 배치로 완전 연가한 경우의 등가 선간 거리는?

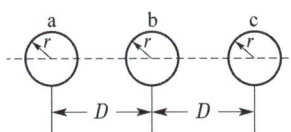

① $\sqrt{D}$
② $\sqrt{2}\,D$
③ $\sqrt[3]{2}\,D$
④ $\sqrt[3]{3}\,D$

풀이

종류	등가선간거리
수평 배열	$D_e = \sqrt[3]{D \cdot D \cdot 2D} = \sqrt[3]{2}\,D$
삼각 배열	$D_e = \sqrt[3]{D_1 \cdot D_2 \cdot D_3}$
정4각 배열	$D_e = \sqrt[6]{S \cdot S \cdot S \cdot S \cdot \sqrt{2}\,S \cdot \sqrt{2}\,S} = \sqrt[6]{2}\,S$

답 ③

38 전력 퓨즈(Power Fuse)는 고압, 특고압 기기의 주로 어떤 전류의 차단을 목적으로 설치하는가?

① 충전전류
② 부하전류
③ 단락전류
④ 영상전류

풀이 전력용 퓨즈는 단락 보호용으로 사용된다. **답** ③

39 3상 3선식 송전선로에서 선간전압을 3000[V]에서 5200[V]로 높일 때 전선이 같고 송전 손실률과 역률이 같다고 하면 송전전력[kW]은 약 몇 배로 증가하는가?

① $\sqrt{3}$
② 3
③ 5.4
④ 6

풀이 전력손실 $P_l = 3I^2 R = \dfrac{P^2 R}{V^2 \cos^2\theta}$

전력손실률 $h = \dfrac{P_l}{P} = \dfrac{PR}{V^2 \cos^2\theta}$ 이므로

전선(R)이 같고, 전력손실률(h)과 역률($\cos\theta$)이 같다고 하면 송전전력 $P \propto V^2$ 이므로

$\therefore P = \left(\dfrac{5200}{3000}\right)^2 = 3$배

답 ②

40 진공차단기의 특징에 적합하지 않은 것은?

① 화재위험이 거의 없다.
② 소형 경량이고 조작 기구가 간단하다.
③ 동작 시 소음이 크지만 소호실의 보수가 거의 필요하지 않다.
④ 차단시간이 짧고 차단성능이 회로 주파수의 영향을 받지 않는다.

풀이 진공 차단기의 특징
① 소형 경량이고 조작 기구가 간편하다.
② 화재 위험이 없다.
③ 폭발음이 없다.
④ 소호실에 대해서 보수가 거의 필요치 않다.
⑤ 차단 시간이 짧고 차단 성능이 회로의 주파수에 영향을 받지 않는다.
⑥ 개폐 서지 전압이 높기 때문에 VCB 2차측에 Mold 변압기가 설치된 경우 VCB 2차측에 SA(서지 흡수기)를 설치하여 서지로부터 변압기를 보호해야 한다.

답 ③

2019년 전력공학_전기기사·공사기사

문제의 번호는 실제 시험문제의 번호와 같게 하였습니다.

2019년 - 1회 _ 전기기사·공사기사

21 동일전력을 동일 선간전압, 동일역률로 동일 거리에 보낼 때 사용하는 전선의 총 중량이 같으면 3상 3선식인 때와 단상 2선식일 때 전력손실비는?

① 1 ② $\frac{3}{4}$
③ $\frac{2}{3}$ ④ $\frac{1}{\sqrt{3}}$

풀이 ① 전력(P)과 선간전압(V), 역률($\cos\theta$)이 동일하므로
$$P = VI_1\cos\theta = \sqrt{3}\,VI_3\cos\theta, \quad \frac{I_1}{I_3} = \sqrt{3}$$
② 거리(l)와 전선의 총 중량(W)이 같으므로
$$W = 2\sigma A_1 l = 3\sigma A_3 l$$
$$\frac{A_1}{A_3} = \frac{3}{2} = \frac{R_3}{R_1} \quad \left(\because R = \rho\frac{l}{A} \propto \frac{1}{A}\right)$$
∴ 전력손실비 = $\frac{3상\;3선식}{단상\;2선식} = \frac{3I_3^2 R_3}{2I_1^2 R_1}$
$= \frac{3}{2} \times \left(\frac{1}{\sqrt{3}}\right)^2 \times \frac{3}{2} = \frac{3}{4}$ **답** ②

22 송배전 선로에서 도체의 굵기는 같게 하고 도체간의 간격을 크게 하면 도체의 인덕턴스는?

① 커진다.
② 작아진다.
③ 변함이 없다.
④ 도체의 굵기 및 도체 간의 간격과는 무관하다.

풀이 ① 인덕턴스 $L = 0.05 + 0.4605\log\frac{D}{r} \propto \log\frac{D}{r}$
② 정전용량 $C = \frac{0.02413}{\log\frac{D}{r}} \propto \frac{1}{\log\frac{D}{r}}$

따라서 등가선간거리(D)가 증가하면, 인덕턴스(L)는 증가하고 정전용량(C)은 감소한다. **답** ①

23 배전반에 접속되어 운전 중인 계기용 변압기(PT) 및 변류기(CT)의 2차측 회로를 점검할 때 조치사항으로 옳은 것은?

① CT만 단락시킨다.
② PT만 단락시킨다.
③ CT와 PT 모두를 단락시킨다.
④ CT와 PT 모두를 개방시킨다.

풀이 PT(병렬연결)는 개방상태와 관계없지만 CT(직렬연결) 2차측을 개방하면 부하전류로 인하여 소손될 우려가 있으므로 CT를 점검할 경우에는 반드시 2차측을 단락하여야 한다. **답** ①

24 배전선로의 역률 개선에 따른 효과로 적합하지 않은 것은?

① 선로의 전력손실 경감
② 선로의 전압강하의 감소
③ 전원측 설비의 이용률 향상
④ 선로 절연의 비용 절감

풀이 배전 선로의 역률 개선 효과
① 전력손실 경감
② 전압강하 경감
③ 설비용량의 여유분 증가
④ 전력요금의 절약 **답** ④

25 다중접지 계통에 사용되는 재폐로 기능을 갖는 일종의 차단기로서 과부하 또는 고장전류가 흐르면 순시동작하고, 일정시간 후에는 자동적으로 재폐로 하는 보호기기는?

① 라인퓨즈
② 리클로저
③ 섹셔널라이저
④ 고장구간 자동개폐기

풀이 ① 라인 퓨즈 : 고장전류를 차단할 수 있으며 재투입이 불가능하다.
② 리클로저 : 배전 선로에서 지락 고장이나 단락 고장 사고가 발생하였을 때 고장을 검출하여 선로를 차단한 후 일정시간이 경과하면 자동적으로 재투입 동작을 반복함으로써 순간 고장을 제거한다.
③ 섹셔널라이저 : 선로가 정전상태일 때 자동으로 개방되어 고장 구간을 분리시키는 선로 개폐기로 고장 전류는 차단할 수 없다.
④ 고장구간 자동개폐기(ASS) : 리클로저 및 차단기와 협조하여 고장구간을 자동분리한다. **답** ②

26 총 낙차 300[m], 사용수량 20[m³/s]인 수력발전소의 발전기출력은 약 몇 [kW]인가? (단, 수차 및 발전기효율은 각각 90[%], 98[%]라 하고, 손실낙차는 총 낙차의 6[%]라고 한다.)

① 48750　② 51860
③ 54170　④ 54970

풀이 유효 낙차(H)는 총 낙차에서 손실 낙차를 뺀 값이므로
$H = 300 - 300 \times 0.06 = 282$[m]
따라서 발전기 출력 P_G는
$\therefore P_G = 9.8 Q H \eta_t \eta_g$
$= 9.8 \times 20 \times 282 \times 0.9 \times 0.98$
$\fallingdotseq 48750$[kW]　**답** ①

27 수전단을 단락한 경우 송전단에서 본 임피던스가 330[Ω]이고, 수전단을 개방한 경우 송전단에서 본 어드미턴스가 1.875×10^{-3}[℧]일 때 송전단의 특성임피던스는 약 몇 [Ω]인가?

① 120　② 220
③ 320　④ 420

풀이 • 수전단을 단락한 경우 송전단에서 본 임피던스
$Z = 330$[Ω]
• 수전단을 개방한 경우 송전단에서 본 어드미턴스
$Y = 1.875 \times 10^{-3}$[℧]
따라서 특성 임피던스
$Z_0 = \sqrt{\dfrac{Z}{Y}} = \sqrt{\dfrac{330}{1.875 \times 10^{-3}}} \fallingdotseq 420$[Ω]　**답** ④

28 송전선 중간에 전원이 없을 경우에 송전단의 전압 $E_s = AE_r + BI_r$이 된다. 수전단의 전압 E_r의 식으로 옳은 것은? (단, I_s, I_r는 송전단 및 수전단의 전류이다.)

① $E_r = AE_s + CI_s$
② $E_r = BE_s + AI_s$
③ $E_r = DE_s - BI_s$
④ $E_r = CE_s - DI_s$

풀이

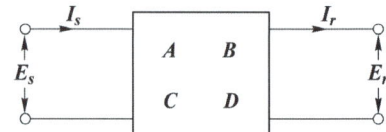

4단자 정수
$\begin{cases} E_s = AE_r + BI_r & \cdots\cdots ① \\ I_s = CE_r + DI_r & \cdots\cdots ② \end{cases}$
① × D - ② × B
$\begin{cases} DE_s = ADE_r + BDI_r \\ BI_s = BCE_r + BDI_r \end{cases}$
$DE_s - BI_s = (AD - BC)E_r = E_r$
($\because AD - BC = 1$)
따라서 $E_r = DE_s - BI_s$　**답** ③

29 비접지 계통의 지락사고 시 계전기에 영상전류를 공급하기 위하여 설치하는 기기는?

① PT　② CT
③ ZCT　④ GPT

풀이 ① 계기용 변압기(PT) : 고압을 저압으로 변성하여 계기나 계전기에 공급하기 위한 목적으로 사용한다.
② 변류기(CT) : 대전류를 소전류로 변성하여 계기나 계전기에 공급하기 위한 목적으로 사용한다.
③ 영상 변류기(ZCT) : 지락 사고시 지락 전류(영상 전류)를 검출하는 것으로 지락 계전기와 조합하여 차단기를 차단시킨다.
④ 접지형 계기용 변압기(GPT) : 비접지 계통에서 지락 사고시의 영상 전압을 검출한다.　**답** ③

30 비접지식 3상 송배전계통에서 1선 지락고장 시 고장전류를 계산하는 데 사용되는 정전용량은?

① 작용정전용량　② 대지정전용량
③ 합성정전용량　④ 선간정전용량

풀이 정전용량의 적용
- 지락전류 계산 시 : 대지정전용량

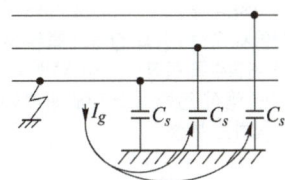

- 충전전류 계산 시 : 작용정전용량

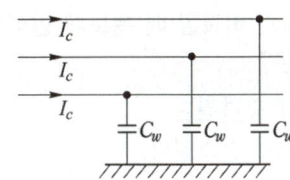

답 ②

31 이상전압의 파고값을 저감시켜 전력사용설비를 보호하기 위하여 설치하는 것은?

① 초호환 ② 피뢰기
③ 계전기 ④ 접지봉

풀이 피뢰기
이상전압이 내습해서 피뢰기의 단자전압이 어느 일정값 이상으로 올라가면 즉시 방전해서 전압 상승을 억제(이상전압방전)하며, 이상전압이 소멸되어 단자 전압이 일정값 이하가 되면 즉시 방전을 정지(속류차단)해서 원래의 송전 상태로 되돌아가는 것을 목적으로 한다.

답 ②

32 임피던스 Z_1, Z_2 및 Z_3을 그림과 같이 접속한 선로의 A쪽에서 전압파 E가 진행해 왔을 때 접속점 B에서 무반사로 되기 위한 조건은?

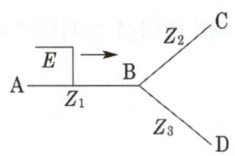

① $Z_1 = Z_2 + Z_3$ ② $\dfrac{1}{Z_3} = \dfrac{1}{Z_1} + \dfrac{1}{Z_2}$

③ $\dfrac{1}{Z_1} = \dfrac{1}{Z_2} + \dfrac{1}{Z_3}$ ④ $\dfrac{1}{Z_2} = \dfrac{1}{Z_1} + \dfrac{1}{Z_3}$

풀이 반사 계수 = $\dfrac{Z_B - Z_A}{Z_B + Z_A}$ 에서
무반사는 반사계수가 0일 때이므로
무반사 조건은 $Z_A = Z_B$ 이다.
그림에서 $Z_A = Z_1$, $Z_B = \dfrac{1}{\dfrac{1}{Z_2} + \dfrac{1}{Z_3}}$ 이므로

$Z_1 = \dfrac{1}{\dfrac{1}{Z_2} + \dfrac{1}{Z_3}}$ 따라서 $\dfrac{1}{Z_1} = \dfrac{1}{Z_2} + \dfrac{1}{Z_3}$

답 ③

33 변전소의 가스차단기에 대한 설명으로 틀린 것은?

① 근거리 차단에 유리하지 못하다.
② 불연성이므로 화재의 위험성이 적다.
③ 특고압 계통의 차단기로 많이 사용된다.
④ 이상전압의 발생이 적고, 절연회복이 우수하다.

풀이 〈SF_6 가스 차단기의 특징〉
① 밀폐구조이므로 소음이 없다.
② 절연내력이 공기의 2~3배, 소호 능력은 공기의 100~200배
③ 근거리 고장 등 가혹한 재기전압에 대해서도 성능이 우수
④ SF_6는 무독, 무취, 무해, 가스이므로 유독가스를 발생하지 않는다.

답 ①

34 저압뱅킹방식에서 저전압의 고장에 의하여 건전한 변압기의 일부 또는 전부가 차단되는 현상은?

① 아킹(Arcing)
② 플리커(Flicker)
③ 밸런스(Balance)
④ 캐스케이딩(Cascading)

풀이 캐스케이딩 현상이란 Banking 배전방식으로 운전 중 건전한 변압기 일부가 고장이 발생하면 부하가 다른 건전한 변압기에 걸려서 고장이 확대되는 현상을 말한다.

답 ④

35 켈빈(Kelvin)의 법칙이 적용되는 경우는?

① 전압 강하를 감소시키고자 하는 경우
② 부하 배분의 균형을 얻고자 하는 경우
③ 전력 손실량을 축소시키고자 하는 경우
④ 경제적인 전선의 굵기를 선정하고자 하는 경우

풀이 켈빈(Kelvin)의 법칙 : 전선의 단위 길이 내에서 연간에 손실되는 전력량에 대한 전기요금과 단위 길이의 전선 값에 대한 금리(金利), 감가상각비 등의 연간 경비의 합계가 같게 되는 전선 단면적이 가장 경제적인 전선의 단면적이다.

$$C = \sqrt{\frac{WMP}{\rho N}}$$

여기서, C : 전류 밀도, ρ : 전선의 저항률, W : 전선의 중량, N : 전선량의 가격 **답** ④

36 보호계전기의 반한시 · 정한시 특성은?

① 동작전류가 커질수록 동작시간이 짧게 되는 특성
② 최소 동작전류 이상의 전류가 흐르면 즉시 동작하는 특성
③ 동작전류의 크기에 관계없이 일정한 시간에 동작하는 특성
④ 동작전류가 커질수록 동작시간이 짧아지며, 어떤 전류 이상이 되면 동작전류의 크기에 관계없이 일정한 시간에서 동작하는 특성

풀이 보호 계전기 특징

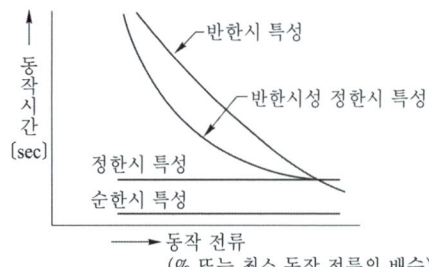

계전기의 한시 특성

① 순한시 특성 : 최소 동작 전류 이상의 전류가 흐르면 즉시 동작하는 특성
② 반한시 특성 : 동작 전류가 커질수록 동작 시간이 짧게 되는 특성
③ 정한시 특성 : 동작 전류의 크기에 관계없이 일정한 시간에 동작하는 특성
④ 반한시 정한시 특성 : 동작 전류가 적은 동안에는 동작 전류가 커질수록 동작 시간이 짧게 되고 어떤 전류 이상이면 동작 전류의 크기에 관계없이 일정한 시간에 동작하는 특성 **답** ④

37 단도체 방식과 비교할 때 복도체 방식의 특징이 아닌 것은?

① 안정도가 증가된다.
② 인덕턴스가 감소된다.
③ 송전용량이 증가된다.
④ 코로나 임계전압이 감소된다.

풀이 복도체 방식의 장점
① 전선의 인덕턴스가 감소하고 정전 용량이 증가되어 선로의 송전 용량이 증가하고 계통의 안정도를 증진시킨다.
② 전선 표면의 전위 경도가 저감되므로 코로나 임계 전압을 높일 수 있고 코로나손, 코로나 잡음 등의 장해가 저감된다. **답** ④

38 1선 지락 시에 지락전류가 가장 작은 송전계통은?

① 비접지식 ② 직접접지식
③ 저항접지식 ④ 소호리액터접지식

풀이 지락전류의 크기 비교
직접 접지 > 고저항 접지 > 비접지 > 소호 리액터 접지 **답** ④

39 수차의 캐비테이션 방지책으로 틀린 것은?

① 흡출수두를 증대시킨다.
② 과부하 운전을 가능한 한 피한다.
③ 수차의 비속도를 너무 크게 잡지 않는다.
④ 침식에 강한 금속재료로 러너를 제작한다.

풀이 수차를 돌리고 나온 물이 흡출관을 통과할 때 흡출관의 중심부에 진공 상태를 형성하는 현상을 캐비테이션(cavitation)이라 한다. 그 방지책으로는 다음과 같은 것이 있다.

① 흡출수두를 너무 높게 잡지말 것
② 수차의 특유 속도를 너무 크게 잡지말 것
③ 침식에 강한 금속 재료를 사용할 것
④ 러너의 변을 원활하게 하고 급격한 압력 강하가 없는 형으로 한다.
⑤ 과도한 부분 부하, 과부하 운전을 가능한 피할 것
⑥ 캐비테이션 발생 부분에 공기를 넣어서 진공이 발생하지 않도록 할 것

답 ①

40 선간전압이 154[kV]이고, 1상당의 임피던스가 $j8[\Omega]$인 기기가 있을 때, 기준용량을 100[MVA]로 하면 %임피던스는 약 몇 [%]인가?

① 2.75 ② 3.15
③ 3.37 ④ 4.25

풀이
$$\%Z = \frac{PZ}{10V^2} = \frac{100 \times 10^3 \times 8}{10 \times 154^2} = 3.37[\%]$$

여기서 V : 정격전압[kV]
P : 기준용량[kVA]

답 ③

2019년 - 2회 _전기기사·공사기사

21 단도체 방식과 비교하여 복도체 방식의 송전선로를 설명한 것으로 틀린 것은?

① 선로의 송전용량이 증가된다.
② 계통의 안정도를 증진시킨다.
③ 전선의 인덕턴스가 감소하고, 정전용량이 증가된다.
④ 전선 표면의 전위경도가 저감되어 코로나 임계전압을 낮출 수 있다.

풀이 단도체 방식에 비해서 복도체 방식의 특징은
① 전선의 인덕턴스가 감소하고 정전 용량이 증가되어 선로의 송전 용량이 증가하고 계통의 안정도를 증진시킨다.
② 전선 표면의 전위 경도가 저감되므로 코로나 임계전압을 높일 수 있고 코로나손, 코로나 잡음 등의 장해가 저감된다.
③ 복도체에서 단락시는 모든 소도체에는 동일 방향으로 전류가 흐르므로 흡인력이 생긴다.

답 ④

22 직류 송전방식에 관한 설명으로 틀린 것은?

① 교류 송전방식보다 안정도가 낮다.
② 직류계통과 연계 운전 시 교류계통의 차단용량은 작아진다.
③ 교류 송전방식에 비해 절연계급을 낮출 수 있다.
④ 비동기 연계가 가능하다.

풀이 직류 송전 방식의 장·단점
[장점]
① 선로의 리액턴스가 없으므로 안정도가 높다.
② 유전체손 및 충전 용량이 없고 절연 내력이 강하다.
③ 비동기 연계가 가능하다.
④ 단락 전류가 적고 임의 크기의 교류 계통을 연계시킬 수 있다.
⑤ 코로나손 및 전력 손실이 적어 송전 효율이 높다.
⑥ 표피 효과나 근접 효과가 없으므로 실효 저항의 증대가 없다.
[단점]
① 직교 변환 장치가 필요하다.
② 전압의 승압 및 강압이 불리하다.
③ 고조파나 고주파 억제 대책이 필요하다.
④ 직류 차단기가 개발되어 있지 않다.

답 ①

23 유효낙차 100[m], 최대사용수량 20[m³/s], 수차효율 70[%]인 수력발전소의 연간 발전전력량은 약 몇 [kWh]인가? (단, 발전기의 효율은 85[%]라고 한다.)

① 2.5×10^7 ② 5×10^7
③ 10×10^7 ④ 20×10^7

풀이 연간 발생전력량 $= 9.8QH\eta U \times 365 \times 24$
$= 9.8 \times 20 \times 100 \times 0.7 \times 0.85 \times 365 \times 24$
$\fallingdotseq 10 \times 10^7 [kWh]$

여기서, Q : 사용 수량[m³/s], H : 유효 낙차[m]
η_t : 수차 효율, η_g : 발전기 효율
$\eta = \eta_t \eta_g$: 종합 효율, t : 시간[h]

답 ③

24 부하역률이 $\cos\theta$인 경우 배전선로의 전력손실은 같은 크기의 부하전력으로 역률이 1인 경우의 전력손실에 비하여 어떻게 되는가?

① $\dfrac{1}{\cos\theta}$ ② $\dfrac{1}{\cos^2\theta}$
③ $\cos\theta$ ④ $\cos^2\theta$

풀이 전력손실 $P_l \propto \dfrac{1}{\cos^2\theta}$ 이므로

역률 1인 경우의 전력손실 $P_{l1.0}$을 비교해 보면

$$\dfrac{P_l}{P_{l1.0}} = \dfrac{\dfrac{1}{\cos^2\theta}}{1} = \dfrac{1}{\cos^2\theta}$$

답 ②

25 선택 지락 계전기의 용도를 옳게 설명한 것은?

① 단일 회선에서 지락고장 회선의 선택 차단
② 단일 회선에서 지락전류의 방향 선택 차단
③ 병행 2회선에서 지락고장 회선의 선택 차단
④ 병행 2회선에서 지락고장의 지속시간 선택 차단

풀이 선택 지락 계전기(Selective Ground Relay : SGR) 병행 2회선 송전 선로에서 한쪽의 1회선에 지락 사고가 일어났을 경우 이것을 검출하여 고장 회선만을 선택 차단할 수 있게끔 선택 단락 계전기의 동작 전류를 특별히 작게 한 것으로 비접지 계통의 지락 사고 검출에 사용된다. **답** ③

26 터빈(turbine)의 임계속도란?

① 비상조속기를 동작시키는 회전수
② 회전자의 고유 진동수와 일치하는 위험 회전수
③ 부하를 급히 차단하였을 때의 순간 최대 회전수
④ 부하 차단 후 자동적으로 정정된 회전수

풀이 임계 속도는 회전자가 안정할 수 있는 최고 속도 즉, 회전자의 고유 진동수와 일치하는 위험 회전수를 의미한다. **답** ②

27 아킹혼(Arcing Horn)의 설치 목적은?

① 이상전압 소멸
② 전선의 진동방지
③ 코로나 손실방지
④ 섬락사고에 대한 애자보호

풀이 아킹혼(=소호각)은 섬락시 애자를 보호하고 애자련의 전압 분담을 균일하게 한다. **답** ④

28 일반 회로정수가 A, B, C, D이고 송전단 전압이 E_S인 경우 무부하시 수전단 전압은?

① $\dfrac{E_S}{A}$ ② $\dfrac{E_S}{B}$

③ $\dfrac{A}{C}E_S$ ④ $\dfrac{C}{A}E_S$

풀이 송전단 전압 $E_S = AE_R + BI_R$에서 무부하($I_R = 0$)이므로 $E_S = AE_R$이다.

따라서 무부하시 수전단 전압 $E_R = \dfrac{E_S}{A}$ **답** ①

29 10000[kVA] 기준으로 등가 임피던스가 0.4[%]인 발전소에 설치될 차단기의 차단용량은 몇 [MVA]인가?

① 1000 ② 1500
③ 2000 ④ 2500

풀이 차단기의 차단용량

$$P_s = \dfrac{100}{\%Z} P_n = \dfrac{100}{0.4} \times 10,000 \times 10^{-3}$$
$$= 2,500[\text{MVA}]$$ **답** ④

30 변전소, 발전소 등에 설치하는 피뢰기에 대한 설명 중 틀린 것은?

① 방전전류는 뇌충격전류의 파고값으로 표시한다.
② 피뢰기의 직렬갭은 속류를 차단 및 소호하는 역할을 한다.
③ 정격전압은 상용주파수 정현파 전압의 최고 한도를 규정한 순시값이다.
④ 속류란 방전현상이 실질적으로 끝난 후에도 전력계통에서 피뢰기에 공급되어 흐르는 전류를 말한다.

풀이 피뢰기 정격 전압이란 선로 단자와 접지 단자간에 인가할 수 있는 상용주파 최대 허용 전압의 실효값으로서 그 크기 결정은 $V = \alpha\beta V_m$ [V]로 표시된다.
여기서, α : 접지계수, β : 유도계수
V_m : 선간의 최고 허용 전압 **답** ③

31 변전소에서 접지를 하는 목적으로 적절하지 않은 것은?

① 기기의 보호
② 근무자의 안전
③ 차단 시 아크의 소호
④ 송전시스템의 중성점 접지

풀이 접지의 목적
① 지락 및 단락 전류 등 고장 전류로부터 **기기 보호**
② 배전 변전소 **운전원의 감전사고** 및 설비의 화재사고를 **방지**
③ 보호 계전기의 확실한 동작 확보 및 **전위상승 억제**

답 ③

32 한 대의 주상변압기에 역률(뒤짐) $\cos\theta_1$, 유효전력 P_1[kW]의 부하와 역률(뒤짐) $\cos\theta_2$, 유효전력 P_2[kW]의 부하가 병렬로 접속되어 있을 때 주상변압기 2차 측에서 본 부하의 종합역률은 어떻게 되는가?

① $\dfrac{P_1+P_2}{\dfrac{P_1}{\cos\theta_1}+\dfrac{P_2}{\cos\theta_2}}$

② $\dfrac{P_1+P_2}{\dfrac{P_1}{\sin\theta_1}+\dfrac{P_2}{\sin\theta_2}}$

③ $\dfrac{P_1+P_2}{\sqrt{(P_1+P_2)^2+(P_1\tan\theta_1+P_2\tan\theta_2)^2}}$

④ $\dfrac{P_1+P_2}{\sqrt{(P_1+P_2)^2+(P_1\sin\theta_1+P_2\sin\theta_2)^2}}$

풀이

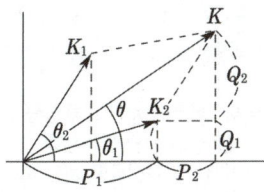

① 합성 유효 전력 $P=P_1+P_2$
② 합성 무효 전력 $Q=Q_1+Q_2$
 • $Q_1=\dfrac{P_1}{\cos\theta_1}\sin\theta_1=P_1\tan\theta_1$
 • $Q_2=\dfrac{P_2}{\cos\theta_2}\sin\theta_2=P_2\tan\theta_2$
③ 합성 피상 전력
 $K=\sqrt{(P_1+P_2)^2+(P_1\tan\theta_1+P_2\tan\theta_2)^2}$
④ 종합 역률
 $\cos\theta=\dfrac{P_1+P_2}{\sqrt{(P_1+P_2)^2+(P_1\tan\theta_1+P_2\tan\theta_2)^2}}$

답 ③

33 중거리 송전선로의 T형 회로에서 송전단 전류 I_s는? (단, Z, Y는 선로의 직렬 임피던스와 병렬 어드미턴스이고, E_r은 수전단 전압, I_r은 수전단 전류이다.)

① $E_r\left(1+\dfrac{ZY}{2}\right)+ZI_r$
② $I_r\left(1+\dfrac{ZY}{2}\right)+E_rY$
③ $E_r\left(1+\dfrac{ZY}{2}\right)+ZI_r\left(1+\dfrac{ZY}{4}\right)$
④ $I_r\left(1+\dfrac{ZY}{2}\right)+E_rY\left(1+\dfrac{ZY}{4}\right)$

풀이 T회로에서 4단자 정수

$\begin{bmatrix}A & B \\ C & D\end{bmatrix}=\begin{bmatrix}1 & \dfrac{Z}{2} \\ 0 & 1\end{bmatrix}\begin{bmatrix}1 & 0 \\ Y & 1\end{bmatrix}\begin{bmatrix}1 & \dfrac{Z}{2} \\ 0 & 1\end{bmatrix}$

$=\begin{bmatrix}1+\dfrac{YZ}{2} & Z\left(1+\dfrac{YZ}{4}\right) \\ Y & 1+\dfrac{YZ}{2}\end{bmatrix}$

$\therefore I_s=CE_r+DI_r=YE_r+\left(1+\dfrac{ZY}{2}\right)I_r$

답 ②

34 33[kV] 이하의 단거리 송배전선로에 적용되는 비접지 방식에서 지락전류는 다음 중 어느 것을 말하는가?

① 누설전류   ② 충전전류
③ 뒤진전류   ④ 단락전류

풀이 비접지 방식에서 1선 지락 고장이 발생하면 고장전류는 고장점으로부터 건전상의 대지 정전 용량에 의한 **충전 전류에 의해서 결정**된다.

답 ②

35 옥내배선의 전선 굵기를 결정할 때 고려해야 할 사항으로 틀린 것은?

① 허용전류　② 전압강하
③ 배선방식　④ 기계적강도

풀이 전선의 굵기를 결정하는 요인은
① 허용 전류 ② 기계적 강도 ③ 전압 강하이며, 허용 전류가 가장 중요한 요소이다.　**답 ③**

36 고압 배전선로 구성방식 중, 고장 시 자동적으로 고장개소의 분리 및 건전선로에 폐로하여 전력을 공급하는 개폐기를 가지며, 수요 분포에 따라 임의의 분기선으로부터 전력을 공급하는 방식은?

① 환상식　② 망상식
③ 뱅킹식　④ 가지식(수지식)

풀이 고압 배전선은 일반적으로 수지식, 환상식, 망상식으로 구성된다.
① 수지식(방사상식)
　• 수요가 증가할 때마다 간선이나 분기선을 연장 또는 증강해서 이에 쉽게 응할 수 있다.
② 환상식(loop system)
　• 선로의 도중에 고장 발생시 고장 개소의 분리 조작이 용이하여 그 부분을 빨리 분리시킬 수 있고 전류의 통로에 융통성이 있으므로 전력 손실과 전압 강하가 적다.
　• 고장시에만 자동적으로 폐로해서 전력을 공급하는 결합 개폐기가 있다.
③ 망상식(네트워크 방식)
　• 어느 회선에 사고가 일어나더라도 다른 회선에서 무정전으로 공급할 수 있다.
　• 네트워크 프로텍터(저압용 차단기, 방향성 계전기, 퓨즈)를 필요로 한다.　**답 ①**

37 그림과 같은 2기 계통에 있어서 발전기에서 전동기로 전달되는 전력 P는?
(단, $X = X_G + X_L + X_M$이고, E_G, E_M은 각각 발전기 및 전동기의 유기기전력, δ는 E_G와 E_M 간의 상차각이다.)

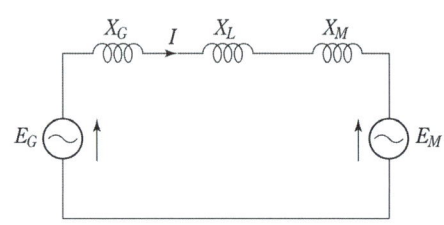

① $P = \dfrac{E_G}{XE_M}\sin\delta$

② $P = \dfrac{E_G E_M}{X}\sin\delta$

③ $P = \dfrac{E_G E_M}{X}\cos\delta$

④ $P = XE_G E_M \cos\delta$

풀이
• 발전기의 유기기전력 $E_G = E_M + jXI$이므로
　전류 $I = \dfrac{E_G - E_M}{jX}$
• E_M을 기준벡터로 하면
　$E_G = E_G\angle\delta$, $E_M = E_M\angle 0°$
• 송전전력
$$W = P + jQ = E_G I^* = E_G\angle\delta \times \left(\dfrac{E_G - E_M}{jX}\right)^*$$
$$= E_G\angle\delta \times \left(\dfrac{E_G\angle{-\delta} - E_M}{-jX}\right)$$
$$= \dfrac{E_G E_M \sin\delta}{X} + j\dfrac{E_G^2 - E_G E_M \cos\delta}{X}$$

따라서 유효전력 $P = \dfrac{E_G E_M}{X}\sin\delta$　**답 ②**

38 공통 중성선 다중 접지방식의 배전선로에서 Recloser(R), Sectionalizer(S), Line fuse(F)의 보호협조가 가장 적합한 배열은? (단, 보호협조는 변전소를 기준으로 한다.)

① S – F – R　② S – R – F
③ F – S – R　④ R – S – F

풀이
• 리클로우저 : 회로의 차단과 투입을 자동적으로 반복하는 기구를 갖춘 차단기의 일종
• 섹셔널라이저 : 고장전류를 차단 할 수 있는 능력은 없으며, 선로의 무전압 상태에서 선로를 개방하여 고장구간을 분리시킨다.

이 둘은 서로 조합하여 쓰며 리클로우저는 변전소 쪽에, 섹셔널라이저는 부하 쪽에 설치한다.
일반적으로 보호협조 배열은 전원 – 리클로우저(R) – 섹셔널라이저(S) – 라인퓨즈(F) – 부하이다.　**답 ④**

39 전력계통 연계시의 특징으로 틀린 것은?

① 단락전류가 감소한다.
② 경제 급전이 용이하다.
③ 공급신뢰도가 향상된다.
④ 사고 시 다른 계통으로의 영향이 파급될 수 있다.

풀이 전력계통의 연계
전력계통을 연계시킨다는 것은 전력계통을 병렬로 운전한다는 것을 의미한다.
① 전력의 융통으로 설비 용량이 절감된다.
② 건설비 및 운전 경비를 절감하므로 경제 급전이 용이하다.
③ 계통 전체로서의 신뢰도가 증가한다.
④ 전력계통을 연계하면 병렬회로 수가 많아지게 되어 선로임피던스가 감소하며, 단락전류가 증대되고, 통신선의 전자유도 장해도 커진다. **답** ①

40 송전선의 특성임피던스와 전파정수는 어떤 시험으로 구할 수 있는가?

① 뇌파시험
② 정격부하시험
③ 절연강도 측정시험
④ 무부하시험과 단락시험

풀이
• 특성 임피던스 $Z_0 = \sqrt{\dfrac{Z}{Y}}$
• 전파 정수 $\gamma = \sqrt{YZ}$
• 무부하 시험에서 어드미턴스(Y)를 구하고, 단락 시험에서는 임피던스(Z)를 구할 수 있다. **답** ④

2019년 3회 _ 전기기사

21 가공지선에 대한 설명 중 틀린 것은?

① 유도뢰 서지에 대하여도 그 가설구간 전체에 사고방지의 효과가 있다.
② 직격뢰에 대하여 특히 유효하며 탑 상부에 시설하므로 뇌는 주로 가공지선에 내습한다.
③ 송전선의 1선 지락 시 지락전류의 일부가 가공지선에 흘러 차폐작용을 하므로 전자유도장해를 적게 할 수 있다.
④ 가공지선 때문에 송전선로의 대지정전용량이 감소하므로 대지사이에 방전할 때 유도전압이 특히 커서 차폐효과가 좋다.

풀이 가공 지선(over head ground wire)은 송전선 위에 나란히 가설된 도선으로 각 철탑에 접지되어 있으며, 이와 같이 하여 뇌운에 의한 전선로에서의 정전 유도 작용을 차폐할 수 있어 유도뢰에 의한 피해를 줄일 수 있다.
① 직격뢰에 대한 차폐 효과
② 유도뢰에 대한 정전 차폐 효과
③ 통신선에 대한 전자 유도 장해 경감 효과 **답** ④

22 역률 80[%], 500[kVA]의 부하설비에 100[kVA]의 진상용 콘덴서를 설치하여 역률을 개선하면 수전점에서의 부하는 약 몇 [kVA]가 되는가?

① 400 ② 425
③ 450 ④ 475

풀이 ① 유효전력 $P = P_a \cos\theta = 500 \times 0.8 = 400[kW]$
② 무효전력
• 콘덴서 설치 전
$$P_r = P_a \sin\theta = 500 \times \sqrt{1-\cos^2\theta}$$
$$= 500 \times \sqrt{1-0.8^2} = 300[kVar]$$
• 콘덴서 설치 후
$$P_r' = 300 - 100 = 200[kVar]$$
따라서 수전점에서의 부하
$$= \sqrt{P^2 + P_r'^2} = \sqrt{400^2 + 200^2}$$
$$\fallingdotseq 450[kVA]$$ **답** ③

23 부하전류의 차단에 사용되지 않는 것은?

① DS   ② ACB
③ OCB ④ VCB

풀이

기능 \ 능력	회로 분리		사고 차단	
	무부하	부하	과부하	단락
퓨즈		○		○
차단기		○	○	○
개폐기	○	○	○	
단로기	○			

단로기(DS)는 소호 및 아크 소멸능력이 없으므로 고장 전류 뿐만 아니라 부하전류도 차단할 수 없다. 답 ①

24 플리커 경감을 위한 전력 공급측의 방안이 아닌 것은?
① 공급전압을 낮춘다.
② 전용 변압기로 공급한다.
③ 단독 공급계통을 구성한다.
④ 단락용량이 큰 계통에서 공급한다.

풀이 플리커 경감 대책
1) 전력 공급측에서 실시
 ① 전용 계통으로 공급
 ② 단락 용량이 큰 계통에서 공급
 ③ 전용 변압기로 공급
 ④ 공급 전압을 승압
2) 수용가 측에서의 대책
 ① 전원 계통에 리액터 분을 보상
 ② 전압 강하를 보상
 ③ 부하의 무효 전력 변동분을 흡수
 ④ 플리커 부하 전류의 변동분을 억제 답 ①

25 3상 무부하 발전기의 1선 지락 고장 시에 흐르는 지락 전류는? (단, E는 접지된 상의 무부하 기전력이고 Z_0, Z_1, Z_2는 발전기의 영상, 정상, 역상 임피던스이다.)

① $\dfrac{E}{Z_0+Z_1+Z_2}$ ② $\dfrac{\sqrt{3}\,E}{Z_0+Z_1+Z_2}$

③ $\dfrac{3E}{Z_0+Z_1+Z_2}$ ④ $\dfrac{E^2}{Z_0+Z_1+Z_2}$

풀이 1선 지락 고장시 전류의 대칭분 I_0은
$I_0 = I_1 = I_2 = \dfrac{E}{Z_0+Z_1+Z_2}$ 이므로 지락전류 I_g는
$I_g = I_0 + I_1 + I_2 = 3I_0 = \dfrac{3E}{Z_0+Z_1+Z_2}$ 답 ③

26 수력발전소의 분류 중 낙차를 얻는 방법에 의한 분류 방법이 아닌 것은?
① 댐식 발전소 ② 수로식 발전소
③ 양수식 발전소 ④ 유역 변경식 발전소

풀이 ① 낙차를 얻는 방법에 의한 분류
 수로식 발전소, 댐식 발전소,
 댐 수로식 발전소, 유역 변경식 발전소
② 유량의 사용 방법에 의한 분류
 자연 유입식 발전소, 조정지식 발전소,
 저수지식 발전소, 양수식 발전소 답 ③

27 변성기의 정격부담을 표시하는 단위는?
① W ② S
③ dyne ④ VA

풀이 정격부담이란 변성기 2차측 단자간에 접속되는 부하의 한도를 말하며 [VA]로 표시한다. 답 ④

28 원자로에서 중성자가 원자로 외부로 유출되어 인체에 위험을 주는 것을 방지하고 방열의 효과를 주기 위한 것은?
① 제어재 ② 차폐재
③ 반사체 ④ 구조재

풀이 ① 제어재 : 원자로의 출력조정 및 이상 시 노 운전 정지를 위하여 사용하는 것으로 중성자를 잘 흡수하는 물질을 사용한다.
② 차폐재 : 원자로 내부의 방사선이 외부에 누출되는 것을 방지하기 위한 벽의 역할을 하는 것으로 열차폐와 생체차폐가 있다.
③ 반사체 : 핵분열로 발생한 고속 중성자 또는 열중성자가 원자로의 외부에 누출되는 것을 방지하기 위한 것이다.
④ 구조재 : 연료봉, 감속재, 제어봉, 냉각재 등이 포함된 노심을 지지하기 위하여 사용되는 노 내 물질이다. 답 ②

29 연가에 의한 효과가 아닌 것은?
① 직렬공진의 방지
② 대지정전용량의 감소
③ 통신선의 유도장해 감소
④ 선로정수의 평형

풀이 • 연가는 선로정수를 평형시키고 통신선의 유도장해를 방지하기 위하여 선로를 3배수 등분하여 실시한다.
• 연가의 목적 : 선로정수 평형, 직렬공진 방지, 유도장해 감소 답 ②

30 수력발전설비에서 흡출관을 사용하는 목적으로 옳은 것은?

① 압력을 줄이기 위하여
② 유효낙차를 늘리기 위하여
③ 속도변동률을 적게 하기 위하여
④ 물의 유선을 일정하게 하기 위하여

풀이 흡출관은 반동 수차의 출구에서부터 방수로 수면까지 연결하는 관으로 러너와 방수면 사이의 낙차를 유효하게 이용(낙차를 늘리기 위해)하기 위해 사용한다.   답 ②

31 각 전력계통을 연계선으로 상호 연결하였을 때 장점으로 틀린 것은?

① 건설비 및 운전경비를 절감하므로 경제급전이 용이하다.
② 주파수의 변화가 작아진다.
③ 각 전력계통의 신뢰도가 증가된다.
④ 선로 임피던스가 증가되어 단락전류가 감소된다.

풀이 전력계통의 연계방식의 장 · 단점
[장점]
① 전력의 융통으로 설비용량이 절감된다.
② 건설비 및 운전 경비를 절감하므로 경제 급전이 용이하다.
③ 계통 전체로서의 신뢰도가 증가한다.
④ 부하 변동의 영향이 작아져서 안정된 주파수 유지가 가능하다.
[단점]
① 연계설비를 신설해야 한다.
② 사고시 타계통에의 파급 확대될 우려가 있다.
③ 단락전류가 증대하고 통신선의 전자유도 장해도 커진다.   답 ④

32 전압요소가 필요한 계전기가 아닌 것은?

① 주파수 계전기
② 동기탈조 계전기
③ 지락 과전류 계전기
④ 방향성 지락 과전류 계전기

풀이 • 지락 과전류 계전기 : 영상전류만으로 지락사고를 검출하는 방식(ZCT + GR)

• 방향성 지락 과전류 계전기 : 영상전압과 영상전류로 동작(ZCT + GPT + DGR)   답 ③

33 인터록(interlock)의 기능에 대한 설명으로 옳은 것은?

① 조작자의 의중에 따라 개폐되어야 한다.
② 차단기가 열려 있어야 단로기를 닫을 수 있다.
③ 차단기가 닫혀 있어야 단로기를 닫을 수 있다.
④ 차단기와 단로기를 별도로 닫고, 열 수 있어야 한다.

풀이 단로기는 부하 전류를 개폐할 수 없으므로 차단기가 열려 있어야 단로기를 열고 닫을 수 있다. 즉, 인터록 장치를 두어 부하 통전시 단로기를 열 수 없도록 하여야 한다.   답 ②

34 같은 선로와 같은 부하에서 교류 단상 3선식은 단상 2선식에 비하여 전압강하와 배전효율이 어떻게 되는가?

① 전압강하는 적고, 배전효율은 높다.
② 전압강하는 크고, 배전효율은 낮다.
③ 전압강하는 적고, 배전효율은 낮다.
④ 전압강하는 크고, 배전효율은 높다.

풀이

항목	단상 2선식	단상 3선식
전압강하	$2I(R\cos\theta + X\sin\theta)$	$I(R\cos\theta + X\sin\theta)$

즉, 단상 3선식은 단상 2선식에 비하여 전압이 2배로 되고 전류가 $\frac{1}{2}$배로 되므로 전압 강하는 작고 배전 효율은 높다.   답 ①

35 전력 원선도에서는 알 수 없는 것은?

① 송수전할 수 있는 최대전력
② 선로 손실
③ 수전단 역률
④ 코로나손

풀이 ① 원선도에서 구할 수 있는 것
• 최대출력 (정태 극한전력)

- 필요한 전력을 보내기 위한 송수전단 전압간의 위상각 θ
- 요구하는 부하의 전력을 수전단에서 받기 위해 필요한 수전단 쪽의 조상설비 용량
- 송수전단 R, L, C, G에 의한 선로손실(4단자 정수)과 송전효율
- 수전단 역률

② 원선도에서 구할 수 없는 것
- 코로나 손실
- 과도안정 극한전력

답 ④

36 가공선 계통은 지중선 계통보다 인덕턴스 및 정전용량이 어떠한가?

① 인덕턴스, 정전용량이 모두 작다.
② 인덕턴스, 정전용량이 모두 크다.
③ 인덕턴스는 크고, 정전용량은 작다.
④ 인덕턴스는 작고, 정전용량은 크다.

풀이
- 인덕턴스 $L = 0.05 + 0.4605 \log_{10} \frac{D}{r}$ [mH/km]
- 정전용량 $C = \frac{0.02413}{\log_{10} \frac{D}{r}}$ [μF/km]

즉, 인덕턴스는 $\log_{10} \frac{D}{r}$에 비례하고, 정전용량은 $\log_{10} \frac{D}{r}$에 반비례한다.

- 가공선 계통은 지중선 계통에 비해 선간 거리(D)가 매우 크므로 **인덕턴스는 크고 정전 용량은 작다.**

답 ③

37 송전선의 특성임피던스는 저항과 누설컨덕턴스를 무시하면 어떻게 표현되는가? (단, L은 선로의 인덕턴스, C는 선로의 정전용량이다.)

① $\sqrt{\frac{L}{C}}$ ② $\sqrt{\frac{C}{L}}$
③ $\frac{L}{C}$ ④ $\frac{C}{L}$

풀이 임피던스 $Z = R + j\omega L$,
어드미턴스 $Y = G + j\omega C$에서
저항(R)과 누설 컨덕턴스(G)를 무시하면
특성 임피던스 $Z_0 = \sqrt{\frac{Z}{Y}} = \sqrt{\frac{0+j\omega L}{0+j\omega C}} = \sqrt{\frac{L}{C}}$

답 ①

38 어느 수용가의 부하설비는 전등설비가 500[W], 전열설비가 600[W], 전동기 설비가 400[W], 기타설비가 100[W]이다. 이 수용가의 최대수용전력이 1200[W]이면 수용률은 몇 [%]인가?

① 55   ② 65
③ 75   ④ 85

풀이
$$\text{수용률} = \frac{\text{최대 수용 전력}}{\text{설비 용량(접속 부하)}} \times 100$$
$$= \frac{1200}{500+600+400+100} \times 100$$
$$= 75[\%]$$

답 ③

39 다음 중 송전선로의 코로나 임계전압이 높아지는 경우가 아닌 것은?

① 날씨가 맑다
② 기압이 높다.
③ 상대공기밀도가 낮다.
④ 전선의 반지름과 선간거리가 크다.

풀이 $E_0 = 24.3 m_0 m_1 \delta d \log_{10} \frac{2D}{d}$

여기서, m_0 : 전선의 표면계수, m_1 : 기후계수,
δ : 상대 공기밀도 $\left(\delta = \frac{0.386b}{273+t}\right)$
d : 전선의 지름, D : 선간거리

기압(b)이 낮아지거나 온도(t)가 높아지거나 **상대공기밀도(δ)가 작아지면 임계전압은 낮아지고**, 전선의 지름(d)이 증가하면 임계전압은 높아진다.

답 ③

40 케이블의 전력 손실과 관계가 없는 것은?

① 철손   ② 유전체손
③ 시스손   ④ 도체의 저항손

풀이
- 케이블의 손실 : 저항손, 유전체손, 연피(시스)손
- 철손은 발전기, 전동기, 변압기 등에서 발생하는 무부하 손실이다.

답 ①

2019년 4회 _ 공사기사

21 연가를 하는 주된 목적은?
① 혼촉 방지
② 유도뢰 방지
③ 단락사고 방지
④ 선로정수 평형

풀이
- 연가는 선로정수를 평형시키고 통신선의 유도장해를 방지하기 위하여 선로를 3배수 등분하여 실시한다.
- 연가의 목적 : 선로정수 평형, 직렬공진 방지, 유도장해 감소   답 ④

22 화력발전소의 랭킨 사이클(Rankine cycle)로 옳은 것은?
① 보일러 → 급수펌프 → 터빈 → 복수기 → 과열기 → 다시 보일러로
② 보일러 → 터빈 → 급수펌프 → 과열기 → 복수기 → 다시 보일러로
③ 급수펌프 → 보일러 → 과열기 → 터빈 → 복수기 → 다시 급수펌프로
④ 급수펌프 → 보일러 → 터빈 → 과열기 → 복수기 → 다시 급수펌프로

풀이 실제 기력 발전소에 쓰이는 기본 사이클(Rankine cycle)은 다음과 같다.

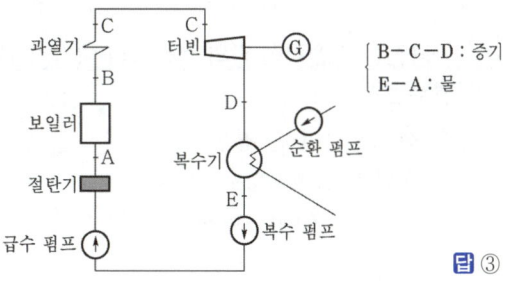

B-C-D : 증기
E-A : 물

답 ③

23 선로로부터 기기를 분리 구분할 때 사용되며, 단순히 충전된 선로를 개폐하는 장치는?
① 단로기   ② 차단기
③ 변성기   ④ 피뢰기

풀이
① 단로기 : 소호 장치가 없고 아크 소멸 능력이 없으므로 부하 전류나 사고 전류의 개폐는 할 수 없으며 기기를 전로에서 개방할 때 또는 모선의 접속 변경 시 사용한다.
② 차단기 : 평상 상태의 전로를 수동으로 개폐할 수 있으며 또한 과부하 및 단락 사고 시에 안전하게 자동 차단하는 설비이다.
③ 변성기 : 전압이나 전류를 적당한 전압, 전류로 변성하여 계기나 계전기에 공급하기 위한 설비이다.
④ 피뢰기 : 이상 전압을 대지로 방전시키고 그 속류를 차단하는 보호장치이다.   답 ①

24 송전선로의 건설비와 전압과의 관계를 나타낸 것은?

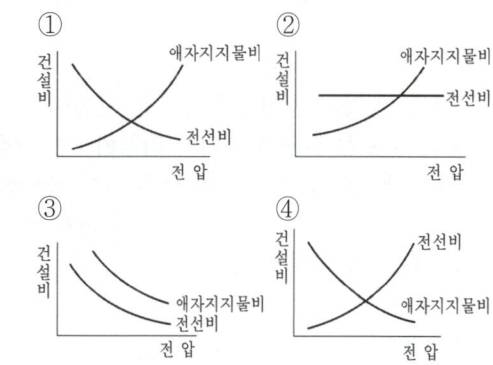

풀이 송전전압이 증가하면
- 전류가 감소하므로 전선의 굵기는 작아져 전선비는 감소한다.
- 절연 레벨의 상승으로 애자의 개수 및 선로의 건설 비용이 증가하므로 애자지지물비는 증가한다.   답 ①

25 비접지 계통의 전력계통에서 지락전류의 특성으로 옳은 것은?
① 충전전류(진상)
② 충전전류(지상)
③ 유도전류(진상)
④ 유도전류(지상)

풀이 ① 단락전류 : 유도전류(지상)
② 지락전류 : 충전전류(진상)   답 ①

26 배전계통에서 전력용 콘덴서를 설치하는 목적으로 옳은 것은?

① 배전선의 전력손실 감소
② 전압강하 증대
③ 고장 시 영상전류 감소
④ 변압기 여유율 감소

풀이 전력용 콘덴서 설치(역률 개선)의 효과
① 전력 손실 감소
② 변압기, 개폐기 등의 소요 용량 감소
③ 송전 용량 증대
④ 전압 강하 감소

이들 중 가장 큰 효과는 전력 손실 감소가 된다(전력 손실은 역률의 제곱에 역비례하여 감소한다). **답** ①

27 송전단 전압이 345[kV], 수전단 전압이 330[kV], 송수전 양단의 변압기 리액턴스는 각각 10[Ω]과 15[Ω]이고, 선로의 리액턴스는 85[Ω]인 계통이 있다. 이 선로에서 전달할 수 있는 최대 유효전력[MW]은?

① 1035.0   ② 1138.5
③ 1198.4   ④ 1463.7

풀이 송전 전력 $P = \dfrac{V_s V_r}{X} \sin\delta$ 이므로
$\sin\delta = 1$ 일 때, 최대 송전전력이 된다.
$\therefore P = \dfrac{V_s V_r}{X} = \dfrac{345 \times 10^3 \times 330 \times 10^3}{(10+15+85)}$
$= 1035 \times 10^6 [W] = 1035 [MW]$ **답** ①

28 직류 송전방식이 교류 송전방식에 비하여 유리한 점을 설명한 것으로 틀린 것은?

① 절연계급을 낮출 수 있다.
② 계통 간 비동기 연계가 가능하다.
③ 표피효과에 의한 송전손실이 없다.
④ 정류가 필요 없고 승압 및 강압이 쉽다.

풀이 직류 송전 방식의 장·단점
[장점]
① 선로의 리액턴스가 없으므로 안정도가 높다.
② 유전체손 및 충전 용량이 없고 절연 내력이 강하다.
③ 비동기 연계가 가능하다.
④ 단락 전류가 적고 임의 크기의 교류 계통을 연계시킬 수 있다.
⑤ 코로나손 및 전력 손실이 적다.
⑥ 표피 효과나 근접 효과가 없으므로 실효 저항의 증대가 없다.
[단점]
① 직교 변환 장치가 필요하다.
② 전압의 승압 및 강압이 불리하다.
③ 고조파나 고주파 억제 대책이 필요하다.
④ 직류 차단기가 개발되어 있지 않다. **답** ④

29 송전선로의 수전단을 단락한 경우 송전단에서 본 임피던스가 300[Ω]이고 수전단을 개방한 경우에는 900[Ω]일 때 이 선로의 특성 임피던스 $Z_0[\Omega]$는 약 얼마인가?

① 490   ② 500
③ 510   ④ 520

풀이
• 수전단을 단락한 경우 송전단에서 본 임피던스
  $Z = 300[\Omega]$
• 수전단을 개방한 경우 송전단에서 본 어드미턴스
  $Y = \dfrac{1}{900}[\mho]$
따라서 특성임피던스
$Z_0 = \sqrt{\dfrac{Z}{Y}} = \sqrt{\dfrac{300}{1/900}} \fallingdotseq 520[\Omega]$ **답** ④

30 가공전선과 전력선 간의 역섬락이 생기기 쉬운 경우는?

① 선로손실이 큰 경우
② 철탑의 접지저항이 큰 경우
③ 선로정수가 균일하지 않은 경우
④ 코로나 현상이 발생하는 경우

풀이 뇌서지가 철탑을 가격 시 철탑의 접지 저항이 크면 철탑의 전위가 매우 높게 되어 철탑에서 송전선에 섬락을 일으키는 경우가 있는데, 이를 역섬락이라 한다. 이를 방지하기 위하여 매설지선을 설치한다. **답** ②

31 전력손실이 없는 송전선로에서 서지파(진행파)가 진행하는 속도는? (단, L : 단위 선로길이당 인덕턴스, C : 단위 선로길이당 커패시턴스이다.)

① $\sqrt{\dfrac{L}{C}}$ ② $\sqrt{\dfrac{C}{L}}$

③ $\dfrac{1}{\sqrt{LC}}$ ④ $\sqrt{LC}$

풀이 전파 속도 $v = \dfrac{\omega}{\beta} = \dfrac{\omega}{\omega\sqrt{LC}} = \dfrac{1}{\sqrt{LC}}$ **답** ③

32 송전계통에서 자동 재폐로 방식의 장점이 아닌 것은?

① 신뢰도 향상
② 공급 지장시간의 단축
③ 보호계전방식의 단순화
④ 고장상의 고속도 차단, 고속도 재투입

풀이 자동 재폐로 방식
고장구간을 차단 후 원인이 해소되면 다시 차단기를 투입하는 조작을 자동적으로 행하는 방식
① 1회선 구간에서는 신뢰도를 향상시켜 2회선에 맞먹는 능력을 보유 할 수 있다.
② 정전시 공급지장시간을 단축시켜 안정된 전력공급을 기할 수 있다.
③ 송전용량을 2회선 용량한도까지 증대시켜서 사용 가능하다.
④ 고장 상을 고속도 차단 후 고속도 재투입함으로써 계통의 과도 안정도가 향상된다.   **답** ③

33 다중접지 3상 4선식 배전선로에서 고압측(1차측) 중성선과 저압측(2차측) 중성선을 전기적으로 연결하는 목적은?

① 저압측의 단락 사고를 검출하기 위함
② 저압측의 접지 사고를 검출하기 위함
③ 주상 변압기의 중성선측 부싱을 생략하기 위함
④ 고저압 혼촉 시 수용가에 침입하는 상승전압을 억제하기 위함

풀이 중성선이 전기적으로 연결되지 않으면 고·저압 혼촉 시 고압측의 큰 전압이 저압측을 통해서 수용가에 침입할 우려가 있다.   **답** ④

34 4단자 정수가 A, B, C, D인 송전선로의 등가 π회로를 그림과 같이 표현하였을 때 Z_1에 해당하는 것은?

① B
② $\dfrac{A}{B}$
③ $\dfrac{D}{B}$
④ $\dfrac{1}{B}$

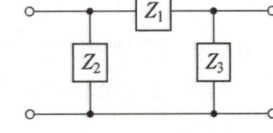

풀이 4단자 정수 A, B, C, D는

$\begin{bmatrix} A & B \\ C & D \end{bmatrix} = \begin{bmatrix} 1 & 0 \\ \dfrac{1}{Z_2} & 1 \end{bmatrix} \begin{bmatrix} 1 & Z_1 \\ 0 & 1 \end{bmatrix} \begin{bmatrix} 1 & 0 \\ \dfrac{1}{Z_3} & 1 \end{bmatrix}$

$= \begin{bmatrix} 1 + \dfrac{Z_1}{Z_3} & Z_1 \\ \dfrac{1}{Z_2} + \dfrac{1}{Z_3} + \dfrac{Z_1}{Z_2 Z_3} & 1 + \dfrac{Z_2}{Z_3} \end{bmatrix}$

$\therefore Z_1 = B$ **답** ①

35 단상 변압기 3대를 △결선으로 운전하던 중 1대의 고장으로 V결선된 경우, △결선에 대한 V결선의 출력비는 약 몇 [%]인가?

① 52.2 ② 57.7
③ 66.7 ④ 86.6

풀이 1대의 단상 변압기 용량을 P_1이라 하면 그 출력비는

출력비 $= \dfrac{\text{V결선의 출력}}{\triangle\text{결선의 출력}} = \dfrac{\sqrt{3}P_1}{3P_1} = \dfrac{\sqrt{3}}{3}$
$= 0.577 = 57.7[\%]$ **답** ②

36 전력계통 설비인 차단기와 단로기는 전기적 및 기계적으로 인터록(interlock)을 설치 및 연계하여 운전하고 있다. 인터록의 설명으로 옳은 것은?

① 부하 통전 시 단로기를 열 수 있다.
② 차단기가 열려 있어야 단로기를 닫을 수 있다.
③ 차단기가 닫혀 있어야 단로기를 열 수 있다.
④ 부하 투입 시에는 차단기를 우선 투입한 후 단로기를 투입한다.

풀이 단로기는 부하전류를 개폐할 수 없다. 따라서 단로기는 차단기가 열려 있어야 열고 닫을 수 있다. 즉, 인터록 장치를 두어 부하 통전 시 단로기를 열 수 없도록 하여야 한다.   **답** ②

37 제5고조파 전류의 억제를 위해 전력용 커패시터에 직렬로 삽입하는 유도 리액턴스의 값으로 적당한 것은?

① 전력용 콘덴서 용량의 약 6[%] 정도
② 전력용 콘덴서 용량의 약 12[%] 정도
③ 전력용 콘덴서 용량의 약 18[%] 정도
④ 전력용 콘덴서 용량의 약 24[%] 정도

풀이 제5고조파를 억제하기 위한 직렬 리액터의 용량은 콘덴서 용량의 4[%] 이상이 되면 되는데 주파수 변동 등의 여유를 봐서 실제로는 약 5~6[%]인 것이 사용된다.   **답** ①

38 수력발전소에서 사용되는 다음의 수차 중 특유속도가 가장 높은 수차는?

① 펠턴 수차 ② 프로펠러 수차
③ 프란시스 수차 ④ 사류 수차

풀이 수차의 종류와 특유속도 및 그 사용 한계

수차의 종류		특유속도의 한계값
펠턴수차		12~23
프란시스 수차	저속도형	65~150
	중속도형	150~250
	고속도형	250~350
사류수차		150~250
카플란 수차, 프로펠러 수차		350~800

답 ②

39 수력발전소에서 사용되고, 횡축에 1년 365일을 종축에 유량을 표시한 유황곡선이란?

① 유량이 적은 것부터 순차적으로 배열하여 이들 점을 연결한 것이다.
② 유량이 큰 것부터 순차적으로 배열하여 이들 점을 연결한 것이다.
③ 유량의 월별 평균값을 구하여 선으로 연결한 것이다.
④ 각 월에 가장 큰 유량만을 선으로 연결한 것이다.

풀이 유황곡선이란 유량도를 기초로 하여 횡축에 일수 365일을, 종축에 유량을 취하여 유량이 큰 것으로부터 순차적으로 배열하여 이들 점을 연결한 곡선이다.   **답** ②

40 3상 배전선로의 말단에 지상역률 80[%], 160[kW]인 평형 3상 부하가 있다. 부하점에 전력용 콘덴서를 접속하여 선로손실을 최소가 되게 하려면 전력용 콘덴서의 필요한 용량[kVA]은? (단, 부하단 전압은 변하지 않는 것으로 한다.)

① 100 ② 120
③ 160 ④ 200

풀이 선로손실을 최소로 하기 위해서는 역률을 1로 개선해야 하므로 문제에서의 전 무효전력만큼의 콘덴서 용량이 필요하다.
따라서 콘덴서 용량 Q는
$$Q_c = P_a \sin\theta = \frac{P}{\cos\theta} \times \sin\theta = \frac{P}{\cos\theta} \times \sqrt{1-\cos\theta^2}$$
$$= \frac{160}{0.8} \times \sqrt{1-0.8^2} = 120[kVA]$$ **답** ②

2020년 전력공학_전기기사·공사기사

문제의 번호는 실제 시험문제의 번호와 같게 하였습니다.

2020년 - 1, 2회 _ 전기기사·공사기사

21 중성점 직접접지방식의 발전기가 있다. 1선 지락 사고 시 지락전류는? (단, Z_1, Z_2, Z_0는 각각 정상, 역상, 영상 임피던스이며, E_a는 지락된 상의 무부하 기전력이다.)

① $\dfrac{E_a}{Z_0 + Z_1 + Z_2}$ ② $\dfrac{Z_1 E_a}{Z_0 + Z_1 + Z_2}$

③ $\dfrac{3E_a}{Z_0 + Z_1 + Z_2}$ ④ $\dfrac{Z_0 E_a}{Z_0 + Z_1 + Z_2}$

풀이 I_0, I_1, I_2를 각각 영상, 정상, 역상 전류라고 하면, 1선 지락 고장 시에는 $I_0 = I_1 = I_2$이다.
V_a상이 지락된 경우, 발전기의 기본식에 의해

$I_0 = \dfrac{E_a}{Z_0 + Z_1 + Z_2}$ 가 되므로,

1선 지락 사고시 지락전류는

$I_a = I_0 + I_1 + I_2 = 3I_0 = \dfrac{3E_a}{Z_0 + Z_1 + Z_2}$ **답** ③

22 화력발전소에서 절탄기의 용도는?

① 보일러에 공급되는 급수를 예열한다.
② 포화증기를 과열한다.
③ 연소용 공기를 예열한다.
④ 석탄을 건조한다.

풀이 • 절탄기 : 보일러 급수를 연도 폐기 가스로 가열
• 재열기 : 포화 온도의 증기를 과열 온도의 증기로 가열
• 공기 예열기 : 연소용 공기를 예열   **답** ①

23 3상 배전선로의 말단에 역률 60[%](늦음), 60[kW]의 평형 3상 부하가 있다. 부하점에 부하와 병렬로 전력용 콘덴서를 접속하여 선로손실을 최소로 하고자 할 때 콘덴서 용량[kVA]은? (단, 부하단의 전압은 일정하다.)

① 40   ② 60
③ 80   ④ 100

풀이 선로 손실을 최소로 하기 위해서는 역률을 1.0으로 개선해야 하므로, 문제에서는 전 무효전력만큼의 콘덴서 용량이 필요하다.
따라서 콘덴서 용량

$Q_c = P\tan\theta = P\dfrac{\sin\theta}{\cos\theta} = 60 \times \dfrac{0.8}{0.6} = 80[kVA]$ **답** ③

24 다음 중 송전계통의 절연협조에 있어서 절연레벨이 가장 낮은 기기는?

① 피뢰기   ② 단로기
③ 변압기   ④ 차단기

풀이 • 절연 협조는 피뢰기의 제한 전압이 기준이 된다. 따라서 피뢰기의 절연 레벨이 제일 낮다.
• 절연 레벨 : 피뢰기 < 변압기 < 차단기, CT, PT, … < 선로 애자

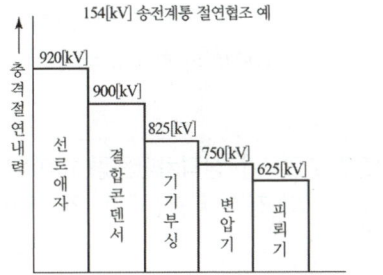

154[kV] 송전계통 절연협조 예

답 ①

25 송배전 선로에서 선택지락계전기(SGR)의 용도는?

① 다회선에서 접지 고장 회선의 선택
② 단일 회선에서 접지 전류의 대소 선택
③ 단일 회선에서 접지 전류의 방향 선택
④ 단일 회선에서 접지 사고의 지속 시간 선택

풀이 선택 접지(지락) 계전기는 비접지 계통의 지락사고 검출에 사용되는 것으로, 병행 2회선 또는 다회선 송전선로에서 한쪽의 1회선에 지락 또는 접지 고장이 발생하였을 때 이것을 검출하여 고장 회선만을 선택하여 차단할 수 있는 계전기이다.   **답** ①

26 고장 즉시 동작하는 특성을 갖는 계전기는?

① 순시 계전기
② 정한시 계전기
③ 반한시 계전기
④ 반한시성 정한시 계전기

풀이 보호계전기 특징
① 순시 특성 : 최소 동작전류 이상의 전류가 흐르면 즉시 동작하는 특성
② 정한시 특성 : 동작전류의 크기에 관계없이 일정한 시간에 동작하는 특성
③ 반한시 특성 : 동작전류가 커질수록 동작시간이 짧게 되는 특성
④ 반한시 정한시 특성 : 동작전류가 적은 동안에는 동작전류가 커질수록 동작시간이 짧게 되고 어떤 전류 이상이면 동작전류의 크기에 관계없이 일정한 시간에 동작하는 특성

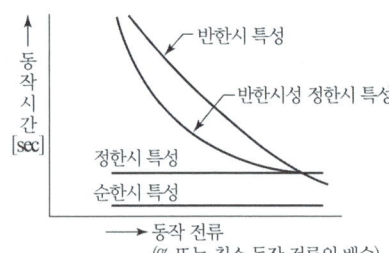

〈계전기의 한시 특성〉 답 ①

27 정격전압 7.2[kV], 정격차단용량 100[MVA]인 3상 차단기의 정격 차단전류는 약 몇 [kA]인가?

① 4 ② 6
③ 7 ④ 8

풀이 3상 차단기의 정격용량
$P_s = \sqrt{3}\, V_n I_s$ [MVA]
따라서 정격 차단전류
$I_s = \dfrac{P_s}{\sqrt{3}\, V_n} = \dfrac{100}{\sqrt{3} \times 7.2} \fallingdotseq 8$ [kA] 답 ④

28 30000[kW]의 전력을 51[km] 떨어진 지점에 송전하는데 필요한 전압은 약 몇 [kV]인가? (단, Still의 식에 의하여 산정한다.)

① 22 ② 33
③ 66 ④ 100

풀이 Still 식(송전전압의 결정식)
$V_s = 5.5\sqrt{0.6\, l + 0.01 P}$
$= 5.5\sqrt{0.6 \times 51 + 0.01 \times 30000} \fallingdotseq 100$ [kV]
여기서, l : 송전 거리[km], P : 송전 용량[kW] 답 ④

29 댐의 부속설비가 아닌 것은?

① 수로 ② 수조
③ 취수구 ④ 흡출관

풀이 흡출관은 반동 수차의 출구에서부터 방수로 수면까지 연결하는 관으로 낙차를 유효하게 이용(낙차를 늘리기 위해)하기 위해 사용한다. 답 ④

30 3상 3선식에서 전선 한 가닥에 흐르는 전류는 단상 2선식의 경우의 몇 배가 되는가? (단, 송전전력, 부하역률, 송전거리, 전력손실 및 선간전압이 같다.)

① $\dfrac{1}{\sqrt{3}}$ ② $\dfrac{2}{3}$
③ $\dfrac{3}{4}$ ④ $\dfrac{4}{9}$

풀이
• 단상 2선식의 송전전력 $P_1 = V_1 I_1 \cos\theta_1$
• 3상 3선식의 송전전력 $P_3 = \sqrt{3}\, V_3 I_3 \cos\theta_3$
라고 하면, 주어진 조건(송전전력, 부하역률, 선간전압이 같다)에 의해
$VI_1 \cos\theta = \sqrt{3}\, VI_3 \cos\theta$
$\therefore I_3 = \dfrac{1}{\sqrt{3}} I_1$ 답 ①

31 사고, 정전 등의 중대한 영향을 받는 지역에서 정전과 동시에 자동적으로 예비전원용 배전선로로 전환하는 장치는?

① 차단기
② 리클로저(Recloser)
③ 섹셔널라이저(Sectionalizer)
④ 자동부하 전환개폐기(Auto Load Transfer Switch)

풀이 ① 차단기 : 부하전류 및 사고전류를 신속·안전하게 차단하여 고장구간을 건전구간으로부터 분리시키며 또한 설비의 점검 및 수리 등의 작업 시에 작업 장소를 정전시키기 위한 설비이다.

② 리클로저 : 배전선로에서 지락고장이나 단락고장 사고가 발생하였을 때 고장을 검출하여 선로를 차단한 후 일정시간이 경과하면 자동적으로 재투입 동작을 반복함으로써 순간 고장을 제거한다.
③ 섹셔널라이저 : 선로가 정전상태일 때 자동으로 개방되어 고장구간을 분리시키는 선로 개폐기로 고장전류는 차단할 수 없다.
④ **자동부하 전환개폐기** : 정전 시에 큰 피해가 예상되는 수용가에 이중 전원을 확보하여 **주전원 정전 시**나 정격전압 이하로 전압이 감소하는 경우 **예비전원으로 자동으로 전환**되어 무정전 전원 공급을 수행하는 개폐기를 말한다. 답 ④

32 전선의 표피 효과에 대한 설명으로 알맞은 것은?

① 전선이 굵을수록, 주파수가 높을수록 커진다.
② 전선이 굵을수록, 주파수가 낮을수록 커진다.
③ 전선이 가늘수록, 주파수가 높을수록 커진다.
④ 전선이 가늘수록, 주파수가 낮을수록 커진다.

풀이 $\delta = \sqrt{\dfrac{2}{\omega\sigma\mu}} = \sqrt{\dfrac{1}{\pi f \sigma \mu}}$

따라서, f(주파수), σ(도전율), μ(투자율) 가 클수록 표피 두께(δ)가 감소하므로 표피효과는 증대되어 도체의 실효저항이 증가한다. 답 ①

33 일반회로 정수가 같은 평행 2회선에서 A, B, C, D는 각각 1회선의 경우의 몇 배로 되는가?

① A : 2배, B : 2배, C : $\dfrac{1}{2}$배, D : 1배
② A : 1배, B : 2배, C : $\dfrac{1}{2}$배, D : 1배
③ A : 1배, B : $\dfrac{1}{2}$배, C : 2배, D : 1배
④ A : 1배, B : $\dfrac{1}{2}$배, C : 2배, D : 2배

풀이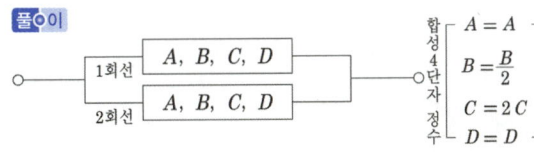

A, D는 불변, 직렬 요소의 임피던스 값인 B는 병렬접속이므로 1/2배로 감소, 병렬요소의 어드미턴스 값인 C는 병렬접속이므로 2배로 증가한다. 답 ③

34 변전소에서 비접지 선로의 접지보호용으로 사용되는 계전기에 영상전류를 공급하는 것은?

① CT
② GPT
③ ZCT
④ PT

풀이 ① 변류기(CT) : 대전류를 소전류로 변성하여 계기나 계전기에 공급하기 위한 목적으로 사용한다.
② 접지형 계기용 변압기(GPT) : 비접지 계통에서 지락사고 시의 영상전압을 검출한다.
③ **영상변류기**(ZCT) : 지락사고시 지락전류(**영상전류**)를 검출하는 것으로 지락 계전기와 조합하여 차단기를 차단시킨다.
④ 계기용 변압기(PT) : 고압을 저압으로 변성하여 계기나 계전기에 공급하기 위한 목적으로 사용한다. 답 ③

35 단로기에 대한 설명으로 틀린 것은?

① 소호장치가 있어 아크를 소멸시킨다.
② 무부하 및 여자전류의 개폐에 사용된다.
③ 사용회로수에 의해 분류하면 단투형과 쌍투형이 있다.
④ 회로의 분리 또는 계통의 접속 변경 시 사용한다.

풀이
• 차단기(CB : Circuit Breaker)는 아크 소호장치가 있어 부하전류나 고장전류의 차단이 가능하다.
• **단로기**(DS : Disconnecting Switch)는 switch로서 **아크 소호장치가 없어** 부하전류나 고장전류의 차단이 곤란하다. 답 ①

36 4단자 정수 $A = 0.9918 + j0.0042$, $B = 34.17 + j50.38$, $C = (-0.006 + j3247) \times 10^{-4}$인 송전선로의 송전단에 66[kV]를 인가하고 수전단을 개방하였을 때 수전단 선간전압은 약 몇 [kV]인가?

① $\dfrac{66.55}{\sqrt{3}}$
② 62.5
③ $\dfrac{62.5}{\sqrt{3}}$
④ 66.55

풀이 송전단 전압 $E_S = AE_R + BI_R$에서 수전단을 개방하면 $I_R = 0$이므로

수전단 전압

$$E_R = \frac{E_S}{A} = \frac{66/\sqrt{3}}{0.9918+j0.0042} = \frac{66.55}{\sqrt{3}}[kV]$$

따라서 수전단 선간전압

$$V_R = E_R \times \sqrt{3} = \frac{66.55}{\sqrt{3}} \times \sqrt{3} = 66.55[kV] \quad \text{답 ④}$$

37
증기터빈 출력을 P[kW], 증기량을 W[t/h], 초압 및 배기의 증기 엔탈피를 각각 i_0, i_1 [kcal/kg] 이라 하면 터빈의 효율 η_T[%]는?

① $\dfrac{860P \times 10^3}{W(i_0 - i_1)} \times 100$

② $\dfrac{860P \times 10^3}{W(i_1 - i_0)} \times 100$

③ $\dfrac{860P}{W(i_0 - i_1) \times 10^3} \times 100$

④ $\dfrac{860P}{W(i_1 - i_0) \times 10^3} \times 100$

풀이
- 입력 열량 = $W \times 10^3 \times (i_0 - i_1)$[kcal]
- 출력 열량 = $P \times 860$[kcal]
  (∵ 1[kWh] = 860[kcal])
- 터빈효율 $\eta_T = \dfrac{\text{출력열량}}{\text{입력열량}} \times 100$

  $= \dfrac{860P}{W(i_0 - i_1) \times 10^3} \times 100[\%]$ **답 ③**

38
송전선로에서 가공지선을 설치하는 목적이 아닌 것은?

① 뇌(雷)의 직격을 받을 경우 송전선 보호
② 유도뢰에 의한 송전선의 고전위 방지
③ 통신선에 대한 전자유도장해 경감
④ 철탑의 접지저항 경감

풀이 가공 지선의 설치 목적
① 직격뢰에 대한 차폐 효과
② 유도뢰에 대한 정전 차폐 효과
③ 통신선에 대한 전자 유도 장해 경감 효과
철탑의 접지저항을 경감하기 위해서는 매설지선을 설치해야 한다. **답 ④**

39
수전단의 전력원 방정식이 $P_r^2 + (Q_r + 400)^2 = 250000$ 으로 표현되는 전력계통에서 조상설비 없이 전압을 일정하게 유지하면서 공급할 수 있는 부하전력은? (단, 부하는 무유도성이다)

① 200 ② 250
③ 300 ④ 350

풀이
① $P_r^2 + (Q_r + 400)^2 = 250000$ 에서 조상설비가 없으므로 $Q_r = 0$ 이다.
② 전압을 일정하게 유지하기 위해서는 피상전력의 크기가 일정해야 한다.
$P_r^2 + 400^2 = 500^2$
∴ $P_r = 300$ **답 ③**

40
전력설비의 수용률을 나타낸 것은?

① 수용률 = $\dfrac{\text{평균전력[kW]}}{\text{부하설비용량[kW]}} \times 100[\%]$

② 수용률 = $\dfrac{\text{부하설비용량[kW]}}{\text{평균전력[kW]}} \times 100[\%]$

③ 수용률 = $\dfrac{\text{최대수용전력[kW]}}{\text{부하설비용량[kW]}} \times 100[\%]$

④ 수용률 = $\dfrac{\text{부하설비용량[kW]}}{\text{최대수용전력[kW]}} \times 100[\%]$

풀이
① 수용률 = $\dfrac{\text{최대 수용 전력}}{\text{설비용량}}$

② 부하율 = $\dfrac{\text{평균전력}}{\frac{\text{최대 전력의 합계}}{\text{부등률}}}$
$= \dfrac{\text{평균전력}}{\text{합성 최대전력}}$
$= \dfrac{\text{평균전력} \times \text{부등률}}{\text{설비용량의 합계} \times \text{수용률}}$

③ 부등률 = $\dfrac{\text{최대 전력의 합계}}{\text{합성 최대 전력}}$ **답 ③**

2020년 3회 _ 전기기사·공사기사

21 3상 전원에 접속된 △결선의 커패시터를 Y결선으로 바꾸면 진상 용량 Q_Y[kVA]는? (단, $Q_\triangle$는 △결선된 커패시터의 진상 용량이고, Q_Y는 Y결선된 커패시터의 진상 용량이다.)

① $Q_Y = \sqrt{3}\,Q_\triangle$ ② $Q_Y = \frac{1}{3}Q_\triangle$

③ $Q_Y = 3Q_\triangle$ ④ $Q_Y = \frac{1}{\sqrt{3}}Q_\triangle$

풀이

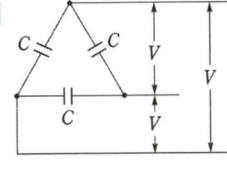 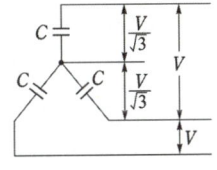

△결선 Y결선

$Q_\triangle = 3 \times 2\pi fCV^2$

$Q_Y = 3 \times 2\pi fC\left(\frac{V}{\sqrt{3}}\right)^2 = 2\pi fCV^2$

∴ $Q_Y = \frac{1}{3}Q_\triangle$ **답 ②**

22 교류 배전선로에서 전압강하 계산식은 $V_d = k(R\cos\theta + X\sin\theta)I$로 표현된다. 3상 3선식 배전선로인 경우에 k는?

① $\sqrt{3}$ ② $\sqrt{2}$
③ 3 ④ 2

풀이 전압강하
- 단상 2선식 $e = 2I(R\cos\theta + X\sin\theta)$
- 3상 3선식 $e = \sqrt{3}\,I(R\cos\theta + X\sin\theta)$ **답 ①**

23 송전선에서 뇌격에 대한 차폐 등을 위해 가선하는 가공지선에 대한 설명으로 옳은 것은?

① 차폐각은 보통 15~30° 정도로 하고 있다.
② 차폐각이 클수록 벼락에 대한 차폐효과가 크다.
③ 가공지선을 2선으로 하면 차폐각이 적어진다.
④ 가공지선으로는 연동선을 주로 사용한다.

풀이 가공지선
① 직격 뇌로부터 송전선의 차폐를 위해 시설하며, ACSR을 사용한다.
② 차폐각 45° 이내의 보호율은 97[%] 정도이다.
③ 차폐각이 작을수록 보호율이 높고 건설비가 비싸다. (가공지선을 2회선으로 하면 차폐각이 적어진다.) **답 ③**

24 배전선의 전력손실 경감 대책이 아닌 것은?

① 다중접지 방식을 채용한다.
② 역률을 개선한다.
③ 배전 전압을 높인다.
④ 부하의 불평형을 방지한다.

풀이
- 배전선로의 전력손실
$$P_l = 3I^2 r = \frac{\rho W^2 L}{AV^2\cos^2\theta} \propto \frac{1}{V^2\cos^2\theta}$$
배전선의 전력손실을 경감하기 위해서는 역률을 개선하거나 배전 전압을 높여야 한다.
- 부하의 불평형을 방지하면, 중성선 전류에 의한 전력손실을 경감할 수 있다. **답 ①**

25 그림과 같은 이상 변압기에서 2차 측에 5[Ω]의 저항부하를 연결하였을 때 1차 측에 흐르는 전류(I)는 약 몇 [A]인가?

① 0.6
② 1.8
③ 20
④ 660

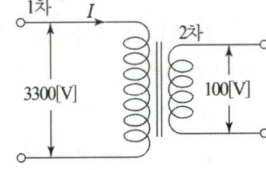

풀이
$I_2 = \dfrac{V}{R} = \dfrac{100}{5} = 20$[A]

권수비 $a = \dfrac{n_1}{n_2} = \dfrac{E_1}{E_2} = \dfrac{3300}{100} = 33$

∴ $I_1 = \dfrac{I_2}{a} = \dfrac{20}{33} = 0.6$ **답 ①**

26 전압과 유효전력이 일정할 경우 부하 역률이 70[%]인 선로에서의 저항 손실($P_{70\%}$)은 역률이 90[%]인 선로에서의 저항 손실($P_{90\%}$)과 비교하면 약 얼마인가?

① $P_{70\%} = 0.6 P_{90\%}$
② $P_{70\%} = 1.7 P_{90\%}$
③ $P_{70\%} = 0.3 P_{90\%}$
④ $P_{70\%} = 2.7 P_{90\%}$

풀이 전력손실 $P_l \propto \dfrac{1}{\cos^2\theta}$ 이므로

$$\dfrac{P_{70\%}}{P_{90\%}} = \dfrac{\dfrac{1}{0.7^2}}{\dfrac{1}{0.9^2}} = \dfrac{81}{49} = 1.7$$

$\therefore P_{70\%} = 1.7 P_{90\%}$ **답** ②

27 3상 3선식 송전선에서 L을 작용 인덕턴스라 하고, L_e 및 L_m은 대지를 귀로로 하는 1선의 자기 인덕턴스 및 상호 인덕턴스라고 할 때 이들 사이의 관계식은?

① $L = L_m - L_e$ ② $L = L_e - L_m$
③ $L = L_m + L_e$ ④ $L = \dfrac{L_m}{L_e}$

풀이 작용 인덕턴스 = 대지 귀로의 자기 인덕턴스
 − 대지 귀로의 상호 인덕턴스 **답** ②

28 표피효과에 대한 설명으로 옳은 것은?

① 표피효과는 주파수에 비례한다.
② 표피효과는 전선의 단면적에 반비례한다.
③ 표피효과는 전선의 비투자율에 반비례한다.
④ 표피효과는 전선의 도전율에 반비례한다.

풀이 전류의 주파수가 증가할수록 도체 내부의 전류밀도가 지수 함수적으로 감소되는 현상을 표피효과라 한다.

$$\delta = \sqrt{\dfrac{2}{\omega\sigma\mu}} = \sqrt{\dfrac{1}{\pi f \sigma\mu}} \; [m]$$

여기서, $\sigma = \dfrac{1}{2 \times 10^{-8}} [\mho/m]$: 도전율
$\mu = 4\pi \times 10^{-7} [H/m]$: 투자율
δ : 표피두께(skin depth) 또는 침투깊이

f(주파수), σ(도전율), μ(투자율)가 클수록 δ(표피두께 또는 침투깊이)가 작게 되어 **표피효과가 심해진다.** 주파수가 커지면 전류는 표면으로 흐르게 되므로 전기가 흐르는 단면적이 좁아지게 되어 전기저항이 증가하고, 내부 인덕턴스와 상호 인덕턴스도 감소하게 된다.
답 ①

29 배전선로의 전압을 3[kV]에서 6[kV]로 승압하면 전압강하율(δ)은 어떻게 되는가? (단, δ_{3kV}는 전압이 3[kV]일 때 전압강하율이고, δ_{6kV}는 전압이 6[kV]일 때 전압강하율이고, 부하는 일정하다고 한다.)

① $\delta_{6kV} = \dfrac{1}{2}\delta_{3kV}$
② $\delta_{6kV} = \dfrac{1}{4}\delta_{3kV}$
③ $\delta_{6kV} = 2\delta_{3kV}$
④ $\delta_{6kV} = 4\delta_{3kV}$

풀이 전압강하 $e = \dfrac{P}{V}(R + X\tan\theta)$ 이므로,

전압강하율 $\epsilon = \dfrac{e}{V} = \dfrac{P}{V^2}(R + X\tan\theta)$ 이다.

n배 승압하였을 때 전압강하율
$\epsilon' = \dfrac{P}{(nV)^2}(R + X\tan\theta)$ 이므로

$$\dfrac{\epsilon'}{\epsilon} = \dfrac{\dfrac{P}{n^2 V^2}(R + X\tan\theta)}{\dfrac{P}{V^2}(R + X\tan\theta)} = \dfrac{1}{n^2}$$

따라서 전압을 3[kV]에서 6[kV]로 2배 승압하면

$\dfrac{\delta_{6kV}}{\delta_{3kV}} = \dfrac{1}{2^2} \;\to\; \delta_{6kV} = \dfrac{1}{4}\delta_{3kV}$ **답** ②

30 계통의 안정도 증진대책이 아닌 것은?

① 발전기나 변압기의 리액턴스를 작게 한다.
② 선로의 회선수를 감소시킨다.
③ 중간 조상 방식을 채용한다.
④ 고속도 재폐로 방식을 채용한다.

풀이 안정도 향상 대책
① 직렬 리액턴스(X)를 작게 한다.
• 발전기나 변압기의 리액턴스를 작게 한다.

- 선로의 병행 회선수를 늘리거나 복도체 또는 다도체 방식을 사용한다.
- 직렬 콘덴서를 삽입하여 선로의 리액턴스를 보상한다.

② 전압변동을 작게 한다.
- 속응여자방식의 채용
- 계통 연계를 한다.

③ 중간 조상 방식을 채용한다.
④ 고장전류를 줄이고 고장구간을 신속하게 차단한다.
- 적당한 중성점접지방식을 채용하여 지락전류를 줄인다.
- 고속도 계전기, 고속도 차단기를 채용한다.
- 고속도 재폐로방식을 채용한다.

⑤ 고장 시 발전기 입·출력의 불평형을 작게 한다.
- 조속기의 동작을 빠르게 한다.
- 고장발생과 동시에 발전기회로의 저항을 직렬 또는 병렬로 삽입하여 발전기 입·출력의 불평형을 작게 한다.

답 ②

31 1상의 대지 정전용량이 0.5[μF], 주파수가 60[Hz]인 3상 송전선이 있다. 이 선로에 소호리액터를 설치한다면, 소호리액터의 공진리액턴스는 약 몇 [Ω]이면 되는가?

① 970 ② 1370
③ 1770 ④ 3570

풀이 공진리액턴스
$$\omega L = \frac{1}{3\omega C_s} = \frac{1}{3 \times 2\pi \times 60 \times 0.5 \times 10^{-6}}$$
$$\fallingdotseq 1770[\Omega]$$

답 ③

32 배전선로의 고장 또는 보수 점검 시 정전구간을 축소하기 위하여 사용되는 것은?

① 단로기
② 컷아웃스위치
③ 계자저항기
④ 구분개폐기

풀이 정전구간을 축소하기 위하여 사용되는 것은 **구분 개폐기**(section switch)이며 종류로는 유입 개폐기(OS), 기중 개폐기(AS), 진공 개폐기(VS) 등이 있다.

답 ④

33 수전단 전력 원선도의 전력 방정식이 $P_r^2 + (Q_r + 400)^2 = 250000$으로 표현되는 전력계통에서 가능한 최대로 공급할 수 있는 부하전력(P_r)과 이때 전압을 일정하게 유지하는데 필요한 무효전력(Q_r)은 각각 얼마인가?

① $P_r = 500$, $Q_r = -400$
② $P_r = 400$, $Q_r = 500$
③ $P_r = 300$, $Q_r = 100$
④ $P_r = 200$, $Q_r = -300$

풀이 ① 최대로 부하전력을 공급하려면 무효전력이 0 이어야 한다.
$P_r^2 + 0 = 500^2$ ∴ $P_r = 500$

② 전압을 일정하게 유지하기 위해서는 피상전력의 크기가 일정해야 한다.
$P_r^2 + (Q_r + 400)^2 = 250000$에서 부하전력 $P_r = 500$이므로 피상전력의 크기가 일정하기 위해서는 $Q_r + 400 = 0$ 이어야 한다.
∴ $Q_r = -400$

답 ①

34 수전용 변전설비의 1차측 차단기의 차단용량은 주로 어느 것에 의하여 정해지는가?

① 수전 계약용량
② 부하설비의 단락용량
③ 공급측 전원의 단락용량
④ 수전전력의 역률과 부하율

풀이 차단기의 차단용량은 계통의 단락용량 이상의 것을 선정하여야 한다.

답 ③

35 정격전압 6600[V], Y결선, 3상 발전기의 중성점을 1선 지락 시 지락전류를 100[A]로 제한하는 저항기로 접지하려고 한다. 저항기의 저항값은 약 몇 [Ω]인가?

① 44 ② 41 ③ 38 ④ 35

풀이 지락전류 $I_g = \frac{E}{Z}$[A] 이므로

$$\therefore R = \frac{E}{I_g} = \frac{\frac{V}{\sqrt{3}}}{I_g} = \frac{\frac{6600}{\sqrt{3}}}{100} \fallingdotseq 38[\Omega]$$

답 ③

36 프란시스 수차의 특유속도[m·kW]의 한계를 나타내는 식은? (단, H[m]는 유효낙차이다.)

① $\dfrac{13000}{H+50}+10$ ② $\dfrac{13000}{H+50}+30$
③ $\dfrac{20000}{H+20}+10$ ④ $\dfrac{20000}{H+20}+30$

풀이 수차의 종류와 특유속도(N_s)의 한계

종 류		N_s의 한계값	
펠톤수차		$12 \leq N_s \leq 23$	
프란시스 수차	저속도형	$N_s \leq \dfrac{20000}{H+20}+30$	65~150
	중속도형		150~250
	고속도형		250~350
사류수차		$N_s \leq \dfrac{20000}{H+20}+40$	150~250
카플란 수차 프로펠러 수차		$N_s \leq \dfrac{20000}{H+20}+50$	350~800

답 ④

37 송전 철탑에서 역섬락을 방지하기 위한 대책은?

① 가공지선의 설치
② 탑각 접지저항의 감소
③ 전력선의 연가
④ 아크혼의 설치

풀이 ① 가공지선 : 직격뢰의 차폐, 유도뢰의 정전차폐 및 통신선에 대한 전자유도 장해 경감
② 매설지선 : 탑각 접지저항을 감소시켜 역섬락을 방지
③ 연가 : 선로정수의 평형
④ 아크혼 : 선로의 섬락으로부터 애자련의 보호 및 애자련의 전압분포 개선

답 ②

38 조속기의 폐쇄시간이 짧을수록 나타나는 현상으로 옳은 것은?

① 수격작용은 작아진다.
② 발전기의 전압 상승률은 커진다.
③ 수차의 속도 변동률은 작아진다.
④ 수압관 내의 수압 상승률은 작아진다.

풀이
- 수차의 속도를 일정하게 유지하면서 출력을 가감하기 위하여 수차의 입력, 즉 유량을 조절하는 장치를 조속기라 한다.
- 속도변동률 $\delta = \dfrac{N_m - N_0}{N_0} \times 100[\%]$ (N_m : 수차의 최대회전속도, N_0 : 정격회전속도)

이므로 조속기의 폐쇄시간이 짧을수록 수차의 최대속도 N_m이 감소하여 속도변동률은 작아진다.

답 ③

39 주변압기 등에서 발생하는 제5고조파를 줄이는 방법으로 옳은 것은?

① 전력용 콘덴서에 직렬리액터를 연결한다.
② 변압기 2차측에 분로리액터를 연결한다.
③ 모선에 방전코일을 연결한다.
④ 모선에 공심 리액터를 연결한다.

풀이 직렬리액터
① 전력용 콘덴서와 직렬로 리액터를 접속하여 제5고조파를 제거시킨다.
② 직렬 리액터의 용량은 콘덴서 용량의 4[%] 이상이 되면 되는데 주파수 변동 등의 여유를 봐서 실제로는 약 5~6[%]인 것이 사용된다.

답 ①

40 복도체에서 2본의 전선이 서로 충돌하는 것을 방지하기 위하여 2본의 전선 사이에 적당한 간격을 두어 설치하는 것은?

① 아모로드 ② 댐퍼
③ 아킹혼   ④ 스페이서

풀이 스페이서 : 다도체의 경우 전선상호의 접근 및 충돌을 방지하기 위해 사용된다.

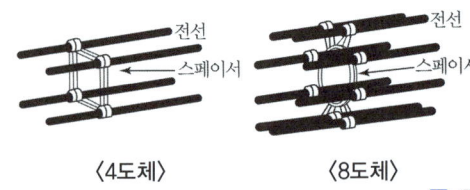

〈4도체〉   〈8도체〉

답 ④

2020년 4회 _ 전기기사·공사기사

21 전력원선도에서 구할 수 없는 것은?
① 송·수전할 수 있는 최대 전력
② 필요한 전력을 보내기 위한 송·수전단 전압 간의 상차각
③ 선로 손실과 송전 효율
④ 과도극한전력

풀이 ① 원선도에서 구할 수 있는 것
- 최대 출력(정태 극한전력)
- 필요한 전력을 보내기 위한 송수전단전압간의 위상각 θ
- 요구하는 부하의 전력을 수전단에서 받기 위해 필요한 수전단 쪽의 조상설비용량
- 송수전단 R, L, C, G에 의한 선로손실(4단자 정수)과 송전효율
- 수전단 역률

② 원선도에서 구할 수 없는 것
- 코로나 손실
- 과도안정 극한전력 **답** ④

22 다음 중 그 값이 항상 1 이상인 것은?
① 부등률 ② 부하율
③ 수용률 ④ 전압강하율

풀이 부등률 = $\dfrac{\text{각 부하의 최대 수용전력의 합}}{\text{각 부하를 종합했을 때 최대 수용전력}}$
으로 1보다 크며, 부하의 동시 사용 정도를 나타내는 척도가 된다. **답** ①

23 송전전력, 송전거리, 전선로의 전력손실이 일정하고, 같은 재료의 전선을 사용한 경우 단상 2선식에 대한 3상 4선식의 1선당 전력비는 약 얼마인가? (단, 중성선은 외선과 같은 굵기이다.)
① 0.7 ② 0.87
③ 0.94 ④ 1.15

풀이

종별	전력	1선당 전력
단상 2선식	$P_1 = VI\cos\theta$	$\dfrac{VI\cos\theta}{2}$
3상 4선식	$P_3 = \sqrt{3}\,VI\cos\theta$	$\dfrac{\sqrt{3}\,VI\cos\theta}{4}$

따라서 전력의 비 $\dfrac{P_3}{P_1} = \dfrac{\dfrac{\sqrt{3}}{4}VI\cos\theta}{\dfrac{1}{2}VI\cos\theta} \fallingdotseq 0.87$ **답** ②

24 3상용 차단기의 정격 차단용량은?
① $\sqrt{3}$ × 정격전압 × 정격차단전류
② $\sqrt{3}$ × 정격전압 × 정격전류
③ 3 × 정격전압 × 정격차단전류
④ 3 × 정격전압 × 정격전류

풀이 3상용 차단기의 정격 차단용량
$P_s = \sqrt{3}\,VI_s$
(여기서, V : 정격전압, I_s : 정격차단전류) **답** ①

25 개폐서지의 이상전압을 감쇄할 목적으로 설치하는 것은?
① 단로기 ② 차단기
③ 리액터 ④ 개폐저항기

풀이 차단기의 개폐시에 재점호로 인하여 개폐 서지 이상전압이 발생된다. 이것을 낮추고 절연내력을 높일 수 있게 하기 위해 차단기 접촉자 간에 병렬 임피던스로서 개폐 저항기를 삽입한다. **답** ④

26 부하의 역률을 개선할 경우 배전선로에 대한 설명으로 틀린 것은? (단, 다른 조건은 동일하다.)
① 설비용량의 여유 증가
② 전압강하의 감소
③ 선로전류의 증가
④ 전력손실의 감소

풀이 배전선로의 역률 개선 효과
① 전력손실 경감
② 전압강하 경감
③ 설비용량의 여유분 증가
④ 전력요금의 절약 **답** ③

27 수력발전소의 형식을 취수방법, 운용방법에 따라 분류할 수 있다. 다음 중 취수방법에 따른 분류가 아닌 것은?

① 댐식 ② 수로식
③ 조정지식 ④ 유역 변경식

풀이 ① 낙차를 얻는 방법(취수방법)에 의한 분류
수로식 발전소, 댐식 발전소, 댐 수로식 발전소, 유역 변경식 발전소
② 유량의 사용 방법(운용방법)에 의한 분류
자연 유입식 발전소, 조정지식 발전소, 저수지식 발전소, 양수식 발전소 **답** ③

28 반지름 0.6[cm]인 경동선을 사용하는 3상 1회선 송전선에서 선간거리를 2[m]로 정삼각형 배치할 경우, 각 선의 인덕턴스[mH/km]는 약 얼마인가?

① 0.81 ② 1.21
③ 1.51 ④ 1.81

풀이 인덕턴스 $L = 0.05 + 0.4605 \log \frac{D}{r}$ [mH/km] 에서
정삼각 배치이므로
전선의 등가 선간거리 $D = \sqrt[3]{2 \times 2 \times 2} = 2$[m],
반지름 $r = 0.6$[cm] $= 60 \times 10^{-2}$[m] 이다.
$\therefore L = 0.05 + 0.4605 \log \frac{2}{0.6 \times 10^{-2}}$
$= 1.21$[mH/km] **답** ②

29 한류리액터를 사용하는 가장 큰 목적은?

① 충전전류의 제한
② 접지전류의 제한
③ 누설전류의 제한
④ 단락전류의 제한

풀이 • 한류 리액터 : 단락 사고시의 단락전류를 제한
• 직렬 리액터 : 제5고조파 제거
• 분로 리액터 : 페란티 현상 방지
• 소호 리액터 : 지락 아크 소멸 **답** ④

30 66/22[kV], 2000[kVA] 단상변압기 3대를 1뱅크로 운전하는 변전소로부터 전력을 공급받는 어떤 수전점에서의 3상 단락전류는 약 몇 [A]인가? (단, 변압기의 %리액턴스는 7이고 선로의 임피던스는 0이다.)

① 750 ② 1570
③ 1900 ④ 2250

풀이 단락전류 $I_s = \frac{100}{\%Z} I_n = \frac{100}{\%Z} \cdot \frac{P_n}{\sqrt{3} V_n}$
$= \frac{100}{7} \times \frac{2000 \times 3}{\sqrt{3} \times 22} \fallingdotseq 2250$[A] **답** ④

31 파동임피던스 $Z_1 = 500[\Omega]$인 선로에 파동임피던스 $Z_2 = 1500[\Omega]$인 변압기가 접속되어 있다. 선로로부터 600[kV]의 전압파가 들어왔을 때, 접속점에서의 투과파 전압[kV]은?

① 300 ② 600
③ 900 ④ 1200

풀이 투과파 전압 $e_2 = \frac{2Z_2}{Z_1 + Z_2} \times e_1 = \frac{2 \times 1500}{500 + 1500} \times 600$
$= 900$[kV] **답** ③

32 원자력발전소에서 비등수형 원자로에 대한 설명으로 틀린 것은?

① 연료로 농축 우라늄을 사용한다.
② 냉각재로 경수를 사용한다.
③ 물을 원자로 내에서 직접 비등시킨다.
④ 가압수형 원자로에 비해 노심의 출력밀도가 높다.

풀이 비등수형(BWR) 원자로의 특징
① 연료로 농축 우라늄을 사용하며, 감속재와 냉각재로 경수를 사용한다.
② 원자로의 내부증기를 직접터빈에서 이용하기 때문에 증기 발생기가 필요 없다.
③ 원자로 내에서 비등한 방사능을 띤 증기가 직접 터빈으로 들어가므로 방사성 방호설비를 강화해야 한다.
④ 가압수형(PWR)에 비해 노심의 출력밀도가 낮아 같은 출력의 경우 노심 및 압력 용기가 커진다. **답** ④

33 송배전선로의 고장전류 계산에서 영상 임피던스가 필요한 경우는?

① 3상 단락 계산
② 선간 단락 계산
③ 1선 지락 계산
④ 3선 단선 계산

풀이
- 1선 지락사고 : 영상분, 정상분, 역상분이 존재
- 선간 단락 : 정상분, 역상분이 존재
- 3상 단락 : 정상분만 존재   **답** ③

34 증기 사이클에 대한 설명 중 틀린 것은?

① 랭킨사이클의 열효율은 초기 온도 및 초기 압력이 높을수록 효율이 크다.
② 재열사이클은 저압터빈에서 증기가 포화상태에 가까워졌을 때 증기를 다시 가열하여 고압터빈으로 보낸다.
③ 재생사이클은 증기 원동기 내에서 증기의 팽창 도중에서 증기를 추출하여 급수를 예열한다.
④ 재열재생사이클은 재생사이클과 재열사이클을 조합하여 병용하는 방식이다.

풀이 재열사이클
고압터빈(H/T)에서 증기가 포화상태에 가까워졌을 때 증기를 다시 가열하여 저압터빈(L/T)으로 보낸다.

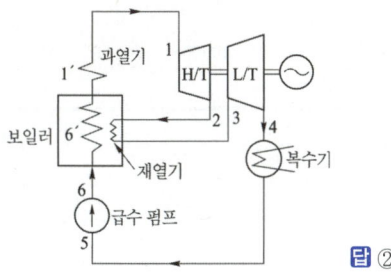

답 ②

35 다음 중 송전선로의 역섬락을 방지하기 위한 대책으로 가장 알맞은 방법은?

① 가공지선 설치
② 피뢰기 설치
③ 매설지선 설치
④ 소호각 설치

풀이
① 가공지선 : 직격뢰의 차폐, 유도뢰의 정전차폐 및 통신선에 대한 전자유도 장해 경감
② 피뢰기 : 이상전압 침입 시 이를 방전시켜 기계기구를 보호
③ 매설지선 : 탑각 접지저항을 감소시켜 역섬락을 방지
④ 소호각 : 선로의 섬락으로부터 애자련의 보호 및 애자련의 전압분포 개선   **답** ③

36 전력계통을 연계시켜서 얻는 이득이 아닌 것은?

① 배후 전력이 커져서 단락용량이 작아진다.
② 부하 증가 시 종합첨두부하가 저감된다.
③ 공급 예비력이 절감된다.
④ 공급 신뢰도가 향상된다.

풀이 전력계통의 연계방식의 장·단점
[장점]
① 전력의 융통으로 설비용량이 절감된다.
② 건설비 및 운전 경비를 절감하므로 경제 급전이 용이하다.
③ 계통 전체로서의 신뢰도가 증가한다.
④ 부하 변동의 영향이 작아져서 안정된 주파수 유지가 가능하다.
[단점]
① 연계설비를 신설해야 한다.
② 사고시 타계통에의 파급 확대될 우려가 있다.
③ 병렬회로 수가 많아지므로 단락전류가 증대하고 통신선의 전자유도 장해도 커진다.   **답** ①

37 전원이 양단에 있는 환상선로의 단락보호에 사용되는 계전기는?

① 방향거리 계전기
② 부족전압 계전기
③ 선택접지 계전기
④ 부족전류 계전기

풀이
- 전원이 2군데 이상 환상 선로의 단락보호
  → 방향 거리계전기(DZ)
- 전원이 2군데 이상 방사상 선로의 단락보호
  → 방향 단락 계전기(DS)와 과전류 계전기(OC)를 조합   **답** ①

38 배전선로에 3상 3선식 비접지 방식을 채용할 경우 나타나는 현상은?

① 1선 지락 고장 시 고장 전류가 크다.
② 1선 지락 고장 시 인접 통신선의 유도장해가 크다.
③ 고저압 혼촉고장 시 저압선의 전위상승이 크다.
④ 1선 지락 고장 시 건전상의 대지 전위상승이 크다.

풀이 비접지 계통(△결선)에서 1선 지락 시 건전상의 대지 전위상승은 상전압에서 선간전압으로 되므로 $\sqrt{3}$ 배 상승하게 된다.
①, ②, ③은 중성점 직접접지에 대한 내용이다.

답 ④

39 선간전압이 V[kV]이고 3상 정격용량이 P[kVA]인 전력계통에서 리액턴스가 X(ohm)라고 할 때, 이 리액턴스를 %리액턴스로 나타내면?

① $\dfrac{XP}{10V}$
② $\dfrac{XP}{10V^2}$
③ $\dfrac{XP}{V^2}$
④ $\dfrac{10V^2}{XP}$

풀이 $\%X = \dfrac{I_n[\text{A}] \times X[\Omega]}{E[\text{V}]} \times 100[\%]$

분모, 분자에 $\sqrt{3}\,V$를 곱하면

$\%X = \dfrac{\sqrt{3}\,V[\text{V}] \times I_n[\text{A}] \times X[\Omega]}{\sqrt{3}\,V[\text{V}] \times E[\text{V}]} \times 100[\%]$

$= \dfrac{P[\text{VA}] \times X[\Omega]}{V^2[\text{V}]} \times 100[\%]$

$= \dfrac{P[\text{kVA}] \times 10^3 \times X[\Omega]}{V^2 \times 10^6[\text{kV}]} \times 100[\%]$

$= \dfrac{P[\text{kVA}] \times X[\Omega]}{10V^2[\text{kV}]}[\%]$

답 ②

40 전력용콘덴서를 변전소에 설치할 때 직렬리액터를 설치하고자 한다. 직렬리액터의 용량을 결정하는 계산식은? (단, f_0는 전원의 기본주파수, C는 역률 개선용 콘덴서의 용량, L은 직렬리액터의 용량이다.)

① $L = \dfrac{1}{(2\pi f_0)^2 C}$
② $L = \dfrac{1}{(5\pi f_0)^2 C}$
③ $L = \dfrac{1}{(6\pi f_0)^2 C}$
④ $L = \dfrac{1}{(10\pi f_0)^2 C}$

풀이 직렬 리액터는 제5고조파 제거를 목적으로 사용된다.

$2\pi(5f_0)L = \dfrac{1}{2\pi(5f_0)C} \rightarrow 10\pi f_0 L = \dfrac{1}{10\pi f_0 C}$

$\therefore L = \dfrac{1}{(10\pi f_0)^2 C}$

답 ④

2021년 전력공학_전기기사·공사기사

문제의 번호는 실제 시험문제의 번호와 같게 하였습니다.

2021년 - 1회 _ 전기기사·공사기사

21 그림과 같은 유황곡선을 가진 수력지점에서 최대사용수량 OC로 1년간 계속 발전하는데 필요한 저수지의 용량은?

① 면적 OCPBA
② 면적 OCDBA
③ 면적 DEB
④ 면적 PCD

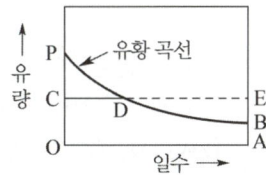

풀이 최대 사용 수량 OC로 1년간 계속 발전할 때, 부족 수량은 면적 DEB에 상당한 수량이므로, 이 면적에 상당한 수량만큼 저수해 두면 된다. **답** ③

22 통신선과 평행인 주파수 60[Hz]의 3상 1회선 송전선이 있다. 1선 지락 때문에 영상전류가 100[A] 흐르고 있다면 통신선에 유도되는 전자유도전압[V]은 약 얼마인가? (단, 영상전류는 전 전선에 걸쳐서 같으며, 송전선과 통신선과의 상호 인덕턴스는 0.06[mH/km], 그 평행 길이는 40[km]이다.)

① 156.6 ② 162.8
③ 230.2 ④ 271.4

풀이
$E_m = -j\omega M l 3 I_0$
$= -j 2\pi \times 60 \times 0.06 \times 10^{-3} \times 40 \times 3 \times 100$
$= 271.43[V]$

※ 유도전압은 그 크기를 뜻하므로 (-) 의미가 없다. **답** ④

23 고장전류의 크기가 커질수록 동작시간이 짧게 되는 특성을 가진 계전기는?

① 순한시 계전기
② 정한시 계전기
③ 반한시 계전기
④ 반한시 정한시 계전기

풀이 보호계전기 특징

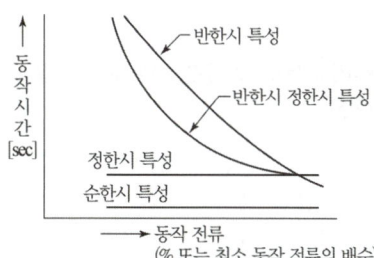

① 순한시 특성 : 최소 동작전류 이상의 전류가 흐르면 즉시 동작하는 특성
② 정한시 특성 : 동작전류의 크기에 관계없이 일정한 시간에 동작하는 특성
③ **반한시 특성 : 동작전류가 커질수록 동작시간이 짧게 되는 특성**
④ 반한시 정한시 특성 : 동작전류가 적은 동안에는 동작전류가 커질수록 동작시간이 짧게 되고, 어떤 전류 이상이면 동작전류의 크기에 관계 없이 일정한 시간에 동작하는 특성 **답** ③

24 3상 3선식 송전선에서 한 선의 저항이 10[Ω], 리액턴스가 20[Ω]이며, 수전단의 선간전압이 60[kV], 부하역률이 0.8인 경우에 전압강하율이 10[%]라 하면 이 송전선로로는 약 몇 [kW]까지 수전할 수 있는가?

① 10000 ② 12000
③ 14400 ④ 18000

풀이 전압강하율 $\epsilon = \dfrac{P}{V^2}(R+X\tan\theta) \times 100 = 10[\%]$

$0.1 = \dfrac{P}{60000^2}\left(10+20\times\dfrac{0.6}{0.8}\right)$

$\therefore P = \dfrac{0.1 \times 60000^2}{\left(10+20\times\dfrac{0.6}{0.8}\right)} \times 10^{-3} = 14400[kW]$ **답** ③

25 기준 선간전압 23[kV], 기준 3상 용량 5000[kVA], 1선의 유도 리액턴스가 15[Ω]일 때 %리액턴스는?

① 28.36[%] ② 14.18[%]
③ 7.09[%]   ④ 3.55[%]

풀이
$$\%X = \frac{PX}{10V^2} = \frac{5000 \times 15}{10 \times 23^2} ≒ 14.18[\%]$$
여기서, P : 기준용량[kVA], V : 전압[kV]
X : 1선의 리액턴스[Ω] **답** ②

26 전력원선도의 가로축과 세로축을 나타내는 것은?

① 전압과 전류
② 전압과 전력
③ 전류와 전력
④ 유효전력과 무효전력

풀이 가로축 : 유효전력, 세로축 : 무효전력 **답** ④

27 화력발전소에서 증기 및 급수가 흐르는 순서는?

① 절탄기 → 보일러 → 과열기 → 터빈 → 복수기
② 보일러 → 절탄기 → 과열기 → 터빈 → 복수기
③ 보일러 → 과열기 → 절탄기 → 터빈 → 복수기
④ 절탄기 → 과열기 → 보일러 → 터빈 → 복수기

풀이 실제 기력발전소에 쓰이는 기본 사이클(Rankine cycle)은 다음과 같다.

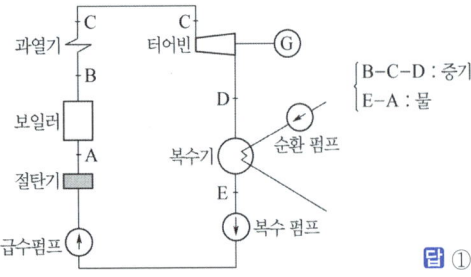

B-C-D : 증기
E-A : 물

답 ①

28 송전선로에서 1선 지락 시에 건전상의 전압 상승이 가장 적은 접지방식은?

① 비접지방식   ② 직접접지방식
③ 저항접지방식   ④ 소호리액터접지방식

풀이

접지방식	지락 사고시 건전상의 전압 상승
비접지	• 크다. • 장거리 송전선의 경우, 이상전압 발생
직접 접지	• 작다. • 평상시와 거의 차이가 없다.
고저항 접지	• 약간 크다. • 비접지의 경우보다 약간 작은 편이다.
소호 리액터 접지	• 크다. • 적어도 $\sqrt{3}$ 배 까지 올라간다.

답 ②

29 연료의 발열량이 430[kcal/kg]일 때, 화력발전소의 열효율[%]은? (단, 발전기 출력은 P_G[kW], 시간당 연료의 소비량은 B[kg/h]이다.)

① $\frac{P_G}{B} \times 100$

② $\sqrt{2} \times \frac{P_G}{B} \times 100$

③ $\sqrt{3} \times \frac{P_G}{B} \times 100$

④ $2 \times \frac{P_G}{B} \times 100$

풀이 발전기 출력 P_G[kW], 연료소비량 B[kg/h], 연료의 발열량 C[kcal/kg] 이라면
• 입력 : $B \times 1 \times C$[kcal]
• 출력 : $P_G \times 1 \times 860$[kcal] (1[kWh] = 860[kcal])

∴ 열효율 $\eta = \frac{출력}{입력} \times 100 = \frac{860P_G}{BC} \times 100$

$= \frac{860 \times P_G}{B \times 430} \times 100 = 2 \times \frac{P_G}{B} \times 100[\%]$

답 ④

30 접지봉으로 탑각의 접지저항 값을 희망하는 접지저항 값까지 줄일 수 없을 때 사용하는 것은?

① 가공지선   ② 매설지선
③ 크로스본드선   ④ 차폐선

풀이 ① 가공지선 : 뇌차폐
② 매설지선 : 접지저항을 낮추어 역섬락 방지
③ 크로스본드 : cable의 시스전압을 저감시키고 시스손을 감소시기 위한 접지방식
④ 차폐선 : 유도 장해 감소 **답** ②

31 정전용량이 C_1이고, V_1의 전압에서 Q_r의 무효전력을 발생하는 콘덴서가 있다. 정전용량을 변화시켜 2배로 승압된 전압($2V_1$)에서도 동일한 무효전력 Q_r을 발생시키고자 할 때, 필요한 콘덴서의 정전용량 C_2는?

① $C_2 = 4C_1$　　② $C_2 = 2C_1$
③ $C_2 = \dfrac{1}{2}C_1$　　④ $C_2 = \dfrac{1}{4}C_1$

풀이
- $Q_r = \dfrac{V^2}{X_c} = \omega C V^2 \propto V^2$

무효전력은 전압의 제곱에 비례하므로, 2배로 승압된 전압에서도 동일한 무효전력을 발생시키려면 1/4배의 정전용량이 필요하다.

- $Q_r = \omega C_2 V_2^2 = \omega \left(\dfrac{1}{4}C_1\right) \times (2V_1)^2 = \omega C_1 V_1^2$

$\therefore C_2 = \dfrac{1}{4}C_1$　　**답 ④**

32 전력 퓨즈(Power Fuse)는 고압, 특고압기기의 주로 어떤 전류의 차단을 목적으로 설치하는가?

① 충전전류　　② 부하전류
③ 단락전류　　④ 영상전류

풀이 전력용 퓨즈는 단락보호용으로 사용된다.　**답 ③**

33 송전선로에서의 고장 또는 발전기 탈락과 같은 큰 외란에 대하여 계통에 연결된 각 동기기가 동기를 유지하면서 계속 안정적으로 운전할 수 있는지를 판별하는 안정도는?

① 동태안정도(dynamic stability)
② 정태안정도(steady-state stability)
③ 전압안정도(voltage stability)
④ 과도안정도(transient stability)

풀이 안정도의 종류
① 정태 안정도(static stability) : 송전 계통이 불변 부하 또는 극히 서서히 증가하는 부하에 대하여 계속적으로 송전할 수 있는 능력을 정태 안정도로 하고, 안정도를 유지할 수 있는 극한의 송전 전력을 정태 안정 극한 전력이라고 한다.
② 과도 안정도(transient stability) : 계통에 갑자기 고장 사고와 같은 급격한 외란이 발생하였을 때에도 탈조하지 않고 새로운 평형 상태를 회복하여 송전을 계속할 수 있는 능력을 과도 안정도라 하고 이 경우의 극한 전력을 과도 안정 극한 전력이라고 한다.
③ 동태 안정도(dynamic stability) : 고속 자동 전압 조정기로 동기기의 여자 전류를 제어 할 경우의 정태 안정도를 특히 동태 안정도라 한다.　**답 ④**

34 송전선로의 고장전류 계산에 영상 임피던스가 필요한 경우는?

① 1선 지락　　② 3상 단락
③ 3선 단선　　④ 선간 단락

풀이
- 1선 지락 : 영상분, 정상분, 역상분이 존재
- 선간 단락 : 정상분, 역상분이 존재
- 3상 단락 : 정상분만 존재　**답 ①**

35 배전선로의 주상변압기에서 고압측-저압측에 주로 사용되는 보호장치의 조합으로 적합한 것은?

① 고압측 : 컷아웃 스위치, 저압측 : 캐치홀더
② 고압측 : 캐치홀더, 저압측 : 컷아웃 스위치
③ 고압측 : 리클로저, 저압측 : 라인퓨즈
④ 고압측 : 라인퓨즈, 저압측 : 리클로저

풀이 주상변압기의 고압측 보호는 컷 아웃 스위치(cut out switch), 저압측 보호는 캐치 홀더(catch holder)이다.　**답 ①**

36 용량 20[kVA]인 단상 주상 변압기에 걸리는 하루 동안의 부하가 처음 14시간 동안은 20[kW], 다음 10시간 동안은 10[kW]일 때, 이 변압기에 의한 하루 동안의 손실량[Wh]은? (단, 부하의 역률은 1로 가정하고, 변압기의 전 부하동손은 300[W], 철손은 100[W]이다.)

① 6850　　② 7200
③ 7350　　④ 7800

풀이
- 철손은 부하와 관계없이 발생하므로
$P_i = 100 \times 24[\text{h}] = 2400[\text{Wh}]$
- 동손은 부하의 제곱에 비례하므로
$P_c = 300 \times 14[\text{h}] + 300 \times \left(\dfrac{1}{2}\right)^2 \times 10[\text{h}] = 4950[\text{Wh}]$

따라서 하루 동안의 손실량
$P_l = P_i + P_c = 2400 + 4950 = 7350[\text{Wh}]$　**답 ③**

37 케이블 단선사고에 의한 고장점까지의 거리를 정전용량측정법으로 구하는 경우, 건전상의 정전용량이 C, 고장점까지의 정전용량이 C_x, 케이블의 길이가 l일 때 고장점까지의 거리를 나타내는 식으로 알맞은 것은?

① $\dfrac{C}{C_x}l$ ② $\dfrac{2C_x}{C}l$ ③ $\dfrac{C_x}{C}l$ ④ $\dfrac{C_x}{2C}l$

풀이 정전용량측정법

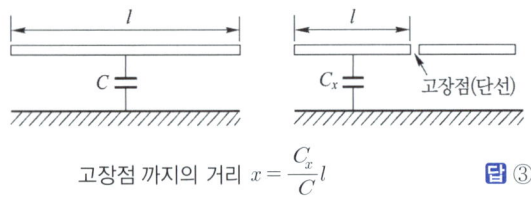

고장점 까지의 거리 $x = \dfrac{C_x}{C}l$ **답** ③

38 수용가의 수용률을 나타낸 식은?

① $\dfrac{\text{합성최대수용전력[kW]}}{\text{평균전력[kW]}} \times 100[\%]$

② $\dfrac{\text{평균전력[kW]}}{\text{합성최대수용전력[kW]}} \times 100[\%]$

③ $\dfrac{\text{부하설비합계[kW]}}{\text{최대수용전력[kW]}} \times 100[\%]$

④ $\dfrac{\text{최대수용전력[kW]}}{\text{부하설비합계[kW]}} \times 100[\%]$

풀이 수용률 = $\dfrac{\text{최대 수용전력}}{\text{총 수요 설비용량}} \times 100[\%]$ 이며, 배전변압기의 용량계산의 척도가 된다.   **답** ④

39 %임피던스에 대한 설명으로 틀린 것은?

① 단위를 갖지 않는다.
② 절대량이 아닌 기준량에 대한 비를 나타낸 것이다.
③ 기기 용량의 크기와 관계없이 일정한 범위의 값을 갖는다.
④ 변압기나 동기기의 내부 임피던스에만 사용할 수 있다.

풀이 %임피던스의 특성
① 값이 단위를 가지지 않는 무명수로 표시되므로 단위를 환산할 필요가 없다.

② 절대량이 아닌 기준량에 대한 비를 나타내는 방법이다.
③ 기기 용량의 대소에 관계없이 그 값이 일정한 범위 내에 들어간다.
④ 변압기나 동기기 등의 내부 임피던스와 전선로의 임피던스를 %법으로 나타낸 값이다.   **답** ④

40 역률 0.8, 출력 320[kW]인 부하에 전력을 공급하는 변전소에 역률 개선을 위해 전력용콘덴서 140[kVA]를 설치했을 때 합성역률은?

① 0.93   ② 0.95
③ 0.97   ④ 0.99

풀이

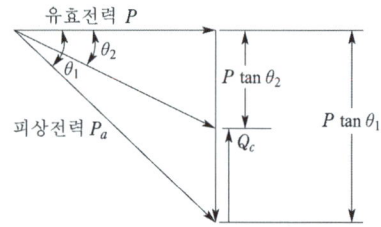

• 무효전력 $Q = P_a \sin\theta_1 = \dfrac{P}{\cos\theta_1} \cdot \sin\theta_1$

$= \dfrac{320}{0.8} \times \sqrt{1-0.8^2} = 240[\text{kVar}]$

• 전력용 콘덴서 $Q_c = 140[\text{kVA}]$

• 개선 후의 역률 $\cos\theta_2 = \dfrac{P}{\sqrt{P^2 + Q^2}}$

(여기서, P : 유효전력, Q : 무효전력)

$\therefore \cos\theta_2 = \dfrac{320}{\sqrt{320^2 + (240-140)^2}} = 0.95$ **답** ②

2021년 - 2회 _ 전기기사·공사기사

21 비등수형 원자로의 특징에 대한 설명으로 틀린 것은?

① 증기 발생기가 필요하다.
② 저농축 우라늄을 연료로 사용한다.
③ 노심에서 비등을 일으킨 증기가 직접 터빈에 공급되는 방식이다.
④ 가압수형 원자로에 비해 출력밀도가 낮다.

풀이 비등수형(BWR) 원자로의 특징
① 연료로 농축 우라늄을 사용하며, 감속재와 냉각재로 경수를 사용한다.
② 원자로의 내부증기를 직접터빈에서 이용하기 때문에 증기 발생기가 필요 없다.
③ 원자로 내에서 비등한 방사능을 띈 증기가 직접 터빈으로 들어가므로 방사성 방호설비를 강화해야 한다.
④ 가압수형(PWR)에 비해 노심의 출력밀도가 낮아 같은 출력의 경우 노심 및 압력 용기가 커진다.
답 ①

22 전력계통에서 내부 이상전압의 크기가 가장 큰 경우는?

① 유도성 소전류 차단 시
② 수차발전기의 부하 차단 시
③ 무부하 선로 충전전류 차단 시
④ 송전선로의 부하 차단기 투입 시

풀이 ① 내부 이상 전압의 종류
  • 개폐 이상전압
  • 사고 시의 과도 이상전압
  • 계통 조작과 고장 시의 지속 이상전압
② 송전선로의 개폐조작에 따른 과도현상 때문에 발생하는 이상전압은 일반적으로 투입 시보다 개방 시, 부하가 있는 회로를 개방하는 것보다 무부하의 회로를 개방하는 쪽이 더 높은 이상전압을 발생한다.
③ 내부 이상전압이 가장 큰 경우는 무부하 송전선로의 충전전류를 차단할 경우이며, 그 크기는 상규 대지 전압의 3.5배 이하로서 4배를 넘는 경우는 거의 없다.
답 ③

23 망상(network)배전방식의 장점이 아닌 것은?

① 전압변동이 적다.
② 인축의 접지사고가 적어진다.
③ 부하의 증가에 대한 융통성이 크다.
④ 무정전 공급이 가능하다.

풀이 망상 배전방식의 장·단점
[장점] ① 무정전 공급의 신뢰도가 높다.
② 기기의 이용률이 향상된다.
③ 전압변동이 적다.
④ 부하 증가에 대한 적응성이 양호하다.
⑤ 전력손실 감소
⑥ 변전소 수를 줄일 수 있다.
[단점] ① 건설비가 비싸다.
② 인축의 접촉 사고가 증가한다.
답 ②

24 송전단 전압을 V_s, 수전단 전압을 V_r, 선로의 리액턴스를 X라 할 때 정상 시의 최대 송전전력의 개략적인 값은?

① $\dfrac{V_s - V_r}{X}$ ② $\dfrac{V_s^2 - V_r^2}{X}$
③ $\dfrac{V_s(V_s - V_r)}{X}$ ④ $\dfrac{V_s V_r}{X}$

풀이 송전 전력 $P = \dfrac{V_s V_r}{X} \sin\delta$ 이므로
$\sin\delta = 1$ 일 때, 최대 송전전력이 된다.
$\therefore P = \dfrac{V_s V_r}{X}$
답 ④

25 500[kVA]의 단상 변압기 상용 3대(결선 △-△), 예비 1대를 갖는 변전소가 있다. 부하의 증가로 인하여 예비 변압기까지 동원해서 사용한다면 응할 수 있는 최대부하[kVA]는 약 얼마인가?

① 2000 ② 1730
③ 1500 ④ 830

풀이 단상변압기 상용 3대와 예비 1대가 있다면 V결선으로 두 뱅크 운전할 수 있으므로
$\therefore P = 2P_V = 2 \times \sqrt{3} VI$
$= 2 \times \sqrt{3} \times 500 = 1730[kVA]$
답 ②

26 배전용 변전소의 주변압기로 주로 사용되는 것은?

① 강압 변압기 ② 체승 변압기
③ 단권 변압기 ④ 3권선 변압기

풀이 • 체승 변압기 : 승압용 (송전)
• 체강 변압기 : 강압용 (배전)
답 ①

27 3상용 차단기의 정격 차단 용량은?

① $\sqrt{3}$ × 정격전압 × 정격차단전류
② $3\sqrt{3}$ × 정격전압 × 정격전류
③ 3 × 정격전압 × 정격차단전류
④ $\sqrt{3}$ × 정격전압 × 정격전류

풀이 3상용 차단기의 정격 차단용량 $P_s = \sqrt{3}\,VI_s$
(여기서, V : 정격전압, I_s : 정격차단전류)   **답** ①

28 3상 3선식 송전선로에서 각 선의 대지정전용량이 0.5096[μF]이고, 선간정전용량이 0.1295[μF]일 때, 1선의 작용정전용량은 약 몇 [μF]인가?

① 0.6   ② 0.9
③ 1.2   ④ 1.8

풀이 $C_n = C_s + 3C_m = 0.5096 + 3 \times 0.1295 ≒ 0.9[\mu F]$
여기서, C_n : 작용정전용량, C_s : 대지정전용량
C_m : 선간정전용량   **답** ②

29 그림과 같은 송전계통에서 S점에 3상 단락사고가 발생했을 때 단락전류[A]는 약 얼마인가? (단, 선로의 길이와 리액턴스는 각각 50[km], 0.6[Ω/km]이다.)

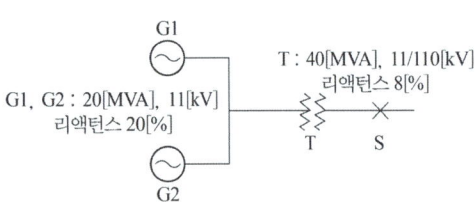

① 224   ② 324
③ 454   ④ 554

풀이 기준용량 $P_n = 40$[MVA]로 할 경우
① 발전기의 $\%X_G = \dfrac{40[\text{MVA}]}{20[\text{MVA}]} \times 20[\%] = 40[\%]$
병렬로 연결되어 있으므로,
합성 $\%X_G = \dfrac{40 \times 40}{40 + 40} = 20[\%]$
② 송전선의 단락점까지
$\%X_L = \dfrac{XP}{10V^2} = \dfrac{0.6 \times 50 \times 40 \times 10^3}{10 \times 110^2} = 9.92\,[\%]$
③ 발전기에서 단락점까지의
총 $\%X_T = 20 + 8 + 9.92 = 37.92\,[\%]$
④ 정격전류 $I_n = \dfrac{P}{\sqrt{3}\,V} = \dfrac{40 \times 10^3}{\sqrt{3} \times 110}$[A]
따라서 단락 전류
$I_s = \dfrac{100}{\%Z}I_n = \dfrac{100}{37.92} \times \dfrac{40 \times 10^3}{\sqrt{3} \times 110} ≒ 554\,[\text{A}]$ **답** ④

30 전력계통의 전압을 조정하는 가장 보편적인 방법은?

① 발전기의 유효전력 조정
② 부하의 유효전력 조정
③ 계통의 주파수 조정
④ 계통의 무효전력 조정

풀이 계통의 무효전력을 동기조상기나 전력용 콘덴서를 이용하여 조정함으로써 전력계통의 전압을 조정할 수 있다.   **답** ④

31 역률 0.8(지상)의 2800[kW] 부하에 전력용 콘덴서를 병렬로 접속하여 합성역률을 0.9로 개선하고자 할 경우, 필요한 전력용 콘덴서의 용량[kVA]은 약 얼마인가?

① 372   ② 558
③ 744   ④ 1116

풀이 $Q_c = W(\tan\theta_1 - \tan\theta_2)$
$= P\left(\dfrac{\sqrt{1-\cos\theta_1^2}}{\cos\theta_1} - \dfrac{\sqrt{1-\cos\theta_2^2}}{\cos\theta_2}\right)$[kVA]에서
유효전력 $P = 2800$[kW]이므로
콘덴서 용량 $Q_c = 2800 \times \left(\dfrac{\sqrt{1-0.8^2}}{0.8} - \dfrac{\sqrt{1-0.9^2}}{0.9}\right)$
$≒ 744$[kVA]   **답** ③

32 컴퓨터에 의한 전력조류 계산에서 슬랙(slack) 모선의 초기치로 지정하는 값은?
(단, 슬랙 모선을 기준모선으로 한다.)

① 유효전력과 무효전력
② 전압 크기와 유효전력
③ 전압 크기와 위상각
④ 전압 크기와 무효전력

풀이 슬랙 모선에서의 기지량과 미지량

기지량(입력 데이터)	미지량(출력 데이터)
모선 전압의 크기 모선 전압의 위상각	유효 전력 무효 전력 계통의 전 송전손실

답 ③

33 직격뢰에 대한 방호설비로 가장 적당한 것은?

① 복도체 ② 가공지선
③ 서지흡수기 ④ 정전방전기

풀이 가공 지선의 설치 목적
① 직격 뇌에 대한 차폐 효과
② 유도 뇌에 대한 정전 차폐 효과
③ 통신선에 대한 전자 유도 장해 경감 효과   **답** ②

34 저압배전선로에 대한 설명으로 틀린 것은?

① 저압 뱅킹 방식은 전압변동을 경감할 수 있다.
② 밸런서(balancer)는 단상 2선식에 필요하다.
③ 부하율(F)과 손실계수(H) 사이에는
   $1 \geq F \geq H \geq F^2 \geq 0$의 관계가 있다.
④ 수용률이란 최대수용전력을 설비용량으로 나눈 값을 퍼센트로 나타낸 것이다.

풀이 단상 3선식에서 부하가 불평형이 생기면 양 외선 간의 전압이 불평형이 되므로 이를 방지하기 위해 저압 밸런서를 설치한다.   **답** ②

35 증기터빈내에서 팽창 도중에 있는 증기를 일부 추기하여 그것이 갖는 열을 급수가열에 이용하는 열사이클은?

① 랭킨사이클 ② 카르노사이클
③ 재생사이클 ④ 재열사이클

풀이
• 재열사이클
  고압터빈(H/T)에서 증기가 포화상태에 가까워졌을 때 증기를 다시 가열하여 저압터빈(L/T)으로 보낸다.

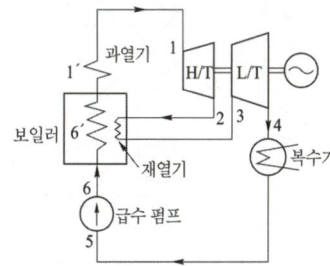

• 재열 사이클은 터빈의 내부 손실을 경감시켜서 효율을 높이는 것을 주목적으로 한다.
• 고압 터빈 내에서 팽창한 증기를 일부 추출하여, 보일러에서 재가열함으로써 건조도를 높여 적당한 과열도를 갖도록 하는 과열기를 설치하는데, 보통 이것을 재열기(reheater)라 한다.   **답** ③

36 단상 2선식 배전선로의 말단에 지상역률 $\cos\theta$인 부하 P[kW]가 접속되어 있고 선로말단의 전압은 V[V]이다. 선로 한 가닥의 저항을 R[Ω]이라 할 때 송전단의 공급전력[kW]은?

① $P + \dfrac{P^2 R}{V\cos\theta} \times 10^3$

② $P + \dfrac{2P^2 R}{V\cos\theta} \times 10^3$

③ $P + \dfrac{P^2 R}{V^2\cos^2\theta} \times 10^3$

④ $P + \dfrac{2P^2 R}{V^2\cos^2\theta} \times 10^3$

풀이 ① 송전단의 공급전력(P_s)은 부하전력(P)에 선로손실(P_l)을 합한 것이다.
② 단상 2선식이므로,
• 선로손실 $P_l = 2I^2 R$ [W]
• 전류 $I = \dfrac{P \times 10^3}{V\cos\theta}$ [A]
$\therefore P_s = P + 2I^2 R$
$= P + \dfrac{2P^2 R}{V^2\cos^2\theta} \times 10^3$ [kW]   **답** ④

37 선로, 기기 등의 절연 수준 저감 및 전력용 변압기의 단절연을 모두 행할 수 있는 중성점 접지 방식은?

① 직접접지방식
② 소호리액터접지방식
③ 고저항접지방식
④ 비접지방식

풀이 직접 접지방식의 장·단점
[장점] ① 1선 지락 시에 건전상의 대지전압이 거의 상승하지 않는다.
② 피뢰기의 효과를 증진시킬 수 있다.
③ 단절연이 가능하다.
④ 계전기의 동작이 확실해진다.
[단점] ① 송전 계통의 과도 안정도가 나빠진다.
② 통신선에 유도 장해가 크다.
③ 지락 시 대전류가 흘러 기기에 손상을 준다.
④ 대용량 차단기가 필요하다.   **답** ①

38 부하전류 차단이 불가능한 전력개폐 장치는?

① 진공차단기　② 유입차단기
③ 단로기　　　④ 가스차단기

풀이

능력 기능	회로 분리		사고 차단	
	무부하	부하	과부하	단락
퓨 즈	○	−	−	○
차단기	○	○	○	○
개폐기	○	○	○	−
단로기	○	−	−	−

단로기(DS)는 switch로서 아크 소호장치가 없어 부하 전류의 차단이 곤란하다.　**답 ③**

39 최대수용전력이 3[kW]인 수용가가 3세대, 5[kW]인 수용가 6세대라고 할 때, 이 수용가군에 전력을 공급할 수 있는 주상변압기의 최소 용량 [kVA]은? (단, 역률은 1, 수용가 간의 부등률은 1.3이다.)

① 25　② 30
③ 35　④ 40

풀이 변압기용량 = $\dfrac{설비용량 \times 수용률}{부등률 \times 역률}$

$= \dfrac{3 \times 3 + 5 \times 6}{1.3 \times 1} = 30[kVA]$　**답 ②**

40 가공송전선로에서 총 단면적이 같은 경우 단도체와 비교하여 복도체의 장점이 아닌 것은?

① 안정도를 증대시킬 수 있다.
② 공사비가 저렴하고 시공이 간편하다.
③ 전선표면의 전위경도를 감소시켜 코로나 임계전압이 높아진다.
④ 선로의 인덕턴스가 감소되고 정전용량이 증가해서 송전용량이 증대된다.

풀이 (1) 3상 송전선의 한 가닥의 전선을 2가닥 이상으로 한 것을 다도체라 하고, 2가닥으로 한 것을 보통 복도체라 한다.
(2) 복도체 방식의 장·단점
① 장점
　• 선로의 인덕턴스 감소
　• 선로의 정전용량 증가
　• 코로나 임계전압 상승
　• 선로의 송전용량 증가
　• 안정도 증대
② 단점
　• 페란티 효과에 의한 수전단 전압 상승
　• 단락사고시 각 소도체에 같은 방향의 대전류가 흘러 소도체 상호간에 흡인력 발생
　• 단도체에 비해 공사비가 고가이고 시공이 어렵다.　**답 ②**

2021년 - 3회 _ 공사기사

21 동작 시간에 따른 보호 계전기의 분류와 이에 대한 설명으로 틀린 것은?

① 순한시 계전기는 설정된 최소동작전류 이상의 전류가 흐르면 즉시 동작한다
② 반한시 계전기는 동작시간이 전류값의 크기에 따라 변하는 것으로 전류값이 클수록 느리게 동작하고 반대로 전류값이 작아질수록 빠르게 동작하는 계전기이다.
③ 정한시 계전기는 설정된 값 이상의 전류가 흘렀을 때 동작 전류의 크기와는 관계없이 항상 일정한 시간 후에 동작하는 계전기이다.
④ 반한시·정한시 계전기는 어느 전류값까지는 반한시성이지만 그 이상이 되면 정한시로 동작하는 계전기이다.

풀이 보호계전기 특징

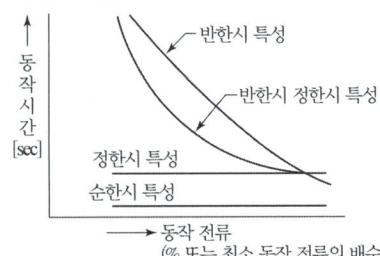

① 순한시 특성 : 최소 동작전류 이상의 전류가 흐르면 즉시 동작하는 특성
② 정한시 특성 : 동작전류의 크기에 관계없이 일정한 시간에 동작하는 특성
③ 반한시 특성 : 동작전류가 커질수록 동작시간이 짧게 되는 특성

④ 반한시 정한시 특성 : 동작전류가 적은 동안에는 동작전류가 커질수록 동작시간이 짧게 되고, 어떤 전류 이상이면 동작전류의 크기에 관계 없이 일정한 시간에 동작하는 특성   **답** ②

22 옥내배선을 단상 2선식에서 단상 3선식으로 변경하였을 때, 전선 1선당 공급전력은 약 몇 배 증가하는가? (단, 선간전압(단상 3선식의 경우는 중성선과 타선간의 전압), 선로전류(중성선의 전류 제외) 및 역률은 같다.)

① 0.71   ② 1.33   ③ 1.41   ④ 1.73

풀이

종 별	1선당 공급전력	1선당 공급전력비교
$1\phi 2W$	$1/2P = 0.5P$	기준값
$1\phi 3W$	$2/3P = 0.667P$	$\dfrac{0.667P}{0.5P} = 1.33$
$3\phi 3W$	$\sqrt{3}/3P = 0.577P$	$\dfrac{0.577P}{0.5P} = 1.15$
$3\phi 4W$	$3/4P = 0.75P$	$\dfrac{0.75P}{0.5P} = 1.5$

답 ②

23 환상선로의 단락보호에 주로 사용하는 계전방식은?

① 비율차동계전방식   ② 방향거리계전방식
③ 과전류계전방식   ④ 선택접지계전방식

풀이
- 전원이 2군데 이상 환상선로의 단락보호
  → 방향거리계전기(DZ)
- 전원이 2군데 이상 방사선로의 단락보호
  → 방향단락계전기(DS)와 과전류계전기(OC)를 조합   **답** ②

24 3상용 차단기의 정격차단용량은 그 차단기의 정격전압과 정격차단전류와의 곱을 몇 배한 것인가?

① $\dfrac{1}{\sqrt{2}}$ ② $\dfrac{1}{\sqrt{3}}$
③ $\sqrt{2}$ ④ $\sqrt{3}$

풀이 3상용 차단기의 정격 차단용량 $P_s = \sqrt{3}\,VI_s$
(여기서, V : 정격전압, I_s : 정격차단전류)   **답** ④

25 유효낙차 100[m], 최대 유량 20[m³/s]의 수차가 있다. 낙차가 81[m]로 감소하면 유량[m³/s]은? (단, 수차에서 발생되는 손실 등은 무시하며 수차 효율은 일정하다.)

① 15   ② 18
③ 24   ④ 30

풀이 낙차 변화에 대한 유량의 변화는 다음과 같다.

$$\dfrac{Q_2}{Q_1} = \left(\dfrac{H_2}{H_1}\right)^{\frac{1}{2}} = \sqrt{\dfrac{H_2}{H_1}}$$

$$\therefore Q_2 = Q_1\sqrt{\dfrac{H_2}{H_1}} = 20 \times \sqrt{\dfrac{81}{100}}$$
$$= 20 \times 0.9 = 18\,[\text{m}^3/\text{sec}]$$ **답** ②

26 단락용량 3000[MVA]인 모선의 전압이 154[kV]라면 등가 모선 임피던스[Ω]는 약 얼마인가?

① 5.81   ② 6.21
③ 7.91   ④ 8.71

풀이 단락용량 $P_s = \dfrac{V^2}{Z}\,[\text{MVA}]$

따라서 등가 모선 임피던스

$$Z = \dfrac{V^2}{P_s} = \dfrac{(154 \times 10^3)^2}{3000 \times 10^6} = 7.91\,[\Omega]$$ **답** ③

27 중성점 접지방식 중 직접접지 송전방식에 대한 설명으로 틀린 것은?

① 1선 지락사고 시 지락전류는 타접지방식에 비하여 최대로 된다.
② 1선 지락사고 시 지락계전기의 동작이 확실하고 선택차단이 가능하다.
③ 통신선에서의 유도장해는 비접지방식에 비하여 크다.
④ 기기의 절연레벨을 상승시킬 수 있다.

풀이 직접 접지방식의 장·단점
[장점] ① 1선 지락 시에 건전상의 대지전압이 거의 상승하지 않는다.
② 피뢰기의 효과를 증진시킬 수 있다.
③ 선로 및 기기의 절연레벨을 낮출 수 있다. (저감절연, 단절연 가능)
④ 계전기의 동작이 확실해진다.

[단점] ① 송전 계통의 과도 안정도가 나빠진다.
② 통신선에 유도장해가 크다.
③ 지락 시 대전류가 흘러 기기에 손상을 준다.
④ 대용량 차단기가 필요하다. 답 ④

28 송전선에 직렬콘덴서를 설치하였을 때의 특징으로 틀린 것은?

① 선로 중에서 일어나는 전압강하를 감소시킨다.
② 송전전력의 증가를 꾀할 수 있다.
③ 부하역률이 좋을수록 설치효과가 크다.
④ 단락사고가 발생하는 경우 사고전류에 의하여 과전압이 발생한다.

풀이 직렬 콘덴서의 장·단점
[장점]
① 유도 리액턴스를 보상하고 전압강하를 감소시킨다.
② 수전단의 전압변동률을 경감시킨다.
③ 최대 송전전력이 증대하고 정태안정도가 증대한다.
④ 부하역률이 나쁠수록 효과가 크다.
⑤ 용량이 작으므로 설비비가 저렴하다.
[단점]
① 단락고장 시 콘덴서 양단에 고전압이 걸린다.
② 무부하 변압기에 직렬 콘덴서를 투입하는 경우 선로전류가 증대한다.
③ 고압배전선에 설치하는 경우 자기 여자현상이 일어날 경우가 있다.
④ 과보상이 되면 동기기에 난조가 생기거나 탈조하는 수가 있다. 답 ③

29 수압철관의 안지름이 4[m]인 곳에서의 유속이 4[m/s]이다. 안지름이 3.5[m]인 곳에서의 유속[m/s]은 약 얼마인가?

① 4.2 ② 5.2
③ 6.2 ④ 7.2

풀이 연속의 정리 $A_1 v_1 = A_2 v_2 = Q$ (일정)

$$\therefore v_2 = \frac{v_1 A_1}{A_2} = \frac{v_1 \frac{1}{4}\pi d_1^2}{\frac{1}{4}\pi d_2^2}$$

$$= \frac{v_1 d_1^2}{d_2^2} = \frac{4 \times 4^2}{3.5^2}$$

$$\fallingdotseq 5.22[m/s]$$ 답 ②

30 경간이 200[m]인 가공 전선로가 있다. 사용전선의 길이는 경간보다 약 몇 [m] 더 길어야 하는가? (단, 전선의 1[m]당 하중은 2[kg], 인장하중은 4000[kg]이고, 풍압하중은 무시하며, 전선의 안전율은 2이다.)

① 0.33 ② 0.61
③ 1.41 ④ 1.73

풀이 이도 $D = \frac{WS^2}{8T} = \frac{2 \times 200^2}{8 \times \frac{4000}{2}} = 5[m]$

전선의 길이 $L = S + \frac{8D^2}{3S}[m]$에서

경간 S보다 $\frac{8D^2}{3S}[m]$만큼 더 길게 된다.

그러므로 $\frac{8D^2}{3S} = \frac{8 \times 5^2}{3 \times 200} = \frac{1}{3} = 0.33[m]$ 답 ①

31 송전선로에서 현수 애자련의 연면 섬락과 가장 관계가 먼 것은?

① 댐퍼
② 철탑 접지 저항
③ 현수 애자련의 개수
④ 현수 애자련의 소손

풀이 ① 고체 유전체의 표면을 따라 발생하는 코로나를 연면 코로나라고 한다. 이는 주로 애자의 소손 및 오염 등에 의해 발생하므로 가선금구를 개량하고 철탑 접지 저항을 낮추어 방지하도록 해야 한다.
② 댐퍼는 전선의 진동에너지를 흡수함으로서 진동발생 방지 및 진동으로 인한 전선의 단선을 방지하기 위한 설비이다. 답 ①

32 전력계통의 중성점 다중 접지방식의 특징으로 옳은 것은?

① 통신선의 유도장해가 적다.
② 합성 접지 저항이 매우 높다.
③ 건전 상의 전위 상승이 매우 높다.
④ 지락보호 계전기의 동작이 확실하다.

풀이 공통 중성선 다중 접지방식의 특징
① 통신선의 유도장해가 크다.

② 합성 접지 저항이 낮다.
③ 건전 상 전위 상승이 낮다.(특히 고저압 혼촉 시 저압선의 전위 상승이 낮으므로 3상 4선식 배전선로에 많이 사용된다.)
④ 계전기의 동작이 확실해진다.   답 ④

33 전력계통의 전압조정설비에 대한 특징으로 틀린 것은?

① 병렬콘덴서는 진상능력만을 가지며 병렬리액터는 진상능력이 없다.
② 동기조상기는 조정의 단계가 불연속적이나 직렬콘덴서 및 병렬리액터는 연속적이다.
③ 동기조상기는 무효전력의 공급과 흡수가 모두 가능하며 진상 및 지상용량을 갖는다.
④ 병렬리액터는 경부하시에 계통 전압이 상승하는 것을 억제하기 위하여 초고압 송전선 등에 설치된다.

풀이

	진상	지상	시충전	조 정
콘덴서	○	×	×	단계적
리액터	×	○	×	단계적
동기조상기	○	○	○	연속적

답 ②

34 송전선로에 단도체 대신 복도체를 사용하는 경우에 나타나는 현상으로 틀린 것은?

① 전선의 작용인덕턴스를 감소시킨다.
② 선로의 작용정전용량을 증가시킨다.
③ 전선 표면의 전위경도를 저감시킨다.
④ 전선의 코로나 임계전압을 저감시킨다.

풀이
• 3상 송전선의 한 가닥의 전선을 2가닥 이상으로 한 것을 다도체라 하고, 2가닥으로 한 것을 보통 복도체라 한다.
• 복도체를 사용하면 인덕턴스는 감소하고 정전용량은 증가하며, 안정도를 증가시키고, 코로나 발생을 억제한다.   답 ④

35 변압기 보호용 비율차동계전기를 사용하여 △-Y 결선의 변압기를 보호하려고 한다. 이때 변압기 1, 2차측에 설치하는 변류기의 결선 방식은? (단, 위상 보정기능이 없는 경우이다.)

① △-△
② △-Y
③ Y-△
④ Y-Y

풀이 변압기 보호용 계전기는 비율차동계전기가 사용되며 변압기 1차와 2차간의 변위를 보정하기 위하여 변류기의 결선은 변압기의 결선과 반대로 한다.
즉, 변압기 결선이 △-Y이면 변류기 결선은 Y-△로 한다.   답 ③

36 어느 화력발전소에서 40000[kWh]를 발전하는데 발열량 860[kcal/kg]의 석탄이 60톤 사용된다. 이 발전소의 열효율[%]은 약 얼마인가?

① 56.7
② 66.7
③ 76.7
④ 86.7

풀이 화력발전소 열효율은 $\eta = \dfrac{860W}{mH} \times 100[\%]$
여기서, W[kWh] : 발전 전력량, m[kg] : 연료소비량
H[kcal/kg] : 연료발열량
따라서 $\eta = \dfrac{860W}{mH} = \dfrac{860 \times 40000}{60 \times 1000 \times 860} \times 100$
$= 66.7[\%]$ 답 ②

37 가공송전선의 코로나 임계전압에 영향을 미치는 여러 가지 인자에 대한 설명 중 틀린 것은?

① 전선표면이 매끈할수록 임계전압이 낮아진다.
② 날씨가 흐릴수록 임계전압은 낮아진다.
③ 기압이 낮을수록, 온도가 높을수록 임계전압은 낮아진다.
④ 전선의 반지름이 클수록 임계전압은 높아진다.

풀이 ① 코로나 발생의 한계를 결정하는 임계전압의 식은 다음과 같다.
$E_0 = 24.3 m_0 m_1 \delta d \log_{10} \dfrac{2D}{d}$
여기서, m_0 : 전선의 표면계수, m_1 : 기후계수
δ : 상대 공기밀도, d : 전선의 지름
D : 선간거리

② 전선의 표면계수는 전선의 표면 상태가 매끈한 단선은 1, 거친 단선은 0.98~0.93을 적용하므로, 전선 표면이 매끈하면 임계전압은 높아진다. 답 ①

38 송전 선로의 보호 계전 방식이 아닌 것은?
① 전류 위상 비교 방식
② 전류 차동 보호 계전 방식
③ 방향 비교 방식
④ 전압 균형 방식

풀이 모선 보호계전 방식의 종류
① 전류 차동 보호 방식 ② 전압 차동 보호 방식
③ 위상 비교 방식 ④ 환상 모선 보호 방식
⑤ 방향 거리 계전 방식   답 ④

39 선로고장 발생 시 고장전류를 차단할 수 없어 리클로저와 같이 차단 기능이 있는 후비보호 장치와 함께 설치되어야 하는 장치는?
① 배전용차단기 ② 유입개폐기
③ 컷아웃스위치 ④ 섹셔널라이저

풀이 섹셔널라이저는 배전선로에 고장이 발생할 경우 리클로저의 동작으로 선로가 무전압 상태가 되면 이를 감지하여 무전압 상태의 횟수를 기억하였다가 정해진 횟수에 도달하면 선로의 무전압 상태에서 선로를 개방하여 고장구간을 분리시킨다. 섹셔널라이저는 고장전류를 차단할 수 있는 능력이 없으므로 리클로저와 직렬로 조합하여 사용한다. 답 ④

40 송전선의 특성 임피던스의 특징으로 옳은 것은?
① 선로의 길이가 길어질수록 값이 커진다.
② 선로의 길이가 길어질수록 값이 작아진다.
③ 선로의 길이에 따라 값이 변하지 않는다.
④ 부하용량에 따라 값이 변한다.

풀이 특성 임피던스 $Z_0 = \sqrt{\dfrac{Z}{Y}} = \sqrt{\dfrac{R+j\omega L}{G+j\omega C}}$ 이므로, 선로의 길이와는 관계가 없다. 답 ③

2021년 4회 _ 공사기사

21 3상 수직배치인 선로에서 오프셋을 주는 주된 이유는?
① 유도장해 감소 ② 난조 방지
③ 철탑 중량 감소 ④ 단락 방지

풀이 오프셋 : 전선 도약에 의한 상간 단락 사고 방지

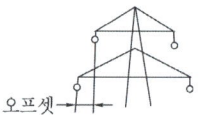

답 ④

22 3상 변압기의 단상 운전에 의한 소손 방지를 목적으로 설치하는 계전기는?
① 단락계전기 ② 결상계전기
③ 지락계전기 ④ 과전압계전기

풀이 결상계전기 : 다상교류회로 중 어느 한 상이 단선되었을 때 작동하는 계전기   답 ②

23 선로정수를 평형되게 하고, 근접 통신선에 대한 유도장해를 줄일 수 있는 방법은?
① 연가를 시행한다.
② 전선으로 복도체를 사용한다.
③ 전선로의 이도를 충분하게 한다.
④ 소호리액터 접지를 하여 중성점 전위를 줄여준다.

풀이 • 선로정수를 평형시키고 통신선의 유도장해를 방지하기 위하여 선로의 길이를 3배수 등분하여 적당한 구간마다 지상의 전선을 바꾸어 실시하는 것을 연가라고 한다.

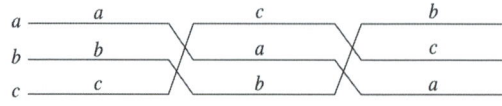

• 연가의 목적 : 직렬공진 방지, 유도장해 감소, 선로정수 평형   답 ①

24 송전단, 수전단 전압을 각각 E_s, E_r이라 하고 4단자정수를 A, B, C, D라 할 때 전력원선도의 반지름은?

① $\dfrac{E_s E_r}{A}$ ② $\dfrac{E_s E_r}{B}$

③ $\dfrac{E_s E_r}{C}$ ④ $\dfrac{E_s E_r}{D}$

풀이 원선도의 반지름 $\rho = \dfrac{E_s E_r}{B}$ **답** ②

25 전력계통에서 전력용 콘덴서와 직렬로 연결하는 리액터로 제거되는 고조파는? (단, 기본주파수에서 리액턴스 기준으로 콘덴서 용량의 이론상 4[%] 높은 리액터 값을 적용한다.)

① 제2고조파 ② 제3고조파
③ 제4고조파 ④ 제5고조파

풀이 직렬리액터
① 전력용 콘덴서와 직렬로 리액터를 접속하여 제5고조파를 제거시킨다.
② 직렬 리액터의 용량은 콘덴서 용량의 4[%] 이상이 되면 되는데 주파수 변동 등의 여유를 봐서 실제로는 약 5~6[%]인 것이 사용된다. **답** ④

26 가공선 계통을 지중선 계통과 비교할 때 인덕턴스 및 정전용량은 어떠한가?

① 인덕턴스, 정전용량이 모두 작다.
② 인덕턴스, 정전용량이 모두 크다.
③ 인덕턴스는 크고, 정전용량은 작다.
④ 인덕턴스는 작고, 정전용량은 크다.

풀이
• 인덕턴스 $L = 0.05 + 0.4605 \log_{10} \dfrac{D}{r}$ [mH/km]
• 정전용량 $C = \dfrac{0.02413}{\log_{10} \dfrac{D}{r}}$ [μF/km]

즉, 인덕턴스는 $\log_{10} \dfrac{D}{r}$에 비례하고,

정전용량은 $\log_{10} \dfrac{D}{r}$에 반비례한다.

• 가공선 계통은 지중선 계통에 비해 선간 거리(D)가 매우 크므로 인덕턴스는 크고 정전 용량은 작다. **답** ③

27 취수구에 제수문을 설치하는 목적은?

① 낙차를 높이기 위해
② 홍수위를 낮추기 위해
③ 모래를 배제하기 위해
④ 유량을 조정하기 위해

풀이 물을 수로에 도입하는 수구를 취수구라고 하며, 취수량을 조절하고 물의 유입을 단절하기 위해 취수구에 제수문을 설치한다. **답** ④

28 송전계통의 중성점 접지용 소호리액터의 인덕턴스 L은? (단, 선로 한 선의 대지정전용량을 C라 한다.)

① $L = \dfrac{1}{C}$ ② $L = \dfrac{C}{2\pi f}$

③ $L = \dfrac{1}{2\pi f C}$ ④ $L = \dfrac{1}{3(2\pi f)^2 C}$

풀이 소호리액터의 크기
변압기의 임피던스 x_t를 고려하지 않는 경우, 병렬 공진 조건에 의해

$\omega L = \dfrac{1}{3\omega C}$

$\therefore L = \dfrac{1}{3\omega^2 C} = \dfrac{1}{3(2\pi f)^2 C}$ [H] **답** ④

29 송전선로의 개폐 조작에 따른 개폐서지에 관한 설명으로 틀린 것은?

① 회로를 투입할 때 보다 개방할 때 더 높은 이상전압이 발생한다.
② 부하가 있는 회로를 개방하는 것보다 무부하를 개방할 때 더 높은 이상전압이 발생한다.
③ 이상전압이 가장 큰 경우는 무부하 송전선로의 충전전류를 차단할 때이다.
④ 이상전압의 크기는 선로의 충전전류 파고 값에 대한 배수로 나타내고 있다.

풀이
• 일반적으로 이상전압의 크기는 대지 상전압 파고값에 대한 배수로 나타내고 있다.
• 개폐서지는 상규 대지 전압의 3.5배 이하로서 4배를 넘는 경우는 거의 없다. **답** ④

30 가공 송전선로의 정전용량이 0.005[μF/km]이고, 인덕턴스는 1.8[mH/km]이다. 이때 파동 임피던스는 몇 [Ω]인가?

① 360　　② 600
③ 900　　④ 1000

풀이 파동 임피던스 $Z_0 = \sqrt{\dfrac{L}{C}} = \sqrt{\dfrac{1.8 \times 10^{-3}}{0.005 \times 10^{-6}}} = 600[\Omega]$

답 ②

31 원자로에 사용되는 감속재가 구비하여야 할 조건으로 틀린 것은?

① 중성자 에너지를 빨리 감속시킬 수 있을 것
② 불필요한 중성자 흡수가 적을 것
③ 원자의 질량이 클 것
④ 감속능 및 감속비가 클 것

풀이
- 감속재는 핵분열로 발생한 고속 중성자(약 2[MeV])의 에너지(=속도)를 떨어뜨려서 자열중성(0.025[eV])로 바꾸는 작용을 하는 것이다.
- 구비조건
  - 중성자 흡수 단면적이 적을 것
  - 탄성 산란에 의해 감속되는 정도가 클 것 (원자량이 작은 원소)
  - 감속능과 감속률이 클 것
- 사용재료 : 경수, 중수, 흑연, 베릴륨

답 ③

32 송전단 전압 6600[V], 길이 2[km]의 3상3선식 배전선에 의해서 지상역률 0.8의 말단부하에 전력이 공급되고 있다. 부하단 전압이 6000[V]를 내려가지 않도록 하기 위해서 부하를 최대 몇 [kW]까지 허용할 수 있는가? (단, 선로 1선당 임피던스는 $Z = 0.8 + j0.4[\Omega/km]$이다.)

① 818　　② 945
③ 1332　　④ 1636

풀이
- 길이 2[km] 이므로
  저항 $R = 0.8 \times 2 = 1.6[\Omega]$
  리액턴스 $X = 0.4 \times 2 = 0.8[\Omega]$
- $V_s - V_r = \sqrt{3}\,I(R\cos\theta + X\sin\theta)$에서
  부하전류 $I = \dfrac{V_s - V_r}{\sqrt{3}\,(R\cos\theta + X\sin\theta)}$
  $= \dfrac{6600 - 6000}{\sqrt{3}\,(1.6 \times 0.8 + 0.8 \times 0.6)}$
  $= 196.82\,[A]$

$\therefore P = \sqrt{3}\,V_r I \cos\theta$
$= \sqrt{3} \times 6000 \times 197 \times 0.8 \times 10^{-3}$
$\fallingdotseq 1636[kW]$

답 ④

33 배전선로에서 사고범위의 확대를 방지하기 위한 대책으로 옳지 않은 것은?

① 선택접지계전방식 채택
② 자동고장 검출장치 설치
③ 진상콘덴서 설치하여 전압보상
④ 특고압의 경우 자동구분개폐기 설치

풀이 배전선로에서 진상(콘덴서) 성분은 이상전압 발생 가능성을 증가시켜 사고범위가 확대될 수 있으므로 선로용 콘덴서 설치는 대책으로 적당하지 않다.

답 ③

34 수변전설비에서 변압기의 1차측에 설치하는 차단기 용량은 어느 것에 의하여 정하는가?

① 변압기 용량　　② 수전계약용량
③ 공급 측 단락용량　　④ 부하설비용량

풀이 차단기의 차단용량은 그 점의 단락용량 이상의 것을 선정하여야 하므로, 차단기의 차단용량은 공급전원의 단락용량에 의해 정해진다.

답 ③

35 저압 망상식(Network) 배전방식의 장점이 아닌 것은?

① 감전사고가 줄어든다.
② 부하 증가 시 적응성이 양호하다.
③ 무정전 공급이 가능하므로 공급 신뢰도가 높다.
④ 전압변동이 적다.

풀이 망상(network) 배전 방식의 장·단점
[장점] ① 무정전 공급의 신뢰도가 높다.
② 기기의 이용률이 향상된다.
③ 전압 변동이 적다.
④ 부하 증가에 대한 적응성이 양호하다.
⑤ 전력손실 감소
⑥ 변전소 수를 줄일 수 있다.
[단점] ① 건설비가 비싸다.
② 인축의 접촉 사고가 증가한다.
③ 특별한 보호 장치가 필요하다.

답 ①

36 각 수용가의 수용설비용량이 50[kW], 100[kW], 80[kW], 60[kW], 150[kW]이며, 각각의 수용률이 0.6, 0.6, 0.5, 0.5, 0.4이다. 이때 부하의 부등률이 1.3이라면 변압기 용량은 약 몇 [kVA]가 필요한가? (단, 평균 부하역률은 80[%]라고 한다.)

① 142   ② 165   ③ 183   ④ 212

풀이 변압기 용량 = $\dfrac{\text{설비 용량} \times \text{수용률}}{\text{부등률} \times \text{역률}}$

$= \dfrac{(50+100)\times 0.6 + (80+60)\times 0.5 + 150\times 0.4}{1.3\times 0.8}$

$\fallingdotseq 212[\text{kVA}]$ **답** ④

37 변류기의 비오차는 어떻게 표시되는가? (단, a는 공칭변류비이고 측정된 1, 2차 전류는 각각 I_1, I_2 이다.)

① $\dfrac{aI_2 - I_1}{I_1}$ ② $\dfrac{aI_1 - I_2}{I_1}$

③ $\dfrac{I_2 - aI_1}{I_2}$ ④ $\dfrac{I_2 - aI_1}{I_1}$

풀이 • 비오차는 공칭변류비와 측정변류비 사이에서 얻어진 백분율 오차로서, CT의 정밀도를 나타낸다.

• 공칭변류비는 a, 측정변류비 = $\dfrac{I_1}{I_2}$ 이므로

비오차 = $\dfrac{\text{공칭변류비} - \text{측정변류비}}{\text{측정변류비}}$

$= \dfrac{a - \dfrac{I_1}{I_2}}{\dfrac{I_1}{I_2}} = \dfrac{aI_2 - I_1}{I_1}$ **답** ①

38 부하전력 및 역률이 같을 때 전압을 n배 승압하면 전압강하율과 전력손실은 어떻게 되는가?

① 전압강하율 : $\dfrac{1}{n}$, 전력손실 : $\dfrac{1}{n^2}$

② 전압강하율 : $\dfrac{1}{n^2}$, 전력손실 : $\dfrac{1}{n}$

③ 전압강하율 : $\dfrac{1}{n}$, 전력손실 : $\dfrac{1}{n}$

④ 전압강하율 : $\dfrac{1}{n^2}$, 전력손실 : $\dfrac{1}{n^2}$

풀이 ① 전압 강하 $e = \dfrac{P}{V}(R + X\tan\theta)$

전압 강하율 $\varepsilon = \dfrac{e}{V} = \dfrac{P}{V^2}(R + X\tan\theta)$

n배 승압하였을 때의 전압 강하율

$\dfrac{\varepsilon'}{\varepsilon} = \dfrac{\dfrac{P}{nV^2}(R+X\tan\theta)}{\dfrac{P}{V^2}(R+X\tan\theta)} = \dfrac{1}{n^2}$

② 전력 손실 $P_l = 3I^2 R = \dfrac{P^2 R}{V^2 \cos^2\theta}$

n배 승압하였을 때의 전력 손실

$P_l' = \dfrac{P^2 R}{n^2 V^2 \cos^2\theta}$

$\therefore \dfrac{P_l'}{P_l} = \dfrac{\dfrac{P^2 R}{n^2 V^2 \cos^2\theta}}{\dfrac{P^2 R}{V^2 \cos^2\theta}} = \dfrac{1}{n^2}$ 배   **답** ④

39 어떤 화력 발전소의 증기조건이 고온열원 540[℃], 저온열원 30[℃] 일 때 이 온도 간에서 움직이는 카르노 사이클의 이론 열효율[%]은?

① 85.2   ② 80.5   ③ 75.3   ④ 62.7

풀이 카르노 사이클의 이론 열효율

$\eta = 1 - \dfrac{\text{방출열량}}{\text{공급열량}} = 1 - \dfrac{\text{저온열원}}{\text{고온열원}}$

• 고온열원 $T_1 = 273 + 540 = 813[\text{K}]$
• 저온열원 $T_2 = 273 + 30 = 303[\text{K}]$

$\therefore \eta = \left(1 - \dfrac{T_2}{T_1}\right) \times 100 = \left(1 - \dfrac{303}{813}\right) \times 100$

$= 62.7[\%]$ **답** ④

40 복도체를 사용하는 가공전선로에서 소도체 사이의 간격을 유지하여 소도체간의 꼬임 현상이나 충돌 현상을 방지하기 위하여 설치하는 것은?

① 아모로드   ② 댐퍼
③ 스페이서   ④ 아킹혼

풀이 스페이서 : 다도체의 경우 전선상호의 접근 및 충돌을 방지하기 위해 사용된다.

〈4도체〉   〈8도체〉   **답** ③

2022년 전력공학_전기기사·공사기사

문제의 번호는 실제 시험문제의 번호와 같게 하였습니다.

2022년 - 1회_전기기사·공사기사

21 소호리액터를 송전계통에 사용하면 리액터의 인덕턴스와 선로의 정전용량이 어떤 상태로 되어 지락전류를 소멸시키는가?

① 병렬공진 ② 직렬공진
③ 고임피던스 ④ 저임피던스

[풀이]
- 소호 리액터 접지 방식은 선로의 대지 정전 용량과 병렬 공진하는 리액터를 이용하여 중성점을 접지하는 방식으로 1선 지락고장시 고장점에는 극히 작은 손실전류만이 흐르고 지락 아크가 자연 소멸되므로 정전 없이 송전을 계속할 수 있는 접지 방식이다.
- 소호리액터의 크기(변압기의 임피던스 x_t를 고려하지 않는 경우)
$$\omega L = \frac{1}{3\omega C_s}[\Omega]$$

답 ①

22 어느 발전소에서 40000[kWh]를 발전하는데 발열량 5000[kcal/kg]의 석탄을 20톤 사용하였다. 이 화력발전소의 열효율[%]은 약 얼마인가?

① 27.5 ② 30.4
③ 34.4 ④ 38.5

[풀이] 열효율 $\eta = \frac{860W}{mH} = \frac{860 \times 40000}{20 \times 1000 \times 5000} \times 100$
$= 34.4[\%]$

여기서, W[kWh] : 발전 전력량
m[kg] : 연료소비량
H[kcal/kg] : 연료발열량

답 ③

23 송전전력, 선간전압, 부하역률, 전력손실 및 송전거리를 동일하게 하였을 경우 단상 2선식에 대한 3상 3선식의 총 전선량(중량)비는 얼마인가? (단, 전선은 동일한 전선이다.)

① 0.75 ② 0.94
③ 1.15 ④ 1.33

[풀이] 단상 2선식의 배전선 소요전선 총량을 100[%]라 할 때 3상 3선식의 소요전선량의 총량과의 비를 구하면
- 송전전력이 동일하므로
$VI_1\cos\theta = \sqrt{3}\,VI_3\cos\theta \to I_1 = \sqrt{3}\,I_3$
- 전력손실이 동일하므로
$2I_1^2 R_1 = 3I_3^2 R_3 (I_1 = \sqrt{3}\,I_3$를 대입)
$2(\sqrt{3}\,I_3)^2 R_1 = 3I_3^2 R_3 \to 2R_1 = R_3$
- $R = \rho\frac{l}{S} \propto \frac{1}{S}$이므로 $\frac{R_1}{R_3} = \frac{S_3}{S_1} = \frac{1}{2}$

따라서 소요전선량의 비는
$\frac{3상\ 3선식}{단상\ 2선식} = \frac{3S_3}{2S_1} = \frac{3}{2} \times \frac{1}{2} = \frac{3}{4} = 0.75$

[별해]

공급 방식	단상 2선식	단상 3선식	3상 3선식	3상 4선식
소요전선량 전력손실비	24	9	18	8

표에 의해 $\frac{3상\ 3선식}{단상\ 2선식} = \frac{18}{24} = 0.75$

답 ①

24 3상 송전선로가 선간단락(2선 단락)이 되었을 때 나타나는 현상으로 옳은 것은?

① 역상전류만 흐른다.
② 정상전류와 역상전류가 흐른다.
③ 역상전류와 영상전류가 흐른다.
④ 정상전류와 영상전류가 흐른다.

[풀이]
- 1선 지락 : 영상분, 정상분, 역상분이 존재
- 선간 단락 : 정상분, 역상분이 존재
- 3상 단락 : 정상분만 존재

답 ②

25 중거리 송전선로의 4단자 정수가 $A = 1.0$, $B = j190$, $D = 1.0$일 때 C의 값은 얼마인가?

① 0 ② $-j120$
③ j ④ $j190$

[풀이] $AD - BC = 1$ 이므로
$\therefore C = \frac{AD-1}{B} = \frac{1.0 \times 1.0 - 1}{j190} = 0$

답 ①

26 배전전압을 $\sqrt{2}$ 배로 하였을 때 같은 손실률로 보낼 수 있는 전력은 몇 배가 되는가?

① $\sqrt{2}$ ② $\sqrt{3}$
③ 2   ④ 3

풀이
- 전력손실 $P_l = 3I^2R = \dfrac{P^2\rho l}{V^2\cos^2\theta A}$,

  전력손실률 $h = \dfrac{P_l}{P} = \dfrac{P\rho l}{V^2\cos^2\theta A}$ 이므로,

  송전전력 $P = \dfrac{hV^2\cos^2\theta}{R}$ 이다.

- 송전전력은 전압의 제곱에 비례하므로
  $\dfrac{P'}{P} = \dfrac{(\sqrt{2}V)^2}{V^2} = \dfrac{2V^2}{V^2} = 2$

  ∴ $P' = 2P$ **답 ③**

27 현수애자에 대한 설명이 아닌 것은?

① 애자를 연결하는 방법에 따라 클레비스(Clevis)형과 볼 소켓형이 있다.
② 애자를 표시하는 기호는 P이며 구조는 2~5층의 갓 모양의 자기편을 시멘트로 접착하고 그 자기를 주철재 base로 지지한다.
③ 애자의 연결개수를 가감함으로써 임의의 송전전압에 사용할 수 있다.
④ 큰 하중에 대하여는 2련 또는 3련으로 하여 사용할 수 있다.

풀이 ②항은 핀 애자에 대한 설명이다.   **답 ②**

28 교류발전기의 전압조정 장치로 속응여자방식을 채택하는 이유로 틀린 것은?

① 전력계통에 고장이 발생할 때 발전기의 동기화력을 증가시킨다.
② 송전계통의 안정도를 높인다.
③ 여자기의 전압 상승률을 크게 한다.
④ 전압조정용 탭의 수동변환을 원활히 하기 위이다.

풀이 속응 여자 방식의 특징
① 고장 발생 시 **여자기의 응답이 빠르므로, 전압 상승률이 크다**.
② 발전기 내부 유기기전력을 증가시켜 전기적 출력을 증가시킨다.
③ **동기화력이 증가**하여 신속하게 평형상태를 회복한다.
④ 전압변동을 작게 하여 **송전계통의 안정도를 높인다**.   **답 ④**

29 차단기의 정격차단시간에 대한 설명으로 옳은 것은?

① 고장 발생부터 소호까지의 시간
② 트립코일 여자로부터 소호까지의 시간
③ 가동 접촉자의 개극부터 소호까지의 시간
④ 가동 접촉자의 동작 시간부터 소호까지의 시간

풀이 차단기의 차단 시간 : 트립 코일 여자부터 차단기의 가동 전극이 고정 전극으로부터 이동을 개시하여 개극할 때까지의 개극 시간과 접점이 충분히 떨어져 **아크가 완전히 소호할 때까지의 아크 시간의 합으로 3~8[Hz]**이다.   **답 ②**

30 다음 중 재점호가 가장 일어나기 쉬운 차단전류는?

① 동상전류   ② 지상전류
③ 진상전류   ④ 단락전류

풀이 충전전류를 차단할 때 전류파의 0의 위치에서 소거된 아크가 재기전압에 의하여 극 간에 다시 발생하는 것을 재점호라고 하며 이러한 **재점호 전류는 콘덴서 C에 의한 진상전류에 의해 발생**한다.   **답 ③**

31 3상 1회선 송전선을 정삼각형으로 배치한 3상 선로의 자기인덕턴스를 구하는 식은?
(단, D는 전선의 등가 선간 거리[m], r은 전선의 반지름[m]이다.)

① $L = 0.5 + 0.4605\log_{10}\dfrac{D}{r}$

② $L = 0.5 + 0.4605\log_{10}\dfrac{D}{r^2}$

③ $L = 0.05 + 0.4605\log_{10}\dfrac{D}{r}$

④ $L = 0.05 + 0.4605\log_{10}\dfrac{D}{r^2}$

풀이 단도체에서의 인덕턴스와 정전용량
- 인덕턴스 $L = 0.05 + 0.4605\log\dfrac{D}{r}$ [mH/km]
- 정전용량 $C = \dfrac{0.02413}{\log\dfrac{D}{r}}$ [μF/km]   **답** ③

32 다음 중 동작속도가 가장 느린 계전 방식은?
① 전류 차동 보호 계전 방식
② 거리 보호 계전 방식
③ 전류 위상 비교 보호 계전 방식
④ 방향 비교 보호 계전 방식

풀이 보호계전기의 성능비교

보호방식	동작속도	대상재폐로의 가능성	검출감도	자동감시 가능성
전류차동보호계전 (파일럿 와이어 전송)	빠르다	가능	높다	가능
전류차동 보호계전방식 (PCM 전송)	빠르다	가능	높다	가능
전류위상비교 보호계전방식	빠르다	가능	높다	가능
방향 비교 보호계전방식	빠르다	어렵다	낮다	어렵다
거리 측정 보호계전방식	느리다	어렵다	낮다	어렵다
전류 균형 보호계전방식	느리다	어렵다	낮다	어렵다
과전류 보호계전방식	느리다	어렵다	낮다	어렵다

답 ②

33 부하회로에서 공진 현상으로 발생하는 고조파 장해가 있을 경우 공진 현상을 회피하기 위하여 설치하는 것은?
① 진상용 콘덴서
② 직렬 리액터
③ 방전코일
④ 진공 차단기

풀이 고조파 전류의 경감
- **공진현상을 막기 위해 직렬 리액터를 삽입**한다.
- 리액터에 의해 제5고조파가 제거된다.   **답** ②

34 불평형 부하에서 역률[%]은?
① $\dfrac{\text{유효전력}}{\text{각 상의 피상전력의 산술합}} \times 100$
② $\dfrac{\text{무효전력}}{\text{각 상의 피상전력의 산술합}} \times 100$
③ $\dfrac{\text{무효전력}}{\text{각 상의 피상전력의 벡터합}} \times 100$
④ $\dfrac{\text{유효전력}}{\text{각 상의 피상전력의 벡터합}} \times 100$

풀이 ① 유효전력 $P = P_1 + P_2$ [W]
② 불평형부하에서는 각 부하의 위상이 서로 다르므로 벡터의 합으로 피상전력을 구하여야 한다.
합성 피상전력
$P_a = \sqrt{(P_1+P_2)^2 + (Q_1+Q_2)^2}$ [kVA]
$\therefore \cos\theta = \dfrac{P}{P_a} = \dfrac{\text{유효전력}}{\text{각 상의 피상전력의 벡터합}}$

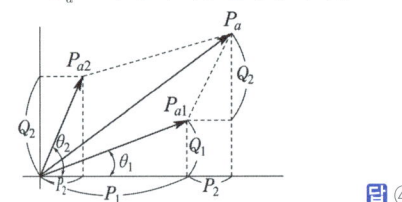

답 ④

35 경간이 200[m]인 가공 전선로가 있다. 사용전선의 길이는 경간보다 몇 [m] 더 길게 하면 되는가? (단, 사용전선의 1[m] 당 무게는 2[kg], 인장하중은 4000[kg], 전선의 안전율은 2로 하고 풍압하중은 무시한다.)

① $\dfrac{1}{2}$　② $\sqrt{2}$
③ $\dfrac{1}{3}$　④ $\sqrt{3}$

풀이
- 이도 $D = \dfrac{WS^2}{8T} = \dfrac{2 \times 200^2}{8 \times \dfrac{4000}{2}} = 5$ [m]
- 전선의 길이 $L = S + \dfrac{8D^2}{3S}$ [m]이므로
경간 S보다 $\dfrac{8D^2}{3S}$ [m]만큼 더 길게 하면 된다.
따라서 $L - S = \dfrac{8D^2}{3S} = \dfrac{8 \times 5^2}{3 \times 200} = \dfrac{1}{3}$ [m]   **답** ③

36 송전단 전압이 100[V], 수전단 전압이 90[V]인 단거리 배전선로의 전압강하율[%]은 약 얼마인가?

① 5   ② 11
③ 15   ④ 20

풀이 전압강하율 $\epsilon = \dfrac{V_s - V_r}{V_r} \times 100 = \dfrac{100 - 90}{90} \times 100 = 11.11[\%]$ 답 ②

37 초호각(Arcing horn)의 역할은?

① 풍압을 조절한다.
② 송전 효율을 높인다.
③ 선로의 섬락 시 애자의 파손을 방지한다.
④ 고주파수의 섬락전압을 높인다.

풀이 ① 명칭
- 초호환 = 소호환 = arcing ring
- 초호각 = 소호각 = arcing horn

② 초호환, 초호각의 역할
- 애자련의 전압분포 개선
- 선로의 섬락으로부터 애자련의 보호   답 ③

38 다음 중 환상(루프) 방식과 비교할 때 방사상 배전선로 구성 방식에 해당되는 사항은?

① 전력 수요 증가 시 간선이나 분기선을 연장하여 쉽게 공급이 가능하다.
② 전압 변동 및 전력손실이 작다.
③ 사고 발생 시 다른 간선으로의 전환이 쉽다.
④ 환상방식보다 신뢰도가 높은 방식이다.

풀이 고압배전선은 일반적으로 수지식, 환상식, 망상식으로 구성된다.

① 수지식(방사상식)
- 수요가 증가할 때마다 간선이나 분기선을 연장 또는 증강해서 이에 쉽게 응할 수 있다.

② 환상식(loop system)
- 선로의 도중에 고장발생시 고장 개소의 분리 조작이 용이하여 그 부분을 빨리 분리시킬 수 있고 전류의 통로에 융통성이 있으므로 전력손실과 전압강하가 적다.
- 고장 시에만 자동적으로 폐로해서 전력을 공급하는 결합 개폐기가 있다.

③ 망상식(네트워크 방식)
- 어느 회선에 사고가 일어나더라도 다른 회선에서 무정전으로 공급할 수 있다.
- 네트워크 프로텍터(저압용 차단기, 방향성 계전기, 퓨즈)를 필요로 한다.   답 ①

39 유효낙차 90[m], 출력 104500[kW], 비속도(특유속도) 210[m·kW]인 수차의 회전속도는 약 몇 [rpm]인가?

① 150   ② 180
③ 210   ④ 240

풀이 수차의 특유속도 $N_s = N\dfrac{\sqrt{P}}{H^{5/4}}$[rpm]

여기서, N : 정격 회전수, H : 유효 낙차,
P : 낙차 H[m]에서의 최대 출력

따라서 $N = \dfrac{N_s H^{\frac{5}{4}}}{\sqrt{P}} = \dfrac{210 \times 90^{\frac{5}{4}}}{\sqrt{104500}} = 180$[rpm]   답 ②

40 발전기 또는 주변압기의 내부고장 보호용으로 가장 널리 쓰이는 것은?

① 거리 계전기   ② 과전류 계전기
③ 비율차동 계전기   ④ 방향단락 계전기

풀이 비율차동계전기는 변압기 내부고장에 대한 보호장치로 변압기 1차 전류와 2차 전류의 차 전류가 일정 비율 이상으로 되면 동작하는 계전기이다.   답 ③

2022년 - 2회 _ 전기기사·공사기사

21 피뢰기의 충격방전 개시전압은 무엇으로 표시하는가?

① 직류전압의 크기   ② 충격파의 평균치
③ 충격파의 최대치   ④ 충격파의 실효치

풀이 충격전압이 가해져 방전 전류가 흐르기 시작할 때 도달할 수 있는 최고 전압값을 충격방전 개시전압이라고 하며 충격파의 최대치로 나타낸다.   답 ③

22 전력용 콘덴서에 비해 동기조상기의 이점으로 옳은 것은?

① 소음이 적다.
② 진상전류 이외에 지상전류를 취할 수 있다.
③ 전력손실이 적다.
④ 유지보수가 쉽다.

풀이 조상설비의 비교

항 목	동기조상기	전력용 콘덴서	분로 리액터
전력손실	많음 (1.5~2.5[%])	적음 (0.3[%] 이하)	적음 (0.6[%] 이하)
가격	비싸다(전력용 콘덴서, 분로 리액터의 1.5~2.5배)	저렴	저렴
무효전력	진상, 지상 양용	진상 전용	지상 전용
조정	연속적	계단적	계단적
사고시 전압유지	큼	작음	작음
시송전	가능	불가능	불가능
보수	손질필요	용이	용이

답 ②

23 밸런서의 설치가 가장 필요한 배전방식은?

① 단상 2선식   ② 단상 3선식
③ 3상 3선식   ④ 3상 4선식

풀이 단상 3선식에서 부하가 불평형이 생기면 양 외선 간의 전압이 불평형이 되므로 이를 방지하기 위해 저압 밸런서를 설치한다. **답** ②

24 단락보호방식에 관한 설명으로 틀린 것은?

① 방사상 선로의 단락 보호방식에서 전원이 양단에 있을 경우 방향 단락 계전기와 과전류 계전기를 조합시켜서 사용한다.
② 전원이 1단에만 있는 방사상 송전선로에서의 고장 전류는 모두 발전소로부터 방사상으로 흘러나간다.
③ 환상 선로의 단락 보호방식에서 전원이 두 군데 이상 있는 경우에는 방향 거리 계전기를 사용한다.
④ 환상 선로의 단락 보호방식에서 전원이 1단에만 있을 경우 선택 단락 계전기를 사용한다.

풀이 ① 방사상 선로의 단락 보호 방식
- 전원이 1단에만 있을 경우 : 과전류 계전기(OC)
- 전원이 양단에 있을 경우 : 방향 단락 계전기(DS)와 과전류 계전기(OC)

② 환상 선로의 단락 보호 방식
- 전원이 1단에만 있을 경우 : 방향 단락 계전기(DS)
- 전원이 양단에 있을 경우 : 방향 단락 계전기(DS)와 방향 거리 계전기(DZ)   **답** ④

25 부하전류가 흐르는 전로는 개폐할 수 없으나 기기의 점검이나 수리를 위하여 회로를 분리하거나, 계통의 접속을 바꾸는데 사용하는 것은?

① 차단기   ② 단로기
③ 전력용 퓨즈   ④ 부하 개폐기

풀이 단로기(DS : Disconnecting Switch)는 변전소의 전력기기를 시험하기 위하여 회로를 분리하거나, 계통의 접속을 바꾸거나 하는 경우에 사용되며, 여기에는 소호장치가 없어 고장전류나 부하전류의 개폐에는 사용할 수 없다. **답** ②

26 정전용량 0.01[μF/km], 길이 173.2[km], 선간전압 60[kV], 주파수 60[Hz]인 3상 송전선로의 충전전류는 약 몇 [A]인가?

① 6.3   ② 12.5
③ 22.6   ④ 37.2

풀이 충전전류 $I_c = \omega C_w l E = 2\pi f \cdot C_w l \cdot \dfrac{V}{\sqrt{3}}$

$= 2\pi \times 60 \times 0.01 \times 10^{-6} \times 173.2 \times \dfrac{60,000}{\sqrt{3}}$

$= 22.6[A]$ **답** ③

27 전력계통의 안정도에서 안정도의 종류에 해당하지 않는 것은?

① 정태 안정도   ② 상태 안정도
③ 과도 안정도   ④ 동태 안정도

풀이 안정도의 종류
① **정태 안정도**(static stability) : 송전 계통이 불변 부하 또는 극히 서서히 증가하는 부하에 대하여 계속적으로 송전할 수 있는 능력을 정태 안정도로 하고, 안정도를 유지할 수 있는 극한의 송전 전력을 정태 안정 극한 전력이라고 한다.
② **과도 안정도**(transient stability) : 계통에 갑자기 고장 사고와 같은 급격한 외란이 발생하였을 때에도 탈조하지 않고 새로운 평형 상태를 회복하여 송전을 계속할 수 있는 능력을 과도 안정도라 하고 이 경우의 극한 전력을 과도 안정 극한 전력이라고 한다.
③ **동태 안정도**(dynamic stability) : 고속 자동 전압 조정기로 동기기의 여자 전류를 제어 할 경우의 정태 안정도를 특히 동태 안정도라 한다. **답** ②

29 배전선로의 역률개선에 따른 효과로 적합하지 않은 것은?
① 선로의 전력손실 경감
② 선로의 전압강하의 감소
③ 전원측 설비의 이용률 향상
④ 선로 절연의 비용 절감

풀이 배전선로의 역률 개선 효과
① 전력손실 경감   ② 전압강하 경감
③ 설비용량의 여유분 증가   ④ 전력요금의 절약
선로 절연의 비용은 선로 전압의 크기 등에 좌우된다. **답** ④

28 보호계전기의 반한시·정한시 특성은?
① 동작전류가 커질수록 동작시간이 짧게 되는 특성
② 최소 동작전류 이상의 전류가 흐르면 즉시 동작하는 특성
③ 동작전류의 크기에 관계없이 일정한 시간에 동작하는 특성
④ 동작전류가 커질수록 동작시간이 짧아지며, 어떤 전류 이상이 되면 동작전류의 크기에 관계없이 일정한 시간에 동작하는 특성

풀이 보호계전기 특징

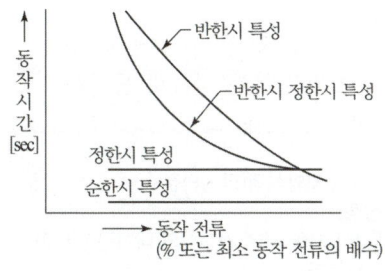

① 순한시 특성 : 최소 동작전류 이상의 전류가 흐르면 즉시 동작하는 특성
② 정한시 특성 : 동작전류의 크기에 관계없이 일정한 시간에 동작하는 특성
③ 반한시 특성 : 동작전류가 커질수록 동작시간이 짧게 되는 특성
④ **반한시 정한시 특성** : 동작전류가 적은 동안에는 동작전류가 커질수록 동작시간이 짧게 되고 어떤 전류 이상이면 동작전류의 크기에 관계없이 일정한 시간에 동작하는 특성 **답** ④

30 저압뱅킹 배전방식에서 캐스케이딩현상을 방지하기 위하여 인접 변압기를 연락하는 저압선의 중간에 설치하는 것으로 알맞은 것은?
① 구분퓨즈   ② 리클로저
③ 섹셔널라이저   ④ 구분개폐기

풀이
• **캐스케이딩 현상** : Banking 배전방식으로 운전 중 건전한 **변압기 일부가 고장이 발생하면** 부하가 다른 건전한 변압기에 걸다.
• **대책** : 인접 변압기와 연결되어 있는 **저압선의 중간에 구분 퓨즈를 설치하면 사고가 확대되는 것을 방지**할 수 있다. **답** ①

31 승압기에 의하여 전압 V_e에서 V_h로 승압할 때, 2차 정격전압 e, 자기용량 W인 단상 승압기가 공급할 수 있는 부하용량은?

① $\dfrac{V_h}{e} \times W$ ② $\dfrac{V_e}{e} \times W$

③ $\dfrac{V_e}{V_h - V_e} \times W$ ④ $\dfrac{V_h - V_e}{V_e} \times W$

풀이 단상 승압기

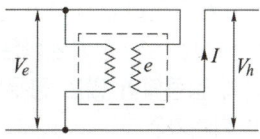

• 자기용량 $W = eI\,[\text{VA}]$
• 부하용량 $= \dfrac{V_h}{V_h - V_e} W = \dfrac{V_h}{e} W\,[\text{VA}]$ **답** ①

32 배기가스의 여열을 이용해서 보일러에 공급되는 급수를 예열함으로써 연료 소비량을 줄이거나 증발량을 증가시키기 위해서 설치하는 여열 회수 장치는?

① 과열기 ② 공기 예열기
③ 절탄기 ④ 재열기

풀이

기기명	용도	가열되는 물질
과열기	보일러 드럼에서 발생된 포화증기를 과열증기로 만드는 설비	포화증기
재열기	고압터빈 내에서 팽창된 증기를 다시 가열하여 건조도를 높여 과열시키는 기기	증기
절탄기	연소 후의 배기가스 여열을 이용하여 보일러 급수를 가열	보일러 급수
공기 예열기	배기가스의 여열을 이용하여 보일러의 연소용 공기를 가열	연소용 공기
급수 가열기	터빈에서 증기를 추기하여 보일러 급수를 가열	보일러 급수

답 ③

33 직렬콘덴서를 선로에 삽입할 때의 이점이 아닌 것은?

① 선로의 인덕턴스를 보상한다.
② 수전단의 전압강하를 줄인다.
③ 정태안정도를 증가한다.
④ 송전단의 역률을 개선한다.

풀이
- 직렬 콘덴서는 선로의 유도 리액턴스(부하의 리액턴스에 비해서 작은 값)를 상쇄시키는 것이므로 선로의 정태 안정도를 증가시키고 선로의 전압강하를 줄일 수는 있지만 계통의 역률을 개선시킬 정도의 큰 용량은 되지 못한다.
- 수전단의 역률을 개선하기 위해서는 병렬 콘덴서를 설치하여야 한다.

답 ④

34 전선의 굵기가 균일하고 부하가 균등하게 분산되어 있는 배전선로의 전력손실은 전체 부하가 선로 말단에 집중되어 있는 경우에 비하여 어느 정도가 되는가?

① $\frac{1}{2}$ ② $\frac{1}{3}$ ③ $\frac{2}{3}$ ④ $\frac{3}{4}$

풀이 집중 부하와 분산 부하

구분	전력손실	전압강하
말단에 집중 부하	I^2rL	IrL
평등 분포 부하	$\frac{1}{3}I^2rL$	$\frac{1}{2}IrL$

여기서, I : 전선의 전류
r : 전선 단위길이 당 저항
L : 전선의 길이

답 ②

35 송전단 전압 161[kV], 수전단 전압 154[kV], 상차각 35°, 리액턴스 60[Ω]일 때 선로 손실을 무시하면 전송전력[MW]은 약 얼마인가?

① 356 ② 307
③ 237 ④ 161

풀이 전송전력 $P = \frac{V_s V_r}{X}\sin\delta = \frac{161 \times 154}{60}\sin 35°$
$= 237[MW]$

답 ③

36 직접접지방식에 대한 설명으로 틀린 것은?

① 1선 지락 사고시 건전상의 대지 전압이 거의 상승하지 않는다.
② 계통의 절연수준이 낮아지므로 경제적이다.
③ 변압기의 단절연이 가능하다.
④ 보호계전기가 신속히 동작하므로 과도안정도가 좋다.

풀이 직접 접지방식의 장·단점
[장점]
① 1선 지락 시에 건전상의 대지전압이 거의 상승하지 않는다.
② 피뢰기의 효과를 증진시킬 수 있다.
③ 단절연이 가능하다.
④ 계전기의 동작이 확실해진다.
[단점]
① 송전 계통의 과도 안정도가 나빠진다.
② 통신선에 유도 장해가 크다.
③ 지락 시 대전류가 흘러 기기에 손상을 준다.
④ 대용량 차단기가 필요하다.

답 ④

37 그림과 같이 지지점 A, B, C에는 고저차가 없으며, 경간 AB와 BC 사이에 전선이 가설되어 그 이도가 각각 12[cm]이다. 지지점 B에서 전선이 떨어져 전선의 이도가 D로 되었다면 D의 길이[cm]는? (단, 지지점 B는 A와 C의 중점이며 지지점 B에서 전선이 떨어지기 전, 후의 길이는 같다.)

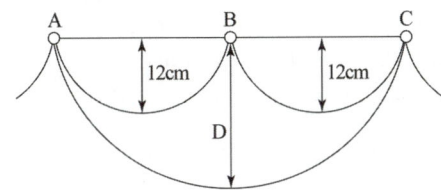

① 17　　② 24　　③ 30　　④ 36

풀이
- AB구간 및 BC구간 전선의 실제 길이
  $L_1 = S_1 + \dfrac{8D_1^2}{3S_1}$ (여기서, S_1 : 경간, D_1 : 이도)
- AC구간 전선의 실제 길이
  $L = S + \dfrac{8D^2}{3S}$ (여기서, S : 경간, D : 이도)
- 전선의 실제 길이는 떨어지기 전과 후가 같으므로
  $2L_1 = L$
  $2\left(S_1 + \dfrac{8D_1^2}{3S_1}\right) = S + \dfrac{8D^2}{3S}$

  그리고, AC구간의 경간은 AB구간 및 BC구간의 2배이므로, $S = 2S_1$ 를 대입하면
  $2\left(S_1 + \dfrac{8D_1^2}{3S_1}\right) = 2S_1 + \dfrac{8D^2}{3 \times 2S_1}$
  $\dfrac{8D^2}{3 \times 2S_1} = 2\left(S_1 + \dfrac{8D_1^2}{3S_1}\right) - 2S_1 = \dfrac{2 \times 8D_1^2}{3S_1}$
  $\therefore D = \sqrt{4D_1^2} = 2D_1 = 2 \times 12 = 24[cm]$　　**답 ②**

38 수차의 캐비테이션 방지책으로 틀린 것은?

① 흡출수두를 증대시킨다.
② 과부하 운전을 가능한 한 피한다.
③ 수차의 비속도를 너무 크게 잡지 않는다.
④ 침식에 강한 금속재료로 러너를 제작한다.

풀이 수차를 돌리고 나온 물이 흡출관을 통과할 때 흡출관의 중심부에 진공 상태를 형성하는 현상을 **캐비테이션**(cavitation)이라 한다. 그 **방지책으로는** 다음과 같은 것이 있다.
① 흡출수두를 너무 높게 잡지 말 것
② 수차의 특유 속도를 너무 크게 잡지 말 것
③ 침식에 강한 금속 재료를 사용할 것
④ 러너의 변을 원활하게 하고 급격한 압력 강하가 없는 형으로 한다.
⑤ 과도한 부분 부하, 과부하 운전을 가능한 피할 것
⑥ 캐비테이션 발생 부분에 공기를 넣어서 진공이 발생하지 않도록 할 것　　**답 ①**

39 1회선 송전선과 변압기의 조합에서 변압기의 여자 어드미턴스를 무시하였을 경우 송수전단의 관계를 나타내는 4단자 정수 C_0는?
(단, $A_0 = A + CZ_{ts}$,
　　$B_0 = B + AZ_{tr} + DZ_{ts} + CZ_{tr}Z_{ts}$,
　　$D_0 = D + CZ_{tr}$
여기서 Z_{ts}는 송전단변압기의 임피던스이며, Z_{tr}은 수전단변압기의 임피던스이다.)

① C　　　　　② $C + DZ_{ts}$
③ $C + AZ_{ts}$　④ $CD + CA$

풀이

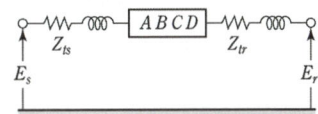

$\begin{bmatrix} A_0 & B_0 \\ C_0 & D_0 \end{bmatrix} = \begin{bmatrix} 1 & Z_{ts} \\ 0 & 1 \end{bmatrix} \begin{bmatrix} A & B \\ C & D \end{bmatrix} \begin{bmatrix} 1 & Z_{tr} \\ 0 & 1 \end{bmatrix}$
$= \begin{bmatrix} A + CZ_{ts} & B + DZ_{ts} \\ C & D \end{bmatrix} \begin{bmatrix} 1 & Z_{tr} \\ 0 & 1 \end{bmatrix}$
$= \begin{bmatrix} A + CZ_{ts} & B + AZ_{tr} + DZ_{ts} + CZ_{tr}Z_{ts} \\ C & D + CZ_{tr} \end{bmatrix}$
　　답 ①

40 송전선로에 매설지선을 설치하는 목적은?

① 철탑 기초의 강도를 보강하기 위하여
② 직격뇌로부터 송전선을 차폐보호하기 위하여
③ 현수애자 1연의 전압 분담을 균일화하기 위하여
④ 철탑으로부터 송전선로의 역섬락을 방지하기 위하여

풀이 뇌서지가 철탑을 가격시 철탑의 탑각 접지저항이 충분히 낮지 않으면 철탑의 전위가 상승하여 철탑에서 선로로 섬락을 일으키는 경우가 있는데 이를 역섬락 이라한다. **매설지선을 설치하여** 탑각 접지저항을 낮추면 **역섬락을 방지**할 수 있다.　　**답 ④**

2022년 3회 _ 전기기사 (CBT 복원)

21 피뢰기의 정격전압이란?

① 상용주파수의 방전개시전압
② 속류를 차단할 수 있는 최고의 교류전압
③ 방전을 개시할 때 단자전압의 순시값
④ 충격방전전류를 통하고 있을 때 단자전압

풀이 피뢰기 정격전압 : 속류를 차단하는 교류 최고전압. 즉, 피뢰기의 양 단자 사이에 인가할 수 있는 상용주파수의 최대전압의 실효값을 말한다. **답** ②

22 3상 송전선로의 선간전압을 100[kV], 3상 기준 용량을 10,000[kVA]로 할 때, 선로 리액턴스(1선당) 100[Ω]을 %임피던스로 환산하면 얼마인가?

① 1   ② 10   ③ 0.33   ④ 3.33

풀이 $\%Z = \dfrac{PZ}{10V^2} = \dfrac{100 \times 10,000}{10 \times 100^2} = 10[\%]$

여기서 V : 정격전압[kV], P : 기준용량[kVA]   **답** ②

23 3상 1회선 전선로의 작용 정전용량을 C, 선간 정전용량을 C_1, 대지 정전용량을 C_2라 할 때 C, C_1, C_2의 관계는?

① $C = C_1 + 3C_2$ ② $C = 3C_1 + C_2$
③ $C = C_1 + C_2$ ④ $C = 3(C_1 + C_2)$

풀이 등가회로를 그려 보면

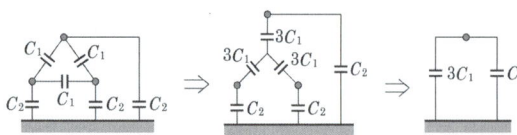

- 1선당의 작용 정전용량 $C = 3C_1 + C_2$ **답** ②

24 송전선로의 수전단을 개방할 경우, 송전단 전류 I_S는 어떤 식으로 표시되는가? 단, 송전단 전압을 V_S, 선로의 임피던스를 Z, 선로의 어드미턴스를 Y라 한다.

① $I_S = \sqrt{\dfrac{Y}{Z}} \tanh \sqrt{ZY} \, V_S$

② $I_S = \sqrt{\dfrac{Z}{Y}} \tanh \sqrt{ZY} \, V_S$

③ $I_S = \sqrt{\dfrac{Y}{Z}} \coth \sqrt{ZY} \, V_S$

④ $I_S = \sqrt{\dfrac{Z}{Y}} \coth \sqrt{ZY} \, V_S$

풀이 $V_S = V_R \cosh rl + Z_0 I_R \sinh rl$,

$I_S = \dfrac{1}{Z_0} V_R \sinh rl + I_R \cosh rl$ 에서

수전단을 개방할 경우 $I_R = 0$이므로

$V_S = V_R \cosh rl$, $V_R = \dfrac{V_S}{\cosh rl}$

$I_S = \dfrac{1}{Z_0} V_R \sinh rl = \dfrac{1}{Z_0} \dfrac{V_S}{\cosh rl} \sinh rl = \dfrac{V_S}{Z_0} \tanh rl$

여기에 $Z_0 = \sqrt{\dfrac{Z}{Y}}$, $r = \sqrt{ZY}$ 를 대입하면

∴ $I_S = \sqrt{\dfrac{Y}{Z}} \tanh \sqrt{ZY} \, V_S$ **답** ①

25 제 5고조파 전류의 억제를 위해 전력용 콘덴서에 직렬로 삽입하는 유도 리액턴스의 값으로 적당한 것은?

① 전력용 콘덴서 용량의 약 6[%] 정도
② 전력용 콘덴서 용량의 약 12[%] 정도
③ 전력용 콘덴서 용량의 약 18[%] 정도
④ 전력용 콘덴서 용량의 약 24[%] 정도

풀이 제 5고조파를 억제하기 위한 직렬 리액터의 용량은 콘덴서 용량의 4[%] 이상이 되면 되는데 주파수 변동 등의 여유를 봐서 실제로는 약 5~6[%]인 것이 사용된다.   **답** ①

26 SF_6 가스차단기에 대한 설명으로 틀린 것은?

① SF_6 가스는 절연내력이 공기보다 크다.
② 개폐 시의 소음이 작다.
③ 근거리 고장 등 가혹한 재기전압에 대해서 우수하다.
④ 아크에 의해 SF_6 가스는 분해되어 유독가스를 발생시킨다.

[풀이] SF₆ 가스 차단기의 특징
① 밀폐구조이므로 소음이 없다.
② 절연내력이 공기의 2~3배, 소호 능력은 공기의 100~200배
③ 근거리 고장 등 가혹한 재기전압에 대해서도 성능이 우수
④ SF₆ 가스는 무색, 무취, 무독성 기체이다. 답 ④

27 그림과 같은 4단자 정수를 가진 2개의 회로가 직렬로 연결되어 있을 때 합성 4단자 정수는?

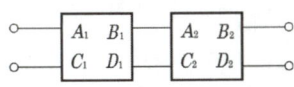

① $A = A_1A_2 + B_1C_2$, $B = A_1B_2 + B_1D_2$,
   $C = A_2C_1 + C_2D_1$, $D = B_2C_1 + D_1D_2$
② $A = A_1A_2 + B_1C_1$, $B = A_1B_2 + B_1D_2$,
   $C = A_2C_1 + D_1C_2$, $D = B_1C_2 + D_1D_2$
③ $A = A_1A_2 + B_2C_1$, $B = A_1B_2 + B_1D_2$,
   $C = A_1C_2 + D_1C_2$, $D = B_2C_1 + D_1D_2$
④ $A = A_1A_2 + B_1C_2$, $B = A_2B_1 + B_1D_1$,
   $C = A_1C_2 + D_1D_2$, $D = B_1C_1 + D_1D_2$

[풀이]
$\begin{bmatrix} A_0 & B_0 \\ C_0 & D_0 \end{bmatrix} = \begin{bmatrix} A_1 & B_1 \\ C_1 & D_1 \end{bmatrix} \begin{bmatrix} A_2 & B_2 \\ C_2 & D_2 \end{bmatrix}$
$= \begin{bmatrix} A_1A_2 + B_1C_2 & A_1B_2 + B_1D_2 \\ A_2C_1 + C_2D_1 & B_2C_1 + D_1D_2 \end{bmatrix}$
답 ①

28 연가를 해도 효과가 없는 것은?
① 직렬공진의 방지
② 통신선의 유도장해 감소
③ 대지정전용량의 감소
④ 선로정수의 평형

[풀이] 연가의 효과
① 선로정수평형
② 임피던스평형
③ 소호리액터 접지 시 직렬공진방지
④ 유도장해감소   답 ③

29 첨두 부하용으로 사용에 적합한 발전 방식은?
① 조력 발전소   ② 양수식 발전소
③ 조정지식 발전소   ④ 자연 유입식 발전소

[풀이] 심야 또는 경부하 시의 잉여전력을 사용하여 낮은 곳에 있는 물을 높은 곳으로 퍼올려서 첨두 부하 시에 이 양수된 물을 사용해서 발전하는 것을 양수발전이라고한다.   답 ②

30 설비 A가 150[kW], 수용률 0.5, 설비 B가 250[kW], 수용률 0.8일 때 합성최대전력이 235[kW]이면 부등률은 약 얼마인가?
① 1.10   ② 1.13
③ 1.17   ④ 1.22

[풀이] 부등률 = $\frac{개개의 \ 최대 \ 전력의 \ 합}{합성 \ 최대 \ 수용 \ 전력}$
= $\frac{\Sigma(설비용량 \times 수용률)}{합성 \ 최대 \ 수용 \ 전력}$
= $\frac{150 \times 0.5 + 250 \times 0.8}{235}$ = 1.17   답 ③

31 통신선과 평행인 60[Hz]의 3상 1회선 송전선에서 1선 지락으로 110[A]의 영상 전류가 흐르고 있을 때 통신선에 유기되는 전자 유도전압은 약 몇 [V]인가? (단, 영상전류는 송전선 전체에 걸쳐 같은 크기이고, 통신선과 송전선의 상호 인덕턴스는 0.05[mH/km], 양 선로의 평행 길이는 55[km]이다.)
① 252[V]   ② 293[V]
③ 342[V]   ④ 365[V]

[풀이] $E_m = j\omega Ml \, 3I_0$
$= -j2\pi \times 60 \times 0.05 \times 10^{-3} \times 55 \times 3 \times 110$
$= 342.12[V]$
※ 유도전압은 그 크기를 뜻하므로 (−)의미가 없다.   답 ③

32 단상 2선식의 교류 배전선이 있다. 전선 한 줄의 저항은 0.15[Ω], 리액턴스는 0.25[Ω]이다. 부하는 무유도성으로 100[V], 3[kW]일 때 급전점의 전압은 약 몇 [V]인가?
① 100   ② 110
③ 120   ④ 130

풀이 $V_s = V_r + 2I(R\cos\theta + X\sin\theta)$
$= 100 + 2 \times \dfrac{3000}{100} \times 0.15 \times 1 = 109[V]$
(여기서, 부하는 무유도성이므로 $\cos\theta = 1$, $\sin\theta = 0$)
답 ②

33 원자력 발전소에서 원자로의 냉각재가 갖추어야 할 조건으로 잘못된 것은?

① 중성자의 흡수 단면적이 클 것
② 유도 방사능이 적을 것
③ 비열이 클 것
④ 열전도율이 클 것

풀이 원자로 냉각재의 조건
① 중성자 흡수가 적을 것
② 방사능을 띠기 어려울 것
③ 비열, 열전도율이 클 것
④ 열용량이 클 것
답 ①

34 복도체에 있어서 소도체의 반지름을 $r[m]$, 소도체 사이의 간격을 $s[m]$라고 할 때 2개의 소도체를 사용한 복도체의 등가 반지름은?

① $\sqrt{r \cdot s}$ ② $\sqrt{r^2 \cdot s}$
③ $\sqrt{r \cdot s^2}$ ④ $r \cdot s$

풀이 등가 반지름 $r_e = \sqrt[n]{rs^{n-1}}$
여기서, n : 소도체 수, r : 소도체 반지름
s : 소도체간 거리
따라서, $n = 2$이면 $r_e = \sqrt{r \cdot s}$ 가 된다. **답** ①

35 다음 중 가공 지선의 설치 목적으로 볼 수 없는 것은?

① 유도뢰에 대한 정전차폐
② 전압강하의 방지
③ 직격뢰에 대한 차폐
④ 통신선에 대한 전자유도 장해 경감

풀이 가공 지선(over head ground wire)은 송전선 위에 나란히 가설된 도선으로 각 철탑에 접지되어 있으며, 그 설치 목적은
① 직격뇌에 대한 차폐 효과
② 유도뢰에 대한 정전 차폐 효과
③ 통신선에 대한 전자 유도 장해 경감 효과 **답** ②

36 3상 3선식 송전선로가 있다. 전선 한 가닥의 저항은 10[Ω], 리액턴스는 20[Ω]이고 수전단의 선간전압은 60[kV], 부하역률은 0.8(늦음)이다. 전압강하율을 5[%]로 하면 이 송전선로로 약 몇 [kW]까지 수전할 수 있는가?

① 6200[kW]   ② 7200[kW]
③ 8200[kW]   ④ 9200[kW]

풀이 $\epsilon = \dfrac{P}{V^2}(R + X\tan\theta)$에서 전압강하율이 5[%]이므로
$0.05 = \dfrac{P}{60000^2} \times \left(10 + 20 \times \dfrac{0.6}{0.8}\right)$
$\therefore P = \dfrac{0.05 \times 60000^2}{\left(10 + 20 \times \dfrac{0.6}{0.8}\right)} \times 10^{-3} = 7200[kW]$ **답** ②

37 수전단을 단락한 경우 송전단에서 본 임피던스가 300[Ω]이고, 수전단을 개방한 경우 송전단에서 본 어드미턴스가 1.875×10^{-3}[℧]일 때 송전선의 특성임피던스는 약 몇 [Ω]인가?

① 200   ② 300
③ 400   ④ 500

풀이 임피던스 $Z = 300[\Omega]$
어드미턴스 $Y = 1.875 \times 10^{-3}[℧]$
따라서 특성임피던스
$Z_0 = \sqrt{\dfrac{Z}{Y}} = \sqrt{\dfrac{300}{1.875 \times 10^{-3}}} = 400[\Omega]$ **답** ③

38 송전계통에서 절연협조의 기본이 되는 사항은?

① 애자의 섬락전압
② 권선의 절연내력
③ 피뢰기의 제한전압
④ 변압기 부싱의 섬락전압

풀이 계통 내의 각 기기, 기구 및 애자 등의 상호 간에 적정한 절연 강도를 지니게 함으로써 계통 설계를 합리적, 경제적으로 할 수 있게 한 것을 절연협조라고 하며 피뢰기의 제한전압이 기본이 된다. **답** ③

39 그림과 같은 배전선이 있다. 부하에 급전 및 정전할 때 조작방법으로 옳은 것은?

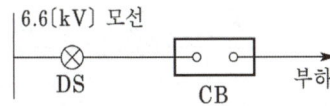

① 급전 및 정전할 때는 항상 DS, CB 순으로 한다.
② 급전 및 정전할 때는 항상 CB, DS 순으로 한다.
③ 급전시는 DS, CB 순이고 정전시는 CB, DS 순이다.
④ 급전시는 CB, DS 순이고 정전시는 DS, CB 순이다.

풀이 단로기는 부하 차단 능력이 없으므로 정전시 CB – DS, 급전시 DS – CB가 되어야 한다. 즉, 차단기가 열려 있어야 단로기를 열고 닫을 수 있다. **답** ③

40 변전소에서 비접지 선로의 접지보호용으로 사용되는 계전기에 영상전류를 공급하는 것은?
① CT   ② GPT
③ ZCT   ④ PT

풀이 GPT는 영상전압을 공급하며 영상전류는 영상변류기 ZCT(Zerophase Current Transformer)가 공급한다. **답** ③

2022년 – 4회 _ 공사기사 (CBT 복원)

21 공통 중성선 다중 접지방식의 배전선로에서 Recloser(R), Sectionalizer(S), Line fuse(F)의 보호협조가 가장 적합한 배열은? (단, 왼쪽은 후비보호 역할이다.)
① S – F – R   ② S – R – F
③ F – S – R   ④ R – S – F

풀이
• 리클로우저 : 회로의 차단과 투입을 자동적으로 반복하는 기구를 갖춘 차단기의 일종

• 섹셔널라이저 : 고장전류를 차단 할 수 있는 능력은 없으며, 선로의 무전압 상태에서 선로를 개방하여 고장 구간을 분리시킨다.
• 이 둘은 서로 조합하여 쓰며 리클로우저는 변전소 방향에, 섹셔널라이저는 부하 방향에 설치한다.
• 일반적으로 보호협조 배열은 전원 – 리클로우저(R) – 섹셔널라이저(S) – 라인퓨즈(F) – 부하이다.
답 ④

22 3상 회로에 사용되는 변압기(3상 변압기 또는 단상 변압기 3대)의 정상, 역상, 영상 임피던스를 각각 Z_1, Z_2, Z_0라 할 때 대략 다음과 같은 관계가 성립한다. 옳은 것은?
① $Z_1 = Z_2 < Z_0$
② $Z_1 < Z_2 < Z_0$
③ $Z_1 > Z_2 > Z_0$
④ $Z_1 = Z_2 = Z_0$

풀이
• 변 압 기 : $Z_1 = Z_2 = Z_0$
• 송전선로 : $Z_1 = Z_2 < Z_0$ **답** ④

23 그림에서와 같이 일반 회로 정수 A, B, C, D의 송전 선로의 길이가 2배로 되면 그 전체의 일반 회로 정수 A_0, B_0, C_0, D_0는?

① $A_0 = A^2 + BC$, $B_0 = AB + BD$,
$C_0 = CA + DC$, $D_0 = CB + D^2$
② $A_0 = 2A$, $B_0 = 2B$, $C_0 = 2C$, $D_0 = 2D$
③ $A_0 = A^2$, $B_0 = B^2$, $C_0 = C^2$, $D_0 = D^2$
④ $A_0 = A^2 + B_0$, $B_0 = CB + D^2$,
$C_0 = CA + DC$, $D_0 = AB + BD$

풀이 $\begin{bmatrix} A_0 & B_0 \\ C_0 & D_0 \end{bmatrix} = \begin{bmatrix} A & B \\ C & D \end{bmatrix} \begin{bmatrix} A & B \\ C & D \end{bmatrix} = \begin{bmatrix} A^2 + BC & AB + BD \\ CA + CD & CB + D^2 \end{bmatrix}$ **답** ①

24 송전선에 코로나가 발생하면 전선이 부식된다. 무엇에 의하여 부식되는가?

① 산소 ② 질소
③ 수소 ④ 오존

풀이 코로나 방전 시 오존과 산화질소가 발생하며, 습기와 혼합하면 질산이 되므로 전선이나 부속물을 부식시킨다. **답** ④

25 비등수형 원자로의 특색에 대한 설명이 틀린 것은?

① 열교환기가 필요하다.
② 기포에 의한 자기 제어성이 있다.
③ 방사능 때문에 증기는 완전히 기수분리를 해야 한다.
④ 순환펌프로서는 급수 펌프뿐이므로 펌프 동력이 작다.

풀이 비등수형 원자로의 특징
 ① 증기 발생기가 필요 없고, 열교환기도 필요 없다.
 ② 증기가 직접 터빈에 들어가기 때문에 누출을 철저히 방지해야 한다.
 ③ 소내용 동력은 적어도 된다.
 ④ 노내의 물의 압력이 높지 않다.
 ⑤ 노심 및 압력 용기가 커진다. **답** ①

26 그림과 같은 3상 송전계통에서 송전단 전압은 3300[V]이다. 점 P에서 3상 단락사고가 발생했다면 발전기에 흐르는 단락전류는 약 몇 [A]인가?

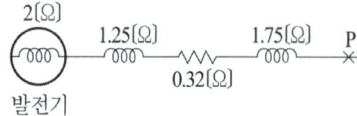

① 320 ② 330
③ 380 ④ 410

풀이 임피던스
$Z = 0.32 + j(2 + 1.25 + 1.75) = 0.32 + j5$
따라서 단락전류
$I_S = \dfrac{E}{Z} = \dfrac{E}{\sqrt{R^2 + X^2}} = \dfrac{\dfrac{3300}{\sqrt{3}}}{\sqrt{0.32^2 + 5^2}}$
$= 380.27[A]$ **답** ③

27 그림과 같은 회로의 일반 회로정수가 아닌 것은?

$\dot{E}_s \quad \dot{Z} \quad \dot{E}_r$

① $\dot{B} = Z + 1$ ② $\dot{A} = 1$
③ $\dot{C} = 0$ ④ $\dot{D} = 1$

풀이 $E_s = E_r + I_r Z$, $I_s = I_r$ 이므로
$\therefore A = 1,\ B = Z,\ C = 0,\ D = 1$ **답** ①

28 초고압용 차단기에서 개폐 저항기를 사용하는 이유 중 가장 타당한 것은?

① 차단전류의 역률개선
② 차단전류 감소
③ 차단속도 증진
④ 개폐 서지 이상전압 억제

풀이 차단기의 개폐시에 재점호로 인하여 개폐 서지 이상전압이 발생된다. 이것을 낮추고 절연내력을 높일 수 있게 하기 위해 차단기 접촉자 간에 병렬 임피던스로서 개폐 저항기를 삽입한다. **답** ④

29 송전계통의 안정도 증진방법으로 틀린 것은?

① 직렬리액턴스를 작게 한다.
② 중간 조상방식을 채용한다.
③ 계통을 연계한다.
④ 원동기의 조속기 작동을 느리게 한다.

풀이 안정도 향상 대책
 ① 직렬 리액턴스(X)를 작게 한다.
  • 발전기나 변압기의 리액턴스를 작게 한다.
  • 선로의 병행 회선수를 늘리거나 복도체 또는 다도체 방식을 사용한다.
  • 직렬 콘덴서를 삽입하여 선로의 리액턴스를 보상한다.
 ② 전압변동을 작게 한다.
  • 속응여자방식의 채용
  • 계통 연계를 한다.
 ③ 중간 조상 방식을 채용한다.
 ④ 고장전류를 줄이고 고장구간을 신속하게 차단한다.
  • 적당한 중성점접지방식을 채용하여 지락전류를 줄인다.
  • 고속도 계전기, 고속도 차단기를 채용한다.
  • 고속도 재폐로방식을 채용한다.

⑤ 고장 시 발전기 입·출력의 불평형을 작게 한다.
- 조속기의 동작을 빠르게 한다.
- 고장발생과 동시에 발전기회로의 저항을 직렬 또는 병렬로 삽입하여 발전기 입·출력의 불평형을 작게 한다. 답 ④

30 고장 전류와 같은 대전류를 차단할 수 있는 것은?

① 단로기(DS) ② 선로 개폐기(LS)
③ 유입 개폐기(OS) ④ 차단기(CB)

풀이 차단기(CB : circuit breaker)는 정상적인 부하전류의 개폐는 물론 고장 발생으로 흐르게 되는 과도한 고장전류도 개폐할 수 있어야 한다. 답 ④

31 전선 지지점의 고저차가 없을 경우 경간 300[m]에서 이도 9[m]인 송전선로가 있다. 지금 이 이도를 11[m]로 증가시키고자 할 경우 경간에 더 늘려야 할 전선의 길이는 약 몇 [cm]인가?

① 25 ② 30
③ 35 ④ 40

풀이
- 이도 9[m]인 경우의 실제길이
$L = S + \dfrac{8D^2}{3S} = 300 + \dfrac{8 \times 9^2}{3 \times 300} = 300.72$
- 이도 11[m]인 경우의 실제길이
$L' = S + \dfrac{8D^2}{3S} = 300 + \dfrac{8 \times 11^2}{3 \times 300} = 301.07$
따라서, $L' - L = 301.07 - 300.72 = 0.35$[m] $= 35$[cm] 답 ③

32 원자로의 제어제가 구비하여야 할 조건으로 틀린 것은?

① 중성자 흡수 단면적이 적을 것
② 높은 중성자 속에서 장시간 그 효과를 간직할 것
③ 열과 방사선에 대하여 안정할 것
④ 내식성이 크고 기계적 가공이 용이할 것

풀이
- 원자로 내에서 핵 분열의 연쇄 반응을 제어하고 증배율을 변화시키기 위해서 제어봉을 노심에 삽입하고 이것을 넣었다 뺐다 할 수 있도록 한다.
- 제어봉은 붕소(B), 카드뮴(Cd), 하프늄(Hf)과 같이 중성자 흡수 단면적이 큰 재료로서 만들어진다. 답 ①

33 고저차가 없는 가공 전선로에서 이도 및 전선 중량을 일정하게 하고 경간을 2배로 했을 때, 전선의 수평 장력은 몇 배가 되는가?

① $\dfrac{1}{4}$배 ② $\dfrac{1}{2}$배 ③ 2배 ④ 4배

풀이 이도 $D = \dfrac{WS^2}{8T}$이므로, 장력 $T = \dfrac{WS^2}{8D}$이다.
따라서, 이도(D) 및 전선 중량(W)을 일정하게 하고 경간(S)을 2배로 하면
장력 $T = \dfrac{WS^2}{8D} \propto S^2 = 2^2 = 4$배 답 ④

34 종축에 절대온도 T, 횡축에 엔트로피 S를 취할 때 $T-S$ 선도에 있어서 단열변화를 나타내는 것은?

①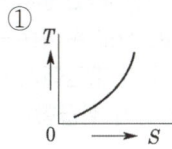
②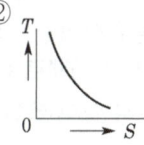
③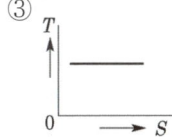
④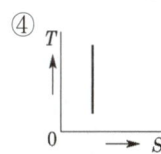

풀이
- 엔트로피는 어느 기체(양은 1[mol] 또는 1[kg])가 온도 T의 상태에서 $\triangle Q$의 열량을 얻었을 때 그 기체의 엔트로피의 증가, $\triangle s = \dfrac{\triangle Q}{T}$로 정의된다.
- 단열변화에 대해서는 열량의 출입은 없으므로 엔트로피의 변화 없이($\triangle s = 0$) 온도만 변화한다. 답 ④

35 전파 정수 r, 특성 임피던스 Z_0, 길이 l인 분포정수회로가 있다. 수전단에 이 선로의 특성 임피던스와 같은 임피던스 Z_0를 부하로 접속하였을 때 송전단에서 부하 측을 본 임피던스는?

① Z_0 ② $\dfrac{1}{Z_0}$
③ $Z_0 \tanh rl$ ④ $Z_0 \coth rl$

풀이 특성 임피던스와 같은 부하를 연결하면 무한장 선로와 같아지므로 송전단에서 본 임피던스는 특성 임피던스와 같다. 답 ①

36 154/22.9[kV], 40[MVA], 3상 변압기의 %리액턴스가 14[%]라면 고압측으로 환산한 리액턴스는 약 몇 [Ω]인가?

① 63[Ω]　　② 73[Ω]
③ 83[Ω]　　④ 93[Ω]

풀이 퍼센트 리액턴스 $\%X = \dfrac{XP}{10V^2}$ 에서

$$X = \dfrac{\%X \times 10 \times V^2}{P}[\Omega]$$

(여기서, V : 정격전압[kV], P : 정격용량[kVA], X : 1상당 리액턴스[Ω])

$$\therefore X = \dfrac{14 \times 10 \times 154^2}{40000} = 83[\Omega]$$

답 ③

37 선로의 전압을 25[kV]에서 50[kV]로 승압할 경우, 공급전력을 동일하게 취급하면 공급전력은 승압전의 (㉠)배로 되고, 선로 손실은 승압전의 (㉡)배로 된다. (단, 동일 조건에서 공급전력과 선로 손실률을 동일하게 취급함)

① ㉠ $\dfrac{1}{4}$　㉡ 2　　② ㉠ $\dfrac{1}{4}$　㉡ 4
③ ㉠ 2　㉡ $\dfrac{1}{4}$　　④ ㉠ 4　㉡ $\dfrac{1}{4}$

풀이 ① 전력 손실률 $h = \dfrac{P_l}{P} = \dfrac{RP}{V^2 \cos\theta^2}$ 에서

$$P = \dfrac{hV^2\cos\theta^2}{R} \propto V^2$$
$$P : P' = V^2 : (2V)^2$$
$$\therefore P' = 4P$$

② 전력 손실

$$P_l = 3I^2R = 3\left(\dfrac{P}{\sqrt{3}V\cos\theta}\right)^2 R = \dfrac{RP^2}{V^2\cos\theta^2}$$ 에서

$$P_l \propto \dfrac{1}{V^2}$$
$$P_l : P_l' = \dfrac{1}{V^2} : \dfrac{1}{(2V)^2}$$
$$\therefore P_l' = \dfrac{1}{4}P_l$$

답 ④

38 피뢰기가 그 역할을 잘하기 위하여 구비되어야 할 조건으로 틀린 것은?

① 속류를 차단할 것
② 내구력이 높을 것
③ 충격방전 개시전압이 낮을 것
④ 제한전압은 피뢰기의 정격전압과 같게 할 것

풀이 피뢰기에 요구되는 성능
- 제한전압이 낮을 것
- 충격 방전개시전압이 낮을 것
- 상용주파 방전개시전압은 계통전압보다 충분히 높을 것
- 속류 차단능력이 충분 할 것
- 뇌전류 방전과 속류 차단의 반복동작에 대하여 장기간 사용 할 수 있을 것

답 ④

39 페란티 현상이 발생하는 주된 원인은?

① 선로의 저항
② 선로의 인덕턴스
③ 선로의 정전용량
④ 선로의 누설콘덕턴스

풀이 페란티 현상이란 선로의 정전 용량으로 인하여 무부하시나 경부하시에 진상 전류가 흘러 수전단 전압이 송전단 전압보다 높아지는 현상을 말하며 이의 대책으로는 분로 리액터나 동기 조상기의 지상 용량으로 방지할 수 있다.

답 ③

40 발전기의 정태 안정 극한전력이란?

① 부하가 서서히 증가할 때의 극한전력
② 부하가 갑자기 크게 변동할 때의 극한전력
③ 부하가 갑자기 사고가 났을 때의 극한전력
④ 부하가 변하지 않을 때의 극한전력

풀이 안정도의 종류
① 정태 안정도(static stability) : 송전 계통이 불변 부하 또는 극히 서서히 증가하는 부하에 대하여 계속적으로 송전할 수 있는 능력을 정태 안정도로 하고, 안정도를 유지할 수 있는 극한의 송전 전력을 정태 안정 극한 전력이라고 한다.
② 과도 안정도(transient stability) : 계통에 갑자기 고장 사고와 같은 급격한 외란이 발생하였을 때에도 탈조하지 않고 새로운 평형 상태를 회복하여 송전을 계속할 수 있는 능력을 과도 안정도라 하고 이 경우의 극한 전력을 과도 안정 극한 전력이라고 한다.
③ 동태 안정도(dynamic stability) : 고속 자동 전압 조정기로 동기기의 여자 전류를 제어 할 경우의 정태 안정도를 특히 동태 안정도라 한다.

답 ①

2023년 전력공학_전기기사·공사기사_CBT 복원문제

문제의 번호는 실제 시험문제의 번호와 같게 하였습니다.

2023년 - 1회_ 전기기사

21 변전소 전압의 조정방법 중 LDC(Line Drop Compensator)의 역할은?

① 승압기로 저하된 전압을 보상
② 분로 리액터로 전압상승을 억제
③ 직렬 콘덴서로 선로 리액턴스를 보상
④ 선로의 전압강하를 고려하여 기준 전압을 조정

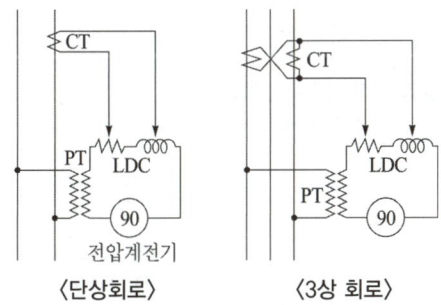

LDC(line drop compensator)는 부하전류에 의한 배전선의 전압강하를 보상하는 것인데 LRT(부하시 탭절환 변압기)의 제어회로에 이것을 부가해서 배전전압을 중부하시에는 높게, 경부하시에는 낮게 자동적으로 조정하여 일정한 전압이 되도록 한다. 답 ④

22 직접 접지방식이 초고압 송전선에 채용되는 이유 중 가장 적당한 것은?

① 지락고장 시 병행 통신선에 유기되는 유도전압이 작기 때문에
② 지락시의 지락전류가 적으므로
③ 계통의 절연을 낮게 할 수 있으므로
④ 송전선의 안정도가 높으므로

직접 접지방식이 초고압 송전계통에 채용되는 이유는 1선 지락 시 전위 상승이 낮기 때문이다.
(계통의 절연비 절감 = 경제적) 답 ③

23 우리나라 22.9[kV] 배전선로에서 가장 많이 사용하는 배전 방식과 중성점 접지방식은?

① 3상 3선식 비접지
② 3상 4선식 비접지
③ 3상 3선식 다중접지
④ 3상 4선식 다중접지

① 3상 4선식은 같은 회선에서 선간전압과 상전압의 양 전압을 이용할 수 있기 때문에 배전에서 많이 채용되고 있다.
② 전압별 중성점 접지방식
- 22.9[kV] : 중성점 다중접지
- 154, 345[kV] : 직접 접지
- 22[kV] : 비접지
- 66[kV] : 소호 리액터 접지 답 ④

24 코로나 방지 대책으로 적당하지 않은 것은?

① 전선의 외경을 증가시킨다.
② 선간 거리를 증가시킨다.
③ 복도체 방식을 채용한다.
④ 가선 금구를 개량한다.

코로나 방지 대책
① 전선의 지름을 크게 한다.
② 복도체를 사용한다.
③ 가선 금구를 개량한다.
④ 가선시에 전선 표면의 금구를 손상하지 않게 한다.

방지 대책과 임계 전압 식에서 보면 모두 해당이 되나 선간 거리를 증가시키려면 철탑을 보강하여야 하므로 경제적 측면에서 부적당하다. 답 ②

25 한류리액터의 사용 목적은?

① 누설전류의 제한
② 단락전류의 제한
③ 접지전류의 제한
④ 이상전압 발생의 방지

[풀이] 리액터의 역할
- **한류 리액터 : 단락 전류를 제한**
- 직렬 리액터 : 제5고조파 제거
- 분로 리액터 : 페란티 현상 방지
- 소호 리액터 : 지락 아크 소멸

답 ②

26 400[kVA] 단상변압기 3대를 △−△결선으로 사용하다가 1대의 고장으로 V−V결선을 하여 사용하면 약 몇 [kVA] 부하까지 걸 수 있겠는가?

① 400 ② 566
③ 693 ④ 800

[풀이] V결선시 3상출력 = $\sqrt{3} \times P_1$ (단상 변압기 1대의 출력)
∴ $P_V = \sqrt{3} \times 400 ≒ 693$ [kVA]

답 ③

27 △결선의 3상 3선식 배전선로가 있다. 1선이 지락하는 경우 건전상의 전위상승은 지락 전의 몇 배인가?

① $\dfrac{\sqrt{3}}{2}$ ② 1
③ $\sqrt{2}$ ④ $\sqrt{3}$

[풀이] △결선(비접지 계통)은 1선 지락시 전위 상승이 상전압(V_p)에서 선간 전압($\sqrt{3}\,V_p$)으로 된다.

답 ④

28 송전 전력, 선간 전압, 부하 역률, 전력 손실 및 송전 거리를 동일하게 하였을 경우 3상 3선식과 단상 2선식의 총 전선량(중량)비는 얼마인가?

① 0.75 ② 0.87
③ 0.94 ④ 1.15

[풀이] • 송전 전력은 동일하므로
$\sqrt{3}\,VI_3\cos\theta = VI_1\cos\theta \rightarrow I_1 = \sqrt{3}\,I_3$
• 전력 손실이 동일하므로
$3I_3^2\rho\dfrac{l}{A_3} = 2I_1^2\rho\dfrac{l}{A_1}$
$\rightarrow 3I_3^2\rho\dfrac{l}{A_3} = 2(\sqrt{3}\,I_3)^2\rho\dfrac{l}{A_1}$
$\rightarrow A_3 = \dfrac{1}{2}A_1$
따라서 전선량(무게)비는
$\dfrac{3상3선식}{단상2선식} = \dfrac{3A_3 l\sigma}{2A_1 l\sigma} = \dfrac{3}{2} \times \dfrac{1}{2} = \dfrac{3}{4}$

답 ①

29 송전단 전압 6600[V], 길이 2[km]의 3상3선식 배전선에 의해서 지상역률 0.8의 말단부하에 전력이 공급되고 있다. 부하단 전압이 6000[V]를 내려가지 않도록 하기 위해서 부하를 최대 몇 [kW]까지 허용할 수 있는가? (단, 선로 1선당 임피던스는 $Z = 0.8 + j0.4$ [Ω/km]이다.)

① 818 ② 945
③ 1332 ④ 1636

[풀이] • 길이 2[km] 이므로
저항 $R = 0.8 \times 2 = 1.6$ [Ω],
리액턴스 $X = 0.4 \times 2 = 0.8$ [Ω]
• $V_s - V_r = \sqrt{3}\,I(R\cos\theta + X\sin\theta)$에서
부하전류 $I = \dfrac{V_s - V_r}{\sqrt{3}\,(R\cos\theta + X\sin\theta)}$
$= \dfrac{6600-6000}{\sqrt{3}\,(1.6 \times 0.8 + 0.8 \times 0.6)}$
$= 196.82$ [A]
∴ $P = \sqrt{3}\,V_r I\cos\theta = \sqrt{3} \times 6000 \times 197 \times 0.8 \times 10^{-3}$
$≒ 1636$ [kW]

답 ④

30 발열량 5000[kcal/kg]의 석탄을 사용하고 있는 화력발전소가 있다. 이 발전소의 종합효율이 30[%]라면, 30억[kWh]를 발생하는 데 필요한 석탄량은 몇 톤인가?

① 300,000 ② 500,000
③ 860,000 ④ 1,720,000

[풀이] 발전소의 열효율
$\eta = \dfrac{860W}{mH} \times 100$ [%]
따라서 연료 소비량
$m = \dfrac{860W}{\eta H} = \dfrac{860 \times 30 \times 10^8}{0.3 \times 5{,}000} \times 10^{-3}$
$≒ 1{,}720{,}000$ [t]

답 ④

31 반지름이 r[m]인 3상 송전선 A, B, C가 그림과 같이 수평으로 D[m] 간격으로 배치되고 3선이 완전 연가된 경우 각 인덕턴스는 몇 [mH/km]인가?

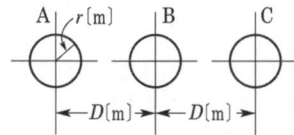

① $L = 0.05 + 0.4605 \log_{10} \dfrac{D}{r}$

② $L = 0.05 + 0.4605 \log_{10} \dfrac{\sqrt{2}\,D}{r}$

③ $L = 0.05 + 0.4605 \log_{10} \dfrac{\sqrt{3}\,D}{r}$

④ $L = 0.05 + 0.4605 \log_{10} \dfrac{\sqrt[3]{2}\,D}{r}$

풀이 등가 선간거리 $D_e = \sqrt[3]{D \cdot D \cdot 2D} = \sqrt[3]{2}\,D$이므로,

각 인덕턴스 $L = 0.05 + 0.4605 \log_{10} \dfrac{\sqrt[3]{2}\,D}{r}$ **답** ④

32 10000[kVA] 기준으로 등가 임피던스가 0.4[%]인 발전소에 설치될 차단기의 차단용량은 몇 [MVA]인가?

① 1000 ② 1500
③ 2000 ④ 2500

풀이 차단기의 차단용량

$P_s = \dfrac{100}{\%Z} P_n = \dfrac{100}{0.4} \times 10,000 \times 10^{-3}$
$= 2,500$[MVA] **답** ④

33 3상 3선식 가공전선로가 있다. 전선 한 가닥의 저항은 15[Ω], 리액턴스는 20[Ω]이고 수전단의 선간전압은 30[kV], 부하역률은 0.8(늦음)이다. 전압 강하율을 5[%]로 하면 이 송전선로로 몇 [kW]까지 수전할 수 있는가?

① 1000 ② 1500
③ 2000 ④ 2500

풀이 $\varepsilon = 0.05 = \dfrac{P}{V^2}(R + X\tan\theta)$

→ $0.05 = \dfrac{P}{30,000^2}\left(15 + 20 \times \dfrac{0.6}{0.8}\right)$

∴ $P = \dfrac{0.05 \times 30,000^2}{\left(15 + 20 \times \dfrac{0.6}{0.8}\right)} \times 10^{-3} = 1500$[kW] **답** ②

34 다음 중 지락전류의 크기가 최소인 중성점접지 방식은?

① 비접지 ② 소호 리액터접지
③ 직접 접지 ④ 고저항접지

풀이 지락전류의 크기 : 직접 접지 > 고저항 접지 > 비접지 > 소호 리액터 접지 순이다. **답** ②

35 다음 중 송전선로의 역섬락을 방지하기 위한 대책으로 가장 알맞은 방법은?

① 가공지선 설치 ② 피뢰기 설치
③ 매설지선 설치 ④ 소호각 설치

풀이 ① 가공지선 : 직격뢰의 차폐, 유도뢰의 정전차폐 및 통신선에 대한 전자유도 장해 경감
② 피뢰기 : 이상전압 침입 시 이를 방전시켜 기계기구를 보호
③ 매설지선 : 탑각 접지저항을 감소시켜 역섬락을 방지
④ 소호각 : 선로의 섬락으로부터 애자련의 보호 및 애자련의 전압분포 개선 **답** ③

36 송전용량이 증가함에 따라 송전선의 단락 및 지락전류도 증가하여 계통에 여러 가지 장해요인이 되고 있다. 이들의 경감대책으로 적합하지 않은 것은?

① 계통의 전압을 높인다.
② 고장 시 모선 분리 방식을 채용한다.
③ 발전기와 변압기의 임피던스를 작게 한다.
④ 송전선 또는 모선 간에 한류리액터를 삽입한다.

풀이 ① 고 임피던스 기기의 채용(발전기, 변압기 등)
② 한류 리액터의 채용(직렬리액터 방식, 분로리액터 방식)

③ 계통 분할방식(상시 분할방식, 사고시 분할방식)
④ 계통전압의 격상

단락전류 $I_s = \dfrac{E}{Z}$ [A]이므로 임피던스가 작아지면 단락전류는 더 증가하게 된다. 답 ③

37 최근에 우리나라에서 많이 채용되고 있는 가스 절연 개폐 설비(GIS)의 특징으로 틀린 것은?

① 대기 절연을 이용한 것에 비해 현저하게 소형화할 수 있으나 비교적 고가이다.
② 소음이 적고 충전부가 완전한 밀폐형으로 되어 있기 때문에 안정성이 높다.
③ 가스 압력에 대한 엄중 감시가 필요하며 내부 점검 및 부품 교환이 번거롭다.
④ 한랭지, 산악 지방에서도 액화 방지 및 산화 방지 대책이 필요 없다.

풀이 GIS의 특징
(1) 장점
 ① 충전부가 대기에 노출되지 않아 기기의 안정성, 신뢰성이 우수하다.
 ② 감전 사고 위험이 적다.
 ③ 밀폐형이므로 배기 소음이 없다.
 ④ 소형화 가능하다.
 ⑤ 보수, 점검이 용이하다.
(2) 단점
 ① 사고의 대응이 부적절한 경우 대형사고 유발 우려가 있다.
 ② 고장 발생시 조기복구, 임시복구가 거의 불가능하다.
 ③ SF_6 가스의 세심한 주의가 필요하며 내부 점검 및 부품 교환이 번거롭다.
 ④ 한랭지, 산악 지방에서 가스의 액화 방지 및 산화 방지 대책이 필요하다. 답 ④

38 수전단 전력 원선도의 전력 방정식이 $P_r^2 + (Q_r + 400)^2 = 250000$으로 표현되는 전력계통에서 가능한 최대로 공급할 수 있는 부하전력(P_r)과 이때 전압을 일정하게 유지하는데 필요한 무효전력(Q_r)은 각각 얼마인가?

① $P_r = 500$, $Q_r = -400$
② $P_r = 400$, $Q_r = 500$
③ $P_r = 300$, $Q_r = 100$
④ $P_r = 200$, $Q_r = -300$

풀이 ① 최대로 부하전력을 공급하려면 무효전력이 0 이어야 한다.
$P_r^2 + 0 = 500^2$, ∴ $P_r = 500$
② 전압을 일정하게 유지하기 위해서는 피상전력의 크기가 일정해야 한다.
$P_r^2 + (Q_r + 400)^2 = 250000$에서
부하전력 $P_r = 500$이므로
피상전력의 크기가 일정하기 위해서는
$Q_r + 400 = 0$ 이어야 한다.
∴ $Q_r = -400$ 답 ①

39 고압 배전선로의 중간에 승압기를 설치하는 주목적은?

① 역률 개선
② 전력 손실의 감소
③ 전압 변동률의 감소
④ 말단의 전압강하의 방지

풀이 고압 배전 선로의 길이가 길어서 전압강하가 너무 클 경우에 주상 변압기의 탭 조정만으로는 전압을 유지할 수 없는 경우가 생긴다. 이와 같은 경우에는 고압 배전 선로의 도중에 승압기를 설치해서 전압강하를 보상할 수 있다. 답 ④

40 유량의 크기를 구분할 때 갈수량이란?

① 하천의 수위 중에서 1년을 통하여 355일간 이보다 내려가지 않는 수위
② 하천의 수위 중에서 1년을 통하여 275일간 이보다 내려가지 않는 수위
③ 하천의 수위 중에서 1년을 통하여 185일간 이보다 내려가지 않는 수위
④ 하천의 수위 중에서 1년을 통하여 95일간 이보다 내려가지 않는 수위

풀이 ① : 갈수량 (갈수위)
② : 저수량 (저수위)
③ : 평수량 (평수위)
④ : 풍수량 (풍수위) 답 ①

2023년 1회 _공사기사

21 3상4선식 배전선로에서 배전전압을 2배로 승압하여 동일한 부하에 전력을 공급할 때, 전력손실은 승압전보다 어떻게 되는가?

① $\frac{1}{4}$로 줄어든다.   ② $\frac{1}{2}$로 줄어든다.
③ 2배로 된다.   ④ 불변이다.

풀이 전력손실 $P_l = \frac{P^2 R}{V^2 \cos^2\theta} \propto \frac{1}{V^2}$ 이므로

$\therefore P_l = \left(\frac{1}{2}\right)^2 = \frac{1}{4}$ 배

답 ①

22 정사각형으로 배치된 4도체 송전선이 있다. 소도체의 반지름이 1[cm]이고, 한 변의 길이가 40[cm]일 때, 소도체 간의 기하학적 평균 거리는 몇 [cm]인가?

① 50.4[cm]   ② 47.57[cm]
③ 45.95[cm]   ④ 44.9[cm]

풀이 $S_e = \sqrt[3]{S \times S \times \sqrt{2}S}$
$= \sqrt[6]{2}S$
$= \sqrt[6]{2} \times 40$
$= 40 \times 2^{\frac{1}{6}} = 44.90$[cm]

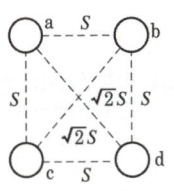

답 ④

23 다음 중 송전선로의 코로나 임계전압이 낮아지는 경우는?

① 날씨가 맑다
② 전선을 새 것으로 바꿨다.
③ 상대공기밀도가 낮다.
④ 전선의 직경을 크게 했다.

풀이 $E_0 = 24.3 m_0 m_1 \delta d \log_{10} \frac{2D}{d}$

여기서, m_0 : 전선의 표면계수, m_1 : 기후계수,

δ : 상대 공기밀도 $\left(\delta = \frac{0.386 b}{273 + t}\right)$

d : 전선의 지름, D : 선간거리

기압(b)이 낮아지거나 온도(t)가 높아지거나 상대공기밀도(δ)가 작아지면 임계전압은 낮아지고, 전선의 지름(d)이 증가하면 임계전압은 높아진다.

답 ③

24 전력계통에서 전력 콘덴서와 직렬로 연결하는 리액터로 제거되는 고조파는?

① 제2고조파   ② 제3고조파
③ 제5고조파   ④ 제7고조파

풀이 고조파 전류의 경감
- 공진현상을 막기 위해 직렬 리액터를 삽입한다.
- 리액터에 의해 제5고조파가 제거된다.

답 ③

25 1대의 주상 변압기에 역률(뒤짐) $\cos\theta_1$, 유효 전력 P_1[kW]의 부하와 역률(뒤짐) $\cos\theta_2$, 유효 전력 P_2[kW]의 부하가 병렬로 접속되어 있을 때 주상 변압기 2차측에서 본 부하의 종합 역률은 어떻게 되는가?

① $\dfrac{P_1 + P_2}{\sqrt{(P_1+P_2)^2 + (P_1 \tan\theta_1 + P_2 \tan\theta_2)^2}}$

② $\dfrac{P_1 + P_2}{\sqrt{(P_1+P_2)^2 + (P_1 \sin\theta_1 + P_2 \sin\theta_2)^2}}$

③ $\dfrac{P_1 + P_2}{\dfrac{P_1}{\cos\theta_1} + \dfrac{P_2}{\cos\theta_2}}$

④ $\dfrac{P_1 + P_2}{\dfrac{P_1}{\sin\theta_1} + \dfrac{P_2}{\sin\theta_2}}$

풀이 ① 무효전력
- $Q_1 = \dfrac{P_1}{\cos\theta_1} \cdot \sin\theta_1 = P_1 \tan\theta_1$,
- $Q_2 = \dfrac{P_2}{\cos\theta_2} \cdot \sin\theta_2 = P_2 \tan\theta_2$

② 역률
$\cos\theta = \dfrac{\text{유효전력}}{\text{피상전력}}$

$= \dfrac{P_1 + P_2}{\sqrt{(P_1+P_2)^2 + (P_1 \tan\theta_1 + P_2 \tan\theta_2)^2}}$

답 ①

26 △결선된 대칭 3상 부하가 있다. 역률이 0.8(지상)이고, 전 소비전력이 1800[W]이다. 한 상의 선로저항이 0.5[Ω]이고, 발생하는 전선로 손실이 50[W]이면 부하단자전압은?

① 440[V] ② 402[V]
③ 324[V] ④ 225[V]

풀이 전선로 손실 $P_l = 3I^2R$[W] 이므로
$$I = \sqrt{\frac{P_l}{3R}} = \sqrt{\frac{50}{3 \times 0.5}} = \frac{10}{\sqrt{3}} [A]$$
$P = \sqrt{3}\,VI\cos\theta$ [W]이므로
$$\therefore V = \frac{P}{\sqrt{3}\,I\cos\theta} = \frac{1800}{\sqrt{3} \times \frac{10}{\sqrt{3}} \times 0.8}$$
$$= 225[V]$$

답 ④

27 송전단, 수전단 전압을 각각 E_s, E_r이라 하고 4단자정수를 A, B, C, D라 할 때 전력원선도의 반지름은?

① $\dfrac{E_s E_r}{A}$ ② $\dfrac{E_s E_r}{B}$
③ $\dfrac{E_s E_r}{C}$ ④ $\dfrac{E_s E_r}{D}$

풀이 원선도의 반지름 $\rho = \dfrac{E_s E_r}{B}$

답 ②

28 2도체의 정전용량계수를 k, 정전유도계수를 k'라고 할 때, 각 도체의 전하량 $q_1 = kV_1 + k'V_2$, $q_2 = k'V_1 + kV_2$가 성립한다면 대지전압의 정전용량은 어떤 값을 가지는가? (여기서 V_1은 q_1의 전위, V_2는 q_2의 전위이다.)

① $k + k'$ ② $k + 2k'$
③ $2k + k'$ ④ $k + 3k'$

풀이
- 정전용량계수(k) : a_{nn}과 같이 동일한 첨자 기호를 갖는 계수
- 정전유도계수(k') : a_{mn}과 같이 서로 다른 첨자 기호를 갖는 계수

라고 하면, 문제에서 주어진 조건에 따라

$q_1 = a_{11}V_1 + a_{12}V_2 = a_{11}V_1 + a_{12}V_2 + a_{12}V_1 - a_{12}V_1$
$\quad = -a_{12}(V_1 - V_2) + (a_{12} + a_{11})V_1$
$q_2 = a_{21}V_1 + a_{22}V_2 = a_{21}V_1 + a_{22}V_2 + a_{21}V_2 - a_{21}V_2$
$\quad = -a_{21}(V_2 - V_1) + (a_{21} + a_{22})V_2$

위 식을 2도체의 정전용량에 대비시키면 각 정전용량은 다음과 같다.

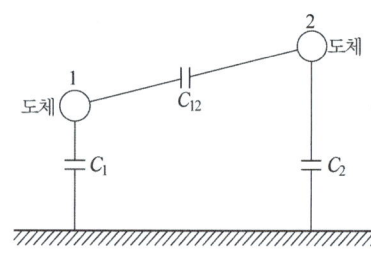

$$\begin{cases} C_1 = a_{12} + a_{11} = k' + k \\ C_2 = a_{21} + a_{22} = k' + k \\ C_{12} = -a_{12} = -a_{21} = k \end{cases}$$

따라서 대지전압의 정전용량 C_1, C_2는 $k + k'$이다.

답 ①

29 변성기의 정격부담을 표시하는 단위는?

① W ② S
③ dyne ④ VA

풀이 정격부담이란 변성기 2차측 단자간에 접속되는 부하의 한도를 말하며 [VA]로 표시한다.

답 ④

30 중성점 직접 접지방식의 장점이 아닌 것은?

① 다른 접지방식에 비하여 개폐 이상전압이 낮다.
② 1선 지락 시 건전상의 대지전압이 거의 상승하지 않는다.
③ 1선 지락전류가 작으므로 차단기가 처리해야 할 전류가 작다.
④ 중성점 전압이 항상 0이므로 변압기의 가격과 중량을 줄일 수 있다.

풀이 직접 접지방식의 장·단점
[장점]
① 1선 지락 시에 건전상의 대지 전압이 거의 상승하지 않는다.

② 피뢰기의 효과를 증진시킬 수 있다.
③ 단절연이 가능하다.
④ 계전기의 동작이 확실해진다.
[단점]
① 송전 계통의 과도 안정도가 나빠진다.
② 통신선에 유도 장해가 크다.
③ 기기에 큰 영향을 주어 손상을 준다.
④ 대용량 차단기가 필요하다. 　답 ③

31 단상 변압기 3대를 △결선으로 운전하던 중 1대의 고장으로 V결선된 경우, △결선에 대한 V결선의 출력비는 약 몇 [%]인가?

① 52.2　　② 57.7
③ 66.7　　④ 86.6

풀이 1대의 단상 변압기 용량을 P_1라 하면 그 출력비는

$$출력비 = \frac{V결선의\ 출력}{\triangle결선의\ 출력} = \frac{\sqrt{3}P_1}{3P_1} = \frac{\sqrt{3}}{3}$$
$$= 0.577 = 57.7[\%]$$　답 ②

32 송전선로의 송전단 전압을 V_s, 수전단 전압을 V_r, 송·수전단 전압 사이의 상차각을 δ, 선로의 리액턴스를 X라 하고, 선로 저항을 무시할 때 상차각(δ)이 몇 도일 때 송전전력이 최대가 되는가?

① 0°　　② 30°
③ 60°　　④ 90°

풀이 송전전력 $P = \frac{V_s V_r}{X}\sin\delta$ 에서 $\sin\delta = \sin 90° = 1$일 때 최대 송전전력이 된다.
따라서 상차각 $\delta = 90°$일 때 송전전력이 최대가 된다.
답 ④

33 파동 임피던스 $Z_1 = 300[\Omega]$인 선로 종단에 파동 임피던스 $Z_2 = 1500[\Omega]$의 변압기가 접속되어 있다. 지금 선로에서 파고 $e_1 = 600$[kV]의 전압이 진입하였다면 접속점에서의 전압의 반사파는 약 몇 [kV]인가?

① 300　　② 400
③ 500　　④ 600

풀이 반사 전압

$$e_2 = \frac{Z_2 - Z_1}{Z_2 + Z_1}e_1 = \frac{1500 - 300}{1500 + 300} \times 600$$
$$= 400[kV]$$　답 ②

34 반한시 계전기의 동작 특성에 대한 설명으로 가장 알맞은 것은?

① 설정된 값 이상의 전류가 흘렀을 때 동작전류의 크기와는 관계없이 항상 일정한 시간 후에 작동한다.
② 설정된 최소 동작 전류 이상의 전류가 흐르면 즉시 작동하는 것으로 한도를 넘은 양과는 관계없이 작동한다.
③ 동작시간이 어느 전류값 까지는 그 크기에 따라 반비례 특성을 가지며 그 이상이 되면 일정한 시간 후에 작동한다.
④ 동작시간이 전류값의 크기에 따라 변하는 것으로 전류값이 클수록 빠르게 동작하고 반대로 전류값이 작아질수록 느리게 작동한다.

풀이 보호 계전기의 특징
① 순한시 특성 : 최소 동작 전류 이상의 전류가 흐르면 즉시 동작하는 특성
② 정한시 특성 : 동작전류의 크기에 관계없이 일정한 시간에 동작하는 특성
③ 반한시 특성 : 동작전류가 커질수록 동작 시간이 짧게 되는 특성
④ 반한시 정한시 특성 : 동작전류가 적은 동안에는 동작전류가 커질수록 동작 시간이 짧게 되고 어떤 전류 이상이면 동작전류의 크기에 관계없이 일정한 시간에 동작하는 특성
답 ④

35 개폐장치 중에서 고장전류의 차단능력이 없는 것은?

① 진공차단기　　② 유입개폐기
③ 리클로저　　　④ 전력퓨즈

풀이 유입 개폐기는 통상의 부하전류를 차단하는 기기로, 고장전류의 차단능력이 없으며 배전 선로의 고장 또는 보수 점검 시 정전 구간을 축소하기 위하여 사용된다.
 ②

36 단상 3선식에 대한 설명 중 옳지 않은 것은?

① 불평형 부하시 중성선 단선 사고가 나면 전압 상승이 일어난다.
② 불평형 부하시 중성선에 전류가 흐르므로 중성선에 퓨즈를 삽입한다.
③ 선간 전압 및 선로 전류가 같을 때 1선당 공급 전력은 단상 2선식의 133[%]이다.
④ 전력 손실이 동일할 경우 전선 총중량은 단상 2선식의 37.5[%]이다.

풀이 단상 3선식 전기 방식에서는 중성선이 단선 사고가 나면 전압 상승이 일어나므로 어떠한 경우라도 중성선에는 퓨즈를 삽입해서는 안 된다. **답** ②

37 유황곡선으로부터 알 수 없는 것은?

① 월별 하천 유량
② 하천의 유량 변동 상태
③ 연간 총 유출량
④ 평수량

풀이 유황곡선

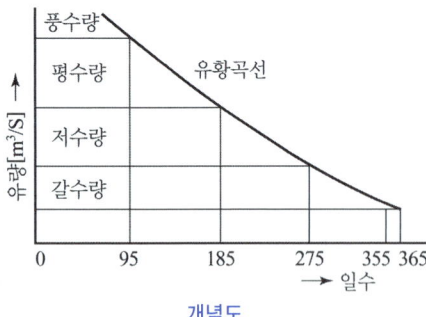

개념도

유량도를 사용하여 가로측에 1년의 일수를 취하고 세로측에 유량을 취하여 매일의 유량을 크기의 순으로 배열한 것으로서 하천유량의 종류를 알 수 있으며 하천 유량은 다음과 같이 구분된다.
- 갈수량
- 저수량
- 평수량
- 풍수량

답 ①

38 펠톤 수차에 있어서 노즐로부터의 분출수의 속도를 V_1, 버킷(bucket)의 주변 속도를 U라 할 때 이론상 수차의 효율이 최대로 되는 경우는 어느 때인가?

① $\dfrac{V_1}{U} = \dfrac{1}{4}$ ② $\dfrac{U}{V_1} = \dfrac{1}{3}$

③ $\dfrac{V_1}{U} = \dfrac{1}{2}$ ④ $\dfrac{U}{V_1} = \dfrac{1}{2}$

풀이 최고 효율 $\eta_{\max}$ 는 $d\eta_h/d(U/V_1) = 0$ 이라고 둠으로써 결국은 $(U/V_1) = 1/2$일 경우임을 알 수 있다. **답** ④

39 원자로의 제어재가 구비하여야 할 조건으로 옳지 않은 것은?

① 중성자의 흡수 단면적이 적어야 한다.
② 높은 중성자속에서 장시간 그 효과를 간직하여야 한다.
③ 내식성이 크고, 기계적 가공이 쉬워야 한다.
④ 열과 방사선에 대하여 안정적이어야 한다.

풀이 제어봉은 원자로 내에서 핵 분열의 연쇄 반응을 제어하고 증배율을 변화시키기 위해서 사용되는 것으로 제어재로는 cd (카드뮴), B (붕소), Hf (하프늄) 등이 사용되며 구비 조건으로는
① 중성자 흡수 단면적이 클 것
② 냉각재에 대하여 내부식성이 있는 것
③ 열과 방사능에 대해 안정적일 것 **답** ①

40 정격전압 22.9[kV], 정격전류 50[A], %임피던스 30[%]인 3상 변압기가 2차측에서 3상 단락되었을 때 단락용량은 몇 [MVA]인가?

① 6.6[MVA]
② 6.8[MVA]
③ 7.6[MVA]
④ 8.8[MVA]

풀이 단락용량 $P_s = \dfrac{100}{\%Z} P_n$

$= \dfrac{100}{30} \times \sqrt{3} \times 22.9 \times 50 \times 10^{-3}$

$= 6.61$[MVA] **답** ①

2023년 2회 _ 전기기사

21 전선의 표피 효과에 대한 설명으로 알맞은 것은?

① 도전율이 클수록, 주파수가 높을수록 표피효과가 커진다.
② 도전율이 클수록, 주파수가 낮을수록 표피효과가 커진다.
③ 도전율이 작을수록, 주파수가 높을수록 표피효과가 커진다.
④ 도전율이 작을수록, 주파수가 낮을수록 표피효과가 커진다.

풀이
$$\delta = \sqrt{\frac{2}{\omega\sigma\mu}} = \sqrt{\frac{1}{\pi f \sigma \mu}}$$
따라서, f(주파수), σ(도전율), μ(투자율)가 클수록 표피 두께(δ)가 감소하므로 표피효과는 증대되어 도체의 실효저항이 증가한다. **답** ①

22 송전선에 낙뢰가 가해져서 애자에 섬락이 생기면 아크가 생겨 애자가 손상되는 경우가 있다. 이것을 방지하기 위하여 사용되는 것은?

① 댐퍼(damper)
② 아머로드(armour rod)
③ 가공지선
④ 아킹혼(arcing horn)

풀이
① 댐퍼 : 전선의 진동 방지
② 아머로드 : 전선의 진동 방지
③ 가공지선 : 뇌의 차폐
④ 아킹혼 : 섬락으로부터 애자련의 보호, 애자련의 전압 분포 개선 **답** ④

23 T형 회로의 일반회로 정수에서 C는 무엇을 의미하는가?

① 컨덕턴스 ② 리액턴스
③ 임피던스 ④ 어드미턴스

풀이
$E_s = AE_R + BI_R$
$I_s = CE_R + DI_r$
여기서, A : 전압비, B : 임피던스
C : 어드미턴스, D : 전류비 **답** ④

24 전력용 콘덴서와 비교할 때 동기조상기의 특징에 해당되는 것은?

① 전력손실이 적다.
② 진상전류 이외에 지상전류도 취할 수 있다.
③ 단락고장이 발생하여도 고장전류를 공급하지 않는다.
④ 필요에 따라 용량을 계단적으로 변경할 수 있다.

풀이 조상설비의 비교

항 목	동기 조상기	전력용 콘덴서	분로 리액터
전력손실	많음 (1.5~2.5[%])	적음 (0.3[%] 이하)	적음 (0.6[%] 이하)
가격	비싸다(전력용 콘덴서, 분로 리액터의 1.5~2.5배)	저렴	저렴
무효전력	진상, 지상 양용	진상전용	지상전용
조정	연속적	계단적	계단적
사고 시 전압유지	큼	작음	작음
시송 전	가능	불가능	불가능
보수	손질필요	용이	용이

답 ②

25 케이블 단선사고에 의한 고장점까지의 거리를 정전용량측정법으로 구하는 경우, 건전상의 정전용량이 C, 고장점까지의 정전용량이 C_x, 케이블의 길이가 l 일 때 고장점까지의 거리를 나타내는 식으로 알맞은 것은?

① $\dfrac{C}{C_x}l$ ② $\dfrac{2C_x}{C}l$
③ $\dfrac{C_x}{C}l$ ④ $\dfrac{C_x}{2C}l$

풀이 정전용량측정법

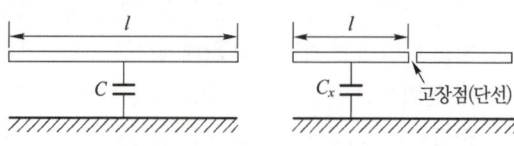

고장점 까지의 거리 $x = \dfrac{C_x}{C}l$ **답** ③

26
$R[\Omega]$의 저항 3개를 Y로 접속하고 이것을 선간전압 200[V]의 평형 3상 교류 전원에 연결할 때 선전류가 20[A] 흘렀다. 이 3개의 저항을 △로 접속하고 동일 전원에 연결하였을 때의 선전류는 몇 [A]인가?

① 30
② 40
③ 50
④ 60

풀이
Y접속 시 선전류 $I_Y = \dfrac{E}{R} = \dfrac{\frac{200}{\sqrt{3}}}{R} = 20[A]$에서
$R = 5.77[\Omega]$이므로
△접속 시의 선전류 $I_\Delta = \dfrac{200}{5.77} \times \sqrt{3} = 60.03[A]$

답 ④

27
그림과 같이 V결선 배전용 변압기의 저압측 단에서 양외측 선간 단락 시의 단락 전류는 몇 [A]인가? 단, 각 변압기의 내부 임피던스는 0.08[Ω]이고 선간 전압은 200[V]이다.

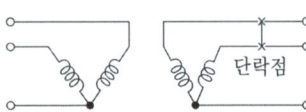

① 1250
② 1600
③ 2500
④ 3200

풀이 V결선 방식은 단상 변압기 2대를 결선하고 각 변압기의 내부 임피던스가 0.08[Ω]이므로 단락 전류는 옴의 법칙으로 해석하면,
$I_s = \dfrac{V}{Z} = \dfrac{200}{2 \times 0.08} = 1250[A]$

답 ①

28
전력선과 통신선 사이에 차폐선을 설치하여, 각 선 사이의 상호 임피던스를 각각 Z_{12}, Z_{1S}, Z_{2S}라 하고 차폐선 자기 임피던스를 Z_S라 할 때, 차폐선을 설치함으로서 유도전압이 줄게 됨을 나타내는 차폐선의 차폐계수는? (단, Z_{12}는 전력선과 통신선과의 상호임피던스, Z_{1S}는 전력선과 차폐선과의 상호임피던스, Z_{2S}는 통신선과 차폐선과의 상호임피던스이다.)

① $\left|1 - \dfrac{Z_S Z_{12}}{Z_{1S} Z_{2S}}\right|$
② $\left|1 - \dfrac{Z_{1S} Z_{2S}}{Z_S Z_{12}}\right|$
③ $\left|1 - \dfrac{Z_{1S} Z_{12}}{Z_S Z_{2S}}\right|$
④ $\left|1 - \dfrac{Z_S Z_{2S}}{Z_{12} Z_{1S}}\right|$

풀이

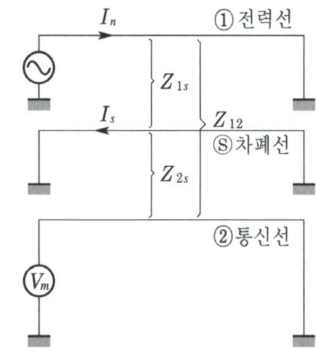

$V_2 = -Z_{12}I_0 + Z_{2s}I_s = -Z_{12}I_0 + Z_{2s}\dfrac{Z_{1s}I_0}{Z_s}$
$= -Z_{12}I_0\left(1 - \dfrac{Z_{1s}Z_{2s}}{Z_s Z_{12}}\right)$

이 식에 있어서 $-Z_{12}I_0$는 차폐선이 없을 경우의 유도 전압이기 때문에 $\left(1 - \dfrac{Z_{1s}Z_{2s}}{Z_s Z_{12}}\right)$는 차폐선을 설치함으로써 유도 전압이 이만큼 줄게 된다는 저감 비율을 나타내는 것으로서 차폐선의 차폐 계수라고 볼 수 있다.

답 ②

29
피뢰기의 구조는 어떻게 구성되는가?

① 특성요소와 소호리액터
② 특성요소와 콘덴서
③ 소호리액터와 콘덴서
④ 특성요소와 직렬갭

풀이 피뢰기의 구조
① 직렬 갭 : 속류 차단, 소호의 역할
② 특성 요소 : 도전도 형성
③ 쉴드링 : 전기적, 자기적 충격으로부터 보호

답 ④

30
송전계통에서 절연 협조의 기본이 되는 것은?

① 애자의 섬락전압
② 권선의 절연내력
③ 피뢰기의 제한전압
④ 변압기 붓싱의 섬락전압

풀이 계통 내의 각 기기, 기구 및 애자 등의 상호간에 적정한 절연 강도를 지니게 함으로써 계통 설계를 합리적, 경제적으로 할 수 있게 한 것을 절연 협조라고 하며 피뢰기의 제한 전압이 기본이 된다. **답** ③

31 모선 보호에 사용되는 계전방식이 아닌 것은?

① 위상 비교방식
② 선택접지 계전방식
③ 방향거리 계전방식
④ 전류차동 보호방식

풀이 모선 보호 계전 방식의 종류
① 전류 차동 보호 방식 ② 전압 차동 보호 방식
③ 위상 비교 방식 ④ 환상 모선 보호 방식
⑤ 방향 거리 계전 방식 **답** ②

32 발전기 보호용 비율 차동 계전기의 특성이 아닌 것은?

① 외부 단락시 오동작을 방지하고 내부 고장시만 예민하게 동작한다.
② 계전기의 최소 동작 전류를 일정치로 고정시켜 비율에 의해 동작한다.
③ 발전기 전류와 계전기의 차전류의 비율에 의해 동작한다.
④ 외부 단락으로 전기자 전류 급증시 계전기의 최소 동작 전류도 증대된다.

풀이 비율 차동 계전기는 발전기 전류와 계전기의 차전류에 의해 동작하는 것이 아니고 피보호기기(발전기, 변압기, …)의 1차 전류와 2차 전류의 차가 일정 비율 이상으로 되었을 때 동작하는 계전기로 변압기 및 발전기의 내부 고장 보호에 사용된다. **답** ③

33 공기차단기(ABB)의 공기 압력은 일반적으로 몇 [kg/cm²] 정도 되는가?

① 5~10 ② 15~30
③ 30~45 ④ 45~55

풀이 공기 차단기는 15~30[kg/cm²]의 압축 공기를 차단시에 발생하는 아크에 분사하여 소호하는 전력개폐장치이다. **답** ②

34 인터록(interlock)에 대한 설명이 맞는 것은?

① 차단기가 닫혀 있어야 단로기를 닫을 수 있다.
② 차단기가 열려 있어야 단로기를 닫을 수 있다.
③ 차단기와 단로기를 별도로 닫고, 열 수 있어야 한다.
④ 조작자의 의중에 따라 개폐되어야 한다.

풀이 단로기는 부하전류를 개폐할 수 없다. 따라서 단로기는 차단기가 열려 있어야 열고 닫을 수 있다. 즉, 인터록 장치를 두어 부하 통전 시 단로기를 열 수 없도록 하여야 한다. **답** ②

35 어느 전등 부하의 배전 방식을 단상 2선식에서 단상 3선식으로 바꾸었을 때, 선로에 흐르는 전류는 전자의 몇 배가 되는가? 단, 중성선에는 전류가 흐르지 않는다고 한다.

① $\frac{1}{4}$ ② $\frac{1}{3}$
③ $\frac{1}{2}$ ④ 불변

풀이 단상 2선식에서 단상 3선식으로 바꾸었을 때 전력(부하)은 일정하므로 전압과 전류는 반비례한다. 즉, 단상 2선식을 단상 3선식으로 변경하면 2배 승압한 것과 같으므로 전류는 $\frac{1}{2}$배가 된다. **답** ③

36 교류송전방식과 비교하여 직류송전방식의 설명이 아닌 것은?

① 전압변동률이 양호하고 무효전력에 기인하는 전력손실이 생기지 않는다.
② 안정도의 한계가 없으므로 송전용량을 높일 수 있다.
③ 전력변환기에서 고조파가 발생한다.
④ 고전압, 대전류의 차단이 용이하다.

풀이 직류 송전 방식의 장·단점
[장점]
① 선로의 리액턴스가 없으므로 안정도가 높다.
② 유전체손 및 충전 용량이 없고 절연 내력이 강하다.
③ 비동기 연계가 가능하다.
④ 단락 전류가 적고 임의 크기의 교류 계통을 연계시킬 수 있다.

⑤ 코로나손 및 전력 손실이 적다.
⑥ 표피효과나 근접효과가 없으므로 실효저항의 증대가 없다.

[단점]
① 직교 변환 장치가 필요하다.
② 전압의 승압 및 강압이 불리하다.
③ 고조파나 고주파 억제 대책이 필요하다.
④ **직류차단기가 개발되어 있지 않다.**   답 ④

37
그림과 같은 배전선이 있다. 급전점 O의 전압을 110[V]라 하면 C점의 전압은? (단, 선로 OA, AB, BC 간의 저항은 각각 0.2[Ω]이며, 부하역률은 100[%]이다.)

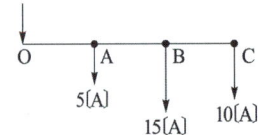

① 92[V] ② 97[V]
③ 99[V] ④ 104[V]

풀이
- $V_A = V_O - R_{OA} \cdot (I_A + I_B + I_C)$
  $= 110 - 0.2 \times (5 + 15 + 10) = 104[V]$
- $V_B = V_A - R_{AB} \cdot (I_B + I_C)$
  $= 104 - 0.2 \times (15 + 10) = 99[V]$
- $V_C = V_B - R_{BC} \cdot I_C = 99 - 0.2 \times 10$
  $= 97[V]$ 답 ②

38
랭킨 사이클이 취하는 급수 및 증기의 올바른 순환 과정은?

① 등압가열 → 단열팽창 → 등압냉각
   → 단열압축
② 단열팽창 → 등압가열 → 단열압축
   → 등압냉각
③ 등압가열 → 단열압축 → 단열팽창
   → 등압냉각
④ 등온가열 → 단열팽창 → 등온압축
   → 단열압축

풀이 보일러(**등압가열**) → 터빈(**단열팽창**)
→ 복수기(**등압냉각**) → 급수 펌프(**단열압축**)   답 ①

39
송전선에 복도체를 사용할 때의 장점으로 해당 없는 것은?

① 코로나손(corona loss) 경감
② 인덕턴스가 감소하고 커패시턴스가 증가
③ 안정도가 상승하고 충전 용량이 증가
④ 정전 반발력에 의한 전선 진동이 감소

풀이 복도체는 모든 소도체에 같은 방향으로 전류가 흐르므로 **흡인력이 생긴다**.   답 ④

40
선로고장 발생 시 고장전류를 차단할 수 없어 리클로저와 같이 차단 기능이 있는 후비보호 장치와 함께 설치되어야 하는 장치는?

① 배선용차단기   ② 유입개폐기
③ 컷아웃스위치   ④ 섹셔널라이저

풀이 섹셔널라이저는 배전선로에 고장이 발생할 경우 리클로저의 동작으로 선로가 무전압 상태가 되면 이를 감지하여 무전압 상태의 횟수를 기억하였다가 정해진 횟수에 도달하면 선로의 무전압 상태에서 선로를 개방하여 고장구간을 분리시킨다. **섹셔널라이저는 고장전류를 차단할 수 있는 능력이 없으므로 리클로저와 직렬로 조합하여 사용**한다.   답 ④

2023년 - 2회 _ 공사기사

21
과도안정도 향상 대책이 아닌 것은?

① 속응 여자시스템 사용
② 빠른 고장 제거
③ 큰 임피던스의 변압기 사용
④ 송전선로에 직렬 커패시터 사용

풀이 안정도 향상 대책
(1) 직렬 리액턴스(X)를 작게 한다.
   ① 발전기나 변압기의 리액턴스를 작게 한다.
   ② 선로의 병행 회선수를 늘리거나 복도체 또는 다도체 방식을 사용한다.
   ③ 직렬 콘덴서를 삽입하여 선로의 리액턴스를 보상한다.
(2) 전압 변동을 작게 한다.
   ① 속응 여자 방식의 채용
   ② 계통 연계를 한다.

(3) 중간 조상 방식을 채용한다.
(4) 고장 전류를 줄이고 고장 구간을 신속하게 차단한다.
  ① 적당한 중성점 접지 방식을 채용하여 지락 전류를 줄인다.
  ② 고속도 계전기, 고속도 차단기를 채용한다.
  ③ 고속도 재폐로 방식을 채용한다.
(5) 고장 시 발전기 입·출력의 불평형을 작게 한다.
  ① 조속기의 동작을 빠르게 한다.
  ② 고장 발생과 동시에 발전기 회로의 저항을 직렬 또는 병렬로 삽입하여 발전기 입·출력의 불평형을 작게 한다. 답 ③

22 송전계통의 중성점을 직접 접지할 경우 관계가 없는 것은?

① 과도안정도 증진
② 계전기 동작 확실
③ 기기의 절연수준 저감
④ 단절연변압기 사용 가능

풀이 직접 접지방식의 장·단점
[장점]
① 1선 지락 시에 건전상의 대지 전압이 거의 상승하지 않는다.
② 피뢰기의 효과를 증진시킬 수 있다.
③ 단절연이 가능하다.
④ 계전기의 동작이 확실해진다.
[단점]
① 송전 계통의 과도 안정도가 나빠진다.
② 통신선에 유도 장해가 크다.
③ 지락 시 대전류가 흘러 기기에 손상을 준다.
④ 대용량 차단기가 필요하다. 답 ①

23 어떤 발전소에서 발열량 5500[kcal/kg]의 석탄 12[ton]을 사용하여 25000[kWh]의 전력을 발생하였을 경우 이 발전소의 열효율은 약 몇 [%]인가?

① 22.5   ② 32.6
③ 34.4   ④ 35.3

풀이 효율 $\eta = \dfrac{860W}{mH} = \dfrac{860 \times 25000}{12 \times 1000 \times 5500} \times 100$
  $= 32.6[\%]$ 답 ②

24 송전선로의 고장전류 계산에 영상 임피던스가 필요한 경우는?

① 1선 지락   ② 3상 단락
③ 3선 단선   ④ 선간 단락

풀이
- **1선 지락사고** : **영상분**, 정상분, 역상분이 존재
- 선간 단락 : 정상분, 역상분이 존재
- 3상 단락 : 정상분만 존재 답 ①

25 전력선 a의 충전 전압을 E, 통신선 b의 대지 정전 용량을 C_b, a-b 사이의 상호 정전 용량을 C_{ab}라고 하면 통신선 b의 정전 유도 전압 E_s는?

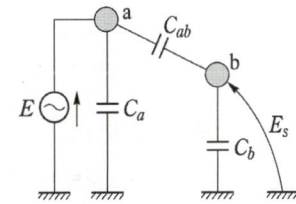

① $\dfrac{C_{ab}+C_b}{C_b}E$ ② $\dfrac{C_{ab}+C_a}{C_{ab}}E$

③ $\dfrac{C_b}{C_{ab}+C_b}E$ ④ $\dfrac{C_{ab}}{C_{ab}+C_b}E$

풀이
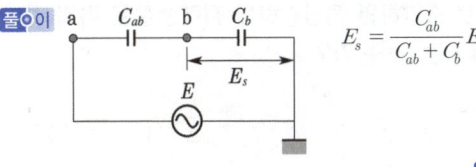

$E_s = \dfrac{C_{ab}}{C_{ab}+C_b}E$ 답 ④

26 66[kV] 송전선에서 연가 불충분으로 각 선의 대지 용량이 $C_a = 1.1[\mu F]$, $C_b = 1[\mu F]$, $C_c = 0.9[\mu F]$가 되었다. 이때 잔류 전압[V]은?

① 1500   ② 1800
③ 2200   ④ 2500

풀이
$E_n = \dfrac{\sqrt{C_a(C_a-C_b)+C_b(C_b-C_c)+C_c(C_c-C_a)}}{C_a+C_b+C_c} \times \dfrac{V}{\sqrt{3}}$
$= \dfrac{\sqrt{1.1(1.1-1)+1(1-0.9)+0.9(0.9-1.1)}}{1.1+1+0.9} \times \dfrac{66{,}000}{\sqrt{3}}$
$= 2200[V]$ 답 ③

27 개폐서지의 이상전압을 감쇄할 목적으로 설치하는 것은?

① 단로기　　② 차단기
③ 리액터　　④ 개폐저항기

풀이 차단기의 개폐시에 재점호로 인하여 개폐 서지 이상전압이 발생된다. 이것을 낮추고 절연내력을 높일 수 있게 하기 위해 차단기 접촉자 간에 병렬 임피던스로서 개폐 저항기를 삽입한다.　　**답** ④

28 유효낙차가 30[%] 저하되면 수차의 효율이 10[%] 저하된다고 할 경우 이때의 출력은 원래의 약 몇 [%]인가? (단, 안내 날개의 열림은 불변인 것으로 한다.)

① 37.2　　② 48.0
③ 52.7　　④ 63.7

풀이 출력 $P = 9.8 QH\eta \propto QH\eta$ 이고,
유량 $Q = \sqrt{2gH} \propto H^{\frac{1}{2}}$ 이므로
$\therefore P \propto QH\eta = H^{\frac{1}{2}} H\eta = H^{\frac{3}{2}} \cdot \eta$
$= 0.7^{\frac{3}{2}} \times 0.9 ≒ 0.527 = 52.7[\%]$　**답** ③

29 동일한 부하전력과 역률에 대하여 전압을 2배로 승압하면 전압강하와 전력손실은 각각 얼마나 감소하는가?

① $\frac{1}{2}, \frac{1}{2}$　　② $\frac{1}{2}, \frac{1}{4}$
③ $\frac{1}{4}, \frac{1}{2}$　　④ $\frac{1}{4}, \frac{1}{4}$

풀이 전압을 승압하는 경우

관계	관계식	항목
전압의 자승에 비례	$\propto V^2$	송전전력(P)
전압에 반비례	$\propto \frac{1}{V}$	전압강하(e)
전압의 자승에 반비례	$\propto \frac{1}{V^2}$	• 전선의 단면적(A) • 전선의 총중량(W) • 전력손실(P_l) • 전압강하율(ϵ)

따라서 전압을 2배 승압 송전할 경우
• 전압강하 $\propto \frac{1}{2}$　• 전력 손실 $\propto \frac{1}{2^2} = \frac{1}{4}$　**답** ②

30 최근 초고압 송전 계통에 단권 변압기가 사용되고 있는데, 그 특성이 아닌 것은?

① 중량이 가볍다.
② 전압 변동률이 작다.
③ 효율이 높다.
④ 단락 전류가 작다.

풀이 단권 변압기의 특징은
① 중량이 가볍다.
② 전압 변동률이 작다.
③ 동손의 감소에 따른 효율이 높다.
④ 변압비가 1에 가까우면 용량이 커진다.
⑤ 1차측의 이상 전압이 2차측에 미친다.
⑥ 누설 임피던스가 작으므로 단락 전류가 증가한다.　**답** ④

31 단락전류를 제한하기 위하여 사용되는 것은?

① 한류리액터　　② 사이리스터
③ 현수애자　　④ 직렬콘덴서

풀이
• 한류 리액터 : 단락 사고시 단락전류를 제한
• 직렬 리액터 : 제5고조파 제거
• 분로 리액터 : 페란티 현상 방지
• 소호 리액터 : 지락 아크 소멸　**답** ①

32 전력 퓨즈(Power Fuse)는 고압, 특고압기기의 주로 어떤 전류의 차단을 목적으로 설치하는가?

① 충전전류　　② 부하전류
③ 단락전류　　④ 영상전류

풀이 전력용 퓨즈는 단락보호용으로 사용된다.　**답** ③

33 송전단 전압 161[kV], 수전단 전압 155[kV], 상차각 40°, 리액턴스가 49.8[Ω]일 때 선로손실을 무시한다면 전송 전력은 약 몇 [MW]인가?

① 289　　② 322
③ 373　　④ 869

풀이 송전전력 $P = \frac{V_s V_r}{X} \sin\delta = \frac{161 \times 155}{49.8} \times \sin 40°$
$= 322[MW]$　**답** ②

34 수용률이란?

① 수용률 = $\frac{평균전력[kW]}{최대수용전력[kW]} \times 100$

② 수용률 = $\frac{개개의 최대수용전력의 합[kW]}{합성최대수용전력[kW]} \times 100$

③ 수용률 = $\frac{최대수용전력[kW]}{수용설비용량[kW]} \times 100$

④ 수용률 = $\frac{설비전력[kW]}{합성최대수용전력[kW]} \times 100$

풀이
수용률 = $\frac{최대수용전력}{총수요설비용량} \times 100[\%]$
배전 변압기의 용량계산의 척도가 된다.   **답** ③

35 유도 장해를 방지하기 위한 전력선측의 대책으로 옳지 않은 것은?

① 전력선과 통신선과의 상호 인덕턴스를 크게 한다.
② 전력선의 연가를 충분히 한다.
③ 고장 발생 시의 지락전류를 억제하고, 고장 구간을 빨리 차단한다.
④ 차폐선을 설치한다.

풀이 통신선 유도장해의 전력선측 대책
① 전력선과 통신선과의 상호 거리를 크게 하여 상호 인덕턴스를 줄인다.
② 연가를 충분히 한다(선로정수를 평형시켜 중성점 잔류 전압을 적게 한다).
③ 케이블을 사용한다.
④ 고주파의 발생을 방지한다.
⑤ 통신선과의 교차를 직각으로 한다.
⑥ 소호 리액터의 사용(지락전류를 적게 하여 전자 유도를 적게 한다.)
⑦ 고장 회선의 고속도 차단
⑧ 차폐선의 시설(가공선도 차폐선과 같은 효과가 있으며, 본선과 동일 도체를 사용하면 차폐 효과가 크다.)   **답** ①

36 그림과 같은 배전선이 있다. 급전점 O의 전압을 110[V]라 하면 C점의 전압은? (단, 선로 OA, AB, BC 간의 저항은 각각 0.2[Ω]이며, 부하역률은 100[%]이다.)

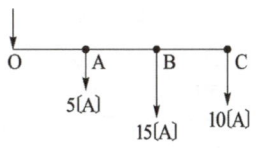

① 92[V]   ② 97[V]
③ 99[V]   ④ 104[V]

풀이
- $V_A = V_O - R_{OA} \cdot (I_A + I_B + I_C)$
  $= 110 - 0.2 \times (5 + 15 + 10) = 104[V]$
- $V_B = V_A - R_{AB} \cdot (I_B + I_C)$
  $= 104 - 0.2 \times (15 + 10) = 99[V]$
- $V_C = V_B - R_{BC} \cdot I_C = 99 - 0.2 \times 10$
  $= 97[V]$ **답** ②

37 T형 회로의 일반회로 정수에서 C는 무엇을 의미하는가?

① 컨덕턴스   ② 리액턴스
③ 임피던스   ④ 어드미턴스

풀이
$E_s = AE_R + BI_R$
$I_s = CE_R + DI_r$
여기서, A : 전압비
B : 임피던스
C : 어드미턴스
D : 전류비   **답** ④

38 전력선과 통신선 사이에 차폐선을 설치하여, 각 선 사이의 상호 임피던스를 각각 Z_{12}, Z_{1S}, Z_{2S}라 하고 차폐선 자기 임피던스를 Z_S라 할 때, 차폐선을 설치함으로서 유도전압이 줄게 됨을 나타내는 차폐선의 차폐계수는? (단, Z_{12}는 전력선과 통신선과의 상호임피던스, Z_{1S}는 전력선과 차폐선과의 상호임피던스, Z_{2S}는 통신선과 차폐선과의 상호임피던스이다.)

① $\left|1 - \frac{Z_S Z_{12}}{Z_{1S} Z_{2S}}\right|$ ② $\left|1 - \frac{Z_{1S} Z_{2S}}{Z_S Z_{12}}\right|$

③ $\left|1 - \frac{Z_{1S} Z_{12}}{Z_S Z_{2S}}\right|$ ④ $\left|1 - \frac{Z_S Z_{2S}}{Z_{12} Z_{1S}}\right|$

풀이

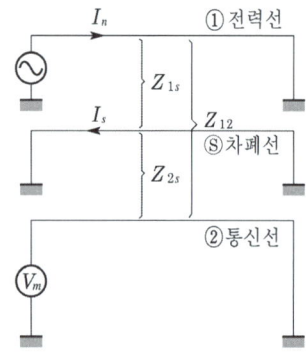

$$V_2 = -Z_{12}I_0 + Z_{2s}I_s = -Z_{12}I_0 + Z_{2s}\frac{Z_{1s}I_0}{Z_s}$$
$$= -Z_{12}I_0\left(1 - \frac{Z_{1s}Z_{2s}}{Z_s Z_{12}}\right)$$

이 식에 있어서 $-Z_{12}I_0$는 차폐선이 없을 경우의 유도 전압이기 때문에 $\left(1 - \frac{Z_{1s}Z_{2s}}{Z_s Z_{12}}\right)$는 차폐선을 설치함으로써 유도 전압이 이만큼 줄게 된다는 저감 비율을 나타내는 것으로서 차폐선의 **차폐 계수**라고 볼 수 있다.

답 ②

39 랭킨 사이클이 취하는 급수 및 증기의 올바른 순환 과정은?

① 등압가열 → 단열팽창 → 등압냉각 → 단열압축
② 단열팽창 → 등압가열 → 단열압축 → 등압냉각
③ 등압가열 → 단열압축 → 단열팽창 → 등압냉각
④ 등온가열 → 단열팽창 → 등온압축 → 단열압축

풀이 랭킨 사이클 : 기력발전소의 열사이클 중 가장 기본적인 것으로서 **두 개의 등압변화와 두 개의 단열변화로 이루어진다**.

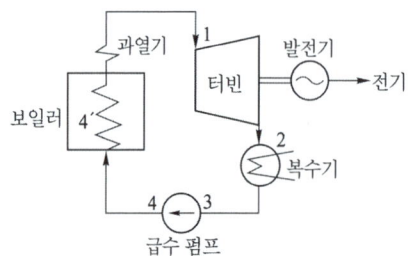

보일러(등압가열) → 터빈(단열팽창) → 복수기(등압냉각) → 급수 펌프(단열압축)

답 ①

40 정격 용량 20[kVA], 정격 전압 1차 6.3[kV], 2차 210[V], 퍼센트 임피던스 4[%]의 단상 변압기가 있다. 2차측이 단락되었을 때 1차 단락 전류는 몇 [A]인가?

① 79.3
② 89.3
③ 99.3
④ 109.3

풀이 단락전류
$$I_s = \frac{100}{\%Z}I_n = \frac{100}{4} \times \frac{20}{6.3} = 79.3[A]$$

답 ①

2023년 3회 _ 전기기사

21 다음 중 코로나 방지대책으로 적당하지 않은 것은?

① 복도체를 사용한다.
② 가선 금구를 개량한다.
③ 선간거리를 감소시킨다.
④ 가선 시 전선 표면의 금구를 손상하지 않게 한다.

풀이 코로나 방지 대책

코로나 임계전압 $\left(E_0 = 24.3m_0 m_1 \delta d \log_{10}\frac{D}{r}\right)$을 상승시킨다.
① 전선의 지름을 크게 한다.
② 복도체를 사용한다.
③ 가선 금구를 개량한다.
④ 가선 시에 전선 표면의 금구를 손상하지 않게 한다.

답 ③

22 송배전 선로에서 내부 이상전압에 속하지 않는 것은?

① 개폐 이상전압
② 유도뢰에 의한 이상전압
③ 사고시의 과도 이상전압
④ 계통 조작과 고장시의 지속 이상전압

풀이 ① 내부 이상 전압의 종류
- 개폐 이상전압
- 사고시의 과도 이상전압
- 계통 조작과 고장시의 지속 이상전압

② 외부 이상 전압
- 직격뢰에 의한 이상전압
- 유도뢰에 의한 이상전압
- 타선과의 혼촉 시 발생하는 이상전압 **답** ②

23 30[kVA], 3300/200[V], 60[Hz]의 3상 변압기 2차측에 3상 단락이 생겼을 경우 단락전류는 약 몇 [A]인가? (단, %임피던스 전압은 3[%]이다.)

① 2250 ② 2620
③ 2730 ④ 2886

풀이 단락전류
$$I_s = \frac{100}{\%Z}I_n = \frac{100}{3} \times \frac{30 \times 10^3}{\sqrt{3} \times 200} = 2886[A]$$ **답** ④

24 선간전압이 154[kV]이고, 1상당의 임피던스가 $j8[\Omega]$인 기기가 있을 때, 기준용량을 100[MVA]로 하면 %임피던스는 약 몇 [%]인가?

① 2.75 ② 3.15
③ 3.37 ④ 4.25

풀이 $\%Z = \frac{PZ}{10V^2} = \frac{100 \times 10^3 \times 8}{10 \times 154^2} = 3.37[\%]$

여기서 V : 정격전압[kV]
P : 기준용량[kVA] **답** ③

25 송전단 전압 161[kV], 수전단 전압 154[kV], 상차각 35°, 리액턴스가 60[Ω]일 때 선로손실을 무시한다면 전송 전력은 약 몇 [MW]인가?

① 356 ② 307
③ 237 ④ 161

풀이 송전전력 $P = \frac{V_s V_r}{X}\sin\delta = \frac{161 \times 154}{60} \times \sin 35°$
$= 237[MW]$ **답** ③

26 중성점 접지방식 중 1선 지락고장일 때 선로의 전위상승이 $\sqrt{3}$ 배 이상이고, 유도장해가 최소인 것은?

① 비접지방식
② 직접접지방식
③ 저항접지방식
④ 소호리액터접지방식

풀이

방식	다중고장발생확률	보호계전기동작	지락전류	고장중운전	전위상승	과도안정도	유도장해	특징
소호 리액터 접지 (66[kV])	보통	불확실	최소	가능	$\sqrt{3}$ 이상	최대	최소	병렬공진 고장전류 최소

답 ④

27 3상 3선식 송전선에서 L을 작용 인덕턴스라 하고, L_e 및 L_m은 대지를 귀로로 하는 1선의 자기 인덕턴스 및 상호 인덕턴스라고 할 때 이들 사이의 관계식은?

① $L = L_m - L_e$ ② $L = L_e - L_m$
③ $L = L_m + L_e$ ④ $L = \frac{L_m}{L_e}$

풀이 작용 인덕턴스(L)
= 대지 귀로의 자기 인덕턴스(L_e)
 − 대지 귀로의 상호 인덕턴스(L_m) **답** ②

28 송전선로에서 역섬락을 방지하는 가장 유효한 방법은?

① 피뢰기를 설치한다.
② 탑각 접지저항을 작게 한다.
③ 소호각을 설치한다.
④ 가공지선을 설치한다.

풀이 뇌서지가 철탑에 가격 시 철탑의 탑각 접지저항이 충분히 낮지 않으면 철탑의 전위가 상승하여 철탑에서 선로 섬락을 일으키는 경우가 있는데 이를 역섬락이라 하며 방지 대책으로는 매설 지선을 설치하여 탑각 접지저항을 낮추어야 한다. **답** ②

29 수력발전소의 저수지 용량 등을 결정하는데 사용되는 것으로 가장 적합한 것은?

① 유량도   ② 유황곡선
③ 수위 유량곡선   ④ 적산 유량곡선

풀이 적산 유량 곡선은 매일의 수량을 차례로 적산해서 가로축에 일수를, 세로축에 적산 수량을 그린 곡선으로서 수력 발전소의 댐을 설계하거나 저수지 용량 결정에 사용된다.   **답** ④

30 출력 20,000[kW]의 화력발전소가 부하율 80[%]로 운전할 때 1일의 석탄소비량은 약 몇 ton인가? (단, 보일러 효율 80[%], 터빈의 열 사이클 효율 35[%], 터빈 효율 85[%], 발전기 효율 76[%], 석탄의 발열량은 5500[kcal/kg]이다.)

① 275   ② 293
③ 312   ④ 333

풀이 1[kWh] = 860[kcal]이므로
시간 × 860 × 최대 전력 × 부하율
= 발열량 × 석탄 소비량[kg] × η[효율]
$24 \times 860 \times 20000 \times 0.8$
$= 5500 \times x \times 10^3 \times 0.85 \times 0.8 \times 0.35 \times 0.76$
따라서 소비량
$$x = \frac{860 \times 20000 \times 0.8 \times 24}{5500 \times 10^3 \times 0.85 \times 0.8 \times 0.35 \times 0.76}$$
$= 332[t]$ **답** ④

31 고압 및 특고압 가공전선로로부터 공급을 받는 수용 장소의 인입구에 반드시 시설하여야 하는 것은?

① 댐퍼   ② 아킹혼
③ 조상기   ④ 피뢰기

풀이 341.13 피뢰기의 시설
고압 및 특고압의 전로 중 다음에 열거하는 곳 또는 이에 근 접한 곳에는 피뢰기를 시설하여야 한다.
가. 발전소・변전소 또는 이에 준하는 장소의 가공전선 인입구 및 인출구
나. 특고압 가공전선로에 접속하는 배전용 변압기의 고압측 및 특고압측
다. 고압 및 특고압 가공전선로로부터 공급을 받는 수용장소의 인입구
라. 가공전선로와 지중전선로가 접속되는 곳   **답** ④

32 파동 임피던스 $Z_1 = 600[\Omega]$인 선로종단에 파동 임피던스 $Z_2 = 1300[\Omega]$의 변압기가 접속되어 있다. 지금 선로에서 파고 $e_1 = 900[kV]$의 전압이 입사되었다면 접속점에서의 전압 반사파는 약 몇 [kV]인가?

① 530   ② 430
③ 330   ④ 230

풀이 반사 전압
$$e_2 = \frac{Z_2 - Z_1}{Z_2 + Z_1} e_1 = \frac{1300 - 600}{1300 + 600} \times 900$$
$= 330[kV]$ **답** ③

33 3000[kW], 역률 75[%](늦음)의 부하에 전력을 공급하고 있는 변전소에 콘덴서를 설치하여 역률을 93[%]로 향상시키고자 한다. 필요한 전력용 콘덴서의 용량은 약 몇 [kVA]인가?

① 1460   ② 1540
③ 1620   ④ 1730

풀이 콘덴서 용량
$$Q_c = P(\tan\theta_1 - \tan\theta_2)$$
$$= P\left(\frac{\sqrt{1-\cos^2\theta_1}}{\cos\theta_1} - \frac{\sqrt{1-\cos^2\theta_2}}{\cos\theta_2}\right)[kVA]에서$$

유효 전력 $P = 3000[kW]$이므로
$$\therefore Q_c = 3000 \times \left(\frac{\sqrt{1-0.75^2}}{0.75} - \frac{\sqrt{1-0.93^2}}{0.93}\right)$$
$= 1460[kVA]$ **답** ①

34 단로기에 대한 설명으로 적합하지 않은 것은?

① 소호장치가 있어 아크를 소멸시킨다.
② 무부하 및 여자전류의 개폐에 사용된다.
③ 배전용 단로기는 보통 디스컨넥팅바로 개폐한다.
④ 회로의 분리 또는 계통의 접속 변경시 사용한다.

풀이 단로기(DS)는 변전소의 전력기기를 시험하기 위하여 회로를 분리하거나, 계통의 접속을 바꾸거나 하는 경우에 사용되며, 여기에는 소호장치가 없어 고장전류나 부하전류의 개폐에는 사용할 수 없다.   **답** ①

35 변전소에서 비접지 선로의 접지보호용으로 사용되는 계전기에 영상전류를 공급하는 것은?

① CT ② GPT
③ ZCT ④ PT

풀이 ① 변류기(CT) : 대전류를 소전류로 변성하여 계기나 계전기에 공급하기 위한 목적으로 사용한다.
② 접지형 계기용 변압기(GPT) : 비접지 계통에서 지락사고 시의 영상전압을 검출한다.
③ 영상변류기(ZCT) : 지락사고시 지락전류(영상전류)를 검출하는 것으로 지락 계전기와 조합하여 차단기를 차단시킨다.
④ 계기용 변압기(PT) : 고압을 저압으로 변성하여 계기나 계전기에 공급하기 위한 목적으로 사용한다.

답 ③

36 선로고장 발생 시 고장전류를 차단할 수 없어 리클로저와 같이 차단 기능이 있는 후비보호 장치와 함께 설치되어야 하는 장치는?

① 배선용차단기 ② 유입개폐기
③ 컷아웃스위치 ④ 섹셔널라이저

풀이 섹셔널라이저는 배전선로에 고장이 발생할 경우 리클로저의 동작으로 선로가 무전압 상태가 되면 이를 감지하여 무전압 상태의 횟수를 기억하였다가 정해진 횟수에 도달하면 선로의 무전압 상태에서 선로를 개방하여 고장구간을 분리시킨다. 섹셔널라이저는 고장전류를 차단할 수 있는 능력이 없으므로 리클로저와 직렬로 조합하여 사용한다.

답 ④

37 저압 네트워크 배전방식에 대한 설명으로 틀린 것은?

① 전압강하가 적다.
② 부하 밀도가 적은 곳에 유용하다.
③ 무정전 공급의 신뢰도가 높다.
④ 부하의 증가에 대한 적응성이 크다.

풀이 네트워크 배전방식의 장점
① 무정전 공급에 대한 신뢰도 높다.
② 기기 이용률 향상된다.
③ 전압변동이 적다.
④ 적응성 양호하다.
⑤ 전력손실이 감소한다.
⑥ 변전소 수를 줄일 수 있다.

답 ②

38 최근에 우리나라에서 많이 채용되고 있는 가스 절연 개폐 설비(GIS)의 특징으로 틀린 것은?

① 대기 절연을 이용한 것에 비해 현저하게 소형화할 수 있으나 비교적 고가이다.
② 소음이 적고 충전부가 완전한 밀폐형으로 되어 있기 때문에 안정성이 높다.
③ 가스 압력에 대한 엄중 감시가 필요하며 내부 점검 및 부품 교환이 번거롭다.
④ 한랭지, 산악 지방에서도 액화 방지 및 산화 방지 대책이 필요 없다.

풀이 GIS의 특징
(1) 장점
① 충전부가 대기에 노출되지 않아 기기의 안정성, 신뢰성이 우수하다.
② 감전 사고 위험이 적다.
③ 밀폐형이므로 배기 소음이 없다.
④ 소형화 가능하다.
⑤ 보수, 점검이 용이하다.
(2) 단점
① 사고의 대응이 부적절한 경우 대형사고 유발 우려가 있다.
② 고장 발생시 조기복구, 임시복구가 거의 불가능하다.
③ SF_6 가스의 세심한 주의가 필요하며 내부 점검 및 부품 교환이 번거롭다.
④ 한랭지, 산악 지방에서 가스의 액화 방지 및 산화 방지 대책이 필요하다.

답 ④

39 사고, 정전 등의 중대한 영향을 받는 지역에서 정전과 동시에 자동적으로 예비전원용 배전선로로 전환하는 장치는?

① 차단기
② 리클로저(Recloser)
③ 섹셔널라이저(Sectionalizer)
④ 자동부하 전환개폐기(Auto Load Transfer Switch)

풀이 ① 차단기 : 부하전류 및 사고전류를 신속·안전하게 차단하여 고장구간을 건전구간으로부터 분리시키며 또한 설비의 점검 및 수리 등의 작업 시에 작업장소를 정전시키기 위한 설비이다.
② 리클로저 : 배전선로에서 지락고장이나 단락고장 사고가 발생하였을 때 고장을 검출하여 선로를 차단한 후 일정시간이 경과하면 자동적으로 재투입 동작을 반복함으로써 순간 고장을 제거한다.

③ 섹셔널라이저 : 선로가 정전상태일 때 자동으로 개방되어 고장구간을 분리시키는 선로 개폐기로 고장전류는 차단할 수 없다.
④ **자동부하 전환개폐기** : 정전 시에 큰 피해가 예상되는 수용가에 이중 전원을 확보하여 주전원 정전 시나 정격전압 이하로 전압이 감소하는 경우 예비전원으로 자동으로 전환되어 무정전 전원 공급을 수행하는 개폐기를 말한다. 🔲 ④

40 유도장해를 경감시키기 위한 전력선측의 대책으로 틀린 것은?

① 고저항 접지방식을 채용한다.
② 송전선과 통신선 사이에 차폐선을 설치한다.
③ 고속도 차단방식을 채택한다.
④ 중성점 전압을 상승시킨다.

풀이 전력선 측 대책
① 전력선과 통신선과의 상호 거리를 크게 하여 상호 인덕턴스를 줄인다.
② 연가를 충분히 한다(선로 정수를 평형시켜 중성점 잔류 전압을 적게 한다).
③ 케이블을 사용한다.
④ 고주파의 발생을 방지한다.
⑤ 통신선과의 교차를 직각으로 한다.
⑥ 소호 리액터의 사용(지락전류를 적게 하여 전자유도를 적게 한다).
⑦ 고장 회선의 고속도 차단
⑧ 차폐선의 시설(가공선도 차폐선과 같은 효과가 있으며, 본선과 동일 도체를 사용하면 차폐효과가 크다). 🔲 ④

2023년 - 4회 _ 공사기사

21 직류 2선식 배전선로에서 전압변동률과 전력손실률과의 관계는?

① 전압변동률은 전력손실률의 $\sqrt{3}$ 배이다.
② 전압변동률은 전력손실률의 2배이다.
③ 전압변동률과 전력손실률은 서로 같다.
④ 전압변동률은 전력손실률의 $\frac{1}{2}$ 배이다.

풀이 • 직류 선로에서는 인덕턴스를 고려하지 않아도 되므로, 전압변동률과 전압강하율은 서로 같다.

• 전압변동률 $= \dfrac{E_{r0} - E_r}{E_r} \times 100 = \dfrac{E_s - E_r}{E_r} \times 100$
  $=$ 전압강하율

• 왕복 전체 길이의 저항을 R, 전부하 전류를 I라고 하면

  전압강하율 $= \dfrac{E_s - E_r}{E_r} \times 100 = \dfrac{IR}{E_r} \times 100$
  $= \dfrac{I^2 R}{E_r I} \times 100 =$ 전력손실률

따라서, 전압변동률과 전력손실률은 서로 같다. 🔲 ③

22 154[kV], 60[Hz], 선로의 길이 200[km]인 평행 2회선 송전선에 설치한 소호 리액터의 공진 탭의 용량은 약 몇 [MVA]인가? 단, 1선의 대지 정전 용량은 $j0.0043[\mu F/km]$이다.

① 7.7
② 10.3
③ 15.4
④ 18.6

풀이 $P = 2 \times 3 \times 2\pi f l \, CE^2 \times 10^{-9}$
$= 2 \times 3 \times 2\pi \times 60 \times 0.0043 \times 200 \times \left(\dfrac{154000}{\sqrt{3}}\right)^2 \times 10^{-9}$
$= 15370 \fallingdotseq 15.3 \text{[MVA]}$ 🔲 ③

23 송전선로에서 대칭 4단자망인 경우 4단자 정수 사이에는 어떤 관계가 있어야 하는가?

① $A = B$
② $B = C$
③ $A = D$
④ $C = D$

풀이 • 선형회로망에서 $AD - BC = 1$이 항상 성립한다.
• 대칭회로에서는 $A = D$의 조건을 만족한다. 🔲 ③

24 전력용 콘덴서에 의하여 얻을 수 있는 전류는?

① 지상전류
② 진상전류
③ 동상전류
④ 영상전류

풀이 • **전력용 콘덴서** : 진상전류
• 리액터 : 지상전류 🔲 ②

25 총낙차 80.9[m], 사용 수량 30[m³/sec]인 발전소가 있다. 수로의 길이가 3800[m], 수로의 구배가 $\frac{1}{2000}$, 수압 철관의 손실 낙차를 1[m]라고 하면 이 발전소의 출력은 약 몇 [kW]인가? 단, 수차 및 발전기의 종합 효율은 85[%]라 한다.

① 15000　② 19000
③ 24000　④ 28000

풀이
① 손실 수두 $h_1 = 3800 \times \frac{1}{2000} = 1.9$[m]
② 수두 $H = 80.9 - (1.9 + 1) = 78$
③ 출력 $P = 9.8 H Q \eta = 9.8 \times 78 \times 30 \times 0.85$
　　　　$= 19492.2$[kW]　　**답** ②

26 가스절연개폐장치(GIS)의 내장기기가 아닌 것은?

① 차단기　② 단로기
③ 주변압기　④ 계기용변압기

풀이 가스절연개폐장치(GIS : Gas Insulated Switchgear)는 차단기, 단로기, 모선, 피뢰기, 변성기 등을 금속체함에 수납하고 충전부를 SF₆ 가스로 절연시킨 종합 개폐장치이다.　　**답** ③

27 각 수용가의 수용설비용량이 50[kW], 100[kW], 80[kW], 60[kW], 150[kW]이며, 각각의 수용률이 0.6, 0.6, 0.5, 0.5, 0.4이다. 이때 부하의 부등률이 1.3이라면 변압기 용량은 약 몇 [kVA]가 필요한가? (단, 평균 부하역률은 80[%]라고 한다.)

① 142　② 165　③ 183　④ 212

풀이
변압기 용량 = $\frac{설비 용량 \times 수용률}{부등률 \times 역률}$
$= \frac{(50+100) \times 0.6 + (80+60) \times 0.5 + 150 \times 0.4}{1.3 \times 0.8}$
≈ 212[kVA]　　**답** ④

28 송전계통의 한 부분이 그림과 같이 3상 변압기로 1차측은 △로, 2차측은 Y로 중성점이 접지되어 있을 경우, 1차측에 흐르는 영상전류는?

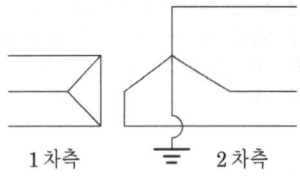

① 1차측 선로에서 ∞이다.
② 1차측 선로에서 반드시 0이다.
③ 1차측 변압기 내부에서는 반드시 0이다.
④ 1차측 변압기 내부와 1차측 선로에서 반드시 0이다.

풀이 그림과 같이 영상 전류는 중성점을 통하여 대지로 흐르며 1차 변압기의 △권선 내에서는 순환 전류가 흐르나 각 상이 동상이면 △권선 외부로 유출하지 못한다.

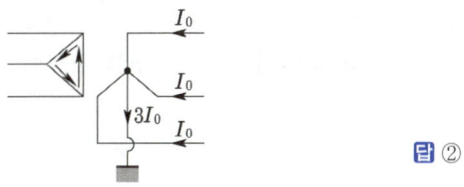

답 ②

29 가공 송전선의 뇌해를 방지하는 것은?

① 아킹 혼　② 가공지선
③ 현수애자　④ 접지봉

풀이 가공 지선(over head ground wire)은 송전선 위에 나란히 가설된 도선으로 각 철탑에 접지되어 있으며, 그 설치 목적은
① 직격뢰에 대한 차폐 효과
② 유도뢰에 대한 정전 차폐 효과
③ 통신선에 대한 전자 유도 장해 경감 효과　**답** ②

30 154[kV] 송전계통의 뇌에 대한 보호에서 절연강도의 순서가 가장 경제적이고 합리적인 것은?

① 피뢰기 → 변압기 코일 → 기기 부싱
　→ 결합 콘덴서 → 선로애자
② 변압기 코일 → 결합 콘덴서 → 피뢰기
　→ 선로애자 → 기기 부싱
③ 결합 콘덴서 → 기기 부싱 → 선로애자
　→ 변압기 코일 → 피뢰기
④ 기기 부싱 → 결합 콘덴서 → 변압기 코일
　→ 피뢰기 → 선로애자

풀이 절연 협조는 계통의 각 기기 및 기구, 선로, 애자 상호간의 균형있는 적당한 절연 강도를 가지는 것을 말하며 피뢰기의 제한 전압이 기기의 기준 충격 절연 강도보다 낮아야 한다.

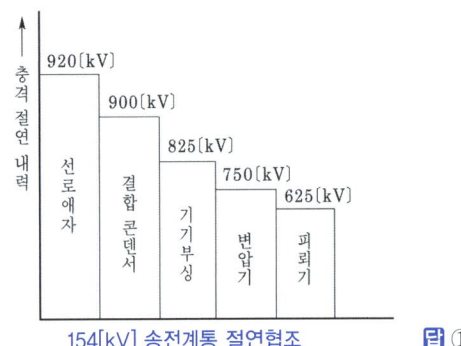

154[kV] 송전계통 절연협조 **답** ①

31 다음 중 고압배전계통의 구성 순서로 알맞은 것은?

① 배전변전소 ⇒ 간선 ⇒ 분기선 ⇒ 급전선
② 배전변전소 ⇒ 급전선 ⇒ 간선 ⇒ 분기선
③ 배전변전소 ⇒ 간선 ⇒ 급전선 ⇒ 분기선
④ 배전변전소 ⇒ 급전선 ⇒ 분기선 ⇒ 간선

풀이 ① 급전선(feeder)
배전변전소 또는 발전소로부터 배전 간선에 이르기까지의 도중에 부하가 접속되어 있지 않은 선로
② 간선(main line)
급전선에 접속된 수용 지역에서의 배전선로 가운데에서 부하의 분포 상태에 따라서 배전하거나 또는 분기선을 내어서 배전하는 주간 부분
③ 분기선(branch line)
간선으로부터 분기한 배전선로의 가지 모양으로 된 부분 **답** ②

32 전선의 표피 효과에 관한 기술 중 맞는 것은?

① 전선이 굵을수록, 또 주파수가 낮을수록 커진다.
② 전선이 굵을수록, 또 주파수가 높을수록 커진다.
③ 전선이 가늘수록, 또 주파수가 낮을수록 커진다.
④ 전선이 가늘수록, 또 주파수가 높을수록 커진다.

풀이 표피 효과(skin effect)는 도체의 중심으로 갈수록 전류의 밀도가 낮아지는 현상을 말하며 표피 효과는 주파수에 비례하고 전압의 제곱에 비례한다. **답** ②

33 3상의 같은 전원에 접속하는 경우, △결선의 콘덴서를 Y결선으로 바꾸어 이으면 진상용량은 몇 배가 되는가?

① 3 ② $\sqrt{3}$
③ $\dfrac{1}{\sqrt{3}}$ ④ $\dfrac{1}{3}$

풀이 $Q_\triangle = 3 \times 2\pi f C V^2$
$Q_Y = 3 \times 2\pi f C \left(\dfrac{V}{\sqrt{3}}\right)^2 = 2\pi f C V^2$
∴ $Q_Y = \dfrac{1}{3} Q_\triangle$ **답** ④

34 다음 중 부하 전류 차단능력이 없는 것은?

① NFB ② OCB
③ VCB ④ DS

풀이 단로기(DS)는 소호 장치가 없고 아크 소멸 능력이 없으므로 부하 전류나 사고 전류의 개폐는 할 수 없으며 기기를 전로에서 개방할 때 또는 모선의 접속 변경시 사용 **답** ④

35 중성점 접지방식 중 1선 지락고장일 때 선로의 전위상승이 $\sqrt{3}$ 배 이상이고, 유도장해가 최소인 것은?

① 비접지방식 ② 직접접지방식
③ 저항접지방식 ④ 소호리액터접지방식

풀이

방 식	보호 계전기 동작	지락 전류	고장 중 운전	전위 상승
소호 리액터 접지 (66[kV])	불확실	최소	가능	$\sqrt{3}$ 이상

방 식	과도안정도	유도장해	특징
소호 리액터 접지 (66[kV])	최대	최소	병렬공진 고장전류최소

답 ④

36 3000[kW], 역률 75[%](늦음)의 부하에 전력을 공급하고 있는 변전소에 콘덴서를 설치하여 역률을 93[%]로 향상시키고자 한다. 필요한 전력용 콘덴서의 용량은 약 몇 [kVA]인가?

① 1460　　② 1540
③ 1620　　④ 1730

풀이 콘덴서 용량
$$Q_c = P(\tan\theta_1 - \tan\theta_2)$$
$$= P\left(\frac{\sqrt{1-\cos^2\theta_1}}{\cos\theta_1} - \frac{\sqrt{1-\cos^2\theta_2}}{\cos\theta_2}\right)[kVA]$$에서

유효 전력 $P = 3000[kW]$이므로
$$\therefore Q_c = 3000 \times \left(\frac{\sqrt{1-0.75^2}}{0.75} - \frac{\sqrt{1-0.93^2}}{0.93}\right)$$
$$= 1460[kVA]$$　　**답** ①

37 송전선로에서 역섬락을 방지하는 가장 유효한 방법은?

① 피뢰기를 설치한다.
② 탑각 접지저항을 작게 한다.
③ 소호각을 설치한다.
④ 가공지선을 설치한다.

풀이 뇌서지가 철탑에 가격 시 철탑의 탑각 접지저항이 충분히 낮지 않으면 철탑의 전위가 상승하여 철탑에서 선로 섬락을 일으키는 경우가 있는데 이를 역섬락이라 하며 방지 대책으로는 매설 지선을 설치하여 탑각 접지저항을 낮추어야 한다.　　**답** ②

38 3상 3선식 송전선에서 L을 작용 인덕턴스라 하고, L_e 및 L_m은 대지를 귀로로 하는 1선의 자기 인덕턴스 및 상호 인덕턴스라고 할 때 이들 사이의 관계식은?

① $L = L_m - L_e$　　② $L = L_e - L_m$
③ $L = L_m + L_e$　　④ $L = \dfrac{L_m}{L_e}$

풀이 작용 인덕턴스(L)
= 대지 귀로의 자기 인덕턴스(L_e)
　- 대지 귀로의 상호 인덕턴스(L_m)　　**답** ②

39 다음 중 코로나 방지대책으로 적당하지 않은 것은?

① 복도체를 사용한다.
② 가선 금구를 개량한다.
③ 선간거리를 감소시킨다.
④ 가선 시 전선 표면의 금구를 손상하지 않게 한다.

풀이 코로나 방지 대책
코로나 임계전압 $\left(E_0 = 24.3 m_0 m_1 \delta d \log_{10} \dfrac{D}{r}\right)$을 상승시킨다.
① 전선의 지름을 크게 한다.
② 복도체를 사용한다.
③ 가선 금구를 개량한다.
④ 가선 시에 전선 표면의 금구를 손상하지 않게 한다.

임계전압 식에서 선간 거리를 증가시켜도 코로나 임계전압이 상승하나, 선간 거리를 증가시키려면 철탑을 보강하여야 하므로 경제적 측면에서 부적당하다.　　**답** ③

40 파동 임피던스 $Z_1 = 600[\Omega]$인 선로종단에 파동 임피던스 $Z_2 = 1300[\Omega]$의 변압기가 접속되어 있다. 지금 선로에서 파고 $e_1 = 900[kV]$의 전압이 입사되었다면 접속점에서의 전압 반사파는 약 몇 [kV]인가?

① 530　　② 430
③ 330　　④ 230

풀이 반사 전압
$$e_2 = \frac{Z_2 - Z_1}{Z_2 + Z_1} e_1 = \frac{1300 - 600}{1300 + 600} \times 900$$
$$= 330[kV]$$　　**답** ③

2024년 전력공학_전기기사·공사기사 _CBT 복원문제

문제의 번호는 실제 시험문제의 번호와 같게 하였습니다.

2024년 - 1회 _ 전기기사·공사기사

21 지상 무효전력의 공급이 중단되었을 때의 대책으로 옳은 것은?

① 역률개선용 콘덴서를 개방
② 동기조상기를 진상으로 운전
③ 분로리액터를 연결
④ 발전기의 진상운전

풀이

구분	지상 무효전력 공급 부족 시 (발생＜소비)	지상 무효전력 공급 과잉 시 (발생＞소비)
문제점	• 계통전압 저하 • 송전손실 증가 • 계통 안정도 저하 • 기기효율 저하 • 발전소 출력 저하	• 계통전압 상승 • 계통연계기기 수명저하 • 기기 열화 촉진 • 고조파 발생
대책	• 발전기의 지상 저역률 운전 • **동기조상기 진상운전** • 전력용콘덴서 계통 투입 • 무효전력 소비량 축소 • 역률개선용 콘덴서 투입 (수용가)	• 발전기의 진상운전 • 동기조상기 지상운전 • 분로리액터 계통 투입 • 선로 충전용량 감소 • 지중케이블 운전 정지 • 역률개선용 콘덴서 개방 (수용가)

답 ②

22 송전단 전압 161[kV], 수전단 전압 155[kV], 상차각 40°, 리액턴스가 49.8[Ω]일 때 선로손실을 무시한다면 전송 전력은 약 몇 [MW]인가?

① 289　　② 322
③ 373　　④ 869

풀이 송전전력 $P = \dfrac{V_s V_r}{X}\sin\delta = \dfrac{161 \times 155}{49.8} \times \sin 40° = 322\text{[MW]}$

답 ②

23 선로의 단위길이당 분포 인덕턴스, 저항, 정전용량 및 누설 컨덕턴스를 각각 L, r, C 및 g라 할 때 전파정수는?

① $\dfrac{\sqrt{(r+j\omega L)}}{(g+j\omega C)}$
② $\sqrt{(r+j\omega L)(g+j\omega C)}$
③ $\sqrt{\dfrac{(r+j\omega L)}{(g+j\omega C)}}$
④ $\sqrt{\dfrac{(g+j\omega C)}{(r+j\omega L)}}$

풀이 전파정수 $r = \sqrt{ZY} = \sqrt{(r+j\omega L)(g+j\omega C)}$

답 ②

24 수전단 전압이 3,300[V]이고, 전압 강하율이 4[%]인 송전선의 송전단 전압은 몇 [V]인가?

① 3,395　　② 3,432
③ 3,495　　④ 5,678

풀이 전압강하율 $\epsilon = \dfrac{V_s - V_r}{V_r} \times 100[\%]$에서

∴ $V_s = \left(1 + \dfrac{\epsilon}{100}\right) \times V_r = \left(1 + \dfrac{4}{100}\right) \times 3,300 = 3,432\text{[V]}$

답 ②

25 송전선로에서 이상전압이 가장 크게 발생하기 쉬운 경우는?

① 무부하 송전선로를 폐로하는 경우
② 무부하 송전선로를 개로하는 경우
③ 부하 송전선로를 폐로하는 경우
④ 부하 송전선로를 개로하는 경우

풀이 개폐 이상전압은 회로의 폐로 때보다 개방 시가 크며 또한 부하 차단 시보다 무부하 차단 때가 더 크다. 따라서, 이상전압이 가장 큰 경우는 무부하 송전선로의 충전 전류를 차단(개로)할 때이다. 그리고, 개폐 이상 전압은 상규 대지 전압의 3.5배 이하로서 4배를 넘는 경우는 거의 없다.

답 ②

26 다중접지 3상 4선식 배전선로에서 고압측(1차측) 중성선과 저압측(2차측) 중성선을 전기적으로 연결하는 목적은?

① 저압측의 단락사고를 검출하기 위하여
② 저압측의 지락사고를 검출하기 위하여
③ 주상변압기의 중성선측 부싱을 생략하기 위하여
④ 고저압 혼촉시 수용가에 침입하는 상승전압을 억제하기 위하여

풀이 고압측과 저압측의 중성선이 전기적으로 연결되지 않으면 고·저압 혼촉시 고압측의 큰 전압이 저압측을 통해서 수용가에 침입할 우려가 있다. 답 ④

27 케이블 단선사고에 의한 고장점까지의 거리를 정전용량측정법으로 구하는 경우, 건전상의 정전용량이 C, 고장점까지의 정전용량이 C_x, 케이블의 길이가 l일 때 고장점까지의 거리를 나타내는 식으로 알맞은 것은?

① $\dfrac{C}{C_x}l$ ② $\dfrac{2C_x}{C}l$ ③ $\dfrac{C_x}{C}l$ ④ $\dfrac{C_x}{2C}l$

풀이 정전용량측정법

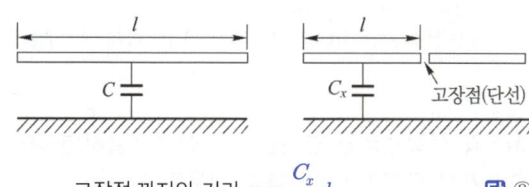

고장점 까지의 거리 $x = \dfrac{C_x}{C}l$ 답 ③

28 3상 1회선 송전선을 정삼각형으로 배치한 3상 선로의 자기인덕턴스를 구하는 식은? (단, D는 전선의 등가 선간 거리[m], r은 전선의 반지름[m]이다.)

① $L = 0.5 + 0.4605\log_{10}\dfrac{D}{r}$
② $L = 0.5 + 0.4605\log_{10}\dfrac{D}{r^2}$
③ $L = 0.05 + 0.4605\log_{10}\dfrac{D}{r}$
④ $L = 0.05 + 0.4605\log_{10}\dfrac{D}{r^2}$

풀이 단도체에서의 인덕턴스와 정전용량

- 인덕턴스 $L = 0.05 + 0.4605\log\dfrac{D}{r}$ [mH/km]
- 정전용량 $C = \dfrac{0.02413}{\log\dfrac{D}{r}}$ [μF/km] 답 ③

29 특유속도가 가장 낮은 수차는?

① 펠톤수차 ② 사류수차
③ 프로펠러수차 ④ 프란시스수차

풀이 수차의 종류와 특유속도 및 그 사용 한계

수차의 종류		특유속도의 한계값
펠톤수차		12~23
프란시스 수차	저속도형	65~150
	중속도형	150~250
	고속도형	250~350
사류수차		150~250
카플란 수차, 프로펠러 수차		350~800

답 ①

30 22.9[kV]로 수전하는 자가용 전기설비가 있다. 수전점에 설치한 차단기의 차단용량이 520[MVA]일 때 차단기의 정격차단전류는 약 몇 [kA]인가?

① 3.5 ② 5.
③ 8.5 ④ 12.5

풀이 차단기의 차단용량 $P_s = \sqrt{3}\,VI_s$ 에서

차단전류 $I_s = \dfrac{P_s}{\sqrt{3}\,V} = \dfrac{520\times 10^3}{\sqrt{3}\times 22.9\times \dfrac{1.2}{1.1}}\times 10^{-3}$

$= 12.02$[kA] 답 ④

31 특유 속도가 높다는 것은?

① 수차의 실제의 회전수가 높다는 것이다.
② 유수에 대한 수차 러너의 상대 속도가 빠르다는 것이다.
③ 유수의 유속이 빠르다는 것이다.
④ 속도 변동률이 높다는 것이다.

풀이 특유속도는 수차의 성능 비교 등을 위해 사용하며, 특유속도가 높다는 것은 수차의 실용 속도가 높다는 뜻이 아니라 상대 속도가 빠르다는 것을 의미한다. 답 ②

32 선로고장 발생 시 고장전류를 차단할 수 없어 리클로저와 같이 차단 기능이 있는 후비보호 장치와 직렬로 설치되어야 하는 장치는?

① 배선용차단기 ② 유입개폐기
③ 컷아웃스위치 ④ 섹셔널라이저

풀이 섹셔널라이저는 배전선로에 고장이 발생할 경우 리클로저의 동작으로 선로가 무전압 상태가 되면 이를 감지하여 무전압 상태의 횟수를 기억하였다가 정해진 횟수에 도달하면 선로의 무전압 상태에서 선로를 개방하여 고장 구간을 분리시킨다. 섹셔널라이저는 고장 전류를 차단할 수 있는 능력이 없으므로 리클로저와 직렬로 조합하여 사용한다. **답** ④

33 조압 수조(서지 탱크)의 설치 목적은?

① 조속기의 보호 ② 수차의 보호
③ 여수의 처리 ④ 수압관의 보호

풀이 조압 수조는 저수지로부터의 수로가 압력 터널인 경우에 시설하는 것으로서 사용 유량의 급변으로 인한 수격 작용(Water hammering)이 압력 터널에 미치지 않도록 하는 일종의 안전장치이다. **답** ④

34 1[m]의 하중 0.37[kg]의 전선을 지지점이 수평인 경간 80[m]에 가설하여 딥을 0.8[m]로 하려면, 장력은 몇 [kg]인가?

① 350 ② 360
③ 370 ④ 380

풀이 이도 $D = \dfrac{WS^2}{8T}$ 이므로,

장력 $T = \dfrac{WS^2}{8D} = \dfrac{0.37 \times 80^2}{8 \times 0.8} = \dfrac{0.37 \times 6,400}{6.4} = 370[kg]$ **답** ③

35 전력계통의 전압조정과 무관한 것은?

① 전력용 콘덴서
② 자동전압조정기
③ 발전기의 속도 조정장치
④ 부하 시 탭 조정장치

풀이 ① 모선전압조정
- 유도전압조정기
- 부하 시 탭 전환변압기

② 선로전압조정
- 선로전압 강하보상기 • 승압기
- 직렬콘덴서 • 주변압기의 탭조정 **답** ③

36 어느 변전소의 공급 구역 내에 총 설비 부하 용량은 전등 600[kW], 동력 800[kW]이다. 각 수용가의 수용률을 전등 60[%], 동력 80[%], 각 수용가 간의 부등률을 전등 1.2, 동력 1.6, 변전소에 있어서의 전등과 동력 부하 간의 부등률을 1.4라고 하면 이 변전소에서 공급하는 최대 전력은 몇 [kW]인가? 단, 부하나 선로의 전력 손실은 10[%]로 한다.

① 600 ② 550
③ 500 ④ 450

풀이
- 전등 부하의 최대 전력
$= \dfrac{수용률}{부등률} \times 설비용량 = \dfrac{0.6}{1.2} \times 600 = 300[kW]$
- 동력 부하 최대 전력
$= \dfrac{수용률}{부등률} \times 설비용량 = \dfrac{0.8}{1.6} \times 800 = 400[kW]$
- 합성 최대 전력
$= \dfrac{전등\ 최대\ 전력 + 동력\ 최대\ 전력}{부등률} = \dfrac{300 + 400}{1.4}$
$= 500[kW]$

전력 손실을 10[%]로 하므로,
변전소 공급 최대 전력은 $500 \times 1.1 = 550[kW]$ **답** ②

37 각 전력계통을 연계선으로 상호연결하면 여러 가지 장점이 있다. 틀린 것은?

① 경제급전이 용이하다.
② 주파수의 변화가 작아진다.
③ 각 전력계통의 신뢰도가 증가한다.
④ 배후전력(back power)이 크기 때문에 고장이 적으며 그 영향의 범위가 작아진다.

풀이 전력계통의 연계방식의 장·단점
[장점]
① 전력의 융통으로 설비용량이 절감된다.
② 건설비 및 운전 경비를 절감하므로 경제 급전이 용이하다.
③ 계통 전체로서의 신뢰도가 증가한다.
④ 부하 변동의 영향이 작아져서 안정된 주파수 유지가 가능하다.
[단점]
① 연계설비를 신설해야 한다.

② 사고 시 타계통에의 파급 확대될 우려가 있다.
③ 단락전류가 증대하고 통신선의 전자유도 장해도 커진다. 답 ④

38 수전단 전압이 송전단 전압보다 높아지는 현상을 무슨 효과라 하는가?
① 페란티 효과   ② 표피 효과
③ 근접 효과   ④ 도플러 효과

풀이 ① 페란티 효과 : 송전선로에 충전전류가 흐르면 수전단 전압이 송전단 전압보다 높아지는 현상
② 표피 효과 : 교류전류의 경우에는 도체 중심보다 도체 표면에 전류가 많이 흐르는 현상
③ 근접 효과 : 같은 방향의 전류는 바깥쪽으로 다른 방향의 전류는 안쪽으로 모이는 현상
④ 도플러 효과 : 어떤 파동의 파동원과 관찰자의 상대속도에 따라 진동수와 파장이 바뀌는 현상 답 ①

39 전선의 표피 효과에 대한 설명으로 알맞은 것은?
① 전선이 굵을수록, 주파수가 높을수록 커진다.
② 전선이 굵을수록, 주파수가 낮을수록 커진다.
③ 전선이 가늘수록, 주파수가 높을수록 커진다.
④ 전선이 가늘수록, 주파수가 낮을수록 커진다.

풀이 표피 두께 $\delta = \sqrt{\dfrac{2}{\omega\sigma\mu}} = \sqrt{\dfrac{1}{\pi f\sigma\mu}}$
따라서, f(주파수), σ(도전율), μ(투자율)가 클수록 표피 두께(δ)가 감소하므로 표피효과는 증대되어 도체의 실효저항이 증가한다. 답 ①

40 송전선의 특성임피던스는 저항과 누설컨덕턴스를 무시하면 어떻게 표현되는가?
(단, L은 선로의 인덕턴스, C는 선로의 정전용량이다.)
① $\sqrt{\dfrac{L}{C}}$ ② $\sqrt{\dfrac{C}{L}}$ ③ $\dfrac{L}{C}$ ④ $\dfrac{C}{L}$

풀이 임피던스 $Z = R + j\omega L$
어드미턴스 $Y = G + j\omega C$에서
저항(R)과 누설 컨덕턴스(G)를 무시하면
특성 임피던스 $Z_0 = \sqrt{\dfrac{Z}{Y}} = \sqrt{\dfrac{0+j\omega L}{0+j\omega C}} = \sqrt{\dfrac{L}{C}}$ 답 ①

2024년 - 2회 _ 전기기사·공사기사

21 전력선 a의 충전 전압을 E, 통신선 b의 대지 정전 용량을 C_b, a-b 사이의 상호 정전 용량을 C_{ab}라고 하면 통신선 b의 정전 유도 전압 E_s는?

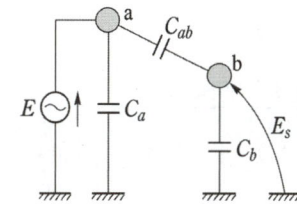

① $\dfrac{C_{ab}+C_b}{C_b}E$ ② $\dfrac{C_{ab}+C_a}{C_{ab}}E$
③ $\dfrac{C_b}{C_{ab}+C_b}E$ ④ $\dfrac{C_{ab}}{C_{ab}+C_b}E$

풀이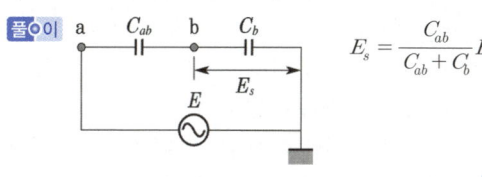
$E_s = \dfrac{C_{ab}}{C_{ab}+C_b}E$ 답 ④

22 전력 계통의 주파수 변동은 주로 무엇의 변화에 기인하는가?
① 유효 전력   ② 무효 전력
③ 계통 전압   ④ 계통 임피던스

풀이 • 유효 전력 변동 = 주파수 변동
• 무효 전력 변동 = 전압 변동 답 ①

23 송전선로에 매설지선을 설치하는 목적은?
① 철탑 기초의 강도를 보강하기 위하여
② 직격뇌로부터 송전선을 차폐보호하기 위하여
③ 현수애자 1연의 전압 분담을 균일화하기 위하여
④ 철탑으로부터 송전선로로의 역섬락을 방지하기 위하여

풀이 뇌서지가 철탑을 가격시 철탑의 탑각 접지저항이 충분히 낮지 않으면 철탑의 전위가 상승하여 철탑에서 선로 섬락을 일으키는 경우가 있는데 이를 역섬락 이라한다. 매설지선을 설치하여 탑각 접지저항을 낮추면 역섬락을 방지할 수 있다. **답** ④

24 기력발전소에서 열손실이 가장 큰 장치는?

① 보일러 손실 ② 터빈 기계손실
③ 복수기 손실 ④ 보기 동력손실

풀이 열손실의 개략값[%]

보일러 손실	터빈 기계손실	복수기 손실	보기 동력손실
12	1	47	2

답 ③

25 유량의 크기를 구분할 때 갈수량이란?

① 하천의 수위 중에서 1년을 통하여 355일간 이보다 내려가지 않는 수위
② 하천의 수위 중에서 1년을 통하여 275일간 이보다 내려가지 않는 수위
③ 하천의 수위 중에서 1년을 통하여 185일간 이보다 내려가지 않는 수위
④ 하천의 수위 중에서 1년을 통하여 95일간 이보다 내려가지 않는 수위

풀이 ① : 갈수량 (갈수위)
② : 저수량 (저수위)
③ : 평수량 (평수위)
④ : 풍수량 (풍수위) **답** ①

26 송전단, 수전단 전압을 각각 E_s, E_r이라 하고 4단자정수를 A, B, C, D라 할 때 전력원선도의 반지름은?

① $\dfrac{E_s E_r}{A}$ ② $\dfrac{E_s E_r}{B}$
③ $\dfrac{E_s E_r}{C}$ ④ $\dfrac{E_s E_r}{D}$

풀이 원선도의 반지름 $\rho = \dfrac{E_s E_r}{B}$ **답** ②

27 3상 3선식 송전선로가 있다. 전선 한 가닥의 저항은 10[Ω], 리액턴스는 20[Ω]이고 수전단의 선간전압은 60[kV], 부하역률은 0.8(늦음)이다. 전압강하율을 5[%]로 하면 이 송전선로로 약 몇 [kW]까지 수전할 수 있는가?

① 6200[kW] ② 7200[kW]
③ 8200[kW] ④ 9200[kW]

풀이 $\epsilon = \dfrac{P}{V^2}(R + X\tan\theta)$에서 전압강하율이 5[%]이므로

$0.05 = \dfrac{P}{60000^2} \times \left(10 + 20 \times \dfrac{0.6}{0.8}\right)$

$\therefore P = \dfrac{0.05 \times 60000^2}{\left(10 + 20 \times \dfrac{0.6}{0.8}\right)} \times 10^{-3} = 7200[kW]$ **답** ②

28 동기조상기에 관한 설명으로 틀린 것은?

① 동기전동기의 V특성을 이용하는 설비이다.
② 동기전동기를 부족여자로 하여 컨덕터로 사용한다.
③ 동기전동기를 과여자로 하여 콘덴서로 사용한다.
④ 송전계통의 전압을 일정하게 유지하기 위한 설비이다.

풀이
• 조상설비 : 송전선을 일정한 전압으로 운전하기 위해 필요한 무효전력을 공급하는 장치를 조상설비라 하며 그 종류로는 동기 조상기, 전력용 콘덴서, 분로 리액터가 있다.
• 동기조상기 : 동기 전동기의 V특성을 이용하는 설비로서 무부하 운전중인 동기전동기를 과여자 운전하면 콘덴서로 작용하며, 부족여자 운전하면 리액터로 작용한다. **답** ②

29 1차 변전소용 변압기결선 Y-Y-△의 제3차 권선의 용도가 아닌 것은?

① 소내용 전압 공급
② 승압용
③ 조상 설비의 설치
④ 제3고조파 제거

풀이 1차 변전소는 전압의 승압이 필요하므로 승압에 유리한 Y-Y 결선이 사용된다. 그러나 Y-Y 결선의 경우 제3고

조파가 문제 되므로 이를 해결하기 위하여 △결선의 3차 권선이 설치된 Y－Y－△결선의 변압기가 사용되며 **3차 권선(△결선, 안정 권선)의 용도**는
- 제3고조파의 제거
- 조상설비의 설치
- 소내용 전압 공급

답 ②

30 부하 역률이 0.6인 선로의 저항 손실은 부하 역률이 0.9인 선로의 저항 손실에 비하여 약 몇 배인가?

① 0.44 ② 0.67
③ 1.5 ④ 2.25

풀이 전력손실 $P_l \propto \dfrac{1}{\cos^2\theta}$ 이므로,

$$\dfrac{P_{l0.6}}{P_{l0.9}} = \dfrac{\dfrac{1}{0.6^2}}{\dfrac{1}{0.9^2}} = \dfrac{81}{36} = 2.25$$

∴ $P_{l0.6} = 2.25 P_{l0.9}$

답 ④

31 직격뢰에 대한 방호설비로 가장 적당한 것은?

① 복도체 ② 가공지선
③ 서지흡수기 ④ 정전방전기

풀이 가공 지선의 설치 목적
① 직격 뇌에 대한 차폐 효과
② 유도 뇌에 대한 정전 차폐 효과
③ 통신선에 대한 전자 유도 장해 경감 효과

답 ②

32 현수애자 4개를 1련으로 한 66[kV] 송전선로가 있다. 현수애자 1개의 절연저항이 2000[MΩ]이라면, 표준경간을 200[m]로 할 때 1[km]당의 누설 컨덕턴스[℧]는?

① 0.63×10^{-9} ② 0.93×10^{-9}
③ 1.23×10^{-9} ④ 1.53×10^{-9}

풀이
- 현수 애자 1련의 저항
  $r = 2000\,[\text{M}\Omega] \times 4 = 8 \times 10^9\,[\Omega]$
  (애자련에 연결되어 있는 애자의 절연저항은 직렬접속과 같다.)
- 표준 경간이 200[m]이고 1[km]당 현수 애자는 5련이 설치되므로

$R = \dfrac{r}{n} = \dfrac{8}{5} \times 10^9\,[\Omega]$

(선로에 접속되어 있는 애자련의 절연저항은 병렬접속과 같다.)

- 누설 컨덕턴스
$G = \dfrac{1}{R} = \dfrac{5}{8} \times 10^{-9}\,[\text{℧}] = 0.63 \times 10^{-9}\,[\text{℧}]$

답 ①

33 송전 선로 보호를 위한 것이 아닌 것은?

① 과전류 계전 방식
② 방향 계전 방식
③ 전류 위상 비교 방식
④ 차동 보호 방식

풀이 현재 사용되고 있는 송전선 보호 계전방식
① **전류 차동 원리**를 이용한 방식(파일럿와이어 또는 PCM 전송)
② **전류 위상 비교방식** ③ **방향 비교방식**
④ 거리 측정방식 ⑤ 전류 균형 방식
⑥ 과전류 방식
차동 보호 방식은 기기의 보호용이다.

답 ④

34 GIS(Gas Insulated Switch Gear)의 특징이 아닌 것은?

① 내부점검, 부품교환이 번거롭다.
② 신뢰성이 향상되고, 안전성이 높다.
③ 장비는 저렴하지만 시설공사 방법은 복잡하다.
④ 대기 절연을 이용한 것에 비하면 현저하게 소형화할 수 있다.

풀이 가스절연개폐기의 장점
① 소형화 할 수 있다. (옥외 철구형 변전소의 1/10~1/15)
② 충전부가 완전히 밀폐되어 안정성이 높다.
③ 소음이 적고 환경 조화를 기할 수 있다.
④ 대기 중의 오염물의 영향을 받지 않으므로 신뢰도가 높다.
⑤ 조작 중 소음이 적고 라디오 방해전파를 줄여 공해 문제를 해결해 준다.
⑥ 대부분 **공장에서 조립되어 현지에 운반**되므로 **현장에서의 공사가 대단히 간소화** 될 뿐만 아니라 공사 품질도 크게 향상된다.
⑦ 절연물, 접촉자 등이 SF_6 Gas 내에 설치되어 보수점검 주기가 길어진다.

답 ③

35 송전단 전압을 V_s, 수전단 전압을 V_r, 선로의 리액턴스를 X라 할 때 정상 시의 최대 송전전력의 개략적인 값은?

① $\dfrac{V_s - V_r}{X}$ ② $\dfrac{V_s^2 - V_r^2}{X}$

③ $\dfrac{V_s(V_s - V_r)}{X}$ ④ $\dfrac{V_s V_r}{X}$

풀이 송전전력 $P = \dfrac{V_s V_r}{X}\sin\delta$ 이므로,
$\sin\delta = 1$ 일 때 최대 송전전력이 된다.
∴ 최대 송전전력 $P = \dfrac{V_s V_r}{X}$ **답** ④

36 3상 3선식 송전선에서 L을 작용 인덕턴스라 하고, L_e 및 L_m은 대지를 귀로로 하는 1선의 자기 인덕턴스 및 상호 인덕턴스라고 할 때 이들 사이의 관계식은?

① $L = L_m - L_e$ ② $L = L_e - L_m$

③ $L = L_m + L_e$ ④ $L = \dfrac{L_m}{L_e}$

풀이 작용 인덕턴스(L)
= 대지 귀로의 자기 인덕턴스(L_e)
 − 대지 귀로의 상호 인덕턴스(L_m)   **답** ②

37 △결선된 대칭 3상 부하가 있다. 역률이 0.8(지상)이고, 전 소비전력이 1800[W]이다. 한 상의 선로저항이 0.5[Ω]이고, 발생하는 전선로 손실이 50[W]이면 부하단자전압은?

① 440[V]   ② 402[V]
③ 324[V]   ④ 225[V]

풀이 전선로 손실 $P_l = 3I^2 R$[W] 이므로

$I = \sqrt{\dfrac{P_l}{3R}} = \sqrt{\dfrac{50}{3 \times 0.5}} = \dfrac{10}{\sqrt{3}}$ [A]

소비전력 $P = \sqrt{3}\,VI\cos\theta$ [W] 이므로

∴ $V = \dfrac{P}{\sqrt{3}\,I\cos\theta} = \dfrac{1800}{\sqrt{3} \times \dfrac{10}{\sqrt{3}} \times 0.8}$

$= 225$ [V]   **답** ④

38 한류리액터의 사용 목적은?
① 누설전류의 제한
② 단락전류의 제한
③ 접지전류의 제한
④ 이상전압 발생의 방지

풀이 리액터의 역할
• 한류 리액터 : 단락 전류를 제한
• 직렬 리액터 : 제5고조파 제거
• 분로 리액터 : 페란티 현상 방지
• 소호 리액터 : 지락 아크 소멸   **답** ②

39 보일러에서 흡수 열량이 가장 큰 것은?
① 수냉벽   ② 보일러 수관
③ 과열기   ④ 절탄기

풀이 수냉벽은 노벽을 보호하고자 하는 것이 원래 목적이었으나 그 작용은 여러 가지 유리한 효과를 가지고 있다. 수냉벽은 보일러 드럼 또는 수관과 연락하는 수관을 가진 노벽으로 노 내의 복사열을 흡수한다. 각 부의 가열 면적과 흡수 열량의 비는 다음 표와 같다.

	가열 면적[%]	흡수 열량[%]
수냉벽	10~15	40~50
보일러 수관	5~10	10~15
과열기	10~15	15~20
절탄기	15	10~15
공기 예열기	50	5~10

답 ①

40 3상4선식 배전선로에서 배전전압을 2배로 승압하여 같은 손실률로 동일한 부하에 전력을 공급한다고 할 때, 전력손실은 승압전보다 어떻게 되는가?

① $\dfrac{1}{4}$ 로 줄어든다.

② $\dfrac{1}{2}$ 로 줄어든다.

③ 2배로 된다.
④ 불변이다.

풀이 전력손실 $P_l = \dfrac{P^2 R}{V^2 \cos^2\theta} \propto \dfrac{1}{V^2}$ 이므로

∴ $P_l = \left(\dfrac{1}{2}\right)^2 = \dfrac{1}{4}$ 배   **답** ①

2024년 - 3회 _ 전기기사·공사기사

21 반지름이 r[m]인 3상 송전선 A, B, C가 그림과 같이 수평으로 D[m] 간격으로 배치되고 3선이 완전 연가된 경우 각 인덕턴스는 몇 [mH/km] 인가?

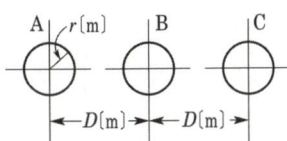

① $L = 0.05 + 0.4605 \log_{10} \dfrac{D}{r}$

② $L = 0.05 + 0.4605 \log_{10} \dfrac{\sqrt{2}\,D}{r}$

③ $L = 0.05 + 0.4605 \log_{10} \dfrac{\sqrt{3}\,D}{r}$

④ $L = 0.05 + 0.4605 \log_{10} \dfrac{\sqrt[3]{2}\,D}{r}$

풀이 등가 선간거리
$D_e = \sqrt[3]{D \cdot D \cdot 2D} = \sqrt[3]{2}\,D$이므로,
각 인덕턴스
$L = 0.05 + 0.4605 \log_{10} \dfrac{\sqrt[3]{2}\,D}{r}$ [mH/km]   **답** ④

22 가공선의 서지 임피던스를 Z_a, 지중선의 서지 임피던스를 Z_c라 할 때 일반적으로 어떤 관계가 성립하는가?

① $Z_a = Z_c$ ② $Z_a > Z_c$
③ $Z_a < Z_c$ ④ $Z_a \leq Z_c$

풀이 cable은 가공선에 비해 정전 용량 C가 매우 크다. (약 20~30배)

따라서, 서지 임피던스 $Z_0 = \sqrt{\dfrac{L}{C}}$ 에서
가공선이 케이블에 비해 서지 임피던스가 크다.
지중선로에서는 케이블을 사용 하여야 하므로
$Z_a > Z_c$가 성립된다.   **답** ②

23 초고압 송전선에 직접 접지방식이 채용되는 이유가 아닌 것은?

① 지락 시 중성점의 전위가 상승하지 않는다.
② 지락 시 계전기의 동작이 확실하다.
③ 단절연이 가능하다.
④ 기기의 절연레벨을 높일 수 있다.

풀이 직접 접지방식의 장·단점
[장점]
① 1선 지락 시에 건전상의 대지전압이 거의 상승하지 않는다.
② 피뢰기의 효과를 증진시킬 수 있다.
③ 선로 및 기기의 절연레벨을 낮출 수 있다. (저감절연, 단절연 가능)
④ 계전기의 동작이 확실해진다.
[단점]
① 송전 계통의 과도 안정도가 나빠진다.
② 통신선에 유도장해가 크다.
③ 지락 시 대전류가 흘러 기기에 손상을 준다.
④ 대용량 차단기가 필요하다.   **답** ④

24 초고압 송전선로에서 코로나 방지대책으로 적당하지 않은 것은?

① 매설지선 사용
② ACSR선 사용
③ 중공연선 사용
④ 복도체 사용

풀이 코로나 방지 대책
코로나 임계전압 $\left(E_0 = 24.3 m_0 m_1 \delta\, d \log_{10} \dfrac{D}{r}\right)$을 상승시킨다.
① 전선의 지름을 크게 한다.
② 복도체를 사용한다.
③ 가선 금구를 개량한다.
④ 가선 시에 전선 표면의 금구를 손상하지 않게 한다.
매설지선은 탑각 접지저항을 감소시켜 역섬락을 방지하기 위하여 사용된다.   **답** ①

25 송전전력, 부하역률, 송전거리, 전력손실, 선간 전압을 동일하게 하였을 때 3상3선식에 의한 소요전선량은 단상 2선식인 경우의 몇 [%]인가?

① 50[%]   ② 67[%]
③ 75[%]   ④ 87[%]

풀이

방식	$1\phi 2W$ 소요전선량을 100[%]로		절약량
$1\phi 3W$	중성선 굵기 동일	3/8 = 37.5[%] 소요	62.5[%]
	중성선 굵기 1/2	2.5/8	
$3\phi 3W$	–	3/4 = 75[%] 소요	25[%]
$3\phi 4W$	중성선 굵기 동일	4/12	66[%] (최대)
	중성선 굵기 1/2	3.5/12 = 29.2[%] 소요	

답 ③

26 3상 154[kV] 송전선의 일반회로정수가 $A=0.900$, $B=150$, $C=j0.901\times 10^{-3}$, $D=0.930$일 때 무부하 시 송전단에 154[kV]를 가했을 때 수전단전압은 몇 [kV]인가?

① 143 　　② 154
③ 166 　　④ 171

풀이
- 송전단 상전압 $E_S = AE_R + BI_R$ 이므로, 송전단 선간 전압 $V_S = AV_R + \sqrt{3}BI_R$
- 무부하($I_R = 0$)이므로, $V_S = AV_R$

$\therefore V_R = \dfrac{V_S}{A} = \dfrac{154}{0.9}[\text{kV}] = 171[\text{kV}]$

답 ④

27 부하의 역률을 개선하기 위한 콘덴서의 적정 설치 위치는?

① 수전단 모선 중앙에 집중설치
② 수전단 모선 중앙과 저압측 모선 중앙에 분산설치
③ 저압측 각각의 부하에 병렬로 개별설치
④ 저압측 모선 중앙에 집중설치

풀이 콘덴서 설치에 따른 효과는 배전선을 포함한 전원측의 경로를 통해 나타난다. 따라서 각각의 부하에 병렬로 개별적으로 설치하는 것이 가장 효과가 크고 콘덴서 제어가 간편하나 부하 각각에 설치해야 하는 경제적인 부담이 크다.

답 ③

28 역률 80[%]인 10000[kVA]의 부하를 갖는 변전소에 2000[kVA]의 콘덴서를 설치해서 역률을 개선하면 변압기에 걸리는 부하는 약 몇 [kVA]인가?

① 8000 　　② 8540
③ 8940 　　④ 9440

풀이

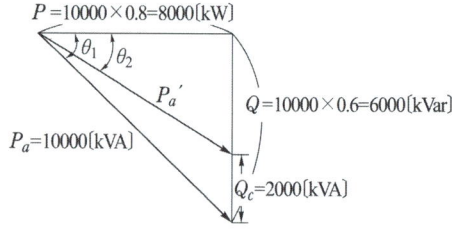

- 유효전력
$P = P_a\cos\theta_1 = 10000 \times 0.8 = 8000[\text{kW}]$
- 무효전력
$Q = P_a\sin\theta_1 = 10000 \times \sqrt{1-0.8^2} = 6000[\text{kVar}]$
- 전력용 콘덴서 $Q_c = 2000[\text{kVA}]$

따라서 변압기에 걸리는 부하 $P_a{'}$은
$P_a{'} = \sqrt{P^2 + (Q_1-Q_c)^2} = \sqrt{8000^2 + (6000-2000)^2}$
$= 8944.27[\text{kVA}]$

답 ③

29 파동 임피던스 $Z_1 = 300[\Omega]$인 선로 종단에 파동 임피던스 $Z_2 = 1500[\Omega]$의 변압기가 접속되어 있다. 지금 선로에서 파고 $e_1 = 600[\text{kV}]$의 전압이 진입하였다면 접속점에서의 전압의 반사파는 약 몇 [kV]인가?

① 300 　　② 400
③ 500 　　④ 600

풀이 반사 전압
$e_2 = \dfrac{Z_2 - Z_1}{Z_2 + Z_1} e_1 = \dfrac{1500-300}{1500+300} \times 600 = 400[\text{kV}]$

답 ②

30 열효율 35[%]의 화력 발전소에서 발열량 6,000[kcal/kg]의 석탄을 이용한다면 1[kWh]를 발전하는 데 필요한 석탄량은 몇 [kg]인가?

① 2.42 　　② 1.23
③ 0.82 　　④ 0.41

풀이 발전소의 열효율
$\eta = \dfrac{860W}{mH} \times 100[\%]$

연료 소비량
$m = \dfrac{860W}{\eta H} = \dfrac{860 \times 1}{0.35 \times 6,000} ≒ 0.41[\text{kg}]$

답 ④

31 비접지 계통의 3상 3선식 배전선로가 있다. 1선이 지락하는 경우 건전상의 전위상승은 지락 전의 몇 배인가?

① $\dfrac{\sqrt{3}}{2}$ ② 1 ③ $\sqrt{2}$ ④ $\sqrt{3}$

풀이 △결선(비접지 계통)은 1선 지락시 전위 상승이 상전압(V_p)에서 선간 전압($\sqrt{3}\,V_p$)으로 된다. **답** ④

32 10000[kVA] 기준으로 등가 임피던스가 0.4[%]인 발전소에 설치될 차단기의 차단용량은 몇 [MVA]인가?

① 1000 ② 1500
③ 2000 ④ 2500

풀이 차단기의 차단용량
$P_s = \dfrac{100}{\%Z}P_n = \dfrac{100}{0.4} \times 10{,}000 \times 10^{-3} = 2{,}500\,[\text{MVA}]$
답 ④

33 송전 선로의 안정도 향상 대책과 관계가 없는 것은?

① 속응 여자 방식 채용
② 재폐로 방식의 채용
③ 리액턴스 감소
④ 역률의 신속한 조정

풀이 안정도 향상 대책
① 계통의 직렬 리액턴스 감소
② 전압 변동률을 적게 한다(속응 여자 방식 채용, 계통의 연계, 중간 조상 방식).
③ 계통에 주는 충격을 적게 한다(적당한 중성점 접지 방식, 고속 차단 방식, 재폐로 방식).
④ 고장 중의 발전기 돌입 출력의 불평형을 적게 한다.
답 ④

34 선로 전압강하 보상기(LDC)에 대한 설명으로 옳은 것은?

① 승압기로 저하된 전압을 보상하는 것
② 분로리액터로 전압 상승을 억제하는 것
③ 선로의 전압 강하를 고려하여 모선 전압을 조정하는 것
④ 직렬콘덴서로 선로의 리액턴스를 보상하는 것

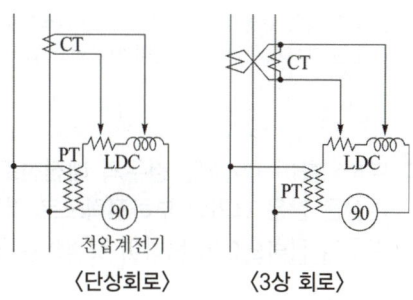

〈단상회로〉 〈3상 회로〉

풀이 LDC(line drop compensator)는 부하전류에 의한 배전선의 전압강하를 보상하는 것인데 LRT(부하시 탭절환 변압기)의 제어회로에 이것을 부가해서 배전전압을 중부하시에는 높게, 경부하시에는 낮게 자동적으로 조정하여 일정한 전압이 되도록 한다. **답** ③

35 케이블의 전력 손실과 관계가 없는 것은?

① 철손   ② 유전체손
③ 시스손   ④ 도체의 저항손

풀이
- 케이블의 손실 : 저항손, 유전체손, 연피(시스)손
- 철손은 발전기, 전동기, 변압기 등에서 발생하는 무부하 손실이다. **답** ①

36 보호계전기와 그 사용 목적이 잘못 된 것은?

① 비율차동계전기 : 발전기 내부 단락 검출용
② 전압평형계전기 : 발전기 출력측 PT 퓨즈 단선에 의한 오작동 방지
③ 역상과전류계전기 : 발전기 부하불평형 회전자 과열소손
④ 과전압계전기 : 과부하 단락사고

풀이 과전압 계전기는 전압이 정정값을 초과 할 때 동작하는 계전기로, 과부하 보호 및 단락 보호에 사용되지 않는다. **답** ④

37 석탄 연소 화력 발전소에서 사용되는 집진 장치의 효율이 가장 큰 것은?

① 전기식 집진기
② 수세식 집진기
③ 원심력식 집진 장치
④ 직렬 결합식

풀이 집진 장치 효율이 가장 큰 것은 전기식으로 코트렐식 집진 장치가 현재 가장 많이 사용되고 있다. **답** ①

38 부하역률이 $\cos\theta$인 경우의 배전선로의 전력손실은 같은 크기의 부하전력으로 역률이 1인 경우의 전력손실에 비하여 몇 배인가?

① $\dfrac{1}{\cos^2\theta}$ ② $\dfrac{1}{\cos\theta}$
③ $\cos\theta$ ④ $\cos^2\theta$

풀이 $P_l \propto \dfrac{1}{\cos^2\theta}$에서 역률 1일 때 비교

$$\dfrac{P_{l\cos\theta}}{P_{l1.0}} = \dfrac{\dfrac{1}{\cos^2\theta}}{1} = \dfrac{1}{\cos^2\theta}$$

답 ①

39 전력 계통 주파수가 기준값보다 증가하는 경우 어떻게 하는 것이 타당한가?

① 발전 출력[kW]을 증가시켜야 한다.
② 발전 출력[kW]을 감소시켜야 한다.
③ 무효 전력[kVar]을 증가시켜야 한다.
④ 무효 전력[kVar]을 감소시켜야 한다.

풀이
• 발전기 출력(유효 전력) 증가 → 계통 주파수 상승
• **발전기 출력(유효 전력) 감소 → 계통 주파수 하강**
• 진상 무효 전력 증가 → 수전단 전압 상승
• 지상 무효 전력 증가 → 수전단 전압 하강 **답** ②

40 송전용량계수법에 의하여 송전선로의 송전용량을 결정할 때 수전 전력의 관계를 옳게 표현한 것은?

① 수전전력의 크기는 송전거리와 송전전압에 비례한다.
② 수전전력의 크기는 송전거리에 비례하고 수전단 선간전압의 제곱에 비례한다.
③ 수전전력의 크기는 송전거리에 반비례하고 수전단 선간전압에 비례한다.
④ 수전전력의 크기는 송전거리에 반비례하고 수전단 선간전압의 제곱에 비례한다.

풀이 송전용량 $P = k\dfrac{V_r^2}{l}$ [kW]

여기서, V_r : 수전단 선간 전압[kV]
l : 송전 거리[km]
k : 송전 용량계수 **답** ④

2025년 전력공학_전기기사·공사기사_CBT 복원문제

문제의 번호는 실제 시험문제의 번호와 같게 하였습니다.

2025년 - 1회 _ 전기기사·공사기사

21 단로기에 대한 설명으로 적합하지 않은 것은?
① 소호장치가 있어 아크를 소멸시킨다.
② 무부하 및 여자전류의 개폐에 사용된다.
③ 배전용 단로기는 보통 디스컨넥팅바로 개폐한다.
④ 회로의 분리 또는 계통의 접속 변경시 사용한다.

풀이 단로기(DS)는 변전소의 전력기기를 시험하기 위하여 회로를 분리하거나, 계통의 접속을 바꾸거나 하는 경우에 사용되며, 여기에는 소호장치가 없어 고장전류나 부하전류의 개폐에는 사용할 수 없다. **답** ①

22 출력 20,000[kW]의 화력발전소가 부하율 80[%]로 운전할 때 1일의 석탄소비량은 약 몇 ton 인가? (단, 보일러 효율 80[%], 터빈의 열 사이클 효율 35[%], 터빈 효율 85[%], 발전기 효율 76[%], 석탄의 발열량은 5500[kcal/kg]이다.)
① 275   ② 293
③ 312   ④ 332

풀이 1[kWh] = 860[kcal]이므로
시간 × 860 × 최대 전력 × 부하율
= 발열량 × 석탄 소비량[kg] × η[효율]
$24 \times 860 \times 20000 \times 0.8$
$= 5500 \times x \times 10^3 \times 0.85 \times 0.8 \times 0.35 \times 0.76$
따라서 소비량
$x = \dfrac{860 \times 20000 \times 0.8 \times 24}{5500 \times 10^3 \times 0.85 \times 0.8 \times 0.35 \times 0.76} = 332[t]$ **답** ④

23 선간전압이 154[kV]이고, 1상당의 임피던스가 $j8[\Omega]$인 기기가 있을 때, 기준용량을 100[MVA]로 하면 %임피던스는 약 몇 [%]인가?
① 2.75   ② 3.15
③ 3.37   ④ 4.25

풀이 $\%Z = \dfrac{PZ}{10V^2} = \dfrac{100 \times 10^3 \times 8}{10 \times 154^2} = 3.37[\%]$
여기서 V : 정격전압[kV], P : 기준용량[kVA] **답** ③

24 중성점 접지방식 중 1선 지락고장일 때 선로의 전위상승이 $\sqrt{3}$ 배 이상이고, 유도장해가 최소인 것은?
① 비접지방식   ② 직접접지방식
③ 저항접지방식 ④ 소호리액터접지방식

풀이

방식	다중 고장 발생 확률	보호 계전기 동작	지락 전류	고장중 운전	전위 상승	과도 안정도	유도 장해	특징
소호 리액터 접지 (66[kV])	보통	불확실	최소	가능	$\sqrt{3}$ 이상	최대	최소	병렬공진 고장전류 최소

답 ④

25 한류리액터를 사용하는 가장 큰 목적은?
① 충전전류의 제한   ② 접지전류의 제한
③ 누설전류의 제한   ④ 단락전류의 제한

풀이
• 한류 리액터 : 단락 사고시의 단락전류를 제한
• 직렬 리액터 : 제5고조파 제거
• 분로 리액터 : 페란티 현상 방지
• 소호 리액터 : 지락 아크 소멸   **답** ④

26 수력발전소의 저수지 용량 등을 결정하는데 사용되는 것으로 가장 적합한 것은?
① 유량도   ② 유황곡선
③ 수위 유량곡선 ④ 적산 유량곡선

풀이 적산 유량 곡선은 매일의 수량을 차례로 적산해서 가로축에 일수를, 세로축에 적산 수량을 그린 곡선으로서 수력 발전소의 댐을 설계하거나 저수지 용량 결정에 사용된다. **답** ④

27 3상 회로에서 정격전압을 E, 정격전류를 I_n, %임피던스를 $\%Z$라 할 때 3상 단락 전류는?

① $\dfrac{E}{\%Z}$ ② $\dfrac{EI_n}{\%Z}$

③ $\dfrac{100I_n}{\%Z}$ ④ $\dfrac{100EI_n}{\%Z}$

풀이 $\%Z=\dfrac{I_n Z}{E}\times 100$에서 $Z=\dfrac{\%ZE}{100I_n}$이므로

단락 전류 $I_n=\dfrac{E}{Z}=\dfrac{E}{\dfrac{\%ZE}{100I_n}}=\dfrac{100}{\%Z}I_n$ **답** ③

28 사고, 정전 등의 중대한 영향을 받는 지역에서 정전과 동시에 자동적으로 예비전원용 배전선로로 전환하는 장치는?

① 차단기
② 리클로저(Recloser)
③ 섹셔널라이저(Sectionalizer)
④ 자동부하 전환개폐기(Auto Load Transfer Switch)

풀이 ① 차단기 : 부하전류 및 사고전류를 신속·안전하게 차단하여 고장구간을 건전구간으로부터 분리시키며 또한 설비의 점검 및 수리 등의 작업 시에 작업장소를 정전시키기 위한 설비이다.
② 리클로저 : 배전선로에서 지락고장이나 단락고장 사고가 발생하였을 때 고장을 검출하여 선로를 차단한 후 일정시간이 경과하면 자동적으로 재투입 동작을 반복함으로써 순간 고장을 제거한다.
③ 섹셔널라이저 : 선로가 정전상태일 때 자동으로 개방되어 고장구간을 분리시키는 선로 개폐기로 고장전류는 차단할 수 없다.
④ 자동부하 전환개폐기 : 정전 시에 큰 피해가 예상되는 수용가에 이중 전원을 확보하여 주전원 정전 시나 정격전압 이하로 전압이 감소하는 경우 예비전원으로 자동으로 전환되어 무정전 전원 공급을 수행하는 개폐기를 말한다. **답** ④

29 변전소에서 비접지 선로의 접지보호용으로 사용되는 계전기에 영상전류를 공급하는 것은?

① CT ② GPT
③ ZCT ④ PT

풀이 GPT는 영상전압을 공급하며 영상전류는 영상변류기 ZCT(Zerophase Current Transformer)가 공급한다. **답** ③

30 저압 네트워크 배전방식에 대한 설명으로 틀린 것은?

① 전압강하가 적다.
② 부하 밀도가 적은 곳에 유용하다.
③ 무정전 공급의 신뢰도가 높다.
④ 부하의 증가에 대한 적응성이 크다.

풀이 네트워크 배전방식의 장점
① 무정전 공급에 대한 신뢰도 높다.
② 기기 이용률 향상된다.
③ 전압변동이 적다.
④ 적응성 양호하다.
⑤ 전력손실이 감소한다.
⑥ 변전소 수를 줄일 수 있다. **답** ②

31 3상 3선식 송전선에서 L을 작용 인덕턴스라 하고, L_e 및 L_m은 대지를 귀로로 하는 1선의 자기 인덕턴스 및 상호 인덕턴스라고 할 때 이들 사이의 관계식은?

① $L=L_m-L_e$ ② $L=L_e-L_m$
③ $L=L_m+L_e$ ④ $L=\dfrac{L_m}{L_e}$

풀이 작용 인덕턴스(L)
= 대지 귀로의 자기 인덕턴스(L_e)
 − 대지 귀로의 상호 인덕턴스(L_m) **답** ②

32 파동임피던스 $Z_1=500[\Omega]$인 선로에 파동임피던스 $Z_2=1500[\Omega]$인 변압기가 접속되어 있다. 선로로부터 600[kV]의 전압파가 들어왔을 때, 접속점에서의 투과파 전압[kV]은?

① 300 ② 600
③ 900 ④ 1200

풀이 투과파 전압 $e_2=\dfrac{2Z_2}{Z_1+Z_2}\times e_1=\dfrac{2\times 1500}{500+1500}\times 600$
$=900[\text{kV}]$ **답** ③

33 33[kV] 이하의 단거리 송배전선로에 적용되는 비접지방식에서 지락전류는 다음 중 어느 것을 말하는가?

① 누설전류　　② 충전전류
③ 뒤진 전류　　④ 단락전류

풀이　비접지방식에서 1선 지락고장이 발생하면 고장전류는 고장점으로부터 건전상의 대지 정전용량에 의한 충전전류(진상전류)에 의해서 결정된다.　답 ②

34 최근에 우리나라에서 많이 채용되고 있는 가스절연 개폐 설비(GIS)의 특징으로 틀린 것은?

① 대기절연을 이용한 것에 비해 현저하게 소형화할 수 있으나 비교적 고가이다.
② 소음이 적고 충전부가 완전한 밀폐형으로 되어 있기 때문에 안정성이 높다.
③ 가스 압력에 대한 엄중 감시가 필요하며 내부점검 및 부품교환이 번거롭다.
④ 한랭지, 산악지방에서도 액화 방지 및 산화 방지 대책이 필요 없다.

풀이　GIS의 특징
[장점]
① 충전부가 대기에 노출되지 않아 기기의 안정성, 신뢰성이 우수하다.
② 감전사고 위험이 적다.
③ 밀폐형이므로 배기 소음이 없다.
④ 소형화 가능하다.
⑤ 보수, 점검이 용이하다.
[단점]
① 사고의 대응이 부적절한 경우 대형사고 유발 우려가 있다.
② 고장발생 시 조기복구, 임시복구가 거의 불가능 하다.
③ SF_6 가스의 세심한 주의가 필요하며 내부점검 및 부품교환이 번거롭다.
④ 한랭지, 산악지방에서 가스의 액화방지 및 산화방지 대책이 필요하다.　답 ④

35 송배전 선로에서 내부 이상전압에 속하지 않는 것은?

① 개폐 이상전압
② 유도뢰에 의한 이상전압
③ 사고시의 과도 이상전압
④ 계통 조작과 고장시의 지속 이상전압

풀이　① 내부 이상 전압의 종류
　• 개폐 이상전압
　• 사고시의 과도 이상전압
　• 계통 조작과 고장시의 지속 이상전압
② 외부 이상 전압
　• 직격뢰에 의한 이상전압
　• 유도뢰에 의한 이상전압
　• 타선과의 혼촉 시 발생하는 이상전압　답 ②

36 다음 중 코로나 방지대책으로 적당하지 않은 것은?

① 복도체를 사용한다.
② 가선 금구를 개량한다.
③ 선간거리를 감소시킨다.
④ 가선 시 전선 표면의 금구를 손상하지 않게 한다.

풀이　코로나 방지 대책
코로나 임계전압 $\left(E_0 = 24.3 m_0 m_1 \delta d \log_{10} \dfrac{D}{r}\right)$을 상승시킨다.
① 전선의 지름을 크게 한다.
② 복도체를 사용한다.
③ 가선 금구를 개량한다.
④ 가선 시에 전선 표면의 금구를 손상하지 않게 한다.　답 ③

37 한 대의 주상변압기에 역률(뒤짐) $\cos\theta_1$, 유효전력 P_1[kW]의 부하와 역률(뒤짐) $\cos\theta_2$, 유효전력 P_2[kW]의 부하가 병렬로 접속되어 있을 때 주상변압기 2차측에서 본 부하의 종합역률은 어떻게 되는가?

① $\dfrac{P_1 + P_2}{\sqrt{(P_1+P_2)^2 + (P_1\tan\theta_1 + P_2\tan\theta_2)^2}}$

② $\dfrac{P_1 + P_2}{\sqrt{(P_1+P_2)^2 + (P_1\sin\theta_1 + P_2\sin\theta_2)^2}}$

③ $\dfrac{P_1 + P_2}{\dfrac{P_1}{\cos\theta_1} + \dfrac{P_2}{\cos\theta_2}}$

④ $\dfrac{P_1 + P_2}{\dfrac{P_1}{\sin\theta_1} + \dfrac{P_2}{\sin\theta_2}}$

풀이

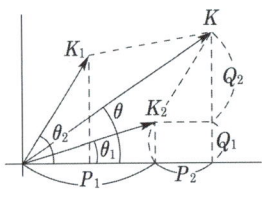

① 합성 유효 전력 $P = P_1 + P_2$
② 합성 무효전력 $Q = Q_1 + Q_2$
- $Q_1 = \dfrac{P_1}{\cos\theta_1}\sin\theta_1 = P_1\tan\theta_1$
- $Q_2 = \dfrac{P_2}{\cos\theta_2}\sin\theta_2 = P_2\tan\theta_2$

③ 합성 피상 전력
$$K = \sqrt{(P_1+P_2)^2 + (P_1\tan\theta_1 + P_2\tan\theta_2)^2}$$

④ 종합 역률
$$\cos\theta = \dfrac{P_1+P_2}{\sqrt{(P_1+P_2)^2 + (P_1\tan\theta_1 + P_2\tan\theta_2)^2}}$$

답 ①

38 전선의 손실계수 H와 부하율 F와의 관계는?

① $0 \leq F^2 \leq H \leq F \leq 1$
② $0 \leq H^2 \leq F \leq H \leq 1$
③ $0 \leq H \leq F^2 \leq F \leq 1$
④ $0 \leq F \leq H^2 \leq H \leq 1$

풀이 전선의 손실계수(H)와 부하율(F)은 다음과 같은 관계가 있다.
$0 \leq F^2 \leq H \leq F \leq 1$

답 ①

39 전력계통에서 전력용 콘덴서와 직렬로 연결하는 리액터로 제거되는 고조파는?

① 제2고조파 ② 제3고조파
③ 제4고조파 ④ 제5고조파

풀이 제5고조파를 제거하기 위해 콘덴서 용량의 4[%](실제는 6[%])에 해당하는 리액터를 콘덴서와 직렬로 접속한다.

답 ④

40 반한시 계전기의 동작 특성에 대한 설명으로 가장 알맞은 것은?

① 설정된 값 이상의 전류가 흘렀을 때 동작전류의 크기와는 관계없이 항상 일정한 시간 후에 작동한다.
② 설정된 최소 동작 전류 이상의 전류가 흐르면 즉시 작동하는 것으로 한도를 넘은 양과는 관계없이 작동한다.
③ 동작시간이 어느 전류값 까지는 그 크기에 따라 반비례 특성을 가지며 그 이상이 되면 일정한 시간 후에 작동한다.
④ 동작시간이 전류값의 크기에 따라 변하는 것으로 전류값이 클수록 빠르게 동작하고 반대로 전류값이 작아질수록 느리게 작동한다.

풀이 보호 계전기의 특징
① 순한시 특성 : 최소 동작 전류 이상의 전류가 흐르면 즉시 동작하는 특성
② 정한시 특성 : 동작전류의 크기에 관계없이 일정한 시간에 동작하는 특성
③ 반한시 특성 : 동작전류가 커질수록 동작 시간이 짧게 되는 특성
④ 반한시 정한시 특성 : 동작전류가 적은 동안에는 동작전류가 커질수록 동작 시간이 짧게 되고 어떤 전류 이상이면 동작전류의 크기에 관계없이 일정한 시간에 동작하는 특성

답 ④

2025년 2회 _ 전기기사·공사기사

21 발전기 보호용 비율 차동 계전기의 특성이 아닌 것은?

① 외부 단락시 오동작을 방지하고 내부 고장 시만 예민하게 동작한다.
② 계전기의 최소 동작 전류를 일정치로 고정시켜 비율에 의해 동작한다.
③ 발전기 전류와 계전기의 차전류의 비율에 의해 동작한다.
④ 외부 단락으로 전기자 전류 급증시 계전기의 최소 동작 전류도 증대된다.

풀이 비율 차동 계전기는 발전기 전류와 계전기의 차전류에 의해 동작하는 것이 아니고 피보호기기(발전기, 변압기, …)의 1차 전류와 2차 전류의 차가 일정 비율 이상으로 되었을 때 동작하는 계전기로 변압기 및 발전기의 내부 고장 보호에 사용된다. **답** ③

22 인터록(interlock)에 대한 설명이 맞는 것은?
① 차단기가 닫혀 있어야 단로기를 닫을 수 있다.
② 차단기가 열려 있어야 단로기를 닫을 수 있다.
③ 차단기와 단로기를 별도로 닫고, 열 수 있어야 한다.
④ 조작자의 의중에 따라 개폐되어야 한다.

풀이 단로기는 부하전류를 개폐할 수 없다. 따라서 단로기는 차단기가 열려 있어야 열고 닫을 수 있다.
즉, 인터록 장치를 두어 부하 통전 시 단로기를 열 수 없도록 하여야 한다. **답** ②

23 3상 3선식에서 전선 한 가닥에 흐르는 전류는 단상 2선식의 경우의 몇 배가 되는가?
(단, 송전전력, 부하역률, 송전거리, 전력손실 및 선간전압이 같다.)
① $\dfrac{1}{\sqrt{3}}$ ② $\dfrac{2}{3}$
③ $\dfrac{3}{4}$ ④ $\dfrac{4}{9}$

풀이
• 단상 2선식의 송전전력 $P_1 = V_1 I_1 \cos\theta_1$
• 3상 3선식의 송전전력 $P_3 = \sqrt{3} V_3 I_3 \cos\theta_3$
라고 하면, 주어진 조건(송전전력, 부하역률, 선간전압이 같다)에 의해
$VI_1 \cos\theta = \sqrt{3} V I_3 \cos\theta$
$\therefore I_3 = \dfrac{1}{\sqrt{3}} I_1$ **답** ①

24 전선의 표피 효과에 대한 설명으로 알맞은 것은?
① 전선이 굵을수록, 주파수가 높을수록 커진다.
② 전선이 굵을수록, 주파수가 낮을수록 커진다.
③ 전선이 가늘수록, 주파수가 높을수록 커진다.
④ 전선이 가늘수록, 주파수가 낮을수록 커진다.

풀이 $\delta = \sqrt{\dfrac{2}{\omega\sigma\mu}} = \sqrt{\dfrac{1}{\pi f \sigma \mu}}$
따라서, f(주파수), σ(도전율), μ(투자율)가 클수록 표피 두께(δ)가 감소하므로 표피효과는 증대되어 도체의 실효저항이 증가한다. **답** ①

25 중거리 송전선로의 4단자 정수가 $A = 1.0$, $B = j190$, $D = 1.0$ 일 때 C의 값은 얼마인가?
① 0 ② $-j120$
③ j ④ $j190$

풀이 $AD - BC = 1$ 이므로
$\therefore C = \dfrac{AD-1}{B} = \dfrac{1.0 \times 1.0 - 1}{j190} = 0$ **답** ①

26 그림과 같이 V결선 배전용 변압기의 저압측 단에서 양외측 선간 단락 시의 단락 전류는 몇 [A]인가? 단, 각 변압기의 내부 임피던스는 0.08[Ω]이고 선간 전압은 200[V]이다.

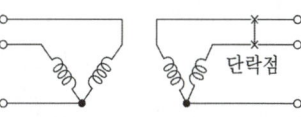

① 1250 ② 1600
③ 2500 ④ 3200

풀이 V결선 방식은 단상 변압기 2대를 결선하고 각 변압기의 내부 임피던스가 0.08[Ω]이므로
단락 전류는 옴의 법칙으로 해석하면,
$I_s = \dfrac{V}{Z} = \dfrac{200}{2 \times 0.08} = 1250 [A]$ **답** ①

27 공기차단기(ABB)의 공기 압력은 일반적으로 몇 [kg/cm^2] 정도 되는가?
① 5~10 ② 15~30
③ 30~45 ④ 45~55

풀이 공기 차단기는 15~30[kg/cm^2]의 압축 공기를 차단 시에 발생하는 아크에 분사하여 소호하는 전력개폐장치이다. **답** ②

28 그림과 같은 배전선이 있다. 급전점 O의 전압을 110[V]라 하면 C점의 전압은? (단, 선로 OA, AB, BC 간의 저항은 각각 0.2[Ω]이며, 부하역률은 100[%]이다.)

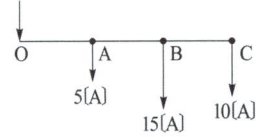

① 92[V]　　② 97[V]
③ 99[V]　　④ 104[V]

풀이
- $V_A = V_O - R_{OA} \cdot (I_A + I_B + I_C)$
  $= 110 - 0.2 \times (5+15+10) = 104[V]$
- $V_B = V_A - R_{AB} \cdot (I_B + I_C)$
  $= 104 - 0.2 \times (15+10) = 99[V]$
- $V_C = V_B - R_{BC} \cdot I_C = 99 - 0.2 \times 10$
  $= 97[V]$　　　　　　　　　　　**답** ②

29 피상전력 P[kVA], 역률 $\cos\theta$인 부하를 역률 100[%]로 개선하기 위한 전력용 콘덴서의 용량은 몇 [kVA]인가?

① $P\sqrt{1-\cos^2\theta}$　　② $P\tan\theta$
③ $P\cos\theta$　　④ $P\dfrac{\sqrt{1+\cos^2\theta}}{\cos\theta}$

풀이 역률을 100[%]로 하기 위한 콘덴서의 용량은 무효전력의 크기와 같으므로
$Q_c = P\sin\theta = P\sqrt{1-\cos^2\theta}$　　**답** ①

30 송전선에 낙뢰가 가해져서 애자에 섬락이 생기면 아크가 생겨 애자가 손상되는 경우가 있다. 이것을 방지하기 위하여 사용되는 것은?

① 댐퍼(damper)
② 아머로드(armour rod)
③ 가공지선
④ 아킹혼(arcing horn)

풀이
① 댐퍼 : 전선의 진동 방지
② 아머로드 : 전선의 진동 방지
③ 가공지선 : 뇌의 차폐
④ 아킹혼 : 섬락으로부터 애자련의 보호, 애자련의 전압 분포 개선　　**답** ④

31 그림과 같이 3상 평형의 순저항 부하에 단상 전력계를 연결하였을 때 전력계가 W[W]를 지시하였다. 이 3상 부하에서 소모하는 전체 전력[W]은?

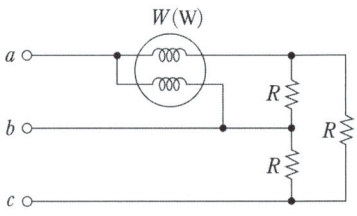

① $2W$　　② $3W$
③ $\sqrt{2}\,W$　　④ $\sqrt{3}\,W$

풀이 그림에서 단상전력 $W = V_l I_l \cos(30° - \theta)$이고, 순 저항 부하($\theta = 0°$)이므로
$W = V_l I_l \cos 30° = \dfrac{\sqrt{3}}{2} V_l I_l$ [W]
따라서 3상 전력 $P = \sqrt{3}\,V_l I_l = 2W$[W]　　**답** ①

32 유효 낙차 50[m], 이론 출력 4,900[kW]인 수력 발전소가 있다. 이 발전소의 최대 사용 수량은 몇 [m³/sec]이겠는가?

① 10　　② 25
③ 50　　④ 75

풀이 출력 $P = 9.8QH$[kW]
$\therefore Q = \dfrac{P}{9.8H} = \dfrac{4,900}{9.8 \times 50} = 10$[m³/s]　　**답** ①

33 랭킨 사이클이 취하는 급수 및 증기의 올바른 순환 과정은?

① 등압가열 → 단열팽창 → 등압냉각 → 단열압축
② 단열팽창 → 등압가열 → 단열압축 → 등압냉각
③ 등압가열 → 단열압축 → 단열팽창 → 등압냉각
④ 등온가열 → 단열팽창 → 등온압축 → 단열압축

풀이 보일러(등압가열) → 터빈(단열팽창)
→ 복수기(등압냉각) → 급수 펌프(단열압축)　　**답** ①

34 송전계통에서 절연협조의 기본이 되는 사항은?

① 애자의 섬락전압
② 권선의 절연내력
③ 피뢰기의 제한전압
④ 변압기 부싱의 섬락전압

풀이 계통 내의 각 기기, 기구 및 애자 등의 상호 간에 적정한 절연 강도를 지니게 함으로써 계통 설계를 합리적, 경제적으로 할 수 있게 한 것을 절연협조라고 하며 피뢰기의 제한전압이 기본이 된다. **답** ③

35 발전기 또는 주변압기의 내부고장 보호용으로 가장 널리 쓰이는 것은?

① 거리계전기
② 과전류계전기
③ 비율차동계전기
④ 방향단락계전기

풀이 비율차동계전기는 변압기 내부고장에 대한 보호장치로 변압기 1차 전류와 2차 전류의 차 전류가 일정 비율 이상으로 되면 동작하는 계전기이다. **답** ③

36 전력선과 통신선 사이에 차폐선을 설치하여, 각 선 사이의 상호 임피던스를 각각 Z_{12}, Z_{1s}, Z_{2s} 라 하고 차폐선 자기 임피던스를 Z_s 라 할 때, 차폐선을 설치함으로서 유도전압이 줄게 됨을 나타내는 차폐선의 차폐계수는? (단, Z_{12}는 전력선과 통신선과의 상호임피던스, Z_{1s}는 전력선과 차폐선과의 상호임피던스, Z_{2s}는 통신선과 차폐선과의 상호임피던스이다.)

① $\left|1-\dfrac{Z_s Z_{12}}{Z_{1s} Z_{2s}}\right|$ ② $\left|1-\dfrac{Z_{1s} Z_{2s}}{Z_s Z_{12}}\right|$
③ $\left|1-\dfrac{Z_{1s} Z_{12}}{Z_s Z_{2s}}\right|$ ④ $\left|1-\dfrac{Z_s Z_{2s}}{Z_{12} Z_{1s}}\right|$

풀이
$V_2 = -Z_{12} I_0 + Z_{2s} I_s = -Z_{12} I_0 + Z_{2s} \dfrac{Z_{1s} I_0}{Z_s}$
$= -Z_{12} I_0 \left(1 - \dfrac{Z_{1s} Z_{2s}}{Z_s Z_{12}}\right)$

이 식에 있어서 $-Z_{12} I_0$는 차폐선이 없을 경우의 유도 전압이기 때문에 $\left(1 - \dfrac{Z_{1s}}{Z_s} \dfrac{Z_{2s}}{Z_{12}}\right)$는 차폐선을 설치함으로써 유도 전압이 이만큼 줄게 된다는 저감 비율을 나타내는 것으로서 차폐선의 차폐 계수라고 볼 수 있다.

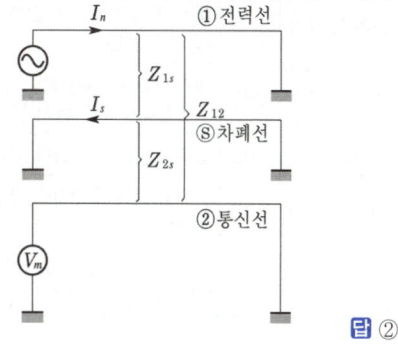

답 ②

37 전선 지지점에 고저차가 없는 경간 300[m]인 송전선로가 있다. 이도를 8[m]로 유지할 경우 지지점 간의 전선 길이는 약 몇 [m]인가?

① 300.1[m] ② 300.3[m]
③ 300.6[m] ④ 300.9[m]

풀이 $L = S + \dfrac{8D^2}{3S} = 300 + \dfrac{8 \times 8^2}{3 \times 300} = 300.57[m]$
여기서, L : 전선의 실제 길이[m], S : 경간[m], D : 이도[m] **답** ③

38 선로정수 R과 관계 없는 것은?

① 길이   ② 고유저항
③ 단면적   ④ 투자율

풀이 저항 $R = \rho \dfrac{l}{A}[\Omega]$
여기서, ρ : 고유 저항[Ω/m·mm²], l : 선로 길이[m], A : 단면적[mm²] **답** ④

39 대기 중에서 아크를 길게 하여 소호실에서 냉각 차단하는 것은?

① 유입차단기 ② 기중차단기
③ 자기차단기 ④ 가스차단기

풀이 소호 원리에 따른 차단기의 종류

차단기 종류	약어	소호 원리
유입 차단기	OCB	소호실에서 아크에 의한 절연유 분해 가스의 흡부력을 이용해서 차단
기중 차단기	ACB	대기 중에서 아크를 길게 하여 소호실에서 냉각 차단
자기 차단기	MBB	대기 중에서 전자력을 이용하여 아크를 소호실내로 유도해서 냉각차단
공기차단기	ABB	압축된 공기를 아크에 불어 넣어서 차단
진공 차단기	VCB	고진공 중에서 전자의 고속도 확산에 의해 차단
가스 차단기	GCB	고성능 절연 특성을 가진 특수 가스(SF_6)를 흡수해서 차단

답 ②

40 옥내배선을 단상 2선식에서 3상 4선식으로 변경하였을 때, 전선 1선당 공급전력은 약 몇 배 증가하는가? (단, 선간전압(3상 4선식의 경우는 중성선과 타선간의 전압), 선로전류(중성선의 전류 제외) 및 역률은 같고, 중성선의 굵기는 전압선의 굵기와 동일하다.)

① 0.71   ② 1.33
③ 1.5   ④ 1.73

풀이

종 별	1선당 공급전력	1선당 공급전력비교
$1\phi 2W$	$1/2P = 0.5P$	기준값
$1\phi 3W$	$2/3P = 0.667P$	$\dfrac{0.667P}{0.5P} = 1.33$
$3\phi 3W$	$\sqrt{3}/3P = 0.577P$	$\dfrac{0.577P}{0.5P} = 1.15$
$3\phi 4W$	$3/4P = 0.75P$	$\dfrac{0.75P}{0.5P} = 1.5$

답 ③

2025년 3회 _ 전기기사·공사기사

21 그림과 같이 지지점 A, B, C에는 고저차가 없으며, 경간 AB와 BC 사이에 전선이 가설되어 그 이도가 각각 12[cm]이다. 지지점 B에서 전선이 떨어져 전선의 이도가 D로 되었다면 D의 길이[cm]는? (단, 지지점 B는 A와 C의 중점이며 지지점 B에서 전선이 떨어지기 전, 후의 길이는 같다.)

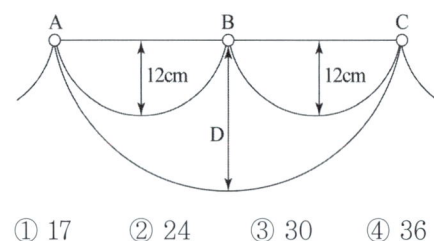

① 17   ② 24   ③ 30   ④ 36

풀이
- AB구간 및 BC구간 전선의 실제 길이
  $L_1 = S_1 + \dfrac{8D_1^2}{3S_1}$ (여기서, S_1 : 경간, D_1 : 이도)
- AC구간 전선의 실제 길이
  $L = S + \dfrac{8D^2}{3S}$ (여기서, S : 경간, D : 이도)
- 전선의 실제 길이는 떨어지기 전과 후가 같으므로
  $2L_1 = L$
  $2\left(S_1 + \dfrac{8D_1^2}{3S_1}\right) = S + \dfrac{8D^2}{3S}$

그리고, AC구간의 경간은 AB구간 및 BC구간의 2배이므로, $S = 2S_1$를 대입하면

$2\left(S_1 + \dfrac{8D_1^2}{3S_1}\right) = 2S_1 + \dfrac{8D^2}{3 \times 2S_1}$

$\dfrac{8D^2}{3 \times 2S_1} = 2\left(S_1 + \dfrac{8D_1^2}{3S_1}\right) - 2S_1 = \dfrac{2 \times 8D_1^2}{3S_1}$

$\therefore D = \sqrt{4D_1^2} = 2D_1 = 2 \times 12 = 24[\text{cm}]$

답 ②

22 선간전압, 부하역률, 선로손실, 전선중량 및 배전거리가 같다고 할 경우 단상 2선식과 3상 3선식의 공급전력의 비(단상/3상)는?

① $\dfrac{3}{2}$ ② $\dfrac{1}{\sqrt{3}}$

③ $\sqrt{3}$ ④ $\dfrac{\sqrt{3}}{2}$

풀이 전선의 중량이 같다면
$$V_0 = 2A_1 L = 3A_3 L$$
$$\frac{A_3}{A_1} = \frac{2}{3} = \frac{R_1}{R_3}$$
또한 전력손실이 같으면 $P_c = 2I_1^2 R_1 = 3I_3^2 R_3$ 에서
$$\left(\frac{I_1}{I_3}\right)^2 = \frac{3R_3}{2R_1} = \frac{3}{2} \times \frac{3}{2}$$
$$\frac{I_1}{I_3} = \frac{3}{2}$$
∴ 공급전력의 비 $\dfrac{W_1}{W_3} = \dfrac{VI_1}{\sqrt{3} VI_3} = \dfrac{1}{\sqrt{3}} \times \dfrac{3}{2} = \dfrac{\sqrt{3}}{2}$

답 ④

23 직접접지방식에 대한 설명으로 틀린 것은?
① 1선 지락 사고시 건전상의 대지 전압이 거의 상승하지 않는다.
② 계통의 절연수준이 낮아지므로 경제적이다.
③ 변압기의 단절연이 가능하다.
④ 보호계전기가 신속히 동작하므로 과도안정도가 좋다.

풀이 직접 접지방식의 장·단점
[장점]
① 1선 지락 시에 건전상의 대지전압이 거의 상승하지 않는다.
② 피뢰기의 효과를 증진시킬 수 있다.
③ 단절연이 가능하다.
④ 계전기의 동작이 확실해진다.
[단점]
① 송전 계통의 과도 안정도가 나빠진다.
② 통신선에 유도 장해가 크다.
③ 지락 시 대전류가 흘러 기기에 손상을 준다.
④ 대용량 차단기가 필요하다.

답 ④

24 다음 중 그 값이 항상 1 이상인 것은?
① 부등률   ② 부하율
③ 수용률   ④ 전압강하율

풀이 부등률 = $\dfrac{\text{각 부하의 최대 수용전력의 합}}{\text{각 부하를 종합했을 때 최대 수용전력}}$
으로 1보다 크며, 부하의 동시 사용 정도를 나타내는 척도가 된다.

답 ①

25 전원이 양단에 있는 환상선로의 단락보호에 사용되는 계전기는?
① 방향거리 계전기
② 부족전압 계전기
③ 선택접지 계전기
④ 부족전류 계전기

풀이
• 전원이 2군데 이상 환상 선로의 단락보호
  → 방향 거리계전기(DZ)
• 전원이 2군데 이상 방사상 선로의 단락보호
  → 방향 단락 계전기(DS)와 과전류 계전기(OC)를 조합

답 ①

26 최소 동작전류 이상의 전류가 흐르면 한도를 넘은 양(量)과는 상관없이 즉시 동작하는 계전기는?
① 순한시 계전기
② 반한시 계전기
③ 정한시 계전기
④ 반한시 정한시 계전기

풀이 보호계전기 특징
① 순한시 특성 : 최소 동작전류 이상의 전류가 흐르면 즉시 동작하는 특성
② 반한시 특성 : 동작전류가 커질수록 동작시간이 짧게 되는 특성
③ 정한시 특성 : 동작전류의 크기에 관계없이 일정한 시간에 동작하는 특성
④ 반한시 정한시 특성 : 동작전류가 적은 동안에는 동작전류가 커질수록 동작시간이 짧게 되고 어떤 전류 이상이면 동작전류의 크기에 관계없이 일정한 시간에 동작하는 특성

답 ①

27 현재 널리 쓰이고 있는 GCB(Gas Circuit Breaker)용 가스는?
① SF_6 가스   ② 아르곤 가스
③ 네온 가스   ④ N_2 가스

풀이 SF_6는 안정도가 높고 무색, 무취, 무독, 불활성 기체이며 절연내력은 공기의 약 3배이고 10기압 정도로 압축하면 공기의 10배 정도 절연내력을 가지므로 실용화된 가스로서는 가장 널리 쓰인다.

답 ①

28 이상전압에 대한 방호장치가 아닌 것은?

① 피뢰기   ② 가공지선
③ 방전코일   ④ 서지 흡수기

풀이 ① 피뢰기 : 이상전압에 대한 기계, 기구 보호
② 가공지선 : 직격뢰 차폐
③ 방전 코일 : 콘덴서에 축적된 잔류 전하를 방전하여 감전사고 방지
④ 서지 흡수기 : 변압기, 발전기 등을 서지로부터 보호

답 ③

29 부하전류 차단이 불가능한 전력개폐 장치는?

① 진공차단기   ② 유입차단기
③ 단로기   ④ 가스차단기

풀이

능력\기능	회로 분리		사고 차단	
	무부하	부하	과부하	단락
퓨 즈	○	–	–	○
차단기	○	○	○	○
개폐기	○	○	○	–
단로기	○	–	–	–

단로기(DS)는 switch로서 아크 소호장치가 없어 부하전류의 차단이 곤란하다.

답 ③

30 피뢰기가 구비하여야 할 조건으로 거리가 먼 것은?

① 충격방전 개시전압이 낮을 것
② 상용주파 방전 개시전압이 낮을 것
③ 제한전압이 낮을 것
④ 속류의 차단능력이 클 것

풀이 피뢰기 구비조건
① 충격방전 개시전압이 낮을 것
② 상용주파 방전 개시전압은 높을 것
③ 방전내량이 크면서 제한전압은 낮을 것
④ 속류 차단능력이 충분할 것

답 ②

31 배기가스의 여열을 이용해서 보일러에 공급되는 급수를 예열함으로써 연료 소비량을 줄이거나 증발량을 증가시키기 위해서 설치하는 여열 회수 장치는?

① 과열기   ② 공기 예열기
③ 절탄기   ④ 재열기

풀이

기기명	용 도	가열되는 물질
과열기	보일러 드럼에서 발생된 포화증기를 과열증기로 만드는 설비	포화증기
재열기	고압터빈 내에서 팽창된 증기를 다시 가열하여 건조도를 높여 과열시키는 기기	증기
절탄기	연소 후의 배기가스 여열을 이용하여 보일러 급수를 가열	보일러 급수
공기 예열기	배기가스의 여열을 이용하여 보일러의 연소용 공기를 가열	연소용 공기
급수 가열기	터빈에서 증기를 추기하여 보일러 급수를 가열	보일러 급수

답 ③

32 초호각(Arcing horn)의 역할은?

① 풍압을 조절한다.
② 송전 효율을 높인다.
③ 선로의 섬락 시 애자의 파손을 방지한다.
④ 고주파수의 섬락전압을 높인다.

풀이 ① 명칭
• 초호환 = 소호환 = arcing ring
• 초호각 = 소호각 = arcing horn
② 초호환, 초호각의 역할
• 애자련의 전압분포 개선
• 선로의 섬락으로부터 애자련의 보호

답 ③

33 다음 사항 중 가공송전선로의 코로나손실과 관계가 없는 사항은?

① 전원주파수
② 전선의 연가
③ 상대공기밀도
④ 선간거리

풀이 Peek의 식

$$P = \frac{241}{\delta}(f+25)\sqrt{\frac{d}{2D}}(E-E_0)^2 \times 10^{-5} [\text{kW/km/선}]$$

여기서 δ : 상대 공기 밀도
D : 선간 거리
d : 전선의 지름
f : 주파수
E : 전선에 걸리는 대지 전압
E_0 : 코로나 임계 전압

답 ②

34 파동 임피던스 $Z_1 = 600[\Omega]$인 선로종단에 파동 임피던스 $Z_2 = 1300[\Omega]$의 변압기가 접속되어 있다. 지금 선로에서 파고 $e_1 = 900[kV]$의 전압이 입사되었다면 접속점에서의 전압 반사파는 약 몇[kV]인가?

① 530　② 430　③ 330　④ 230

풀이 반사 전압 $e_2 = \dfrac{Z_2 - Z_1}{Z_2 + Z_1} e_1 = \dfrac{1300 - 600}{1300 + 600} \times 900$
$= 330[kV]$ **답** ③

35 송전선로에서 역섬락을 방지하는 가장 유효한 방법은?

① 피뢰기를 설치한다.
② 탑각 접지저항을 작게 한다.
③ 소호각을 설치한다.
④ 가공지선을 설치한다.

풀이 뇌서지가 철탑에 가격 시 철탑의 탑각 접지저항이 충분히 낮지 않으면 철탑의 전위가 상승하여 철탑에서 선로로 섬락을 일으키는 경우가 있는데 이를 역섬락이라 하며 방지 대책으로는 매설 지선을 설치하여 탑각 접지저항을 낮추어야 한다. **답** ②

36 가스절연개폐장치(GIS)의 내장기기가 아닌 것은?

① 차단기　② 단로기
③ 주변압기　④ 계기용변압기

풀이 가스절연개폐장치(GIS : Gas Insulated Switchgear)는 차단기, 단로기, 모선, 피뢰기, 변성기 등을 금속체함에 수납하고 충전부를 SF_6 가스로 절연시킨 종합 개폐장치이다. **답** ③

37 3상 배전선로의 말단에 역률 60[%](늦음), 60[kW]의 평형 3상 부하가 있다. 부하점에 부하와 병렬로 전력용 콘덴서를 접속하여 선로손실을 최소로 하고자 할 때 콘덴서 용량[kVA]은? (단, 부하단의 전압은 일정하다.)

① 40　② 60　③ 80　④ 100

풀이 선로 손실을 최소로 하기 위해서는 역률을 1.0으로 개선해야 하므로, 문제에서는 전 무효전력만큼의 콘덴서 용량이 필요하다.
따라서 콘덴서 용량
$Q_c = P\tan\theta = P\dfrac{\sin\theta}{\cos\theta} = 60 \times \dfrac{0.8}{0.6} = 80[kVA]$ **답** ③

38 부하의 역률을 개선할 경우 배전선로에 대한 설명으로 틀린 것은? (단, 다른 조건은 동일하다.)

① 설비용량의 여유 증가
② 전압강하의 감소
③ 선로전류의 증가
④ 전력손실의 감소

풀이 배전선로의 역률 개선 효과
① 전력손실 경감
② 전압강하 경감
③ 설비용량의 여유분 증가
④ 전력요금의 절약 **답** ③

39 전력용 콘덴서에 비해 동기조상기의 이점으로 옳은 것은?

① 소음이 적다.
② 진상전류 이외에 지상전류를 취할 수 있다.
③ 전력손실이 적다.
④ 유지보수가 쉽다.

풀이 조상설비의 비교

항목	동기조상기	전력용 콘덴서	분로 리액터
전력손실	많음 (1.5~2.5[%])	적음 (0.3[%] 이하)	적음 (0.6[%] 이하)
가격	비싸다(전력용 콘덴서, 분로 리액터의 1.5~2.5배)	저렴	저렴
무효전력	진상, 지상 양용	진상 전용	지상 전용
조정	연속적	계단적	계단적
사고시 전압유지	큼	작음	작음
시송전	가능	불가능	불가능
보수	손질필요	용이	용이

답 ②

40 특유속도가 가장 낮은 수차는?

① 펠톤수차　　② 사류수차
③ 프로펠러수차　④ 프란시스수차

풀이 수차의 종류와 특유속도 및 그 사용 한계

수차의 종류		특유속도의 한계값
펠톤수차		12~23
프란시스 수차	저속도형	65~150
	중속도형	150~250
	고속도형	250~350
사류수차		150~250
카플란 수차, 프로펠러 수차		350~800

답 ①

전기산업기사·공사산업기사
2016-2025

전력공학
과년도문제 및 CBT 복원문제

2016년	전력공학 _ 전기산업기사·공사산업기사	524
2017년	전력공학 _ 전기산업기사·공사산업기사	539
2018년	전력공학 _ 전기산업기사·공사산업기사	554
2019년	전력공학 _ 전기산업기사·공사산업기사	569
2020년	전력공학 _ 전기산업기사·공사산업기사	583
2021년	전력공학 _ 전기산업기사·공사산업기사 _ CBT	595
2022년	전력공학 _ 전기산업기사·공사산업기사 _ CBT	609
2023년	전력공학 _ 전기산업기사·공사산업기사 _ CBT	624
2024년	전력공학 _ 전기산업기사·공사산업기사 _ CBT	639
2025년	전력공학 _ 전기산업기사·공사산업기사 _ CBT	651

동일출판사 홈페이지에서 무료 동영상 강의를 보실 수 있습니다.
- 각 년도 4회차 문제의 동영상은 지원하지 않습니다.

2016년 전력공학_전기산업기사·공사산업기사

문제의 번호는 실제 시험문제의 번호와 같게 하였습니다.

2016년 - 1회 _ 전기산업기사·공사산업기사

21 송전선로에서 연가를 하는 주된 목적은?

① 미관상 필요
② 직격뢰의 방지
③ 선로정수의 평형
④ 지지물의 높이를 낮추기 위하여

풀이
- 연가는 선로정수를 평형시키고 통신선의 유도장해를 방지하기 위하여 선로를 3배수 등분하여 실시한다.
- 연가의 목적 : 직렬공진 방지, 유도장해 감소, 선로정수 평형

답 ③

22 어떤 발전소의 유효 낙차가 100[m]이고, 최대 사용 수량이 10[m³/s]일 경우 이 발전소의 이론적인 출력은 몇 [kW]인가?

① 4900
② 9800
③ 10000
④ 14700

풀이 이론 출력 $P = 9.8QH = 9.8 \times 10 \times 100 = 9800[kW]$

답 ②

23 우리나라 22.9[kV] 배전선로에서 가장 많이 사용하는 배전 방식과 중성점 접지방식은?

① 3상 3선식 비접지
② 3상 4선식 비접지
③ 3상 3선식 다중접지
④ 3상 4선식 다중접지

풀이
① 3상 4선식은 같은 회선에서 선간전압과 상전압의 양 전압을 이용할 수 있기 때문에 배전에서 많이 채용되고 있다.
② 전압별 중성점 접지방식
- 22.9[kV] : 중성점 다중접지
- 154, 345[kV] : 직접 접지
- 22[kV] : 비접지
- 66[kV] : 소호 리액터 접지

답 ④

24 다음 송전선의 전압변동률 식에서 V_{R1}은 무엇을 의미하는가?

$$\epsilon = \frac{V_{R1} - V_{R2}}{V_{R2}} \times 100[\%]$$

① 부하 시 송전단 전압
② 무부하 시 송전단 전압
③ 전부하 시 수전단 전압
④ 무부하 시 수전단 전압

풀이

$$전압 변동률(\epsilon) = \frac{무부하\ 시\ 수전단\ 전압(V_{R1}) - 수전단\ 정격\ 전압(V_{R2})}{수전단\ 정격\ 전압(V_{R2})} \times 100[\%]$$

답 ④

25 100[kVA] 단상변압기 3대를 △-△결선으로 사용하다가 1대의 고장으로 V-V결선으로 사용하면 약 몇 [kVA] 부하까지 사용할 수 있는가?

① 150
② 173
③ 225
④ 300

풀이 변압기 1개의 출력을 P_1이라 하면
V결선 시 출력
$P_V = \sqrt{3} P_1 = \sqrt{3} \times 100 = 173.2[kVA]$

답 ②

26 전원으로부터의 합성 임피던스가 0.5[%] (15000[kVA] 기준)인 곳에 설치하는 차단기 용량은 몇 [MVA] 이상이어야 하는가?

① 2000
② 2500
③ 3000
④ 3500

풀이 차단기 용량
$P_s = \frac{100}{\%Z} P_n = \frac{100}{0.5} \times 15000 \times 10^{-3} = 3000[MVA]$

답 ③

27 우리나라 22.9[kV] 배전선로에 적용하는 피뢰기의 공칭방전전류[A]는?

① 1500 ② 2500
③ 5000 ④ 10000

풀이 설치장소별 피뢰기 공칭 방전전류

공칭방전전류	설치장소	적 용 조 건
10,000[A]	변전소	1. 154[kV] 이상의 계통 2. 66[kV] 및 그 이하 계통에서 뱅크용량이 3,000[kVA]를 초과하거나 특히 중요한 곳 3. 장거리 송전선 케이블(배전선로 인출용 단거리 케이블은 제외) 및 정전축전기 뱅크를 개폐하는 곳 4. 배전선로 인출측(배전 간선 인출용 장거리 케이블은 제외)
5,000[A]	변전소	66[kV] 및 그 이하 계통에서 뱅크용량이 3,000[kVA] 이하인 곳
2,500[A]	선로	배전선로

[주] 전압 22.9[kV-Y] 이하 (22[kV] 비접지 제외)의 배전선로에서 수전하는 설비의 피뢰기 공칭방전전류는 일반적으로 2,500[A]의 것을 적용한다.   **답** ②

28 1선 지락 시에 전위상승이 가장 적은 접지방식은?

① 직접 접지 ② 저항 접지
③ 리액터 접지 ④ 소호리액터 접지

풀이 직접접지방식은 타 접지방식에 비해 지락사고시 건전상의 전위상승이 가장 낮으므로 송전계통의 절연레벨을 저감시킬 수 있다.   **답** ①

29 직렬 콘덴서를 선로에 삽입할 때의 장점이 아닌 것은?

① 역률을 개선한다.
② 정태안정도를 증가한다.
③ 선로의 인덕턴스를 보상한다.
④ 수전단의 전압변동률을 줄인다.

풀이 직렬 콘덴서의 장·단점
[장점]
① 유도 리액턴스를 보상하고 전압 강하를 감소시킨다.
② 수전단의 전압 변동률을 경감시킨다.
③ 최대 송전 전력이 증대하고 정태 안정도가 증대한다.
④ 부하 역률이 나쁠수록 효과가 크다.
⑤ 용량이 작으므로 설비비가 저렴하다.
[단점]
① 단락 고장시 콘덴서 양단에 고전압이 걸린다.
② 무부하 변압기에 직렬 콘덴서를 투입하는 경우 선로 전류가 증대한다.
③ 고압 배전선에 설치하는 경우 자기 여자 현상이 일어날 경우가 있다.
④ 과보상이 되면 동기기에 난조가 생기거나 탈조하는 수가 있다.
역률 개선용 콘덴서는 부하와 병렬로 연결된다.   **답** ①

30 부하에 따라 전압 변동이 심한 급전선을 가진 배전 변전소의 전압 조정 장치로서 적당한 것은?

① 단권 변압기
② 주변압기 탭
③ 전력용 콘덴서
④ 유도 전압 조정기

풀이 부하 변동이 심한 경우 탭 절환 방식을 채용할 수 없다. 따라서 유도 전압 조정기가 많이 채용된다.   **답** ④

31 부하전류 및 단락전류를 모두 개폐할 수 있는 스위치는?

① 단로기 ② 차단기
③ 선로개폐기 ④ 전력퓨즈

풀이 퓨즈와 각종 개폐기 및 차단기와의 기능비교

능력 기능	회로 분리		사고 차단	
	무부하	부하	과부하	단락
퓨즈	○			○
차단기	○	○	○	○
개폐기	○	○	○	
단로기	○			
전자 접촉기	○	○	○	

차단기는 부하전류는 물론 고장 시에 발생하는 대전류를 신속·안전하게 차단하여 고장구간을 건전구간으로부터 분리시키며 또한 설비의 점검 및 수리 등의 작업 시에 작업 장소를 정전시키기 위한 필요 설비이다.   **답** ②

32 선로의 커패시턴스와 무관한 것은?

① 전자유도
② 개폐서지
③ 중성점 잔류전압
④ 발전기 자기여자현상

풀이 전자유도
$$E_m = -j\omega Ml(I_a + I_b + I_c) = -j\omega Ml(3I_0)$$
전자유도는 전력선과 통신선과의 상호 인덕턴스에 의하여 발생된다. **답** ①

33 배전선에서 균등하게 분포된 부하일 경우 배전선 말단의 전압강하는 모든 부하가 배전선의 어느 지점에 집중되어 있을 때의 전압강하와 같은가?

① $\dfrac{1}{2}$ ② $\dfrac{1}{3}$ ③ $\dfrac{2}{3}$ ④ $\dfrac{1}{5}$

풀이 집중 부하와 분산 부하

구 분	전력 손실	전압 강하
말단에 집중 부하	I^2rL	IrL
균등 분포 부하	$\dfrac{1}{3}I^2rL$	$\dfrac{1}{2}IrL$

여기서, I : 전선의 전류
r : 전선 단위 길이당 저항
L : 전선의 길이 **답** ①

34 송전거리, 전력, 손실률 및 역률이 일정하다면 전선의 굵기는?

① 전류에 비례한다.
② 전류에 반비례한다.
③ 전압의 제곱에 비례한다.
④ 전압의 제곱에 반비례한다.

풀이 전력손실률
$$K = \frac{RP}{V^2\cos^2\theta} \times 100 = \frac{\rho l P}{AV^2\cos^2\theta} \times 100$$에서
전선의 단면적
$$A = \frac{\rho l P}{KV^2\cos^2\theta} \times 100 \propto \frac{1}{V^2}$$
여기서, ρ : 고유저항, l : 송전거리,
P : 전력, V : 전압, $\cos\theta$: 역률
따라서 전선의 단면적은 전압의 제곱에 반비례한다. **답** ④

35 화력발전소에서 석탄 1[kg]으로 발생할 수 있는 전력량은 약 몇 [kWh]인가? (단, 석탄의 발열량은 5000[kcal/kg], 발전소의 효율은 40[%]이다.)

① 2.0 ② 2.3
③ 4.7 ④ 5.8

풀이 효율 $\eta = \dfrac{860W}{mH} \times 100$에서
전력량 $W = \dfrac{mH\eta}{860 \times 100}$이므로
$\therefore W = \dfrac{1 \times 5000 \times 40}{860 \times 100} = 2.3[\text{kWh}]$가 된다. **답** ②

36 154[kV] 송전계통에서 3상 단락고장이 발생하였을 경우 고장 점에서 본 등가 정상 임피던스가 100[MVA] 기준으로 25[%]라고 하면 단락용량은 몇 [MVA]인가?

① 250 ② 300
③ 400 ④ 500

풀이 단락용량
$$P_s = \frac{100}{\%Z}P_n = \frac{100}{25} \times 100 = 400[\text{MVA}]$$ **답** ③

37 3상 1회선 송전 선로의 소호 리액터의 용량 [kVA]은?

① 선로 충전 용량과 같다.
② 선간 충전 용량의 1/2이다.
③ 3선 일괄의 대지 충전 용량과 같다.
④ 1선과 중성점 사이의 충전 용량과 같다.

풀이 3상 1회선 소호 리액터 용량
$$P = 3\omega CE^2 = 3\omega C\left(\frac{V}{\sqrt{3}}\right)^2 = \omega CV^2[\text{kVA}]$$
여기서, C : 1선당의 대지 정전 용량,
E : 대지전압, V : 선간전압 **답** ③

38 감전방지 대책으로 적합하지 않은 것은?

① 외함 접지   ② 아크혼 설치
③ 2중 절연기기 ④ 누전 차단기 설치

풀이 **아크혼의 역할**
- 선로의 섬락으로부터 애자련의 보호
- 애자련의 전압분포 개선   답 ②

39 총 부하설비가 160[kW], 수용률이 60[%], 부하역률이 80[%]인 수용가에 공급하기 위한 변압기 용량[kVA]은?

① 40   ② 80
③ 120 ④ 160

풀이 변압기 용량 ≥ 합성 최대 수용 전력
$= \dfrac{\text{개별 최대 수용 전력의 합}}{\text{부등률}}$
$= \dfrac{\text{설비 용량} \times \text{수용률}}{\text{부등률}} = \dfrac{160/0.8 \times 0.6}{1}$
$= 120[kVA]$ 답 ③

40 18~23개를 한 줄로 이어 단 표준현수애자를 사용하는 전압[kV]은?

① 23[kV]   ② 154[kV]
③ 345[kV] ④ 765[kV]

풀이 전압별 현수애자의 개수

22.9[kV]	66[kV]	154[kV]	345[kV]
2~3	4	10~11	18~20

답 ③

2016년 - 2회 _ 전기산업기사·공사산업기사

21 인입되는 전압이 정정값 이하로 되었을 때 동작하는 것으로서 단락 고장검출 등에 사용되는 계전기는?

① 접지 계전기
② 부족 전압 계전기
③ 역전력 계전기
④ 과전압 계전기

풀이 ① 전압이 정정값 이하 시 동작 : 부족 전압 계전기
② 전압이 정정값 초과 시 동작 : 과전압 계전기
답 ②

22 배전선로용 퓨즈(Power Fuse)는 주로 어떤 전류의 차단을 목적으로 사용하는가?

① 충전전류 ② 단락전류
③ 부하전류 ④ 과도전류

풀이 전력용 퓨즈는 단락 보호용으로 사용된다.   답 ②

23 접촉자가 외기(外氣)로부터 격리되어 있어 아크에 의한 화재의 염려가 없으며 소형, 경량으로 구조가 간단하고 보수가 용이하며 진공 중의 아크 소호 능력을 이용하는 차단기는?

① 유입차단기 ② 진공차단기
③ 공기차단기 ④ 가스차단기

풀이 **진공 차단기(VCB)**
① 고진공 중에서 전자의 고속도 확산에 의해 아크를 소호
② 소형 경량이고 조작 기구가 간편하다.
③ 화재 위험이 없다.
④ 폭발음이 없다.
⑤ 소호실에 대해서 보수가 거의 필요치 않다.
⑥ 차단 시간이 짧고 차단 성능이 회로의 주파수에 영향을 받지 않는다.   답 ②

24 유효낙차 75[m], 최대 사용 수량 200[m³/s], 수차 및 발전기의 합성효율이 70[%]인 수력발전소의 최대출력은 몇 [MW]인가?

① 102.9   ② 157.3
③ 167.5   ④ 177.8

풀이 발전소 출력 ≒ 발전기 출력이므로
$\therefore P_g = 9.8 QH\eta_t \eta_g [kW]$
$= 9.8 \times 200 \times 75 \times 0.7 \times 10^{-3}$
$= 102.9[MW]$ 답 ①

25 어떤 가공선의 인덕턴스가 1.6[mH/km]이고, 정전 용량이 0.008[μF/km]일 때 특성 임피던스는 약 몇 [Ω]인가?

① 128   ② 224
③ 345   ④ 447

풀이 저항과 누설 리액턴스를 무시하면($R=0$, $G=0$)
특성 임피던스

$$Z_0 = \sqrt{\frac{Z}{Y}} = \sqrt{\frac{R+j\omega L}{G+j\omega C}} = \sqrt{\frac{L}{C}}$$

$$= \sqrt{\frac{1.6 \times 10^{-3}}{0.008 \times 10^{-6}}} ≒ 447[\Omega]$$

답 ④

26 서울과 같이 부하밀도가 큰 지역에서는 일반적으로 변전소의 수와 배전거리를 어떻게 결정하는 것이 좋은가?

① 변전소의 수를 감소하고 배전거리를 증가한다.
② 변전소의 수를 증가하고 배전거리를 감소한다.
③ 변전소의 수를 감소하고 배전거리도 감소한다.
④ 변전소의 수를 증가하고 배전거리도 증가한다.

풀이 부하 밀도가 큰 지역에서는 변전소의 수를 증가해서 담당 용량을 줄이고 배전 거리를 작게 해야 전력 손실도 줄어든다. **답** ②

27 중성점 접지방식에서 직접 접지방식을 다른 접지방식과 비교하였을 때 그 설명으로 틀린 것은?

① 변압기의 저감절연이 가능하다.
② 지락고장시의 이상전압이 낮다.
③ 다중접지사고로의 확대 가능성이 대단히 크다.
④ 보호계전기의 동작이 확실하여 신뢰도가 높다.

풀이 직접 접지 방식의 장·단점
[장점]
① 1선 지락시에 건전상의 대지 전압이 거의 상승하지 않는다.
② 피뢰기의 효과를 증진시킬 수 있다.
③ 단절연이 가능하다.
④ 계전기의 동작이 확실해진다.

[단점]
① 송전 계통의 과도 안정도가 나빠진다.
② 통신선에 유도 장해가 크다.
③ 기기에 큰 영향을 주어 손상을 준다.
④ 대용량 차단기가 필요하다. **답** ③

28 송전방식에서 선간 전압, 선로 전류, 역률이 일정할 때(3상 3선식/단상 2선식)의 전선 1선당의 전력비는 약 몇 [%]인가?

① 87.5   ② 94.7
③ 115.5   ④ 141.4

풀이
- 단상2선식 1선당 전력 $P_2 = VI\cos\theta/2$
- 3상3선식 1선당 전력 $P_3 = \sqrt{3}\,VI\cos\theta/3$

$$\therefore \text{전력비} = \frac{3상3선식}{단상2선식} \times 100$$

$$= \frac{\sqrt{3}\,VI\cos\theta/3}{VI\cos\theta/2} \times 100 = \frac{2\sqrt{3}}{3} \times 100$$

$$≒ 115.5$$

답 ③

29 단선식 전력선과 단선식 통신선이 그림과 같이 근접되었을 때, 통신선의 정전유도전압 E_0는?

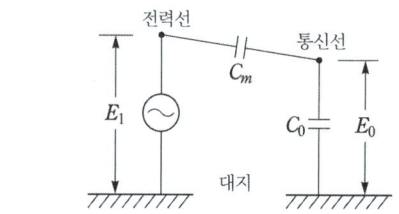

① $\dfrac{C_m}{C_0+C_m}E_1$ ② $\dfrac{C_0+C_m}{C_m}E_1$

③ $\dfrac{C_0}{C_0+C_m}E_1$ ④ $\dfrac{C_0+C_m}{C_0}E_1$

풀이

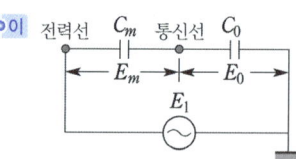

$$E_0 = \frac{C_m}{C_0+C_m}E_1$$

답 ①

30 3상 3선식 복도체 방식의 송전선로를 3상 3선식 단도체 방식 송전선로와 비교한 것으로 알맞은 것은? (단, 단도체의 단면적은 복도체 방식 소선의 단면적 합과 같은 것으로 한다.)

① 전선의 인덕턴스와 정전용량은 모두 감소한다.
② 전선의 인덕턴스와 정전용량은 모두 증가한다.
③ 전선의 인덕턴스는 증가하고, 정전용량은 감소한다.
④ 전선의 인덕턴스는 감소하고, 정전용량은 증가한다.

풀이 복도체 방식의 장점
① 전선의 인덕턴스가 감소하고 정전 용량이 증가되어 선로의 송전 용량이 증가하고 계통의 안정도를 증진시킨다.
② 전선 표면의 전위 경도가 저감되므로 코로나 임계 전압을 높일 수 있고 코로나손, 코로나 잡음 등의 장해가 저감된다.   **답** ④

31 터빈 발전기의 냉각방식에 있어서 수소냉각방식을 채택하는 이유가 아닌 것은?

① 코로나에 의한 손실이 적다.
② 수소 압력의 변화로 출력을 변화시킬 수 있다.
③ 수소의 열전도율이 커서 발전기 내 온도상승이 저하한다.
④ 수소 부족시 공기와 혼합사용이 가능하므로 경제적이다.

풀이 ① 수소 냉각 발전기의 장점
- 비중이 공기의 약 7[%]로 가볍고 풍손은 공기의 약 1/10로 감소
- 열전도율은 공기의 약 6.7배, 비열은 약 14배로 열전도성이 좋고, 공기냉각 발전기에 비하여 약 25[%]의 출력이 증가
- 가스 냉각기가 적어도 된다.
- 코로나 발생전압이 높고 절연물의 수명이 길어진다.
- 공기에 비해 대류율이 1.3배이고 운전중 소음이 적다.

② 수소 냉각 발전기의 단점
- 공기와 적당히 혼합하면 폭발할 우려가 있다.
- 폭발 예방을 위한 부속설비가 필요하며 설비비가 증가   **답** ④

32 그림과 같은 열사이클은?

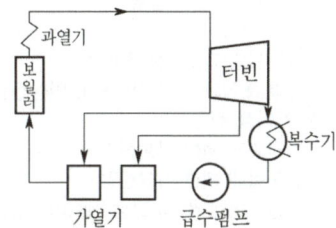

① 재생사이클   ② 재열사이클
③ 카르노사이클   ④ 재생재열사이클

풀이 터빈에서 증기 팽창중 증기의 일부를 추출하여 급수 가열에 이용되는 것을 재생 사이클이라 한다.   **답** ①

33 그림과 같이 지지점 A, B, C에는 고저차가 없으며, 경간 AB와 BC 사이에 전선이 가설되어, 그 이도가 12[cm]이었다. 지금 경간 AC의 중점인 지지점 B에서 전선이 떨어져서 전선의 이도가 D로 되었다면 D는 몇 [cm]인가?

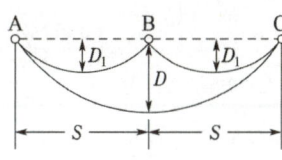

① 18   ② 24
③ 30   ④ 36

풀이 AB구간 및 BC구간 전선의 실제 길이를 L_1, AC구간 전선의 실제 길이를 L이라고 하면 전선의 실제 길이는 떨어지기 전과 떨어진 후가 같으므로
$2L_1 = L$
$2\left(S + \dfrac{8D_1^2}{3S}\right) = 2S + \dfrac{8D^2}{3 \times 2S}$
$\dfrac{8D^2}{3 \times 2S} = 2\left(S + \dfrac{8D_1^2}{3S}\right) - 2S = \dfrac{2 \times 8D_1^2}{3S}$
$\therefore D = \sqrt{4D_1^2} = 2D_1 = 2 \times 12 = 24[cm]$ **답** ②

34 송배전 선로에서 내부 이상전압에 속하지 않는 것은?

① 개폐 이상전압
② 유도뢰에 의한 이상전압
③ 사고시의 과도 이상전압
④ 계통 조작과 고장시의 지속 이상전압

풀이 ① 내부 이상 전압의 종류
- 개폐 이상전압
- 사고시의 과도 이상전압
- 계통 조작과 고장시의 지속 이상전압

② 외부 이상 전압
- 직격뢰에 의한 이상전압
- 유도뢰에 의한 이상전압
- 타선과의 혼촉 시 발생하는 이상전압 **답** ②

35 고압 배전선로의 선간전압을 3300[V]에서 5700[V]로 승압하는 경우, 같은 전선으로 전력손실을 같게 한다면 약 몇 배의 전력[kW]을 공급할 수 있는가?

① 1   ② 2
③ 3   ④ 4

풀이 ① 전력손실이 동일한 경우 ($P_{l1} = P_{l2}$)
- 전력손실 $P_{l1} = 3I^2 R = \dfrac{P_1^2 R}{V_1^2 \cos^2\theta}$

  ($\because I = \dfrac{P}{\sqrt{3}\, V\cos\theta}$)

- 전력손실 $P_{l2} = 3I^2 R = \dfrac{P_2^2 R}{V_2^2 \cos^2\theta}$

$\dfrac{P_1^2 R}{V_1^2 \cos^2\theta} = \dfrac{P_2^2 R}{V_2^2 \cos^2\theta} \rightarrow \dfrac{P_1}{V_1} = \dfrac{P_2}{V_2}$

$\therefore P_2 = \left(\dfrac{V_2}{V_1}\right) P_1 = \left(\dfrac{5700}{3300}\right) P_1 = 1.73 P_1$

② 전력손실률이 동일한 경우 ($h_1 = h_2$)
- 전력손실률 $h_1 = \dfrac{P_{l1}}{P_1} = \dfrac{P_1 R}{V_1^2 \cos^2\theta}$
- 전력손실률 $h_2 = \dfrac{P_{l2}}{P_2} = \dfrac{P_2 R}{V_2^2 \cos^2\theta}$

$\dfrac{P_1 R}{V_1^2 \cos^2\theta} = \dfrac{P_2 R}{V_2^2 \cos^2\theta} \rightarrow \dfrac{P_1}{V_1^2} = \dfrac{P_2}{V_2^2}$

$\therefore P_2 = \left(\dfrac{V_2}{V_1}\right)^2 P_1 = \left(\dfrac{5700}{3300}\right)^2 P_1 = 2.98 P_1$

따라서 문제의 조건이 '전력손실을 같게 한다면'이 아닌 '전력손실률을 같게 한다면'으로 변경되어야 한다. **답** ③

36 설비용량 800[kW], 부등률 1.2, 수용률 60[%]일 때, 변전시설 용량은 최저 약 몇 [kVA] 이상이어야 하는가? (단, 역률은 90[%] 이상 유지되어야 한다.)

① 450   ② 500
③ 550   ④ 600

풀이 변전 설비 용량 $= \dfrac{\text{설비 용량} \times \text{수용률}}{\text{부등률} \times \text{역률}}$

$= \dfrac{800 \times 0.6}{1.2 \times 0.9}$

$\fallingdotseq 444[\text{kVA}]$ **답** ①

37 소호리액터 접지방식에 대하여 틀린 것은?

① 지락전류가 적다.
② 전자유도장애를 경감할 수 있다.
③ 지락 중에도 송전이 계속 가능하다.
④ 선택지락계전기의 동작이 용이하다.

풀이

방식	다중고장발생확률	보호계전기 동작	지락전류	고장중운전	전위상승	과도안정도	유도장해	특징
소호 리액터 접지 (66[kV])	보통	불확실	최소	가능	$\sqrt{3}$ 이상	최대	최소	병렬공진 고장전류 최소

소호리액터 접지방식은 지락 전류가 흐르지 않으므로 보호계전기 동작이 어렵다. **답** ④

38 전력원선도에서 알 수 없는 것은?

① 조상용량
② 선로손실
③ 송전단의 역률
④ 정태안정 극한전력

[풀이] ① 원선도에서 알 수 있는 사항
- 정태 안정 극한 전력(최대 전력)
- 송수전단 전압간의 상차각
- 조상 용량
- 수전단 역률
- 선로 손실과 송전 효율

② 원선도에서 구할 수 없는 것
- 과도 안정 극한전력
- 코로나 손실
- 송전단의 역률   답 ③

39 200[kVA] 단상 변압기 3대를 △결선에 의하여 급전하고 있는 경우 1대의 변압기가 소손되어 V결선으로 사용하였다. 이때의 부하가 516[kVA]라고 하면 변압기는 약 몇 [%]의 과부하가 되는가?

① 119 ② 129
③ 139 ④ 149

[풀이] V결선 출력
$P_V = \sqrt{3}P_1 = 200\sqrt{3}$ [kVA]
따라서
과부하율 $= \dfrac{P}{P_V} \times 100 = \dfrac{516}{200\sqrt{3}} \times 100$
$= 149$[%]   답 ④

40 피뢰기의 제한전압이란?

① 피뢰기의 정격전압
② 상용주파수의 방전개시전압
③ 피뢰기 동작 중 단자전압의 파고치
④ 속류의 차단이 되는 최고의 교류전압

[풀이] ① 피뢰기의 정격전압 : 속류의 차단이 되는 최고의 교류전압
② 상용주파 방전 개시전압 : 상용주파수의 방전개시전압(실효값)
③ 제한 전압 : 피뢰기 동작 중에 계속해서 걸리고 있는 단자 전압의 파고값
④ 충격 방전 개시전압 : 피뢰기 단자간에 충격전압을 인가하였을때 방전을 개시하는 전압   답 ③

2016년 3회 _ 전기산업기사

21 송전선로에 충전전류가 흐르면 수전단 전압이 송전단 전압보다 높아지는 현상과 이 현상의 발생 원인으로 가장 옳은 것은?

① 페란티 효과, 선로의 인덕턴스 때문
② 페란티 효과, 선로의 정전용량 때문
③ 근접 효과, 선로의 인덕턴스 때문
④ 근접 효과, 선로의 정전용량 때문

[풀이] 페란티 현상이란 선로의 정전 용량으로 인하여 무부하시나 경부하시에 진상 전류가 흘러 수전단 전압이 송전단 전압보다 높아지는 현상을 말하며 이의 대책으로는 분로 리액터나 동기 조상기의 지상 용량으로 방지할 수 있다.   답 ②

22 전력선에 의한 통신선로의 전자 유도 장해의 발생 요인은 주로 무엇 때문인가?

① 영상 전류가 흘러서
② 부하 전류가 크므로
③ 전력선의 교차가 불충분하여
④ 상호 정전 용량이 크므로

[풀이] 전자유도전압 $E_m = -j\omega Ml\,3I_0$ 이므로 전자 유도 전압은 사고 시 영상 전류(I_0)에 의해 발생한다.   답 ①

23 취수구에 제수문을 설치하는 목적은?

① 유량을 조절한다. ② 모래를 배제한다.
③ 낙차를 높인다.   ④ 홍수위를 낮춘다.

[풀이] 취수량을 조절하고 물의 유입을 단절하기 위해 취수구에 제수문을 설치한다.   답 ①

24 양수량 Q[m³/s], 총양정 H[m], 펌프효율 η인 경우 양수펌프용 전동기의 출력 P[kW]는? (단, k는 상수이다.)

① $k\dfrac{Q^2H^2}{\eta}$ ② $k\dfrac{Q^2H}{\eta}$
③ $k\dfrac{QH^2}{\eta}$ ④ $k\dfrac{QH}{\eta}$

풀이 양수 펌프용 전동기의 출력
$P = \dfrac{9.8QH}{\eta} = k\dfrac{QH}{\eta}$ [kW]   답 ④

25 고압 수전설비를 구성하는 기기로 볼 수 없는 것은?

① 변압기
② 변류기
③ 복수기
④ 과전류 계전기

풀이 복수기 : 증기 터빈에서 배출되는 증기를 물로 냉각하여 복수하기 위한 장치로서 수전설비가 아니라 **발전설비에 해당**된다.   답 ③

26 공통중성선 다중접지 3상 4선식 배전선로에서 고압측(1차측) 중성선과 저압측(2차측) 중성선을 전기적으로 연결하는 목적은?

① 저압측의 단락사고를 검출하기 위함
② 저압측의 접지사고를 검출하기 위함
③ 주상변압기의 중성선측 부싱(bushing)을 생략하기 위함
④ 고저압 혼촉 시 수용가에 침입하는 상승전압을 억제하기 위함

풀이 고압측과 저압측의 중성선끼리 연결되어 있지 않으면 **고저압 혼촉시 고압측의 큰 전압이 저압측을 통해 수용가에 침입**하여 인체에 위해를 주거나 옥내 전기 기기를 손상시킬 수 있다.   답 ④

27 차단기의 정격 차단시간에 대한 정의로써 옳은 것은?

① 고장 발생부터 소호까지의 시간
② 트립 코일 여자부터 소호까지의 시간
③ 가동접촉자 개극부터 소호까지의 시간
④ 가동접촉자 시동부터 소호까지의 시간

풀이 차단기의 차단시간
① **트립 코일(trip coil)의 여자부터 아크 소호 시간을 합한 것**
정격 차단 시간 = 개극 시간 + 아크 소호 시간

② 차단기의 정격 차단 시간(표준) :
3[Hz], 5[Hz], 8[Hz]   답 ②

28 154/22.9[kV], 40[MVA], 3상 변압기의 %리액턴스가 14[%]라면 고압측으로 환산한 리액턴스는 약 몇 [Ω]인가?

① 95
② 83
③ 75
④ 61

풀이 퍼센트 임피던스 $\%Z = \dfrac{ZP}{10V^2}$ 에서
(여기서, V : 정격전압[kV], P : 기준용량[kVA])
$Z = \dfrac{\%Z \times 10 \times V^2}{P} = \dfrac{14 \times 10 \times 154^2}{40000} = 83[\Omega]$ 답 ②

29 보호계전기의 기본 기능이 아닌 것은?

① 확실성
② 선택성
③ 유동성
④ 신속성

풀이 보호 계전기의 기본 기능 :
① 확실성 ② 선택성 ③ 신속성 ④ 경제성
⑤ 취급의 용이성   답 ③

30 6[kV]급의 소내 전력공급용 차단기로서 현재 가장 많이 채택하는 것은?

① OCB
② GCB
③ VCB
④ ABB

풀이 VCB(진공 차단기)는 공칭 전압 30[kV] 이하의 소내 공급용 차단기로서 현재 가장 많이 사용된다.   답 ③

31 수용가군 총합의 부하율은 각 수용가의 수용률 및 수용가 사이의 부등률이 변화할 때 옳은 것은?

① 부등률과 수용률에 비례한다.
② 부등률에 비례하고 수용률에 반비례한다.
③ 수용률에 비례하고 부등률에 반비례한다.
④ 부등률과 수용률에 반비례한다.

풀이) 부하율 = $\frac{평균\ 전력}{합성\ 최대\ 전력}$ = $\frac{평균\ 전력}{\frac{최대\ 전력의\ 합계}{부등률}}$

= $\frac{평균\ 전력 \times 부등률}{설비\ 용량의\ 합계 \times 수용률}$

따라서 부하율은 부등률에 비례하고 수용률에 반비례한다. 답 ②

32
3상 3선식 3각형 배치의 송전선로가 있다. 선로가 연가되어 각 선간의 정전용량은 0.007[μF/km], 각 선의 대지 정전용량은 0.002[μF/km]라고 하면 1선의 작용 정전용량은 몇 [μF/km]인가?

① 0.03
② 0.023
③ 0.012
④ 0.006

풀이) $C_n = C_s + 3C_m = 0.002 + 3 \times 0.007 = 0.023$ [μF/km]
여기서, C_n : 작용 정전용량
C_s : 대지 정전용량
C_m : 선간 정전용량 답 ②

33
전선로에 댐퍼(damper)를 사용하는 목적은?

① 전선의 진동방지
② 전력손실 격감
③ 낙뢰의 내습방지
④ 많은 전력을 보내기 위하여

풀이) 댐퍼는 진동 억제 장치로 지지점 가까운 곳에 설치한다. 답 ①

34
3상 Y결선된 발전기가 무부하 상태로 운전 중 b상 및 c상에서 동시에 직접접지 고장이 발생하였을 때 나타나는 현상으로 틀린 것은?

① a상의 전류는 항상 0이다.
② 건전상의 a상 전압은 영상분 전압의 3배와 같다.
③ a상의 정상분 전압과 역상분 전압은 항상 같다.
④ 영상분 전류와 역상분 전류는 대칭성분 임피던스에 관계없이 항상 같다.

풀이) 2선 지락 고장(b, c상 지락 시)
조건 : $V_b = V_c = 0$, $I_a = 0$

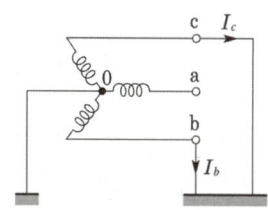

① 대칭분 전류
$$I_0 = \frac{-Z_2 E_a}{Z_0 Z_1 + Z_1 Z_2 + Z_2 Z_0}$$
$$I_1 = \frac{(Z_0 + Z_2) E_a}{Z_0 Z_1 + Z_1 Z_2 + Z_2 Z_0}$$
$$I_2 = \frac{-Z_0 E_a}{Z_0 Z_1 + Z_1 Z_2 + Z_2 Z_0}$$

② 대칭분 전압
$$V_0 = V_1 = V_2 = \frac{Z_0 Z_2}{Z_1 Z_2 + Z_0 (Z_1 + Z_2)} E_a$$

③ 건전상 전압
$$V_a = V_0 + V_1 + V_2 = 3V_0$$
$$= \frac{3Z_0 Z_2}{Z_1 Z_2 + Z_0 (Z_1 + Z_2)} E_a$$

④ b, c상 전류
$$I_b = I_0 + a^2 I_1 + a I_2 = \frac{(a^2 - a) Z_0 + (a^2 - 1) Z_2}{Z_0 Z_1 + Z_1 Z_2 + Z_2 Z_0} E_a$$
$$I_c = I_0 + a I_1 + a^2 I_2 = \frac{(a - a^2) Z_0 + (a - 1) Z_2}{Z_0 Z_1 + Z_1 Z_2 + Z_2 Z_0} E_a$$

답 ④

35
배전선로의 손실을 경감시키는 방법이 아닌 것은?

① 전압 조정
② 역률 개선
③ 다중접지방식 채용
④ 부하의 불평형 방지

풀이) 배전선로의 전력 손실
$$P_L = 3I^2 r = \frac{\rho W^2 L}{A V^2 \cos^2 \theta}$$
여기서, ρ : 고유저항, W : 부하 전력
L : 배전 거리, A : 전선의 단면적
V : 수전 전압, $\cos \theta$: 부하 역률

답 ③

36 전압과 역률이 일정할 때 전력을 몇[%] 증가시키면 전력 손실이 2배로 되는가?

① 31 ② 41
③ 51 ④ 61

풀이 ① 전력 손실을 P_l, 전력을 P라고 하면
$$P_l = 3I^2R = \frac{P^2R}{V^2\cos^2\theta}$$ 에서
$P_l \propto P^2$이므로 $P \propto \sqrt{P_l}$이다.
② 전력 손실을 2배로 한 경우의 전력을 P'라고 하면
$$\frac{P'}{P} = \frac{\sqrt{2P_l}}{\sqrt{P_l}} = \sqrt{2}$$ 이므로
$P' = \sqrt{2}P$이다.
따라서 증가시킬 수 있는 전력 증가율
$= \frac{P'-P}{P} \times 100 = \frac{\sqrt{2}P-P}{P} \times 100$
$= \frac{\sqrt{2}-1}{1} \times 100 = 41[\%]$ 답 ②

37 최대 출력 350[MW], 평균부하율 80[%]로 운전되고 있는 화력 발전소의 10일간 중유 소비량이 1.6×10^7[L]라고 하면 발전단에서의 열효율은 몇 [%]인가? (단, 중유의 열량은 10000[kcal/L]이다.)

① 35.3 ② 36.1
③ 37.8 ④ 39.2

풀이 열효율
$$\eta = \frac{860W}{mH}$$
$$= \frac{860 \times 350 \times 10^6 \times 0.8 \times 24}{\frac{1.6 \times 10^7}{10} \times 10000 \times 10^3} \times 100$$
$= 36.12[\%]$ 답 ②

38 어느 발전소에서 합성 임피던스가 0.4[%] (10 [MVA] 기준)인 장소에 설치하는 차단기의 차단용량은 몇 [MVA]인가?

① 10 ② 250
③ 1000 ④ 2500

풀이 • 단락용량
$$P_s = \frac{100}{\%Z}P_n = \frac{100}{0.4} \times 10 = 2500[\text{MVA}]$$
• '차단기의 차단용량 > 차단기의 단락용량'이다.
  답 ④

39 주상변압기의 1차측 전압이 일정할 경우, 2차측 부하가 변하면, 주상변압기의 동손과 철손은 어떻게 되는가?

① 동손과 철손이 모두 변한다.
② 동손은 일정하고 철손이 변한다.
③ 동손은 변하고 철손은 일정하다.
④ 동손과 철손은 모두 변하지 않는다.

풀이 • 변압기의 손실
  = 철손(히스테리시스손 + 와류손) + 동손(I^2R)
• 철손은 1차 전압만 걸리면 손실이 되고 동손은 2차 전류가 흘러야 손실이 되므로, 2차 부하가 변하면 철손은 일정하고 동손은 변한다.   답 ③

40 3상 3선식 변압기 결선 방식이 아닌 것은?

① △ 결선 ② V 결선
③ T 결선 ④ Y 결선

풀이

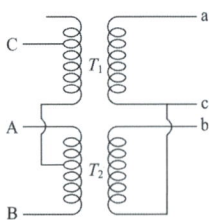

스코트 결선
① 스코트(T) 결선은 단상 변압기 2대를 사용하여 3상 전원에서 2상 전압을 얻는 결선 방식이다.
② 1차측 A, B, C단자 사이에 평형 3상 전압을 공급하면 2차측, ac, bc 단자 사이에 평형 2상 전압을 얻게 된다.   답 ③

2016년 4회 _ 공사산업기사

21 복도체 또는 다도체에 대한 설명으로 틀린 것은?

① 복도체는 3상 송전선의 1상의 전선을 2본으로 분할한 것이다.
② 2본 이상으로 분할된 도체를 일반적으로 다도체라고 한다.
③ 복도체 또는 다도체를 사용하는 주 목적은 코로나 방지에 있다.
④ 복도체의 선로정수는 같은 단면적의 단도체 선로와 비교할 때 변함이 없다.

풀이 • 선로정수는 저항(R), 인덕턴스(L), 정전용량(C), 컨덕턴스(G)이다.
• 복도체를 사용하면 단도체에 비해 인덕턴스(L)는 감소하고 정전용량(C)은 증가하며, 안정도를 증가시키고, 코로나 발생을 억제한다. **답** ④

22 3상 1회선 전선로의 작용 정전용량을 C, 선간 정전용량을 C_1, 대지 정전용량을 C_2라 할 때 C, C_1, C_2의 관계는?

① $C = C_1 + 3C_2$
② $C = 3C_1 + C_2$
③ $C = C_1 + C_2$
④ $C = 3(C_1 + C_2)$

풀이

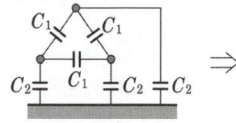

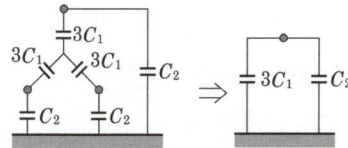

1선당의 작용 정전 용량 $C = 3C_1 + C_2$ **답** ②

23 일반적으로 송전선로의 중성점을 직접접지하는 목적으로 틀린 것은?

① 단절연 가능
② 과도 안정도의 증진
③ 이상전압 발생의 억제
④ 보호계전기의 신속, 확실한 작동

풀이 직접 접지 방식의 장·단점
[장점]
① 1선 지락시에 건전상의 대지 전압이 거의 상승하지 않는다.
② 피뢰기의 효과를 증진시킬 수 있다.
③ 단절연이 가능하다.
④ 계전기의 동작이 확실해진다.
[단점]
① 송전 계통의 과도 안정도가 나빠진다.
② 통신선에 유도 장해가 크다.
③ 기기에 큰 영향을 주어 손상을 준다.
④ 대용량 차단기가 필요하다. **답** ②

24 화력발전소의 보일러 손실이 보일러 입력의 20[%]이고, 터빈 출력이 터빈 입력의 50[%]일 때, 화력발전소의 열소비율은 몇 [kcal/kWh]인가?

① 1850
② 1950
③ 2050
④ 2150

풀이 • 보일러 손실이 입력의 20[%]이므로 보일러의 효율은 80[%]이고, 터빈 출력이 터빈 입력의 50[%]이므로 터빈 효율은 50[%]이다.
• 1[kWh]당 860[kcal]이고, 보일러 효율이 80[%], 터빈 효율이 50[%]이므로 1[kWh]를 만들기 위해서는 $\frac{860}{0.5 \times 0.8} = 2150$[kcal]가 필요하다. **답** ④

25 차단기에서 "O-t_1-CO-t_2-CO"의 표기로 나타내는 것은? (단, O는 차단 동작, t_1, t_2는 시간 간격, C는 투입 동작, CO는 투입 직후 차단 동작이다.)

① 차단기 동작 책무
② 차단기 속류 주기
③ 차단기 재폐로 계수
④ 차단기 무전압 시간

풀이 차단기의 동작 책무 : 어느 시간 간격을 두고 행해지는 일련의 동작을 규정한 것
- 일반용 : O – 3분 – CO – 3분 – CO, CO – 15초 – CO
- 고속도 재투입용 :
  O – 0.3초 – CO – 3분(또는 15초, 1분) – CO **답** ①

24 66[kV], 60[Hz] 3상 3선식의 선로에서 중성점을 소호리액터 접지하여 완전 공진상태로 되었을 때 중성점에 흐르는 전류는 몇 [A]인가? (단, 소호리액터를 포함한 영상 회로의 등가 저항은 200[Ω], 중성점 잔류전압은 4400[V]라고 한다.)

㉮ 11 ㉯ 22
㉰ 33 ㉱ 44

풀이 완전 공진 상태에서의 전류
$$I = \frac{E}{R} = \frac{4400}{200} = 22[A]$$ **답** ②

27 어떤 발전소에서 발열량 5500[kcal/kg]의 석탄 12[ton]을 사용하여 25000[kWh]의 전력을 발생하였을 경우 이 발전소의 열효율은 약 몇 [%]인가?

① 22.5 ② 32.6
③ 34.4 ④ 35.3

풀이 효율 $\eta = \frac{860W}{mH} = \frac{860 \times 25000}{12 \times 1000 \times 5500} \times 100$
$= 32.6[\%]$ **답** ②

28 전력계통에서 전력용 콘덴서와 직렬로 연결하는 직렬리액터는 어떤 고조파를 제거하는가?

① 제5고조파 ② 제4고조파
③ 제3고조파 ④ 제2고조파

풀이 송전 선로에는 변압기의 유기 기전력이 발생할 때에 생기는 기수 고조파가 존재하게 되는데, 제3고조파는 변압기의 △결선에서 제거되고 제5고조파는 전력용 콘덴서에 직렬로 5[%] 가량의 직렬 리액터를 삽입하여 제거시킨다. **답** ①

29 선로의 인덕턴스에 대한 설명으로 옳은 것은?

① 선로의 도체간 거리가 클수록 인덕턴스의 값이 작아진다.
② 선로 도체의 반지름이 클수록 인덕턴스의 값이 커진다.
③ 일반적으로 지중 케이블은 가공 선로에 비해 인덕턴스의 값이 작다.
④ 인덕턴스의 값은 선로의 기하학적 배치와는 전혀 무관하다.

풀이 ① 단도체 인덕턴스
$$L = 0.05 + 0.4605 \log_{10} \frac{D}{r} [\text{mH/km}]$$
인덕턴스는 등가선간거리(D)에는 비례하고, 도체의 반지름(r)에는 반비례한다.
② 지중선 계통은 가공선 계통에 비해서 선간 거리가 수십 배 작으므로 인덕턴스는 작고 정전 용량은 크다.
③ 인덕턴스의 계산식에는 대수항이 포함되어 있기 때문에 선로의 거리 및 높이는 산술적 평균값이 아닌 기하 평균거리를 취하여야 한다. **답** ③

30 발전기의 회전수가 높을 때의 설명으로 옳은 것은?

① 원심력이 작아진다.
② 수소냉각이 공기냉각식보다 유리하다.
③ 극수가 많아져서 권선간의 절연이 쉽게 된다.
④ 축장이 짧아져서 공기의 순환이 원활하게 이루어진다.

풀이 ① 공기 냉각 방식 : 소형기, 중형기, 대형 저속기에 적용
② 수소 냉각 방식 : 대형 고속기에 적용, 공기냉각 발전기에 비하여 약 25[%]의 출력이 증가 **답** ②

31 한류 리액터의 사용 목적은?

① 단락전류의 제한
② 충전전류의 제한
③ 누설전류의 제한
④ 접지전류의 제한

풀이
- 한류 리액터 : 단락사고 시의 단락 전류를 제한
- 직렬 리액터 : 제5고조파 제거
- 분로 리액터 : 페란티 현상 방지
- 소호 리액터 : 지락 아크 소멸

답 ①

32 플리커 예방을 위한 수용가 측의 대책이 아닌 것은?

① 공급 전압을 승압한다.
② 전압 강하를 보상한다.
③ 전원계통에 리액터분을 보상한다.
④ 부하의 무효전력 변동분을 흡수한다.

풀이 플리커 경감 대책
① 전력 공급측에서 실시
  - 전용 계통으로 공급
  - 단락 용량이 큰 계통에서 공급
  - 전용 변압기로 공급
  - 공급 전압을 승압
② 수용가 측에서의 대책
  - 전원 계통에 리액터 분을 보상
  - 전압 강하를 보상
  - 부하의 무효 전력 변동분을 흡수
  - 플리커 부하 전류의 변동분을 억제

답 ①

33 배전 선로의 전기방식 중 전선의 중량(전선비용)이 가장 적게 소요되는 전기방식은? (단, 상전압, 거리, 전력 및 선로손실 등은 같다.)

① 단상 2선식   ② 3상 3선식
③ 단상 3선식   ④ 3상 4선식

풀이

방식		$1\phi 2W$ 소요 전선량 100[%]
$1\phi 3W$	중성선 굵기 동일	37.5[%]
	중성선 굵기 1/2	31.3[%]
$3\phi 3W$	–	75[%]
$3\phi 4W$	중성선 굵기 동일	33.3[%]
	중성선 굵기 1/2	29.2[%]

답 ④

34 동일한 전압에서 동일한 전력을 송전할 때 역률을 0.8에서 0.9로 개선하면 전력손실은 약 몇 [%] 감소하는가?

① 5   ② 10   ③ 21   ④ 40

풀이 $P_L \propto \dfrac{1}{\cos^2\theta}$ 이므로 $P_L' = \left(\dfrac{0.8}{0.9}\right)^2 P_L = 0.79 P_L$

∴ 21[%] 감소한다.

답 ③

35 변류기를 개방할 때 2차측을 단락하는 이유는?

① 1차측 과전류 보호
② 1차측 과전압 방지
③ 2차측 과전류 보호
④ 2차측 절연보호

풀이 변류기의 2차측을 개방하면 1차 전류가 모두 여자 전류가 되어 2차 권선에 매우 높은 전압이 유기되어 절연이 파괴되고 소손될 염려가 있다. 따라서 변류기를 개방할 때는 반드시 변류기 2차측을 단락하여야 한다.

답 ④

36 배전용 주상변압기의 2차측 접지보호의 목적은?

① 1차측 과부하 보호
② 2차회로의 단락 보호
③ 2차측 접지의 확산 방지
④ 1차측과 2차측의 혼촉에 대한 보호

풀이 주상 변압기는 1차측과 2차측의 혼촉에 의한 2차측 전압의 상승을 막기 위해서 2차측에 접지를 하여 고전압에 의한 사고를 막아준다.

답 ④

37 그림과 같은 수전단 전력원선도가 있다. 부하 직선을 참고하여 전압조정을 위한 조상설비가 없어도 정전압 운전이 가능한 부하전력은 대략 어느 정도일 때인가?

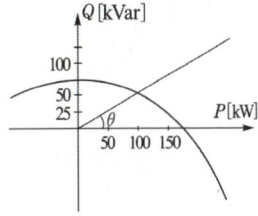

① 무부하일 때   ② 50[kW]일 때
③ 100[kW]일 때 ④ 150[kW]일 때

> **풀이** 정전압 송전방식에서는 원의 반지름 $\rho = \dfrac{V_S V_R}{b}$이 일정하므로 송·수전전력은 언제나 원선도의 원주상에 존재하여야 한다. 따라서 유효전력 100[kW], 무효전력 50[kVar] 정도일 때, 조상설비가 없어도 정전압 운전이 가능하다. **답** ③

38 22.9[kV]로 수전하는 자가용 전기설비가 있다. 수전점에 설치한 차단기의 차단용량이 520[MVA]일 때 차단기의 정격차단전류는 약 몇 [kA]인가?

① 3.5 ② 5.5
③ 8.5 ④ 12.5

> **풀이** 차단기의 차단용량 $P_s = \sqrt{3}\, V I_s$에서
> 차단전류
> $I_s = \dfrac{P_s}{\sqrt{3}\, V} = \dfrac{520 \times 10^3}{\sqrt{3} \times 22.9 \times \dfrac{1.2}{1.1}} \times 10^{-3}$
> $= 12.02[\text{kA}]$ **답** ④

39 지상 높이 h[m]인 곳에 수평하중 P[kg]을 받는 전주에 지선을 설치할 때 지선 l[m]이 받은 장력은 몇 [kg]인가?

① $\dfrac{l}{h}P$ ② $\dfrac{\sqrt{l^2 - h^2}}{h}P$
③ $\dfrac{l}{\sqrt{l^2 - h^2}}P$ ④ $\dfrac{h^2}{\sqrt{l^2 - h^2}}P$

> **풀이**
>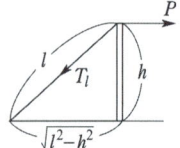
> $\cos\theta = \dfrac{\sqrt{l^2 - h^2}}{l} = \dfrac{P}{T_l}$
> $\therefore T_l = \dfrac{l}{\sqrt{l^2 - h^2}}P$ **답** ③

40 △결선의 3상 3선식 배전선로가 있다. 1선이 지락하는 경우 건전상의 전위상승은 지락 전의 몇 배인가?

① $\dfrac{\sqrt{3}}{2}$ ② 1
③ $\sqrt{2}$ ④ $\sqrt{3}$

> **풀이** 비접지 계통(△결선)에서 1선 지락 시 건전상의 전위상승은 상전압에서 선간 전압으로 되므로 $\sqrt{3}$ 배 상승하게 된다. **답** ④

2017년 전력공학_전기산업기사·공사산업기사

문제의 번호는 실제 시험문제의 번호와 같게 하였습니다.

2017년 - 1회_ 전기산업기사·공사산업기사

21 19/1.8[mm] 경동연선의 바깥지름은 몇 [mm]인가?

① 5   ② 7   ③ 9   ④ 11

풀이

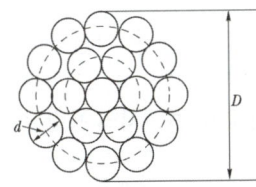

n = 2인 연선의 구조

소선의 총수 $N = 3n(n+1)+1$에서
$19 = 3n(n+1)+1$
$n = 2$
즉 소선이 19가닥이면 연선은 2층이므로 바깥지름
$D = (2n+1)d = (2 \times 2+1) \times 1.8$
$= 9[mm]$

답 ③

22 3상 3선식 1선 1[km]의 임피던스가 $Z[\Omega]$이고, 어드미턴스가 $Y[\mho]$일 때 특성 임피던스는?

① $\sqrt{\dfrac{Z}{Y}}$ ② $\sqrt{\dfrac{Y}{Z}}$

③ $\sqrt{ZY}$ ④ $\sqrt{Z+Y}$

풀이 특성 임피던스

$Z_0 = \sqrt{\dfrac{Z}{Y}} = \sqrt{\dfrac{r+j\omega L}{g+j\omega C}} \fallingdotseq \sqrt{\dfrac{L}{C}}$

답 ①

23 역률 개선을 통해 얻을 수 있는 효과와 거리가 먼 것은?

① 고조파 제거
② 전력 손실의 경감
③ 전압 강하의 경감
④ 설비 용량의 여유분 증가

풀이 역률 개선의 효과
• 전력 손실 경감
• 전압 강하 경감
• 설비 용량의 여유분 증가
• 전력 요금의 절약

답 ①

24 일반적으로 전선 1가닥의 단위 길이 당 작용 정전용량이 다음과 같이 표시되는 경우 D가 의미하는 것은?

$$C_n = \dfrac{0.02413}{\log_{10}\dfrac{D}{r}}\,[\mu F/km]$$

① 선간거리   ② 전선 지름
③ 전선 반지름   ④ 선간거리 $\times \dfrac{1}{2}$

풀이 단도체 정전 용량 $C_w = \dfrac{0.02413}{\log_{10}\dfrac{D}{r}}\,[\mu F/km]$

여기서, r : 전선의 반지름
D : 등가선간 거리

답 ①

25 송전단 전압이 154[kV], 수전단 전압이 150[kV]인 송전선로에서 부하를 차단하였을 때 수전단 전압이 152[kV]가 되었다면 전압변동률은 약 몇 [%]인가?

① 1.11   ② 1.33   ③ 1.63   ④ 2.25

풀이 전압변동률 $= \dfrac{\text{무부하시의 전압} - \text{정격 전압}}{\text{정격 전압}} \times 100$

$= \dfrac{152-150}{150} \times 100 = 1.33[\%]$

답 ②

26 선간 단락 고장을 대칭좌표법으로 해석할 경우 필요한 것 모두를 나열한 것은?

① 정상 임피던스
② 역상 임피던스
③ 정상 임피던스, 역상 임피던스
④ 정상 임피던스, 영상 임피던스

풀이
- 1선 지락 고장 : 정상분, 역상분, 영상분
- 선간 단락 고장 : 정상분, 역상분
- 3상 단락 고장 : 정상분

답 ③

27 전력계통에서 안정도의 종류에 속하지 않는 것은?

① 상태 안정도　② 정태 안정도
③ 과도 안정도　④ 동태 안정도

풀이 안정도의 종류
① 정태 안정도 : 송전 계통이 불변 부하 또는 극히 서서히 증가하는 부하에 대하여 계속적으로 송전할 수 있는 능력을 정태 안정도로 하고, 안정도를 유지할 수 있는 극한의 송전 전력을 정태 안정 극한 전력이라고 한다.
② 과도 안정도 : 계통에 갑자기 고장 사고와 같은 급격한 외란이 발생하였을 때에도 탈조하지 않고 새로운 평형 상태를 회복하여 송전을 계속할 수 있는 능력을 과도 안정도라 하고 이 경우의 극한 전력을 과도 안정 극한 전력이라고 한다.
③ 동태 안정도 : 고속 자동 전압 조정기로 동기기의 여자 전류를 제어 할 경우의 정태 안정도를 특히 동태 안정도라 한다.

답 ①

28 다음 중 VCB의 소호원리로 맞는 것은?

① 압축된 공기를 아크에 불어넣어서 차단
② 절연유 분해가스의 흡부력을 이용해서 차단
③ 고진공에서 전자의 고속도 확산에 의해 차단
④ 고성능 절연특성을 가진 가스를 이용하여 차단

풀이 소호 원리에 따른 차단기의 종류

차단기 종류	약어	소호 원리
유입 차단기	OCB	소호실에서 아크에 의한 절연유 분해 가스의 흡부력을 이용해서 차단
기중 차단기	ACB	대기 중에서 아크를 길게 하여 소호실에서 냉각 차단
자기 차단기	MBB	대기 중에서 전자력을 이용하여 아크를 소호실내로 유도해서 냉각차단
공기 차단기	ABB	압축된 공기를 아크에 불어 넣어서 차단
진공 차단기	VCB	고진공 중에서 전자의 고속도 확산에 의해 차단
가스 차단기	GCB	고성능 절연 특성을 가진 특수 가스(SF_6)를 흡수해서 차단

답 ③

29 피뢰기의 제한전압에 대한 설명으로 옳은 것은?

① 방전을 개시할 때의 단자전압의 순시값
② 피뢰기 동작 중 단자전압의 파고값
③ 특성요소에 흐르는 전압의 순시값
④ 피뢰기에 걸린 회로전압

풀이 제한 전압 : 피뢰기 동작 중에 계속해서 걸리고 있는 단자 전압의 파고값

답 ②

30 3300[V], 60[Hz], 뒤진역률 60[%], 300[kW]의 단상 부하가 있다. 그 역률을 100[%]로 하기 위한 전력용 콘덴서의 용량은 몇 [kVA]인가?

① 150　② 250
③ 400　④ 500

풀이 역률을 100[%]로 하기 위한 콘덴서 용량은 무효 전력의 크기와 같으므로

$$Q_c = P_a \sin\theta = \frac{P}{\cos\theta}\sqrt{1-\cos^2\theta}$$
$$= \frac{300}{0.6} \times \sqrt{1-0.6^2} = 400[kVA]$$

답 ③

31 저수지에서 취수구에 제수문을 설치하는 목적은?

① 낙차를 높인다.
② 어족을 보호한다.
③ 수차를 조절한다.
④ 유량을 조절한다.

풀이 취수량을 조절하고 물의 유입을 단절하기 위해 취수구에 제수문을 설치한다.

답 ④

32 거리 계전기의 종류가 아닌 것은?

① 모우(Mho)형
② 임피던스(Impedance)형
③ 리액턴스(Reactance)형
④ 정전용량(Capacitance)형

풀이 거리 계전기(ZR, Distance Relay)
계전기가 설치된 위치로부터 고장점까지의 임피던스

(전압과 전류의 비)에 비례하여 동작하는 계전기로 그 종류로는 Mho형, 임피던스형, 리액턴스형, Ohm형, off-set Mho형이 있다. 답 ④

33 전력용 퓨즈의 설명으로 옳지 않은 것은?
① 소형으로 큰 차단용량을 갖는다.
② 가격이 싸고 유지 보수가 간단하다.
③ 밀폐형 퓨즈는 차단 시에 소음이 없다.
④ 과도 전류에 의해 쉽게 용단되지 않는다.

풀이 전력 퓨즈
① 소형으로 차단용량이 크다.
② 보수가 간단하다.
③ 가격이 저렴하다.
④ 밀폐형으로 차단 시 소음이 없다.
⑤ 과도전류를 고속도 차단할 수 있다. 답 ④

34 갈수량이란 어떤 유량을 말하는가?
① 1년 365일 중 95일간 이보다 내려가지 않는 수위 때의 물의 량
② 1년 365일 중 185일간 이보다 내려가지 않는 수위 때의 물의 량
③ 1년 365일 중 275일간 이보다 내려가지 않는 수위 때의 물의 량
④ 1년 365일 중 355일간 이보다 내려가지 않는 수위 때의 물의 량

풀이 ① 풍수량 (풍수위) : 1년 365일 중 95일은 이보다 내려가지 않는 유량
② 평수량 (평수위) : 1년 365일 중 185일은 이보다 내려가지 않는 유량
③ 저수량 (저수위) : 1년 365일 중 275일은 이보다 내려가지 않는 유량
④ 갈수량 (갈수위) : 1년 365일 중 355일은 이보다 내려가지 않는 유량 답 ④

35 어떤 건물에서 총 설비 부하용량이 700[kW], 수용률이 70[%]라면, 변압기 용량은 최소 몇 [kVA]로 하여야 하는가? (단, 여기서 설비 부하의 종합 역률은 0.8 이다.)
① 425.9
② 513.8
③ 612.5
④ 739.2

풀이 변압기 용량 ≥ 합성 최대 수용 전력
$$= \frac{\text{개별 최대 수용 전력의 합}}{\text{부등률}}$$
$$= \frac{\text{설비 용량} \times \text{수용률}}{\text{부등률}}$$
$$= \frac{700/0.8 \times 0.7}{1} = 612.5 [\text{kVA}]$$
답 ③

36 가공 선로에서 이도를 D[m]라 하면 전선의 실제 길이는 경간 S[m]보다 얼마나 차이가 나는가?
① $\frac{5D}{8S}$
② $\frac{3D^2}{8S}$
③ $\frac{9D}{8S^2}$
④ $\frac{8D^2}{3S}$

풀이 전선의 실제 길이 $L = S + \frac{8D^2}{3S}$[m]이며, 경간 S보다 $\frac{8D^2}{3S}$[m]만큼 더 길다. 답 ④

37 유도뢰에 대한 차폐에서 가공지선이 있을 경우 전선상에 유기되는 전하를 q_1, 가공지선이 없을 때 유기되는 전하를 q_0라 할 때 가공지선의 보호율을 구하면?
① $\frac{q_0}{q_1}$
② $\frac{q_1}{q_0}$
③ $q_1 \times q_0$
④ $q_1 - \mu_s q_0$

풀이 유도뢰에 대한 차폐
① 가공 지선의 보호율 $m = \frac{q_1}{q_0}$
(단, q_1 : 가공지선이 있을 경우 전선상에 유기되는 전하, q_0 : 가공지선이 없을 때 유기되는 전하)
② 보호율의 개략적인 값

	가공지선 1가닥	가공지선 2가닥
3상 1회선	0.5	0.3~0.4
3상 2회선	0.45~0.6	0.35~0.5

38 동작전류가 커질수록 동작시간이 짧게 되는 특성을 가진 계전기는?

① 반한시 계전기
② 정한시 계전기
③ 순한시 계전기
④ 부한시 계전기

풀이 보호 계전기 특징
① 반한시 특성 : 동작전류가 커질수록 동작 시간이 짧게 되는 특성
② 정한시 특성 : 동작전류의 크기에 관계없이 일정한 시간에 동작하는 특성
③ 순한시 특성 : 최소 동작전류 이상의 전류가 흐르면 즉시 동작하는 특성
④ 반한시 정한시 특성 : 동작전류가 적은 동안에는 동작전류가 커질수록 동작 시간이 짧게 되고 어떤 전류 이상이면 동작전류의 크기에 관계없이 일정한 시간에 동작하는 특성 **답** ①

39 전력 원선도의 가로축(㉠)과 세로축(㉡)이 나타내는 것은?

① ㉠ 최대전력, ㉡ 피상전력
② ㉠ 유효전력, ㉡ 무효전력
③ ㉠ 조상용량, ㉡ 송전손실
④ ㉠ 송전효율, ㉡ 코로나손실

풀이 전력 원선도의 가로축은 유효전력을, 세로축은 무효전력을 나타낸다. **답** ②

40 직접접지방식에 대한 설명이 아닌 것은?

① 과도안정도가 좋다.
② 변압기의 단절연이 가능하다.
③ 보호계전기의 동작이 용이하다.
④ 계통의 절연수준이 낮아지므로 경제적이다.

풀이 직접 접지방식의 장·단점
[장점]
① 1선 지락시에 건전상의 대지 전압이 거의 상승하지 않는다.
② 피뢰기의 효과를 증진시킬 수 있다.
③ 단절연이 가능하다.
④ 계전기의 동작이 확실해진다.

[단점]
① 송전 계통의 과도 안정도가 나빠진다.
② 통신선에 유도 장해가 크다.
③ 기기에 큰 영향을 주어 손상을 준다.
④ 대용량 차단기가 필요하다. **답** ①

2017년 2회 _ 전기산업기사·공사산업기사

21 개폐 서지를 흡수할 목적으로 설치하는 것의 약어는?

① CT
② SA
③ GIS
④ ATS

풀이 ① CT(계기용 변류기) : 회로의 대전류를 소전류로 변성하여 계기나 계전기에 공급
② SA(서지 흡수기) : 변압기, 발전기 등을 서지로부터 보호
③ GIS(가스 절연 개폐기) : SF_6 가스를 이용하여 정상상태 및 사고, 단락 등의 고장상태에서 선로를 안전하게 개폐하여 보호
④ ATS(자동 절환 개폐기) : 주 전원이 정전되거나, 전압이 기준치 이하로 떨어질 경우 예비전원으로 자동 절환 하는 개폐기 **답** ②

22 다음 중 표준형 철탑이 아닌 것은?

① 내선 철탑
② 직선 철탑
③ 각도 철탑
④ 인류 철탑

풀이 333.11 특고압 가공전선로의 철주·철근 콘크리트주 또는 철탑의 종류
특고압 가공전선로의 지지물로 사용하는 B종 철근·B종 콘크리트주 또는 철탑의 종류는 다음과 같다.
① 직선형 : 전선로의 직선 부분
  (3° 이하의 수평 각도 이루는 곳 포함)에 사용되는 것
② 각도형 : 전선로 중 수평 각도 3°를 넘는 곳에 사용되는 것
③ 인류형 : 전 가섭선을 인류하는 곳에 사용하는 것
④ 내장형 : 전선로 지지물 양측의 경간차가 큰 곳에 사용하는 것
⑤ 보강형 : 전선로 직선 부분을 보강하기 위하여 사용하는 것 **답** ①

23 전력계통의 전압안정도를 나타내는 P-V 곡선에 대한 설명 중 적합하지 않은 것은?

① 가로축은 수전단 전압을 세로축은 무효전력을 나타낸다.
② 진상무효전력이 부족하면 전압은 안정되고 진상무효전력이 과잉되면 전압은 불안정하게 된다.
③ 전압 불안정 현상이 일어나지 않도록 전압을 일정하게 유지하려면 무효전력을 적절하게 공급하여야 한다.
④ P-V 곡선에서 주어진 역률에서 전압을 증가시키더라도 송전할 수 있는 최대 전력이 존재하는 임계점이 있다.

풀이

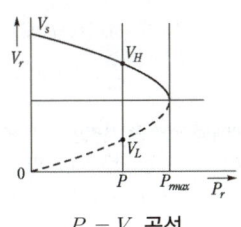

$P_r - V_r$ 곡선

즉, P-V 곡선의 가로축은 유효전력을 세로축은 수전단 전압을 나타낸다. **답** ①

24 3상으로 표준전압 3[kV], 800[kW]를 역률 0.9로 수전하는 공장의 수전회로에 시설할 계기용 변류기의 변류비로 적당한 것은? (단, 변류기의 2차 전류는 5[A]이며, 여유율은 1.2로 한다.)

① 10 ② 20
③ 30 ④ 40

풀이 CT 1차측 전류

$$I_1 = \frac{P}{\sqrt{3}\,V_1\cos\theta} \times 여유율$$

$$= \frac{800}{\sqrt{3}\times 3\times 0.9} \times 1.2 = 205.28[A]$$

따라서 적당한 변류비는 40(200/5)이다. **답** ④

25 발전기나 변압기의 내부고장 검출에 주로 사용되는 계전기는?

① 역상계전기 ② 과전압계전기
③ 과전류계전기 ④ 비율차동계전기

풀이 비율 차동 계전기는 변압기 내부 고장에 대한 보호 장치로 변압기 1차 전류와 2차 전류의 차 전류가 일정 비율 이상으로 되면 동작하는 계전기이다. **답** ④

26 3000[kW], 역률 80[%](뒤짐)의 부하에 전력을 공급하고 있는 변전소에 전력용 콘덴서를 설치하여 변전소에서의 역률을 90[%]로 향상시키는 데 필요한 전력용 콘덴서의 용량은 약 몇 [kVA]인가?

① 600 ② 700
③ 800 ④ 900

풀이
$$Q = P(\tan\theta_1 - \tan\theta_2) = P\left(\frac{\sin_1\theta}{\cos_1\theta} - \frac{\sin_2\theta}{\cos_2\theta}\right)$$
$$= P\left(\frac{\sqrt{1-\cos^2\theta_1}}{\cos\theta_1} - \frac{\sqrt{1-\cos^2\theta_2}}{\cos\theta_2}\right)$$
$$= 3000 \times \left(\frac{0.6}{0.8} - \frac{\sqrt{1-0.9^2}}{0.9}\right) = 797[kVA]$$ **답** ③

27 역률 0.8인 부하 480[kW]를 공급하는 변전소에 전력용 콘덴서 220[kVA]를 설치하면 역률은 몇 [%]로 개선할 수 있는가?

① 92 ② 94
③ 96 ④ 99

풀이 부하 역률 $\cos\theta = \dfrac{P}{P_a} = \dfrac{P}{\sqrt{P^2 + P_r^{\,2}}} \times 100$

여기서, P_a : 피상전력, P : 유효전력, P_r : 무효전력

• 부하의 무효전력
$$Q_L = \frac{P}{\cos\theta}\times\sin\theta = \frac{480}{0.8}\times 0.6 = 360[kVar]$$

• 전력용 콘덴서
$Q_C = 220[kVA]$

$$\therefore \cos\theta = \frac{P}{\sqrt{P^2 + (Q_L - Q_C)^2}} \times 100$$
$$= \frac{480}{\sqrt{480^2 + (360-220)^2}} \times 100$$
$$= 96[\%]$$ **답** ③

28 수전단을 단락한 경우 송전단에서 본 임피던스는 300[Ω]이고, 수전단을 개방한 경우에는 1200[Ω]일 때 이 선로의 특성 임피던스는 몇 [Ω]인가?

① 300　　② 500
③ 600　　④ 800

풀이 수전단을 단락한 경우 $Z = 300[\Omega]$

수전단을 개방한 경우 $Y = \dfrac{1}{1200}[\mho]$이므로

$\therefore Z_0 = \sqrt{\dfrac{Z}{Y}} = \sqrt{\dfrac{300}{1/1200}} = 600[\Omega]$　　**답** ③

29 배전전압, 배전거리 및 전력손실이 같다는 조건에서 단상 2선식 전기방식의 전선 총 중량을 100[%]라 할 때 3상 3선식 전기방식은 몇 [%]인가?

① 33.3　　② 37.5
③ 75.0　　④ 100.0

풀이
- 송전 전력은 동일하므로
$\sqrt{3}\,VI_3\cos\theta = VI_1\cos\theta \rightarrow I_1 = \sqrt{3}\,I_3$
- 전력 손실이 동일하므로
$3I_3^2\rho\dfrac{l}{A_3} = 2I_1^2\rho\dfrac{l}{A_1}$
$\rightarrow 3I_3^2\rho\dfrac{l}{A_3} = 2(\sqrt{3}\,I_3)^2\rho\dfrac{l}{A_1}$
$\rightarrow A_3 = \dfrac{1}{2}A_1$

따라서 전선량(무게)비

$\dfrac{3상3선식}{단상2선식} = \dfrac{3A_3 l\sigma}{2A_1 l\sigma} = \dfrac{3}{2}\times\dfrac{1}{2} = \dfrac{3}{4} = 0.75$　**답** ③

30 외뢰(外雷)에 대한 주 보호장치로서 송전계통의 절연협조의 기본이 되는 것은?

① 애자　　② 변압기
③ 차단기　　④ 피뢰기

풀이 계통 내의 각 기기, 기구 및 애자 등의 상호간에 적정한 절연 강도를 지니게 함으로써 계통 설계를 합리적, 경제적으로 할 수 있게 한 것을 절연 협조라고 하며 피뢰기의 제한 전압이 기본이 된다.　**답** ④

31 배전선로의 전기적 특성 중 그 값이 1 이상인 것은?

① 전압강하율　　② 부등률
③ 부하율　　④ 수용률

풀이 부등률 = $\dfrac{\text{수용설비 개개의 최대수용전력의 합계}}{\text{합성 최대 수용 전력}} \geq 1$　**답** ②

32 1000[kVA]의 단상변압기 3대를 △-△결선의 1뱅크로 하여 사용하는 변전소가 부하 증가로 다시 1대의 단상변압기를 증설하여 2뱅크로 사용하면 최대 약 몇 [kVA]의 3상 부하에 적용할 수 있는가?

① 1730　　② 2000
③ 3460　　④ 4000

풀이 △-△결선의 1뱅크에 단상변압기 1대를 증설하면 V-V결선 2뱅크로 사용 가능하다. 따라서
$P = 2P_V = 2\times\sqrt{3}\,P_1 = 2\times\sqrt{3}\times 1000$
$= 3464[kVA]$　**답** ③

33 3300[V] 배전선로의 전압을 6600[V]로 승압하고 같은 손실률로 송전하는 경우 송전전력은 승압전의 몇 배인가?

① $\sqrt{3}$　　② 2
③ 3　　④ 4

풀이 송전전력 $P \propto V^2$이므로
$P' = \left(\dfrac{V'}{V}\right)^2 P = \left(\dfrac{6600}{3300}\right)^2 P = 4P$　**답** ④

34 송전선로에 근접한 통신선에 유도장해가 발생하였다. 전자유도의 주된 원인은?

① 영상전류　　② 정상전류
③ 정상전압　　④ 역상전압

풀이 ① 전자유도 : 영상전류에 의해 발생 (사고 시)
전자 유도 전압 : $E_m = -j\omega Ml\times 3I_0[V]$
② 정전유도 : 영상전압에 의해 발생 (정상 시)　**답** ①

35 기력발전소의 열 사이클 과정 중 단열팽창 과정에서 물 또는 증기의 상태변화로 옳은 것은?

① 습증기 → 포화액
② 포화액 → 압축액
③ 과열증기 → 습증기
④ 압축액 → 포화액 → 포화증기

풀이
- 보일러 : 등압 가열
- 복수기 : 등압 냉각
- 터빈 : 단열 팽창 (과열증기 → 습증기)
- 급수펌프 : 단열 압축 **답** ③

36 송전선로의 보호방식으로 지락에 대한 보호는 영상전류를 이용하여 어떤 계전기를 동작시키는가?

① 선택지락 계전기
② 전류차동 계전기
③ 과전압 계전기
④ 거리 계전기

풀이 선택지락계전기 : 병행 2회선 송전선로에서 한쪽의 1회선에 지락사고가 일어났을 경우 이것을 검출하여 고장 회선만을 선택 차단할 수 있게끔 선택 단락 계전기의 동작전류를 특별히 작게 한 것 **답** ①

37 3상 배전선로의 전압강하율[%]을 나타내는 식이 아닌 것은? (단, V_s : 송전단 전압, V_r : 수전단 전압, I : 전부하전류, P : 부하전력, Q : 무효전력이다.)

① $\dfrac{PR+QX}{V_r^2}\times 100$

② $\dfrac{V_s-V_r}{V_r}\times 100$

③ $\dfrac{V_s(PR+QX)}{V_r}\times 100$

④ $\dfrac{\sqrt{3}I}{V_r}(R\cos\theta+X\sin\theta)\times 100$

풀이 전압강하율

$\epsilon = \dfrac{V_s-V_r}{V_r}\times 100 = \dfrac{e}{V_r}\times 100$

$= \dfrac{\sqrt{3}I(R\cos\theta_r+X\sin\theta_r)}{V_r}\times 100$

$= \dfrac{V_r(\sqrt{3}IV_r\cos\theta_r\cdot R+\sqrt{3}IV_r\sin\theta_r\cdot X)}{V_r^2}\times 100$

$= \dfrac{PR+QX}{V_r^2}\times 100[\%]$ **답** ③

38 장거리 송전선로의 특성을 표현한 회로로 옳은 것은?

① 분산부하 회로
② 분포정수 회로
③ 집중정수 회로
④ 특성 임피던스 회로

풀이

구 분	거 리	선로 정수	회 로
단거리	수[km]	R, L만 고려	집중 정수 회로로 취급
중거리	수십[km]	R, L, C만 고려	T회로, π회로로 취급
장거리	수백[km]	R, L, C, g 고려	분포 정수 회로로 취급

답 ②

39 배전선로에 3상 3선식 비접지방식을 채용할 경우 장점이 아닌 것은?

① 과도 안정도가 크다.
② 1선 지락고장시 고장전류가 작다.
③ 1선 지락고장시 인접 통신선의 유도장해가 작다.
④ 1선 지락고장시 건전상의 대지전위 상승이 작다.

풀이 ① 비접지의 특징(직접 접지와 비교)
- 지락 전류가 비교적 적다.(유도 장해 감소)
- 보호 계전기 동작이 불확실하다.
- V—V결선 가능
- 저전압 단거리에 적합
- 1선 지락고장시 건전상의 대지전위는 $\sqrt{3}$ 배까지 상승한다.

② 1선 지락고장시 건전상의 대지전위 상승이 적은 것은 직접접지방식이다. **답** ④

40 경수감속 냉각형 원자로에 속하는 것은?

① 고속증식로
② 열중성자로
③ 비등수형 원자로
④ 흑연감속 가스 냉각로

풀이 발전용 원자로의 종류에는 흑연감속 가스 냉각로, 경수감속 경수 냉각로, 중수감속 중수 냉각로 등이 있으며, 경수감속 경수 냉각로에는 가압수형 원자로(PWR), 비등수형 원자로(BWR)가 있다. **답 ③**

23 보호계전기의 구비 조건으로 틀린 것은?

① 고장 상태를 신속하게 선택할 것
② 조정 범위가 넓고 조정이 쉬울 것
③ 보호동작이 정확하고 감도가 예민할 것
④ 접점의 소모가 크고, 열적 기계적 강도가 클 것

풀이 보호 계전기의 구비 조건
 ① 고장 상태를 식별하여 정도를 파악할 수 있을 것
 ② 고장 개소를 정확히 선택할 수 있을 것
 ③ 동작이 예민하고 오동작이 없을 것
 ④ 적절한 후비 보호 능력이 있을 것
 ⑤ 접점의 소모가 작고, 열적 기계적 강도가 클 것
답 ④

2017년 - 3회 _ 전기산업기사

21 다음 중 페란티 현상의 방지대책으로 적합하지 않은 것은?

① 선로 전류를 지상이 되도록 한다.
② 수전단에 분로리액터를 설치한다.
③ 동기조상기를 부족여자로 운전한다.
④ 부하를 차단하여 무부하가 되도록 한다.

풀이 페란티 현상의 방지대책
 ① 선로에 흐르는 전류가 지상이 되도록 한다.
 ② 수전단에 분로리액터를 설치한다.
 ③ 동기조상기의 부족여자 운전 **답 ④**

22 전력계통에 과도안정도 향상 대책과 관련 없는 것은?

① 빠른 고장 제거
② 속응 여자시스템 사용
③ 큰 임피던스의 변압기 사용
④ 병렬 송전선로의 추가 건설

풀이 안정도 향상 대책
 ① 계통의 직렬 리액턴스 감소
 ② 전압 변동률을 적게 한다(속응 여자 방식 채용, 계통의 연계, 중간 조상 방식).
 ③ 계통에 주는 충격을 적게 한다(적당한 중성점 접지 방식, 고속 차단 방식, 재폐로 방식).
 ④ 고장 중의 발전기 돌입 출력의 불평형을 적게 한다.
답 ③

24 우리나라의 화력발전소에서 가장 많이 사용되고 있는 복수기는?

① 분사 복수기
② 방사 복수기
③ 표면 복수기
④ 증발 복수기

풀이 복수기는 증기의 보유열량을 가능한 많이 이용하려고 하는 장치로, 표면 복수기, 증발 복수기, 분사 복수기 및 에젝터 복수기의 4가지가 있는데, 이 중 가장 많이 쓰이고 있는 것은 표면 복수기이다. **답 ③**

25 뒤진 역률 80[%], 1000[kW]의 3상 부하가 있다. 이것에 콘덴서를 설치하여 역률을 95[%]로 개선하려면 콘덴서의 용량은 약 몇 [kVA]로 해야 하는가?

① 240　　② 420
③ 630　　④ 950

풀이
$$Q = P(\tan\theta_1 - \tan\theta_2) = P\left(\frac{\sin\theta_1}{\cos\theta_1} - \frac{\sin\theta_2}{\cos\theta_2}\right)$$
$$= P\left(\frac{\sqrt{1-\cos^2\theta_1}}{\cos\theta_1} - \frac{\sqrt{1-\cos^2\theta_2}}{\cos\theta_2}\right)$$
$$\therefore Q = 1000 \times \left(\frac{0.6}{0.8} - \frac{\sqrt{1-0.95^2}}{0.95}\right)$$
$$= 421.32[kVA]$$
답 ②

26. 154[kV] 송전선로에 10개의 현수애자가 연결되어 있다. 다음 중 전압부담이 가장 적은 것은? (단, 애자는 같은 간격으로 설치되어 있다.)
   ① 철탑에 가장 가까운 것
   ② 철탑에서 3번째에 있는 것
   ③ 전선에서 가장 가까운 것
   ④ 전선에서 3번째에 있는 것

   풀이
   • 전압 분담 최대 : 전선쪽 애자
   • 전압 분담 최소 : 철탑에서 1/3 지점 애자
   따라서 10개의 현수애자가 연결되어 있다면, 철탑에서 3번째에 있는 애자가 전압부담이 가장 적다. **답 ②**

27. 교류송전에서는 송전거리가 멀어질수록 동일 전압에서의 송전 가능 전력이 적어진다. 그 이유로 가장 알맞은 것은?
   ① 표피효과가 커지기 때문이다.
   ② 코로나 손실이 증가하기 때문이다.
   ③ 선로의 어드미턴스가 커지기 때문이다.
   ④ 선로의 유도성 리액턴스가 커지기 때문이다.

   풀이 교류 송전 선로에서 송전 거리가 멀어지면 선로 정수가 모두 증가하나, 저항과 정전용량은 유도성 리액턴스에 비해서 적으므로 그다지 크게 영향을 미치지 못한다. 따라서 송전 거리가 멀어지면 송전전력 $P = \dfrac{E_S E_R}{X} \sin\delta$ 에서와 같이 선로의 유도 리액턴스(X)가 커지므로 송전 가능 전력은 적어진다. **답 ④**

28. 충전된 콘덴서의 에너지에 의해 트립되는 방식으로 정류기, 콘덴서 등으로 구성되어 있는 차단기의 트립 방식은?
   ① 과전류 트립 방식
   ② 콘덴서 트립 방식
   ③ 직류전압 트립 방식
   ④ 부족전압 트립 방식

   풀이
   ① 차단기의 트립 방식에는 CT 2차 전류 트립 방식, DC 전압 방식, CTD 방식(콘덴서 트립 방식)이 있다.
   ② CTD방식(콘덴서 트립 방식)은 충전기로 교류를 정류하여 콘덴서를 충전하고, 그 방전 에너지에 의해 트립 코일을 여자 하여 트립시키는 방법으로 정류기와 콘덴서로 구성되어 있다.
   ③ 일반적으로 22.9[kV-Y] 경우 CTD 방식이, 66[kV] 이상의 경우 DC 방식이 사용되고 있다. **답 ②**

29. 전선의 자체 중량과 빙설의 종합하중을 W_1, 풍압하중을 W_2라 할 때 합성하중은?
   ① $W_1 + W_2$
   ② $W_1 - W_2$
   ③ $\sqrt{W_1 - W_2}$
   ④ $\sqrt{W_1^2 + W_2^2}$

   풀이 합성 하중은
   $W = \sqrt{(빙설하중 + 자중)^2 + (풍압하중)^2}$
   $= \sqrt{W_1^2 + W_2^2}$ **답 ④**

30. 어느 일정한 방향으로 일정한 크기 이상의 단락전류가 흘렀을 때 동작하는 보호계전기의 약어는?
   ① ZR
   ② UFR
   ③ OVR
   ④ DOCR

   풀이
   ① 거리 계전기(ZR)
      계전기가 설치된 위치로부터 고장점까지의 전기적 거리에 비례하여 한시 동작하는 것으로 복잡한 계통의 단락 보호에 과전류 계전기의 대용으로 쓰인다.
   ② 저주파수 계전기(UFR)
      주파수가 일정 값보다 낮을 경우 동작한다.
   ③ 과전압 계전기(OVR)
      일정값 이상의 전압이 걸렸을 때 동작한다.
   ④ 단락 방향 계전기(DOCR, DSR)
      어느 일정한 방향으로 일정 값 이상의 단락전류가 흘렀을 경우 동작하는 것 **답 ④**

31. 보호계전기 동작속도에 관한 사항으로 한시특성 중 반한시형을 바르게 설명한 것은?
   ① 입력 크기에 관계없이 정해진 한시에 동작하는 것
   ② 입력이 커질수록 짧은 한시에 동작하는 것
   ③ 일정 입력(200[%])에서 0.2초 이내로 동작하는 것
   ④ 일정 입력(200[%])에서 0.04초 이내로 동작하는 것

풀이 보호 계전기 특징
① 순한시 특성 : 최소 동작 전류 이상의 전류가 흐르면 즉시 동작하는 특성
② 정한시 특성 : 동작 전류의 크기에 관계없이 일정한 시간에 동작하는 특성
③ **반한시 특성 : 동작 전류가 커질수록 동작 시간이 짧게 되는 특성**
④ 반한시 정한시 특성 : 동작 전류가 적은 동안에는 동작 전류가 커질수록 동작 시간이 짧게 되고 어떤 전류 이상이면 동작 전류의 크기에 관계없이 일정한 시간에 동작하는 특성 **답** ②

32 다음 중 배전선로의 부하율이 F일 때 손실계수 H와의 관계로 옳은 것은?
① $H = F$
② $H = \dfrac{1}{F}$
③ $H = F^3$
④ $0 \leq F^2 \leq H \leq F \leq 1$

풀이 전선의 손실계수(H)와 부하율(F)은 다음과 같은 관계가 있다.
$0 \leq F^2 \leq H \leq F \leq 1$ **답** ④

33 송전선에 낙뢰가 가해져서 애자에 섬락이 생기면 아크가 생겨 애자가 손상되는데 이것을 방지하기 위하여 사용하는 것은?
① 댐퍼(damper)
② 아킹혼(arcing horn)
③ 아머로드(armour rod)
④ 가공지선(Overhead ground wire)

풀이 ① 댐퍼 : 전선의 진동 방지
② **아킹 혼 : 섬락으로부터 애자련의 보호**, 애자련의 전압 분포 개선
③ 아머로드 : 전선의 진동 방지
④ 가공지선 : 뇌의 차폐 **답** ②

34 154[kV] 3상 1회선 송전선로의 1선의 리액턴스가 10[Ω], 전류가 200[A]일 때 %리액턴스는?
① 1.84
② 2.25
③ 3.17
④ 4.19

풀이 $\%X = \dfrac{I_n X}{E} \times 100$
$= \dfrac{200 \times 10}{\dfrac{154 \times 10^3}{\sqrt{3}}} \times 100 = 2.25$ **답** ②

35 우리나라에서 현재 가장 많이 사용되고 있는 배전 방식은?
① 3상 3선식
② 3상 4선식
③ 단상 2선식
④ 단상 3선식

풀이 3상 4선식은 같은 회선에서 선간전압과 상전압의 양전압을 이용할 수 있기 때문에 배전에서 많이 채용되고 있다. **답** ②

36 조상설비가 아닌 것은?
① 단권변압기
② 분로리액터
③ 동기조상기
④ 전력용 콘덴서

풀이 조상설비

항 목	동기 조상기	전력용 콘덴서	분로 리액터
무효전력	진상, 지상 양용	진상전용	지상전용
조정	연속적	계단적	계단적
시송전	가능	불가능	불가능

답 ①

37 단거리 송전선의 4단자 정수 A, B, C, D 중 그 값이 0인 정수는?
① A
② B
③ C
④ D

풀이 단거리 송전선로
① 단거리 송전선로에서는 선로길이가 짧은 관계로 선로정수로서 저항과 인덕턴스만을 생각한다. 즉, $Y = G + j\omega C[\mho]$를 무시한 상태에서 집중정수회로로 취급하여 특성을 해석한다.
② 4단자 정수
$\begin{bmatrix} A & B \\ C & D \end{bmatrix} = \begin{bmatrix} 1 & Z \\ 0 & 1 \end{bmatrix}$
A : 전압비, B : 임피던스,
C : 어드미턴스, D : 전류비 **답** ③

38 전원측과 송전선로의 합성 $\%Z_s$가 10[MVA] 기준용량으로 1[%]의 지점에 변전설비를 시설하고자 한다. 이 변전소에 정격 용량 6[MVA]의 변압기를 설치할 때 변압기 2차측의 단락용량은 몇 [MVA]인가?
(단, 변압기의 $\%Z_t$는 6.9[%]이다.)

① 80　　② 100
③ 120　　④ 140

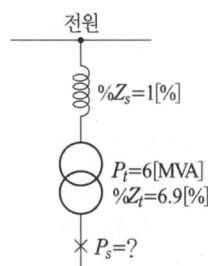

① 전원 및 선로 임피던스 $Z_s = 1[\%]$
　변압기 임피던스 $Z_t = 6.9[\%]$
② 변압기 임피던스를 10[MVA] 기준으로 환산하면
　$Z_t' = \dfrac{10}{6} \times 6.9 = 11.5[\%]$
　전원부터 변압기 2차측 까지의 합성 임피던스
　$Z = Z_s + Z_t' = 1 + 11.5 = 12.5[\%]$
따라서 단락용량
$P_s = \dfrac{100}{\%Z} \times P_n = \dfrac{100}{12.5} \times 10 = 80[\text{MVA}]$　　답 ①

39 그림과 같은 단상 2선식 배선에서 인입구 A점의 전압이 220[V]라면 C점의 전압[V]은?
(단, 저항값은 1선의 값이며 AB 간은 0.05[Ω], BC간 0.1[Ω]이다.)

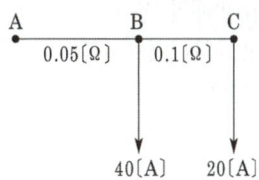

① 214　　② 210
③ 196　　④ 192

B점의 전압
$V_B = V_A - 2IR = 220 - 2 \times (40+20) \times 0.05$
　　$= 214[V]$

따라서 C점의 전압
$V_C = V_B - 2I'R' = 214 - 2 \times 20 \times 0.1$
　　$= 210[V]$　　답 ②

40 파동 임피던스가 300[Ω]인 가공송전선 1[km]당의 인덕턴스는 몇 [mH/km]인가?
(단, 저항과 누설 컨덕턴스는 무시한다.)

① 0.5　　② 1
③ 1.5　　④ 2

파동 임피던스 $Z = \sqrt{\dfrac{L}{C}} = 138\log_{10}\dfrac{D}{r} = 300[\Omega]$에서
$\log_{10}\dfrac{D}{r} = \dfrac{300}{138}$
∴ $L = 0.05 + 0.4605\log_{10}\dfrac{D}{r} = 0.05 + 0.4605 \times \dfrac{300}{138}$
　$≒ 1[\text{mH/km}]$　　답 ②

2017년 - 4회 _ 공사산업기사

21 차단기와 비교하여 전력퓨즈에 대한 설명으로 적합하지 않은 것은?

① 가격이 저렴하다.
② 보수가 간단하다.
③ 고속 차단을 할 수 있다.
④ 재투입을 할 수 있다.

전력 퓨즈의 장점
① 소형으로 차단용량이 크다.
② 보수가 간단하다.
③ 가격이 저렴하다.
④ 밀폐형으로 차단 시 소음이 없다.

그러나, 과도전류 등에 의한 용단으로 결상 사고를 일으킬 우려가 있으며, 재투입이 불가능하다는 단점이 있다.　　답 ④

22 다음 중 대한민국에서 가장 많이 사용하는 현수애자의 폭의 표준은 몇 [mm]인가?

① 160　　② 250
③ 280　　④ 320

풀이 현수애자
- 원판형의 절연체 상하에 연결 금구를 시멘트로 부착시켜 만든 것으로서 전압에 따라 필요 개수만큼 연결하여 사용한다.
- 현수애자는 경질 자기 부분의 최대 지름에 따라 180[mm], 254[mm](편의상 250[mm]라 함), 280[mm], 320[mm] 등이 있다. **답** ②

23 다음 중 코로나 방지대책으로 적당하지 않은 것은?

① 복도체를 사용한다.
② 가선 금구를 개량한다.
③ 선간거리를 감소시킨다.
④ 가선 시 전선 표면의 금구를 손상하지 않게 한다.

풀이 코로나 방지 대책

코로나 임계전압 $\left(E_0 = 24.3 m_0 m_1 \delta d \log_{10} \dfrac{D}{r}\right)$을 상승시킨다.
① 전선의 지름을 크게 한다.
② 복도체를 사용한다.
③ 가선 금구를 개량한다.
④ 가선 시에 전선 표면의 금구를 손상하지 않게 한다.

임계전압 식에서 선간 거리를 증가시켜도 코로나 임계전압이 상승하나, 선간 거리를 증가시키려면 철탑을 보강하여야 하므로 경제적 측면에서 부적당하다. **답** ③

24 유효낙차 30[m], 출력 2000[kW]의 수차발전기를 전부하로 운전하는 경우 1시간당 사용 수량은 약 몇 [m³]인가? (단, 수차 및 발전기의 효율은 각각 95[%], 82[%]로 한다.)

① 15500   ② 22500
③ 25500   ④ 31500

풀이 $P_g = 9.8 Q H \eta_g \eta_t$ [kW] 이므로

유량 $Q = \dfrac{P_g}{9.8 H \eta_g \eta_t}$

$= \dfrac{2000}{9.8 \times 30 \times 0.95 \times 0.82}$

$= 8.73 [m^3/sec]$

따라서 1시간당 사용수량 Q'은
$Q' = 8.73 \times 60 \times 60 = 31428 [m^3/h]$ **답** ④

25 어떤 발전소에서 발열량 5000[kcal/kg]의 석탄 15[ton]을 사용하여 40000[kWh]의 전력을 발생하였을 경우 이 발전소의 열효율은 약 몇 [%]인가?

① 23.5   ② 34.4
③ 45.9   ④ 53.4

풀이 효율 $\eta = \dfrac{860 W}{mH} = \dfrac{860 \times 40000}{15 \times 10^3 \times 5000}$
$= 0.459 = 45.9[\%]$ **답** ③

26 154[kV] 2회선 송전 선로의 길이가 154[km]이다. 송전용량 계수법에 의하면 송전용량은 약 몇 [MW]인가? (단, 154[kV]의 송전용량계수는 1300이다.)

① 250   ② 300
③ 350   ④ 400

풀이 송전용량 $P = K \dfrac{V^2}{l}$ [kW]

여기서, K : 용량계수, V : 송전전압[kV]
l : 송전거리[km]

$\therefore P = 2 \times 1300 \times \dfrac{154^2}{154} \times 10^{-3} \fallingdotseq 400 [MW]$ **답** ④

27 같은 전력을 수송하는 배전선로에서 다른 조건은 현 상태로 유지하고 역률만을 개선할 때의 효과로 기대하기 어려운 것은?

① 고조파의 경감
② 전압강하의 경감
③ 배전선의 손실 저감
④ 설비용량의 여유증가

풀이 역률 개선의 효과
① 전력 손실 경감
② 전압 강하 경감
③ 설비 용량의 여유분 증가
④ 전력 요금의 절약 **답** ①

28 옥내배선 공사에서 간선(도체)의 굵기를 결정하기 위해서 고려할 사항이 아닌 것은?

① 허용전류
② 기계적 강도
③ 전선의 길이
④ 전선의 허용전류

풀이 전선의 굵기를 결정하는 요인
① 허용전류
② 기계적 강도
③ 전압 강하 **답** ③

29 피뢰기의 직렬 갭의 작용은?

① 이상전압의 진행파를 증가시킨다.
② 상용주파수의 전류를 방전시킨다.
③ 이상전압의 파고치를 저감시킨다.
④ 이상전압이 내습하면 뇌전류를 방전하고, 속류를 차단하는 역할을 한다.

풀이 직렬 갭의 역할
① 상용 주파수의 상규 전압에 대해서는 대지 간에 절연을 유지(누설전류 방지)
② 이상전압이 내습하면 충격전류를 방전하여 전압의 상승을 방지
③ 충격전류 방전 후 속류 차단 **답** ④

30 소호리액터접지 계통에서 리액터의 탭을 사용할 경우 합조도가 부족보상 상태로 운전하면 안되는 이유는?

① 전력손실을 줄이기 위해서
② 통신선에 대한 유도장해를 줄이기 위해서
③ 접지계전기의 동작을 확실하게 하기 위해서
④ 지락사고 발생 시 건전상의 대지전압이 과도하게 상승할 우려가 있기 때문에 위험방지를 위해서

풀이 소호 리액터 접지 계통에서는 지락사고 발생 시 직렬 공진에 의한 이상 전압을 억제하기 위하여 10[%] 정도 과보상하는 것이 일반적이다. **답** ④

31 송전선로에서 역섬락이 생기기 가장 쉬운 경우는?

① 선로 손실이 큰 경우
② 코로나 현상이 발생한 경우
③ 선로정수가 균일하지 않을 경우
④ 철탑의 탑각 접지 저항이 큰 경우

풀이
• 철탑의 탑각 접지 저항이 크면 가공지선이 포착한 직격뢰는 대지로 흐를 수 없고, 철탑 전위가 상승하여 철탑부가 애자를 통하여, 또는 경간 내에서 가공지선과 전력선 간의 공기를 통하여, 전력선에 방전하는 역섬락을 일으킨다.
• 역섬락을 방지하기 위해서는 철탑의 접지저항을 낮추어야 하며 이를 적게 하기 위하여 설치하는 것이 매설지선이다. **답** ④

32 전력선과 통신선과의 상호인덕턴스에 의하여 발생되는 유도장해는?

① 전력유도장해
② 전자유도장해
③ 정전유도장해
④ 고조파 유도장해

풀이
• 전자 유도 장해 : 전력선과 통신선과의 상호 인덕턴스에 의해 발생
• 정전 유도 장해 : 전력선과 통신선과의 정전용량에 의해 발생 **답** ②

33 공기차단기에 비해 SF_6 가스차단기의 특징으로 볼 수 없는 것은?

① 밀폐된 구조이므로 소음이 없다.
② 소전류 차단 시 이상전압이 높다.
③ 아크에 SF_6 가스는 분해되지 않고 무독성이다.
④ 같은 압력에서 공기의 2~3배 정도의 절연내력이 있다.

풀이 SF_6 가스 차단기의 특징
① 밀폐구조이므로 소음이 없다.
② 절연내력이 공기의 2~3배, 소호 능력은 공기의 100~200배

③ 근거리 고장 등 가혹한 재기전압에 대해서도 성능이 우수
④ SF_6 가스는 무독, 무취, 무해성이다.
⑤ 소전류 차단 시에도 안정적으로 차단 가능   답 ②

34 그림과 같은 선로에서 점 F에서의 1선 지락이 발생한 경우 영상임피던스는?

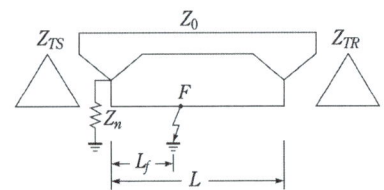

① $Z_{TS} + Z_n + 3Z_o$
② $Z_{TS} + 3Z_n + Z_o$
③ $Z_{TS} + Z_n + Z_o \dfrac{L_f}{L}$
④ $Z_{TS} + 3Z_n + Z_o \dfrac{L_f}{L}$

풀이
• 영상전압 $V = 3I_0 \cdot Z_n = I_0 \cdot 3Z_n$
• 영상임피던스 $Z = Z_{TS} + 3Z_n + Z_o$
  단, I_0 : 영상전류, Z_n : 지락저항,
  Z_{TS} : 송전 측 변압기 임피던스,
  Z_o : 선로임피던스
• 임피던스는 거리에 비례하므로
  선로임피던스 $= Z_o \dfrac{L_f}{L}$

따라서 영상임피던스 $= Z_{TS} + 3Z_n + Z_o \dfrac{L_f}{L}$

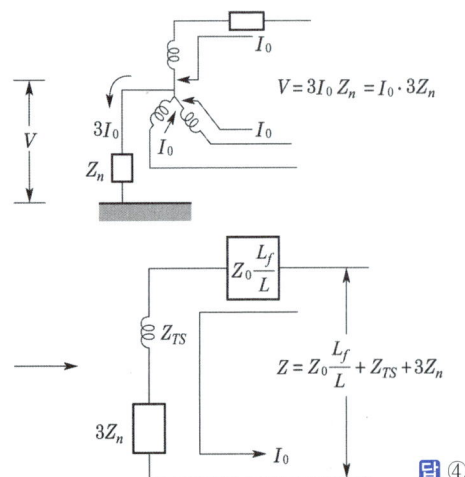

답 ④

35 선로의 특성 임피던스에 대한 설명으로 알맞은 것은?

① 선로의 길이에 비례한다.
② 선로의 길이에 반비례한다.
③ 선로의 길이에 관계없이 일정하다.
④ 선로의 길이보다 부하에 따라 변화한다.

풀이 선로의 특성임피던스 $Z_0 = \sqrt{\dfrac{L}{C}}$
: 길이와는 관계없다.   답 ③

36 반한시 계전기의 동작 특성에 대한 설명으로 가장 알맞은 것은?

① 설정된 값 이상의 전류가 흘렀을 때 동작전류의 크기와는 관계없이 항상 일정한 시간 후에 작동한다.
② 설정된 최소 동작 전류 이상의 전류가 흐르면 즉시 작동하는 것으로 한도를 넘은 양과는 관계없이 작동한다.
③ 동작시간이 어느 전류값 까지는 그 크기에 따라 반비례 특성을 가지며 그 이상이 되면 일정한 시간 후에 작동한다.
④ 동작시간이 전류값의 크기에 따라 변하는 것으로 전류값이 클수록 빠르게 동작하고 반대로 전류값이 작아질수록 느리게 작동한다.

풀이 보호 계전기의 특징
① 순한시 특성 : 최소 동작 전류 이상의 전류가 흐르면 즉시 동작하는 특성
② 정한시 특성 : 동작전류의 크기에 관계없이 일정한 시간에 동작하는 특성
③ 반한시 특성 : 동작전류가 커질수록 동작 시간이 짧게 되는 특성
④ 반한시 정한시 특성 : 동작전류가 적은 동안에는 동작전류가 커질수록 동작 시간이 짧게 되고 어떤 전류 이상이면 동작전류의 크기에 관계없이 일정한 시간에 동작하는 특성   답 ④

37 임피던스 Z_1, Z_2 및 Z_3을 그림과 같이 접속한 선로의 A쪽에서 전압파 E가 진행해 왔을 때 접속점 B에서 무반사로 되기 위한 조건은?

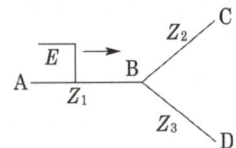

① $Z_1 = Z_2 + Z_3$
② $\dfrac{1}{Z_1} = \dfrac{1}{Z_3} - \dfrac{1}{Z_2}$
③ $\dfrac{1}{Z_1} = \dfrac{1}{Z_2} + \dfrac{1}{Z_3}$
④ $\dfrac{1}{Z_1} = -\dfrac{1}{Z_2} - \dfrac{1}{Z_3}$

풀이 $Z_A = Z_1$, $Z_B = \dfrac{1}{\dfrac{1}{Z_2} + \dfrac{1}{Z_3}}$ 라고 하면

반사계수 $= \dfrac{Z_B - Z_A}{Z_A + Z_B}$ 에서 **무반사 조건은**

$\mathbf{Z_A = Z_B}$ 일 때이므로 $Z_1 = \dfrac{1}{\dfrac{1}{Z_2} + \dfrac{1}{Z_3}}$

따라서 $\dfrac{1}{Z_1} = \dfrac{1}{Z_2} + \dfrac{1}{Z_3}$ 이다.   **답** ③

38 다음 중 송·배전선로의 진동 방지대책에 사용되지 않는 기구에 해당되는 것은?

① 댐퍼   ② 죔임쇠
③ 클램프   ④ 아머 로드

풀이 진동 억제장치
- 댐퍼 : 지지점 가까운 곳에서 1개소 또는 2개소에 추(damper)를 달아서 진동을 감소시키는 방법
- 아머로드 : 지지점 부근의 전선을 보강   **답** ②

39 송전선로에서 코로나 임계전압이 높아지는 경우는?

① 기압이 낮은 경우
② 온도가 높아지는 경우
③ 전선의 지름이 큰 경우
④ 상대 공기밀도가 작을 경우

풀이 $E_0 = 24.3 m_0 m_1 \delta d \log_{10} \dfrac{2D}{d}$

여기서, m_0 : 전선의 표면계수
m_1 : 기후계수
δ : 상대 공기밀도 $\left(\delta = \dfrac{0.386b}{273+t}\right)$
d : 전선의 지름, D : 선간거리

기압(b)이 낮아지거나 온도(t)가 높아지거나 상대 공기밀도(δ)가 작아지면 임계전압은 낮아지고, **전선의 지름(d)이 증가하면 임계전압은 높아진다.**   **답** ③

40 과전류 계전기의 탭 값은 무엇으로 표시되는가?

① 변류기의 권수비
② 계전기의 동작시한
③ 계전기의 최대 부하전류
④ 계전기의 최소 동작전류

풀이 과전류 계전기는 일정값 이상의 전류가 흘렀을 때 동작하여 기기를 보호하는 것으로, **과전류 계전기의 탭 값은 계전기의 최소 동작전류**를 정정한다.   **답** ④

2018년 전력공학_전기산업기사·공사산업기사

문제의 번호는 실제 시험문제의 번호와 같게 하였습니다.

2018년 - 1회 _ 전기산업기사·공사산업기사

21 차단기의 정격투입전류란 투입되는 전류의 최초 주파수의 어느 값을 말하는가?
① 평균값 ② 최댓값
③ 실효값 ④ 직류값

풀이 차단기의 정격 투입 전류란 성능에 지장 없이 투입할 수 있는 전류의 한도를 말하며, 투입 전류의 최초 주파수에서의 최댓값으로 나타낸다. 크기는 정격 차단 전류(실효값)의 2.5배를 표준으로 한다. 답 ②

22 영상변류기와 관계가 가장 깊은 계전기는?
① 차동계전기 ② 과전류계전기
③ 과전압계전기 ④ 선택접지계전기

풀이 비접지 계통의 지락 사고 검출 :
선택 접지 계전기(SGR) + 영상 전류 검출(ZCT) + 영상 전압 검출(GPT) 답 ④

23 전력계통에서의 단락용량 증대가 문제 되고 있다. 이러한 단락용량을 경감하는 대책이 아닌 것은?
① 사고 시 모선을 통합한다.
② 상위전압 계통을 구성한다.
③ 모선 간에 한류 리액터를 삽입한다.
④ 발전기와 변압기의 임피던스를 크게 한다.

풀이 단락용량의 경감 대책
① 현재 채용하고 있는 것보다 한 단계 더 높은 상위 전압의 계통을 구성한다.
② 발전기와 변압기의 임피던스를 크게 한다.
③ 계통을 분할하거나 송전선 또는 모선 간에 한류 리액터를 삽입한다.
④ 계통 간을 직류 설비라든지 특수한 연계 장치로 연계한다.
⑤ 사고 시 모선 분리 방식을 채용한다. 답 ①

24 송전계통의 안정도 증진방법에 대한 설명이 아닌 것은?
① 전압변동을 작게 한다.
② 직렬 리액턴스를 크게 한다.
③ 고장 시 발전기 입·출력의 불평형을 작게 한다.
④ 고장전류를 줄이고 고장구간을 신속하게 차단한다.

풀이 안정도 향상 대책
① 계통의 직렬 리액턴스 감소(다회선 방식 채택, 복도체 방식 채택, 기기의 리액턴스 감소, 직렬 콘덴서 설치)
② 전압 변동률을 적게 한다(속응 여자 방식 채용, 계통의 연계, 중간 조상 방식).
③ 계통에 주는 충격을 적게 한다(적당한 중성점 접지 방식, 고속 차단 방식, 재폐로 방식).
④ 고장 중의 발전기 돌입 출력의 불평형을 적게 한다. 답 ②

25 150[kVA] 전력용 콘덴서에 제5고조파를 억제시키기 위해 필요한 직렬리액터의 최소용량은 몇 [kVA]인가?
① 1.5 ② 3
③ 4.5 ④ 6

풀이 직렬 리액터의 용량
① 콘덴서 용량의 4[%] 이상(이론상)
② 주파수 변동 등의 여유를 봐서 실제로는 콘덴서 용량의 약 5~6[%]인 것이 사용된다.
따라서 직렬 리액터의 최소용량
$= 150 \times 0.04 = 6$ [kVA] 답 ④

26 보일러 급수 중에 포함되어 있는 산소 등에 의한 보일러배관의 부식을 방지할 목적으로 사용되는 장치는?
① 탈기기 ② 공기 예열기
③ 급수 가열기 ④ 수위 경보기

풀이 급수 중에 용해되어 있는 산소는 증기계통, 급수계통 등을 부식시킨다. 탈기기(deaerator)는 용해 산소 분리의 목적으로 쓰인다. **답** ①

27 다음 중 그 값이 1 이상인 것은?
① 부등률 ② 부하율
③ 수용률 ④ 전압강하율

풀이 부등률 = $\dfrac{\text{수용설비 개개의 최대수용전력의 합계}}{\text{합성 최대 수용 전력}} \geq 1$ **답** ①

28 화력 발전소에서 가장 큰 손실은?
① 소내용 동력
② 복수기의 방열손
③ 연돌 배출가스 손실
④ 터빈 및 발전기의 손실

풀이 발전소마다 각 손실의 비가 다르나 복수식 발전소에서는 **복수기 냉각수에 의한 열량이 가장 크며** 석탄 열량의 50~60[%]에 달한다. 그 다음으로 큰 것은 굴뚝 배출 가스 손실로 10[%] 정도이다. **답** ②

29 선간거리를 D, 전선의 반지름을 r이라 할 때 송전선의 정전용량은?
① $\log_{10}\dfrac{D}{r}$에 비례한다.
② $\log_{10}\dfrac{r}{D}$에 비례한다.
③ $\log_{10}\dfrac{D}{r}$에 반비례한다.
④ $\log_{10}\dfrac{r}{D}$에 반비례한다.

풀이 선로의 정전 용량
$C_w = \dfrac{0.02413}{\log_{10}\dfrac{D}{r}}[\mu F/km]$이므로,
정전 용량은 $\log_{10}\dfrac{D}{r}$에 반비례한다. **답** ③

30 배전선로의 용어 중 틀린 것은?
① 궤전점 : 간선과 분기선의 접속점
② 분기선 : 간선으로 분기되는 변압기에 이르는 선로
③ 간선 : 급전선에 접속되어 부하로 전력을 공급하거나 분기선을 통하여 배전하는 선로
④ 급전선 : 배전용 변전소에서 인출되는 배전선로에서 최초의 분기점까지의 전선으로 도중에 부하가 접속되어 있지 않은 선로

풀이 급전선과 배전 간선과의 접속점을 **궤전점**이라고 한다. **답** ①

31 송전계통에서 발생한 고장 때문에 일부 계통의 위상각이 커져서 동기를 벗어나려고 할 경우 이것을 검출하고 계통을 분리하기 위해서 차단하지 않으면 안 될 경우에 사용되는 계전기는?
① 한시계전기
② 선택단락계전기
③ 탈조보호계전기
④ 방향거리계전기

풀이 ① 한시 계전기
계전기에 입력을 가했을 때 또는 입력을 제거하였을 때 계전기의 동작시간을 지연(遲延)시키는 계전기
① 선택 단락 계전기
(Selective Short circuit relay ; SS)
병행 2회선 송전 선로에서 한 쪽의 1회선에 단락 고장이 발생하였을 경우 2중 방향 동작의 계전기를 사용해서 고장 회선의 선택 차단을 할 수 있는 것으로서 방향 단락 계전기에 의한 것, 또는 양 회선의 전류차로 동작하는 계전기 등을 사용한다.
② 탈조 보호 계전기
(Step-Out protective relay ; SO)
송전 계통에 발생한 고장 때문에 일부 계통의 위상각이 커져서 동기를 벗어나려고 할 경우 이것을 검출하고 그 계통을 분리하기 위해서 차단하지 않으면 안 될 경우에 사용한다.
③ 방향 거리 계전기
(Directive Distance relay ; DZ)
거리 계전기에 방향성을 가지게 한 것으로서 복잡한 계통에서 방향 단락 계전기의 대용으로 쓰인다. **답** ③

32 가공 송전선에 사용되는 애자 1연 중 전압부담이 최대인 애자는?

① 중앙에 있는 애자
② 철탑에 제일 가까운 애자
③ 전선에 제일 가까운 애자
④ 전선으로부터 1/4 지점에 있는 애자

풀이
- 전압 분담 최대 : 전선쪽 애자
- 전압 분담 최소 : 철탑에서 1/3 지점에 있는 애자(전선에서 2/3 지점에 있는 애자) **답** ③

33 송전선에 복도체를 사용하는 주된 목적은?

① 역률개선
② 정전용량의 감소
③ 인덕턴스의 증가
④ 코로나 발생의 방지

풀이
- 3상 송전선의 한 가닥의 전선을 2가닥 이상으로 한 것을 다도체라 하고, 2가닥으로 한 것을 보통 복도체라 한다.
- 복도체를 사용하면 인덕턴스는 감소하고 정전용량은 증가하며, 안정도를 증가시키고, 코로나 발생을 억제한다. **답** ④

34 선간전압, 부하역률, 선로손실, 전선중량 및 배전거리가 같다고 할 경우 단상 2선식과 3상 3선식의 공급전력의 비(단상/3상)는?

① $\dfrac{3}{2}$
② $\dfrac{1}{\sqrt{3}}$
③ $\sqrt{3}$
④ $\dfrac{\sqrt{3}}{2}$

풀이 전선의 중량이 같다면 $V_0 = 2A_1 L = 3A_3 L$

$$\dfrac{A_3}{A_1} = \dfrac{2}{3} = \dfrac{R_1}{R_3}$$

또한 전력손실이 같으면 $P_c = 2I_1^2 R_1 = 3I_3^2 R_3$에서

$$\left(\dfrac{I_1}{I_3}\right)^2 = \dfrac{3R_3}{2R_1} = \dfrac{3}{2} \times \dfrac{3}{2}$$

$$\dfrac{I_1}{I_3} = \dfrac{3}{2}$$

∴ 공급전력의 비

$$\dfrac{W_1}{W_3} = \dfrac{VI_1}{\sqrt{3}\,VI_3} = \dfrac{1}{\sqrt{3}} \times \dfrac{3}{2} = \dfrac{\sqrt{3}}{2}$$ **답** ④

35 송전선로의 중성점 접지의 주된 목적은?

① 단락전류 제한
② 송전용량의 극대화
③ 전압강하의 극소화
④ 이상전압의 발생 방지

풀이 송전선로의 중성점 접지의 목적
① 이상전압 발생 방지
② 1선 지락 시 건전상 전압 상승 억제 및 기기나 선로의 절연 절감
③ 보호 계전기 동작 확실
④ 소호 리액터 계통에서의 1선 지락 시 아크 소멸 **답** ④

36 전주 사이의 경간이 80[m]인 가공전선로에서 전선 1[m]당의 하중이 0.37[kg], 전선의 이도가 0.8[m]일 때 수평장력은 몇 [kg]인가?

① 330
② 350
③ 370
④ 390

풀이 이도 $D = \dfrac{WS^2}{8T}$ 이므로

수평장력 $T = \dfrac{WS^2}{8D} = \dfrac{0.37 \times 80^2}{8 \times 0.8} = 370[\text{kg}]$ **답** ③

37 수차의 특유속도 N_s를 나타내는 계산식으로 옳은 것은? (단, 유효낙차 : H[m], 수차의 출력 : P[kW], 수차의 정격 회전수 : N[rpm]이라 한다.)

① $N_s = \dfrac{NP^{\frac{1}{2}}}{H^{\frac{5}{4}}}$
② $N_s = \dfrac{H^{\frac{5}{4}}}{NP}$
③ $N_s = \dfrac{HP^{\frac{1}{4}}}{N^{\frac{5}{4}}}$
④ $N_s = \dfrac{NP^2}{H^{\frac{5}{4}}}$

풀이
- 특유속도란 어느 수차와 서로 닮은 모형이 유효낙차 1[m], 출력 1[kW]로 동작할 때의 회전속도이다.
- 특유속도 $N_s = \dfrac{NP^{\frac{1}{2}}}{H^{\frac{5}{4}}}$ [rpm] **답** ①

38 고장점에서 전원 측을 본 계통 임피던스를 Z [Ω], 고장점의 상전압을 E[V]라 하면 3상 단락전류[A]는?

① $\dfrac{E}{Z}$ ② $\dfrac{ZE}{\sqrt{3}}$

③ $\dfrac{\sqrt{3}E}{Z}$ ④ $\dfrac{3E}{Z}$

풀이 옴법(Ohm method)에 의한 단락전류

$$I_s = \dfrac{E}{Z} = \dfrac{E}{Z_g + Z_t + Z_l}[A]$$

답 ①

39 3상 계통에서 수전단전압 60[kV], 전류 250[A], 선로의 저항 및 리액턴스가 각각 7.61[Ω], 11.85[Ω]일 때 전압강하율은? (단, 부하역률은 0.8(늦음)이다.)

① 약 5.50[%]   ② 약 7.34[%]
③ 약 8.69[%]   ④ 약 9.52[%]

풀이 전압강하율

$$\epsilon = \dfrac{V_s - V_r}{V_r} \times 100 = \dfrac{\sqrt{3}I(R\cos\theta + X\sin\theta)}{V_r} \times 100$$

$$= \dfrac{\sqrt{3} \times 250 \times (7.61 \times 0.8 + 11.85 \times 0.6)}{60,000} \times 100$$

$$= 9.52[\%]$$

답 ④

40 피뢰기의 구비조건이 아닌 것은?

① 속류의 차단능력이 충분할 것
② 충격 방전 개시 전압이 높을 것
③ 상용 주파 방전 개시 전압이 높을 것
④ 방전 내량이 크고, 제한전압이 낮을 것

풀이 피뢰기의 구비조건
- 상용 주파 방전 개시 전압이 높을 것
- 충격 방전 개시 전압이 낮을 것
- 제한전압이 낮을 것
- 속류 차단 능력이 클 것

답 ②

2018년 - 2회 _ 전기산업기사·공사산업기사

21 보호계전기 동작이 가장 확실한 중성점 접지방식은?

① 비접지방식
② 저항접지방식
③ 직접접지방식
④ 소호리액터접지방식

풀이 직접 접지방식의 장·단점
[장점]
① 1선 지락 시에 건전상의 대지 전압이 거의 상승하지 않는다.
② 피뢰기의 효과를 증진시킬 수 있다.
③ 단절연이 가능하다.
④ 계전기의 동작이 확실해진다.
[단점]
① 송전 계통의 과도 안정도가 나빠진다.
② 통신선에 유도 장해가 크다.
③ 기기에 큰 영향을 주어 손상을 준다.
④ 대용량 차단기가 필요하다.

답 ③

22 단상 2선식의 교류 배전선이 있다. 전선 한 줄의 저항은 0.15[Ω], 리액턴스는 0.25[Ω]이다. 부하는 무유도성으로 100[V], 3[kW] 일 때 급전점의 전압은 약 몇 [V]인가?

① 100   ② 110
③ 120   ④ 130

풀이 $V_s = V_r + 2I(R\cos\theta + X\sin\theta)$

여기서, 부하는 무유도성이므로 $\cos\theta = 1$

$$= 100 + 2 \times \dfrac{3000}{100} \times 0.15 \times 1$$

$$= 109[V]$$

답 ②

23 우리나라에서 현재 사용되고 있는 송전전압에 해당되는 것은?

① 150[kV]   ② 220[kV]
③ 345[kV]   ④ 700[kV]

풀이 우리나라에서 현재 사용되고 있는 송전전압 : 765[kV], 345[kV], 154[kV]

답 ③

24 제5고조파를 제거하기 위하여 전력용 콘덴서 용량의 몇 [%]에 해당하는 직렬 리액터를 설치하는가?

① 2~3 ② 5~6
③ 7~8 ④ 9~10

풀이 직렬 리액터의 용량은 콘덴서 용량의 4 [%] 이상이 되면 되는데 주파수 변동 등의 여유를 봐서 실제로는 약 5~6[%]인 것이 사용된다. **답** ②

25 정정된 값 이상의 전류가 흘렀을 때 동작전류의 크기와 상관없이 항상 정해진 시간이 경과한 후에 동작하는 보호계전기는?

① 순시계전기
② 정한시계전기
③ 반한시계전기
④ 반한시성 정한시계전기

풀이 보호 계전기 특징
① 순한시 특성 : 최소 동작 전류 이상의 전류가 흐르면 즉시 동작하는 특성
② 반한시 특성 : 동작 전류가 커질수록 동작 시간이 짧게 되는 특성
③ 정한시 특성 : 동작 전류의 크기에 관계없이 일정한 시간에 동작하는 특성
④ 반한시 정한시 특성 : 동작 전류가 적은 동안에는 동작 전류가 커질수록 동작 시간이 짧게 되고 어떤 전류 이상이면 동작 전류의 크기에 관계없이 일정한 시간에 동작하는 특성 **답** ②

26 변전소에서 사용되는 조상설비 중 지상용으로만 사용되는 조상설비는?

① 분로 리액터
② 동기조상기
③ 전력용 콘덴서
④ 정지형 무효전력 보상장치

풀이 조상 설비

항 목	동기 조상기	전력용 콘덴서	분로 리액터
무효전력	진상, 지상 양용	진상전용	지상전용
조정	연속적	계단적	계단적
시송전	가능	불가능	불가능

답 ①

27 저압 뱅킹(Banking) 배전방식이 적당한 곳은?

① 농촌
② 어촌
③ 화학공장
④ 부하 밀집지역

풀이 ① 고압선에 접속한 두 대 이상의 변압기의 저압측을 병렬 접속하는 방식을 저압 뱅킹 방식이라 하며 부하가 밀집된 시가지에 좋다.
② 저압 뱅킹 방식의 특징
  • 전압강하 및 전력손실이 경감된다.
  • 변압기 용량 및 저압선 동량이 절감된다.
  • 부하 증가에 대한 탄력성이 향상된다.
  • 고장보호방법이 적당할 때 공급신뢰도가 향상되며, 플리커 현상이 경감된다.
  • 캐스케이딩 현상이 발생하므로 고장이 광범위하게 파급될 우려가 있다. **답** ④

28 유효낙차가 40[%] 저하되면 수차의 효율이 20[%] 저하된다고 할 경우 이때의 출력은 원래의 약 몇 [%]인가? (단, 안내 날개의 열림은 불변인 것으로 한다.)

① 37.2 ② 48.0
③ 52.7 ④ 63.7

풀이 출력 $P = 9.8 QH\eta \propto QH\eta$이고,
유량 $Q = \sqrt{2gH} \propto H^{\frac{1}{2}}$ 이므로
$\therefore P \propto QH\eta = H^{\frac{1}{2}} H\eta = H^{\frac{3}{2}} \cdot \eta$
$= 0.6^{\frac{3}{2}} \times 0.8 ≒ 0.372$
$= 37.2[\%]$ **답** ①

29 전력용 퓨즈는 주로 어떤 전류의 차단을 목적으로 사용하는가?

① 지락전류 ② 단락전류
③ 과도전류 ④ 과부하전류

풀이 전력용 퓨즈는 단락 보호용으로 사용된다. **답** ②

30 장거리 송전선로의 4단자 정수(A, B, C, D) 중 일반식을 잘못 표기한 것은?

① $A = \cosh\sqrt{ZY}$
② $B = \sqrt{\dfrac{Z}{Y}}\sinh\sqrt{ZY}$
③ $C = \sqrt{\dfrac{Z}{Y}}\sinh\sqrt{ZY}$
④ $D = \cosh\sqrt{ZY}$

풀이

회로의 종류	4단자 정수	
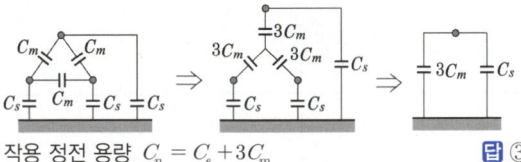	A	$\cosh\sqrt{ZY}$
	B	$\sqrt{\dfrac{Z}{Y}}\sinh\sqrt{ZY}$
	C	$\sqrt{\dfrac{Y}{Z}}\sinh\sqrt{ZY}$
	D	$\cosh\sqrt{ZY}$

답 ③

31 3상 1회선 전선로에서 대지정전용량은 C_s이고 선간정전용량을 C_m이라 할 때, 작용정전용량 C_n은?

① $C_s + C_m$
② $C_s + 2C_m$
③ $C_s + 3C_m$
④ $2C_s + C_m$

풀이

작용 정전 용량 $C_n = C_s + 3C_m$

답 ③

32 송전선로의 뇌해방지와 관계없는 것은?

① 댐퍼
② 피뢰기
③ 매설지선
④ 가공지선

풀이 뇌의 보호 장치 및 기능
- 매설지선 : 역섬락 방지
- 가공지선 : 뇌의 차폐
- 소호각 : 애자련 보호
- 피뢰기 : 기기 보호

댐퍼는 선로의 진동 방지에 쓰인다.

답 ①

33 소호 리액터 접지에 대한 설명으로 틀린 것은?

① 지락전류가 작다.
② 과도안정도가 높다.
③ 전자유도장애가 경감된다.
④ 선택지락계전기의 작동이 쉽다.

풀이 접지방식별 특징

방식	보호 계전기 동작	지락 전류	전위 상승	과도 안정도	유도 장해
직접 접지(22.9, 154, 345[kV])	확실	최대	1.3	최소	최대
저항 접지	↑	↑	$\sqrt{3}$	↓	↑
비접지 (3.3, 6.6[kV])	×	↑	$\sqrt{3}$	↓	↑
소호 리액터 접지 (66[kV])	불확실	최소	$\sqrt{3}$ 이상	최대	최소

답 ④

34 3상3선식 배전선로에 역률이 0.8(지상)인 3상 평형 부하 40[kW]를 연결했을 때 전압강하는 약 몇 [V]인가? (단, 부하의 전압은 200 [V], 전선 1조의 저항은 0.02[Ω]이고, 리액턴스는 무시한다.)

① 2
② 3
③ 4
④ 5

풀이 부하전류
$$I = \frac{P}{\sqrt{3}\,V\cos\theta} = \frac{40 \times 10^3}{\sqrt{3} \times 200 \times 0.8}$$
$\fallingdotseq 144.34\,[A]$

전압강하
$e = V_s - V_r$
$\quad = \sqrt{3}\,I(R\cos\theta + X\sin\theta)[V]$에서
저항 $R = 0.02[\Omega]$,
리액턴스 $X = 0[\Omega]$ (∵ 리액턴스 무시)이므로
전압강하
$e = \sqrt{3}\,I(R\cos\theta + X\sin\theta)$
$\quad = \sqrt{3} \times 144.34 \times (0.02 \times 0.8 + 0)$
$\quad \fallingdotseq 4\,[V]$

답 ③

35 분기회로용으로 개폐기 및 자동차단기의 2가지 역할을 수행하는 것은?

① 기중차단기 ② 진공차단기
③ 전력용 퓨즈 ④ 배선용차단기

풀이 배선용차단기란 간선 분기회로의 전원차단 개폐기로서 과전류를 검출하고 자동으로 차단하는 과전류차단기를 말한다. **답** ④

36 교류 저압 배전방식에서 밸런서를 필요로 하는 방식은?

① 단상 2선식 ② 단상 3선식
③ 3상 3선식 ④ 3상 4선식

풀이 단상 3선식에서 부하가 불평형이 생기면 양 외선간의 전압이 불평형이 되므로 이를 방지하기 위해 저압 밸런서를 설치한다. **답** ②

37 보일러에서 흡수열량이 가장 큰 것은?

① 수냉벽 ② 과열기
③ 절탄기 ④ 공기예열기

풀이 수냉벽은 보일러 드럼 또는 수관과 연락하는 수관을 가진 노벽으로 노 내의 복사열을 흡수한다. 각 부의 가열 면적과 흡수 열량의 비는 다음 표와 같다.

	가열 면적[%]	흡수 열량[%]
수 냉 벽	10~15	40~50
보일러 수관	5~10	10~15
과 열 기	10~15	15~20
절 탄 기	15	10~15
공기 예열기	50	5~10

답 ①

38 3상 차단기의 정격차단용량을 나타낸 것은?

① $\sqrt{3} \times$ 정격 전압 $\times$ 정격 전류
② $\dfrac{1}{\sqrt{3}} \times$ 정격 전압 $\times$ 정격 전류
③ $\sqrt{3} \times$ 정격 전압 $\times$ 정격 차단 전류
④ $\dfrac{1}{\sqrt{3}} \times$ 정격 전압 $\times$ 정격 차단 전류

풀이 차단기의 정격차단용량
$P_s = \sqrt{3} \times$ 정격 전압 $\times$ 정격 차단 전류
$= \sqrt{3}\, VI_s$ [MVA]   **답** ③

39 변류기 개방 시 2차측을 단락하는 이유는?

① 측정 오차 방지
② 2차측 절연 보호
③ 1차측 과전류 방지
④ 2차측 과전류 보호

풀이 PT(병렬연결)는 개방상태가 되어도 무방하지만 CT(직렬연결)는 개방하면 2차 권선에 매우 높은 전압이 유기되어 절연이 파괴되고 소손될 우려가 있으므로, CT를 점검할 경우에는 반드시 2차측을 단락해야 한다. **답** ②

40 단상 승압기 1대를 사용하여 승압할 경우 승압 전의 전압을 E_1이라 하면, 승압 후의 전압 E_2는 어떻게 되는가? (단, 승압기의 변압비는 $\dfrac{\text{전원측전압}}{\text{부하측전압}} = \dfrac{e_1}{e_2}$이다.)

① $E_2 = E_1 + e_1$
② $E_2 = E_1 + e_2$
③ $E_2 = E_1 + \dfrac{e_2}{e_1} E_1$
④ $E_2 = E_1 + \dfrac{e_1}{e_2} E_1$

풀이

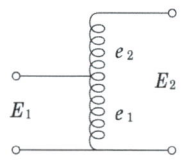

$E_2 = e_1 + e_2 = E_1 + \dfrac{E_1}{a} = E_1\left(1 + \dfrac{1}{a}\right)$
$= E_1\left(1 + \dfrac{e_2}{e_1}\right) = E_1 + \dfrac{e_2}{e_1} E_1$ **답** ③

2018년 3회 _ 전기산업기사

21 단상 2선식에 비하여 단상 3선식의 특징으로 옳은 것은?

① 소요 전선량이 많아야 한다.
② 중성선에는 반드시 퓨즈를 끼워야 한다.
③ 110[V] 부하 외에 220[V] 부하의 사용이 가능하다.
④ 전압 불평형을 줄이기 위하여 저압선의 말단에 전력용 콘덴서를 설치한다.

풀이 단상 3선식은 단상 2선식에 비해 다음과 같은 특징이 있다.
① 소요 전선량이 적어도 된다.
② 중성선이 단선하면 불평형 부하일 경우 부하 전압에 심한 불평형이 발생하므로 중성선에는 퓨즈를 삽입해서는 안된다.
③ 110[V] 부하 외에 220[V] 부하의 사용이 가능하다.
④ 전압 불평형을 줄이기 위한 대책으로서 저압선의 말단에 밸런서를 설치한다. **답** ③

22 정삼각형 배치의 선간거리가 5[m]이고, 전선의 지름이 1[cm]인 3상 가공 송전선의 1선의 정전용량은 약 몇 [μF/km]인가?

① 0.008   ② 0.016
③ 0.024   ④ 0.032

풀이 정전용량
$$C_w = \frac{0.02413}{\log_{10}\frac{D}{r}} = \frac{0.02413}{\log_{10}\frac{5}{0.5 \times 10^{-2}}}$$
$= 0.008 [\mu F/km]$ **답** ①

23 수력발전소의 취수 방법에 따른 분류로 틀린 것은?

① 댐식   ② 수로식
③ 역조정지식   ④ 유역변경식

풀이 낙차를 얻는 방법에 의한 분류
① **댐식** : 댐을 쌓아 인공적인 낙차를 이용하는 방식
② **수로식** : 경사가 급하고 굴곡된 곳을 짧은 수로로 연결함으로 높은 낙차를 얻는 방식
③ 댐 수로식 : 댐으로 얻어진 낙차와 하류부의 경사에 의한 낙차를 함께 이용하는 방식
④ **유역 변경식** : 인접해 있는 두 하천을 수로로 연결해서 그 낙차를 이용하는 방식 **답** ③

24 선로의 특성 임피던스에 관한 내용으로 옳은 것은?

① 선로의 길이에 관계없이 일정하다.
② 선로의 길이가 길어질수록 값이 커진다.
③ 선로의 길이가 길어질수록 값이 작아진다.
④ 선로의 길이보다는 부하전력에 따라 값이 변한다.

풀이 선로의 특성임피던스 $Z_0 = \sqrt{\frac{L}{C}}$
: 길이에 무관하다. **답** ①

25 송전선에 복도체를 사용할 때의 설명으로 틀린 것은?

① 코로나 손실이 경감된다.
② 안정도가 상승하고 송전용량이 증가한다.
③ 정전 반발력에 의한 전선의 진동이 감소된다.
④ 전선의 인덕턴스는 감소하고, 정전용량이 증가한다.

풀이 단도체 방식에 비해서 **복도체 방식의 특징**은
① 전선의 인덕턴스가 감소하고 정전 용량이 증가되어 선로의 송전용량이 증가하고 계통의 안정도를 증진시킨다.
② 전선 표면의 전위 경도가 저감되므로 코로나 임계전압을 높일 수 있고 코로나손, 코로나 잡음 등의 장해가 저감된다.
③ 모든 소도체에는 동일 방향으로 전류가 흐르므로 **흡인력**이 생긴다. **답** ③

26 화력발전소에서 증기 및 급수가 흐르는 순서는?

① 보일러 → 과열기 → 절탄기 → 터빈 → 복수기
② 보일러 → 절탄기 → 과열기 → 터빈 → 복수기
③ 절탄기 → 보일러 → 과열기 → 터빈 → 복수기
④ 절탄기 → 과열기 → 보일러 → 터빈 → 복수기

풀이 실제 기력 발전소에 쓰이는 기본 사이클(Rankine cycle)은 다음과 같다.

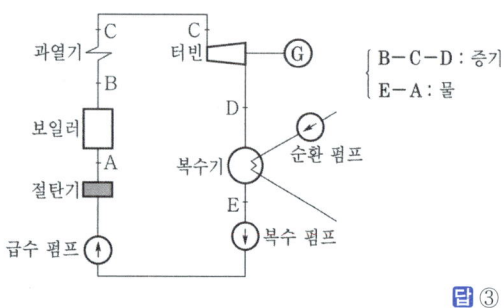

답 ③

27 선간전압이 $V[\text{kV}]$이고, 1상의 대지정전용량이 $C[\mu\text{F}]$, 주파수가 $f[\text{Hz}]$인 3상 3선식 1회선 송전선의 소호리액터 접지방식에서 소호리액터의 용량은 몇 [kVA]인가?

① $6\pi f C V^2 \times 10^{-3}$
② $3\pi f C V^2 \times 10^{-3}$
③ $2\pi f C V^2 \times 10^{-3}$
④ $\sqrt{3}\pi f C V^2 \times 10^{-3}$

풀이 3상 1회선 소호 리액터 용량
$P = 3EI = 3E \times 2\pi f CE = 6\pi f CE^2$에서
정전용량 $C[\mu\text{F}]$, 선간전압 $V[\text{kV}]$이므로 단위를 고려하면
$P = 6\pi f C \times 10^{-6} \times \left(\dfrac{V}{\sqrt{3}}\right)^2 \times 10^6 [\text{VA}]$
$= 2\pi f C V^2 [\text{VA}]$
$= 2\pi f C V^2 \times 10^{-3} [\text{kVA}]$

답 ③

28 중성점 비접지방식을 이용하는 것이 적당한 것은?

① 고전압 장거리   ② 고전압 단거리
③ 저전압 장거리   ④ 저전압 단거리

풀이 우리나라 송전선로의 중성점 비접지 방식은 20~30 [kV] 정도의 전압이며, 저전압 단거리 송전선이나 배전선에 사용된다.

답 ④

29 수전단전압이 3300[V]이고, 전압강하율이 4[%]인 송전선의 송전단전압은 몇 [V]인가?

① 3395   ② 3432
③ 3495   ④ 5678

풀이 전압강하율 $\epsilon = \dfrac{e}{V_r} \times 100[\%]$이므로
전압강하 $e = \epsilon \cdot V_r$이다.
따라서 송전단전압
$V_s = V_r + e = V_r + \epsilon \cdot V_r$
$= 3300 + 0.04 \times 3300 = 3432[\text{V}]$

답 ②

30 현수애자 4개를 1련으로 한 66[kV] 송전선로가 있다. 현수애자 1개의 절연저항은 1500[MΩ], 이 선로의 경간이 200[m]라면 선로 1[km]당의 누설컨덕턴스는 몇 [℧]인가?

① 0.83×10^{-9} ② 0.83×10^{-6}
③ 0.83×10^{-3} ④ 0.83×10^{-2}

풀이 현수 애자 1련의 저항 (직렬 접속)
$r = 1500[\text{M}\Omega] \times 4 = 6 \times 10^9 [\Omega]$
표준 경간이 200[m]이고 1[km]당 현수 애자는 5련이 설치되므로 (병렬 접속)
$R = \dfrac{r}{n} = \dfrac{6}{5} \times 10^9 [\Omega]$
누설 컨덕턴스
$G = \dfrac{1}{R} = \dfrac{5}{6} \times 10^{-9} [\text{℧}]$
$= 0.83 \times 10^{-9} [\text{℧}]$

답 ①

31 변압기의 손실 중 철손의 감소 대책이 아닌 것은?

① 자속 밀도의 감소
② 권선의 단면적 증가
③ 아몰퍼스 변압기의 채용
④ 고배향성 규소 강판 사용

풀이 철손은 고정손이므로 권선의 단면적이 증가하면 손실이 더 증가하게 된다.

답 ②

32 변압기 내부 고장에 대한 보호용으로 현재 가장 많이 쓰이고 있는 계전기는?

① 주파수 계전기
② 전압차동 계전기
③ 비율차동 계전기
④ 방향 거리 계전기

풀이 비율차동계전기는 변압기 내부고장에 대한 보호장치로 변압기 1차 전류와 2차 전류의 차전류가 일정 비율 이상으로 되면 동작하는 계전기이다. **답** ③

33 그림과 같은 전선로의 단락용량은 약 몇 [MVA]인가? (단, 그림의 수치는 10000[kVA]를 기준으로 한 %리액턴스를 나타낸다.)

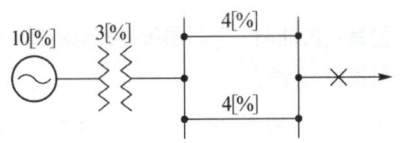

① 33.7
② 66.7
③ 99.7
④ 132.7

풀이 단락점까지의 합성 %리액턴스는

$$\%X = \%X_G + \%X_T + \frac{\%X_l \times \%X_l}{\%X_l + \%X_l}$$

$$= 10 + 3 + \frac{4 \times 4}{4 + 4} = 15[\%]$$

(여기서, $\%X_G$: 발전기 %리액턴스,
$\%X_T$: 변압기 %리액턴스,
$\%X_l$: 선로의 %리액턴스)

따라서 단락용량

$$P_s = \frac{100}{\%X} P_n = \frac{100}{15} \times 10000 \times 10^{-3}$$

$$\fallingdotseq 66.7 [MVA] \qquad \text{답} ②$$

34 영상변류기를 사용하는 계전기는?

① 지락계전기
② 차동계전기
③ 과전류계전기
④ 과전압계전기

풀이 영상변류기(ZCT) : 지락 사고시 지락전류(영상전류)를 검출하는 것으로 지락계전기와 조합하여 차단기를 차단시킨다. **답** ①

35 전선의 지지점 높이가 31[m]이고, 전선의 이도가 9[m]라면 전선의 평균 높이는 몇 [m]인가?

① 25.0
② 26.5
③ 28.5
④ 30.0

풀이 $h = h' - \frac{2}{3}D = 31 - \frac{2}{3} \times 9 = 25[m]$

(단, h : 전선의 평균 높이,
h' : 지지점의 높이, D : 이도) **답** ①

36 초고압용 차단기에서 개폐저항을 사용하는 이유는?

① 차단전류 감소
② 이상전압 감쇄
③ 차단속도 증진
④ 차단전류의 역률개선

풀이 차단기 개폐시에 재점호로 인하여 개폐 서지 이상 전압이 발생된다. 이것을 낮추고 절연 내력을 높일 수 있게 하기 위해 차단기 접촉자간에 병렬 임피던스로서 저항을 삽입하는데 이것을 개폐저항기라고 한다. **답** ②

37 전력계통 안정도는 외란의 종류에 따라 구분되는데, 송전선로에서의 고장, 발전기 탈락과 같은 큰 외란에 대한 전력계통의 동기운전 가능 여부로 판정되는 안정도는?

① 과도안정도
② 정태안정도
③ 전압안정도
④ 미소신호안정도

풀이 안정도의 종류
① 정태 안정도(static stability) : 송전 계통이 불변 부하 또는 극히 서서히 증가하는 부하에 대하여 계속적으로 송전할 수 있는 능력을 정태 안정도로 하고, 안정도를 유지할 수 있는 극한의 송전 전력을 정태 안정 극한 전력이라고 한다.
② 과도 안정도(transient stability) : 계통에 갑자기 고장 사고와 같은 급격한 외란이 발생하였을 때에도 탈조하지 않고 새로운 평형 상태를 회복하여 송전을 계속할 수 있는 능력을 과도 안정도라 하고 이 경우의 극한 전력을 과도 안정 극한 전력이라고 한다.
③ 동태 안정도(dynamic stability) : 고속 자동 전압 조정기로 동기기의 여자 전류를 제어 할 경우의 정태 안정도를 특히 동태 안정도라 한다. **답** ①

38 역률개선에 의한 배전계통의 효과가 아닌 것은?

① 전력손실 감소
② 전압강하 감소
③ 변압기 용량 감소
④ 전선의 표피효과 감소

풀이 배전 선로의 역률 개선 효과
① 전력손실 경감
② 전압강하 경감
③ 설비용량의 여유분 증가
④ 전력요금의 절약　　　　　　　　**답** ④

39 원자력 발전의 특징이 아닌 것은?

① 건설비와 연료비가 높다.
② 설비는 국내 관련 사업을 발전시킨다.
③ 수송 및 저장이 용이하여 비용이 절감된다.
④ 방사선 측정기, 폐기물 처리 장치 등이 필요하다.

풀이 원자력 발전의 특징
① 건설비는 높지만 연료비가 적다.
② 대기나 수질 토양 오염이 없는 깨끗한 에너지
③ 연료의 수송 및 저장의 용이와 비용절감
④ 설비는 국내 관련 사업을 발전시킨다.
※ 수송 및 저장이 용이하여 비용이 절감되는 것은 연료에 대한 사항으로, 보기항 ③에서 대상물을 정확히 지정해주지 않아 답이 달리 해석될 수 있으므로 보기항 ③ 또한 답으로 인정됨　　**답** ①, ③

40 최대 전력의 발생시각 또는 발생시기의 분산을 나타내는 지표는?

① 부등률　　② 부하율
③ 수용률　　④ 전일효율

풀이
• 수용률 : 수요를 상정할 경우 사용
• 부등률 : 최대 전력의 발생시각 또는 발생 시기의 분산을 나타내는 지표로 사용
• 부하율 : 일정 기간 중 부하 변동의 정도를 나타내는 것으로서 그 전기설비가 얼마만큼 유효하게 이용되고 있는가 하는 정도를 파악하는 데 사용　**답** ①

2018년 - 4회 _ 공사산업기사

21 루프(환상) 배전방식의 장점은?

① 농촌에 적당하다.
② 전압변동이 적다.
③ 증설이 용이하다.
④ 전선비가 적게 든다.

풀이 루프(환상) 배전방식
① 고장 개소의 분리 조작이 용이하다.
② 전력 손실과 전압 강하가 작다.
③ 보호 방식이 복잡해지며 설비비가 비싸진다.
　　　　　　　　　　　　　　　　답 ②

22 전력계통에서 인터록(interlock)의 설명으로 적합한 것은?

① 차단기와 단로기는 각각 열리고 닫힌다.
② 차단기가 열려 있어야만 단로기를 닫을 수 있다.
③ 차단기가 닫혀 있어야만 단로기를 닫을 수 있다.
④ 차단기의 접점과 단로기의 접점이 동시에 투입될 수 있다.

풀이 단로기는 부하 전류를 개폐할 수 없으므로, 차단기가 열려 있어야 단로기를 열고 닫을 수 있다. 즉, 인터록 장치를 두어 부하 통전 시 단로기를 열 수 없도록 하여야 한다.　　　　　　　　**답** ②

23 수력발전소의 저수지 용량 등을 결정하는데 사용되는 것으로 가장 적합한 것은?

① 유량도
② 유황곡선
③ 수위 유량곡선
④ 적산 유량곡선

풀이 적산 유량 곡선은 매일의 수량을 차례로 적산해서 가로축에 일수를, 세로축에 적산 수량을 그린 곡선으로서 수력 발전소의 댐을 설계하거나 저수지 용량 결정에 사용된다.　　　　　　　　　　　**답** ④

24 단상 2선식 110[V] 저압배전선로를 단상 3선식 110/220[V]로 변경할 때 부하의 크기 및 공급전압을 일정하게 하고 또 부하를 평형시켰을 때 전선로의 전압강하율은 변경 전에 비하여 어떻게 되는가?

① $\dfrac{1}{2}$ ② $\dfrac{1}{3}$
③ $\dfrac{1}{4}$ ④ $\dfrac{1}{5}$

풀이 전압 강하율 $\epsilon = \dfrac{e}{V} = \dfrac{P}{V^2}(R + X\tan\theta)$ 이므로

$\epsilon \propto \dfrac{1}{V^2}$ 이다.

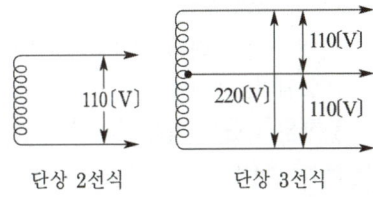

따라서 단상 2선식을 단상 3선식으로 변경하면 전압을 **2배 승압한 경우**이므로 **전압강하율은 $\dfrac{1}{4}$배**가 된다.

답 ③

25 중성점 직접접지 방식의 특징 중 틀린 것은?

① 과도안정도가 좋다.
② 변압기의 단절연이 가능하다.
③ 절연레벨을 저하시킬 수 있다.
④ 정격전압이 낮은 피뢰기를 사용할 수 있다.

풀이 직접 접지방식의 장·단점
[장점]
① 1선 지락시에 건전상의 대지 전압이 거의 상승하지 않는다.
② 피뢰기의 효과를 증진시킬 수 있다.
③ 단절연이 가능하다.
④ 계전기의 동작이 확실해진다.
[단점]
① 송전 계통의 과도 안정도가 나빠진다.
② 통신선에 유도 장해가 크다.
③ 기기에 큰 영향을 주어 손상을 준다.
④ 대용량 차단기가 필요하다.

답 ①

26 3상 3선식 1회선의 가공 송전선로에서 D를 등가 선간 거리, r을 전선의 반지름이라고 하면 1선당 작용 정전 용량은?

① $\dfrac{D}{r}$에 비례한다.
② $\dfrac{D}{r}$에 반비례한다.
③ $\log \dfrac{D}{r}$에 비례한다.
④ $\log \dfrac{D}{r}$에 반비례한다.

풀이 $C_w = \dfrac{0.02413}{\log_{10}\dfrac{D}{r}}[\mu F/km]$ 이므로

정전 용량은 $\log_{10}\dfrac{D}{r}$에 반비례한다.

답 ④

27 가공 전선로의 전선 진동을 방지하기 위한 방법으로 틀린 것은?

① 경동선을 ACSR로 교환
② 아모 로드(Armour Rod)로 전선 보강
③ 토쇼널 댐퍼(Torsional Damper)의 설치
④ 스톡 브리지 댐퍼(Stock Bridge Damper)의 설치

풀이 ① 진동 억제장치
  • 댐퍼 : 지지점 가까운 곳에서 1개소 또는 2개소에 추(damper)를 달아서 진동을 감소시키는 방법
  • 아모 로드 : 지지점 부근의 전선을 보강
② **강심 알루미늄 전선(ACSR)**이나 중공 전선은 지름에 비해 중량이 가벼우므로 **진동의 원인**이 된다.

답 ①

28 유효낙차 400[m]의 수력발전소에서 펠턴수차의 노즐에서 분출하는 물의 속도를 이론값의 0.95배로 한다면 물의 분출속도는 약 몇 [m/s]인가?

① 42.3 ② 59.5
③ 62.6 ④ 84.1

풀이 높이 H[m]의 수두를 갖는 물이 노즐로부터 분출하는 유수의 속도 v는

$v = \sqrt{2gH} = \sqrt{2 \times 9.8 \times 400} = 88.54 \text{[m/s]}$
따라서 물의 속도를 이론값의 0.95배로 하면
$v' = 88.54 \times 0.95 = 84.1 \text{[m/s]}$ **답** ④

29 단상 2선식 배전선의 전선 총량을 100[%]라 할 때 3상 3선식과 단상 3선식의 전선의 총량은 각각 몇 [%]인가? (단, 선간전압, 공급전력, 전력손실 및 배전거리는 같으며, 중성선의 굵기는 외선과 같다고 한다.)

① 3상 3선식 : 37.5[%],
　단상 3선식 : 75[%]
② 3상 3선식 : 50[%],
　단상 3선식 : 75[%]
③ 3상 3선식 : 75[%],
　단상 3선식 : 37.5[%]
④ 3상 3선식 : 100[%],
　단상 3선식 : 37.5[%]

풀이 배전선로 소요 전선량의 비교

방식	$1\phi 2W$ 소요 전선량을 100[%]로
$1\phi 3W$	3/8 = 37.5[%] 소요
$3\phi 3W$	3/4 = 75[%] 소요
$3\phi 4W$	4/12 = 33.33[%] 소요

답 ③

30 전력케이블의 고장점 탐색방법 중 휘스톤브리지의 평형상태를 이용하여 고장점을 측정하는 방법은?

① 수색 코일법
② 펄스 측정법
③ 머레이 루프법
④ 정전용량 측정법

풀이 지중케이블 고장점 탐지법
① 수색 코일법
　케이블의 한쪽에 600[Hz] 정도의 단속전류를 흘린 후 지상에서 수색코일에 증폭기와 수화기를 가지고 케이블을 따라서 고장점을 수색하는 방법
② 펄스 측정법(Pulse radar)
　케이블 한쪽에서 펄스를 입사시켜 입사파의 일부가 고장점에서 반사되어 돌아오는 시간을 측정하여 고장점까지의 거리를 구하는 방법으로 3선 단락 및 지락 사고 측정에 이용

③ 머레이루프(Murray loop)법
　휘이스톤브리지의 평형상태를 이용하여 고장점까지의 거리를 측정하는 방법으로 1선 지락 사고 및 선간 단락 사고시 측정에 이용
④ 정전 브리지법(Capacity bridge)
　정전용량은 길이에 비례하므로 선로전체의 정전용량을 알고 있으면 고장점까지의 정전용량을 측정하여 그 값으로부터 고장점을 산출할 수 있다. 단선 사고시 측정에 이용
⑤ 음향에 의한 방법
　고장 케이블에 고전압의 펄스를 보내어 고장점에서의 방전음을 듣고 고장점을 찾는 방법 **답** ③

31 송배전 선로에 사용하는 직렬 콘덴서에 대한 설명으로 옳은 것은?

① 최대 송전전력이 감소하고 정태안정도가 감소된다.
② 부하의 변동에 따른 수전단의 전압 변동률은 증대된다.
③ 선로의 유도 리액턴스를 보상하고 전압강하를 감소시킨다.
④ 송·수 양단의 전달 임피던스가 증가하고 안정극한 전력이 감소한다.

풀이 직렬 콘덴서 방식의 특징
[장점]
① 유도 리액턴스를 보상하고 전압 강하를 감소시킨다.
② 수전단의 전압 변동률을 경감시킨다.
③ 최대 송전 전력이 증대하고 정태 안정도가 증대한다.
④ 부하 역률이 나쁠수록 효과가 크다.
⑤ 용량이 작으므로 설비비가 저렴하다.
[단점]
① 단락 고장시 콘덴서 양단에 고전압이 걸린다.
② 무부하 변압기에 직렬 콘덴서를 투입하는 경우 선로 전류가 증대한다.
③ 고압 배전선에 설치하는 경우 자기 여자 현상이 일어날 경우가 있다.
④ 과보상이 되면 동기기에 난조가 생기거나 탈조하는 수가 있다. **답** ③

32 옥내 저압배선에서 전선의 굵기를 결정하는 주요 요인이 아닌 것은?

① 허용전류　　② 단락전류
③ 전압강하　　④ 기계적 강도

풀이 전선의 굵기를 결정하는 요인은
① 허용 전류 ② 기계적 강도 ③ 전압 강하이며, 허용 전류가 가장 중요한 요소이다. **답** ②

- 전자 유도 장해 : 전력선과 통신선과의 상호 인덕턴스와 영상전류에 의해 발생
- 고조파 유도 장해 : 고조파의 유도에 의한 잡음 장해
답 ②

33 그림과 같이 지선을 설치하여 전주에 가해지는 수평장력 600[kg]을 지지하고 있다. 지선으로 4[mm]의 철선을 사용하면 철선은 최소 몇 가닥이 필요한가? (단, 이 철선의 허용하중은 440[kg], 안전율은 2.5이다.)

① 6
② 7
③ 8
④ 9

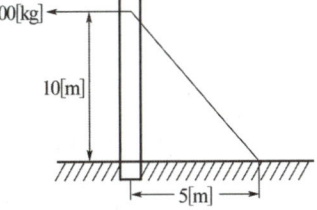

풀이

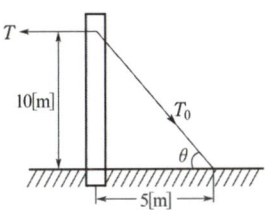

$$\cos\theta = \frac{5}{\sqrt{10^2+5^2}} = \frac{1}{\sqrt{5}}$$

지선의 장력을 T_0, 수평장력을 T라고 하면

$$T_0 = \frac{T}{\cos\theta} = \frac{600}{\frac{1}{\sqrt{5}}} = 600\sqrt{5}\,[kg]$$

또한 지선의 장력은

$$T_0 = \frac{\text{소선 1가닥의 인장강도} \times \text{소선수}}{\text{안전율}}$$이므로

$$600\sqrt{5} = \frac{440 \times n}{2.5}$$

$$\therefore n = \frac{600\sqrt{5} \times 2.5}{440} = 7.62 = 8\text{가닥}$$

※ 소선수에서 소수점 이하는 절상한다. **답** ③

34 전력선과 통신선과의 상호 인덕턴스에 의하여 발생되는 유도장해는?

① 정전 유도장해   ② 전자 유도장해
③ 고조파 유도장해 ④ 전자파 유도장해

풀이
- 정전 유도 장해 : 전력선과 통신선과의 상호 정전 용량과 영상전압에 의해 발생

35 200[V], 10[kVA]인 3상 유도전동기가 있다. 어느 날의 부하실적은 1일의 사용전력량이 72[kWh], 1일의 최대전력이 9[kW], 최대부하일 때의 전류가 35[A]이었다. 1일의 부하율과 최대 공급전력일 때의 역률은 약 몇 [%]인가?

① 부하율 : 31.3, 역률 : 74.2
② 부하율 : 31.3, 역률 : 82.5
③ 부하율 : 33.3, 역률 : 74.2
④ 부하율 : 33.3, 역률 : 82.5

풀이
① 일 부하율 $= \frac{\text{평균 전력}}{\text{최대 전력}} \times 100$

$= \frac{72/24}{9} \times 100 = 33.3[\%]$

② $P = \sqrt{3}\,VI\cos\theta = \sqrt{3} \times 200 \times 35 \times \cos\theta$
$= 9000[W]$

$\therefore \cos\theta = \frac{9000}{\sqrt{3} \times 200 \times 35} \times 100$
$= 74.2[\%]$ **답** ③

36 전력용 조상설비 중 무효전력 흡수를 진상과 지상 양용으로 할 수 있는 것은?

① 동기조상기   ② 분로 리액터
③ 직렬 리액터   ④ 전력용 콘덴서

풀이

항 목	동기 조상기	전력용 콘덴서	분로 리액터
무효전력	진상, 지상 양용	진상전용	지상전용
조정	연속적	계단적	계단적
시송전	가능	불가능	불가능

답 ①

37 154[kV] 송전선로의 철탑에 90[kA]의 직격전류가 흐를 때 역섬락을 일으키지 않을 탑각 접지저항으로 적합한 것은? (단, 154[kV]의 송전선에서 1련의 애자 수는 9개를 사용하였고, 이때 애자의 섬락전압은 860[kV]이다.

① 9   ② 14   ③ 17   ④ 21

풀이 철탑이 직격뢰를 받으면 그 뇌전류와 탑각 접지 저항과의 곱에 해당하는 전위가 상승한다.

∴ 역섬락을 일으키지 않는 탑각 접지 저항
$= \dfrac{\text{애자의 섬락 전압}}{\text{뇌전류}} = \dfrac{860}{90} ≒ 9.6[\Omega]$ **답** ①

풀이 ① 페란티 현상 : 선로의 정전 용량으로 인하여 무부하 시나 경부하시에 진상 전류가 흘러 수전단 전압이 송전단 전압보다 높아지는 현상
② 원인 : 선로의 정전 용량
③ 대책 : 분로 리액터 설치 **답** ②

38 지중선로는 가공선로와 비교하여 인덕턴스와 정전용량이 어떠한가?

① 인덕턴스, 정전용량이 모두 크다.
② 인덕턴스, 정전용량이 모두 작다.
③ 인덕턴스는 크고, 정전용량은 작다.
④ 인덕턴스는 작고, 정전용량은 크다.

풀이
- 인덕턴스 $L = 0.05 + 0.4605 \log_{10} \dfrac{D}{r}$ [mH/km]

- 정전용량 $C = \dfrac{0.02413}{\log_{10} \dfrac{D}{r}}$ [μF/km]에서

지중선 계통은 가공선 계통에 비해서 선간 거리(D)가 수십 배 작으므로 지중선로의 인덕턴스는 작고 정전용량은 크다. **답** ④

39 소호 리액터를 송전계통에 사용하면 리액터의 인덕턴스와 선로의 정전용량이 어떤 상태가 되어 지락전류를 소멸 시키는가?

① 병렬 공진
② 직렬 공진
③ 고 임피던스
④ 저 임피던스

풀이 ① 소호 리액터 접지 방식은 중성점에 접속된 리액터와 대지 정전용량의 병렬공진에 의하여 지락전류를 소멸시켜 안정도를 최대로 하기위한 접지를 말한다.
② 소호리액터 접지 방식은 지락 전류가 흐르지 않으므로 보호계전기 동작이 어렵다. **답** ①

40 페란티 효과의 발생 원인은?

① 선로의 저항
② 선로의 정전용량
③ 선로의 인덕턴스
④ 선로의 누설 컨덕턴스

2019년 전력공학_전기산업기사·공사산업기사

문제의 번호는 실제 시험문제의 번호와 같게 하였습니다.

2019년 - 1회_ 전기산업기사·공사산업기사

21 직렬 콘덴서를 선로에 삽입할 때의 현상으로 옳은 것은?

① 부하의 역률을 개선한다.
② 선로의 리액턴스가 증가된다.
③ 선로의 전압강하를 줄일 수 없다.
④ 계통의 정태안정도를 증가시킨다.

풀이 직렬 콘덴서의 장·단점
[장점]
① 유도 리액턴스를 보상하고 전압 강하를 감소시킨다.
② 수전단의 전압 변동률을 경감시킨다.
③ 최대 송전 전력이 증대하고 정태 안정도가 증대한다.
④ 부하 역률이 나쁠수록 효과가 크다.
⑤ 용량이 작으므로 설비비가 저렴하다.
[단점]
① 단락 고장 시 콘덴서 양단에 고전압이 걸린다.
② 무부하 변압기에 직렬 콘덴서를 투입하는 경우 선로 전류가 증대한다.
③ 고압 배전선에 설치하는 경우 자기 여자 현상이 일어날 경우가 있다.
④ 과보상이 되면 동기기에 난조가 생기거나 탈조하는 수가 있다.
답 ④

22 송전선로의 중성점을 접지하는 목적으로 가장 옳은 것은?

① 전압강하의 감소
② 유도장해의 감소
③ 전선 동량의 절약
④ 이상전압의 발생 방지

풀이 송전 선로의 중성점 접지의 목적
① 이상 전압 발생 방지
② 1선 지락시 건전상 전압 상승 억제 및 기기나 선로의 절연 절감
③ 보호 계전기 동작 확실
④ 소호 리액터 계통에서의 1선 지락시 아크 소멸
답 ④

23 그림과 같은 3상 송전계통의 송전전압은 22 [kV]이다. 한 점 P에서 3상 단락했을 때 발전기에 흐르는 단락전류는 약 몇 [A]인가?

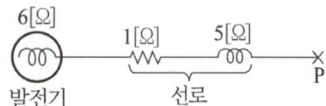

① 725
② 1150
③ 1990
④ 3725

풀이 임피던스
$Z = R + jX = 1 + j(6+5) = 1 + j11 [\Omega]$
따라서 단락전류

$I_s = \dfrac{E}{Z} = \dfrac{E}{\sqrt{R^2 + X^2}} = \dfrac{\frac{22 \times 10^3}{\sqrt{3}}}{\sqrt{1^2 + 11^2}} \fallingdotseq 1150 [A]$

답 ②

24 전력계통의 전력용 콘덴서와 직렬로 연결하는 리액터로 제거되는 고조파는?

① 제2고조파
② 제3고조파
③ 제4고조파
④ 제5고조파

풀이 송전 선로에는 변압기의 유기 기전력이 발생할 때에 생기는 기수 고조파가 존재하게 되는데, 제3고조파는 변압기의 △결선에서 제거되고 제5고조파는 전력용 콘덴서에 직렬로 5[%] 가량의 리액터를 삽입하여 제거시킨다.
답 ④

25 배전선로에서 사용하는 전압 조정방법이 아닌 것은?

① 승압기 사용
② 병렬 콘덴서 사용
③ 저전압계전기 사용
④ 주상변압기 탭 전환

풀이 배전선로 전압 조정 장치
① 주변압기 1차측의 무부하시(탭 변환 장치), 부하시 (탭 절환 장치)
② 정지형 전압 조정기(SVR)

③ 유도 전압 조정기(IVR)
④ 병렬콘덴서는 주로 역률 개선용으로 사용되지만 전압조정 효과도 있다.　　　　　　　　　　**답** ③

26 다음 중 뇌해방지와 관계가 없는 것은?
① 댐퍼　　　　　② 소호환
③ 가공지선　　　④ 탑각접지

풀이 뇌의 보호 장치 및 기능
- 매설지선 : 탑각 접지 저항을 낮추어 역섬락을 방지
- 가공지선 : 뇌의 차폐
- 소호각(소호환) : 애자련 보호
- 피뢰기 : 기기 보호

댐퍼는 선로의 진동 방지에 쓰인다.　　　　　**답** ①

27 다음 ( )에 알맞은 내용으로 옳은 것은?
(단, 공급 전력과 선로 손실률은 동일하다.)

> 선로의 전압을 2배로 승압할 경우, 공급전력은 승압 전의 (㉮)로 되고, 선로 손실은 승압 전의 (㉯)로 된다.

① ㉮ $\frac{1}{4}$, ㉯ 2배　　② ㉮ $\frac{1}{4}$, ㉯ 4배
③ ㉮ 2배, ㉯ $\frac{1}{4}$　　④ ㉮ 4배, ㉯ $\frac{1}{4}$

풀이 전력 손실률 $h = \frac{P_l}{P} = \frac{RP}{V^2 \cos\theta^2}$ 에서
㉮ 공급 전력 $P \propto V^2 = 2^2 = 4$배
㉯ 선로 손실 $P_l \propto \frac{1}{V^2} = \frac{1}{2^2} = \frac{1}{4}$배　　**답** ④

28 일반회로정수가 A, B, C, D이고 송전단 상전압이 E_s인 경우, 무부하 시의 충전전류(송전단 전류)는?
① CE_s　　　　② ACE_s
③ $\frac{C}{A}E_s$　　　　④ $\frac{A}{C}E_s$

풀이 $E_S = AE_R + BI_R$ 에서 무부하($I_R = 0$)이므로
$E_S = AE_R \rightarrow E_R = \frac{E_S}{A}$
$I_S = CE_R + DI_R$ 에서 무부하($I_R = 0$)이므로
$\therefore I_s = CE_R = \frac{C}{A}E_S$　　　　**답** ③

29 주상변압기의 고장이 배전선로에 파급되는 것을 방지하고 변압기의 과부하 소손을 예방하기 위하여 사용되는 개폐기는?
① 리클로저
② 부하개폐기
③ 컷아웃스위치
④ 섹셔널라이저

풀이
① 리클로저(recloser) : 배전 선로에서 지락 고장이나 단락 고장 사고가 발생하였을 때 고장을 검출하여 선로를 차단한 후 일정시간이 경과하면 자동적으로 재투입 동작을 반복함으로써 순간 고장을 제거한다.
② 부하 개폐기 : 고장 전류와 같은 대전류는 차단할 수 없지만 평상 운전시의 부하전류는 개폐할 수 있다.
③ 컷아웃 스위치(C.O.S) : 주상변압기의 고장이 배전선로에 파급되는 것을 방지하고 변압기의 과부하 소손을 예방하고자 변압기 1차측에 사용하는 보호장치
④ 섹셔널라이저(sectionalizer) : 고장전류를 차단 할 수 있는 능력은 없으며, 선로의 무전압 상태에서 선로를 개방하여 고장구간을 분리시킨다.　　**답** ③

30 중성점 저항접지방식에서 1선 지락 시의 영상전류를 I_0라고 할 때, 접지저항으로 흐르는 전류는?
① $\frac{1}{3}I_0$　　　　② $\sqrt{3}\,I_0$
③ $3I_0$　　　　　④ $6I_0$

풀이 접지저항으로 흐르는 전류를 I_a라고 하고, 대칭 좌표법과 발전기의 기본식을 이용하여 풀면
$I_0 = I_1 = I_2 = \frac{E_a}{Z_0 + Z_1 + Z_2}$
$\therefore I_a = I_0 + I_1 + I_2 = 3I_0 = \frac{3E_a}{Z_0 + Z_1 + Z_2}$　　**답** ③

31 변전소에서 수용가로 공급되는 전력을 차단하고 소내 기기를 점검할 경우, 차단기와 단로기의 개폐 조작 방법으로 옳은 것은?

① 점검 시에는 차단기로 부하회로를 끊고 난 다음에 단로기를 열어야 하며, 점검 후에는 단로기를 넣은 후 차단기를 넣어야 한다.
② 점검 시에는 단로기를 열고 난 후 차단기를 열어야 하며, 점검 후에는 단로기를 넣고 난 다음에 차단기로 부하회로를 연결하여야 한다.
③ 점검 시에는 차단기로 부하회로를 끊고 단로기를 열어야 하며, 점검 후에는 차단기로 부하회로를 연결한 후 단로기를 넣어야 한다.
④ 점검 시에는 단로기를 열고 난 후 차단기를 열어야 하며, 점검이 끝난 경우에는 차단기를 부하에 연결한 다음에 단로기를 넣어야 한다.

풀이 단로기는 부하 전류를 개폐할 수 없으므로 정전시에는 차단기로 부하 전류를 차단 후 단로기를 조작하고 급전 시에는 단로기를 조작 후 차단기를 닫아야 한다. **답** ①

32 설비용량 600[kW], 부등률 1.2, 수용률 60[%]일 때의 합성 최대전력은 몇 [kW]인가?

① 240 ② 300
③ 432 ④ 833

풀이
- 최대 수용 전력 = 설비 용량 × 수용률
  $= 600 \times 0.6 = 360$[kW]
- 부등률 = $\dfrac{\text{개별 최대 수용 전력의 합}}{\text{합성 최대 수용 전력}}$ 에서

  합성 최대 수용 전력 = $\dfrac{\text{개별 최대 수용 전력의 합}}{\text{부등률}}$

  $= \dfrac{360}{1.2} = 300$[kW] **답** ②

33 다음 보호계전기 회로에서 박스 (A) 부분의 명칭은?

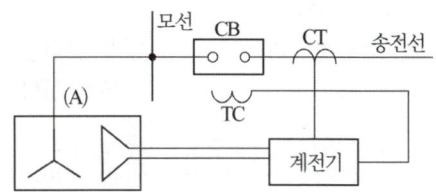

① 차단코일 ② 영상변류기
③ 계기용 변류기 ④ 계기용 변압기

풀이 계기용 변압기(PT) : 고전압을 저전압으로 변성하여 계기나 계전기에 공급하기 위한 목적으로 사용되며 2차측 정격전압은 110[V]이다. **답** ④

34 단거리 송전선로에서 정상상태 유효전력의 크기는?

① 선로리액턴스 및 전압위상차에 비례한다.
② 선로 리액턴스 및 전압위상차에 반비례한다.
③ 선로 리액턴스에 반비례하고 상차각에 비례한다.
④ 선로리액턴스에 비례하고 상차각에 반비례한다.

풀이 송전 전력 $P = \dfrac{V_s V_r}{X} \sin\delta$[MW]

여기서, V_s, V_r : 송수전단 전압[kV]
δ : 송수전단 전압의 위상차
X : 선로의 리액턴스[Ω] **답** ③

35 전력 원선도의 실수축과 허수축은 각각 어느 것을 나타내는가?

① 실수축은 전압이고, 허수축은 전류이다.
② 실수축은 전압이고, 허수축은 역률이다.
③ 실수축은 전류이고, 허수축은 유효전력이다.
④ 실수축은 유효전력이고, 허수축은 무효전력이다.

풀이 전력 원선도의 가로축은 유효전력을, 세로축은 무효전력을 나타낸다. **답** ④

36 전선로의 지지물 양쪽의 경간의 차가 큰 장소에 사용되며, 일명 E형 철탑이라고도 하는 표준 철탑의 일종은?

① 직선형 철탑 ② 내장형 철탑
③ 각도형 철탑 ④ 인류형 철탑

풀이 철주, 철근 콘크리트주 또는 철탑의 종류
① 직선형 : 전선로의 직선 부분(3도 이하의 수평 각도를 이루는 곳을 포함)에 사용하는 것으로 내장형과 보강형은 제외한다.
② 각도형 : 전선로 중 3도를 넘는 수평 각도를 이루는 곳에 사용하는 것
③ 인류형 : 전 가섭선을 인류하는 곳에 사용한 것
④ 내장형 : 전선로의 지지물 양쪽의 경간의 차가 큰 곳에 사용하며, E형 철탑이라고도 한다.
⑤ 보강형 : 전선로의 직선 부분에 그 보강을 위하여 사용하는 것 **답** ②

37 수차발전기가 난조를 일으키는 원인은?
① 수차의 조속기가 예민하다.
② 수차의 속도 변동률이 적다.
③ 발전기의 관성 모멘트가 크다.
④ 발전기의 자극에 제동권선이 있다.

풀이 난조 발생의 원인과 대책

원인	대책
원동기의 조속기 감도가 지나치게 예민한 경우	조속기를 적당히 조정
원동기의 토크에 고조파 토크가 포함된 경우	디젤 기관 등에 생기는 문제로 회전부의 플라이휠 효과를 적당히 선정
전기자 회로의 저항이 상당히 큰 경우	회로의 저항을 작게 하거나 리액턴스를 삽입
부하가 맥동할 때	회전부의 플라이휠 효과를 적당히 선정

답 ①

38 차단기가 전류를 차단할 때 재점호가 일어나기 쉬운 차단 전류는?
① 동상전류 ② 지상전류
③ 진상전류 ④ 단락전류

풀이 충전전류를 차단할 때 전류파의 0의 위치에서 소거된 아크가 재기전압에 의하여 극간에 다시 발생하는 것을 재점호라고 하며 이러한 재점호 전류는 콘덴서 C에 의한 진상전류에 의해 발생한다. **답** ③

39 배전선에 부하가 균등하게 분포되었을 때 배전선 말단에서의 전압강하는 전 부하가 집중적으로 배전선 말단에 연결되어 있을 때의 몇 [%]인가?
① 25 ② 50
③ 75 ④ 100

풀이 집중 부하와 분산 부하

구 분	전력 손실	전압 강하
말단에 집중 부하	$I^2 rL$	IrL
평등 분포 부하	$\frac{1}{3}I^2 rL$	$\frac{1}{2}IrL$

여기서, I : 전선의 전류
r : 전선 단위 길이 당 저항
L : 전선의 길이 **답** ②

40 송전선의 특성임피던스를 Z_0, 전파속도를 V라 할 때, 이 송전선의 단위길이에 대한 인덕턴스 L은?

① $L = \dfrac{V}{Z_0}$ ② $L = \dfrac{Z_0}{V}$

③ $L = \dfrac{Z_0^2}{V}$ ④ $L = \sqrt{Z_0 V}$

풀이
- 파동 임피던스 $Z_0 = \sqrt{\dfrac{L}{C}}$
- 전파속도 $V = \sqrt{\dfrac{1}{LC}}$

$\therefore \dfrac{Z_0}{V} = \sqrt{\dfrac{\frac{L}{C}}{\frac{1}{LC}}} = L$ **답** ②

2019년 2회 _ 전기산업기사·공사산업기사

21 차단기의 정격차단시간을 설명한 것으로 옳은 것은?

① 계기용변성기로부터 고장전류를 감지한 후 계전기가 동작할 때까지의 시간
② 차단기가 트립 지령을 받고 트립 장치가 동작하여 전류차단을 완료할 때까지의 시간
③ 차단기의 개극(발호)부터 이동행정 종료 시까지의 시간
④ 차단기 가동접촉자 시동부터 아크 소호가 완료될 때까지의 시간

풀이 차단기의 차단시간
① 트립 코일(trip coil)의 여자부터 아크 소호 시간을 합한 것
정격 차단 시간 = 개극 시간 + 아크 소호 시간
② 차단기의 정격 차단 시간(표준) : 3[Hz], 5[Hz], 8[Hz]   **답** ②

22 송전계통의 안정도를 증진시키는 방법은?

① 중간 조상설비를 설치한다.
② 조속기의 동작을 느리게 한다.
③ 계통의 연계는 하지 않도록 한다.
④ 발전기나 변압기의 직렬 리액턴스를 가능한 크게 한다.

풀이 안정도 향상 대책
① 계통의 직렬 리액턴스 감소(다회선 방식 채택, 복도체 방식 채택, 기기의 리액턴스 감소)
② 전압 변동률을 적게 한다(속응 여자 방식 채용, 계통의 연계, 중간 조상 방식).
③ 계통에 주는 충격을 적게 한다(적당한 중성점 접지 방식, 고속 차단 방식, 재폐로 방식).
④ 고장 중의 발전기 돌입 출력의 불평형을 적게 한다. (조속기 동작을 빠르게 한다.)   **답** ①

23 보일러 절탄기(economizer)의 용도는?

① 증기를 과열한다.
② 공기를 예열한다.
③ 석탄을 건조한다.
④ 보일러 급수를 예열한다.

풀이 절탄기 : 연도 내에 설치되어, 이를 통과하는 보일러 급수를 보일러로부터 나오는 연도 폐기 가스로 가열하는 장치   **답** ④

24 가공지선을 설치하는 주된 목적은?

① 뇌해 방지   ② 전선의 진동 방지
③ 철탑의 강도 보강   ④ 코로나의 발생 방지

풀이 가공지선의 설치 목적
① 직격뢰에 대한 차폐 효과
② 유도뢰에 대한 정전 차폐 효과
③ 통신선에 대한 전자 유도 장해 경감 효과   **답** ①

25 보호 계전 방식의 구비 조건이 아닌 것은?

① 여자돌입전류에 동작할 것
② 고장 구간의 선택 차단을 신속 정확하게 할 수 있을 것
③ 과도 안정도를 유지하는 데 필요한 한도 내의 동작 시한을 가질 것
④ 적절한 후비 보호 능력이 있을 것

풀이 보호 계전 방식의 구비 조건
① 고장 회선 내지 고장 구간의 선택 차단을 신속 정확하게 할 수 있을 것
② 과도 안정도를 유지하는 데 필요한 한도 내의 동작 시한을 가질 것
③ 적절한 후비 보호 능력이 있을 것
④ 계통 구성이라든지 발전기 운전 대수의 변화에 따른 고장 전류의 변동에 대해서도 동작 시간의 조정 등으로 소정의 계전기 동작이 수행되어야 할 것
⑤ 전력 계통 운용의 입장에서도 보호 계전 방식 전체가 경제적이어야 할 것   **답** ①

26 변압기의 보호방식에서 차동계전기는 무엇에 의하여 동작하는가?

① 1, 2차 전류의 차로 동작한다.
② 전압과 전류의 배수 차로 동작한다.
③ 정상전류와 역상전류의 차로 동작한다.
④ 정상전류와 영상전류의 차로 동작한다.

풀이 차동 계전기는 보호 구간에 유입하는 전류와 유출하는 전류의 벡터차를 검출해서 동작하는 계전기이다.   **답** ①

27 저압뱅킹 배전방식에서 저전압 측의 고장에 의하여 건전한 변압기의 일부 또는 전부가 차단되는 현상은?

① 아킹(Arcing)
② 플리커(Flicker)
③ 밸런서(Balancer)
④ 캐스케이딩(Cascading)

풀이 캐스케이딩 현상이란 Banking 배전방식으로 운전 중 건전한 변압기 일부가 고장이 발생하면 부하가 다른 건전한 변압기에 걸려서 고장이 확대되는 현상을 말한다.
답 ④

28 직류송전방식의 장점은?

① 역률이 항상 1이다.
② 회전자계를 얻을 수 있다.
③ 전력변환장치가 필요하다.
④ 전압의 승압, 강압이 용이하다.

풀이 직류 송전 방식의 장·단점
[장점]
① 선로의 리액턴스가 없으므로 안정도가 높다.
② 유전체손 및 충전 용량이 없고 절연 내력이 강하다.
③ 비동기 연계가 가능하다.
④ 단락 전류가 적고 임의 크기의 교류 계통을 연계시킬 수 있다.
⑤ 코로나손 및 전력 손실이 적다.
⑥ 표피 효과나 근접 효과가 없으므로 실효 저항의 증대가 없다.
⑦ 역률이 항상 1로 되기 때문에 송전효율도 좋아진다.
[단점]
① 직교 변환 장치가 필요하다.
② 전압의 승압 및 강압이 불리하다.
③ 고조파나 고주파 억제 대책이 필요하다.
④ 직류 차단기가 개발되어 있지 않다.
답 ①

29 주파수 60[Hz], 정전용량 $\frac{1}{6\pi}[\mu F]$의 콘덴서를 △결선해서 3상 전압 20000[V]를 가했을 때의 충전용량은 몇 [kVA]인가?

① 12　② 24
③ 48　④ 50

풀이 콘덴서를 △결선 시 충전용량
$Q_c = 3\omega CE^2$
$= 3 \times 2\pi \times 60 \times \frac{1}{6\pi} \times 10^{-6} \times 20,000^2 \times 10^{-3}$
$= 24[\text{kVA}]$
답 ②

30 그림에서 X부분에 흐르는 전류는 어떤 전류인가?

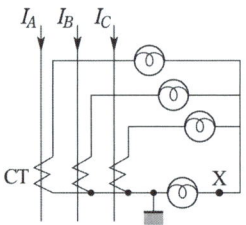

① b상 전류　② 정상전류
③ 역상전류　④ 영상전류

풀이 접지선에 흐르는 전류는 영상전류이다.
답 ④

31 화력발전소의 기본 사이클이다. 그 순서로 옳은 것은?

① 급수펌프 → 과열기 → 터빈 → 보일러 → 복수기 → 급수펌프
② 급수펌프 → 보일러 → 과열기 → 터빈 → 복수기 → 급수펌프
③ 보일러 → 급수펌프 → 과열기 → 복수기 → 급수펌프 → 보일러
④ 보일러 → 과열기 → 복수기 → 터빈 → 급수펌프 → 축열기 → 과열기

풀이 실제 기력 발전소에 쓰이는 기본 사이클(Rankine cycle)은 다음과 같다.

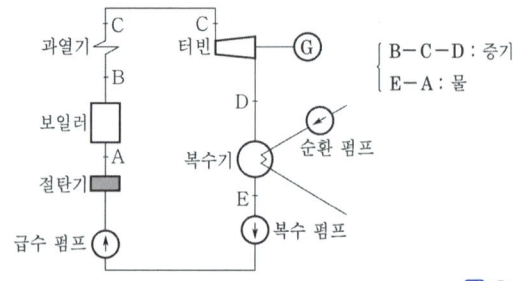

답 ②

32 전선에서 전류의 밀도가 도선의 중심으로 들어갈수록 작아지는 현상은?

① 표피효과　　② 근접효과
③ 접지효과　　④ 페란티효과

풀이
- 표피 효과 : 도체의 중심으로 갈수록 전류의 밀도가 낮아지는 현상
- 근접 효과 : 같은 방향의 전류는 바깥쪽으로 다른 방향의 전류는 안쪽으로 모이는 현상
- 페란티 효과 : 수전단 전압이 송전단 전압보다 높아지는 현상

답 ①

33 345[kV] 송전계통의 절연협조에서 충격절연내력의 크기순으로 나열한 것은?

① 선로애자 > 차단기 > 변압기 > 피뢰기
② 선로애자 > 변압기 > 차단기 > 피뢰기
③ 변압기 > 차단기 > 선로애자 > 피뢰기
④ 변압기 > 선로애자 > 차단기 > 피뢰기

풀이
- 절연 협조는 피뢰기의 제한 전압이 기준이 된다. 따라서 피뢰기의 절연 레벨이 제일 낮다.
- 절연 레벨 : 선로애자 > 차단기, CT, PT, … > 변압기 > 피뢰기

답 ①

34 증기의 엔탈피(Enthalpy)란?

① 증기 1[kg]의 잠열
② 증기 1[kg]의 기화 열량
③ 증기 1[kg]의 보유 열량
④ 증기 1[kg]의 증발열을 그 온도로 나눈 것

풀이 엔탈피(enthalpy)는 각 온도에 있어 물 또는 증기의 보유 열량의 뜻이다.
①은 액화열, ②는 기화열(증발열)을 의미한다.

답 ③

35 최대 수용전력의 합계와 합성 최대 수용전력의 비를 나타내는 계수는?

① 부하율　　② 수용률
③ 부등률　　④ 보상률

풀이 부등률 = $\dfrac{\text{수용설비 개개의 최대수용전력의 합계}}{\text{합성 최대 수용 전력}} \geq 1$

답 ③

36 연가를 하는 주된 목적은?

① 미관상 필요
② 전압강하 방지
③ 선로정수의 평형
④ 전선로의 비틀림 방지

풀이
- 연가는 선로정수를 평형시키고 통신선의 유도장해를 방지하기 위하여 선로를 3배수 등분하여 실시한다.
- 연가의 목적 : 직렬공진 방지, 유도장해 감소, 선로정수 평형

답 ③

37 지름 5[mm]의 경동선을 간격 1[m]로 정삼각형 배치를 한 가공전선 1선의 작용 인덕턴스는 약 몇 [mH/km]인가? (단, 송전선은 평형 3상 회로)

① 1.13　　② 1.25
③ 1.42　　④ 1.55

풀이
- 등가선간거리 $D = \sqrt[3]{1 \times 1 \times 1} = 1[m]$
- 반지름 $r = \dfrac{5 \times 10^{-3}}{2} = 2.5 \times 10^{-3}[m]$

따라서 인덕턴스
$$L = 0.05 + 0.4605 \log \dfrac{D}{r}$$
$$= 0.05 + 0.4605 \log \dfrac{1}{2.5 \times 10^{-3}}$$
$$= 1.25[mH/km]$$

답 ②

38 송전선로의 후비 보호 계전 방식의 설명으로 틀린 것은?

① 주 보호 계전기가 그 어떤 이유로 정지해 있는 구간의 사고를 보호한다.
② 주 보호 계전기에 결함이 있어 정상 동작을 할 수 없는 상태에 있는 구간 사고를 보호한다.
③ 차단기 사고 등 주 보호 계전기로 보호할 수 없는 장소의 사고를 보호한다.
④ 후비 보호 계전기의 정정값은 주 보호 계전기와 동일하다.

풀이 **후비 보호 계전 방식은** 주보호 계전 방식으로 보호할 수 없을 경우, 이것을 백업(back up)함과 동시에 사고 파급의 확대를 방지하는 것으로서 주보호 계전기와 병설된다.
① 주보호 계전기가 그 어떤 이유로 정지해 있는 구간의 사고
② 주보호 계전기에 결함이 있어 정상 동작을 할 수 없는 상태에 있는 구간의 사고
③ 차단기 사고 등 주보호 계전기로 보호할 수 없는 장소의 사고
답 ④

39 지상 역률 80[%], 10000[kVA]의 부하를 가진 변전소에 6000[kVA]의 콘덴서를 설치하여 역률을 개선하면 변압기에 걸리는 부하[kVA]는 콘덴서 설치 전의 몇 [%]로 되는가?

① 60   ② 75
③ 80   ④ 85

풀이
- 역률 개선 전 유효전력
$$P = P_a \cos\theta = 10{,}000 \times 0.8 = 8000[\text{kW}]$$
역률 개선 전 무효전력
$$P_r = P_a \sin\theta = 10{,}000 \times \sqrt{1 - 0.8^2} = 6000[\text{kVar}]$$
- 6000[kVA]의 콘덴서를 설치하면 무효전력이 0[kVar]이므로, 개선 후 역률은 1이다.
역률 개선 후 피상전력
$$P_a = \sqrt{P^2 + P_r^2} = \sqrt{8000^2 + 0^2} = 8000[\text{kVA}]$$
따라서 역률 개선 후 변압기에 걸리는 부하
$$= \frac{8000[\text{kVA}]}{10000[\text{kVA}]} \times 100 = 80[\%]$$
답 ③

40 3상 3선식 3각형 배치의 송전선로에 있어서 각 선의 대지 정전용량이 0.5038[μF]이고, 선간 정전용량이 0.1237[μF]일 때 1선의 작용정전용량은 약 몇 [μF]인가?

① 0.6275   ② 0.8749
③ 0.9164   ④ 0.9755

풀이 $C_n = C_s + 3C_m = 0.5038 + 3 \times 0.1237 = 0.8749[\mu\text{F}]$
여기서, C_n : 작용정전용량
C_s : 대지정전용량
C_m : 선간정전용량
답 ②

2019년 3회 _ 전기산업기사

21 송전계통의 중성점을 접지하는 목적으로 틀린 것은?

① 지락 고장 시 전선로의 대지 전위 상승을 억제하고 전선로와 기기의 절연을 경감시킨다.
② 소호리액터 접지방식에서는 1선 지락 시 지락점 아크를 빨리 소멸시킨다.
③ 차단기의 차단용량을 증대시킨다.
④ 지락고장에 대한 계전기의 동작을 확실하게 한다.

풀이 송전 선로의 중성점 접지의 목적
① 이상 전압 발생 방지
② 1선 지락시 건전상 전압 상승 억제 및 기기나 선로의 절연 절감
③ 보호 계전기 동작 확실
④ 소호 리액터 계통에서의 1선 지락시 아크 소멸
답 ③

22 가공 왕복선 배치에서 지름이 d[m]이고 선간 거리가 D[m]인 선로 한 가닥의 작용인덕턴스는 몇 [mH/km]인가? (단, 선로의 투자율은 1이라 한다.)

① $0.5 + 0.4605 \log_{10} \dfrac{D}{d}$

② $0.05 + 0.4605 \log_{10} \dfrac{D}{d}$

③ $0.5 + 0.4605 \log_{10} \dfrac{2D}{d}$

④ $0.05 + 0.4605 \log_{10} \dfrac{2D}{d}$

풀이 반지름 $r = \dfrac{d}{2}[\text{m}]$이므로
단도체 인덕턴스
$$L = 0.05 + 0.4605 \log_{10} \dfrac{D}{r}$$
$$= 0.05 + 0.4605 \log_{10} \dfrac{D}{d/2}$$
$$= 0.05 + 0.4605 \log_{10} \dfrac{2D}{d}[\text{mH/km}]$$
답 ④

23 다음 중 전력선 반송 보호계전방식의 장점이 아닌 것은?

① 저주파 반송전류를 중첩시켜 사용하므로 계통의 신뢰도가 높아진다.
② 고장 구간의 선택이 확실하다.
③ 동작이 예민하다.
④ 고장점이나 계통의 여하에 불구하고 선택 차단개소를 동시에 고속도 차단할 수 있다.

풀이 전력선 반송 보호계전방식
- 전력선에 200~300[kHz]의 고주파 반송 전류를 중첩시켜 이것으로 각 단자에 있는 계전기를 제어하는 방식이다.
- 고장 구간의 선택이 확실하고, 동작이 예민하다는 등의 장점이 있어 신뢰도가 높은 계전방식이다.

답 ①

24 발전소의 발전기 정격전압[kV]으로 사용되는 것은?

① 6.6 ② 33
③ 66   ④ 154

풀이 발전기의 표준전압
- 소형기 : 3300[V]
- 중형기 : 6600[V], 11000[V]
- 대형기 : 13800[V], 16500[V], 18000[V] 등

답 ①

25 뒤진 역률 80[%], 10[kVA]의 부하를 가지는 주상변압기의 2차측에 2[kVA]의 전력용 콘덴서를 접속하면 주상변압기에 걸리는 부하는 약 몇 [kVA]가 되겠는가?

① 8   ② 8.5
③ 9   ④ 9.5

풀이 ① 역률개선 전
- 유효전력 $P = P_a \cos\theta = 10 \times 0.8 = 8[kW]$
- 무효전력 $P_r = P_a \sin\theta = 10 \times \sqrt{1-0.8^2} = 6[kVar]$

② 역률개선 후
- 무효전력 $P_r' = P_r - Q_c = 6 - 2 = 4[kVar]$
∴ $P_a = \sqrt{P^2 + P_r'^2} = \sqrt{8^2 + 4^2} ≒ 9[kVA]$

답 ③

26 송전선로를 연가하는 주된 목적은?

① 페란티효과의 방지 ② 직격뢰의 방지
③ 선로정수의 평형   ④ 유도뢰의 방지

풀이
- 연가는 선로정수를 평형시키고 통신선의 유도장해를 방지하기 위하여 선로를 3배수 등분하여 실시한다.
- 연가의 목적 : 선로정수 평형, 직렬공진 방지, 유도장해 감소

답 ③

27 부하전류 및 단락전류를 모두 개폐할 수 있는 스위치는?

① 단로기   ② 차단기
③ 선로개폐기   ④ 전력퓨즈

풀이

능력 기능	회로 분리		사고 차단	
	무부하	부하	과부하	단락
퓨즈				○
차단기	○	○	○	○
개폐기	○	○	○	
단로기	○			

답 ②

28 송전선로에 낙뢰를 방지하기 위하여 설치하는 것은?

① 댐퍼   ② 초호환
③ 가공지선   ④ 애자

풀이
① 댐퍼 : 전선의 진동 방지
② 초호환 : 섬락으로부터 애자련의 보호, 애자련의 전압 분포 개선
③ 가공지선 : 뇌의 차폐
④ 애자 : 전선을 지지하고 절연

답 ③

29 송, 수전단 전압을 E_S, E_R이라 하고 4단자 정수를 A, B, C, D라 할 때 전력 원선도의 반지름은?

① $\dfrac{E_S E_R}{A}$ ② $\dfrac{E_S^2 E_R^2}{A}$
③ $\dfrac{E_S E_R}{B}$ ④ $\dfrac{E_S^2 E_R^2}{B}$

풀이 원선도의 반지름 $\rho = \dfrac{E_S E_R}{B}$

답 ③

30 양수발전의 주된 목적으로 옳은 것은?

① 연간 발전량을 늘이기 위하여
② 연간 평균 손실 전력을 줄이기 위하여
③ 연간 발전비용을 줄이기 위하여
④ 연간 수력발전량을 늘이기 위하여

풀이 양수발전은 심야 또는 경부하시의 잉여 전력을 사용하여 낮은 곳에 있는 물을 높은 곳으로 퍼 올려 두었다가 첨두부하 시에 이 양수된 물을 사용해서 발전하는 것(잉여 전력의 유효한 활용)으로 연간 발전 비용을 줄이는데 목적이 있다. **답** ③

31 동일한 부하전력에 대하여 전압을 2배로 승압하면 전압강하, 전압강하율, 전력손실률은 각각 얼마나 감소하는지를 순서대로 나열한 것은?

① $\frac{1}{2}, \frac{1}{2}, \frac{1}{2}$ ② $\frac{1}{2}, \frac{1}{2}, \frac{1}{4}$
③ $\frac{1}{2}, \frac{1}{4}, \frac{1}{4}$ ④ $\frac{1}{4}, \frac{1}{4}, \frac{1}{4}$

풀이 전압을 승압하는 경우

관 계	관계식	항 목
전압의 자승에 비례	$\propto V^2$	송전전력 (P)
전압에 반비례	$\propto \frac{1}{V}$	전압강하 (e)
전압의 자승에 반비례	$\propto \frac{1}{V^2}$	• 전선의 단면적 (A) • 전선의 총중량 (W) • 전력손실 (P_l) • 전압강하율 (ϵ)

따라서 전압을 2배 승압 송전할 경우
• 전압강하 $\propto \frac{1}{2}$
• 전압강하율 $\propto \frac{1}{2^2} = \frac{1}{4}$
• 전력 손실률 $\propto \frac{1}{2^2} = \frac{1}{4}$ **답** ③

32 송전선로에 근접한 통신선에 유도장해가 발생하였을 때, 전자유도의 원인은?

① 역상전압   ② 정상전압
③ 정상전류   ④ 영상전류

풀이 ① 전자 유도 : 영상 전류에 의해 발생 (사고시)
전자 유도 전압 $E_m = -j\omega Ml \times 3I_0$ [V]
② 정전 유도 : 영상 전압에 의해 발생 (정상시)   **답** ④

33 66[kV], 60[Hz] 3상 3선식 선로에서 중성점을 소호리액터 접지하여 완전 공진상태로 되었을 때 중성점에 흐르는 전류는 몇 [A]인가? (단, 소호리액터를 포함한 영상회로의 등가저항은 200[Ω], 중성점 잔류전압은 4400[V]라고 한다.)

① 11   ② 22
③ 33   ④ 44

풀이 공진 시 리액턴스 성분은 0이 되므로
완전 공진 시 전류 $I = \frac{E}{R} = \frac{4400}{200} = 22$[A]   **답** ②

34 변류기 개방 시 2차측을 단락하는 이유는?

① 2차측 절연 보호   ② 2차측 과전류 보호
③ 측정오차 방지   ④ 1차측 과전류 방지

풀이 변류기의 2차측을 개방하면 1차 전류가 모두 여자 전류가 되어 2차 권선에 매우 높은 전압이 유기되어 절연이 파괴되고 소손될 염려가 있다. 따라서 변류기를 개방할 때는 반드시 변류기 2차측을 단락하여야 한다.   **답** ①

35 3상 3선식 송전 선로에서 정격전압이 66[kV]이고, 1선당 리액턴스가 10[Ω]일 때, 100[MVA] 기준의 %리액턴스는 약 얼마인가?

① 17[%]   ② 23[%]
③ 52[%]   ④ 69[%]

풀이 $\%X = \frac{P_n X}{10 V^2} = \frac{100 \times 10^3 \times 10}{10 \times 66^2} \fallingdotseq 23$[%]   **답** ②

36 정격용량 150[kVA]인 단상 변압기 두 대로 V결선을 했을 경우 최대 출력은 약 몇 [kVA]인가?

① 170   ② 173
③ 260   ④ 280

풀이 변압기 1개의 출력을 P_1이라 하면
V결선 시 출력
$P_V = \sqrt{3}\,P_1 = \sqrt{3} \times 150 ≒ 260 [kVA]$ **답** ③

37 배전선로의 역률개선에 따른 효과로 적합하지 않은 것은?

① 전원측 설비의 이용률 향상
② 선로절연에 요하는 비용 절감
③ 전압강하 감소
④ 선로의 전력손실 경감

풀이 역률 개선의 효과
① 설비 이용률 향상 ② 전압 강하 감소
③ 전력 손실 경감 **답** ②

38 어떤 수력발전소의 수압관에서 분출되는 물의 속도와 직접적인 관련이 없는 것은?

① 수면에서의 연직거리 ② 관의 경사
③ 관의 길이 ④ 유량

풀이 토리첼리의 정리 유속 $v = c_v \sqrt{2gh}$ [m/s]
단, c_v : 유속계수, g : 중력 가속도[m/s^2]
h : 유효 낙차[m] **답** ③

39 송전단 전압 161[kV], 수전단 전압 155[kV], 상차각 40°, 리액턴스가 49.8[Ω]일 때 선로손실을 무시한다면 전송 전력은 약 몇 [MW]인가?

① 289 ② 322
③ 373 ④ 869

풀이 송전전력 $P = \dfrac{V_s V_r}{X} \sin\delta = \dfrac{161 \times 155}{49.8} \times \sin 40°$
$= 322 [MW]$ **답** ②

40 차단기에서 정격차단 시간의 표준이 아닌 것은?

① 3[Hz] ② 5[Hz]
③ 8[Hz] ④ 10[Hz]

풀이 차단기의 정격 차단 시간이란 트립 코일 여자로부터 아크 소호까지의 시간을 말하며 3, 5, 8[Hz]의 규격이 있다. **답** ④

2019년 - 4회 _ 공사산업기사

21 복도체를 사용하면 송전용량이 증가하는 주된 이유로 옳은 것은?

① 코로나가 발생하지 않는다.
② 전압강하가 적어진다.
③ 선로의 작용 인덕턴스는 감소하고 작용정전용량이 증가한다.
④ 무효전력이 적어진다.

풀이 복도체 방식의 장점
① 전선의 인덕턴스가 감소하고 정전 용량이 증가되어 선로의 송전 용량이 증가하고 계통의 안정도를 증진시킨다.
② 전선 표면의 전위 경도가 저감되므로 코로나 임계 전압을 높일 수 있고 코로나손, 코로나 잡음 등의 장해가 저감된다. **답** ③

22 전력원선도에서 구할 수 없는 것은?

① 조상용량
② 송전손실
③ 정태안정 극한전력
④ 과도안정 극한전력

풀이 ① 원선도에서 알 수 있는 것
• 정태 안정 극한 전력(최대 전력)
• 송수전단 전압간의 상차각
• 조상 용량
• 수전단 역률
• 선로 손실과 송전 효율
② 원선도에서 구할 수 없는 것
• 코로나 손실
• 과도안정 극한전력 **답** ④

23 계통 내의 각 기기, 기구 및 애자 등의 상호간에 적정한 절연강도를 지니게 함으로써 계통 설계를 합리적, 경제적으로 할 수 있게 하는 것은?

① 기준충격절연강도 ② 절연협조
③ 절연계급 선정 ④ 보호계전 방식

풀이 계통 내의 각 기기, 기구 및 애자 등의 상호간에 적정한 절연 강도를 지니게 함으로써 계통 설계를 합리적, 경

제적으로 할 수 있게 한 것을 절연 협조라고 하며 피뢰기의 제한 전압이 기본이 된다. 답 ②

24 과전류 차단기의 설치 장소로 적합하지 않은 곳은?

① 수용가의 인입선 부분
② 고압배전 선로의 인출장소
③ 직접접지 계통에 설치한 변압기의 접지선
④ 역률조정용 고압 병렬 커패시터 뱅크의 분기선

풀이 341.11 과전류 차단기의 시설 제한
접지공사의 접지도체 다선식 전로의 중성선 및 접지공사를 한 저압 가공 전선로의 접지측 전선에는 과전류 차단기를 시설하여서는 안 된다. 답 ③

25 수용가 측에서 부하의 무효전력 변동 분을 흡수하여 플리커의 발생을 방지하는 대책이 아닌 것은?

① 부스터 방식
② 동기조상기와 리액터 방식
③ 사이리스터 이용 콘덴서 개폐 방식
④ 사이리스터용 리액터 방식

풀이 플리커의 경감 대책
(1) 전력 공급측에서 실시하는 방법
　① 전용 계통으로 공급
　② 단락 용량이 큰 계통에서 공급
　③ 전용 변압기로 공급
　④ 공급 전압을 승압
(2) 수용가측에서 실시하는 방법
　① 전원 계통에 리액터분을 보상하는 방법
　　• 직렬 콘덴서 방식
　　• 3권선 보상 변압기 방식
　② 전압 강하를 보상하는 방법
　　• 부스터 방식
　　• 상호 보상 리액터 방식
　③ 부하의 무효 전력 변동분을 흡수하는 방법
　　• 동기 조상기와 리액터 방식
　　• 사이리스터 이용 콘덴서 개폐 방식
　　• 사이리스터용 리액터 방식
　④ 플리커 부하 전류의 변동분을 억제하는 방식
　　• 직렬 리액터 방식
　　• 직렬 리액터 가포화 방식 답 ①

26 Y결선으로 접속된 커패시터를 △결선으로 변경하여 연결하였을 때 진상용량의 변화로 옳은 것은? (단, 3상의 동일한 전원에 접속하는 경우이고, Q_Y는 Y결선한 커패시터의 진상용량이고, $Q_\triangle$는 △결선한 커패시터의 진상용량이다.)

① $Q_\triangle = \sqrt{3}\, Q_Y$
② $Q_\triangle = 3 Q_Y$
③ $Q_\triangle = \dfrac{1}{\sqrt{3}} Q_Y$
④ $Q_\triangle = \dfrac{1}{3} Q_Y$

풀이

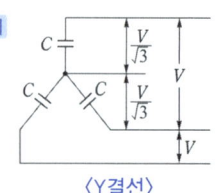
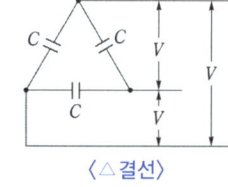

〈Y결선〉　　　〈△결선〉

$Q_Y = 3 \times 2\pi f C \left(\dfrac{V}{\sqrt{3}}\right)^2 = 2\pi f C V^2$

$Q_\triangle = 3 \times 2\pi f C V^2$

∴ $Q_\triangle = 3 Q_Y$ 답 ②

27 페란티 현상이 발생하는 주된 원인은?

① 선로의 저항
② 선로의 인덕턴스
③ 선로의 정전용량
④ 선로의 누설컨덕턴스

풀이 ① 페란티 현상 :
무부하시나 경부하시에 진상 전류가 흘러 수전단 전압이 송전단 전압보다 높아지는 현상
② 원인 : 선로의 정전 용량
③ 대책 : 분로 리액터 설치 답 ③

28 서울과 같이 부하밀도가 큰 지역에서는 일반적으로 변전소의 수와 배전거리를 어떻게 결정하는 것이 좋은가?

① 변전소의 수를 줄이고 배전거리를 증가시킨다.
② 변전소의 수를 늘리고 배전거리를 감소시킨다.
③ 변전소의 수를 줄이고 배전거리를 감소시킨다.
④ 변전소의 수를 늘리고 배전거리를 증가시킨다.

풀이 부하밀도가 큰 지역에서는 변전소의 수를 증가해서 담당 용량을 줄이고 배전 거리를 작게 해야 전력 손실도 줄어든다. 답 ②

29 파동 임피던스 $Z_1 = 600[\Omega]$인 선로 종단에 파동 임피던스 $Z_2 = 1300[\Omega]$의 변압기가 접속되어 있다. 지금 선로에서 파고 $e_1 = 900[kV]$의 전압이 진입하였다면 접속점에서의 전압의 반사파는 약 몇 [kV]인가?

① 530　② 430　③ 330　④ 230

풀이 반사 전압
$$e_2 = \frac{Z_2 - Z_1}{Z_2 + Z_1}e_1 = \frac{1300 - 600}{1300 + 600} \times 900 \fallingdotseq 330[kV]$$ 답 ③

30 전력 퓨즈(Power Fuse)는 주로 어떤 전류의 차단을 목적으로 사용하는가?

① 충전전류　② 과부하전류
③ 단락전류　④ 과도전류

풀이 전력용 퓨즈는 단락 보호용으로 사용된다. 답 ③

31 전력계통에서 전력용 커패시터와 직렬로 연결하는 직렬리액터는 계통 내 어떤 고조파를 제거하기 위해서 설치하는가?

① 제5고조파　② 제4고조파
③ 제3고조파　④ 제2고조파

풀이 • 송전 선로에는 변압기의 유기 기전력이 발생할 때에 생기는 기수 고조파가 존재하게 되는데, 제3고조파는 변압기의 △결선에서 제거되고 제5고조파는 전력용 콘덴서에 직렬 리액터를 삽입하여 제거시킨다.
• 직렬 리액터 용량
– 이론 : 콘덴서 용량 × 4[%]
– 실제 : 콘덴서 용량 × 5~6[%] 답 ①

32 풍력발전에 대한 설명으로 적합하지 않은 것은?

① 자연에너지 이용의 신시스템으로 각광을 받고 있다.
② 풍력발전은 풍향, 풍속과 관계없이 설치가 가능하다.
③ 풍차는 수평축과 수직축 풍차로 분류할 수 있다.
④ 대용량발전에는 프로펠러와 다리우스 풍차가 있다.

풀이 풍력발전의 근원이 되는 평균 풍속은 장소에 따라 서로 다르고 또한 풍향·풍속 변동도 크기 때문에 풍력발전은 입지조건이 중요한 전제가 되는 에너지원이다. 답 ②

33 수지식 배전방식과 비교한 저압 뱅킹 방식에 대한 설명으로 틀린 것은?

① 전압 변동이 적다.
② 캐스케이딩 현상에 의해 고장확대가 축소된다.
③ 부하증가에 대해 탄력성이 향상된다.
④ 고장 보호 방식이 적당할 때 공급 신뢰도는 향상된다.

풀이 저압 뱅킹 방식의 특징
• 전압 강하 및 전력 손실이 경감된다.
• 변압기 용량 및 저압선 동량이 절감된다.
• 부하 증가에 대한 탄력성이 향상된다.
• 고장 보호 방법이 적당할 때 공급 신뢰도가 향상되며, 플리커 현상이 경감된다.
• 캐스케이딩 현상이 발생하므로 고장이 광범위하게 파급될 우려가 있다. 답 ②

34 다음 중 부하 전류의 차단능력이 없는 것은?

① 기중차단기(ACB)
② 유입차단기(OCB)
③ 진공차단기(VCB)
④ 단로기(DS)

풀이

능력 기능	회로 분리		사고 차단	
	무부하	부하	과부하	단락
퓨 즈	○			○
차단기	○	○	○	○
개폐기	○	○	○	
단로기	○			

단로기(DS)는 스위치(switch)로서 아크 소호 장치가 없어 부하 전류의 차단이 곤란하다. 답 ④

35 다음 중 전력계통의 안정도 향상대책으로 옳은 것은?

① 송전계통의 전달 리액턴스를 증가시킨다.
② 고속 재폐로 방식을 채용한다.
③ 전원측 원동기용 조속기의 작동을 느리게 한다.
④ 고장을 줄이기 위하여 각 계통을 분리시킨다.

풀이 안정도 향상 대책
① 직렬 리액턴스를 작게 한다.
  - 발전기나 변압기의 리액턴스를 작게 한다.
  - 선로의 병행 회선수를 늘리거나 복도체 또는 다도체 방식을 사용한다.
  - 직렬 콘덴서를 삽입하여 선로의 리액턴스를 보상한다.
② 전압 변동을 작게 한다.
  - 속응 여자 방식의 채용
  - 계통 연계를 한다.
③ 중간 조상 방식을 채용한다.
④ 고장 전류를 줄이고 고장 구간을 신속하게 차단한다.
  - 적당한 중성점 접지 방식을 채용하여 지락 전류를 줄인다.
  - 고속도 계전기, 고속도 차단기를 채용한다.
  - 고속도 재폐로 방식을 채용한다.
⑤ 고장시 발전기 입·출력의 불평형을 작게 한다.
  - 조속기의 동작을 빠르게 한다.
  - 고장 발생과 동시에 발전기 회로의 저항을 직렬 또는 병렬로 삽입하여 발전기 입·출력의 불평형을 작게 한다. **답** ②

36 3상 1회선 송전선로의 소호 리액터의 용량 [kVA]은?

① 선로 충전 용량과 같다.
② 선간 충전 용량의 1/2이다.
③ 3선 일괄의 대지 충전 용량과 같다.
④ 1선과 중성점 사이의 충전 용량과 같다.

풀이 3상 1회선 소호 리액터 용량
$$P = 3\omega C E^2 = 3\omega C \left(\frac{V}{\sqrt{3}}\right)^2 = \omega C V^2 \text{[kVA]}$$
여기서, C : 1선당의 대지 정전 용량
  E : 대지전압
  V : 선간전압
따라서 소호 리액터 용량은 3선 일괄의 대지 충전 용량과 같다. **답** ③

37 수차발전기의 출력 P, 수두 H, 수량 Q 및 회전수 N 사이에 성립하는 관계는?

① $P \propto QN$
② $P \propto QH$
③ $P \propto QH^2$
④ $P \propto QHN$

풀이 수차발전기의 출력 $P = 9.8 QH\eta$ [kW]
(단, Q : 사용 수량 [m³/s], H : 유효 낙차 [m], η : 효율) **답** ②

38 출력 20[kW]의 전동기로서 총 양정 10[m], 펌프효율 0.75일 때 양수량은 약 몇 [m³/min]인가?

① 9.18
② 9.85
③ 10.31
④ 11.02

풀이 펌프용 전동기의 출력 $P = \dfrac{QH}{6.12\eta}$ 에서
$$Q = \frac{6.12 P\eta}{H} = \frac{6.12 \times 20 \times 0.75}{10}$$
$$= 9.18 \text{[m}^3/\text{min]}$$ **답** ①

39 감전방지 대책으로 적합하지 않은 것은?

① 외함접지
② 아크혼 설치
③ 2중 절연기기
④ 누전 차단기 설치

풀이 아크혼의 역할
- 선로의 섬락으로부터 애자련의 보호
- 애자련의 전압분포 개선 **답** ②

40 송전선로의 4단자 정수가 A, B, C, D이고 송전단 상전압이 E_S인 경우 무부하 시의 충전전류(송전단전류)는?

① $\dfrac{C}{A} E_S$
② $\dfrac{A}{C} E_S$
③ $A C E_S$
④ $C E_S$

풀이 $E_S = AE_R + BI_R$ 에서 무부하($I_R = 0$)이므로
$$E_S = AE_R \rightarrow E_R = \frac{E_S}{A}$$
$I_S = CE_R + DI_R$ 에서 무부하($I_R = 0$)이므로
$$\therefore I_S = CE_R = \frac{C}{A} E_S$$ **답** ①

2020년 전력공학_전기산업기사·공사산업기사

문제의 번호는 실제 시험문제의 번호와 같게 하였습니다.

2020년 — 1,2회 _ 전기산업기사·공사산업기사

21 전압이 일정값 이하로 되었을 때 동작하는 것으로서 단락 시 고장 검출용으로도 사용되는 계전기는?

① OVR ② OVGR
③ NSR ④ UVR

풀이
① 과전류 계전기(Over Current Relay : OCR)
   일정값 이상의 전류가 흘렀을 때 동작하는 계전기
② 지락 과전압 계전기(Over Voltage Ground Relay : OVGR)
   비접지 계통에서 지락사고 시 영상전압을 검출하여 동작하는 계전기
③ 역상계전기(Negative Sequence Relay : NSR)
   전력설비의 불평형 운전 등에 의한 역상분에 의해 동작하는 계전기
④ 부족 전압 계전기(Under Voltage Relay : UVR)
   전압이 일정값 이하로 떨어졌을 경우, 지나친 과전류가 흐르지 않게끔 동작하는 계전기 **답 ④**

22 반동수차의 일종으로 주요부분은 러너, 안내날개, 스피드링 및 흡출관 등으로 되어 있으며 50~500[m] 정도의 중낙차 발전소에 사용되는 수차는?

① 카플란수차 ② 프란시스수차
③ 펠턴수차 ④ 튜블러수차

풀이

동작원리에 의한 분류	수차의 종류	낙 차
충동형	펠톤수차	300[m] 이상 고낙차
반동형	프란시스 수차	50~500[m]의 중낙차
	카플란 수차	30[m] 이하의 저낙차
	튜우블러 수차	20[m] 이하의 저낙차

답 ②

23 페란티현상이 발생하는 원인은?

① 선로의 과도한 저항
② 선로의 정전용량
③ 선로의 인덕턴스
④ 선로의 급격한 전압강하

풀이
- 페란티 현상 : 선로의 정전용량으로 인하여 무부하 시나 경부하 시 진상 전류가 흘러 수전단전압이 송전단 전압보다 높아지는 현상
- 대책 : 분로 리액터(병렬 리액터)나 동기조상기의 지상 용량 운전으로 방지할 수 있다. **답 ②**

24 전력계통의 경부하시나 또는 다른 발전소의 발전전력에 여유가 있을 때, 이 잉여전력을 이용하여 전동기로 펌프를 돌려서 물을 상부의 저수지에 저장하였다가 필요에 따라 이 물을 이용해서 발전하는 발전소는?

① 조력발전소
② 양수식발전소
③ 유역변경식발전소
④ 수로식발전소

풀이 심야 또는 경부하시의 잉여전력을 사용하여 낮은 곳에 있는 물을 높은 곳으로 퍼올려서 첨두 부하시에 이 양수된 물을 사용해서 발전하는 것을 양수발전이라고 한다. **답 ②**

25 열의 일당량에 해당되는 단위는?

① kcal/kg ② kg/cm^2
③ $kcal/cm^3$ ④ kg·m/kcal

풀이
- 1[kcal]에 해당하는 일의 양을 열의 일당량이라고 부른다.
- J : 열의 일당량 = 427[kg·m/kcal] **답 ④**

26 가공전선을 단도체식으로 하는 것보다 같은 단면적의 복도체식으로 하였을 경우에 대한 내용으로 틀린 것은?

① 전선의 인덕턴스가 감소된다.
② 전선의 정전용량이 감소된다.
③ 코로나 발생률이 적어진다.
④ 송전용량이 증가한다.

풀이 복도체 방식의 장점
① 전선의 인덕턴스가 감소하고 **정전용량이 증가**되어, 선로의 송전 용량이 증가하고 계통의 안정도를 증진시킨다.
② 전선 표면의 전위 경도가 저감되므로, 코로나 임계전압을 높일 수 있고 코로나손, 코로나 잡음 등의 장해가 저감된다.

답 ②

27 연가의 효과로 볼 수 없는 것은?

① 선로 정수의 평형
② 대지 정전용량의 감소
③ 통신선의 유도장해의 감소
④ 직렬 공진의 방지

풀이 연가의 효과
① **선로정수 평형**
② 임피던스 평형
③ 소호 리액터 접지 시 **직렬공진 방지**
④ **유도장해 감소**

답 ②

28 발전기나 변압기의 내부고장 검출로 주로 사용되는 계전기는?

① 역상계전기 ② 과전압계전기
③ 과전류계전기 ④ 비율차동계전기

풀이 비율차동계전기

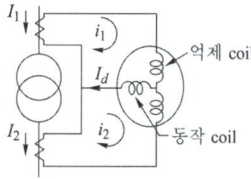

① 변압기 내부에서 3상 단락 사고시 : $i_2 = 0$이 되어 비율차동계전기의 동작 coil에는 $i_d = i_1$의 전류가 흐르게 되어 비율차동계전기가 동작
② 변압기 외부에서 3상 단락 사고시 : 비율차동계전기의 동작 coil에는 $i_d = i_1 - i_2$의 전류가 흐르게 되며,

이때 i_d의 값이 정정값 이하가 되어 비율차동계전기는 동작하지 않는다.

답 ④

29 송전선로에서 역섬락을 방지하는 가장 유효한 방법은?

① 피뢰기를 설치한다.
② 가공지선을 설치한다.
③ 소호각을 설치한다.
④ 탑각 접지저항을 작게 한다.

풀이 뇌서지가 철탑에 가격 시 철탑의 탑각 접지저항이 충분히 낮지 않으면 철탑의 전위가 상승하여 철탑에서 선로로 섬락을 일으키는 경우가 있는데 이를 **역섬락이라 하며 방지 대책**으로는 매설 지선을 설치하여 **탑각 접지저항을 낮추어야 한다.**

답 ④

30 반한시성 과전류계전기의 전류-시간 특성에 대한 설명으로 옳은 것은?

① 계전기 동작시간은 전류의 크기와 비례한다.
② 계전기 동작시간은 전류의 크기와 관계없이 일정하다.
③ 계전기 동작시간은 전류의 크기와 반비례한다.
④ 계전기 동작시간은 전류의 크기의 제곱에 비례한다.

풀이 보호계전기 특징
① 순시한 특성 : 최소 동작전류 이상의 전류가 흐르면 즉시 동작하는 특성
② **반한시 특성 : 동작전류가 커질수록 동작시간이 짧게 되는 특성**
③ 정한시 특성 : 동작전류의 크기에 관계없이 일정한 시간에 동작하는 특성
④ 반한시 정한시 특성 : 동작전류가 적은 동안에는 동작전류가 커질수록 동작시간이 짧게 되고 어떤 전류 이상이면 동작전류의 크기에 관계없이 일정한 시간에 동작하는 특성

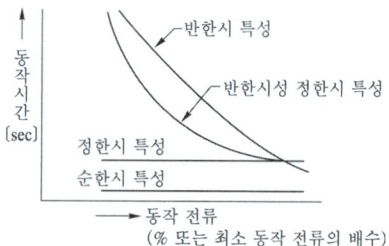

계전기의 한시 특성

답 ③

31 교류 송전방식과 직류 송전방식을 비교할 때 교류 송전방식의 장점에 해당되는 것은?

① 전압의 승압, 강압 변경이 용이하다.
② 절연계급을 낮출 수 있다.
③ 송전효율이 좋다.
④ 안정도가 좋다.

풀이 교류 송전 방식의 장점
① 전압의 승압 강압 변경이 용이하다.
② 회전자계를 쉽게 얻을 수 있다.
③ 교류방식으로 일관된 운용을 기할 수 있다. **답** ①

32 단상 2선식 교류 배전선로가 있다. 전선의 1가닥 저항이 0.15[Ω]이고, 리액턴스는 0.25[Ω]이다. 부하는 순저항부하이고 100[V], 3[kW]이다. 급전점의 전압[V]은 약 얼마인가?

① 105　　② 110
③ 115　　④ 124

풀이 부하전류 $I = \dfrac{P}{V} = \dfrac{3000}{100} = 30[A]$

$\therefore V_S = V_R + 2IZ = V_R + 2I(R+jX)$
$= 100 + 2 \times 30 \times (0.15 + j0.25)$
$= (100 + 2 \times 30 \times 0.15) + j(2 \times 30 \times 0.25)$
$= 109 + j15 = \sqrt{109^2 + 15^2} \fallingdotseq 110[V]$ **답** ②

33 지상부하를 가진 3상 3선식 배전선로 또는 단거리 송전선로에서 선간 전압강하를 나타낸 식은? (단, I, R, X, θ는 각각 수전단 전류, 선로 저항, 리액턴스 및 수전단 전류의 위상각이다.)

① $I(R\cos\theta + X\sin\theta)$
② $2I(R\cos\theta + X\sin\theta)$
③ $\sqrt{3}I(R\cos\theta + X\sin\theta)$
④ $3I(R\cos\theta + X\sin\theta)$

풀이 전압강하 $e = V_s - V_r$
(여기서, V_s : 송전단 전압, V_r : 수전단 전압)

전기 방식	전압강하
단상3선식, 3상4선식	$e_1 = I(R\cos\theta + X\sin\theta)$
단상2선식	$e_2 = 2I(R\cos\theta + X\sin\theta)$
3상3선식	$e_3 = \sqrt{3}I(R\cos\theta + X\sin\theta)$

답 ③

34 다음 중 송·배전선로의 진동 방지대책에 사용되지 않는 기구는?

① 댐퍼　　② 조임쇠
③ 클램프　　④ 아머 로드

풀이 ① 댐퍼 : 전선의 진동에너지를 흡수함으로서 진동 발생 방지 및 진동으로 인한 전선의 단선을 방지하기 위한 설비로, 지지점 가까운 곳에 설치한다.
② 클램프 : 전선을 고정하거나 애자에 지지시키기 위하여 사용한다.
③ 아머 로드 : 지지점 부근의 전선을 보강 **답** ②

35 단락전류를 제한하기 위하여 사용되는 것은?

① 한류리액터　　② 사이리스터
③ 현수애자　　④ 직렬콘덴서

풀이
• 한류 리액터 : 단락 사고시의 단락전류를 제한
• 직렬 리액터 : 제5고조파 제거
• 분로 리액터 : 페란티 현상 방지
• 소호 리액터 : 지락 아크 소멸 **답** ①

36 어느 변전설비의 역률을 60[%]에서 80[%]로 개선하는데 2800[kVA]의 전력용 커패시터가 필요하였다. 이 변전설비의 용량은 몇 [kW]인가?

① 4800　　② 5000
③ 5400　　④ 5800

풀이 콘덴서 용량
$Q_c = P(\tan\theta_1 - \tan\theta_2)$
$= P\left(\dfrac{\sqrt{1-\cos^2\theta_1}}{\cos\theta_1} - \dfrac{\sqrt{1-\cos^2\theta_2}}{\cos\theta_2}\right)$[kVA]

따라서 설비용량
$P = \dfrac{Q_c}{\left(\dfrac{\sqrt{1-\cos^2\theta_1}}{\cos\theta_1} - \dfrac{\sqrt{1-\cos^2\theta_2}}{\cos\theta_2}\right)}$
$= \dfrac{2800}{\left(\dfrac{\sqrt{1-0.6^2}}{0.6} - \dfrac{\sqrt{1-0.8^2}}{0.8}\right)}$
$= 4800[kW]$ **답** ①

37 교류 단상 3선식 배전방식을 교류 단상 2선식에 비교하면
① 전압강하가 크고, 효율이 낮다.
② 전압강하가 작고, 효율이 낮다.
③ 전압강하가 작고, 효율이 높다.
④ 전압강하가 크고, 효율이 높다.

풀이

항목	단상 2선식	단상 3선식
전압강하	$2I(R\cos\theta + X\sin\theta)$	$I(R\cos\theta + X\sin\theta)$
회로도		

즉, 단상 3선식은 단상 2선식에 비하여 전압이 2배로 되고 전류가 $\frac{1}{2}$로 되므로 전압강하와 전력손실은 작고 배전 효율은 높다. **답 ③**

38 배전선로의 전압을 $\sqrt{3}$ 배로 증가시키고 동일한 전력 손실률로 송전할 경우 송전전력은 몇 배로 증가되는가?
① $\sqrt{3}$ ② $\frac{3}{2}$
③ 3   ④ $2\sqrt{3}$

풀이 전력손실 $P_l = 3I^2 R = \frac{P^2 \rho l}{V^2 \cos^2\theta A}$,

전력손실률 $h = \frac{P_l}{P} = \frac{P\rho l}{V^2 \cos^2\theta A}$ 이므로

송전전력 $P = \frac{hV^2\cos\theta^2}{R}$ 이다.

전력 손실률이 동일하면 송전전력은 전압의 제곱에 비례하므로, 전압을 $\sqrt{3}$ 배 증가시켰을 때의 송전전력 P'는
$P' \propto (\sqrt{3}\,V)^2 = 3V^2$
즉, 3배로 증가된다. **답 ③**

39 주상 변압기의 2차측 접지는 어느 것에 대한 보호를 목적으로 하는가?
① 1차 측의 단락
② 2차 측의 단락
③ 2차 측의 전압강하
④ 1차 측과 2차 측의 혼촉

풀이 주상 변압기는 1차측과 2차측의 혼촉에 의한 2차측 전압의 상승을 막기 위해서 2차측에 접지를 하여, 고전압에 의한 사고를 막아준다.

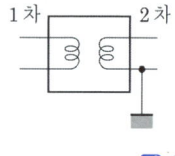

답 ④

40 100[MVA]의 3상 변압기 2뱅크를 가지고 있는 배전용 2차측의 배전선에 시설할 차단기 용량 [MVA]은? (단, 변압기는 병렬로 운전되며, 각각의 %Z는 20[%]이고, 전원의 임피던스는 무시한다.)
① 1000 ② 2000
③ 3000 ④ 4000

풀이 동일한 퍼센트 임피던스로, 2뱅크가 병렬로 운전되므로

합성 $\%Z = \frac{20 \times 20}{20+20} = 10[\%]$

따라서, 차단기 용량
$P_s = \frac{100}{\%Z} \times P_n = \frac{100}{10} \times 100 = 1000[\text{MVA}]$

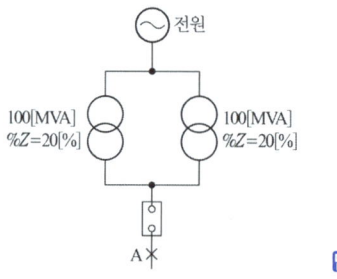

답 ①

2020년 3회 _ 전기산업기사·공사산업기사

21 수전용 변전설비의 1차측에 설치하는 차단기의 용량은 어느 것에 의하여 정하는가?
① 수전전력과 부하율
② 수전계약용량
③ 공급측 전원의 단락용량
④ 부하설비용량

풀이 차단기 차단용량은 그 점에 있어서의 단락 용량에 의해 결정된다.
즉, 단락용량 $P_s = \dfrac{100}{\%Z}P_n$ 에서 알 수 있듯이 차단기 차단용량은 전원측으로부터 단락점까지의 %임피던스($\%Z$)와 공급측 전기설비용량 P_n에 의해 결정된다.

답 ③

22 피뢰기의 제한전압이란?

① 상용주파전압에 대한 피뢰기의 충격방전 개시전압
② 충격파 침입 시 피뢰기의 충격방전 개시전압
③ 피뢰기가 충격파 방전 종료 후 언제나 속류를 확실히 차단할 수 있는 상용주파 최대 전압
④ 충격파 전류가 흐르고 있을 때의 피뢰기 단자전압

풀이 ① 피뢰기의 정격전압 : 속류의 차단이 되는 최고의 교류전압
② 상용주파 방전 개시전압 : 상용주파수의 방전개시전압(실효값)
③ 제한 전압 : 피뢰기 동작 중에 계속해서 걸리고 있는 단자전압의 파고값
④ 충격 방전 개시전압 : 피뢰기 단자간에 충격전압을 인가하였을때 방전을 개시하는 전압

답 ④

23 발전기의 정태 안정 극한전력이란?

① 부하가 서서히 증가할 때의 극한전력
② 부하가 갑자기 크게 변동할 때의 극한전력
③ 부하가 갑자기 사고가 났을 때의 극한전력
④ 부하가 변하지 않을 때의 극한전력

풀이 안정도의 종류
① 정태 안정도(static stability) : 송전 계통이 불변 부하 또는 극히 서서히 증가하는 부하에 대하여 계속적으로 송전할 수 있는 능력을 정태 안정도로 하고, 안정도를 유지할 수 있는 극한의 송전 전력을 정태 안정 극한 전력이라고 한다.
② 과도 안정도(transient stability) : 계통에 갑자기 고장 사고와 같은 급격한 외란이 발생하였을 때에도 탈조하지 않고 새로운 평형 상태를 회복하여 송전을 계속할 수 있는 능력을 과도 안정도라 하고 이 경우의 극한 전력을 과도 안정 극한 전력이라고 한다.
③ 동태 안정도(dynamic stability) : 고속 자동 전압조정기로 동기기의 여자전류를 제어 할 경우의 정태 안정도를 특히 동태 안정도라 한다.

답 ①

24 어떤 발전소의 유효 낙차가 100[m]이고, 사용수량이 10[m³/s]일 경우 이 발전소의 이론적인 출력[kW]은?

① 4900   ② 9800
③ 10000   ④ 14700

풀이 이론 출력 $P = 9.8QH = 9.8 \times 10 \times 100 = 9800$[kW]

답 ②

25 3상으로 표준전압 3[kV], 용량 600[kW], 역률 0.85로 수전하는 공장의 수전회로에 시설할 계기용 변류기의 변류비로 적당한 것은? (단, 변류기의 2차 전류는 5[A]이며, 여유율은 1.5배로 한다.)

① 10   ② 20
③ 30   ④ 40

풀이 여유율을 고려한 CT 1차 측 전류 I_1은
$$I_1 = \dfrac{P}{\sqrt{3}\,V_1\cos\theta} \times 여유율$$
$$= \dfrac{600}{\sqrt{3}\times 3\times 0.85} \times 1.5 = 203.77[A]$$
따라서 적당한 변류비는 40(200/5)이다.

답 ④

26 30000[kW]의 전력을 50[km] 떨어진 지점에 송전하려고 할 때 송전전압[kV]은 약 얼마인가? (단, still 식에 의하여 산정한다.)

① 22   ② 33
③ 66   ④ 100

풀이 Still 식 $V_s = 5.5\sqrt{0.6\times l + 0.01P}$
$= 5.5\sqrt{0.6\times 50 + 0.01\times 30000} \fallingdotseq 100$[kV]
여기서, V_s : 전압[kV], l : 송전거리[km]
P : 송전전력[kW]

답 ④

27 다음 중 전력선에 의한 통신선의 전자유도장해의 주된 원인은?

① 전력선과 통신선 사이의 상호 정전용량
② 전력선의 불충분한 연가
③ 전력선의 1선 지락사고 등에 의한 영상전류
④ 통신선 전압보다 높은 전력선의 전압

풀이 전자유도전압 $E_m = -j\omega Ml \cdot 3I_0$ 이므로
전자유도전압은 1선 지락사고 등에 의한 영상전류(I_0)에 의해 발생한다.　　　**답** ③

28 조상설비가 있는 발전소 측 변전소에서 주변압기로 주로 사용되는 변압기는?

① 강압용 변압기　② 단권 변압기
③ 3권선 변압기　④ 단상 변압기

풀이
- 3권선 변압기 : 1차 변전소에서 주변압기로 주로 사용된다.
- 3차 권선(안정권선)의 용도 : 제3고조파의 제거, 조상설비의 설치, 소내용 전원의 공급　**답** ③

29 3상 1회선의 송전선로에 3상 전압을 가해 충전할 때 1선에 흐르는 충전전류는 30[A], 또 3선을 일괄하여 이것과 대지 사이에 상전압을 가하여 충전시켰을 때 전 충전전류는 60[A]가 되었다. 이 선로의 대지정전용량과 선간정전용량의 비는? (단, 대지정전용량 $= C_s$, 선간정전용량 $= C_m$이다.)

① $\dfrac{C_m}{C_s} = \dfrac{1}{6}$　② $\dfrac{C_m}{C_s} = \dfrac{8}{15}$
③ $\dfrac{C_m}{C_s} = \dfrac{1}{3}$　④ $\dfrac{C_m}{C_s} = \dfrac{1}{\sqrt{3}}$

풀이 ① 3상 1회선인 경우, 작용정전용량 $C_\omega = C_s + 3C_m$
　(여기서, C_s : 대지정전용량, C_m : 선간정전용량)
② 선간전압을 V라고 하면
　1선의 충전전류
　$I_{c1} = \omega C_\omega \dfrac{V}{\sqrt{3}} = \omega(C_s + 3C_m)\dfrac{V}{\sqrt{3}} = 30[A] \cdots (1)$
　3선 일괄의 충전전류
　$I_{c3} = 3\omega C_s \dfrac{V}{\sqrt{3}} = \sqrt{3}\omega C_s V = 60[A] \cdots (2)$

식 (2)로부터 $\omega V = \dfrac{60}{\sqrt{3}\,C_s}$
이것을 식 (1)에 대입하면
$(C_s + 3C_m)\dfrac{1}{\sqrt{3}} \cdot \dfrac{60}{\sqrt{3}\,C_s} = 30$
$20 + 60\dfrac{C_m}{C_s} = 30$
∴ $\dfrac{C_m}{C_s} = \dfrac{1}{6}$　**답** ①

30 단상 교류회로에 3150/210[V]의 승압기를 80[kW], 역률 0.8인 부하에 접속하여 전압을 상승시키는 경우 약 몇 [kVA]의 승압기를 사용하여야 적당한가? (단, 전원전압은 2900[V] 이다.)

① 3.6　② 5.5
③ 6.8　④ 10

풀이 변압기 용량(자기 용량, 승압기 용량) $w = I_2 e_2$
$E_2 = E_1\left(1 + \dfrac{1}{n}\right) = 2900 \times \left(1 + \dfrac{210}{3150}\right) = 3093.33[V]$
$I_2 = \dfrac{80 \times 10^3}{3093.33 \times 0.8} = 32.33$
∴ $w = I_2 e_2 = 32.33 \times 210 \times 10^{-3} ≒ 6.8[kVA]$

※ 승압분 전압 e_2는 변압기 용량을 결정할 때는 계산상 전압을 사용하지 않고 최대 전압이 될 수 있는 210[V]를 사용한다.

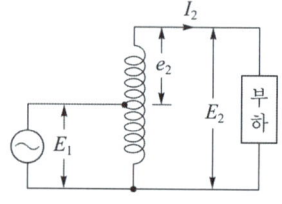

답 ③

31 전력 사용의 변동 상태를 알아보기 위한 것으로 가장 적당한 것은?

① 수용률　② 부등률
③ 부하율　④ 역률

풀이
- 수용률 : 수요를 상정할 경우 사용
- 부등률 : 최대 전력의 발생시각 또는 발생 시기의 분산을 나타내는 지표로 사용
- 부하율 : 일정 기간 중 부하 변동의 정도를 나타내는 것으로서 그 전기설비가 얼마만큼 유효하게 이용되고 있는가 하는 정도를 파악하는 데 사용　**답** ③

32 철탑의 접지저항이 커지면 가장 크게 우려되는 문제점은?

① 정전 유도　② 역섬락 발생
③ 코로나 증가　④ 차폐각 증가

풀이 뇌서지가 철탑에 가격 시 **철탑의 탑각 접지저항이 충분히 낮지 않으면 철탑의 전위가 상승하여** 철탑에서 선로로 섬락을 일으키는 경우가 있는데 이를 **역섬락**이라 하며 방지 대책으로는 매설 지선을 설치하여 탑각 접지저항을 낮추어야 한다.　**답** ②

33 역률 0.8(지상), 480[kW] 부하가 있다. 전력용 콘덴서를 설치하여 역률을 개선하고자 할 때 콘덴서 220[kVA]를 설치하면 역률은 몇 [%]로 개선되는가?

① 82　② 85
③ 90　④ 96

풀이 부하역률 $\cos\theta = \dfrac{P}{P_a} = \dfrac{P}{\sqrt{P^2 + P_r^{\,2}}} \times 100$

(여기서, P_a : 피상전력, P : 유효전력, P_r : 무효전력)

• 부하의 무효전력
$$Q_L = \dfrac{P}{\cos\theta} \times \sin\theta = \dfrac{480}{0.8} \times 0.6 = 360[\text{kVar}]$$

• 전력용 콘덴서 $Q_C = 220[\text{kVA}]$

$$\therefore \cos\theta = \dfrac{P}{\sqrt{P^2 + (Q_L - Q_C)^2}} \times 100$$
$$= \dfrac{480}{\sqrt{480^2 + (360-220)^2}} \times 100$$
$$= 96[\%]$$
답 ④

34 화력발전소에서 탈기기를 사용하는 주 목적은?

① 급수 중에 함유된 산소 등의 분리 제거
② 보일러 관벽의 스케일 부착의 방지
③ 급수 중에 포함된 염류의 제거
④ 연소용 공기의 예열

풀이 **급수 중에 용해되어 있는 산소**는 증기계통, 급수계통 등을 부식시킨다. **탈기기(deaerator)는** 용해 산소 분리의 목적으로 쓰인다.　**답** ①

35 변류기를 개방할 때 2차측을 단락하는 이유는?

① 1차측 과전류 보호
② 1차측 과전압 방지
③ 2차측 과전류 보호
④ 2차측 절연보호

풀이 변류기 2차측을 단락하는 이유
① 2차 측을 개방하면 1차측의 부하 전류가 전부 여자 전류로 되어 2차 측에 고전압이 유기되므로 절연이 파괴될 우려가 있다.
② 철심 중의 자속이 급격히 증가하여 철손이 증가하므로 열이 발생하여 소손될 우려가 있다.　**답** ④

36 ( )안에 들어갈 알맞은 내용은?

"화력발전소의 (㉠)은 발생 (㉡)을 열량으로 환산한 값과 이것을 발생하기 위하여 소비된 (㉢)의 보유열량 (㉣)를 말한다."

① ㉠ 손실율　㉡ 발열량　㉢ 물　㉣ 차
② ㉠ 열효율　㉡ 전력량　㉢ 연료　㉣ 비
③ ㉠ 발전량　㉡ 증기량　㉢ 연료　㉣ 결과
④ ㉠ 연료소비율　㉡ 증기량　㉢ 물　㉣ 차

풀이 화력발전소의 열효율 $\eta = \dfrac{860E}{WC} \times 100[\%]$

여기서, E : 발전 전력량[kWh]
W : 연료 소비량[kg]
C : 연료의 발열량[kcal/kg]　**답** ②

37 다음 중 전압강하의 정도를 나타내는 식이 아닌 것은? (단, E_s는 송전단전압, E_r은 수전단전압이다.)

① $\dfrac{I}{E_r}(R\cos\theta + X\sin\theta) \times 100[\%]$

② $\dfrac{\sqrt{3}\,I}{E_r}(R\cos\theta + X\sin\theta) \times 100[\%]$

③ $\dfrac{E_s - E_r}{E_r} \times 100[\%]$

④ $\dfrac{E_s + E_r}{E_s} \times 100[\%]$

풀이
- 전압강하
$$e = E_E - E_R = \sqrt{3}I(R\cos\theta + X\sin\theta)[V]$$
- 전압강하율
$$\epsilon = \frac{e}{E_r} \times 100 = \frac{E_s - E_r}{E_r} \times 100$$
$$= \frac{\sqrt{3}I}{E_r}(R\cos\theta + X\sin\theta) \times 100[\%]$$

답 ④

38 수전단 전압이 송전단 전압보다 높아지는 현상과 관련된 것은?

① 페란티 효과 ② 표피 효과
③ 근접 효과 ④ 도플러 효과

풀이
① 페란티 효과 : 송전 선로에 충전 전류(전압보다 위상이 빠른 전류)가 흐르면 **수전단 전압이 송전단 전압보다 높아지는 현상**
② 표피 효과 : 교류전류의 경우 도체 중심보다 도체 표면에 전류가 많이 흐르는 현상
③ 근접 효과 : 같은 방향의 전류는 바깥쪽으로 다른 방향의 전류는 안쪽으로 모이는 현상
④ 도플러 효과 : 파장을 방출하는 물체와 관찰자의 상대적 운동에 의해 파장의 진동수가 왜곡되는 현상

답 ①

39 송전선로의 중성점을 접지하는 목적으로 가장 알맞은 것은?

① 전선량의 절약
② 송전용량의 증가
③ 전압강하의 감소
④ 이상 전압의 경감 및 발생 방지

풀이 송전선로의 중성점접지의 목적
① **이상전압 발생 방지**
② 1선 지락 시 건전상 전압 상승 억제 및 기기나 선로의 절연 절감
③ 보호계전기 동작 확실
④ 소호 리액터 계통에서의 1선 지락 시 아크 소멸

답 ④

40 송전선로에서 4단자 정수 A, B, C, D 사이의 관계는?

① $BC - AD = 1$ ② $AC - BD = 1$
③ $AB - CD = 1$ ④ $AD - BC = 1$

풀이
$$\begin{vmatrix} A & B \\ C & D \end{vmatrix} = AD - BC = 1$$

답 ④

2020년 4회 _ 전기산업기사·공사산업기사

21 수전단전압 60,000[V], 전류 200[A], 선로의 저항 $R = 7.5[\Omega]$, 리액턴스 $X = 10.8[\Omega]$일 때, 전압강하율은 몇 [%]인가? 단, 수전단 역률은 0.8이라 한다.

① 6.38 ② 6.82
③ 7.21 ④ 7.87

풀이 전압강하율
$$\epsilon = \frac{V_s - V_r}{V_r} \times 100 = \frac{e}{V_r} \times 100$$
$$= \frac{\sqrt{3}I(R\cos\theta + X\sin\theta)}{V_r} \times 100$$
$$= \frac{\sqrt{3} \times 200(7.5 \times 0.8 + 10.8 \times 0.6)}{60,000} \times 100$$
$$= 7.21[\%]$$

답 ③

22 출력 20,000[kW]의 화력발전소가 부하율 80[%]로 운전할 때 1일의 석탄소비량은 약 몇 ton인가? (단, 보일러 효율 80[%], 터빈의 열 사이클 효율 35[%], 터빈 효율 85[%], 발전기 효율 76[%], 석탄의 발열량은 5500[kcal/kg]이다.)

① 275 ② 293
③ 312 ④ 333

풀이 1[kWh] = 860[kcal]이므로
시간 × 860 × 최대 전력 × 부하율
= 발열량 × 석탄 소비량[kg] × η[효율]
$24 \times 860 \times 20000 \times 0.8$
$= 5500 \times x \times 10^3 \times 0.85 \times 0.8 \times 0.35 \times 0.76$
따라서 소비량
$$x = \frac{860 \times 20000 \times 0.8 \times 24}{5500 \times 10^3 \times 0.85 \times 0.8 \times 0.35 \times 0.76}$$
$= 332[t]$

답 ④

23 단상 2선식을 100[%]로 하여 3상 3선식의 부하 전력 및 전압을 같게 하였을 때 선로 전류의 비[%]는?

① 38 ② 48 ③ 58 ④ 68

풀이 단상 2선식과 3상 3선식의 부하전력(P) 및 전압(V)을 같게 하면,
$$P = VI_1\cos\theta = \sqrt{3}\,VI_3\cos\theta$$
$$I_1 = \sqrt{3}\,I_3$$
따라서
전류비 $= \dfrac{I_3}{I_1} \times 100 = \dfrac{1}{\sqrt{3}} \times 100 = 58[\%]$ **답** ③

24 과전류 계전기(OCR)의 탭값을 옳게 설명한 것은?

① 계전기의 최소 동작전류
② 계전기의 최대 부하전류
③ 계전기의 동작 시한
④ 변류기의 권수비

풀이
- 과전류 계전기는 전류가 어느 정규값 이상으로 흘렀을 경우에 계전기가 동작하여 전기회로를 차단하여 기기를 보호하는 장치이다.
- 과전류 계전기의 탭은 최소 동작전류를 정정한다. **답** ①

25 압축된 공기를 아크에 불어 넣어서 차단하는 차단기는?

① ABB ② MBB
③ VCB ④ ACB

풀이 소호 원리에 따른 차단기의 종류

차단기 종류	약어	소호 원리
유입 차단기	OCB	소호실에서 아크에 의한 절연유 분해 가스의 흡부력을 이용해서 차단
기중 차단기	ACB	대기 중에서 아크를 길게 하여 소호실에서 냉각 차단
자기 차단기	MBB	대기 중에서 전자력을 이용하여 아크를 소호실내로 유도해서 냉각차단
공기차단기	ABB	압축된 공기를 아크에 불어 넣어서 차단
진공 차단기	VCB	고진공 중에서 전자의 고속도 확산에 의해 차단
가스 차단기	GCB	고성능 절연 특성을 가진 특수 가스(SF₆)를 흡수해서 차단

답 ①

26 송배전선로에서 전선의 수평장력을 2배로 하고 또 경간을 2배로 하면 전선의 이도는 처음보다 어떻게 되는가?

① $\dfrac{1}{4}$로 줄어든다. ② $\dfrac{1}{2}$로 줄어든다.
③ 2배로 늘어난다. ④ 4배로 늘어난다.

풀이 이도 $D = \dfrac{WS^2}{8T}$[m] 이므로
(여기서 W : 단위 길이당 전선의 중량[kg/m],
S : 경간[m]
T : 전선의 수평장력[kg])
따라서 전선의 수평장력과 경간을 2배로 할 때의 이도 D'는
$$D' = \dfrac{W \times (2S)^2}{8 \times (2T)} = \dfrac{W \times 4S^2}{8 \times 2T} = 2 \times \dfrac{WS^2}{8T} = 2D$$
즉 처음보다 2배로 늘어난다. **답** ③

27 단선식 전력선과 단선식 통신선이 그림과 같이 근접되었을 때, 통신선의 정전유도전압 E_0는?

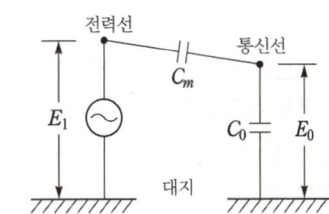

① $\dfrac{C_m}{C_0 + C_m} E_1$ ② $\dfrac{C_0 + C_m}{C_m} E_1$
③ $\dfrac{C_0}{C_0 + C_m} E_1$ ④ $\dfrac{C_0 + C_m}{C_0} E_1$

풀이 콘덴서 직렬접속 회로로 보면
$$C_m E_m = C_0 E_0 = \dfrac{C_m C_0}{C_m + C_0} E_1 \text{ 에서}$$
$(\because Q_m = Q_0 = Q_1)$
$$\therefore E_0 = \dfrac{C_m}{C_0 + C_m} E_1$$

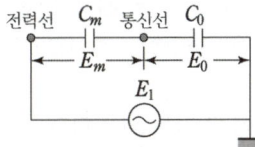

답 ①

28 3상 3선식 복도체 방식의 송전선로를 3상 3선식 단도체 방식 송전선로와 비교한 것으로 알맞은 것은? (단, 단도체의 단면적은 복도체 방식 소선의 단면적 합과 같은 것으로 한다.)

① 전선의 인덕턴스와 정전용량은 모두 감소한다.
② 전선의 인덕턴스와 정전용량은 모두 증가한다.
③ 전선의 인덕턴스는 증가하고, 정전용량은 감소한다.
④ 전선의 인덕턴스는 감소하고, 정전용량은 증가한다.

풀이 복도체 방식의 장점
① 전선의 인덕턴스가 감소하고 정전용량이 증가되어 선로의 송전 용량이 증가하고 계통의 안정도를 증진시킨다.
② 전선 표면의 전위 경도가 저감되므로 코로나 임계전압을 높일 수 있고 코로나손, 코로나 잡음 등의 장해가 저감된다.   **답** ④

29 가공 송전선에 사용되는 애자 1연 중 전압부담이 최대인 애자는?

① 중앙에 있는 애자
② 철탑에 제일 가까운 애자
③ 전선에 제일 가까운 애자
④ 전선으로부터 1/4 지점에 있는 애자

풀이 • 전압 분담 최대 : 전선 쪽 애자
• 전압 분담 최소 : 철탑에서 1/3 지점에 있는 애자(전선에서 2/3 지점에 있는 애자)   **답** ③

30 비등수형 원자로의 특색에 대한 설명으로 옳지 않은 것은?

① 증기 발생기가 필요하다.
② 저농축 우라늄을 연료로 사용한다.
③ 순환펌프로서는 급수펌프뿐이므로 펌프동력이 작다.
④ 방사능 때문에 증기는 완전히 기수분리를 해야 한다.

풀이 비등수형 원자로의 특징
① 증기 발생기가 필요 없고, 열교환기도 필요 없다.
② 증기가 직접 터빈에 들어가기 때문에 누출을 철저히 방지해야 한다.
③ 소내용 동력은 적어도 된다.
④ 노 내의 물의 압력이 높지 않다.
⑤ 노심 및 압력 용기가 커진다.   **답** ①

31 250[mm] 현수 애자 10개를 직렬로 접속한 애자연의 건조 섬락 전압이 590[kV]이고 연효율(string efficiency) 0.74이다. 현수 애자 한 개의 건조 섬락 전압은 약 몇 [kV]인가?

① 80   ② 90
③ 100   ④ 120

풀이 $\eta = \dfrac{V_n}{nV_1}$ 이므로
(여기서, V_n : 애자련의 섬락전압
n : 애자련의 애자개수
V_1 : 애자 1개의 섬락전압)
∴ $V_1 = \dfrac{V_n}{n\eta} = \dfrac{590}{10 \times 0.74} \fallingdotseq 80[kV]$ **답** ①

32 단일 부하의 선로에서 부하율 50[%], 선로 전류의 변화 곡선의 모양에 따라 달라지는 계수 $\alpha = 0.2$인 배전선의 손실계수는 얼마인가?

① 0.05   ② 0.15
③ 0.25   ④ 0.30

풀이 손실계수
$H = \alpha F + (1-\alpha)F^2 = 0.2 \times 0.5 + (1-0.2) \times 0.5^2$
$= 0.3$ **답** ④

33 부하전류의 차단능력이 없는 것은?

① 공기차단기   ② 유입차단기
③ 진공차단기   ④ 단로기

풀이 • 차단기(CB) : 아크 소호 능력이 있어 부하전류나 사고전류의 차단이 가능하다.
• 단로기(DS) : 아크 소호 능력이 없어 부하전류나 사고전류의 개폐가 불가능하며, 기기를 전로에서 개방할 때 또는 모선의 접속 변경 시 사용한다.   **답** ④

34 그림과 같은 단상 2선식 배선에서 인입구 A점의 전압이 220[V]라면 C점의 전압[V]은? (단, 저항값은 1선의 값이며 AB간은 0.05[Ω], BC간은 0.1[Ω]이다.)

① 214
② 210
③ 196
④ 192

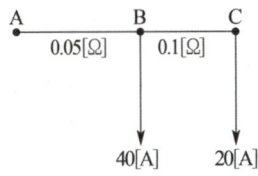

풀이
- B점의 전압
$V_B = V_A - 2IR = 220 - 2 \times (40+20) \times 0.05$
$= 214[V]$
- C점의 전압
$V_C = V_B - 2IR = 214 - 2 \times 20 \times 0.1$
$= 210[V]$ **답** ②

35 배전선로의 손실을 경감시키는 방법이 아닌 것은?

① 전압조정
② 역률 개선
③ 다중접지방식 채용
④ 부하의 불평형 방지

풀이 배전선로의 전력손실 $P_L = 3I^2r = \dfrac{\rho W^2 L}{A V^2 \cos^2\theta}$

여기서, ρ : 고유저항, W : 부하전력
L : 배전 거리, A : 전선의 단면적
V : 수전 전압, $\cos\theta$: 부하역률 **답** ③

36 원자로에서 독작용을 올바르게 설명한 것은?

① 열중성자가 독성을 받는 것을 말한다.
② 방사성 물질이 생체에 유해작용을 하는 것을 말한다.
③ 열중성자 이용률이 저하되고 반응도가 감소되는 작용을 말한다.
④ $_{54}Xe^{135}$와 $_{62}Sm^{149}$가 인체에 독성을 주는 작용을 말한다.

풀이 원자로 운전 중 연료 내에 핵분열 생성 물질이 축적된다. 이 핵분열 생성물 중에서 열중성자의 흡수 단면적이 큰 것이 포함되어 있다. 이것이 원자로의 반응도를 저하시키는 작용을 한다. 이것을 독작용(poisoning)이라 하고 열중성자 흡수 단면적이 큰 핵분열 생성물을 독물질(poison)이라고 한다. **답** ③

37 전선 지지점에 고저차가 없는 경간 300[m]인 송전선로가 있다. 이도를 8[m]로 유지할 경우 지지점 간의 전선 길이는 약 몇 [m]인가?

① 300.1[m]   ② 300.3[m]
③ 300.6[m]   ④ 300.9[m]

풀이 전선의 길이 $L = S + \dfrac{8D^2}{3S} = 300 + \dfrac{8 \times 8^2}{3 \times 300}$
$= 300.57[m]$ **답** ③

38 전력계통에서 무효전력을 조정하는 조상설비 중 전력용 콘덴서를 동기조상기와 비교할 때 옳은 것은?

① 전력손실이 크다.
② 지상 무효전력분을 공급할 수 있다.
③ 전압조정을 계단적으로 밖에 못한다.
④ 송전선로를 시송전할 때 선로를 충전할 수 있다.

풀이 조상 설비

항 목	동기조상기	전력용 콘덴서	분로 리액터
무효전력	진상, 지상 양용	진상전용	지상전용
조정	연속적	계단적	계단적
시송전	가능	불가능	불가능

답 ③

39 수전단에 관련된 다음 사항 중 틀린 것은?

① 경부하 시 수전단에 설치된 동기조상기는 부족여자로 운전
② 중부하 시 수전단에 설치된 동기조상기는 부족여자로 운전
③ 중부하 시 수전단에 전력 콘덴서를 투입
④ 시충전 시 수전단전압이 송전단보다 높게 됨

풀이 경부하 시 수전단에 설치된 동기조상기는 부족여자로 운전하고, 중부하 시 수전단에 설치된 동기조상기는 과여자로 운전한다.

- 경부하 시 부족여자 운전 : 리액터로 작용
- 중부하 시 과여자 운전 : 콘덴서로 작용   답 ②

40 3상용 차단기의 정격차단용량이라 함은?

① 정격전압 × 정격차단전류
② $\sqrt{3}$ × 정격전압 × 정격전류
③ 3 × 정격전압 × 정격차단전류
④ $\sqrt{3}$ × 정격전압 × 정격차단전류

풀이 차단기 용량
$P_s = \sqrt{3}\, VI_s = \sqrt{3} \times$ 정격전압 × 정격차단전류

답 ④

2021년 전력공학_전기산업기사·공사산업기사_CBT 복원문제

문제의 번호는 실제 시험문제의 번호와 같게 하였습니다.

2021년 - 1회 _ 전기산업기사·공사산업기사

21. 전력계통의 안정도 향상대책으로 옳지 않은 것은?

① 계통의 직렬 리액턴스를 낮게 한다.
② 고속도 재폐로방식을 채용한다.
③ 지락전류를 크게 하기 위하여 직접 접지방식을 채용한다.
④ 고속도 차단방식을 채용한다.

풀이 안정도 향상 대책
① 계통의 직렬 리액턴스 감소(다회선 방식 채택, 복도체 방식 채택, 기기의 리액턴스 감소)
② 전압변동률을 적게 한다(속응여자방식 채용, 계통의 연계, 중간 조상 방식).
③ 계통에 주는 충격을 적게 한다(적당한 중성점접지방식, 고속차단방식, 재폐로방식).
④ 고장 중의 발전기 돌입 출력의 불평형을 적게 한다.

답 ③

22. 가공 송전선에 사용하는 애자련 중 전압부담이 최대인 것은?

① 전선에 가장 가까운 것
② 중앙에 있는 것
③ 철탑에 가장 가까운 것
④ 철탑에서 $\frac{1}{3}$ 지점의 것

풀이
• 최대 전압 분담애자 : 전선에 가장 가까운 애자,
• 최소전압 분담애자 : 전선으로부터 2/3(철탑에서 1/3)되는 지점에 있는 애자

답 ①

23. 송전선의 특성 임피던스를 Z_0, 전파속도를 V라 할 때, 이 송전선의 단위길이에 대한 인덕턴스 L은?

① $L = \dfrac{V}{Z_0}$ ② $L = \dfrac{Z_0}{V}$

③ $L = \dfrac{Z_0^2}{V}$ ④ $L = \sqrt{Z_0 V}$

풀이
• 파동 임피던스 $Z_0 = \sqrt{\dfrac{L}{C}}$
• 전파속도 $V = \sqrt{\dfrac{1}{LC}}$

$\therefore \dfrac{Z_0}{V} = \sqrt{\dfrac{\frac{L}{C}}{\frac{1}{LC}}} = L$

답 ②

24. 부하측에 밸런스를 필요로 하는 배전 방식은?

① 3상 3선식   ② 3상 4선식
③ 단상 2선식   ④ 단상 3선식

풀이 단상 3선식은 단상 2선식에 비해 다음과 같은 특징이 있다.
① 소요전선량이 적어도 된다.
② 중성선이 단선하면 불평형부하일 경우 부하 전압에 심한 불평형이 발생하므로 중성선에는 퓨즈를 삽입해서는 안된다.
③ 110[V] 부하 외에 220[V] 부하의 사용이 가능하다.
④ 전압 불평형을 줄이기 위한 대책으로서 저압선의 말단에 밸런서를 설치한다.

답 ④

25. 3상용 차단기의 정격차단용량은?

① $\dfrac{1}{\sqrt{3}}$(정격 전압)×(정격 차단전류)

② $\dfrac{1}{\sqrt{3}}$(정격 전압)×(정격 전류)

③ $\sqrt{3}$(정격 전압)×(정격 전류)

④ $\sqrt{3}$(정격 전압)×(정격 차단전류)

풀이 차단기 용량
$P_s = \sqrt{3} V I_s = \sqrt{3} \times$ 정격전압 × 정격차단전류

답 ④

26 차단기에서 O – 3분 – CO – 3분 – CO인 것의 의미는? 단, O : 차단동작, C : 투입동작, CO : 투입동작에 뒤따라 곧 차단동작

① 일반 차단기의 표준동작책무
② 자동 재폐로용
③ 정격차단용량 50[mA] 미만의 것
④ 무전압시간

풀이 차단기의 동작책무 : 어느 시간 간격을 두고 행하여지는 일련의 동작을 규정한 것
• 일반용 :
 CO – 15초 – CO, O – 3분 – CO – 3분 – CO
• 고속도 재투입용 :
 O – 0.3초 – CO – 3분(또는 15초, 1분) – CO 답 ①

27 그림에서와 같이 부하가 균일한 밀도로 도중에서 분기되어 선로전류가 송전단에 이를수록 직선적으로 증가할 경우 선로 말단의 전압강하는 이 송전단 전류와 같은 전류의 부하가 선로의 말단에만 집중되어 있을 경우의 전압강하 보다 대략 어떻게 되는가? (단, 부하역률은 모두 같다고 한다.)

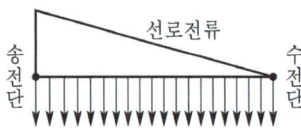

① $\dfrac{1}{3}$로 된다.　② $\dfrac{1}{2}$로 된다.
③ 동일하다.　　　④ $\dfrac{1}{4}$로 된다.

풀이 집중 부하와 분산부하

구 분	전력손실	전압강하
말단에 집중 부하	$I^2 rL$	IrL
균등 분포 부하	$\dfrac{1}{3}I^2 rL$	$\dfrac{1}{2}IrL$

여기서, I : 전선의 전류
　　　r : 전선 단위길이 당 저항
　　　L : 전선의 길이　답 ②

28 피뢰기의 정격전압이란?

① 상용주파수의 방전개시전압
② 속류를 차단할 수 있는 최고의 교류전압
③ 방전을 개시할 때 단자전압의 순시값
④ 충격방전전류를 통하고 있을 때 단자전압

풀이 피뢰기 정격전압
속류를 차단하는 교류 최고전압. 즉, 피뢰기의 양 단자 사이에 인가할 수 있는 상용주파수의 최대전압의 실효값을 말한다.　답 ②

29 어느 빌딩 부하의 총설비 전력이 400[kW], 수용률이 0.5라 하면 이 빌딩의 변전설비용량은 몇 [kVA]인가? 단, 부하역률은 80%라 한다.

① 180[kVA]　② 250[kVA]
③ 300[kVA]　④ 360[kVA]

풀이 변압기 용량 $= \dfrac{\text{설비 용량} \times \text{수용률}}{\text{역률}}$ [kVA]
$= \dfrac{400 \times 0.5}{0.8} = 250$[kVA]　답 ②

30 전극의 어느 일부분의 전위경도가 커져서 공기와의 절연이 파괴되어 생기는 현상은?

① 페란티 현상
② 코로나 현상
③ 카르노 현상
④ 보어 현상

풀이 전선 주위의 공기절연이 국부적으로 파괴되어 낮은 소리나 엷은 빛을 내면서 방전하게 되는 현상을 코로나 또는 코로나 방전이라고 한다.　답 ②

31 연가를 하는 주된 목적으로 옳은 것은?

① 선로정수의 평형
② 유도뢰의 방지
③ 계전기의 확실한 동작의 확보
④ 전선의 절약

풀이
• 연가는 선로정수를 평형시키고 통신선의 유도장해를 방지하기 위하여 선로를 3배수 등분하여 실시한다.
• 연가의 목적 : 직렬공진 방지, 유도장해 감소, 선로정수 평형　답 ①

32 설비 용량 900[kW], 부등률 1.2, 수용률 50[%]일 때 합성 최대 전력은 몇 [kW]인가?

① 300 ② 375
③ 400 ④ 415

풀이 합성 최대 전력 = $\dfrac{설비용량 \times 수용률}{부등률}$

$= \dfrac{900 \times 0.5}{1.2} = 375[kW]$ **답** ②

33 저항 10[Ω], 리액턴스 15[Ω]인 3상 송전선로가 있다. 수전단 전압 60[kV], 부하역률 0.8[lag], 전류 100[A]라 할 때 송전단 전압은?

① 약 33[kV] ② 약 42[kV]
③ 약 58[kV] ④ 약 63[kV]

풀이 $V_s = V_r + \sqrt{3}\,I(R\cos\theta + X\sin\theta)$
$= 60 \times 10^3 + \sqrt{3} \times 100 \times (10 \times 0.8 + 15 \times 0.6)$
$= 62944[V] \fallingdotseq 63[kV]$ **답** ④

34 역률 80[%]인 10000[kVA]의 부하를 갖는 변전소에 2000[kVA]의 콘덴서를 설치해서 역률을 개선하면 변압기에 걸리는 부하는 약 몇 [kVA]인가?

① 8000 ② 8540
③ 8940 ④ 9440

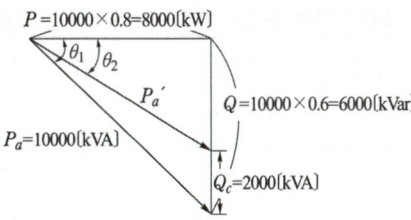

- 유효전력
 $P = P_a \cos\theta_1 = 10000 \times 0.8 = 8000[kW]$
- 무효전력
 $Q = P_a \sin\theta_1 = 10000 \times \sqrt{1-0.8^2} = 6000[kVar]$
- 전력용 콘덴서 $Q_c = 2000[kVA]$
 따라서 변압기에 걸리는 부하 P_a'은
 $P_a' = \sqrt{P^2 + (Q_1 - Q_c)^2} = \sqrt{8000^2 + (6000-2000)^2}$
 $= 8944.27[kVA]$ **답** ③

35 부하전력 및 역률이 같을 때 전압을 n배 승압하면 전압강하율과 전력손실은 어떻게 되는가?

	전압강하율	전력손실		전압강하율	전력손실
①	$\dfrac{1}{n^2}$	$\dfrac{1}{n^2}$	②	$\dfrac{1}{n}$	$\dfrac{1}{n}$
③	$\dfrac{1}{n}$	$\dfrac{1}{n^2}$	④	$\dfrac{1}{n^2}$	$\dfrac{1}{n}$

풀이 ① 전압강하 $e = \dfrac{P}{V}(R + X\tan\theta)$

전압강하율 $\epsilon = \dfrac{e}{V} = \dfrac{P}{V^2}(R + X\tan\theta)$

n배 승압하였을 때 전압강하율
$\epsilon' = \dfrac{P}{(nV)^2}(R + X\tan\theta)$

$\therefore \dfrac{\epsilon'}{\epsilon} = \dfrac{\dfrac{P}{n^2 V^2}(R + X\tan\theta)}{\dfrac{P}{V^2}(R + X\tan\theta)} = \dfrac{1}{n^2}$ 배

② 전력손실 $P_l = 3I^2 R = \dfrac{P^2 R}{V^2 \cos^2\theta}$

n배 승압하였을 때의 전력손실 $P_l' = \dfrac{P^2 R}{n^2 V^2 \cos^2\theta}$

$\therefore \dfrac{P_l'}{P_l} = \dfrac{\dfrac{P^2 R}{n^2 V^2 \cos^2\theta}}{\dfrac{P^2 R}{V^2 \cos^2\theta}} = \dfrac{1}{n^2}$ 배 **답** ①

36 3상 3선식 3각형 배치의 송전선로에 있어서 각 선의 대지 정전용량이 0.5038[μF]이고, 선간 정전용량이 0.1237[μF]일 때 1선의 작용 정전용량은 몇 [μF]인가?

① 0.6275 ② 0.8749
③ 0.9164 ④ 0.9755

풀이 $C_n = C_s + 3C_m = 0.5038 + 3 \times 0.1237 = 0.8749[\mu F]$
여기서, C_n : 작용정전용량
C_s : 대지정전용량,
C_m : 선간정전용량 **답** ②

37 차단기와 차단기의 소호 매질이 틀리게 결합된 것은 어느 것인가?

① 공기차단기 – 압축 공기
② 가스 차단기 – SF_6 가스
③ 자기 차단기 – 진공
④ 유입 차단기 – 절연유

풀이

종 류	소호작용
유입 차단기(OCB)	• 소호작용 : 절연유 • 기름이 분해되면 수소(H_2) 발생
진공 차단기(VCB)	고진공의 절연 특성을 이용
자기 차단기(MBB)	자기력으로 소호
공기 차단기(ABB)	압축공기로 소호
가스 차단기(GCB)	SF_6 가스 이용

답 ③

38 배전선의 전력손실 경감 대책이 아닌 것은?

① 피더(feeder) 수를 줄인다.
② 역률을 개선한다.
③ 배전 전압을 높인다.
④ 부하의 불평형을 방지한다.

풀이
• 배전선로의 전력손실 $P_l = 3I^2 r = \dfrac{\rho W^2 L}{A V^2 \cos^2\theta}$

ρ : 고유저항, W : 부하전력, L : 배전 거리,
A : 전선의 단면적, V : 수전 전압, $\cos\theta$: 부하역률

• 배전선의 전력손실을 경감하기 위해서는 역률을 개선하거나 배전 전압을 높여야 한다. 답 ①

39 그림과 같은 T형 4단자 회로의 4단자 정수 중 B의 값은?

① $1 + \dfrac{Z_1}{Z_3}$

② $\dfrac{1}{Z_3}$

③ $\dfrac{Z_3 + Z_2}{Z_3}$

④ $\dfrac{Z_1 Z_2 + Z_2 Z_3 + Z_3 Z_1}{Z_3}$

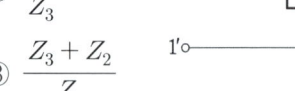

풀이
$\begin{bmatrix} 1 & Z_1 \\ 0 & 1 \end{bmatrix} \begin{bmatrix} 1 & 0 \\ \dfrac{1}{Z_3} & 1 \end{bmatrix} \begin{bmatrix} 1 & Z_2 \\ 0 & 1 \end{bmatrix}$

$= \begin{bmatrix} \dfrac{Z_1 + Z_3}{Z_3} & \dfrac{Z_1 Z_2 + Z_2 Z_3 + Z_3 Z_1}{Z_3} \\ \dfrac{1}{Z_3} & \dfrac{Z_2 + Z_3}{Z_3} \end{bmatrix}$

답 ④

40 단상 2선식 교류 배전선로가 있다. 전선의 1가닥 저항이 0.15[Ω]이고, 리액턴스는 0.25[Ω]이다. 부하는 순저항부하이고 100[V], 3[kW]이다. 급전점의 전압[V]은 약 얼마인가?

① 105   ② 110
③ 115   ④ 124

풀이
부하전류 $I = \dfrac{P}{V} = \dfrac{3000}{100} = 30[A]$

$\therefore V_s = V_r + 2IZ = V_r + 2I(R + jX)$
$= 100 + 2 \times 30 \times (0.15 + j0.25)$
$= (100 + 2 \times 30 \times 0.15) + j(2 \times 30 \times 0.25)$
$= 109 + j15 = \sqrt{109^2 + 15^2} \fallingdotseq 110[V]$ 답 ②

2021년 - 2회 _ 전기산업기사·공사산업기사

21 송전선에 복도체(또는 다도체)를 사용할 경우 같은 단면적의 단도체를 사용하였을 경우에 비하여 다음 표현 중 적합하지 않는 것은?

① 전선의 인덕턴스는 감소되고 정전용량은 증가된다.
② 고유 송전용량이 증대되고 정태 안정도가 증대된다.
③ 전선 표면의 전위 경도가 증가한다.
④ 전선의 코로나 개시전압이 높아진다.

풀이 복도체 방식의 장점
① 전선의 인덕턴스가 감소하고 정전용량이 증가되어 선로의 송전 용량이 증가하고 계통의 안정도를 증진시킨다.
② 전선 표면의 전위 경도가 저감되므로 코로나 임계전압을 높일 수 있고 코로나손, 코로나 잡음 등의 장해가 저감된다. 답 ③

22 다음 중 조상(調相)설비에 해당되지 않는 것은?

① 분로 리액터 ② 동기조상기
③ 상순(相順) 표시기 ④ 진상 콘덴서

풀이 조상 설비

항 목	동기조상기	전력용 콘덴서	분로 리액터
무효전력	진상, 지상 양용	진상전용	지상전용
조정	연속적	계단적	계단적
시송전	가능	불가능	불가능

답 ③

23 송전계통에서 콘덴서와 리액터를 직렬로 연결하여 제거시키는 고조파는?

① 제2고조파 ② 제3고조파
③ 제4고조파 ④ 제5고조파

풀이
- 송전선로에는 변압기의 유기 기전력이 발생할 때에 생기는 기수 고조파가 존재하게 되는데, 제3고조파는 변압기의 △결선에서 제거되고 제5고조파는 전력용 콘덴서에 직렬 리액터를 삽입하여 제거시킨다.
- 직렬 리액터 용량
  - 이론 : 콘덴서 용량 × 4[%]
  - 실제 : 콘덴서 용량 × 5~6[%]

답 ④

24 발전소 원동기로 이용되는 가스터빈의 특징을 증기터빈과 내연기관에 비교하였을 때 옳은 것은?

① 평균효율이 증기터빈에 비하여 대단히 낮다.
② 기동시간이 짧고 조작이 간단하므로 첨두부하 발전에 적당하다.
③ 냉각수가 비교적 많이 든다.
④ 설비가 복잡하며, 건설비 및 유지비가 많고 보수가 어렵다.

풀이 가스 터빈의 장점
① 소형 경량으로 건설비가 싸고 유지비가 적다.
② 기동시간이 짧고 부하의 급변에도 잘 견딘다.
③ 냉각수가 다량으로 필요치 않다.
④ 첨두부하 발전용으로 사용한다.

답 ②

25 피뢰기의 구비조건이 아닌 것은?

① 속류의 차단능력이 충분할 것
② 충격 방전 개시 전압이 높을 것
③ 상용 주파 방전 개시 전압이 높을 것
④ 방전 내량이 크고, 제한 전압이 낮을 것

풀이 피뢰기의 구비조건
- 상용 주파 방전 개시 전압이 높을 것
- 충격 방전 개시 전압이 낮을 것
- 제한 전압이 낮을 것
- 속류 차단 능력이 클 것

답 ②

26 3상 송전선로의 선간전압이 100[kV], 기준용량이 10,000[kVA]일 때, 1선 당의 선로리액턴스 150[Ω]을 %임피던스로 환산하면 몇 [%]인가?

① 5 ② 10
③ 15 ④ 20

풀이
$$\%Z = \frac{PZ}{10V^2} = \frac{10,000 \times 150}{10 \times 100^2} = 15[\%]$$
(V : 정격전압[kV], P : 기준용량[kVA])

답 ③

27 배전 계통에서 콘덴서를 설치하는 것은 여러 가지 목적이 있으나 그 중에서 가장 주된 목적은?

① 전압 강하 보상 ② 전력 손실 감소
③ 송전 용량 증가 ④ 기기의 보호

풀이 전력용 콘덴서 설치(역률 개선)의 효과
① 전력 손실 감소
② 변압기, 개폐기 등의 소요 용량 감소
③ 송전 용량 증대
④ 전압 강하 감소
이들 중 가장 큰 효과는 전력 손실 감소이다(전력 손실은 역률의 제곱에 역비례 하여 감소한다).

답 ②

28 수전 용량에 비해 첨두부하가 커지면 부하율은 그에 따라 어떻게 되는가?

① 높아진다.
② 낮아진다.
③ 변하지 않고 일정하다.
④ 부하의 종류에 따라 달라진다.

풀이 부하율 = $\dfrac{평균전력}{최대전력} \times 100$

에서 **첨두부하가 커지면 부하율은 낮아진다.** **답** ②

29 보호계전기 동작이 가장 확실한 중성점접지방식은?

① 비접지방식
② 저항접지방식
③ 직접 접지방식
④ 소호 리액터접지방식

풀이 직접 접지방식의 장·단점
 [장점] ① 1선 지락 시에 건전상의 대지전압이 거의 상승하지 않는다.
    ② 피뢰기의 효과를 증진시킬 수 있다.
    ③ 단절연이 가능하다.
    ④ 계전기의 동작이 확실해진다.
 [단점] ① 송전 계통의 과도 안정도가 나빠진다.
    ② 통신선에 유도 장해가 크다.
    ③ 기기에 큰 영향을 주어 손상을 준다.
    ④ 대용량 차단기가 필요하다. **답** ③

30 전등 설비 250[W], 전열 설비 800[W], 전동기 설비 200[W], 기타 150[W]인 수용가가 있다. 이 수용가의 최대 수용 전력이 910[W]이면 수용률은?

① 65   ② 70
③ 75   ④ 80

풀이 수용률 = $\dfrac{최대\ 수용\ 전력}{설비\ 용량(접속\ 부하)} \times 100$

$= \dfrac{910}{250+800+200+150} \times 100$

$= \dfrac{910}{1400} \times 100 = 65[\%]$ **답** ①

31 단락전류를 제한하기 위하여 사용되는 것은?

① 현수애자   ② 사이리스터
③ 한류 리액터 ④ 직렬 콘덴서

풀이 **한류 리액터는** 선로에 직렬로 설치한 리액터로 단락 사고시 발전기가 전기자 반작용이 일어나기 전 커다란 **돌발 단락전류가 흐르므로 이를 제한하기 위해 설치한다.** **답** ③

32 송전선로에서 역섬락이 생기기 가장 쉬운 경우는?

① 선로 손실이 큰 경우
② 코로나 현상이 발생한 경우
③ 선로정수가 균일하지 않을 경우
④ 철탑의 탑각 접지 저항이 큰 경우

풀이 **탑각 접지 저항이 충분히 낮지 않으면** 가공 지선이 포착한 직격뢰는 대지로 흐를 수 없고, 철탑 전위가 상승하여 철탑부가 애자를 통하여 또는 경간 내에서 가공지선과 전력선간의 공기를 통하여, 전력선에 방전하는 **역섬락을 일으킨다.** **답** ④

33 송전선로에 관한 설명 중 옳지 않은 것은?

① 송전선로의 유도 장해를 억제하기 위해서 접지저항은 보호장치가 허용할 수 있는 범위에서 작게 하여야 한다.
② 송전선로에 발생하는 내부 이상 전압은 그 대부분이 사용 대지 전압의 파고값의 약 4배 이하이다.
③ 송전계통의 안정도를 높이기 위해 복도체 방식을 택하거나 직렬 콘덴서 등을 설치한다.
④ 결합 콘덴서는 반송 전화 장치를 송전선에 결합시키기 위해 사용하는 것으로 그 용량은 $0.001 \sim 0.002[\mu F]$ 정도이다.

풀이 보호장치가 허용할 수 있는 범위내에서 접지저항값을 크게 하여야 한다. **접지저항이 작으면, 직접 접지와 비슷해지므로 유도장해가 증가**된다. **답** ①

34 송전선의 중성점을 접지하는 이유가 아닌 것은?

① 코로나를 방지한다.
② 기기의 절연강도를 낮출 수 있다.
③ 이상전압을 방지한다.
④ 지락사고선을 선택 차단한다.

풀이 ① 송전선로의 중성점 접지 목적
 • 지락고장 시 건전상의 대지전위상승을 억제, 전선로 및 기기의 절연 레벨을 경감
 • 뇌, 아크 지락, 기타에 의한 이상전압의 경감 및 발생 억제

- 지락고장 시 접지계전기의 확실한 동작
- 소호 리액터 접지방식에서는 1선 지락 시의 아크 지락을 재빨리 소멸시켜 그대로 송전을 계속할 수 있게 한다.
② 코로나를 방지하기 위해서는 복도체를 사용한다.

답 ①

35 철탑으로부터의 전선의 오프셋을 주는 이유로 가장 알맞은 것은?

① 불평형 전압의 유도 방지
② 지락사고 방지
③ 전선의 진동방지
④ 상하 전선의 접촉 방지

풀이 오프셋은 전선의 도약으로 인한 상하 전선의 단락을 방지하기 위하여 철탑 지지점의 위치를 수직에서 벗어나게 함을 말한다.

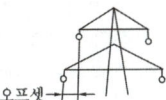

답 ④

36 중성점 저항 접지방식의 병행 2회선 송전선로의 지락사고 차단에 사용되는 계전기는?

① 선택접지계전기   ② 거리계전기
③ 과전류계전기   ④ 역상계전기

풀이 병행 2회선의 지락사고 시에는 선택 접지계전기가 동작하여 사고선로를 선택 차단한다.

답 ①

37 수력발전소의 댐 설계 및 저수지 용량 등을 결정하는데 가장 적합하게 사용되는 것은?

① 유량도   ② 유황곡선
③ 수위-유량곡선 ④ 적산유량곡선

풀이 적산 유량 곡선은 매일의 수량을 차례로 적산해서 가로축에 일수를, 세로축에 적산 수량을 그린 곡선을 뜻한다.

답 ④

38 다음 중 송전계통의 절연협조에 있어서 절연레벨이 가장 낮은 기기는?

① 피뢰기   ② 단로기
③ 변압기   ④ 차단기

풀이
- 절연 협조는 피뢰기의 제한 전압이 기준이 된다. 따라서 피뢰기의 절연 레벨이 제일 낮다.
- 절연 레벨 : 피뢰기 < 변압기 < 차단기, CT, PT, … < 선로 애자

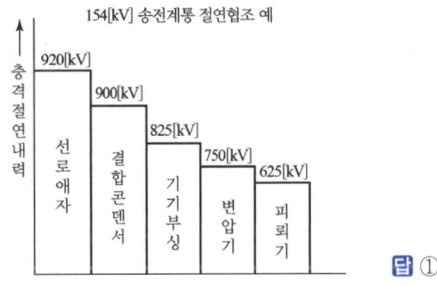

답 ①

39 다음 그림과 같이 200/5[CT] 1차측에 150[A]의 3상 평형 전류가 흐를 때 전류계 A_3에 흐르는 전류는 몇[A]인가?

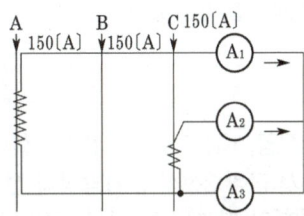

① 3.75   ② 5
③ $\sqrt{3}+3.75$ ④ $\sqrt{3}\times 5$

풀이 CT 권수비가 40이므로 1차측에 150[A]가 흐르면 2차측에는 $\frac{150}{40}=3.75$[A]가 흐른다.

$A_3 = |A_1+A_2| = \sqrt{A_1^2+A_2^2+2A_1A_2\cos\theta}$
$= \sqrt{3.75^2+3.75^2+2\times 3.75^2\cos 120} = 3.75$[A]

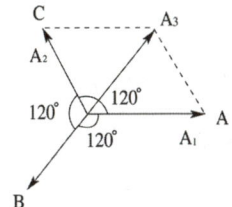

답 ①

40 전력선 반송전화 장치를 송전선에 연락하는 장치로 사용되는 것은?

① 분로 리액터 ② 분배기
③ 중계선륜 ④ 결합 콘덴서

풀이 결합 콘덴서 : 전력선 반송전파 장치와 송전선의 연결에 사용 **답** ④

$$\frac{3상3선식}{단상2선식} = \frac{3A_3 l\sigma}{2A_1 l\sigma} = \frac{3}{2} \times \frac{1}{2} = \frac{3}{4} = 0.75$$

답 ③

2021년 - 3회 _ 전기산업기사

21 6.6[kV] 고압 배전선로(비접지 선로)에서 지락 보호를 위하여 특별히 필요치 않은 것은?

① 과전류계전기(OCR)
② 선택접지계전기(SGR)
③ 영상변류기(ZCT)
④ 접지변압기(GPT)

풀이 비접지 계통의 지락 사고 검출
선택 접지 계전기(SGR) + 영상 전류 검출(ZCT) + 영상 전압 검출(GPT) **답** ①

22 배전전압, 배전거리 및 전력손실이 같다는 조건에서 단상 2선식 전기방식의 전선 총 중량을 100[%]라 할 때 3상 3선식 전기방식은 몇 [%]인가?

① 33.3 ② 37.5
③ 75.0 ④ 100.0

풀이
• 송전 전력은 동일하므로
$\sqrt{3} \, VI_3 \cos\theta = VI_1 \cos\theta$
$I_1 = \sqrt{3} \, I_3$
• 전력 손실이 동일하므로
$3I_3^2 \rho \frac{l}{A_3} = 2I_1^2 \rho \frac{l}{A_1}$
$3I_3^2 \rho \frac{l}{A_3} = 2(\sqrt{3}I_3)^2 \rho \frac{l}{A_1}$
$A_3 = \frac{1}{2} A_1$
따라서 전선량(무게)비

23 우리나라 22.9[kV] 배전선로에 적용하는 피뢰기의 공칭방전전류[A]는?

① 1500 ② 2500
③ 5000 ④ 10000

풀이 설치장소별 피뢰기 공칭 방전전류

공칭방전 전류	설치 장소	적 용 조 건
10,000[A]	변전소	1. 154[kV] 이상의 계통 2. 66[kV] 및 그 이하 계통에서 뱅크용량이 3,000[kVA]를 초과하거나 특히 중요한 곳 3. 장거리 송전선 케이블(배전선로 인출용 단거리 케이블은 제외) 및 정전축 전기 뱅크를 개폐하는 곳 4. 배전선로 인출측(배전 간선 인출용 장거리 케이블은 제외)
5,000[A]	변전소	66[kV] 및 그 이하 계통에서 뱅크 용량이 3,000[kVA] 이하인 곳
2,500[A]	선로	배전선로

[주] 전압 22.9[kV-Y] 이하(22[kV] 비접지 제외)의 배전선로에서 수전하는 설비의 피뢰기 공칭방전전류는 일반적으로 2,500[A]의 것을 적용한다. **답** ②

24 피뢰기의 제한 전압이란?

① 상용 주파 전압에 대한 피뢰기의 충격 방전 개시 전압
② 충격파 침입시 피뢰기의 충격 방전 개시 전압
③ 피뢰기가 충격파 방전종료 후 언제나 속류를 확실히 차단할 수 있는 상용 주파 허용 단자 전압
④ 충격파 전류가 흐르고 있을 때 피뢰기의 단자 전압

풀이 제한 전압 : 피뢰기 동작 중에 계속해서 걸리고 있는 단자 전압의 파고값 **답** ④

25 송전전력, 송전거리, 전선의 비중 및 전력손실률이 일정하다고 하면 전선의 단면적 $A[\text{mm}^2]$와 송전전압 $V[\text{kV}]$와의 관계로 옳은 것은?

① $A \propto V$ ② $A \propto V^2$
③ $A \propto \dfrac{1}{V^2}$ ④ $A \propto \sqrt{V}$

풀이
- 전력손실 $P_l = 3I^2 R = \dfrac{P^2 \rho l}{V^2 \cos^2 \theta A}$

  (전류 $I = \dfrac{P}{\sqrt{3}\, V\cos\theta}$)

- 전력손실률 $h = \dfrac{P_l}{P} = \dfrac{P\rho l}{hV^2 \cos^2 \theta}$ 에서

  전선의 단면적 $A = \dfrac{P\rho l}{hV^2 \cos^2 \theta}$

- $P, \rho, l, h, \cos\theta$가 일정한 경우이므로

  전선의 단면적 $A \propto \dfrac{1}{V^2}$ **답** ③

26 공기 차단기에 비해 SF_6 가스 차단기의 특징으로 볼 수 없는 것은?

① 같은 압력에서 공기의 2~3배 정도의 절연내력이 있다.
② 차단시 폭발음이 없다.
③ 소전류 차단시 이상전압이 높다.
④ 아크에 SF_6 가스는 분해되지 않고 무독성이다.

풀이 SF_6 가스 차단기의 특징
- 밀폐구조이므로 소음이 없다.
- 소전류 차단에도 안정된 차단이 가능하다.
- 절연내력이 공기의 2~3배, 소호 능력은 공기의 100~200배
- 근거리 고장 등 가혹한 재기전압에 대해서도 성능이 우수
- SF_6 가스는 무독, 무취, 무해성이다. **답** ③

27 화력 발전소에서 1[ton]의 석탄으로 발생시킬 수 있는 전력량은 약 몇 [kWh]인가? 단, 석탄 1[kg]의 발열량 5000[kcal], 효율은 20[%]이다.

① 960 ② 1060
③ 1160 ④ 1260

풀이 전력량 $W = \dfrac{mH\eta}{860} = \dfrac{1\times 1000\times 5000\times 0.2}{860}$
$= 1160[\text{kWh}]$ **답** ③

28 수력 발전소에서 유효 낙차 30[m], 유역 면적 8000[km²], 연간 강우량 1500[mm], 유출 계수 70[%]일 때 연간 발생 전력량은 몇 [kWh]인가? 단, 수차 발전기의 종합 효율은 85[%]이다.

① 5.83×10^5 ② 5.83×10^8
③ 6.73×10^5 ④ 6.73×10^8

풀이 평균유량

$Q = \dfrac{8000\times 10^6 \times \dfrac{1500}{1000}\times 0.7}{365\times 24\times 3600} = 266.36[\text{m}^3/\text{sec}]$

따라서 연간 발생 전력량 P는
$P = 9.8QH\eta t = 9.8\times 266.36\times 30\times 0.85\times 24\times 365$
$= 5.83\times 10^8[\text{kWh}]$ **답** ②

29 154[kV]의 송전 선로의 전압을 345[kV]로 승압하고 같은 손실률로 송전한다고 가정하면 송전 전력은 승압 전의 몇 배인가?

① 2 ② 3 ③ 4 ④ 5

풀이 송전전력은 전압의 제곱에 비례하므로
$P = KV^2 = K\left(\dfrac{345}{154}\right)^2 = 5K$ **답** ④

30 역상전류가 각상 전류로 바르게 표시된 것은 다음 중 어느 것인가?

① $\dot{I}_2 = \dot{I}_a + \dot{I}_b + \dot{I}_c$
② $\dot{I}_2 = 3(\dot{I}_a + a\dot{I}_b + a^2\dot{I}_c)$
③ $\dot{I}_2 = \dfrac{1}{3}(\dot{I}_a + a^2\dot{I}_b + a\dot{I}_c)$
④ $\dot{I}_2 = a\dot{I}_a + \dot{I}_b + a^2\dot{I}_c$

풀이 대칭 좌표법의 대칭 전류를 보면
- 정상전류 $I_1 = \dfrac{1}{3}(I_a + aI_b + a^2 I_c)$
- 역상전류 $I_2 = \dfrac{1}{3}(I_a + a^2 I_b + aI_c)$
- 영상전류 $I_0 = \dfrac{1}{3}(I_a + I_b + I_c)$ **답** ③

31 어느 변전소에서 합성 임피던스 0.5[%] (8000[kVA] 기준)인 곳에 시설할 차단기에 필요한 차단용량은 최저 몇 [MVA]인가?

① 1600　　② 2000
③ 2400　　④ 2800

풀이
$$P_s = \frac{100}{\%Z} \times P = \frac{100}{0.5} \times 8000 \times 10^{-3}$$
$$= 1600 [MVA]$$
답 ①

32 유효낙차 150[m], 최대출력 250000[kW]의 수력발전소의 최대사용수량은 약 몇 [m³/sec]인가? 단, 수차의 효율은 90[%], 발전기의 효율은 98[%]이다.

① 236　　② 193
③ 182　　④ 173

풀이 발전기 이론 출력
$$P_g = 9.8 Q H \eta_g \eta_t [kW]$$
$$\therefore Q = \frac{P_g}{9.8 H \eta_g \eta_t} = \frac{250000}{9.8 \times 150 \times 0.98 \times 0.90}$$
$$\fallingdotseq 193 [m^3/sec]$$
답 ②

33 발전기의 자기여자현상을 방지하기 위한 대책으로 적합하지 않은 것은?

① 단락비를 크게 한다.
② 포화율을 작게 한다.
③ 선로의 충전전압을 높게 한다.
④ 발전기 정격전압을 높게 한다.

풀이 발전기 1대로 송전 선로를 충전하는 경우 여자를 일으키지 않기 위해서는 단락비가 큰 발전기라야 한다. 안전하게 선로를 충전할 수 있는 단락비의 값은 다음 식을 만족하여야 한다.

단락비 $> \frac{Q'}{Q}\left(\frac{V}{V'}\right)^2 (1+\sigma)$

여기서, Q' : 소요 충전 전압 V'에서 선로의 충전 용량[kVA]
Q : 발전기의 정격 출력[kVA]
V : 발전기의 정격 전압[V]
σ : 발전기의 정격 전압에서의 포화율

따라서 선로의 충전 전압은 높게, **발전기 정격전압은 낮게**, 포화율은 작게 해야 **발전기의 자기여자현상을 방지**할 수 있다.
답 ④

34 간격 S인 정4각형 배치의 4도체에서 소선 상호 간의 기하학적 평균 거리는?

① $\sqrt{2}\,S$　　② $\sqrt{S}$
③ $\sqrt[3]{S}$　　④ $\sqrt[6]{2}\,S$

풀이 $\sqrt[6]{S \cdot S \cdot S \cdot S \cdot \sqrt{2}S \cdot \sqrt{2}S} = \sqrt[6]{2}\,S$

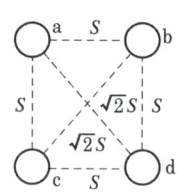

답 ④

35 조력 발전소에 대한 다음 설명 중 옳은 것은?

① 간만의 차가 적은 해안에 설치한다.
② 완만한 해안선을 이루고 있는 지점에 설치한다.
③ 만조로 되는 동안 바닷물을 받아들여 발전한다.
④ 지형적 조건에 따라 수로식과 양수식이 있다.

풀이 조력 발전은 조수 간만의 수위 차를 이용하여 발전하는 것으로 다음과 같이 구분된다.
- **단류식** : **밀물(만조) 시 발전**을 하는 창조식과 썰물(간조) 시 발전을 하는 낙조식이 있다.
- **복류식** : 밀물과 썰물 때 양쪽방향으로 발전을 하는 방식이다.
답 ③

36 배전 전압을 6,600[V]에서 11,400[V]로 높이면 수송전력이 같을 때 전력손실은 처음의 약 몇 배로 줄일 수 있는가?

① 1/2　　② 1/3
③ 2/3　　④ 3/4

풀이 전력손실 $P_l = 3I^2 R = \frac{P^2 R}{V^2 \cos^2\theta} \propto \frac{1}{V^2}$ 이므로,

$$\therefore P_l' = \frac{6600^2}{11400^2} P_l \fallingdotseq \frac{1}{3} P_l$$
답 ②

37 전력선 a의 충전 전압을 E, 통신선 b의 대지 정전 용량을 C_b, a-b 사이의 상호 정전 용량을 C_{ab}라고 하면 통신선 b의 정전 유도 전압 E_s는?

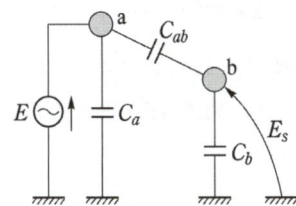

① $\dfrac{C_{ab}+C_b}{C_b}E$ ② $\dfrac{C_{ab}+C_a}{C_{ab}}E$

③ $\dfrac{C_b}{C_{ab}+C_b}E$ ④ $\dfrac{C_{ab}}{C_{ab}+C_b}E$

풀이

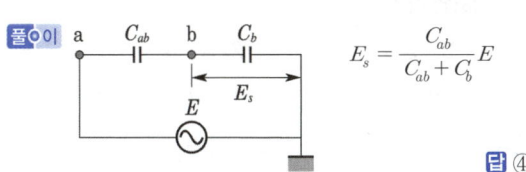

$E_s = \dfrac{C_{ab}}{C_{ab}+C_b}E$

답 ④

38 장거리 송전선로의 특성은 무슨 회로로 다루는 것이 가장 좋은가?

① 특성 임피던스 회로 ② 집중정수 회로
③ 분포정수 회로 ④ 분산부하 회로

풀이

구분	거리	선로 정수	회로
단거리	수[km]	R, L만 고려	집중정수회로로 취급(직렬회로)
중거리	수십[km]	R, L, C만 고려	집중정수회로로 취급 (T회로, π회로)
장거리	수백[km]	R, L, C, g 고려	분포정수회로로 취급

답 ③

39 뇌해 방지와 관계가 없는 것은?

① 매설지선 ② 가공지선
③ 소호각 ④ 댐퍼

풀이 뇌의 보호 장치 및 기능
• 매설지선 : 역섬락 방지
• 가공지선 : 뇌의 차폐
• 소호각 : 애자련 보호
• 피뢰기 : 기기 보호
댐퍼는 선로의 진동 방지에 쓰인다.

답 ④

40 그림과 같은 3상 발전기가 있다. a상이 지락한 경우 지락전류는 어떻게 표현되는가? 단, Z_0 : 영상 임피던스, Z_1 : 정상 임피던스, Z_2 : 역상 임피던스이다.

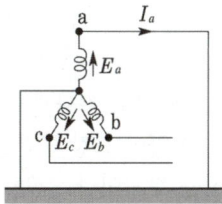

① $\dfrac{E_a}{Z_0+Z_1+Z_2}$ ② $\dfrac{3E_a}{Z_0+Z_1+Z_2}$

③ $\dfrac{-Z_0 E_a}{Z_0+Z_1+Z_2}$ ④ $\dfrac{2Z_2 E_a}{Z_1+Z_2}$

풀이 대칭좌표법과 발전기의 기본식을 이용하여 풀면

$$I_0 = I_1 = I_2 = \dfrac{E_a}{Z_0+Z_1+Z_2}$$

$$\therefore I_a = I_0 + I_1 + I_2 = 3I_0 = \dfrac{3E_a}{Z_0+Z_1+Z_2}$$

답 ②

2021년 — 4회 _ 공사산업기사

21 전력 원선도의 실수축과 허수축은 각각 어느 것을 나타내는가?

① 실수축은 전압이고, 허수축은 전류이다.
② 실수축은 전압이고, 허수축은 역률이다.
③ 실수축은 전류이고, 허수축은 유효전력이다.
④ 실수축은 유효전력이고, 허수축은 무효전력이다.

풀이 전력 원선도의 가로축은 유효전력을, 세로축은 무효전력을 나타낸다.

답 ④

22 다음 중 배전 선로에 사용되는 개폐기의 종류와 그 특성의 연결이 바르지 못한 것은?

① 컷아웃 스위치(COS) – 주된 용도로는 주상변압기의 고장이 배전선로에 파급되는 것을 방지하고 변압기의 과부하 소손을 예방하고자 사용한다.
② 부하 개폐기 – 고장 전류와 같은 대전류는 차단할 수 없지만 평상 운전시의 부하전류는 개폐할 수 있다.
③ 리클로저(recloser) – 선로에 고장이 발생하였을 때 고장 전류를 검출하여 지정된 시간 내에 고속 차단하고 자동 재폐로 동작을 수행하여 고장 구간을 분리하거나 재송전하는 장치이다.
④ 섹셔널라이저(sectionalizer) – 고장 발생 시 신속히 고장 전류를 차단하여 사고를 국부적으로 분리시키는 것으로 후비보호 장치와 직렬로 설치하여야 한다.

풀이 섹셔널라이저(sectionalizer)
배전선로에 고장이 발생할 경우 리클로저의 동작으로 선로가 무전압 상태가 되면 섹셔널라이저는 이를 감지하여 무전압 상태의 횟수를 기억 하였다가 정해진 횟수에 도달하면 섹셔널라이저는 선로의 무전압 상태에서 선로를 개방하여 고장구간을 분리시킨다. 섹셔널라이저는 고장전류를 차단 할 수 있는 능력이 없기 때문에 리클로저와 직렬로 조합하여 사용한다. **답** ④

23 단상 2선식 110[V] 저압배전선로를 단상 3선식 110/220[V]로 변경할 때 부하의 크기 및 공급전압을 일정하게 하고 또 부하를 평형시켰을 때 전선로의 전압강하율은 변경 전에 비하여 어떻게 되는가?

① $\frac{1}{2}$ ② $\frac{1}{3}$
③ $\frac{1}{4}$ ④ $\frac{1}{5}$

풀이 전압 강하율 $\epsilon = \frac{e}{V} = \frac{P}{V^2}(R + X\tan\theta)$이므로

$\epsilon \propto \frac{1}{V^2}$이다.

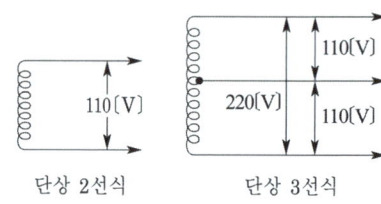

단상 2선식 단상 3선식

따라서 단상 2선식을 단상 3선식으로 변경하면 전압(V)을 2배 승압한 경우이므로 전압강하율(ϵ)은 $\frac{1}{4}$ 배가 된다. **답** ③

24 어떤 발전소에서 발열량 5000[kcal/kg]의 석탄 15[ton]을 사용하여 40000[kWh]의 전력을 발생하였을 경우 이 발전소의 열효율은 약 몇 [%]인가?

① 23.5 ② 34.4
③ 45.9 ④ 53.4

풀이 효율 $\eta = \frac{860W}{mH} = \frac{860 \times 40000}{15 \times 10^3 \times 5000}$
$= 0.459 = 45.9[\%]$ **답** ③

25 교류 저압 배전방식에서 밸런서를 필요로 하는 방식은?

① 단상 2선식 ② 단상 3선식
③ 3상 3선식 ④ 3상 4선식

풀이 단상 3선식에서 부하가 불평형이 생기면 양 외선간의 전압이 불평형이 되므로 이를 방지하기 위해 저압 밸런서를 설치한다. **답** ②

26 아킹혼의 설치 목적은?

① 코로나손의 방지
② 이상전압 제한
③ 지지물의 보호
④ 섬락사고 시 애자의 보호

풀이 아킹 혼(arcing horn)은 섬락 시 애자를 보호하고 애자련의 전압 분담을 균일하게 한다. **답** ④

27 다음 중 그 값이 1 이상인 것은?

① 부등률   ② 부하율
③ 수용률   ④ 전압강하율

풀이 부등률 = $\dfrac{\text{수용설비 개개의 최대수용전력의 합계}}{\text{합성 최대 수용 전력}} \geq 1$ **답** ①

28 중성점 비접지 방식이 이용되는 송전선은?

① 20~30[kV] 정도의 단거리 송전선
② 40~50[kV] 정도의 중거리 송전선
③ 80~100[kV] 정도의 장거리 송전선
④ 140~160[kV] 정도의 장거리 송전선

풀이 비접지 방식
- 우리나라 송전선로의 비접지 방식은 20~30[kV] 정도의 전압이다.
- 전압이 높고 선로의 길이가 긴 계통에 채용하게 되면 대지 정전용량이 증가하게 되어 1선 지락 고장 시 충전 전류에 의한 이상전압을 발생하게 되므로, **저전압 단거리 송전선이나 배전선에 사용**된다.   **답** ①

29 외뢰(外雷)에 대한 주 보호장치로서 송전계통의 절연협조의 기본이 되는 것은?

① 애자   ② 변압기
③ 차단기   ④ 피뢰기

풀이 계통 내의 각 기기, 기구 및 애자 등의 상호간에 적정한 절연 강도를 지니게 함으로써 계통 설계를 합리적, 경제적으로 할 수 있게 한 것을 **절연 협조**라고 하며 **피뢰기의 제한 전압이 기본이 된다.**   **답** ④

30 다음 중 경수감속 냉각형 원자로에 속하는 것은?

① 비등수형 원자로
② 고속증식로
③ 열중성자로
④ 흑연감속 가스 냉각로

풀이 발전용 원자로의 종류에는 흑연감속 가스 냉각로, 경수감속 경수 냉각로, 중수감속 중수 냉각로 등이 있으며, **경수감속 경수 냉각로에는** 가압수형 원자로(PWR), **비등수형 원자로(BWR)가** 있다.   **답** ①

31 수전 용량에 비해 첨두 부하가 커지면 부하율은 그에 따라 어떻게 되는가?

① 높아진다.
② 낮아진다.
③ 변하지 않고 일정하다.
④ 부하의 종류에 따라 달라진다.

풀이 부하율 = $\dfrac{\text{평균 전력}}{\text{최대 전력}} \times 100$ 에서
첨두 부하가 커지면 부하율은 낮아진다.   **답** ②

32 수전단 전압이 송전단 전압보다 높아지는 현상을 무엇이라 하는가?

① 옵티마 현상   ② 자기 여자 현상
③ 페란티 현상   ④ 동기화 현상

풀이 **페란티 현상이란** 선로의 정전용량으로 인하여 무부하 시나 경부하 시에 진상전류가 흘러 **수전단 전압이 송전단 전압보다 높아지는 현상**을 말하며 이의 대책으로는 분로 리액터나 동기 조상기의 지상 용량으로 방지할 수 있다.   **답** ③

33 100[kVA] 단상변압기 3대를 △-△결선으로 사용하다가 1대의 고장으로 V-V결선으로 사용하면 약 몇 [kVA] 부하까지 사용할 수 있는가?

① 150   ② 173
③ 225   ④ 300

풀이 변압기 1개의 출력을 P_1이라 하면
V결선 시 출력
$P_V = \sqrt{3}\,P_1 = \sqrt{3} \times 100 = 173.2\,[kVA]$ **답** ②

34 영상변류기를 사용하는 계전기는?

① 과전류계전기   ② 지락계전기
③ 차동계전기   ④ 과전압계전기

풀이
- **영상변류기**(ZCT) : 지락 사고시 지락전류(영상전류)를 검출하는 것으로 **지락계전기와 조합**하여 차단기를 차단시킨다.
- 비접지 계통의 지락 사고 검출:
  선택 접지 계전기(SGR) + **영상 전류 검출** (ZCT) + 영상 전압 검출(GPT)   **답** ②

35 부하가 P[kW]이고, 그의 역률이 $\cos\theta_1$인 것을 $\cos\theta_2$로 개선하기 위한 전력용 콘덴서의 용량 [kVA]은?

① $P(\tan\theta_1 - \tan\theta_2)$
② $P\left(\dfrac{\cos\theta_1}{\sin\theta_1} - \dfrac{\cos\theta_2}{\sin\theta_2}\right)$
③ $\dfrac{P}{(\tan\theta_1 - \tan\theta_2)}$
④ $\dfrac{P}{(\cos\theta_1 - \cos\theta_2)}$

풀이 콘덴서 용량

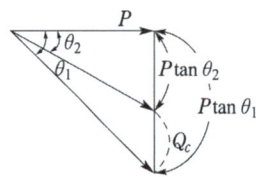

$Q_c = P(\tan\theta_1 - \tan\theta_2) = P\left(\dfrac{\sin\theta_1}{\cos\theta_1} - \dfrac{\sin\theta_2}{\cos\theta_2}\right)$
$= P\left(\dfrac{\sqrt{1-\cos^2\theta_1}}{\cos\theta_1} - \dfrac{\sqrt{1-\cos^2\theta_2}}{\cos\theta_2}\right)$ **답** ①

36 파동 임피던스가 300[Ω]인 가공송전선 1[km]당의 인덕턴스는 몇 [mH/km]인가? (단, 저항과 누설 컨덕턴스는 무시한다.)

① 0.5   ② 1
③ 1.5   ④ 2

풀이 파동 임피던스 $Z = \sqrt{\dfrac{L}{C}} = 138\log_{10}\dfrac{D}{r} = 300[\Omega]$에서
$\log_{10}\dfrac{D}{r} = \dfrac{300}{138}$
$\therefore L = 0.05 + 0.4605\log_{10}\dfrac{D}{r} = 0.05 + 0.4605 \times \dfrac{300}{138}$
$\fallingdotseq 1$[mH/km]   **답** ②

37 3상 송배전 선로의 공칭전압이란?
① 그 전선로를 대표하는 최고전압
② 그 전선로를 대표하는 평균전압
③ 그 전선로를 대표하는 선간전압
④ 그 전선로를 대표하는 상전압

풀이 공칭전압은 그 선로를 대표하는 전부하 시의 송전단 선간전압을 말하며, 최고 전압은 정상 운전 시에 선로에 발생하는 최고의 선간전압을 가리킨다.   **답** ③

38 500[kW], 지역률 80[%]인 단상 부하의 단자전압이 6500[V]일 때 부하 전류는 약 몇 [A]인가?

① 92   ② 96
③ 105   ④ 120

풀이 부하전류
$I = \dfrac{P}{V\cos\theta} = \dfrac{500 \times 10^3}{6500 \times 0.8} = 96.15$[A]   **답** ②

39 정전용량 C[F]의 콘덴서를 △결선해서 3상전압 V[V]를 가했을 때의 충전용량과 같은 전원을 Y결선으로 했을 때 충전용량의 비(△결선/Y결선)는?

① 3   ② $\sqrt{3}$
③ $\dfrac{1}{3}$ ④ $\dfrac{1}{\sqrt{3}}$

풀이
- $Q_Y = 3 \times 2\pi f C \left(\dfrac{V}{\sqrt{3}}\right)^2 = 2\pi f C V^2$[VA]
- $Q_\triangle = 3 \times 2\pi f C E^2 = 3 \times 2\pi f C V^2$[VA]
$\therefore \dfrac{Q_\triangle}{Q_Y} = \dfrac{3 \times 2\pi f C V^2}{2\pi f C V^2} = 3$배   **답** ①

40 전력용 콘덴서에 직렬로 콘덴서 용량의 5[%] 정도의 유도 리액턴스를 삽입하는 목적은?
① 제3고조파 전류의 억제
② 제5고조파 전류의 억제
③ 이상전압의 발생방지
④ 정전용량의 조절

풀이 송전선로에는 변압기의 유기 기전력이 발생할 때에 생기는 기수 고조파가 존재하게 되는데, 제3고조파는 변압기의 △결선에서 제거되고 제5고조파는 전력용 콘덴서에 직렬로 5[%] 가량의 직렬 리액터를 삽입하여 제거시킨다.   **답** ②

2022년 전력공학 _전기산업기사·공사산업기사_ CBT 복원문제

문제의 번호는 실제 시험문제의 번호와 같게 하였습니다.

2022년 - 1회 _ 전기산업기사·공사산업기사

21 154[kV] 송전선로에서 송전거리가 154[km]라 할 때 송전용량 계수법에 의한 송전용량은 몇 [kW]인가? (단, 송전용량계수는 1200으로 한다.)
① 61600　　② 92400
③ 123200　　④ 184800

풀이 송전용량 $P = K\dfrac{V^2}{l}$[kW]

여기서, K : 용량계수, V : 송전전압, l : 송전거리

$\therefore P = 1200 \times \dfrac{154^2}{154} = 184800$[kW]　　답 ④

22 인터록(interlock)의 기능에 대한 설명으로 맞은 것은?
① 조작자의 의중에 따라 개폐되어야 한다.
② 차단기가 열려 있어야 단로기를 닫을 수 있다.
③ 차단기가 닫혀 있어야 단로기를 닫을 수 있다.
④ 차단기와 단로기를 별도로 닫고, 열 수 있어야 한다.

풀이 단로기는 부하전류를 개폐할 수 없다. 따라서 <u>단로기는 차단기가 열려 있어야 열고 닫을 수 있다.</u> 즉, 인터록 장치를 두어 부하 통전 시 단로기를 열 수 없도록 하여야 한다.　　답 ②

23 154[kV] 송전선로에 10개의 현수애자가 연결되어 있다. 다음 중 전압부담이 가장 적은 것은? (단, 애자는 같은 간격으로 설치되어 있다.)
① 철탑에 가장 가까운 것
② 철탑에서 3번째에 있는 것
③ 전선에서 가장 가까운 것
④ 전선에서 3번째에 있는 것

풀이
- 전압 분담 최대 : 전선쪽 애자
- 전압 분담 최소 : 철탑에서 1/3 지점 애자

따라서 10개의 현수애자가 연결되어 있다면, <u>철탑에서 3번째에 있는 애자가 전압부담이 가장 적다.</u>　　답 ②

24 저압 뱅킹 방식에 대한 설명 중 맞지 않는 것은?
① 전압동요가 적다.
② 캐스케이딩 현상에 의해 고장확대가 축소된다.
③ 부하증가에 대해 융통성이 좋다.
④ 고장 보호 방식이 적당할 때 공급 신뢰도는 향상된다.

풀이 저압 뱅킹 방식의 특징
- 전압강하 및 전력손실이 경감된다.
- 변압기 용량 및 저압선 동량이 절감된다.
- 부하 증가에 대한 탄력성이 향상된다.
- 고장 보호 방법이 적당할 때 공급 신뢰도가 향상되며, 플리커 현상이 경감된다.
- <u>캐스케이딩 현상</u>이 발생하므로 <u>고장이 광범위하게 파급될 우려가 있다.</u>　　답 ②

25 수력발전소의 댐 설계 및 저수지 용량 등을 결정하는데 가장 적합하게 사용되는 것은?
① 유량도　　② 유황곡선
③ 수위-유량곡선　　④ 적산유량곡선

풀이 적산 유량 곡선은 매일의 수량을 차례로 적산해서 가로축에 일수를, 세로축에 적산 수량을 그린 곡선을 뜻한다.　　답 ④

26 교류송전에서는 송전거리가 멀어질수록 동일 전압에서의 송전 가능전력이 적어진다. 다음 중 그 이유로 가장 알맞은 것은?
① 선로의 어드미턴스가 커지기 때문이다.
② 선로의 유도성 리액턴스가 커지기 때문이다.
③ 코로나 손실이 증가하기 때문이다.
④ 표피효과가 커지기 때문이다.

풀이 • 교류 송전선로에서 송전거리가 멀어지면 선로 정수가 모두 증가한다. 그러나 초고압 장거리 송전선로에서는 저항과 정전용량은 유도성 리액턴스에 비해서 적으므로 그다지 크게 영향을 미치지 못한다.
• $P = \dfrac{E_S E_R}{X} \sin\delta$ 에서와 같이 선로의 유도 리액턴스가 커지기 때문에 송전 가능 전력은 적어진다.

답 ②

27 전압이 일정값 이하로 되었을 때 동작하는 것으로서 단락 시 고장 검출용으로도 사용되는 계전기는?

① OVR
② OVGR
③ NSR
④ UVR

풀이 ① 과전류 계전기(Over Current Relay : OCR)
일정값 이상의 전류가 흘렀을 때 동작하는 계전기
② 지락 과전압 계전기(Over Voltage Ground Relay : OVGR)
비접지 계통에서 지락사고 시 영상전압을 검출하여 동작하는 계전기
③ 역상계전기(Negative Sequence Relay : NSR)
전력설비의 불평형 운전 등에 의한 역상분에 의해 동작하는 계전기
④ 부족 전압 계전기(Under Voltage Relay : UVR)
전압이 일정값 이하로 떨어졌을 경우, 지나친 과전류가 흐르지 않게끔 동작하는 계전기

답 ④

28 동일 굵기의 전선으로 된 3상 3선식 2회선 송전선이 있다. A회선의 전류는 100[A], B회선의 전류는 50[A]이고 선로 손실은 합계 50[kW]이다. 개폐기를 닫아서 양 회선을 병렬로 사용하여 합계 150[A]의 전류를 통하도록 하려면 선로 손실[kW]은?

① 40
② 45
③ 50
④ 55

풀이 A회선의 선로 손실과 B회선의 선로 손실에서 저항을 구하면,
$I_A^2 R + I_B^2 R = 50 [\text{kW}]$
$100^2 R + 50^2 R = 50 \times 10^3$
$\therefore R = 4 [\Omega]$
양 회선을 병렬로 사용하면 동일 전선이므로 동일한 전류가 흐른다.
$2회선 \times 75^2 R = 2 \times 75^2 \times 4 = 45{,}000 [\text{W}]$
$\therefore 45 [\text{kW}]$

답 ②

29 켈빈(Kelvin)의 법칙이 적용되는 경우는?

① 전압강하를 감소시키고자 하는 경우
② 부하배분의 균형을 얻고자 하는 경우
③ 전력손실량을 축소시키고자 하는 경우
④ 경제적인 전선의 굵기를 선정하고자 하는 경우

풀이 켈빈(Kelvin)의 법칙 : 전선의 단위 길이 내에서 연간에 손실되는 전력량에 대한 전기요금과 단위 길이의 전선 값에 대한 금리(金利), 감가상각비 등의 연간 경비의 합계가 같게 되는 전선 단면적이 **가장 경제적인 전선의 단면적**이다.
$$C = \sqrt{\dfrac{WMP}{\rho N}}$$
여기서, C : 전류밀도
ρ : 전선의 저항률
W : 전선의 중량
N : 전선량의 가격

답 ④

30 다음 중 연가(transposition)의 효과로 거리가 먼 것은?

① 직렬공진의 방지
② 선로정수의 평형
③ 대지정전용량의 감소
④ 통신선의 유도장해의 감소

풀이 연가의 효과
① 선로정수 평형
② 임피던스 평형
③ 소호 리액터 접지 시 **직렬공진방지**
④ 유도장해 감소

답 ③

31 용량 25000[kVA], 임피던스 10[%]인 3상 변압기가 2차 측에서 3상 단락되었을 때 단락용량은 몇 [MVA]인가?

① 225[MVA]
② 250[MVA]
③ 275[MVA]
④ 433[MVA]

풀이 단락용량 $P_s = \dfrac{100}{\%Z} P_n = \dfrac{100}{10} \times 25000 \times 10^{-3}$
$= 250 [\text{MVA}]$

답 ②

32 원자력발전소와 화력발전소의 특성을 비교한 것 중 틀린 것은?

① 원자력발전소는 화력발전소의 보일러 대신 원자로와 열교환기를 사용한다.
② 원자력발전소의 건설비는 화력발전소에 비해 싸다.
③ 동일 출력일 경우 원자력발전소의 터빈이나 복수기가 화력발전소에 비하여 대형이다.
④ 원자력발전소는 방사능에 대한 차폐 시설물의 투자가 필요하다.

풀이 화력발전과 비교하여 원자력 발전은 출력 밀도(단위체적 당 출력)가 크므로 같은 출력이라면 소형화가 가능하나, 단위 출력당 건설비는 화력발전소에 비하여 비싸다. **답** ②

33 동일한 2대의 단상변압기를 V결선 하여 3상 전력을 100[kVA]까지 배전할 수 있다면 똑같은 단상변압기 1대를 추가하여 △결선하게 되면 3상 전력은 약 몇 [kVA]까지 배전할 수 있겠는가?

① 57.7[kVA]   ② 70.5[kVA]
③ 141.5[kVA] ④ 173.2[kVA]

풀이 $P_\triangle = 3P_1 = \sqrt{3} \cdot \sqrt{3}P_1 = \sqrt{3}P_V$ 이므로

$\therefore P_\triangle = \sqrt{3} \times 100 = 173.2[kVA]$ **답** ④

34 전선에서 전류의 밀도가 도선의 중심으로 들어갈수록 작아지는 현상은?

① 표피효과   ② 근접효과
③ 접지효과   ④ 페란티효과

풀이
• 표피효과 : 도체의 중심으로 갈수록 전류의 밀도가 낮아지는 현상
• 근접 효과 : 같은 방향의 전류는 바깥쪽으로 다른 방향의 전류는 안쪽으로 모이는 현상
• 페란티 효과 : 수전단전압이 송전단전압보다 높아지는 현상   **답** ①

35 송전 계통의 절연 협조에 있어 절연 레벨을 가장 낮게 잡고 있는 기기는?

① 피뢰기   ② 단로기
③ 변압기   ④ 차단기

풀이 계통 내의 각 기기, 기구 및 애자 등의 상호 간에 적정한 절연 강도를 지니게 함으로써 계통 설계를 합리적, 경제적으로 할 수 있게 한 것을 절연 협조라고 하며 피뢰기의 제한 전압이 기본이 된다.   **답** ①

36 서지파(진행파)가 서지 임피던스 Z_1의 선로측에서 서지 임피던스 Z_2의 선로측으로 입사할 때 투과계수(투과파 전압÷입사파 전압) b를 나타내는 식은?

① $b = \dfrac{Z_2 - Z_1}{Z_1 + Z_2}$ ② $b = \dfrac{2Z_2}{Z_1 + Z_2}$

③ $b = \dfrac{Z_1 - Z_2}{Z_1 + Z_2}$ ④ $b = \dfrac{2Z_1}{Z_1 + Z_2}$

풀이 서지파(진행파)가 서지 임피던스 Z_1의 선로측에서 서지 임피던스 Z_2의 선로측으로 입사할 때

• 투과 계수$(b) = \dfrac{2Z_2}{Z_2 + Z_1}$

• 반사 계수$(\beta) = \dfrac{Z_2 - Z_1}{Z_2 + Z_1}$ **답** ④

37 3상 3선식 배전선로로서 역률이 0.8(지상)인 3상 평형부하 40[kW]를 연결했을 때 전압강하는 약 몇 [V]인가? (단, 부하의 전압은 200[V], 전선 1조의 저항은 0.02[Ω]이고, 리액턴스는 무시한다.)

① 2   ② 3
③ 4   ④ 5

풀이
• 전압강하 $e = \sqrt{3}I(R\cos\theta + X\sin\theta)$
$= \dfrac{P}{V_r}(R + X\tan\theta)[V]$

• 부하전력 $P = 40[kW]$, 저항 $R = 0.02[\Omega]$
리액턴스 $X = 0[\Omega]$ (∵ 리액턴스 무시)이므로

$\therefore e = \dfrac{PR}{V_r} = \dfrac{40 \times 10^3 \times 0.02}{200} = 4[V]$ **답** ③

38 송전 계통의 중성점 접지용 소호 리액터의 인덕턴스 L은? 단, 선로 한 선의 대지 정전용량을 C라 한다.

① $L = \dfrac{1}{C}$ ② $L = \dfrac{C}{2\pi f}$

③ $L = \dfrac{1}{2\pi f C}$ ④ $L = \dfrac{1}{3(2\pi f)^2 C}$

풀이 소호 리액터 접지방식은 선로의 대지정전용량과 중성점에 접지한 소호 리액터(변압기 리액턴스를 무시한 경우)의 병렬공진 조건에 의해 결정한다.

$$\omega L = \dfrac{1}{3\omega C}$$

상기 조건에서 소호 리액터의 크기는 두 종류로 나타낼 수 있다.

① $X = \dfrac{1}{3\omega C}[\Omega]$

② $L = \dfrac{1}{3\omega^2 C} = \dfrac{1}{3(2\pi f)^2 C}[H]$ **답** ④

39 송전선에의 뇌격에 대한 차폐 등으로 가선하는 가공지선에 대한 설명 중 옳은 것은?

① 차폐각은 보통 15~30° 정도로 하고 있다.
② 차폐각이 클수록 벼락에 대한 차폐효과가 크다.
③ 가공지선을 2선으로 하면 차폐각이 적어진다.
④ 가공지선으로는 연동선을 주로 사용한다.

풀이 가공 지선은 직격 뇌로부터 송전선의 차폐를 위해 시설한다. 차폐각은 45° 이내, 보호율은 97[%] 정도이고, 차폐각이 작을수록(가공지선을 2회선으로 하면 차폐각이 적어진다.) 보호율이 높으며 가공 지선은 ACSR을 사용한다. 차폐각이 작을수록 보호율이 높고 건설비가 비싸다.   **답** ③

40 등가 송전선로의 정전용량 $C=0.008[\mu F/km]$, 선로길이 $L=100[km]$, 대지전압 $E=37000[V]$이고 주파수 $f=60[Hz]$일 때, 충전전류는 약 몇 [A]인가?

① 11.2   ② 6.7
③ 0.635   ④ 0.426

풀이 $I_c = 2\pi f C L E$
$= 2\pi \times 60 \times 0.008 \times 10^{-6} \times 100 \times 37000$
$= 11.2[A]$ **답** ①

2022년 2회 _ 전기산업기사·공사산업기사

21 조상설비(調相設備)와 거리가 먼 것은?

① 분로 리액터
② 상순(相順) 표시기
③ 전력용 콘덴서
④ 동기조상기

풀이 조상 설비

항 목	동기조상기	전력용 콘덴서	분로 리액터
전력손실	많음 (1.5~2.5[%])	적음 (0.3[%] 이하)	적음 (0.6[%] 이하)
가격	비싸다(전력용 콘덴서, 분로 리액터의 1.5~2.5배)	저렴	저렴
무효전력	진상, 지상 양용	진상 전용	지상 전용
조정	연속적	계단적	계단적
사고시 전압유지	큼	작음	작음
시송전	가능	불가능	불가능
보수	손질필요	용이	용이

답 ②

22 송전선에 낙뢰가 가해져서 애자에 섬락이 생기면 아크가 생겨 애자가 손상되는데 이것을 방지하기 위하여 사용하는 것은?

① 댐퍼(damper)
② 아킹혼(arcing horn)
③ 아머로드(armour rod)
④ 가공지선(Overhead ground wire)

풀이 ① 댐퍼 : 전선의 진동 방지
② 아킹 혼 : 섬락으로부터 애자련의 보호, 애자련의 전압 분포 개선
③ 아머로드 : 전선의 진동 방지
④ 가공지선 : 뇌의 차폐   **답** ②

23 보일러 급수 중의 염류 등이 굳어서 내벽에 부착되어 보일러 열전도와 물의 순환을 방해하며 내면의 수관벽을 과열시켜 파열을 일으키게 하는 원인이 되는 것은?

① 스케일   ② 부식
③ 포밍   ④ 캐리오버

풀이 스케일이란 보일러의 급수에 포함되어 있는 알루미늄, 나트륨 등의 염류가 굳어서 되는 것으로 관석이라고도 부르고 있다.   **답** ①

24 과전류 계전기(OCR)의 탭값을 옳게 설명한 것은?

① 계전기의 최소 동작전류
② 계전기의 최대 부하전류
③ 계전기의 동작 시한
④ 변류기의 권수비

풀이
- 과전류 계전기는 전류가 어느 정규값 이상으로 흘렀을 경우에 계전기가 동작하여 전기회로를 차단하여 기기를 보호하는 장치이다.
- 과전류 계전기의 탭은 최소 동작전류를 정정한다.   **답** ①

25 역률 0.8(지상)인 부하 480[kW]를 공급하는 곳에 전력용 콘덴서 220[kVA]를 설치하면 역률은 몇 [%]로 개선되는가?

① 82   ② 85   ③ 90   ④ 96

풀이 부하역률 $\cos\theta = \dfrac{W}{\sqrt{W^2+Q^2}} \times 100$

(W : 유효전력, Q : 무효전력)

$\therefore \cos\theta = \dfrac{480}{\sqrt{480^2 + \left(\dfrac{480}{0.8} \times 0.6 - 220\right)^2}} \times 100$

$= 96[\%]$ **답** ④

26 송전선 보호범위 내의 모든 사고에 대하여 고장점의 위치에 관계없이 선로 양단을 쉽고 확실하게 동시에 고속으로 차단하기 위한 계전방식은?

① 회로선택 계전방식
② 과전류 계전방식
③ 방향거리(directive distance) 계전방식
④ 표시선(pilot wire) 계전방식

풀이 표시선 계전방식의 특징
① 고장점의 위치에 관계 없이 양단을 동시 고속 차단할 수 있다.
② 송전선에 평행되도록 표시선을 설치하여 양단을 연락케 한다.
③ 고장시 장해를 받지 않게 하기 위하여 연피 케이블을 설치한다.
④ 시한차에 구애받지 않고 양단 동시에 고속 차단한다.   **답** ④

27 그림과 같은 전력계통에서 A점에 설치된 차단기의 단락용량은? (단, 각 기기의 %리액턴스는 발전기 G_1, G_2는 정격용량 15[MVA] 기준 각각 15[%]이고, 변압기는 정격용량 20[MVA] 기준 8[%], 송전선은 정격용량 10[MVA] 기준 11[%]이며, 기타 다른 정수는 무시한다.)

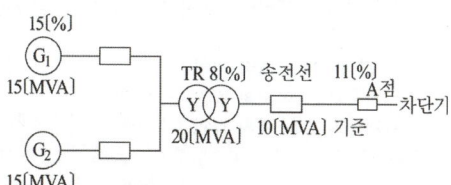

① 5[MVA]   ② 50[MVA]
③ 500[MVA]   ④ 5000[MVA]

풀이 기준용량 $P_n = 20$[MVA]로 선정하여 %Z를 기준용량으로 환산하면

$\%Z_g = \dfrac{20}{15} \times 15 = 20[\%]$

$\%Z_t = 8[\%]$

$\%Z_l = \dfrac{20}{10} \times 11 = 22[\%]$

따라서, 고장점까지의 %Z는

$\%Z = \dfrac{1}{2} \times \%Z_g + \%Z_t + \%Z_l$

$= \dfrac{1}{2} \times 20 + 8 + 22 = 40[\%]$

차단기 용량 $P_s = \dfrac{100}{\%Z} \times P_n$에서

$P_s = \dfrac{100}{40} \times 20 = 50[MVA]$ **답** ②

28 154[kV]의 송전 선로의 전압을 345[kV]로 승압하고 같은 손실률로 송전한다고 가정하면 송전 전력은 승압 전의 몇 배인가?

① 2 ② 3 ③ 4 ④ 5

풀이 송전전력은 전압의 제곱에 비례하므로
$$P = KV^2 = K\left(\frac{345}{154}\right)^2 = 5K$$
답 ④

29 전력 조류계산을 하는 목적으로 거리가 먼 것은?

① 계통의 신뢰도 평가
② 계통의 확충계획 입안
③ 계통의 운용 계획수립
④ 계통의 사고예방제어

풀이 조류 계산을 통해서 다음과 같은 전력계통의 제반 상황을 쉽게 파악할 수 있으며,
- 각 모선의 전압 분포 • 각 모선의 전력
- 각 선로의 전력 조류 • 각 선로의 송전 손실
- 각 모선간의 상차각

아래와 같은 계통의 운용과 계획의 수단으로 사용되고 있다.
- 계통의 사고 예방 제어
- 계통의 운용 계획 입안
- 계통의 확충 계획 입안

답 ①

30 송전단전압 154[kV], 수전단전압 134[kV], 상차각 60도, 리액턴스 39.8[Ω]일 때 선로손실을 무시하면 전송전력은 약 몇 [MW]인가?

① 322 ② 449 ③ 559 ④ 689

풀이 전송전력 $P = \dfrac{E_S E_r}{X}\sin\theta = \dfrac{154 \times 134}{39.8} \times \sin 60°$
$= 449.03$ [MW]
답 ②

31 송전선로의 안정도 향상 대책으로 틀린 것은?

① 고속도 재폐로방식을 채용한다.
② 계통의 직렬 리액턴스를 증가시킨다.
③ 중간조상방식을 채용한다.
④ 선로의 평행 회선수를 늘리거나 복도체 내지는 다도체 방식을 사용한다.

풀이 안정도 향상 대책
① 계통의 직렬 리액턴스 감소
② 전압변동률을 적게 한다.(속응여자방식 채용, 계통의 연계, 중간 조상 방식)
③ 계통에 주는 충격을 적게 한다.(적당한 중성점접지 방식, 고속차단방식, 재폐로방식)
④ 고장 중의 발전기 돌입 출력의 불평형을 적게 한다.

답 ②

32 부하설비용량 600[kW], 부등률 1.2, 수용률 60[%]일 때의 합성최대수용전력은 몇 [kW]인가?

① 240 ② 300 ③ 432 ④ 833

풀이
- 최대 수용 전력 = 설비용량 × 수용률
  = 600 × 0.6 = 360[kW]
- 부등률 = $\dfrac{\text{개별 최대 수용 전력의 합}}{\text{합성 최대 수용 전력}}$ 에서

  합성 최대 수용 전력 = $\dfrac{\text{개별 최대 수용 전력의 합}}{\text{부등률}}$

  $= \dfrac{360}{1.2} = 300$[kW]
답 ②

33 자가용 변전소의 1차 측 차단기의 용량을 결정할 때 가장 밀접한 관계가 있는 것은?

① 부하설비용량
② 공급측의 전기설비용량
③ 부하의 부하율
④ 수전계약 용량

풀이
- 차단기의 차단용량 > 계통의 단락 용량
- 단락용량 $P_s = \dfrac{100}{\%Z} \times P_n \rightarrow P_s \propto P_n$

여기서, P_n 기준용량(공급측의 전기설비용량)
답 ②

34 전력계통의 전압을 조정하는 가장 보편적인 방법은?

① 발전기의 유효 전력 조정
② 부하의 유효 전력 조정
③ 계통의 주파수 조정
④ 계통의 무효 전력

풀이
- 무효 전력 제어 ⇔ 전압 제어
- 유효 전력 제어 ⇔ 주파수 제어

답 ④

35 수차의 특유속도 크기를 바르게 나열한 것은?

① 펠턴수차 < 카플란수차 < 프란시스 수차
② 펠턴수차 < 프란시스 수차 < 카플란수차
③ 프란시스 수차 < 카플란수차 < 펠턴수차
④ 카플란수차 < 펠턴수차 < 프란시스 수차

풀이 수차의 종류와 특유속도 및 그 사용 한계

수차의 종류		특유속도의 한계값
펠톤수차		12~23
프란시스 수차	저속도형	65~150
	중속도형	150~250
	고속도형	250~350
사류수차		150~250
카플란 수차, 프로펠러 수차		350~800

답 ②

36 송전선로에서 복도체를 사용하는 주된 이유는?

① 많은 전력을 보내기 위하여
② 코로나 발생을 억제하기 위하여
③ 전력손실을 적게 하기 위하여
④ 선로 정수를 평형시키기 위하여

풀이
- 3상 송전선의 한 가닥의 전선을 2가닥 이상으로 한 것을 다도체라 하고, 2가닥으로 한 것을 보통 복도체라 한다.
- 복도체를 사용하면 인덕턴스는 감소하고 정전용량은 증가하며, 안정도를 증가시키고, 코로나 발생을 억제한다.

답 ②

37 중성점 비접지방식을 이용하는 것이 적당한 것은?

① 고전압 장거리
② 고전압 단거리
③ 저전압 장거리
④ 저전압 단거리

풀이 우리나라 송전선로의 중성점 비접지방식은 20~30 [kV] 정도의 전압이며, 저전압 단거리 송전선이나 배전선에 사용된다.

답 ④

38 송전선로에서 송전전력, 거리, 전력손실율과 전선의 밀도가 일정하다고 할 때, 전선 단면적 $A[mm^2]$는 전압 $V[V]$와 어떤 관계에 있는가?

① V에 비례한다.　② V^2에 비례한다.
③ $\dfrac{1}{V}$에 비례한다.　④ $\dfrac{1}{V^2}$에 비례한다.

풀이
- 전력손실 $P_l = 3I^2R = \dfrac{P^2 \rho l}{V^2 \cos^2\theta A}$ 이므로

  전력손실률 $h = \dfrac{P_l}{P} = \dfrac{P\rho l}{V^2 \cos^2\theta A}$ 이다.

- 송전전력(P), 송전거리(l), 전선의 비중(ρ), 전력손실률(h)이 일정하다고 하면

  $\therefore A = \dfrac{P\rho l}{hV^2\cos^2\theta} \propto \dfrac{1}{V^2}$

답 ④

39 진공 차단기의 특징에 속하지 않는 것은?

① 화재 위험이 거의 없다.
② 소형 경량이고 조작 기구가 간편하다.
③ 동작시 소음은 크지만 소호실의 보수가 거의 필요치 않다.
④ 차단 시간이 짧고 차단 성능이 회로 주파수의 영향을 받지 않는다.

풀이 진공 차단기의 특징
① 소형 경량이고 조작 기구가 간편하다.
② 화재 위험이 없다.
③ 폭발음이 없다.
④ 소호실에 대해서 보수가 거의 필요치 않다.
⑤ 차단 시간이 짧고 차단 성능이 회로의 주파수에 영향을 받지 않는다.

답 ③

40 변류기 수리 시 2차측을 단락시키는 이유는?

① 1차측 과전류 방지
② 2차측 과전류 방지
③ 1차측 과전압 방지
④ 2차측 과전압 방지

풀이 CT의 2차 회로를 개방하면 1차 전류가 모두 여자전류가 되어 2차 권선에 매우 높은 전압이 유기되어 절연이 파괴되어 소손될 염려가 있으므로 CT의 2차측을 개방하면 안된다.

답 ④

2022년 3회 _ 전기산업기사

21 어느 일정한 방향으로 일정한 크기 이상의 단락전류가 흘렀을 때 동작하는 보호계전기의 약어는?

① ZR ② UFR
③ OVR ④ DOCR

풀이 ① 거리계전기(ZR)
계전기가 설치된 위치로부터 고장점까지의 전기적 거리에 비례하여 한시 동작하는 것으로 복잡한 계통의 단락보호에 과전류 계전기의 대용으로 쓰인다.
② 저주파수 계전기(UFR)
주파수가 일정값 보다 낮을 경우 동작한다.
③ 과전압 계전기(OVR)
일정값 이상의 전압이 걸렸을 때 동작한다.
④ **단락 방향 계전기(DOCR, DSR)**
어느 일정한 방향으로 일정값 이상의 단락전류가 흘렀을 경우 동작하는 것   답 ④

22 3상 수직배치인 선로에서 오프셋(offset)을 주는 이유는?

① 전선의 진동 억제 ② 단락 방지
③ 철탑의 중량 감소 ④ 전선의 풍압 감소

풀이 오프셋 : 전선 도약에 의한 상간 단락 사고 방지

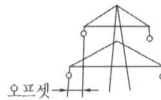

답 ②

23 부하가 P[kW]이고, 그의 역률이 $\cos\theta_1$인 것을 $\cos\theta_2$로 개선하기 위한 전력용 콘덴서의 용량[kVA]은?

① $P(\tan\theta_1 - \tan\theta_2)$
② $P\left(\dfrac{\cos\theta_1}{\sin\theta_1} - \dfrac{\cos\theta_2}{\sin\theta_2}\right)$
③ $\dfrac{P}{(\tan\theta_1 - \tan\theta_2)}$
④ $\dfrac{P}{(\cos\theta_1 - \cos\theta_2)}$

풀이 콘덴서 용량
$$Q_c = P(\tan\theta_1 - \tan\theta_2)$$
$$= P\left(\dfrac{\sin\theta_1}{\cos\theta_1} - \dfrac{\sin\theta_2}{\cos\theta_2}\right)$$
$$= P\left(\dfrac{\sqrt{1-\cos^2\theta_1}}{\cos\theta_1} - \dfrac{\sqrt{1-\cos^2\theta_2}}{\cos\theta_2}\right)$$
답 ①

24 발전기의 자기여자현상을 방지하는 방법이 아닌 것은?

① 발전기를 2대이상 병렬로 하여 충전한다.
② 단락비가 작은 발전기로 충전한다.
③ 충전전압을 높게하여 충전한다.
④ 수전단에 분로리액터를 설치한다.

풀이 발전기 1대로 송전 선로를 충전하는 경우 여자를 일으키지 않기 위해서는 단락비가 큰 발전기라야 한다. 안전하게 선로를 충전할 수 있는 단락비의 값은 다음 식을 만족하여야 한다.

단락비 $> \dfrac{Q'}{Q}\left(\dfrac{V}{V'}\right)^2 (1+\sigma)$

여기서, Q' : 소요 충전 전압 V'에서 선로의 충전 용량[kVA]
Q : 발전기의 정격 출력[kVA]
V : 발전기의 정격 전압[V]
σ : 발전기의 정격 전압에서의 포화율

따라서 선로의 충전 전압은 높게, **발전기 정격전압은 낮게**, 포화율은 작게 해야 **발전기의 자기여자현상을 방지할 수 있다.**   답 ②

25 전선의 손실계수 H와 부하율 F와의 관계는?

① $0 \leq F^2 \leq H \leq F \leq 1$
② $0 \leq H^2 \leq F \leq H \leq 1$
③ $0 \leq H \leq F^2 \leq F \leq 1$
④ $0 \leq F \leq H^2 \leq H \leq 1$

풀이 전선의 손실계수(H)와 부하율(F)은 다음과 같은 관계가 있다.
$0 \leq F^2 \leq H \leq F \leq 1$ 답 ①

26 다음 설명 중 옳지 않은 것은?

① 직류송전에서는 무효전력을 보낼 수 없다.
② 선로의 정상 및 역상임피던스는 같다.
③ 계통을 연계하면 통신선에 대한 유도장해가 감소된다.
④ 장간애자는 2련 또는 3련으로 사용할 수 있다.

풀이 계통을 연계하면 병렬회로수가 많아지므로 단락전류가 증대하고 통신선에 전자 유도 장해가 증가한다.
답 ③

27 중거리 및 장거리 송전선로에서 페란티 효과의 발생 원인으로 볼 수 있는 것은?

① 선로의 누설컨덕턴스
② 선로의 누설전류
③ 선로의 정전용량
④ 선로의 인덕턴스

풀이 페란티 현상이란 선로의 정전용량으로 인하여 무부하시나 경부하 시 진상 전류가 흘러 수전단전압이 송전단 전압보다 높아지는 현상을 말하며, 대책으로는 분로 리액터(병렬 리액터)나 동기조상기의 지상 용량 운전으로 방지할 수 있다.
답 ③

28 부하전류 및 단락전류를 모두 개폐할 수 있는 스위치는?

① 단로기　　② 차단기
③ 선로개폐기　　④ 전력퓨즈

풀이

능력\기능	회로 분리		사고 차단	
	무부하	부하	과부하	단락
퓨즈	○			○
차단기	○	○	○	○
개폐기	○	○	○	
단로기	○			

답 ②

29 송전선에 댐퍼(damper)를 설치하는 주된 목적은?

① 전선의 진동방지　② 전자유도 감소
③ 코로나의 방지　　④ 현수애자의 경사 방지

풀이 댐퍼는 진동 억제 장치로 지지점 가까운 곳에 설치한다.
답 ①

30 피뢰기에 대한 다음 설명 중 옳지 않은 것은?

① 제한 전압이란 피뢰기가 동작 중일 때의 단자 전압의 파고값을 말한다.
② 직렬 갭은 속류를 차단하는 역할을 한다.
③ 정격 전압이란 속류를 차단하는 최고 교류 전압의 최대값을 말한다.
④ 송전계통의 절연 협조 중 가장 높게 잡는다.

풀이 피뢰기의 제한 전압은 절연 협조의 기본으로 송전 계통에서 가장 낮게 잡는다.
답 ④

31 코로나 방지에 가장 효과적인 방법은?

① 선간거리를 증가시킨다.
② 전선의 높이를 가급적 낮게 한다.
③ 전선 표면의 전위경도를 높인다.
④ 전선의 바깥지름을 크게 한다.

풀이 코로나 방지 대책
① 전선의 지름을 크게 한다.
② 복도체를 사용한다.
③ 가선 금구를 개량한다.
④ 가선 시에 전선 표면의 금구를 손상하지 않게 한다.
답 ④

32 접지봉으로 탑각의 접지 저항값을 희망하는 접지저항치까지 줄일 수 없을 때 사용하는 것은?

① 가공지선　　② 매설지선
③ 크로스본드선　④ 차폐선

풀이
• 가공지선 : 뇌차폐
• **매설지선 : 접지저항을 낮추어 역섬락 방지**
• 크로스본드 : cable의 시스전압을 저감시키고 시스손을 감소시기 위한 접지방식
• 차폐선 : 유도 장해 감소
답 ②

33 정격 출력 500[MW]의 화력 발전소가 하루 15시간은 정격 출력으로, 9시간은 정격의 50[%]로 운전된다. 발전단 열효율은 정격에서 40[%], 50[%] 출력으로 37.5[%]라 하면 하루의 열 소비량은 몇 [kcal] 정도되는가?

① $10,643 \times 10^3$ ② $10,643 \times 10^6$
③ $21,285 \times 10^3$ ④ $21,285 \times 10^6$

풀이 발전소의 열효율 $\eta = \dfrac{860\,W}{mH}[\%]$
(여기서, W : 발전전력량[kWh], m : 연료 소비량[kg], H : 연료의 발열량[kcal/kg])
열 소비량
$mH = \dfrac{860\,W}{\eta} = \dfrac{860 \times (500 \times 10^3) \times 15}{0.4}$
$+ \dfrac{860 \times (500 \times 10^3 \times \frac{1}{2}) \times 9}{0.375}$
$= 21,285 \times 10^6 [\text{kcal}]$ **답** ④

34 부하측에 밸런스를 필요로 하는 배전 방식은?

① 3상 3선식 ② 3상 4선식
③ 단상 2선식 ④ 단상 3선식

풀이 단상 3선식의 특징
① 전압강하 및 전력손실은 1/4로 감소한다.
② 소요 전선량은 감소한다.
③ 110/220[V]와 같이 2종의 전압을 얻을 수 있다.
④ 상시 부하가 불평형이면 전압이 불평형이 되고 이에 대한 대책으로 밸런스를 설치하여야 한다.
⑤ 중성선에는 퓨즈를 설치하지 않는다. **답** ④

35 3상3선식의 가공전선로로 수전하고 있는 공장에 부하전력이 4000[kW], 역률 90[%]인 3상 평형 유도부하가 접속되어 있다. 수전전압이 6000[V]일 때 부하전류는 약 몇 [A]인가?

① 328 ② 428
③ 641 ④ 741

풀이 3상 전력 $P = \sqrt{3}\,VI\cos\theta [\text{kW}]$이므로
부하전류
$I = \dfrac{P}{\sqrt{3}\,V\cos\theta} = \dfrac{4000 \times 10^3}{\sqrt{3} \times 6000 \times 0.9} \fallingdotseq 428[\text{A}]$ **답** ②

36 수차 발전기에 제동권선을 설치하는 주된 목적은?

① 정지시간 단축
② 회전력의 증가
③ 과부하 내량의 증대
④ 발전기 안정도의 증진

풀이 발전기의 안정도 향상 대책
① 정태 극한 전력을 크게 한다(정상 리액턴스 작게).
② 난조 방지(플라이 휠 효과 선정, 제동권선 설치)
③ 단락비를 크게 한다. **답** ④

37 단상 2선식 배전선로의 선로임피던스가 $2+j5[\Omega]$이고 무유도성 부하전류 10[A]일 때 송전단 역률은? (단, 수전단전압의 크기는 100[V]이고, 위상각은 0°이다.)

① $\dfrac{5}{12}$ ② $\dfrac{5}{13}$
③ $\dfrac{11}{12}$ ④ $\dfrac{12}{13}$

풀이

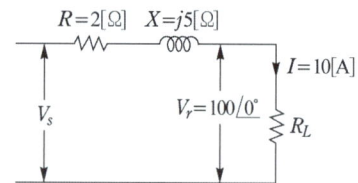

무유도 부하이므로 $R_L = \dfrac{V_r}{I} = \dfrac{100}{10} = 10[\Omega]$

$\therefore \cos\theta = \dfrac{R+R_L}{\sqrt{(R+R_L)^2 + X^2}}$
$= \dfrac{(2+10)}{\sqrt{(2+10)^2 + 5^2}} = \dfrac{12}{13}$ **답** ④

38 고장점에서 전원 측을 본 계통 임피던스를 Z [Ω], 고장점의 상전압을 E[V]라 하면 3상 단락전류[A]는?

① $\dfrac{E}{Z}$ ② $\dfrac{ZE}{\sqrt{3}}$
③ $\dfrac{\sqrt{3}\,E}{Z}$ ④ $\dfrac{3E}{Z}$

풀이 옴법(Ohm method)에 의한 단락전류
$$I_s = \frac{E}{Z} = \frac{E}{Z_g + Z_t + Z_l}[A]$$
답 ①

39 불평형부하에서 역률은 어떻게 표현되는가?

① $\dfrac{\text{유효전력}}{\text{각 상의 피상전력의 산술 합}}$

② $\dfrac{\text{유효전력}}{\text{각 상의 피상전력의 벡터 합}}$

③ $\dfrac{\text{무효전력}}{\text{각 상의 피상전력의 산술 합}}$

④ $\dfrac{\text{무효전력}}{\text{각 상의 피상전력의 벡터 합}}$

풀이 역률 $\cos\theta = \dfrac{P}{P_a}$
$= \dfrac{\text{유효전력}}{\text{각 상의 피상전력의 벡터 합}}$
답 ②

40 송배전선로에서 내부 이상전압에 속하지 않는 것은?
① 개폐 이상전압
② 유도뢰에 의한 이상전압
③ 사고시의 과도 이상전압
④ 계통 조작과 고장 시의 지속 이상전압

풀이 ① 내부 이상전압의 종류
  • 개폐 이상전압
  • 사고 시의 과도 이상전압
  • 계통 조작과 고장 시의 지속 이상전압
② 외부 이상전압
  • 직격뢰에 의한 이상전압
  • 유도뢰에 의한 이상전압
  • 타선과의 혼촉 시 발생하는 이상전압
답 ②

2022년 - 4회 _ 공사산업기사

21 SF_6 가스차단기에 대한 설명으로 옳지 않은 것은?
① 공기에 비하여 소호능력이 약 100배 정도이다.
② 절연거리를 적게 할 수 있어 차단기 전체를 소형, 경량화 할 수 있다.
③ SF_6 가스를 이용한 것으로서 독성이 있으므로 취급에 유의하여야 한다.
④ SF_6 가스 자체는 불활성기체이다.

풀이 SF_6 가스의 성질은 다음과 같다.
① 보통 상태에서 불활성, 불연성, 무색, 무취, 무독성 기체
② 열전도율은 공기의 1.6 배
③ 소호능력은 공기의 100 ~ 200 배
④ 절연내력은 공기의 3 배 이상
⑤ 비중은 공기의 5 배
⑥ 액화 온도는 −62[℃]
답 ③

22 이상 전압에 대한 방호장치가 아닌 것은?
① 병렬 콘덴서
② 가공지선
③ 피뢰기
④ 서지흡수기

풀이
• 병렬 콘덴서 : 역률 개선
• 가공지선 : 직격뢰 차폐
• 피뢰기 : 이상 전압에 대한 기계, 기구 보호
• 서지흡수기 : 변압기, 발전기 등을 서지로부터 보호
답 ①

23 송전선로의 코로나 임계전압이 높아지는 경우는?
① 기압이 낮아지는 경우
② 전선의 지름이 큰 경우
③ 온도가 높아지는 경우
④ 상대 공기밀도가 작은 경우

풀이 $E_0 = 24.3 m_0 m_1 \delta d \log_{10} \dfrac{2D}{d}$
여기서, m_0 : 전선의 표면계수, m_1 : 기후계수
δ : 상대 공기밀도, d : 전선의 지름
D : 선간거리

따라서, 전선의 지름이 커지면 임계전압이 높아지며, 상대공기밀도가 작고 기압이 낮아지거나 온도가 높아지면 임계전압은 저하한다. 답 ②

24 송전선로의 건설비와 전압과의 관계를 나타낸 것은?

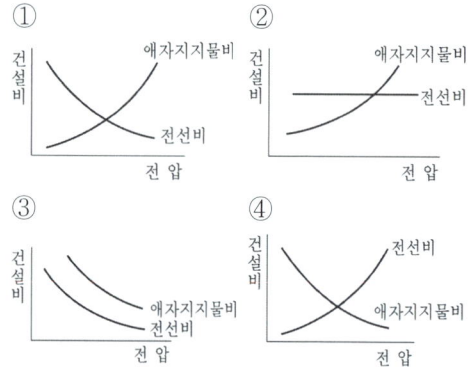

풀이 송전전압이 증가하면
- 전류가 감소하므로 전선의 굵기는 작아져 **전선비는 감소**한다.
- 절연 레벨의 상승으로 애자의 개수 및 선로의 건설비용이 증가하므로 **애자지지물비는 증가**한다. 답 ①

25 화력발전소에서 발전효율을 저하시키는 원인으로 가장 큰 손실은?

① 소내용 동력
② 터빈 및 발전기의 손실
③ 연돌 배출가스
④ 복수기 냉각수 손실

풀이 발전소마다 각 손실의 비가 다르나 **복수식 발전소에서는 복수기 냉각수에 의한 열량이 가장 크고** 석탄 열량의 50~60[%]에 달한다. 다음에 큰 것은 굴뚝 배출가스 손실로 10[%] 정도이다. 답 ④

26 변압기의 기계적 보호계전기인 부흐흘쯔 계전기(Buchholtzrelay)의 설치 위치로 알맞은 것은?

① 유면 위의 탱크 내
② 컨서베이터 내부
③ 변압기의 고압측 부싱
④ 주탱크와 컨서베이터를 연결하는 파이프의 관중

풀이 부흐흘쯔계전기(Buchholtzrelay)는 변압기의 주탱크와 컨서베이터 사이에 부착하여 변압기의 내부고장이 생기는 때에 오일의 분해가스나 오일의 분류를 이용하여 경보를 발하거나 차단기를 작동시킨다. 답 ④

27 다음 중 송배전 선로에서 내부 이상 전압에 속하지 않는 것은?

① 유도뢰에 의한 이상 전압
② 개폐 이상 전압
③ 사고시의 과도 이상 전압
④ 계통 조작과 고장시의 지속 이상 전압

풀이
- 내부 이상전압 : 송전계통 자체의 상태변화에 의해서 계통내부에서 발생하는 이상전압
- 외부 이상전압 : 뇌방전 등에 의해서 송전계통의 외부에서 침입하는 이상전압으로 **직격뢰와 유도뢰**가 있다. 답 ①

28 다음 중 지락전류의 크기가 최소인 중성점접지 방식은?

① 비접지   ② 소호 리액터접지
③ 직접 접지   ④ 고저항접지

풀이 지락전류의 크기 : 직접 접지 > 고저항 접지 > 비접지 > **소호 리액터 접지** 순이다. 답 ②

29 전력용 퓨즈를 차단기와 비교할 때 옳지 않은 것은?

① 소형, 경량이다.
② 고속도 차단을 할 수 없다.
③ 큰 차단용량을 갖는다.
④ 보수가 간단하다.

풀이 전력용 퓨즈의 장점
① 소형, 경량이다.
② **고속도 차단할 수 있다.**
③ 소형으로 큰 차단용량을 가진다.
④ 보수가 간단하다. 답 ②

30 경간 200[m]인 가공 전선로에서 사용되는 전선의 길이는 경간보다 몇 [m] 더 길게 하면 되는가? (단, 사용 전선의 1[m]당 무게는 2[kg], 전선의 허용인장하중은 4000[kg], 전선의 안전율은 2이고, 풍압하중 등은 무시한다.)

① $\dfrac{1}{2}$[m]   ② $\sqrt{2}$[m]

③ $\dfrac{1}{3}$[m]   ④ $\dfrac{2}{3}$[m]

[풀이] 이도 $D = \dfrac{WS^2}{8T} = \dfrac{2 \times 200^2}{8 \times \dfrac{4000}{2}} = 5$[m]

전선의 길이 $L = S + \dfrac{8D^2}{3S}$[m]에서 경간 S보다

$\dfrac{8D^2}{3S}$[m]만큼 더 길게 된다.

그러므로 $\dfrac{8D^2}{3S} = \dfrac{8 \times 5^2}{3 \times 200} = \dfrac{1}{3}$[m]   **답 ③**

31 부하역률이 $\cos\theta$인 경우의 배전선로의 전력손실은 같은 크기의 부하전력으로 역률이 1인 경우의 전력손실에 비하여 몇 배인가?

① $\dfrac{1}{\cos^2\theta}$ ② $\dfrac{1}{\cos\theta}$

③ $\cos\theta$ ④ $\cos^2\theta$

[풀이] $P_l \propto \dfrac{1}{\cos^2\theta}$ 에서 역률 1일 때 비교

$\dfrac{P_{l\cos\theta}}{P_{l1.0}} = \dfrac{\dfrac{1}{\cos^2\theta}}{1} = \dfrac{1}{\cos^2\theta}$ **답 ①**

32 펌프의 양수량 Q[m³/sec], 유효 양정 H_u[m], 펌프의 효율 η_p, 전동기의 효율 η_m일 때, 양수발전기의 출력[kW]은?

① $P = \dfrac{9.8Q^2 H_u}{\eta_p \eta_m}$ ② $P = \dfrac{9.8Q^2 H_u^2}{\eta_p \eta_m}$

③ $P = \dfrac{9.8QH_u}{\eta_p \eta_m}$ ④ $P = \dfrac{9.8^2 QH_u}{\eta_p \eta_m}$

[풀이] 양수발전기의 출력 $P = \dfrac{9.8QH_u}{\eta_p \eta_m}$[kW]

단, Q : 펌프의 양수량[m³/s]
H_u : 양정[m],
η_p : 펌프의 효율
η_m : 전동기의 효율   **답 ③**

33 3상3선식 선로에서 각 선의 대지정전용량이 C_s[F], 선간 정전용량이 [F]일 때, 1선의 작용정전용량은 몇 [F]인가?

① $2C_s + C_m$ ② $C_s + 2C_m$

③ $3C_s + C_m$ ④ $C_s + 3C_m$

[풀이]

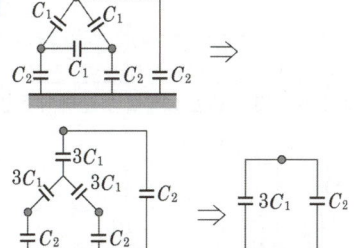

∴ 1선당의 작용 정전용량 $C_w = 3C_1 + C_2$ **답 ④**

34 6.6[kV], 60[Hz], 3상3선식 비접지식에서 선로의 길이가 10[km]이고 1선의 대지정전용량이 0.005[μF/km]일 때 1선 지락 시의 고장전류 I_g[A]의 범위로 옳은 것은?

① $I_g < 1$

② $1 \leq I_g < 2$

③ $2 \leq I_g < 3$

④ $3 \leq I_g < 4$

[풀이] $I_g = \dfrac{E}{Z/3} = 3\omega CE = 3 \times 2\pi fC \times \dfrac{V}{\sqrt{3}}$

$= 6\pi \times 60 \times 0.005 \times 10^{-6} \times \dfrac{6600}{\sqrt{3}} \times 10 \fallingdotseq 0.215$[A]

∴ $I_g < 1$[A]   **답 ①**

35 송전계통의 한 부분이 그림에서와 같이 3상 변압기로 1차측은 △로, 2차측은 Y로 중성점이 접지되어 있을 경우, 1차측에 흐르는 영상전류는?

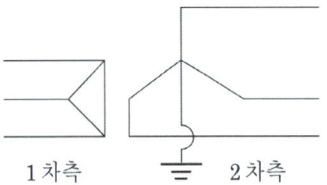

① 1차측 변압기 내부와 1차측 선로에서 반드시 0 이다.
② 1차측 선로에서 ∞ 이다.
③ 1차측 변압기 내부에서는 반드시 0 이다.
④ 1차측 선로에서 반드시 0 이다.

풀이 그림과 같이 영상 전류는 중성점을 통하여 대지로 흐르며 1차 변압기의 △권선 내에서는 순환 전류가 흐르나 각 상이 동상이면 △권선 외부로 유출하지 못한다.

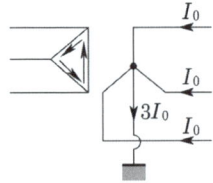

답 ④

36 배전선로에서 사고범위의 확대를 방지하기 위한 대책으로 적당하지 않은 것은?

① 배전계통의 루프화
② 선택접지계전방식 채택
③ 구분개폐기 설치
④ 선로용 콘덴서 설치

풀이 배전선로에서 진상(콘덴서)성분은 이상전압 발생 가능성을 증가시켜 사고범위가 확대될 수 있으므로, 선로용 콘덴서 설치는 대책으로 적당하지 않다. **답** ④

37 지락보호계전기의 동작이 가장 확실한 송전계통방식은?

① 고저항접지식   ② 비접지식
③ 소호 리액터접지식   ④ 직접 접지식

풀이 직접 접지방식의 장·단점
[장점]
① 1선 지락 시에 건전상의 대지전압이 거의 상승하지 않는다.
② 피뢰기의 효과를 증진시킬 수 있다.
③ 단절연이 가능하다.
④ 계전기의 동작이 확실해진다.
[단점]
① 송전 계통의 과도 안정도가 나빠진다.
② 통신선에 유도 장해가 크다.
③ 기기에 큰 영향을 주어 손상을 준다.
④ 대용량 차단기가 필요하다. **답** ④

38 그림에서 4단자정수 $\begin{bmatrix} A & B \\ C & D \end{bmatrix}$는? (단, E_s, I_s은 송전단 전압, 전류, E_r, I_r은 수전단전압, 전류이고 Y는 병렬 어드미턴스이다.)

① $\begin{bmatrix} 1 & 0 \\ Y & 1 \end{bmatrix}$
② $\begin{bmatrix} 0 & 1 \\ -Y & 0 \end{bmatrix}$
③ $\begin{bmatrix} 1 & Y \\ 0 & 1 \end{bmatrix}$
④ $\begin{bmatrix} 1 & 0 \\ 0 & 1 \end{bmatrix}$

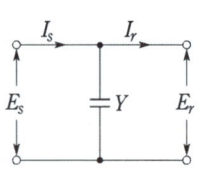

풀이 4단자망에서 입력 측과 출력 측의 상호관계는
$\begin{cases} E_s = AE_R + BI_R \\ I_s = CE_R + DI_R \end{cases}$ 이고, 그림에서의 조건은
$E_s = E_r$, $I_s = YE_r + I_r$이므로
∴ $A = 1$, $B = 0$, $C = Y$, $D = 1$ **답** ①

39 차동계전기는 무엇에 의하여 동작하는가?

① 정상전류와 역상전류의 차로 동작한다.
② 정상전류와 영상전류의 차로 동작한다.
③ 전압과 전류의 배수의 차로 동작한다.
④ 양쪽 전류의 차로 동작한다.

풀이 차동 계전기는 보호 구간에 유입하는 전류와 유출하는 전류의 벡터 차를 검출해서 동작하는 계전기이다.
답 ④

40 지중선 계통을 가공선 계통에 비교하였을 때 옳은 것은?

① 인덕턴스, 정전용량이 모두 크다.
② 인덕턴스, 정전용량이 모두 적다.
③ 인덕턴스는 적고, 정전용량은 크다.
④ 인덕턴스는 크고, 정전용량은 적다.

풀이 지중선 계통은 가공선 계통에 비해서 선간거리가 수십 배 작으므로 인덕턴스는 작고 정전용량은 크다.

답 ③

2023년 전력공학_전기산업기사·공사산업기사_CBT 복원문제

문제의 번호는 실제 시험문제의 번호와 같게 하였습니다.

2023년 - 1회 _ 전기산업기사·공사산업기사

21 선간전압이 V[kV]이고, 1상의 대지정전용량이 C[μF], 주파수가 f[Hz]인 3상 3선식 1회선 송전선의 소호리액터 접지방식에서 소호리액터의 용량은 몇 [kVA]인가?

① $6\pi fCV^2 \times 10^{-3}$
② $3\pi fCV^2 \times 10^{-3}$
③ $2\pi fCV^2 \times 10^{-3}$
④ $\sqrt{3}\pi fCV^2 \times 10^{-3}$

풀이 3상 1회선 소호 리액터 용량
$P = 3EI = 3E \times 2\pi fCE = 6\pi fCE^2$에서
정전용량 C[μF], 선간전압 V[kV]이므로
단위를 고려하면

$$P = 6\pi fC \times 10^{-6} \times \left(\frac{V}{\sqrt{3}}\right)^2 \times 10^6 \text{[VA]}$$
$$= 2\pi fCV^2 \text{[VA]}$$
$$= 2\pi fCV^2 \times 10^{-3} \text{[kVA]}$$

답 ③

22 전력계통에서 무효전력을 조정하는 조상설비 중 전력용 콘덴서를 동기조상기와 비교할 때 옳은 것은?

① 전력손실이 크다.
② 지상 무효전력분을 공급할 수 있다.
③ 전압조정을 계단적으로 밖에 못한다.
④ 송전선로를 시송전 할 때 선로를 충전할 수 있다.

풀이 조상설비의 비교

항 목	동기 조상기	전력용 콘덴서	분로 리액터
전력손실	많음 (1.5~2.5 [%])	적음 (0.3 [%] 이하)	적음 (0.6 [%] 이하)
무효전력	진상, 지상 양용	진상전용	지상전용
조정	연속적	계단적	계단적
사고시 전압유지	큼	작음	작음
시송전	가능	불가능	불가능

답 ③

23 변전소에 분로 리액터를 설치하는 주된 목적은?

① 진상무효전력 보상
② 전압강하 방지
③ 전력손실 경감
④ 잔류전하 방지

풀이 페란티 효과의 원인이 선로의 정전용량(진상무효전력)이므로 이를 보상시키기 위하여 선로에 분로 리액터를 설치한다. **답** ①

24 연가를 하는 주된 목적은?

① 혼촉 방지 ② 유도뢰 방지
③ 단락사고 방지 ④ 선로정수 평형

풀이
• 연가는 선로정수를 평형시키고 통신선의 유도장해를 방지하기 위하여 선로를 3배수 등분하여 실시한다.
• 연가의 목적 : 선로정수 평형, 직렬공진 방지, 유도장해 감소 **답** ④

25 중성점접지방식 중 1선 지락고장일 때 선로의 전압상승이 최대이고, 통신장해가 최소인 것은?

① 비접지방식 ② 직접 접지방식
③ 저항접지방식 ④ 소호 리액터접지방식

풀이 접지방식별 특징

방 식	보호계전기 동작	지락전류	고장중 운전	전위 상승	과도 안정도	유도 장해	특징
직접 접지 (22.9, 154, 345[kV])	확실	최대	×	1.3	최소	최대	중성점 영전위, 단절연 가능
저항 접지	↑	↑	×	$\sqrt{3}$	↓	↑	
비접지 (3.3, 6.6 [kV])	×	↑	가능	$\sqrt{3}$	↓	↑	저전압 단거리에 적용
소호 리액터 접지 (66[kV])	불확실	최소	가능	$\sqrt{3}$ 이상	최대	최소	병렬공진, 고장전류 최소

답 ④

26 3상 배전선로의 전압강하율을 나타내는 식이 아닌 것은? (단, V_s : 송전단 전압, V_r : 수전단 전압, I : 전부하전류, P : 부하전력, Q : 무효전력이다.)

① $\dfrac{\sqrt{3}\,I}{V_r}(R\cos\theta + X\sin\theta)\times 100[\%]$

② $\dfrac{PR+QX}{V_r^2}\times 100[\%]$

③ $\dfrac{V_s-V_r}{V_r}\times 100[\%]$

④ $\dfrac{V_r}{V_s}\times 100[\%]$

풀이
$\epsilon = \dfrac{V_s-V_r}{V_r}\times 100 = \dfrac{e}{V_r}\times 100$
$= \dfrac{\sqrt{3}\,I(R\cos\theta_r + X\sin\theta_r)}{V_r}\times 100$
$= \dfrac{PR+QX}{V_r^2}\times 100[\%]$ **답** ④

27 송전 선로의 일반 회로 정수를 A, B, C, D라 하면 다음 중 옳은 것은?

① $AD - BC = 1$
② $AB - CD = 1$
③ $AC - BD = 1$
④ $AB + CD = 1$

풀이 $AD - BC = 1$
여기서, $C = \dfrac{AD-1}{B}$,
$B = \dfrac{AD-1}{C}$ 이 된다. **답** ①

28 송전 선로에서 소호환(arcing ring)을 설치하는 이유는?

① 전력 손실 감소
② 송전 전력 증대
③ 애자에 걸리는 전압 분포의 균일
④ 누설 전류에 의한 편열 방지

풀이 소호환(arcing ring)의 목적은 애자련을 보호하며 애자련의 전압 분담을 균일하게 한다. **답** ③

29 단상 2선식 110[V] 저압배전선로를 단상 3선식 110/220[V]로 변경할 때 부하의 크기 및 공급 전압을 일정하게 하고 또 부하를 평형시켰을 때 전선로의 전압강하율은 변경 전에 비하여 어떻게 되는가?

① $\dfrac{1}{2}$ ② $\dfrac{1}{3}$
③ $\dfrac{1}{4}$ ④ $\dfrac{1}{5}$

풀이

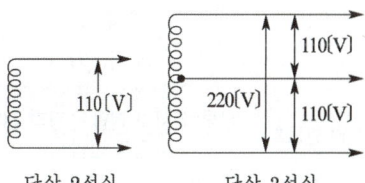

전압 강하율 $\epsilon = \dfrac{e}{V} = \dfrac{P}{V^2}(R+X\tan\theta)$이므로
$\epsilon \propto \dfrac{1}{V^2}$ 이다.
따라서 단상 2선식을 단상 3선식으로 변경하면 전압을 2배 승압한 경우이므로 전압강하율은 $\dfrac{1}{4}$ 배가 된다. **답** ③

30 간격 S인 정4각형 배치의 4도체에서 소선 상호 간의 기하학적 평균 거리는?

① $\sqrt{2}\,S$ ② $\sqrt{S}$
③ $\sqrt[3]{S}$ ④ $\sqrt[6]{2}\,S$

풀이 평균거리 $= \sqrt[6]{S\cdot S\cdot S\cdot S\cdot \sqrt{2}S\cdot \sqrt{2}S} = \sqrt[6]{2}\,S$

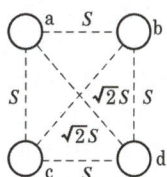

답 ④

31 변압기의 결선 중에서 1차에 제3고조파가 있을 때 2차에 제3고조파 전압이 외부로 나타나는 결선은?

① Y-Y
② Y-△
③ △-Y
④ △-△

풀이 △결선이 포함된 변압기에서는 제3고조파가 순환전류가 되어 소멸되나, Y결선만 있는 변압기에서는 제3고조파가 나타난다. **답** ①

32 송전단 전압이 66[kV], 수전단 전압이 60[kV]인 송전선로에서 수전단의 부하를 끊을 경우에 수전단 전압이 63[kV]가 되었다면 전압변동률은 몇 [%]가 되는가?

① 4.5
② 4.8
③ 5.0
④ 10.0

풀이 전압 변동률 = $\dfrac{\text{무부하 시의 전압} - \text{정격 전압}}{\text{정격 전압}} \times 100$

$= \dfrac{63-60}{60} \times 100 = 5[\%]$ **답** ③

33 그림과 같은 선로에서 점 F에서의 1선 지락이 발생한 경우 영상임피던스는?

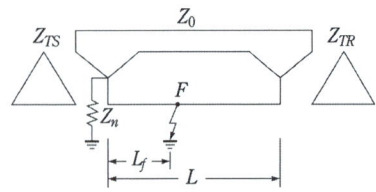

① $Z_{TS} + Z_n + 3Z_o$
② $Z_{TS} + 3Z_n + Z_o$
③ $Z_{TS} + Z_n + Z_o \dfrac{L_f}{L}$
④ $Z_{TS} + 3Z_n + Z_o \dfrac{L_f}{L}$

풀이 영상전압 $V = 3I_0 \cdot Z_n = I_0 \cdot 3Z_n$
영상임피던스 $Z = Z_{TS} + 3Z_n + Z_0$
단, I_0 : 영상전류, Z_n : 지락저항
Z_{TS} : 송전 측 변압기 임피던스
Z_0 : 선로임피던스

임피던스는 거리에 비례하므로

선로임피던스 = $Z_o \dfrac{L_f}{L}$

영상임피던스 = $Z_{TS} + 3Z_n + Z_o \dfrac{L_f}{L}$

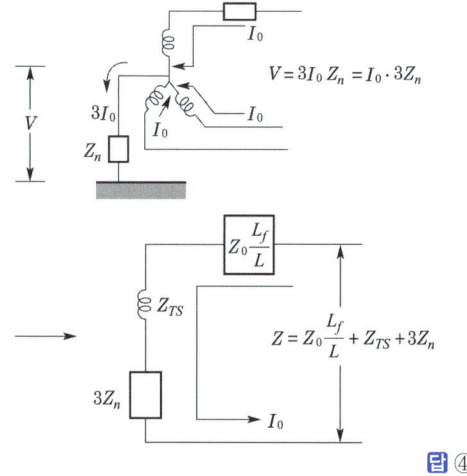

답 ④

34 수력발전소의 조압수조(서지 탱크) 설치 목적은?

① 수차 보호
② 흡출관 보호
③ 수격작용 흡수
④ 조속기 보호

풀이 조압 수조는 저수지로부터의 수로가 압력 터널인 경우에 시설하는 것으로서 사용 유량의 급변으로 인한 수격작용(Water hammering)이 압력 터널에 미치지 않도록 하는 일종의 안전장치이다. **답** ③

35 송전 계통의 절연 협조에 있어 절연 레벨을 가장 낮게 잡고 있는 기기는?

① 피뢰기
② 단로기
③ 변압기
④ 차단기

풀이 절연 협조는 피뢰기의 제한 전압이 기준이 된다. 따라서 피뢰기의 절연 레벨이 제일 낮다. **답** ①

36 전압 66000[V], 주파수 60[Hz], 길이 7[km], 1회선의 3상 지중전선로에서 3상 무부하 충전용량은 약 몇 [kVA]인가? (단, 케이블의 심선 1선 1[km]의 정전용량은 0.4[μF/km]라 한다.)

① 2560[kVA] ② 4600[kVA]
③ 7970[kVA] ④ 13800[kVA]

풀이
$$Q_c = 3EI_c = 3\omega C(\frac{V}{\sqrt{3}})^2$$
$$= 3 \times 2\pi \times 60 \times 0.4 \times 10^{-6} \times 7 \times \left(\frac{66000}{\sqrt{3}}\right)^2 \times 10^{-3}$$
$$= 4598[kVA]$$
답 ②

37 자가용 변전소의 1차측 차단기의 용량을 결정할 때 가장 밀접한 관계가 있는 것은?

① 부하설비 용량
② 공급측의 단락용량
③ 부하의 부하율
④ 수전계약 용량

풀이 차단기 차단 용량은 그 점에 있어서의 단락용량에 의해 결정된다. 즉, 단락용량 $P_s = \frac{100}{\%Z}P_n$에서 알 수 있듯이 차단기 차단용량은 전원측으로부터 단락점까지의 % 임피던스(%Z)와 공급측 전기 설비 용량 P_n에 의해 결정된다.
답 ②

38 선로의 특성 임피던스에 대한 설명으로 알맞은 것은?

① 선로의 길이에 비례한다.
② 선로의 길이에 반비례한다.
③ 선로의 길이에 관계없이 일정하다.
④ 선로의 길이보다 부하에 따라 변화한다.

풀이 선로의 특성임피던스 $Z_0 = \sqrt{\frac{L}{C}}$: 길이와는 관계없다.
답 ③

39 뒤진 역률 80[%], 1000[kW]의 3상 부하가 있다. 이것에 콘덴서를 설치하여 역률을 95 [%]로 개선하려면 콘덴서의 용량은 약 몇 [kVA]인가?

① 240[kVA] ② 420[kVA]
③ 630[kVA] ④ 950[kVA]

풀이
$$Q = P(\tan\theta_1 - \tan\theta_2) = P\left(\frac{\sin\theta_1}{\cos\theta_1} - \frac{\sin\theta_2}{\cos\theta_2}\right)$$
$$= P\left(\frac{\sqrt{1-\cos^2\theta_1}}{\cos\theta_1} - \frac{\sqrt{1-\cos^2\theta_2}}{\cos\theta_2}\right)$$
$$\therefore Q = 1000\left(\frac{0.6}{0.8} - \frac{\sqrt{1-0.95^2}}{0.95}\right) = 421.32[kVA]$$
답 ②

40 가공 송전선에 사용되는 애자 1연 중 전압부담이 최대인 애자는?

① 철탑에 제일 가까운 애자
② 전선에 제일 가까운 애자
③ 중앙에 있는 애자
④ 철탑과 애자연 중앙의 그 중간에 있는 애자

풀이
• 전압 분담 최대 : 전선쪽 애자
• 전압 분담 최소 : 철탑에서 1/3 지점 애자
답 ②

2023년 - 2회 _ 전기산업기사·공사산업기사

21 송전 선로의 안정도 향상 대책이 아닌 것은?

① 병행 다회선이나 복도체 방식 채용
② 계통의 직렬리액턴스 증가
③ 속응 여자방식 채용
④ 고속도 차단기 이용

풀이 안정도 향상 대책
① 계통의 직렬 리액턴스 감소
② 전압 변동률을 적게 한다(속응 여자 방식 채용, 계통의 연계, 중간 조상 방식).
③ 계통에 주는 충격을 적게 한다(적당한 중성점 접지 방식, 고속 차단 방식, 재폐로 방식).
④ 고장 중의 발전기 돌입 출력의 불평형을 적게 한다.
답 ②

22 유효낙차가 40[%] 저하되면 수차의 효율이 20[%] 저하된다고 할 경우 이때의 출력은 원래의 약 몇 [%]인가? (단, 안내 날개의 열림은 불변인 것으로 한다.)

① 37.2　　② 48.0
③ 52.7　　④ 63.7

풀이 출력 $P = 9.8QH\eta \propto QH\eta$ 이고,
유량 $Q = \sqrt{2gH} \propto H^{\frac{1}{2}}$ 이므로
$\therefore P \propto QH\eta = H^{\frac{1}{2}}H\eta = H^{\frac{3}{2}} \cdot \eta$
$= 0.6^{\frac{3}{2}} \times 0.8 ≒ 0.372 = 37.2[\%]$　**답** ①

23 초고압 장거리 송전선로에 접속되는 1차 변전소에 병렬 리액터를 설치하는 목적은?

① 페란티효과 방지
② 코로나손실 경감
③ 전압강하 경감
④ 선로손실 경감

풀이 장거리 송전선로에서 선로의 정전용량에 의해 수전단 전압이 송전단 전압보다 높아지는 현상을 페란티 효과라 하며, 이에 대한 대책으로 분로(병렬) 리액터를 설치하여 선로의 정전용량을 상쇄시킨다.　**답** ①

24 피뢰기가 구비해야 할 조건 중 잘못 설명된 것은?

① 충격 방전개시 전압이 낮을 것
② 상용주파수 방전개시 전압이 높을 것
③ 방전내량이 크면서 제한전압이 높을 것
④ 속류 차단 능력이 충분할 것

풀이 피뢰기 구비조건.
① 충격방전 개시전압이 낮을 것
② 상용주파 방전 개시전압은 높을 것
③ 방전내량이 크면서 제한전압은 낮을 것
④ 속류 차단능력이 충분할 것　**답** ③

25 다음 중 VCB의 소호원리로 맞는 것은?

① 압축된 공기를 아크에 불어넣어서 차단
② 절연유 분해가스의 흡부력을 이용해서 차단
③ 고진공에서 전자의 고속도 확산에 의해 차단
④ 고성능 절연특성을 가진 가스를 이용하여 차단

풀이 소호 원리에 따른 차단기의 종류

차단기 종류	약어	소호 원리
유입 차단기	OCB	소호실에서 아크에 의한 절연유 분해 가스의 흡부력을 이용해서 차단
기중 차단기	ACB	대기 중에서 아크를 길게 하여 소호실에서 냉각 차단
자기 차단기	MBB	대기 중에서 전자력을 이용하여 아크를 소호실내로 유도해서 냉각차단
공기 차단기	ABB	압축된 공기를 아크에 불어 넣어서 차단
진공 차단기	VCB	고진공 중에서 전자의 고속도 확산에 의해 차단
가스 차단기	GCB	고성능 절연 특성을 가진 특수 가스(SF_6)를 흡수해서 차단

답 ③

26 송전선로의 코로나 손실을 나타내는 Peek 식에서 E_0에 해당하는 것은? (단, Peek식 $P = \dfrac{241}{\delta}(f+25)\sqrt{\dfrac{d}{2D}}(E-E_0)^2 \times 10^{-5}$[kW/km/선]이다.)

① 코로나 임계전압
② 전선에 걸리는 대지전압
③ 송전단전압
④ 기준 충격 절연 강도 전압

풀이 δ : 상대 공기밀도, D : 선간거리,
d : 전선의 지름, f : 주파수,
E : 전선에 걸리는 대지전압,
E_0 : 코로나 임계전압　**답** ①

27 다음 보호계전기 회로에서 박스 (A) 부분의 명칭은?

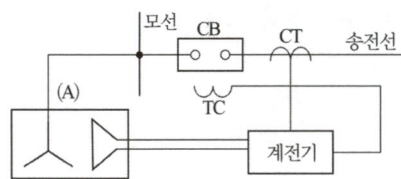

① 차단코일　　② 영상변류기
③ 계기용변류기　④ 계기용변압기

풀이 계기용 변압기(PT) : 고전압을 저전압으로 변성하여 계기나 계전기에 공급하기 위한 목적으로 사용되며 2차 측 정격전압은 110[V]이다.　　**답** ④

28 3상의 전원에 접속된 3각형 결선의 콘덴서를 성형 결선으로 바꾸면 진상 용량은 몇 배인가?

① 3　　② $\sqrt{3}$
③ $\dfrac{1}{\sqrt{3}}$　　④ $\dfrac{1}{3}$

풀이
- 3각형(△) 결선의 진상 용량
$Q_\triangle = 3 \times 2\pi fCE^2 = 3 \times 2\pi fCV^2$
(△결선에서 $E = V$)
- 성형(Y) 결선의 진상 용량
$Q_Y = 3 \times 2\pi fCE^2 = 3 \times 2\pi fC\left(\dfrac{V}{\sqrt{3}}\right)^2 = 2\pi fCV^2$
(Y결선에서 $E = \dfrac{V}{\sqrt{3}}$)
∴ $Q_Y = \dfrac{1}{3}Q_\triangle$　　**답** ④

29 다음은 원자력 발전소의 원자로와 일반 화력 발전소의 보일러(boiler)를 비교하여 원자로의 운전 및 보수상의 특징을 말한 것이다. 틀린 것은?

① 원자로는 포화 증기가 사용되기 때문에 압력을 정하면 온도가 정해져 운전 중 온도, 압력의 폭도 적다.
② 원자로는 열효율이 거의 100[%]에 가깝고 연료의 연소 효율은 운전 방법에 따라 크게 좌우된다.
③ 원자로는 정지 후에 발생열이 없어 열제거가 필요 없으며 반면에 정지 후 장시간 온도 유지는 불가능하다.
④ 원자로의 운전은 전출력에서 전출력의 10^{-10} 정도까지 광범위한 조작을 필요로 한다.

풀이 핵분열의 연쇄 반응을 이용하여 그 에너지를 제어된 상태에서 얻어내게 하는 장치를 원자로라 하며, 정지 후에도 장시간 온도 유지가 가능하다.　　**답** ③

30 전압과 역률이 일정할 때 전력을 몇 [%] 증가시키면 전력 손실이 2배로 되는가?

① 31　　② 41
③ 51　　④ 61

풀이
- 전력 손실을 P_l, 전력을 P라고 하면
$P_l = 3I^2R = \dfrac{P^2R}{V^2\cos^2\theta}$ 에서 $P_l \propto P^2$ 이므로
$P \propto \sqrt{P_l}$ 이다.
- 전력 손실을 2배로 한 경우의 전력 P'는
$\dfrac{P'}{P} = \dfrac{\sqrt{2P_l}}{\sqrt{P_l}} = \sqrt{2}$ 에서 $P' = \sqrt{2}P$
∴ 증가시킬 수 있는 전력 증가율
$= \dfrac{P'-P}{P} \times 100 = \dfrac{\sqrt{2}P-P}{P} \times 100$
$= \dfrac{\sqrt{2}-1}{1} \times 100 = 41[\%]$　　**답** ②

31 500[kVA]의 단상 변압기 3대로 3상 전력을 공급하고 있던 공장에서 변압기 1대가 고장났을 때 공급할 수 있는 전력은 몇 [kVA]인가?

① 500　　② 688
③ 866　　④ 1000

풀이 변압기 1개의 출력을 P_1이라 하면
V결선 시 출력 $P_V = \sqrt{3}P_1 = \sqrt{3} \times 500 = 866[kVA]$　　**답** ③

32 66[kV], 60[Hz] 3상 3선식의 선로에서 중성점을 소호리액터 접지하여 완전 공진상태로 되었을 때 중성점에 흐르는 전류는 몇 [A]인가? (단, 소호리액터를 포함한 영상 회로의 등가 저항은 200[Ω], 중성점 잔류전압은 4400[V]라고 한다.)

① 11 ② 22
③ 33 ④ 44

풀이 공진 시 리액턴스 성분은 0이 되므로
완전 공진 시 전류 $I = \dfrac{E}{R} = \dfrac{4400}{200} = 22[A]$ **답** ②

33 송전선로에서 매설지선을 사용하는 주된 목적은?

① 코로나 전압을 저감시키기 위하여
② 뇌해를 방지하기 위하여
③ 탑각 접지저항을 줄여서 섬락을 방지하기 위하여
④ 인축의 감전사고를 막기 위하여

풀이 매설지선 : 철탑의 탑각 접지 저항을 낮추어 역섬락을 방지하기 위한 것으로서 지하 30~60[cm] 정도의 깊이에 30~50[m] 정도의 아연도금 철선을 매설한다. **답** ③

34 전선의 굵기가 균일하고 부하가 균등하게 분산 분포되어 있는 배전선로의 전력손실은 전체 부하가 송전단으로부터 전체 전선로 길이의 어느 지점에 집중되어 있을 경우의 손실과 같은가?

① $\dfrac{3}{4}$ ② $\dfrac{2}{3}$
③ $\dfrac{1}{3}$ ④ $\dfrac{1}{2}$

풀이 집중 부하와 분산 부하

구 분	전력 손실	전압 강하
말단에 집중 부하	$I^2 rL$	IrL
균등 분산 분포 부하	$\dfrac{1}{3}I^2 rL = I^2 r\left(\dfrac{1}{3}L\right)$	$\dfrac{1}{2}IrL = Ir\left(\dfrac{1}{2}L\right)$

여기서, I : 전선의 전류, r : 전선 단위 길이당 저항, L : 전선의 길이 **답** ③

35 배전선의 전압을 조정하는 방법으로 적당하지 않은 것은?

① 유도 전압 조정기
② 승압기
③ 주상 변압기 탭 전환
④ 동기 조상기

풀이 배전선 전압 조정 장치로는
① 주변압기 1차측의 무부하시(탭 변환 장치), 부하시(탭 절환 장치)
② 정지형 전압 조정기(SVR)
③ 유도 전압 조정기(IVR) **답** ④

36 한류 리액터의 사용 목적은?

① 단락전류의 제한
② 충전전류의 제한
③ 누설전류의 제한
④ 접지전류의 제한

풀이
• 한류 리액터 : 단락사고 시의 단락 전류를 제한
• 직렬 리액터 : 제5고조파 제거
• 분로 리액터 : 페란티 현상 방지
• 소호 리액터 : 지락 아크 소멸 **답** ①

37 그림과 같이 D[m]의 간격으로 반경 r[m]의 두 전선 a, b가 평행으로 가선되어 있는 경우 작용 인덕턴스는 몇 [mH/km]인가?

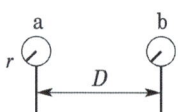

① $L = 0.05 + 0.4605 \, \log_{10} \dfrac{D}{r}$

② $L = 0.05 + 0.4605 \, \log_{10} \dfrac{r}{D}$

③ $L = 0.05 + 0.4605 \, \log_{10} (rD)$

④ $L = 0.05 + 0.4605 \, \log_{10} \left(\dfrac{1}{rD}\right)$

풀이 단도체 인덕턴스
$L = 0.05 + 0.4605 \log_{10} \dfrac{D}{r}$ [mH/km] **답** ①

38. 송전단의 전력원 방정식이 $P_s^2+(Q_s-300)^2=250000$인 전력계통에서 최대전송 가능한 유효전력은 얼마인가?

① 300　② 400
③ 500　④ 600

풀이 최대전송 가능한 유효전력은 무효분이 0일 때이므로, 무효분 $(Q_s-300)^2=0$이다.
∴ $P_s^2+0=500^2$ → $P_s=500$　답 ③

39. 직류 송전방식이 교류 송전방식에 비하여 유리한 점이 아닌 것은?

① 선로의 절연이 용이하다.
② 통신선에 대한 유도잡음이 적다.
③ 표피효과에 의한 송전손실이 적다.
④ 정류가 필요 없고 승압 및 강압이 쉽다.

풀이 직류 송전 방식의 장·단점
[장점]
① 선로의 리액턴스가 없으므로 안정도가 높다.
② 유전체손 및 충전 용량이 없고 절연 내력이 강하다.
③ 비동기 연계가 가능하다.
④ 단락전류가 적고 임의 크기의 교류 계통을 연계시킬 수 있다.
⑤ 코로나손 및 전력 손실이 적다.
⑥ 표피효과나 근접 효과가 없으므로 실효 저항의 증대가 없다.
[단점]
① 직교 변환 장치가 필요하다.
② 전압의 승압 및 강압이 불리하다.
③ 고조파나 고주파 억제 대책이 필요하다.
④ 직류 차단기가 개발되어 있지 않다.　답 ④

40. 3상 1회선과 대지 간의 충전전류가 1[km]당 0.25[A]일 때 길이가 18[km]인 선로의 충전전류는 몇 [A]인가?

① 1.5　② 4.5
③ 13.5　④ 40.5

풀이 충전전류
$I_c=0.25[\text{A/km}]\times 18[\text{km}]=4.5[\text{A}]$　답 ②

2023년 - 3회 _ 전기산업기사

21. 뇌해 방지와 관계가 없는 것은?

① 매설지선　② 가공지선
③ 소호각　④ 댐퍼

풀이 뇌의 보호 장치 및 기능
• 매설지선 : 역섬락 방지
• 가공지선 : 뇌의 차폐
• 소호각 : 애자련 보호
• 피뢰기 : 기기 보호

댐퍼는 선로의 진동 방지에 쓰인다.　답 ④

22. 선간거리를 D, 전선의 반지름을 r이라 할 때 송전선의 정전용량은?

① $\log_{10}\dfrac{D}{r}$에 비례한다.
② $\log_{10}\dfrac{r}{D}$에 비례한다.
③ $\log_{10}\dfrac{D}{r}$에 반비례한다.
④ $\log_{10}\dfrac{r}{D}$에 반비례한다.

풀이 선로의 정전 용량 $C_w=\dfrac{0.02413}{\log_{10}\dfrac{D}{r}}[\mu\text{F/km}]$이므로,

정전 용량은 $\log_{10}\dfrac{D}{r}$에 반비례한다.　답 ③

23. 코로나 방지에 가장 효과적인 방법은?

① 선간거리를 증가시킨다.
② 전선의 높이를 가급적 낮게 한다.
③ 전선 표면의 전위경도를 높인다.
④ 전선의 바깥지름을 크게 한다.

풀이 코로나 방지 대책
① 전선의 지름을 크게 한다.
② 복도체를 사용한다.
③ 가선 금구를 개량한다.
④ 가선 시에 전선 표면의 금구를 손상하지 않게 한다.
　답 ④

24 송배전 선로에 사용하는 직렬 콘덴서에 대한 설명으로 옳은 것은?

① 최대 송전전력이 감소하고 정태 안정도가 감소된다.
② 부하의 변동에 따른 수전단의 전압변동률은 증대된다.
③ 장거리 선로의 유도 리액턴스를 보상하고 전압강하를 감소시킨다.
④ 송·수 양단의 전달 임피던스가 증가하고 안정 극한 전력이 감소한다.

풀이 직렬 콘덴서의 장·단점
[장점]
① 유도 리액턴스를 보상하고 전압 강하를 감소시킨다.
② 수전단의 전압 변동률을 경감시킨다.
③ 최대 송전전력이 증대하고 정태 안정도가 증대한다.
④ 부하 역률이 나쁠수록 효과가 크다.
⑤ 용량이 작으므로 설비비가 저렴하다.
[단점]
① 단락 고장시 콘덴서 양단에 고전압이 걸린다.
② 무부하 변압기에 직렬 콘덴서를 투입하는 경우 선로 전류가 증대한다.
③ 고압 배전선에 설치하는 경우 자기 여자 현상이 일어날 경우가 있다.
④ 과보상이 되면 동기기에 난조가 생기거나 탈조하는 수가 있다. **답** ③

25 30000[kW]의 전력을 51[km] 떨어진 지점에 송전하는데 필요한 전압은 약 몇 [kV]인가? (단, Still의 식에 의하여 산정한다.)

① 22 ② 33 ③ 66 ④ 100

풀이 Still 식(송전전압의 결정식)
$V_s = 5.5\sqrt{0.6l + 0.01P}$
$= 5.5\sqrt{0.6 \times 51 + 0.01 \times 30000} ≒ 100[kV]$
여기서, l : 송전 거리[km]
P : 송전 용량[kW] **답** ④

26 전력계통의 전압을 조정하는 가장 보편적인 방법은?

① 발전기의 유효전력 조정
② 부하의 유효전력 조정
③ 계통의 주파수 조정
④ 계통의 무효전력 조정

풀이 계통의 무효전력을 동기조상기나 전력용 콘덴서를 이용하여 조정함으로써 전력계통의 전압을 조정할 수 있다. **답** ④

27 일반회로정수가 A, B, C, D이고 송전단 상전압이 E_s인 경우, 무부하 시의 충전전류(송전단 전류)는?

① CE_s ② ACE_s
③ $\dfrac{C}{A}E_s$ ④ $\dfrac{A}{C}E_s$

풀이
• $E_s = AE_r + BI_r$ 에서 무부하($I_R = 0$)이므로
$E_s = AE_r \rightarrow E_r = \dfrac{E_s}{A}$
• $I_s = CE_r + DI_r$ 에서 무부하($I_R = 0$)이므로
∴ $I_s = CE_r = \dfrac{C}{A}E_s$ **답** ③

28 22.9[kV]로 수전하는 자가용 전기설비가 있다. 수전점에 설치한 차단기의 차단용량이 520[MVA]일 때 차단기의 정격차단전류는 약 몇 [kA]인가?

① 3.5 ② 5.5
③ 8.5 ④ 12.5

풀이 차단기의 차단용량 $P_s = \sqrt{3}\, VI_s$ 에서
따라서 차단전류
$I_s = \dfrac{P_s}{\sqrt{3}\, V} = \dfrac{520 \times 10^3}{\sqrt{3} \times 22.9 \times \dfrac{1.2}{1.1}} \times 10^{-3}$
$= 12.02[kA]$ **답** ④

29 송전계통의 중성점을 접지하는 목적으로 틀린 것은?

① 지락 고장 시 전선로의 대지 전위 상승을 억제하고 전선로와 기기의 절연을 경감시킨다.
② 소호리엑터 접지방식에서는 1선 지락 시 지락점 아크를 빨리 소멸시킨다.
③ 차단기의 차단용량을 증대시킨다.
④ 지락고장에 대한 계전기의 동작을 확실하게 한다.

> **풀이** 송전 선로의 중성점 접지의 목적
> ① 이상 전압 발생 방지
> ② 1선 지락시 건전상 전압 상승 억제 및 기기나 선로의 절연 절감
> ③ 보호 계전기 동작 확실
> ④ 소호 리액터 계통에서의 1선 지락시 아크 소멸
> **답** ③

30 단상 변압기 3대를 △결선으로 운전하던 중 1대의 고장으로 V결선된 경우, △결선에 대한 V결선의 출력비는 약 몇 [%]인가?

① 52.2　　② 57.7
③ 66.7　　④ 86.6

> **풀이** 1대의 단상 변압기 용량을 P_1라 하면 그 출력비는
> 출력비 $= \dfrac{\text{V결선의 출력}}{\triangle\text{결선의 출력}} = \dfrac{\sqrt{3}P_1}{3P_1} = \dfrac{\sqrt{3}}{3}$
> $= 0.577 = 57.7[\%]$
> **답** ②

31 전력계통에서 인터록(interlock)의 설명으로 적합한 것은?

① 차단기와 단로기는 각각 열리고 닫힌다.
② 차단기가 열려 있어야만 단로기를 닫을 수 있다.
③ 차단기가 닫혀 있어야만 단로기를 닫을 수 있다.
④ 차단기의 접점과 단로기의 접점이 동시에 투입될 수 있다.

> **풀이** 단로기는 부하 전류를 개폐할 수 없으므로, 차단기가 열려 있어야 단로기를 열고 닫을 수 있다.
> 즉, 인터록 장치를 두어 부하 통전 시 단로기를 열 수 없도록 하여야 한다.
> **답** ②

32 전력용 퓨즈는 주로 어떤 전류의 차단을 목적으로 사용하는가?

① 지락전류　　② 단락전류
③ 과도전류　　④ 과부하전류

> **풀이** 전력용 퓨즈는 단락 보호용으로 사용된다.　**답** ②

33 변류기 점검 시 과전압에 의한 2차 권선의 소손을 방지하기 위해서 어떻게 해야 하는가?

① 변류기 1차측 개방
② 변류기 1차측 단락
③ 변류기 2차측 개방
④ 변류기 2차측 단락

> **풀이** PT(병렬연결)는 개방상태가 되어도 무방하지만 CT(직렬연결)는 개방하면 2차 권선에 매우 높은 전압이 유기되어 절연이 파괴되고 소손될 우려가 있으므로, CT를 점검할 경우에는 반드시 2차측을 단락해야 한다.
> **답** ④

34 총 부하설비가 160[kW], 수용률이 60[%], 부하역률이 80[%]인 수용가에 공급하기 위한 변압기 용량[kVA]은?

① 40　　② 80
③ 120　　④ 160

> **풀이** 변압기 용량 ≥ 합성 최대 수용 전력
> $= \dfrac{\text{개별 최대 수용 전력의 합}}{\text{부등률}}$
> $= \dfrac{\text{설비 용량} \times \text{수용률}}{\text{부등률}} = \dfrac{160/0.8 \times 0.6}{1}$
> $= 120[kVA]$
> **답** ③

35 유효낙차 30[m], 출력 2000[kW]의 수차발전기를 전부하로 운전하는 경우 1시간당 사용 수량은 약 몇 [m³]인가? (단, 수차 및 발전기의 효율은 각각 95[%], 82[%]로 한다.)

① 15500　　② 22500
③ 25500　　④ 31500

> **풀이** $P_g = 9.8QH\eta_g\eta_t[kW]$이므로
> 유량 $Q = \dfrac{P_g}{9.8H\eta_g\eta_t} = \dfrac{2000}{9.8 \times 30 \times 0.95 \times 0.82}$
> $= 8.73[m^3/sec]$
> 따라서 1시간당 사용수량
> $Q' = 8.73 \times 60 \times 60 = 31428[m^3/h]$　**답** ④

36 화력발전소에서 열 사이클의 효율 향상을 위한 방법이 아닌 것은?

① 조속기의 설치
② 재생, 재열사이클의 채용
③ 절탄기, 공기예열기의 설치
④ 고압, 고온증기의 채용과 과열기의 설치

풀이 ① 열 사이클 효율 향상 대책
  • 고압, 고온 증기 채용
  • 과열기 설치
  • 재생, 재열 사이클 채용
  • 절탄기, 공기예열기 설치
② 조속기는 회전체의 원심력을 이용하여 증기의 유입량을 조절하여 터빈의 회전속도를 일정하게 해주는 장치이다. **답** ①

37 원자력 발전소에서 원자로의 냉각재가 갖추어야 할 조건으로 잘못된 것은?

① 중성자의 흡수 단면적이 클 것
② 유도 방사능이 적을 것
③ 비열이 클 것
④ 열전도율이 클 것

풀이 원자로 냉각재의 조건
  ① 중성자 흡수가 적을 것
  ② 방사능을 띠기 어려울 것
  ③ 비열, 열전도율이 클 것
  ④ 열용량이 클 것 **답** ①

38 충전된 콘덴서의 에너지에 의해 트립되는 방식으로 정류기, 콘덴서 등으로 구성되어 있는 차단기의 트립방식은?

① 과전류 트립방식
② 직류전압 트립방식
③ 콘덴서 트립방식
④ 부족전압 트립방식

풀이 • 차단기의 트립 방식에는 CT 2차 전류 트립 방식, DC 전압 방식, CTD 방식(콘덴서 트립 방식)이 있다.
• CTD 방식(콘덴서 트립 방식)은 충전기로 교류를 정류하여 콘덴서를 충전하고, 그 방전 에너지에 의해 트립 코일을 여자하여 트립 시키는 방법으로 정류기와 콘덴서로 구성되어 있다. **답** ③

39 여러 회선인 비접지 3상 3선식 배전 선로에 방향 지락 계전기를 사용하여 선택 지락 보호를 하려고 한다. 필요한 것은?

① CT와 ZCT
② CT와 PT
③ GPT와 ZCT
④ GPT와 PT

풀이 비접지 계통의 지락 사고 검출
• GR(지락 계전기) + ZCT(영상 변류기)
• SGR(선택 지락 계전기) + GPT(접지형 계기용 변압기) + ZCT(영상 변류기)
• ZCT : 영상 전류 검출, GPT : 영상 전압 검출 **답** ③

40 345[kV] 초고압 송전선로에 사용되는 현수애자는 1연 현수인 경우 대략 몇 개 정도 사용되는가?

① 6~8
② 12~14
③ 18~20
④ 28~38

풀이 전압에 따른 현수애자(250[mm])의 연결 개수

전압[kV]	66	154	220	345	765
수량	4~6	10~11	12~13	18~20	40~45

답 ③

2023년 4회 _ 공사산업기사

21 가공전선로에 대한 지중전선로의 장점으로 옳은 것은?

① 건설비가 싸다.
② 송전용량이 많다.
③ 인축에 대한 안전성이 높으며 환경조화를 이룰 수 있다.
④ 사고복구에 효율적이다.

풀이 지중 전선로는 도시의 미관을 해치지 않고 교통상의 지장도 없고, 또 벼락이라든지 풍수해 등에 의해서 고장을 일으키는 경우가 적어서 공급 신뢰도가 좋아지지만 한편 그 만큼 건설비가 비싸지고, 또 고장이 발생하였을 경우 공장 장소의 발견이나 수리가 어렵다는 결점이 있다.

	지중 전선로	가공 전선로
건설비	건설 비용 고가	지중 설비에 비해 저렴
고장 형태	외상 사고, 접속 개소 시공 불량에 의한 영구 사고 발생	수목 접촉 등 순간 및 영구 사고 발생
고장 복구	고장점 발견이 어렵고 복구가 어렵다.	고장점 발견과 복구 용이
유도 장해	차폐 케이블 사용으로 유도 장해 경감	유도 장해 발생
송전 용량	발생열의 구조적 냉각 장해로 가공전선에 비해 낮음	발생열의 냉각이 수월해 송전 용량이 높은 편임
환경 미화	쾌적한 도심 환경 조성	도심 환경 저해 용인

답 ③

22 애자가 갖추어야 할 구비 조건으로 옳은 것은?

① 온도의 급변에 잘 견디고 습기도 잘 흡수하여야 한다.
② 지지물에 전선을 지지할 수 있는 충분한 기계적 강도를 갖추어야 한다.
③ 비, 눈, 안개 등에 대해서도 충분한 절연저항을 가지며, 누설 전류가 많아야 한다.
④ 선로 전압에는 충분한 절연 내력을 가지며, 이상 전압에는 절연 내력이 매우 적어야 한다.

풀이 애자의 구비 조건
① 절연 내력이 클 것
② 기계적 강도가 클 것
③ 정전 용량이 작을 것
④ 가격이 저렴할 것

답 ②

23 가공전선을 단도체식으로 하는 것보다 같은 단면적의 복도체식으로 하였을 경우 옳지 않은 것은?

① 전선의 인덕턴스가 감소된다.
② 전선의 정전용량이 감소된다.
③ 코로나 손실이 적어진다.
④ 송전용량이 증가한다.

풀이 단도체 방식에 비해서 복도체 방식의 특징은
① 전선의 인덕턴스가 감소하고 정전 용량이 증가되어 선로의 송전 용량이 증가하고 계통의 안정도를 증진

시킨다.
② 전선 표면의 전위 경도가 저감되므로 코로나 임계 전압을 높일 수 있고 코로나손, 코로나 잡음 등의 장해가 저감된다.
③ 복도체에서 단락시는 모든 소도체에는 동일 방향으로 전류가 흐르므로 흡인력이 생긴다.

답 ②

24 단거리 송전선의 4단자 정수 A, B, C, D 중 그 값이 0인 정수는?

① A
② B
③ C
④ D

풀이 단거리 송전선로
① 단거리 송전선로에서는 선로길이가 짧은 관계로 선로정수로서 저항과 인덕턴스만을 생각한다. 즉, $Y = G + j\omega C[℧]$를 무시한 상태에서 집중정수회로로 취급하여 특성을 해석한다.
② 4단자 정수

$$\begin{bmatrix} A & B \\ C & D \end{bmatrix} = \begin{bmatrix} 1 & Z \\ 0 & 1 \end{bmatrix}$$

A : 전압비, B : 임피던스,
C : 어드미턴스, D : 전류비

답 ③

25 동일한 전압에서 동일한 전력을 송전할 때 역률을 0.6에서 0.93로 개선하면 전력손실은 개선 전에 비해 약 몇 [%]인가?

① 80
② 65
③ 54
④ 42

풀이 전력 손실 $P_l = \dfrac{R \cdot P^2}{V^2 \cos^2\theta}$ 에서 $P_l \propto \dfrac{1}{\cos^2\theta}$

$\therefore \dfrac{P_l'}{P_l} = \dfrac{\dfrac{1}{0.93^2}}{\dfrac{1}{0.6^2}} = \left(\dfrac{0.6}{0.93}\right)^2 \to P_l' = 0.416 P_l$

그러므로 약 42[%]로 감소

답 ④

26 선로의 특성 임피던스에 대한 설명으로 알맞은 것은?

① 선로의 길이에 비례한다.
② 선로의 길이에 반비례한다.
③ 선로의 길이에 관계없이 일정하다.
④ 선로의 길이보다 부하에 따라 변화한다.

풀이 선로의 특성임피던스
$Z_0 = \sqrt{\dfrac{L}{C}}$: 길이와는 관계없다. **답** ③

27 송전계통의 중성점을 직접 접지하는 목적과 관계없는 것은?
① 고장전류 크기의 억제
② 이상전압 발생의 방지
③ 보호계전기의 신속 정확한 동작
④ 전선로 및 기기의 절연 레벨을 경감

풀이 직접 접지 방식은 지락전류를 최대로 하기 위한 방식을 말하며, 직접 접지의 목적은 다음과 같다.
① 1선 지락 시 건전상의 대지전압 상승을 1.3배 이하로 억제한다.(유효접지)
② 선로 및 기기의 절연 레벨을 저감한다. (저감절연, 단절연 가능)
③ 보호 계전기의 동작을 확실하게 한다. **답** ①

28 3상 변압기의 임피던스가 $Z[\Omega]$이고 선간전압이 $V[kV]$, 정격용량이 $P[kVA]$일 때 이 변압기의 %임피던스는?
① $\dfrac{10PZ}{V}$ ② $\dfrac{PZ}{10V^2}$
③ $\dfrac{PZ}{100V^2}$ ④ $\dfrac{PZ}{V}$

풀이 $\%Z = \dfrac{I_n Z}{E_n} \times 100$
$(P = \sqrt{3} V I_n,\ V = \sqrt{3} E_n$이므로)
$= \dfrac{\sqrt{3} V I_n Z}{\sqrt{3} V E_n} \times 100 = \dfrac{P \times Z}{V^2} \times 100$
$= \dfrac{P[kVA] \times 10^3 \times Z[\Omega]}{V^2[kV] \times 10^6} \times 100$
$= \dfrac{ZP[kVA]}{10V^2[kV]} [\%]$ **답** ②

29 지락고장 시 이상전압의 발생 우려가 거의 없는 접지방식은?
① 비접지방식 ② 직접접지방식
③ 저항접지방식 ④ 소호리액터접지방식

풀이 직접 접지방식의 장·단점
[장점]
① 1선 지락시에 건전상의 대지 전압이 거의 상승하지 않는다.
② 피뢰기의 효과를 증진시킬 수 있다.
③ 단절연이 가능하다.
④ 계전기의 동작이 확실해진다.
[단점]
① 송전 계통의 과도 안정도가 나빠진다.
② 통신선에 유도 장해가 크다.
③ 기기에 큰 영향을 주어 손상을 준다.
④ 대용량 차단기가 필요하다. **답** ②

30 정상적으로 운전하고 있는 전력계통에서 서서히 부하를 조금씩 증가했을 경우 안정운전을 지속할 수 있는가 하는 능력을 무엇이라 하는가?
① 동태 안정도 ② 정태 안정도
③ 고유 과도안정도 ④ 동적 과도안정도

풀이 안정도의 종류
① 정태 안정도(static stability) : 송전 계통이 불변 부하 또는 극히 서서히 증가하는 부하에 대하여 계속적으로 송전할 수 있는 능력을 정태 안정도로 하고, 안정도를 유지할 수 있는 극한의 송전 전력을 정태 안정 극한 전력이라고 한다.
② 과도 안정도(transient stability) : 계통에 갑자기 고장 사고와 같은 급격한 외란이 발생하였을 때에도 탈조하지 않고 새로운 평형 상태를 회복하여 송전을 계속할 수 있는 능력을 과도 안정도라 하고 이 경우의 극한 전력을 과도 안정 극한 전력이라고 한다.
③ 동태 안정도(dynamic stability) : 고속 자동 전압 조정기로 동기기의 여자 전류를 제어 할 경우의 정태 안정도를 특히 동태 안정도라 한다. **답** ②

31 송전선로에 낙뢰를 방지하기 위하여 설치하는 것은?
① 댐퍼 ② 초호환
③ 가공지선 ④ 애자

풀이 ① 댐퍼 : 전선의 진동 방지
② 초호환 : 섬락으로부터 애자련의 보호, 애자련의 전압 분포 개선
③ 가공지선 : 뇌의 차폐
④ 애자 : 전선을 지지하고 절연 **답** ③

32 인입되는 전압이 정정값 이하로 되었을 때 동작하는 것으로서 단락 고장검출 등에 사용되는 계전기는?

① 접지 계전기
② 부족 전압 계전기
③ 역전력 계전기
④ 과전압 계전기

풀이 ① 부족 전압 계전기 : 전압이 정정값 이하 시 동작
② 과전압 계전기 : 전압이 정정값 초과 시 동작
답 ②

33 가스차단기에 대한 설명으로 틀린 것은?

① 절연회복이 빨라 고전압, 대전류에 적합하다.
② 액화 방지 및 산화 방지 대책이 필요 없다.
③ 소호능력이 뛰어나다.
④ 절연내력이 우수하다.

풀이 SF_6 가스를 소호 매체로 사용하는 차단기는 한랭지, 산악지방에서 가스의 액화 방지 및 산화 방지 대책이 필요하다.
답 ②

34 변류기를 개방할 때 2차측을 단락하는 이유는?

① 1차측 과전류 보호
② 1차측 과전압 방지
③ 2차측 과전류 보호
④ 2차측 절연보호

풀이 변류기의 2차측을 개방하면 1차 전류가 모두 여자 전류가 되어 2차 권선에 매우 높은 전압이 유기되어 절연이 파괴되고 소손될 염려가 있다. 따라서 변류기를 개방할 때는 반드시 변류기 2차측을 단락하여야 한다.
답 ④

35 저압 네트워크 배전방식의 장점이 아닌 것은?

① 인축의 접지사고가 적어진다.
② 부하 증가시 적응성이 양호하다.
③ 무정전 공급이 가능하다.
④ 전압변동이 적다.

풀이 네트워크 배전 방식
[장점]
① 정전이 적으며 배전 신뢰도가 높다.
② 기기 이용률 향상된다.
③ 전압 변동이 적다.
④ 적응성 양호하다.
⑤ 전력 손실이 감소한다.
⑥ 변전소 수를 줄일 수 있다.
[단점]
① 건설비가 비싸다.
② 특별한 보호 장치(네트워크 프로텍터 등)를 필요로 한다.
③ 인축의 접촉 사고가 증가한다.
답 ①

36 총 부하설비가 160[kW], 수용률이 60[%], 부하역률이 80[%]인 수용가에 공급하기 위한 변압기 용량[kVA]은?

① 40 ② 80
③ 120 ④ 160

풀이 변압기 용량 ≥ 합성 최대 수용 전력
$= \dfrac{\text{개별 최대 수용 전력의 합}}{\text{부등률}}$
$= \dfrac{\text{설비 용량} \times \text{수용률}}{\text{부등률}} = \dfrac{160/0.8 \times 0.6}{1}$
$= 120[kVA]$
답 ③

37 주상변압기에 시설하는 캐치홀더는 어느 부분에 직렬로 삽입하는가?

① 1차측 양 선 ② 1차측 1선
③ 2차측 비접지측 선 ④ 2차측 접지된 선

풀이 캐치홀더(catch holders) : 변압기 2차측 및 인입선의 분기개소에 설치하여 사용하는 변압기 보호장치
답 ③

38 수압 관로의 평균 유속을 $v[m/s]$, 관의 지름을 $D[m]$, 사용 유량을 $Q[m^3/s]$로 하면 Q를 구하는 식은?

① $Q = \dfrac{4}{\pi}D^2 v$ ② $Q = \dfrac{\pi}{4}D^2 v$
③ $Q = 4\pi Dv$ ④ $Q = 4\pi D^2 v$

답 ②

39 그림과 같은 선로에서 점 F에서의 1선 지락이 발생한 경우 영상임피던스는?

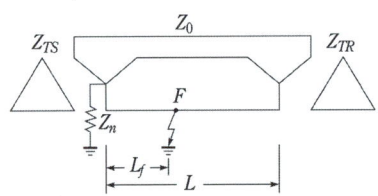

① $Z_{TS} + Z_n + 3Z_o$
② $Z_{TS} + 3Z_n + Z_o$
③ $Z_{TS} + Z_n + Z_o \dfrac{L_f}{L}$
④ $Z_{TS} + 3Z_n + Z_o \dfrac{L_f}{L}$

풀이 영상전압 $V = 3I_0 \cdot Z_n = I_0 \cdot 3Z_n$
영상임피던스 $Z = Z_{TS} + 3Z_n + Z_o$
단, I_0 : 영상전류, Z_n : 지락저항
Z_{TS} : 송전 측 변압기 임피던스
Z_0 : 선로임피던스
임피던스는 거리에 비례하므로
선로임피던스 $= Z_o \dfrac{L_f}{L}$

영상임피던스 $= Z_{TS} + 3Z_n + Z_o \dfrac{L_f}{L}$

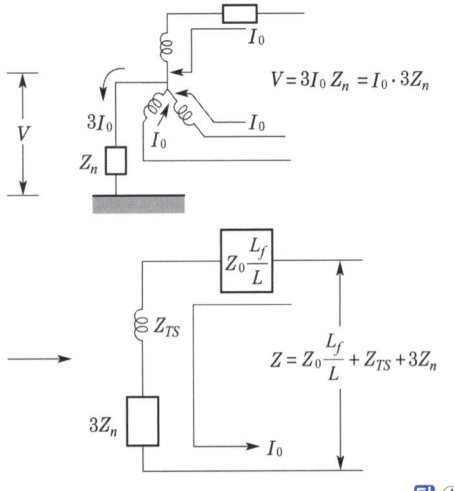

답 ④

40 전력계통에서 무효전력을 조정하는 조상설비 중 전력용 콘덴서를 동기조상기와 비교할 때 옳은 것은?

① 전력손실이 크다.
② 지상 무효전력분을 공급할 수 있다.
③ 전압조정을 계단적으로 밖에 못한다.
④ 송전선로를 시송전할 때 선로를 충전할 수 있다.

풀이 조상 설비

항 목	동기조상기	전력용 콘덴서	분로 리액터
무효전력	진상, 지상 양용	진상전용	지상전용
조정	연속적	계단적	계단적
시송전	가능	불가능	불가능

답 ③

2024년 전력공학 _전기산업기사·공사산업기사_ CBT 복원문제

문제의 번호는 실제 시험문제의 번호와 같게 하였습니다.

2024년 - 1회 _전기산업기사·공사산업기사_

21. 송전선로에 낙뢰를 방지하기 위하여 설치하는 것은?

① 댐퍼
② 초호환
③ 가공지선
④ 애자

풀이
① 댐퍼 : 전선의 진동 방지
② 초호환 : 섬락으로부터 애자련의 보호, 애자련의 전압 분포 개선
③ 가공지선 : 뇌의 차폐
④ 애자 : 전선을 지지하고 절연

답 ③

22. 석탄연소 화력발전소에서 사용되는 집진장치의 효율이 가장 큰 것은?

① 전기식 집진장치
② 수세식 집진장치
③ 원심력식 집진장치
④ 직렬결합식 집진장치

풀이 집진 효율이 가장 큰 것은 전기식으로 코트렐식 집진장치가 현재 가장 많이 사용되고 있다.

답 ①

23. 송전전력, 송전거리, 전선의 비중 및 전력손실률이 일정하다고 하면 전선의 단면적 $A[\text{mm}^2]$와 송전전압 $V[\text{kV}]$와의 관계로 옳은 것은?

① $A \propto V$
② $A \propto V^2$
③ $A \propto \dfrac{1}{V^2}$
④ $A \propto \sqrt{V}$

풀이
• 전력손실
$$P_l = 3I^2 R = \frac{P^2 \rho l}{V^2 \cos^2\theta A} \quad (\text{전류 } I = \frac{P}{\sqrt{3}V\cos\theta})$$
• 전력손실률 $h = \dfrac{P_l}{P} = \dfrac{P\rho l}{hV^2 \cos^2\theta}$ 에서

전선의 단면적 $A = \dfrac{P\rho l}{hV^2 \cos^2\theta}$

• $P, \rho, l, h, \cos\theta$가 일정한 경우이므로

전선의 단면적 $A \propto \dfrac{1}{V^2}$

답 ③

24. 부하율이란?

① $\dfrac{\text{피상 전력}}{\text{부하 설비 용량}} \times 100 [\%]$

② $\dfrac{\text{부하 설비 용량}}{\text{피상 전력}} \times 100 [\%]$

③ $\dfrac{\text{최대 수용 전력}}{\text{평균 수용 전력}} \times 100 [\%]$

④ $\dfrac{\text{평균 수용 전력}}{\text{최대 수용 전력}} \times 100 [\%]$

풀이
부하율 $= \dfrac{\text{평균 수요 전력 [kW]}}{\text{최대 수요 전력 (합성 최대 전력) [kW]}} \times 100[\%]$

$= \dfrac{\text{평균 수요 전력 [kW]}}{\text{부하 설비 합계 [kW]}} \times \dfrac{\text{부등률}}{\text{수용률}} \times 100[\%]$

답 ④

25. 배전전압, 배전거리 및 전력손실이 같다는 조건에서 단상 2선식 전기방식의 전선 총 중량을 100[%]라 할 때 3상 3선식 전기방식은 몇 [%]인가?

① 33.3
② 37.5
③ 75.0
④ 100.0

풀이
• 송전 전력은 동일하므로
$$\sqrt{3}VI_3 \cos\theta = VI_1 \cos\theta \rightarrow I_1 = \sqrt{3}I_3$$

• 전력 손실이 동일하므로
$$3I_3^2 \rho \frac{l}{A_3} = 2I_1^2 \rho \frac{l}{A_1}$$
$$3I_3^2 \rho \frac{l}{A_3} = 2(\sqrt{3}I_3)^2 \rho \frac{l}{A_1}$$
$$A_3 = \frac{1}{2}A_1$$

따라서 전선량(무게)비

$\dfrac{3\text{상3선식}}{\text{단상2선식}} = \dfrac{3A_3 l\sigma}{2A_1 l\sigma} = \dfrac{3}{2} \times \dfrac{1}{2} = \dfrac{3}{4} = 0.75$

• 단상 2선식 기준 소요 전선량 요약

전기 방식	소요 전선량[%]	비 고
단상 2선식	100	단상 2선식 기준
단상 3선식	37.5	중성선과 전압선의 굵기가 동일
	31.3	중성선의 굵기가 전압선의 1/2
3상 3선식	75	
3상 4선식	33.3	중성선과 전압선의 굵기가 동일
	29.2	중성선의 굵기가 전압선의 1/2

답 ③

26 전력계통의 전력용 콘덴서와 직렬로 연결하는 리액터로 제거되는 고조파는?

① 제2고조파 ② 제3고조파
③ 제4고조파 ④ 제5고조파

풀이 송전 선로에는 변압기의 유기 기전력이 발생할 때에 생기는 기수 고조파가 존재하게 되는데, 제3고조파는 변압기의 △결선에서 제거되고 제5고조파는 전력용 콘덴서에 직렬로 5[%] 가량의 리액터를 삽입하여 제거시킨다. 답 ④

27 우리나라의 특고압 배전방식으로 가장 많이 사용되고 있는 것은?

① 단상 2선식 ② 단상 3선식
③ 3상 3선식 ④ 3상 4선식

풀이 3상 4선식은 같은 회선에서 선간전압과 상전압의 양전압을 이용할 수 있기 때문에 배전에서 많이 채용되고 있다. 답 ④

28 철탑으로부터의 전선의 오프셋을 주는 이유로 가장 알맞은 것은?

① 불평형 전압의 유도 방지
② 지락사고 방지
③ 전선의 진동방지
④ 상하 전선의 접촉 방지

풀이 오프셋은 전선의 도약으로 인한 상하 전선의 단락을 방지하기 위하여 철탑 지지점의 위치를 수직에서 벗어나게 함을 말한다.

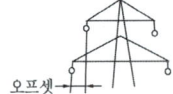

답 ④

29 하천유량을 측정하는 방법으로 유속의 측정방법과 직접유량을 측정하는 방법이 있는데 다음 보기 중 직접유량을 측정하는 방법이 아닌 것은?

① 염분법 ② 언측법
③ 수위 관측법 ④ 부표법

풀이 하천유량은 그 통로의 단면적과 그 단면에 대한 직각방향의 유속과의 곱으로 표시되므로 유량을 알기 위해서는 단면적과 유속을 측정해야 한다.
1) 유속의 측정방법
① 유속계법 ② 부표법 ③ 염수속도법
④ 수압 시간법 ⑤ 피토관법
2) 직접유량을 측정하는 방법
① 염분법 ② 언측법 ③ 수위 관측법 답 ④

30 송전계통의 안정도 증진방법에 대한 설명이 아닌 것은?

① 전압변동을 작게 한다.
② 직렬 리액턴스를 크게 한다.
③ 고장 시 발전기 입·출력의 불평형을 작게 한다.
④ 고장전류를 줄이고 고장구간을 신속하게 차단한다.

풀이 안정도 향상 대책
① 계통의 직렬 리액턴스 감소(다회선 방식 채택, 복도체 방식 채택, 기기의 리액턴스 감소, 직렬 콘덴서 설치)
② 전압 변동률을 적게 한다(속응 여자 방식 채용, 계통의 연계, 중간 조상 방식).
③ 계통에 주는 충격을 적게 한다(적당한 중성점 접지 방식, 고속 차단 방식, 재폐로 방식).
④ 고장 중의 발전기 돌입 출력의 불평형을 적게 한다.
답 ②

31 30000[kW]의 전력을 50[km] 떨어진 지점에 송전하려고 할 때 송전전압[kV]은 약 얼마인가? (단, still 식에 의하여 산정한다.)

① 22 ② 33 ③ 66 ④ 100

풀이 Still 식 $V_s = 5.5\sqrt{0.6 \times l + 0.01P}$
$= 5.5\sqrt{0.6 \times 50 + 0.01 \times 30000}$
$\fallingdotseq 100[kV]$
여기서, V_s : 전압[kV], l : 송전거리[km]
P : 송전전력[kW] 답 ④

32 전선의 자체 중량과 빙설의 종합하중을 W_1, 풍압하중을 W_2라 할 때 합성하중은?

① $W_1 + W_2$ ② $W_1 - W_2$
③ $\sqrt{W_1 - W_2}$ ④ $\sqrt{W_1^2 + W_2^2}$

풀이

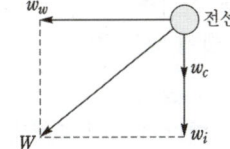

w_c : 전선의 자체중량
w_i : 부착빙설의 중량
w_w : 수평풍압

합성 하중은
$W = \sqrt{(빙설하중 + 자중)^2 + (풍압하중)^2}$
$= \sqrt{W_1^2 + W_2^2}$ **답 ④**

33 전력용 퓨즈의 장점으로 틀린 것은?

① 소형으로 큰 차단용량을 갖는다.
② 밀폐형 퓨즈는 차단 시에 소음이 없다.
③ 가격이 싸고 유지보수가 간단하다.
④ 과도전류에 의해 쉽게 용단되지 않는다.

풀이 전력 퓨즈
① 소형으로 차단용량이 크다.
② 보수가 간단하다.
③ 가격이 저렴하다.
④ 밀폐형으로 차단 시 소음이 없다.
⑤ 과도전류를 고속도 차단할 수 있다.   **답 ④**

34 부하전류의 차단능력이 없는 것은?

① 공기차단기   ② 유입차단기
③ 진공차단기   ④ 단로기

풀이

능력\기능	회로 분리		사고 차단	
	무부하	부하	과부하	단락
퓨 즈	○	-	-	○
차단기	○	○	○	○
개폐기	○	○	○	-
단로기	○	-	-	-

단로기(DS)는 switch로서 아크 소호장치가 없어 부하전류의 차단이 곤란하다.   **답 ④**

35 역률 0.8인 부하 480[kW]를 공급하는 변전소에 전력용 콘덴서 220[kVA]를 설치하면 역률은 몇 [%]로 개선할 수 있는가?

① 92   ② 94
③ 96   ④ 99

풀이

- 부하 역률 $\cos\theta = \dfrac{P}{P_a} = \dfrac{P}{\sqrt{P^2 + P_r^2}} \times 100$

  여기서, P_a : 피상전력, P : 유효전력, P_r : 무효전력

- 부하의 무효전력
  $Q_L = \dfrac{P}{\cos\theta} \times \sin\theta = \dfrac{480}{0.8} \times 0.6 = 360 [\text{kVar}]$

- 전력용 콘덴서 용량 $Q_C = 220 [\text{kVA}]$

$\therefore \cos\theta = \dfrac{P}{\sqrt{P^2 + (Q_L - Q_c)^2}} \times 100$
$= \dfrac{480}{\sqrt{480^2 + (360-220)^2}} \times 100$
$= 96 [\%]$ **답 ③**

36 그림과 같은 선로에서 점 F에서의 1선 지락이 발생한 경우 영상임피던스는?

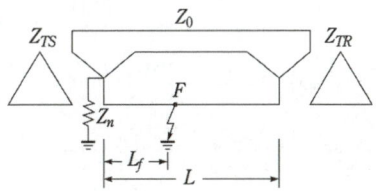

① $Z_{TS} + Z_n + 3Z_o$
② $Z_{TS} + 3Z_n + Z_o$
③ $Z_{TS} + Z_n + Z_o \dfrac{L_f}{L}$
④ $Z_{TS} + 3Z_n + Z_o \dfrac{L_f}{L}$

풀이
- 영상전압 $V = 3I_0 \cdot Z_n = I_0 \cdot 3Z_n$
- 영상임피던스 $Z = Z_{TS} + 3Z_n + Z_o$
  단, I_0 : 영상전류, Z_n : 지락저항
  Z_{TS} : 송전 측 변압기 임피던스
  Z_o : 선로임피던스
- 임피던스는 거리에 비례하므로
  선로임피던스 $= Z_o \dfrac{L_f}{L}$

따라서 영상임피던스 $= Z_{TS} + 3Z_n + Z_o \dfrac{L_f}{L}$

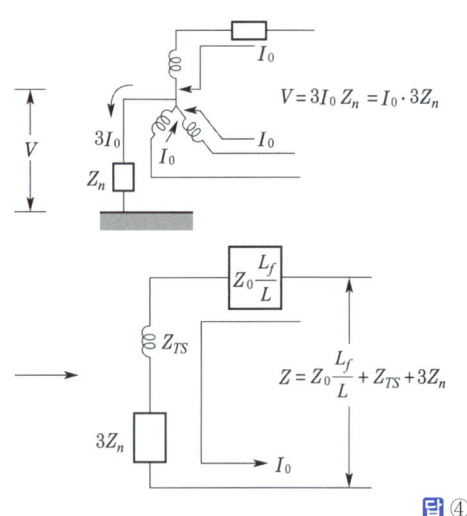

답 ④

37 노즐(nozzle)에서 분출되는 유수의 이론적인 분출 속도가 100[m/sec]인 수차의 유효낙차는 약 몇 [m]인가?

① 500 ② 510
③ 520 ④ 530

풀이 유효낙차 $H = \dfrac{v^2}{2g} = \dfrac{100^2}{2 \times 9.8} ≒ 510[\text{m}]$ 답 ②

38 다음 송전선의 전압변동률 식에서 V_{R1}은 무엇을 의미하는가?

$$\epsilon = \dfrac{V_{R1} - V_{R2}}{V_{R2}} \times 100[\%]$$

① 부하 시 송전단 전압
② 무부하 시 송전단 전압
③ 전부하 시 수전단 전압
④ 무부하 시 수전단 전압

풀이 전압 변동률(ϵ) = $\dfrac{\text{무부하 시 수전단 전압}(V_{R1}) - \text{수전단 정격 전압}(V_{R2})}{\text{수전단 정격 전압}(V_{R2})} \times 100[\%]$

답 ④

39 154[kV] 송전선로에 10개의 현수애자가 연결되어 있다. 다음 중 전압부담이 가장 적은 것은? (단, 애자는 같은 간격으로 설치되어 있다.)

① 철탑에 가장 가까운 것
② 철탑에서 3번째에 있는 것
③ 전선에서 가장 가까운 것
④ 전선에서 3번째에 있는 것

풀이
• 전압 분담 최대 : 전선쪽 애자
• **전압 분담 최소 : 철탑에서 1/3 지점 애자**
따라서 10개의 현수애자가 연결되어 있다면, 철탑에서 3번째에 있는 애자가 전압부담이 가장 적다. 답 ②

40 차단기의 정격투입전류란 투입되는 전류의 최초 주파수의 어느 값을 말하는가?

① 평균값 ② 최댓값
③ 실효값 ④ 직류값

풀이 차단기의 정격 투입 전류란 성능에 지장 없이 투입할 수 있는 전류의 한도를 말하며, 투입 전류의 최초 주파수에서의 최댓값으로 나타낸다. 크기는 정격 차단 전류(실효값)의 2.5배를 표준으로 한다. 답 ②

2024년 2회 _ 전기산업기사·공사산업기사

21 다음 ( )에 알맞은 내용으로 옳은 것은? (단, 공급 전력과 선로 손실률은 동일하다.)

> 선로의 전압을 2배로 승압할 경우, 공급전력은 승압 전의 (㉮)로 되고, 선로 손실은 승압 전의 (㉯)로 된다.

① ㉮ $\dfrac{1}{4}$, ㉯ 2배 ② ㉮ $\dfrac{1}{4}$, ㉯ 4배
③ ㉮ 2배, ㉯ $\dfrac{1}{4}$ ④ ㉮ 4배, ㉯ $\dfrac{1}{4}$

풀이 전력 손실률 $h = \dfrac{P_l}{P} = \dfrac{RP}{V^2 \cos^2\theta}$ 에서

㉮ 공급 전력 $P = \dfrac{hV^2\cos^2\theta}{R} \propto V^2 = 2^2 = 4$배

㉯ 선로 손실 $P_l = \dfrac{RP^2}{V^2\cos^2\theta} \propto \dfrac{1}{V^2} = \dfrac{1}{2^2} = \dfrac{1}{4}$배

답 ④

22 송전선로에서 4단자 정수 A, B, C, D 사이의 관계는?

① $BC - AD = 1$
② $AC - BD = 1$
③ $AB - CD = 1$
④ $AD - BC = 1$

풀이 $\begin{vmatrix} A & B \\ C & D \end{vmatrix} = AD - BC = 1$ **답** ④

23 3상 3선식 송전선에서 한 선의 저항이 10[Ω], 리액턴스가 20[Ω]이며, 수전단의 선간전압이 60[kV], 부하역률이 0.8인 경우에 전압강하율이 10[%]라 하면 이 송전선로로는 약 몇 [kW]까지 수전할 수 있는가?

① 10000   ② 12000
③ 14400   ④ 18000

풀이 전압강하율
$$\epsilon = \frac{P}{V^2}(R + X\tan\theta) \times 100$$
$$= \frac{P}{V^2}\left(R + X\frac{\sin\theta}{\cos\theta}\right) \times 100 = 10[\%]$$
$$\frac{P}{60000^2}\left(10 + 20 \times \frac{0.6}{0.8}\right) \times 100 = 10$$
$$\therefore P = \frac{0.1 \times 60000^2}{\left(10 + 20 \times \frac{0.6}{0.8}\right)} \times 10^{-3} = 14400[\text{kW}]$$ **답** ③

24 그림과 같은 수전단 전력원선도가 있다. 부하직선을 참고하여 전압조정을 위한 조상설비가 없어도 정전압 운전이 가능한 부하전력은 대략 어느 정도일 때인가?

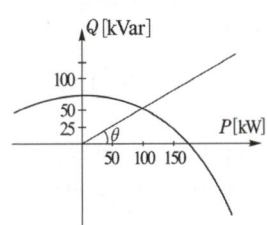

① 무부하일 때   ② 50[kW]일 때
③ 100[kW]일 때 ④ 150[kW]일 때

풀이 정전압 송전방식에서는 원의 반지름 $\rho = \frac{V_S V_R}{b}$ 이 일정하므로 송·수전전력은 언제나 원선도의 원주상에 존재하여야 한다. 따라서 유효전력 100[kW], 무효전력 50[kVar] 정도일 때, 조상설비가 없어도 정전압 운전이 가능하다. **답** ③

25 조상설비(調相設備)와 거리가 먼 것은?

① 분로리액터
② 상순(相順)표시기
③ 전력용콘덴서
④ 동기조상기

풀이 조상설비는 무효전력을 공급하는 설비로서 동기조상기, 전력용 콘덴서 및 리액터가 있다.
• 동기 조상기 : 지상 및 진상 무효전력 공급
• 전력용 콘덴서 : 진상 무효전력 공급
• 분로 리액터 : 지상 무효전력 공급
그러나, 상순 표시기는 공급 전원의 상순을 표시하는 계측기로서 조상설비가 아니다. **답** ②

26 3상 1회선 전선로의 작용 정전용량을 C, 선간 정전용량을 C_1, 대지 정전용량을 C_2라 할 때 C, C_1, C_2의 관계는?

① $C = C_1 + 3C_2$
② $C = 3C_1 + C_2$
③ $C = C_1 + C_2$
④ $C = 3(C_1 + C_2)$

풀이
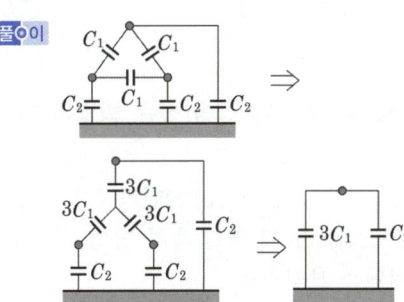

1선당의 작용 정전 용량 $C = 3C_1 + C_2$ **답** ②

27 동작 시간에 따른 보호 계전기의 분류와 이에 대한 설명으로 틀린 것은?

① 순한시 계전기는 설정된 최소동작전류 이상의 전류가 흐르면 즉시 동작한다
② 반한시 계전기는 동작시간이 전류값의 크기에 따라 변하는 것으로 전류값이 클수록 느리게 동작하고 반대로 전류값이 작아질수록 빠르게 동작하는 계전기이다.
③ 정한시 계전기는 설정된 값 이상의 전류가 흘렀을 때 동작 전류의 크기와는 관계없이 항상 일정한 시간 후에 동작하는 계전기이다.
④ 반한시·정한시 계전기는 어느 전류값까지는 반한시성이지만 그 이상이 되면 정한시로 동작하는 계전기이다.

풀이 보호계전기 특징

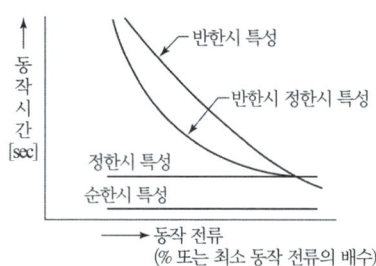

① 순한시 특성 : 최소 동작전류 이상의 전류가 흐르면 즉시 동작하는 특성
② 정한시 특성 : 동작전류의 크기에 관계없이 일정한 시간에 동작하는 특성
③ 반한시 특성 : 동작전류가 커질수록 동작시간이 짧게 되는 특성
④ 반한시 정한시 특성 : 동작전류가 적은 동안에는 동작전류가 커질수록 동작시간이 짧게 되고, 어떤 전류 이상이면 동작전류의 크기에 관계 없이 일정한 시간에 동작하는 특성 **답** ②

28 지중 케이블에서 고장점을 찾는 방법이 아닌 것은?

① 머리 루프(Murray loop) 시험기에 의한 방법
② 메거(Megger)에 의한 측정 방법
③ 임피던스 브리지법
④ 펄스에 의한 측정법

풀이 • 지중 케이블 고장 수색법
① 머리 루프법
② 정전용량의 측정으로 발견하는 법
③ 수색 코일로 하는 방법
④ 펄스로 하는 방법
⑤ 음향으로 고장점을 측정하는 방법
• 메거는 절연저항 측정에 사용된다. **답** ②

29 임피던스 Z_1, Z_2 및 Z_3을 그림과 같이 접속한 선로의 A쪽에서 전압파 E가 진행해 왔을 때 접속점 B에서 무반사로 되기 위한 조건은?

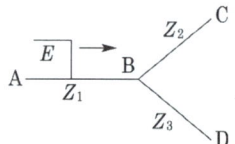

① $Z_1 = Z_2 + Z_3$
② $\dfrac{1}{Z_1} = \dfrac{1}{Z_3} - \dfrac{1}{Z_2}$
③ $\dfrac{1}{Z_1} = \dfrac{1}{Z_2} + \dfrac{1}{Z_3}$
④ $\dfrac{1}{Z_1} = -\dfrac{1}{Z_2} - \dfrac{1}{Z_3}$

풀이 $Z_A = Z_1$, $Z_B = \dfrac{1}{\dfrac{1}{Z_2} + \dfrac{1}{Z_3}}$ 라고 하면

반사계수 $= \dfrac{Z_B - Z_A}{Z_A + Z_B}$ 에서

무반사 조건은 $Z_A = Z_B$일 때이므로

따라서 $Z_1 = \dfrac{1}{\dfrac{1}{Z_2} + \dfrac{1}{Z_3}} \rightarrow \dfrac{1}{Z_1} = \dfrac{1}{Z_2} + \dfrac{1}{Z_3}$ **답** ③

30 원자력발전소와 화력발전소의 특성을 비교한 것 중 틀린 것은?

① 원자력발전소는 화력발전소의 보일러 대신 원자로와 열교환기를 사용한다.
② 원자력발전소의 건설비는 화력발전소에 비해 싸다.
③ 동일 출력일 경우 원자력발전소의 터빈이나 복수기가 화력발전소에 비하여 대형이다.
④ 원자력발전소는 방사능에 대한 차폐 시설물의 투자가 필요하다.

풀이 화력발전과 비교하여 원자력 발전은 출력 밀도(단위체적 당 출력)가 크므로 같은 출력이라면 소형화가 가능하나, 단위 출력당 건설비는 화력발전소에 비하여 비싸다. **답** ②

31 지상부하를 가진 3상 3선식 배전선로 또는 단거리 송전선로에서 선간 전압강하를 나타낸 식은? (단, I, R, X, θ는 각각 수전단 전류, 선로 저항, 리액턴스 및 수전단 전류의 위상각이다.)

① $I(R\cos\theta + X\sin\theta)$
② $2I(R\cos\theta + X\sin\theta)$
③ $\sqrt{3}\,I(R\cos\theta + X\sin\theta)$
④ $3I(R\cos\theta + X\sin\theta)$

풀이 전압강하 $e = V_s - V_r$
(여기서, V_s : 송전단 전압, V_r : 수전단 전압)

전기 방식	전압강하
단상3선식, 3상4선식	$e_1 = I(R\cos\theta + X\sin\theta)$
단상2선식	$e_2 = 2I(R\cos\theta + X\sin\theta)$
3상3선식	$e_3 = \sqrt{3}\,I(R\cos\theta + X\sin\theta)$

답 ③

32 여러 회선인 비접지 3상 3선식 배전 선로에 방향 지락 계전기를 사용하여 선택 지락 보호를 하려고 한다. 필요한 것은?

① CT와 ZCT   ② CT와 PT
③ GPT와 ZCT   ④ GPT와 PT

풀이 비접지 계통의 지락 사고 검출
• GR(지락 계전기) + ZCT(영상 변류기)
• SGR(선택 지락 계전기)
  + GPT(접지형 계기용 변압기)
  + ZCT(영상 변류기)
• ZCT : 영상 전류 검출, GPT : 영상 전압 검출 답 ③

33 공칭단면적 200[mm²], 전선 무게 1.838[kg/m], 전선의 바깥 지름 18.5[mm]인 경동 연선을 경간 200[m]로 가설하는 경우 이도[m]는? 단, 경동 연선의 인장 하중은 7910[kg], 빙설 하중은 0.416[kg/m], 풍압 하중은 1.525[kg/m]이고, 안전율은 2.2라 한다.

① 3.28   ② 3.78
③ 4.28   ④ 4.78

풀이 하중 $W = \sqrt{(W_c + W_i)^2 + W_w^2}$
$= \sqrt{(1.838 + 0.416)^2 + 1.525^2} = 2.72\,[\text{kg/m}]$

여기서, W_c : 전선의 자중, W_i : 빙설하중
W_w : 풍압하중
따라서 이도
$D = \dfrac{WS^2}{8T} = \dfrac{2.72 \times 200^2}{8 \times \dfrac{7910}{2.2}} = 3.78\,[\text{m}]$ 답 ②

34 무손실 송전선로에서 송전할 수 있는 송전용량은? (단, E_S : 송전단 전압, E_R : 수전단 전압, δ : 부하각, X : 송전선로의 리액턴스, R : 송전선로의 저항, Y : 송전선로의 어드미턴스이다.)

① $\dfrac{E_S E_R}{X}\sin\delta$ ② $\dfrac{E_S E_R}{R}\sin\delta$
③ $\dfrac{E_S E_R}{Y}\cos\delta$ ④ $\dfrac{E_S E_R}{X}\cos\delta$

풀이 전력 계통은 고효율 전력 전송 목적으로 설계되므로 저항손과 대지 정전용량은 극히 적으므로 무시한다. 그러므로 그림과 같이 등가로 나타낼 수 있다.

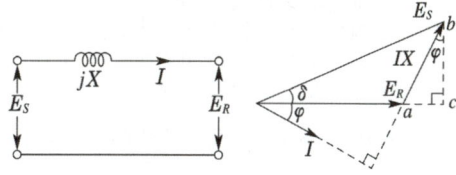

$\overline{bc} = XI\cos\varphi = E_S \sin\delta$
$I\cos\varphi = \dfrac{E_S}{X}\sin\delta$
$P = E_R I\cos\varphi$
$\therefore P = \dfrac{E_S E_R}{X}\sin\delta$ 답 ①

35 장거리 대전력 송전에서 교류 송전 방식에 비해 직류 송전 방식의 장점이 아닌 것은?

① 송전 효율이 높다.
② 안정도의 문제가 없다.
③ 선로 절연이 더 수월하다.
④ 변압이 쉬워 고압 송전이 유리하다.

풀이 직류 송전 방식의 장·단점
[장점]
① 선로의 리액턴스가 없으므로 안정도가 높다.
② 유전체손 및 충전 용량이 없고 절연내력이 강하다.
③ 비동기 연계가 가능하다.

④ 단락전류가 적고 임의 크기의 교류 계통을 연계시킬 수 있다.
⑤ 코로나손 및 전력손실이 적다.
⑥ 표피효과나 근접 효과가 없으므로 실효 저항의 증대가 없다.
[단점]
① 직교 변환 장치가 필요하다.
② 전압의 승압 및 강압이 불리하다.
③ 고조파나 고주파 억제 대책이 필요하다.
④ 직류 차단기가 개발되어 있지 않다. 답 ④

36 송전계통에서 안정도 증진과 관계 없는 것은?
① 고속 재폐로방식 채용
② 계통의 전달 리액턴스 감소
③ 계통의 전압변동의 제어
④ 차폐선의 채용

풀이 안정도 향상 대책
① 계통의 직렬 리액턴스 감소
② 전압변동률을 적게 한다.(속응여자방식 채용, 계통의 연계, 중간 조상 방식)
③ 계통에 주는 충격을 적게 한다.(적당한 중성점접지 방식, 고속차단방식, 재폐로방식)
④ 고장 중의 발전기 돌입 출력의 불평형을 적게 한다.
차폐선은 유도 장해 방지 대책으로 채용된다. 답 ④

37 순저항 부하의 부하전력 P[kW], 전압 E[V], 선로의 길이 l[m], 고유저항 ρ[Ω·mm²/m] 인 단상 2선식 선로에서 선로 손실을 q[W]라 하면, 전선의 단면적[mm²]은 어떻게 표현되는가?

① $\dfrac{\rho l P^2}{qE^2} \times 10^6$ ② $\dfrac{2\rho l P^2}{qE^2} \times 10^6$

③ $\dfrac{\rho l P^2}{2qE^2} \times 10^6$ ④ $\dfrac{2\rho l P^2}{q^2 E} \times 10^6$

풀이 단상에서의
전류 $I = \dfrac{P[\text{kW}]}{E} = \dfrac{P \times 10^3 [\text{W}]}{E}$ [A]
저항 $R = \rho \dfrac{l}{A}$ [Ω] 이므로
단상 2선식의 선로손실
$q = 2I^2R = 2 \times \left(\dfrac{P \times 10^3}{E}\right)^2 \times \rho \dfrac{l}{A} = \dfrac{2\rho l P^2}{AE^2} \times 10^6$ [W]

따라서 전선의 단면적
$A = \dfrac{2\rho l P^2}{qE^2} \times 10^6$ [mm²] 답 ②

38 소도체의 반지름이 r[m], 소도체 간의 선간거리가 d[m]인 2개의 소도체를 사용한 345[kV] 송전선로가 있다. 복도체의 등가 반지름은?

① $\sqrt{r \cdot d}$ ② $\sqrt{r \cdot d^2}$
③ $\sqrt{r^2 \cdot d}$ ④ $r \cdot d$

풀이 등가 반지름 $= \sqrt[n]{r d^{n-1}}$ 에서
$n = 2$를 대입하면 $\sqrt{r \cdot d}$ 가 된다. 답 ①

39 3상용 차단기의 정격전압은 170[kV]이고 정격 차단전류가 50[kA]일 때 차단기의 정격차단용량은 약 몇 [MVA]인가?

① 5000   ② 10000
③ 15000   ④ 20000

풀이 정격 차단 용량
$P_s = \sqrt{3}\, VI_s = \sqrt{3} \times 170 \times 50$
$= 14722.43 ≒ 15000$ [MVA]
여기서, V: 정격 전압[kV], I_s: 정격 차단 전류[kA] 답 ③

40 보일러 절탄기(economizer)의 용도는?
① 증기를 과열한다.
② 공기를 예열한다.
③ 석탄을 건조한다.
④ 보일러 급수를 예열한다.

풀이 • 절탄기 : 연도 내에 설치되어, 이를 통과하는 보일러 급수를 보일러로부터 나오는 연도 폐기 가스로 가열하는 장치
• 공기 예열기 : 연소용 공기를 예열
• 재열기 : 터빈에서 팽창한 증기를 다시 가열
• 과열기 : 포화증기를 가열 답 ④

2024년 3회 _ 전기산업기사·공사산업기사

21 전압이 일정값 이하로 되었을 때 동작하는 것으로서 단락 시 고장 검출용으로도 사용되는 계전기는?

① OVR ② OVGR
③ NSR ④ UVR

풀이 ① 전압이 정정값 이하 시 동작 : 부족전압 계전기(UVR)
② 전압이 정정값 초과 시 동작 : 과전압 계전기(OVR)

답 ④

22 출력 5000[kW], 유효낙차 50[m]인 수차에서 안내날개의 개방상태나 효율의 변화 없이 일정할 때 유효낙차가 5[m] 줄었을 경우 출력은 약 몇 [kW]인가?

① 4000 ② 4270
③ 4500 ④ 4740

풀이 출력을 P, 사용 수량을 Q, 유효 낙차를 H라고 하면
$P = 9.8QH\eta$ 이므로 $P \propto QH$
수차에 유입하는 물의 유속
$v = C\sqrt{2gH}$ 에서 $v \propto H^{\frac{1}{2}}$
$Q = Av$에서 안내 날개의 개도 A는 일정하므로
$Q \propto v \propto H^{\frac{1}{2}}$ 그러므로, $P \propto QH \propto H^{\frac{3}{2}}$
지금 P_1 : 낙차 변화 전의 출력[kW]
P_2 : 낙차 변화 후의 출력[kW]
H_1 : 변화 전의 낙차
H_2 : 변화 후의 낙차라고 하면
$\therefore P_2 = P_1 \left(\dfrac{H_2}{H_1}\right)^{3/2} = 5000 \times \left(\dfrac{50-5}{50}\right)^{3/2}$
$= 5000 \times 0.854 = 4270[kW]$

답 ②

23 송전선에 복도체를 사용할 때의 설명으로 틀린 것은?

① 코로나 손실이 경감된다.
② 안정도가 상승하고 송전용량이 증가한다.
③ 정전 반발력에 의한 전선의 진동이 감소된다.
④ 전선의 인덕턴스는 감소하고, 정전용량이 증가한다.

풀이 단도체 방식에 비해서 복도체 방식의 특징은
① 전선의 인덕턴스가 감소하고 정전 용량이 증가되어 선로의 송전용량이 증가하고 계통의 안정도를 증진시킨다.
② 전선 표면의 전위 경도가 저감되므로 코로나 임계 전압을 높일 수 있고 코로나손, 코로나 잡음 등의 장해가 저감된다.
③ 모든 소도체에는 동일 방향으로 전류가 흐르므로 흡인력이 생긴다.

답 ③

24 비접지식 송전선로에서 1선 지락고장이 생겼을 경우 지락점에 흐르는 전류는?

① 직선성을 가진 직류이다.
② 고장 상의 전압과 동상의 전류이다.
③ 고장 상의 전압보다 90° 늦은 전류이다.
④ 고장 상의 전압보다 90° 빠른 전류이다.

풀이 지락전류 $I_g = j3\omega C_s E[A]$
따라서, 지락 전류는 전압보다 $+j(90°)$ 앞선 전류가 흐른다.

답 ④

25 전력계통의 전압안정도를 나타내는 P-V 곡선에 대한 설명 중 적합하지 않은 것은?

① 가로축은 수전단 전압을 세로축은 무효전력을 나타낸다.
② 진상무효전력이 부족하면 전압은 안정되고 진상무효전력이 과잉되면 전압은 불안정하게 된다.
③ 전압 불안정 현상이 일어나지 않도록 전압을 일정하게 유지하려면 무효전력을 적절하게 공급하여야 한다.
④ P-V 곡선에서 주어진 역률에서 전압을 증가시키더라도 송전할 수 있는 최대 전력이 존재하는 임계점이 있다.

풀이

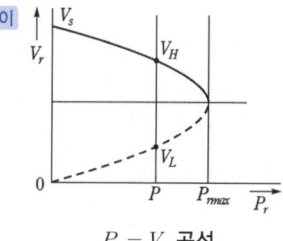

$P_r - V_r$ 곡선

즉, P-V 곡선의 가로축은 유효전력을 세로축은 수전단 전압을 나타낸다. **답** ①

26 송전선에 코로나가 발생하면 전선이 부식된다. 무엇에 의하여 부식되는가?

① 산소 ② 질소
③ 수소 ④ 오존

풀이 오존과 산화질소는 코로나 방전 시에 발생하며 습기와 혼합하면 질산이 되므로 전선이나 부속물을 부식시킨다. **답** ④

27 수압관의 평균지름(안지름)을 D[m], 관 내의 평균유속을 v [m/s]라고 할 때, 유량 Q [m³/s]은?

① $\pi D^2 V$ ② $2\pi D^2 V$
③ $\dfrac{\pi}{4} D^2 V$ ④ $\dfrac{\pi}{8} D^2 V$

풀이 사용 유량 $Q = \dfrac{\pi}{4} D^2 V$[m³/s]

단, V : 관 내의 평균 유속[m/s], D : 관의 지름[m] **답** ③

28 역률 0.8, 출력 360[kW]인 3상 평형유도 부하가 3상 배전선로에 접속되어 있다. 부하단의 수전전압이 6000[V], 배전선 1조의 저항 및 리액턴스가 각각 5[Ω], 4[Ω]라고 하면 송전단전압은 몇 [V]인가?

① 6120 ② 6277
③ 6300 ④ 6480

풀이 출력 $P = \sqrt{3} VI\cos\theta$ 이므로

전류 $I = \dfrac{P \times 10^3}{\sqrt{3} V\cos\theta} = \dfrac{360 \times 10^3}{\sqrt{3} \times 6000 \times 0.8} = 43.3$[A]

따라서 송전단전압
$V_s = V_r + \sqrt{3} I(R\cos\theta + X\sin\theta)$
$= 6000 + \sqrt{3} \times 43.3 \times (5 \times 0.8 + 4 \times 0.6)$
$\fallingdotseq 6480$[V] **답** ④

29 직류 2선식 배전선로에서 전압변동률과 전력손실률과의 관계는?

① 전압변동률은 전력손실률의 $\sqrt{3}$ 배이다.
② 전압변동률은 전력손실률의 2배이다.
③ 전압변동률과 전력손실률은 서로 같다.
④ 전압변동률은 전력손실률의 $\dfrac{1}{2}$ 배이다.

풀이
• 직류 선로에서는 인덕턴스를 고려하지 않아도 되므로, 전압변동률과 전압강하율은 서로 같다.

• 전압변동률 $= \dfrac{E_{r0} - E_r}{E_r} \times 100 = \dfrac{E_s - E_r}{E_r} \times 100$
$=$ 전압강하율

• 왕복 전체 길이의 저항을 R, 전부하 전류를 I 라고 하면
전압강하율 $= \dfrac{E_s - E_r}{E_r} \times 100 = \dfrac{IR}{E_r} \times 100$
$= \dfrac{I^2 R}{E_r I} \times 100 =$ 전력손실률

따라서, 전압변동률과 전력손실률은 서로 같다. **답** ③

30 송전선로에 충전전류가 흐르면 수전단 전압이 송전단 전압보다 높아지는 현상과 이 현상의 발생 원인으로 가장 옳은 것은?

① 페란티 효과, 선로의 인덕턴스 때문
② 페란티 효과, 선로의 정전용량 때문
③ 근접 효과, 선로의 인덕턴스 때문
④ 근접 효과, 선로의 정전용량 때문

풀이 페란티 현상이란 선로의 정전 용량으로 인하여 무부하 시나 경부하시에 진상 전류가 흘러 수전단 전압이 송전단 전압보다 높아지는 현상을 말하며 이의 대책으로는 분로 리액터나 동기 조상기의 지상 용량으로 방지할 수 있다. **답** ②

31 가스차단기에 대한 설명으로 틀린 것은?

① 절연회복이 빨라 고압압, 대전류에 적합하다.
② 액화 방지 및 산화 방지 대책이 필요 없다.
③ 소호능력이 뛰어나다.
④ 절연내력이 우수하다.

풀이 SF_6 가스 차단기의 특징
[장점]
• 밀폐구조이므로 소음이 없다.
• 소전류 차단에도 안정된 차단이 가능하다.

- 절연내력이 공기의 2~3배, 소호 능력은 공기의 100~200배
- 근거리 고장 등 가혹한 재기전압에 대해서도 성능이 우수
- SF$_6$ 가스는 무독, 무취, 무해성이다.

[단점]
- 내부를 직접 눈으로 볼 수 없다.
- 가스 압력, 수분 등을 엄중하게 감시할 필요가 있다.
- 한랭지, 산악지방에서는 액화 방지대책이 필요하다.
- 내부점검, 부품교환이 번거롭다.
- 비교적 고가이다. 답 ②

32 단상 2선식과 3상 3선식의 부하전력, 전압을 같게 하였을 때 단상 2선식의 선로전류를 100[%]로 보았을 경우, 3상 3선식의 선로 전류는?

① 38[%] ② 48[%]
③ 58[%] ④ 68[%]

풀이 $VI_1\cos\theta = \sqrt{3}\,VI_3\cos\theta \rightarrow I_1 = \sqrt{3}\,I_3$

$\therefore \dfrac{I_3}{I_1} \times 100 = \dfrac{1}{\sqrt{3}} \times 100 = 58[\%]$ 답 ③

33 전력용 퓨즈는 주로 어떤 전류의 차단을 목적으로 사용하는가?

① 지락전류 ② 단락전류
③ 과도전류 ④ 과부하전류

풀이 전력용 퓨즈는 단락 보호용으로 사용된다. 답 ②

34 그림과 같은 배전선로에서 부하의 급전 시와 차단 시에 조작 방법 중 옳은 것은?

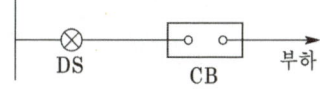

① 급전 시는 DS, CB 순이고, 차단 시는 CB, DS 순이다
② 급전 시는 CB, DS 순이고, 차단 시는 DS, CB 순이다.
③ 급전 및 차단 시 모두 DS, CB 순이다.
④ 급전 및 차단 시 모두 CB, DS 순이다.

풀이 단로기는 부하 차단 능력이 없으므로 정전시 CB – DS, 급전시 DS – CB가 되어야 한다. 즉, 차단기가 열려 있어야 단로기를 여닫을 수 있다. 답 ①

35 송전선로의 중성점을 접지하는 목적이 아닌 것은?

① 송전 용량의 증가
② 과도 안정도의 증진
③ 이상 전압 발생의 억제
④ 보호 계전기의 신속, 확실한 동작

풀이 송전 선로의 중성점 접지의 목적
① 이상 전압 발생 방지
② 1선 지락시 건전상 전압 상승 억제 및 기기나 선로의 절연 절감
③ 보호 계전기 동작 확실
④ 소호 리액터 계통에서의 1선 지락시 아크 소멸

송전 용량을 증가시키려면 선로의 직렬 리액턴스 성분을 감소시켜야 한다. 답 ①

36 유량을 구분할 때 매년 1~2회 발생하는 출수의 유량을 나타내는 것은?

① 홍수량 ② 풍수량
③ 고수량 ④ 갈수량

풀이 ① 홍수량 : 3~5년에 한 번씩 발생하는 출수의 유량
② 풍수량 : 1년을 통하여 95일은 이보다 내려가지 않는 유량(3개월 유량)
③ 고수량 : 매년 한두 번 발생하는 출수의 유량
④ 갈수량 : 1년을 통하여 355일은 이보다 내려가지 않는 유량 답 ③

37 66[kV], 60[Hz] 3상 3선식 선로에서 중성점을 소호리액터 접지하여 완전 공진상태로 되었을 때 중성점에 흐르는 전류는 몇 [A]인가? (단, 소호리액터를 포함한 영상회로의 등가저항은 200[Ω], 중성점 잔류전압은 4400[V]라고 한다.)

① 11 ② 22
③ 33 ④ 44

풀이 공진 시 리액턴스 성분은 0이 되므로
완전 공진 시 전류 $I = \dfrac{E}{R} = \dfrac{4400}{200} = 22[A]$ 답 ②

38 위상 비교 반송 방식에 대한 설명으로 맞는 것은?

① 일단에서의 전압과 타단에서의 전압의 위상각을 비교한다.
② 일단에서 유입하는 전류와 타단에서 유출하는 전류의 위상각을 비교한다.
③ 일단에서 유입하는 전류와 타단에서의 전압의 위상각을 비교한다.
④ 일단에서의 전압과 타단에서 유출되는 전류의 위상각을 비교한다.

풀이 위상 비교 방식은 양단자에서 검출되는 전류의 위상차로 사고를 판단하는 방식이다. **답** ②

39 저압 네트워크 배전방식에 대한 설명으로 틀린 것은?

① 전압강하가 적다.
② 부하 밀도가 적은 곳에 유용하다.
③ 무정전 공급의 신뢰도가 높다.
④ 부하의 증가에 대한 적응성이 크다.

풀이 네트워크 배전방식의 장점
① 무정전 공급에 대한 신뢰도 높다.
② 기기 이용률 향상된다.
③ 전압변동이 적다.
④ 적응성 양호하다.
⑤ 전력손실이 감소한다.
⑥ 변전소 수를 줄일 수 있다. **답** ②

40 외뢰(外雷)에 대한 주 보호장치로서 송전계통의 절연협조의 기본이 되는 것은?

① 애자   ② 변압기
③ 차단기 ④ 피뢰기

풀이 계통 내의 각 기기, 기구 및 애자 등의 상호간에 적정한 절연 강도를 지니게 함으로써 계통 설계를 합리적, 경제적으로 할 수 있게 한 것을 절연 협조라고 하며 피뢰기의 제한 전압이 기본이 된다. **답** ④

2025년 전력공학 _전기산업기사·공사산업기사_ CBT 복원문제

문제의 번호는 실제 시험문제의 번호와 같게 하였습니다.

2025년 - 1회 _전기산업기사·공사산업기사_

21 수전 용량에 비해 첨두부하가 커지면 부하율은 그에 따라 어떻게 되는가?

① 높아진다.
② 낮아진다.
③ 변하지 않고 일정하다.
④ 부하의 종류에 따라 달라진다.

[풀이] 부하율 = $\frac{평균전력}{최대전력} \times 100$ 에서

첨두부하가 커지면 부하율은 낮아진다. **[답] ②**

22 단거리 송전선의 4단자 정수 A, B, C, D 중 그 값이 0인 정수는?

① A ② B
③ C ④ D

[풀이] 단거리 송전선로
① 단거리 송전선로에서는 선로길이가 짧은 관계로 선로 정수로서 저항과 인덕턴스만을 생각한다.
즉 $Y = G + j\omega C$ [℧]를 무시한 상태에서 집중정수 회로로 취급하여 특성을 해석한다.
② 4단자 정수
$\begin{bmatrix} A & B \\ C & D \end{bmatrix} = \begin{bmatrix} 1 & Z \\ 0 & 1 \end{bmatrix}$
A: 전압비, B: 임피던스, C: 어드미턴스,
D: 전류비 **[답] ③**

23 최대 출력 350[MW], 평균부하율 80[%]로 운전되고 있는 화력발전소의 10일간 중유 소비량이 1.6×10^7[L]라고 하면 발전단에서의 열효율은 몇 [%]인가? (단, 중유의 열량은 10000[kcal/L]이다.)

① 35.3   ② 36.1
③ 37.8   ④ 39.2

[풀이] 열효율 $\eta = \frac{860W}{mH} = \frac{860 \times 350 \times 10^6 \times 0.8 \times 24}{\frac{1.6 \times 10^7}{10} \times 10000 \times 10^3} \times 100$
$= 36.12$ [%]
여기서, W: 발전 전력량[kWh]
m: 연료 소비량 [kg]
H: 연료의 발열량 [kcal/kg] **[답] ②**

24 변류기 개방 시 2차 측을 단락하는 이유는?

① 2차 측 절연 보호
② 2차 측 과전류 보호
③ 측정오차 방지
④ 1차 측 과전류 방지

[풀이] 변류기의 2차 측을 개방하면 1차 전류가 모두 여자전류가 되어 2차 권선에 매우 높은 전압이 유기되어 절연이 파괴되고 소손될 염려가 있다. 따라서 변류기를 개방할 때는 반드시 변류기 2차 측을 단락하여야 한다. **[답] ①**

25 유효저수량 200000[m³], 평균유효낙차 100[m], 발전기출력 7500[kW]이다. 1대를 운전할 경우 약 몇 시간 정도 발전할 수 있는가? (단, 발전기 및 수차의 합성효율은 85[%]이다.)

① 4   ② 5   ③ 6   ④ 7

[풀이] 출력 $P = 9.8 QH\eta_t\eta_g$ [kW], $Q = \frac{V}{t}$ [m³/s] 에서

출력 $P = 9.8 \times \frac{V}{t} \times H\eta_t\eta_g$ [kW] 이므로

$7500 = 9.8 \times \frac{200000}{T \times 60 \times 60} \times 100 \times 0.85$

$\therefore T = \frac{9.8 \times 200000 \times 100 \times 0.85}{7500 \times 60 \times 60}$
$= 6.17$ [시간] **[답] ③**

26 동일한 전압에서 동일한 전력을 송전할 때 역률을 0.8에서 0.9로 개선하면 전력손실은 약 몇 [%] 정도 감소하는가?

① 5   ② 10   ③ 20   ④ 40

풀이 전력손실 $P_l = \dfrac{R \cdot P^2}{V^2 \cos^2\theta} \propto \dfrac{1}{\cos^2\theta}$ 이므로

$$\dfrac{P_l'}{P_l} = \dfrac{\dfrac{1}{0.9^2}}{\dfrac{1}{0.8^2}} = \left(\dfrac{0.8}{0.9}\right)^2 \rightarrow P_l' = \left(\dfrac{0.8}{0.9}\right)^2 P_l = 0.79 P_l$$

∴ 21[%] 감소한다.   **답** ③

27 다음 보호계전기 회로에서 박스 (A) 부분의 명칭은?

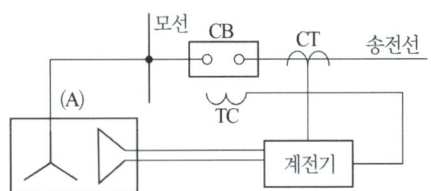

① 차단코일   ② 영상변류기
③ 계기용변류기   ④ 계기용변압기

풀이 계기용 변압기(PT) : 고전압을 저전압으로 변성하여 계기나 계전기에 공급하기 위한 목적으로 사용되며 2차측 정격전압은 110[V]이다.   **답** ④

28 수조와 방수로간의 총낙차를 35[m], 수차가 전부하의 경우 수차에 취부한 수압계의 지시 2.8 [kg/cm²], 흡출관의 진공계의 지시는 4[m]라고 한다. 손실 낙차는 몇 [m]인가?

① 1.8   ② 3.0
③ 4.0   ④ 6.8

풀이 손실 낙차는 총 낙차에서 수차에 실제로 작용하는 유효낙차(압력수두, 진공수두 등)를 뺀 것이다.
- 압력수두 :
  1[kg/cm²] = 1[m]이므로,
  2.8[kg/cm²]의 수압을 낙차로 환산하면
  $2.8 \times 10 = 28$[m]
- 진공수두 : 4[m]
따라서 손실 낙차 $H_f = 35 - (28+4) = 3$[m]   **답** ②

29 22.9[kV]로 수전하는 자가용 전기설비가 있다. 수전점에 설치한 차단기의 차단용량이 520 [MVA]일 때 차단기의 정격차단전류는 약 몇 [kA]인가?

① 3.5   ② 5.5
③ 8.5   ④ 12.5

풀이 차단기의 차단용량 $P_s = \sqrt{3}\, V I_s$ 이므로 차단전류

$$I_s = \dfrac{P_s}{\sqrt{3}\, V} = \dfrac{520 \times 10^3}{\sqrt{3} \times 22.9 \times \dfrac{1.2}{1.1}} \times 10^{-3}$$

$$= 12.02 [\text{kA}]$$ **답** ④

30 원자로는 화력 발전소의 어느 부분과 같은가?

① 내열기   ② 복수기
③ 보일러   ④ 과열기

풀이 원자로란 제어된 상태에서 핵분열 연쇄 반응을 일으키도록 한 장치로서 화력 발전소의 보일러와 같은 것으로, 핵분열 반응에 참여하는 중성자 에너지 영역이 주로 고에너지인가, 중에너지인가 혹은 저에너지인가에 따라서 고속 중성자로, 중속 중성자로, 열중성자로 나뉜다.   **답** ③

31 선로의 특성 임피던스에 대한 설명으로 알맞은 것은?

① 선로의 길이에 비례한다.
② 선로의 길이에 반비례한다.
③ 선로의 길이에 관계없이 일정하다.
④ 선로의 길이보다 부하에 따라 변화한다.

풀이 선로의 특성 임피던스 $Z_0 = \sqrt{\dfrac{L}{C}}$: 길이에 무관하다.   **답** ③

32 연가를 해도 효과가 없는 것은?

① 직렬공진의 방지
② 통신선의 유도장해 감소
③ 대지정전용량의 감소
④ 선로정수의 평형

풀이 연가의 효과
① 선로정수평형
② 임피던스평형
③ 소호리액터 접지 시 **직렬공진방지**
④ 유도장해감소 **답** ③

33 송전선로에 낙뢰를 방지하기 위하여 설치하는 것은?

① 댐퍼 ② 초호환
③ 가공지선 ④ 애자

풀이 ① 댐퍼 : 전선의 진동 방지
② 초호환 : 섬락으로부터 애자련의 보호, 애자련의 전압 분포 개선
③ **가공지선 : 뇌의 차폐**
④ 애자 : 전선을 지지하고 절연 **답** ③

34 250[mm] 현수 애자 10개를 직렬로 접속한 애자연의 건조 섬락 전압이 590[kV]이고 연효율(string efficiency) 0.74이다. 현수 애자 한 개의 건조 섬락 전압은 약 몇 [kV]인가?

① 80 ② 90
③ 100 ④ 120

풀이 연효율(string efficiency) $\eta = \dfrac{V_n}{nV_1}$ 이므로

여기서, V_n : 애자련의 섬락전압
n : 애자련의 애자개수
V_1 : 애자 1개의 섬락전압

∴ $V_1 = \dfrac{V_n}{n\eta} = \dfrac{590}{10 \times 0.74} ≒ 80[kV]$ **답** ①

35 송전단전압이 3300[V], 수전단전압은 3000[V]이다. 수전단의 부하를 차단한 경우, 수전단 전압이 3200[V]라면 이 회로의 전압변동률은 약 몇 [%]인가?

① 3.25 ② 4.28
③ 5.67 ④ 6.67

풀이 전압변동률 = $\dfrac{\text{무부하 시의 전압} - \text{정격전압}}{\text{정격전압}} \times 100$

$= \dfrac{3200-3000}{3000} \times 100 = 6.67[\%]$ **답** ④

36 전력계통에서의 안정도란 주어진 운전 조건하에서 계통이 안정하게 운전을 계속할 수 있는가의 능력을 말한다. 다음 중 안정도의 구분에 포함되지 않는 것은?

① 동태 안정도 ② 과도 안정도
③ 정태 안정도 ④ 동기 안정도

풀이 안정도의 종류
① 정태 안정도(static stability) :
송전 계통이 불변 부하 또는 극히 서서히 증가하는 부하에 대하여 계속적으로 송전할 수 있는 능력을 정태 안정도로 하고, 안정도를 유지할 수 있는 극한의 송전 전력을 정태 안정 극한 전력이라고 한다.
② 과도 안정도(transient stability) :
계통에 갑자기 고장 사고와 같은 급격한 외란이 발생하였을 때에도 탈조하지 않고 새로운 평형 상태를 회복하여 송전을 계속할 수 있는 능력을 과도 안정도라 하고 이 경우의 극한 전력을 과도 안정 극한 전력이라고 한다.
③ 동태 안정도(dynamic stability) :
고속 자동 전압조정기로 동기기의 여자전류를 제어할 경우의 정태 안정도를 특히 동태 안정도라 한다. **답** ④

37 변압기 보호용 비율차동계전기를 사용하여 △-Y 결선의 변압기를 보호하려고 한다. 이때 변압기 1, 2차측에 설치하는 변류기의 결선 방식은? (단, 위상 보정기능이 없는 경우이다.)

① △-△ ② △-Y
③ Y-△ ④ Y-Y

풀이 변압기 보호용 계전기는 비율차동계전기가 사용되며 변압기 1차와 2차간의 변위를 보정하기 위하여 **변류기의 결선은 변압기의 결선과 반대로** 한다.
즉, **변압기 결선이 △-Y이면 변류기 결선은 Y-△로** 한다. **답** ③

38 3상 1회선과 대지 간의 충전전류가 1[km]당 0.25[A]일 때 길이가 18[km]인 선로의 충전전류는 몇 [A]인가?

① 1.5 ② 4.5
③ 13.5 ④ 40.5

풀이 충전전류 $I_c = 0.25[A/km] \times 18[km] = 4.5[A]$ **답** ②

39 차단기의 개폐에 의한 이상전압의 크기는 대부분의 경우 송전선 대지전압의 최고 몇 배 정도인가?

① 2배   ② 4배
③ 6배   ④ 8배

풀이 개폐서지의 크기는 선로의 길이, 차단기의 성능 및 중성점접지방식에 따라 차이는 있으나 대부분의 경우 상규 대지전압의 4배를 넘는 경우는 거의 없다.   **답** ②

40 3상 1회선 송전선로의 소호 리액터의 용량 [kVA]은?

① 선로 충전 용량과 같다.
② 선간 충전 용량의 1/2이다.
③ 3선 일괄의 대지 충전 용량과 같다.
④ 1선과 중성점 사이의 충전 용량과 같다.

풀이 3상 1회선 소호 리액터 용량

$$P = 3\omega CE^2 = 3\omega C\left(\frac{V}{\sqrt{3}}\right)^2 = \omega CV^2 [\text{kVA}]$$

여기서, C : 1선당의 대지 정전용량
E : 대지전압
V : 선간전압   **답** ③

2025년 2회 _ 전기산업기사·공사산업기사

21 진상 전류만이 아니라 지상 전류도 잡아서 광범위하게 연속적인 전압조정을 할 수 있는 것은?

① 전력용 콘덴서   ② 동기조상기
③ 분로 리액터   ④ 직렬 리액터

풀이

항 목	동기 조상기	전력용 콘덴서	분로 리액터
무효전력	진상, 지상 양용	진상전용	지상전용
조정	연속적	계단적	계단적
시송전	가능	불가능	불가능

답 ②

22 그림과 같은 배전선이 있다. 부하에 급전 및 정전할 때 조작방법으로 옳은 것은?

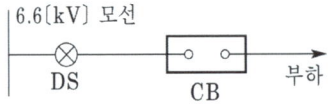

① 급전 및 정전할 때는 항상 DS, CB 순으로 한다.
② 급전 및 정전할 때는 항상 CB, DS 순으로 한다.
③ 급전시는 DS, CB 순이고 정전시는 CB, DS 순이다.
④ 급전시는 CB, DS 순이고 정전시는 DS, CB 순이다.

풀이 단로기는 부하 차단 능력이 없으므로 정전시 CB – DS, 급전시 DS – CB가 되어야 한다.
즉, 차단기가 열려 있어야 단로기를 열고 닫을 수 있다.   **답** ③

23 송전선로의 건설비와 전압과의 관계를 나타낸 것은?

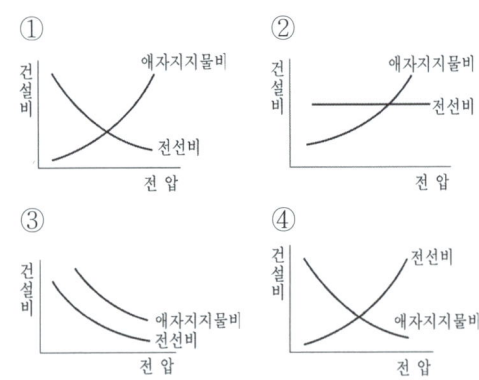

풀이 송전전압이 증가하면
- 전류가 감소하므로 전선의 굵기는 작아져 전선비는 감소한다.
- 절연 레벨의 상승으로 애자의 개수 및 선로의 건설비용이 증가하므로 애자지지물비는 증가한다.   **답** ①

24 송전선로에서 매설지선을 사용하는 주된 목적은?

① 코로나 전압을 저감시키기 위하여
② 뇌해를 방지하기 위하여
③ 탑각 접지저항을 줄여서 섬락을 방지하기 위하여
④ 인축의 감전사고를 막기 위하여

> **풀이** 매설지선 : 철탑의 탑각 접지 저항을 낮추어 역섬락을 방지하기 위한 것으로서 지하 30~60[cm] 정도의 깊이에 30~50[m] 정도의 아연도금 철선을 매설한다.
> **답** ③

25 역률 개선을 통해 얻을 수 있는 효과와 거리가 먼 것은?

① 고조파 제거
② 전력손실의 경감
③ 전압강하의 경감
④ 설비용량의 여유분 증가

> **풀이** 역률 개선의 효과
> • 전력손실 경감
> • 전압강하 경감
> • 설비용량의 여유분 증가
> • 전력 요금의 절약
> **답** ①

26 송전선로에서 복도체를 사용하는 주된 이유는?

① 많은 전력을 보내기 위하여
② 코로나 발생을 억제하기 위하여
③ 전력손실을 적게 하기 위하여
④ 선로 정수를 평형시키기 위하여

> **풀이** • 3상 송전선의 한 가닥의 전선을 2가닥 이상으로 한 것을 다도체라 하고, 2가닥으로 한 것을 보통 복도체라 한다.
> • 복도체를 사용하면 인덕턴스는 감소하고 정전용량은 증가하며, 안정도를 증가시키고, 코로나 발생을 억제한다.
> **답** ②

27 평형 3상 송전선에서 보통의 운전상태인 경우 중성점 전위는 항상 얼마인가?

① 0
② 1
③ 송전전압과 같다.
④ ∞(무한)

> **풀이** 평형 3상이므로 세 상의 전압은 크기가 같고 서로 120°의 위상차를 가진다.
> 즉, 각 상의 전압 벡터가 균형을 이루고 있으므로 중성점 전위는 0이다.
> **답** ①

28 플리커 경감을 위한 전력 공급측의 방안이 아닌 것은?

① 공급전압을 낮춘다.
② 전용 변압기로 공급한다.
③ 단독 공급계통을 구성한다.
④ 단락용량이 큰 계통에서 공급한다.

> **풀이** 플리커 경감 대책
> 1) 전력 공급측에서 실시
>   ① 전용 계통으로 공급
>   ② 단락 용량이 큰 계통에서 공급
>   ③ 전용 변압기로 공급
>   ④ 공급전압을 승압
> 2) 수용가 측에서의 대책
>   ① 전원 계통에 리액터 분을 보상
>   ② 전압강하를 보상
>   ③ 부하의 무효전력 변동분을 흡수
>   ④ 플리커 부하전류의 변동분을 억제
> **답** ①

29 소호 리액터 접지에 대한 설명으로 틀린 것은?

① 지락전류가 작다.
② 과도안정도가 높다.
③ 전자유도장애가 경감된다.
④ 선택지락계전기의 작동이 쉽다.

> **풀이** 접지방식별 특징
>
> | 방식 | 보호계전기 동작 | 지락전류 | 고장중 운전 | 전위 상승 | 과도 안정도 | 유도 장해 | 특징 |
> |---|---|---|---|---|---|---|---|
> | 직접 접지 (22.9, 154, 345[kV]) | 확실 | 최대 | × | 1.3 | 최소 | 최대 | 중성점 영전위, 단절연 가능 |
> | 저항 접지 | ↑ | ↑ | × | $\sqrt{3}$ | ↓ | ↑ | |

방식	보호 계전기 동작	지락 전류	고장중 운전	전위 상승	과도 안정도	유도 장해	특징
비접지 (3.3, 6.6 [kV])	×	↑	가능	$\sqrt{3}$	↓	↑	저전압 단거리에 적용
소호 리액터 접지 (66[kV])	불확실	최소	가능	$\sqrt{3}$ 이상	최대	최소	병렬공진, 고장전류 최소

답 ④

30 피뢰기의 제한 전압이란?

① 상용 주파 전압에 대한 피뢰기의 충격 방전 개시 전압
② 충격파 침입시 피뢰기의 충격 방전 개시 전압
③ 피뢰기가 충격파 방전종료 후 언제나 속류를 확실히 차단할 수 있는 상용 주파 허용 단자 전압
④ 충격파 전류가 흐르고 있을 때 피뢰기의 단자 전압

풀이 제한 전압 : 피뢰기 동작 중에 계속해서 걸리고 있는 단자 전압의 파고값

답 ④

31 그림과 같은 22[kV] 3상 3선식 전선로의 P점에 단락이 발생하였다면 3상 단락전류는 약 몇 [A]인가? (단, %리액턴스는 8[%]이며 저항분은 무시한다.)

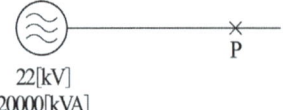

① 6561
② 8560
③ 11364
④ 12684

풀이 단락 전류 $I_s = \dfrac{100}{\%Z}I_n = \dfrac{100}{\%Z} \cdot \dfrac{P_n}{\sqrt{3}\,V_n}$

$= \dfrac{100}{8} \times \dfrac{20000}{\sqrt{3}\times 22} \fallingdotseq 6561[A]$

답 ①

32 유효낙차 75[m], 최대 사용 수량 200[m³/s], 수차 및 발전기의 합성효율이 70[%]인 수력발전소의 최대출력은 몇 [MW]인가?

① 102.9
② 157.3
③ 167.5
④ 177.8

풀이 발전소 출력 ≒ 발전기 출력이므로
∴ $P_g = 9.8 QH\eta_t\eta_g$ [kW]
$= 9.8 \times 200 \times 75 \times 0.7 \times 10^{-3}$
$= 102.9$ [MW]

답 ①

33 다음 중 옳은 것은?

① 터빈 발전기의 %임피던스는 수차의 %임피던스보다 작다.
② 전기기계의 %임피던스가 크면 차단용량이 작아진다.
③ %임피던스는 %리액턴스보다 작다.
④ 직렬 리액터는 %임피던스를 작게 하는 작용이 있다.

풀이 차단용량 $P_s = \dfrac{100}{\%Z}P_n \propto \dfrac{1}{\%Z}$, $P_s \propto \dfrac{1}{\%Z}$

차단용량과 %임피더스는 반비례하므로,
%임피던스가 크면 차단용량이 작아진다.

답 ②

34 피뢰기의 직렬 갭(gap)의 작용으로 가장 옳은 것은?

① 이상전압의 진행파를 증가시킨다.
② 상용주파수의 전류를 방전시킨다.
③ 이상전압이 내습하면 뇌전류를 방전하고, 상용주파수의 속류를 차단하는 역할을 한다.
④ 뇌전류 방전 시의 전위상승을 억제하여 절연파괴를 방지한다.

풀이 직렬 갭의 역할
① 상용 주파수의 상규 전압에 대해서는 대지 간에 절연을 유지(누설전류 방지)
② 이상 전압이 내습하면 충격 전류를 방전하여 전압의 상승을 방지
③ 충격 전류 방전 후 속류 차단

답 ③

35 전력선에 영상 전류가 흐를 때 통신 선로에 발생되는 유도 장해는?

① 전력 유도 장해
② 고조파 유도 장해
③ 전자 유도 장해
④ 정전 유도 장해

풀이 전자 유도전압은 사고 시 영상전류에 의해 발생 :
$E_m = -j\omega Ml\, 3I_0$ **답** ③

36 22,000[V], 60[Hz], 1회선의 3상 지중 송전선의 무부하 충전 용량[kVar]은? 단, 송전선의 길이는 20[km], 1선의 1[km]당의 정전 용량은 0.5[μF]이다.

① 1,750
② 1,825
③ 1,900
④ 1,925

풀이 무부하 충전용량
$Q_c = 3EI_c = 3\omega CE^2$
$= 3 \times 2\pi f \times 0.5 \times 10^{-6} \times 20 \times \left(\dfrac{22,000}{\sqrt{3}}\right)^2 \times 10^{-3}$
$= 1,825\,[\text{kVar}]$ **답** ②

37 수압 철관의 지름이 5[m]인 곳에서의 유속이 5[m/s]이었다. 지름이 4.5[m]인 곳에서의 유속은 약 몇 [m/s]인가?

① 4.8
② 5.2
③ 5.6
④ 6.0

풀이 $v_1 A_1 = v_2 A_2$
$v_2 = \dfrac{v_1 A_1}{A_2} = \dfrac{v_1 d_1^2}{d_2^2} = \dfrac{5 \times 5^2}{4.5^2} \fallingdotseq 6.1\,[\text{m/s}]$ **답** ④

38 전압을 $\sqrt{3}$ 배로 증가시키고 동일한 전력손실률로 송전할 경우 송전전력은 몇 배로 증가되는가?

① $\sqrt{3}$
② $\dfrac{3}{2}$
③ 3
④ $2\sqrt{3}$

풀이 전력 손실률 $h = \dfrac{P_l}{P} = \dfrac{\dfrac{P^2 R}{V^2 \cos^2\theta}}{P} = \dfrac{PR}{V^2 \cos^2\theta}$ 에서
전력손실률이 일정한 경우 $P \propto V^2$ 이므로
$\dfrac{P'}{P} = \left(\dfrac{V'}{V}\right)^2$ 따라서, $P' = \left(\dfrac{\sqrt{3}}{1}\right)^2 P = 3P$ **답** ③

39 한류 리액터의 사용 목적은?

① 단락전류의 제한
② 충전전류의 제한
③ 누설전류의 제한
④ 접지전류의 제한

풀이
- **한류 리액터** : 단락사고 시의 **단락 전류를 제한**
- 직렬 리액터 : 제5고조파 제거
- 분로 리액터 : 페란티 현상 방지
- 소호 리액터 : 지락 아크 소멸 **답** ①

40 단거리 3상 3선식 송전선에서 전선의 중량은 전압이나 역률에 어떠한 관계에 있는가?

① 비례
② 반비례
③ 제곱에 비례
④ 제곱에 반비례

풀이 전력손실 $P_c = \dfrac{\rho l\, P^2}{A\, V^2 \cos^2\theta}$ 의 관계가 있으므로
전선의 중량
$V_0 = Al = \dfrac{\rho l^2 P^2}{P_c V^2 \cos^2\theta} \propto \dfrac{1}{V^2 \cos^2\theta}$ **답** ④

2025년 - 3회 _ 전기산업기사·공사산업기사

21 3상 3선식 3각형 배치의 송전선로에 있어서 각 선의 대지 정전용량이 0.5038[μF]이고, 선간 정전용량이 0.1237[μF]일 때 1선의 작용 정전용량은 몇 [μF]인가?

① 0.6275
② 0.8749
③ 0.9164
④ 0.9755

풀이 $C_n = C_s + 3C_m = 0.5038 + 3 \times 0.1237 = 0.8749\,[\mu\text{F}]$
(여기서, C_n : 작용정전용량, C_s : 대지정전용량, C_m : 선간정전용량) **답** ②

22 길이가 35[km]인 단상 2선식 전선로의 유도 리액턴스는 몇 [Ω]인가? 단, 전선로 단위길이 당 인덕턴스는 1.3[mH/km/선], 주파수 60[Hz]이다.

① 17.6   ② 26.5
③ 34.3   ④ 68.5

풀이 유도 리액턴스
$$X_L = 2\pi f L l = 2\pi \times 60 \times 1.3 \times 10^{-3} \times 2 \times 35$$
$$= 34.3[\Omega]$$
답 ③

23 가공송전선로에서 총 단면적이 같은 경우 단도체와 비교하여 복도체의 장점이 아닌 것은?

① 안정도를 증대시킬 수 있다.
② 공사비가 저렴하고 시공이 간편하다.
③ 전선표면 전위경도를 감소시켜 코로나 임계전압이 높아진다.
④ 선로의 인덕턴스가 감소되고 정전용량이 증가해서 송전용량이 증대된다.

풀이 복도체 방식의 장점
① 전선의 인덕턴스가 감소하고 정전 용량이 증가되어 선로의 송전 용량이 증가하고 계통의 안정도를 증진시킨다.
② 전선 표면의 전위 경도가 저감되므로 코로나 임계 전압을 높일 수 있고 코로나손, 코로나 잡음 등의 장해가 저감된다.
답 ②

24 1[BTU]는 몇 [cal]인가?

① 250   ② 252
③ 242   ④ 232

풀이 1[BTU] = 0.252[kcal] = 252[cal]   **답 ②**

25 어느 일정한 방향으로 일정한 크기 이상의 단락전류가 흘렀을 때 동작하는 보호계전기의 약어는?

① ZR   ② UFR
③ OVR   ④ DOCR

풀이 ① 거리계전기(ZR) : 계전기가 설치된 위치로부터 고장점까지의 전기적 거리에 비례하여 한시 동작하는 것으로 복잡한 계통의 단락보호에 과전류 계전기의 대용으로 쓰인다.
② 저주파수 계전기(UFR) : 주파수가 일정값 보다 낮을 경우 동작한다.
③ 과전압 계전기(OVR) : 일정값 이상의 전압이 걸렸을 때 동작한다.
④ 단락 방향 계전기(DOCR, DSR) : 어느 일정한 방향으로 일정값 이상의 단락전류가 흘렀을 경우 동작하는 것
답 ④

26 모선의 보호계전 방식에 해당되는 것은?

① 전력 평형 보호 방식
② 전압 차동 보호 방식
③ 표시선 계전 방식
④ 위상 비교 반송 방식

풀이 모선 보호계전 방식의 종류
① 전류 차동 계전 방식
② 전압 차동 계전 방식
③ 위상 비교 계전 방식
④ 방향 비교 계전 방식
답 ②

27 정삼각형 배치의 선간거리가 5[m]이고, 전선의 지름이 1[cm]인 3상 가공 송전선의 1선의 정전용량은 약 몇 [μF/km]인가?

① 0.008   ② 0.016
③ 0.024   ④ 0.032

풀이 정전용량
$$C_w = \frac{0.02413}{\log_{10}\frac{D}{r}} = \frac{0.02413}{\log_{10}\frac{5}{0.5 \times 10^{-2}}} = 0.008[\mu F/km]$$
답 ①

28 배전 계통에서 콘덴서를 설치하는 것은 여러 가지 목적이 있으나 그 중에서 가장 주된 목적은?

① 전압 강하 보상   ② 전력 손실 감소
③ 송전 용량 증가   ④ 기기의 보호

풀이 전력용 콘덴서 설치(역률 개선)의 효과
① 전력 손실 감소
② 변압기, 개폐기 등의 소요 용량 감소
③ 송전 용량 증대
④ 전압 강하 감소
이들 중 가장 큰 효과는 전력 손실 감소이다(전력 손실은 역률의 제곱에 역비례 하여 감소한다).
답 ②

29 급수의 엔탈피 130[kcal/kg], 보일러 출구 과열 증기 엔탈피 830[kcal/kg], 터빈 배기 엔탈피 550[kcal/kg]인 랭킨 사이클의 열사이클 효율은?

① 0.2 ② 0.4
③ 0.6 ④ 0.8

풀이
$$\eta_c = \frac{H_e}{i_1 - i_f}$$
(여기서, η_c : 터빈의 열효율
H_e : 증기 1[kg]이 터빈에서 유효하게 일을 한 열량[kcal/kg]
i_1 : 터빈 입구의 증기 엔탈피[kcal/kg]
i_f : 복수기의 엔탈피[kcal/kg])
$H_e = 830 - 550 = 280$[kcal/kg],
$i_1 = 830$[kcal/kg], $i_f = 130$[kcal/kg]이므로
∴ $\eta = \frac{280}{830-130} = \frac{280}{700} = 0.4$ **답** ②

30 개폐 서지를 흡수할 목적으로 설치하는 것의 약어는?

① CT ② SA
③ GIS ④ ATS

풀이
① CT(계기용 변류기) : 회로의 대전류를 소전류로 변성하여 계기나 계전기에 공급
② SA(서지 흡수기) : 변압기, 발전기 등을 서지로부터 보호
③ GIS(가스 절연 개폐기) : SF_6 가스를 이용하여 정상 상태 및 사고, 단락 등의 고장상태에서 선로를 안전하게 개폐하여 보호
④ ATS(자동 절환 개폐기) : 주 전원이 정전되거나, 전압이 기준치 이하로 떨어질 경우 예비전원으로 자동 절환하는 개폐기 **답** ②

31 연가를 하는 주된 목적은?

① 혼촉 방지 ② 유도뢰 방지
③ 단락사고 방지 ④ 선로정수 평형

풀이
• 연가는 선로정수를 평형시키고 통신선의 유도장해를 방지하기 위하여 선로를 3배수 등분하여 실시한다.
• 연가의 목적 : 선로정수 평형, 직렬공진 방지, 유도장해 감소 **답** ④

32 전력선 a의 충전 전압을 E, 통신선 b의 대지 정전 용량을 C_b, a–b 사이의 상호 정전 용량을 C_{ab}라고 하면 통신선 b의 정전 유도 전압 E_s는?

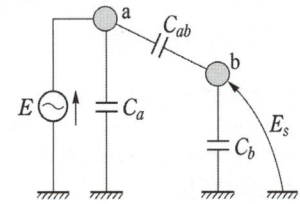

① $\dfrac{C_{ab} + C_b}{C_b} E$ ② $\dfrac{C_{ab} + C_a}{C_{ab}} E$
③ $\dfrac{C_b}{C_{ab} + C_b} E$ ④ $\dfrac{C_{ab}}{C_{ab} + C_b} E$

풀이
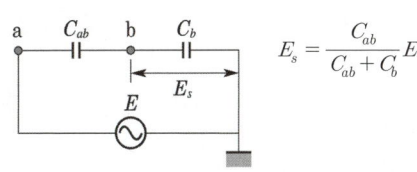
$E_s = \dfrac{C_{ab}}{C_{ab} + C_b} E$ **답** ④

33 그림과 같은 평형 3상 발전기가 있다. a상이 지락한 경우 지락전류는 어떻게 표현되는가? (단, Z_0 : 영상 임피던스, Z_1 : 정상 임피던스, Z_2 : 역상 임피던스이다.)

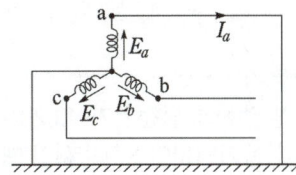

① $\dfrac{E_a}{Z_0 + Z_1 + Z_2}$ ② $\dfrac{3E_a}{Z_0 + Z_1 + Z_2}$
③ $\dfrac{-Z_0 E_a}{Z_0 + Z_1 + Z_2}$ ④ $\dfrac{2Z_2 E_a}{Z_1 + Z_2}$

풀이 대칭좌표법과 발전기의 기본식을 이용하여 풀면
$$I_0 = I_1 = I_2 = \frac{E_a}{Z_0 + Z_1 + Z_2}$$
∴ $I_a = I_0 + I_1 + I_2 = 3I_0 = \dfrac{3E_a}{Z_0 + Z_1 + Z_2}$ **답** ②

34 중성점접지방식 중 비접지방식을 직접 접지방식과 비교한 것으로 옳지 않은 것은?

① 지락전류가 적다.
② 보호계전기 동작이 확실하다.
③ 1선지락 시 통신선 유도장해가 적다.
④ 과도안정도가 크다.

풀이 비접지의 특징(직접 접지와 비교)
① 지락전류가 비교적 적다(유도 장해 감소).
② 보호계전기 동작이 불확실하다.
③ V-V결선 가능
④ 저전압 단거리에 적합   **답** ②

35 A, B 및 C상의 전류를 각각 I_a, I_b, I_c라 할 때, $I_x = \dfrac{1}{3}(I_a + aI_b + a^2I_c)$이고, $a = -\dfrac{1}{2} + j\dfrac{\sqrt{3}}{2}$이다. I_x는 어떤 전류인가?

① 정상전류   ② 역상전류
③ 영상전류   ④ 무효전류

풀이 대칭좌표법의 대칭 전류를 보면

정상 전류 $I_1 = \dfrac{1}{3}(I_a + aI_b + a^2I_c)$

역상 전류 $I_2 = \dfrac{1}{3}(I_a + a^2I_b + aI_c)$

영상전류 $I_0 = \dfrac{1}{3}(I_a + I_b + I_c)$ **답** ①

36 어떤 발전소의 발전기가 13.2[kV], 용량 9.3[MVA], 동기임피던스 94[%]일 때, 임피던스는 몇 [Ω]인가?

① 9.8[Ω]   ② 12.8[Ω]
③ 17.6[Ω]   ④ 22.4[Ω]

풀이 $\%Z = \dfrac{ZI}{E} \times 100[\%] = \dfrac{PZ}{10E^2}[\%] = \dfrac{PZ}{10V^2}[\%]$

(여기서, 전압 V의 단위는 [kV], 기준 용량 P의 단위는 [kVA])

$\therefore Z = \dfrac{\%Z \times 10V^2}{P} = \dfrac{94 \times 10 \times 13.2^2}{9.3 \times 10^3}$

$= 17.6[\Omega]$ **답** ③

37 충전된 콘덴서의 에너지에 의해 트립되는 방식으로 정류기, 콘덴서 등으로 구성되어 있는 차단기의 트립방식은?

① 과전류 트립방식
② 직류전압 트립방식
③ 콘덴서 트립방식
④ 부족전압 트립방식

풀이
- 차단기의 트립 방식에는 CT 2차 전류 트립 방식, DC 전압 방식, CTD 방식(콘덴서 트립 방식)이 있다.
- CTD 방식(콘덴서 트립 방식)은 충전기로 교류를 정류하여 콘덴서를 충전하고, 그 방전 에너지에 의해 트립 코일을 여자하여 트립 시키는 방법으로 정류기와 콘덴서로 구성되어 있다.   **답** ③

38 피뢰기의 구비조건이 아닌 것은?

① 속류의 차단능력이 충분할 것
② 충격 방전 개시 전압이 높을 것
③ 상용 주파 방전 개시 전압이 높을 것
④ 방전 내량이 크고, 제한 전압이 낮을 것

풀이 피뢰기의 구비조건
- 상용 주파 방전 개시 전압이 높을 것
- 충격 방전 개시 전압이 낮을 것
- 제한 전압이 낮을 것
- 속류 차단 능력이 클 것   **답** ②

39 역률 80[%]인 10000[kVA]의 부하를 갖는 변전소에 2000[kVA]의 콘덴서를 설치해서 역률을 개선하면 변압기에 걸리는 부하는 약 몇 [kVA]인가?

① 8000   ② 8540
③ 8940   ④ 9440

풀이
- 유효전력
$P = P_a \cos\theta_1 = 10000 \times 0.8 = 8000[kW]$
- 무효전력
$Q = P_a \sin\theta_1 = 10000 \times \sqrt{1 - 0.8^2} = 6000[kVar]$
- 전력용 콘덴서 $Q_c = 2000[kVA]$
따라서 변압기에 걸리는 부하 P_a'은
$P_a' = \sqrt{P^2 + (Q_1 - Q_c)^2} = \sqrt{8000^2 + (6000 - 2000)^2}$
$= 8944.27[kVA]$

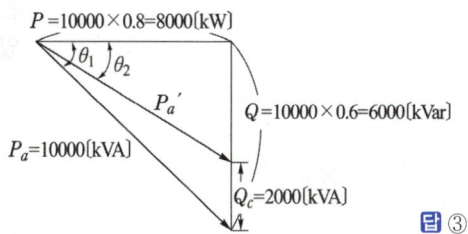

답 ③

40 3상 Y결선된 발전기가 무부하 상태로 운전 중 3상 단락고장이 발생하였을 때 나타나는 현상으로 틀린 것은?

① 영상분 전류는 흐르지 않는다.
② 역상분 전류는 흐르지 않는다.
③ 3상 단락전류는 정상분 전류의 3배가 흐른다.
④ 정상분 전류는 영상분 및 역상분 임피던스에 무관하고 정상분 임피던스에 반비례한다.

풀이 • 3상 단락고장(정상분만 존재)

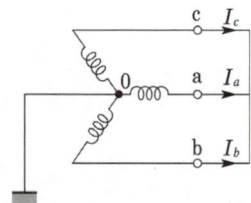

그림에서 $I_a + I_b + I_c = 0$, $V_a = V_b = V_c = 0$ 이므로

$I_a = I_0 + I_1 + I_2 = I_1 = \dfrac{E_a}{Z_1}$

$I_b = I_0 + a^2 I_1 + a I_2 = a^2 I_1 = \dfrac{a^2 E_a}{Z_1}$

$I_c = I_0 + a I_1 + a^2 I_2 = a I_1 = \dfrac{a E_a}{Z_1}$

답 ③

MEMO

전기기사시리즈 4
전력공학

발   행 / 2025년 12월 30일

저   자 / 검정연구회
펴 낸 이 / 정 창 희
펴 낸 곳 / 동일출판사
주   소 / 서울시 강서구 곰달래로31길7 (2층)
전   화 / 02) 2608-8250
팩   스 / 02) 2608-8265
등록번호 / 제109-90-92166호

ISBN 978-89-381-1737-3 13560
값 / 22,000원

이 책은 저작권법에 의해 저작권이 보호됩니다. 동일출판사 발행인의 승인자료 없이 무단 전재하거나 복제하는 행위는 저작권법 제136조에 의해 5년 이하의 징역 또는 5,000만원 이하의 벌금에 처하거나 이를 병과(倂科)할 수 있습니다.

저자와의
협의에
따라
인지생략